# LES ÉTOILES

ET LES

## CURIOSITÉS DU CIEL

# ŒUVRES DE CAMILLE FLAMMARION

## ASTRONOMIE POPULAIRE
Tableau général de l'univers. Ouvrage couronné par l'Institut. Illustré de 360 figures, planches et chromolithographies. *Cinquantième mille.* 12 fr.

## LES TERRES DU CIEL
Description physique, climatologique, géographique des planètes qui gravitent avec la Terre autour du Soleil, et de l'état probable de la vie à leur surface.
8ᵉ édition. 1 vol. in-8, illustré de 100 figures, planches et photographies, 6 fr.

## LA PLURALITÉ DES MONDES HABITÉS
au point de vue de l'Astronomie, de la Physiologie et de la Philosophie naturelle.
30ᵉ édition. 1 vol. in-12. 3 fr. 50.

## LES MONDES IMAGINAIRES ET LES MONDES RÉELS
Revue des théories humaines sur les habitants des astres.
18ᵉ édition. 1 vol. in-12. 3 fr. 50.

## HISTOIRE DU CIEL
Histoire populaire de l'Astronomie et des différents systèmes imaginés pour expliquer l'univers.
4ᵉ édition. 1 vol. gr. in-8, illustré. 9 fr.

## RÉCITS DE L'INFINI
Lumen. — Histoire d'une âme. — Histoire d'une comète. — La vie universelle et éternelle.
8ᵉ édit. 1 vol. in-12. 3 fr. 50.

## DIEU DANS LA NATURE
ou le Spiritualisme et le Matérialisme devant la science moderne.
18ᵉ édition. 1 fort vol. in-12, avec le portrait de l'auteur. 4 fr.

## CONTEMPLATIONS SCIENTIFIQUES
Nouvelles études de la Nature et exposition des œuvres éminentes de la science contemporaine.
3ᵉ édition. 1 vol. in-12. 3 fr. 50.

## ÉTUDES SUR L'ASTRONOMIE
Ouvrage périodique exposant
les découvertes de l'Astronomie contemporaine, les recherches personnelles de l'auteur, etc.
9 vol. in-12. Le vol. 2 fr. 50.

## ASTRONOMIE SIDÉRALE : LES ÉTOILES DOUBLES
Catalogue des étoiles multiples en mouvement, contenant les observations et l'analyse des mouvements. 1 vol. gr. in-8. 8 fr.

## LES MERVEILLES CÉLESTES
Lectures du soir à l'usage de la jeunesse. 89 grav. et 3 cartes célestes
(38ᵉ mille). 1 vol. in-12. 2 fr. 25.

## ATLAS CÉLESTE
contenant plus de cent mille étoiles. 30 cartes in-folio. 45 fr.

## PETIT ATLAS DE POCHE
résumant l'astronomie en 18 cartes. 1 fr. 50.

## SIR HUMPHRY DAVY — LES DERNIERS JOURS D'UN PHILOSOPHE
Ouvrage traduit de l'anglais et annoté. 1 vol. in-12. 3 fr. 50.

## VIE DE COPERNIC
et Histoire de la découverte du système du monde.
1 vol. in-12. 1 fr. 50.

## PETITE ASTRONOMIE DESCRIPTIVE
pour les enfants, adaptée aux besoins de l'enseignement par C. Delon, et ornée de 100 figures
1 vol. in-12. 1 fr. 25.

## VOYAGES AÉRIENS
Journal de bord de douze voyages scientifiques en ballon, avec plans topographiques.
1 vol. in-12. 3 fr. 50.

# CAMILLE FLAMMARION

# LES ÉTOILES

ET LES

## CURIOSITÉS DU CIEL

DESCRIPTION COMPLÈTE DU CIEL VISIBLE A L'ŒIL NU

ET DE TOUS LES OBJETS CÉLESTES FACILES A OBSERVER;

SUPPLÉMENT DE

## L'ASTRONOMIE POPULAIRE

ILLUSTRÉ DE **400** FIGURES

CARTES CÉLESTES, PLANCHES ET CHROMOLITHOGRAPHIES

## PARIS

C. MARPON et E. FLAMMARION, ÉDITEURS

Galeries de l'Odéon, 1 à 7, et rue Rotrou, 4

1882

Camille Flammarion

Imp Lemercier & Cie. Paris.

# AVERTISSEMENT

Cet Ouvrage est le Supplément, le complément naturel de notre ASTRO-NOMIE POPULAIRE.

Dans le premier volume, consacré à la *théorie*, à la description littéraire des connaissances acquises sur la constitution de l'univers, il a été impossible d'entrer dans aucun détail technique et de donner les éléments nécessaires à l'étude directe du Ciel. Les personnes instruites, ou amies de l'instruction, qui aimeraient à connaître les étoiles par leurs noms, à trouver facilement les constellations qui de mois en mois s'élèvent au-dessus de nos têtes, à se rendre compte de l'origine des noms donnés aux configurations célestes, à vivre, en un mot, au sein d'un univers connu, au lieu de sommeiller en face d'une énigme permanente ; les âmes délicates qui devinent par une clairvoyance naturelle l'intérêt sans égal et le plaisir intime qui accompagnent l'étude de la nature ; les esprits laborieux qui voudraient pouvoir suivre les mouvements célestes, reconnaître à l'œil nu les planètes parmi les étoiles, et observer à l'aide d'instruments de moyenne puissance les principales curiosités du ciel, telles que les étoiles doubles, les étoiles colorées, les nébuleuses, les amas stellaires, les comètes, les mondes et les univers lointains qui développent à l'infini la sphère de l'observation humaine ; en un mot tous les « amateurs », pour nous servir d'une expression ancienne parfois un peu dénaturée, n'avaient jusqu'ici aucun livre *pratique* à consulter pour entreprendre l'étude directe du Ciel, pour commencer l'observation personnelle de ces merveilles.

C'est cette importante lacune dans l'instruction publique en France, qu'un grand nombre de lecteurs de l'ASTRONOMIE POPULAIRE ont désiré voir comblée : nous nous sommes mis résolument à l'œuvre ; mais, au lieu de pouvoir effectuer ce travail dans le cours d'une année, comme nous l'espérions, en ayant déjà préparé depuis longtemps tous les documents, il nous a fallu y consacrer exclusivement et laborieusement deux années entières. Nous espérons que nos lecteurs auront compris cette durée inévitable et pardonné les retards arrivés dans cette publication.

Dans notre ouvrage, LES TERRES DU CIEL, nous avons fait connaître *les Planètes;* dans l'œuvre présente, notre but est de faire connaître *les Étoiles.*

On trouvera dans les pages suivantes la position dans le ciel et la descrip-tion de toutes les étoiles visibles à l'œil nu pour une vue moyenne. Nous avons pris soin de réobserver nous-même toutes celles qui sont visibles de Paris, et nous avons reçu les dernières observations faites par les astronomes de l'hémisphère austral sur celles qui restent invisibles au-dessous de notre horizon. On possède donc d'abord ici l'*état actuel du ciel*, exposé avec précision.

Les indications, les alignements et les figures nécessaires pour trouver facilement les constellations et en reconnaître les principales étoiles, com-plètent cet exposé, en permettant désormais à tout esprit attentif de faire la géographie du Ciel beaucoup plus rapidement et plus agréablement que nous ne pouvons faire celle de la Terre. L'*histoire* de chaque constellation, la recherche de l'origine des noms donnés aux étoiles, marchent parallèle-ment avec cette description.

Afin que chacun puisse se rendre compte en même temps des changements arrivés dans l'univers, du mouvement séculaire des constellations, de la vie qui anime les apparentes solitudes des cieux, de la valeur de ces lointains soleils, de la nature des systèmes étrangers au nôtre, de la variété inimaginable répandue à travers l'espace infini comme le long du temps éternel, cette description générale du ciel est accompagnée de l'ana-lyse et de l'exposé détaillé de tout ce que nous y connaissons d'intéressant.

La noblesse de notre belle science est antique. Mille ans avant les croi-sades, nos ancêtres observaient le ciel comme nous le faisons aujourd'hui; et malgré les révolutions politiques, le sang versé dans les guerres (opprobre de l'humanité!); malgré les conquérants et les destructeurs, malgré les folies et les crimes des « Héros » encensés par les peuples, ces pacifiques études sur le ciel étoilé nous ont été conservées. Aussi avons-nous eu la satisfaction de rassembler ici, pour la première fois, les observations faites depuis deux mille ans sur l'éclat de chacune de ces étoiles qui brillent le soir au-dessus de nos têtes : celles de l'astronome Hipparque — faites 127 ans avant la naissance de Jésus-Christ; — du Persan Abd-al-Rahman al-Sûfi vers l'an 960 de notre ère; — du Tartare Ulugh-Beigh, en 1430; — de Tycho-Brahé en 1590; etc., etc., — et de comparer tout cet ensemble à l'état du ciel en 1880. — Les amis des étoiles pourront apprécier ainsi les diverses observations, et connaître quels sont les changements arrivés dans le ciel depuis les temps historiques. Ces yeux qui ont observé les astres brillants du ciel sont éteints aujourd'hui... et les nôtres se fermeront aussi; mais la vie scientifique se perpétue à travers les siècles, et par la science nous vivons dans le passé, de même que nous transmettons l'héritage de nos études à nos successeurs sur la scène du monde. La *vraie vie de l'esprit* n'est-elle pas, d'ailleurs, dans cette noble communion de sentiments avec les penseurs qui ont scruté, pénétré, analysé avant nous les grands problèmes qui nous séduisent?

Les étoiles qui ont subi des variations séculaires; celles qui se sont allumées subitement dans l'espace et ont jeté la terreur dans l'humanité; celles dont la lumière oscille périodiquement, qui sont tantôt visibles et tantôt invisibles; celles qui sont lancées à travers l'immensité avec une vitesse qui donne le vertige; celles qui s'éloignent de nous pour toujours, celles qui arrivent au contraire vers nous avec rapidité; celles que l'analyse spectrale nous présente comme récemment incendiées; celles qui sont assez proches de nous pour que nous ayons pu en mesurer la distance et en déterminer le poids; celles qui gisent perdues en un tel éloignement que leur lumière emploie des milliers d'années à nous parvenir; les étoiles doubles qui gravitent en cadence l'une autour de l'autre; les systèmes formidables, tels que ceux de Sirius et de Castor; les soleils animés des colorations étranges du rubis, du saphir ou de l'émeraude; ceux qui ressemblent à des gouttes de sang figées dans le ciel; les amas d'étoiles composés de milliers de soleils analogues au nôtre en force et en lumière; les nébuleuses gazeuses dont la pâle clarté traverse des abîmes inexplorés; cette nébuleuse d'Orion, que l'on distingue presque à l'œil nu, et qui est avec son étoile sextuple un prodige dans un prodige; cette merveilleuse république de soleils, qui brille, visible à l'œil nu, dans la constellation d'Hercule, et que personne ne se donne le plaisir de regarder; et ces couples ravissants d'étoiles qui rayonnent sur Andromède, dans la Chevelure de Bérénice, dans les régions lactées du Cygne, de l'Aigle et de la Lyre; et ces douces Pléiades qui tremblent dans l'insondable éther; et les innombrables, les inénarrables merveilles semées à profusion autour de nous dans l'immense espace : toutes ces célestes splendeurs sont exposées dans les descriptions suivantes, toute l'histoire du ciel est ici racontée, tous ces tableaux sont expliqués, chacun à sa place; le musée de l'univers est décrit, simplement, humblement, imparfaitement — à mesure que j'ai avancé dans ce travail j'en ai senti l'imperfection — mais avec sincérité, avec toute la clarté méthodique qui a pu y être apportée. Cette étude générale du Ciel est faite techniquement (forme nécessaire pour le but que nous nous proposions), sans phrases, sans ornements étrangers au sujet.

Aucune instruction préalable n'est indispensable pour lire et étudier ce livre, pas plus que pour l'ASTRONOMIE POPULAIRE, car nous avons pris soin de n'employer aucune expression qui eût pu rester incomprise; il n'y a ni mathématiques ni formules ; toutefois ce volume-ci est d'un degré au-dessus du précédent, et réclame une attention plus continue. Ce n'est plus un livre de lecture proprement dit, c'est un ouvrage à étudier si l'on veut connaître le ciel, et c'est aussi un répertoire à consulter en maintes circonstances, car nous avons fait entrer dans son cadre tous les documents utiles à ceux qui désirent commencer sérieusement l'étude de l'Astronomie.

L'exécution de notre projet répond-elle à sa conception? Nous le désirons, mais nous sommes loin de l'affirmer. Bien des lacunes, sans aucun doute, seront encore restées ; bien des incorrections, typographiques et autres, pourront y être relevées : nous en avons déjà remarqué plusieurs; nous recevrons avec reconnaissance toutes celles que l'on voudra bien nous signaler, et nous remercions d'avance tous les amis, connus et inconnus, qui nous aideront à rendre ce traité aussi complet que possible.

On trouvera à la fin de l'ouvrage les *cartes du ciel* pour chaque mois de l'année, les moyens de reconnaître les planètes comme les étoiles, l'exposé des observations les plus intéressantes à faire, des conseils pratiques sur l'usage des instruments, les principaux catalogues, *tables usuelles*, etc. Il suffit, du reste, de parcourir la TABLE DES MATIÈRES pour se rendre compte de l'ensemble des documents réunis (¹).

Il est étrange, inconcevable, en vérité, que les habitants de notre planète aient vécu jusqu'ici sans même savoir où ils étaient! Il est incompréhensible qu'il y ait encore aujourd'hui quatre-vingt-dix-neuf êtres humains sur cent qui ne connaissent pas la demeure qu'ils habitent, *qui ne savent pas où ils sont*, qui ne se rendent aucun compte de la situation de la Terre dans l'espace, et qui voient toutes les nuits la sphère étoilée se déployer sur leurs têtes, sans jamais avoir appris le nom d'une seule étoile, d'une seule constellation, vivant à *l'état d'aveugles volontaires*, ne sachant rien, ne se doutant de rien, *au milieu d'un univers magnifique*, dont la seule contemplation doublerait, décuplerait pour eux le plaisir de vivre! C'est tout simplement stupéfiant! Citoyens du Ciel, nous vivons étrangers dans notre propre patrie !

Le but de ce recueil scientifique sera rempli s'il satisfait dignement la curiosité studieuse des amis de la plus belle des sciences. Nos plus chères espérances seront atteintes s'il développe sous une forme nouvelle l'œuvre à laquelle toute notre vie a été consacrée : Étudier dans leur vraie lumière les sublimes réalités de la création, et élever de plus en plus les esprits vers la connaissance de ces magiques splendeurs !

---

(¹) Nous ne voulons pas laisser passer cette circonstance sans remercier un véritable ami de l'Astronomie, M. Towne, du concours dévoué qu'il nous a apporté dans la construction si délicate de ces tables et catalogues, ainsi qu'un habile dessinateur, M. Paul Fouché, des soins qu'il a mis à construire les cartes et les figures qui complètent nos descriptions.

LES ÉTOILES
ET LES
CURIOSITÉS DU CIEL

# PREMIÈRE PARTIE
# DESCRIPTION DES CONSTELLATIONS

## CHAPITRE PREMIER

**Origine des constellations. — Histoire et description. — Le pôle. — L'étoile polaire. — La Petite Ourse. — Les étoiles depuis deux mille ans.**

« Ainsi, vous n'êtes pas satisfait? répondis-je à l'un des lecteurs enthousiastes de l'*Astronomie populaire*, qui m'assurait qu'en terminant la lecture de la 836ᵉ page de cet ouvrage, il avait trouvé ce volume beaucoup trop court.

— Mais non, pas satisfait du tout. Vous m'avez mis en appétit. Je ne me doutais de rien, je n'avais pas goûté au fruit de l'arbre de la science. Maintenant, je suis bien plus affamé, bien plus altéré, bien plus amoureux de science qu'avant d'avoir subi l'influence si attractive d'Uranie.

— Pourtant vous possédez dans cet ouvrage tous les éléments de la connaissance de l'univers. Que désirez-vous de plus?

— Oui, sans doute, les *éléments*. Mais cela ne me suffit plus. Vous avez soulevé un coin du voile : pourquoi ne pas faire tomber le voile tout entier? Le ciel est un livre que je veux lire maintenant. Les constellations m'intéressent, et vous avez glissé légèrement sur leur histoire; cependant, ne représentent-elles pas l'image de la pensée humaine qui s'est reflétée dans les cieux? J'en lirais avec ardeur une description historique. J'aime Andromède enchaînée sur son rocher ; j'envie Persée qui vole à sa délivrance; j'ai même quelque sympathie pour la Grande Ourse qui depuis tant de siècles tourne sans fatigue autour du pôle, et quand je passe des régions boréales aux signes du zodiaque, mon imagination se transporte aux temps mythologiques où nos ancêtres vivaient en communication si intime avec la nature...

— Mais...

— Pardonnez ma passion bien légitime pour une science aussi fascinatrice. Je voudrais connaître chaque étoile par son nom, je voudrais, lorsque le soir le ciel resplendit de tous ses feux, pouvoir épeler ces hiéroglyphes célestes et deviner quels mystères s'accomplissent là-haut; je voudrais savoir tout ce que l'on sait sur ces lointaines lumières aujourd'hui analysées par la chimie du ciel, connaître leur constitution physique, leur valeur, leur puissance, et pouvoir apprécier les richesses variées de chaque constellation; je voudrais...

— Mais...

— Oui! je voudrais connaître les étoiles doubles et multiples, le système de Sirius, le monde de Castor, les couples qui étincellent de chatoyantes couleurs, les groupes stellaires...

— Mais...

— Les nébuleuses, genèses formidables de mondes en formation, les amas d'étoiles, univers lointains, les voies lactées qui lancent dans l'infini leurs courbes gigantesques, les...

— Mais...

— Les étoiles variables, dont la mystérieuse lumière subit des métamorphoses si extraordinaires, les étoiles nouvellement apparues dans les cieux et que l'humanité craintive a pris pour des signes de la colère céleste, les étoiles rouge sang que le télescope...

— Mais enfin...

— ... nous montre figées au fond du firmament bleu. Oh! quelles splendeurs à contempler! quelles richesses à acquérir! quelles jouissances à éprouver! quelles heures délicieuses à passer encore dans l'étude de la nature, et cette fois-ci le télescope en main, en véritables astronomes. Oui : donnez-nous le supplément que vous nous avez promis.

— Enfin! m'écriai-je à mon tour, vous me permettez de vous répondre un mot. Je comprends votre enthousiasme pour l'Astronomie, pour la science universelle et éternelle. Mais si vous avez lu consciencieusement et exactement compris chacune des lignes des 836 pages de l'*Astronomie populaire*, avouez-moi franchement qu'en certains passages un peu difficiles, les démonstrations mathématiques indispensables ont pu fatiguer quelque peu votre esprit et calmer l'essor de votre imagination. Or, si nous avançons plus loin dans la science, ces passages arides seront plus fréquents, les oasis deviendront plus rares, l'exploration sera plus sérieuse, il y aura plus de chiffres et moins d'images...

— Eh! Monsieur! nous prenez-vous pour des enfants de six ans? nous faites-vous donc l'injure de croire que nous lisions vos ouvrages par fainéantise et que nous n'ayons pas à cœur de nous instruire le plus possible sur les réalités sublimes de la création, au milieu desquelles la plupart des hommes vivent comme des aveugles! Non, non! Nous voulons nous distinguer du troupeau commun ; nous ne perdons pas notre temps dans la lecture des romans ; nous avons soif de science ; nous laissons l'ignorance et ses illusions à ceux qui s'en contentent ; nous laissons les affaires matérielles de la vie, les ambitions de fortune ou d'honneurs d'un jour à ceux que ces petites choses intéressent ; nous leur abandonnons même les faits et gestes du patriotisme de chaque clocher et de la politique de chaque fourmilière ; j'irai même plus loin, et puisque vous paraissez douter de mon enthousiasme, je vous avouerai nettement que, pénétrés du sentiment de l'universel et de l'infini, nous ne sommes plus Français, ni Prussiens, ni Anglais, ni Espagnols, ni Italiens, ni Autrichiens, ni Russes... Vous paraisez étonné! Mais non, Monsieur, nous ne sommes même plus Européens, pas plus qu'Africains, Asiatiques ou Américains!.. Fourmilières que tout cela! enfantillages que toutes ces distinctions de drapeaux! folies que tous ces gouvernements militaires! infamies que ces boucheries internationales pour lesquelles on élève tous nos fils! abominables criminels que tous ces chefs d'États et ces crocodiles de diplomates...

— Prenez garde! Monsieur, vous pourriez manquer de respect aux institutions existantes et à l'administration. Si l'on vous entendait!

— Comment? ai-je prononcé un seul mot dont la logique et la justice ne soient pas surabondamment démontrées? Mais, si l'on me poussait à bout, je déclarerais net que je n'ai même pas le patriotisme de la Terre, car la Terre n'est plus pour moi qu'un département du ciel. Non, je ne suis même plus terrestre; je suis céleste, et je veux désormais connaître le ciel. Vous avez fait de moi, vous avez fait de tous les lecteurs qui vous ont suivi, des êtres *célestes*. Plaignez-vous! La vraie patrie, c'est l'univers infini; la vraie religion, c'est l'ascension vers Dieu par l'étude de ses œuvres. Tout le reste, pardonnez-moi l'expression, tout le reste, c'est de la... farce.

— Décidément, Monsieur, vous n'y allez pas par quatre chemins. Le Ciel, je le conçois, vous fait oublier la Terre avec la société humaine; mais je suis tranquille, car les intérêts de la vie, qui nous pressent de toutes parts, ne nous permettent pas de demeurer dans le bleu, et notre éducation nous a donné à tous le sentiment des devoirs sociaux qui régissent le monde moderne. La philosophie éclaire l'âme d'une calme clarté, même lorsqu'elle nous fait toucher du doigt les étonnantes petitesses dont l'humanité s'arrange et se glorifie. En vérité, si tous les lecteurs de mes ouvrages pensent comme vous, nous formons déjà un groupe, convaincu, d'êtres affranchis des erreurs antiques et grossières, et altérés de la vérité, de la vérité universelle, dont la science nous rapproche sans cesse.

Un scrupule pourtant m'arrête encore. Nous allons, comme vous le désirez, faire la description complète du ciel, constellation par constellation, étoile par étoile. C'est là un travail assez ardu, malgré tout son intérêt historique et scientifique. Pensez-vous vraiment que le peuple, le populaire, les lecteurs les plus nombreux soient prêts pour lire ces études techniques comme ils ont lu les descriptions précédentes? Vous, Monsieur, vous n'êtes pas précisément un homme du peuple, vous appartenez à la classe de la bourgeoisie éclairée; mais les trente mille autres lecteurs de cette première [édition ne tiennent peut-être pas autant que vous à s'instruire davantage dans la connaissance de l'univers.

— Détrompez-vous. Les classes du peuple ne sont point du tout inférieures à celles de la bourgeoisie quand à l'aptitude à l'instruction; on remarque même assez souvent le contraire. D'ailleurs, permettez-moi de vous le dire franchement : ce n'est pas à vous à suivre le peuple ; c'est à lui à vous suivre. Continuez à l'élever : il vous en sera reconnaissant. Ne vous préoccupez ni de ses goûts ni de ses tendances ; l'éducation actuelle commence à tout transformer. Vous n'avez point à le flatter : vous n'avez aucune ambition politique, puisque vous avez si nettement refusé le mandat législatif que vos concitoyens vous ont offert. Et je vous en félicite. La politique et la science ne vont point ensemble. On peut même s'étonner que nos législateurs perdent tant de temps à bavarder sur mille projets de lois, au lieu de réformer simplement l'instruction primaire et secondaire : en deux générations, la France serait instruite dans les sciences exactes au lieu de rester sous la tutelle des idées du moyen âge. Les mœurs ne doivent-elles pas précéder les lois ? La grande, l'urgente question du jour, c'est donc la diffusion de l'instruction positive. Et qu'y a-t-il de plus intéressant que l'astronomie aujourd'hui ? Au lieu d'être restée embrouillée dans des formules inextricables, cette science est devenue claire, méthodique, limpide, philosophique, séduisante : c'est la lumière même éclairant l'univers.

— Eh bien ! je vous l'avoue : il est préparé de longue date, ce complément dont vous souhaitez la publication avec tant d'insistance. Oui, nous allons faire la *description méthodique du ciel*, et nous allons passer en revue les *curiosités* de toute nature éparses dans le riche écrin de l'univers, de telle sorte que ceux qui posséderont cette seconde partie sauront désormais lire dans le ciel comme dans un livre. Continuons de nous instruire dans la réalité ; consacrons nos meilleures heures à la science ; entrons en communication de plus en plus intime avec la nature ; vivons de la vie de l'âme, et montons encore dans la Lumière et dans la Liberté. »

Telle est la conversation que l'on aurait pu entendre le 15 janvier 1880, à minuit, sous les voûtes de l'Observatoire de Paris, à la sortie d'une conférence scientifique, et elle se trouve si à propos pour ouvrir ces nouvelles pages que je n'ai pu résister à la tentation de la reproduire ici.

La connaissance plus approfondie que nous désirons faire avec le ciel peut être inaugurée par l'étude historique et astronomique des *constellations*. C'est le premier fait de l'histoire de la science. Aussitôt que les hommes eurent remarqué les étoiles de la nuit silencieuse, dès qu'ils se furent demandé quelles pouvaient être ces lumières lointaines et quels services elles étaient capables de leur rendre, ils durent créer des groupes formés par les étoiles voisines entre elles, ou disposées suivant des lignes, en figures plus ou moins régulières. Ils ne tardèrent pas à leur donner des noms en rapport avec ces figures ou avec l'association apparente de ces étoiles aux saisons, aux faits météorologiques et climatologiques, aux dates des calendriers primitifs, aux souvenirs, aux fêtes, aux réunions ; dans la suite des temps, la politique et la religion ajoutèrent des noms nouveaux aux constellations anciennement remarquées, en transportant dans le ciel les héros que la reconnaissance ou la crainte voulaient immortaliser.

La formation des constellations a commencé par les plus apparentes et par les plus utiles aux besoins de l'humanité primitive, par la Grande Ourse, Orion, les Pléiades, les Hyades, Sirius et le Grand Chien, Aldébaran et le Taureau, Arcturus et le Bouvier, la Petite Ourse, le Dragon, etc. Dans la suite des siècles, on occupa les places restées vides. Le ciel se peupla successivement, et l'on pourrait remarquer dans les figures imaginées et dans les noms des astérismes les vestiges des époques de leur création, comme on remarque dans le plan d'une grande ville les noms des rues correspondant aux idées régnantes des différents siècles. Ainsi, par exemple, à Paris, toutes les rues anciennes portent simplement l'indication du but où elles conduisaient, ou le caractère local de la rue, puis elles reçoivent des noms de saints, donnés pendant tout le moyen âge et jusqu'au XVIIe siècle ; au XVIIIe siècle, les nouvelles rues sont baptisées de noms d'hommes d'État, de navigateurs, de savants ; sous la première République et l'Empire, noms de philosophes, puis de généraux ; sous la monarchie de Juillet, noms de fonctionnaires et de bourgeois plus ou moins célèbres ; sous le second Empire, noms de batailles, de généraux et de savants ; sous la République actuelle, noms de républicains et de savants... Insensiblement, les savants prennent la place des saints. Le parallélisme entre les deux procédés est même assez curieux. Dans les constellations : les Pléiades, les Hyades, les Ourses polaires, le géant Orion, la Vendangeuse, la Canicule, la Couronne, le Triangle, les Gémeaux ; — Hercule, Andromède, Persée, Céphée, Cassiopée, Antinoüs ; — la Colombe de Noé, la Fleur de Lys, les Chiens de Chasse, l'Ecu de Sobieski ; — l'Horloge, la Boussole, la Machine pneumatique, le Fourneau chimique ; — le Télescope d'Herschel, la Machine électrique, l'Atelier de Typographie, l'Aérostat. Puis, lorsqu'il s'est agi de faire la nomenclature des pays lunaires, ce sont des noms de savants que l'on a choisis ; de même pour la géographie de Mars et pour les détails de certaines nébuleuses. Dans les noms des rues de notre grande capitale : rue Montmartre, rue des Martyrs, rue Pierre-Levée, rue de Vaugirard, rue de Grenelle, rue des Fossés, rues du Bac, du Four, des Boulangers, Poissonnière, des Petits-Champs, du Mail, Vide-Gousset; — rues Saint-Denis, Saint-Martin, Saint-Jacques, Saint-Honoré, Saint-Antoine, Saint-Louis, Saint-Sauveur, Saint-Marc, Saint-Lazare; — rues Montmorency, Suger, Sully, Colbert, Louvois, Vauban, Duquesne, Choiseul; — rues Malherbe, Corneille, Boileau, Racine, Bossuet, Maupertuis, Voltaire, J.-J. Rousseau, Réaumur, Buffon, Cassini; — rues Bonaparte, de Rivoli, Marengo, des Pyramides, du Caire; — rues Rambuteau, Cuvier, Linné, Laplace; — boulevard Sébastopol, pont de l'Alma, rues de Solférino, Turbigo, Magenta; Copernic, Galilée, Képler, Newton; boulevard Arago; — rue du Quatre-Septembre, rue de Châteaudun; rues Herschel, Washington, Lincoln, Michelet, Edgard Quinet, etc. Les opinions et préoccupations de chaque époque se reflètent dans les noms inscrits au Ciel comme sur la Terre.

Il est intéressant pour nous d'entrer en communication plus complète avec ces mystérieuses figures de la population sidérale. De même que les cartes sont utiles pour voyager, ainsi les cartes du ciel sont utiles pour se reconnaître dans cette immense étendue. Sans doute, si c'était à recommencer, si les sciences étaient logiquement formées toutes d'une pièce et sortaient entières d'un cerveau créateur, comme Minerve qui, dit-on, s'échappa tout armée du cerveau de Jupiter, on n'inventerait ni ces figures mythologiques, ni leur histoire; de même que si l'on faisait aujourd'hui la géographie logique de notre planète on n'inventerait ni les ridicules frontières, éternels sujets de la dispute des riverains, ni les animosités nationales qui forment le canevas du roman souvent dramatique de l'humanité. Mais nous sommes bien obligés de prendre les choses comme elles sont, et notre esprit ne peut que s'attacher à en tirer le meilleur parti possible. D'ailleurs, les étoiles les plus importantes du ciel étant incorporées dans ces configurations, notre instruction uranographique serait incomplète si ces figures nous restaient inconnues, et un *atlas céleste* est le complément naturel d'un traité général d'astronomie.

Remarquons, avant d'entrer dans le détail de nos constellations, que, tandis que les voyageurs sont obligés de parcourir la terre et de se déplacer pour en explorer les diverses contrées, le mouvement apparent de la sphère céleste, qui pousse les astres d'orient en occident, amène sous les yeux d'un observateur assis dans un belvédère les diverses régions du ciel étoilé. Une fatalité irrésistible semble faire surgir de l'orient tous les astres qui, suivant l'expression d'Homère, servent de couronne au ciel, tandis qu'à l'occident ils disparaissent sous l'horizon. La nature complaisante semble dire à l'homme, pour les astres : Contemple, et contemple sans peine.

Pour cette description, nous reproduirons ici, en dix-huit planches, le meilleur, le plus complet et le mieux gravé de tous les atlas célestes, celui de Bode, composé au commencement de ce siècle, lequel ne sera jamais ni surpassé, ni égalé, attendu que l'histoire des constellations n'occupe plus maintenant que la seconde place dans les ouvrages astronomiques : ces dix-huit gravures formeront ici un atlas représentant les constellations anciennes et modernes du ciel tout entier. Notre *fig.* 3 (p. 9) en est la première planche.

Commençons par le pôle nord. La *Petite Ourse, Ursa minor*, lui semble attachée par la queue et tourne en vingt-quatre heures autour de ce point fixe comme autour d'un pivot, en sens contraire du mouvement des aiguilles d'une montre. Elle se compose essentiellement de sept étoiles disposées suivant une figure analogue à celle de la Grande Ourse, mais en sens contraire. C'est à Thalès, au septième siècle avant notre ère, que l'on rapporte la dénomination de cette constellation, qui s'appelait auparavant, chez les Phéniciens, la Queue du Chien, la Cynosure. Ces navigateurs avaient remarqué sa fixité dans la région boréale du ciel et s'en servaient pour se diriger sur la Méditerranée : elle leur assura pendant près de mille ans la prépondérance sur les mers. On l'appelait aussi la Phénicienne. Dans la mythologie, la Grande Ourse est la nymphe Callisto, et la Petite Ourse est son chien. Chacun sait que, prenant la forme trompeuse de Diane, Jupiter séduisit un jour Callisto, nymphe favorite de cette déesse, et qu'il en eut un fils, nommé Arcas : c'est ce que les jeunes filles apprennent dans leur mythologie en faisant leurs « humanités. » Jupiter, voulant honorer ces deux êtres, ne pouvait certainement rien faire de mieux que de les transporter au ciel. Mais il y a si longtemps de cela qu'ils n'y sont plus : la nymphe s'est métamorphosée en ourse, quoiqu'elle n'en eût guère l'humeur, si l'on en croit la

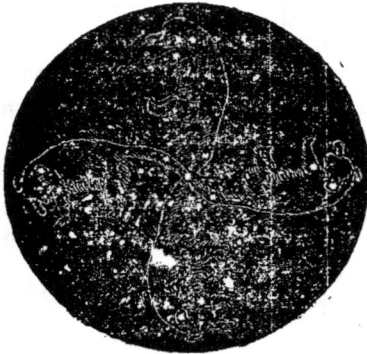

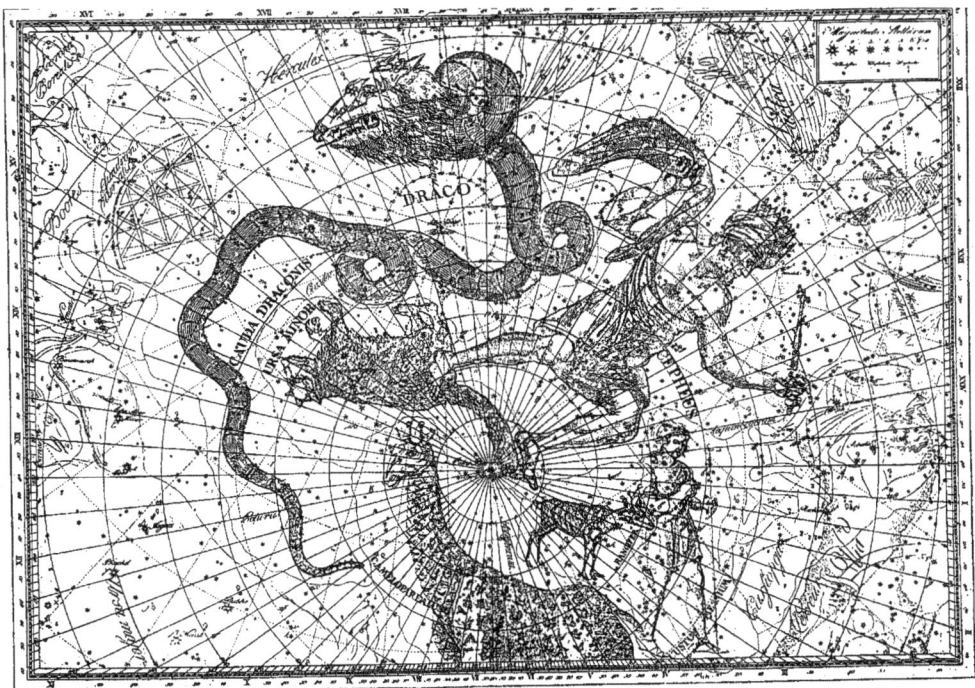

Fig. 3. — Les constellations voisines du pôle.

Petite Ourse. — Dragon. — Céphée. — Girafe. — Renne. — Messier.

légende ; son chien a subi la même transformation, et au lieu de Callisto et de son chien, la sphère étoilée nous montre depuis deux mille ans la Grande et la Petite Ourse. Quant à Arcas, il est devenu le Bouvier ; c'est un homme d'âge mûr qui n'a point du tout l'air d'un enfant (*voy.* plus loin) ; il est vrai que depuis tant de siècles il a pu facilement vieillir. Néanmoins, Jupiter n'a pas été tout à fait prévoyant.

Ovide donne une version assez curieuse de la métamorphose de Callisto. Jupiter l'aurait transformée en ourse sur la terre même. Un jour, à la chasse, Arcas se disposait à tuer sa mère, qu'il ne reconnaissait pas (on le croit sans peine), lorsque Jupiter enleva cette ourse au ciel et par la même occasion y transporta également Arcas sous la forme d'un gardien, *Arctophylax*, gardien de l'ourse. C'est le nom qu'il porte encore sur plusieurs atlas Mais comme plus tard les sept étoiles de la Grande Ourse furent considérées comme sept bœufs paissant dans la campagne céleste, le gardien de l'ourse devint le gardien des bœufs, le *Bouvier*, tandis que les sept étoiles du nord étaient nommées *Septem triones*.

Six siècles avant notre ère, sous Thalès, la Petite Ourse reçut son nom. Aratus, qui écrivait au IIIe siècle avant notre ère, remarque qu'elle s'appelait déjà aussi le Petit Chariot, par similitude avec le Grand Chariot (*Amaxa*).

Les anciennes constellations étaient formées depuis longtemps et déjà classiques au temps d'Eudoxe, disciple de Platon, qui, au IVe siècle avant notre ère, a observé les positions des 47 principales étoiles visibles en Grèce et rédigé le plus ancien catalogue d'étoiles qui nous ait été conservé. Cette première astronomie grecque venait de l'Egypte, et je crois, avec mon illustre ami Henri Martin, que le pays des sphinx et des pyramides est le plus ancien auquel notre histoire classique, grecque et romaine, puisse remonter pour les origines des sciences et des arts. Voici les étoiles observées par Eudoxe et placées sur sa sphère vers l'an 368 avant notre ère. C'est *la plus ancienne* description que nous possédions de *notre* sphère astronomique.

ÉTOILES SIGNALÉES PAR EUDOXE AU QUATRIÈME SIÈCLE AVANT NOTRE ÈRE.

| | |
|---|---|
| L'épaule gauche du Bouvier. | Le pied antérieur boréal. |
| L'étoile supérieure de la Couronne. | La précédente à la tête des Gémeaux. |
| La tête du Dragon. | La suivante     *id.* |
| La supérieure de la Lyre. | Le pied droit d'Heniochus. |
| La supérieure de l'aile droite du Cygne. | Le pied gauche    *id.* |
| La poitrine de Céphée. | La jambe gauche de Persée. |
| Aux pieds de Cassiopée. | L'épaule gauche    *id.* |
| Le pied antérieur austral de la Grande Ourse. | La main droite d'Andromède. |
| | Le cou du Cygne. |

Le bec du Cygne.
L'épaule droite d'Ophiuchus.
L'épaule gauche        id.
Le cœur du Lion.
L'australe du Cou   id.
La boréale des précédentes « in later-
culo » du Cancer.
L'australe des précédentes        id.
La boréale des suivantes, asellus boreus.
L'australe id., asellus australis.
La tête d'Ophiuchus.
A l'aile gauche du Cygne. Au bout.
        id.         id.    Au coude.
Au bras droit d'Andromède.
Au cou du Serpent d'Ophiuchus.
A la main droite de l'Ingeniculus.

Aux reins du Bélier.
Genou droit du Taureau
Zone d'Orion. Milieu.
Au flexus de l'Hydre.
Au bord boréal de la coupe.
Anse boréale        id.
Dans l'aile suivante du Corbeau.
L'étoile brillante du bras boréal du
Scorpion.
Le genou gauche d'Ophiuchus.
Le genou droit        id.
La petite de l'aile gauche de l'Aigle.
Aux reins du Cheval.
Tête du Cheval. Os Pegasi.
La brillante du cou du Cheval.
Poisson boréal. Milieu des trois.

Cette liste, qui ne contient ni Sirius, ni plusieurs autres étoiles de première grandeur, nous montre que le choix d'Eudoxe a été fait méthodiquement sur une sphère déjà construite, et, en effet, les neuf premières étoiles ont été observées pour marquer la trace du cercle arctique des astres qui ne se couchaient pas à Athènes au temps d'Eudoxe, les vingt-trois suivantes pour marquer le cercle tropical, et les quinze dernières pour marquer le cercle équinoxial. Dès cette époque donc, la cosmographie était fondée, et les observatoires possédaient des instruments pour mesurer les positions précises des étoiles dans le ciel. La sphère céleste était déjà dessinée.

Ces instruments antiques n'étaient ni des lunettes, ni des télescopes, mais des règles pour viser, des tubes pour mieux pointer les étoiles, montés sur de grands cercles divisés en degrés, de sorte que les distances angulaires des étoiles entre elles et leur position sur la sphère céleste pouvaient déjà être déterminées avec une grande exactitude. Il y avait à l'observatoire d'Alexandrie un immense globe céleste, des astrolabes, des dioptres, des armilles, et les astronomes faisaient là toutes les nuits des observations d'étoiles et de planètes comme ils en font de nos jours dans nos observatoires contemporains.

L'œuvre d'Eudoxe a été mise en vers grecs par Aratus, dont le poème, intitulé les Phénomènes, a eu l'honneur d'être traduit en latin par Cicéron et par Germanicus César, commenté par Hipparque et cité par saint Paul. Ce poème, dont nous avons plusieurs éditions depuis l'invention de l'imprimerie, décrit successivement les deux Ourses, nommées aussi les Chariots et les Hélices, parce qu'elles tournent autour du pôle, le Dragon qui serpente entre les deux Ourses, l'Homme à genoux (Engonasi), la Couronne, Ophiuchus ou le Serpentaire, le Gardien de l'Ourse (le Bouvier), la Vierge et son étoile qui annonce la vendange, les Gémeaux, le Cancer, le Lion, qui annonce le solstice d'été, le Cocher avec la Chèvre et les Chevreaux, le Taureau, dont la tête est marquée par des étoiles qui en dessinent la figure, Céphée, près de la Cynosure, Cassiopée, qui a la figure d'une clef: les bras élevés au-dessus de ses épaules, elle semble déplorer le sort de sa fille Andromède, placée au-dessous d'elle et enchaînée; le Cheval Pégase, le Bélier, le Triangle, les Poissons, Persée, qui porte la main près du trône de sa belle-mère Cassiopée, les Pléiades, jadis au nombre de sept, maintenant au nombre de six, la Lyre, faite par Mercure avec l'écaille d'une tortue, le Cygne, l'Aigle, le Verseau, le Capricorne, le Sagittaire, qui tend son arc vers la queue du Scorpion, les Serres du Scorpion, le Géant Orion, le Dauphin, le Chien au pied d'Orion : sa gueule porte Sirius; le Lièvre, qui paraît poursuivi par le Chien, le Navire Argo, avec l'étoile Canobus, devenue ensuite Canopus, le fleuve Eridan, la Baleine qui effraye Andromède, le Poisson austral, la Couronne australe, l'Autel, qui présage les tempêtes, le Centaure, la Bête percée par le Centaure, l'Hydre qui se traîne en longs replis, le Corbeau qui a l'air de lui donner des coups de bec, la Coupe. Aratus termine en ajoutant que sous les Gémeaux brille Procyon.

Ce sont là, décrites aux quatrième et troisième siècles avant notre ère, les anciennes constellations de la sphère grecque, qui sont toujours en usage dans nos atlas; on ne remarque qu'une seule exception pour la Balance, qui n'y est pas une seule fois nommée, et qui est remplacée par les Serres (du Scorpion). Vers la même époque, Manéthon, prêtre égyptien, a écrit une description analogue des constellations, et fait la remarque que les prêtres ont changé en plateau de balance les Serres du Scorpion, à cause de la ressemblance. C'est donc à tort qu'on a supposé depuis que la constellation de la Balance n'avait été formée qu'au siècle d'Auguste.

Remarquons dans le poëme d'Aratus deux particularités assez singulières. D'une part, il dit que la Lyre ne possède aucune étoile brillante; or, son étoile principale, Véga, est l'une des plus magnifiques du ciel : aurait-elle varié d'éclat? D'autre part, il assure que Cassiopée est si brillante, que la pleine lune elle-même ne peut l'éclipser; or, il n'y a là aucune étoile de première grandeur; mais la plus éclatante des étoiles temporaires qu'on ait jamais vues, celle de 1572, a brillé dans Cassiopée : elle surpassait en éclat Vénus et Jupiter, et apparaissait en plein jour; aurait-elle déjà fait une apparition du temps d'Eudoxe? Aratus ne paraît pas avoir observé lui-même.

Observations anciennes à l'Observatoire d'Alexandrie.

Ainsi, dès cette époque lointaine, en ces siècles où notre terre de Gaule n'était encore peuplée que de pasteurs, couverte de forêts, parsemée de prairies solitaires, dépourvue encore de cités murmurantes, et où la Seine silencieuse inondait périodiquement les vastes plaines aujourd'hui illustrées par les travaux et les plaisirs de la Babylone moderne, dès ces temps reculés, les penseurs de la Grèce saluaient dans le ciel, comme le faisait en notre siècle l'auteur des *Harmonies*, ces constellations qu'il a si éloquemment chantées :

> Là l'antique Orion, des nuits perçant les voiles,
> Dont Job a le premier nommé les sept étoiles ;
> Le Navire fendant l'éther silencieux,
> Le Bouvier dont le char se traîne dans les cieux,
> La Lyre aux cordes d'or, le Cygne aux blanches ailes,
> Le Coursier qui du ciel tire des étincelles,
> La Balance inclinant son bassin incertain,
> Les blonds Cheveux livrés au souffle du matin,
> Le Bélier, le Taureau, l'Aigle, le Sagittaire,
> Tout ce que les pasteurs contemplaient sur la terre,
> Tout ce que les héros voulaient éterniser,
> Tout ce que les amants ont pu diviniser,
> Transporté dans le ciel par de touchants emblèmes.

Le premier astronome qui, non satisfait de ces données générales, ait observé avec soin et noté avec précision la population du ciel, est Hipparque de Rhodes, vers l'an 130 avant notre ère. Son grand catalogue, qui nous a été conservé dans l'*Almageste* de Ptolémée, renferme 1022 étoiles distribuées entre 48 constellations : 15 étoiles de première grandeur, 45 de deuxième, 208 de troisième, 474 de quatrième, 217 de cinquième et 49 de sixième, 9 étoiles qu'il appelle sombres et 5 qu'il appelle nébuleuses. C'est de cet astronome que Pline l'ancien a dit avec tant d'enthousiasme : « Il osa compter les étoiles et les nommer pour la postérité, tentative audacieuse, même pour un dieu! » Que dirait Pline aujourd'hui de nos catalogues modernes, qui donnent les positions précises de plus d'un million d'étoiles! Ces origines de la science sont aujourd'hui pour nous du plus haut intérêt, et elles apparaîtront ici tout naturellement dans l'histoire des constellations. Mais revenons vite à la Petite Ourse, et commençons par elle la double description qui doit nous instruire, d'une part la description historique des constellations, et d'autre part la description scientifique des étoiles qui les composent et des curiosités de divers genres qu'elles peuvent offrir. C'est dans cet ordre que nous procéderons pour cette étude générale. La Petite Ourse n'est pas riche au point de vue de l'observation astronomique, comme on va en juger tout de suite.

Pour trouver cette constellation dans le ciel, il suffit de se tourner vers le nord, chercher les sept étoiles toujours visibles de la Grande Ourse, reconnaître les deux dernières du Chariot, β et α, et prolonger par la pensée une ligne menée de β à α ([1]). Cette ligne conduit directement et sans équivoque possible à l'étoile α de la Petite Ourse, étoile de 2ᵉ grandeur. C'est l'Étoile polaire. Une minute d'attention suffit ensuite pour reconnaître les six autres étoiles du Petit Chariot, en commençant par les deux roues d'arrière, qui sont les plus brillantes. Voici l'éclat de ces sept étoiles, que j'ai spécialement vérifié tout récemment (février 1880) :

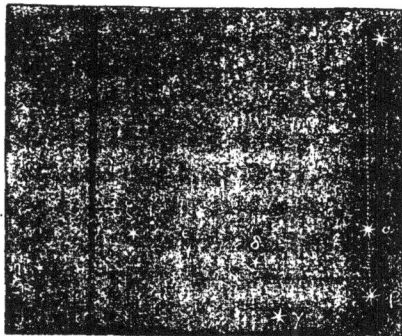

$$\alpha = 2,0 \qquad \gamma = 3,0 \qquad \varepsilon = 4,5 \qquad \eta = 5,0$$
$$\beta = 2,2 \qquad \delta = 4,3 \qquad \zeta = 4,5$$

Les grandeurs sont estimées à un dixième près.

Ce sont là les sept étoiles du Petit Chariot, auxquelles le jurisconsulte astronome Bayer a donné des lettres en 1603. Il en a nommé une 8ᵉ, θ, à côté de ζ. (Étudier la *fig. 6*.)

La Polaire et les deux d'arrière sont très faciles à reconnaître, même pour les vues basses ; les quatre autres sont plus petites, mais néanmoins bien visibles quand le ciel est pur. β est un peu rougeâtre, et varie légèrement d'éclat : je l'ai vue quelquefois un peu plus brillante que α. On remarque encore, du côté de β, une étoile de 4ᵉ grandeur et demie, plus apparente que θ, mais qui n'a pas reçu de lettre : c'est le n° 5 du catalogue de Flamsteed, et, un peu plus loin, une autre de 5ᵉ grandeur, qui porte le n° 4 du même catalogue. Au delà de γ, vers le sud, c'est-à-dire à l'opposé de la Polaire, on voit aussi deux petites étoiles qui portent les n°ˢ 4949 et 5058 du Catalogue de l'Association britannique (British Association Catalogue, en abrégé B. A. C.); la

[1] Pour éviter toute recherche nouvelle, voici les lettres de l'alphabet grec, par lequel les étoiles sont généralement désignées.

| | | | | |
|---|---|---|---|---|
| α alpha. | ζ zêta. | λ lambda. | π pi. | φ phi. |
| β bêta. | η êta. | μ mu. | ρ rho. | χ chi. |
| γ gamma. | θ thêta. | ν nu. | σ sigma. | ψ psi. |
| δ delta. | ι iota. | ξ xi. | τ tau. | ω ôméga. |
| ε epsilon. | κ cappa. | ο omicron. | υ upsilon. | |

Je supplie mes lecteurs de les apprendre : c'est une affaire de dix minutes.

première est de 5° grandeur, la seconde de 5° 1/2. Remarquez aussi, tout contre γ, une étoile de 5° 1/2 qui n'a pas de lettre et qui est inscrite sous le n° 11 de Flamsteed. Il y en a encore une autre, de même grandeur, dans la tête, que l'on trouve en prolongeant une ligne tracée de l'étoile ζ à l'étoile n° 5 : c'est le n° 4506. Ce sont là toutes les étoiles de la Petite Ourse faciles à distinguer à l'œil nu, jusqu'à la cinquième grandeur inclusivement. Total : 14. Elles ne sont pas difficiles à reconnaître. Par une belle nuit, cherchez-les et vous les trouverez avec une facilité qui vous surprendra vous-mêmes.

C'est, pour nous, la constellation la plus facile à étudier, parce qu'elle est la plus commode à trouver et à observer, qu'elle reste constamment vers la même hauteur dans le ciel, en plein nord, et que

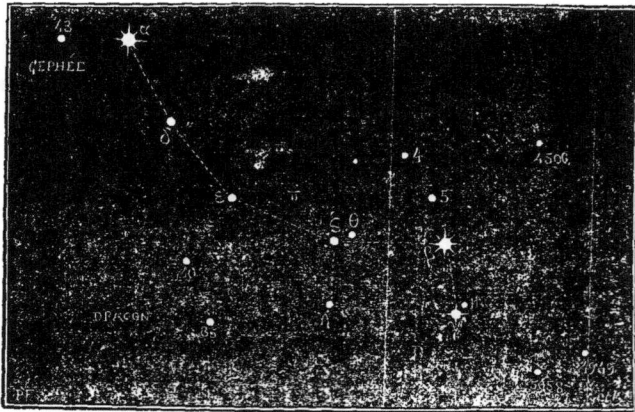

Fig. 6. — Principales étoiles de la constellation de la Petite Ourse.

nous pouvons toujours la regarder, à quelque heure que ce soit de la nuit et à toute époque de l'année. Comment ne pas songer que depuis trois mille ans, depuis les navigateurs phéniciens de Tyr et de Sidon qui fendaient le doux miroir méditerranéen sous le sillage de leurs élégantes trirèmes, où flottaient la pourpre et les vives couleurs des trophées orientaux, depuis les bonzes sacrés de la Chine antique, qui ressuscitaient dans les dessins bizarres de leur sphère céleste les êtres et les objets de leur vénération, depuis les observateurs attentifs de la tour d'Alexandrie, qui suivaient pendant la nuit le lent mouvement de ces étoiles pour décider la place du pôle, et depuis les Arabes du moyen âge jusqu'aux observateurs modernes, jusqu'à Flamsteed, Piazzi, Lalande, Herschel, Argelander ; comment ne pas songer à tous les regards instruits ou indolents, attentifs ou rêveurs, qui se sont attachés sur ces étoiles du pôle et leur ont confié leurs espérances, leurs souvenirs, leurs chagrins ou leurs joies? comment ne pas songer à ces yeux qui sont morts, tandis que toujours brillent là-haut ces lumières célestes allumées dans l'infini?

Oui, il y a trois mille ans, cette étoile β de la Petite Ourse était l'étoile polaire de l'humanité, et c'est sur ses rayons fidèles que les Phéniciens se dirigeaient. On l'appelle encore aujourd'hui *Kocab*, de l'arabe *Kaucab-al-Shemali*, « l'étoile du nord », écho des temps anciens. Chez les Chinois, l'Étoile polaire actuelle, α, s'appelle « le grand souverain du ciel auguste », β s'appelle « l'étoile souveraine », γ le « prince impérial »; les étoiles environnantes portent des noms rappelant ceux de la cour du Céleste Empire.

Depuis tant de siècles qu'on les observe, ces étoiles sont-elles restées invariables? Pour le savoir, remontons à l'origine et comparons les grandeurs d'éclat qui leur ont été assignées depuis le premier catalogue, depuis Hipparque.

ÉTOILES DE LA PETITE OURSE, OBSERVÉES A L'ŒIL NU DEPUIS DEUX MILLE ANS

| ÉTOILES. | HIPPARQUE 127 ans av. J.-C. | ABD-AL-RAHMAN AL-SUFI. An 960. | ULUGH BEIGH 1430. | TYCHO BRAHÉ, 1590. | BAYER, 1603. | HÉVÉLIUS, 1660. | FLAMSTEED, 1700. | PIAZZI, 1800. | ARGELANDER, 1840. | HEIS, 1860. | FLAMMARION, 1880. |
|---|---|---|---|---|---|---|---|---|---|---|---|
| α . . . . . | 3 | 3 | 3 | 2 | 2 | 2 | 3 | 2½ | 2 | 2 | 2,0 |
| β . . . . . | 2 | 2 | 2 | 2 | 2 | 2 | 3 | 3 | 2 | 2 | 2,2 |
| γ . . . . . | 2 | 3 | 3 | 3 | 3 | 3 | 3 | 3½ | 3 | 3 | 3,0 |
| δ . . . . . | 4 | 4 | 4 | 4 | 4 | 4 | 3 | 3 | 4.5 | 4.5 | 4,3 |
| ε . . . . . | 4 | 4 | 4 | 4 | 4 | 4 | 4 | 4 | 4.5 | 4.5 | 4,5 |
| ζ . . . . . | 4 | 4 | 4 | 4 | 4 | 4 | 4 | 4 | 4.5 | 4.5 | 4,5 |
| η . . . . | 4 | 4¾ | 5 | 5 | 5 | 5 | 5 | 5 | 5 | 5 | 5,0 |
| θ . . . . . | 0 | 0 | 0 | 0 | 5 | 0 | 5 | 5 | 6.5 | 5.6 | 5,7 |
| Fl. 5 . . . | 4 | 4 | 3 | 6 | 4½ | 6 | 4 | 4 | 5.4 | 5.4 | 4,8 |
| Fl. 4 . . . | 0 | 0 | 0 | 6 | 6 | 6 | 5 | 5½ | 5 | 5 | 5,4 |
| Fl. 11 . . . | 0 | 0 | 0 | 0 | 0 | 0 | 5 | 5½ | 0 | 5 | 5,8 |
| B.A.C. 4949. | 0 | 0 | 0 | 0 | 0 | 5 | 0 | 6 | 5 | 5 | 5,2 |
| B.A.C. 5058. | 0 | 0 | 0 | 0 | 0 | 6 | 0 | 0 | 5.6 | 5.6 | 5,6 |
| B.A.C. 4506. | 0 | 0 | 0 | 0 | 0 | 5 | 0 | 6 | 6 | 5.6 | 5,6 |

Ce sont là, nous l'avons dit, les 14 étoiles de la Petite Ourse que l'on voie facilement à l'œil nu. La division de l'éclat des étoiles en six ordres de grandeur, qui date de plus de vingt siècles, est fondée sur une appréciation naturelle de l'œil, car il se trouve que le rapport d'éclat entre chacun des six ordres adoptés est le même pour tous les intervalles et qu'il y a la même différence d'impression optique entre la 4° et la 5° grandeur, par exemple, qu'entre la 2° et la 3°. Aussi tous les observateurs ont-ils suivi (souvent même à leur insu et avec le désir de faire des jugements indépendants) cette classification en quelque sorte normale. Sans doute, il n'y a pas là la même précision que s'il s'agissait de mesures photométriques, mais comme nous ne nous occupons pas ici de l'éclat des étoiles mesuré à un centième près, ces indications suffisent pour notre but, et d'ailleurs nous sommes bien obligés de nous en contenter, si nous voulons faire une comparaison séculaire, puisque l'antiquité et le moyen âge ne nous en ont pas laissé d'autres. Chacune de ces séries est indépendante. On a contesté la valeur de celle de Bayer, et Delambre a même traité un peu cavalièrement l'œuvre de cet astronome. (Il faut avouer d'ailleurs que l'académicien-professeur Delambre était un de ces astronomes-fonctionnaires qui ne comprennent rien au ciel et qui seraient mieux à leur place dans une caserne que dans un observatoire.) Cependant, cette œuvre a son importance, non seulement par l'avantage d'avoir substitué une simple lettre grecque à une phrase entière, mais encore parce que ces lettres sont vraiment une indication de l'éclat, quoi qu'on en ait dit. En effet, si Bayer ne suit pas l'ordre de l'éclat décroissant pour la constellation entière, du moins il procède de grandeur en grandeur : ainsi, par exemple, l'étoile la plus brillante a reçu la première lettre ($\alpha$); s'il y a quatre étoiles de cette même grandeur, elles seront $\alpha$, $\beta$, $\gamma$, $\delta$; s'il y en a cinq de la grandeur suivante, elles seront $\epsilon$, $\zeta$, $\eta$, $\theta$, $\iota$; et ainsi de suite, chaque ordre de grandeur recevant successivement des lettres consécutives, se suivant dans le sens de la figure. La comparaison de ces observations faites de siècle en siècle nous permettra donc de savoir si certaines étoiles ont varié d'éclat depuis l'origine de ces observations, et cette connaissance est si importante pour l'étude de l'univers, que nos lecteurs ne trouveront certainement pas déplacés ici ces petits tableaux techniques qu'il sera si intéressant (quoique un peu laborieux) de construire pour chaque constellation. Ces chiffres s'expliquent d'eux-mêmes. Remarquons cependant que Argelander et Heis désignent les plus brillantes de chaque grandeur en leur ajoutant le numéro de la grandeur précédente, et les moins brillantes en leur ajoutant le numéro de la grandeur suivante : ainsi $\delta$ Petite Ourse, marquée 4.5, est notée comme une faible de la 4° ($= 4\frac{1}{3}$) tandis que Fl. 5 marquée 5.4, indique une brillante de la 5° ($= 4\frac{2}{3}$). Pour moi, j'ai trouvé plus commode de les estimer en dixièmes.

Si l'on compare avec soin ces notifications d'éclat faites de siècle en siècle sur les étoiles de la Petite Ourse, tout en tenant compte des incertitudes inhérentes à ces appréciations individuelles faites généralement à l'œil nu, et dépourvues de la précision des mesures photométriques, on remarque que les étoiles β, γ, ε, ζ, n'ont probablement pas varié d'éclat, tandis que α, anciennement moins brillante que β, est actuellement du même ordre. Ainsi, l'Étoile polaire a augmenté d'éclat : au temps de Bayer, elle était déjà aussi brillante que β, mais anciennement elle lui était inférieure. Plus curieuse encore, l'étoile Fl. 5 paraît flotter de la 3ᵉ à la 6ᵉ grandeur. θ n'a pas dû varier, et si Bayer lui a donné une lettre, tandis qu'il n'en donnait pas à Fl. 5 (qui est plus grande sur son propre atlas), c'est évidemment parce qu'elle appartient au corps de l'animal, tandis que la seconde est en dehors. Quant à Fl. 11, il faut une bonne vue pour là dédoubler de γ, car elle est plus petite que le Cavalier du second cheval du Chariot de la Grande Ourse (Mizar et Alcor), et pour moi je ne la distingue qu'en m'aidant d'une jumelle. Les observations ne sont pas suffisantes pour décider sur les trois dernières.

Si nos lecteurs se plaisent à chercher et à reconnaître ces étoiles dans le ciel, ils feront la remarque assez curieuse que les petites étoiles se voient plus facilement lorsqu'on ne les regarde pas que lorsqu'on les regarde : il faut détourner un peu l'œil pour les mieux saisir. Le fait doit être dû à ce que le centre de la rétine est plus fatigué, plus usé par la vision constante, ou à une augmentation de visibilité produite par la réfraction du cristallin.(Les dames se servent souvent du même procédé pour observer leurs voisins; mais ce n'est pas pour le même motif.)

Cette première constellation renferme quelques curiosités célestes intéressantes à connaître et à observer.

L'Étoile polaire doit être signalée en première ligne. C'est une étoile double intéressante. La petite étoile qui l'accompagne est de 9ᵉ grandeur 1/2 et écartée à 18 secondes (18″) de distance angulaire. Une lunette de 75 millimètres d'ouverture est nécessaire pour distinguer ce compagnon, encore faut-il que l'observateur jouisse d'une bonne vue et que le ciel soit bien pur. Il tourne lentement autour de la Polaire. Depuis les premières mesures d'Herschel jusqu'à celles que j'ai faites tout récemment, c'est-à-dire depuis cent ans, la petite étoile a tourné autour de la grande de cinq degrés seulement (correction faite de l'effet produit par la précession des équinoxes): à cette vitesse, ou plutôt à cette lenteur, elle n'emploierait pas moins de 7200 ans pour accomplir sa révolution!

Notre petite *fig.* 7 donne l'aspect de l'Étoile polaire et de son compagnon observés dans le champ d'une lunette. Toutes les fois qu'une
étoile double intéressante se présentera dans notre description, nous en
donnerons ainsi le diagramme télescopique. Ces figures seront tracées
uniformément à l'échelle de un demi millimètre pour 1 seconde ; elles
indiquent non seulement la distance des compagnons, mais encore leur
direction : le nord est en bas, l'est à droite, le sud en haut, l'ouest à
gauche. Pour que l'appréciation soit plus complète, nous reproduisons ici un dessin de Jupiter aux époques de ses oppositions (où on
l'observe le plus souvent) : son diamètre est alors de 46″. C'est là le
point de comparaison le plus naturel et le plus commode pour le jugement du nouvel observateur. Ainsi, par la comparaison de nos deux

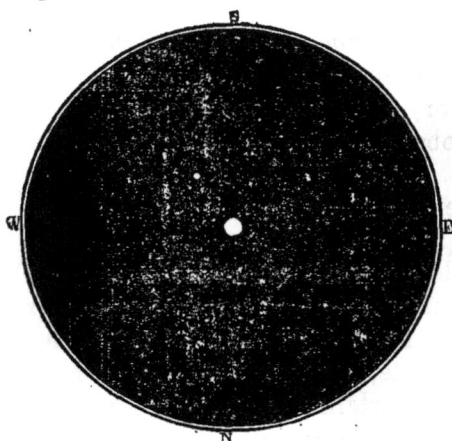

Fig. 7. — L'Etoile polaire et son compagnon.   Fig. 8. — Disque de Jupiter.

*fig.* 7 et 8, on voit que l'écartement du compagnon de la Polaire est
sensiblement inférieur à la moitié du diamètre de Jupiter.

L'Etoile polaire est l'une des étoiles dont la parallaxe a pu être
déterminée. Mesurée par Peters en 1842, elle a donné pour résultat
76 millièmes de seconde (0″ 076). C'est là une valeur si microscopique
que c'est à peine si l'on peut en répondre. Elle correspond à 2 714 000
fois le rayon de l'orbite terrestre, c'est-à-dire à *cent trillions* de lieues !
Sa lumière emploie plus de 42 années pour nous en arriver, de sorte
que, actuellement, nous la voyons, non telle qu'elle est aujourd'hui,
mais telle qu'elle était il y a 42 ans. Ainsi, la rêveuse fiancée qui le
soir confie à cette étoile si fixe et si fidèle les espérances inquiètes de
son cœur, parle, sans s'en douter, à un rayon de lumière détaché des
cieux avant sa naissance ; sa mère était enfant à l'époque où ce rayon,

qui la caresse aujourd'hui, est émané de l'étoile ; et lorsque le vieillard chargé d'années élève une dernière fois son regard vers le même
astre, il revoit l'étoile contemporaine de sa jeunesse et de ses ardeurs.
La distance de ce lointain soleil est telle que le train express imaginaire qui, en raison de 60 kilomètres à l'heure, atteindrait le Soleil
en 266 ans, devrait courir sans arrêt pendant 722 millions d'années
pour arriver jusque-là ! Quelles ne doivent pas être et l'énormité de
ce soleil et la grandeur de ce système !...

Signalons encore dans cette constellation une autre étoile double
intéressante, c'est l'étoile π, de 6ᵉ grandeur 1/2, que l'on trouvera au
nord de ζ. Comme nous avons vu plus haut que Bayer s'est arrêté à
0 dans l'annotation de cette constellation, on n'expliquerait pas la présence d'autres lettres si nous
n'ajoutions que Bode a continué les annotations pour d'autres étoiles moins brillantes.
Cette étoile porte le n° 18 dans
le catalogue de Flamsteed. —
6 ¼ et 7 ¼, jaune et bleuâtre,
assez jolie. Écartement = 30″

Il y a encore d'autres étoiles
doubles dans cette région du
ciel, mais trop petites pour être
accessibles aux instruments de
moyenne puissance (¹).

En vertu du mouvement sé-
culaire de la précession des
équinoxes, le pôle de notre

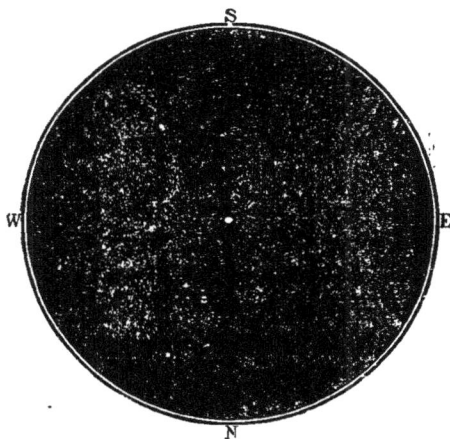

Fig. 9. — L'étoile double π de la Petite Ourse.

planète, supposé prolongé jusqu'à la voûte céleste, décrit, en
25765 ans, un cercle de 47 degrés de diamètre autour du pôle de
l'écliptique, qui reste fixe. Nous avons représenté ce déplacement
séculaire du pôle dans son aspect d'ensemble (Astronomie populaire, p. 47, fig. 25) ; mais nous pouvons pénétrer maintenant un peu
plus loin dans les détails. Notre Étoile polaire actuelle se trouve
encore à plus d'un degré du pôle (à 1° 20′), c'est-à-dire à près de trois
fois la largeur apparente de la Lune, et ce n'est qu'en l'an 2105 que le
pôle arrivera à sa plus grande proximité de la polaire (à 28′ environ).
Il n'y a en ce moment-ci aucune étoile au pôle ; mais celui-ci se trouve

(¹)   5 Fl. 4ᵉ et 11ᵉ. Distance = 45″     ζ   4ᵉ et 11ᵉ. Distance = 310
       β   3ᵉ et 11ᵉ      —      165     ε   4ᵉ et 12ᵉ   —      41

à peu près à égale distance entre deux étoiles de 6ᵉ grandeur : l'une a reçu de Bode la lettre λ; l'autre n'est connue que sous le n° 2320, qu'elle porte dans le Catalogue de l'Association Britannique (B. A. C.). Il y a, toutefois, dans les environs du pôle un grand nombre d'étoiles télescopiques, et l'on en remarque même trois de 11ᵉ grandeur, qui forment un élégant triangle, lequel est la dernière petite constellation qui tourne autour du pôle. Notre *fig.* 10 représente, d'après l'observation directe que j'en ai faite, la position actuelle du pôle; j'y ai ajouté le tracé de sa marche annuelle jusqu'en l'an 2105, où il passera le plus près de la polaire. Autour du pôle, on a tracé trois cercles, de 15′, 30′ et 1° de

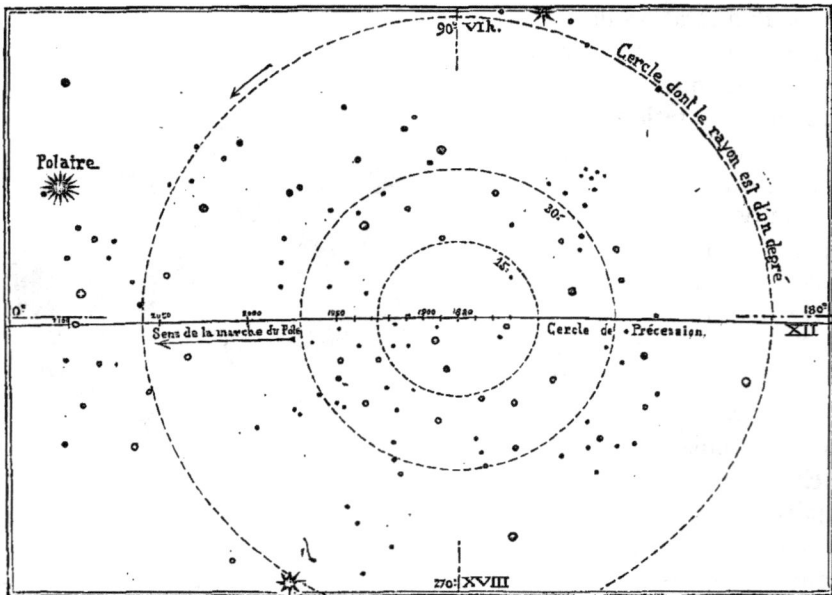

Fig. 10. — Position actuelle du pôle; marche vers l'étoile polaire.

rayon, dont le premier recouvre à peu près dans le ciel une surface égale à celle de la pleine lune. Telle est la région polaire actuelle du ciel, la *polarissima*.

Ainsi se déplace le pôle parmi les étoiles; ainsi se déplace lentement la sphère étoilée, qui, dans douze mille ans, aura conduit au nord la brillante Véga de la Lyre, tandis qu'elle aura abaissé Sirius au-dessous de l'horizon de la France et qu'elle aura élevé la Croix du Sud devant les regards étonnés de nos successeurs sur la scène du monde. Ainsi passent aussi, avec le ciel lui-même, les contemplations humaines, les destinées terrestres, les nations et les empires.

# CHAPITRE II

## Les constellations voisines du pôle.
### Le Dragon. Céphée. La Girafe. Curiosités sidérales. Nébuleuse gazeuse au pôle de l'écliptique. Le soleil rouge de Céphée.

De quel intérêt varié cette description détaillée de toutes les étoiles visibles à l'œil nu ne s'embellit-elle pas aujourd'hui pour nos regards attentifs? Par une étude qui n'est ni plus ardue que celle de l'histoire, ni plus compliquée que l'analyse d'un roman dont on voudrait démêler les caractères et les personnages, nous apprenons à lire dans le ciel comme dans un livre et à apprécier progressivement les merveilleuses splendeurs disséminées dans les profondeurs de l'immensité. Désormais, lorsque nous élèverons nos regards vers une région quelconque des cieux, nous pourrons nommer chaque étoile par son nom, nous saurons ce que chacune d'elles possède de particulièrement intéressant, nous connaîtrons leur histoire, leur nature, leur constitution physique et chimique, leur âge relatif, leur importance dans l'univers, nous apprécierons les distances de celles qui ont été mesurées, nous sentirons l'incommensurable éloignement de celles dont la parallaxe est insensible, nous saluerons les systèmes doubles et multiples qui gravitent autour d'un grand nombre, nous aurons la faculté de diriger un instrument astronomique vers tel ou tel point du ciel pour saisir dans le champ télescopique, ici une étoile double colorée, là un chatoyant amas d'étoiles, plus loin des nébuleuses préparant au fond des cieux la genèse de nouveaux univers. Le spectacle de la nuit étoilée perd le vague qui l'enveloppait et se révèle à nos yeux dans toute sa magnificence et dans son inénarrable réalité.

On pourrait croire que nous entreprenons là un travail interminable et que les étoiles du ciel sont si nombreuses, qu'il est téméraire d'essayer d'entrer en relation avec elles. En effet, nous croyons voir briller au ciel des millions d'étoiles. C'est là une erreur générale. Par la nuit la plus transparente, nous ne voyons pas plus d'étoiles au ciel qu'il n'y a d'habitants dans une toute petite ville : jamais nous ne voyons, à l'œil nu, plus de trois mille étoiles sur l'hémisphère céleste étendu au-dessus de nos têtes, et les deux hémisphères célestes, le ciel

entier ne renferme pas plus de six mille étoiles visibles à l'œil nu pour
une vue ordinaire. Or, nous n'avons à nous occuper ici que de ces
étoiles-là. Encore laissons-nous de côté celles de la sixième grandeur,
qui sont difficiles à reconnaître et dont l'intérêt est moindre pour
nous, à moins qu'il ne s'agisse d'un astre particulièrement curieux par
sa nature ou par son histoire. Nous n'avons donc, en définitive, qu'à

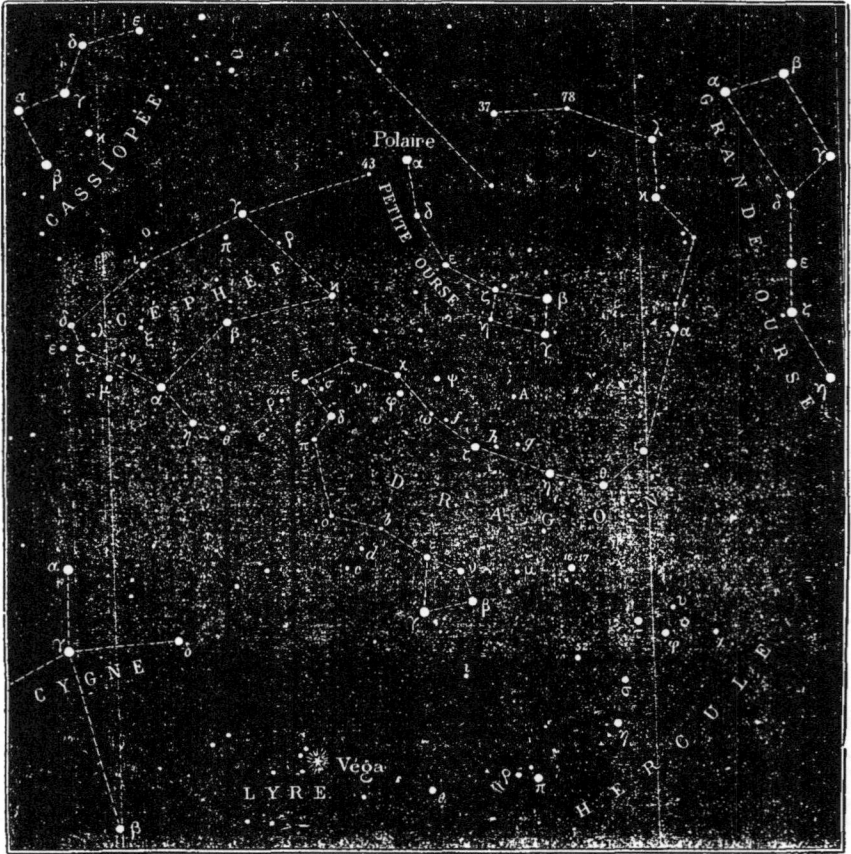

Fig. 11. — Etoiles qui environnent le pôle. Petite Ourse. — Dragon. — Céphée.

faire la connaissance d'environ 2400 étoiles répandues sur le ciel entier. Ce n'est pas plus difficile que de visiter le Musée du Louvre, et
c'est peut-être encore plus intéressant, car la nature est plus grande
que l'homme, la science est supérieure à l'art, et le ciel est plus beau
que la terre. — Mais ne nous attardons pas au vestibule. Le *Dragon*
nous appelle, et, loin de nous fermer la route, comme ses aïeux de
la fable antique, c'est lui qui va nous l'ouvrir.

Non loin de la Petite Ourse, on remarque une série d'étoiles irrégulièrement alignées, à l'aide desquelles il est facile de tracer les
sinuosités d'un serpent. Pour reconnaître cette constellation, le plus
simple est de tracer une ligne de l'Étoile polaire aux dernières étoiles

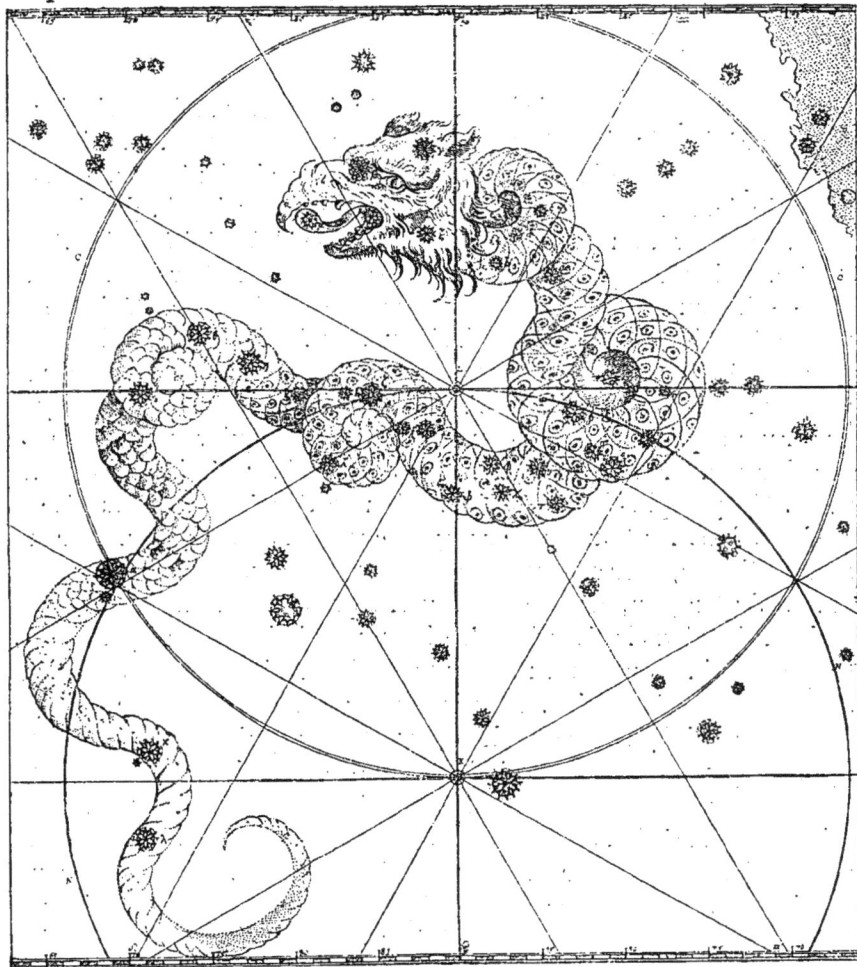

Fig. 12. — *Le Dragon*. Dessin original de Bayer.

du Petit Chariot (à β) et de la prolonger sur ζ de la Grande Ourse
(l'étoile du milieu de la queue). Cette ligne rencontre l'étoile α du
Dragon (de 3ᵉ grandeur, comme δ de la Grande Ourse). En s'aidant
de notre *fig.* 11, on trouvera facilement les autres étoiles du Dragon,
jusqu'à la tête tracée vers l'éclatante Véga de la Lyre.

Cette ancienne constellation de là sphère grecque est l'une des plus heureuses que l'on ait imaginées pour réunir un grand nombre d'étoiles disséminées en lignes irrégulières; ces figures de serpents, de dragons, de fleuves, se prêtent à toutes les situations d'étoiles, et, à l'aide de plis et de replis variés, il est facile de grouper des astres voisins ou écartés. Il est probable que cette figure a été dessinée sur la sphère céleste après celles de la Grande Ourse, de la Petite Ourse et d'Hercule, pour remplir le vide en réunissant les étoiles principales de cette région du ciel, et que sa forme comme son nom proviennent tout simplement de la disposition des étoiles ainsi réunies. Dans la mythologie, le Dragon était préposé à la garde du jardin des Hespé- rides. Je trouve, au IV<sup>e</sup> chant du poème de l'*Expédition des Argo- nautes*, écrit par Apollonius de Rhodes vers l'an 256 avant notre ère, c'est-à-dire au temps d'Ératosthènes et de Callimaque, l'épisode du navire *Argo* jeté sur les côtes d'Afrique, au fond de la Grande Syrte, puis porté sur les épaules des Argonautes jusqu'au lac Triton, près de la ville de Bérénice, et là l'histoire de l'oasis, des orangers, du Dragon qui gardait les pommes d'or (¹) et qui venait d'être tué par Hercule. Près du Dragon tué, les Hespérides gémissaient tendre- ment. Un peu plus loin, il est question de Persée portant la tête de Méduse, dont les gouttes de sang se changent en vipères. Sur nos cartes célestes, Hercule est encore là, à genoux, le pied gauche sur la tête du Dragon, comme on le verra plus loin, la massue dans la main droite, dans la situation d'un homme qui vient de frapper ; il tient dans sa main gauche un rameau (sans doute d'oranger) et un triple serpent, nommé Cerbère. Nous pouvons donc en conclure qu'il y a un rapport originel entre ces deux figures de la sphère céleste, quoique, dès l'époque d'Aratus, ce poète s'étonne de la position du héros, qu'il ne nomme pas Hercule, mais *Engonasi* (l'homme à genoux), et qui lui paraît placé dans une situation pénible, « ayant les bras élevés vers le ciel comme pour en implorer l'assistance ». Autre remarque : tandis que les figures uranographiques ont, en général, les pieds du côté de l'équateur et la tête du côté du pôle, Hercule est renversé, la tête vers l'équateur (en bas sur les cartes) et les pieds en haut.

Mais, revenons au Dragon. Nous savons déjà que son étoile $\alpha$ était polaire vers l'an 2700 avant notre ère, comme le prouve, d'une part, le calcul rétrospectif de la précession des équinoxes, et, d'autre part,

(¹) Ce serpent gardien de l'arbre aux pommes d'or ne rappelle-t-il pas un peu le serpent tentateur d'Ève au paradis terrestre? Antiques traditions, dont le sens nous échappe aujourd'hui.

les observations directes faites en Chine à cette époque et l'inclinaison des galeries des pyramides d'Égypte. Lorsque nous regardons cette étoile, nous voyons donc l'Étoile polaire sur laquelle nos aïeux se guidaient il y a quatre mille cinq cents ans. La désignation de la lettre α, que Bayer lui donna en 1603, prouve qu'à cette époque cette étoile était la plus brillante de la constellation, et, en effet, sur l'atlas de Bayer, elle est marquée de 2e grandeur, comme α et β de la Petite Ourse. Actuellement, elle n'est pas même de 3e, mais presque de 3e 1/2, et tel est aussi le degré d'éclat sous lequel elle a été désignée par Hipparque, 127 ans avant J.-C., et par Sûfi, l'an 960 de notre ère. Elle a certainement augmenté d'éclat aux xvie et xviie siècles, car tous les auteurs de cette époque la signalent comme étant la seule étoile de 2e grandeur de la constellation. C'est par elle que Bayer a commencé sa classification, puis il est allé à la tête du Dragon et a suivi les étoiles brillantes jusqu'à la queue, dans laquelle se trouve l'étoile α; ensuite, il a repris par la tête pour continuer en suivant le corps de l'animal. Notre *fig.* 12 reproduit la carte originale de Bayer, intéressante à plus d'un point de vue. On suivra l'énumération des étoiles sur cette figure, ainsi que sur la précédente.

Quelques-unes de ces étoiles sont célèbres dans l'histoire de l'Astronomie. Ainsi, c'est par l'observation attentive de l'étoile γ du Dragon que l'astronome anglais Bradley a découvert l'aberration de la lumière, en 1725. Il avait espéré, de concert avec son ami Molyneux, trouver, à l'aide d'observations combinées à six mois d'intervalle, une trace de parallaxe dans cette étoile qui passe justement au zénith de l'Angleterre et qui était moins affectée que les autres des erreurs dues à la réfraction. Mais, au lieu du mouvement parallactique qu'il espérait mettre en évidence, il vit l'étoile décrire annuellement une ellipse directement opposée à tout ce qu'on attendait et d'une tout autre nature. Grand embarras parmi les hommes de science, jusqu'au jour où Bradley, se promenant sur la Tamise par une belle après-midi, remarqua que, chaque fois que le bateau virait de bord, la direction du vent, estimée par la direction des girouettes, paraissait changer. « Eh! s'écria-t-il, c'est le mouvement de la Terre qui donne naissance à l'ellipse, en faisant croire à une déviation des rayons lumineux. » La découverte importante de l'aberration de la lumière était faite, et en même temps la première preuve positive du mouvement de translation de la Terre autour du Soleil était donnée (*Astronomie populaire*, p. 80). Mais toutes les recherches relatives à la parallaxe des étoiles examinées n'aboutirent à rien, parce que cette parallaxe est trop microscopique pour avoir pu se révéler sur les instruments de cette époque. En effet, ce mouvement parallactique s'exécute dans une ellipse moins grande que l'épaisseur d'un cheveu ! Ce n'est que 115 ans plus tard que la première distance d'étoile a pu être vraiment mesurée (celle de la 61ᵉ du Cygne, en 1840, par Bessel), et ce n'est qu'en 1875 que celle de cette même étoile γ du Dragon a été mesurée (à Dublin, par Brunnow) : cette parallaxe, de 0″092, correspond à 2 242 000 fois la distance d'ici au Soleil, c'est-à-dire à 83 *trillions* de lieues. La lumière emploie trente-cinq ans pour venir de là !

Une autre étoile du Dragon, σ, a donné pour parallaxe le chiffre 0″222, qui correspond à 928 000 fois le rayon de l'orbite terrestre, ou à 34 *trillions* de lieues. Quoique de cinquième grandeur, cette étoile est donc plus de deux fois plus proche de nous que γ, qui est de troisième. Mais des étoiles de huitième grandeur, invisibles à l'œil nu, sont plus rapprochées encore.

Depuis deux mille ans qu'on observe attentivement les étoiles de cette antique constellation, quelques-unes ont-elles varié d'éclat ? Le seul moyen de répondre à cette intéressante et importante question, c'est de comparer les observations faites depuis l'origine, comme nous l'avons fait pour la Petite Ourse. Le tableau ci-dessous donne l'état actuel de ces étoiles ainsi que les observations antérieures faites de siècle en siècle sur le même sujet.

Cette comparaison montre que plusieurs ont subi des variations assez importantes.

Remarquons d'abord que cette constellation nous offre un exemple typique du mode de classification littérale de Bayer. Suivez la sixième colonne : La constellation ne possède qu'une seule étoile de 2ᵉ grandeur ; elle a reçu la lettre α ; elle en possède 10 de 3ᵉ, qui ont reçu les dix lettres suivantes en suivant le corps de l'animal ; elle en possède 14 de 4ᵉ, qui ont reçu les quatorze lettres suivantes, et 8 de 5ᵉ, qui ont été dénommées sur le même principe. L'alphabet grec une fois épuisé, on a continué par l'alphabet romain, dont la première lettre seulement est majuscule, les autres restant minuscules. *Telle est la méthode appliquée par Bayer à chaque constellation.* Contrairement à ce qu'on suppose généralement, elle peut donc servir à des comparaisons d'éclat qui ont leur valeur.

Elle nous prouve d'abord que l'étoile α a certainement diminué d'éclat depuis le xviiᵉ siècle, car elle n'est plus la première, et à beaucoup près.

ÉTOILES DE LA CONSTELLATION DU DRAGON, OBSERVÉES DEPUIS DEUX MILLE ANS.

| Étoiles. | Hipparque 127 ans av. J C | Sufi, an 960. | Ulugh Beigh. 1430. | Tycho Brahé, 1590. | Bayer, 1603. | Hévélius, 1660. | Flamsteed, 1700. | Piazzi, 1800. | Argelander. 1840. | Heis, 1860. | Flammarion, 1880. |
|---|---|---|---|---|---|---|---|---|---|---|---|
| α | 3 1/2 | 3 1/2 | 3 | 2 | 2 | 2 | 3 | 3 1/2 | 3.4 | 3.4 | 3,3 |
| β | 3 1/2 | 3 1/2 | 3 | 3 | 3 | 3 | 2 1/2 | 2 | 3.2 | 3.2 | 2,9 |
| γ | 3 | 2 1/2 | 3 | 3 | 3 | 2 1/2 | 2 | 2 | 2.3 | 2.3 | 2,4 |
| δ | 4 | 3 1/2 | 4 | 3 | 3 | 3 | 3 1/2 | 3 | 3 | 3 | 3,0 |
| ε | 4 | 4 | 4 | 3 | 3 | 3 | 5 1/2 | 5 1/2 | 4 | 4.3 | 4,4 |
| ζ | 3 | 3 | 3 | 3 | 3 | 3 | 4 | 3 | 3 | 3 | 3,1 |
| η | 3 | 3 | 3 | 3 | 3 | 3 | 3 | 3 | 3.2 | 3.2 | 2,9 |
| θ | 4 | 4 | 4 | 3 | 3 | 3 | 3 | 3 1/2 | 4.3 | 4.3 | 3,4 |
| ι | 3 1/2 | 3 1/2 | 3 | 3 | 3 | 3 | 3 | 3 | 3 | 3 | 3,3 |
| | 3 1/2 | 3 1/2 | 3 | 3 | 3 | 3 | 3 | 3 1/2 | 3.4 | 3.4 | 3,4 |
| λ | 3 1/2 | 3 1/2 | 3 | 3 | 3 | 3 | 3 1/2 | 3 1/2 | 3.4 | 3.4 | 3,6 |
| μ | 4 | 5 | 5 | 4 | 4 | 4 | 4 3/4 | 4 | 5.4 | 5.4 | 5,5 |
| ν | 4 | 4 | 4 | 4 | 4 | 4 | 4 | 4 | 4 | 4 | 4,0 |
| ξ | 4 | 4 | 4 | 4 | 4 | 4 | 3 | 3 1/2 | 3.4 | 3.4 | 3,9 |
| ο | 4 | 5 | 5 | 4 | 4 | 4 | 4 | 5 | 5.4 | 5.4 | 4,8 |
| π | 4 | 4 | 3 | 4 | 4 | 4 | 4 | 4 | 5 | 5 | 4,9 |
| ρ | 4 | 4 3/4 | 5 | 4 | 4 | 4 | 5 | 5 | 5 | 5 | 5,0 |
| σ | 4 3/4 | 4 3/4 | 5 | 4 | 4 | 4 | 4 1/2 | 5 | 5.6 | 5.6 | 5,4 |
| τ | 4 3/4 | 4 3/4 | 5 | 4 | 4 | 4 | 4 1/2 | 4 1/2 | 5 | 5.4 | 5,0 |
| υ | 4 3/4 | 4 3/4 | 5 | 4 | 4 | 4 | 4 1/2 | 5 | 5.6 | 5 | 5,2 |
| φ | 3 3/4 | 3 3/4 | 4 | 4 | 4 | 4 | 5 | 5 1/2 | 4.5 | 4.5 | 4,3 |
| χ | 4 | 4 | 4 | 4 | 4 | 4 | 4 | 4 1/2 | 4.3 | 4 | 4,0 |
| ψ | 4 | 4 | 4 | 4 | 4 | 4 | 4 3/4 | 4 1/2 | 4.5 | 4.5 | 4,7 |
| ω | 6 | 6 | 6 | 4 | 4 | 4 | 4 | 5 | 5 | 5 | 5,1 |
| A | 0 | 0 | 0 | 3 | 4 | 3 | 4 | 4 1/2 | 5 | 5 | 5,3 |
| *b* | 4 | 5 | 5 | 5 | 5 | 5 | 5 | 5 | 5 | 5 | 5,0 |
| *c* | 4 | 5 | 5 | 5 | 5 | 5 | 5 | 5 | 5.6 | 5.6 | 5,3 |
| *d* | 4 | 5 | 5 | 5 | 5 | 5 | 5 | 5 1/2 | 5 | 5 | 5,0 |
| *e* | 0 | 0 | 0 | 5 | 5 | 5 | 5 1/2 | 5 1/2 | 6.5 | 6.5 | 6,0 |
| *f* | 6 | 6 | 6 | 0 | 5 | 0 | 5 | 5 | 5.6 | 5.6 | 5,4 |
| *g* | 5 | 5 | 5 | 5 | 5 | 5 | 5 | 5 | 5.6 | 5.6 | 5,3 |
| *h* | 5 | 5 | 5 | 5 | 5 | 5 | 5 | 5 | 5 | 5 | 5,3 |
| *i* | 4 | 4 3/4 | 5 | 5 | 5 | 5 | 5 | 4 1/2 | 5 | 5 | 5,0 |
| P. IX, 37 | 0 | 0 | 0 | 0 | 0 | 5 | 0 | 5 | 4.5 | 4.5 | 4,3 |
| P. X, 78 | 0 | 0 | 0 | 0 | 0 | 5 | 0 | 5.6 | 5.4 | 5.4 | 5,0 |

Il est bien certain aussi que l'étoile ε n'appartient pas aujourd'hui à la 3e grandeur, comme au temps de Tycho, de Bayer et d'Hévélius ; elle n'est même pas une brillante de la 4e (je l'ai trouvée inférieure à χ le 10 mars 1880). Or, cette variabilité, déjà indiquée par ce fait, est confirmée par les observations de Flamsteed et Piazzi, qui l'ont notée seulement de 5e 1/2. De plus, c'est une étoile double, dont Struve a noté les composantes 4,0 et 7,6 en 1832, Smyth 5 1/2 et 9 1/2 en 1833, Wrottlesley 5 1/2 et 9 en 1859, Duner 4 et 8 en 1867, 5 et 7 en 1871, 3 et 7,5 en 1872. Nous avons donc là certainement une étoile variable, et le plus curieux est que ses deux composantes varient. L'amiral Smyth écrivait en 1833 que ε et σ Dragon sont égales et de 5ᵉ grandeur 1/2. Le 18 mars 1880, je les ai comparées et ai trouvé σ d'une grandeur entière au-dessous.

L'étoile A, non remarquée jusqu'au quinzième siècle, a été vue de 3ᵉ grandeur par Tycho en 1590 et par Hévélius et 1660, et très certainement, si elle avait brillé d'un pareil éclat au temps d'Hipparque, elle aurait été incorporée au Dragon, dans le troisième repli duquel elle se trouve. Elle descendit à la 4ᵉ grandeur et est aujourd'hui de 5ᵉ. Au contraire, l'étoile ω, située dans la même région du ciel, et qui a été notée de 6ᵉ grandeur jusqu'au xvᵉ siècle, s'est élevée à la 4ᵉ du xviᵉ au xviiiᵉ, et est aujourd'hui de 5ᵉ. L'étoile α, comme nous l'avons vu, s'est élevée à la 2ᵉ grandeur au xviiᵉ siècle ; l'étoile β a atteint le même éclat à la fin du siècle dernier, ainsi que γ, tandis que ε descendait, au xviiiᵉ, au-dessous de la 5ᵉ grandeur. L'étoile π, notée toujours de 4ᵉ ordre, et même de 3ᵉ au xvᵉ siècle, est de 5ᵉ aujourd'hui ; ρ est descendue de 3 ¾ à 5 ¼, pour remonter à la 4ᵉ ; e est tombée de 5 à 6 ; μ est de 5 ¼ aujourd'hui, moins brillante que sa voisine 17 et presque égale à une septentrionale qui forme un triangle avec elles. Quelques autres fluctuations sont probables. Certaines étoiles présentent, au contraire, une stabilité d'éclat bien remarquable : exemple ν et h, ce qui prouve que, s'il ne faut pas attribuer une précision absolue à ces estimations de grandeur, l'accord entre elles est néanmoins assez satisfaisant pour que l'on puisse conclure à une variation réelle quand l'écart surpasse une grandeur entière ; d'ailleurs, toute équivoque est impossible quand la comparaison fait changer l'ordre de l'éclat comparatif. Ainsi, par exemple, aux seizième et dix-septième siècles, α surpassait β et γ, tandis qu'aujourd'hui l'ordre d'éclat est :

| | |
|---|---|
| 1° γ | 3° δ, ζ |
| 2° β, η | 4° α, ι, κ, λ, ξ. |

Ces variations sont d'autant plus sûres, que les appréciations de chacun des onze observateurs de la liste précédente sont absolument indépendantes les unes des autres. Ainsi le ciel n'est point aussi immuable, aussi inaltérable qu'il le paraît : c'est la brièveté de notre vie qui nous le fait croire éternel.

Anciennement la figure s'arrêtait à λ, que l'on appelait « la dernière de la queue » ; et Bayer termine son dessin sans étoile ; maintenant, on remarque une étoile de 4ᵉ grandeur (Piazzi, IX, 37) qui prolonge la queue jusque près du pôle. Cette étoile a dû augmenter d'éclat, ainsi que celle qui forme un trait d'union entre elle et α.

La constellation du Dragon réserve à l'étudiant du Ciel des curiosités dignes d'occuper les meilleures heures de ses plus belles soirées,
d'autant plus facilement que cette région, ne descendant jamais au-
dessous de l'horizon de la
France, est perpétuellement
visible pour nos latitudes.
J'engagerai les commençants
à diriger d'abord leur lunette
vers l'étoile ν, de 4ᵉ grandeur,
avec laquelle nous avons déjà
fait connaissance ; ils découvriront, non sans un certain
plaisir, que cette étoile se
compose de deux de 5ᵉ grandeur, très écartées (62″). Une
jumelle grossissant 3 à 4 fois
suffit pour les dédoubler. Ces
étoiles sont remarquées depuis deux siècles (Flamsteed,
1690), et, il y a cent ans,

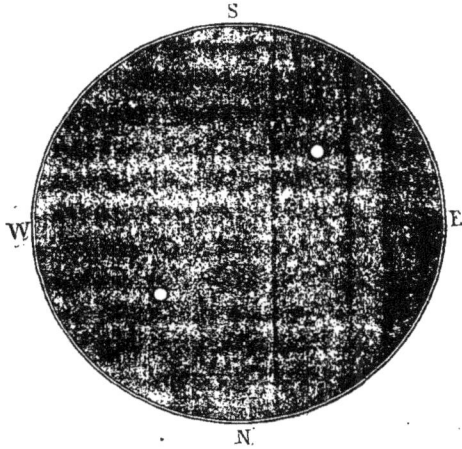

Fig. 13. — L'étoile double ν du Dragon.

William Herschel croyait qu'elles avaient changé de position. l'une
par rapport à l'autre. C'était là une conclusion prématurée. La comparaison des observations faites depuis un siècle prouve, au contraire,
qu'elles restent fixes l'une par rapport à l'autre, mais qu'elles sont
animées d'un mouvement propre commun dans l'espace, et que, par
conséquent, elles forment un système physique. Si, ce qui est assez
probable, elles gravitent l'une autour de l'autre, comme depuis deux
siècles elles n'ont certainement pas tourné de plus de 2 degrés, elles
emploient peut-être 36 000 ans, 360 siècles, pour tourner de 360 degrés
ou d'une révolution entière! Quel œil mortel pourrait contempler sans
intérêt ces deux soleils, perdus dans le fond de l'espace, à une distance inimaginable de nous, et écartés l'une de l'autre à *plusieurs
milliards* de lieues (quoique pour nous ils paraissent se toucher), qui
sont emportés tous deux ensemble, comme deux frères jumeaux, dans
une destinée commune, et qui sans doute distribuent autour d'eux,
aux terres célestes bercées dans leur attraction et dans leur lumière,
les rayonnements féconds d'une vie étrange et mystérieuse !

L'étoile o est également double, et intéressante. Grandeurs des
composantes : 4 ¾ et 8 ½; distance : 32″; la plus brillante étincelle
d'une limpide lumière jaune d'or ; la seconde est nuancée de lilas. Beau

groupe, facile à observer. D'après la comparaison que j'ai faite des mesures anciennes avec les modernes et avec les miennes, j'ai conclu que ces deux étoiles ne se connaissent pas et forment un groupe de perspective : la moins brillante est sans doute éloignée au delà de la plus brillante à une distance prodigieuse, peut-être plus grande que la distance même qui sépare la première de la Terre.

L'étoile ψ présente un intérêt d'un autre ordre. Elle est double aussi, et depuis l'année 1755 que nous avons les yeux sur elle, ses deux composantes n'ont pas varié de position, quoiqu'elles soient réunies entre elles par les liens de l'attraction et soient emportées dans l'espace par un mouvement propre commun. L'éclat des composantes

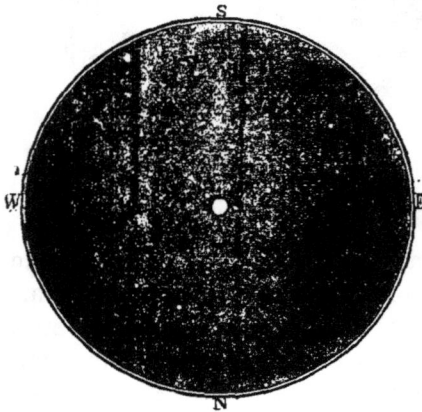

Fig. 14. — L'étoile double o du Dragon.

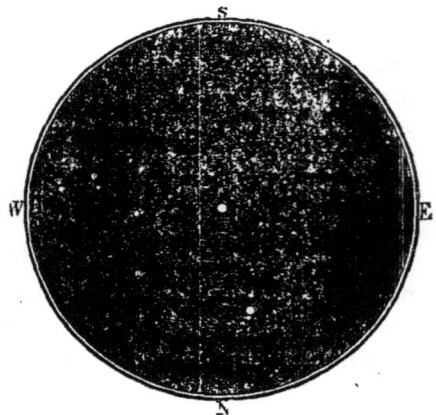

Fig. 15. — L'étoile double ψ du Dragon.

est respectivement 5e et 6e grandeur ; mais, à l'œil nu, ces deux étoiles n'en font qu'une de 4 1/2. Distance = 31″. Jaune et lilas. Beau contraste. — L'étoile υ, angle opposé à ψ dans le losange ψ, χ, φ, υ me paraît variable : l'observer de temps en temps.

On peut aussi chercher l'étoile 40, située non loin de ε Petite Ourse, et que l'on trouvera en s'aidant de notre petit carte de la p. 16. C'est une étoile de 5e grandeur, qui se dédouble en une étoile de 5e 1/2 et une de 6e. Ecartement = 20″. L'étoile 17, au bout de la tête, sur le prolongement de ξ, ν et μ, est une belle étoile triple, dont deux composantes sont de 6e grandeur et la 3e de 6 1/2 : distances 4″ et 90″.

Ce sont là les principales curiosités étoilées de cette région du ciel que l'on puisse observer à l'aide d'instruments de moyenne puissance (¹). Mais il y a dans ces parages un spectacle céleste à contempler, qui ne le cède en rien aux précédents et qui nous transporte vers des horizons encore plus inattendus et plus immenses. Environ au milieu du chemin entre l'Étoile polaire et Gamma du Dragon, justement sur le pôle de l'écliptique, près de l'étoile Oméga, se trouve l'une des plus curieuses nébuleuses qui existent. Elle offre l'aspect d'un disque planétaire ou d'une étoile qui n'est pas au foyer de l'instrument et a la forme d'une ellipse mesurant 23 secondes de longueur sur 18 de largeur. Sa lumière est bleuâtre et au centre brille une petite étoile de onzième grandeur qui paraît être le noyau de ce monde en formation. Eh bien, c'est cette nébuleuse qui, ayant été examinée la première au spectroscope, a prouvé par la révélation de sa constitution chimique qu'il y a de véritables nébuleuses à l'état gazeux. Depuis cent cinquante ans, en

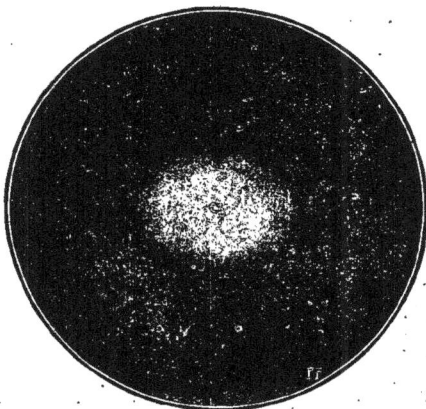

Fig. 16. — La nébuleuse du pôle de l'écliptique.

effet, les astronomes étaient fort embarrassés pour décider s'il y a de véritables nébuleuses gazeuses, et l'intérêt du sujet n'a fait que grandir depuis que William Herschel a exprimé la pensée que ces amas sont des portions de la matière primitive qui s'est condensée en étoiles, et qu'en les étudiant, nous étudions en même temps quelques-unes des phases par lesquelles les soleils et les planètes ont passé.

L'agrandissement continu de la puissance télescopique n'a pas donné à la science le dernier mot du problème des nébuleuses, car à mesure que les instruments d'optique devenaient plus immenses et plus pénétrants et permettaient de résoudre en étoiles un plus grand nombre de ces nuées, ils amenaient la découverte de nébulosités

(¹) Couples de la même constellation, plus difficiles à dédoubler :

η   3ᵉ et 10ᵉ.   Distance = 4″,7, jaune pâle et bleuâtre.
ε   5ᵉ et 8ᵉ.    Distance = 2″,9, or et azur. La petite étoile varie d'éclat de 7ᵉ à 10ᵉ.
μ   5ᵉ et 5ᵉ.    Distance = 2″,5. Système orbital rapide. C'est la première étoile de la tête du Dragon (au bout de la langue). Les Arabes la nommaient Arrakis « le Danseur. » Ce couple a tourné de 64° depuis cent ans; il doit avoir une période de 560 ans environ.

plus pâles ou plus lointaines, et l'on voyait apparaître ces formes fantastiques, ces agrégats de lumière diffuse qui ne semblent point dus à de véritables amas de soleils innombrables situés à des distances de plus en plus inaccessibles. L'analyse spectrale, en supposant qu'elle fût applicable à des objets si excessivement faibles, devenait évidemment une méthode d'investigation très propre à faire reconnaître s'il n'y a que des amas d'étoiles ou s'il existe de véritables nébuleuses gazeuses.

Dès l'année 1864, l'astronome anglais Huggins avait choisi pour premier essai d'analyse la petite nébuleuse dont nous parlons. Sa surprise fut grande, lorsqu'en regardant à travers la petite lunette de l'appareil spectral, il reconnut que son spectre n'avait plus cette apparence de bande lumineuse colorée qu'une étoile aurait fait naître, et qu'au lieu de la bande continue, on n'apercevait plus que trois raies brillantes isolées. Cette observation suffisait à résoudre le problème depuis si longtemps agité, du moins pour cette nébuleuse particulière, et pour prouver qu'elle était, non un *amas* d'étoiles distinctes, mais une *nébuleuse véritable*. Un spectre de cette nature, autant du moins que les données acquises permettent de l'affirmer, ne peut être produit que par la lumière émanée d'une matière à l'*état de gaz*. On pouvait donc en conclure, dès ces premières observations, que la lumière de cette nébuleuse n'émane pas d'une matière solide ou liquide incandescente, comme la lumière du soleil et des étoiles, mais d'un *gaz lumineux*.

Il était important de reconnaître, si cela devenait possible, par la position de ces raies brillantes, la nature chimique du gaz ou des gaz dont ces nébuleuses sont formées. Les mesures prises de la plus brillante de ces lignes montrent qu'elle occupe dans le spectre une position très voisine des raies les plus brillantes du spectre de l'azote. La plus faible des raies coïncide avec la raie verte de l'hydrogène. Mais la raie moyenne du groupe des trois lignes qui forment le spectre de la nébuleuse n'a son identique dans aucune des raies intenses des spectres des éléments terrestres connus. Il y a là un état de la matière inconnu pour nous. On voit un spectre continu excessivement faible

Fig. 17. — Spectre de la nébuleuse du pôle de l'écliptique.

provenant du centre de la nébuleuse, d'un noyau très petit, mais plus brillant que le reste de la masse. L'observation nous apprend à peu près certainement que la matière du noyau n'est pas à l'état de gaz, comme celle de la nébulosité qui l'entoure. Elle consiste en une matière opaque qui peut exister à l'état de brouillard incandescent, formé de particules solides ou liquides.

Le résultat nouveau et inattendu auquel venait de conduire l'examen spectroscopique de cette nébuleuse frappa de surprise les astronomes et les engagea à étudier attentivement les autres créations analogues qui sont disséminées dans l'étendue des cieux. Le résultat de cette analyse a été qu'un grand nombre de nébuleuses sont composées de véritables gaz, — de gaz flamboyants visibles à des milliers de milliards de lieues d'ici !

Lors donc que nous observons cette pâle nébuleuse bleuâtre située au pôle de l'écliptique, nous savons que c'est là un amas de matière gazeuse incandescente, déjà muni d'un noyau central de condensation, et nous devinons dans cette lueur lointaine l'ardente genèse d'un nouveau monde. Nous assistons d'ici à la création !... Là brille déjà un embryon de soleil ; là se prépare un système planétaire. Que dis-je ! le rayon lumineux qui nous arrive en ce moment de cette région de l'infini en est peut-être parti il y a plusieurs millions d'années, et peut-être qu'en ce moment une ou plusieurs planètes sont déjà formées, fécondées, habitées, et peut-être qu'il y a là aussi des yeux qui nous contemplent, et pour lesquels, notre histoire étant également en retard de plusieurs millions d'années, notre système solaire n'est encore qu'une nébuleuse circulaire, vue justement de face : ils se demandent si un jour notre nébuleuse deviendra soleil et planètes et ne se doutent pas que nous existons déjà et que nous pourrions leur répondre ! Voix du passé, vous devenez maintenant les paroles de l'avenir, tandis que le présent, l'actuel, disparaît pour les regards échangés à travers les vastes cieux, à travers l'infini, à travers l'éternité !

La petite nébuleuse avec laquelle nous venons de faire connaissance est la 37ᵉ de la IVᵉ classe du 'Catalogue de William Herschel, et est désignée, pour cette raison, sous le chiffre H. IV, 37.

L'étude de chaque constellation nous réserve ainsi des enseignements inattendus. Les deux premières que nous venons d'analyser offrent, comme on le voit, des curiosités variées dont l'inspection peut faire l'emploi agréable de plusieurs charmantes soirées ; il suffit, pour les observations télescopiques, d'être muni de l'un des quatre instruments que nous avons décrits à la fin de l'*Astronomie populaire*, et sur lesquels nous reviendrons en détail un peu plus loin, et comme il s'agit toujours ici « d'astronomie populaire », nous passons sous silence tous les faits célestes qui ne pourraient être observés qu'à l'aide d'instruments supérieurs. Ces pages sont écrites pour tous ceux qui désirent entrer en relation avec les merveilles de l'univers, sans fatigue et sans difficultés : j'ouvre la voie aussi largement que possible, dans l'ambition peut-être téméraire d'y engager tous les voyageurs de l'infini, tous les contemplateurs du vrai, tous les penseurs altérés de science, tous les amis de la nature. Aucune crainte de satiété. Le ciel est plus profond que la mer. Les spectacles de la terre ne sont qu'un songe devant ceux de l'éternel univers. Quelle est l'âme dont les ailes ne frémissent pas devant les abîmes d'en haut? quel est l'esprit pensif qui n'éprouve pas en face de ces grandeurs le vertige de l'infini ?

Ainsi, simplement, insensiblement et sans efforts, nous construisons ici la *description complète du ciel, étoile par étoile*, pour toutes les observations qui peuvent facilement se faire à l'œil nu, ou être trouvées à l'œil nu s'il s'agit d'une curiosité télescopique quelconque accessible aux instruments de faible et moyenne puissance. Chacun pourra désormais entrer en relation directe avec le ciel.

Dans le voisinage du pôle, remarquons maintenant la constellation de *Céphée*, ancien roi d'Ethiopie, mari de Cassiopée et père d'Andromède, dont nous examinerons plus loin la légende mythologique. Il se nomme aussi sur les cartes arabes Al-Multahib, le Flamboyant. Ce héros a un pied sur le pôle, l'autre sur la Petite Ourse, est coiffé d'un turban et d'une couronne, et tient d'une main un manteau et de l'autre son sceptre royal. (Nous l'avons déjà admiré sur notre planche de la page 9.) Pour reconnaître cette constellation dans le ciel, chercher près de la Polaire en s'aidant de notre *fig.* 11, p. 24 : on remarquera trois étoiles alignées, $\gamma$, $\iota$ et $\delta$; la première est de 3ᵉ grandeur un tiers, la seconde de 4ᵉ; la troisième, $\delta$, de 4ᵉ grandeur en moyenne, varie de 3,7 à 4,9 dans la période rapide de 5 jours 8 heures 47 minutes, et à ce point de vue-là elle offre un intérêt particulier à l'observateur attentif. A peu près parallèlement à la ligne de ces trois étoiles, on en remarquera trois autres, $\varkappa$, $\beta$ et $\alpha$, qui sont respectivement de 4,5, 3,4 et 3,0 : $\alpha$ est la plus brillante.

Voici l'ensemble de ces étoiles et l'éclat observé sur elles depuis deux mille ans :

ÉTOILES PRINCIPALES DE LA CONSTELLATION DE CÉPHÉE.
DEUX MILLE ANS D'OBSERVATION.

| ÉTOILES | −127 | +960 | 1430 | 1590 | 1603 | 1660 | 1700 | 1800 | 1840 | 1860 | 1880 |
|---|---|---|---|---|---|---|---|---|---|---|---|
| α | 3 | 3 | 3 | 3 | 3 | 3 | 3 | 3 | 3.2 | 3.2 | 3,0 |
| β | 4 | 4 | 4 | 3 | 3 | 3 | 3 | 3 | 3 | 3 | 3,4 |
| γ | 4 | 4 | 4 | 3 | 3 | 3 | 3 | 3 | 3.4 | 3.4 | 3,3 |
| δ | 3 $\frac{3}{4}$ | 3 $\frac{3}{4}$ | 4 | 4 | 4 | 4 | 4 $\frac{1}{2}$ | 4 $\frac{1}{2}$ | var. | var. | var. |
| ε | 5 | 5 | 5 | 4 | 4 | 4 | 4 | 4 $\frac{1}{2}$ | 5.4 | 5.4 | 4,7 |
| ζ | 4 | 4 | 4 | 4 | 4 | 4 | 4 $\frac{1}{2}$ | 4 | 4.3 | 3.4 | 3,9 |
| η | 4 | 4 | 4 | 4 | 4 | 4 | 4 | 3 $\frac{1}{2}$ | 4.3 | 4.3 | 3,9 |
| θ | 4 | 4 | 4 | 4 | 4 | 4 | 5 | 5 | 4 | 4 | 4,4 |
| ι | 3 $\frac{3}{4}$ | 3 $\frac{3}{4}$ | 4 | 4 | 4 | 4 | 4 | 4 | 4.3 | 3.4 | 4,0 |
| κ | 4 | 4 $\frac{3}{4}$ | 5 | 4 | 4 | 4 | 5 | 4 $\frac{1}{2}$ | 4.5 | 4.5 | 4,5 |
| λ | 5 | 6 | 6 | 0 | 5 | 0 | 6 | 5 $\frac{1}{2}$ | 6.5 | 6.5 | 5,8 |
| μ | 0 | 0 | 0 | 0 | 5 | 6 | 0 | 5 | 6 | var. | 4,4 |
| ν | 4 $\frac{3}{4}$ | 4 $\frac{3}{4}$ | 5 | 0 | 5 | 5 | 5 | 4 $\frac{1}{2}$ | 5 | 5 | 5,0 |
| ξ | 5 | 5 | 5 | 5 | 5 | 5 | 5 | 5 | 5.4 | 5.4 | 5,0 |
| ο | 0 | 0 | 0 | 0 | 5 | 5 | 4 | 7 | 6.5 | 5.6 | 5,4 |
| π | 0 | 0 | 0 | 0 | 5 | 6 | 5 | 5 | 5.4 | 5.4 | 5,0 |
| ρ | 0 | 0 | 0 | 0 | 5 | 0 | 6 | 6 | 6.5 | 6.7 | 6,0 |
| 262 B.A.C. = 43 Hév. | 0 | 0 | 0 | 0 | 5 | 5 | 4 $\frac{1}{2}$ | 5 | 4.5 | 4.5 | 4,7 |

Plusieurs de ces étoiles méritent d'arrêter un instant notre attention. Ainsi, l'étoile ο, située sur le prolongement de α, ξ et ι, n'est que de 5e grandeur et demie, et n'a rien qui la distingue de deux voisines qui n'ont pas reçu de lettres et qui sont aussi de 5e grandeur et demie; cependant, sur l'atlas de Bayer, elle est seule marquée : elle devait être un peu plus brillante en 1603 comme en 1660, et pleinement de 5e ordre. Mais le fait le plus curieux est que Flamsteed l'a notée de 4e vers 1700, et Piazzi de 7e vers 1800. (Elle est également inscrite de 7e dans le catalogue de Bradley édité par Bessel, mais toutes les estimations de grandeurs de ce catalogue sont reproduites d'après Piazzi). L'amiral Smyth, en 1834, l'a notée aussi de 7e : l'influence de Piazzi s'est-elle encore fait sentir ici ? Varie-t-elle réellement dans cette proportion? Ce n'est pas probable. Ajoutons que c'est là une ravissante étoile double, composée d'une belle étoile jaune orange et d'une petite bleu azur qui forme avec la première le plus charmant contraste; dans le champ de la lunette, on croit voir briller deux pierres précieuses étincelant d'une translucide lumière; mais, comme la distance n'est que 2 secondes et demie, il faut déjà un bon instrument pour la dédoubler nettement. Ce couple ravissant forme un système orbital en mouvement assez rapide. (Le 27 février 1880, j'ai estimé à 5,4 la grandeur de cette étoile.)

La dernière étoile du tableau précédent n'a pas reçu de lettre, quoiqu'elle soit bien visible à l'œil nu près de l'Étoile polaire. On pourrait croire qu'elle a augmenté d'éclat ; mais son absence des catalogues anciens vient surtout de ce qu'elle n'était incorporée dans aucune figure, se trouvant entre la queue de la Petite Ourse et le pied gauche de Céphée. C'est la 43ᵉ du catalogue d'Hévélius. Dans son voisinage, la 42ᵉ paraît diminuer d'éclat.

Il y a là aussi une étoile bien extraordinaire, l'étoile $\mu$ (chercher vers $\alpha$) : William Herschel l'appelait *Garnet Sidus* « l'astre grenat », et telle est, en effet, sa couleur. Quelquefois elle est rouge comme un grenat illuminé à la lumière électrique, et quelquefois elle brille d'une vive couleur d'orange translucide. C'est la plus rouge des étoiles que l'on puisse voir à l'œil nu (le télescope montre des étoiles qui sont tout à fait rouge sang). Pour apprécier sa nuance remarquable, se servir d'une jumelle ou d'une petite lunette, et regarder d'abord une étoile blanche, comme $\alpha$ Céphée. Son éclat varie de la 4ᵉ à la 6ᵉ grandeur en une période qui, d'abord évaluée à cinq ans, paraît assez irrégulière. Je l'ai observée le 27 février 1880 : elle était de 4ᵉ grandeur, un peu plus brillante que $\varepsilon$ et un peu moins que $\zeta$ : dans une lunette de 75 millimètres, elle offrait la couleur de la flamme du feu, ou plutôt celle d'un petit charbon ardent.

Examinée au spectroscope, cette étoile $\mu$ de Céphée donne un spectre du troisième type, c'est-à-dire formé de lignes noires et de lignes brillantes entrecoupées de zones ou bandes obscures qui, quand le spectre est complet, comme dans cette étoile type, sont au nombre de neuf, disposées comme autant de colonnes cannelées vues en per-

Fig. 18. — Spectre de l'étoile $\mu$ de Céphée.

spective et ayant la partie éclairée du côté du rouge. Il y a là deux spectres superposés, l'un formé de zones larges dégradées qui font l'effet des ombres sur une colonne cannelée, l'autre formé des lignes métalliques noires d'absorption. Les lignes de renversement de l'hydrogène sont très faibles et parfois absentes ; au contraire, les raies du sodium, du fer et du magnésium sont très fortes, ainsi que les bandes du carbone. Là, l'hydrogène se présente sous l'aspect de raies lumineuses. Ces spectres à colonnades paraissent dus aux oxydes, d'après les belles analyses de Lockyer, et les lignes fines aux sub-

stances élémentaires, aux corps simples. Or, les oxydes ne peuvent
subsister quand la température est très élevée, et l'on peut inférer que
les étoiles qui présentent ces bandes ont moins de chaleur que celles
qui donnent seulement les raies métalliques linéaires. Le carbone
paraît y être à l'état d'oxyde, comme dans les comètes et les aérolithes. Nous avons sans doute là sous les yeux la dernière période
des soleils, et lorsque nous regardons cette étoile rouge qui brille
doucement dans le voisinage de notre Étoile polaire, nous ne pouvons
guère nous empêcher de songer aux morts qui sont là. Oui, ce soleil
a rayonné comme le nôtre dans l'ardeur et la flamme de la jeunesse;
oui, ses rayons d'autrefois ont dû comme ici glisser sur des printemps
parfumés et sur des matinées frémissantes; oui, des êtres heureux
ont salué dans le passé, longtemps avant la naissance de la Terre,
ces lumineux levers de soleil et ces grandioses illuminations du soir
sur les mers et sur les montagnes ; oui, notre beau, notre bon soleil,
perdra aussi ses forces dans l'avenir, se couvrira d'un voile de
vapeurs, se refroidira comme un boulet rouge, et n'enverra plus à ses
filles les planètes que la pâle lueur inféconde d'un soleil qui s'éteint.
Qui donc pourrait regarder sans émotion ce lointain soleil de Céphée
et ne pas reconnaître en lui le sombre prophète de la fin du monde,
l'antechrist des derniers jours?... Cet œil éteint du passé ne
semble-t-il pas un œil ouvert sur l'avenir, qui de là-bas nous regarde
sans nous voir, comme un œil déjà mort, pauvre cristallin déjà terni
par l'agonie !

Nous avons déjà parlé de l'étoile δ de Céphée, qui varie de 3,7
à 4,9 dans la période rapide de 5 jours 6 heures 47 minutes ; elle
emploie 1 jour 14 heures pour s'élever du minimum au maximum et
3 jours 19 heures pour descendre du maximum au minimum. Ainsi,
par exemple, si nous choisissons la belle saison de cette année pour
cette observation, soit le mois d'août, nous pouvons calculer les dates
suivantes pour ces maxima et minima :

| | Jours du mois | | | Jours du mois |
|---|---|---|---|---|
| Maximum, août 1880 | 1,2 | Minimum, août 1880 | | 10,4 |
| Minimum, — | 5,0 | Maximum, — | | 12,0 |
| Maximum, — | 6,6 | Minimum, — | | 15,7 |

Et ainsi de suite. La date précise est donnée ici en dixièmes de jour parce
qu'il est plus facile d'additionner ou de soustraire en dixièmes de jour qu'en
heures. On peut remarquer, du reste, que puisqu'il y a vingt-quatre heures par
jour, un dixième de jour égale 2 heures 4 dixièmes d'heure, ou 2 heures 24 minutes. Le jour astronomique commençant à midi, le premier maximum inscrit
sur la petite liste précédente correspond donc au 1er août à 2 dixièmes de jour,

ou à 4 heures 48 minutes de l'après-midi ; le second correspond au 5 août à midi, le troisième au 6 août à 6 dixièmes ou à 14 heures, c'est-à-dire au 7 août à 2 heures du matin, et ainsi de suite. Au surplus, n'importe à quelle époque, il suffit de suivre avec attention cette étoile pendant cinq ou six soirées pour s'apercevoir de sa variabilité.

Or, cette curieuse étoile n'est pas seulement intéressante par sa variabilité, mais elle est encore une splendide étoile double, étant accompagnée d'une charmante étoile bleue de 7e grandeur, écartée à 41″, visible par conséquent dans l'instrument le plus faible ; comme l'étoile principale brille d'une belle nuance jaune d'or, ce couple offre un contraste ravissant. Si ces deux soleils forment un système physique (les observations ne sont pas suffisantes pour décider), quelle situation bizarre pour les mondes qui gravitent

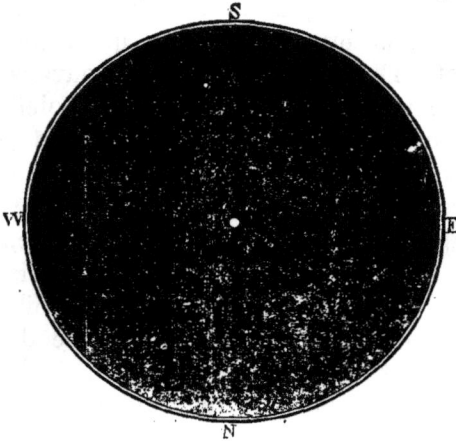

Fig. 19. — L'étoile double δ de Céphée.

là, illuminés par deux soleils dont l'un change d'éclat tous les cinq jours !

Une autre étoile de Céphée, que l'on désigne sous la lettre R, a été vue de la 5e, de la 6e, de la 7e, de la 8e, de la 9e et de la 10e grandeur. Elle est située tout près de l'Étoile polaire, et sa distance au pôle nord n'est que de 1° 14′ : c'est pourquoi il est singulier de l'avoir attribuée à Céphée, quand elle est en plein dans la queue de la Petite Ourse. L'erreur vient d'Hévélius, qui l'a appelée 24 Céphée et qui l'a estimée de 5e grandeur en 1661 : elle était alors plus brillante que λ, et lorsque Lalande observa λ en 1789, sans voir la précédente, il crut que c'était 24 Céphée, et la confusion a été continuée par Piazzi et d'autres astronomes. C'est M. Pogson, en 1856, qui constata le premier la variabilité de l'étoile d'Hévélius, nommée désormais R, d'après une convention en vertu de laquelle on attribue la lettre R à la première variable découverte dans une constellation, la lettre S à la seconde, et ainsi de suite. La chercher près de λ Petite Ourse (entre α et δ) à l'aide de notre *fig. 20*. Il serait curieux de la voir revenir plus brillante que cette voisine, comme elle l'a été. On croit que sa période est de 73 ans. Je l'ai observée le 18 mars 1880 et l'ai trouvée de 8e. Observer en même temps l'étoile double voisine de la polaire.

Il y a encore d'autres variables dans Céphée ; mais on ne peut les étudier qu'à l'aide d'instruments gradués. Revenons aux étoiles doubles.

Un jour, une jeune dame très passionnée pour le ciel était venue demander à un astronome de lui montrer quelques-unes de ces curiosités célestes ; c'était par une douce soirée de printemps, et l'astronome était rêveur. Comme il ne trouvait pas tout à coup l'étoile désirée, il s'arrêta soudain dans la manœuvre de son télescope, et se mit à crayonner, au clair de lune, quelques lignes sur le mur de la terrasse. Enfin, il se remit au télescope et trouva l'étoile. Pendant ce temps-là, la dame curieuse avait lu, au lieu d'un calcul astronomique, le quatrain suivant :

> Près de vous, madame, oubliant les cieux,
> L'astronome étonné se trouble ;
> C'est dans l'éclat caressant de vos yeux
> Qu'il avait cru trouver l'étoile double.

Je me hâte d'ajouter que la scène se passait sous Louis XV. Au-

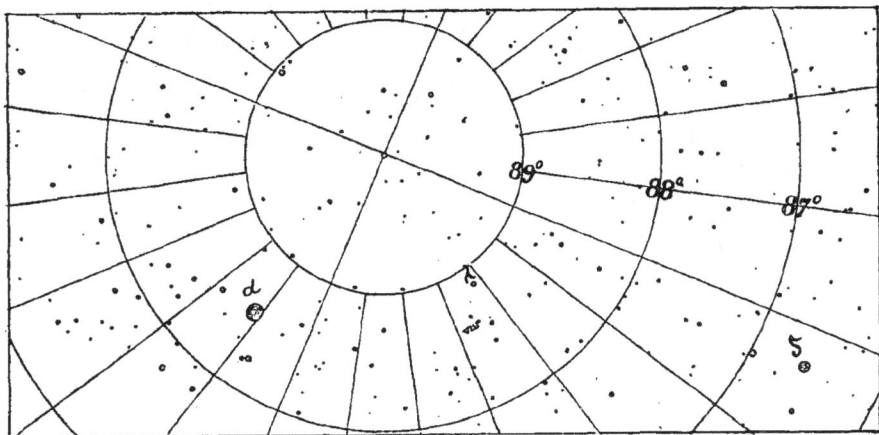

Fig. 20. — Étoile variable près de λ Petite Ourse, et étoile double près de l'étoile polaire.

jourd'hui, les astronomes sont plus sérieux. N'imitons pas nos jeunes grands-pères ou nos trop coquettes grand'mères, et passons en revue les richesses célestes incorporées dans l'antique département du roi d'Ethiopie. Dirigeons tout de suite et sans distractions une lunette vers la belle étoile β Céphée, de troisième grandeur : nous découvrirons à côté d'elle une petite étoile de huitième grandeur, écartée à 14″; la première est blanche, la seconde est bleue. C'est un petit couple charmant, qui paraît fixe dans le ciel. Notre *fig.* 21 montre son aspect télescopique. Qui pourrait croire que ce sont là deux soleils écartés à des millions et des millions de lieues l'un de l'autre ! Sans doute les yeux humains ont leur charme ; mais on les rencontre à chaque instant devant soi : les vraies étoiles doubles sont plus rares, elles habitent le ciel et elles nous invitent à en pénétrer les secrets les plus mystérieux.

L'étoile κ est aussi une élégante étoile double, composée d'un astre de 4ᵉ grandeur 1/2 et d'un de 8ᵉ 1/2 : distance = 7″,3.

Remarquons encore l'étoile ξ : 5ᵉ et 8ᵉ, à 6″ 6 ; très jolie ; système physique en mouvement. A côté, il y a une autre petite étoile double, de 7ᵉ grandeur, serrée à 2″,4 et qui forme aussi un système physique dans lequel la petite étoile tourne lentement autour de la grande.

Ce sont là, avec ο dont nous avons parlé plus haut, les principales

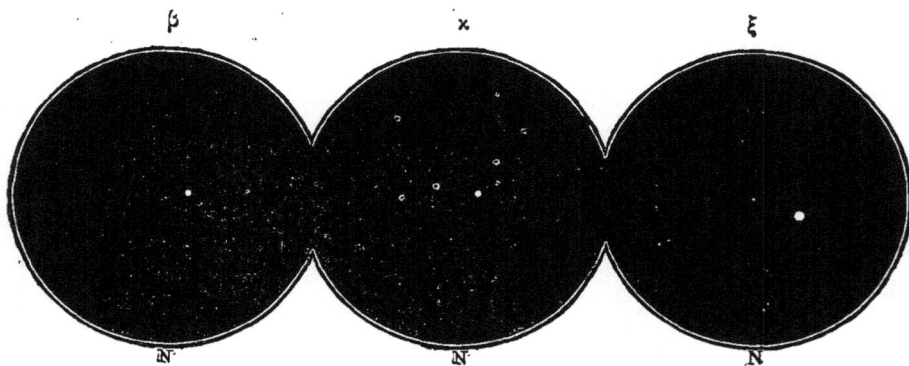

Fig. 21. — Etoiles doubles dans Céphée.

curiosités de la constellation de Céphée accessibles aux gens du monde. Les autres sont réservées aux observatoires. Je ne saurais trop engager nos lecteurs à diriger un instrument quelconque vers les objets célestes signalés dans le cours de notre description : qu'ils essaient, ils en seront tout de suite amplement récompensés, et peu à peu ils apprendront à connaître directement toutes les régions de l'immense univers, tout aussi facilement que s'ils voulaient étudier la botanique d'une contrée quelconque. La nouveauté, et j'oserai dire le grand charme, de l'essai que nous faisons aujourd'hui, c'est de substituer la pratique à la théorie : nous ne parlons plus de phénomènes abstraits, de nébuleuses inaccessibles, d'étoiles colorées, splendides mais invisibles pour le public ; nous visitons personnellement chaque réalité ; nous disons : elle est là, regardez ; nous étudions le ciel directement. Sans doute, l'attention a besoin d'être parfois soutenue, mais aussi quelle récompense! et quel plaisir d'avoir entre les mains un guide à l'aide duquel chacun de nous pourra désormais trouver dans le ciel tout ce qu'il voudra. Pour moi, je l'avoue ingénument, j'éprouve plus de plaisir à faire cette visite méthodique du grand musée de l'univers que peut-être nul lecteur n'en éprouvera à me suivre, et si quelque regret m'arrête parfois, c'est d'être obligé à une telle concision dans cette description scientifique qu'il faut à chaque instant réprimer l'enthousiasme inspiré par certaines contemplations grandioses ou charmantes. Nous pouvons dire avec Képler : « Mystères de l'infini, en vous s'abîme ma pensée! mais pour vous admirer il faut vous connaître, et pour vous connaître il faut d'abord vous examiner de sang-froid. » C'est la première condition de l'étude. Mais les choses que nous étudions ainsi sont comme des germes déposés dans nos âmes, destinés à grandir, à fleurir et à fructifier ensuite dans la méditation et dans la rêverie. Nous étudions la nature pour la connaître, mais, en définitive, c'est surtout pour jouir. La jouissance que nous éprouvons dans la contemplation de la nature est d'autant plus grande et plus profonde que nous y pénétrons plus intimement. Le calme d'un beau paysage repose l'âme comme un bain intellectuel;

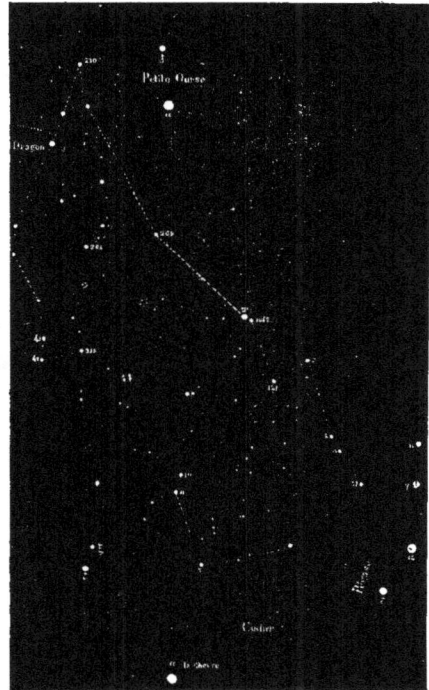

Fig. 22. — Principales étoiles de la Girafe.

une soirée d'été silencieusement illuminée des rayons étoilés nous enveloppe de fraîcheur et de mélancolie : mais combien la contemplation est plus éclairée, plus clairvoyante, plus complète, combien la sensation est plus vive et plus agréable si nous connaissons le sujet du tableau au lieu de ne voir qu'un indécis mélange de couleurs, si nous sentons dans le paysage la vie frémissante et perpétuelle, si nous sentons dans le ciel la richesse infinie de ses soleils et de ses mondes!

Nous venons de faire connaissance avec la région la plus boréale du ciel. Quelques mots encore à propos des constellations de la Girafe et du Renne.

Les espaces vides laissés entre les anciennes figures de la sphère ont tenté depuis l'antiquité l'ambition des colonisateurs du firmament, et bien des tentatives ont été faites pour remplir ces vides; mais, de même que l'ode de J.-B. Rousseau adressée à la postérité, ces propositions n'arrivèrent pas toutes à leur adresse. On trouve pour la première fois la Girafe sur un planisphère céleste de Bartschius publié en 1624, en compagnie de sept autres : la Mouche, la Licorne, le Tigre, le Jourdain, le Coq, le Rhombe, la Colombe de Noé.

De ces huit constellations, formées sans doute par les navigateurs du seizième siècle, et non par Bartschius lui-même, car il remarque qu'il n'a fait que les placer sur sa sphère, la Girafe, la Mouche et la

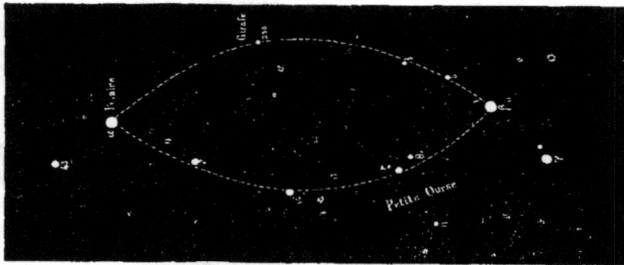

Fig. 23. — Alignement pour trouver l'étoile 230 Girafe.

Licorne ont été adoptées par Hévélius et gravées dans son atlas de 1690, la Colombe de Noé a été adoptée par Halley, et c'est généralement à lui qu'on en attribue la paternité, le Rhombe est devenu le réticule rhomboïde, mais le Tigre, le Jourdain et le Coq ont disparu du Ciel. Sous Louis XIV, Augustin Royer, pour faire sa cour au Grand Roi, réunit plusieurs étoiles situées entre Céphée, Pégase et Andromède et en fit un beau dessin représentant un sceptre, qu'il appela la Main de Justice. Mais, dès 1690, onze ans après, cet emblème royal était remplacé par l'être le moins autocrate de la création, par un inoffensif lézard, sur les belles cartes d'Hévélius. Ce lézard paraissait aussi ne pas pouvoir rester en place; mais pourtant il est encore là, dans l'attitude d'une fuite prochaine.

La Girafe élève sa tête jusqu'au pôle, comme on l'a vu sur notre fig. 3, p. 9. Elle n'est composée que de petites étoiles. Cependant elle mérite d'arrêter un instant notre attention, quoiqu'elle ne soit pas aussi vénérable que ses voisines puisqu'elle n'est encore âgée que de deux siècles et demi. Voici les principales étoiles qui la composent et les observations d'éclat qui en ont été faites. Elles ne portent pas de lettres, puisque la constellation est postérieure à Bayer, et elles sont désignées par les numéros des Catalogues de Flamsteed et de Piazzi.

PRINCIPALES ÉTOILES DE LA CONSTELLATION DE LA GIRAFE.

| | 1660 | 1700 | 1800 | 1840 | 1860 | 1880 |
|---|---|---|---|---|---|---|
| 10 Fl. . . . . . . . . | 4 | 4 3/4 | 4.5 | 4 | 4 | 4,2 |
| 9 Fl. . . . . . . . . | 4 3/4 | 4 1/2 | 4.5 | 4 | 5.4 | 4,6 |
| P. III, 111. . . . . . | 5 | 0 | 6 | 4.5 | 4.5 | 4,3 |
| P. III, 51. . . . . . . | 4 1/4 | 0 | 4 | 5.4 | 5.4 | 4,7 |
| P. V, 335. . . . . . . | 5 | 0 | 5 | 5.4 | 5.4 | 4,9 |
| P. VI, 201 . . . . . . | 5 | 0 | 5 | 5.4 | 5.4 | 4,9 |
| P. XII, 230. . . . . . | 5 | 0 | 6 | 5.4 | 5.4 | 5,0 |
| 7 Fl. . . . . . . . . | 4 1/4 | 5 | 5 | 5 | 5 | 5,0 |
| P. III, 7. . . . . . . | 5 | 0 | 6 | 5 | 5 | 5,0 |
| P. III, 54. . . . . . . | 4 1/4 | 0 | 4.5 | 5 | 5 | 5,0 |
| P. III, 57. . . . . . . | 5 | 0 | 5.6 | 5 | 5 | 5,2 |
| 1042 Radcl. . . . . . | 0 | 0 | 0 | 5 | 5 | 5,3 |
| P. III, 121. . . . . . | 5 | 0 | 5.6 | 5 | 5 | 5,5 |
| P. IV, 7. . . . . . . | 6 | 0 | 6 | 5 | 5 | 5,5 |
| P. IV, 269. . . . . . . | 5 | 0 | 5.6 | 5 | 5 | 5,0 |
| 11 Fl . . . . . . . . | 0 | 5 1/2 | 6.7 | 5 | 5.6 | 5,5 |
| 42 Fl. . . . . . . . . | 5 | 4 1/2 | 5 | 5 | 5 | 5,5 |
| 43 Fl. . . . . . . . . | 5 | 4 1/2 | 5 | 5 | 5.6 | 5,6 |
| P. X, 22. . . . . . . | 6 | 0 | 5.6 | 5 | 5 | 5,5 |

Quelques variations d'éclat paraissent s'être produites, notamment sur la troisième et sur l'avant-dernière (la troisième, P. III, 111, n'a même été notée que de 7e grandeur par Lalande, vers 1800), plusieurs n'ont pas été observées par Flamsteed, mais il a peu visité cette région du ciel qui passe juste au zénith de Londres. Il y en a une néanmoins, dont l'absence est assez inexplicable sur les anciens Catalogues, c'est l'étoile de cinquième grandeur que l'on voit contiguë au sud de P. III, 111 (*fig.* 22). Ni Hévélius, ni Piazzi, ni Lalande ne l'ont vue, et c'est seulement depuis 1840 qu'elle existe dans les Catalogues, les observateurs de Radcliffe (Angleterre) ayant alors estimé sa grandeur à 5.4.

Remarquer dans la tête de la Girafe l'étoile de cinquième grandeur P. XII, 230-232. On la trouvera facilement en suivant notre petit dessin (*fig.* 23) et en remarquant que si l'on réunit par une ligne les étoiles β, ζ, ε, δ, α de la Petite Ourse, on peut tracer, également à partir de β, une ligne courbe symétrique de la précédente, passant par les étoiles 5 et 4 de la Petite Ourse, par l'étoile P. XII, 230, dont nous parlons, et allant rejoindre la polaire. Eh bien! cette étoile est une belle double, composée de deux autres de 6e et 6e 1/2, écartées à 22″ et visibles dans la plus petite lunette (*voy. fig.* 24). Très intéressante à observer.

Voir aussi l'étoile 11, composé d'une étoile de 5ᵉ 1/2 et d'une de 6ᵉ, très écartées (181ʺ) : la première est bleuâtre et la seconde orangée.

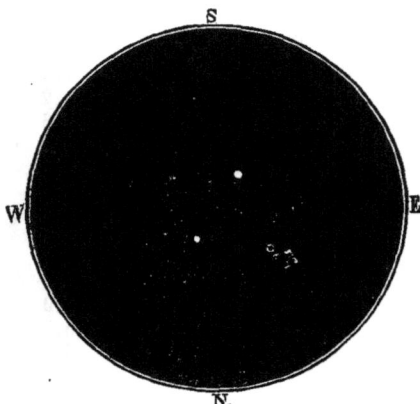

Fig. 24. — L'étoile double 230 Girafe.

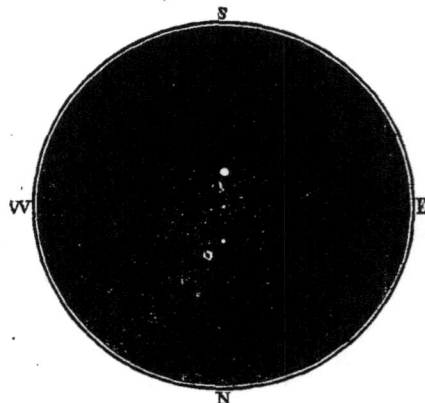

Fig. 25. — L'étoile double 269 Girafe.

Mais la plus curieuse est encore l'étoile P. IV, 269. C'est une étoile double en mouvement rapide; seulement ce mouvement est absolument rectiligne, de sorte que selon toute probabilité c'est là un groupe de perspective, formé d'une étoile de 5ᵉ grandeur et d'une de 8ᵉ. Je l'ai mesuré en 1877 : la distance des deux composantes était de 20ʺ, tandis qu'elle était de 37ʺ en 1825; si la marche se continue uniformément, le plus grand rapprochement arrivera en 1932, à 9ʺ. Qui vivra verra! Notre *fig.* 25 représente l'aspect actuel de ce couple, et notre *fig.* 26 son mouvement rapide et curieux, à l'échelle de 1 millimètre pour 1 seconde.

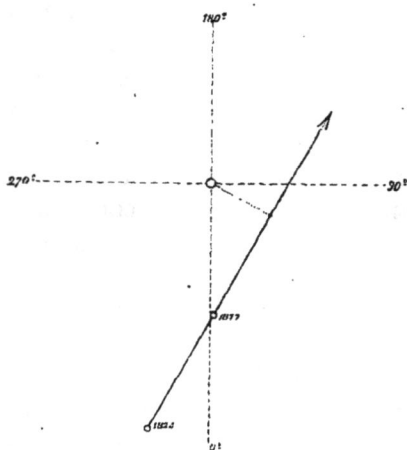

Fig. 26. — Mouvement de l'étoile double 269 Girafe.

Quand on songe que toutes les étoiles se déplacent ainsi de siècle en siècle, plus ou moins, on voit par la pensée l'aspect des constellations se métamorphoser lentement et la population des cieux s'animer de mouvements étranges et multipliés.

Il y a encore dans cette même région du ciel deux petites constellations ; mais leur histoire ne sera pas longue.

Le Renne et le Messier ont été ajoutés dans ces régions polaires, le premier par Lemonnier en 1776, en souvenir de son voyage au cercle polaire, le second par Lalande en 1774, en l'honneur de Messier, le grand dépisteur de comètes, et un peu par suite d'un jeu de mots. « On appelle Messier, dit-il, celui qui est préposé à la garde des moissons ou des trésors de la terre. Ce nom semble naturellement se lier avec celui de M. Messier, notre plus infatigable observateur, qui depuis plus de trente ans est comme préposé à la garde du ciel et à la découverte des comètes. J'ai cru pouvoir rassembler sous ce nom les étoiles informes situées entre Cassiopée, Céphée et la Girafe, c'est-à-dire entre les princes d'un peuple agricole et un animal destructeur des moissons. » On voit que Lalande s'excuse. Pardonnons-lui en faveur de la bonne intention. Mais j'engage fort mes lecteurs (les astronomes compris) à ne pas se donner la peine de reconnaître ces deux constellations et à ne pas les conserver plus longtemps sur la sphère céleste. Les rares étoiles intéressantes que l'on a quelquefois désignées sous ces noms appartiennent à Cassiopée, avec laquelle nous allons faire connaissance. Après tout, d'ailleurs, un astronome tel que Lalande est excusable d'avoir essayé de fonder une constellation sur un jeu de mots. L'un des hommes les plus sérieux qui aient existé, Jésus-Christ, n'a-t-il pas lui-même donné l'exemple en fondant son église, oui, son église tout entière, sur un jeu de mots devenu légendaire : Tu es *Pierre*, et sur cette *Pierre*, je bâtirai mon église... Que celui qui est sans défaut jette la première pierre.

# CHAPITRE III

**Cassiopée. — Andromède. — Persée et la Tête de Méduse. — Le Triangle.
Suite de la description et de l'investigation des curiosités célestes.**

Si nous avons suivi avec soin les descriptions précédentes, nous connaissons maintenant le pôle nord du ciel mieux que nous ne connaissons le pôle nord de la Terre, et lorsque désormais nous élèverons nos regards vers cette région de l'espace, au milieu du silence des belles nuits étoilées, nous saluerons de loin les univers inaccessibles qui se cachent dans ces profondeurs, le système double de l'Étoile polaire, les deux soleils jumeaux de $\nu$ du Dragon, la variable $\delta$ de Céphée accompagnée de son satellite, l'étoile rouge $\mu$ de Céphée, la nébuleuse gazeuse du pôle de l'écliptique, et les autres mondes découverts par la conquête télescopique ; nous suivrons par la pensée les variations lentes d'éclat qui ont fait pâlir l'étoile $\alpha$ du Dragon et quelques-unes de ses compagnes, tandis que d'autres grandissaient en lumière ; nous reconnaîtrons la trace du déplacement séculaire du pôle et nous songerons à nos aïeux dont cette étoile du Dragon était la polaire il y a quatre et cinq mille ans, et en contemplant les étoiles de la Petite Ourse, « la Queue du Chien », la Cynosure, le Dragon roulé sur lui-même, nous sentirons se réveiller en nous les vieux souvenirs des mythologies disparues. Ainsi la contemplation des cieux se présente à nos esprits éclairés sous son double intérêt réel et apparent, astronomique et légendaire : nous ne pourrons plus voir une constellation se dessiner dans l'espace sans reconnaître en elle une vieille amie et sans en recevoir une révélation ; nous lirons dans le ciel les secrets des mondes et les vraies destinées de l'univers.

Dans cette même région du ciel, la constellation de Cassiopée est l'une des plus faciles à reconnaître par ses cinq étoiles de 2ᵉ et 3ᵉ grandeurs disposées en W et étendues en pleine Voie lactée, à l'opposé de la Grande Ourse relativement à l'Étoile polaire. Ces cinq étoiles se suivent dans l'ordre : $\beta$, $\alpha$, $\gamma$, $\delta$, $\varepsilon$. Une sixième, $\varkappa$, de 4ᵉ grandeur et demie, complète un carré avec les trois premières, ce qui dessine assez bien une chaise, dont cette étoile formerait le bord (un peu usé) et

Fig. 27. — **Les constellations boréales. — Andromède. Persée. Cassiopée.**

dont δ et ε formeraient le dossier courbe. Cette chaise prend toutes les situations possibles à l'égard de l'observateur, puisque, comme le reste, elle tourne autour du pôle en vingt-quatre heures : elle est

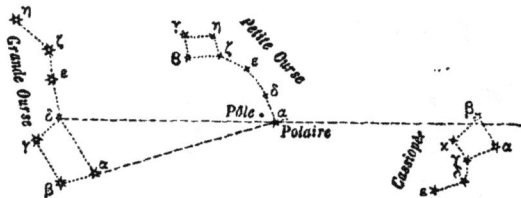

Fig. 28. — Alignement pour trouver Cassiopée.

donc aussi souvent renversée que droite. Aratus remarque qu'elle offre aussi la forme d'une clé. Chaise, trône ou clé, la dénomination s'explique par la disposition de ces six étoiles. Les Arabes voyaient aussi là une main montrant du doigt les étoiles situées en avant.

Eudoxe, Aratus et les Grecs l'appelaient *Cassiépée*, dont les Latins ont fait *Cassiopée*, par un changement de voyelle assez fréquent dans ces sortes de traductions. Cette divinité est assise sur un trône, et l'on pourrait croire qu'on l'a, en effet, assise sur le trône formé par les étoiles précédentes ; mais il n'en est rien. Sur les plus anciennes figures comme sur les récentes, les étoiles β, α, γ, κ se trouvent dans le corps même de cette dame et non au-dessous d'elle. Le trône est formé par d'autres étoiles. Sur plusieurs manuscrits arabes de l'*Almageste*, cette constellation s'appelle simplement « la Femme assise ».

Fig. 29.— Un dessin de Cassiopée au xᵉ siècle de notre ère.

Rien n'est plus curieux que la comparaison des métamorphoses subies par les figures célestes à travers les âges. Chaque siècle y laisse pour ainsi dire son empreinte : le costume, la situation, l'air même, reflètent les idées dominantes de chaque époque. Aujourd'hui, nos atlas la représentent comme on vient de le voir sur le beau dessin de la page précédente (*fig.* 27). Mais, voyez (*fig.* 29) cette Cassiopée arabe du xᵉ siècle dessinée sur un manuscrit d'Abd-al-Rahman al-Sûfi conservé actuellement à Saint-Pétersbourg et publié récemment par M. Schjellerup : elle paraît ne se tenir en équilibre qu'avec une extrême difficulté, et lorsqu'on songe que ce trône va se pencher en avant et se renverser totalement par suite du mouvement diurne de la sphère céleste, on peut craindre en vérité que cette jeune princesse ne fasse la culbute. Au xvᵉ siècle, les éditions déjà illustrées du *Poeticon astronomicon* d'Hyginus ont ajouté des liens pour éviter l'idée de cette chute, qui rappelait un peu celle d'Hébé. Mais ces liens ne tardèrent pas à disparaître, et on ne les retrouve plus sur la Cassiopée du bel atlas d'Hévélius (*fig.* 31) où la princesse paraît même tout à fait sur le point de tomber. Elle est mieux assise, et d'un âge plus mûr, sur l'atlas de Bayer (*fig.* 32) : c'est une reine, qui peut être mère d'Andromède, tandis que sur l'atlas de Flamsteed, le dessinateur, oubliant tous les principes de l'histoire, en fait un véritable enfant de trois ou quatre ans (*fig.* 30).

Qui ne connaît l'histoire de Cassiopée, Céphée, Andromède, Pégase et Persée? On peut la lire en détail dans les *Métamorphoses* d'Ovide (livre IV). Il ne me semble pas, comme l'ont cru Dupuis, Francœur et d'autres commentateurs de l'histoire de l'astronomie, qu'il y ait là l'interprétation humaine des aspects célestes, mais il est plus probable que cet épisode est le souvenir d'un fait historique, métamorphosé plus tard par la poésie et la légende. On se souvient que Cassiopée, femme de Céphée, roi d'Éthiopie, eut un jour la vanité de se croire plus belle que les Néréides, malgré la couleur africaine de son teint. Ces nymphes sensibles, piquées au vif

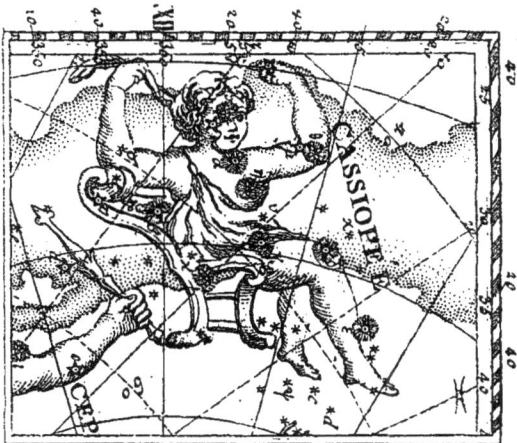

Fig. 30. — La Cassiopée de l'atlas de Flamsteed.

par une telle prétention, supplièrent Neptune de les venger d'un affront aussi colossal ; le dieu permit que d'épouvantables ravages fussent exercés par un monstre marin sur les côtes de Syrie. Pour conjurer le fléau, Céphée enchaîna sa fille Andromède sur un rocher, et l'offrit en sacrifice au terrible monstre.

Persée, touché de tant de malheurs, enfourcha au plus vite le cheval Pégase, modèle des coursiers, prit en main la tête de Méduse qui glaçait d'effroi, et partit pour le rocher fatal. Il arriva naturelle-

Fig. 31. — La Cassiopée de l'atlas d'Hévélius (1690).

ment tout juste au moment où le monstre allait dévorer sa proie ; aussi n'eut-il rien de plus empressé que de pétrifier le monstre en question en lui présentant la tête hideuse de Méduse, et de délivrer Andromède

Fig. 32. — La Cassiopée de l'atlas de Bayer (1603).

évanouie. C'est un effet de scène dont la peinture a tiré parti dans

tous les sens ; il y a peut-être autant d'Andromèdes que de Lédas, ce
qui devient incalculable. Mais les peintres ont tort de faire cette jeune
fille rose et blonde : elle devait être plus que brune et presque aussi
noire qu'une négresse, ce qui est regrettable pour Persée, qui, dit-on,
fut obligé de l'épouser.

En commémoration de ces exploits, et pour ne pas faire de privilège,
toute la famille fut installée au ciel, et aujourd'hui encore, avec un peu
de bonne volonté, et en connaissant assez bien les figures convention-

Fig. 33. — Principales étoiles de la constellation de Cassiopée.

nelles qui se partagent notre atlas céleste, on peut voir sous le dôme
étoilé : Céphée trônant, couronne sur la tête et sceptre en main, à
côté de sa femme Cassiopée, assise sur un fauteuil orné de palmes ;
un peu plus loin, Andromède enchaînée sur un roc au milieu de
l'abîme ; un gros poisson la mord aux flancs ; Pégase volant dans les
airs, un peu en avant ; et enfin le héros de la pièce, Persée, tenant de
la main droite un glaive recourbé, de la main gauche la tête aux serpents hideux. — Voilà ce que l'œil mythologique peut encore contempler au milieu de la nuit en se servant pour cela du tableau reproduit plus haut (fig. 27), car autrement cette douce Andromède, cet
intrépide Persée, seraient difficiles à distinguer dans le véritable ciel.

Mais revenons à la mère de la princesse, à Cassiopée, ou plutôt à ses *étoiles* constitutives, et comparons les observations d'éclat faites depuis deux mille ans sur cette antique constellation.

Voici toutes les étoiles de cette constellation jusqu'à la cinquième grandeur inclusivement. On les trouvera toutes à l'aide de notre *fig.* 33, que l'on doit considérer comme tournant autour de

ÉTOILES PRINCIPALES DE CASSIOPÉE, OBSERVÉES DEPUIS DEUX MILLE ANS

| | − 127 | + 960 | 1430 | 1590 | 1603 | 1660 | 1700 | 1800 | 1840 | 1860 | 1880 |
|---|---|---|---|---|---|---|---|---|---|---|---|
| α | 3 | 3 | 3 | 3 | 3 | 3 | 3 | 3 | var. | var. | 2,5 |
| β | 3 | 3 | 3 | 3 | 3 | 3 | $2\frac{3}{4}$ | $2\frac{1}{2}$ | 2.3 | 2 | 2,2 |
| γ | $2\frac{3}{4}$ | $2\frac{3}{4}$ | 3 | 3 | 3 | 3 | 3 | 3 | 2 | 2 | 2,0 |
| δ | 3 | 3 | 3 | 3 | 3 | 3 | 3 | 3 | 3 | 3.2 | 2,8 |
| ε | 4 | 4 | 4 | 3 | 3 | 3 | 3 | $3\frac{1}{2}$ | 3.4 | 3.4 | 3,5 |
| ζ | $3\frac{3}{4}$ | $3\frac{3}{4}$ | 4 | 4 | 4 | 4 | 4 | 4 | 4 | 4 | 4,0 |
| η | 4 | 4 | 4 | 4 | 4 | 4 | 4 | 4 | 4.3 | 4 | 4,1 |
| θ | 5 | 5 | 4 | 4 | 4 | 4 | 4 | $4\frac{1}{2}$ | 4.5 | 4.5 | 4,4 |
| ι | 4 | $4\frac{1}{2}$ | 4 | 4 | 4 | 4 | 5 | $4\frac{1}{4}$ | 4 | 4 | 4,5 |
| κ | $4\frac{1}{2}$ | $4\frac{1}{2}$ | 4 | 4 | 4 | 4 | 4 | 4 | 4.5 | 4.5 | 4,5 |
| λ | 0 | 0 | 0 | 6 | 5 | 6 | 5 | 5 | 5 | 5 | 5,1 |
| μ | 0 | 0 | 0 | 5 | 5 | 5 | 5 | $5\frac{1}{2}$ | 6 | 5.6 | 6,0 |
| ν | 0 | 0 | 0 | 6 | 6 | 6 | 5 | 6 | 5 | 5 | 5,6 |
| ξ | 0 | 0 | 0 | 6 | 6 | 6 | 6 | 6 | 6 | 5.4 | 5,6 |
| ο | 0 | 0 | 0 | 6 | 6 | 6 | 6 | $5\frac{1}{2}$ | 5 | 5 | 5,2 |
| π | 0 | 0 | 0 | 6 | 6 | 6 | 6 | 5 | 6 | 5 | 5,2 |
| ρ | 6 | 6 | 6 | 6 | 6 | 6 | 6 | $5\frac{1}{2}$ | 5 | 5.4 | 5,3 |
| σ | 6 | 6 | 6 | 6 | 6 | 6 | 6 | 6 | 5 | 5 | 5,3 |
| τ | 0 | 0 | 0 | 6 | 6 | 6 | 5 | 5 | 5 | 5 | 5,5 |
| υ² | 0 | 0 | 0 | 6 | 6 | 6 | 6 | $5\frac{1}{2}$ | 6.5 | 6.5 | 5,4 |
| φ | 5 | 0 | 5 | 6 | 6 | 6 | 6 | $5\frac{1}{2}$ | 5 | 5.6 | 5,5 |
| χ | 0 | 0 | 0 | 6 | 6 | 6 | 6 | 6 | 6.5 | 5.6 | 5,7 |
| ψ | 0 | 0 | 0 | 6 | 6 | 5 | $5\frac{1}{2}$ | $4\frac{1}{2}$ | 5 | 5 | 5,5 |
| ω | 0 | 6 | 0 | 6 | 6 | 0 | 6 | 6 | 5 | 5 | 5,8 |
| 48 A | 0 | 4 | 0 | 6 | 6 | $4\frac{1}{2}$ | 5 | 5 | 5.4 | 5.4 | 4,7 |
| 50 | 0 | 4 | 0 | 6 | 6 | $4\frac{1}{2}$ | $4\frac{1}{2}$ | $4\frac{1}{2}$ | 4 | 4 | 4,2 |
| 4 | 0 | 0 | 0 | 6 | 0 | 6 | 5 | 5 | 6 | 6.5 | 6,0 |
| 955 B.A.C | 0 | 0 | 0 | 6 | 6 | 6 | 5 | 6 | 5.4 | 5.4 | 5,0 |
| 1 | 0 | 0 | 0 | 0 | 0 | 0 | 6 | 6 | 5.6 | 5 | 5,3 |
| 101 | 0 | 0 | 0 | 0 | 6 | 6 | 0 | 5 | 5 | 5 | 5,0 |

l'étoile polaire en vingt-quatre heures. Cette dernière remarque est importante pour trouver les constellations circumpolaires : leur direction change d'une heure à l'autre autour de l'étoile polaire, qui, seule, reste fixe : elles sont tantôt au sud, tantôt au nord, tantôt à l'est, tantôt à l'ouest; mais les rapports mutuels entre les étoiles ne changent pas, et par conséquent on peut toujours les chercher et les trouver. La comparaison séculaire des étoiles inscrites au petit tableau

précédent montre que parmi elles plusieurs paraissent avoir augmenté
d'éclat, notamment les étoiles ξ, o, π, ρ, σ et τ; ce fait de plusieurs
étoiles subissant une variation analogue dans une même région du ciel
n'aurait rien d'extraordinaire, car l'analyse spectrale nous montre
certaines prédominances de constitution chimique et physique parti-
culières à certaines régions du ciel. L'étoile A est assez difficile à
identifier sûrement entre les différents catalogues; mais il ne me
paraît pas douteux, toutefois, que ce soit celle que Tycho Brahé appelle
*Media Scabelli* et que ce soit, non la 24ᵉ, mais la 25ᵉ d'Hévélius. Or,
cette étoile et la suivante sont absentes des catalogues d'Hipparque et
d'Ulug Beigh, ce qui porte à croire qu'à ces époques elles n'étaient
pas de quatrième grandeur, comme elles le sont aujourd'hui; d'ailleurs, Tycho et Bayer les ont notées de sixième. Cependant, elles
ont déjà été vues de quatrième par Sûfi au dixième siècle. Il ne semble
donc pas douteux que ces deux étoiles aient varié entre ces deux
ordres d'éclat. — Les trois dernières étoiles de notre liste paraissent
augmenter lentement.

On constate sur α des variations légères, de 2,2 à 2,8. La palme de
la constellation appartient actuellement à γ : le 29 mars 1880, j'ai
trouvé γ = 2,0, β = 2,2 et α = 2,5. Ainsi varient, lentement ou rapidement les soleils qui brûlent dans l'infini : il n'est rien de constant ni
d'éternel.

L'étoile ψ, notée anciennement de 6ᵉ, a été notée de 4ᵉ 1/2 par
Piazzi. C'est une étoile triple, composée d'une belle étoile jaune et de
deux petites de 9ᵉ et 10ᵉ grandeurs, qui, à l'œil nu, ne lui ajoutent
aucun éclat. Nous avons certainement là sous les yeux une étoile
variable, car la comparaison d'un grand nombre d'observations donne :

| | | | |
|---|---|---|---|
| Tycho Brahé, 1590 | 6ᵉ. | Struve, 1832 | 5,0. |
| Bayer, 1603 | 6ᵉ. | Piazzi, 1800 | 4.5 |
| Flamsteed, 1700 | 5.5 | Struve, 1827 | 4,0 |
| Flammarion, 1880 | 5,5 | Secchi, 1857 | 4,0 |
| Hévélius, 1660 | 5.0 | | |

Il serait intéressant de la suivre avec attention, simplement à l'œil
nu. Au télescope, son intérêt s'accroît par son petit compagnon bleu,
de 9ᵉ grandeur, que l'on découvre à 29″, et qu'une bonne lunette
dédouble lui-même en deux étoiles de 9ᵉ et 10ᵉ grandeurs, écartées
seulement à 3″ l'une de l'autre. D'après l'analyse que j'ai faite des
observations, ce petit couple est physique, animé d'un mouvement
propre commun dans l'espace, mais est indépendant de l'étoile ψ,
près de laquelle il ne se trouve que par le hasard de la perspective

C'est une étoile triple,mais non un système ternaire; — ce qui prouve une fois de plus qu'il ne faut pas se fier aux apparences.

Cette étoile multiple a servi de texte, en 1855, à un roman intitulé « *Star ou ψ de Cassiopée*, histoire merveilleuse de l'un des mondes de l'espace, description de la nature singulière, des coutumes, des voyages et de la littérature des Stariens ». L'introduction, écrite en vers blancs, nous apprend à grands frais d'éloquence que ce manuscrit d'un autre monde a été trouvé dans un bolide creux tombé sur l'Himalaya. L'auteur y a inventé un système de mondes si bien construit qu'il ne durerait pas huit jours; il a décrit des êtres si singulièrement formés qu'ils n'ont ni tête, ni bras, ni jambes, ni poitrine, quoiqu'un dessin ait toutefois la prétention de représenter une petite famille de ce monde imaginaire, composée de trois membres essentiels (Monsieur, Madame et Bébé). C'est la nature terrestre transformée, ou plutôt déformée, et l'auteur anonyme nous a offert là une excellente preuve de la vérité de ce fait que l'imagination humaine ne peut pas

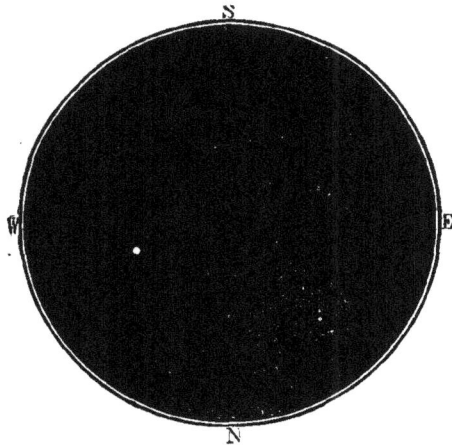

Fig. 34. — L'étoile triple ψ Cassiopée.

*créer* même des idées : elle combine seulement, arrange (ou dérange) des fragments observés.

La constellation de Cassiopée renferme plusieurs étoiles variables intéressantes mais assez difficiles à observer sans instruments de précision; ce sont les étoiles R, S et T. La première peut cependant parfois être trouvée à l'œil nu, sur le prolongement d'une ligne idéale menée de δ à α Cassiopée et prolongée à une égale longueur, plutôt un peu plus (voy. *fig.* 33). Elle varie de la 6ᵉ à la 13ᵉ grandeur, en une période de 410 jours. Son dernier maximum est arrivé le 18 février 1880, et son prochain arrivera 410 jours après, c'est-à-dire, puisque le 18 février est le 48ᵉ jour de l'année et qu'il reste encore 318 jours pour arriver au 31 décembre, que ce prochain maximum arrivera le 92ᵉ jour de l'année 1881, ou le 3 avril; — et ainsi de suite.

L'étoile S de Cassiopée varie en 614 jours de la 7ᵉ 1/2 à la 14ᵉ grandeur; mais n'est jamais visible à l'œil nu, et son observation est

réservée aux astronomes praticiens. L'étoile T varie en 435 jours de
la 7ᵉ à la 11ᵉ grandeur et n'est jamais non plus visible à l'œil nu. —
Revenons aux étoiles doubles de notre constellation.

Regardez entre α et γ (fig. 33), l'étoile η, de quatrième grandeur,
dont la nuance est jaune d'or : vous la verrez accompagnée d'une
petite étoile de septième grandeur, qui tourne autour d'elle en deux
cents ans environ. Distance angulaire (1880) = 5″3. C'est là un
système orbital fort remarquable, observé depuis un siècle (dédoublé
par Herschel le 17 août 1779) : le satellite a déjà parcouru un quart de
circonférence depuis sa découverte : il se trouve maintenant presque au sud de l'étoile principale, comme on peut s'en rendre compte par notre fig. 35, qui représente la courbe du mouvement observé, à l'échelle de $\frac{1}{2}$ centimètre pour 1 seconde[1].

Le satellite paraît varier de couleur, et modifier légèrement, par contraste, celle de l'étoile

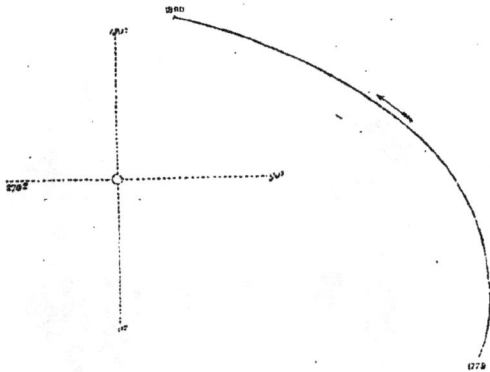

Fig. 35. — Mouvement observé depuis un siècle sur l'étoile
double η Cassiopée.

principale, qui est toujours dans les environs du jaune. J. Herschel a
noté les composantes rouge et verte en 1821; Struve, jaune et pourpre
en 1832; Dawes, jaune et bleue en 1841; Secchi, jaune et rouge en
1856; moi, je les vois jaune et lilas.

Nous avons là sous les yeux un système physique emporté à travers
l'espace par un mouvement propre commun rapide. La parallaxe de
cette étoile paraît être de 0″154, ce qui indiquerait pour la distance
qui sépare les deux soleils constitutifs de ce système 56 fois le demi-

---

[1] Profitons de cette circonstance pour faire remarquer à ceux d'entre nos lecteurs qui ne l'auraient pas immédiatement saisi, dans l'explication sommaire que
nous en avons donnée à propos du premier couple d'étoiles dessiné dans cet ouvrage
(p. 20), que dans toutes ces figures les lettres N, E, S, W, qui indiquent les directions nord, est, sud et ouest relativement à l'étoile principale, pourraient être rem-
placées par les chiffres 0°, 90°, 180° et 270° indiquant aussi ces quatre directions,
puisqu'on compte les degrés de 0 à 360 en passant par l'est. Dans ces figures, l'image
est renversée, comme il arrive dans les lunettes astronomiques. Les étoiles marchant
de l'est à l'ouest, dans le mouvement diurne, l'ouest ou 270° est en avant et l'est ou
90° est en arrière : si le compagnon se trouve dans la moitié de gauche, il précède
l'étoile principale; s'il se trouve dans la moitié de droite, il la suit.

rayon de l'orbite terrestre, 56 fois 37 millions de lieues, ou environ *deux milliards* de lieues. On voit qu'il y a entre ces deux soleils toute la place nécessaire pour permettre autour de chacun d'eux l'existence et la gravitation d'un riche système planétaire. De ces éléments résulterait pour la masse de cette étoile et de sa compagne environ quatre fois et demie celle de notre soleil; c'est-à-dire que *un million quatre cent cinquante mille terres comme la nôtre représenteraient à peine le poids de ce charmant petit couple* en apparence si minuscule et si modeste. Sa distance à notre globe errant n'est pas inférieure à cinquante *trillions* de lieues, et pour venir de là jusqu'à nous la lumière vole pendant près de 21 ans!

Je ne sais si je m'abuse, mais il me semble qu'il y a une prodigieuse différence d'impression entre celle de l'œil vulgaire qui pendant la nuit obscure regarde cette étoile sans la connaître et celle de l'œil instruit qui voit là un double soleil circulant majestueusement autour de son centre de gravité et distribuant à des mondes inconnus les rayons d'une double lumière et d'une double fécondité. Le premier regarde sans voir; le second contemple et admire. Toute la poésie et toutes les fables de l'antique mythologie s'évanouissent devant la vision nouvelle, et, comme la goutte de rosée qui réfléchit l'univers, ce petit point perdu dans l'immensité des cieux semble résumer en lui l'enseignement de l'infini.

Non loin de là, près de l'étoile β, se trouve un autre système fort curieux, mais dont l'observation n'est accessible qu'aux instruments d'assez grande puissance : c'est celui de l'étoile anonyme 3062 du catalogue de Struve, étoile de 7ᵉ grandeur, dédoublée pour la première fois en 1782 et régulièrement suivie depuis 1823, couple très serré, dont les composantes sont respectivement de 6ᵉ et de 7ᵉ grandeur et demie, et écartées seulement à 1″4. C'est l'un des couples les plus rapides du ciel, car le satellite va revenir prochainement au point où Herschel l'a vu en 1782 : la révolution doit être de 104 ans

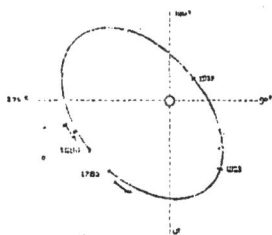

Fig. 36. — Mouvement observé depuis un siècle sur l'étoile double 3062 Cassiopée.

environ. Notre petite *fig*. 36 représente ce système à l'échelle de 1 centimètre pour 1 seconde.

Observer l'étoile ι, qui a perdu sa lettre dans les catalogues astronomiques, je ne sais trop pourquoi, car elle est très visiblement gravée sur la carte de Bayer, et juste à la place de cette étoile, nommée généralement P. II, 72, parce qu'elle est la 72ᵉ de la IIᵉ heure du catalogue de Piazzi. Mais ce n'est pas la 35° d'Hévélius, comme on l'imprime généralement : c'est la 8°. Exemple des erreurs d'identification trop fréquentes, faites par les astronomes qui préfèrent parfois la quantité des observations à la qualité, et ne se donnent pas toujours la peine de savoir au juste quelles étoiles ils observent. (Dans ma jeunesse, le Directeur de l'Observatoire de Paris, croyant stimuler le zèle de ses employés, donnait une gratification de 15 centimes par étoile observée à son passage au méridien : l'un de mes collègues *se faisait* jusqu'à trois cents étoiles de bénéfice par nuit.) Mais chut ! ne soyons pas trop indiscrets !...

Nous disions donc que l'étoile iota de Cassiopée a tout près d'elle un petit compagnon de 7° grandeur, à 2″, et un de 8° 1/2 à 7″6 : un instrument assez puissant est nécessaire pour dédoubler nettement le premier, mais le second est visible dans une lunette de 75 millimètres. Nous avons là non-seulement une belle étoile triple, jaune d'or, lilas et pourpre, mais encore un important système ternaire dont les trois composantes sont emportées dans l'espace par un mouvement propre commun et tournent très lentement autour de leur centre de gravité.

L'étoile 101, de 5° grandeur, près de τ, est la 101° de la XXIII° heure du catalogue de Piazzi; la plus faible lunette montre auprès d'elle, à 74″, une étoile de 7° grandeur 1/2. Celle-ci est double elle-même, mais très serrée (1″5) et accessible seulement aux puissants instruments.

Remarquons encore l'étoile σ, qui a un charmant petit compagnon de 8° grandeur, à 3″, et nous aurons épuisé la liste des belles étoiles doubles de cette constellation. Mais ne quittons pas cette région du ciel sans regarder avec une curiosité toute particulière la belle étoile γ, de seconde grandeur. En apparence, elle n'a rien qui la distingue de ses compagnes de même éclat ; mais l'analyse spectrale révèle en elle une constitution chimique et physique fort étrange et à peu près unique parmi toutes les étoiles que nous voyons briller au firmament. Son spectre est double, comme celui de l'étoile nouvelle apparue dans

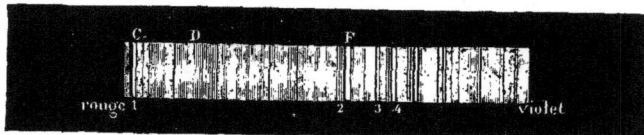

Fig. 37. — Spectre de l'étoile γ Cassiopée.

la constellation de la Couronne en 1866 : il présente des raies noires d'absorption, comme nous en voyons dans le Soleil et dans les autres étoiles, mais à ce réseau s'ajoute un second réseau de raies *lumineuses* parmi lesquelles on reconnaît celles de l'*hydrogène incandescent*, car on n'a vu ce double spectre que sur les rares étoiles qui ont brillé d'un éclat temporaire pour retomber aux dernières grandeurs. Voilà un soleil qui brûle avec ardeur ; tout autour de lui flambe le gaz hydrogène, et depuis deux mille ans que nous tenons les yeux attachés sur sa lumière, l'incendie ne paraît pas décroître, au contraire, car cette étoile est pleinement de seconde grandeur aujourd'hui tandis qu'elle n'était autrefois que de troisième. Peut-être cet incendie se précipite-t-il et allons-nous assister un jour à une conflagration telle que cette lumineuse étoile atteindra le premier ordre pour le dépasser, et, comme sa voisine de l'an 1572, pour éclipser en splendeur l'étincelant Sirius lui-même

Une autre étoile de la même constellation mérite d'être signalée ici à cause du mouvement propre extrêmement rapide dont elle est animée : c'est l'étoile $\mu$, de 5$^e$ grandeur et demie, que l'on voit non loin de $\alpha$. Elle se meut dans l'espace avec une vitesse de 4″ 43 par an, ou de 443″, soit 7′ 23″ par siècle, c'est-à-dire qu'en 420 ans environ elle se déplace sur la sphère céleste d'une quantité égale à la largeur apparente de la Lune. Ce lointain soleil est lancé dans l'immensité avec une telle vitesse qu'en 812 ans il parcourt un degré entier et que depuis l'époque des astronomes grecs, depuis 2400 ans, il a déjà parcouru trois degrés. Malheureusement, quoiqu'on inscrive parfois cette étoile comme ayant été observée du temps d'Hipparque et de Ptolémée, elle est entièrement absente de ce premier catalogue, et ce n'est point elle non plus que Sûfi a inscrite la huitième de son catalogue, comme on l'a supposé. La plus ancienne mention que j'en aie pu recueillir est celle de Tycho Brahé, il y a trois siècles. C'est d'autant plus regrettable, qu'il serait aujourd'hui extrêmement intéressant pour nous de constater un mouvement propre sur des observations faites à l'œil nu.

Le mouvement propre annuel de cette étoile est de 1″56 en déclinaison vers le sud et de 0·386 en ascension droite vers l'est. La résultante, de 4″ 43 d'arc de grand cercle, prouve qu'il y a mille ans

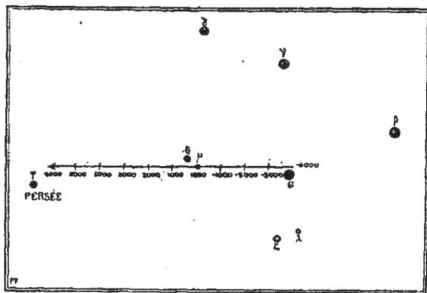

Fig. 38. — Mouvement rapide de l'étoile $\mu$ Cassiopée.

l'étoile se trouvait à 4430″, ou 74′, ou 1°14′, en arrière de sa position actuelle, qu'il y a deux mille ans elle était à 2°28′, il y a trois mille ans à 3°42′, et qu'il y a quatre mille ans elle était contiguë à l'étoile α. Elle se dirige vers l'étoile φ de Persée, dont elle sera voisine dans six mille ans si son mouvement se continue en ligne droite. A ce taux, elle décrirait sur la sphère céleste un arc de 123° en cent mille ans et ferait le tour du ciel en trois cent mille ans; mais elle ne tourne certainement pas autour de nous. Quoi qu'il en soit, c'est là l'un des mouvements propres les plus rapides du ciel entier : c'est la plus rapide des étoiles que nous puissions facilement distinguer à l'œil nu, et pourtant elle n'offre aucune parallaxe sensible. Bessel déclare dans ses *Fundamenta Astronomiæ* (1818) qu'il a cherché par quatre-vingts observations de différences de positions entre cette étoile et sa voisine θ si elle manifeste une parallaxe quelconque, et qu'il n'en a trouvé aucun vestige. Si nous lui supposions un dixième de seconde de parallaxe, à cette distance, un dixième de seconde représentant 37 millions de lieues, une seconde entière représenterait 370 millions de lieues, et le déplacement annuel de l'étoile, 4″43, équivaudrait à 1639 millions de lieues. Nous pouvons considérer ce chiffre comme un minimum pour le chemin annuellement parcouru par cette étoile, éloignée ainsi à 76 trillions de lieues d'ici. Il en résulte que ce soleil lointain et colossal court dans l'immensité avec une vitesse de 4 487 000 lieues par jour au moins, ce qui donne 187 000 lieues à l'heure, 3000 lieues par minute ou plus de *deux cent mille mètres par seconde!* Et c'est là un minimum !

Ah! quelle transfiguration! Ce ciel, image de la nuit et de la mort! cette immobilité apparente des étoiles du firmament! ce silence sécu-laire et cette antique solitude des profondeurs étoilées! Erreurs! illu-sions! rêves de l'ignorance!... C'est la vie, c'est le mouvement, c'est la puissance, c'est l'énergie, c'est la lumière, c'est le soleil! Que dis-je? C'est un tourbillon de soleils sans nombre se précipitant à travers les abîmes de l'infini, c'est une épouvantable conflagration de mondes énormes ballottés par les vents du ciel; nos orages, nos oura-gans et nos foudres sont de doux sourires en comparaison de ce pro-digieux et fantastique déploiement des colossales énergies de l'univers.

Lointain soleil : où court-il?... Pauvre étoile : qui l'attire?... Pla-nètes d'un tel tourbillon : qui les emporte?... Où est le but? où est la fin? où est le commencement?... Eh! où allons-nous nous-mêmes? Avec son petit train de 650 000 lieues par jour, de 29 kilomètres par seconde (déjà onze cent fois plus rapide qu'une locomotive lancée à toute vapeur), où va la Terre elle-même? Vers quelle plage notre propre soleil nous emporte-t-il? Où donc tout ce qui existe dans la création entière, astres, soleils, planètes, satellites, comètes, prin-

temps, hivers, fleurs, parfums, bosquets, oiseaux, enfants, vieillards, rêves ou souvenirs, espoirs ou désespérances, plaisirs ou douleurs, tyrans et victimes, sages et fous, âmes et étoiles : où donc tout cela tombe-t-il?... O nuit! ô vaste nuit!... abîme! profondeur!...
Ciel immense! plus nous avançons, plus tu es noir!
Et ce soleil incendié, ce prodigieux flamboiement céleste, qui en 1572 terrifia l'Europe savante et sans doute aussi les humanités contemplatives qui habitent les autres mondes de notre système! c'est précisément dans cette même constellation de Cassiopée qu'éclata soudain cette étoile enflammée dont la lumière surpassait celle de Sirius au point d'être visible en plein jour. Pendant cinq mois, cette étoile temporaire domina tous les astres de première grandeur; puis elle descendit au rang des étoiles de deuxième ordre, atteignit la troisième grandeur, la quatrième, la cinquième, la sixième, et, dix-sept mois après son apparition, disparut à l'œil nu. Le télescope n'était pas encore inventé pour la suivre plus loin. Qu'est-elle devenue? Déjà en 1264 une apparition analogue s'était montrée dans cette même région du ciel, et les chroniques placent aussi une étoile nouvelle en l'an 945 dans la même région, de sorte qu'on pourrait croire que c'est la même étoile qui a repris ses feux à des intervalles de 319 et 308 ans. L'identification n'est pas absolument certaine, parce que les deux premières apparitions n'ont pas été observées avec une précision rigoureuse et que l'on ne sait pas si elles ont eu lieu juste au même point du ciel; mais cependant ces phénomènes sont si rares, si extraordinaires, que pour qu'ils se soient produits trois fois dans la même région il faut évidemment qu'ils aient été favorisés par une cause locale; selon toute probabilité, c'est la même étoile qui les a manifestés. S'ils doivent se reproduire une quatrième fois, après un cycle analogue aux deux premiers, c'est précisément à notre époque actuelle, vers 1880, que nous devrions assister à une nouvelle conflagration de ce lointain soleil. L'intérêt capital pour nous est donc de connaître exactement la position de cette étoile et de diriger de temps en temps une lunette interrogative vers ce point de l'immensité. Déjà nous avons pu remarquer cette étoile sur notre *fig.* 32 qui est un *fac-simile* de celle de Bayer, dessinée en 1603, d'après les observations de Tycho, et sur des souvenirs encore frais : on voit qu'elle brillait sur le dossier du trône de Cassiopée, près de l'étoile $\varkappa$; l'atlas d'Hévélius (*fig.* 31) indique la même position. Exprimée dans les coordonnées habituelles, cette position est, pour l'état actuel du ciel :

Ascension droite $= 0^{\mathrm{h}}18^{\mathrm{m}}$; Déclinaison boréale $= 63°27'$.

On voit aujourd'hui là une petite étoile de onzième grandeur, rougeâtre et un peu vaporeuse, qui pourrait bien être la fameuse étoile dont nous venons de rappeler l'histoire. Chercher au point indiqué sur notre *fig.* 33. Si ce phénix céleste doit ressusciter prochainement de ses cendres, c'est peut-être un observateur inconnu qui en signalera le premier la réapparition (comme on l'a vu en 1572, et comme on vient de le voir encore tout récemment au Brésil pour la comète australe de février 1880). Que l'on inscrive donc sur son carnet ce point du ciel comme l'un de ceux qu'il convient d'épier lorsqu'on a l'occasion de diriger une lunette de ce côté-là.

Voilà, sans contredit, bien des curiosités astronomiques et historiques rassemblées dans un même quartier de notre ciel boréal. Ce n'est pas tout encore. Entre ρ et σ, étoiles de cinquième grandeur (σ est une gentille petite double), dirigez une lunette, et vous admirerez un magnifique amas d'étoiles, qui scintille là, en pleine Voie lactée, comme une fine poussière de diamants. C'est miss Caroline Herschel qui la première découvrit ce lointain archipel de soleils en examinant cette région du ciel pendant l'automne de l'année 1783 : il a été classé sous le n°. 30 de la VI° classe d'Herschel, et s'appelle H. VI, 30. D'après le dessin ci-dessous, fait en 1835 par l'amiral Smith, cet amas d'étoiles rappelle un peu la forme d'un crabe (qui aurait la tête au nord-ouest, en bas et à gauche sur la figure).

⁁ Telles sont les richesses de la constellation de Cassiopée. Celle d'Andromède est plus opulente encore.

Vous la reconnaîtrez dans le ciel en menant une ligne de la Grande Ourse à la Polaire et à Cassiopée : le prolongement de cette ligne arrive aux étoiles principales d'Andromède et de Pégase. La première étoile du carré de Pégase se nomme α Andromède; viennent ensuite β et γ Andromède, qui conduisent à α de Persée. Toutes ces étoiles sont de seconde grandeur et très faciles à reconnaître dans le ciel à première vue. Si maintenant nous voulons faire

Fig. 39. — Amas d'étoiles dans Cassiopée.

connaissance avec chacune des étoiles d'Andromède, la petite carte ci-dessous permettra d'identifier ces étoiles dès la première soirée.

Comme Cassiopée, Andromède a subi dans les atlas célestes les métamorphoses les plus curieuses. Cette charmante princesse est cer-

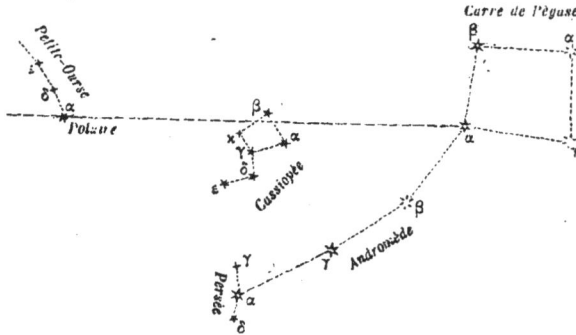

Fig. 40. — Alignement pour trouver Andromède et Pégase.

tainement ravissante sur le dessin de notre figure 27 (Bode, 1800), inspiré par le goût si délicat de l'art grec oublié pendant toute la

Fig. 41. — Étoiles de la constellation d'Andromède.

durée du sombre et rude moyen âge. On n'imaginerait pas, si on ne les avait sous les yeux, les transformations que cette image a subies suivant les époques. Au dixième siècle, l'ouvrage d'Abd-al-Rahman-al-Sûfi la représente comme on la voit sur notre *fig.* 42, tirée d'un manuscrit de Saint-Pétersbourg, publié récemment par Schjellerup. Au douzième siècle, nous trouvons sa caricature (*fig.* 43) sur un globe arabo-cufique conservé depuis au musée Borgia. Au treizième siècle, le roi astronome Alphonse X, la voyait sous la forme reproduite *fig.* 48. Au commencement du dix-septième siècle, en 1603, Bayer l'a dessinée sous les traits de notre *fig.* 44. Soixante ans plus tard, Hévélius. l'a retournée et nous la montre vue

Fig. 42. — Dessin d'Andromède au dixième siècle.

de dos (*fig.* 45), en supposant qu'on voie la voûte céleste du dehors, comme sur un globe astronomique, ce qui dans tous les siècles a établi la plus grande confusion pour le placement des étoiles. Enfin, on l'a de nouveau retournée, et nous la voyons désormais de face, comme sur la *fig.* 27.

Ces six figures astronomiques d'Andromède donnent une idée des métamorphoses

Fig. 43. — Une Andromède du treizième siècle.

que les constellations ont subies sur les atlas célestes, — comme on a déjà pu l'apprécier à propos de Cassiopée — et des difficultés qui en résultent trop souvent pour l'identification des étoiles. Pendant bien des siècles on a véritablement oublié les étoiles pour les personnages mythologiques. La construction des globes célestes qui force à dessiner le ciel à l'envers, comme si on le voyait de l'extérieur, a conduit

Fig. 44. — L'Andromède de l'atlas de Bayer (1603).

d'autre part à retourner les figures, et à les représenter symétriquement, la gauche devenant la droite et réciproquement, comme on le voit en comparant les *fig.* 44 et 45; certains scrupules de décence ont conduit aussi les dessinateurs à retourner tous les hommes et toutes les femmes du firmament, de telle sorte qu'ils sont tous vus de dos au

lieu d'être vus de face, — ce qui, paraît-il, était plus convenable, — et
ensuite on est allé jusqu'à les costumer de la façon la plus ridicule.
Tout cela est à signaler en passant.

Si ces changements avaient toujours eu pour effet le perfectionnement des figures, on pourrait à la rigueur les justifier; mais c'est
souvent l'effet contraire qui a été produit : on est tombé du beau dans
le laid.[A propos de laideur, on se souvient de ce qui arriva à cet
acteur extrêmement laid qui représentait le rôle de Mithridate dans

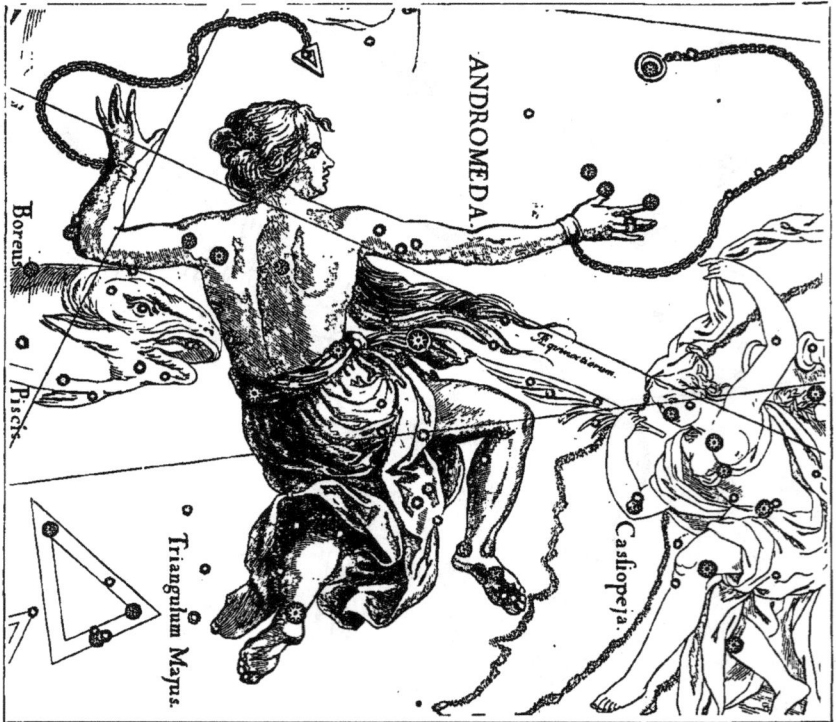

Fig. 45. — L'Andromède de l'atlas d'Hévélius (1690).

la pièce de Racine. En un certain moment d'une scène d'amour,
Monime s'écrie : « Ah! seigneur, vous changez de visage! » Un plai-
sant cria du parterre : « Laissez-le faire! » On juge du rire homérique
qui accueillit cette répartie. — Et cet avocat aussi laid que célèbre qui,
pour obtenir une séparation, allait jusqu'à insulter le mari présent, et,
dans un beau mouvement pathétique, à dire au jury : « Mais regardez
donc cet homme : il outrepasse la permission d'être laid; on ne trouverait pas dans le monde entier un homme plus laid que lui. — Avocat,
répliqua le président, vous vous oubliez! » Toute l'assemblée se mit à

rire, et l'avocat le premier.] Quoique la beauté soit une affaire de goût, on ne peut s'empêcher de remarquer que les changements apportés aux figures des constellations n'ont pas toujours été fort heureux.

Remarque esthétique assez curieuse : artistes et astronomes se sont généralement accordés à nous montrer dans Andromède une charmante princesse blanche et rose, de notre race, tandis qu'elle devait

Fig. 46. — L'Andromède du *Temple des Muses* (1676).

être une éthiopienne colorée d'une nuance chocolat ou pis encore. Je ne connais qu'un petit nombre de tableaux qui aient osé gardé la vérité historique, et, pour la curiosité du fait, je reproduis ici (*fig.* 46) celui du *Temple des Muses*, publié sous Louis XIV (1676). Tout le drame astronomique y est du reste représenté.

Étudions maintenant cette constellation. On trouvera au tableau ci-contre les étoiles qui la composent, avec les observations faites depuis deux mille ans.

PRINCIPALES ÉTOILES DE LA CONSTELLATION D'ANDROMÈDE

OBSERVATIONS FAITES DEPUIS DEUX MILLE ANS

| | — 127 | +960 | 1430 | 1590 | 1603 | 1660 | 1700 | 1800 | 1840 | 1860 | 1880 |
|---|---|---|---|---|---|---|---|---|---|---|---|
| α | 2. | 2 | 2 | 2 | 2 | 2 | 2 | 1 | 2 | 2 | 2,0 |
| β | 3 | 2.3 | 3 | 2 | 2 | 2 | 2 | 2 | 2.3 | 2.3 | 2,2 |
| γ | 3 | 3 | 3 | 2 | 2 | 2 | 2 ½ | 3.4 | 2.3 | 2.3 | 2,1 |
| δ | 3 | 3.4 | 0 | 3 | 3 | 3 | 3 | 3 | 3.4 | 3.4 | 3,3 |
| ε | 4 | 4 | 4 | 4 | 4 | 4 | 4 | 4 | 4 | 4·5 | 4,3 |
| ζ | 4 | 4.5 | 4 | 4 | 4 | 4 | 4 | 4 | 4 | 4.5 | 4,3 |
| η | 4 | 5.4 | 5 | 5 | 4 | 4 | 4.5 | 5 | 5 | 4.5 | 4,4 |
| θ | 4 | 4.5 | 4 | 4 | 4 | 5 | 4 ½ | 5 | 5.4 | 5.6 | 5,4 |
| ι | 4 | 4.3 | 4 | 4 | 4 | 4 | 4 | 7 | 4 | 4 | 4,5 |
| κ | 4 | 4.3 | 4 | 4 | 4 | 4 | 4· | 5 | 4 | 4.5 | 4,5 |
| λ | 4 | 4.3 | 4 | 4 | 4 | 4 | 4 | 4.5 | 4 | 4 | 4,4 |
| μ | 4 | 4 | 4 | 4 | 4 | 3 | 3.5 | 4 | 4 | 4 | 4,3 |
| ν | 4 | 4.5 | 4 | 4 | 4 | 4 | 4 | 4 | 4.5 | 4.5 | 4,5 |
| ξ | 0 | 0 | 0 | 0 | 4 | 5 | 4 ½ | 5 | 5 | 5 | 5,0 |
| ο | 3 | 4.3 | 4 | 0 | 4 | 4 | 3 ½ | 4 | 4.3 | 4.3 | 4,0 |
| π | 0 | 0 | 4· | 5 | 5 | 4 | 4 ½ | 4.5 | 4 | 4 | 4,3 |
| ρ | 5 | 5.6 | 5 | 5 | 5 | 5 | 5 | 5.6 | 6 | 6.5 | 6,0 |
| σ | 4 | 4.5 | 4 | 5 | 5 | 5 | 5 | 5.6 | 4.5 | 4.5 | 4,7 |
| 50 τ | 4 | 4 | 4.3 | 5 | 5 | 6 | 5 ¾ | 5 | 4.5 | 4 | 4,6 |
| υ | 4 | 4.3 | 4 | 5 | 5 | 5 | 4 | 5.6 | 6 | 6.5 | 5,5 |
| φ | 5 | 5 | 5 | 5 | 5 | 5 | 5 | 5 | 4.5 | 4.5 | 4,5 |
| χ | 5 | 6 | 5 | 0 | 5 | 0 | 6 | 6 | 5.6 | 6.5 | 5,6 |
| ψ | 0 | 0 | 0 | 5 | 5 | 6 | 5 ½ | 5 | 5 | 6.5 | 5,7 |
| ω | 0 | 0 | 0· | 0 | 6 | 5 | 5 | 5.6 | 5 | 5 | 4,7 |
| A | 0 | 0 | 5 | 0 | 6 | 5 | 5· | 5.6 | 6 | 6 | 6,0 |
| b | 0 | 0 | 0 | 0 | 6 | 0 | 6 | 6 | 5.6 | 5.6 | 5,5 |
| c | 0 | 0 | 0 | 0 | 6 | 0 | 6 | 6 | 5.6 | 5.6 | 6,0 |
| 53 | 0 | 0 | 0 | 0 | 0 | 5 | 5 | 5.6 | 5 | 5.6 | 4,8 |
| 3 | 0 | 0 | 0 | 0 | 0 | 6 | 6 | 6 | 5.6 | 5 | 5,5 |
| 7 | 0 | 0 | 0 | 0 | 0 | 6 | 5 ½ | 5 | 5 | 5 | 5,4 |
| 41 | 0 | 0 | 0 | 0 | 0 | 5 | 5 | 5.6 | 5 | 5 | 5,4 |
| Néb. | 0 | Néb. | 0 | 0 | 0 | Néb. | Néb. | Néb. | Néb. | Néb. | Néb. |

Il y a dans cette liste deux étoiles qui m'ont rempli de perplexité. Ce sont les étoiles τ et υ, situées sur la jambe gauche d'Andromède, au-dessus du genou. (*Voy.* fig. 44.) Les catalogues astronomiques et les atlas célestes font la plus étrange confusion entre ces deux étoiles et une troisième (n° 53, vers la fin de la liste précédente). Ainsi, déjà, sur la figure 27, qui est une réduction photographique de l'atlas de Bode, la lettre τ est affectée à l'étoile de droite, la lettre υ à l'étoile de gauche, et l'on voit un peu plus à gauche, et formant un triangle avec les précédentes, une troisième étoile sans lettre. Eh bien! ce n'est pas celle de droite qui doit s'appeler τ, c'est celle du haut (nommée par erreurυ),et c'est la troisième, anonyme, qui est υ. Voyez, en effet, notre *fig.* 44, qui est une reproduction de celle de Bayer : au-dessus de γ, sur la jambe gauche, sont les étoiles υ et τ, celle-ci étant la plus haute, et υ à sa gauche. Quant à l'étoile marquée τ sur l'atlas de Bode, elle n'existe pas sur la carte de Bayer.

.Si nous remontons aux plus anciennes figures, nous reconnaîtrons les trois étoiles γ, υ et τ sur la jambe gauche de l'Andromède de l'ouvrage d'Abd-al-Rahman al-Sùfi (xᵉ siècle), dont nous avons reproduit le dessin (*fig.* 42), et nous les trouverons aussi sur le dessin grossier du globe arabo-cufique reproduit *fig.* 43 et sur lequel il est assez remarquable de rencontrer ces trois étoiles à leur place, car en général les dessinateurs s'inquiétaient fort peu de ce *détail* astronomique : ils sacrifiaient les étoiles aux figures, au lieu de faire le contraire.

Ces deux étoiles sont les 18ᵉ et 19ᵉ du catalogue de Ptolémée. Il y a deux mille ans, elles étaient l'une et l'autre de quatrième grandeur, et depuis cette époque il est arrivé dans cette région du ciel les variations dont notre *fig.* 47 donne quatre spécimens. Sans doute, l'étoile voi-

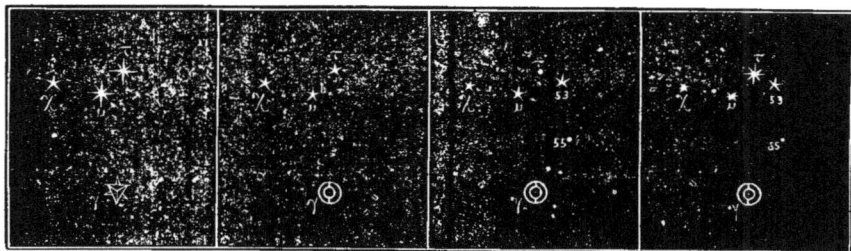

Anciennement.    Dix-septième siècle.    Dix-huitième siècle.    Aujourd'hui.

Fig. 47. — Changements arrivés dans l'éclat des étoiles τ et 53 Andromède.

sine de υ et la 55ᵉ n'ont pas varié, et, si elles sont absentes des anciens catalogues, c'est simplement parce qu'elles ne sont que de sixième grandeur. L'étoile χ, de 5ᵉ grandeur 1/2, a pu aussi ne pas varier. L'étoile γ, qui est une faible de 2ᵉ grandeur, a pu être parfois inscrite de 3ᵉ et ne pas varier non plus. Mais les trois étoiles τ, υ et 53 ont certainement changé d'éclat, puisque cette dernière étoile, qui est actuellement plus visible que υ, est absente dans les anciennes observations. Pour reconnaître ces étoiles dans le ciel, cherchez la petite constellation du Triangle, au sud de γ Andromède (*fig.* 41) : la ligne menée par τ et 53 se dirige vers le Triangle, tandis qu'une ligne menée par τ et υ passerait au nord de γ Andromède.

Les deux étoiles voisines ξ et ω ont aussi varié d'éclat. Absente des catalogues jusqu'au xvuᵉ siècle, la première apparaît pour la première fois sur la carte de Bayer, en 1603, comme étant de 4ᵉ grandeur, et depuis elle se maintient aux environs de la 5°. A la même époque, au contraire, sa voisine ω était de 6° : elles sont toutes deux aujourd'hui de même grandeur et de 5°. J'ai même trouvé, le 19 mars 1880, ω plus brillante que ξ.

L'étoile θ est descendue de la 4° à la 5° 1/2. Sa voisine σ, jadis aussi de 4°, lui était inférieure en 1590 et 1603, et lui est aujourd'hui supérieure.

L'étoile ι, qui est ordinairement de 4° grandeur, a été notée de 7° par Piazzi à la fin du siècle dernier (et cette grandeur a été reproduite, sans remarque, par Bessel dans son catalogue de Bradley). On pourrait attribuer cette notification de Piazzi à une erreur de transcription; mais, en 1784, d'Agelet a noté cette même étoile de 6° grandeur. L'année précédente, il l'avait notée de 3° à 4°. Lalande l'a notée une fois de 5° et deux fois de 4°. Harding l'a inscrite de 6°. Elle est aujourd'hui de quatrième et demie, comme habituellement et à peu près de même grandeur que κ. Coucluons qu'elle subit des fluctuations, rares, mais assez importantes. Encore un astre inconstant!

L'étoile α a été notée de première grandeur par Piazzi, sans doute par erreur, car je n'en ai trouvé aucune autre notification, quoique Babinet ait écrit qu'elle

Fig. 48. — L'Andromède du livre d'Alphonse X (XIIIᵉ siècle).

a été « longtemps mise au rang des étoiles de première grandeur » et que son éclat va sans doute en s'affaiblissant. Je ne vois rien qui justifie cette conjecture du spirituel académicien.

Cette constellation renferme une étoile variable que l'on peut quelquefois découvrir à l'œil nu. C'est l'étoile R, située près du groupe θ ρ σ. (*Voy.* la *fig.* 41.) Elle varie de la 6° à la 13° grandeur en 405 jours. Quelle immense échelle de lumière! Quelle physique, quelle optique, pour les mondes qui subissent de telles fluctuations d'éclat dans leur lumière diurne et dans leur température. Passer chaque année par la gradation d'un soleil devenant quatre mille fois plus lumineux et plus ardent à chaque été! C'est inimaginable pour nous autres habitants d'un calme système où pourtant nous trouvons encore parfois à nous

plaindre d'un contraste trop violent entre les chaleurs torrides de juillet et le froid noir du frissonnant décembre.

Le maximum actuel de cette étoile variable est arrivé le 29 mai 1880, époque à laquelle on a pu voir cette étoile à l'œil nu; puis elle a diminué lentement d'éclat, a disparu à la vue, et ne s'est plus laissée observer qu'à l'aide des instruments astronomiques. On pourra la rechercher de nouveau 405 jours après ce maximum, c'est-à-dire, puisque le 29 mai est le 149e jour de l'année, qu'elle reparaîtra à son prochain maximum le 188e jour de l'année 1881, ou le 8 juillet.

Mais, de toutes les curiosités célestes que renferme cette constellation, l'une des plus merveilleuses est sans contredit la belle étoile triple gamma d'Andromède. Une lunette de faible puissance (notre lunette n° 1) la dédouble en un splendide soleil *orangé* et un charmant soleil brillant d'une translucide nuance *émeraude*, et un instrument plus puissant dédouble de nouveau celui-ci en deux pierres précieuses, une émeraude et un saphir. Je défie l'esprit le plus froid de contempler cette triple association de soleils sans être saisi d'admiration. Et nul spectacle n'est plus facile à se donner, puisque l'étoile γ d'Andromède est une étoile de seconde grandeur que l'œil le plus inattentif peut reconnaître dans le ciel en quelques minutes. (*Voy.* notre *fig.* 41.) Cet admirable couple, l'un des plus ravissants du ciel, a été découvert le 29 janvier 1777 par Christian Mayer, astronome à Mannheim, qui avait dirigé une lunette l'année précédente sur cette même étoile, sans la voir double, quoiqu'il cherchât des étoiles doubles. « Ce soir-là, écrit-il, je trouvai à ma grande surprise un petit compagnon pâle et à peine visible. Un an plus tard, le 27 janvier 1778, je fus fort étonné de le trouver brillant comme une étoile de 7e grandeur. » Il ne fait aucune remarque sur les couleurs, qui sont cependant si frappantes.

Si l'on ne savait combien il faut être réservé sur les observations négatives (car ne pas voir certains détails, même en ayant les yeux dessus, ne prouve point qu'ils n'existent pas), on pourrait croire que la seconde étoile de γ d'Andromède n'existe pas depuis longtemps, — ou du moins n'est devenue visible qu'en 1777, car il faudrait tenir compte du temps que sa lumière emploie pour arriver jusqu'à nous. Par une belle nuit d'août 1764, l'habile observateur Messier, se servant d'un télescope newtonien de quatre pieds et demi de longueur, compara attentivement la nébuleuse d'Andromède à l'étoile γ pour apprécier sa lumière : or, il ne vit cette étoile ni double ni colorée. En 1776, une lunette de huit pieds ne montra pas davantage ce compagnon à Mayer, qui pourtant *cherchait* des étoiles doubles. En 1777, il le découvrit, à

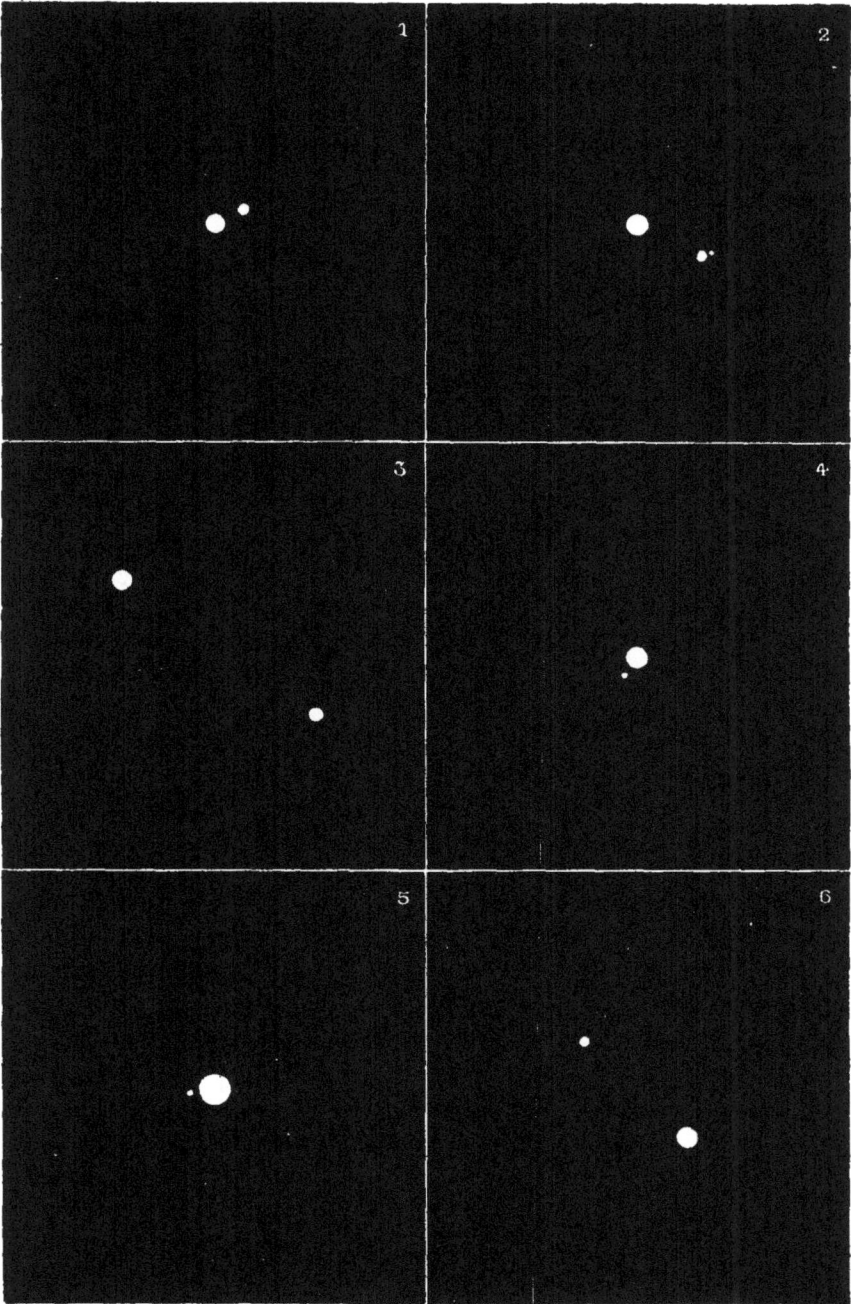

TYPES D'ÉTOILES DOUBLES COLORÉES

1. *Alpha* Hercule.          4. *Epsilon* Bouvier.
2. *Gamma* Andromède.        5. *Antarès*.
3. *Bêta du* Cygne.          6. Le Cœur de Charles.

l'aide de la même lunette, pâle et à peine visible, c'est-à-dire de 9e grandeur environ. En 1778, il le trouva beaucoup plus brillant, et de 7e grandeur. Aujourd'hui, nous voyons ce compagnon de 5e grandeur. Il est difficile de croire qu'il n'ait pas augmenté d'éclat. Peut-être cependant le perfectionnement des instruments entre-t-il pour une grande part dans ces différences, car, dans les instruments imparfaits, les étoiles conservent des rayons qui s'étendent au loin tout autour d'elles et éclipsent facilement une étoile voisine. Plus un instrument est puissant et parfait, plus l'étoile observée est petite, dépouillée de toute auréole factice, pure et nette sur un champ absolument noir.

L'étoile secondaire se serait-elle écartée lentement de l'étoile principale et serait-elle ainsi devenue de mieux en mieux visible? Non. Depuis les premières mesures micrométriques prises il y a précisément un siècle jusqu'aux dernières, que j'ai faites récemment à l'Observatoire de Paris, l'angle n'a pas varié (comme Herschel l'avait cru) ni la distance non plus : la seconde étoile reste fixe à 63° et 10″ de l'étoile principale. Cette fixité n'empêche pas le couple de former un système physique, car l'étoile γ d'Andromède est emportée dans l'espace par un mouvement propre de 7″ par siècle, et depuis cent ans la seconde étoile se serait écartée de la première de cette quantité si elle ne partageait pas ce même mouvement propre. Nous avons donc là un système physique. Sans doute, ces deux soleils gravitent réellement l'un autour de l'autre. Si le mouvement orbital moyen n'est que de 1° par siècle, la période de révolution peut s'élever à trente-six mille ans!

L'étoile secondaire a été dédoublée en 1842 par Struve, en deux petites étoiles, de 5e 1/2 et 6e grandeurs; je les vois verte et bleue; d'autres les voient jaune et bleue. Ces deux petites étoiles forment un couple orbital en mouvement assez rapide. De 126° l'angle est descendu à 100° depuis 1842 : 26° en 38 ans indiqueraient, si ce mouvement était régulier, 526 ans pour la révolution entière du petit couple autour de son centre commun de gravité, tandis qu'ils se transporte en 36 000 ans autour de son soleil central. C'est, en grand, la Lune tournant en 27 jours autour de la Terre, tandis que Terre et Lune conjuguées tournent en un an autour du Soleil. Seulement, nos siècles sont les jours de ce lointain univers!

On trouvera cet élégant système représenté en couleur, dans son état actuel, sur notre planche I, qui renferme les plus beaux types d'étoiles colorées. Nous ferons connaissance plus loin avec les cinq autres groupes de ce tableau. C'est là une chromo-lithographie aussi fidèle que possible; mais, lorsqu'on compare ce tableau à la réalité, on ne peut s'empêcher d'être frappé du contraste, tout en faveur du spectacle céleste. Les couleurs des étoiles n'ont pas la grossièreté de nos peintures; elles sont translucides et lumineuses; pour les reproduire, il faudrait avoir l'azur des cieux pour palette et tremper son pinceau dans l'arc-en-ciel. Mais prenez une lunette et regardez. J'en supplie mes lecteurs; j'en supplie surtout mes lectrices, dont les yeux sont si excellents juges.

La constellation d'Andromède renferme d'autres systèmes multiples, mais dont l'observation sort du domaine de l'astronomie populaire et dans lesquels nous ne nous égarerons pas. Le précédent suffit d'ailleurs pour illustrer une constellation.

Cependant, n'allons pas plus loin sans nous arrêter à la nébuleuse d'Andromède, la première que l'on ait découverte au ciel, et d'ailleurs la seule que l'on voie facilement à l'œil nu (car les Pléiades, l'amas du Cancer, et quelques groupes d'étoiles voisines qui offrent un aspect nébuleux, ne sont pas de véritables nébuleuses). Par une nuit bien pure, dirigez vos regards vers l'étoile ν d'Andromède, à la troisième étoile de la ceinture de cette beauté enchaînée, et près de cette étoile, comme on la vu sur notre *fig.* 41, vous apercevrez une pâle nébuleuse (¹). Aidez-vous d'une jumelle, et vous la reconnaîtrez facilement. On est surpris de la voir absente des premiers catalogues d'étoiles, et il est bien probable que les anciens l'ont aperçue, aussi bien que les modernes, mais qu'ils ne l'ont pas jugée digne de leur attention et l'ont négligée comme une lueur insignifiante. La plus ancienne mention que nous trouvions est celle de l'astronome persan Sûfi, qui, au Xᵉ siècle de notre ère, la signale comme un « petit nuage céleste », généralement observé et connu par les astronomes arabes. Cependant, ce n'est qu'en 1612 qu'elle a été signalée en Europe par l'astronome Simon Marius de Franconie, lequel, dans son ouvrage sur les satellites de Jupiter récemment découverts par lui-même et par Galilée, rapporte qu'il l'a vue pour la première fois *à l'aide d'une lunette*, le 15 décembre de cette année-là. « Son intensité, dit-il, s'accroît à mesure qu'on approche du centre. Elle ressemble à une chandelle qu'on verrait à travers de la corne transparente, et je la trouve semblable à la comète de 1586. Si elle est nouvelle ou non, c'est ce que je ne déci-

(¹) Mon savant ami l'ingénieur Courbebaisse, qui est peut-être l'homme de France le plus familiarisé avec le ciel, me dit à ce propos qu'il a un procédé mnémotechnique bien simple pour faire retenir la place de cette nébuleuse. Il suffit, dit-il, de nommer les deux étoiles *bêta, mu*, qui y conduisent; on pense à *bête à mue*, et on trouve la toison au bout. Excuser en faveur de l'intention.

derai pas. Cependant, Tycho-Brahé, qui a décrit avec soin la position de l'étoile voisine (v), n'en a pas fait mention. »

Si l'on examine cette nébuleuse à l'aide d'une petite lunette, on la trouve telle que la représente notre *fig.* 49, et l'on voit au-dessus d'elle une petite compagne du même ordre de création, qui a été décrite pour la première fois par l'astronome français Le Gentil, en 1749, le même auquel Vénus devait jouer, en 1761 et 1769, les tours que l'on connait (*Astronomie populaire*, p. 297).

Cette nébuleuse d'Andromède a été l'objet d'un grand nombre d'observations. L'un des premiers astronomes qui l'ont étudiée, Halley, voyait en elle « une lumière arrivant d'un espace extraordinairement grand dans l'éther, à travers lequel un milieu lumineux est diffusé, lequel brille par sa propre lumière. » Je traduis littéralement, en laissant le vague de l'expression et, si je ne me trompe, de la pensée de l'auteur, car il n'y a rien

Fig. 40. — La nébuleuse d'Andromède et sa compagne, vues dans une petite lunette.

de bien clair dans cette phrase : « The spot is nothing else but the light coming from an extraordinary great space in the ether, through which a lucid medium is diffused that shines with its own proper lustre. » Je ne sais si Derham s'en formait une idée plus nette lorsqu'il disait que c'était là un endroit où le firmament, qu'il croyait encore en cristal, était moins épais qu'ailleurs, et laissait entrevoir à nos yeux mortels l'immortelle lumière qui brille dans l'empyrée, séjour de la Trinité et des bienheureux.

Remarque assez curieuse, nous ne sommes guère plus avancés qu'il y a deux siècles sur l'explication de cette immense nébuleuse. Tandis que, parmi celles qui ont été découvertes depuis, les unes se sont résolues en amas d'étoiles dans le champ du télescope, et que d'autres ont prouvé par leur constitution chimique être d'une nature gazeuse, celle-ci est restée muette et mystérieuse. Son spectre est continu, sans raies transversales, et par suite les substances qui la composent restent inconnues; remarque assez curieuse : l'extrémité rouge manque. Cela ne prouve pas cependant qu'elle ne soit pas gazeuse : les gaz peuvent, à basse température, donner un spectre continu. Les plus puissants grossissements ont fait apparaître quinze cents étoiles; mais il n'est pas certain que ces étoiles lui appartiennent : elles peuvent se trouver devant elle. Ajoutons que sa forme varie étrangement suivant les grossissements employés. Une lunette de 75 millimètres, grossissant 80 fois, montre l'image reproduite *fig.* 49.

Une lunette de 108 millimètres, grossissant 200 fois, montre l'image reproduite *fig.* 50. Mais cette régularité primitive disparaît tout à fait si l'on se sert d'un puissant instrument, comme l'ont fait Bond et Trouvelot, à Cambridge. L'équatorial de 38 centimètres représente cette création lointaine telle qu'on la voit *fig.* 51, dessin fait par mon savant ami Trouvelot en 1874. Un foyer central se manifeste, ainsi que deux autres foyers secondaires, l'un rond, l'autre ovale, et, ce qu'il y a peut-être de plus surprenant encore, deux fissures noires

Fig. 50. — La nébuleuse d'Andromède, vue dans une lunette moyenne.

paraissent couper la nébuleuse dans le sens de sa longueur : si ce sont là des vides à travers le gaz, c'est incompréhensible; si ce sont deux traînées de matière obscure posées là en avant, c'est encore plus extraordinaire. Quant aux étoiles, elles semblent se projeter en avant et sont moins condensées au centre. Qui pourrait arrêter une minute son esprit devant cette figure sans être absolument émerveillé, fasciné, confondu?

Et quelle grandeur! C'est sans contredit l'une des plus vastes du ciel. A l'œil nu, elle mesure un quart de degré. Une lunette de 108 millimètres lui montre une étendue de 1° 1/2 de longueur sur 24' de largeur. Bond est parvenu à suivre sa trace jusqu'à 4 degrés en longueur et 2 degrés et demi en largeur. En ne la supposant pas plus éloignée que les étoiles les plus proches, elle serait encore incomparablement plus vaste que notre système solaire tout entier, quoiqu'il mesure plus de deux milliards de lieues de diamètre. En effet, à la distance de l'étoile la plus proche, le demi-diamètre de l'orbite terrestre (37 millions de lieues) est réduit à 0″,928. Donc là, un objet mesurant 928″ ou 15′ 28″ serait déjà mille fois plus

Fig. 51. — La nébuleuse d'Andromède, vue dans un grand télescope.

large que la distance de la Terre au Soleil et mesurerait 37 milliards de lieues. Mais la nébuleuse d'Andromède occupe dans le ciel un espace s'étendant jusqu'à 4 degrés, c'est-à-dire 15 fois supérieur au chiffre précédent, ce qui conduit à 555 milliards de lieues! Si c'est là un système planétaire en voie de formation, il serait donc *de deux à trois cents fois plus vaste que le nôtre en diamètre.* Sans doute, c'est inimaginable. Mais, pour se refuser à une telle conception, il nous faudrait admettre que cette nébuleuse fût plus proche de nous que les étoiles les plus voisines, ce qui n'est pas probable. Elle doit être, au contraire, beaucoup plus éloignée, et par conséquent beaucoup plus immense encore.

On le voit, cette belle constellation d'Andromède est riche en grands spectacles, et l'on peut passer des heures charmantes dans sa contemplation scientifique. Cette splendide nébuleuse et son beau système triple suffisent pour l'illustrer à jamais. L'antique figure mythologique est éclipsée malgré sa grâce et malgré les péripéties de son histoire : le ciel fait oublier la terre.

Avant de faire connaissance avec le héros voisin, Persée, remarquons un instant, au sud de γ d'Andromède, quelques étoiles disposées en triangle. Quoique peu importante, cette constellation date aussi des Grecs, qui l'appelaient le Deltoton. Voici les quelques étoiles qui la composent, avec les observations faites sur leur éclat depuis deux mille ans.

PRINCIPALES ÉTOILES DE LA CONSTELLATION DU TRIANGLE

| | −127 | +960 | 1430 | 1590 | 1603 | 1660 | 1700 | 1800 | 1840 | 1860 | 1880 |
|---|---|---|---|---|---|---|---|---|---|---|---|
| α | 3 | 3 | 3 | 4 | 4 | 4 | 4 | 3.4 | 4.3 | 4.3 | 4,0 |
| β | 3 | 3 | 3 | 4 | 4 | 4 | 4 | 4 | 3 | 3 | 3,2 |
| γ | 3 | 3.4 | 3 | 4 | 4 | 4 | 4 | 5.6 | 4.5 | 4.5 | 4,2 |
| δ | 4 | 5.6 | 5 | 5 | 5 | 5 | 5 | 6 | 6.5 | 5.6 | 5,5 |
| ε | 0 | 0 | 0 | 0 | 6 | 6 | 6 | 6 | 5.6 | 6.5 | 5,8 |
| 6 | 0 | 0 | 0 | 0 | 0 | 6 | 6 | 5.6 | 6.5 | 5.6 | 5,8 |
| 7 | 6 | 0 | 0 | 0 | 0 | 6 | 6 | 6 | 5 | 6.5 | 6,0 |

On désigne quelquefois d'autres étoiles du Triangle par les lettres suivantes de l'alphabet grec ; mais nous avons adopté ici comme principe constant de ne garder que celles de Bayer, les autres pouvant former équivoque, et étant généralement superflues.

Sur ces sept étoiles, celle qui a le plus varié est certainement δ, qui, anciennement de 4ᵉ, est tombée à la 6ᵉ, pour remonter légèrement à 5 1/2. L'étoile γ est également descendue de la 3ᵉ au-dessous de la quatrième. Des deux étoiles α et β, la seconde est devenue plus brillante que la première, et c'est elle qui aujourd'hui recevrait la première lettre si l'on avait attendu à notre époque pour faire la classification littérale.

Nous ne signalerons dans cette petite constellation que deux objets intéressants, une étoile double et une nébuleuse. La première est l'étoile 6, nommée aussi ι (mais, comme nous venons de le voir, cette lettre n'appartient pas à la classification de Bayer). C'est un couple élégant formé d'une étoile de 5ᵉ grandeur et demie et d'une de 6ᵉ 1/2, la première brillant d'un bel éclat *jaune d'or*, la seconde colorée d'une nuance *vert bleu* vraiment exquise. L'écartement des deux composantes est de 3″7. Depuis un siècle qu'on les mesure, elles ont à peine changé de position l'une par rapport à l'autre.

La nébuleuse située entre α Triangle et β Andromède est la 33ᵉ du catalogue de Messier, et peut être aperçue avec la plus faible lunette d'approche. Elle est fort étendue, occupe près d'un demi-degré, mais elle est très faible et mal définie ; la chercher lorsqu'il n'y a pas de clair de lune.

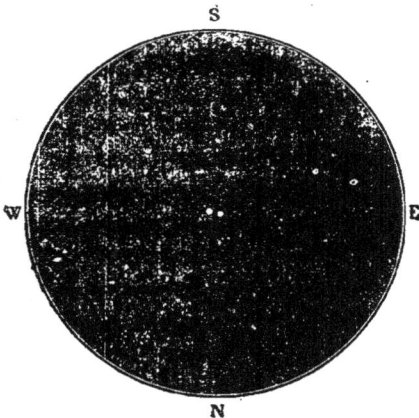

Fig. 52. — L'étoile double 6 du triangle.

Elle a été résolue en étoiles dès le temps de William Herschel, qui parvint à y découvrir une sorte de poussière lumineuse — poussière dont chaque grain est un soleil ! Le télescope de lord Rosse a montré en elle une structure en spirale analogue à celle qui a si merveilleusement contourné la grande nébuleuse de la constellation des Chiens de chasse.

Certaines cartes dessinent le triangle équilatéral en ajoutant de petites étoiles aux brillantes ; mais on le voit dans le ciel sous la forme d'un triangle isocèle, dont α marque la pointe, β et γ traçant la base. Hévélius a ajouté un petit triangle à côté du grand, et dans cette même région du ciel (revoir notre *fig.* 27, p. 49), on a aussi dessiné une *Mouche*, déjà placée en 1624 sur le globe de Bartschius, et qui s'est métamorphosée en *Fleur-de-Lys* sous Louis XIV, comme on le voit sur le globe de Coronelli (1690).

Mais les fleurs de lis ne durent pas plus longtemps que les mouches en nos siècles de scepticisme et d'égalité, et cet emblème royal s'est vite fané en plein ciel : la fleur comme l'insecte ont disparu de nos cartes modernes, et les trois étoiles de ce minuscule astérisme sont rentrées dans le domaine du Bélier, auquel elles appartenaient, par droit de conquête comme par droit de naissance.

Même décadence pour les *Honneurs de Frédéric*, dessinés dans le ciel en 1798 par Bode, hommage à la mémoire du roi philosophe et guerrier dont Voltaire s'était fait l'ami trop intime. Voyez sur notre *fig.* 27, au-dessus de la main droite d'Andromède (qu'elle a dû abaisser pour faire un peu de place), le trophée royal formé d'ailleurs d'étoiles peu importantes; déjà, avant la fin de ce siècle, le voici tombé en désuétude, avant même que le nom du monarque prussien soit tout à fait oublié. *Sic transit gloria mundi !*

N'oublions pas le *Lézard*, que l'on voit dessiné près du trophée précédent; son histoire est assez curieuse. Tout d'abord, ce n'était point un lézard, mais aussi un emblème royal, *le Sceptre et la Main de Justice*, dessinés sur les cartes du temps de Louis XIV. (Il faut croire que cette région du ciel était prédestinée au pinceau de la flatterie.) Augustin Royer, « architecte du Roy », publia à Paris, en 1679, un catalogue d'étoiles qu'il paraît avoir composé en collaboration avec le Père Anthelme, chartreux de Dijon. Le catalogue est bon ; mais voici ce qu'on lit dans la dédicace « à Monseigneur le Dauphin » :

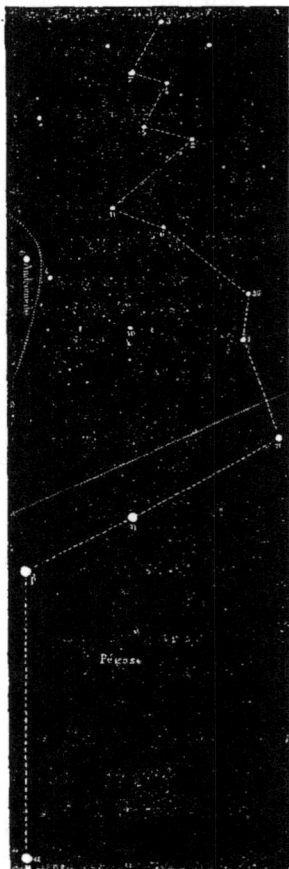

Fig. 53. — Etoiles du Lézard.

« L'on a été assez heureux, en faisant les observations nécessaires, de découvrir dix-sept étoiles entre les constellations de Céphée, d'Andromède et de Pégase, dont aucun auteur n'a encore parlé, et qui n'ont été marquées jusqu'ici dans aucun catalogue ; ces dix-sept étoiles, par leur disposition, représentent heureusement le Sceptre royal et la Main de Justice. L'on pourrait dire que ces étoiles, qui sont de tout temps au Ciel, auraient été cachées aux yeux de tous les astronomes jusques à aujourd'hui que la gloire du Roy est si grande par toutes les victoires qu'il vient de remporter sur un nombre infini d'ennemis ligués contre lui, et par la paix qu'il accorde ensuite à leurs instantes prières, que le Ciel voulant donner des marques à la postérité de la grandeur et de la douceur de son règne, a consacré les principaux ornements de sa royauté en faisant paraître ces dix-sept étoiles pour composer cette constellation. Ce qu'il y a de particulier, c'est que, lorsqu'elle passe au méridien, la Main de Justice se trouve au zénith de Paris, capitale des États de ce grand Monarque, comme pour marquer que le bonheur de la France, se renouvelant sous son règne, durera autant que la monarchie; ce sont les vœux..., etc. »

Quelques années après, Hévélius de Dantzig, qui paraît avoir ignoré la création d'Augustin Royer, annonçait, dans son *Prodromus Astronomiæ*, publié en 1690, qu'il avait remarqué entre les constellations d'Andromède et du Cygne, dix petites étoiles très brillantes, qu'il a réunies sous la forme d'un Lézard, parce qu'*il n'y a pas de place pour mettre là autre chose* que ce petit animal, et que du reste sa peau est constellée de petites étoiles, d'où il conclut : *Id quod nostro animulculo cœlesti omnium optime convenit.*

En fait, c'est le Lézard qui est resté. La Gloire de Louis XIV, comme plus tard la Gloire de Frédéric, s'est évanouie dans les cieux, et l'inoffensif animal est encore là, étonné sans doute de tant d'honneur. J'engagerai à peine mes lecteurs à le chercher, car il n'est vraiment composé que d'étoiles insignifiantes (insignifiantes! le qualificatif n'est pas modeste de notre part, car chacune de ces étoiles est bien plus importante que notre Terre tout entière; mais enfin, tout est relatif); néanmoins, pour ne rien laisser à désirer, comparons aussi les étoiles de ce petit astérisme, en commençant par les observations de Royer et Anthelme (1670). Inscrivons-les par ordre actuel de grandeur.

ÉTOILES DE LA CONSTELLATION DU LÉZARD

| | 1670 | 1684 | 1700 | 1800 | 1840 | 1860 | 1880 |
|---|---|---|---|---|---|---|---|
| 7 Fl. | 5 | 5 | 4 | 4 | 4 | 4 | 4,2 |
| 3 | 5 | 5 | 4 ½ | 4 | 4.5 | 5.4 | 4,7 |
| 1 | 5 | 5 | 5 | 5 | 5.4 | 5.4 | 4,8 |
| 2 | 5 | 5 | 5 | 5 | 5.4 | 5.4 | 4,8 |
| 4 | 5 | 5 | 0 | 5 | 5 | 5 | 5,0 |
| 5 | 5 | 6 | 5 | 5 | 5 | 5 | 5,0 |
| 6 | 5 | 5 | 4 ; | 5.6 | 5 | 5 | 5,2 |
| 10 | 5 | 5 | 5 | 5.6 | 5 | 5 | 5,2 |
| 11 | 6 | 6 | 6 | 6.7 | 5 | 5 | 5,5 |
| P. XXII, 36 | 5 | 5 | 5 | 5.6 | 5 | 5 | 5,3 |

Telles sont les étoiles les plus apparentes de cette petite constellation ; elles ne sont désignées par aucune lettre, puisque la constellation a été formée après Bayer, et elles n'ont ici pour qualificatif que les numéros qu'elles portent dans le catalogue de Flamsteed, à l'exception de la dernière, qui n'a pas été observée par cet astronome, quoiqu'elle soit de cinquième grandeur, et dont la désignation appartient au catalogue de Piazzi. La première paraît avoir augmenté d'éclat; l'étoile 6 paraît avoir subi une certaine fluctuation au xviii° siècle. L'étoile 4, de cinquième grandeur, à 1 degré au sud de 7, est la seule étoile intéressante à observer : orangée, avec un compagnon bleu, dans un champ fort riche.

Mais le sauveur d'Andromède nous attend depuis si longtemps que nous paraissons décidément l'oublier, malgré toutes les curiosités célestes qu'il garde en réserve pour l'astronome contemplateur. Entrons donc sans plus tarder en relation avec ce fier *Persée*. Inutile de revenir sur son histoire, examinons tout de suite ses étoiles. .

Cette région est l'une des plus riches du ciel, à cause de la Voie

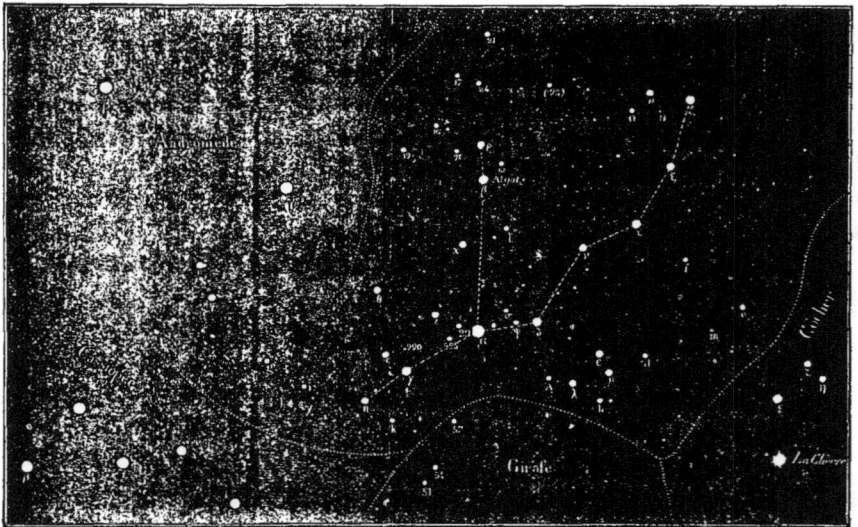

Fig. 54. — Principales étoiles de la constellation de Persée.

lactée dont elle forme l'une des zones les plus opulentes en groupes d'étoiles. Que de soirées charmantes nous pourrons consacrer à la contemplation de ces richesses multipliées! Il y a des places où la plus faible lunette éblouit littéralement l'œil qui cherche à plonger dans ces profondeurs stellifères : des milliers d'étoiles microscopiques jaillissent du ciel comme la poussière diamantée de la nuit.

Voici les principales étoiles qui forment cette constellation, avec la comparaison des observations faites depuis deux mille ans sur leur éclat respectif.

ÉTOILES PRINCIPALES DE LA CONSTELLATION DE PERSÈE

DEUX MILLE ANS D'OBSERVATION

| Étoiles | — 127 | + 960 | 1430 | 1500 | 1603 | 1660 | 1700 | 1800 | 1840 | 1860 | 1880 |
|---|---|---|---|---|---|---|---|---|---|---|---|
| α | 2 | 2 | 2 | 2 | 2 | 2 | 2 ½ | 2.3 | 2 | 2 | 2,2 |
| β (Algol.) | 2 | 2.3 | 2 | 3 | 2 | 2 | 2 ½ | var. | var. | var. | var. |
| γ | 3.4 | 3.4 | 3 | 3 | 3 | 3 | 3 | 3 | 3 | 3 | 3,0 |
| δ | 3 | 3 | 3 | 3 | 3 | 3 | 3 | 3.4 | 3 | 3.4 | 3,5 |
| ε | 3 | 3 | 3 | 3 | 3 | 3 | 3 | 3.4 | 3.4 | 3.4 | 3,3 |
| ζ | 3.4 | 3.4 | 3 | 3 | 3 | 3 | 3 | 3.4 | 3 | 3 | 3,0 |
| η | 4 | 4 | 4 | 4 | 4 | 4 | 4 | 5 | 4.3 | 4 | 4,2 |
| θ | 4 | 4.5 | 4 | 4 | 4 | 4 | ·4 | 4 | 4 | 4 | 4,4 |
| ι | 4 | 4 | 4 | 4 | 4 | 4 | 4 | 4 | 4 | 4 | 4,3 |
| κ · | 4 | 4 | 4 | 4 | 4 | 4 | 4 ¾ | 5 | 4.5 | 4.5 | 4,4 |
| λ | 4 | 4 | 4 | 4 | 4 | 4 | 4 | 6 | 4.5 | 4.5 | 4,6 |
| μ | 4 | 4 | 4 | 4 | 4 | 4 | 4 | 4.5 | 4.5 | 4.3 | 4,5 |
| ν | 4 | 4 | 4 | 4 | 4 | 4 | 4 | 4.5 | 4 | 4 | 4,1 |
| ξ | 4 | 4 | 4 | 5 | 4 | 5 | 5 | 5 | 4 | 4 | 4,3 |
| ο | 3.4 | 3.4 | 3 | 4 | 4 | 4 | 4 | 4 | 4 | 4 | 4,3 |
| π | 4 | 4 | 4 | 4 | 4 | 4 | 5 | 5.6 | 5 | 5 | 5,1 |
| ρ | 4 | 4.3 | 4 | 4 | 4 | 4 | 4 | 4 | 4 | var. | 3,8 |
| σ | 4 | 4 | 4 | 5 | 4.5 | 5 | 5 | 5 | 5 | 5.4 | 4,8 |
| τ | 5 | 5 | 5 | 5 | 5 | 5 | 5 | 5 | 4 | 4 | 4,3 |
| ν = 51 Andr. | 4 | 4 | 4 | 5 | 4 | 5 | 3 ½ | 3.4 | 4.3 | 4.3 | 3,9 |
| φ = 54 Andr. | 4 | 4 | 4 | 4 | 5 | 4 | 4 | 5 | 4 | 4 | 4,0 |
| χ | néb. | néb. | néb. | 6 | 5 | 6 | 6 ¾ | 6.7 | cum. | cum. | cum. |
| ψ | 4 | 4 | 4 | 5 | 5 | 5 | 5 | 5 | 5 | 5 | 4,8 |
| ω | 4 | 4.5 | 4 | 5 | 5 | 5 | 5 | 6 | 5 | 5 | 5,0 |
| 43 A | 0 | 0 | 0 | 5 | 5 | 5 | 5 | 6.7 | 5.6 | 5.6 | 5,6 |
| b | 4 | 4 | 4 | 5 | 5 | 5 | 5 | 5 | 5 | 5 | 5,1 |
| 48 c | 4 | 4 | 4 | 5 | 5 | 5 | 5 | 5 | 4 | 4 | 4,4 |
| 43 d | 5 | 5 | 5 | 6 | 5 | 6 | 6 | 5.6 | 5 | 5 | 5,3 |
| 58 e | 5 | 5 | 5 | 5 | 5 | 5 | 5 | 5.6 | 5 | 5 | 4,6 |
| 52 f | 5 | 5.6 | 5 | 0 | 5 | 5 | 5 | 5.6 | 5 | 5 | 5,0 |
| 4 g | 0 | 0 | 0 | 0 | 6 | 6 | 6 | 6 | 5.6 | 5 | 5,6 |
| h | 0 | néb. | 0 | 0 | 6 | 0 | 0 | 6 | cum. | cum. | cum. |
| 9 ι | 0 | 0 | 0 | 6 | 6 | 0 | 6 | 5 | 6.5 | 5.6 | 5,7 |
| k | 0 | 0 | 0 | 0 | 6 | 5 | 0 | 5 | 5 | 5 | 5,2 |
| l | 0 | 0 | 0 | 0 | 6 | 0 | 6 | 6 | 5 | 5.6 | 5,5 |
| 57 m | 0 | 0 | 0 | 0 | 6 | 0 | 6 | 8 | 6 | 6 | 6,5 |
| 42 n | 0 | 0 | 0 | 0 | 6 | 6 | 6 | 6 | 6.5 | 6.5 | 6,6 |
| 40 o | 0 | 0 | 0 | 0 | 6 | ·5 | 6 | 6 | 5 | 5 | 5,7 |
| 16 | obsc. | 5 | 5 | 4 | 5 | 4 | 4 | 4.5 | 5.4 | 5.4 | 4,5 |
| 17 | 0 | 0 | 0 | 0 | 5 | 6 | 5 ½ | 5.6 | 5 | 5 | 5,0 |
| 21 | 0 | 0 | 0 | 0 | 0 | 6 | 5 | 5.6 | 5 | 5 | 5,2 |
| 995 B. A. C. | 0 | 0 | 0 | 0 | 0 | 0 | 0 | 0 | 5 | 5 | 5,2 |
| 29-31 | 0 | 0 | 0 | 0 | 0 | 0 | 6 et 5 ½ | 6,7 et 6 | 5 | 5 | 5,4 |
| P. III, 23 | 0 | 0 | 0 | 0 | 6 | 6 | 0 | 5.6 | 5 | 5 | 5,4 |
| 24 | 0 | 0 | 0 | 5 | 6 | 4 ½ | 5.6 | 5.6 | 5.6 | 5,5 |
| 12 | 0 | 0 | 0 | 0 | 5 | 6 | 6 | 6 | 6 | 5.6 | 5,5 |

Telles sont les principales étoiles de la constellation de Persée. Il faudra plusieurs soirées pour faire connaissance avec elles, car leur identification réclame une attention assez soutenue; d'ailleurs, il n'est pas indispensable de les connaître toutes; le point le plus important

est de trouver les six premières, qui sont les plus brillantes et qui donnent une idée générale de la figure.

Quelques-unes méritent d'arrêter un instant notre attention. Ainsi,
l'étoile λ était au temps de Bayer plus brillante que ses voisines A, b.
c, d. Cependant, le 16 janvier 1693, Flamsteed consigna sur son registre de l'Observatoire de Greenwich que c était plus brillante que λ.
D'autre part, Piazzi a noté λ seulement de 6ᵉ grandeur. Elle n'est pas
dans le catalogue de Lalande ; mais c y est, notée 5 1/2. Elle est mar-

Fig. 55. — Persée et Andromède, d'après un manuscrit espagnol du xivᵉ siècle.

quée 4,4 dans le catalogue de Radcliffe, et c 4,6 ; 4 1/2 dans le catalogue d'Armagh, et c 5 ; William Herschel l'a notée 4,5 et c 4,7 ;
Argelander l'a notée 4,5 et c 4,0 ; Pierce les a mesurées photométri-
quement en 1874 et a trouvé $\lambda = 4,52$, et $c = 4, 27$ ; c'est-à-dire d'un
quart de grandeur plus brillante. Il y a donc là une variation certaine.
Mais laquelle des deux varie ? — Toutes deux sans doute.

L'étoile π a diminué d'éclat : elle n'est certainement plus de quatrième grandeur. L'étoile υ a, au contraire, augmenté d'éclat. Les
étoiles ψ, ω et b ont diminué.

L'étoile m a été notée de huitième par Piazzi, grandeur invisible à l'œil nu. Cependant, vers la même époque, Lalande l'a observée de sixième. Herschel l'a marquée 6,9, c'est-à-dire presque de septième. Elle est de 6,3 dans Radcliffe, de 6 dans Armagh. Il est probable que le chiffre de Piazzi est erroné ; en l'estimant de 6° 1/2, les faibles divergences d'appréciation s'expliquent.

L'étoile 16 est une brillante de 4° 1/2. Si elle n'a pas reçu de lettre de Bayer, ce n'est pas qu'elle ait été moins brillante que les précédentes, car sur son propre atlas elle est gravée de cinquième grandeur, mais c'est parce qu'elle se trouve en dehors de la figure classique, précédant la Tête de Méduse. Les anciens l'appelaient *obscure*, ce qui est bien inexplicable.

Fig. 56. — Dessin de Persée au temps d'Alphonse X (xiiie siècle).

L'étoile 995 B.A.C. et l'étoile double 29-31, qui précèdent α, ont dû augmenter d'éclat, car aucune des anciennes cartes ne les ont représentées, quoiqu'elles soient admirablement visibles.

Remarquons aussi que l'étoile 24 a été notée de 6° grandeur par Hévélius et de 4° 1/2 par Flamsteed. Est-ce une erreur de l'astronome anglais ? Oui, sans doute. Elle a été notée de 6° par Lalande et de 5° 1/2 par les observateurs d'Armagh, ce qui est à peu près sa grandeur constante.

L'étoile σ est rougeâtre.

Mais, de toutes ces étoiles, la plus curieuse est sans contredit la seconde de la liste précédente, l'étoile β, ou *Algol*, qui indique dans le ciel la place de la Tête de Méduse. Ce nom d'Algol dérive de l'arabe Al-

Fig. 57. — Dessin de Persée au temps de Sûfi (xe siècle).

ghùl, le monstre, ou le diable, et sur plusieurs anciennes cartes, Persée s'appelle *le Porteur de la tête du Diable*. On sait que Persée ayant coupé cette fameuse tête de Méduse prit l'habitude de la tenir à

la main à cause de la propriété qu'elle avait de pétrifier ceux qui la
regardaient; aussi représente-t-on presque toujours ce héros muni de
cette tête redoutable. Quelques cartes célestes l'ont remplacé par
David portant la tête de Goliath, et il semble que ce soit cette idée
qui ait déjà dominé dans le dessin du temps du roi astronome
Alphonse X de Castille, reproduit ici (*fig.* 56). La *fig.* 57, qui date du
dixième siècle, donne la même idée; la tête coupée n'est plus la tête
de Méduse aux serpents entrelacés que l'on a vue *fig.* 27 (p. 49). Il
en est de même de cette tête monstrueuse que tient le Persée du *Liber*
*de locis stellarum*, manuscrit espagnol du XIVᵉ siècle, dont le *fac-simile*
est reproduit *fig.* 55. On voit que cette constellation n'a pas subi
moins de métamorphoses que ses voisines Andromède et Cassiopée.
Mais ce n'est point par son rôle mythologique que l'étoile d'Algol est
intéressante, c'est par sa propre nature. Elle est en effet l'une des
plus régulières des étoiles variables, l'une des plus rapides, et en
même temps l'une des plus brillantes et des plus faciles à observer.
*Elle passe de la deuxième la quatrième grandeur dans la période*
*rapide de 2 jours 20 heures 48 minutes 53 secondes*, ou de 69 heures
environ, et ce qu'il y a de plus remarquable, c'est que cette espèce
d'éclipse partielle ne dure que six minutes. Pendant six minutes seulement, cette étoile n'est que de quatrième grandeur; mais la diminution de lumière commence 4 heures 30 minutes avant le minimum,

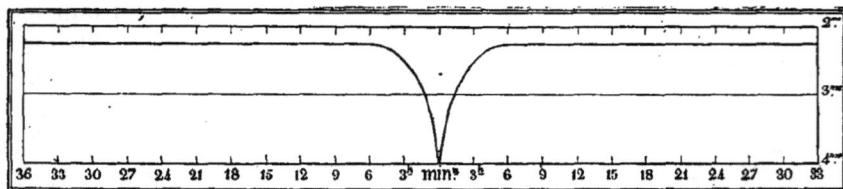

Fig. 58. — Variations de l'éclat d'Algol en 69 heures.

et l'accroissement de lumière emploie également 4 heures 30 minutes
pour ramener l'étoile à son éclat normal, de telle sorte qu'en définitive l'étoile est de seconde grandeur pendant 2 jours 12 heures environ, et que sa variation occupe 9 heures environ. La diminution
d'éclat la plus évidente commence 1 heure 26 minutes avant le minimum, lorsque l'étoile paraît intermédiaire entre γ et ε, et l'augmentation la plus apparente se montre également lorsque l'étoile
est revenue au même degré d'éclat. On se formera une idée de cette
variation d'éclat par notre petite *fig.* 58, sur laquelle la période de

69 heures de cette étoile est divisée de 3 en 3 heures de part et d'autre du minimum.

Cette singulière variation a été remarquée pour la première fois il y a plus de deux siècles, en 1669, par Montanari, et la période a été déterminée pour la première fois en 1782 par Goodricke. Il l'assigna à :

2 jours 20 heures 48 minutes 56 secondes.

En 1854, par une nouvelle série d'observations, Argelander la trouva de :

2 jours 20 heures 48 minutes 52 secondes.

Elle avait diminué de 4 secondes depuis 1782. En 1875, Schmidt d'Athènes trouva par de nouvelles déterminations :

2 jours 20 heures 48 minutes 53 secondes.

Elle est sans doute soumise à une légère oscillation. Mais quelle peut être la cause de cette étonnante variation ? Cette curieuse étoile est-elle de la nature des étoiles variables, qui paraissent environnées comme notre propre soleil d'une photosphère mobile et d'une atmosphère gazeuse dans laquelle des éruptions de vapeurs viennent périodiquement multiplier les taches et les protubérances ? Le spectroscope appliqué à l'analyse de la lumière d'Algol éloigne cette hypothèse, car il ne montre dans ce lointain soleil aucune trace de ces vapeurs absorbantes, pas plus que nulle nuance de la coloration rouge commune à toutes les étoiles variables, et de plus l'aspect physique de l'étoile ne change pas au moment du minimum. Algol n'est donc pas intrinsèquement une étoile variable.

Cette diminution périodique d'éclat doit être produite, ou bien par la rotation de ce lointain soleil, lequel aurait à sa surface un continent obscur, le reste étant couvert d'un océan lumineux, — ou bien par l'éclipse d'une énorme planète de son système tournant autour de lui dans le plan de notre rayon visuel et passant entre lui et nous toutes les 69 heures, — ou bien par le passage d'un anneau d'astéroïdes dont la masse principale produirait une éclipse analogue suivant la même période. De ces trois hypothèses, la première est rendue probable par la rapidité de la période, qui correspond plutôt à une durée de rotation qu'à une durée de révolution ; mais il est si difficile d'admettre qu'un globe incandescent et lumineux garde pendant plusieurs siècles une tache obscure permanente à sa surface, que je n'aurai pas la témérité de proposer à mes lecteurs d'adopter cette explication comme définitive.

Un globe de punch brûlant dans l'espace n'en fait pas moins pour cela une singulière image. La seconde hypothèse est peut-être préférable : après tout, une révolution de 69 heures n'est pas inadmissible ; dans notre propre système solaire, le premier satellite de Mars tourne en 7 heures 39 minutes et le second en 30 heures ; le premier satellite de Saturne tourne en 22 heures, le deuxième en 33, le troisième en 45, le quatrième en 66 ; le premier satellite de Jupiter effectue sa révolution en 42 heures, etc. Autour d'un énorme soleil, une telle révolution s'effectuant nécessairement sur une orbite plus étendue, est moins facile à concevoir, à moins de supposer une masse énorme, ce qui nous conduit à conclure que, selon toute probabilité, Algol est un soleil extrêmement lourd, exerçant une puissante attraction sur le système qui l'environne. On peut comparer l'extinction partielle de la

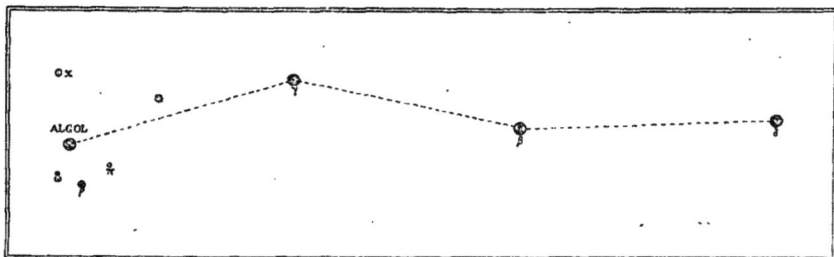

Fig. 59. — Alignement pour trouver Algol à l'œil nu.

lumière d'Algol à celle qui est produite par une éclipse : une planète énorme de son système tourne tout près de ce soleil, passe devant lui, entame d'abord légèrement son disque, arrive en quatre heures et demie à sa phase centrale, qui ne dure que *six minutes*, et emploie le même temps à démasquer tout à fait ce disque lumineux, cette planète colossale et presque contiguë à son soleil effectuant sa révolution en 69 heures. Cette explication paraît plus probable que celle d'un anneau d'astéroïdes, attendu que cet anneau n'aurait de masse sensible que sur le huitième environ de son orbite, ce qui ne constitue pas un véritable anneau. Quelle que soit d'ailleurs la cause de cette étrange variation de lumière, cette étoile n'en est pas moins du plus haut intérêt, et, en la regardant, au milieu de l'armée des mondes, pendant les heures paisibles du soir, nous ne pouvons nous empêcher de songer à la différence capitale qui distingue ce lointain système du nôtre et à la variété inimaginable que la nature a répandue dans toutes ses productions, à travers l'immensité infinie.

Pour trouver rapidement cette étoile dans le ciel, mener une ligne

par $\alpha$, $\delta$, $\beta$ et $\gamma$ Andromède, et prolonger cette ligne, non pas directement, mais en inclinant un peu vers le sud, comme symétrique de la
direction $\gamma$ à $\beta$ : l'étoile de deuxième à troisième grandeur qui brille là
est Algol.

Regardez auprès d'elle l'étoile $\rho$; c'est aussi une étoile variable, mais
sa variation n'atteint pas une grandeur entière (3,4 à 4,2) et sa période
(si même elle en a une) est encore inconnue.

La constellation de Persée renferme plusieurs étoiles doubles intéressantes : $\varepsilon$, de 3ᵉ grandeur, a un compagnon de 8ᵉ grandeur et demie,
écarté à 9″, fixe depuis sa découverte, en 1781. Ces deux soleils sont
animés d'un mouvement propre commun dans l'espace. L'étoile pri-

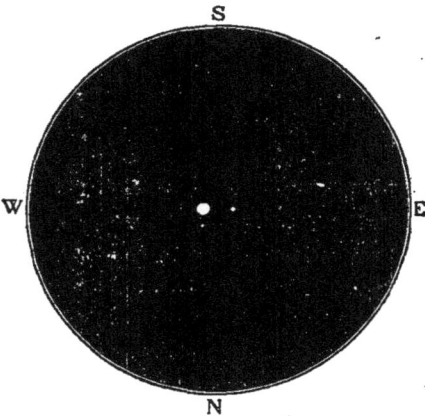

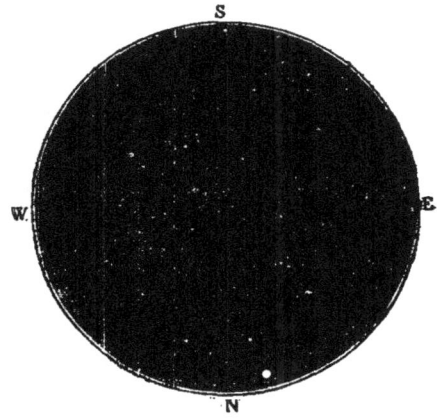

Fig. 60. — L'étoile double ε Persée.            Fig. 61. — Quadruple ζ Persée.

maire est nuancée d'un blanc vert, la seconde est bleuâtre, ou plutôt
lilas.

$\zeta$, de 3ᵉ 1/2, est une étoile quadruple; mais ses trois compagnons ne
sont que de 10ᵉ à 12ᵉ grandeur, éloignés respectivement à 13″, 83″ et
121″. On en distingue encore un cinquième, beaucoup plus faible. Ce
groupe forme-t-il un système quintuple, une association de cinq soleils?
ou bien ne se trouvent-ils l'un devant l'autre que par le hasard de la
perspective? C'est ce que les observations ne permettent pas encore de
décider.

$\eta$, de 4ᵉ grandeur, jaune rougeâtre, montre au télescope un petit
compagnon bleu de 8ᵉ grandeur et demie, écarté à 28″, et ce beau groupe
est entouré de cinq petits satellites. Couple physique, emporté par un
mouvement propre commun, mais dont les deux composantes sont
restées fixes depuis leur découverte en 1779.

L'étoile θ, de 4ᵉ grandeur, a deux compagnons de 10ᵉ grandeur, le premier à 15″, le second à 68″. Ce petit groupe céleste m'a donné, sans s'en douter, beaucoup de tracas il y a quelques années. Tandis que je m'exerçais à l'Observatoire de Paris à prendre les mesures micrométriques des étoiles doubles les plus intéressantes, j'avais inscrit ce groupe sur mon carnet d'observation, pour le vérifier et l'étudier, et, d'après une observation faite en 1833, par l'amiral Smyth, j'avais marqué le second compagnon comme devant être cherché vers 27″ de distance. Quelle ne fut pas ma surprise, en 1877, de le trouver à 68″ au lieu de 27″! Avait-il marché de 41″ depuis 1833? ou bien l'amiral avait-il commis une erreur, soit de mesure, soit d'inscription? Je

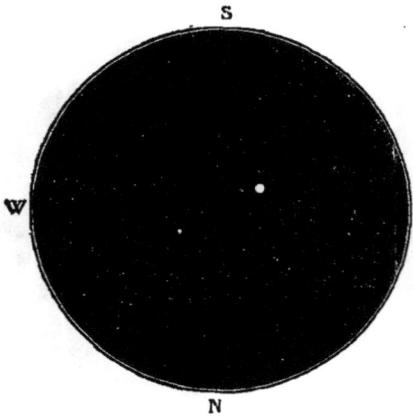

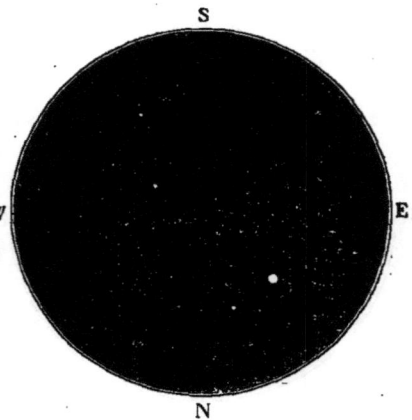

Fig. 62. — Double η Persée.   Fig. 63. — Triple θ Persée.

recommençai ma mesure et trouvai toujours la distance de 68″. J'ai appelé l'attention des astronomes sur ce point délicat, et mes collègues de la Société royale astronomique de Londres ont reconnu eux-mêmes que c'était leur compatriote qui s'était trompé.

Signalons encore un joli couple, de 6ᵉ et 8ᵉ grandeurs, à 12″, blanche et saphir, à chercher près de τ et γ, formant un triangle avec ces deux étoiles, facile à trouver à l'œil nu (P. II, 220). Il y a encore d'autres couples intéressants, mais qui ne peuvent guère être trouvés qu'à l'aide d'un équatorial et qui sortent du domaine de l'étude populaire du ciel. Regardez cependant encore l'étoile e, qui est orangée (vous la trouverez facilement à l'aide de notre *fig. 54*, sur une ligne courbe formée par la Chèvre, ε Cocher, e, f, et ε Persée) : en dirigeant une lunette vers elle, vous découvrirez une petite étoile double dont les composantes sont·de 7° 1/2 et 9° grandeurs, écartées à 12″: fixes; la première a une nuance vert pâle, la seconde approche du lilas.

La constellation de Persée renferme deux splendides amas d'étoiles contigus l'un à l'autre, situés dans la main droite du héros, à la poignée de son épée, sur le prolongement des étoiles α, γ, η, en allant vers δ et γ Cassiopée. Ces deux archipels de soleils font, à l'œil nu, l'effet de deux étoiles nébuleuses, qui ont reçu pour dénomination les lettres χ et h. Dans le catalogue des nébuleuses d'Herschel, ces deux objets célestes se nomment H. VI, 33 et 34. La moindre lunette dirigée vers eux nous transporte au sein d'une poussière de soleils. Spectacle inimaginable! C'est comme un morceau de la Voie lactée qui se serait rapproché de nous. On voit une étoile rouge entre les deux amas et l'on en découvre une autre vers le centre du second. Le premier laisse apercevoir dans sa région centrale une petite couronne d'étoiles, un peu elliptique, de 39″ de longueur sur 33″ de largeur, et à côté, suivant la première nébuleuse dans le mouvement diurne, l'œil est frappé par une étoile de 7° grandeur qui paraît abandonnée au milieu de la nuit, sur un espace désert rendu plus noir par le contraste. Notre *fig.* 64 montre cet amas tel qu'il apparaît dans une lunette·de 11 centimètres. Il y là plusieurs centaines de soleils, séparés sans doute les uns des autres par des distances analogues à celles qui s'étendent d'ici aux étoiles. Peut-être un système de planètes habitées vogue-t-il autour de chacun de ces soleils, et sans doute au milieu de leurs nuits les habitants de ces mondes lointains n'ont-ils pas plus de lumière que nous-mêmes. Combien de milliers d'années la lumière n'emploie-t-elle pas pour venir de là! On peut aussi, par les nuits les plus pures, apercevoir à l'œil nu un autre amas d'étoiles, précédant Algol, à peu près au milieu de l'intervalle qui s'étend entre cette variable et γ Andromède, un peu plus près d'Algol que de γ (se servir de la *fig.* 54). C'est la nébuleuse 34° du catalogue de Messier, décrite par lui en 1764 comme « une masse de petites étoiles », et résolue dès cette époque. Magnifique amas d'étoiles, curieux à observer, comme les précédents dans nos lunettes populaires de 61, 75, 95 et 108 millimètres.

Des instruments gigantesques et coûteux, une installation laborieuse

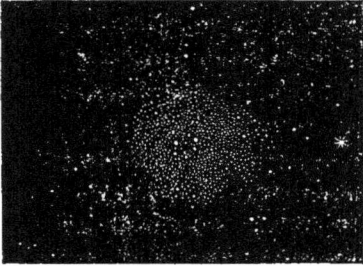

Fig. 64. — Curieux amas d'étoiles dans Persée.

et opulente, ne sont point du tout indispensables pour s'initier directement à ces contemplations grandioses, que, du reste, la plupart des astronomes de métier n'apprécient pas, parce que pour eux le ciel est mort, et que jusqu'à présent quelques rares esprits seulement ont senti la vie circuler dans l'univers. On rencontre souvent dans les observatoires et dans les académies des hommes qui se sont faits astronomes comme on se fait commerçant ou notaire, de sorte qu'il n'y a rien de surprenant à ce qu'ils prennent l'astronomie pour un traité de chiffres et qu'ils meurent sans se douter de la beauté de l'univers. L'amour de la science, le désir de s'instruire, la curiosité de l'inconnu, une attention persévérante, sont les premières qualités requises pour arriver à se servir rapidement, utilement et agréablement, d'instruments modestes dans leur forme, précieux par les révélations qu'on sait obtenir de leur usage intelligent. Tant vaut l'homme, tant vaut l'instrument. Jamais Copernic, jamais Galilée, jamais Képler, jamais Newton n'ont eu entre les mains ces instruments élémentaires, et le premier, comme Tycho-Brahé, comme Hévélius, à l'aide de simples règles de bois et de quarts de cercle, les autres à l'aide de pauvres lunettes grossissant à peine une dizaine de fois, ont su observer dans les cieux des merveilles dont la contemplation faisait tressaillir leur âme enthousiasmée. Quel n'est pas notre bonheur d'être nés en un siècle où, si facilement, chacun de nous peut, à son tour, suivre la route lumineuse ouverte par ces grands esprits et s'élancer à la conquête des mondes inaccessibles! Quelle est l'âme contemplative, quelle est l'intelligence curieuse, qui pourrait continuer aujourd'hui de voir avec indifférence le ciel se peupler d'étoiles à la nuit tombante, sans désirer reconnaître ces étoiles à mesure que leur lumière perce les clartés évanouissantes du crépuscule, sans désirer les nommer par leur nom et recevoir d'elles ces secrets que depuis tant de siècles elles gardaient dans leur sein, sans désirer surtout voir de plus près ces lointains univers et admirer personnellement ces agglomérations de soleils dont le rayonnement scintille là-haut pour les êtres inconnus qui palpitent dans leur lumière!... O transfiguration du ciel! nous sommes nés à propos pour te connaître et pour jouir intimement de tes révélations sublimes! Aveugle qui regarde le ciel sans le comprendre : c'est un voyageur qui traverse le monde sans le voir; c'est un sourd au milieu d'un concert.

# CHAPITRE IV

**Suite des constellations boréales. — La Grande Ourse. — Le Petit Lion. Voyage aux univers lointains.**

*Vexilla Regis prodeunt !* « les étendards du roi s'avancent ! » s'écriait le Dante au milieu de son voyage à travers les régions paradisiaques. Mais combien les fictions de la théologie s'effacent vite à la lumière de l'étude scientifique, et combien les panoramas de l'empyrée dantesque deviennent pâles et nébuleux devant ceux de l'immensité éthérée que nous décrivons aujourd'hui ! Nous voguons maintenant en plein ciel, et à chaque pas de notre gigantesque traversée nous sommes arrêtés par des créations dont chacune est plus grande que tout le ciel mytho-théologique chanté par le poëte italien.

La poésie antique, pour laquelle le ciel n'était qu'un dôme couronnant le théâtre de la vie terrestre, avait transporté dans le firmament les images de la terre. Le sentiment moderne de la nature est incomparablement supérieur à celui de l'antiquité. Comparez aux fictions de la mythologie cette contemplation de notre immortel poëte voyant au fond des cieux les sept étoiles de la Grande Ourse tomber après la création dans l'espace comme les sept lettres du nom divin Jéhovah :

> Quand Il eut terminé, quand les soleils épars,
> Éblouis, du chaos montant de toutes parts,
> Se furent tous rangés à leur place profonde,
> Il sentit le besoin de se nommer au monde ;
> Et l'Être formidable et serein se leva.
> Il se dressa sur l'ombre et cria : *Jéhovah !...*
> Et dans l'immensité ces sept lettres tombèrent ;
> Et ce sont, dans les cieux que nos yeux réverbèrent,
> Au-dessus de nos fronts tremblant sous leur rayon,
> Les sept astres géants du noir septentrion.

C'est assurément plus beau, comme origine de la Grande Ourse, que les métamorphoses de Callisto ou de la nymphe qui aurait nourri Jupiter sur le mont Ida. Grand et puissant symbole ! Et pourtant, j'ose le dire, moins grand et moins beau que la simple réalité.

Car chacune de ces étoiles est un soleil splendide rayonnant au sein de l'immensité profonde; et chaque étoile du vaste ciel est un soleil éclatant, centre de force, de mouvement, d'activité et de vie; et le ciel est sans bornes; et jusqu'à l'infini se renouvellent les soleils et les mondes, et les sept étoiles du nord ne renferment pas le nom du Créateur : elles ne sont qu'une ombre de la réalité infinie, qu'une vague de l'océan sans rivages.

Contemplées, admirées, chantées, depuis bien des milliers d'années, ces sept étoiles doivent surtout leur célébrité à la situation favorable qu'elles occupent au-dessus de l'horizon des pays européens habités par les contemplateurs et les penseurs. Si l'axe de la Terre était dirigé vers un autre point du ciel, c'est une autre constellation qui aurait été l'objet spécial de l'attention des observateurs cherchant dans les environs du nouveau pôle des astres fixes en situation d'être choisis pour points de repère. Néanmoins, la Grande Ourse est en réalité par elle-même l'une des constellations les plus intéressantes à étudier, l'une des plus vastes, et l'une des plus riches en étoiles brillantes ou curieuses.

On s'imagine généralement qu'elle est renfermée dans le périmètre des sept étoiles classiques; notre *fig.* 65 montre au premier coup d'œil qu'elle est beaucoup plus étendue et beaucoup plus riche. Le tableau suivant présente l'ensemble des étoiles qui la constituent, jusqu'à la cinquième grandeur, avec les observations d'éclat faites sur chacune d'elles depuis deux mille ans.

Remarquons, à propos de cette classification, que Bayer est généralement accusé de n'avoir suivi aucun ordre pour cette constellation en particulier; cependant, si l'on observe avec soin l'aspect de cette constellation dans le ciel, on est surpris de voir que ses caractères évidents ont été admirablement conservés dans cette classification. Ainsi, après les sept étoiles légendaires, qu'y a-t-il de plus frappant dans cet arrangement? Ce sont les trois couples des trois pieds, et justement Bayer les a désignés par les lettres successives ι κ pour le premier, λ μ pour le second, et ν ξ pour le troisième; et, de plus, la lettre intermédiaire, θ, a été justement donnée à l'étoile qui conduit du chariot au premier couple.

Les sept premières ont reçu des Arabes les noms de *Dubhé, Mérak, Phegda, Megrez, Alioth, Mizar* et *Benetnash.* Le premier de ces noms vient de l'arabe Dubb « ours »; le second est l'abrégé de Merak-al-dubb-al-akbar « les reins du grand ours »; le troisième vient de Fekhah-al-dubb-al-akbar « la cuisse du grand ours »; le quatrième de Maghrez-al-dubb-al-akbar « la racine de la queue »; la cinquième étoile, ou la première de la queue, est nommée Alioth dès le treizième

ÉTOILES PRINCIPALES DE LA CONSTELLATION DE LA GRANDE-OURSE
DEUX MILLE ANS D'OBSERVATIONS

| ÉTOILES | − 127 | + 960 | 1430 | 1590 | 1603 | 1660 | 1700 | 1800 | 1840 | 1860 | 1880 |
|---|---|---|---|---|---|---|---|---|---|---|---|
| α Dubhé | 2 | 2 | 2 | 2 | 2 | 2 | $1\frac{1}{2}$ | 1.2 | 2 | 2 | 2,5 |
| β Mérak | 2 | 3.2 | 3 | 2 | 2 | 2 | 2 | 2 | 2.3 | 2.3 | 2,9 |
| γ Phegda | 2 | 3.2 | 3 | 2 | 2 | 2 | 2 | 2 | 2.3 | 2.3 | 2,7 |
| δ Megrez | 3 | 3.4 | 3 | 2 | 2 | 3 | $2\frac{1}{2}$ | 3 | 3.4 | 4.3 | 3,7 |
| ε Alioth | 2 | 2 | 2 | 2 | 2 | 2 | 3 | 3 | 2 | 2 | 2,2 |
| ζ Mizar | 2 | 2 | 2 | 2 | 2 | 2 | 3 | 3 | 2 | 2 | 2,4 |
| η Benetnash | 2 | 2 | 2 | 2 | 2 | 2 | 3 | 2.3 | 2 | 2 | 2,1 |
| θ | 3 | 3 | 3 | 3 | 3 | 3 | $3\frac{1}{2}$ | 3 | 3 | 3 | 3,3 |
| ι | 3.4 | 3.4 | 3 | 3 | 3 | 3 | 4 | 3.4 | 3 | 3 | 3,4 |
| κ | 3.4 | 3.4 | 3 | 3 | 3 | 3 | 4 | 4.5 | 3.4 | 3.4 | 3,4 |
| λ | 3.4 | 3.4 | 3 | 4 | 4 | 4 | $3\frac{1}{2}$ | 3.4 | 3.4 | 3.4 | 3,3 |
| μ | 3.4 | 3.4 | 3 | 4 | 4 | 4 | 3 | 3 | 3 | 3 | 3,2 |
| ν | 3.4 | 3.4 | 3 | 4 | 4 | 4 | 4 | 4 | 3.4 | 3.4 | 3,3 |
| ξ | 3.4 | 3.4 | 3 | 4 | 4 | 4 | 4 | 4 | 4.3 | 4 | 3,6 |
| o | 4 | 4 | 4 | 4 | 4 | 4 | $4\frac{1}{2}$ | 4.5 | 3.4 | 3.4 | 3,8 |
| π | 5 | 5 | 5 | 4 | 4 | 4 | 5 | 5 | 5.4 | 5.4 | 5,0 |
| ρ | 5 | 5 | 5 | 4 | 4 | 4 | 5 | 5.6 | 5 | 5 | 5,2 |
| σ | 5 | 5 | 5 | 4 | 4 | 5 | 5 | 5.6 | 5 | 5 | 5,3 |
| τ | 4,5 | 4,5 | 4 | 5 | 4 | 4 | 5 | 5.6 | 5.4 | 5 | 5,5 |
| υ | 4 | 4 | 4 | 4 | 4 | 4 | 4 | 4.5 | 4.3 | 4.3 | 4,8 |
| φ | 4.5 | 4.5 | 4 | 4 | 4 | 4 | 5 | 5 | 4.5 | 5.4 | 5,0 |
| χ | 0 | 4 | 4 | 4 | 4 | 4 | 4 | 4 | 4 | 4.3 | 4,0 |
| ψ | 4 | 3.4 | 3 | 4 | 4 | 4 | $3\frac{1}{2}$ | 3.4 | 3 | 3.4 | 3.2 |
| ω | 0 | 0 | 0 | 5 | 4 | 5 | $4\frac{1}{2}$ | 5 | 5 | 5 | 5,0 |
| A | 5 | 5 | 5 | 5 | 5 | 5 | 5 | 6 | 5 | 5.6 | 5,5 |
| b | 0 | 0 | 0 | 0 | 5 | 5 | 6 | 6 | 5 | 5.6 | 5,5 |
| c | 0 | 5 | 0 | 5 | 5 | 5 | 5 | 6 | 5 | 5.6 | 5,5 |
| d | 5 | 5 | 5 | 5 | 5 | 5 | $4\frac{1}{2}$ | 5 | 5.4 | 5.4 | 5,2 |
| e | 4 | 5.4 | 5 | 5 | 5 | 5 | 5 | 5 | 5 | 5 | 5,0 |
| f | 4 | 5.4 | 0 | 5 | 5 | 5 | 5 | 6 | 5 | 5 | 5,2 |
| g Alcor | 0 | 5.6 | 0 | 0 | 5 | 5 | 5 | 6 | 5 | 5 | 5,0 |
| h | 4 | 4 | 4 | 4 | 5 | 4 | 4 | 4 | 3.4 | 3.4 | 4,2 |
| 10 | 0 | 0 | 0 | 4 | 4 | 4 | 4 | 5.6 | 4 | 4 | 4,5 |
| P. VIII, 245 | 0 | 0 | 0 | 4 | 5 | 4 | $5\frac{1}{2}$ | 5 | 5 | 5.4 | 5,0 |
| 26 | 0 | 0 | 0 | 0 | 5 | 5 | $5\frac{1}{2}$ | 5.6 | 5 | 5 | 5,4 |
| P. X, 42 | 0 | 0 | 0 | 0 | 0 | 5 | 4 | 6 | 5 | 5 | 5,0 |
| 38 | 0 | 0 | 0 | 0 | 5 | 0 | 5 | 6 | 5 | 5 | 5,2 |
| P. X, 135 | 0 | 0 | 0 | 0 | 5 | 6 | 5 | 6 | 5 | 5 | 5,3 |
| 47 | 0 | 0 | 0 | 0 | 0 | 5 | 6 | 6 | 5 | 5 | 5,3 |
| 49 | 0 | 0 | 0 | 0 | 0 | 0 | 6 | 6 | 5 | 5 | 5,5 |
| 55 | 0 | 0 | 0 | 0 | 0 | 5 | 5 | 5 | 5 | 5 | 5,5 |
| 57 | 0 | 0 | 0 | 0 | 0 | 6 | 6 | 6 | 5 | 5 | 5,9 |
| 83 | 0 | 0 | 0 | 0 | 6 | 6 | 6 | 5.6 | 5.6 | 5.6 | 5,5 |

siècle par le roi astronome Alphonse X de Castille; au quinzième siècle, Ulugh-Beigh la nomme al-joun « le cheval noir », quelquefois écrit al-jat, d'où est venu sans doute Alioth, au dixième siècle; Sûfi la nommait al-djûn « le golfe » ; la sixième a reçu le nom de Mizar, qui signifie ceinture d'étoffe, ou tablier, nom inconnu aux Arabes et introduit sur les cartes célestes par suite d'une conjecture de Scaliger,

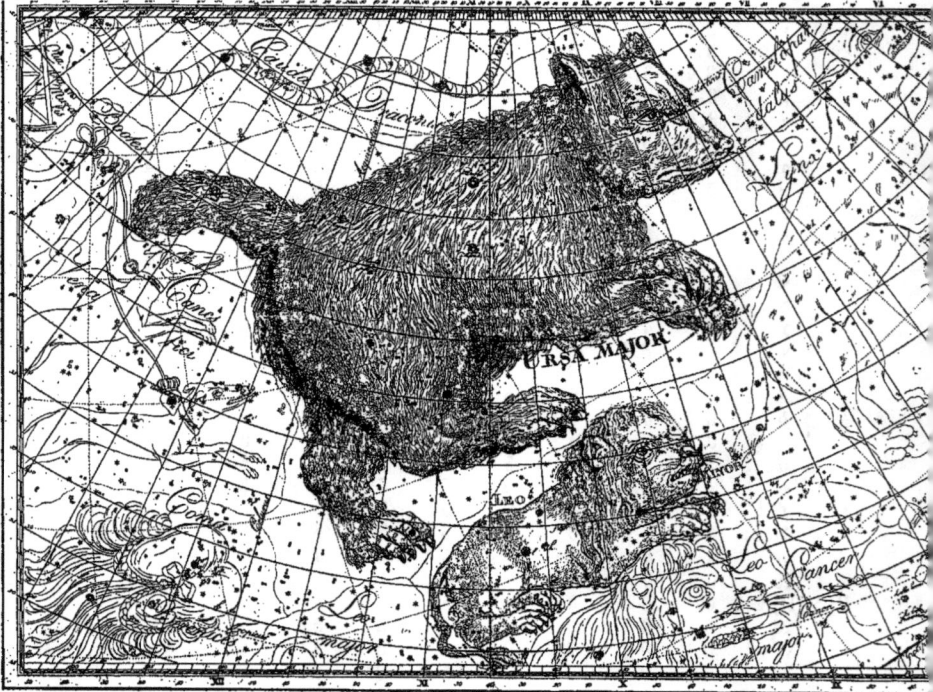

Fig. 65. — Les constellations boréales. — La Grande Ourse. — Le Petit Lion.

ASTRONOMIE. — SUPPLÉMENT. 13

qui substitua ce mot à celui de Mérak, déjà donné à β et également donné à ζ dans les anciennes tables; Mizar apparaît comme nom propre dans la 42ᵉ psaume de David; au dixième siècle Sûfi appelle cette étoile al-anâk-al-bénat « la chèvre des pleureurs »; la dernière étoile de la queue, η, est nommée Alkaïd ou Benetnash, deux mots dérivés de la dénomination arabe al-kayid-al-benât-al-na'sh « le gouverneur des pleureurs. » Pour se rendre compte de ces deux dernières dénominations, il faut savoir que les anciens Arabes voyaient dans les quatre étoiles du carré de la Grande Ourse un *cercueil*, et dans les trois de la queue les suivantes du mort. Job parle déjà de la Grande Ourse (ch. xxxviii, v. 31) et nomme les étoiles qui la composent *bani nasch* « les fils du brancard » et dans les chants anciens on les nomme également banât nasch « les filles du brancard » ou du corbillard. L'image, assurément, n'a rien de bien gai; mais en général les Arabes ne le sont guère, à commencer par Job lui-même, qui leur était assez proche parent. Il faut avouer, du reste, que cette constellation a été le sujet de bien des symboles et de bien des représentations diverses. Les Chinois la nommaient *Pé-teou* « le boisseau », formé des quatre étoiles du quadrilatère, les trois autres représentant le manche, *Pei:* Sa direction, qui varie selon les heures de la nuit et selon les mois de l'année, était associée aux saisons. « Quand, le soir, la queue est dirigée vers l'orient, écrivait le Chinois Hó-Koan-tsse au quatrième siècle avant notre ère, il est printemps dans le monde; quand elle est dirigée vers le sud, il est été; quand elle est dirigée vers l'occident, il est automne; et quand elle est dirigée vers le nord, il est hiver. » Les Chinois appelaient aussi la même constellation *Ti-tche* « le char du souverain ». Ce nom de char paraît être le plus ancien qu'elle ait porté, et il est toujours resté le plus populaire. Au moyen âge, les derniers bardes druides chantaient le chariot d'Arthur, et de nos jours les paysans de nos campagnes désignent encore la même constellation sous le nom de chariot de David.

Mais combien d'autres noms n'a-t-elle pas reçus de siècle en siècle ! Les Grecs la nommaient Hélice, à cause de son mouvement rotatoire autour du pôle, qui était beaucoup plus serré il y a trois et quatre mille ans que de nos jours; plus tard, on l'appela l'Ourse, parce que c'est le seul animal connu des anciens qui ait sa résidence dans les régions polaires; les Gaulois nos ancêtres y voyaient un sanglier, et son image est sculptée sur leurs pièces de monnaie; les Égyptiens y voyaient un hippopotame, nommé par eux dans leurs hiéroglyphes Horus-Apollon; les Latins ont, comme nous l'avons vu, nommé ces sept étoiles, les sept bœufs : *septem triones*, d'où est venu le mot septentrion ; par une réminiscence orientale, Kircher nomme les quatre étoiles du carré le cercueil de Lazare, tandis que les trois suivantes symbolisent Marie, Marthe et Madeleine ; lorsqu'au xvii<sup>e</sup> siècle Schiller éprouva le besoin de bannir du ciel les figures antiques et de leur substituer des figures chrétiennes, elle devint la Nacelle de saint Pierre, mais pour quelques années seulement ; on lui a donné aussi quelquefois le nom trop vulgaire de Casserolle, excusé pourtant par une ressemblance facile à retenir... Il serait interminable de rappeler ici toutes ces dénominations plus ou moins justifiées, parmi lesquelles celle de la Grande Ourse reste la plus universelle et la plus constante, et restera vraisemblablement jusqu'à la fin des siècles.

Virgile pensait que cette constellation, les Pléiades et les Hyades ont été les trois premières remarquées ; il les représente nommées pour la première fois dès l'origine du travail imposé aux humains par Jupiter (*Géorgiques*, I. 137) :

> Navita tum stellis numeros et nomina fecit,
> Pleïdas, Hyadas, claramque Lycaonis Arcton.

Ici, elle s'appelle l'Ourse de Lycaon. Ourse, sanglier, hippopotame, char, cercueil, boisseau, nacelle, casserole : que de métamorphoses ! Elles me remettent en mémoire le dessin bizarre que l'inimitable Grandville envoyait *quelques jours avant sa mort* à mon illustre ami Édouard Charton : le rêve d'une jeune fille qui a contemplé le doux croissant lunaire avant de s'endormir. Elle rêve. La figure du croissant lui apparaît ; il ressemble à un champignon... qui s'agrandit et lui rappelle son ombrelle. Bizarre réminiscence, elle avait chassé de cette ombrelle une chauve-souris inquiète. Le souvenir d'un vulgaire objet de ménage transforme de nouveau la figure, et, ô rêve de jeune fille ! cela devient deux cœurs percés d'une flèche. Nous sommes toujours en plein ciel, et c'est le char échevelé de la Grande Ourse qui dérive de cette étrange série de métamorphoses. Rêve d'une minute ! Il en est de bien plus étranges encore que celui-là. Cette composition originale est la dernière qui soit sortie du cerveau de l'ingénieux dessinateur, et plus d'un lecteur nous saura gré de la voir reproduite ici, malgré la bizarrerie de son caractère, — ou peut-être même à cause de son originalité.

Nous n'avons pas encore parlé de la petite étoile que l'on voit au-dessus du second cheval du char, et que l'on nomme quelquefois le cavalier. C'est une petite étoile de cinquième grandeur, qui est un peu éclipsée par l'éclat de ζ, à laquelle elle est contiguë, mais que les bonnes vues peuvent toujours distinguer quand le ciel est pur et qu'il n'y a pas un clair de lune éblouissant. Elle est, dans tous les cas, une

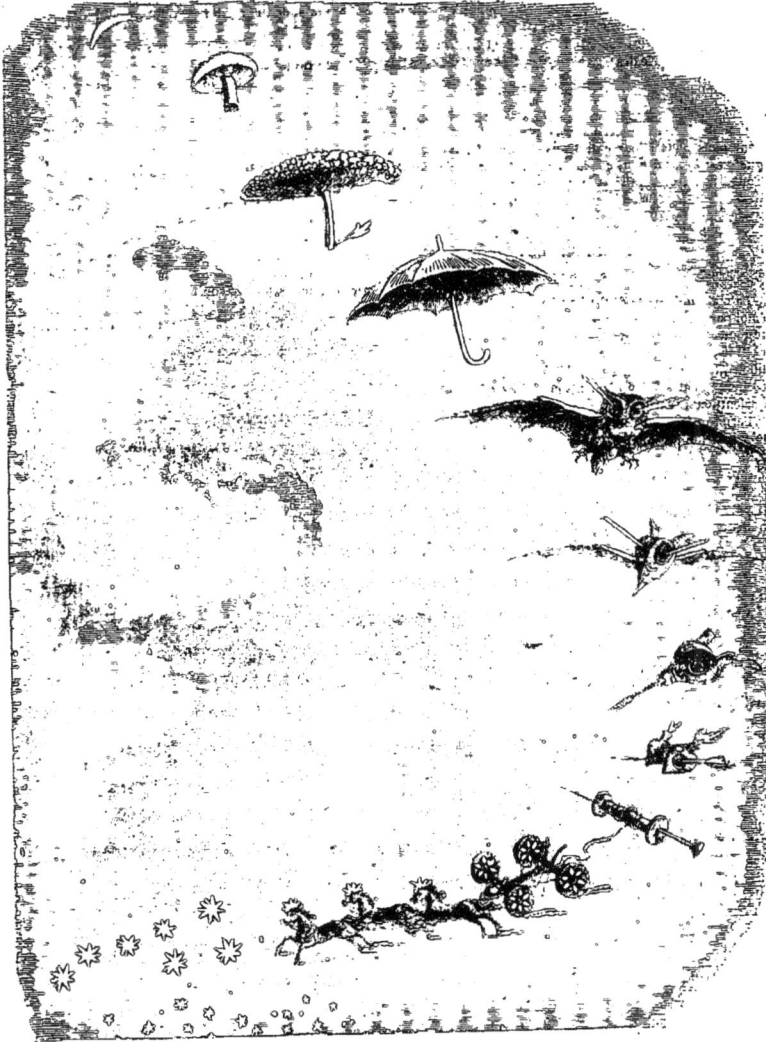

Fig. 66. — Le dernier dessin de Granville.

excellente épreuve mise à la portée de tout le monde pour expérimenter la valeur des yeux, et comme nos deux yeux ne sont pas rigoureusement identiques, il n'est pas rare de rencontrer des personnes qui distinguent le cavalier avec un œil et ne le distinguent pas avec

l'autre. La distance entre les deux étoiles est de 11' 48", c'est-à-dire de
plus du tiers du diamètre apparent de la Lune : on ne s'en douterait
pas, car la Lune paraît à l'œil nu plus de dix fois plus large que cet
écartement.

Comme on l'a vu sur le tableau précédent, cette petite étoile a
reçu la lettre *g* dans la classification de Bayer; mais elle est généralement désignée sous le nom d'*Alcor*, de même que sa brillante voisine
est connue sous le nom de Mizar. Le nom d'Alcor n'est pas arabe, à
moins qu'il ne dérive par corruption d'al-jaun, al-jat, al-ioth, comme
nous l'avons vu plus haut pour *ε*. (Quand on sait, du reste, que les mots
*espion, épicier* et *évêque* dérivent tous les trois du même radical, on ne
peut plus s'étonner de rien.) La plus ancienne notification que je connaisse d'Alcor est celle de l'astronome persan Abd-al-Rahman-al-Sûfi,
qui, dans sa Description du ciel rédigée au x<sup>e</sup> siècle de notre ère, écrit:
« Au-dessus d'al-anak est une petite étoile qui lui est contiguë, que les
Arabes nomment *al-Suhâ* (la petite négligée) et dans quelques
dialectes *al-Saïdak* (l'étoile de confiance). Ptolémée n'en parle pas,
et c'est celle dont on se sert pour essayer la portée de la vue. On
dit proverbialement : Je lui fais voir *al-Suhâ* et il me montre la pleine
lune. » Ce proverbe rappelle celui de la paille et de la poutre. Peut-
être la désignation de Saïdak se rattache-t-elle primitivement à l'idée
d'épreuve, puisque cette étoile servait d'épreuve pour vérifier la
portée de la vue. Il est assez singulier que les anciens n'en aient pas
dit un seul mot. Aurait-elle augmenté d'éclat? Peut-être. Les Arabes
ont une excellente vue, et, sous leur ciel si transparent, il ne semble
pas qu'elle puisse être aujourd'hui pour eux un objet d'épreuve.
Cependant, nous n'affirmerons rien ici, d'autant moins que Sûfi ne
dit pas précisément à quelle grandeur on estimait cette étoile de son
temps : il se contente de dire « une petite étoile ».

Occupons-nous un instant maintenant des sept principales étoiles
de cette célèbre constellation.

Habituons-nous d'abord à les nommer, en commençant par la dernière roue du chariot (la plus brillante des deux d'arrière) en allant à
la seconde de ces roues, et en suivant tout simplement la figure :
*alpha* (α) — *bêta* (β) — *gamma* (γ) — *delta* (δ) — *epsilon* (ε) — *zêta* (ζ)
— *êta* (η). Cela ressemble un peu à un devoir d'écolier, mais nous
pouvons nous en consoler en disant avec Archimède que l'on ne sait
que ce que l'on a appris, et que dans la science il n'y a pas de chemin
privilégié pour les rois. Il faut, ce soir même, si le ciel est étoilé, que
vous cherchiez ce vénérable chariot dans le ciel et que vous nommiez

ces sept étoiles. Là est le vrai commencement de l'astronomie d'observation, et c'est par là que nous aurions commencé notre description générale du ciel, si nos lecteurs n'étaient pas déjà préparés par la
lecture de l'*Astronomie populaire* et n'étaient censés connaître déjà
cette constellation fondamentale. D'ailleurs, ce *Supplément* ne peut
pas être considéré comme un livre de lecture qu'on ne lit qu'une
seule fois, comme une histoire : c'est plutôt un ouvrage à posséder
pour être consulté sur une région quelconque du ciel chaque fois

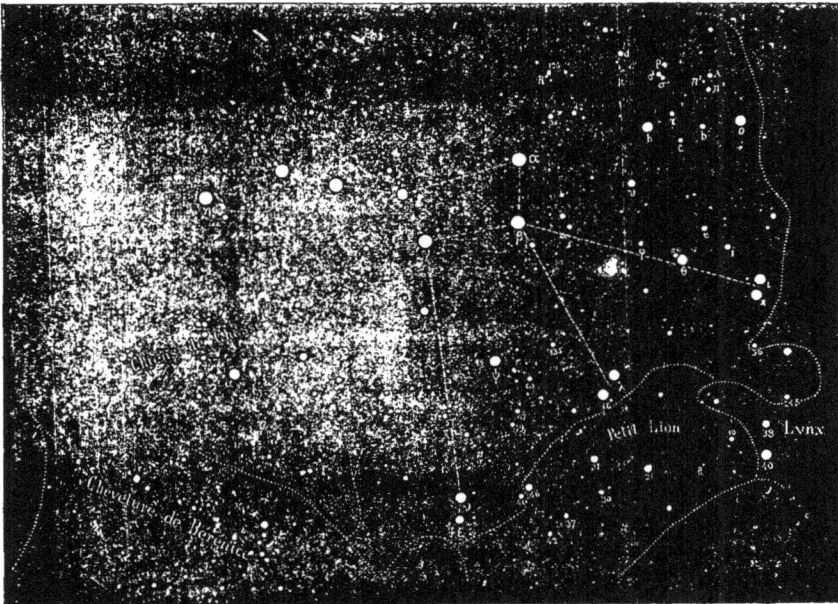

Fig. 67. — Principales étoiles de la constellation de la Grande Ourse.

qu'on voudra se rendre compte de telle ou telle constellation, se
reconnaître dans le ciel, ou étudier des documents qui n'ont pu être
incorporés dans le plan méthodique et homogène du livre qu'il est
destiné à compléter. — Ainsi, c'est convenu, cherchez dès ce soir
dans le ciel les sept étoiles du chariot, et *nommez-les* par les lettres
grecques qui les désignent.

Dans la vérification toute récente que j'ai faite de l'éclat de ces
étoiles et de leurs compagnes (avril 1880), et d'après une observation
habituelle qui date de bien des années déjà, j'ai constaté que, sans le
moindre doute, les trois étoiles de la queue sont actuellement les trois
plus brillantes de la figure ; α vient ensuite, puis viennent γ, β et δ. Or,

cet ordre est aussi celui dans lequel ces étoiles se présentaient au dixième siècle de notre ère, d'après le témoignage explicite de Sûfi. Il n'y a donc pas eu de variation séculaire dans ces éclats, comme plusieurs astronomes l'admettaient en déclarant que l'étoile δ, notamment, va en diminuant de siècle en siècle. Mais il y a certainement des fluctuations passagères. Ainsi, Tycho-Brahé, Longomontanus, Bayer et Képler rangeaient les sept étoiles dans la seconde grandeur ; Riccioli leur objecte que celle de la racine de la queue (δ) est à peine de troisième ordre, et tel est aussi le témoignage d'Hévélius ; de là nous pouvons conclure que cette étoile a augmenté d'éclat au XVIᵉ siècle, mais qu'elle est retombée à la troisième grandeur vers le milieu du XVIIᵉ. Flamsteed, toutefois, l'estimait, en 1700, supérieure aux trois de la queue, et, en 1800, Piazzi faisait également ε et ζ de troisième gran· deur. Sir John Herschel en a fait, en 1835, des mesures photométriques qui ont donné les résultats suivants :

$$\varepsilon = 1,95 \qquad \alpha = 1,96 \qquad \eta = 2,18 \qquad \zeta = 2,45 \qquad \gamma = 2,71 \qquad \beta = 2,77 \qquad \delta = 3,50$$

Que δ varie, mais non suivant une diminution régulière, ce n'est pas douteux. J'en dirai autant de α, quoique dans une proportion moindre : elle est actuellement inférieure aux trois étoiles de la queue ; mais je l'ai quelquefois trouvée la plus brillante des sept, notamment au mois de décembre 1875. Flamsteed et Piazzi sont même allés jusqu'à l'inscrire de la première grandeur, tandis qu'ils rangeaient au troisième ordre les étoiles de la queue, ce qui est bien extraordinaire. A la même époque que Piazzi, Lalande inscrivait aussi les étoiles de la queue dans la troisième grandeur. Il y avait sans doute là quelque exagération. Quoi qu'il en soit, qu'y a-t-il de plus facile que de noter de temps en temps l'éclat comparatif de ces sept étoiles ? Ceux d'entre nos lecteurs qui s'en donneront le plaisir en seront amplement récompensés par l'intérêt qu'ils éprouveront à renouveler souvent cette comparaison, et peut-être quelques-uns sont-ils appelés à enrichir la science de plusieurs découvertes importantes : ce ne sont pas les observations les plus simples qui sont les moins fécondes.

D'après les révélations de l'analyse spectrale, les cinq étoiles β, γ, δ, ε, et ζ, s'éloignent de la Terre, tandis que α et η s'approchent de nous. Les cinq premières forment peut-être un même système physique, malgré l'incommensurable distance qui les sépare les unes des autres.

La comparaison des notifications d'éclat inscrites dans le tableau précédent montre que Piazzi (1800) a estimé ces étoiles un peu au-dessous de leur éclat moyen, de telle sorte que, lorsque nous voyons l'une de ces étoiles notée par lui à une grandeur inférieure, ce n'est point là une preuve qu'elle ait réellement varié d'éclat, à moins qu'il ne s'agisse d'une différence énorme. Parmi ces étoiles, l'une, ω, doit avoir augmenté d'éclat entre l'époque d'Hipparque et celle de Bayer, qui l'a inscrite de 4ᵉ grandeur, tandis que personne ne la signale avant Tycho-Brahé ; une autre, $h$, ordinairement notée de 4ᵉ grandeur, n'est que de 5ᵉ dans Bayer : dans Hévélius, elle est de même éclat que $\tau$ ; aujourd'hui, elle est moins brillante, quoique je l'aie notée au-dessous des valeurs d'Argelander et de Heis. L'étoile 10, de 4ᵉ grandeur 1/2, aujourd'hui incorporée dans le pied droit, ne doit peut-être son absence des catalogues anciens qu'à son éloignement de la Grande Ourse, sous le pied de laquelle elle était au xvııᵉ siècle ; cependant, il est probable que si elle avait été autrefois aussi brillante que de nos jours on aurait allongé ce pied sans difficulté. Les étoiles $e$ et $f$ étaient anciennement plus brillantes que les étoiles $\pi$, $\rho$, $\sigma$ ; mais elles n'en diffèrent plus aujourd'hui. Ce sont là les variations d'éclat les plus sûres arrivées dans cette région du ciel. L'étoile P. X. 42 est peut-être soumise aussi à certaines fluctuations. Quant aux dernières étoiles de la liste précédente, leur absence des catalogues anciens ne prouve point qu'elles n'existaient pas, car elles se trouvent en dehors des limites de la figure et ne sont d'ailleurs que de cinquième grandeur. La dernière, toutefois (83), située près de $\xi$, varie, car, le 6 août 1868, M. Birmingham l'a vue aussi brillante que $\delta$.

Il y a dans la constellation de la Grande Ourse trois étoiles variables bien curieuses, R, S et T. La première se trouve sur le prolongement de la ligne tracée de $\beta$ à $\alpha$ qui sert généralement de ligne de repère pour trouver l'étoile polaire : cette ligne passe (*voy.* la *fig.* 67), entre les étoiles $\lambda$ du Dragon et P. X. 126. La variable, R, est contiguë à cette dernière étoile. La seconde, S, se trouve au nord de $\varepsilon$, mais comme elle ne s'élève presque jamais au-dessus de la huitième grandeur, je n'engage pas mes lecteurs à se donner la peine de la chercher. La troisième, T, gît dans ces mêmes parages, et on la trouvera également, à l'aide de notre *fig.* 67, sur le prolongement d'une ligne menée par les étoiles $\gamma$, $\delta$ : cette ligne rencontre une étoile de cinquième grandeur et la variable est un peu au delà.

La variable R s'élève à la sixième grandeur à son maximum et devient alors visible à l'œil nu ; elle descend à son minimum jusqu'à la douzième grandeur. Cette variation d'éclat s'accomplit très régulièrement, dans une période de 302 jours ; elle augmente d'abord très rapidement d'éclat, traversant en un mois presque quatre ordres de

grandeurs; elle reste ensuite pendant deux mois au-dessus de la huitième grandeur, après quoi elle diminue régulièrement pendant
quatre mois. Au moment de son minimum, elle devient nébuleuse, et
cette apparence suffit pour la faire distinguer des petites étoiles
voisines : elle est comme enveloppée d'un léger brouillard, mais
n'offre pas la teinte rougeâtre que l'on remarque généralement sur les
étoiles variables. Son prochain maximum arrivera le 18 août.

L'étoile voisine, de cinquième grandeur, est une étoile triple très
délicate.

La seconde, S, varie de la huitième à la douzième grandeur en
226 jours; mais, comme nous l'avons dit, elle ne peut guère être

Fig. 68. — Mizar vue à l'œil nu.  Fig. 69. — Mizar vue dans une lunette.

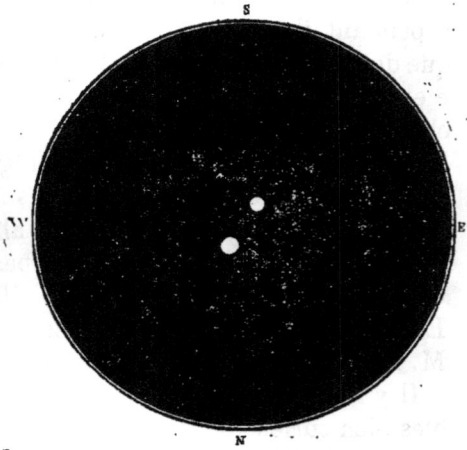

trouvée qu'à l'aide d'un instrument équatorial. La troisième, T, varie
de la sixième et demie à la treizième grandeur dans la période de
255 jours : son dernier maximum est arrivé le 8 juin. — On peut s'intéresser à vérifier ces maxima, d'autant plus qu'ils ne se reproduisent
jamais dans un éclat identique, et qu'au lieu, par exemple, de remonter à la sixième grandeur ou à la sixième et demie, ces étoiles ne
reviennent souvent qu'à la septième ou même à la septième et demie.
Il y a encore là bien des problèmes à résoudre.

Cette belle et grandiose constellation possède l'une des plus brillantes étoiles doubles du ciel tout entier : c'est l'étoile ζ, ou Mizar,
précisément celle qui offre à l'œil nu un spécimen de ces couples
remarquables. Nous avons vu, en effet, que cette étoile se dédouble à
l'œil nu et laisse voir au-dessus d'elle son petit compagnon Alcor, de

cinquième grandeur; la distance entre ces deux astres est énorme, puisqu'on les sépare à l'œil nu, et elle surpasse de beaucoup l'ordre normal d'écartement des véritables étoiles doubles : au lieu de se compter par secondes, elle se compte par minutes, et elle s'élève à 11' 48" ou 708". Je n'affirmerais pourtant pas que ces deux étoiles, Mizar et Alcor, ne forment pas un système physique, car j'ai trouvé dans le ciel des étoiles très écartées les unes des autres et qui se montrent animées d'un mouvement propre commun dans l'espace, et tel paraît être le cas pour ces deux-ci. A l'œil nu, ce couple présente l'aspect dessiné sur notre *fig.* 68, qui est tracée à l'échelle de un demi-millimètre pour une minute : nous avons supposé ici les sept étoiles du Chariot placées dans ce que nous pourrions appeler leur position horizontale, c'est-à-dire à leur passage inférieur au méridien, le nord étant en haut. Si maintenant nous dirigeons une lunette vers cette même étoile, nous aurons sous les yeux le couple représenté à la *fig.* 69, qui n'est plus du tout formé par Mizar et par Alcor, mais par Mizar et son compagnon télescopique, Alcor se trouvant rejetée par le grossissement à une très grande distance au delà. Mizar est de seconde grandeur, son compagnon est de quatrième, et la distance qui les sépare est de 14",5. Cette observation fait une certaine impression, et c'est par elle que je conseillerais de commencer à tout amateur qui désire se rendre compte de l'aspect d'une étoile double, d'autant plus que celle-ci reste perpétuellement visible sur notre horizon, et qu'elle éclate dans le champ du télescope comme une vive et translucide lumière. Il n'est pas rare de rencontrer des personnes qui, assistant à l'observation, s'imaginent qu'elles dédoublent à l'œil nu cette étoile; pour les détromper, il faut éloigner Mizar du milieu du champ de la lunette, de manière à y faire entrer Alcor, comme on le voit sur la *fig.* 70; on a là, du reste, un groupe très curieux, composé de la belle étoile double Mizar, d'Alcor, et de plusieurs étoiles télescopiques qui apparaissent en ce même coin du ciel. — L'image est renversée, le nord en bas.

Fig. 70. — Mizar et Alcor dans le même champ.

Mizar est la plus ancienne étoile double découverte au télescope :

elle a été signalée par Riccioli dès l'année 1650 et observée par Gottfried Kirch et sa savante compagne Maria Margaretta, la dernière année du xvii⁰ siècle. L'astronome anglais Bradley en fit la première *mesure* en 1755 ; William Herschel la mesura en 1781, Piazzi en 1800, Struve en 1820 et en 1840, Secchi en 1860, et je l'ai mesurée de nouveau tout récemment : ces mesures et un grand nombre d'autres montrent que la position relative de ces deux soleils dans l'espace n'a varié que de quelques degrés depuis 125 ans, et que c'est là un vaste et important système physique dans lequel les deux soleils tournent autour de leur centre commun de gravité en un cycle immense dont la durée doit dépasser dix-huit et vingt mille ans ! Ce ne sont guère que les observations du vingtième et du vingt-et-unième siècle qui pourront *nous* permettre de décider sur la nature de ce cycle, et encore devrons-nous sans doute attendre au vingt-deuxième : les astronomes ne sont pas égoïstes ; ils ne travaillent, ni pour leur époque, ni pour eux-mêmes, mais pour les siècles futurs, pour leurs successeurs inconnus, pour le patrimoine toujours grandissant de l'humanité intellectuelle. Nous nous servons aujourd'hui des observations faites il y a deux mille ans par des astronomes qui n'avaient ni nos idées, ni notre langue, à une époque où la France n'existait pas et où les Celtes, nos ancêtres, vivaient au milieu des forêts sauvages et solitaires. L'astronome Halley calcula en 1705 le cours de la grande comète de 1682 et annonça son retour pour l'an 1759; il n'ignorait pas qu'il aurait depuis longtemps quitté cette terre lorsque l'astre mystérieux reviendrait donner raison à l'audacieuse induction du calcul; mais il ne se ralentît point dans la recherche du grand problème ; il suivit par la pensée l'astre vagabond jusqu'à des centaines de millions de lieues au delà du monde visible et prophétisa hardiment la date de son apparition future : chacun dans le monde sourit d'une audace aussi fantastique; celui-ci le traita de fou, celui-là de blasphémateur; lui-même suivit la destinée commune : il vieillit, et, à son tour, descendit dans la nuit du tombeau; la cigale chanta dans l'herbe du cimetière; le corps du pauvre astronome retourna aux éléments d'où il était sorti... Le silence et l'oubli l'ensevelissaient, comme ils ensevelissent tout être et toute chose, quand un soir, à l'horizon, dans les vagues profondeurs des cieux, on vit arriver du fond de l'espace une clarté étrange, qui, tout à coup, s'éleva, se dressa parmi les constellations, plana dans les cieux, semant ses flammes dans l'immensité étoilée : c'était la comète de Halley qui répondait à son appel! c'était la Vérité astronomique qui venait resplendir sur le tombeau de son prophète!

Lorsque nous observons aujourd'hui, avec la plus grande précision possible, les positions relatives des deux composantes de cette splendide étoile double de la Grande Ourse, nous prenons un point de repère destiné à la science du xxᵉ siècle et de ses successeurs dans l'histoire de l'humanité, et c'est non seulement sans regrets, mais c'est encore avec un légitime sentiment de fierté, que nous léguons à la postérité ces documents contemporains, parce qu'il y a en réalité un véritable plaisir à vivre dans l'avenir et dans le passé comme on vit dans le présent, et c'est là l'un des privilèges particuliers à l'astronomie. Nous devinons les révolutions futures de ces lointains systèmes, nous voyons, plusieurs siècles à l'avance, les positions des astres dans l'espace, et nous vivons intellectuellement dans une étendue incomparablement plus vaste que celle de la vie vulgaire en laquelle s'agitent fébrilement et inutilement les humains qui nous entourent.

Cette étoile double est sans contredit l'une des plus belles du ciel ; son observation, comme celle de l'élégant système de Gamma d'Andromède avec lequel nous avons fait connaissance, transporte l'esprit le plus indifférent au sein des régions de l'immensité ; il est difficile de les contempler pendant quelques minutes sans éprouver un sentiment d'admiration et une sorte de dilatation intellectuelle de la pensée en ascension vers l'infini ! — Ce couple si brillant est le premier qui ait été photographié dans le ciel : dès l'année 1857, Bond en a fait quatre-vingt-six photographies, si nettes et si exactes que la distance des composantes et l'angle qu'elles forment ont pu être mesurés avec précision. On fait maintenant la photographie du Soleil, de la Lune et des étoiles comme celle d'une personne, d'une statue ou d'un paysage.

Moins facile à dédoubler dans les instruments de moyenne puissance, mais plus intéressante encore par son mouvement et par son histoire, est l'étoile ξ de la même constellation. On la trouvera, à l'aide de notre *fig.* 67 sur le prolongement d'une ligne tracée par les étoiles 𝛿, γ, ϰ et 57 ; cette ligne, continuée vers le sud, aboutit aux étoiles ν et ξ, de quatrième grandeur. Chacune de ces deux étoiles est double. La première, ν, étoile orangée, a un petit compagnon bleu de dixième grandeur, écarté à 7″, et qui reste absolument fixe depuis cent ans qu'on l'observe. La seconde, ξ, a un compagnon de cinquième grandeur qui tourne très rapidement autour de sa primaire : sa révolution s'accomplit en soixante ans. Ce beau système orbital est le premier dont la période ait été calculée, le premier qui ait démontré que la force de gravitation s'étend au delà de notre système solaire et que ses lois régissent les autres univers comme elles régissent le nôtre. C'est l'astronome français Savary qui le premier calcula cette orbite d'étoile double dès l'année 1828 : il avait trouvé 58 ans pour la durée de la révolution. Il y a quelques années, j'ai repris le même calcul en le fondant sur toutes les observations faites jusqu'à notre époque, et j'ai trouvé pour cette même durée de révolution 60 ans et 7 mois.

Ce système orbital rapide peut nous servir de type ici pour nous rendre compte de la méthode employée dans l'observation de ces couples, dans leur mesure et dans la détermination de leurs mouvements.

Le premier point est d'observer avec la plus grande précision possible la position des deux composantes l'une par rapport à l'autre, et de recommencer cette opération d'année en année pour savoir si cette position varie. Quand les deux étoiles diffèrent d'éclat (ce qui est le cas général), l'observation n'est pas très difficile : on rapporte la situation de la plus petite à celle de la plus grande, comme si celle-ci restait immobile. Supposons, par exemple, qu'en une certaine année on ait remarqué que la petite étoile était juste verticalement au-dessus de la grande. Quelques années plus tard, on constate qu'elle a changé de place et se trouve un peu sur la droite. Plus tard encore, on remarque un déplacement plus considérable : il arrive une époque où elle se trouve juste horizontalement à la droite de l'étoile principale. Puis, continuant de tourner dans le même sens, elle descend, et, marchant vers la gauche, arrive à se placer au-dessous. Après avoir accompli sa courbe inférieure, elle remonte, passe à gauche de sa brillante voisine, et peu à peu revient vers la place où nous l'avons signalée en commençant.

Lorsqu'on a pu suivre ainsi la marche de l'étoile secondaire autour de l'étoile primaire, ou au moins une partie notable de cette marche, on connaît l'orbite apparente qu'elle décrit autour de ce foyer. L'observation est plus difficile si les deux composantes sont de même éclat, parce qu'on peut prendre l'une pour l'autre : l'appréciation est plus lente et plus délicate.

La position de l'étoile secondaire se détermine par l'angle qu'elle fait avec une ligne arbitraire prise comme origine pour compter. Ainsi, supposons qu'on fasse traverser l'étoile principale A par une ligne verticale SN (fig. 71), la position de la seconde étoile B se déterminera par l'angle NAB, lequel est ici égal à 45 degrés environ. Toute circonférence se divise, comme on sait, en 360 degrés. Un angle droit est de 90 degrés, et deux angles droits, ou un diamètre, valent 180 degrés. Si donc nous supposons que, dans notre exemple, l'étoile secondaire passe successivement par les points B, C, D, E, F (fig. 72), on fixera sa position aux époques des

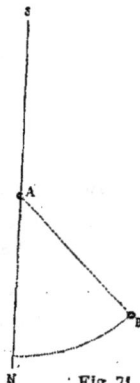

Fig. 71.

observations en disant qu'elle était à 45, 90, 150, 180, 260 degrés de la ligne AN prise pour origine.

La ligne AN, à partir de laquelle on commence à compter les degrés de l'angle de position de l'étoile secondaire n'est pas arbitrairement fixée : c'est une ligne dirigée de l'étoile principale vers le nord. Ainsi, le point O (zéro) est au nord, et le point 180 au sud. Quand l'étoile passe au méridien, cette ligne est verticale. En lui menant une seconde ligne, perpendiculaire et passant aussi par l'étoile principale, cette seconde ligne est parallèle à l'équateur, et dirigée de l'est à l'ouest. Au commencement du siècle, c'est à cette ligne que l'on rapportait les angles de position, en indiquant si l'étoile était au-dessus ou au-dessous, et à gauche ou à droite de la croisée verticale. Pour plus d'uniformité, on s'accorde maintenant à compter à partir du nord, et de 0 à 360 degrés.

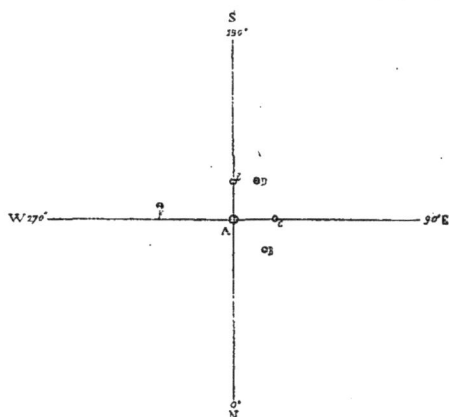

Pour mesurer l'angle de position que fait l'étoile secondaire avec la principale et la ligne AN, on se sert d'un *micromètre*, ou cadre circulaire de métal traversé par des fils très fins, qui se place dans l'oculaire de la lunette, au foyer de l'objectif. Ce cadre circulaire est traversé, disons-nous, par des fils, les uns fixes et les autres mobiles. On amène l'étoile A derrière un fil fixe, qui représente la ligne SN de la figure précédente. Puis on fait tourner un fil mobile autour de l'étoile A, jusqu'à ce qu'il rencontre l'étoile B. Le cadre circulaire du micromètre est visible à l'extérieur de l'oculaire et gradué, ce qui permet de lire extérieurement l'angle dont le fil mobile a marché pour aller de la direction AN à la direction AB. C'est précisément là l'angle cherché.

Par une autre disposition des fils du micromètre, on mesure également la *distance* qui sépare les deux étoiles. On obtient ainsi les deux éléments fondamentaux pour la connaissance du système.

Fig. 72.

Appliquons cette méthode à l'étoile double que nous avons choisie pour exemple.

Voici les mesures principales faites sur cette étoile :

| DATES | ANGLE | DISTANCE | DATES | ANGLE | DISTANCE |
|---|---|---|---|---|---|
| 1781 | 144° | 2″,4 | 1850 | 125° | 2″,6 |
| 1804 | 93 | 2 ,4 | 1855 | 115 | 2 ,9 |
| 1818 | 284 | 2 ,5 | 1860 | 105 | 2 ,8 |
| 1826 | 239 | 1 ,8 | 1865 | 90 | 2 ,5 |
| 1835 | 180 | 1 ,8 | 1870 | 58 | 1 ,3 |
| 1840 | 151 | 2 ,3 | 1875 | 317 | 1 ,2 |
| 1845 | 138 | 2 ,6 | 1880 | 272 | 2 ,0 |

A l'aide de toutes les mesures inscrites sur un même dessin, j'ai construit l'ellipse ci-dessous ( *fig.* 73), qui passe *par la moyenne de toutes les positions observées*, et qui représente par conséquent l'orbite du mouvement de cette étoile double tel que nous l'observons de la Terre. Ce diagramme est construit à l'échelle de 2 millimètres pour 1 seconde. On voit que ce mouvement s'exécute suivant une ellipse dont le grand axe mesure 4″9, que l'étoile principale n'est ni au centre ni au foyer de cette orbite apparente, que la petite étoile s'écarte, à sa plus grande distance, ou à son aphélie apparent, jusqu'à 3″ de l'étoile principale, et qu'elle s'en rapproche à moins de 1″ à son périhélie apparent. Ainsi, en 1873, l'écartement des deux étoiles a été réduit à 0″96, et un instrument très puissant était nécessaire pour opérer le dédoublement. Depuis cette année, la distance va en augmentant, et elle atteint déjà 2″, de sorte qu'elle va de nouveau devenir accessible aux instruments de moyenne puissance.

Concevons bien, maintenant, que nous ne voyons pas ce système de face, et que, par conséquent, cette orbite apparente n'est pas

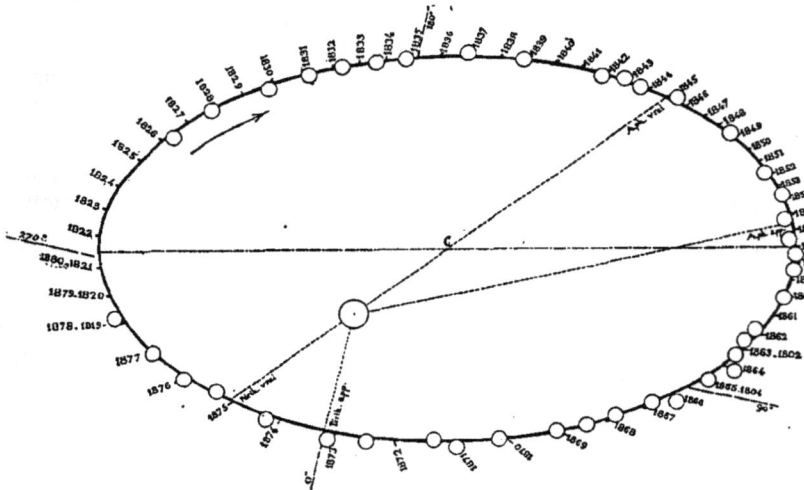

Fig. 73. — Orbite apparente de l'étoile double ξ Grande Ourse.

l'orbite absolue. Le plan dans lequel s'effectue ce mouvement n'est pas perpendiculaire à notre rayon visuel. En effet, nous sommes n'importe où dans l'univers, et il n'y a pas de raison pour que nous voyions plutôt de face qu'autrement ces systèmes différents du nôtre. Il en est même qui se présentent à nous tout à fait de profil, de sorte que la petite étoile ne paraît qu'osciller comme une boule de pendule, de part et d'autre de la grande. L'orbite absolue est vue plus ou moins de profil et plus ou moins déformée par cet effet de perspective. Une roue de moulin que nous voyons tourner de face nous apparaît dans sa vraie forme circulaire; mais si nous la voyons obliquement, elle nous paraît elliptique, et l'ellipse devient d'autant plus étroite que l'obliquité du rayon visuel est plus grande. Si donc nous voulons nous rendre compte exactement de l'orbite réelle d'une étoile double, il faut, lorsque *nous* avons déterminé son orbite apparente, chercher la position de cette orbite apparente, son inclinaison sur notre rayon visuel, et la relever par la pensée de manière à la connaître de face. Or, comme l'étoile intérieure autour de laquelle nous voyons la seconde étoile effectuer son cours est nécessairement au foyer de l'ellipse réelle, et que le centre d'une figure géométrique ne peut pas changer, quelle que soit l'inclinaison de .cette figure, si nous voulons connaître le grand axe et l'excentricité de l'orbite réelle, nous n'avons qu'à tracer un diamètre passant par l'étoile principale et par le centre. Ainsi, le diamètre qui va de l'année 1875 à l'année 1845 sur la *fig.* 73 représente la projection du grand axe de l'orbite réelle, et la distance qui sépare l'étoile du centre (c) indique son excentricité. La forme de l'orbite réelle est donc par là exactement déterminée, et nous pouvons tracer le plan du système de ce soleil double, comme

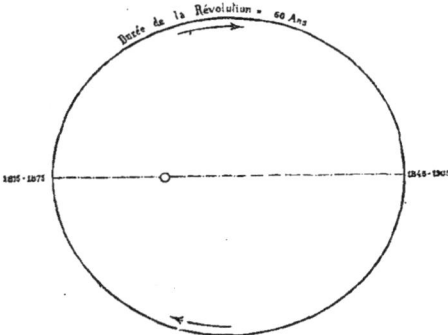

Fig. 74. — Plan de l'orbite réelle du système
ξ Grande Ourse.

nous traçons celui de notre propre système solaire. C'est ce que j'ai fait (*fig.* 74). Ce diagramme représente le plan de cette orbite, dessiné à une petite échelle : on voit qu'elle est moins allongée, moins excentrique, que l'orbite apparente.

Voilà donc devant nous dans l'espace un système de deux soleils conjugués qui tournent l'un autour de l'autre (rigoureusement autour de leur centre commun de gravité) dans la période relativement rapide de soixante ans et sept mois. Ils sont passés en 1875 à leur plus grande proximité; ils y éta'ent déjà passés en 1815, et ils y reviendront en 1936. Chacun de ces deux soleils doit être plus grand, plus volumineux, plus colossal encore que celui qui nous éclaire, car notre soleil transporté à cette distance serait à peine visible à l'œil nu. Peut-être ce système est-il plus éloigné et plus gigantesque encore, car sa parallaxe est insensible et il gît certainement au delà de cent mille milliards de lieues de notre frêle atome terrestre. Quoiqu'ils se touchent et nous paraissent glisser l'un autour de l'autre, comme deux valseurs enlacés dans les liens d'une attraction passagère et charmante, cependant le contact n'est ici qu'une apparence trompeuse, car il y a certainement un abîme de plus de cent millions de lieues entre ces deux soleils jumeaux, et chacun d'eux peut être le centre d'un monde de planètes habitées gravitant dans leur double lumière et dans leur double chaleur ([1]).

Ce beau système de deux soleils conjugués est emporté dans l'espace par un mouvement propre rapide dirigé vers le sud-ouest.

Dans la même constellation, remarquons encore :

L'étoile 23 *h*, de quatrième grandeur : compagnon de neuvième grandeur à 22″; système fixe depuis le commencement des observations (1781) ;

L'étoile *ι*, de troisième grandeur et demie : elle a, à 12″, un petit compagnon, très sombre, difficile à distinguer ; sir John Herschel

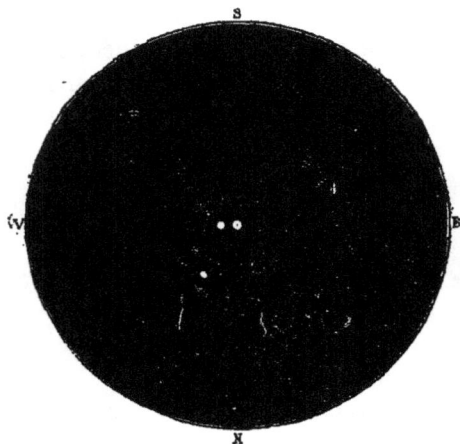

Fig. 75. — L'étoile double ξ Grande Ourse.          Fig. 76. — L'étoile double 23 *h* Grande Ourse

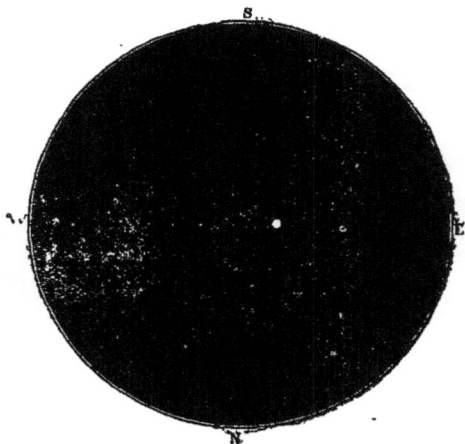

pensait qu'il pouvait briller d'une lumière réfléchie et que peut-être c'est une planète de ce lointain système que nous voyons là ;

L'étoile *σ*, de cinquième grandeur : compagnon de 9° à 2″6; ce

([1]) Assurément, s'il y a là des philosophes qui observent le ciel et qui aient remarqué, au milieu de l'armée des étoiles, la petite étoile qui est notre soleil, ils ne se doutent point que près de cette petite étoile tourne une île obscure un million de fois plus microscopique que ladite étoile; que sur cette île obscure il y a de minuscules pygmées qui pérorent en chaire en affirmant qu'ils connaissent Dieu, qu'ils lui parlent et qu'au besoin ils le fabriquent et le mettent dans leur poche; que parmi ces pygmées les uns sont costumés en violet, les autres en rouge, revêtus de belles chasubles d'or et d'argent, et pontifiant avec le plus grand sérieux, au grand ébahissement des populations qui les écoutent depuis dix-huit siècles, parlant du ciel qu'ils ne connaissent pas avec la naïve audace d'une grenouille qui voudrait raconter l'*Iliade* d'Homère. Quel rire olympien n'éclaterait pas dans le cercle des philosophes de ce double soleil, si quelque pape convaincu de sa mission arrivait au milieu d'eux le lendemain de sa mort et essayait de leur démontrer son infaillibilité !

compagnon était écarté à 8″ il y a cent ans; depuis, il s'est toujours rapproché ; sa trajectoire, au lieu d'être concave, est plutôt convexe, comme s'il tournait autour d'une étoile obscure située au delà, vers l'ouest-nord-ouest (il y a deux $\sigma$ : c'est $\sigma^2$ qui est double) ;

L'étoile 57, non loin de $\nu$ et $\xi$, est aussi double : 6°; compagnon de huitième grandeur, violet, à 5 secondes et demie.

Les autres paires sont moins intéressantes ou moins faciles à observer.

C'est dans cette région du ciel, près de l'étoile double 57, que se trouve l'astre le plus rapide que nous connaissions dans tout l'univers, petite étoile de septième grandeur, invisible à l'œil nu, qui n'a aucun nom ni aucune lettre distinctive, et qui n'est connue que sous le n° 1830 qu'elle porte dans le Catalogue d'étoiles de Groombridge, rédigé en 1810. Cette étoile se précipite dans l'espace avec une rapidité véritablement formidable : sa vitesse annuelle est de 5″78 en déclinaison vers le sud et de 0°,344 en ascension droite vers l'est, c'est-à-dire, au total, de 7″03 vers le sud-est : 703″ par siècle; en cent ans, elle se déplace de 11′43″ sur la sphère céleste (c'est la distance de Mizar à Alcor); en 255 ans, elle parcourt une trajectoire égale au diamètre apparent de la lune; en dix mille ans, elle traverse 20 degrés, de sorte qu'en cent quatre-vingt mille ans environ cet astre ferait le tour entier du ciel, s'il tournait autour de nous, — ce qui n'est certainement pas. — On a pu découvrir sa parallaxe, trouvée inférieure à un dixième de seconde. Cette connaissance peut nous servir à calculer la vitesse réelle de ce soleil dans l'espace, ou, pour mieux dire, sa vitesse minimum. En effet, puisqu'à cette distance un dixième de seconde équivaut à 37 millions de lieues, une seconde entière représente 370 millions, et 7 secondes représentent 2590 millions. Tel est donc le chemin parcouru chaque année par cette étoile, au minimum, puisque d'une part sa parallaxe est inférieure à un dixième de seconde, et que d'autre part nous ne voyons sans doute pas de face ce mouvement, mais sous une obliquité plus ou moins grande et par conséquent en raccourci. Eh bien! la Terre court autour du Soleil avec une vitesse de 241 millions de lieues par an : l'étoile dont nous nous occupons court donc avec une vitesse plus de dix fois supérieure : elle est lancée dans le vide éternel avec une telle force, qu'elle vole en raison de *plus de trois cent mille mètres par seconde !*

Quel projectile! Et c'est là un soleil encore plus colossal et plus gigantesque que le nôtre! Quelle est l'origine d'une telle véhémence? Qui l'a lancé ainsi dans les profondeurs éthérées? Où va-t-il? Dans quel abîme précipite-t-il ses pas? Autant de questions, autant de mystères:

Et quand on songe que ce boulet prodigieux pourrait, si nulle influence étrangère ne venait modifier sa marche, continuer de courir en ligne droite avec cette même vitesse constante pendant des millions et des milliards d'années — pendant l'éternité entière — sans jamais approcher d'aucun terme, sans jamais atteindre l'horizon de l'infini! L'esprit s'arrête épouvanté devant une telle contemplation; l'imagina-

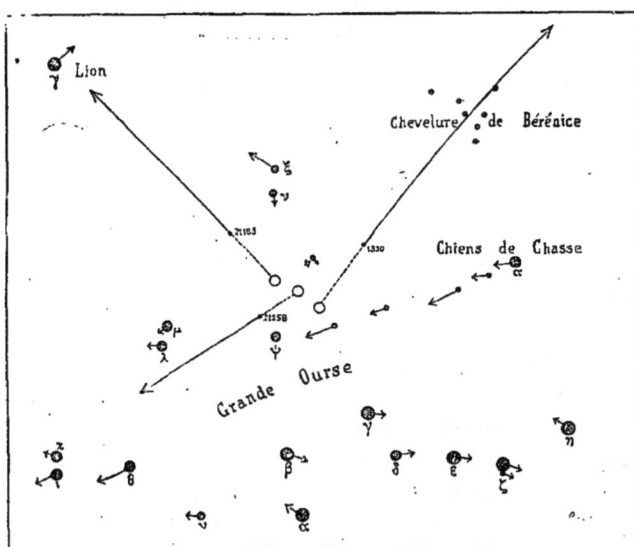

Fig 77. — Mouvements propres rapides de trois étoiles dans la Grande Ourse.

tion suspend son vol, et tombe évanouie devant la splendeur de l'Absolu.

J'ai calculé et représenté le mouvement de cette curieuse étoile sur la sphère céleste pour un intervalle de dix mille ans, comme on peut le voir sur la *fig.* 77. En faisant ce calcul et ce dessin, pour toutes les étoiles dont les mouvements propres sont sûrement déterminés, j'ai eu l'occasion de remarquer un fait bien singulier, c'est qu'il y a, dans cette même région du ciel, trois étoiles de même ordre, animées de ce même mouvement extraordinaire. En effet, deux autres étoiles voisines, qui portent les numéros 21185 et 21258 du catalogue de Lalande, voguent aussi avec une étonnante rapidité. Actuellement ces trois étoiles se trouvent à plusieurs degrés l'une de l'autre; mais si l'on prolonge de trois mille ans en arrière la ligne de leur mouvement propre respectif, on trouve qu'elles étaient alors très rapprochées, de telle sorte que si l'on supposait que leur mouvement date de cette époque, on pourrait les assimiler à trois projectiles lancés d'une même région de l'espace dans trois directions différentes, résultat fantastique d'une explosion sidérale incompréhensible.

L'étoile 1830 se dirige vers la Chevelure de Bérénice, qu'elle traversera dans six mille ans; l'étoile 21185 vole vers l'étoile γ du Lion, qu'elle atteindra dans douze mille ans; l'étoile 21258 se dirige vers l'étoile x de la Grande Ourse... Quelles transformations !

Ces trois petites étoiles comptent parmi les vingt-trois dont la distance a pu être déterminée et qui se sont montrées être les plus rapprochées de nous. Les calculs de parallaxe placent l'étoile 21185 à 13 trillions de lieues d'ici, l'étoile 21258 à 28 trillions, et l'étoile 1830 à 85 trillions; cependant, s'il y avait vraiment quelque rapport originel entre ces trois astres si rapides, ils ne devraient pas être si éloignés l'un derrière l'autre. Quand on songe que l'épaisseur d'un cheveu représente des trillions de lieues dans ces mesures si délicates, on conçoit facilement qu'il reste une certaine place pour le doute et que cette hypothèse soit permise.

Tels sont les spectacles importants que cette vaste constellation de la Grande Ourse tient en réserve pour le contemplateur des cieux, pour l'ami de la nature. On le voit, l'œil instruit par les découvertes de l'astronomie moderne ne peut plus regarder le ciel sans y lire, car les caractères flamboyants qui brillent là-haut ne sont plus lettre morte ou langue inconnue. Et combien n'est-il pas surprenant, en définitive, lorsqu'on y réfléchit, de voir que l'immense majorité des humains, même de ceux qui ont la prétention de penser, vive constamment sous ce même ciel sans se rendre compte de ce qui est. C'est exactement comme un habitant de Paris qui passerait sa vie entière sans connaître même le nom des édifices, des monuments, des trophées historiques, des places publiques, des boulevards, au milieu desquels s'écoulerait son existence inerte et passive, et qui, ignorant les phases essentielles de notre histoire, ne se serait jamais demandé, n'aurait jamais appris ce que c'est que Notre-Dame ou que la Sainte-Chapelle, quel rôle l'Hôtel de Ville, le Panthéon ou le Champ de Mars ont joué dans l'histoire de Paris, quels étaient ce palais des Tuileries aujourd'hui ruiné ou ce Louvre aujourd'hui transformé, sur quelle place le Génie de la Liberté s'envole en brisant les chaînes de la Bastille, ou quelles idées s'associent aux noms de la Sorbonne, de l'Institut, du Muséum, du Collège de France ou de l'Observatoire. Et même, ne vous sem-

ble-t-il pas qu'il serait encore moins pardonnable d'habiter une ville
sans la connaître, que d'habiter dans l'univers sans le voir? car enfin
la Terre n'est pas autre chose qu'une île flottant dans le Ciel, nous
sommes en réalité citoyens du Ciel, et si nous restons sans acquérir
aucune notion et sans rien savoir de l'univers au milieu duquel nous
vivons, ne sommes-nous pas dans la condition d'un aveugle transporté en ballon ou d'un sourd au milieu d'un concert?

Au sud de la Grande Ourse se trouve une petite constellation qui ne nous
arrêtera pas longtemps, la constellation du *Petit Lion*, dessinée *fig.* 65. Elle a été
inventée par Hévélius vers l'an 1660 : cet astronome l'a formée, entre le Lion et
la Grande Ourse, de dix-huit étoiles extérieures aux limites des constellations
anciennes. Pourquoi en a-t-il fait un Lion au lieu d'autre chose? C'est pour ne
pas contrarier les astrologues, qui, dit-il, s'accordent à attribuer la plus funeste
influence aux étoiles de la Grande Ourse et du Lion, et ne seront pas dérangés
dans leurs combinaisons par l'adjonction du nouvel astérisme, puisque c'est un
animal de même nature. Hévélius croyait-il lui-même à l'astrologie? J'en doute,
quoique, à notre époque même, on rencontre des intelligences relativement supérieures qui croient à des mystères encore plus absurdes et plus invraisem-
blables. Mais considérons les principales étoiles de cette petite constellation :

### PRINCIPALES ÉTOILES DU PETIT LION

|    | 1590 | 1603 | 1660 | 1700             | 1800 | 1840 | 1860 | 1880 |
|----|------|------|------|------------------|------|------|------|------|
| 37 | 3    | 4    | 3    | 5                | 4    | 5.4  | 5.4  | 4,9  |
| 30 | 3    | 4    | 3    | $4\frac{3}{4}$   | 4.5  | 5.4  | 5.4  | 4,9  |
| 42 | 3    | 4    | 3    | $4\frac{1}{2}$   | 4.5  | 5    | 5    | 5,0  |
| 46 | 4    | 4    | 4    | $4\frac{1}{4}$   | 4.5  | 4    | 4    | 4,2  |
| 31 | 4    | 4    | 4    | 5                | 4.5  | 4.5  | 4.5  | 4,4  |
| 21 | 4    | 0    | 4    | 5                | 5    | 4.5  | 4.5  | 4,5  |
| 10 | 4    | 5    | 6    | $4\frac{1}{2}$   | 5    | 5    | 5.4  | 5,0  |

Quoique la constellation n'ait été formée qu'au xviie siècle, les étoiles qui la
composent avaient déjà été observées antérieurement, notamment par Tycho-
Brahé, vers 1590. On voit que l'ordre de leur éclat n'est plus le même qu'autrefois. La plus brillante était la première de la petite liste qui précède (37) et on
l'appelait *præcipua*, nom qu'elle porte encore dans le catalogue de Piazzi, en 1800.
Flamsteed, vers 1700, l'a notée une fois de quatrième grandeur, une fois de
quatrième et demie et trois fois de sixième. Lalande, vers 1800, l'a notée une
fois de troisième, une fois de troisième et demie et une fois de quatrième et
demie. Actuellement (mai 1880), elle est presque de cinquième grandeur, et la
plus brillante de la constellation est celle qui porte le n° 46. Elle a donc certainement varié d'éclat. Fait assez curieux, le même raisonnement s'applique
aux deux étoiles suivantes, 30 et 42.

La dernière, qui était certainement de sixième grandeur au temps d'Hévélius,
était de quatrième en 1590 et est actuellement de cinquième.

C'est une région du ciel assez remarquable par ces variations. Il y a là, non
loin de celles qui portent les nos 21 et 10, une petite étoile qui varie de la sixième
à la onzième grandeur dans la période de 369 jours : elle a reçu pour désignation la lettre R. Son prochain maximum arrivera le 5 juillet de cette année. Cette
étoile est la seule curiosité de cette région qui mérite d'être signalée ici, et nous
pouvons passer tout de suite aux constellations voisines.

# CHAPITRE V

Regardez encore la queue de la Grande Ourse : au-dessous d'elle, formant à peu près un angle droit avec une ligne tracée entre les deux dernières étoiles $\zeta$ et $\eta$, vous remarquerez une étoile solitaire, de troisième grandeur, assez brillante ; c'est la plus belle de la constellation des Chiens de Chasse ; elle porte le n° 12 dans le catalogue de Flamsteed, et Bode lui a donné la lettre $\alpha$ (se servir de notre *fig.* 67).

Cette constellation n'est pas ancienne. Elle a été formée vers l'an 1660, par Hévélius, à l'aide des étoiles situées entre la Grande Ourse et le Bouvier ; l'astronome de Dantzig a dessiné là sur la sphère céleste les deux Lévriers que l'on voit sur notre *fig.* 80 ; ils sont tenus en laisse par le Bouvier, dont le caractère antique est ainsi changé, et s'élancent à la poursuite de la Grande Ourse. Ce serait peine perdue d'en chercher la forme dans le ciel ; le seul point intéressant pour nous est de trouver l'étoile principale, de troisième grandeur, nommée aussi par Halley « le Cœur de Charles II » (ce qui fait qu'on la dessine parfois dans un cœur couronné : *voy. fig.* 79), et cette recherche n'est pas difficile si l'on sait se servir à propos de la queue de la Grande Ourse, comme nous venons de le faire.

L'étoile dont nous parlons est l'une des plus jolies étoiles doubles du ciel. Dirigez une lunette vers elle et vous verrez apparaître soudain un couple lumineux, composé de deux petits soleils ravissants, l'un brillant d'une belle couleur *jaune d'or*, l'autre plus modeste et nuancé de *lilas*. La distance angulaire qui les sépare est de 20″ ; grandeurs $= 3,2$ et $5,7$. (*Voy.* la *fig.* 6 de notre planche d'étoiles doubles colorées.) Nous avons les yeux sur ce couple depuis l'année 1778, et nous n'y avons pas observé le moindre changement. Ces deux astres restent fixes l'un par rapport à l'autre, mais sont associés ensemble et *voguent avec une grande vitesse à travers l'immensité*... Je n'ai jamais pu les regarder sans me sentir attiré par leur douce lumière et sans éprouver le désir de m'envoler dans leur attraction lointaine, où les jours et les nuits, les lumières et les couleurs, les cieux et les terres, les êtres et les choses, doivent s'offrir à la vue sous des aspects tout différents de ceux auxquels la nature terrestre nous a accoutumés.

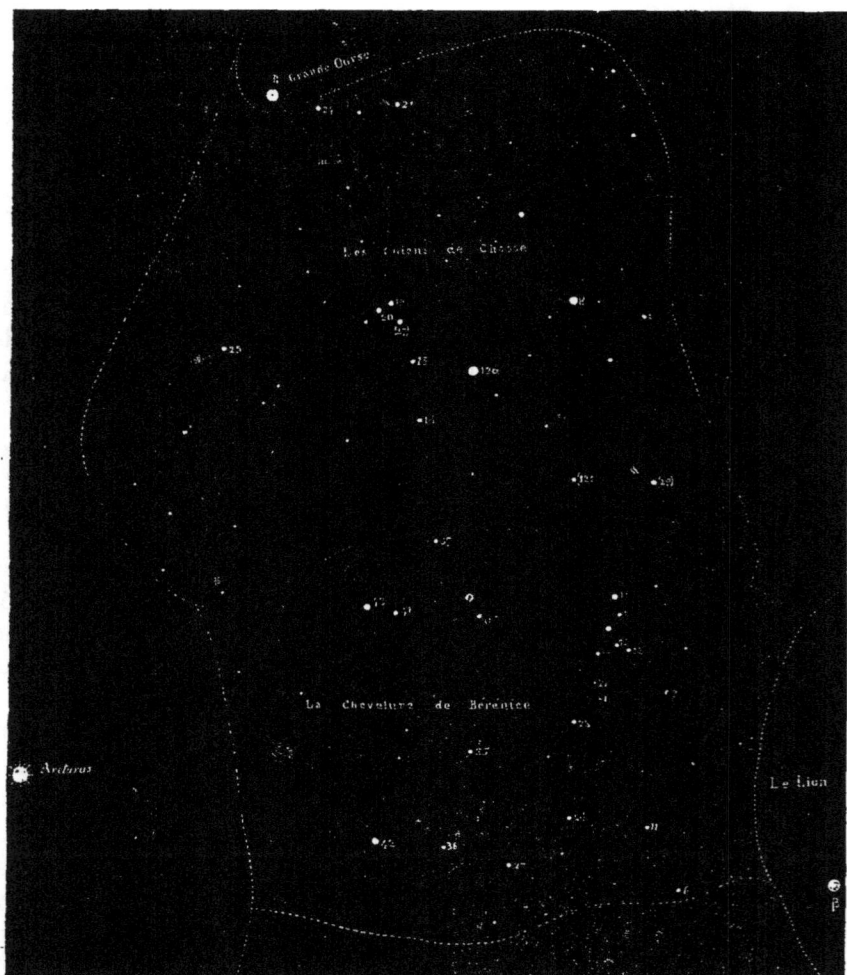

Fig. 78. — Étoiles des Chiens de chasse et de la Chevelure.

L'ami des contemplations célestes pourra encore chercher dans cette petite constellation une seconde étoile double assez intéressante, c'est celle qui porte le n° 2. Elle est composée de deux astres de 6e et 9e grandeurs, écartés à 11″ l'un de l'autre : jaune d'or et azur; couple élégant.

Si maintenant nous voulons nous rendre compte de l'ensemble des petites étoiles qui scintillent doucement dans cette région du ciel, servons-nous de notre *fig.* 78, dessinée spécialement pour elles et pour celles de la Chevelure, et, par une belle soirée, essayons de les reconnaître dans le ciel ([1]).

Mais nous n'avons pas encore tracé la liste des étoiles principales de cet astérisme. La voici. Elle n'est pas longue.

ÉTOILES PRINCIPALES DES CHIENS DE CHASSE

| | 1660 | 1700 | 1800 | 1840 | 1860 | 1880 |
|---|---|---|---|---|---|---|
| 12 α. . . . . . . | 2 | 2 ¼ | 2.3 | 3 | 3.2 | 2,9 |
| 8. . . . . . . | 5 | 4 ½ | 4.5 | 4.5 | 4.5 | 4,4 |
| 14. . . . . . . | 5 | 5 | 5 | 5 | 5 | 5,0 |
| 15. . . . . . . | 6 | 5 ⅔ | 6 | 5 | 5 | 5,7 |
| 19. . . . . . . | 6 | 7 | 7 | 6 | 5.6 | 6,0 |
| 20. . . . . . . | 6 | 6 | 5 | 5.4 | 5.4 | 5,0 |
| 23. . . . . . . | 6 | 7 | 6.7 | 6.5 | 6.5 | 6,0 |
| 21. . . . . . . | 4 ¼ | 6 | 5 | 5 | 5 | 5,2 |
| 24. . . . . . . | 4 ¼ | 5 ¼ | 5.6 | 5 | 5 | 4,8 |
| 25. . . . . . . | 6 | 5 | 0 | 5 | 5 | 5,2 |
| 6. . . . . . . | 5 | 5 | 6 | 5.6 | 5.6 | 5,2 |
| P. XII, 29. . . . . | 5 | 0 | 5.6 | 5 | 5 | 5,6 |
| P. XIII, 27. . . . . | 5 | 0 | 5.6 | 5 | 5 | 5,2 |

La première de ces étoiles est marquée de troisième grandeur dans Ptolémée, dans Sûfi et dans Ulugh-Beigh, de deuxième dans Tycho Brahé comme dans Hévélius. Cette différence s'explique par l'éclat même de l'étoile : c'est une brillante de la troisième grandeur. L'étoile 21 a diminué d'éclat; la 20ᵉ a, au contraire, augmenté; il en est de même de la 19ᵉ, notée de 7ᵉ grandeur par Flamsteed et Piazzi, de 5ᵉ par Heis, et actuellement de 6ᵉ; la 24ᵉ subit certaines fluctuations : le rapport n'est plus aujourd'hui le même qu'il était il y a deux siècles, dans la classification d'Hévélius.

Cette petite constellation ne nous retiendrait pas davantage ici si elle ne renfermait dans son écrin le plus merveilleux bijou du ciel télescopique, la fameuse nébuleuse en spirale, dont la forme a été révélée par le télescope de lord Rosse. Cet univers lointain a été découvert en 1772 par Messier, dans la lunette duquel on distinguait

([1]) Comme les étoiles de ces deux constellations sont désignées par les numéros des Catalogues de Flamsteed et de Piazzi, profitons de la circonstance pour remarquer une fois pour toutes que ces numéros se suivent toujours par ordre d'ascension droite, de l'ouest à l'est, c'est-à-dire de droite à gauche, dans le sens du mouvement diurne. Les principaux sont ceux de Flamsteed. Mais quand une étoile n'a pas été observée par cet astronome, il est convenable de la désigner sous le numéro qu'elle porte dans le meilleur catalogue qui a suivi le précédent, dans celui de Piazzi ; seulement, pour qu'il n'y ait pas d'équivoque, nous avons inscrit sur nos dessins les numéros de Piazzi entre parenthèses.

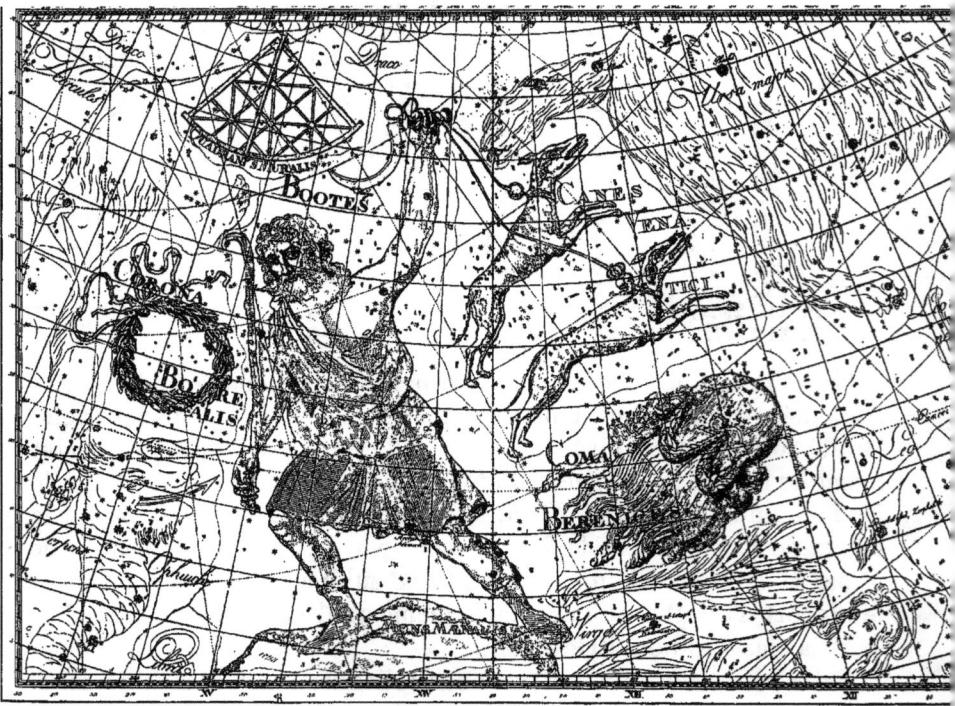

Fig. 70. — Le Bouvier, la Couronne boréale, les Chiens de Chasse, la Chevelure de Bérénice.

ASTRONOMIE. — SUPPLÉMENT. 16

deux espèces de foyers de condensation, éloignés l'un de l'autre de
4′35″, enveloppés chacun d'une vague atmosphère. Les deux atmosphères lui paraissaient se toucher. Remarque assez curieuse : dans
tous les dessins de nébuleuses, on s'aperçoit que l'esprit de l'observateur ajoute à ce qui est visible des détails qu'il ne voit pas et qui, à
son insu, lui paraissent nécessaires pour compléter son dessin. On
n'imaginerait pas, si on ne les avait sous les yeux, les transformations singulières que cette nébuleuse a subies, à mesure que s'est accrue
la puissance des instruments dirigés vers elle! Une lunette de moyenne
puissance montre dans la nébulosité qui environne le noyau principal

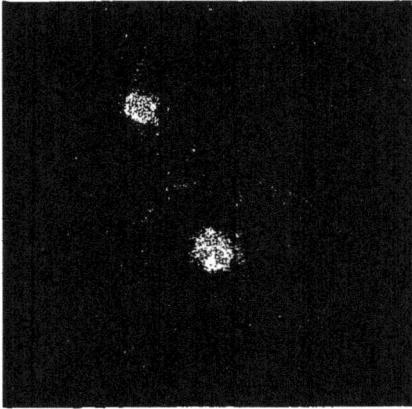

Fig. 80. — La nébuleuse des Chiens de chasse
vue dans une lunette moyenne.

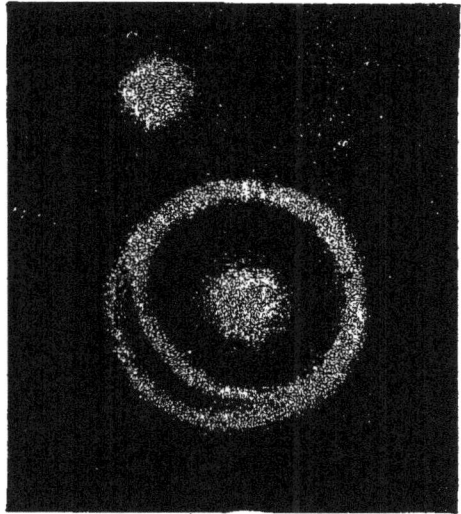

Fig. 81. — La nébuleuse des Chiens de chasse
vue dans une bonne lunette.

une zone semi-circulaire de condensation, qui semble se détacher
comme une fumée légère entre les deux noyaux, sans entourer entièrement le noyau principal ; c'est ainsi que les astronomes la dessinaient
vers 1830 (fig. 80). Lorsque, ensuite, Sir John Herschel dirigea vers
elle le grand télescope de 45 centimètres qu'il avait fait installer au
cap de Bonne-Espérance pour la révision générale du ciel étoilé, il vit
que le noyau principal était entièrement entouré d'un anneau complet, qui se dédoublait lui-même sur près de la moitié de son contour,
comme on le voit sur notre fig. 81. Cette structure rappelait si bien
celle de notre Voie lactée, qui nous entoure de toutes parts, que l'on
s'accorda à voir en elle une image de notre univers, et qu'on la présenta généralement sous ce type dans les traités d'astronomie. En

effet, si nous nous supposions habiter vers les régions centrales de cet
univers lointain, nous verrions véritablement une voie lactée faire le
tour de notre ciel et reproduire là-bas les aspects sidéraux que nous
contemplons à bord de notre île flottante. Eh bien ! ce n'était pas encore là la vérité. Un soir de printemps de l'année 1845, comme il ve-

Fig. 82. — La nébuleuse des Chiens de chasse vue dans le grand télescope de lord Rosse.

nait de mettre la dernière main au miroir de son immense télescope
(de 1$^m$,83) et l'essayait sur les plus belles nébuleuses du ciel,
lord Rosse s'arrêta tout à coup, stupéfait par le tableau qui venait
d'apparaître ! Ni les brillantes soirées de la cour de Londres, ni les
diamants étincelants sur les blanches épaules des divinités du bal de
la jeune reine Victoria, n'auraient excité en lui la même admiration.
Cette étrange nébuleuse apparaissait dans le champ du télescope sous

la forme d'une succession de spirales constellées, s'enveloppant les unes les autres en suivant les courbes harmonieuses de la figure elliptique, et s'étendant jusqu'au noyau secondaire, qui par là se montrait appartenir définitivement au même système. Un prodigieux tourbillon de soleils se révélait dans cette splendeur. L'esprit s'envolant jusqu'en ces profondeurs étoilées traversait un nouvel univers, oubliait le nôtre, et marchait sur de la poussière d'astres. Chacun de ces grains de poussière est un soleil. Ils paraissent se toucher, mais ils sont séparés les uns des autres par des millions et des milliards de lieues. La main des siècles a contourné ces myriades de soleils en spires consécutives. Tout cela se meut, tout cela vibre, tout cela gravite, et la forme générale du système semble indiquer qu'il se meut lui-même tout d'une pièce à travers l'espace en laissant de légères traînées en arrière de sa marche. Lorsqu'on songe que chacun de ces soleils peut être le centre d'un système planétaire, l'imagination reste absolument confondue devant un spectacle aussi grandiose : elle ne peut plus que se taire et admirer. C'est alors que viennent à la pensée les dernières paroles de Laplace étendu sur son lit de mort : « Ce que nous savons est peu de chose : ce que nous ne savons pas est immense. »

Ces traînées de soleils tombant vers un centre commun nous donnent le témoignage de la plus immense période de durée que le ciel ait jamais révélée à l'intelligence humaine. Déjà, en voyant des étoiles toutes formées, on conçoit, devant le calme des régions célestes, quel nombre formidable de siècles ont dû s'entasser pour arriver à condenser, à individualiser en soleils distincts la matière cosmique primitive. Mais, quand on voit une telle réunion de soleils, une voie lactée tout entière, qui s'est mise en mouvement, a pivoté sur son centre de gravité de manière à former par le rapprochement de ses soleils des spirales d'étoiles allant en tournant vers un foyer de réunion future, on est effrayé de l'incommensurabilité du temps qui a été employé à contourner ces spires prodigieuses ; le mouvement séculaire de chaque étoile étant si minime, si imperceptible, qu'on les appelle toujours des étoiles fixes, même pour les étoiles les plus proches de nous, combien ne doit-il pas être plus imperceptible encore pour des astres éloignés à de pareilles distances ! Combien de milliers, combien de millions de siècles n'a-t-il pas fallu pour déterminer l'arrangement lent d'un tel univers ! On peut dire que si les jauges d'Herschel nous ont fait pénétrer dans les profondeurs lointaines de l'espace, les découvertes de lord Rosse sur les nébuleuses en spirale nous ont fait pénétrer dans les profondeurs du temps, et que ces nébuleuses offrent vraiment à nos regards émerveillés *le plus ancien témoignage de l'existence de la matière.*

D'ailleurs, c'est aux dépens des régions étoilées au sein desquelles elles trônent que ces agglomérations splendides se sont formées. « Les espaces qui les environnent, écrivait déjà William Herschel il y a près d'un siècle, se montrent souvent dénués d'étoiles; rien ne se présente dans le champ de la vision ; lorsqu'en cheminant ainsi (par le mouvement diurne du ciel, le télescope restant immobile) je venais à rencontrer tout à coup quelques étoiles d'une certaine grandeur, j'étais sûr de l'apparition presque immédiate d'une nébuleuse. » Et le grand observateur avait l'habitude de prévenir ainsi son secrétaire : « Préparez-vous à écrire, les nébuleuses vont arriver. »

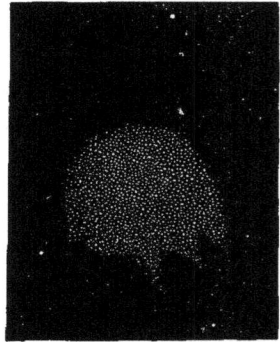

Fig. 83. — Petit amas d'un millier de soleils dans les Chiens de chasse.

La région du ciel que nous décrivons en ce moment, celle qui est occupée par les Chiens de Chasse, la Grande Ourse, le Petit Lion, le Lion, la Chevelure de Bérénice, la Vierge, est la plus riche du ciel en nébuleuses. Non loin de la nébuleuse précédente, dans la même constellation, entre le Cœur de Charles et Arcturus, plutôt plus près de cette dernière étoile que de la première, on en voit une autre, moins belle assurément, mais néanmoins fort intéressante, car c'est là un amas d'étoiles presque globulaire, de 6 à 7 minutes de diamètre, et qui se montre composé d'environ un millier de soleils (*fig.* 83). Trois étoiles relativement brillantes semblent l'enfermer dans un triangle et ajoutent encore à la beauté du champ. Voilà encore un

Fig. 84. — L'amas des Chiens de chasse, vu dans un puissant instrument.

univers lointain qui s'offre à nos regards à travers les profondeurs de l'immensité.

Cet amas d'étoiles devient magnifique (*fig.* 84), vu dans une lunette de quinze ou seize centimètres; deux soleils étincellent au centre, et plusieurs traînées d'étoiles semblent rayonner au loin, comme si la gravitation les avait disposées en lignes symétriques. Quel poëme que cet univers perdu au fond des cieux! Qu'il est plus éloquent à lui seul que l'*Iliade*, l'*Odyssée*, la *Divine Comédie*, la *Jérusalem délivrée* et la *Henriade* réunies!

Notre description générale du ciel va maintenant nous arrêter un instant sur une petite constellation dont l'origine est fort poétique et dont l'extrait de naissance est le seul qui nous ait été conservé parmi les constellations anciennes : *la Chevelure de Bérénice*.

On voit à l'œil nu un amas d'étoiles tremblant dans l'azur, situé au sud du Cœur de Charles, entre Arcturus et le Lion. Cet amas d'étoiles n'avait pas encore reçu de nom, lorsque, vers l'an 245 avant notre ère, arriva l'épisode chanté par Catulle. Bérénice, fille du roi Ptolémée Philadelphe, venait d'épouser son propre frère, Ptolémée Évergète, lorsqu'il fut obligé d'aller combattre Séleucus II, roi de Syrie. Inconsolable, elle jura à Vénus de faire le sacrifice de son opulente chevelure si son bien-aimé revenait victorieux, et, le jour même du retour du roi, elle porta au temple cette fameuse chevelure : mais, pendant la nuit suivante, elle fut volée, sans doute par un prêtre. Désespoir de Bérénice! Fureur de Ptolémée! On dit que l'astronome Conon, dont la science était très révérée, est le seul qui soit parvenu à calmer le ressentiment des jeunes époux en leur montrant cet amas d'étoiles et en leur affirmant qu'il venait d'apparaître et qu'il n'était autre chose que la chevelure elle-même emportée par Vénus dans la voûte étoilée. Une reine, une jeune reine surtout, convaincue d'être d'une autre race que le commun des mortels, est assurément dans les conditions d'esprit convenables pour croire à cette métamorphose : je n'en veux pour preuve que l'étonnement de cette princesse de la Cour de Louis XIV qui, venant de compter cinq doigts sur la main de sa femme de chambre, avait peine à en croire ses yeux, ayant été convaincue jusque-là que les princesses étaient faites autrement que les autres femmes. Conon dessina une chevelure sur le globe céleste de l'observatoire d'Alexandrie, et cet astérisme est resté désormais au nombre des constellations. Callimaque en fit un poëme, que plus tard Catulle traduisit en élégie. Cette élégie, toutefois, n'a rien de particulièrement astronomique, comme on peut en juger par cet exorde : « O Vénus! les jeunes mariées prétendent que tes plaisirs leur sont désagréables! Mais comme elles sont feintes ces larmes versées avant d'entrer au lit nuptial, et qui troublent la joie de leurs parents ! J'en atteste les dieux, ce n'est là qu'une feinte : écoutez les soupirs de Bérénice désirant le retour rapide de son époux arraché de ses bras pour aller affronter des combats plus meurtriers. »

C'est dans le catalogue de Tycho Brahé (1590) que la constellation de la Chevelure de Bérénice apparaît pour la première fois comme constellation séparée et portant son nom tout entier ; jusqu'alors on trouve ses étoiles décrites à la fin de la description du Lion, et comme un appendice à cet astérisme, sous le nom de Cheveux ou de Chevelure. C'est sans doute la raison pour laquelle plusieurs astronomes ont attribué à Tycho la création de cette figure. Autrefois, on en faisait aussi une gerbe d'épis, qui se trouve, du reste, au pied du Bouvier tenant une faucille : en 1603, Bayer l'a encore ainsi représentée, d'après d'anciens manuscrits. (*Voy.* plus loin, *fig.* 88.)

Ptolémée désigne néanmoins trois étoiles de cet astérisme sous le nom de πλοκαμος (chevelure), et au dixième siècle de notre ère, Sûfi les nomme *al-dhafira* (la natte de cheveux). Voici du reste les composantes de ce petit groupe :

ÉTOILES PRINCIPALES DE LA CHEVELURE DE BÉRÉNICE

|        | 1590 | 1660 | 1700 | 1800 | 1840 | 1860 | 1880 |
|--------|------|------|------|------|------|------|------|
| 43..... | 4 | 4 | 5½ | 6 | 4 | 4.5 | 4,6 |
| 15..... | 3 | 4 | 4½ | 5 | 4.5 | 4.5 | 4,9 |
| 16..... | 4 | 5 | 4½ | 4.5 | 5 | 5 | 5,2 |
| 42..... | 0 | 0 | 4½ | 4.5 | 4.5 | 5.4 | 5,2 |
| 6..... | 0 | 0 | 5 | 5 | 5 | 5 | 5,7 |
| 11..... | 0 | 0 | 4½ | 5 | 5 | 5 | 5,5 |
| 12..... | 4 | 5 | 5 | 5 | 5 | 5 | 5,4 |
| 14..... | 4 | 5 | 4¼ | 5 | 5.4 | 5 | 5,5 |
| 23..... | 4 | 4 | 4 | 4.5 | 5 | 5 | 5,5 |
| 24..... | 0 | 6 | 5 | 5.6 | 5 | 5 | 5,6 |
| 27..... | 0 | 6 | 5 | 5 | 5 | 5 | 5,8 |
| 31..... | 4 | 0 | 5½ | 5.6 | 5 | 5 | 5,7 |
| 35..... | 0 | 4 | 4½ | 5 | 5 | 5 | 5,7 |
| 36..... | 0 | 0 | 5 | 4.5 | 5.5 | 5.6 | 5,4 |
| 37..... | 5 | 5 | 5½ | 5 | 5 | 5 | 5,6 |
| 41..... | 4 | 5 | 4¾ | 4 | 5 | 5 | 5,5 |
| 7..... | 4 | 5 | 4½ | 5 | 5.6 | 5.6 | 5,8 |
| 18..... | 4 | 5 | 6 | 6 | 6 | 6 | 6,0 |
| 21..... | 4 | 5 | 5 | 5.6 | 6.5 | 6.5 | 6,0 |

Il n'y a pas grand'chose à tirer de cette série, parce que les observations anciennes manquent de précision, et que rien n'est plus facile que de prendre une étoile pour une autre dans un groupe aussi serré que celui-là. Quelques étoiles, comme la 42°, n'ont pas été observées anciennement, tout simplement parce qu'elles sont assez écartées du groupe, et l'on ne peut rien conclure sur leur état antérieur. Cependant, il ne me semble pas douteux que les étoiles qui portent les n°ˢ 18 et 21 aient diminué d'éclat, car sur les anciens atlas elles sont marquées de même grandeur que leurs voisines, tandis qu'aujourd'hui elles sont beaucoup moins apparentes. Anciennement, la plus brillante était la 15ᵉ; actuellement, on peut classer par ordre d'éclat 43, 15, 16 et 42. L'étoile 23, autrefois de quatrième grandeur, est à peine de cinquième aujourd'hui, et il en est de même de l'étoile 35. (Il ne faut pas se fier rigoureusement aux grandeurs de Tycho, qui paraît les avoir exagérées.) L'étoile 36 paraît flotter entre 4 1/2 et 5 1/2.

Pointez une lunette quelconque vers cette région du ciel, et vous serez véritablement émerveillé des richesses étoilées qui rempliront le champ télescopique, surtout si vous employez un faible grossissement et si vous avez un champ vaste et clair. Il y a là un grand nombre de petites nébuleuses. L'étoile qui porte le n° 12 est une étoile double très facile à trouver. Ses composantes sont de 5ᵉ et 8ᵉ grandeurs, écartées à 66″. L'étoile 24 est encore plus jolie : grandeur = 5ᵉ 1/2 et 7ᵉ, *orange* et *lilas*, écartées à 21″; couple exquis, facile à observer (*fig.* 85), système fixe, jusqu'à présent. L'étoile 35 est triple : le compagnon éloigné, de 8ᵉ grandeur, brille à 28″ de l'étoile principale, laquelle, dans les instruments puissants, se dédouble elle-même, montrant tout près d'elle, à 1″,4 un petit compagnon de huitième grandeur; depuis 1828, année de sa découverte, ce petit couple

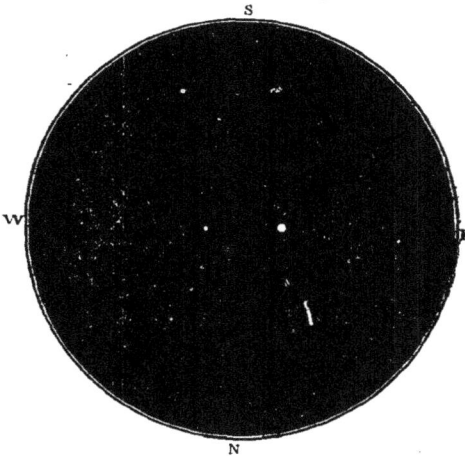

Fig. 85. — L'étoile double 24 Chevelure.

a déjà tourné de 40 degrés, ce qui indique une période de quatre à cinq cents ans. C'est un système de trois soleils qui voguent ensemble à travers l'immensité.

Cette petite constellation renferme l'un des couples orbitaux les plus rapides du ciel : l'étoile 42, qui est une double très serrée (une demi-seconde seulement d'écartement) et ne peut être dédoublée que par les instruments les plus puissants. Ce système de deux soleils égaux offre cette particularité, de *tourner* justement dans le plan de notre rayon visuel, de telle sorte que nous ne le voyons que par la tranche; mais il tourne très vite : la révolution des deux soleils

autour de leur centre commun de gravité ne demande que 25 ans pour
s'accomplir.

Mais voici le Bouvier qui nous appelle, le *Bouvier*, l'une des plus
anciennes constellations de la sphère, et l'une des figures qui paraissent le mieux en rapport avec ce mouvement silencieux du ciel qui entraîne tous les astres d'heure en heure de l'orient vers l'occident.

Fig. 86. — Anciennes constellations (d'après une gravure de l'an 1559).

L'idée de pasteur, de gardien de troupeaux, s'associe si naturellement
à la contemplation des étoiles, que l'on est porté à les animer d'une
vie lointaine et à les faire garder ou conduire, comme on voyait
autrefois, dans les vastes plaines de la Chaldée, les tribus nomades
s'avancer lentement à travers les contrées. C'est certainement par une
association d'idées analogues, que dès les premiers âges on a dessiné
dans le ciel la figure d'un homme des champs, berger, moissonneur,

agriculteur, conducteur de troupeaux, chasseur, voyageur, car le Bouvier a reçu tous ces noms et bien d'autres. Il gardait les sept étoiles du nord, les *Septem Triones*.

L'une des plus anciennes figures que je connaisse de cette région du ciel (à part celles des manuscrits arabes, qui diffèrent trop des nôtres) est un planisphère d'une édition grecque et latine des *Phénomènes* d'Aratus, imprimée à Paris en 1559, à une époque fort antérieure aux remaniements et additions dont la sphère céleste a été l'objet au

Fig. 87. — Ancien dessin du Bouvier (gravure sur bois de l'an 1485).

xvii<sup>e</sup> siècle. J'en reproduis ici (*fig.* 86) un fragment, lequel, malgré la grossièreté de ces premières figures sur bois, donne une idée satisfaisante de l'état de la sphère enseignée à la Sorbonne il y a plus de trois siècles. On y remarque d'abord que le pôle était encore fort loin de notre Polaire actuelle et que cette carte du ciel est même construite sur un dessin plus ancien. On y remarque ensuite le vide énorme qui s'étend tout autour de la Grande Ourse et où plus tard on a dessiné la Chevelure, les Chiens de chasse, le Petit Lion, le Lynx, la Girafe, etc. On y remarque enfin un véritable Bouvier, une main levée, paraissant faire signe au troupeau, et la houlette de l'autre main ; il porte un costume du temps de Henri II, ce qui s'explique fort bien — mais heureusement qu'on n'a pas continué de faire subir aux constellations

nos changements de mode. — Cette figure est très correcte quant au
Bouvier, entre les jambes duquel on voit briller Arcturus. Il ne faudrait pas croire cependant que la Gerbe ou la Chevelure n'existaient
pas avant cette époque, car, sur un autre ouvrage de ma bibliothèque,
le *Poeticon astronomicon* d'Hyginus, imprimé à Venise en 1485, c'est-
à-dire aux premiers temps de l'imprimerie, soixante-quatorze ans

Fig. 88. — Le Bouvier de l'atlas de Bayer (1603).

avant l'ouvrage précédent, cette même constellation du Bouvier est
dessinée telle qu'on la voit (*fig.* 87), avec une faucille à la main et une
gerbe à ses pieds. L'atlas de Bayer (1603) a conservé la même tradition (*fig.* 88), et nous représente le personnage dans l'attitude d'un
moissonneur qui vient de couper la gerbe; ici, ce n'est plus le gardien des bœufs, « le Bouvier », ni le gardien de l'Ourse « arctophylax », comme on l'appelait. Son caractère change de nouveau dans
l'atlas d'Hévélius, qui, dessinant là les deux Chiens de chasse, enlève

la faucille de la main du Bouvier et lui fait tenir en laisse ces deux lévriers qui vont se précipiter à la poursuite de la Grande Ourse. Depuis, comme on l'a vu sur notre *fig.* 79, on a remis la faucille dans la main du Bouvier, ce qui complique encore sa situation.

On trouve aussi chez les Arabes les noms de Gardien du Nord, de Fossoyeur, de grand Hurleur et de Crieur. Ils appelaient Arcturus *Simâk*, parce qu'il s'élève très haut dans le ciel.

Quoi qu'il en soit, l'important pour nous est de faire connaissance avec les étoiles de cette constellation, et d'abord avec son étoile principale, Arcturus, qui resplendit si brillamment dans cette région du ciel et qui est, avec Véga, la plus belle étoile de notre hémisphère boréal. Certaines mesures photométriques placent Véga avant Arcturus; mais je donnerais volontiers la préférence à celle-ci pour l'ardeur de sa coloration. Véga est d'une blancheur immaculée; Arcturus brille comme un feu : la première est un diamant blanc d'une limpide pureté ; la seconde est un diamant jaune du Cap. Arcturus étincelle d'une couleur plus chaude, et ce n'est pas seulement une apparence : ce lointain soleil flamboie dans l'immensité avec une telle ardeur qu'on a déjà pu mesurer sa chaleur au thermomètre ! Sans doute le rayon venu d'une étoile perdue à 62 trillions de lieues d'ici, et obligé de courir pendant plus de vingt-cinq ans à travers l'espace glacé pour arriver jusqu'à nous, ne peut pas garder en lui une chaleur bien sensible; cependant elle suffit pour faire dévier l'aiguille d'un galvanomètre et pour se montrer considérablement supérieure à celle de Véga, qui pourtant elle-même n'est pas tout à fait insensible. Par contre, lorsqu'on fait la photographie de ces deux diamants de notre ciel, la lumière argentée de Véga impressionne beaucoup plus rapidement la plaque collodionnée que la lumière dorée d'Arcturus : celui-ci est plus chaud et moins photogénique.

Rien n'est plus facile que de trouver Arcturus dans le ciel. Revenons à notre chère Grande Ourse, qui nous a déjà rendu tant de services : regardez-la, prolongez par la pensée la ligne courbe tracée par les trois étoiles de sa queue : cette ligne idéale conduit directement et sans équivoque possible à l'étoile Arcturus, de

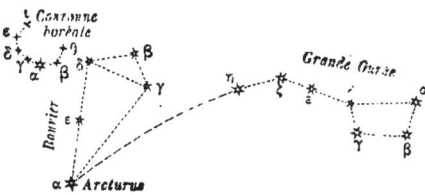

Fig. 89. — Alignement pour trouver Arcturus, le Bouvier et la Couronne.

première grandeur. Lorsqu'une fois vous l'aurez trouvée, *vous ne pourrez plus jamais l'oublier*, d'autant plus que son nom indique justement sa position : *arctos-oura*, à la queue de l'Ourse. Il est ensuite tout aussi facile de remarquer les autres étoiles principales du Bouvier et celles de la Couronne, qui lui est contiguë.

Arcturus est la première étoile que l'on ait observée en plein jour : c'est Morin qui a fait cet essai en 1635 (Morin est le dernir astrologue de France : il était caché dans la chambre à coucher de la reine Anne d'Autriche à l'heure de la naissance de Louis XIV et tirait très sérieusement l'horoscope du bébé). On peut toujours la trouver avec une lunette, lorsqu'on sait où elle est, n'importe à quelle heure du jour. Les bonnes vues peuvent la reconnaître à l'œil nu un quart d'heure après le coucher du soleil : c'est la première étoile que l'on voie briller au ciel (à moins que Vénus ou Jupiter ne soient sur l'horizon, ce qui n'infirmerait pas, du reste, la proposition précédente, puisque Vénus et Jupiter sont des planètes et non des *étoiles*). Il n'est besoin d'aucun témoignage historique pour affirmer que Arcturus, Véga, Sirius, ont été remarquées les premières dans le ciel, attendu que si Adam et Ève avaient réellement existé, ils n'auraient pu s'empêcher de les voir. Certains commentateurs pensent que c'est d'Arcturus que Job parle au verset 9 de son chant IX, et dont Amos parle aussi au verset 8 de son chant V ; mais, comme ces mots hébreux ne comportent pas une précision absolue, contentons-nous de nous souvenir que le vieux poète Hésiode et le non moins vénérable Homère signalent cette étoile à l'attention des navigateurs et des agriculteurs : elle régissait les travaux des champs et présageait les tempêtes. Au premier siècle avant notre ère, Virgile conseille de labourer à l'époque où brille Arcturus :

> At si non fuerit tellus fecunda, sub ipsum
> Arcturum tenui sat erit suspendere sulco.

dit-il dans les *Géorgiques* (livre I, vers 68). Plus loin (I, 229), il conseille d'attendre le coucher du Bouvier pour semer les lentilles. A ces époques lointaines, les astres étaient beaucoup plus intimement associés que de nos jours à l'observation de la nature et même aux affaires humaines. Démosthènes nous apprend qu'une certaine somme d'argent avait été prêtée de son temps à 22 pour cent d'intérêts sur un vaisseau qui faisait le voyage d'Athènes en Crimée, mais que le créancier aurait 30 pour cent à payer si le navire ne revenait pas avant le retour d'Arcturus, cette étoile amenant les tempêtes. Il y avait toutefois des sceptiques qui se riaient des astres comme des dieux, exemple Horace :

> Nec sævus Arcturi cadentis
> Impetus, aut orientis Haedi.

Oui, cette étoile est l'une des plus brillantes, des plus importantes et des plus illustres de notre ciel. Elle est la première dont on ait cherché à déterminer la distance à la Terre, mais tous les efforts furent inutiles, et, à la fin du siècle dernier, Piazzi déclarait qu'il y avait absolument perdu son latin. On la croyait cependant l'une des plus proches, tant à cause de son éclat qu'à cause de son grand mouvement propre. Les mesures échouèrent jusqu'en 1842, année où l'astronome Peters parvint à découvrir dans son microscopique mouvement annuel une parallaxe de $0''127$, ce qui équivaut à 1 624 000 fois le demi-diamètre de l'orbite terrestre ou à 62 milliers de milliards de lieues. Ce soleil doit être incomparablement plus immense, plus prodigieux, plus brûlant, plus ardent que le nôtre, et si nous pouvions nous envoler dans l'espace et nous approcher de lui, nous ne pourrions l'atteindre sans être éblouis, aveuglés, consumés, fondus comme de la cire, longtemps avant d'arriver aux régions incendiées de son ardente atmosphère. L'analyse spectrale nous montre en lui la même constitution physique et chimique que celle de l'étoile autour de laquelle nous voletons, pauvres éphémères tournant autour d'une lumière destinée à nous absorber tous.

Arcturus est aussi la première étoile dont le mouvement propre ait été déterminé, il y a déjà 163 ans, lorsqu'en 1717 Halley compara les positions en latitude de cette étoile, de Sirius et d'Aldébaran, avec celles qui avaient été observées par Hipparque, 127 ans avant notre ère. Ce mouvement est si rapide, qu'on peut le constater sur des observations faites à l'œil nu : il est de $0^s,078$ en ascension droite vers l'ouest, et de $1''97$ en déclinaison vers le sud, c'est-à-dire que cette étoile se déplace dans le ciel de $2''25$ par an, suivant un arc de grand cercle dirigé vers le sud-ouest, qu'en huit cents ans ce déplacement égale le diamètre apparent de la Lune, et que depuis l'époque d'Hipparque elle a déjà parcouru 75 minutes d'arc ou 1 degré 15 minutes. Comme on peut le voir sur ma carte générale des mouvements propres (*Astronomie populaire*, p. 797), cette brillante étoile, actuellement située par XIV heures 10 minutes d'ascension droite et 19°47' de déclinaison boréale, se précipite vers l'équateur, s'échappe de notre hémisphère et va s'incorporer pour l'avenir parmi les astres de l'hémisphère austral.

Tel est le mouvement que nous observons sur la sphère céleste. Mais cette étoile n'est pas lancée dans l'espace tout juste perpendiculairement à notre rayon visuel : il n'y a aucune raison pour que cette coïncidence se présente plutôt qu'une autre, puisque nous habitons, répétons-le, n'importe où dans l'univers. Les ingénieux procédés de l'analyse spectrale, qui permettent de découvrir les mouvements des astres dans le sens de notre rayon visuel, soit qu'ils s'éloignent, soit qu'ils s'approchent de nous, montrent que le soleil Arcturus s'approche de nous avec une vitesse de 66 kilomètres par seconde, ou de 3960 kilomètres par minute, plus ou moins, ces déterminations ne comportant pas une précision absolue. Ainsi, d'une part, ce soleil s'approche de nous avec cette vitesse, et, d'autre part, il se déplace perpendiculairement sur la sphère céleste de 2″25 par an, à une distance à laquelle 0″127 représentent 37 millions de lieues, c'est-à-dire de dix-huit fois cette étendue ou de 666 millions de lieues par an, soit environ 1 820 000 lieues par jour, 75 800 lieues à l'heure, 1 260 lieues ou 5 000 kilomètres par minute. La résultante de ces deux déterminations indique donc pour le mouvement réel d'Arcturus dans l'espace une ligne dirigée vers la Terre, non pas directement, mais obliquement, et parcourue par ce colossal soleil avec une vitesse de 6 400 kilomètres par minute, ou plus de 100 000 mètres par seconde! C'est là un nouveau témoignage de l'aspect changeant des cieux et des forces formidables dont les systèmes de mondes sont animés à travers l'immensité infinie.

Telle est cette splendide étoile, que nul de nos lecteurs n'oubliera désormais. Mais Arcturus n'est pas la seule province de la constellation du Bouvier.

Fig. 90. — Mouvement d'Arcturus dans l'espace.

Étudions aussi ses compagnes, et rendons-nous compte de l'état de cette région du ciel. Voici toutes les étoiles de cette constellation, jusqu'à la cinquième grandeur inclusivement, avec les observations faites sur chacune d'elles depuis deux mille ans.

ÉTOILES PRINCIPALES DE LA CONSTELLATION DU BOUVIER
DEUX MILLE ANS D'OBSERVATION

| | −127 | +060 | 1430 | 1590 | 1603 | 1660 | 1700 | 1800 | 1840 | 1860 | 1880 |
|---|---|---|---|---|---|---|---|---|---|---|---|
| α Arcturus | 1 | 1 | 1 | 1 | 1 | 1 | 1 | 1 | 1 | 1 | 1,0 |
| β | 4.3 | 4.3 | 4 | 3 | 3 | 3 | 3 | 3 | 3 | 3 | 3,3 |
| γ | 3 | 3 | 3 | 3 | 3 | 3 | 3 | 3.4 | 3.2 | 3.4 | 3,6 |
| δ | 4.3 | 4.3 | 4 | 3 | 3 | 3 | 3 | 3.4 | 3 | 3 | 3,4 |
| ε | 3 | 3 | 3 | 3 | 3 | 3 | 3 | 3 | 2.3 | 2.3 | 2,4 |
| ζ | 3 | 4.3 | 4 | 3 | 3 | 3 | 3 | 3.4 | 3.4 | 3.4 | 3,3 |
| η | 3 | 3 | 3 | 3 | 3 | 3 | 3 | 3 | 3 | 3 | 3,0 |
| θ | 5 | 5.4 | 5 | 4 | 4 | 4 | 4 | 4 | 4.3 | 4 | 4,4 |
| ι | 5 | 5.4 | 5 | 4 | 4 | 4 | 4 $\frac{1}{2}$ | 4.5 | 4.5 | 4.5 | 4,6 |
| κ | 5 | 5.4 | 5 | 4 | 4 | 4 | 4 | 5.6 | 4.5 | 4.5 | 5,0 |
| λ | 5 | 5 | 5 | 4 | 4 | 4 | 4 | 4 | 4 | 4 | 4,5 |
| μ | 4 | 4.5 | 4 | 5 | 4 | 4 | 4 | 4 | 4.3 | 4 | 4,4 |
| ν | 4 | 4.5 | 4 | 0 | 4 | 5 | 5 $\frac{1}{2}$ | 5 | 4 | 4 | 4,8 |
| ξ | 5 | 5 | 4 | 4 | 4 | 4 | 4 | 3.4 | 4 | 5.4 | 4,5 |
| ο | 5 | 5 | 4 | 4 | 4 | 4 | 4 $\frac{1}{2}$ | 4.5 | 5.4 | 5.4 | 4,9 |
| π | 5 | 5 | 4 | 4 | 4 | 3 | 3 $\frac{3}{4}$ | 3.4 | 4 | 4 | 4,3 |
| ρ | 4.3 | 4.3 | 4 | 4 | 4 | 4 | 4 | 4 | 4.3 | 4.3 | 4,0 |
| σ | 4 | 4 | 4 | 4 | 4 | 4 | 5 | 5 | 5 | 5 | 5,0 |
| τ | 4 | 4 | 4 | 4 | 4 | 4 | 4 | 5 | 5.4 | 5.4 | 5,0 |
| υ | 4 | 4 | 4 | 4 | 4 | 4 | 4 | 4 | 4.5 | 4.5 | 4,8 |
| φ | 0 | 0 | 0 | 4 | 5 | 0 | 6 | 5.6 | 5 | 5 | 5,3 |
| χ | 5 | 5 | 5 | 6 | 5 | 5 | 5 | 5 | 5 | 5 | 5,2 |
| ψ | 5 | 5 | 5 | 5 | 5 | 5 | 5 | 5 | 5.4 | 4.5 | 5,0 |
| ω | 5 | 5 | 5 | 5 | 5 | 5 | 5 | 5.6 | 5.4 | 5.4 | 5,3 |
| Λ | 0 | 0 | 0 | 0 | 5 | 5 | 5 | 6 | 5 | 5 | 5,0 |
| 46 b | 5 | 5 | 5 | 5 | 6 | 6 | 6 | 6 | 6 | 6 | 6,0 |
| 45 c | 5 | 5 | 5 | 5 | 6 | 5 | 5 | 5 | 5.4 | 5 | 5,7 |
| 12 d | 0 | 0 | 0 | 0 | 6 | 5 | 5 | 5.6 | 5 | 5 | 5,7 |
| 6 e | 0 | 0 | 0 | 0 | 6 | 5 | 5 $\frac{1}{2}$ | 6 | 5 | 5 | 5,8 |
| 22 f | 0 | 0 | 0 | 0 | 6 | 5 | 6 | 6.7 | 5 | 6.5 | 6,0 |
| 249 g | 0 | 0 | 0 | 0 | 6 | 5 | 6 $\frac{1}{2}$ | 6 | 6 | 6 | 6,0 |
| 38 h | 0 | 0 | 0 | 0 | 6 | 0 | 6 | 6 | 6 | 6.5 | 6,2 |
| 44 i | 0 | 0 | 0 | 6 | 6 | 0 | 5 | 5 | 5 | 5.4 | 5,0 |
| 47 k | 0 | 0 | 0 | 4 | 6 | 0 | 6 | 0 | 5 | 5.6 | 5,9 |
| 9 | 0 | 0 | 0 | 0 | 0 | 5 | 5 | 5 | 5 | 5 | 5,5 |
| 20 | 0 | 0 | 0 | 0 | 0 | 5 | 5 | 6 | 5 | 5 | 5,5 |
| 4559 B.A.C. | 0 | 0 | 0 | 0 | 0 | 0 | 0 | 0 | 5 | 5 | 5,5 |
| P. XIV, 69 | 0 | 0 | 0 | 0 | 0 | 5 | 5 $\frac{1}{2}$ | 6 | 5.4 | 5 | 5,3 |
| P. XIV, 73 | 0 | 0 | 0 | 0 | 0 | 5 | 5 | 5.6 | 5 | 5 | 5,5 |
| 31 | 0 | 0 | 0 | 0 | 0 | 7 | 5 | 5 | 5.4 | 5 | 5,0 |
| 34 | 0 | 0 | 0 | 0 | 0 | 6 | 6 | 4.5 | 6 | 5 | 4,9 |
| 40 | 0 | 0 | 0 | 0 | 0 | 6 | 6 $\frac{1}{2}$ | 6.7 | 5 | 5.6 | 5,8 |
| 39 | 0 | 0 | 0 | 0 | 0 | 0 | 6 | 5.6 | 6 | 6 | 5,6 |

La comparaison générale des observations faites depuis deux mille
ans sur ces étoiles conduit à conclure que plusieurs ont sensiblement
varié d'éclat. Ainsi, l'étoile ε s'est élevée de la troisième à la seconde
grandeur, et elle recevrait aujourd'hui la lettre β. L'étoile π, notée de
cinquième grandeur par Hipparque et par Sùfi, s'est élevée à la quatrième au temps d'Ulugh-Beigh, de Tycho et de Bayer, et même à

la troisième au temps d'Hévélius ; puis elle est descendue à la quatrième, sa grandeur actuelle.

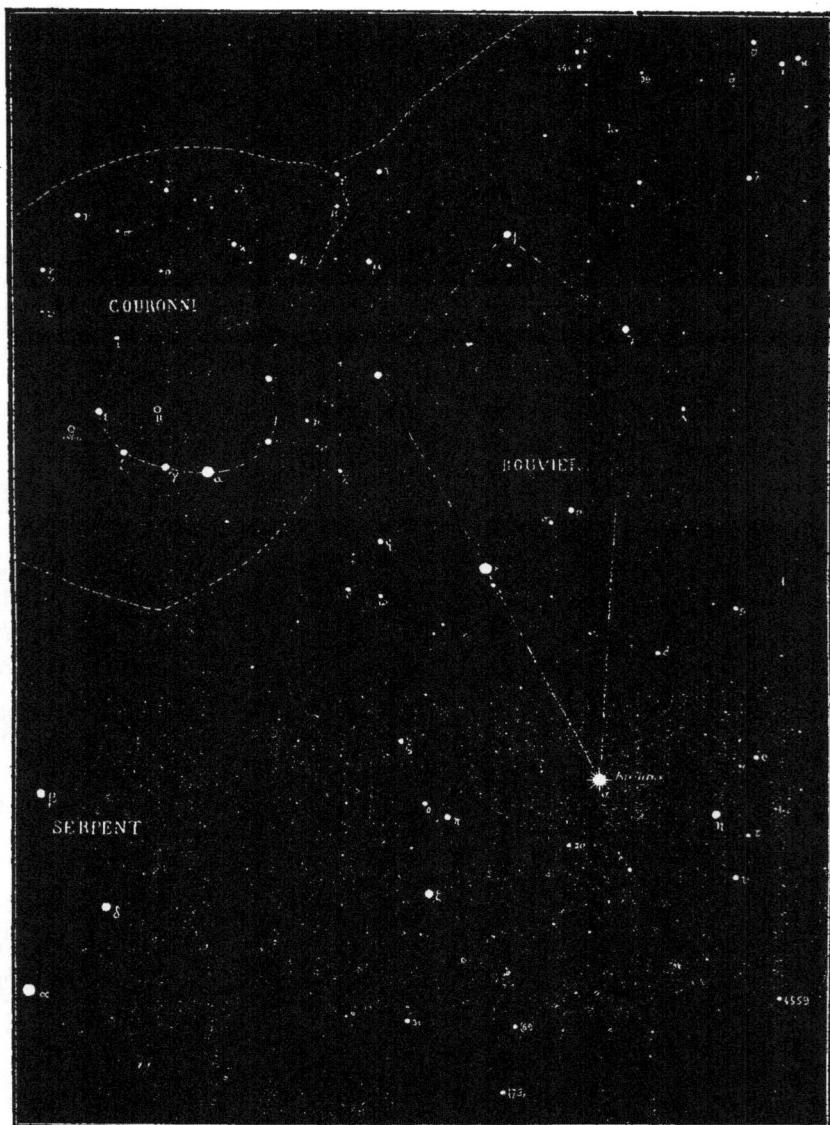

Fig. 91. — Principales étoiles de la constellation du Bouvier.

L'étoile σ paraît avoir diminué d'éclat d'une grandeur environ
L'étoile φ a été notée de quatrième par Tycho et de sixième par

Flamsteed. L'étoile *f* a été vue de cinquième grandeur par Hévélius, de sixième par Flamsteed, de 6-7 par Piazzi et de nouveau de cinquième par Argelander. L'étoile *k* a été inscrite de quatrième grandeur dans le Catalogue de Tycho, de sixième dans celui de Flamsteed et de cinquième dans celui d'Argelander. L'étoile P. XIV, 69, de sixième grandeur dans Piazzi, a été observée de quatrième et demie par Flamsteed et se montre actuellement de cinquième. L'étoile 31 a été inscrite par Hévélius de septième, c'est-à-dire des plus petites visibles à l'œil nu, et c'est une belle de la cinquième grandeur; la 34ᵉ se montre variant de 4 à 6, et la dernière, qui est également de la cinquième grandeur, est descendue presque à la septième aux temps de Flamsteed et de Piazzi. Voilà de nouveaux témoignages en faveur des variations séculaires qui s'accomplissent dans les cieux.

Nous pouvons même déjà classer l'étoile 34 parmi les étoiles variables périodiques. L'astronome Schmidt l'observe à Athènes depuis un grand nombre d'années et pense que sa période est de 369 jours. Il est assez difficile de juger son degré d'éclat avec précision, à cause de la proximité de ε. Cette constellation renferme déjà plusieurs variables remarquables : R, qui varie de 6,4 à 12 en 222 jours; S, qui varie de 8 à 12 en 272 jours; T, qui varie de 9,7 à 13 en une période encore indéterminée; U qui varie de 9,5 à 13 en une période également indéterminée; mais ces étoiles télescopiques ne peuvent être cherchées qu'à l'aide de lunettes montées équatorialement, de manière à trouver l'astre dans le ciel par son ascension droite et sa déclinaison.

Cette même constellation du Bouvier est l'une des plus riches en étoiles doubles. Signalons les principales.

Et d'abord, l'une des plus exquises comme coloration, ε, que Struve appelait *pulcherrima* « la plus belle ». La brillante est de troisième grandeur, la seconde de sixième et demie, un peu éclipsée par l'éclat de la première; mais, dans une bonne lunette, les nuances sont ravissantes : *jaune éclatant* et *bleu marine ;* couple charmant : on aimerait habiter là.— La *fig.* 4 de notre planche des étoiles doubles colorées en donne une idée éloignée. — L'écartement des deux composantes n'atteint même pas 3″. Depuis un siècle qu'on observe ce couple, il a tourné d'environ 30 degrés : à ce taux-là, la révolution de ces deux soleils l'un autour de l'autre ne demanderait pas moins de douze siècles pour s'accomplir.

Bien plus écartée, et accessible à la plus petite lunette d'approche, se présente l'étoile δ : 3,4 et 8,5 : 110″, jaune et lilas. Ces deux étoiles restent fixes l'une par rapport à l'autre, mais un même mouvement les emporte dans l'espace.

L'étoile ζ, est au contraire, une double brillante, très serrée, à moins de 1″ : inutile de chercher à la dédoubler.

On obtiendra plus de succès sur l'étoile π : écartement = 6″, grandeurs des composantes : 4° et 6°; couple très lumineux. Presque immobile dans le ciel, ainsi que le précédent. La *fig.* 92 montre son aspect.

Plus intéressante encore est l'étoile ξ, composée d'un astre de 4° grandeur 1/2 et d'un de 6° 1/2, actuellement écartés à 4″2, jaunes tous deux, le second même un peu plus rouge, ce qui est très rare, car lorsque la principale des composantes d'une étoile double est jaune orangée ou rouge, la seconde offre généralement une nuance de con-

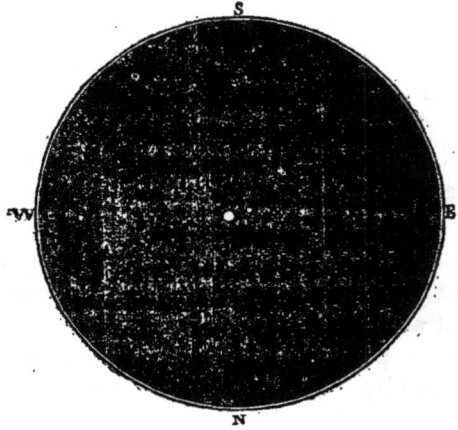

Fig. 92. — L'étoile double π du Bouvier.

traste, verte ou bleue. William Herschel mesura pour la première fois ce couple le 15 avril 1782, et estima l'angle à 24°; mais, en 1792, il le trouva à 355°, avec une rétrogradation de 29 degrés. Le mouvement se continua rétrograde : en 1822, la seconde étoile était à 340°, en 1833 à 330°, en 1846 à 320°, en 1857 à 310°, en 1866 à 300°, en 1871 à 290°, et elle est en ce moment (1880) à 280°. En même temps, la distance variait considérablement : en 1822, elle était de 7″,1; en 1833 de 7″2; en 1846 de 6″7; en 1857 de 5″9; en 1866 de 5″3; en 1871 de 4″9, et elle est aujourd'hui descendue à 4″1. Les mesures d'Herschel ne sont pas assez précises pour décider si cette distance était la même de son temps qu'en 1822. Quoiqu'il en soit, nous pou-

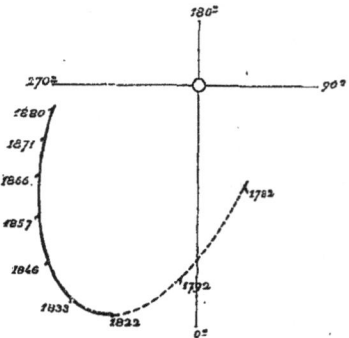

Fig. 93. — Mouvement observé sur l'étoile double ξ du Bouvier.

vons déjà tracer la courbe du mouvement de cette étoile, car il n'y a pas moins de 104 degrés de parcourus entre la première et la dernière mesure ; la distance diminue et le mouvement s'accélère, si bien que la durée de la révolution entière doit être d'environ 127 ans. Notre *fig*. 93 représente le mouvement observé, à l'échelle de 1 demi-centimètre pour 1 seconde. Ce système rapide est emporté dans l'espace par un mouvement propre assez fort.

L'étoile ι, de quatrième grandeur et demie, montre non loin d'elle,

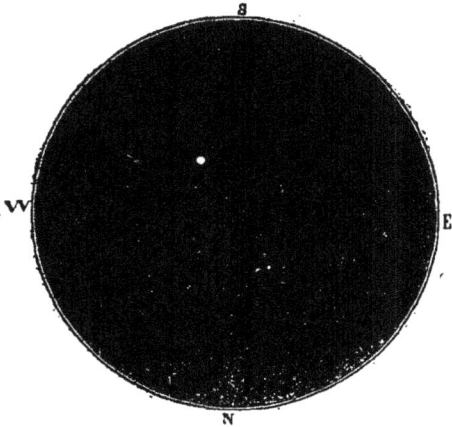

Fig. 94. — L'étoile double *iota* du Bouvier.

à 38″, un compagnon de huitième grandeur, qui reste fixe depuis un siècle qu'on l'observe, mais forme néanmoins avec elle un système physique emporté par le même mouvement propre dans l'espace.

Il en est de même de l'étoile 39, de cinquième grandeur et demie, qui emporte avec elle un compagnon de sixième et demie, écarté à 3″6, et formant également un système dans lequel l'observation ne décèle aucun mouvement. Cette étoile se trouve dans la région sur laquelle Lalande a dessiné le Cercle mural (*voy.fig*.79) en l'honneur de son neveu, auquel on doit la majeure partie des observations du Catalogue de Lalande, observations qui ont enrichi la science de cinquante mille positions d'étoiles et qui sans contredit constituent l'un des plus beaux monuments scientifiques du xviiie siècle. Néanmoins, cette petite constellation est tombée en désuétude, quoiqu'elle ait eu plus de titres au respect de la postérité que celle du Chat, créée par le même astronome. — Lalande, qui, à cette époque, ne pouvait guère entrer dans un salon sans faire une profession de foi philosophique en faveur de l'athéisme, et une profession de foi gastronomique en faveur des araignées (qu'il croquait comme des noisettes dont il prétendait qu'elles ont le goût), n'a guère eu de succès ni avec sa philosophie négative, ni avec ses araignées, ni avec ses constellations, car la postérité n'a rien gardé de tout cela ; mais ses ouvrages d'astronomie sont restés, et ils sont excellents.

L'étoile 44 *i* est une belle double composée d'un astre de cinquième grandeur et d'un de sixième, écartés à 4″8, et formant un système orbital assez rapide, particulièrement curieux en ce sens que ces deux lointains soleils tournent l'un autour de l'autre dans un plan très incliné sur notre rayon visuel, de sorte que nous les voyons circuler pour ainsi dire de profil. Notre *fig.* 95 donne idée de la manière dont s'exécute ce mouvement observé depuis un siècle : elle est tracée à l'échelle de 10 millimètres pour 1 seconde. On a revu en 1819 l'étoile du côté opposé à celui où on l'avait vue en 1781 et 1802, et l'on croyait à une erreur ou à un changement d'éclat des étoiles ; mais elle a continué de marcher suivant une ligne presque droite, et en ce moment elle s'arrête pour reprendre son oscillation en sens contraire. D'après la na-

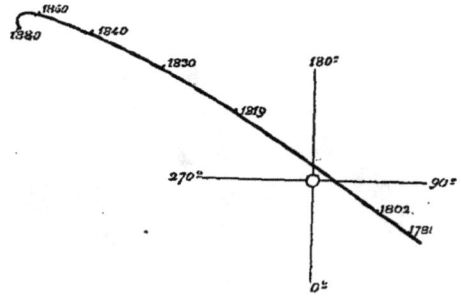

Fig. 95. — Mouvement observé sur l'étoile double 44 i du Bouvier.

ture de ce mouvement, l'orbite doit être inclinée de 70 degrés sur notre rayon visuel, et la révolution entière doit s'effectuer en 260 ans. Ainsi voguent dans le ciel toutes ces étoiles que naguère encore on croyait *fixes !*

Remarquons aussi dans cette riche constellation un très curieux système stellaire formé par l'étoile μ, de quatrième grandeur. Vue dans une lunette, cette étoile se décompose d'abord en deux, la seconde de septième, étant éloignée à 108″ de la première. Depuis les premières mesures de ce couple écarté jusqu'à celles que j'ai faites récemment, la position respective des deux étoiles n'a pas varié : la petite étoile reste immobile à 171° et 108″ de sa primaire. Cependant, elles sont animées

Fig. 96. — Système ternaire μ du Bouvier.

d'un mouvement propre commun dans l'espace, de 8″19 par an, ce qui prouve qu'elles forment un même système physique. Mais le plus curieux est encore que la petite étoile est elle-même une très jolie double, très serrée (actuellement à 0″7) dont les deux composantes tournent fort rapidement l'une autour de l'autre, attendu qu'il y a déjà 222 degrés de parcours depuis un siècle : la révolution entière doit s'opérer en 280 ans. L'analogie nous porte à croire que ce petit couple gravite lui-même autour de l'étoile principale ; mais des considérations de mécanique céleste nous invitent à penser que la révolution grandiose de ce système ternaire ne demande pas moins de *cent vingt mille ans* pour s'accomplir !... Telle serait la « grande année » de ce lointain univers.

On voit que cette constellation est véritablement riche en grands spectacles. Ce ne serait pas tout encore si nous voulions signaler toutes ses curiosités, car l'étoile κ, l'étoile P. XIV, 69, sont elles-mêmes de gentilles petites doubles accessibles aux instruments de moyenne puissance (12″ et 6″), et il y en a bien d'autres. Mais le ciel est grand, et nous ne devons pas nous attarder dans la même région. Laissons vite le Bouvier pour faire connaissance avec sa voisine la *Couronne boréale*.

Cette constellation, l'une des plus faciles à reconnaître à l'œil nu par sa forme caractéristique, se trouve en quelques minutes en se servant d'Arcturus et du triangle supérieur du Bouvier (*voy. fig.* 89). Son nom est évidemment dû à sa forme, et il n'y a nulle autre explication à en chercher. Les anciens assuraient que c'était celle d'Ariadne, que Bacchus avait transportée au ciel ; Ovide en raconte même la légende dans les termes suivants :

Ariadne, enlevée par Thésée et abandonnée sur le rivage de la mer, assourdissait les échos de ses plaintes. Bacchus vint à son secours et, pour qu'elle brillât d'un éclat immortel au milieu des astres, il détacha la couronne de son front et la lança vers les cieux. Tandis qu'elle traversait rapidement les airs, soudain, les pierreries dont elle était parsemée se changèrent en autant de feux, qui se fixèrent dans l'Empyrée et conservèrent la forme d'une couronne. Sa place est entre Hercule à genoux, et celui qui porte le serpent.

On a dessiné cet emblême sous toutes les formes, depuis une couronne de bergère, tressée de fleurs champêtres, jusqu'à une couronne d'empereur, de roi, de duc, de marquis, de comte ou de baron. Mais les vains titres passent au ciel comme sur la terre, et depuis longtemps on la dessine sans compter ses fleurons. Elle a même reçu d'autres noms. Les Chinois l'appelaient « la coquille à la perle », et il est curieux de voir que son étoile brillante se nomme encore aujourd'hui *la Perle*. Les Arabes l'appelaient Kasat al-Masakin, « l'Écuelle des pauvres ». Mais peu nous importe de quels symboles elle ait servi. Ce qui nous intéresse, ce sont les étoiles qui la composent : elles sont inscrites au tableau suivant.

Les anciens n'avaient observé dans la Couronne que les neuf étoiles

$\alpha, \beta, \gamma, \delta, \varepsilon, \eta, \theta, \iota$ et $\pi$; c'est Bayer qui le premier, en 1603, réunit et nomma tout cet ensemble d'étoiles. On peut y remarquer trois notifications d'éclat assez inexplicables, celles de Piazzi en 1800 pour les étoiles $\gamma, \eta$ et $\iota$, qu'il note de sixième grandeur; or, la première est une brillante de quatrième, la seconde est de cinquième un tiers et la troisième est une brillante de cinquième. On peut s'étonner aussi de voir l'étoile $\zeta$ absente des trois premiers catalogues; mais il ne faudrait pourtant pas se hâter de conclure à son augmentation d'éclat, car, comme elle se trouve un peu loin du cercle formé par la Couronne, elle a pu ne pas frapper trop fortement l'attention des observateurs. L'étoile $\eta$ était classée elle-même anciennement dans le Bouvier, ainsi que $\theta$. Il est certain, néanmoins, que l'étoile $\iota$ a diminué d'éclat du temps d'Hipparque au temps de Tycho.

### ÉTOILES PRINCIPALES DE LA COURONNE BORÉALE
#### DEUX MILLE ANS D'OBSERVATION

| ÉTOILES | −127 | +960 | 1430 | 1590 | 1603 | 1660 | 1700 | 1800 | 1840 | 1860 | 1880 |
|---|---|---|---|---|---|---|---|---|---|---|---|
| $\alpha$ (*La Perle.*) | 2 | 2 | 2 | 2 | 2 | 2 | $2\frac{1}{7}$. | 2 | 2 | 2 | 2,2 |
| $\beta$ | 4 | 4 | 4 | 4 | 4 | 4 | 4 | 4 | 4.3 | 4 | 3,8 |
| $\gamma$ | 4 | 4 | 4 | 4 | 4 | 4 | 4 . | 6 | 4.3 | 4 | 3,7 |
| $\delta$ | 4 | 4 | 4 | 4 | 4 | 5 | 4 | 4.5 | 4.5 | 4.5 | 4,2 |
| $\varepsilon$ | 4 | 4 | 4 | 4 | 4 | 4 | $4\frac{1}{3}$ | 4.5 | 4 | 4 | 4,0 |
| $\zeta$ | 0 | 0 | 0 | 4 | 5 | 5 | 4 | 5 | 4 | 4 | 4,5 |
| $\eta$ | 4 | 4.3 · | 5 | 5 | 5 | 5 | 5 | 5 | 5 | 5 | 5,3 |
| $\theta$ | 5 | 5 | 4 | 5 | 5 | 4 | $4\frac{1}{2}$ | 4.5 | 4 | 4 | 4,5 |
| $\iota$ | 4 | 4 | 4 | 6 | 5 | 5 | $5\frac{1}{2}$ | 6 | 5.4 | 5.4 | 4,8 |
| $\varkappa$ | 0 | 0 | 0 | 0 | 6 | 5 | 5 | 5 | 5.4 | 5.4 | 4,8 |
| $\lambda$ | 0 | 0 | 0 | 0 | 6 | 0 | 5 | 6 | 6.5 | 6 | 6,0 |
| $\mu$ | 0 | 0 | 0 | 0 | 6 | 0 | 5 | 5 | 5 | 5 | 5,2 |
| $\nu$ | 0 | 0 | 0 | 0 | 6 | 5 | 5 | 5 | 5 | 5 | 5,4 |
| $\xi$ | 0 | 0 | 0 | 0 | 6 | 5 | 5 | 5 | 5 | 5 | 5,4 |
| $o$ | 0 | 0 | 0 | 0 | 6 | 6 | 6 | 6 | 6 | 6.5 | 6,0 |
| $\pi$ | 6 | 6 | 6 | 0 | 6 | 5 | 5 | 6 | 6 | 6 | 6,0 |
| $\rho$ | 0 | 0 | 0 | 0 | 6 | 5 | 6 | 6 | 6.5 | 6.5 | 5,8 |
| $\sigma$ | 0 | 0 | 0 | 0 | 6 | 5 | 6 | 6 | 6 | 6.5 | 6,0 |
| $\tau$ | 0 | 0 | 0 | 0 | 6 | 0 | 6 | 6 | 5.4 | 5.4 | 5,0 |
| $\upsilon$ | 0 | 0 | 0 | 0 | 6 | 0 | 6 | 6 | 6.5 | 6.5 | 5,8 |

Cette petite constellation ne renferme pas moins de cinq étoiles variables : R, S, T, U, V. La première, située dans l'intérieur de la Couronne (*voy. fig.* 91), s'élève de la 13ᵉ grandeur au-dessus de la 6ᵉ (5, 8), en une période qui paraît être de 323 jours, mais qui est loin d'être régulière et qui présente les saccades les plus étranges; la seconde s'élève de la 12ᵉ à la 6ᵉ 1/2 en une période de 363 jours, un peu plus sûre que la précédente, mais fort irrégulière aussi; la troisième mérite une histoire plus détaillée : nous allons y revenir; la quatrième varie de 7,6 à 8,8 dans la période rapide de 3 jours 10 heures 51 minutes ; et la cinquième varie de 7,7 à 10,5 en une période encore indéterminée.

Oui, la troisième, T, mérite une histoire spéciale. Un beau dimanche du mois de mai 1866 (c'était un 13, mais les chiffres n'ont plus rien de néfaste aujourd'hui), par une soirée splendide, mon savant ami l'ingénieur Courbebaisse était assis sur la terrasse de son petit observatoire de Rochefort, lorsqu'en examinant le ciel, suivant sa vieille habitude, il aperçut tout à coup dans la Couronne une étoile presque aussi brillante que la Perle, et qu'il n'avait jamais vue. Le cœur du savant palpita d'une émotion bien légitime : tout le monde sait qu'il n'y a pas deux étoiles de seconde grandeur dans la Couronne ; il regarde à deux fois, se frotte les yeux pour être sûr de ne pas rêver, et finalement constate qu'il y a là, brillant magnifiquement, une étoile certainement nouvelle ([1]).

Nouvelle? De quelle date? La veille, le temps était pluvieux et l'observateur n'avait pu contempler son ciel ; mais l'avant-veille, le 11, il l'avait examiné comme d'habitude, avait également observé la Couronne, et n'y avait rien remarqué d'extraordinaire, de sorte qu'il put affirmer avec conviction que très certainement cette singulière étoile ne brillait pas là le 11.

Combien les observateurs du ciel sont rares ! Sur quatorze cent millions d'humains qui peuplent notre planète, il n'y en a peut-être pas un millier qui, regardant le ciel ce soir-là, se seraient aperçus d'un changement et auraient reconnu la nouveauté de l'étoile. Et, sur ce millier d'hommes familiers avec l'aspect du firmament, il n'y en a eu que trois qui aient remarqué l'événement à son apparition. En effet,

---

([1]) « Je courus annoncer la nouvelle à ma famille, m'écrivait le sympathique observateur. — Eh ! me répliqua-t-on, ce n'est pas possible, c'est une illusion. — Venez là voir vous-mêmes. — Il fait trop froid. — On fait toilette pour moins que cela : on ne voit pas tous les jours une nouvelle étoile. — Je les entraînai sur la terrasse ; ces dames la virent comme moi ; et lorsque je leur eus montré, sur mes cartes, qu'il n'y avait, au point que je leur avais fait remarquer, aucune étoile indiquée, et que j'eus dit que c'était une découverte très rare, qu'on n'en citait guère plus d'une par siècle, on fut pris d'un grand enthousiame. Je cherchai à le calmer en disant que tout le monde pouvait la voir comme nous, et que nous prenions seulement notre part d'un spectacle intéressant pour tous ceux qui y assistaient. Mais on me soutint que j'avais dû être seul à la voir, et que les autres ne la verraient que d'après mes indications. « S'il en est ainsi, leur dis-je, en riant, et qu'elle doive durer, nous pourrions la nommer ; je vous en fais marraines. — Donnons-lui votre nom ! — Mon nom ne signifie rien, et il faut lui donner un nom qui rappelle une des aspirations de l'époque. — Eh bien, qu'elle se nomme *Pax, la paix!* — Très bien ! dis-je, d'autant plus qu'elle pourrait être d'un bon conseil pour une couronne boréale inquiétante pour la paix de l'Europe. — Mais la pauvre *Pax* a été aussi éphémère au ciel que sur la terre. »

ce même soir du 13 mai, quelques heures avant l'observation de M. Courbebaisse en France, M. Schmidt, à Athènes, avait constaté le même phénomène. Athènes est en avance sur Paris de 1 heure 25 minutes, et quand l'horloge de Rochefort marquait dix heures du soir, celle d'Athènes marquait $11^h 38^m$; et comme M. Schmidt a fait également son observation vers dix heures du soir, elle se trouve en avance de une heure et demie à deux heures sur celle de l'observateur français. Est-ce, toutefois, sûrement le premier soir auquel cette étoile ait été visible? Non, car la veille, le 12, il faisait beau en Angleterre, et un observateur très assidu de la voûte céleste, M. Birmingham, avait remarqué le nouvel astre, qui était encore plus brillant qu'on ne l'a vu le lendemain et se montrait pleinement de seconde grandeur, et, après avoir noté soigneusement sa position, il avait écrit à M. Huggins pour le prier d'étudier sans retard au spectroscope la lumière de ce nouveau visiteur céleste. Voilà les documents officiels des témoins de la naissance de cet astre. Il est vrai que, quelques semaines plus tard, un certain M. Barker, du Canada, a prétendu avoir vu cette étoile dès le 10, le 9, le 8 et même le 4... mais... ce n'est pas tout à fait exact.

Pour moi, je ne l'ai vue que le 17, après avoir reçu la nouvelle de son existence : elle était déjà descendue à la quatrième grandeur et demie.

Son triomphe fut, en effet, bien éphémère. Cette curieuse étoile a brillé tout d'un coup, le 12 mai 1866, d'un éclat comparable à celui

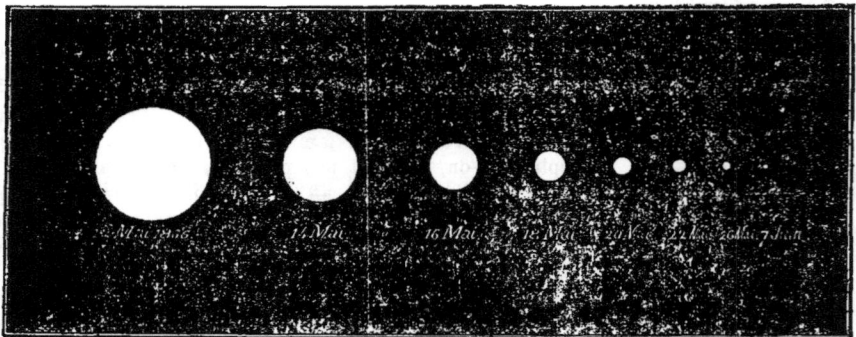

Fig. 97. — Diminution d'éclat de l'étoile T de la Couronne.

des étoiles de deuxième grandeur, puis, dès le lendemain, cet éclat commençait à diminuer; neuf jours après, elle disparassait à l'œil nu, et, trois semaines plus tard, c'est-à-dire un mois après son apparition, elle était tombée au rang de la 9ᵉ grandeur et demie. Elle a manifesté ensuite une légère recrudescence d'éclat, puis finalement est retombée à 9,5, éclat auquel je l'ai toujours trouvée depuis, chaque fois que j'ai eu l'occasion de l'examiner au télescope. On jugera, du reste, de cette diminution d'éclat par la *fig.* précédente, sur laquelle la grandeur des disques est proportionnelle à la lumière émise par l'étoile, — et par les observations suivantes qui résument cette histoire céleste :

DIMINUTION RAPIDE DE L'ÉCLAT DE L'ÉTOILE DE LA COURONNE

| 1866 | Grandeur | | 1866 | Grandeur |
|---|---|---|---|---|
| 12 mai | 2 | | 24 mai | 7,8 |
| 13 — | 2 ¦ | | 26 — | 8,0 |
| 14 — | 3,0 | | 29 — | 8,4 |
| 15 — | 3,6 | | 7 juin | 9,0 |
| 16 — | 4,0 | | 19 — | 9,5 |
| 17 — | 4,5 | | 1 juillet | 9,7 |
| 18 — | 4,9 | | 1 août | 9,7 |
| 19 — | 5,3 | | 1 septembre | 9,3 |
| 20 — | 6,0 | | 14 septembre | 8,0 |
| 21 — | 6,5 | | 1 octobre | 7,7 |
| 22 — | 7,3 | | 15 octobre | 7,5 |
| 23 — | 7,5 | | 6 novembre | 7,9 |

Quelle est l'explication de cet événement céleste ? Cette étoile a-t-elle été créée le 12 mai 1866 ? Non assurément, attendu qu'il faut avant tout tenir compte du temps que la lumière emploie pour venir de la distance à laquelle gît cette étoile, distance inconnue, mais qui dans tous les cas surpasse plusieurs années de lumière. En effet, si l'on prend la moyenne des parallaxes correspondantes aux différents ordres d'éclat des étoiles, on trouve le curieux petit tableau suivant pour les distances relatives à chaque ordre de grandeur :

| Grandeurs des Étoiles | Parallaxes | Distances en rayons orbite ♄ | Années de lumière |
|---|---|---|---|
| 1. . . . . . . . . . . . . | 0″209 | 986 000 | 15 |
| 2. . . . . . . . . . . . . | 0,116 | 1 778 000 | 28 |
| 3. . . . . . . . . . . . . | 0,076 | 2 725 000 | 43 |
| 4. . . . . . . . . . . . . | 0,054 | 3 850 000 | 61 |
| 5. . . . . . . . . . . . . | 0,037 | 5 378 000 | 85 |
| 6. . . . . . . . . . . . . | 0,027 | 7 616 000 | 120 |
| 7. . . . . . . . . . . . . | 0,019 | 11 488 000 | 181 |
| 8. . . . . . . . . . . . . | 0,011 | 19 360 000 | 305 |
| 9. . . . . . . . . . . . . | 0,007 | 30 845 000 | 486 |
| 9,5. . . . . . . . . . . . | 0,006 | 37 200 000 | 587 |

tableau d'après lequel l'étoile dont nous parlons, qui n'est, en définitive, qu'une étoile de 9ᵉ grandeur et demie, devrait être considérée comme située dans les profondeurs de l'espace à une distance telle que la lumière n'emploie pas moins de 587 ans pour nous en arriver, de telle sorte que l'accroissement subit d'éclat que nous avons vu s'opérer le 12 mai 1866 aurait eu lieu, en réalité, l'an 1279, c'est-à-dire du temps des croisades, neuf ans après la mort de Saint-Louis, roi de France,

— plus tôt, si l'étoile est plus éloignée, plus tard si elle est plus proche;
— les distances de ce petit tableau ne sont que des distances moyennes
et générales, et ne s'appliquant à aucune étoile en particulier, l éclat
de chaque étoile ne dépendant pas seulement de sa distance, mais
encore et surtout de sa lumière intrinsèque et de son volume. Ainsi,
si cette étoile était nouvelle, elle n'aurait pas été formée toutefois
en 1866, mais serait déjà âgée de plusieurs siècles.

Mais elle n'est pas nouvelle. Elle existait déjà dans les catalogues,
inscrite comme étoile de 9° grandeur 1/2; c'est le n° 2765 de la
zone -+- 26° du grand Catalogue d'Argelander.

C'est donc là un lointain soleil, probablement arrivé à ses derniers
jours, et qui aura subi une recrudescence d'éclat passagère, comme
la lampe qui se ranime au moment de s'éteindre. L'examen spectroscopique, fait dès le 16 mai, a d'abord montré une espèce de brouillard,
une atmosphère de vapeurs, enveloppant l'étoile, mais cette nébulosité
se dissipa à mesure que l'éclat allait en s'affaiblissant. Le spectre s'est
montré double, composé d'un réseau à raies noires et d'un second à
raies lumineuses superposé au premier, ce qui démontra que la lumière de l'étoile provenait de deux sources différentes, l'une venant
d'une photosphère liquide ou solide et passant à travers des vapeurs
absorbantes (comme il arrive dans notre soleil), l'autre venant d'un
gaz incandescent élevé à une température excessive, lequel gaz est
principalement composé d'hydrogène.— Le huitième spectre de notre
planche générale des spectres représente cette curieuse constitution .
(les raies claires ne sont pas assez lumineuses). — Ainsi la chimie céleste a montré là tous les caractères d'un véritable incendie, qui a duré
tant qu'il a pu être alimenté par l'hydrogène, lequel sans doute venait
de faire explosion des entrailles de ce foyer solaire. Nous pouvons
dire littéralement que nous avons vu là *un monde en feu*. L'incendie
a d'abord été formidable, mais il n'a pas duré plus d'un mois.

Telle est l'histoire de cette étoile remarquable, que nos lecteurs
pourront trouver dans le ciel à l'aide d'une lunette, en se servant de
notre *fig*. 91, sur laquelle sa position exacte est indiquée. Elle forme
un angle droit avec $\delta$ et $\varepsilon$ et se trouve sur la ligne menée de $\varepsilon$ à $\pi$ du
Serpent, à peu près à un tiers de la distance. Son éclat ne varie pas
sensiblement en ce moment; elle est toujours de 9° grandeur et demie.
Celui qui s'attacherait à la suivre avec persévérance découvrirait sans
doute en elle de curieuses fluctuations de lumière : elle est un peu jaune.

Cette étoile de la Couronne est, comme toutes les autres, un soleil
analogue à celui qui nous fait vivre, et le sort qui vient de lui arriver

pourrait également arriver à notre propre soleil. Soit par la chute
d'un essaim d'aérolithes, soit par une éruption formidable de gaz
intérieurs, soit par une combinaison chimique activant la combustion
de la photosphère, notre soleil pourrait aussi, du jour au lendemain,
brûler d'une ardeur dix fois supérieure à celle dont il inonde le Sahara
pendant les chaleurs torrides de juillet. Alors l'herbe sécherait dans
les prairies, les épis tomberaient fauchés par la sécheresse, les ruis-
seaux s'arrêteraient dans leur cours, les oiseaux ne chanteraient plus
dans les bois déserts, les poitrines oppressées ne respireraient plus
qu'un air embrasé, et une insolation universelle frapperait tous les
cerveaux. Mourante de soif, accablée par la chaleur, aveuglée par la

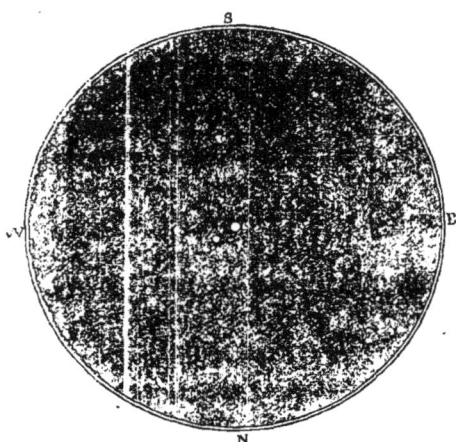

Fig. 98. — L'étoile double ζ Couronne.          Fig. 99. — L'étoile double σ Couronne.

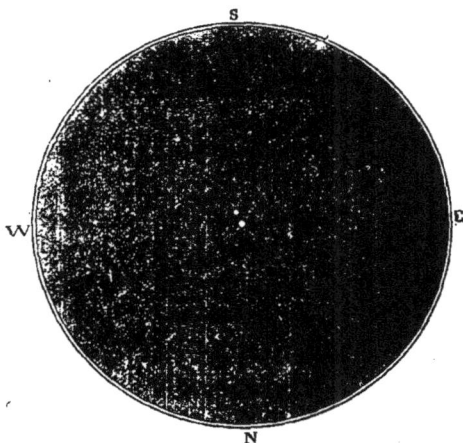

lumière, l'humanité fuirait le jour pour s'enfoncer dans les fraiches
ténèbres des caves et des souterrains, jusqu'au jour où, les animaux
qui la nourrissent venant à lui manquer, les retraites qu'elle aurait
choisies elle-même pour son salut deviendraient son tombeau. La
catastrophe pourrait ne pas être universelle, si l'incendie solaire ne
durait que quelques semaines, et peut-être certains couples humains
épargnés par le ciel seraient-ils appelés à perpétuer, nouveaux
Adams, nouvelles Èves, la race détruite par le feu céleste, exception
suprême sans laquelle la planète demeurerait privée d'esprits jusqu'au
jour où le progrès transformateur aurait humanisé une nouvelle race
animale. Qui sait si un tel destin n'est pas réservé à notre patrie
pour un avenir non lointain?... Nous ne faisons pas exception sur
la grande scène de l'univers.
    Peut-être plusieurs terres célestes gravitent-elles autour de ce

lointain soleil de la Couronne; peut-être leurs humanités ont-elles été en partie détruites par cet incendie; peut-être des révolutions incomparablement plus violentes que toutes celles de la politique ont-elles agité ces pauvres êtres désespérés, pour un phénomène physique qui n'a été pour nous qu'un spectacle de simple curiosité.... Ainsi, si un souffle délétère empoisonnait demain l'atmosphère terrestre et couchait toute notre humanité dans la tombe, les titres de rentes de la bourse des grandes capitales de Mars et de Vénus ne baisseraient pas d'un centime.

La constellation de la Couronne boréale ne renferme pas beaucoup d'étoiles doubles; il n'y en a guère que deux que l'on puisse recommander pour les instruments de moyenne puissance :

ζ : grandeurs des composantes : 4½ et 6°; blanche et verte; distance =6″,4; couple probablement orbital, mais mouvement très lent(*fig.*98).

L'étoile σ, qui était autrefois, vers 1830, un couple serré à 1″ et accessible seulement aux grands instruments, a vu depuis ses deux étoiles s'écarter lentement l'une de l'autre, et aujourd'hui elles sont séparées par 3″,5 (*fig.* 99). Grandeur des composantes : 6° et 7°. Couple orbital assez rapide. L'angle, qui était à 347° en 1781, avait passé par le nord et s'était avancé à 11° en 1802, à 90 en 1827, à 135 en 1836, à 150 en 1841. Il a continué de progresser, car la petite étoile était juste au sud de la grande, à 180° en 1855, et elle est actuellement (1880) avancée à 202°. Le mouvement va en se ralentissant. Notre *fig.* 100 montre ce que nous en avons observé. On avait d'abord estimé la période de révolution à 195 ans, puis on l'a portée à 420, et maintenant nous la faisons de 846 ans; si le mouvement continue à se ra-

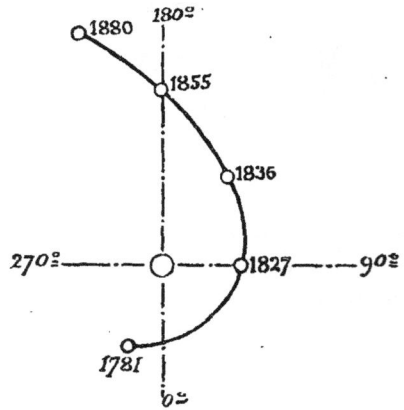

Fig. 100. — Mouvement observé sur l'étoile double σ Couronne.

lentir, on trouvera dans l'avenir qu'elle est encore plus longue. La base d'observations est encore insuffisante pour une affirmation sûre, quoiqu'en prétendent certains mathématiciens — qui poussent avec ingénuité leurs calculs jusqu'aux dixièmes, aux centièmes et même aux millièmes sur des nombres dont les unités sont incertaines !

Plus intéressante encore, mais beaucoup plus difficile à dédoubler,

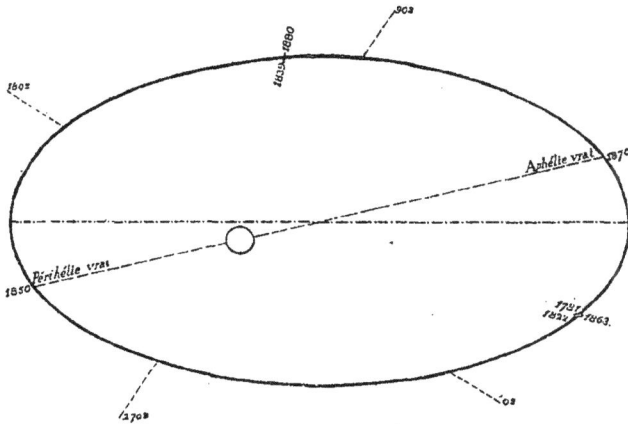

Fig. 101. — Orbite apparente de l'étoile double η Couronne.

est l'étoile η, couple orbital excessivement serré (actuellement 0″6), et

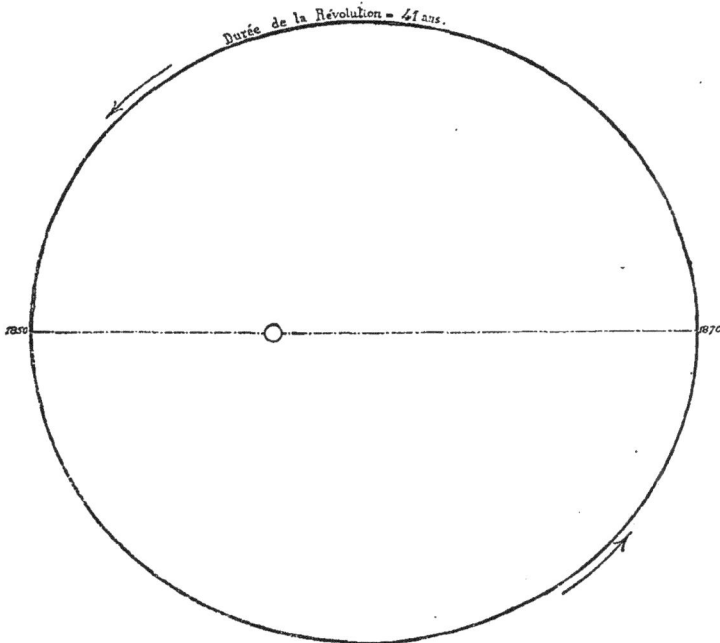

Fig. 102. — Orbite absolue de l'étoile double η Couronne.

très rapide, l'un des plus rapides du ciel. Les deux composantes sont à peu près de même éclat (5ᵉ ½), et il faut d'excellents instruments pour opérer le dédoublement. La révolution de ce double soleil autour de son centre de gravité s'opère en 41 ans, de sorte que depuis sa découverte, en 1781, ce couple a déjà parcouru plus de deux révolutions. J'ai représenté (*fig.* 101) l'orbite apparente telle que nous la voyons de notre observatoire terrestre ; elle est très allongée, son excentricité atteignant 0,86. Il n'en est pas de même de l'orbite absolue, vue de face, dont l'excentricité n'est que de 0,27 ; c'est là (*fig.* 102) le vrai système de ce double soleil, dont chaque foyer illumine sans doute une famille de planètes éclairées ainsi simultanément ou successivement par « deux astres du jour, » étrange nature, absolument différente de tout ce que nous connaissons sur notre modeste petite planète.

On ne s'imagine pas, en général, combien extraordinaires peuvent être les orbites décrites par les mondes appartenant à ces systèmes d'étoiles doubles. En certains cas très simples, comme serait celui de notre propre système solaire si Jupiter était encore un soleil lumineux, on a 1° des planètes comme la Terre et Mars, suivant une orbite régulière autour du soleil principal, et en situation d'être illuminées pendant la nuit par un soleil d'une autre couleur ; on a aussi 2° des mondes tournant autour du soleil secondaire, comme le seraient alors les satellites de Jupiter, éclairés en même temps par le soleil primaire plus lointain et moins important pour eux, et l'on a encore 3° des mondes tels que Saturne, Uranus et Neptune, gravitant suivant d'immenses orbites tracées extérieurement aux deux soleils. Mais il peut se présenter d'autres cas incomparablement plus curieux, que la mécanique céleste peut prévoir, et parmi lesquels je ne signalerai ici que celui d'une planète décrivant une triple spirale, symétriquement formée, avant de revenir à son point de départ. Dans un tel système, la planète partant, je suppose, du point marqué n° 1 (*fig.* 103), suit la ligne tracée et passe successivement par les points 2, 3, 4, 5... 12, 13, 14, pour revenir au point 1. Lorsqu'elle revient pour la seconde fois au point 3, sur le grand axe, elle a parcouru la moitié de sa révolution, qui dessine ainsi trois ellipses entrelacées. Quelles

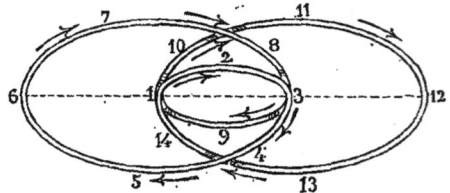

Fig. 103. — Singulière orbite décrite par une planète dans un système d'étoiles doubles.

singulières années, quelles bizarres saisons, de telles révolutions ne doivent-elles pas produire ! Mais le panorama de l'univers est infini, et chaque pas conduit à de nouvelles surprises.

# CHAPITRE VI

**Continuation de l'étude du ciel boréal. — Le Cocher, Capella ou la Chèvre. Les voyages de la lumière. — Le Lynx.**

Nous connaissons déjà la moitié environ de notre ciel boréal. En suivant une méthode toute naturelle, en commençant par le nord et en nous dirigeant vers l'équateur pour aller plus tard jusqu'au sud, nous avons appris à trouver successivement chaque constellation, et maintenant nous pouvons nommer dans le ciel les étoiles de la Petite Ourse, du Dragon, de Céphée, de la Girafe, de Cassiopée, d'Andromède, de Persée, de la Grande Ourse, du Petit Lion, du Bouvier, des Chiens de Chasse, de la Chevelure, de la Couronne : ces noms ne sont plus lettres mortes pour nous ; nous voyons dans le ciel les figures qu'ils désignent, nous en connaissons les étoiles principales, et nous sommes en situation de pousser aussi loin que nous le voudrons l'étude détaillée de toutes les curiosités sidérales afférentes à chacune de ces régions du ciel.

Une étoile de première grandeur se signale maintenant à notre attention. Elle est éloignée du pôle de presque toute la distance qui s'étend de notre horizon à l'Étoile polaire, c'est-à-dire de presque la hauteur du pôle à Paris, de sorte que, comme la Grande Ourse, elle ne se couche jamais pour nous, mais touche presque l'horizon du nord lorsque le mouvement diurne l'amène là-bas, à son passage inférieur au méridien; ce qui arrive le soir en été, du mois de mai au mois d'août. Cette étoile, nommée *Capella*, ou *la Chèvre*, brille dans une région relativement déserte, de sorte qu'elle n'est pas aussi facile à trouver que les précédentes. Le meilleur procédé que je connaisse, toutefois, c'est encore de nous servir de notre vieille amie la Grande Ourse, qui est toujours à notre disposition. Elle nous a servi tout récemment pour reconnaître Arcturus sur le prolongement de la courbe tracée par les trois étoiles de la queue. Eh bien! la Chèvre se trouve juste à l'opposé. Si l'on trace par la pensée une ligne passant par les cinq étoiles du Chariot $\eta$, $\zeta$, $\varepsilon$, $\delta$, et $\alpha$ et qu'on prolonge cette

Fig. 104. — Le Cocher et la Chèvre. — Le Lynx. — Le Télescope d'Herschel.

courbe à une assez grande distance, on voit briller là, sans équivoque possible, une étoile de première grandeur : c'est Capella.

Fig. 105. — Alignement pour trouver Capella.

On pourrait également se servir de notre *fig.* 40 (p. 65) : Capella brille sur le prolongement de la ligne tracée par le carré de Pégase, Andromède et Persée.

Cette étoile est, avec Véga et Arcturus, à la tête de l'armée sidérale que nos regards contemplent pendant les heures paisibles du soir. Elle est moins blanche que Véga et moins jaune qu'Arcturus, et c'est cette différence de teinte qui fait que pour certains yeux Véga paraît plus brillante que Capella, tandis que pour d'autres celle-ci a la préférence. D'ailleurs, il est difficile de les comparer minutieusement toutes les trois, parce qu'elles sont fort éloignées l'une de l'autre et que quand l'une étincelle au zénith l'autre scintille à travers les vapeurs de l'horizon. (C'est à cause de cette difficulté que j'ai construit une sorte de sextant astronomique qui rapproche l'une de l'autre les étoiles les plus éloignées et permet ainsi de comparer directement leur éclat et leur couleur.) Ainsi, aux mois de mai, juin et juillet, Arcturus et Véga planent dans les hauteurs du ciel, tandis que Capella se voile dans les brumes du nord ; en novembre, décembre et janvier, au contraire, Arcturus et Véga sont au-dessous de notre horizon, tandis que la Chèvre s'élève au zénith. Non loin d'elle, paraissent les Gémeaux. Ces différences de situation offrent même des difficultés assez grandes à ceux qui commencent l'étude du ciel ; aussi lorsque nous aurons terminé cette description générale des constellations, aurons-nous soin de nous rendre exactement compte de la variation de leur aspect pour chaque mois de l'année.

De toutes les étoiles dont on a pu calculer la distance, Capella est la plus éloignée, sa parallaxe, à peine sensible, se réduisant à $0''046$, ce qui porte son éloignement à 4 484 000 fois la distance du Soleil à la Terre, ou à 170 trillions de lieues, abîme que la lumière n'emploie pas moins de 71 ans et 8 mois à traverser, quoiqu'elle se précipite avec la vitesse inouïe de 75 000 lieues par seconde. Ce fait scientifique m'a servi de base autrefois pour composer un voyage dans un rayon

de lumière : un habitant de la Terre meurt à l'âge de 72 ans, au mois
d octobre 1864 ; son âme s'envole dans Capella et y arrive le lendemain de sa mort ; mais de là on voit la Terre avec un retard de près
de 72 ans ; notre héros arrive juste pour assister à la mort de
Louis XVI ; puis il se revoit lui-même à l'époque de sa naissance et
il se retrouve petit enfant courant dans les rues de Paris, attendu qu'à
cette distance on voit notre monde avec tout ce retard, et que c'est
seulement le vieux Paris, avec tout ce qui s'y passait alors, qui est
visible de cette région du ciel. (*Voy.* nos *Récits de l'Infini*). Sous
quelque aspect qu'on l'envisage, ce fait de la transmission successive
de la lumière est sans contredit l'un des plus merveilleux de la physique céleste, par les conséquences inattendues qu'il entraîne au point
de vue de notre conception habituelle du temps. Le passé devient un
présent perpétuel voyageant dans l'infini... Mais, au surplus, qu'est-ce
que le passé? qu'est-ce que le présent? Vous vous souvenez, ô lecteur!
des heures charmantes de votre enfance, lorsque votre grand-père
vous faisait sauter sur ses genoux. Mais lorsque vous arrivez vous-
même à la vieillesse, si vous retrouvez dans un tiroir un portrait miniature de ce grand-père, fait à l'époque de son enfance, c'est un
enfant que vous avez dans les mains, et c'est vous qui êtes l'aïeul. Où
est l'enfant? où est le vieillard?

Oui, de cette étoile Capella on ne peut voir actuellement la Terre
qu'avec un retard de 72 ans, — en supposant une vue assez puissante
ou assez transcendante' pour distinguer d'une pareille distance le
pauvre petit séjour où nous vivotons. Daignez quelque soir élever vos
regards jusqu'à elle : vous la verrez, non telle qu'elle est au moment
où vous la regardez, mais telle qu'elle était au moment où sont partis
les rayons lumineux qui vous en arrivent, près de soixante-douze ans
auparavant. Si cette étoile s'éteignait aujourd'hui, elle brillerait encore pour nous pendant tout cet intervalle : la dépêche est partie;
l'envoyeur peut mourir; le rayon lumineux émané de ce soleil cette
année 1880 n'arrivera ici que l'an 1952. Les enfants qui naissent en
ce moment pourront, si Dieu leur prête vie, regarder cette étoile
quand ils seront devenus septuagénaires : ils recevront seulement
alors le rayon céleste lancé de son sein au moment de leur naissance.
A part quelques exceptions (pour une trentaine d'étoiles), nous voyons
tous le ciel, non pas tel qu'il est, mais tel qu'il était avant qu'aucun
de nous existât en ce monde !

L'étoile avec laquelle nous venons de faire connaissance est la
plus brillante de la constellation du *Cocher*. Cette constellation est

l'une des anciennes de la sphère grecque ; les cartes célestes nous montrent là depuis un temps immémorial un cocher sans voiture ; néanmoins il tient de la main droite un fouet et des rênes (*Voy. fig.*105) On lui a mis sur le bras gauche la Chèvre dont nous venons de parler et même deux petits chevreaux nouvellement nés. Il est probable que cette brillante étoile a été associée anciennement aux faits et gestes de la vie des champs et particulièrement au retour du printemps, comme les Hyades et les Pléiades, dont elle n'est pas fort éloignée. Quant au rapport qui peut exister entre un cocher et une chèvre, il n'est pas facile à deviner, et nous ne perdrons pas notre temps à le chercher. Ce cocher avait reçu des Grecs le nom d'Erichton, roi d'Athènes et

Fig. 106. — Ancien dessin du Cocher et des Gémeaux (gravure sur bois de l'an 1559).

inventeur des chars, et la Chèvre celui d'Amalthée, nourrice de Jupiter.

Dans l'*Almageste* de Ptolémée, cette figure est appelée Héniochus (le cocher); dans celui de Sûfi : Mumsik al-ainna (celui qui tient les rênes); dans Ulugh Beigh : *Tenens habenas*, ce qui a la même signification. Elle a subi, comme ses compagnes, de singulières métamorphoses ; chez les Arabes, l'automédon céleste n'a pas de chèvre sur le bras; au xv⁰ et au xvi⁰ siècle, il apparaît coiffé d'un bonnet phrygien; dans l'atlas de Bayer, on le voit dessiné sous une forme analogue à celle de l'Atlas de Bode (*fig.* 104). Il suffira de comparer à ce dessin celui d'un *Aratus* de 1559 (Henri II), reproduit *fig.* 106, et celui de l'atlas d'Hévélius (1690), reproduit *fig.* 107 pour se rendre compte des différences considérables que la fantaisie des dessinateurs et le goût des siècles ont apportées dans la configuration de cet astérisme comme dans celle de tous les autres.

Fig. 107. — Le Cocher de l'atlas d'Hévélius (1690).

Cette constellation se compose essentiellement d'une étoile de première grandeur ($\alpha$), de deux de seconde ($\beta$ et $\gamma$), de deux de troisième (θ et ι) et de six de quatrième, comme on peut s'en rendre compte à l'aide de notre *fig.* 108. L'étoile γ est en même temps l'étoile β du Taureau. On possède dans le tableau suivant la liste des principales étoiles de cet astérisme, jusqu'à la cinquième grandeur inclusivement, avec les observations d'éclat faites depuis deux mille ans : toutes ces étoiles peuvent être trouvées dans le ciel à l'aide de notre *fig.* 108.

ÉTOILES PRINCIPALES DE LA CONSTELLATION DU COCHER
DEUX MILLE ANS D'OBSERVATION

| ÉTOILES | — 127 | + 960 | 1430 | 1590 | 1603 | 1660 | 1700 | 1800 | 1840 | 1860 | 1880 |
|---|---|---|---|---|---|---|---|---|---|---|---|
| α (Capella) | 1 | 1 | 1 | 1 | 1 | 1 | 1 | 1 | 1 | 1 | 1,3 |
| β | 2 | 2 | 2 | 2 | 2 | 2 | 2 | 2 | 2 | 2 | 2,3 |
| γ | 3.2 | 2 | 2 | 2 | 2 | 2 | 2 | 2 | 2 | 2 | 2,0 |
| δ | 4 | 4 | 4 | 4 | 4 | 4 | 4 | 3.4 | 4.5 | 4 | 4,2 |
| ε | 4 | 4 | 4 | 4 | 4 | 4 | 4 | 4 | 3.4 | var. | 3,8 |
| ζ | 4 | 4 | 4 | 4 | 4 | 4 | 4 | 4 | 4 | 4 | 4,0 |
| η | 4 | 4 | 4 | 4 | 4 | 4 | 4 | 4 | 4.3 | 4.3 | 4,0 |
| θ | 4.3 | 3 | 3 | 4 | 4 | 3 | 4 | 4 | 3 | 3 | 3,4 |
| ι | 3.4 | 3.4 | 3 | 4 | 4 | 3 | 4 | 4 | 3 | 3 | 3,5 |
| κ | 0 | 0 | 0 | 4 | 4 | 4 | 4½ | 4 | 5.4 | 5.4 | 5,6 |
| λ | 0 | 0 | 0 | 5 | 5 | 5 | 5 | 5 | 5 | 5 | 5,5 |
| μ | 0 | 0 | 0 | 5 | 5 | 5 | 5 | 5 | 6.5 | 6.5 | 6,0 |
| ν | 4 | 5 | 5 | 5 | 5 | 5 | 5 | 5 | 4 | 4 | 4,6 |
| ξ | 4 | 5 | 5 | 6 | 6 | 6 | 5 | 5 | 5 | 5 | 5,0 |
| ο | 0 | 0 | 0 | 0 | 6 | 0 | 6 | 5.6 | 6.5 | 6 | 5,9 |
| π | 0 | 0 | 0 | 0 | 6 | 5 | 6 | 5 | 5 | 5 | 5,4 |
| ρ | 0 | 0 | 0 | 6 | 6 | 6 | 6 | 6 | 6.5 | 6 | 6,2 |
| σ | 0 | 0 | 0 | 6 | 6 | 5 | 5½ | 5.6 | 6 | 6 | 6,3 |
| τ | 0 | 0 | 0 | 5 | 6 | 5 | 6 | 7 | 5 | 5.4 | 5,5 |
| υ | 0 | 0 | 0 | 6 | 6 | 6 | 6 | 5.6 | 5 | 5 | 5,5 |
| φ | 5 | 6 | 6 | 5 | 6 | 5 | 5½ | 5 | 5.6 | 6.5 | 6,6 |
| χ | 5 | 6 | 6 | 5 | 6 | 5 | 5½ | 5 | 5 | 5 | 5,7 |
| 58 ψ⁷ | 0 | 0 | 0 | 0 | 6 | 0 | 4½ | 5.6 | 5 | 5 | 5,3 |
| 46 ψ¹ | 0 | 0 | 0 | 0 | 6 | 0 | 5 | 5 | 5 | 5.6 | 6,0 |
| 50 ψ² | 0 | 0 | 0 | 0 | 6 | 6 | 5½ | 5.6 | 5 | 5.6 | 6,0 |
| 55 ψ⁴ | 0 | 0 | 0 | 0 | 6 | 0 | 5 | 5 | 5 | 5.6 | 5,5 |
| ψ 10 | 0 | 0 | 0 | 0 | 6 | 6 | 6 | 6.7 | 5 | 5.6 | 5,8 |
| 4 ω | 0 | 0 | 0 | 5 | 6 | 5 | 5 | 5 | 6 | 6.5 | 5,8 |
| 2 | 0 | 0 | 0 | 0 | 5 | 5 | 5½ | 5.6 | 5 | 5 | 5,4 |
| 9 | 0 | 0 | 0 | 0 | 5 | 0 | 5½ | 5.6 | 5 | 5.6 | 5,5 |
| 14 | 0 | 0 | 0 | 0 | 0 | 0 | 5 | 5 | 5.6 | 5.6 | 5,3 |
| 16 | 0 | 0 | 0 | 0 | 0 | 6 | 6 | 7 | 5 | 5 | 5,7 |
| 63 | 0 | 0 | 0 | 0 | 0 | 0 | 4½ | 5 | 5 | 5 | 5,9 |

La comparaison de ces éclats met en évidence certaines variations assez curieuses. Ainsi l'étoile ξ, notée de 4ᵉ grandeur par Hipparque, l'a été de 5ᵉ par Sûfi et Ulugh-Beigh, de 6ᵉ par Tycho et Hévélius; l'étoile τ, qui est une brillante de la cinquième grandeur, a été notée de 7ᵉ par Piazzi; l'étoile ψ¹, a été notée de 4ᵉ 1/2 par Flamsteed et de 5ᵉ 1/2 par Piazzi; l'étoile 16 paraît avoir augmenté d'éclat depuis le siècle dernier. Quant à la dernière de la liste, si elle n'a pas été notée

par les anciens, c'est probablement parce qu'elle se trouve trop éloignée de la figure : toutefois, son éclat ne paraît pas constant non plus.
On a qualifié de la lettre ψ toutes les étoiles du Fouet, si bien qu'il
y a dix étoiles qui portent la même lettre, ce qui n'est pas d'une
invention très heureuse : de tous ces *psi*, le plus brillant est ψ⁷, qui
est de cinquième grandeur ; plusieurs sont de sixième, et si peu remarquables, qu'il serait superflu de les encadrer dans notre description.

L'étoile ε varie légèrement et irrégulièrement, d'après les observations de Schmidt d'Athènes : de 1848 à 1875, elle a toujours été vue

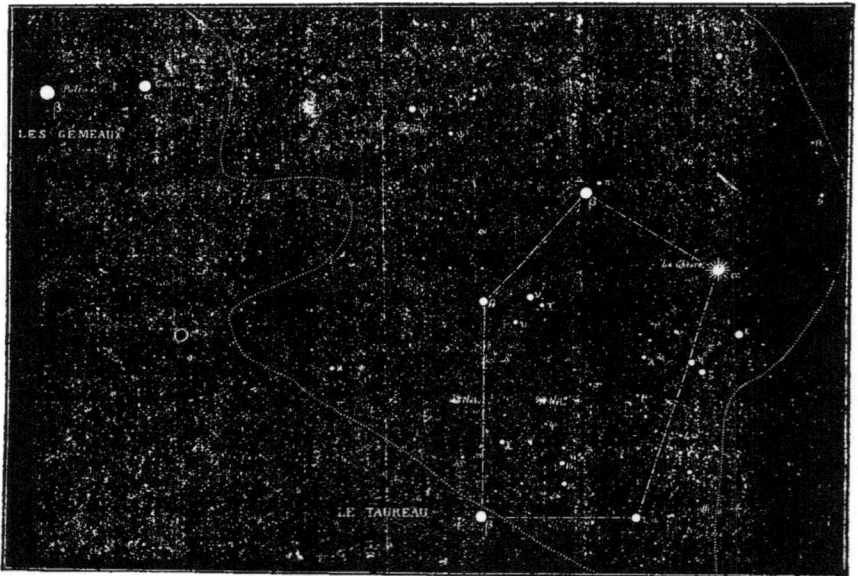

Fig. 108. — Principales étoiles de la constellation du Cocher.

plus brillante que η, rarement égale, et cette année-là, elle était sensiblement plus faible ; mais dès la fin de cette année elle était remontée
à son éclat, et actuellement elle continue de rester plus brillante.

Au nord de Capella, au delà de l'étoile qui porte le n° 9 et à côté
d'une petite étoile de sixième grandeur, il y a une étoile variable, R,
qui varie de 6 1/2 à 12 1/2 dans la période de 463 jours, du moins
pour le retour des maxima, la période des minima paraissant être de
445 jours. Intéressante à chercher dans une lunette quand l'occasion
s'en présente.

L'étoile ζ est remarquablement brillante pour sa grandeur. Elle
est incontestablement du quatrième ordre, mais néanmoins très écla-

tante. D'autres paraissent plus grandes et moins lumineuses. Il y a entre les étoiles des différences de nature qui sont bien perceptibles à l'œil nu. De deux étoiles d'égal éclat, l'une percera beaucoup plus vite les clartés du crépuscule; exemple Arcturus, dont la lumière dorée devance de beaucoup la lumière argentée de Véga. Antarès est d'un jaune orangé, comme Mars. Pollux est jaune comme Arcturus, Sirius blanc comme Véga. Les étoiles jaunes et rougeâtres gagnent au crépuscule, perdent pendant la nuit. Lorsque des brumes passent sur Cassiopée, elles obscurcissent plus facilement α que β ou γ, à égalité d'éclat. Ce sont là des différences intéressantes à observer ([1]).

Cette constellation ne renferme qu'un petit nombre d'étoiles doubles importantes; nous n'en signalerons que deux, qui ne sont pas trop difficiles à trouver :

L'étoile 14, de cinquième grandeur, dont le compagnon, de septième et demie, brille à 15″ : couple qui reste fixe au fond des cieux; une bonne lunette montre une troisième étoile, de onzième grandeur, à 12″. Au nord de la ligne même de β à ι.

L'étoile 4 ω, de cinquième grandeur (entre ι et ζ), dont le compagnon, de huitième, brille à 6″3, et reste également fixe depuis un siècle qu'on l'observe. Cette étoile offre cette particularité d'avoir été estimée de grandeurs bien différentes par les divers observateurs, car les uns l'ont notée de 6ᵉ, les autres de 5ᵉ, de 4ᵉ et même de 3ᵉ, comme on peut en juger par les estimations suivantes d'éclat des deux composantes de ce couple :

| | A | B | | A | B |
|---|---|---|---|---|---|
| Morton en 1857. . . | 6ᵉ | 9ᵉ⁻⁴ | Struve en 1827. . . | 4ᵉ | 8ᵉ |
| Schmidt en 1833 . . | 5ᵉ | 9ᵉ | Id.  en 1830. . . | 4ᵉ | 7ᵉ |
| Struve en 1824. . . | 5ᵉ | 8ᵉ | Secchi en 1850. . . | 3ᵉ | 7ᵉ |

([1]) A propos de l'appréciation des couleurs des étoiles, remarquons qu'elle n'est pas aussi facile qu'on le croit. D'abord, ces couleurs sont peu intenses, surtout sous nos latitudes brumeuses. Ensuite, tous les yeux ne jugent pas de la même façon, et ne voient pas identiquement les couleurs même les plus franches : il suffit de se promener dans un musée et de comparer les diverses copies d'un tableau faites par plusieurs artistes pour se convaincre que la même couleur de l'original est reproduite avec des tons bien différents; à l'exposition des Champs-Élysées, à Paris, où l'on peut voir chaque année un nombre surprenant de femmes nues, on en remarque toujours deux ou trois qui sont d'un jaune ou d'un rouge si étranges, que très certainement, à l'honneur de la plus belle moitié du genre humain, il est impossible d'admettre que les modèles aient jamais eu une pareille peau. Ajoutons, quant aux étoiles, que les lumières artificielles employées le soir étant toutes jaunes, donnent un faux terme de comparaison et font paraître les étoiles plus bleues. D'autre part encore, l'atmosphère les rougit si elles sont près de l'horizon. Enfin, si l'on se sert d'une lunette ou d'un télescope, la composition des verres modifie aussi les nuances. Cependant, avec un peu d'exercice, on ne tarde pas à remarquer les différences intéressantes dont nous parlons.

Ces variations sont-elles réelles? La transparence atmosphérique n'a-t-elle pas joué un grand rôle dans ces divergences? Ce qu'il y a de plus curieux, c'est que les estimations des couleurs offrent les mêmes variations : tandis que l'un a noté les composantes blanche et bleue, l'autre les a notées orange et rouge; un autre les a vues verte et blanche. Couple intéressant à suivre.

Ajoutons que cette étoile a reçu la lettre ω dès le temps de Flamsteed, mais que cette lettre n'est pas inscrite dans l'atlas de Bayer.

Les autres étoiles doubles de cette constellation n'offrent pas d'intérêt pour les instruments de moyenne puissance ('). Il en est de même des nébuleuses et amas d'étoiles, qu'il est à peu près impossible de trouver sans équatoriaux. Nous en signalerons cependant deux qui

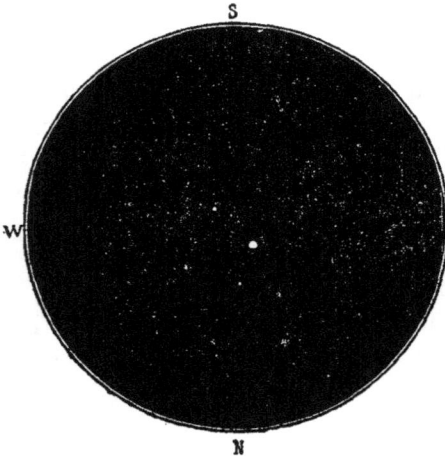

Fig. 109. — L'étoile double 14 Cocher.　　Fig. 110. — L'étoile double 4 ω Cocher.

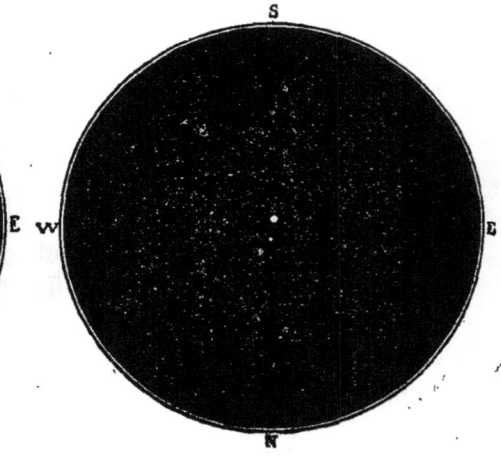

sont trop remarquables pour être laissés sous silence. L'un (M. 37) est situé par $5^h 44^m$ d'ascension droite et 32° 31' de déclinaison, et se trouve à peu près au milieu de la ligne tracée de β Taureau à θ Cocher;

('¹) Les lecteurs dont l'amour pour l'astronomie pratique grandira encore et voudra s'exalter hors de la sphère d'étude populaire dans laquelle nous nous renfermons ici, trouveront les documents qu'ils ambitionnent dans notre ouvrage spécial sur les *Étoiles doubles*, et dans notre grand *Atlas céleste*, qui donne les positions de plus de cent mille étoiles. Il importe ici de ne pas dépasser les limites des observations, des études et des remarques que chacun peut faire facilement, pour peu qu'il s'intéresse sérieusement à s'instruire lui-même dans la connaissance de l'univers. Notre but est, répétons-le, tout simplement d'ouvrir le ciel pour que tout le monde puisse y lire comme dans un livre. Cette description est méthodiquement faite : nous examinons les constellations l'une après l'autre en marchant du nord vers le sud et en nous servant des étoiles que nous connaissons déjà. — On trouvera, du reste, à la fin de ce volume, une Table générale et analytique des matières contenues dans l'*Astronomie populaire* et dans son *Supplément*, qui permettra de se reporter facilement à tous les sujets traités.

l'autre (M. 38) est situé par $5^h 21^m$ d'ascension droite et 37° 47' de déclinaison, et se trouve au nord-est de l'étoile φ : ces deux positions sont indiquées sur notre *fig.* 108.

Le premier offre dans le champ du télescope une éclatante poussière d'or scintillant de mille feux : on peut y compter plus de cinq cents étoiles de la dixième à la quatorzième grandeur; très curieux à observer, même dans les instruments de faible puissance. Toutes les étoiles de cet archipel céleste doivent être à la même distance de nous, et, par conséquent, leur grandeur réelle doit différer comme diffère leur grandeur apparente.

Le second affecte la forme d'une croix par la disposition des principales étoiles qui brillent dans son sein, et présente plusieurs jolis couples d'étoiles doubles. William Herschel penchait vers l'idée que la région la plus dense de cet amas doit exercer sur l'ensemble une certaine puissance attractive. Il semble, en effet, qu'il se prépare là une tendance vers la forme circulaire, qui ne sera pas atteinte de longtemps. Le patient observateur faisait, à ce propos, la remarque que nous pouvons juger de l'âge relatif des nébuleuses et des amas d'étoiles par la disposition générale de leurs parties constitutives, les plus âgés étant ceux qui paraissent les plus denses et les plus rapprochés de la forme sphérique.

Ce sont là les richesses principales de la constellation du Cocher. Continuons notre description du ciel par l'examen des régions voisines.

Sur notre *fig.* 104, on a remarqué, à l'est du Cocher, un instrument astronomique d'une forme assez bizarre : c'est le *Télescope d'Herschel*, qui a été placé là par un astronome autrichien, le Père Hell, en commémoration de la découverte d'Uranus, faite dans cette région du ciel le 13 mars 1781. Ce petit astérisme envahit, en effet, la constellation des Gémeaux, que traversait la planète Uranus à l'époque de sa découverte. Mais, quelque illustre et quelque cher que soit le souvenir du grand William Herschel dans le cœur de tous les astronomes, l'adjonction de cet instrument sur la sphère céleste n'a jamais servi qu'à embrouiller les cartes. Effaçons donc ce dessin, rendons au Cocher, aux Gémeaux et au Lynx les étoiles qui leur appartenaient, et ne considérons cette image que comme un souvenir historique.

A l'est encore, on voit le *Lynx*, qui est également une constellation moderne et qui occupe un vaste espace *entre la Grande Ourse et les Gémeaux.* C'est Hévélius qui, vers 1660, a installé cet animal dans le ciel, un peu par suite d'un jeu de mots : « Car, dit-il, il n'y a là que de petites étoiles, et *il faut avoir des yeux de lynx* pour les distinguer

et les reconnaître. » Au surplus, il ne tient pas outre mesure à sa
création : « Ceux qui ne seront pas contents du choix, ajoute-t-il, y
pourront dessiner autre chose s'ils le préfèrent; mais il y a vraiment
là un trop grand vide dans le ciel pour n'y rien mettre du tout. » Le
Lynx est resté, et il n'y a plus de raison aujourd'hui pour qu'il s'en
aille. Il y avait là, autrefois, sous les pieds de la Grande Ourse, un
fleuve qu'on appelait le fleuve Jourdain et qui faisait pendant au fleuve
du Tigre, dessiné, de l'autre côté du pôle, entre l'Aigle, le Cygne et
la Lyre. Mais ces deux fleuves ont cessé de couler dans le ciel, et les
meilleurs yeux n'en retrouveraient plus aujourd'hui la moindre trace.

Comme nous venons de le dire, le Lynx n'est composé que de petites
étoiles. Cependant, nous ne pouvons les laisser passer sans faire connaissance avec elles et sans voir si, dans cette région du ciel, quelque
curiosité n'est pas digne d'arrêter un instant notre attention. Signalons
donc ici les principales de ces étoiles :

PRINCIPALES ÉTOILES DE LA CONSTELLATION DU LYNX.

| ÉTOILES | 1660 | 1700 | 1800 | 1840 | 1860 | 1880 |
|---|---|---|---|---|---|---|
| 40. . . . . . . . . . . | 3 | 4 | 4.5 | 3.4 | 3.4 | 3,4 |
| 38. . . . . . . . . . | 5 | 4 | 4 | 4 | 4 | 3,8 |
| 31. . . . . . . . . . . | 5 ¼ | 5 | 5 | 5 | 5 | 4,4 |
| 21. . . . . . . . . . . | 5 | 5. | 5.6 | 5 | 5 | 4,7 |
| 15. . . . . . . . . . . | 5 | 5 | 5 | 5 | 5 | 5,2 |
| 2. . . . . . . . . . . | 5 | 4 | 4.5 | 5.4 | 5.4 | 5,5 |
| 27. . . . . . . . . . . | 5 | 5 | 5 | 5.4 | 5.4 | 5,7 |
| 12. . . . . . . . . . | 0 | 5 ¼ | 6 | 5 | 5 | 5,6 |
| 36. . . . . . . . . . | 6 | 5 ¼ | 5.6 | 5 | 5 | 5,5 |
| P. VIII, 169 . . . . . | 0 | 6 | 5.6 | 6 | 5 | 5,5 |
| 19. . . . . . . . . . | 6 | 5 | 7 | 5 | 5.6 | 5,4 |
| 24. . . . . . . . . . | 5 | 5 | 6 | 5 | 5.6 | 5,5 |
| P. IX, 115 . . . . . . | 0 | 6 | 6 | 5 | 5.6 | 5,5 |
| 18. . . . . . . . . . | 6 | 6 | 5.6 | 6 | 5.6 | 5,7 |
| 14. . . . . . . . . . | 0 | 5 | 5.6 | 6 | 6 | 5,8 |
| Fl. 1010 . . . . . . . | 5 | 5 | 0 | 6 | 6 | 6,0 |
| 20. . . . . . . . . . | 0 | 6 | 7.8 | ·0 | 0 | 7,5 |

Il n'y a là qu'une étoile assez brillante (40) de troisième grandeur et
demie, qui paraît être descendue à la quatrième et demie au temps de
Piazzi. La suivante (38) paraît augmenter légèrement d'éclat. L'étoile
qui porte le numéro 19 n'a été vue que de septième par Piazzi; cependant, elle est bien visible à l'œil nu, étant une faible de cinquième
grandeur. Celle qui porte le numéro 1010 dans le Catalogue général de
Flamsteed est généralement confondue par les astronomes avec la 20ᵉ :
elle a dû diminuer d'éclat. Quant à la 20ᵉ, elle a disparu pour les observations faites à l'œil nu. Du reste, si l'on compare entre eux avec soin
les atlas d'Hévélius, Flamsteed, Bode, Argelander et Heis, on ne tarde

pas à s'apercevoir que plusieurs changements assez sensibles ont eu lieu depuis deux siècles dans cette région du ciel.

L'étoile que nous avons inscrite sous le numéro P. VIII, 169, est appelée par les astronomes, y compris Flamsteed et Piazzi, 50 Girafe, ce qui n'a aucun sens, la Girafe étant éloignée au nord du Lynx, et cet astre se trouvant en plein dans le corps de ce dernier animal.

Toutes ces étoiles sont assez difficiles à identifier dans le ciel. Il faut pour cela de belles soirées, pas de clair de lune et beaucoup de patience. Je n'engagerai guère dans cet essai que ceux d'entre nos

Fig. 111. — Principales étoiles de la constellation du Lynx.

lecteurs qui se sentent vraiment animés du feu sacré. Se servir de notre *fig.* 111. Les meilleurs mois pour observer cette région vers neuf heures du soir sont : février, mars, avril et mai, parce que ces petites étoiles sont alors très élevées dans le ciel et ne perdent rien de leur éclat.

Il y a là quelques étoiles doubles intéressantes :

Menez une ligne de ι κ à λ μ Grande Ourse; au sud-est de cette ligne, vous verrez deux étoiles de 3° 1/2 à 4° grandeur : ce sont 38 et 40 lynx. La première est double : compagnon de 7° grandeur, à 2″8. C'est un système physique en mouvement propre commun mais qui ne tourne qu'avec une extrême lenteur : il n'y a pas plus de 6 degrés de parcourus depuis un siècle.

L'étoile n° 12 est un système triple. Grandeurs des composantes : 5,8, 6,5 et 7,5. Les deux premières sont serrées l'une contre l'autre à 1"4. La troisième est écartée à 8"3. Excellent objet d'observations pour une bonne lunette. C'est, de plus, là, un système ternaire remarquable : les deux premiers soleils de cet univers lointain ont déjà tourné l'un autour de l'autre de 53° depuis un siècle ; leur période de révolution pourrait être de 700 ans environ ; quant au troisième, il ne doit accomplir son cycle qu'en plusieurs milliers d'années.

L'étoile n° 19, de 5° grandeur 1/2, a un compagnon de 7° à 14" Couple stationnaire depuis cent ans qu'on l'observe. La 20° est aussi une double fixe, très élégante : deux astres de 7° 1/2, écartés à 15".

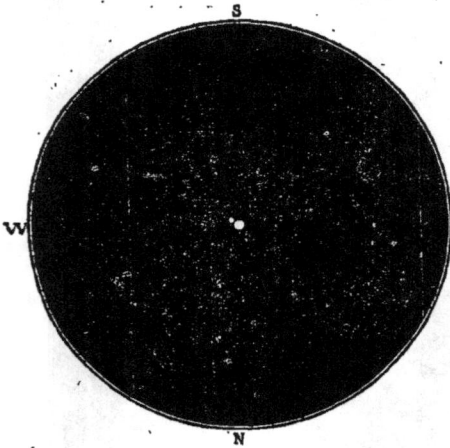

Fig. 112. — L'étoile double 38 du Lynx.   Fig. 113. — L'étoile triple 12 du Lynx.

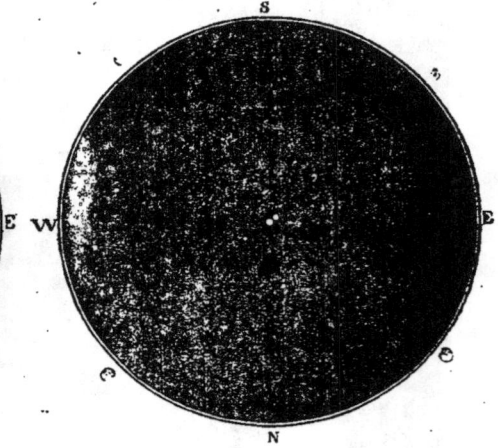

Il y a encore là d'autres groupes remarquables ; mais ils sont si difficiles à trouver, qu'il est inutile de les indiquer. La 15° est particulièrement intéressante, mais seulement pour un instrument puissant : il y a là deux soleils, l'un jaune d'or, l'autre azur, *qui se sont éclipsés dernièrement*, le disque d'or ayant recouvert une partie du disque d'azur, sur environ un quart de diamètre. Cette occultation r..issime a été observée par le baron Dembowski ([1]), de son observatoire particulier installé près de Milan ; elle a eu lieu en 1868. Depuis 1872, les deux étoiles vont en se séparant lentement ; mais elles ne sont encore qu'à une demi-seconde l'une de l'autre.

Pas de nébuleuses, ni d'amas d'étoiles extraordinaires.

[1]) Les plus beaux travaux accomplis sur les étoiles doubles depuis dix ans sont dus à cet astronome amateur, ainsi qu'à M. Burnham de Chicago, à M. Gledhill d'Halifax, à M. Wilson de Rugby, à M. Doberck de Markree, tous astronomes amateurs.

# CHAPITRE VII

**Pégase. — Le Petit Cheval. — Le Dauphin.**

Le cheval ailé qui d'un coup de pied fit jaillir la fontaine Hippo-crène, inspiratrice des poètes, a reçu dans le ciel l'une des plus vastes et des plus belles provinces de la voûte étoilée. Ce que l'on remarque tout d'abord, c'est un grand carré, plus étendu que le quadrilatère de la Grande Ourse, formé par quatre belles étoiles. A un angle du carré vient se greffer une ligne courbe formée aussi par trois brillantes étoiles, de sorte que cette figure reproduit, sous une forme un peu

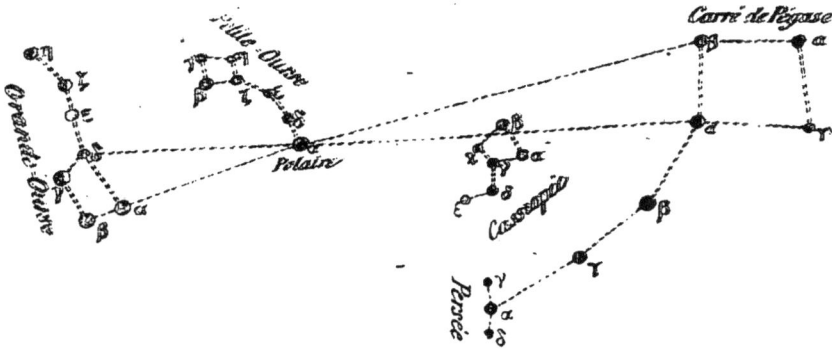

Fig. 114. — Alignement pour trouver le carré de Pégase.

différente, l'aspect général de la Grande Ourse. (Par une circon-stance assez bizarre, cette figure de sept astres se retrouve plusieurs fois, en grand ou en petit, dans la population si variée de la sphère céleste. Ce carré de Pégase, avec les trois étoiles d'Andromède qui l'accompagnent, se lève à l'orient au mois de juillet, pour l'observa-teur qui examine le ciel à 9 heures du soir, brille pleinement à l'est pendant les belles soirées du mois d'août, trône au sud-est en septem-bre et au zénith en octobre, descend vers l'ouest en novembre, se repose à l'occident en décembre et se couche à la fin de janvier. Pour le trouver, il n'y a qu'à regarder. Cependant, si l'on veut être assuré de son identité et vérifier en même temps ce que l'on connaît déjà dans le ciel, on reconnaîtra qu'il se trouve sur le prolongement de deux lignes menées de α et δ Grande Ourse à la Polaire, passant vers Cassiopée et continuées au delà de cette petite constellation. Une étoile du carré est commune à Pégase et à Andromède : c'est α, suivie par β et γ.

On ne dessine jamais là qu'une moitié de cheval, la moitié antérieure, munie d'une paire d'ailes, et l'on a ajouté en avant, à l'ouest, une autre tête de cheval, qu'on appelle « le Petit Cheval, » et qui sort on ne sait d'où. Ces deux constellations sont anciennes. Ptolémée appelle la première *Hippos* « le Cheval », et la seconde *Hippou pro-tomê* « la section antérieure du Cheval. » Ératosthène a écrit dans ses *Catastérismes*, au troisième siècle avant notre ère, que « la partie de derrière est invisible afin de ne pas montrer que ce cheval est femelle. » Il paraît que c'eût été là une idée navrante. Au temps de cet astronome et d'Archimède, son contemporain, le Petit Cheval n'existait pas encore ; c'est dans le catalogue d'Hipparque qu'on le rencontre pour la première fois. — Ces deux chevaux sont dessinés renversés, c'est-à-dire le dos au sud.

Le Grand Cheval est devenu Pégase du temps des Romains. Les Arabes du dixième siècle de notre ère appelaient le premier al-faras-al-ázham « le grand cheval », et le second kita al-faras « le morceau du cheval. » Ils assimilaient aussi ce carré à un puits et à un seau, et plusieurs étoiles ont reçu des noms correspondant à cette assimilation, en même temps que des noms symboliques, tels que « le Bonheur de la Prudence » et « le Bonheur de l'Intelligence. »

Peut-être cette tête de cheval coupée est-elle le dernier vestige des sacrifices de chevaux, qui, paraît-il, existaient en Égypte et en Chine. Dans la sphère chinoise, il y a là un astérisme nommé T'ien-Kiou ou l'Écurie céleste, et certains commentateurs pensent que ces étoiles passaient au méridien au printemps, à l'époque où l'on nettoyait les écuries et où on les frottait avec le sang d'un cheval sacrifié, ce qui les porte à admettre que cet astérisme est originaire de la Chine. Ces sacrifices de chevaux étaient également en usage chez les Indo-Parses sous le nom de Aswamedha, de cheval (Aswa) et de sacrifice (medha). Nous retrouvons ici la terminaison d'Andromède. Mais tout cela se perd dans la nuit des temps.

Remarquons cependant que si l'on fait passer un trait par les étoiles β, μ, γ, 31, les trois petites étoiles qui continuent, jusqu'à 9, puis par ε, θ, ζ, et α, on trace un contour enfantin qui peut donner l'idée d'un cou et d'une tête de cheval (*voy.* la *fig.* 116); les étoiles σ, ρ, et les quatre qui suivent indiquent même la crinière; un trait mené par β, η, 32 et π dessine une jambe, et un autre par ι, κ et μ du Cygne en indique une autre. Les observateurs primitifs qui cherchaient dans le ciel des représentations animées ont pu remarquer cette vague ressemblance, comme on en remarque parfois dans les nuages. Cette constellation serait postérieure à Andromède. Dans cet ordre d'idées, les quatre étoiles du Petit Cheval représentent plutôt le squelette d'une autre tête de cheval que n'importe quel autre objet, et plus tard on l'aura ajoutée pour ne pas laisser de vide.

Les quatre étoiles principales du carré de Pégase portent encore aujourd'hui des noms arabes, sous lesquels elles sont assez souvent désignées :

| α Pégase . . . . | *Markab* | γ Pégase. . . . | *Algenib* |
| β Pégase . . . . | *Scheat* | α Andromède. . | *Alpherat* |

Ces noms signifient, le premier, un objet sur lequel on voyage, comme une voiture; le second est probablement une corruption du mot sa'id, bras; le troisième vient de jenah-al-faras, l'aile du cheval; le quatrième dérive de sirrat-al-faras, le nombril du cheval : il se trouve que la tête d'Andromède occupe justement cette position, ce qui n'est pas galant pour la princesse.

Faisons connaissance maintenant avec les étoiles de cette constellation et apprenons à les reconnaître dans le ciel.

Le tableau de la p. 170, et la *fig.* 116 qui l'accompagne sont les guides à consulter pour cette étude.

Remarquons d'abord que l'étoile δ, qui manque à la série et qui est la quatrième étoile du carré, n'est autre que l'étoile α d'Andromède, que nous connaissons depuis longtemps.

Les étoiles β, γ et ε sont légèrement variables. La première oscille de 2,2 à 2,7 en 40 jours. La seconde oscille de 2,0 à 3,0 en 27 jours et demi, étant à son maximum égale à α et s'abaissant à son minimum jusqu'à η. La troisième varie, en 25 jours 3/4, de 2,4 à 3,2. J'ai inscrit au tableau leur éclat moyen actuel.

L'étoile ν, de quatrième grandeur au temps d'Hipparque, était tombée au-dessous de la cinquième au temps d'Abd-al-Rahman-al-Sûfi, et on la voit toujours de cinquième grandeur depuis cette époque. Les étoiles τ et υ, anciennement de quatrième grandeur, sont descendues à la sixième et sont remontées à la cinquième. Au contraire, ψ a constamment augmenté d'éclat depuis les anciennes obser-

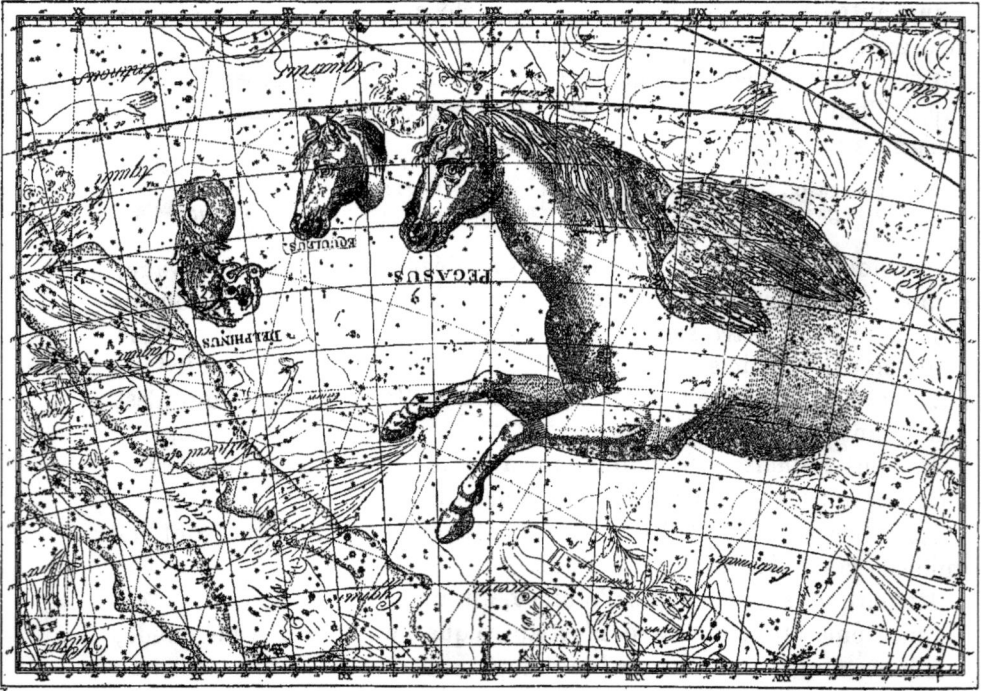

Fig. 115. — Pégase. — Le Petit Cheval. — Le Dauphin. — La Voie lactée.

vations. L'étoile n° 2, de quatrième grandeur au temps de Tycho-Brahé (1590), était de sixième en 1700. A l'aide du tableau et de la carte, chacun peut à loisir s'exercer à trouver toutes ces étoiles dans le ciel et à comparer leur éclat. Nous avons inscrit toutes celles qui, par leur grandeur ou leurs configurations, sont faciles à trouver pour une vue moyenne.

ÉTOILES PRINCIPALES DE LA CONSTELLATION DE PÉGASE
DEUX MILLE ANS D'OBSERVATION

| ÉTOILES | —127 | +960 | 1430 | 1590 | 1603 | 1660 | 1700 | 1800 | 1840 | 1860 | 1880 |
|---|---|---|---|---|---|---|---|---|---|---|---|
| α Markab | 2.3 | 2.3 | 2 | 2 | 2 | 2 | 2 | 2 | 2 | 2 | 2,0 |
| β Scheat | 2.3 | 2.3 | 2 | 2 | 2 | 2 | 2 | 2 | 2.3 | var | 2,4 |
| γ Algenib | 2.3 | 2.3 | 2 | 2 | 2 | 2 | 2 | 2.3 | 3.2 | 3.2 | 2,5 |
| ε | 3 | 3 | 3 | 3 | 3 | 3 | 3 | 2.3 | 2.3 | 2.3 | 2,8 |
| ζ | 3 | 3.4 | 3 | 3 | 3 | 3 | 3 | 3 | 3.4 | 3.4 | 3,3 |
| η | 3 | 3 | 3 | 5 | 3 | 3 | 3 | 3 | 3 | 3 | 3,0 |
| θ | 3 | 3.4 | 3 | 4 | 4 | 4 | 4 | 4 | 3.4 | 3.4 | 3,6 |
| ι | 4.3 | 4 | 4 | 4 | 4 | 4 | 4 | 4 | 4 | 4 | 4,0 |
| κ | 4.3 | 4 | 4 | 4 | 4 | 4 | 4 | 4 | 4 | 4 | 4,0 |
| λ | 4 | 4.3 | 4 | 4 | 4 | 4 | 4 | 4.5 | 4 | 4 | 4,2 |
| μ | 4 | 4.3 | 4 | 4 | 4 | 4 | 4 | 4 | 4 | 4 | 4,3 |
| ν | 4 | 5.6 | 5 | 5 | 5 | 5 | 5 | 5 | 5 | 5 | 5,3 |
| ξ | 4 | 4.5 | 4 | 5 | 5 | 5 | 5 | 5 | 5.4 | 5.4 | 4,8 |
| ο | 5 | 5 | 5 | 5 | 5 | 5 | 5 | 5 | 5 | 5 | 5,0 |
| π | 4.3 | 4 | 4 | 4 | 4 | 5 | 4 $\frac{1}{2}$ | 4 | 4 | 4 | 4,2 |
| ρ | 5 | 5.6 | 5 | 6 | 6 | 6 | 6 | 5.6 | 5 | 5 | 5,3 |
| σ | 5 | 5.6 | 5 | 6 | 6 | 6 | 6 | 5.6 | 5 | 5 | 5,3 |
| τ | 4 | 4 | 0 | 6 | 6 | 6 | 6 | 5 | 5.4 | 5.4 | 4,9 |
| υ | 4 | 4 | 4 | 6 | 6 | 6 | 6 | 5 | 5.4 | 5.4 | 4,9 |
| φ | 0 | 0 | 0 | 0 | 6 | 0 | 6 | 6 | 6.5 | 6.5 | 6,0 |
| χ | 0 | 0 | 0 | 0 | 6 | 0 | 6 | 6 | 5 | 5 | 5,6 |
| ψ | 0 | 0 | 0 | 0 | 6 | 0 | 6 | 5.6 | 5 | 4.5 | 4,3 |
| 1 | 0 | 0 | 0 | 4 | 4 | 4 | 4 | 4 | 4.5 | 4.5 | 4,4 |
| 2 | 0 | 0 | 0 | 4 | 4 | 5 | 6 | 5.6 | 5 | 5.4 | 4,9 |
| 3 | 0 | 0 | 0 | 0 | 0 | 0 | 6 | 6 | 6 | 6 | 6,0 |
| 9 | 0 | 0 | 0 | 0 | 4 | 4 | 4 $\frac{1}{2}$ | 4.5 | 5 | 4.5 | 4,3 |
| 14 | 0 | 0 | 0 | 0 | 0 | 0 | 6 | 5 | 5 | 5 | 5,0 |
| 31 | 0 | 0 | 0 | 4 | 4 | 5 | 4 $\frac{1}{2}$ | 4.5 | 5.4 | 5 | 4,8 |
| 32 | 0 | 0 | 0 | 0 | 0 | 6 | 6 | 5.6 | 5 | 5 | 5,0 |
| 55 | 0 | 0 | 0 | 0 | 0 | 5 | 5 | 5 | 5 | 5 | 4,9 |
| 56 | 0 | 0 | 0 | 0 | 0 | 0 | 5 $\frac{1}{4}$ | 4.5 | 5 | 5 | 5,0 |
| 57 | 0 | 0 | 0 | 0 | 0 | 6 | 6 | 5.6 | 5.6 | 5.6 | 5,4 |
| 58 | 0 | 0 | 0 | 0 | 0 | 6 | 6 | 6.7 | 5.6 | 5.6 | 5,7 |
| 59 | 0 | 0 | 0 | 0 | θ | 5 $\frac{1}{2}$ | 5 $\frac{1}{4}$ | 5.6 | 5 | 6.5 | 5,4 |
| 70 | 0 | 0 | 0 | 0 | 0 | 5 | 5 $\frac{1}{2}$ | 5 | 5 | 5 | 5,2 |
| 78 | 0 | 0 | 0 | 0 | 0 | 0 | 5 $\frac{1}{2}$ | 5 | 5 | 5 | 5,2 |
| 85 | 0 | 0 | 0 | 0 | 0 | 0 | 6 | 6 | 6 | 6 | 6,0 |

Deux étoiles variables intéressantes, R et S Pégase, existent dans cette région du ciel, offrant l'énorme fluctuation d'éclat qui s'étend de la septième à la douzième grandeur; mais on ne peut les trou-

ver et les observer qu'à l'aide d'instruments gradués et assez puissants.

Remarquons dans cette constellation quelques étoiles doubles
dignes d'attention :

L'étoile ε est accompagnée d'une petite étoile de 9ᵉ grandeur, mais
très écartée, à 138″. Intéressante pour une petite lunette munie d'un
oculaire à champ large.

π est aussi une double très écartée, 4ᵉ et 5ᵉ grandeurs, éloignées à
12′ l'une de l'autre, comme Mizar et Alcor. Une jumelle suffit.

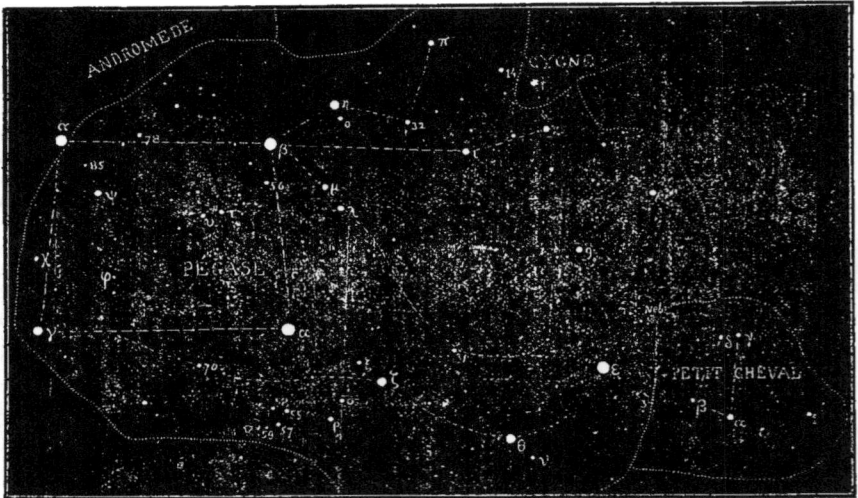

Fig. 116. — Principales étoiles de la constellation de Pégase.

L'étoile 1 (à environ 10 degrés et demi au sud-est de ζ du Cygne)
est plus remarquable ; l'écartement est de 36″, et les deux composantes
sont respectivement de 4ᵉ et 9ᵉ grandeurs, jaune et lilas, couple fixe
depuis cent ans qu'on l'observe. On a accusé cette étoile de variabilité ; mais rien n'est moins certain. Si elle n'a pas reçu de lettre de
Bayer, c'est parce qu'elle est en dehors de la figure : le jurisconsulte d'Augsbourg n'a donné de lettres qu'aux étoiles comprises dans
le corps des êtres ou des objets dessinés au ciel, et, tout en gravant
aussi sur son atlas les étoiles extérieures, il les a laissées anonymes.
C'est pour n'avoir pas remarqu ce fait que plusieurs astronomes ont
cru que quelques-unes de ces dernières étoiles avaient augmenté
d'éclat depuis l'époque de Bayer.

On peut aussi chercher l'étoile 3, près du Verseau, la précédente d'un trio vers 4° au sud-sud-ouest de ε Pégase : elle n'est que de 6ᵉ grandeur et son compagnon de 8ᵉ, à 39″; joli couple; on en voit un autre, très délicat, dans le même champ.

Il y a encore dans cette constellation une autre étoile double particulièrement intéressante, quoiqu'elle ne soit inscrite que depuis quelques années dans les catalogues d'étoiles doubles, seulement depuis que je l'y ai mise : c'est l'étoile 85 Pégase, de 6ᵉ grandeur, que l'on trouvera entre α Andromède et ψ Pégase. Son compagnon est de

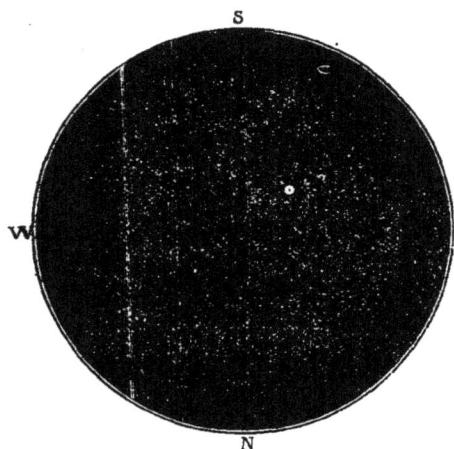

Fig. 117. — L'étoile double 1 Pégase.　　　Fig. 118. — L'étoile double 3 Pégase.

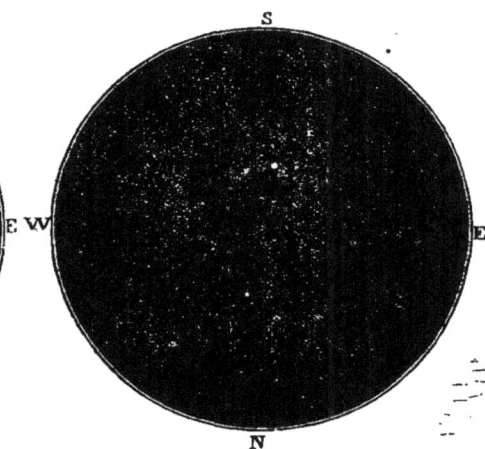

9ᵉ grandeur et brille actuellement à 15″. La première observation de cette étoile, comme étoile double, est celle que j'ai faite au mois de décembre 1877 à l'Observatoire de Paris (¹). C'est l'un des groupes

(¹) J'aurai l'indiscrétion de raconter à ce propos l'anecdote assez curieuse que voici : L'illustre Le Verrier avait mis à ma disposition le grand équatorial de l'Observatoire pour mes mesures d'étoiles doubles ; mais il y avait deux ou trois fonctionnaires de l'établissement qui étaient fâchés de me voir faire ce travail, quoiqu'il fût purement honorifique de ma part et qu'ils n'eussent jamais eu l'intention de le faire eux-mêmes. Après la mort de Le Verrier, son successeur par intérim profita de sa situation momentanée pour enlever la clé de la coupole où j'observais, sans oser toutefois me déclarer franchement qu'il retirait (sans droit, du reste) l'autorisation accordée par le Directeur. Je venais, la veille, de prendre une première mesure de l'étoile 85 Pégase, et j'étais ainsi dans l'impossibilité de continuer, à moins de perdre mon temps en discussions avec ce pseudo-directeur. Comme ce qui m'importait le plus c'était d'avoir des mesures des étoiles que j'étudiais, prises par d'autres astronomes aussi bien que par moi, j'écrivis à M. Burnham, l'habile et complaisant observateur de Chicago, de mesurer cette étoile avant qu'elle descendît sous l'horizon. Les mesures furent faites mieux que par moi-même, et la science n'y perdit rien. Le jour optiques les plus remarquables que l'on connaisse, le mouvement propre rapide de la grande étoile modifiant d'année en année et, pour ainsi dire, de mois en mois, la situation relative de la petite. On trouve ces deux étoiles observées par Bessel en 1825 et par Argelander en 1855, dans leurs observations méridiennes, et, en 1870, Brunnow s'est servi de la petite comme étoile de comparaison pour déterminer la parallaxe de la grande. A la première de ces dates, la petite étoile était éloignée à 73″ de la plus brillante; en 1855, elle était à 30″; en 1877, je l'ai trouvée à 14″ : c'était justement, par hasard, l'époque de sa plus grande proximité, car elle va maintenant en s'éloignant de plus en plus. La *fig.* 119, que j'ai construite à l'échelle de 1ᵐᵐ pour 1″,

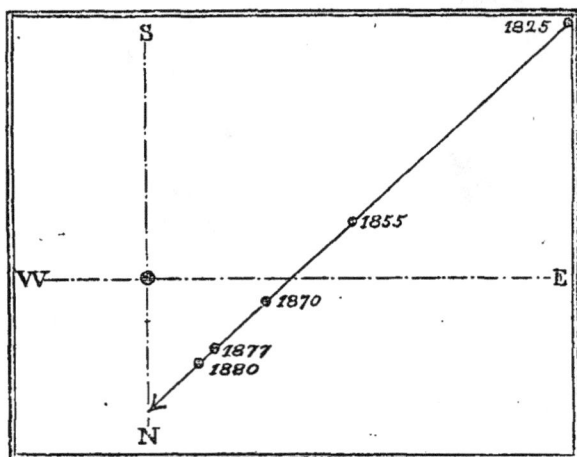

Fig. 119. — Mouvement observé sur l'étoile 85 Pégase.

représente exactement le mouvement observé, en comparant les positions de la petite étoile à celle de la grande, supposée fixe; en réalité, c'est la grande qui se déplace, et c'est la petite qui reste fixe. Par surcroît d'intérêt, la petite étoile est elle-même une double très serrée, à moins de 1 seconde, couple physique en mouvement assez rapide.

La parallaxe de 85 Pégase a été trouvée de 0″,054 seulement, ce qui porte sa distance à 3 805 000 fois le rayon de l'orbite terrestre, ou

même où l'astronome américain dirigea le grand équatorial de Chicago sur ce couple, il découvrit que la petite étoile elle-même est une jolie double très serrée, et qui se trouve en mouvement assez rapide. N'est-il pas curieux de penser que cette découverte américaine est due à la mauvaise humeur d'un fonctionnaire français et à son excès de zèle négatif ?

à 129 trillions de lieues. La lumière n'emploie pas moins de 64 ans pour venir de là.

Ce sont là les étoiles doubles les plus intéressantes et les plus faciles à observer. Nous n'ajouterons qu'une seule curiosité, c'est un amas d'étoiles que l'on peut trouver, entre ε Pégase et δ du Petit Cheval, formant la pointe nord d'un triangle obtus et isocèle (voyez la *fig.* 116). Une petite étoile de sixième grandeur semble, du reste, placée là tout exprès pour marquer la place de la nébuleuse. Cet objet céleste a été trouvé par Maraldi en 1745 et enregistré comme « une étoile nébuleuse, assez claire, composée de plusieurs étoiles. » Messier l'observa en 1764, et elle porte le n° 15 de son catalogue. William Herschel le résolut en étoiles en 1783. Dans une lunette de moyenne puissance, il offre l'aspect reproduit ici. C'est peu de chose en apparence. Mais, lorsqu'on sait que c'est là un univers composé de plusieurs centaines de soleils, et que notre humanité tout entière, avec tout son orgueil et toutes ses passions, occupe dans l'espace et dans le temps une étendue moindre

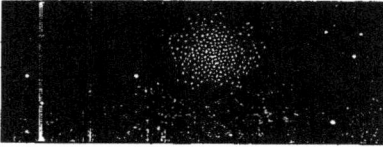

Fig. 120. — Petit amas d'étoiles dans Pégase.

que le plus imperceptible de ces petits points, on conclut que *cela* vaut la peine d'être regardé une fois, lorsque les « importantes » affaires de la vie ne nous clouent pas trop assidûment au boulet terrestre. Un astronome qui, quoique très exact et très scrupuleux dans ses observations et ses calculs, avait cependant la fibre très sensible et ne rougissait pas d'admirer avec passion les célestes splendeurs, D'Arrest, auquel nous devons l'un des meilleurs catalogues de nébuleuses qui existent, se laissait aller aux expressions suivantes dans la description de cet amas. d'étoiles : « Acervus *magnificentissimus*... cumulus *celebratissimus*...» Je préfère cet excès-là à celui de ce chef de service d'un observatoire, qui prétendait interdire l'étude des étoiles doubles à un astronome, sous prétexte qu'il y mettait trop d'enthousiasme et qu'il gâtait le métier.

La constellation du *Petit Cheval*, facile à reconnaître à l'ouest de ε Pégase, n'est formée que d'un petit nombre d'étoiles ; on ne distingue même bien que les cinq que voici, les autres étant de sixième grandeur

PRINCIPALES ÉTOILES DU PETIT CHEVAL
DEUX MILLE ANS D'OBSERVATION

| | —127 | +960 | 1430 | 1500 | 1603 | 1660 | 1700 | 1800 | 1840 | 1860 | 1880 |
|---|---|---|---|---|---|---|---|---|---|---|---|
| α | obsc. | 4 | 4 | 4 | 4 | 3 | 4 | 4.5 | 4 | 4 | 4,0 |
| β | obsc. | 6 | 6 | 4 | 4 | 4 | 4 | 5.6 | 5 | 5 | 5,0 |
| γ | obsc. | 5.6 | 5 | 4 | 4 | 4 | 4 | 5 | 5.4 | 5.4 | 4,5 |
| δ | obsc. | 5.6 | 5 | 4 | 4 | 4 | 4 | 4.5 | 5.4 | 5.4 | 4,5 |
| 1.ε | obsc. | 0 | 0 | 0 | 0 | 5 | 5 | 5.6 | 5 | 5 | 5,4 |

Sur ces cinq étoiles, la seconde, β, a certainement augmenté d'éclat, car, au dixième siècle de notre ère, Abd-al-Rahman-al-Sûfi déclare positivement qu'elle n'était alors que de sixième grandeur, et tel est aussi l'ordre qui lui est assigné par Ulugh-Beigh au quinzième siècle. C'est entre cette époque et celle de Tycho qu'elle est passée de la sixième à la quatrième grandeur, et même un manuscrit du catalogue d'Ulugh-Beigh, sans doute écrit un peu plus tard, la note de cette dernière grandeur. A la fin du dix-huitième siècle, Piazzi l'a enregistrée comme étant de cinquième et demie. Elle est actuellement de cinquième.

Les étoiles γ et δ ont également augmenté d'éclat du seizième au dix-huitième siècle, et il semble qu'on en puisse dire autant d'α, comme si vraiment il y avait prédominance de certaines constitutions physiques ou de certaines influences dans des régions du ciel déterminées.

Lorsqu'on aura reconnu à l'œil nu ce petit astérisme, on pourra regarder avec une jumelle l'étoile γ, et on la verra double ; il y a, à côté d'elle, à 6'6", une étoile de 6ᵉ grandeur, qui porte le n° 6 du catalogue de Flamsteed, et qui forme avec la première un couple très écarté, très facile à observer. La fameuse comète de 1680 est passée dans son voisinage le 3 janvier

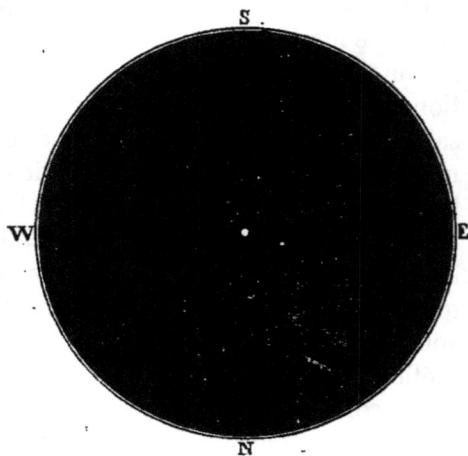

Fig. 121. — L'étoile double 1 ε Petit Cheval.

1681, et je trouve dans les observations faites à l'Observatoire de Paris ce soir-là cette mention : « On s'aperçut que l'étoile γ de la bouche du Petit Cheval était double. » Depuis deux siècles, les positions respectives des deux astres ont été mesurées : ils restent fixes l'un par rapport à l'autre.

L'étoile n° 1, qui n'a pas reçu de lettre grecque dans la classification de Bayer, et qui ne se trouve pas dans son atlas, est cependant ordinairement désignée sous la lettre ε : c'est une double très belle, composée d'une étoile de 5ᵉ grandeur et d'une de 7ᵉ 1/2, écartées à 11″ l'une de l'autre. Depuis un siècle, la petite a tourné de 10° autour de la grande. Celle-ci est double elle-même, mais très serrée (moins de 1″), de sorte qu'il faut une bonne lunette pour la dédoubler; observée en 1780, 1825, 1830 et 1832, elle paraissait simple; ce n'est qu'en 1835 que la seconde étoile, de 7ᵉ grandeur, s'est écartée des rayons de sa primaire, dans lesquels elle avait été éclipsée jusque-là : Struve la découvrit à la minuscule distance de 0″35, et depuis elle s'est lentement séparée en tournant légèrement. C'est là un système ternaire remarquable.

Par une coïncidence curieuse, l'étoile δ ressemble un peu à la précédente : c'est aussi une double très serrée, avec un compagnon écarté. Le couple serré tourne très vite, et son mouvement s'exécute dans le plan de notre rayon visuel, comme celui de l'étoile 42 de la Chevelure, de sorte que le compagnon, de 5ᵉ grandeur, paraît seulement osciller de part et d'autre de l'étoile principale, sur une ligne tracée dans la direction 10° à 190°. Il ne s'éloigne jamais à plus de 0″4, et sa période paraît n'être que de 7 ans : c'est la révolution la plus courte que nous connaissions parmi tous les systèmes d'étoiles doubles. — Nous avons là un groupe de trois soleils, mais non un système stellaire, car la troisième étoile est indépendante des deux premières : elle reste immobile au fond des cieux, tandis que le couple δ marche avec rapidité dans l'espace, lancé par un mouvement propre de 29″ par siècle; c'est ainsi qu'en 1781, la petite étoile, qui n'est, du reste, que de 10ᵉ grandeur, se trouvait à 78° et à 20″ de δ; en 1825, elle était à 42°

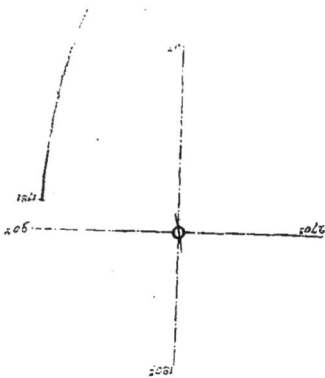

Fig. 122. — Mouvement observé sur l'étoile triple δ du Petit Cheval.

et 26″; en 1835, à 38° et 27″; en 1847, à 32° et 30″; en 1859, à 28° et 33″; en 1870, à 25° et 34″, et qu'elle est actuellement (1880) à 23° et 38″. On peut se rendre compte de ce mouvement de perspective par notre fig. 122.

On voit quelle variété inattendue diversifie la contemplation scienfique du ciel étoilé. Pour l'œil vulgaire, toutes les étoiles se ressemblent, et l'étude générale du ciel paraît dépourvue d'un intérêt direct et passionnant; mais l'œil instruit ne tarde pas à y reconnaître une infinité de petits détails distincts, comme l'œil du botaniste qui, au milieu d'une vaste campagne, reconnaît par habitude toutes les essences des bois et des plantes, là où l'œil du promeneur vulgaire ne voit qu'un fouillis d'arbres et d'herbes plus ou moins verts et plus ou moins parfumés. Combien la connaissance des choses n'augmente-t-elle pas le plaisir de vivre! Comment peut-on même vivre sans s'intéresser à la connaissance de cette immense nature, dont nous faisons partie intégrante, et qui recevra notre dernier soupir comme elle a reçu notre premier vagissement!

Dans cette même région du ciel, on trouvera avec la plus grande facilité une petite constellation, située à l'ouest du Petit Cheval, près de la Voie lactée (*voy.* encore notre *fig.* 116), et que quatre étoiles voisines arrangées en quadrilatère désignent à l'œil le plus inattentif: c'est la constellation du *Dauphin.* Ce Dauphin est-il celui qui sauva le poète Arion du naufrage? Est-il celui que Neptune envoya pour découvrir la retraite d'Amphitrite? Ou bien est-ce

Fig. 123. — Principales étoiles de la constellation du Dauphin.

Acétès, le pirate toscan qui prit la défense de Bacchus? On a dit aussi que ce pourrait bien être le poisson dans lequel Jonas vécut trois jours et trois nuits. D'autres ont cru pouvoir y saluer Apollon à son retour de l'île de Crète. Les Arabes le nommaient *Al-Dulfin*, rare exemple d'étymologie grecque dans cette langue, et aussi *Al-Sàlib*, la Croix. Pour nous, ce qui nous intéresse, ce ne sont ni ces symboles, ni la fable, ni ses commentaires, ce sont les étoiles qui composent ce petit astérisme. On apprendra très facilement à les reconnaître dans le ciel en se servant de notre petite *fig.* 123, et d'autant plus facilement que le voisinage de la brillante Altaïr, α de l'Aigle, ferait cesser toute équivoque. La forme allongée de l'arrangement des étoiles s'adapte assez bien à l'idée d'un poisson et même à la forme spéciale du dauphin, et il n'y a rien de surprenant à ce que les marins de Tyr ou de Sidon aient trouvé une ressemblance suffisante pour lui donner cette désignation. Voici les principales étoiles, avec les observations faites depuis deux mille ans, car, malgré son éxiguïté, cette constellation fait partie des quarante-huit anciennes de la sphère grecque.

### PRINCIPALES ÉTOILES DU DAUPHIN
#### DEUX MILLE ANS D'OBSERVATION

|   | −127 | +960 | 1430 | 1590 | 1603 | 1660 | 1700 | 1800 | 1840 | 1860 | 1880 |
|---|---|---|---|---|---|---|---|---|---|---|---|
| α | 3.4 | 3.4 | 3 | 3 | 3 | 3 | 3 | 3.4 | 4.3 | 4.3 | 3,7 |
| β | 3.4 | 3.4 | 3 | 3 | 3 | 3 | 3 | 4 | 3.4 | 3.4 | 3,3 |
| γ | 3.4 | 3.4 | 3 | 3 | 3 | 3 | 3 | 4 | 3.4 | 4 | 3,4 |
|   | 3.4 | 3.4 | 3 | 3 | 3 | $3\frac{1}{2}$ | $3\frac{1}{2}$ | 5 | 4 | 4 | 4,0 |
| ι | 3.4 | 4.3 | 4 | 3 | 3 | 3 | 3 | 4 | 4 | 4 | 4,0 |
| ζ | 6 | 6 | 6 | 5 | 5 | 5 | 5 | 5 | 5.4 | 5.4 | 4,9 |
| η | 6 | 6 | 6 | 6 | 6 | 6 | 6 | 6 | 6.5 | 6.5 | 5,8 |
| θ | 6 | 6 | 6 | 6 | 6 | 6 | 6 | 5 | 6 | 6 | 6,0 |
| ι | 6 | 6 | 6 | 6 | 6 | 6 | 6 | 5.6 | 6 | 6.5 | 5,7 |
| κ | 6 | 6 | 6 | 6 | 6 | 6 | 6 | 5.6 | 5 | 5 | 4,8 |

Les deux étoiles les plus brillantes de la constellation sont aujourd'hui β et γ, tandis qu'à l'époque de Bayer, c'est α qui a reçu la première lettre; α, β, γ, δ ont été, du reste, inscrites du même éclat. α a diminué, et il en est de même de δ, que Piazzi a notée de 5ᵉ grandeur. Au contraire, ζ et κ ont augmenté lentement d'éclat depuis l'antiquité.

Il y a là trois étoiles variables : R, S et T; la première variant, en 284 jours, de la 8ᵉ à la 13ᵉ grandeur; la seconde variant, en 275 jours, de la 8ᵉ 1/2 à la 11ᵉ; et la troisième variant, en 332 jours, de la 8ᵉ 1/2 au-dessous de la 13ᵉ. Mais l'observation de ces lointaines et inconstantes lumières sort du domaine de l'astronomie populaire.

Les deux étoiles principales de cette petite constellation, α et β, sont désignées dans le Catalogue de Piazzi sous les noms respectifs de *Sualocin* et *Rotanev*, qui n'ont rien d'arabe et sonnent à l'oreille des étymologistes comme une véritable cacophonie de barbarismes. La recherche de l'origine arabe de ces noms a longuement intrigué l'esprit si ingénieux de l'amiral Smyth, et on le croit sans peine quand on sait qu'ils ne sont dus qu'à une plaisanterie un peu enfantine d'un astronome en bonne humeur, — sans doute de Piazzi lui-même. Ces deux noms retournés font, en effet, *Nicolaus Venator*, et le compagnon de Piazzi, à l'Observatoire de Palerme, n'était autre que Niccolo Cacciatore, qui mourut en 1841. Tout le monde sait que cacciatore veut dire chasseur, en latin *venator*. Ces deux étoiles portent donc tout simplement les noms de Nicolas Cacciatore, latinisés et retournés!

On peut, du reste, remarquer que l'arabe ressemble un peu de loin à une langue écrite à l'envers. Écrivez une phrase quelconque en commençant par la fin, et vous ne tarderez pas à trouver dans plusieurs mots retournés de véritables expressions arabes.

Cette plaisanterie rappelle celle qui fut faite au commencement de ce siècle, à un archéologue très instruit, par un étudiant qui prétendait avoir trouvé sur la colline de Montmartre une vieille pierre taillée portant cette inscription :

C.E....S.T.I....C.I.L.E.C....H.E.M..<br>..I.N.D....E.S.A.N....E.S..

On dit que plusieurs membres de l'Académie des Inscriptions y ont

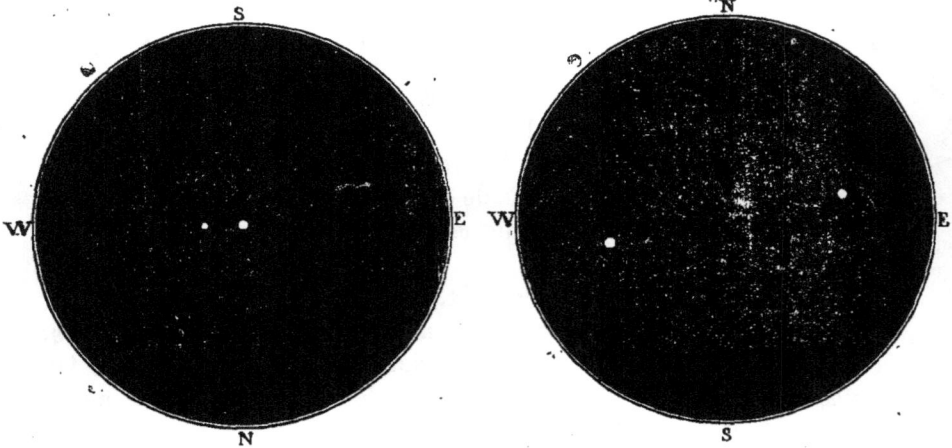

Fig. 124. — L'étoile double γ du Dauphin.     Fig. 125. — Étoile triple délicate entre β et ζ du Dauphin.

été pris. Le fait est que, plus on cherche, et moins on trouve. Il n'y a qu'à lire cette phrase couramment : « C'est ici le chemin des ânes. »

Mais revenons au Dauphin. L'étoile γ est une magnifique étoile double, de 4ᵉ et 6ᵉ grandeurs, à 11″ d'écartement, orange et verte. La petite étoile varie de couleur, de l'orange au jaune, au vert et au bleu; le plus souvent, elle est vert émeraude. Couple élégant, qui n'a tourné que de 9 degrés depuis cent vingt-cinq ans qu'on l'observe. Observation intéressante à faire pour les dames pendant les belles soirées de juillet, août, septembre et octobre : leurs yeux sont accoutumés à juger des moindres nuances; cependant, je crois pouvoir leur prédire qu'elles différeront toutes de jugement sur les couleurs des composantes de cette étoile double.

L'étoile β est quadruple, mais son observation est réservée aux grands instruments. Il y a deux compagnons, de 10° et 13° grandeurs, à 35″ et à 28″, et l'étoile principale est double elle-même, excessivement serrée (0″4) et en mouvement très rapide.

x, 4,8 et 11, à 10″, est un peu moins difficile.

Pointer une lunette sur θ : très beau champ d'étoiles.

En définitive, il n'y a dans cette petite constellation qu'une belle étoile double, γ, mais en revanche elle est fort jolie, et l'on peut l'admirer avec le plus faible instrument, par exemple avec nos lunettes n° 1 et n° 2 munies de leur simple oculaire terrestre. Si nous n'avions pour principe constant de ne signaler ici que les observations les plus faciles à faire, nous pourrions indiquer un autre groupe, très fin et très délicat, une ravissante étoile triple, qui n'est, du reste, pas difficile à trouver, car elle brille d'une tranquille clarté entre β et ζ du Dauphin, et si l'on dirige une lunette sur ces deux étoiles (qui peuvent entrer toutes les deux dans le champ dont nous venons de parler), on ne peut pas s'empêcher de la voir. Mais ses composantes ne sont que de septième à huitième grandeur, fines comme des piqûres d'aiguille, et il faut mettre l'instrument bien au point pour qu'elles se détachent nettement sur le fond noir du ciel. Distances : AB = 26″; BC = 57″; AC = 69″. — Nous donnerons plus loin les indications utiles pour tirer le meilleur parti possible des instruments que l'on peut avoir à sa disposition. — Notre *fig.* 125 représente ce champ de l'oculaire terrestre (image droite) des lunettes de 50 et 75 millimètres, avec les deux brillantes étoiles dans le champ, d'après l'observation que je viens d'en faire ce soir même (6 juillet 1880), en écrivant ces lignes, le télescope d'une main et la plume de l'autre.

Les constellations que nous venons d'étudier nous amènent maintenant en pleine Voie lactée, et nous arrivons ici à la description de l'une des régions du ciel les plus splendides.

# CHAPITRE VIII

**La Voie lactée. — Structure générale de l'univers. — Distribution
des nébuleuses. — La constellation du Cygne.
Étoiles variables et temporaires. — Histoire de la 61ᵉ du Cygne; première étoile
dont on ait déterminé la distance. — Le Petit Renard.**

A l'heure silencieuse de minuit, dans la solitude tranquille des
campagnes, sur le rivage de la mer à l'éternel murmure, la contemplation du ciel transporte nos âmes au sein des régions lointaines et
infinies. Spectacle grandiose et sublime! la terre est endormie avec
ses passions grossières et bruyantes; la mer assoupit la plainte de ses
ondes et s'étend, désert immense, comme une image de l'infini supérieur, et là-haut, dans l'espace insondable, scintillent les étoiles
multipliées. C'est un abîme céleste, d'une telle immensité et d'une
telle profondeur, que le regard qui cherche à passer entre les étoiles
ne tarde pas à tomber dans des vides informes, et que l'esprit s'arrête
frappé d'émotion et de vertige. Une vaste traînée blanchâtre s'élève
comme une arche aérienne à travers la voûte étoilée; l'œil y découvre
des irrégularités bizarres : ici, elle coule comme un fleuve céleste dans
un lit étroit et monotone; là, elle se divise en deux branches qui vont
se séparant l'une de l'autre; plus loin, elle paraît se déchirer en lam-
beaux, comme une toison légère cardée par les vents du ciel. Les
gracieuses légendes de la mythologie voyaient là des gouttes de lait
tombées du sein de Junon lorsque Hercule rassasié détourna ses lèvres
du sein qui lui était offert; la poésie égyptienne saluait en elle un
chemin éthéré conduisant à la demeure des dieux; les historiens des
vieilles traditions prétendaient y reconnaître la trace de l'incendie
allumé par Phaéton lorsque le char du Soleil, mené par ce conducteur
novice, glissa obliquement dans les cieux et faillit embraser l'univers.
A l'époque où l'on croyait le firmament solide, on y voyait la soudure
des deux hémisphères célestes, et naguère encore les chrétiens mystiques croyaient y deviner le chemin des âmes vers les mystérieuses
régions de l'éternité.

Nous savons aujourd'hui que la Voie lactée est formée d'une multitude innombrable d'étoiles serrées les unes contre les autres, et, comme nous savons en même temps que, loin de se toucher, ces étoiles sont séparées les unes des autres par des intervalles nécessaires de plusieurs millions de lieues, l'immensité révélée par cette prodigieuse agglomération d'étoiles est telle, que l'esprit ne peut la considérer sans éblouissement, et que les plus poétiques images de l'antiquité s'évanouissent en fumée devant l'impression causée par la contemplation moderne.

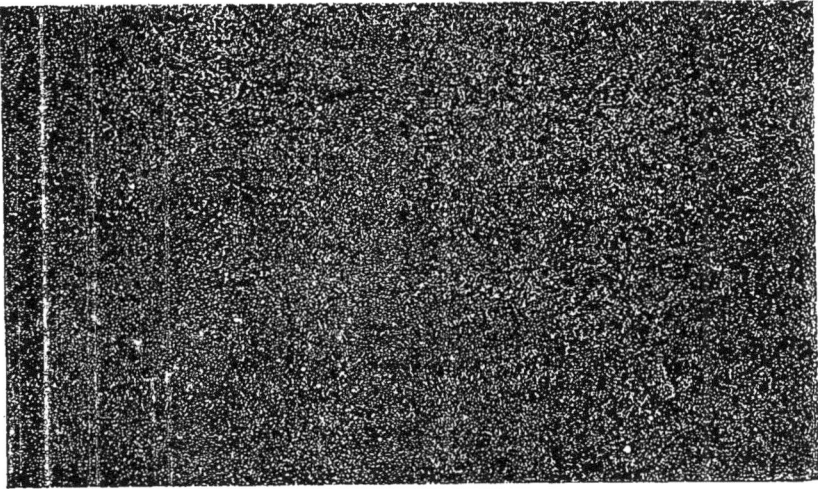

Fig. 126. — Champ d'étoiles dans la Voie lactée (Région du Cygne et de l'Aigle).

Oui, il y a là tant d'étoiles, c'est-à-dire tant de soleils, que l'esprit en est littéralement ébloui. Dans la constellation du Cygne, où nous amène en ce moment notre description générale du ciel, et qui est précisément l'une des plus denses de la Voie lactée, William Herschel comptait, sur un champ télescopique de la dimension de la pleine lune, 1 800 et 2 000 étoiles. Dans la zone plus dense encore de l'Aigle, il en comptait 2 300. En laissant l'œil à l'oculaire, on voyait passer 116 000 étoiles dans le court intervalle d'un quart d'heure, en un champ télescopique qui ne mesurait que 15′ de diamètre, c'est-à-dire le quart de la surface précédente. D'autres régions plus pauvres ne donnaient, au contraire, que 500, 200, 80 ou même seulement quelques étoiles. Par ces jauges laborieuses, l'éminent astronome arriva à la conclusion que son télescope ne lui montrait pas moins de *dix-huit millions* de soleils dans la Voie lactée tout entière! (¹)

Observons-la pendant ces heures favorables où elle s'élève très haut dans le ciel, emportée, comme tout le firmament, par le mouvement diurne qui élève les astres des vapeurs de l'horizon oriental vers les sereines hauteurs zénithales pour les abaisser ensuite vers l'horizon occidental : les belles nuits d'été sont les plus agréables pour cette contemplation, lorsque Cassiopée, le Cygne, l'Aigle, le Serpentaire, le Scorpion, lancent dans l'espace cette courbe immense et vaporeuse. Si la nuit est profonde, la lune absente, l'atmosphère limpide et transparente, on suit facilement cette traînée lumineuse qui s'étend le long du ciel entier comme un arc de grand cercle. Elle continue son cours sous la Terre et revient par nos antipodes rejoindre la partie visible sur notre horizon; si la Terre était supprimée ou rendue transparente, cette ceinture céleste apparaîtrait sans solution de continuité. Puisque la Voie lactée nous entoure de toutes parts, nous sommes dedans, et le premier point démontré par ce fait est que notre soleil est l'une des étoiles de la Voie lactée.

Si maintenant nous l'examinons plus minutieusement, nous ne tardons pas à reconnaître que ce n'est pas là une couche d'étoiles homogène et régulière, mais qu'il y a là des régions particulièrement blanches où les étoiles sont très nombreuses et très condensées, tandis qu'en certains points l'espace en paraît beaucoup moins chargé et presque dépourvu. Ainsi, on remarque une tache très brillante au nord et à l'ouest des trois étoiles de l'Aigle, une autre dans l'Ecu de Sobieski et sous la Flèche du Sagittaire, trois autres près des étoiles $\alpha$, $\beta$ et $\gamma$ du Cygne, une autre dans Persée, tandis que l'œil s'arrête avec étonnement sur une place très obscure entre $\alpha$ et $\gamma$ Cassiopée, et sur une autre non moins curieuse dans le Cygne, donnant l'idée de vides dévastés à travers cette opulente région. Sa largeur ne varie pas moins que son intensité. Du Cygne, où elle présente sa plus grande étendue, elle se partage en deux branches sur la constellation de l'Aigle; le rameau principal court à travers Antinoüs, l'Ecu de Sobieski et le Sagittaire, tandis que l'autre se dirige vers le Scorpion, où il semble s'affaiblir et disparaître. Ces rameaux se courbent pour se réunir dans

---

(¹) Si vous voulez jouir d'un beau spectacle, dirigez une lunette munie de son plus faible oculaire vers une région blanche de la Voie lactée : mettez bien la lunette au point afin de distinguer chaque étoile comme une piqûre d'aiguille et laissez-la en repos. Quand votre œil sera fait à l'obscurité, vous verrez le champ de la lunette rempli d'une poussière de diamants scintillant de mille feux.

l'hémisphère austral, au Centaure ; dans le Triangle austral, la Voie
devient extrêmement brillante, puis elle passe par la Croix du sud, où
elle présente une lacune, un vide, un trou encore plus étrange que
dans le Cygne, connu des marins sous le nom de sac à charbon.
Ensuite elle se retrécit jusqu'à n'offrir que 4 degrés de largeur, tandis
qu'elle en a 16 dans le Cygne, et que ses deux branches s'étalent sur
plus de 22 degrés entre Ophiuchus et Antinoüs. Plus loin, elle se dilate de nouveau et se termine en éventail à trois branches bien dis·
tinctes. De là, par les constellations du Grand Chien, de la Licorne,
du Taureau et des Gémeaux, elle arrive irrégulièrement au Cocher, et
de nouveau elle se dilate dans Persée et Cassiopée pour revenir au
Cygne. On se formera une idée exacte de cette circumnavigation céleste par l'examen de notre *fig.* 127.

La Voie lactée est donc une nébuleuse résoluble, un *amas d'étoiles
de forme irrégulière*, non pas sphérique, mais au contraire aplati, répandu à peu près dans un même plan, avec des traînées d'étoiles qui
s'enfuient dans l'infini. Nous nous trouvons à peu près dans son plan
moyen, pas tout à fait dans ce plan, car elle ne dessine pas rigoureusement un grand cercle, mais plutôt un petit cercle tracé à 5 degrés du
grand cercle qui lui serait parallèle. Nous ne sommes pas non plus au
centre de cet amas d'étoiles, car sa densité nous paraît deux fois plus
grande du côté de la XVIII<sup>e</sup> heure d'ascension droite que du côté de
la VI<sup>e</sup>, et par conséquent nous sommes plus près des régions où trône
Sirius que de celles où se dessine l'Ecu de Sobieski. Maintenant, quelle
est la forme exacte de notre immense nébuleuse ? Si nous pouvions
en sortir et l'examiner d'un peu loin, la solution du problème nous
serait sans doute assez rapidement acquise ; mais, noyés comme nous
le sommes dans cette armée d'étoiles, comment en découvrir l'arrangement général et les limites extérieures ? Malgré les beaux travaux et
les ingénieuses recherches des deux Herschell, de William Struve, de
Mædler, de Secchi, de Proctor, il serait prématuré de prétendre en
faire le dessin, soit en forme d'île triangulaire, soit en forme d'anneau
dédoublé, soit en forme de serpent.

Il est certain que les étoiles qui constituent les agglomérations lumineuses de la Voie lactée ne sont pas toutes d'égale grosseur, — par
exemple de la dimension de notre soleil ou plus volumineuses encore,
— mais qu'un grand nombre sont des soleils plus petits que le nôtre,
et distribués en groupes innombrables, où des centaines, peut-être des
milliers de soleils, au lieu d'être écartés à des trillions de lieues, ne le
sont qu'à des milliards, des centaines de millions, ou moins encore.

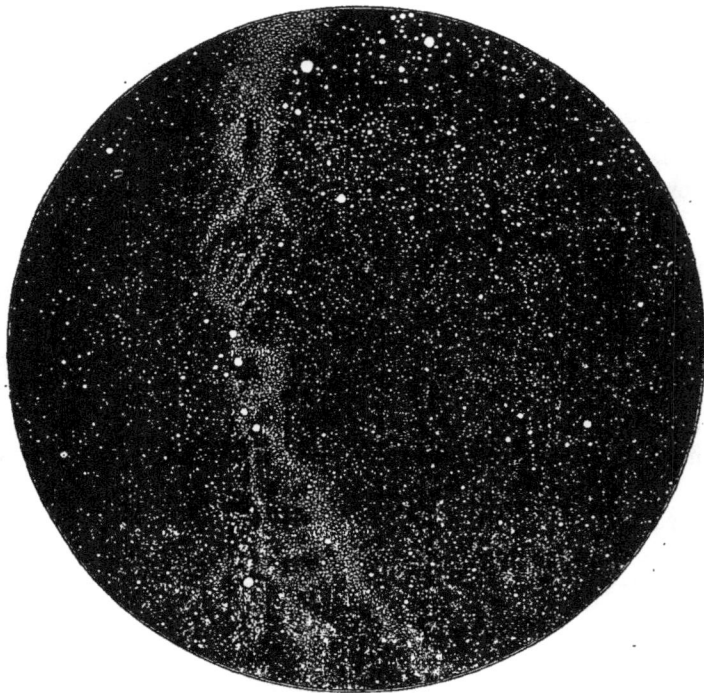

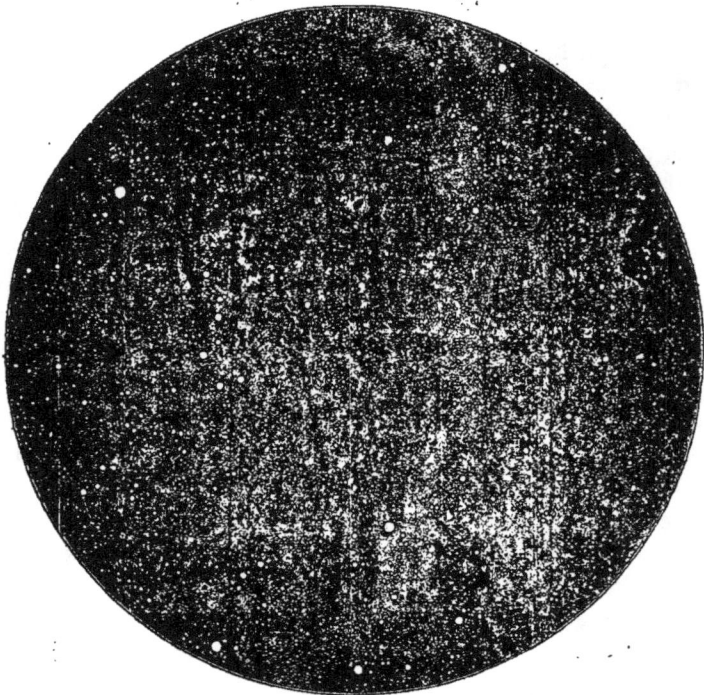

Fig. 127. — La voie lactée et les étoiles visibles à l'œil nu.

Toutes les étoiles visibles au ciel font-elles partie de notre nébuleuse? Probablement, car le nombre des étoiles, leur densité, augmente dans le ciel entier à mesure qu'on s'approche de la Voie lactéc. Ainsi les jauges d'Herschel et de Struve donnent la curieuse proportion que voici :

DENSITÉ DES ÉTOILES PAR RAPPORT A LA VOIE LACTÉE

| | | |
|---|---|---|
| Dans la Voie lactée. . . . . | 122 | étoiles par champ de 15' |
| à 15 degrés de part et d'autre | 30 | —  ·      — |
| 30      —      — | 18 | —      — |
| 45      —      — | 10 | —      — |
| 60      —      — | ˙6 | —      — |
| 75      —      — | 4 | —      — |

On voit que les étoiles sont en moyenne trente fois plus nombreuses dans le plan de la Voie lactée que vers ses pôles, et que la densité va en croissant progressivement. D'un autre côté, les petites étoiles sont relativement plus nombreuses que les grandes dans et vers la Voie lactée qu'en s'en éloignant.

Il n'y a rien d'impossible, toutefois, à ce qu'à travers des espaces pauvres ou vides de notre amas, nous percions dans l'infini et y découvrions des étoiles qui nous soient étrangères. Certains amas d'étoiles, comme celui de la Chevelure de Bérénice, paraissent être indépendants. Les nébuleuses surtout semblent former un système étranger à celui de la Voie lactée. Leur distribution sur la sphère céleste est précisément contraire à celle des étoiles : la plus grande densité se manifeste près des pôles de la Voie lactée. On aura une idée très exacte de la distribution des nébuleuses par notre *fig.*128, reproduite d'après une communication de mon laborieux collègue Proctor à la Société royale astronomique de Londres. Chacun des points de cette figure marque la place d'une nébuleuse irrésoluble; il y en a 4053 : on voit qu'elles semblent fuir la Voie lactée et que leur plus grande agglomération s'établit justement à angle droit avec cette zone. C'est là un fait extrêmement remarquable. C'est comme si l'univers des nébuleuses était complémentaire de l'univers sidéral. Dans ce cas, les nébuleuses, considérées dans leur ensemble, ne seraient pas plus éloignées de nous que les étoiles. Cela ne les empêche pas de planer à des trillions de lieues de nous, et cela n'empêche pas non plus un certain nombre d'entre elles d'être sans doute au delà de notre propre univers.

Pendant les belles nuits de juin et juillet, tournez-vous vers l'est et élevez vos regards vers la Voie lactée, déjà assez haute dans le ciel vers dix heures du soir, et vous ne tarderez pas à remarquer dans cette zone laiteuse une grande croix formée d'étoiles assez brillantes. Cette belle constellation passe le soir au zénith de Paris en août et septembre, et on peut encore l'admirer en octobre et novembre lorsqu'elle descend avec lenteur vers l'horizon occidental. La tête de cette grande croix est formée, à l'est, par une belle étoile de deuxième grandeur (presque de première), α. La croisée de la Croix est marquée par une étoile de deuxième ordre également, mais moins brillante, γ; les deux côtés sont indiqués par δ et ε, de troisième grandeur, et le pied est marqué au loin, vers l'ouest, par β, charmante étoile, de troisième grandeur aussi, mais particulièrement belle dans une lunette, car c'est l'une des

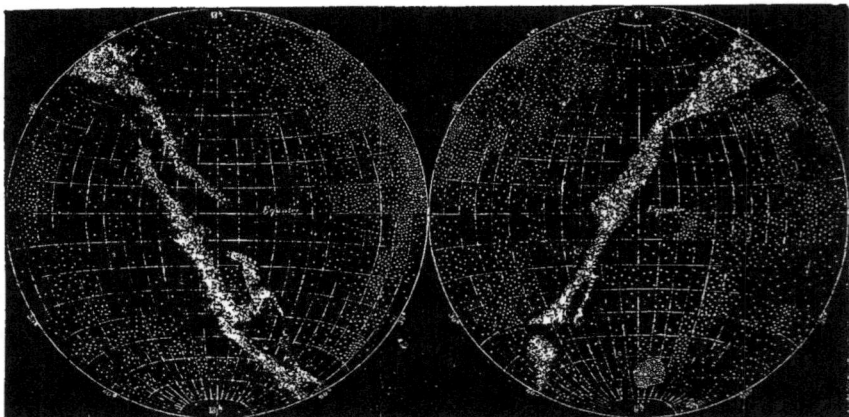

Fig. 128. — Distribution des nébuleuses

étoiles doubles les plus ravissantes et les plus faciles à observer. En certaines heures calmes et profondes de la nuit, où la Voie lactée devient lumineuse comme une mer phosphorescente, cet arrangement peut rappeler vaguement l'aspect d'un cygne étendu, surtout à cause de la blancheur qui s'y manifeste, et l'on peut concevoir que l'idée en soit venue aux anciens contemplateurs de la voûte céleste, qui cherchaient avec tant de persistance des emblèmes de la vie, des rapports et des aspects.

Mais ce qui frappe au premier coup d'œil jeté sur le ciel dans cette région, c'est la forme de cette vaste croix, manifeste et indépendante du ton lumineux ajouté par la Voie lactée. Aussi n'y a-t-il rien de surprenant à ce que le novateur Schiller, dans sa tentative de christianiser le ciel mythologique, essayée en 1627, ait substitué à l'ancien astérisme des païens une croix portée par sainte Hélène, la mère de Constantin, à laquelle la tradition attribuait, comme on sait, la découverte de la vraie croix sur laquelle Jésus avait rendu le dernier soupir, et qui était égarée depuis trois cents ans.

Les anciens avaient identifié le cygne céleste avec l'oiseau dont le perfide Jupiter avait emprunté la forme pour séduire l'innocente Léda.

Fig. 129. — La Croix du Cygne dans la Voie lactée.

Cependant ils ne sont pas tous d'accord sur ce point délicat. Hipparque et Ptolémée la nomment simplement Ornithos, l'oiseau. Manéthon l'appelait, plus vulgairement, la Poule. Eratosthènes lui maintient son titre de Cygne. Les Arabes du x° siècle en avaient fait un pigeon, et aussi une poule. Ce dernier nom lui est resté pendant tout le Moyen Age. Mais, à dater de la Renaissance, le Cygne a repris le dessus.

α du Cygne porte aussi le nom de *Deneb*, abrégé de l'arabe *dheneb-ed-dajàjeh* (la queue de la poule). β se nomme aussi *Albireo*, mot qui n'a rien d'arabe, et doit être une dérivation de *ab ireo*, originaire d'une traduction latine de l'*Almageste* où l'on a écrit *euris* pour *ornis*, d'où le latin *irio*, puis *ireo*, ce qui n'a plus de sens du tout.

On n'a pu découvrir aucune parallaxe ni aucun mouvement propre à Deneb, ce qui indique une distance inconcevable et un volume gigantesque. Les études spectroscopiques montrent qu'elle s'approche de nous de jour en jour. Mais il faudrait des millions d'années pour qu'elle arrivât à nous éclairer comme un second soleil descendu des cieux.

Le tableau de la page suivante et la figure qui l'accompagne ren-

Fig. 130. — La Croix et Sainte Hélène, constellation chrétienne du xvii<sup>e</sup> siècle.

ferment toutes les étoiles de cette belle constellation, qui sont visibles à l'œil nu pour une vue moyenne. On remarquera, par la comparaison des observations faites depuis deux mille ans, que plusieurs de ces lointains soleils ont certainement varié d'éclat.

Et d'abord, il est manifeste que l'idée ne saurait venir à personne aujourd'hui de donner la seconde lettre à β, dont l'éclat est inférieur à γ, δ et ε. Cependant il est probable que ce n'est pas elle qui a varié, mais que les trois autres ont augmenté d'éclat.

L'étoile η, qui était une brillante de la quatrième grandeur du temps d'Hipparque, a été notée de cinquième aux x<sup>e</sup> et xv<sup>e</sup> siècles,

ÉTOILES PRINCIPALES DE LA CONSTELLATION DU CYGNE
DEUX MILLE ANS D'OBSERVATION

| ÉTOILES | −127 | +960 | 1430 | 1590 | 1603 | 1660 | 1700 | 1800 | 1840 | 1860 | 1880 |
|---|---|---|---|---|---|---|---|---|---|---|---|
| α (Deneb.) | 2 | 2 | 2 | 2 | 2 | 2 | 2 | 1 | 2.1 | 2.1 | 2,0 |
| β (Albireo.) | 3 | 3.4 | 3 | 3 | 3 | 3 | 3 ½ | 3 | 3 | 3 | 3,4 |
| γ | 3 | 3.2 | 3 | 3 | 3 | 3 | 3 | 3 | 3.2 | 2.3 | 2,5 |
| δ | 3 | 3 | 3 | 3 | 3 | 3 | 3 ½ | 3.4 | 3 | 3.2 | 2,9 |
| ε | 3 | 3 | 3 | 3 | 3 | 3 | 3 | 3 | 3.2 | 3.2 | 2,7 |
| ζ | 3 | 3 | 3 | 3 | 3 | 3 | 3 | 3 | 3 | 3 | 3,3 |
| η | 4.3 | 5 | 5 | 4 | 4 | 4 | 6 | 6.7 | 4.5 | 4.5 | 4,6 |
| θ | 4 | 4.5 | 4 | 4 | 4 | 4 | 4 | 4 | 5.4 | 5.4 | 4,6 |
| ι | 4.3 | 4 | 4 | 4 | 4 | 4 | 6 | 5 | 4 | 4.5 | 4,0 |
| κ | 4.3 | 4 | 4 | 4 | 4 | 4 | 4 | 4 | 4 | 4 | 4,1 |
| λ | 4.3 | 4.5 | 4 | 4 | 4 | 4 | 4 | 5 | 5.4 | 5.4 | 5,3 |
| μ | 0 | 0 | 0 | 3 | 4 | 3 | 5 | 5 | 4.5 | 4.5 | 4,6 |
| ν | 4.3 | 4 | 4 | 4 | 4 | 4 | 4 | 4 | 4 | 4 | 4,2 |
| ξ | 4.3 | 4 | 4 | 4 | 4 | 4 | 4 | 4 | 4 | 4 | 4,1 |
| ο¹ | 4.3 | 4.3 | 4 | 4 | 4 | 4 | 4 ½ | 4.5 | 4 | 4.5 | 4,1 |
| ο² | 4 | 4 | 4 | 4 | 4 | 4 | 5 | 4 | 4.5 | 5.4 | 4,3 |
| π¹ | 0 | 0 | 0 | 0 | 4 | 5 | 4 | 4.5 | 5.4 | 5.4 | 4,8 |
| π² | 0 | 0 | 0 | 4 | 4 | 5 | 5 | 4 | 5 | 4.5 | 4,5 |
| ρ | 0 | 0 | 0 | 0 | 4 | 5 | 4 | 5 | 4.5 | 4 | 4,2 |
| σ | 4 | 4 | 4 | 4 | 4 | 4 | 4 | 4.5 | 4.5 | 4.5 | 4,4 |
| τ | 4.3 | 4.3 | 4 | 4 | 4 | 4 | 4 | 5 | 4 | 4 | 4,0 |
| υ | 0 | 5.4 | 0 | 0 | 4 | 4 | 5 | 4.5 | 4.5 | 4.5 | 4,6 |
| φ | 5 | 6.5 | 6 | 5 | 5 | 5 | 5 | 4 | 5 | 5 | 5,0 |
| χ¹ | 0 | 0 | 0 | 0 | 5 | 5 | 5 | 5 | 5.6 | 5.6 | 5,3 |
| χ² | 0 | 0 | 0 | 0 | 5 | 5 | 5 | 6.7 | var. | var. | var. |
| ψ | 0 | 0 | 0 | 0 | 5 | 0 | 5 | 5.6 | 5 | 5.6 | 5,3 |
| ω | 5 | 5 | 5 | 0 | 5 | 6 | 5 | 5 | 5 | 5 | 5,2 |
| 2 | 0 | 0 | 0 | 0 | 5 | 5 | 5 | 5.6 | 5 | 5.6 | 5,3 |
| 4 | 0 | 0 | 0 | 0 | 0 | 6 | 6 | 6 | 5 | 5 | 5,0 |
| 8 | 0 | 0 | 0 | 0 | 5 | 6 | 6 | 6 | 5.4 | 5.4 | 5,0 |
| 20 d | 0 | 0 | 0 | 0 | 5 | 0 | 5 ½ | 5.6 | 5.6 | 5.6 | 5,5 |
| 27 b¹ | 0 | 0 | 0 | 0 | 5 | 5 | 5 | 6 | 6.5 | 6.5 | 5,3 |
| 28 b² | 0 | 0 | 0 | 0 | 0 | 5 | 5 | 5 | 5 | 5.6 | 5,0 |
| 29 b³ | 0 | 0 | 0 | 0 | 6 | 5 | 6 | 5.6 | 5 | 5 | 5,6 |
| 33 | 0 | 0 | 0 | 0 | 0 | 0 | 5 | 4.5 | 4.5 | 4.5 | 4,4 |
| 34 P | 0 | 0 | 0 | 0 | 3 | var. | 6 | 5.6 | 5 | var. | 5,5 |
| 39 | 0 | 0 | 0 | 0 | 4 | 4 | 6 | 5 | 5 | 5 | 5,0 |
| 41 | 0 | 0 | 0 | 0 | 4 | 4 | 4 | 4.5 | 4.5 | 4.5 | 4,8 |
| 47 | 0 | 0 | 0 | 0 | 3 | 4 | 6 | 6 | 5.6 | 5.6 | 5,2 |
| 48 | 0 | 0 | 0 | 0 | 0 | 0 | 6 | 6.7 | 6 | 5.6 | 5,5 |
| 52 | 0 | 0 | 0 | 0 | 4 | 4 | 6 | 5.6 | 4.5 | 4.5 | 4,6 |
| T | 0 | 0 | 0 | 0 | 0 | 0 | 0 | 0 | 0 | var. | 6,0 |
| 61 | 0 | 0 | 0 | 0 | 0 | 5 | 6 | 5.6 | 5.6 | 5 | 5,4 |
| 68 A | 0 | 0 | 0 | 0 | 6 | 6 | 6 | 0 | 5 | 5 | 5,0 |
| 70 | 0 | 0 | 0 | 0 | 0 | 0 | 6 | 6 | 6.5 | 5 | 5,5 |
| 71 S | 0 | 0 | 0 | 0 | 6 | 0 | 6 | 5 | 5 | 5 | 5,4 |
| 72 | 0 | 0 | 0 | 0 | 0 | 0 | 6 | 5.6 | 5 | 5.6 | 5,5 |
| 74 | 0 | 0 | 0 | 0 | 0 | 0 | 6 | 6 | 5 | 5 | 5,5 |

est remontée à la quatrième aux xvie et xviie, puis est tombée
au-dessous de la sixième au xviiie siècle, pour revenir à la quatrième
et demie, son état actuel.

L'étoile ɩ, de quatrième grandeur, a été vue de sixième par Flamsteed et de cinquième par Piazzi.

L'étoile λ, autrefois une brillante de la quatrième, est aujourd'hui une faible de la cinquième.

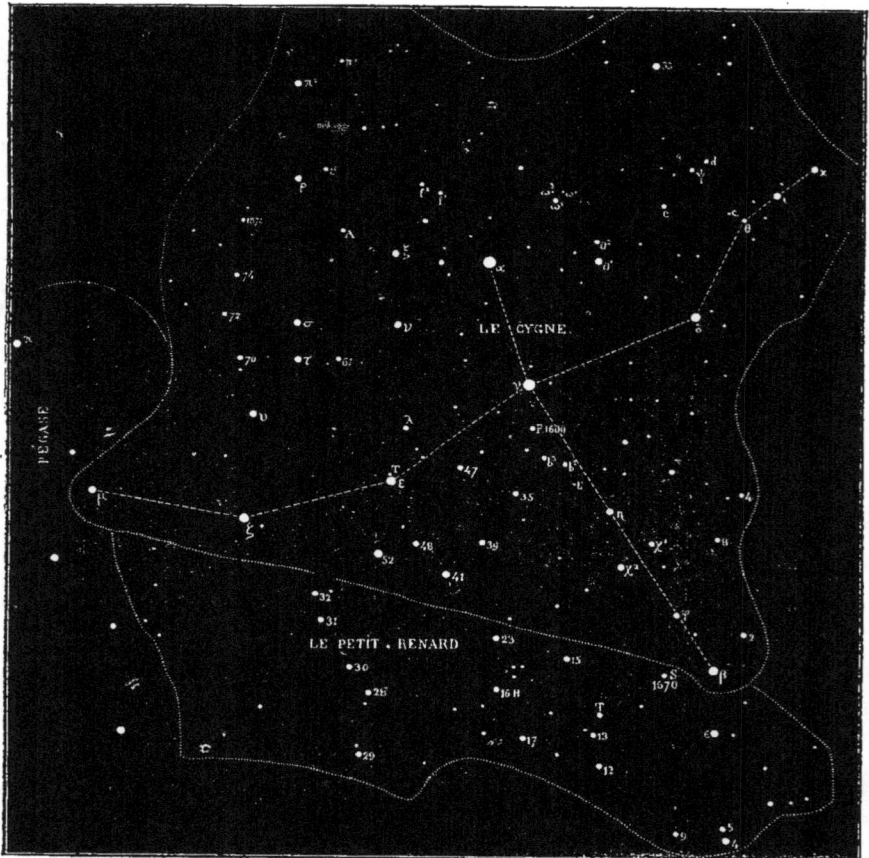

Fig. 131. — Étoiles du Cygne et du Petit Renard.

L'étoile μ, invisible ou peu brillante pendant l'antiquité et le moyen âge, a brillé de l'éclat de la troisième grandeur au temps de Tycho-Brahé et d'Hévélius, pour retomber à la cinquième grandeur et se relever légèrement pendant notre siècle.

L'étoile φ, notée de sixième grandeur par Sûfi et par Ulugh-Beigh, a été vue de quatrième par Piazzi.

L'étoile 39 a été observée de quatrième grandeur par Hévélius et de sixième par Flamsteed. Il en est de même de l'étoile 47 et de l'étoile 52.

Ce sont là autant de témoignages des variations séculaires qui s'accomplissent dans la constitution physique et chimique des soleils allumés au sein de l'immensité. Cette constellation est, du reste, l'une des plus remarquables du ciel par ses étoiles variables.

Et d'abord, la fameuse étoile χ, située dans le col, entre β et γ, à peu près au tiers de la distance à partir de β, qui varie *de la quatrième grandeur et demie à la treizième* dans la période de 406 jours environ, mais avec certaines irrégularités. Cette étonnante variabilité a été remarquée dès l'an 1687 par G. Kirch, et la période a été déterminée par Maraldi. Quelle transformation extraordinaire! C'est, à coup sûr,

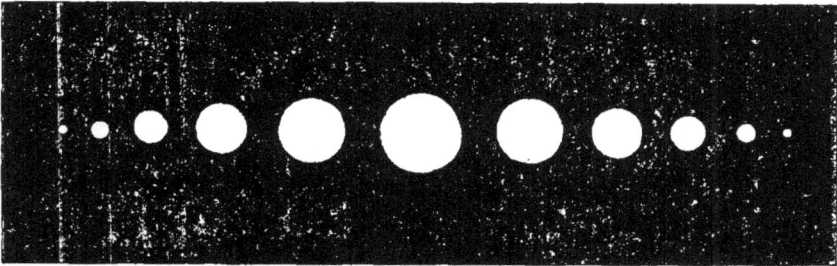

Fig. 132. — Variation périodique d'éclat de l'étoile χ du Cygne.

l'une des variables qui manifeste le plus grand contraste entre son maximum et son minimum. Voilà un soleil qui envoie 4600 fois plus de lumière et de chaleur à la première époque qu'à la seconde! Que deviendrions-nous si notre soleil subissait de pareilles métamorphoses tous les treize mois environ? Quel été et quel hiver d'un nouveau genre!

Le dernier maximum est arrivé le 10 juin 1880.

Non loin de là se trouve une autre étoile non moins curieuse. C'est 34 P, visible un peu plus loin, à la naissance du cou du Cygne, au sud de γ. Elle a été vue pour la première fois le 18 août de l'an 1600 par un constructeur de globes célestes, Blaeu, élève de Tycho-Brahé, et notée de troisième grandeur, à son grand étonnement, puisque les astronomes n'avaient jamais remarqué là aucune étoile. Il a lui-même inscrit sa découverte sur son globe, construit en 1622 (dont on peut voir un exemplaire au Conservatoire des Arts et Métiers, à Paris). Dès cette époque, elle était déjà tombée à la cinquième grandeur

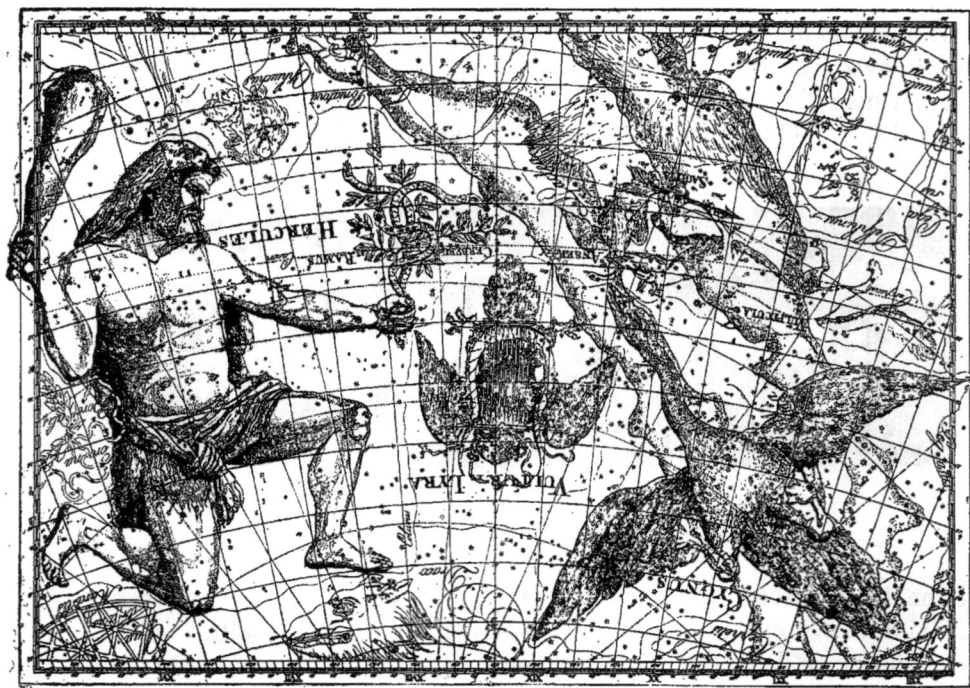

Fig. 123. — Le Cygne. — La Voie lactée. — Le Petit Renard. — La Lyre. — Hercule.

comme il le dit lui-même dans sa petite notice latine. Mais, dans l'Atlas
de Bayer (1603), elle est marquée de troisième et désignée sous la
lettre P. Képler l'observa pendant dix-neuf ans, de 1600 à 1618, et
constata qu'elle conservait la même grandeur, « un peu moins brillante que celle de la poitrine ($\gamma$) et un peu plus que celle du bec ($\beta$) ».
En 1621, Liceti l'observa encore. En 1622, comme nous venons de le
voir, Blaeu la nota de cinquième grandeur. De 1655 à 1660, elle
ressuscita sous les yeux de Cassini et se ranima jusqu'à la troisième
grandeur; puis elle s'affaiblit de nouveau, et, le 31 octobre 1660, elle
était retombée à la cinquième et demie. De 1662 à 1666, elle demeura
invisible à l'œil nu. En 1677 et 1682, elle était de sixième grandeur,
et une observation de 1715 indique le même éclat. En 1793 et en 1807,
Piazzi la vit de cinquième et demie. Pigott lui attribuait une période
de dix-huit ans; mais il est certain maintenant qu'il n'y a là aucune
période de ce genre. Je l'ai souvent observée, notamment en août
1872, septembre 1875, août 1878, et tout récemment encore, en juillet
1880, et l'ai toujours trouvée égale aux deux étoiles qui sont au-dessous
d'elle au sud-ouest ($b^2$ et $b^3$) et un peu plus brillante que les deux du
sud, ce qui établit sa grandeur constante actuelle à 5,5.

Ainsi, voilà un soleil qui a augmenté d'éclat, a lancé tout autour de
lui, pendant vingt ans, ses ardeurs lumineuses et calorifiques, puis
s'est apaisé, a repris ses feux dix-huit ans plus tard, pour ne les garder
qu'un an ou deux, a disparu ensuite à l'œil nu, et, depuis plus d'un
siècle, paraît être resté dans une période de calme, à l'état constant
d'une étoile de cinquième grandeur et demie.

Dans cette même région du ciel, sous la tête du Cygne, à l'ouest
d'Albireo, une autre apparition de même nature vint, en 1670, frapper
l'attention des astronomes. C'est le P. Anthelme, chartreux à Dijon,
qui l'aperçut le premier, le 20 juin de cette année-là. Elle brillait
aussi de l'éclat des étoiles de troisième grandeur. Dès le mois de
juillet, elle commença à diminuer : le 11, elle n'était plus que de
quatrième grandeur, et, le 10 août, de cinquième; puis elle diminua
encore. On cessa d'observer cette constellation, et, lorsqu'elle revint
sur l'horizon, le 17 mars 1671, on trouva que l'étoile était de quatrième grandeur. En avril et mai, Cassini la trouva plus brillante
que $\beta$ du Cygne, c'est-à-dire de troisième grandeur, puis elle diminua
si vite, qu'à la fin du mois d'août, elle n'était presque plus visible à
l'œil nu. De nouveau, elle se ranima en mars 1672, reparut encore de
troisième sous les yeux d'Hévélius; mais elle s'évanouit entièrement
en septembre, et *personne ne l'a jamais revue depuis*. Du moins,

c'est ce que l'on croit. Mais, en cherchant bien, il me semble qu'on la voit toujours au télescope. En effet, sa position n'a pas été déterminée avec une grande précision, car les chiffres donnés par Anthelme, Picard, Hévélius, Flamsteed et Cassini, ne concordent pas exactement. Or, il y a là, à moins d'une minute de distance de la position généralement acceptée, une étoile variable, S du Petit Renard, qui oscille actuellement en 68 jours de la huitième et demie à la neuvième grandeur (8,6 à 9,3). Ne serait-ce pas là l'étoile temporaire de 1670? Sa position pour 1880 est :

Ascension droite $= 19^h 43^m 28^s$; Déclinaison $+ 26°59',3$.

Il serait bon de diriger de temps en temps une lunette vers ce point du ciel (voy. notre fig. 131) et de comparer l'éclat des petites étoiles que l'on y rencontre.

La constellation du Cygne est particulièrement remarquable pour ces variations. Une autre étoile temporaire est apparue tout récemment, le 24 novembre 1876, non loin de l'étoile ρ, à peu près sur le prolongement d'une ligne menée par α et ξ, comme on peut le voir par la position indiquée sur notre fig. 131. C'est M. Schmidt, d'Athènes, qui l'a aperçue le premier : elle brillait comme une étoile de troisième grandeur, plus intense que η Pégase et très jaune. Quatre jours auparavant, il avait observé cette même région du ciel : elle n'y était pas. Encore un nouveau visiteur, dont la gloire ne fut pas de longue durée. Quelques jours après, en effet, l'étoile commença à décroître, et le 5 décembre, elle était déjà de cinquième grandeur. Le 11, elle était de sixième. Puis, elle disparut à l'œil nu. Le 5 janvier 1877, le P. Secchi, à Rome, la trouva de septième grandeur; l'examen spectroscopique donna le spectre représenté ci-dessous, où l'on voit les raies C et F de

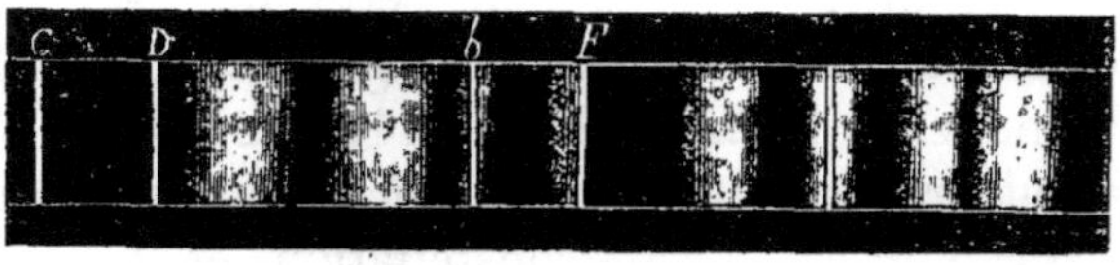

Fig. 134. — Spectre de l'étoile révivifiée dans le Cygne en 1876.

l'hydrogène, la raie b du magnésium, une ligne vive dans le jaune, D, qui peut être le sodium ou la substance principale de la chromosphère solaire (hélium), et d'autres lignes brillantes qui rappellent le spectre de l'étoile de 1866 dans la Couronne boréale, et, ajoute l'astronome romain, « confirment l'idée de violents incendies ».

A Paris, M. Cornu a reconnu, de plus, dans ce spectre, la coïncidence probable de la raie 1474 de l'échelle de Kirchhoff, qui est une des
lignes les plus caractéristiques de la chromosphère et de l'atmosphère
du Soleil, ce qui montrerait que ce lointain soleil est de même constitution chimique que celui qui nous éclaire, et ce qui confirmerait
sous un aspect nouveau la généralisation faite depuis longtemps entre
le Soleil et les étoiles.

En Angleterre, lord Lindsay a trouvé en septembre 1877 qu'elle
ressemblait à une nébuleuse, tant par son aspect que par son spectre.
La transformation d'une étoile en une nébuleuse serait une observation
de la plus haute importance.

La position exacte de cette étoile est, pour 1880 :

Ascension droite $= 21^h 36^m 59^s$; Déclinaison $+ 42°17',6$.

Elle est tombée à la douzième grandeur! Il est probable que ce n'est
pas là non plus une création nouvelle, et qu'elle existait auparavant
avec ce faible éclat. Mais quelle formidable révolution un soleil ne
doit-il pas éprouver pour s'élever soudain de la douzième à la troisième grandeur! La rencontre d'un autre corps céleste pourrait

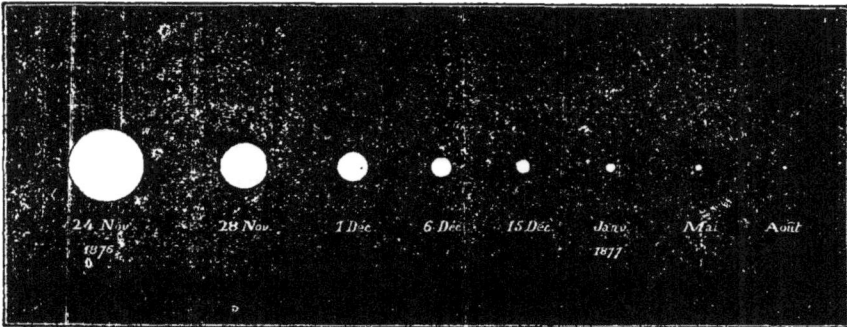

Fig. 135. — Variation d'éclat de l'étoile du Cygne en 1876.

certainement amener un pareil résultat, par la transformation du
mouvement en chaleur; mais, dans ce cas, la résurrection serait plus
longue et l'astre ne retomberait pas en quelques mois dans son premier état. Il y a eu sans doute ici une simple conflagration chimique,
un simple incendie extérieur. Mais quel incendie! Visible, analysable,
à des milliers de milliards de lieues!

Ce n'est pas tout encore pour les étoiles variables de cette constellation : on en rencontre pour ainsi dire à chaque pas. Signalons :

R qui varie de 7 à 14 en 405 jours,
S qui varie de 9 à 13 en 322 jours,
T qui varie de 5 à 6 irrégulièrement,
U qui varie de 7,0 à 10,5 en 465 jours,

Il n'est pas douteux, d'après tout ce qui précède, que certains types de créations dominent en certaines régions du ciel. Il est curieux également, comme on] l'a déjà remarqué, que la plupart des étoiles temporaires se soient allumées dans la zone de la Voie lactée. Ceux d'entre nos lecteurs qui voudraient suivre ces étoiles variables trouveront la première dans le même champ que θ du Cygne : son dernier maximum est arrivé le 5 juin 1880; l'étoile est alors rouge comme un feu; elle emploie 200 jours à tomber à la treizième grandeur et 100 jours à remonter de la treizième à la septième; quelquefois, elle n'arrive qu'à la huitième. La deuxième et la quatrième sont difficiles à saisir. La troisième est marquée sur notre carte (*fig.* 131) et peut s'observer à l'aide d'une simple jumelle de théâtre.

Voilà les plages célestes que l'on croyait, naguère encore, être le séjour de l'immobilité, de l'inertie et de la mort ! Et c'est un éphémère qui découvre ces métamorphoses, en des astres dont la vie est si longue qu'elle nous paraît éternelle! Que serait-ce si, au lieu des générations humaines, si rapides, nous pouvions connaître l'histoire du ciel pendant une période de temps en harmonie avec ces grandeurs, pendant cent mille ans par exemple? Il ne subsisterait rien de cette fixité apparente : nous verrions les soleils palpiter, grandir, jeter des flammes ou s'éteindre; nous verrions les systèmes d'étoiles doubles accomplir des centaines de révolutions; nous verrions les nébuleuses se condenser ou se dissoudre; nous verrions tous les astres qui peuplent l'immensité se précipiter dans toutes les directions, disloquer les constellations et renouveler la face de l'univers !

La région du ciel que nous étudions n'est pas moins riche en étoiles doubles et multiples qu'en étoiles variables.

Et d'abord, l'étoile β, Albireo, l'une des plus belles étoiles doubles du ciel et l'une des plus faciles à observer. Grandeurs des composantes, 3° et 6°; écartement = 34″. Fixes, depuis la première mesure qui en a été faite par Bradley en 1755. Ces deux lointains soleils brillent d'une coloration vraiment ravissante : *jaune d'or* et *saphir*, et il est difficile de les contempler sans admiration. — Ce couple est l'un des six que nous avons choisis pour composer *notre planche d'étoiles doubles colorées*, et là on peut juger, non de son éclat assurément, mais de sa belle coloration. — Analysée au spectroscope, chacune de ces deux

étoiles a montré que sa couleur lui appartient en propre ; que la petite
étoile bleue, par exemple, n'est pas due à un effet de contraste causé
par la coloration ardente de la plus brillante, ce qui arrive dans certains couples d'étoiles très rapprochées. On sait, en effet, que les
diverses couleurs placées les unes à côté des autres se modifient
mutuellement par un effet de contraste, et que le blanc lui-même
paraît plus ou moins coloré s'il se trouve dominé par une couleur
éclatante. Une petite étoile blanche située à côté d'une grande étoile
rouge paraîtra verte. C'est le phénomène optique bien connu sous le
nom des couleurs complémentaires, qui, réunies, forment le blanc :

> Le rouge produit le vert.
> L'orange    —    le bleu.
> Le jaune    —    le violet.

Pour savoir si la couleur d'une petite étoile ainsi influencée est
réelle, il faut, dans le champ de la lunette, masquer la grande par un
fil tendu dans ce champ : lorsque l'œil ne voit plus la grande, le contraste cesse d'exercer son influence. Cette expérience a montré que
plusieurs étoiles ne paraissent colorées de la couleur complémentaire
que par l'effet de contraste dont nous parlons ; mais qu'un grand
nombre sont réellement colorées des belles nuances que l'on observe.
Telle est la splendide étoile double dont nous nous occupons en ce
moment. Le spectroscope, dirigé par M. Huggins vers chacune de
ses composantes, a révélé deux types bien différents. Le spectre de
l'étoile principale, colorée d'une belle nuance jaune d'or, montre des
lignes peu serrées, dont le plus grand nombre, toutefois, occupent la
partie droite ou bleue du spectre, et laissent le jaune dominer sans

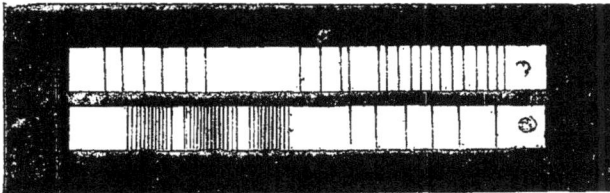

Fig. 136. — Spectre des deux composantes de l'étoile double β du Cygne.

obstacles (*fig.* 136, premier spectre) ; celui de la seconde étoile, au contraire, présente un grand nombre de raies fines multipliées, surtout
dans la région gauche, rouge et jaune, ce qui laisse prédominer la
région bleue. Cette analyse prouve que ces deux soleils diffèrent
réellement de constitution : leurs couleurs sont produites par les

vapeurs suspendues dans leurs atmosphères. La constitution chimique de l'atmosphère d'une étoile dépend à son tour des éléments qui constituent l'étoile et de sa température.

Il est probable que, dans les couples d'étoiles doubles, la petite étoile s'est refroidie plus vite que la grande, est plus avancée, prépare un état planétaire. Ainsi, à l'époque où, dans notre propre système, Jupiter (qui paraît encore chaud actuellement) était encore lumineux, les habitants des systèmes solaires les moins éloignés du nôtre pouvaient voir graviter autour de notre soleil un petit astre bleuâtre, dont la lumière a diminué de siècle en siècle, et qui a fini par s'éteindre tout à fait.

Dans la même constellation du Cygne, observez l'étoile o² (entre α et δ, un peu au nord : voy. la *fig.* 131), de quatrième grandeur et demie : elle est triple, et ses deux compagnons sont respectivement de septième grandeur et demie et de cinquième et demie; le premier à 107″, le second à 338″. L'étoile principale est jaune, et les deux autres sont bleues, quoique très écartées, comme on le voit, et faciles à reconnaître dans les plus petites lunettes. Les deux petites étoiles restent bleues lorsqu'on cache la grande. Très beau champ d'étoiles.

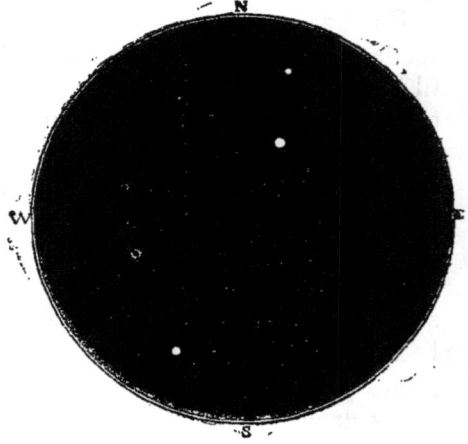

Fig. 137. — L'étoile triple o² du Cygne (éch. : 1ᵐᵐ = 10″).

L'étoile μ est aussi une étoile triple. L'astre principal, de quatrième grandeur et demie, est accompagné d'un astre secondaire, de sixième grandeur, qui lui est presque contigu, à 3″7 : c'est un système orbital très incliné sur notre rayon visuel ; mais il n'a encore décrit que 8 degrés depuis un siècle ; la distance a diminué de 6″8 à 3″7. Non loin de là, brille une troisième étoile, de septième grandeur et demie, à 210″, qui, d'après les mesures que j'en ai prises, n'est pas attachée au précédent système, et forme simplement avec lui un groupe de perspective. — On voit d'autres étoiles plus rapprochées, mais très petites.

Près de l'étoile variable χ, à 4′ de temps à l'ouest et à 50′ au nord, on voit une étoile double particulièrement intéressante, désignée aussi par la même lettre. (Pour qu'il n'y ait pas d'équivoque, on l'appelle désormais χ¹, la variable étant χ².) C'est le n° 17 de Flamsteed, et c'est probablement même celle-là que Bayer a nommée χ : les indications de grandeur que j'ai reproduites au tableau précédent se rapportent à une seule étoile de 1603 à 1700, car c'est seulement depuis 1800 que ces deux étoiles sont nettement distinguées l'une de l'autre par les astronomes. La double se compose d'un astre de cinquième grandeur (5,3) et d'un de huitième, écartés à 26″ l'un de l'autre, et fixes depuis cent ans que nous avons les yeux attachés sur ce couple. C'est un système physique, animé d'un mouvement propre assez fort vers le sud. On peut distinguer, tout près, à 15′ au sud-sud-ouest, un charmant petit couple, formé de deux étoiles de huitième grandeur, écartées à 3″, qui tournent lentement l'une autour de l'autre, et qui sont emportées aussi par un même déplacement vers l'ouest, de sorte que, selon toute probabilité, ces deux systèmes sont associés dans leur destinée et voguent de concert dans les champs du ciel.

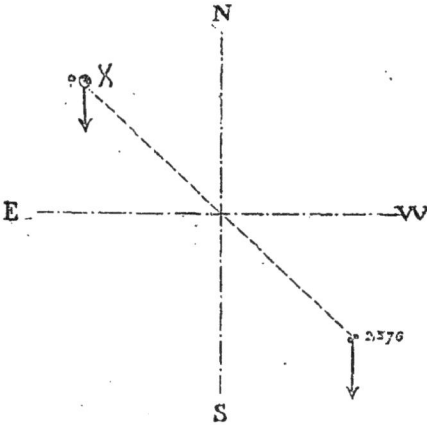

Mouvement de deux couples d'étoiles dans le Cygne.

Mais, de toutes les étoiles de cette riche constellation, la plus intéressante pour nous est sans contredit la célèbre 61ᵉ du Cygne : c'est la première étoile dont la distance ait pu être calculée; c'est une étoile double particulièrement remarquable, et c'est en même temps l'une des plus rapides par le mouvement propre qui l'emporte à travers l'immensité. De plus, on peut l'apercevoir à l'œil nu et diriger sur elle une petite lunette qui la dédouble. A l'aide de notre *fig.* 131, vous pourrez remarquer qu'elle forme un quadrilatère avec α, γ et ε, et que, étoile de cinquième grandeur, elle se trouve entre τ et ν, de quatrième. Il est difficile de la regarder, même à l'œil nu, sans émotion, lorsqu'on connaît son histoire.

Le premier astronome qui ait appelé l'attention sur cette étoile est Piazzi, qui, en 1804, reconnut la grandeur du mouvement propre dont elle est animée. Cependant, en 1812, on lisait dans un article du *Moniteur universel* : « M. Bessel vient de reconnaître les mouvements respectifs de la 61ᵉ du Cygne et de sa suivante. » Piazzi publia une petite note dans son catalogue de 1814 (p. 153) pour constater là priorité de son travail, et Bessel fut le premier à lui rendre justice (¹). Le mouvement constaté était considérable et tout nouveau, car presque toutes les étoiles du ciel étaient encore considérées comme fixes. Voici ce mouvement, qui n'est encore dépassé jusqu'à présent que par une seule étoile connue (1830, Groombridge) :

MOUVEMENT ANNUEL DE LA 61ᵉ DU CYGNE.

Ascension droite + 0ˢ,341. Déclinaison + 3″,11. Total = 5″,08.

Ainsi, cette étoile double se déplace dans le ciel de 508″ ou 8′28″ en cent ans, — le quart du diamètre apparent de la pleine lune, — et depuis mille ans seulement elle a déjà parcouru 84′ ou 1 degré 24 minutes. Le tableau précédent montre que les anciens n'avaient pas remarqué cette étoile, et que la première observation ne date que d'Hévélius (1660). C'est par la comparaison des observations deFlamsteed (1700)

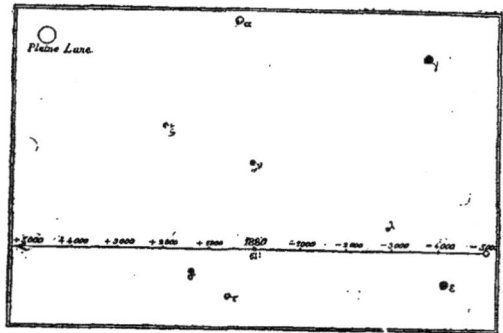

Fig. 139. — Mouvement rapide de la 61ᵉ du Cygne.
Espace parcouru en dix mille ans.

et de Bradley (1755) avec les siennes (1800) que Piazzi reconnut le déplacement, lequel, vérifié plus tard avec une précision plus minutieuse encore, s'est déclaré être celui que nous venons d'inscrire.

Le mouvement est dirigé à peu près vers l'étoile σ, au nord de laquelle le couple de la 61ᵉ passera dans quinze cents ans. Il y a quatre mille ans, il est passé au nord de la belle étoile ε. On se formera une idée exacte de ce mouvement si rapide, — le plus rapide que

(¹) Les questions de priorité sont trop personnelles pour être intéressantes. Je remarquerai, toutefois, que la même confusion vient d'arriver à mon égard et pour la même étoile. Aussi, par la comparaison de 122 années d'observations, j'ai trouvé en 1874, et présenté à l'Académie des Sciences, dans la séance du 18 janvier 1875, la confirmation de l'hypothèse émise mais non acceptée par W. Struve dès 1851, que les deux composantes de la 61ᵉ du Cygne ne présentent aucun indice de mouvement de révolution l'une autour de l'autre, mais se meuvent décidément en ligne droite. Un astronome anglais, mon ami M. Wilson, a présenté au mois d'avril, trois mois plus tard, la même conclusion à la Société astronomique de Londres. Or, M. Guillemin (le Ciel, p. 744), ayant à parler de cette conclusion, l'attribue non pas à mes recherches, mais à celles de M. Wilson — et aussi à celles de M. Otto Struve, qui dit absolument le contraire, car il conclut que le mouvement va en se ralentissant et pourrait bien être orbital.

nous connaissions pour une étoile visible à l'œil nu, — par l'examen de notre *fig*. 139, sur laquelle je l'ai tracé pour dix mille ans : cinq mille ans avant notre époque et cinq mille ans après nous. La grandeur apparente de la pleine lune, dessinée à la même échelle, fait mieux apprécier la vitesse de ce mouvement. — Si toutes les étoiles couraient ainsi, l'aspect des constellations changerait en moins de mille ans.

Si l'on adopte pour la parallaxe de cette étoile la détermination qui paraît la plus sûre (0″,511), on trouve que, ce chiffre représentant 37 millions de lieues, le mouvement annuel, de 5″,08, équivaut à peu près à dix fois cette valeur, soit à 370 millions de lieues environ, ce qui donne au minimum *un million de lieues par jour* pour ce mouvement. Comme nous ne la voyons pas de face, mais sous une obliquité plus ou moins grande, il est certain que cette curieuse étoile est lancée dans l'immensité avec une vitesse beaucoup plus rapide encore!

C'est précisément la rapidité de ce mouvement propre qui a donné aux astronomes l'idée de chercher la distance de ce lointain soleil. Depuis longtemps on pensait que les étoiles les plus brillantes devaient être les plus proches; mais les recherches faites sur elles, notamment sur les plus éclatantes, Sirius, Véga, Arcturus, Altaïr, Rigel, n'ayant conduit qu'à des résultats négatifs, on eut l'idée d'essayer sur des étoiles qui se distinguaient par d'autres caractères, tels que la rapidité de leur mouvement. Il n'est pas douteux, en effet, que, sur dix étoiles dont le mouvement réel sera le même, la plus proche de nous paraîtra marcher le plus vite, tandis que la plus éloignée paraîtra marcher le plus lentement. C'est comme un train de chemin de fer, suivant que nous le voyons de près ou de loin. La 61ᵉ du Cygne se signalait donc par elle-même à cet égard, et, dès 1812, à l'Observatoire de Paris, Arago et un jeune savant, qui devait plus tard devenir son beau-frère, M. Mathieu (mort seulement il y a quelques années, à l'âge de quatre-vingt-douze ans), s'ingénièrent à déterminer la parallaxe de cette étoile, et trouvèrent un chiffre quelconque; mais l'opération, telle qu'ils l'avaient conduite avec un instrument insuffisant, aurait dû leur donner *zéro*, et le chiffre qu'ils avaient trouvé venait d'une... erreur. Vingt-six ans plus tard, Bessel reprit le même travail à l'aide d'un instrument plus parfait, et trouva un premier chiffre approché de cette parallaxe tant désirée. Il recommença le même travail en 1840. C'était la première fois que l'homuncule terrestre mesurait vraiment les cieux, et cette découverte produisit une impression bien légitime sur les esprits qui sont aptes à concevoir le sublime.

Les hommes supérieurs, philosophes, savants ou poètes, s'enthou-
siasmèrent de ce progrès scientifique bien autrement que d'une révolution politique quelconque. On se souvient de la conversation de
Gœthe avec Eckermann, quelques jours après la révolution de 1830.
Toute la ville de Weimar était en mouvement. L'ami du vieux philosophe arrivait chez lui le 2 août, dans l'après-midi. « Eh bien, lui cria
Gœthe en le voyant, que pensez-vous de ce grand événement? Le
volcan a fait explosion : tout est en flammes; ce n'est plus un débat à
huis clos! — C'est une terrible aventure, répondit Eckermann; mais
dans des circonstances pareilles, avec un tel ministère, pouvait-on
attendre une autre fin que le renvoi de la famille royale? — Eh! qui
vous parle de cela? répliqua le grand philosophe. Il s'agit d'un débat
bien autrement grave et d'une conquête bien autrement importante
que les querelles de partis : il s'agit du débat entre Cuvier et Geoffroy
Saint-Hilaire. Je me réjouis d'avoir assez vécu pour voir le triomphe
général d'une théorie à laquelle j'ai consacré ma vie. Et maintenant,
je puis mourir! »

C'est qu'en effet la révolution scientifique opérée par Geoffroy
Saint-Hilaire ruinait pour toujours les théories classiques officielles
dont Cuvier s'était fait le défenseur; la nature allait être désormais
étudiée librement et sans parti pris; la doctrine profonde et féconde
du transformisme préparait les victoires auxquelles nous assistons
aujourd'hui, et une conception saine des lois générales de l'univers et
du développement de la création apparaissait pour la première fois
dans l'esprit humain. Que sont les émeutes politiques devant les ascensions de la pensée? Qui se souvient des révolutions les plus sanglantes des Égyptiens, des Mèdes, des Perses, des Grecs ou des
Romains? Les étapes de la science, au contraire, s'élèvent de siècle
en siècle et éclairent progressivement notre esprit dans la connaissance de la Vérité.

La parallaxe de la 61ᵉ du Cygne indique que la distance de cette
étoile est de 404 000 fois le rayon de l'orbite terrestre, c'est-à-dire
de 15 trillions de lieues. C'est l'étoile la plus proche de tout notre
hémisphère boréal et, de toutes celles que nous puissions observer de la France, la seule qui soit plus rapprochée, α du Centaure
appartenant à l'hémisphère austral et ne se levant jamais au-dessus
de notre horizon. — La lumière emploie six années pour venir de là.

Mais ce n'est pas seulement par son mouvement et par sa distance
que cette étoile se recommande si particulièrement à notre attention,
c'est encore par sa nature stellaire et par son caractère. Pointez une

lunette sur elle, et vous la dédoublerez très facilement. Ses deux composantes sont de cinquième et demie et de sixième grandeur, et leur écartement actuel est de 20″. On les croyait en mouvement orbital rapide. Dès l'année 1812, Bessel avait annoncé qu'elles devaient tourner en 400 ans l'une autour de l'autre; puis on a allongé la période à 450, 520 et 600 ans. Mais les mesures prises d'année en année ont successivement montré l'invraisemblance de toutes les orbites calculées. En fait, si l'on place sur un même diagramme toutes les positions observées depuis la plus ancienne mesure (celle de Bradley, en 1753), on trouve qu'elles s'alignent parfaitement en ligne droite. C'est ce que j'ai fait (*fig.* 141). Voici, du reste, le résumé des positions observées :

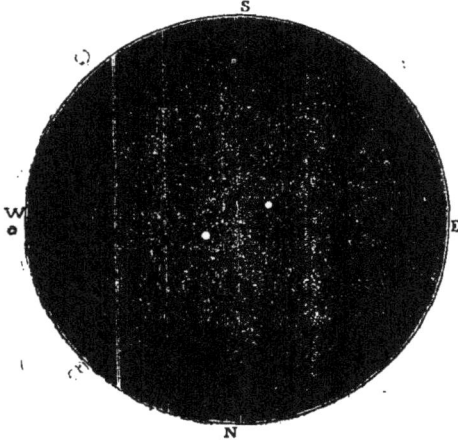

Fig. 140. — La 61ᵉ du Cygne.

| 1753 | 35° | 19″ | Bessel. |
|------|-----|-----|---------|
| 1780 | 53 | 16 | Mayer et J. Herschel. |
| 1800 | 72 | 18 | Piazzi. |
| 1820 | 83 | 15 | W. Struve. |
| 1830 | 90 | 15,6 | W. Struve et W. Herschel. |
| 1840 | 97,2 | 16,4 | W. Struve, Dawes, Smyth, Kaiser. |
| 1850 | 102,8 | 17,2 | O. Struve, Jacob, Fletcher. |
| 1860 | 108,6 | 18,1 | O. Struve, Dembowski. |
| 1870 | 113,7 | 19,1 | Dembowski, Dûner. |
| 1880 | 117,5 | 20,2 | Flammarion, Gledhill, Wilson. |

Il n'y a, jusqu'à présent, aucune déviation de la ligne droite, de sorte que l'on ne peut vraiment encore rien deviner de l'orbite, ni même assurer qu'il y ait jamais une orbite quelconque de parcourue par ces deux soleils autour de leur centre commun de gravité. Considérez, en effet, le diagramme tracé, et voyez jusqu'où il faudrait que la seconde étoile s'éloignât pour arriver à décrire une ellipse allongée et revenir un jour par la gauche, en redescendant à l'ouest de l'étoile principale! C'est si immense, qu'on n'ose le croire.

Nous avons ici un cas particulier et très intéressant parmi les problèmes de l'astronomie stellaire, et d'autant plus curieux que c'est précisément sur les mouvements de cette étoile double et sur son orbite supposée qu'on avait basé les premiers raisonnements relatifs à l'universalité de la gravitation, tandis qu'au contraire ce couple se trouve être celui qui plaide le moins éloquemment en faveur de cette universalité. Assurément, ce fait ne peut pas nous empêcher d'admettre une vérité si bien démontrée d'ailleurs, et il faut, au contraire, que nous cherchions à le mettre d'accord avec elle. On peut faire là-dessus plusieurs suppositions. Ou bien l'orbite est si vaste, si

longue et si fortement inclinée sur notre rayon visuel, que l'arc parcouru depuis 127 ans peut se confondre avec une ligne droite (la position de 1753, du reste, n'est pas d'une précision absolue, et il pourrait se faire que l'étoile fût plus rapprochée et que l'arc fût déjà indiqué); c'est là l'hypothèse la plus simple et la plus conforme aux lois de la gravitation. Mais, dans ce cas, l'étendue de l'orbite surpasserait considérablement celle de toutes les orbites d'étoiles doubles calculées jusqu'ici. Ou bien il y a une troisième étoile, obscure, fixe par

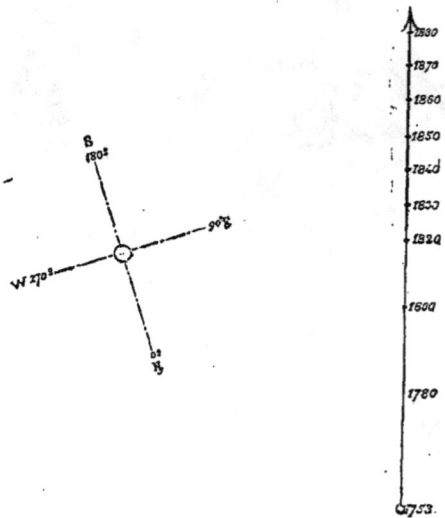

Fig. 141. — Mouvement de la seconde étoile de la 61ᵉ du Cygne, relativement à l'étoile principale.

rapport à l'étoile n° 1, et autour de laquelle l'étoile n° 2 tourne dans le plan de notre rayon visuel : un jour, elle s'arrêtera sur sa ligne droite et rebroussera chemin; mais on ne conçoit pas pourquoi un astre lumineux tournerait autour d'un astre obscur, car dans un système multiple, ce sont les astres les plus petits qui doivent s'obscurcir le plus vite. Ou bien encore ces deux étoiles du Cygne sont lancées dans l'espace et gravitent ensemble autour d'un centre d'attraction qui les domine toutes deux, comme deux petites planètes qui graviteraient autour du Soleil sans tourner pour cela l'une autour de l'autre; en tenant compte de leur déplacement relatif, on trouve que 61¹ va un peu plus vite et un peu plus au nord que 61². Toutes ces hypothèses sont admissibles; mais on ne peut rien conclure en ce moment. Il nous faut attendre... plusieurs siècles peut-être. Ce couple, du reste, n'est pas le seul dans ce cas. J'en ai trouvé plus d'une vingtaine chez lesquels le mouvement relatif s'opère également en ligne droite, et il y en a des centaines où il n'y a pas de mouvement du tout, quoiqu'ils forment des systèmes physiques lancés avec une grande vitesse à travers l'immensité.

En voilà beaucoup sur une seule étoile! Mais, comme on vient de le voir, elle est plus intéressante à elle seule que beaucoup d'autres réunies, et il n'y a rien d'étonnant à ce qu'elle nous occupe avec prédilection. Les étoiles du ciel sont un peu comme les étoiles de la terre.

Ce ne serait pourtant pas une excuse pour parler d'elle indéfiniment. N'imitons pas le sexe auquel faisait allusion ce prédicateur, qui, pérorant depuis une grande heure sur l'évangile de la Samaritaine, s'arrêta pour reprendre haleine et fit cette remarque opportune : « Ne soyez pas surpris, mes frères, si cet évangile est si long : c'est une femme qui parle (¹). »

Avant de quitter cette constellation, dirigez encore une lunette vers l'étoile θ. Champ curieux. La variable R, que nous avons signalée plus haut, s'y trouve, avec une autre petite étoile de dixième grandeur. A 1 degré à l'est-nord-est, vous remarquerez une belle double de sixième et sixième et demie grandeur, à 37″ d'écartement. Fixe depuis l'an 1755 que nous l'épions. Struve a estimé les deux composantes de cinquième grandeur; mais elles ne sont que de sixième, à la limite de la visibilité. C'est l'étoile 16 c Cygne.

L'étoile δ est une double assez singulière : la petite étoile, de huitième grandeur en moyenne, varie d'éclat et de couleur; mais elle n'est qu'à 1″6 de la brillante, et il faut une excellente lunette pour la distinguer dans l'auréole dont toute brillante étoile reste plus ou moins enveloppée.

L'étoile 52, de cinquième grandeur (elle varie de 4 à 6), est une jolie double, orange et bleue; 7″ d'écartement. Fixe depuis cent ans qu'on l'observe.

ψ : cinquième et demie et huitième, à 3″,5.

Dans cette même région du ciel, remarquons maintenant, en complétant ce chapitre, une petite constellation moderne, qui n'a pas

(¹) Il est vrai que si les femmes parlent tant (Dieu, dans sa divine Providence, dit A. Dumas, n'a pas donné de barbe aux femmes, parce qu'elles n'auraient pu se taire pendant qu'on les eût rasées), il est vrai, dis-je, que si les femmes parlent tant, c'est parce qu'elles sont fort curieuses, et ce n'est pas là un grand défaut. Cependant elles le portent parfois un peu loin. Dernièrement, au Palais de Justice, une affaire un peu scabreuse avait attiré un grand nombre de femmes fort élégantes : « Mesdames, dit le président, vous ignorez sans doute la vraie nature du procès : il est si scandaleux qu'une honnête femme ne saurait en entendre les détails. Je vous préviens afin que les honnêtes femmes puissent se retirer. » L'huissier ouvre la porte; mais personne ne bouge! Alors le président se lève de nouveau : « Huissier, maintenant que toutes les femmes honnêtes se sont retirées, faites sortir les autres. »

grande importance, mais que nous ne pouvons cependant oublier : le *Petit Renard*, imaginée en 1660 par Hévélius pour combler le vide qui séparait le Cygne de la Flèche. L'astronome de Dantzig a dessiné là un renard qui vient de voler une oie et qui s'enfuit. Pourquoi cet animal plutôt qu'un autre? « Parce que le renard est astucieux, vorace et féroce, comme l'Aigle et le Vautour (la Lyre), qui sont à côté, et pour rester dans 'le ton des fables et de l'astrologie. » En 1672, il aperçut là une nouvelle étoile, « qui dura deux ans, écrit l'amiral Smyth dans son excellent ouvrage *Celestial Cycle*, et depuis n'a jamais été identifiée ». C'est une erreur : cette étoile n'est autre que l'étoile de 1670, dont nous avons parlé plus haut et dont nous avons donné la position.

Cette petite constellation n'a qu'une étoile assez brillante, de qua-trième grandeur; c'est celle que l'on voit au sud de β du Cygne et qui porte le n° 6. Du reste, voici toutes les étoiles de cet astérisme jusqu'à la sixième grandeur exclusivement. Elles sont inscrites par ordre d'ascension droite, c'est-à-dire de l'ouest à l'est, ou de la droite vers la gauche, comme les numéros des catalogues (*voy.* encore la *fig.* 131).

ÉTOILES DE LA CONSTELLATION DU PETIT RENARD

| | 1660 | 1700 | 1800 | 1840 | 1860 | 1880 |
|---|---|---|---|---|---|---|
| 1. . . . . . . | 5 | 5 | 5 | 5.4 | 5.4 | 5,0 |
| 4. . . . . . . | 0 | 6 | 6 | 5 | 5 | 5,2 |
| 6. . . . . . | 4 | 4 | 4 | 4.5 | 4.5 | 4,4 |
| 9. . . . . . | 5 | 6 | 5.6 | 5 | 5.6 | 5,5 |
| 12. . . . . . | 6 | 5 | 5.6 | 5 | 6.5 | 5,8 |
| T . . . . . . | 0 | 0 | 0 | 0 | 5.6 | 6,7 |
| 13. . . . . . | 6 | 4 $\frac{1}{2}$ | 5 | 5.4 | 5 | 5,0 |
| 15. . . . . . | 5 | 4 $\frac{1}{2}$ | 5 | 5 | 5 | 5,0 |
| 16. . . . . . | 5 | 5 | 6 | 5 | 6.5 | 5,7 |
| 17. . . . . . | 5 | 4 $\frac{1}{2}$ | 5.6 | 5.6 | 5.6 | 5,5 |
| 16 Hév. . . . | 5 | 5 | 0 | 5 | 5 | 5,2 |
| 23. . . . . . | 5 | 4 $\frac{1}{2}$ | 4.5 | 5 | 5 | 5,0 |
| 28. . . . . . | 6 | 6 | 5.6 | 5.6 | 5.6 | 5,4 |
| 29. . . . . . | 5 | 5 | 5.6 | 5 | 5 | 5,3 |
| 30. . . . . . | 6 | 6 | 6 | 6.5 | 5.6 | 5,8 |
| 31. . . . . . | 6 | 6 | 6 | 5 | 5 | 5,5 |
| 32. . . . . . | 5 | 5 | 4.5 | 5.4 | 5.6 | 5,7 |

La sixième étoile de ce petit tableau mérite une attention particu-lière. Comme on le voit, le premier qui l'ait observée à l'œil nu est l'astronome Heis, de Munster, vers 1860, et il l'a notée de grandeur = 5.6, c'est-à-dire, dans son ordre de classification, de cinquième un tiers. Ni Argelander, vers 1840; ni Piazzi, vers 1800; ni Flam-steed, vers 1700; ni Hévélius, vers 1660, ne l'ont vue; il est donc cer-tain qu'à ces époques elle n'était pas de cinquième grandeur, ni même de sixième. On la trouve observée par Bessel, vers 1825 : c'est la 1501ᵉ de sa xixᵉ heure. Il l'estima de 7ᵉ grandeur. Lalande l'observa aussi, vers 1800, et l'estima de 5ᵉ (n° 37868 de son Catalogue).

C'est donc une étoile variable, qui oscille de 5 à 7 et descend peut-être même plus bas. On pourrait la nommer T du Petit Renard, et nous lui avons attribué cette lettre sur notre tableau et sur notre carte. Je l'ai observée récemment (juillet 1880). Sa grandeur était alors = 6,7.

Les étoiles 13 et 32 de la liste précédente paraissent soumises à certaines fluctuations.

Cette constellation renferme deux autres variables connues. Positions pour 1880 :

R à $20^h59^m3^s$ et 23°20'8 varie de 8 à 13 en 137 jours et demi.
S à $19^h43^m28^s$ et 26°59'3 varie de 8,6 à 9,3 en 68 jours (étoile de 1670).

Il n'y a là aucune étoile multiple recommandable pour les instruments de moyenne puissance. Mais une nébuleuse, particulièrement remarquable, plane vers l'étoile de sixième grandeur, n° 14, à 7 degrés au sud-est d'Albireo et presque au milieu du chemin entre cette étoile et le Dauphin. Toute cette région est riche en petites étoiles. La nébuleuse dont nous parlons a été découverte, en 1764, par Messier, dont elle porte le n° 27, et, dans une lunette de force moyenne,

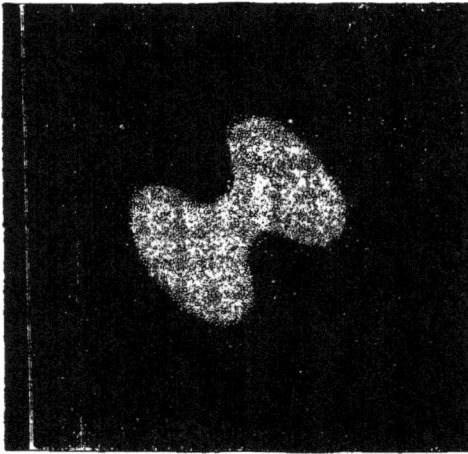

Fig. 142. — La nébuleuse du Petit Renard vue dans une lunette de force moyenne.

elle offre l'aspect d'une nébuleuse double. Un instrument plus puissant rattache les deux nébuleuses l'une à l'autre pour en faire un seul objet, qui ressemble un peu à un haltère de gymnastique, nommé *dumbbell* (battant de cloche) par les Anglais, ce qui a fait donner ce nom à la nébuleuse par les astronomes d'outre-Manche. On aperçoit, en même temps, que le fond extérieur est occupé par une vague nébulosité ovale. Mais cet aspect se métamorphose encore dans le champ des télescopes gigantesques, comme on peut en juger par ce dessin qui représente la même nébuleuse vue dans le télescope de lord Rosse. Ces différences confirment la remarque que nous avons déjà faite sur les changements singuliers de forme offerts par ces pâles objets, suivant l'instrument employé pour les observer, suivant l'œil de l'observateur et suivant la manière dont chacun interprète un tableau lorsqu'il veut le reproduire en le dessinant.

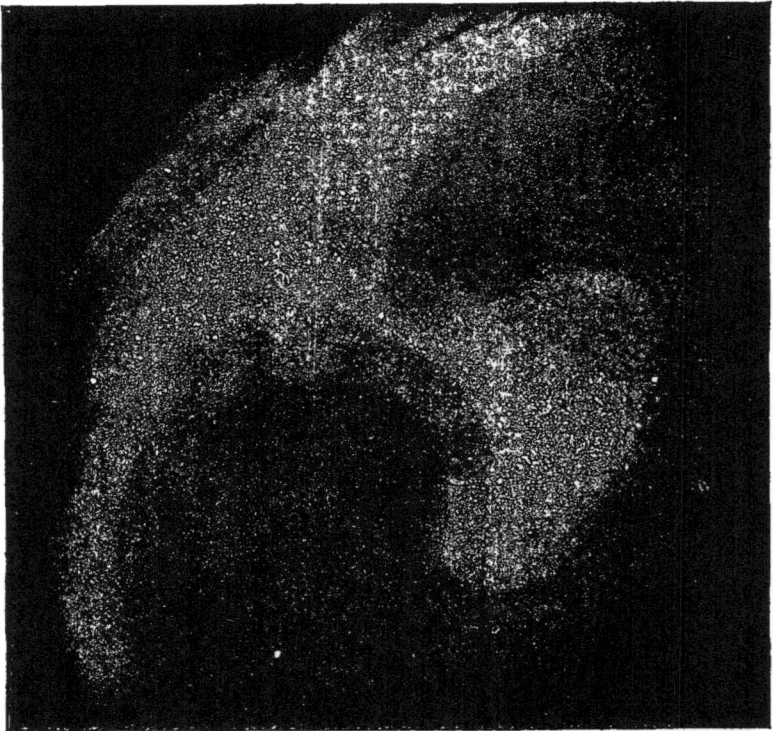

Fig. 143. — La nébuleuse du Petit Renard, vue dans le grand télescope de lord Rosse.

Cette vaste nébuleuse est parsemée de petites étoiles. Peut-être le tout fait-il partie de la Voie lactée, — univers dans un univers !

Observer aussi le groupe de trois petites étoiles de sixième grandeur situé dans le triangle formé par les étoiles de cinquième 15,23 et 16 Hév. La plus australe de ces trois petites étoiles s'appelle 20 Petit Renard, et forme un amas télescopique composé de 104 étoiles de 9ᵉ à 13ᵉ grandeur. Du reste, la plus petite lunette promenée dans cette région du ciel y révèle des richesses inattendues.

# CHAPITRE IX

Depuis le mois de mai jusqu'au mois de novembre, pendant les belles soirées étincelantes des célestes splendeurs, une blanche et brillante étoile trône à l'est en mai et juin, s'élève vers le zénith en juillet, passe presque au zénith de Paris en août, le dépasse vers l'ouest en septembre, descend davantage en octobre, et brille à l'ouest en novembre et décembre, pour descendre à l'horizon du nord, le raser de janvier à avril et remonter en mai par l'orient. Cette étoile, la plus lumineuse de notre ciel avec Arcturus, est *Véga* ou alpha de la Lyre. Elle est reconnaissable par son éclat, par les positions que nous venons d'indiquer et par une particularité qui fait cesser toute équivoque : elle se montre dès le crépuscule, accompagnée de deux étoiles de troisième à quatrième grandeur, β et γ, qui font de cette constellation une figure spéciale : avec Arcturus, qui trône à l'extrémité de la queue nous l'avons vu, est de la Lyre. Du reste, on ne peut la confondre dans une tout autre direction, à de la Grande Ourse, et qui, comme jaune, tandis que Véga est blanche. Les seules étoiles avec lesquelles on pourrait la confondre sont α du Cygne (Deneb) et α de l'Aigle (Altaïr), et c'est ce qui arrive quelquefois. Or, nous connaissons maintenant trop bien la première pour oublier sa position à la tête de la croix du Cygne. Quant à la seconde, elle est flanquée, de chaque côté, de deux satellites, qui lui donnent cette figure ci : particularité pour recon- ces trois brillantes étoiles Il suffit de remarquer aussi cette naître sans hésitation dans le ciel dont, par surcroît, nous indiquons la situation relative sur la figure ci-après (144). Si nous ajoutons encore que Véga précède les deux autres dans le mouvement diurne, autrement dit qu'elle est à l'ouest relativement au Cygne et à l'Aigle,

nous aurons donné tant de renseignements, que la première dame venue
pourra, sans une excessive fa-
tigue d'esprit, trouver cet astre
dans le Ciel et le reconnaître
la nuit sans lui faire la moindre infidélité.

Cette étoile de première
grandeur est l'une des plus
lumineuses du Ciel ; sa température est fort inférieure à celle
d'Arcturus, mais sa lumière
est si vive qu'elle agit avec la
plus grande rapidité sur la
plaque sensibilisée du photo-
graphe. Son spectre, du même
type que celui de Sirius (voy.
la fig. III de notre planche gé-

Fig. 144. — Positions respectives de Véga, Altaïr
et Deneb du Cygn

nérale des spectres), indique la prédominance de l'hydrogène, du
sodium et du magnésium. On a pu en photographier directement les
raies principales, et nous reproduisons ici le cliché qui en a été fait
en 1876 par M. Huggins : on voit au-dessus une autre photographie directe du spectre solaire obtenue le lendemain matin sur la

Fig. 145. — Photographie directe du spectre de α Lyre.

même plaque, ce qui permet de juger immédiatement des coïncidences
et des différences. Mais pour l'étude des détails, il est préférable
d'examiner les dessins de notre tableau général des spectres.

Ce lointain soleil gît à 42 trillions de lieues d'ici, sa parallaxe, de
$0'',18$, correspondant à 1 147 000 fois le demi-diamètre de l'orbite
terrestre. Quelle ne doit pas être sa lumière pour que, onze cent mille
fois plus éloigné de nous que le Soleil, il brille encore avec tant d'éclat

dans notre ciel! Comme la lumière décroît en raison du carré de la distance, notre Soleil emporté dans cet éloignement ne nous enverrait plus qu'une clarté 1 313 milliards de fois inférieure à sa splendeur actuelle. Celle de Véga est incomparablement plus intense. En effet, d'après les expériences de Wollaston, la pleine lune est 800 000 fois moins lumineuse que le Soleil; d'après celles de sir John Herschel, l'étoile α du Centaure est 27 408 fois moins lumineuse que la pleine lune, et, d'après les meilleures expériences photométriques, Véga est peu inférieure à α du Centaure. Il en résulte qu'elle doit être 25 à 30 milliards de fois moins lumineuse que le Soleil. A sa distance, notre éblouissant foyer serait donc environ 47 fois moins lumineux que l'astre de la Lyre, c'est-à-dire réduit au rang d'une étoile de cinquième grandeur. Et l'on voudrait que nous puissions regarder Véga sans admiration, quand déjà l'étude de notre propre soleil nous a plongés dans la stupéfaction et dans l'extase! Il faudrait ne rien comprendre aux grandeurs que nous découvrons à chaque pas dans cette description du ciel pour rester indifférents aux résultats merveilleux qui en ressortent avec tant d'évidence. Quel soleil et quelle fournaise! L'espace céleste nous paraît calme et silencieux! Mais en réalité chaque étoile est le foyer de telles conflagrations, l'arène de tels tumultes, la source de tels vacarnes, que les éclats les plus violents de la foudre et de la mitraille, les grondements les plus terribles des volcans et les clameurs les plus formidables de tous les éléments conjurés ne sont qu'un profond silence comparés à ce que nous entendrions si nous pouvions approcher d'une étoile quelconque.

Véga, comme Arcturus, s'approche de nous, et sa vitesse dans le sens du rayon visuel paraît être de 71 kilomètres par seconde, ou de 255 600 kilomètres à l'heure. Mais une partie de cette vitesse nous appartient à nous-mêmes, car nous nous transportons avec le Soleil vers la constellation d'Hercule, voisine de la Lyre, et le mouvement mesuré se compose des deux marches.

Il est difficile aussi de ne pas « accorder » une attention toute particulière à cette étoile, lorsqu'on sait qu'elle était il y a quatorze mille ans l'étoile polaire de l'humanité terrestre, et qu'elle le redeviendra dans douze mille ans, en vertu de la précession des équinoxes dont nous avons étudié plus haut la cause et les effets.

On voit, au télescope, à côté d'elle, une petite étoile, qui ne forme pas avec elle un système binaire, comme on le dit ordinairement, et gît au contraire fort au delà dans l'espace : elle ne lui appartient pas, et

reste fixe au fond des cieux. On s'est servi avec avantage de ce point
de repère pour déterminer le
mouvement parallactique annuel dont nous venons de parler.

D'un autre côté, si l'on compare les positions relatives observées d'année en année, on
remarque que relativement à
Véga la petite étoile s'est déplacée suivant une ligne droite,
égale et contraire au mouvement propre de Véga : il n'y a
là qu'un effet de perspective ;
c'est la brillante étoile, plus
rapprochée de nous, qui se dé-

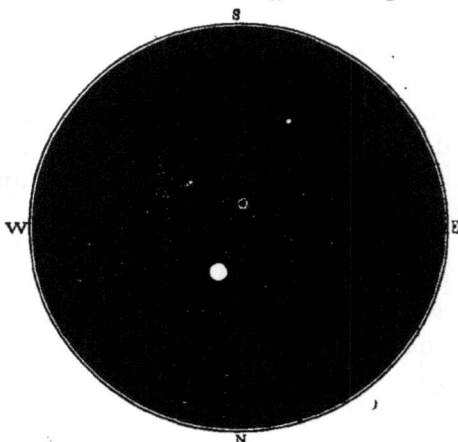

Fig. 146. — Véga et son compagnon.

place devant la petite, celle-ci reposant immobile dans le sein de
l'infini.

Ce compagnon optique est très
petit, et plongé dans le rayonnement de sa brillante voisine. Sa
distance actuelle est pourtant de
47″; mais il n'est que de 9ᵉ grandeur. Il faut une bonne lunette
pour l'apercevoir.

Véga est l'étoile principale de
la constellation de la Lyre, qui,
tout en étant l'une des plus petites

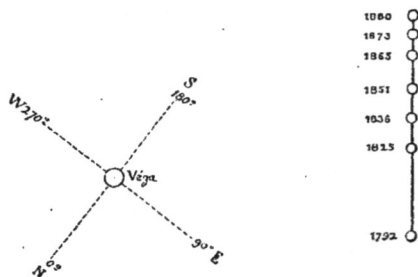

Fig. 147. — Mouvement relatif du compagnon de Véga.

du ciel, est néanmoins l'une des plus intéressantes. Ce nom de Lyre
provient sans doute de sa forme. Regardez-la attentivement dans le
ciel; vous ne tarderez pas à reconnaître que le quadrilatère formé
par les étoiles β, γ, δ et ζ, rattaché à Véga comme par un manche,
donne l'idée d'un instrument de musique de préférence à tout autre
symbole, soit Lyre, soit Cythare, soit Harpe; et, de fait, cet astérisme a été désigné sous ces trois noms. La mythologie en avait
fait la lyre d'Orphée. On l'a aussi appelée la Tortue, sans doute
postérieurement, parce que les anciennes lyres étaient fabriquées dans
des carapaces de tortue. Plus tard encore, on a accroché cette Lyre
à un Vautour, un peu comme les pupitres des lutrins d'église, et la
constellation s'est appelée le Vautour tombant. Le nom de Véga

vient même de là : il dérive de l'arabe Waki, « al-nasr-al-waki », le Vautour tombant.

L'éclat actuel de ces étoiles n'a pas toujours été le même depuis le commencement des observations. Il semble que les quatre étoiles ε, ζ, η et θ aient diminué aux temps d'Hévélius, de Flamsteed et de Piazzi, pour remonter ensuite. L'étoile κ a dû, au contraire, augmenter d'éclat. Les étoiles λ et ν, notées de 4ᵉ grandeur par Ptolémée, sont tombées à la 6ᵉ. La dernière étoile de cette liste, actuellement parfaitement visible à l'œil nu, et pleinement de 5ᵉ grandeur, se trouve entre la Lyre et Hercule, et n'a été observée par aucun des astronomes anciens ; on se l'expliquerait

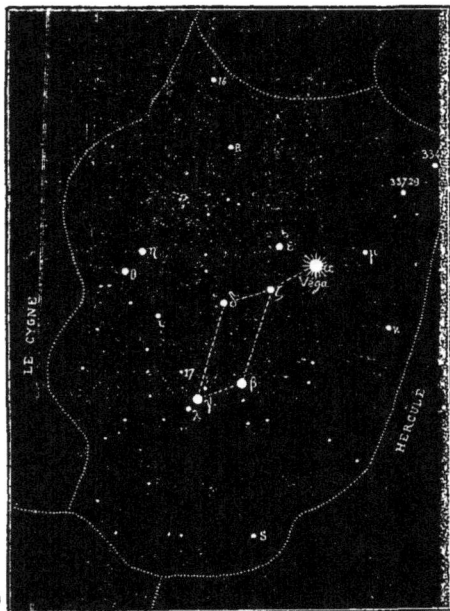

Fig. 148. — Principales étoiles de la constellation de la Lyre.

fort bien, à cause de sa position, pour les observations faites à l'œil nu ; mais pour les observations méridiennes de Flamsteed et Piazzi, c'est plus difficile. Je la trouve dans le catalogue de Lalande (34 931, observée deux fois, vers 1800), et notée de 5ᵉ grandeur 1/2 ; et dans le catalogue de Bessel, observée vers 1825, et notée de 6.7 (c'est W.-B., XVIII, 1218. Elle est actuellement (août 1880) de 5ᵉ grandeur. C'est en vain que je l'ai cherchée dans les catalogues astronomiques dont nous nous servons habituellement. Concluons donc qu'elle est variable. On pourrait lui donner la lettre S.

L'étoile nº 13, inscrite maintenant sous la lettre R, a été notée de 4ᵉ grandeur par Tycho-Brahé à la fin du XVIᵉ siècle, et de 6ᵉ par Flamsteed à la fin du XVIIᵉ. Elle subit actuellement des oscillations de la 4ᵉ à la 5ᵉ en une période de 46 jours.

β varie de 3,4 à 4,5 en 12 jours 21 heures 51 minutes, en manifestant deux maxima et deux maxima qui varient légèrement eux-mêmes. C'est là une étoile bien singulière. Un jour, le P. Secchi a remarqué en elle, à son maximum d'éclat, le spectre étrange de γ Cassiopée, dont nous avons parlé plus haut (p. 60), montrant les raies brillantes de l'hydrogène incandescent et l'indice d'un violent incendie : il ne l'a plus revu depuis. Quels événements, quelles révolutions, quelles métamorphoses s'accomplissent en ces régions lointaines, qui ne nous paraissent mortes et silencieuses qu'à cause de la distance qui nous en sépare ! Cette étoile a trois petits compagnons éloignés qui rendent encore plus intéressante sa situation dans le ciel.

Faisons plus ample connaissance avec les différentes étoiles de cette constellation.

PRINCIPALES ÉTOILES DE LA CONSTELLATION DE LA LYRE
DEUX MILLE ANS D'OBSERVATION

| ÉTOILES | —127 | +960 | 1430 | 1590 | 1603 | 1660 | 1700 | 1800 | 1840 | 1860 | 1880 |
|---|---|---|---|---|---|---|---|---|---|---|---|
| α (Véga) | 1 | 1 | 1 | 1 | 1 | 1 | 1 | 1 | 1 | 1 | 1,0 |
| β | 3 | 3.4 | 3 | 3 | 3 | 3¼ | 3 | 3 | var. | var. | var. |
| γ | 3 | 3 | 3 | 3 | 3 | 3 | 3 | 3 | 3.4 | 3.4 | 3,3 |
| δ | 4.3 | 4.3 | 4 | 4 | 4 | 5 | 4 | 5 | 4.5 | 4.5 | 4,4 |
| ε | 4.3 | 4.3 | 4 | 5 | 4 | 5 | 5 | 5 | 4 | 4.5 | 4,4 |
| ζ | 4.3 | 4.3 | 4 | 5 | 4 | 5 | 5 | 5 | 4.5 | 4.5 | 4,4 |
| η | 4 | 4.5 | 4 | 5 | 5 | 5 | 6 | 5 | 4.5 | 4.5 | 4,6 |
| θ | 4 | 4.5 | 4 | 5 | 5 | 5 | 6 | 5 | 4.5 | 4.5 | 4,2 |
| ι | 0 | 5 | 0 | 5 | 5 | 6 | 5 | 5.6 | 5 | 3 | 5,0 |
| ϰ | 0 | 0 | 0 | 0 | 5 | 5 | 5 | 4.5 | 5.4 | 5.4 | 4,7 |
| λ | 4 | 5.6 | 5 | 6 | 6 | 6 | 6 | 6 | 5.6 | 5.6 | 5,7 |
| μ | 0 | 0 | 0 | 0 | 6 | 6 | 6 | 5.6 | 5.6 | 5 | 5,5 |
| ν | 4 | 4.5 | 4 | 6 | 6 | 6 | 6 | 6 | 5.6 | 6.5 | 6,0 |
| 16 | 0 | 0 | 0 | 0 | 0 | 0 | 6 | 5.6 | 5 | 5.6 | 5,5 |
| 13 R | 0 | 0 | 0 | 0 | 4 | 5 | 6 | 5.6 | 5.4 | var. | 4,5 |
| 34931 | 0 | 0 | 0 | 0 | 0 | 0 | 0 | 0 | 5 | 5 | 5,0 |
| 33739 | 0 | 0 | 0 | 0 | 0 | 0 | 0 | 0 | 6.5 | 5.6 | 5,4 |

Il y a là une merveille. Que les personnes qui jouissent d'une vue excellente regardent avec attention l'étoile ε, non loin de Véga (voy. fig. 148), elles la verront allongée ○. Un œil sur dix mille découvrira mieux encore, et distinguera là deux étoiles contiguës ∞. Prenez une jumelle, vous séparerez ces deux étoiles ○ ○. Dirigez vers elles une petite lunette, vous les séparerez davantage, et vous aurez là un couple ravissant. Allez plus loin encore, pointez vers ce couple un instrument plus puissant, et vous découvrirez avec admiration que chacune de ces étoiles est double elle-même, et qu'il y a là deux couples célestes formant ensemble un système quadruple. La distance qui sépare les deux couples est de 207″. Le couple qui précède (ε¹) est composé de deux étoiles de 6ᵉ et 7ᵉ grandeur, écartées à 3″,2, et le couple qui suit (ε²) est composé de deux étoiles de 5ᵉ 1/2 et 6ᵉ, écartées à 2″,4. Le premier a tourné de 20° depuis cent ans, et le second de 37°; si ce mouvement était uniforme, la révolution du premier couple s'opérerait en 1800 ans, et celle du second en 3700.

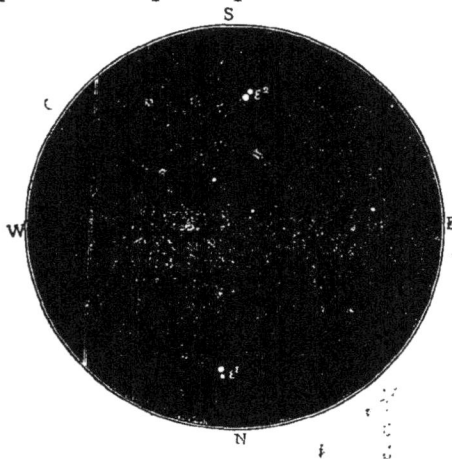

Fig. 149. — Système quadruple de ε Lyre.

Quant à la révolution de ces deux soleils doubles autour de leur centre commun de gravité, elle doit atteindre une période peu inférieure à *un million d'années !*

Un simple regard jeté sur ce point du ciel en dit plus à l'âme du philosophe que la lecture de tous les livres de la Bibliothèque nationale.

Le télescope montre entre les deux couples trois petites étoiles qui peut-être appartiennent à ce vaste système, mais peuvent parfaitement aussi ne pas lui appartenir, et se trouver soit en deçà, soit au delà — plutôt au delà.

Quel système ! et quelles grandeurs ! En ne supposant pas cette étoile quadruple plus éloignée que Véga, comme à cette distance 0″,18 représente 37 millions de lieues, une seconde entière représente 205 millions de lieues ; l'écartement qui les sépare étant de 207″ équivaut donc à 42 *milliards* de lieues, au minimum, attendu que selon toute probabilité cette étoile de 4ᵉ grandeur et demie est beaucoup plus éloignée de nous que l'éclatante Véga. Comment pourrait-on contempler l'immensité de ces lointains systèmes sans éprouver pour les vulgaires petitesses des affaires terrestres un véritable sentiment d'humiliation ?

Non loin de là, l'étoile δ se montre également composée de deux autres, de 4ᵉ 1/2 et 5ᵉ 1/2, très écartées l'une de l'autre et perceptibles à l'œil nu pour les vues excellentes, dans une jumelle pour les vues ordinaires. Champ très riche pour un instrument de moyenne puissance.

L'étoile ζ est une double très belle et très facile. Grandeurs des composantes = 4 1/2 et 5 1/2 ; distance = 44″ ; jaune topaze et vert clair.

η : 4ᵉ 1/2 et 9ᵉ, à 28″ ; jaune pâle et violette.

Cette petite constellation garde aussi en réserve pour l'observateur du ciel une curiosité bien remarquable dans le monde des nébuleuses. C'est la fameuse nébuleuse annulaire de la Lyre, la seule de cette forme qui soit accessible aux instruments de moyenne puissance. Elle n'est pas difficile à trouver, car elle gît entre β et γ, à un tiers de la distance en venant de β. Vue pour la première fois par Darquier en 1779, et inscrite au n° 57 du catalogue de Messier, elle a été l'objet d'un grand nombre d'observations. Sa forme, toute simple qu'elle paraisse, est bien singulière au point de vue des lois de la gravitation. Au lieu d'offrir une condensation graduelle vers le centre, elle offre au contraire une sorte de vide, la matière nébuleuse s'étant disposée en forme d'anneau. C'est une ellipse, dont le grand axe mesure 78″ et le petit 60″. En réalité, ce doit être un cercle que nous voyons obliquement. On croyait d'abord que l'intérieur était vide, et William Herschel l'appelait une nébuleuse perforée. Mais on distingue dans le fond une sorte de voile brumeux, et même lord Rosse a découvert, à l'aide de son puissant télescope, des stries qui paraissent traverser

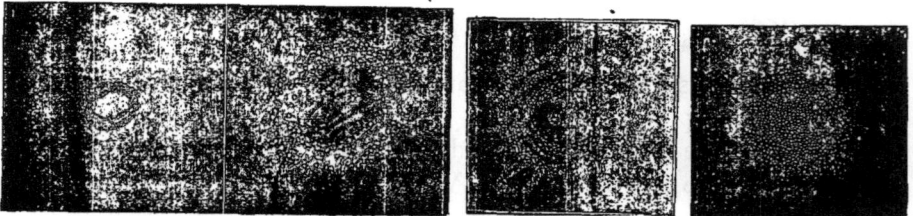

Fig. 150. — La nébuleuse annulaire de la Lyre.
1° Dans une lunette moyenne. | 2° Dans le télescope de lord Rosse.

Fig. 151. — Nébuleuse Messier 97.

Fig. 152. — Nébuleuse Messier 56.

l'arène de cet immense cirque céleste — immense, en vérité, car il est certainement plus vaste que notre système planétaire tout entier ; — le même astronome a cru apercevoir des étoiles sur la bordure; Secchi distinguait une poussière d'argent, et Chacornac a cru aussi la résoudre; cependant l'analyse spectrale n'y révèle que l'existence d'un gaz lumineux. Univers en formation ! Que se passera-t-il là dans les siècles futurs? Que s'y passe-t-il déjà actuellement? Créations bizarres et inexplorées! Il en est d'autres encore plus étranges. Considérez, par exemple, cette nébuleuse circulaire (M. 97) de la Grande Ourse, située près de l'étoile β de cette constellation, à 2° au sud-est, mais accessible seulement à des instruments assez puissants : ne croirait-on pas voir une physionomie étrange nous regardant d'un autre monde avec des yeux inégaux allumés dans une tête de mort ?

Vers 3° et demi au nord-ouest de β du Cygne, on pourra aussi observer avec plaisir un amas presque globulaire (fig. 152), composé de plusieurs centaines d'étoiles et qui offre pour ainsi dire l'aspect diamétralement contraire de celui de la nébuleuse annulaire, la lumière s'accroissant progressivement jusqu'au centre. Messier l'a découvert en 1778, et l'a inscrit au n° 56 de son catalogue. Il ne mesure pas moins de 3′ de diamètre. Mais ne nous attardons pas davantage en ces régions : la constellation d'*Hercule* nous réclame, et se présente maintenant à nous comme l'une des plus intéressantes du ciel.

Comme on l'a vu sur notre grand dessin (p. 193), ce demi-dieu est

Fig. 153. — L'Hercule d'Hyginus (1485).

dessiné renversé, les pieds au nord, la tête au sud, tenant d'une main sa massue et de l'autre un rameau d'oranger auquel s'enlacent deux serpents. C'est là un souvenir du jardin des Hespérides, dont nous avons parlé en faisant l'histoire de la constellation du Dragon. Retournez la figure et cherchez à apprécier la situation de cet homme en génuflexion : ne paraît-il pas offrir avec un air de vaincu son rameau à quelque personnage invisible? Le symbole a certainement changé depuis les siècles passés. Dans une édition du xv⁰ siècle de l'ouvrage d'Hyginus (Venise, 1485), la vieille figure sur bois, reproduite ici, nous montre Hercule portant sur le bras la peau du Lion de

Némée, et sur le point d'assommer de sa massue le serpent gardien
de l'arbre aux fruits d'or. Au commencement du xvii° siècle, en 1603,
sur l'atlas de Bayer, l'arbre a disparu, comme dans les changements
à vue de la lanterne magique, et le rameau d'oranger est venu se
placer dans la main du héros agenouillé (*fig.* 154). Soixante ans plus

Fig. 154. — L'Hercule de Bayer (1603).

tard, Hévélius a remplacé le rameau par des serpents auxquels il a
donné le nom de Cerbère, le gardien des enfers, et sur lesquels Hercule a l'air de vouloir frapper de la massue, dans l'intention probable
de les assommer (*fig.* 155). Que de métamorphoses depuis l'antiquité !
Comparez les quatre dessins que nous reproduisons ici comme curiosité historique (*fig.* 133, 153, 154 et 155, et jugez du changement qui
s'est opéré.... « Cet individu, écrivait Aratus au iii° siècle avant notre

ère, paraît dans une situation pénible; nous ne savons ni qui il
est ni ce qu'il fait là ; ou l'appelle *Engonasi* (l'homme à genoux) : il
a les bras élevés vers le ciel comme pour en implorer l'assistance. »
Si les astronomes et les historiens de l'astronomie ne se souvenaient
déjà plus il y a deux mille ans du personnage qu'on avait dessiné là,
nous serions sans doute mal inspirés de chercher nous-mêmes à nous

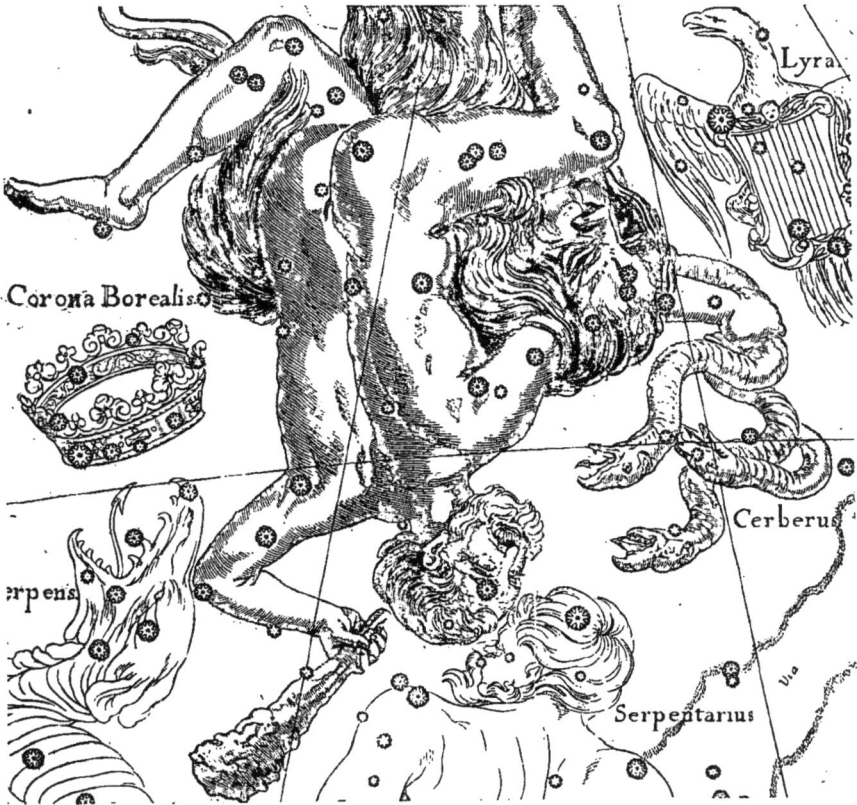

Fig. 155. — L'Hercule d'Hevélius (1660).

y reconnaître aujourd'hui, et j'estime qu'il est préférable d'oublier
la mythologie pour les étoiles.

Eudoxe, Aratus, Eratosthèmes, Hipparque, Ptolémée, Sûfi, Ulugh-
Beigh l'appellent tous l'*Agenouillé*. Je trouve pour la première fois,
et à mon grand étonnement, le nom d'Hercule dans l'édition d'Hyginus, dont nous parlions tout à l'heure (1485), — encore est-il associé
à l'autre nom « Engonasi, Hercules », — et dans le catalogue de Tycho-
Brahé (1590) où la figure porte également les deux titres. Le nom

d'Hercule est donc une appellation relativement moderne. Les commentaires astronomiques de Dupuis, Lalande et Francœur sur les douze travaux d'Hercule et leurs combinaisons avec les levers et couchers des constellations me paraissent dénués de fondement. Quant à ceux qui sont allés jusqu'à prétendre que les anciens avaient deviné la translation du Soleil vers la constellation d'Hercule, et que c'est à cause de cela qu'ils avaient placé là le symbole de la force et de la puissance, ils ont sans doute voulu faire une plaisanterie.

Les anciens eux-mêmes, quoique plus rapprochés que nous des origines, ont commis parfois d'étranges méprises, jusqu'à prendre des adjectifs pour des noms d'hommes, comme ce Grec qui prenait le Pirée pour un héros, et comme Théophraste lui-même qui raconte qu'un astronome nommé Phaïnos d'Elis avait fait d'importantes observations sur le Soleil. Or, ce Phaïnos d'Elis n'est autre que le Soleil lui-même, ainsi qualifié, par Aratus entre autres (748ᵉ vers) : φαινος ἥλιος « le brillant Soleil » ! Le plus curieux est que cet astronome apocryphe, personnifié depuis l'antiquité, est encore cité de nos jours par Bailly et Delambre.

La constellation d'Hercule occupe un vaste espace entre la Lyre et la Couronne dans le sens de l'est à l'ouest, et entre la tête du Dragon et Ophiuchus dans le sens du nord au sud. Le tableau suivant et notre *fig.* 156 en représentent les étoiles principales. C'est l'une des constellations les plus vastes, et Bayer y a épuisé les lettres des deux alphabets grec et latin, sans nommer encore toutes les étoiles, car, selon son habitude, celles qui sont en dehors du dessin de la figure n'ont pas reçu de lettres, quoiqu'il y en ait plusieurs de la quatrième grandeur, par exemple, dans le Rameau. J'ai inscrit toutes ces étoiles au tableau ci-après, et j'ai voulu aussi me rendre compte pour chacune d'elles des observations d'éclat faites depuis deux mille ans ; mais je n'attends pas de mes lecteurs qu'ils aient ni ma curiosité ni ma patience, et je les engagerai seulement à rechercher dans le ciel, pendant les belles nuits d'été, les principales étoiles, et notamment à reconnaître, en se servant de notre *fig.* 156, α Ophiuchus et α Hercule, puis β, qui se trouvent sur la ligne menée de l'Aigle à la Couronne. S'ils y prennent goût, ils peuvent ensuite trouver le bras gauche (δ, λ, μ, ν, ξ, ο) tendu vers la Lyre ; puis, dans le corps, le quadrilatère η ζ ε π. Mais examinons les curiosités principales de cette grande figure.

ÉTOILES PRINCIPALES DE LA CONSTELLATION D'HERCULE
DEUX MILLE ANS D'OBSERVATION

| ÉTOILES | −127 | +960 | 1430 | 1590 | 1603 | 1660 | 1700 | 1800 | 1840 | 1860 | 1880 |
|---|---|---|---|---|---|---|---|---|---|---|---|
| α | 3 | 3.4 | 3 | 3 | 3 | 3 | 3 | 3.4 | var | var | var |
| β | 3 | 3 | 3 | 3 | 3 | 3 | 3 | 2.3 | 2.3 | 2.3 | 2,4 |
| γ | 3 | 3.4 | 3 | 3 | 3 | 3 | 3 | 3.4 | 3 | 3.4 | 3,6 |
| δ | 3 | 3 | 3 | 3 | 3 | 3 | 4 | 4 | 3 | 3 | 3,6 |
| ε | 4 | 4 | 4 | 3 | 3 | 3 | 3 | 3 | 3.4 | 3.4 | 3,5 |
| ζ | 3 | 3 | 3 | 3 | 3 | 4 | 3 | 3 | 3.2 | 3.2 | 2,9 |
| η | 4.3 | 4 | 4 | 3 | 3 | 3 | 3 | 3 | 3 | 3.4 | 3,5 |
| θ | 4 | 4 | 4 | 3 | 3 | 3 | 4 | 4 | 4 | 4 | 3,8 |
| ι | 4 | 4 | 4 | 3 | 3 | 3 | 4 | 4 | 3.4 | 3.4 | 3,7 |
| κ | 4 | 4.5 | 4 | 4 | 4 | 4 | 5 | 5.6 | 5 | 5.6 | 5,5 |
| λ | 4.3 | 5 | 5 | 4 | 4 | 4 | 4 $\frac{1}{2}$ | 4.5 | 5 | 5.4 | 5,0 |
| μ | 4.3 | 4 | 4 | 4 | 4 | 4 | 4 | 4 | 3.4 | 3.4 | 3,8 |
| ν | 4.3 | 4 | 4 | 4 | 4 | 4 | 5 | 5 | 4.5 | 4.5 | 4,4 |
| ξ | 4.3 | 4 | 4 | 4 | 4 | 4 | 4 | 4 | 4.3 | 4.3 | 4,0 |
| o | 4.3 | 4 | 4 | 4 | 4 | 4 | 4 | 4 | 4.3 | 4 | 4,0 |
| π | 3 | 4.3 | 4 | 4 | 4 | 4 | 3 $\frac{1}{2}$ | 3.4 | 3.4 | 3 | 3,4 |
| ρ | 4.3 | 4 | 4 | 4 | 4 | 4 | 4 | 4 | 4 | 4 | 4,0 |
| σ | 4 | 4 | 4 | 4 | 4 | 4 | 4 | 4 | 4 | 4.5 | 4,3 |
| τ | 4 | 4.3 | 4 | 4 | 4 | 4 | 4 | 4 | 3.4 | 3.4 | 3,5 |
| υ | 4 | 4 | 4 | 4 | 4 | 4 | 5 | 5 | 4.5 | 5.4 | 4,5 |
| φ | 4 | 4 | 4 | 4 | 4 | 4 | 6 | 6 | 4 | 4 | 4,0 |
| χ | 4 | 5 | 5 | 4 | 4 | 4 | 6 | 6 | 4.5 | 5.4 | 4,7 |
| ω | 5 | 4 | 4 | 0 | 5 | 5 | 6 | 5 | 5 | 5 | 5,0 |
| 104 A | 0 | 0 | 0 | 0 | 5 | 4 $\frac{1}{2}$ | 0 | 5 | 5 | 5 | 5,0 |
| 99 b | 0 | 0 | 0 | 0 | 5 | 0 | 5 | 5.6 | 5 | 5 | 5,0 |
| 61 c | 5 | 5.6 | 5 | 0 | 5 | 0 | 6 | 5 | 5 | 6.5 | 5,7 |
| 59 d | 5 | 5.6 | 5 | 0 | 5 | 0 | 6 | 5 | 5 | 5 | 5,2 |
| 69 e | 4 | 5 | 5 | 4 | 5 | 4 $\frac{1}{2}$ | 4 $\frac{1}{2}$ | 4.5 | 5 | 5.4 | 4,8 |
| 90 f | 0 | 6 | 0 | 0 | 5 | 6 | 6 | 5.6 | 5 | 5 | 5,2 |
| 30 g | 0 | 0 | 0 | 5 | 5 | 5 | 5 | 5 | 5.6 | var | var |
| 29 h | 0 | 6 | 0 | 0 | 6 | 5 | 4 | 4.5 | 5.6 | 5.6 | 5,3 |
| 43 i | 0 | 0 | 0 | 0 | 6 | 0 | 5 $\frac{1}{2}$ | 5 | 6.5 | 6.5 | 5,8 |
| 47 k | 0 | 0 | 0 | 0 | 6 | 0 | 5 | 5 | 6.5 | 6.5 | 5,8 |
| 45 l | 0 | 0 | 0 | 0 | 6 | 0 | 5 | 5.6 | 6 | 6.5 | 5,8 |
| 36 m | 0 | 0 | 0 | 0 | 6 | 0 | 6 | 6.7 | 6 | 6 | 6,0 |
| 28 n | 0 | 0 | 0 | 0 | 6 | 0 | 6 | 5.6 | 6 | 6 | 5,9 |
| 21 o | 0 | 0 | 0 | 0 | 6 | 0 | 6 | 6.7 | 6 | 6 | 6,2 |
| 13 p | 0 | 0 | 0 | 0 | 6 | 0 | 5 $\frac{1}{2}$ | 7 | 0 | 0 | 7,5 |
| 8 q | 0 | 0 | 0 | 0 | 6 | 0 | 6 | 6 | 6 | 6 | 6,0 |
| 5 r | 0 | 0 | 0 | 0 | 6 | 0 | 6 | 6 | 6.5 | 6.5 | 5,8 |
| s | 0 | 0 | 0 | 0 | 6 | 0 | 6 | 0 | 6 | 6 | 6,0 |
| 107 t | 0 | 0 | 0 | 0 | 6 | 5 | 6 | 6 | 5 | 5 | 5,5 |
| 68 u | 0 | 0 | 0 | 0 | 6 | 5 | 5 | 4 | 5 | 5 | var |
| 72 w | 0 | 0 | 0 | 0 | 6 | 0 | 6 | 6 | 5.6 | 5.6 | 5,3 |
| 77 x | 6 | 6 | 6 | 6 | 6 | 6 | 6 | 5.6 | 6 | 6.5 | 6,0 |
| 82 y | 6 | 6 | 6 | 6 | 6 | 6 | 6 | 5.6 | 6 | 6.5 | 5,8 |
| 88 z | 6 | 6 | 6 | neb | 6 | 6 | 6 | 7 | 6 | 6 | 7,0 |
| 42 | 0 | 0 | 0 | 0 | 5 | 5 | 5 | 6 | 5.4 | 5 | 4,9 |
| 52 | 0 | 0 | 0 | 0 | 0 | 5 | 5 $\frac{1}{2}$ | 5 | 5.4 | 5 | 5,2 |
| 53 | 0 | 0 | 0 | 0 | 0 | 0 | 5 | 5 | 5 | 6.5 | 5,8 |
| P. XVI, 279 | 0 | 0 | 0 | 0 | 0 | 0 | 6 | 5.6 | 5 | 5.6 | 5,8 |
| 60 | 0 | 0 | 0 | 0 | 0 | 6 | 5 $\frac{1}{4}$ | 5 | 5 | 5 | 5,0 |
| 31312 | 0 | 0 | 0 | 0 | 0 | 0 | 0 | 0 | 5 | 5 | 5,0 |

| ÉTOILES | − 127 | +960 | 1430 | 1590 | 1603 | 1660 | 1700 | 1800 | · 1840 | 1860 | 1880 |
|---|---|---|---|---|---|---|---|---|---|---|---|
| 70 | 0 | 0 | 0 | 0 | 0 | 5 | 4 $\frac{1}{2}$ | 5.6 | 6 | 6.5 | 5,5 |
| 31694 | 0 | 0 | 0 | 0 | 0 | 0 | 0 | 0 | 5 | 5.6 | 5,8 |
| 93 | 0 | 0 | 0 | 0 | 5 | 0 | 5 | 5 | 5 | 5 | 5,0 |
| 95 | 0 | 0 | 0 | 0 | 5 | 0 | 4 | 5.6 | 4.5 | 5.4 | 4,8 |
| 96 | 0 | 0 | 0 | 0 | 5 | 0 | 5 | 5 | 5 | 5 | 5,0 |
| 100 | 0 | 0 | 0 | 0 | 6 | 0 | 6 | 7 | 5.6 | 6 | 6,0 |
| 101 | 0 | 0 | 0 | 0 | 6 | 0 | 5 | 6 | 5 | 5 | 5,2 |
| 102 | 0 | 0 | 0 | 0 | 4 | 0 | 4 $\frac{1}{2}$ | 5.6 | 4.5 | 4,5 | 4,4 |
| 109 | 0 | 0 | 0 | 0 | 4 | 0 | 4 | 5.6 | 4 | 4 | 4,2 |
| 110 | 0 | 0 | 0 | 4 | 4 | 4 | 4 $\frac{1}{2}$ | 5 | 4 | 4 | 4,2 |
| 111 | 0 | 0 | 0 | 4 | 4 | 4 | 4 | 5.6 | 4.5 | 4 | 4,0 |
| 113 | 0 | 0 | 0 | 0 | 4 | 5 | 5 | 5 | 4.5 | 4.5 | 4,5 |

Fig. 156. — Principales étoiles de la constellation d'Hercule.

Et d'abord $\alpha$, étoile extrêmement curieuse et du plus haut intérêt. Elle ne recevrait plus aujourd'hui la première lettre, car $\beta$ est aujourd'hui constamment plus brillante, et même $\zeta$ vient également avant elle. $\alpha$ n'est qu'une faible de 3° grandeur, variant d'ailleurs assez irrégulièrement entre 3,1 et 3,9. Elle est toujours inférieure à $\alpha$ Ophiuchus. Sa couleur est rougeâtre, ou pour mieux dire orangée, bien perceptible à l'œil nu, mais pourtant moins rouge que Mars et Antarès. Son spectre, dont nous avons reproduit le dessin à la *fig.* 6 de notre planche générale des spectres, est considéré comme le type des étoiles de cette nature (le troisième type de Secchi), étoiles orangées et rouges, généralement variables, dont le spectre se montre composé de lignes noires et de lignes brillantes, entrecoupées de zones ou bandes obscures disposées comme autant de colonnes cannelées vues en perspective et ayant la partie éclairée du côté du rouge. Il y a là deux spectres superposés. L'hydrogène y apparaît renversé, c'est-à-dire lumineux; les raies du sodium, du fer et du magnésium y sont très fortes. Ce sont là vraiment d'étranges soleils, qui semblent flotter dans un état instable, subissant des conflagrations qui doivent mettre souvent en péril la vie éclose à la surface des mondes de leurs systèmes.

Cette étoile est, de plus, une très belle double, l'une des plus charmantes du ciel, composée d'un soleil *orangé* et d'un soleil *émeraude*, comme on l'a déjà vu sur notre planche des étoiles doubles colorées. Les deux composantes sont très rapprochées (à 4″,7); cependant un bon objectif de 60 millimètres suffit pour opérer nettement le dédoublement. Belle observation à faire pour un œil attentif. Plusieurs astronomes avaient considéré ce couple comme en mouvement orbital; d'autres, au contraire, ont cru que le compagnon était seulement voisin par un effet de perspective, comme celui de Véga, et pouvait servir à déterminer la parallaxe de cette curieuse étoile (il y a même une parallaxe calculée par Jacob). Ces déductions sont erronées. En réalité, les deux composantes de ce couple céleste restent fixes l'une par rapport à l'autre depuis cent ans qu'on les observe, mais elles forment néanmoins un couple physique, car un même mouvement propre les emporte de concert à travers l'immensité de l'espace. Nous verrons tout à l'heure que c'est vers cette région du ciel que le Soleil nous emporte, avec toutes nos destinées politiques et religieuses. Certes, aujourd'hui que nous connaissons la nature physique de cette étoile, sa constitution chimique, sa richesse personnelle comme étoile double, son mouvement dans l'espace, son rapport avec notre propre

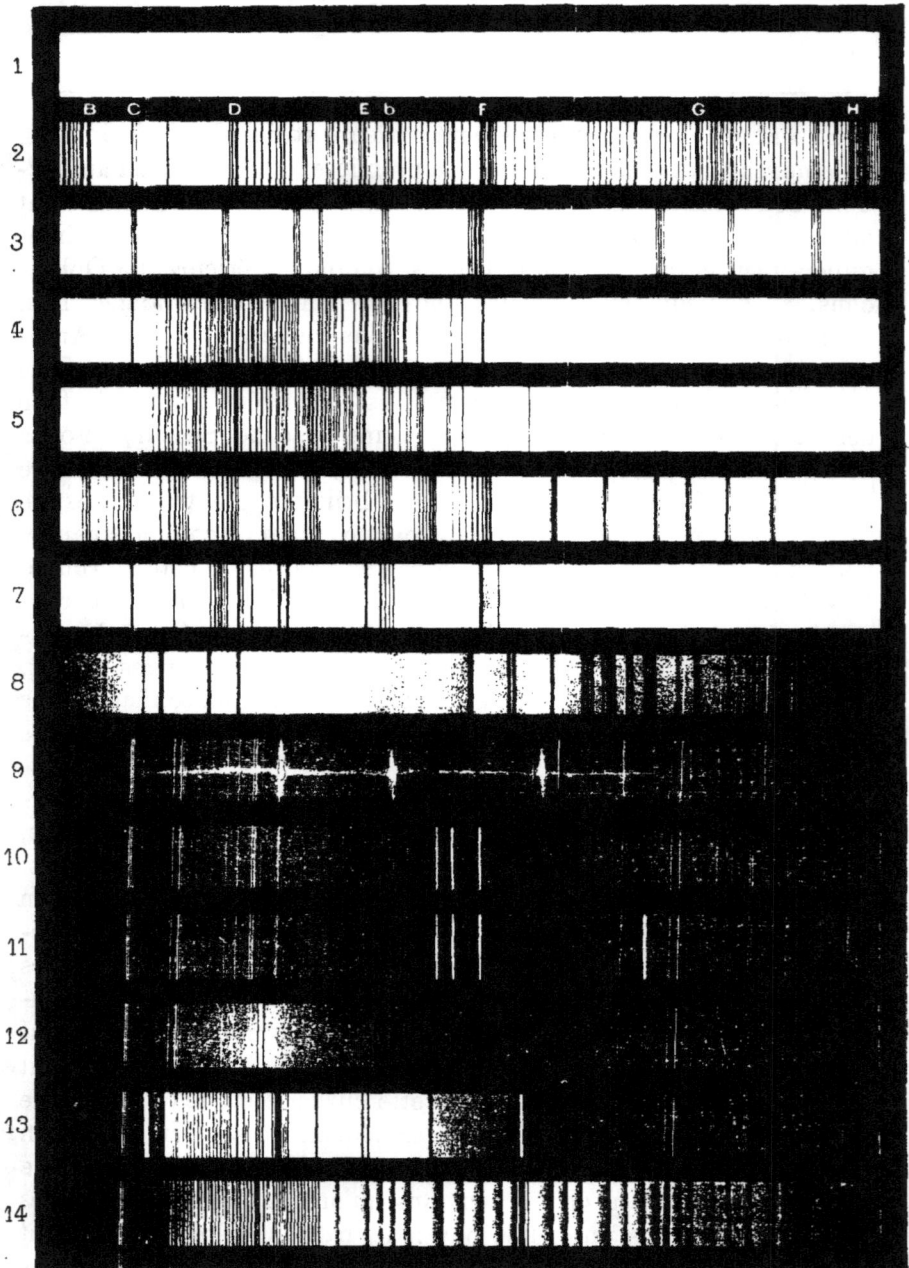

# SPECTRES
de diverses Sources lumineuses
SOLAIRE, STELLAIRES, COMÉTAIRES & TERRESTRES:

1. Spectre continu *(solide ou liquide incandescent)* __2. Spectre du Soleil __3. Spectre de Sirius __ 4. d'Aldébaran __5. de Bételgeuse __6. Alpha d'Hercule __7. Spectre d'une étoile rouge __8. Etoile temporaire __9. Comète de 1874 __10. Nébuleuse du Dragon __11. Nébuleuse d'Orion __12. Spectre du Sodium __13. Hydrogène __14. Azote.

mouvement à travers l'infini, comment pourrions-nous la regarder, même à l'œil nu, sans un intérêt tout particulier et sans éprouver un sentiment de sympathie pour ces astres auxquels nous rattachent des attractions mystérieuses et inconnues?

Remarquons maintenant, parmi les étoiles de cette constellation, quelques variations séculaires qui paraissent se manifester par les comparaisons du tableau précédent. Ainsi, les étoiles α et χ ont diminué. φ, χ, ω, h, u ont été notées tour à tour de 4ᵉ, 5ᵉ et 6ᵉ grandeur.

L'étoile 13 p, marquée de 6ᵉ grandeur en 1603 sur la carte de Bayer et nommée par lui, est signalée du même éclat dans le catalogue d'Anthelme (1679); elle a été vue de 5ᵉ 1/2 par Flamsteed en 1700 et de 7ᵉ par Piazzi en 1800; mais, à partir de cette époque, elle disparaît pour les observations faites à l'œil nu. Je l'ai cherchée vainement en juillet 1880, et finalement, en août, à l'aide d'une lunette, je l'ai trouvée de 7ᵉ grandeur et demie. L'étoile 88 z, notée de 6ᵉ grandeur depuis deux mille ans, est actuellement invisible à l'œil nu et de 7ᵉ grandeur.

L'étoile 68 u a été notée de 6ᵉ grandeur par Bayer, de 5ᵉ par Hévélius, Argelander, etc., de 4ᵉ par Piazzi. De fait, elle varie en 40 jours de la 4ᵉ à la 6ᵉ grandeur.

Tandis que les étoiles p et z disparaissaient, les étoiles 31312 et 31694 Lalande augmentaient d'éclat et arrivaient à la 5ᵉ grandeur.

L'étoile 70 Hercule mérite peut-être une attention plus particulière encore. En 1660, Hévélius l'a vue de 5ᵉ grandeur; puis Flamsteed de 4ᵉ et de 5ᵉ; puis Piazzi, de 5ᵉ 1/2, et Argelander, de 6ᵉ. Lalande l'a notée trois fois de 4ᵉ. Je l'ai trouvée récemment de 5ᵉ1/2. Elle est certainement variable. Autre remarque. En transcrivant ses observations, Flamsteed s'est trompé une fois de 24 secondes, et a inscrit, comme passant au méridien 24 secondes après, une autre étoile, portant le n° 71, et qui n'a jamais existé. Piazzi l'a vue deux fois double, puis simple. C. Mayer l'a vue également double. W. Herschel l'a trouvée simple. Un astronome anglais qui s'était installé un observatoire à Passy en 1825, sir James South, a mesuré auprès d'elle, à 3′38″ de distance, un petit compagnon qu'il a estimé une fois de 9ᵉ, une fois de 10ᵉ et une fois de 11ᵉ grandeur. (Ce soir 10 août, j'ai revu ce compagnon, que j'estime de 9ᵉ grandeur.)

Les notifications d'éclat de Piazzi sont parfois inférieures à la réalité, comme on le voit ici par les dernières étoiles du tableau.

L'étoile ψ manque au tableau précédent. Ce n'est pas qu'elle ait disparu du ciel, mais elle ne fait qu'une avec l'étoile ν du Bouvier. L'étoile 55 est ordinairement signalée comme un exemple des étoiles éteintes ; mais elle n'a été observée qu'une fois par Flamsteed, et encore d'une manière douteuse ( en quelque sorte comme un duplicata de la 54e), de sorte qu'il est problable qu'elle n'a jamais existé.

Signalons maintenant les plus jolies étoiles doubles à observer.

Ne revenons pas sur α, dont nous avons résumé l'histoire céleste.

Dirigez une lunette vers κ (sur le prolongement de β à γ). Très facile à dédoubler : 5e et 6e ; distance = 30″. Dans le champ de la lunette, ce couple ressemble à Mizar et Alcor, par une troisième étoile de 6e qui se trouve au nord.

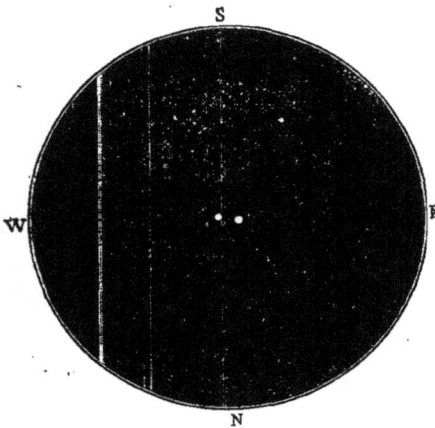

Fig. 157. — L'étoile double 95 Hercule.

ρ : 4e et 5e 1/2 ; écartement = 3″,7 ; très fine.

95 : 5,5 et 5,8 ; écartement = 6″ ; jaune d'or et azur léger. Couple extrêmement joli ; très lumineux ; ravissant petit tableau, couleurs variables. Fixe.

δ : 4e et 8e ; écartement = 18″ ; mouvement rapide ; mais sans doute groupe de perspective. (Difficile à dédoubler : la grande étoile est d'un bleu clair brillant, la petite violette très fine. )

Mais de toutes les étoiles doubles de cette constellation, la plus intéressante est sans contredit l'étoile ζ, dont les composantes de 3e et 6e grandeur, *gravitent l'une autour de l'autre dans la période rapide de 34 ans et demi.* C'est l'un des systèmes orbitaux les plus rapides que nous puissions observer dans le ciel entier. Un instrument puissant est nécessaire pour opérer le dédoublement, car l'écartement des deux composantes n'est actuellement que de 1″,3 et ne dépasse jamais 1″,5. La petite étoile disparaît même dans les rayons de la grande pendant trois ans, à chacune de ses révolutions, lorsque sa distance est inférieure à 0″,6 : c'est le premier exemple que l'on ait eu, dès l'an 1795, de l'occultation d'une étoile par une autre. Depuis 1782, date de la première mesure faite par William Herschel, la petite étoile a déjà accompli près de trois révolutions autour de la grande J'ai représenté *fig.* 158 l'orbite apparente, telle que nous la voyons d'ici, et *fig.* 159 l'orbite réelle, comme on la verrait de face. Voilà un nouveau système de deux soleils qui doit distribuer aux terres inconnues qui gravitent dans sa double lumière, des années, des saisons, des jours et des nuits, des printemps et des automnes, des aurores et des crépuscules dont les phénomènes simples et réguliers de la nature terrestre ne peu-

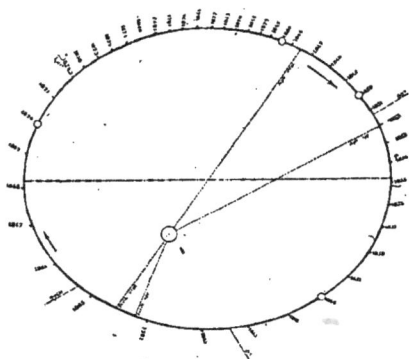

Fig. 158. — Orbite apparente de ζ Hercule.

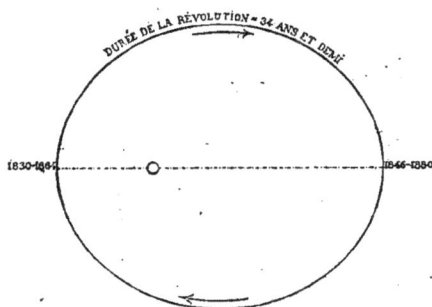

Fig. 159. — Orbite absolue de ζ Hercule.

vent nous donner aucune idée. Qu'il serait intéressant de pouvoir s'envoler jusque-là, ne serait-ce que pour y vivre une seule existence d'une quarantaine d'années de contemplation !

Cette vaste constellation d'Hercule renferme l'un des plus beaux *amas* d'étoiles qui existent. Il se trouve entre η et ζ, à un tiers de la distance en partant de η; on le distingue à l'œil nu par les nuits claires et sans lune. Pourtant personne n'en a parlé avant l'année 1714 où Halley l'observa le premier et le présenta comme la sixième nébuleuse alors connue, en ayant soin d'ajouter que sans doute les progrès de l'astronomie en feraient découvrir d'autres, prédiction réalisée au delà de toute espérance : un demi-siècle plus tard, Messier publiait un catalogue de 103 de ces créations lointaines; à la fin du siècle, W. Herschel en enregistrait 2500, et aujourd'hui nous en connaissons plus de six mille!... Il est singulier que Messier ait cru constater que cette nébuleuse « ne contenait aucune étoile », car le plus faible pouvoir optique permet de la résoudre en une masse de petits points lumineux. Scruté dans le champ des plus puissants télescopes, cet amas se développe sur une étendue de 8′ de diamètre, soit le quart du diamètre apparent de la pleine lune, et, d'après son aspect globulaire et sa condensation centrale, se présente comme composé de plus de cinq mille soleils, réduits pour nous à la dimension d'étoiles de 10ᵉ à 15ᵉ grandeur. Le spectroscope y montre un spectre continu et une constitution non gazeuse. Cet amas d'étoiles est sans contredit l'un des plus brillants du ciel et, par une heureuse circonstance, l'un des plus faciles à observer sous nos latitudes. Il est difficile de le contempler sans admiration. Quel univers ! Quand on songe qu'entre chacun de ces soleils il y a des millions, ou, pour mieux dire, des centaines de millions de lieues, comment l'imagination la plus téméraire ne se sentirait-elle pas abîmée et confondue ! Tout à l'heure je demandais quarante ans d'études à passer dans le système double de ζ Hercule : maintenant, j'en ambitionnerais au moins dix fois plus, soit quatre cents ans, pour satisfaire une curiosité bien légitime dans l'étude de cette prodigieuse agglomération de plus de cinq mille soleils.

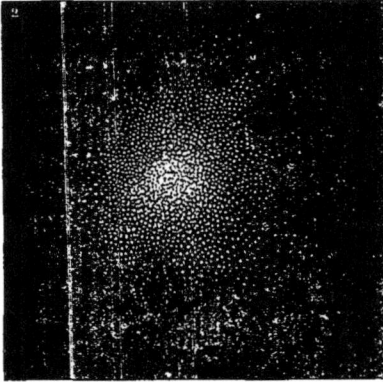

Fig. 160. — Amas d'Hercule.

Hercule nous offre encore un autre amas, que l'on trouvera sur la ligne tracée de Véga à τ, à peu près de même diamètre que le précédent, mais moins facile à résoudre en étoiles.

Ne quittons pas Hercule sans regarder avec une attention spéciale la région céleste où brillent les étoiles π et ρ : *c'est vers cette région que le Soleil nous emporte* dans son mouvement de translation à travers l'immensité infinie. Par une belle nuit d'été, élevez vos regards contemplateurs vers cette région du ciel : c'est là que nous allons tous, Soleil, Terre, Lune, planètes, comme une flotte d'embarcations cinglant vers un port céleste. Aborderons-nous jamais dans cette constellation? Notre soleil tourne-t-il autour d'un foyer situé à angle droit avec notre tangente vers ce point? Sa route sidérale est-elle sinueuse, soumise à des alternatives d'attractions inconnues? Autant de questions, autant de problèmes. Mais il n'en est pas moins certain que la comparaison générale des mouvements propres de toutes les étoiles dénote une tendance de perspective à s'écarter de ce point et à nous le signaler comme marquant la direction actuelle de notre transport dans l'espace. Devant la contemplation de ce mouvement séculaire, les révolutions annuelles de la Terre et des autres mondes s'effacent, les révolutions des peuples d'une petite planète s'évanouissent en fumée, et l'âme reste plongée dans une sorte de stupeur en essayant de concevoir le tableau des grandeurs sidérales et la majesté des œuvres de la nature.

# CHAPITRE X

Les constellations que nous allons étudier dans ce Chapitre sont les dernières qu'il nous reste à examiner de tout l'hémisphère céleste situé au nord du Zodiaque, région du ciel qu'il nous importait le plus de connaître en détail, puisque c'est celle qui règne constamment au-dessus de nos têtes, celle que nos regards peuvent interroger tous les soirs. Nul ne sera plus autorisé maintenant à ignorer le nom d'une constellation ou d'une brillante étoile; car, à l'aide des descriptions qui précèdent, la géographie du Ciel n'est pas plus difficile à faire que la géographie de la Terre : l'uranographie peut être considérée comme établie aujourd'hui en des termes assez populaires pour que tout esprit désireux de la connaître puisse y arriver facilement, au prix d'une attention parfois un peu laborieuse, il est vrai, mais qui porte en elle-même sa récompense. La contemplation de l'univers se double du plaisir que nous éprouvons à nous sentir en pays de connaissance, et chaque fois que nous saluons dans les cieux une étoile par son nom, notre esprit se transporte jusqu'à elle, s'identifie avec son histoire, et vit un instant dans les grandeurs sidérales, dans l'immensité de la création, dans l'infini.

Nous avons déjà reconnu l'Aigle, dont la brillante étoile Altaïr, accompagnée de ses deux satellites, trône sur les rives de la Voie lactée, au sud de la Lyre et de la Croix du Cygne. Il n'y a rien de surprenant à ce qu'on ait donné à cette étoile, soutenue par ses deux voisines comme par deux ailes, le nom de l'oiseau colossal qui s'élève le plus haut dans les airs et symbolise la domination, la gloire et le triomphe. Les anciens se sont accordés à lui décerner ce titre, auquel se joint parfois celui d'*Armiger Jovis*, qui lui est synonyme. Les Arabes l'appelaient *el-nars el-taïr* « l'aigle volant », d'où est venu le nom d'*Altaïr*, donné à alpha (et non pas *Ataïr*, comme on l'imprime dans la plupart des livres d'astronomie).

Dès le temps de Ptolémée, la figure de l'oiseau de Jupiter ne couvrait qu'une partie de la constellation de l'Aigle, et les étoiles australes étaient réunies sous le nom d'Antinoüs, jeune homme d'une grande beauté qui se noya dans le Nil l'an 131 de notre ère, et que l'empereur Adrien regretta si tendrement, qu'il alla jusqu'à lui faire élever des autels, comme à un nouveau dieu, et à fonder une ville sous son nom. Ptolémée étant mort l'an 135, c'est donc entre l'an 131 et l'an 135 que le nom d'Antinoüs a été placé pour la première fois au ciel, et l'on aurait le droit de reprocher cette flatterie au savant auteur de l'*Almageste*, si, pour juger les hommes, nous ne devions avant tout nous placer nous-mêmes au milieu dé leur siècle et de leurs mœurs, ce qui est toujours pour le philosophe un voyage plein d'étonnements et de surprises.

Quoique le corps d'Antinoüs ait été dessiné, à côté de celui de l'Aigle, sous la forme la plus distincte, cependant on n'en a pas fait une constellation absolument séparée, et Bayer a distribué les lettres de l'alphabet grec comme s'il s'agissait d'un seul canton de la géographie céleste. Ce sont les étoiles η, θ, ι, κ, λ, ν qui forment le corps du favori d'Adrien, enlevé au ciel par l'Aigle qui le tient fortement dans ses serres.

L'analogie des figures et du symbole a quelquefois changé Antinoüs en Ganymède emporté par l'oiseau de Jupiter.

J'ai réuni dans le tableau suivant toutes les étoiles nommées par Bayer, et j'y ai ajouté, jusqu'à la 6ᵉ grandeur exclusivement, celles qui étant en dehors du dessin n'ont pas reçu de lettres, et sont désignées par les numéros du catalogue de Flamsteed.

Toutes ces étoiles seront facilement trouvées dans le ciel à l'aide de notre *fig.* 161. Les trois étoiles principales pointent, au sud, vers θ, de 3ᵉ grandeur. De là, en revenant vers l'ouest, on trouve η et δ, puis, en remontant au nord-ouest, ζ et ε. C'est comme une croix irrégulière dont Altaïr formerait la tête et dont λ marquerait le pied.

La dernière colonne du tableau indique l'éclat actuel de ces étoiles. Si l'on veut se rendre compte de leur éclat antérieur, on peut examiner les indications des autres dates. La comparaison de ces vingt siècles d'observation est intéressante. Remarquons d'abord l'étoile ε, qui n'a été enregistrée ni par Ptolémée, ni par Sùfi, ni par Ulugh Beigh, et qui apparaît pour la première fois dans le catalogue de Tycho-Brahé, à la fin du XVIᵉ siècle, notée comme étoile de 3ᵉ grandeur. Les anciens ont observé sa voisine ζ, également de 3ᵉ grandeur. Il n'est pas douteux que si ε avait eu le même éclat dans l'antiquité, elle n'aurait pas été éliminée par Hipparque, et surtout n'aurait pas échappé à la description si minutieuse de Sùfi. Concluons donc que cette étoile a augmenté considérablement d'éclat entre l'an 1430 et l'an 1590. Elle diminue actuellement et n'est plus que de quatrième grandeur.

PRINCIPALES ÉTOILES DE L'AIGLE ET D'ANTINOÜS

DEUX MILLE ANS D'OBSERVATION

| ÉTOILES | — 127 | + 960 | 1430 | 1590 | 1603 | 1660 | 1700 | 1800 | 1840 | 1860 | 1880 |
|---|---|---|---|---|---|---|---|---|---|---|---|
| α (Altaïr) | 2.1 | 2.1 | 2 | 2 | 1 | 1 | 1 ½ | 1.2 | 1.2 | 1.2 | 1,5 |
| β | 3 | 3.4 | 3 | 3 | 3 | 4 | 3 ¼ | 3.4 | 4 | 4 | 4,0 |
| γ | 3 | 3 | 3 | 3 | 3 | 3 | 3 | 3 | 3 | 3 | 3,3 |
| δ | 4.3 | 3.4 | 3 | 3 | 3 | 3 | 3 | 3.4 | 3.4 | 3.4 | 3,4 |
| ε | 0 | 0 | 0 | 3 | 3 | 4 | 3 ½ | 3.4 | 4 | 4 | 4,1 |
| ζ | 3 | 3 | 3 | 3 | 3 | 3 | 3 | 3 | 3 | 3 | 3,0 |
| η | 3 | 3.4 | 3 | 3 | 3 | 4 | 3 ½ | 4 | var. | var. | var. |
| θ | 3 | 3 | 3 | 3 | 3 | 3 | 3 | 3.4 | 3 | 3 | 3,0 |
| ι | 3 | 4.5 | 4 | 3 | 3 | 4.5 | 4 | 5 | 4.5 | 4.5 | 4,4 |
| κ | 5 | 5 | 5 | 3 | 3 | 4 | 3 ½ | 4 | 5 | 5 | 5,4 |
| λ | 3 | 3.4 | 3 | 3 | 3 | 3 | 3 | 3 | 3.4 | 3 | 3,3 |
| μ | 5 | 6 | 6 | 4 | 4 | 4 | 4 | 4.5 | 5.4 | 5.4 | 5,3 |
| ν | 0 | 0 | 0 | 0 | 4 | 5 | 5 | 5.6 | 5 | 5 | 5,4 |
| ξ | 3.4 | 5 | 5 | 6 | 5 | 5 | 5 | 5 | 5 | 5.6 | 5,2 |
| ο | 0 | 0 | 0 | 0 | 5 | 6 | 5 ¾ | 5.6 | 6.5 | 6.5 | 5,7 |
| π | 0 | 0 | 0 | 0 | 5 | 6 | 6 | 6 | 6 | 6 | 6,0 |
| ρ | 0 | 0 | 0 | 0 | 5 | 5 | 5 | 5 | 5 | 5 | 5,5 |
| σ | 5 | 0 | 0 | 0 | 6 | 5 | 5 | 5 | 5 | 5 | 5,7 |
| τ | 4 | 6 | 6 | 6 | 6 | 6 | 6 | 5.6 | 6.5 | 6 | 5,9 |
| υ | 0 | 0 | 0 | 0 | 6 | 0 | 6 | 6.7 | 6 | 6.7 | 6,2 |
| φ | 5 | 6 | 6 | 5 | 6 | 6 | 6 | 6 | 5.6 | 5.6 | 5,5 |
| χ | 0 | 0 | 0 | 0 | 6 | 6 | 6 | 6 | 6 | 6.5 | 5,8 |
| ψ | 0 | 0 | 0 | 0 | 6 | 0 | 6 | 6.7 | 6 | 6.7 | 6,4 |
| ω | 0 | 0 | 0 | 0 | 6 | 6 | 6 | 5 | 6.5 | 6.5 | 6,0 |
| 28 A | 0 | 0 | 0 | 0 | 6 | 6 | 6 | 6 | 6 | 6 | 6,0 |
| 31 b | 0 | 0 | 0 | 0 | 6 | 6 | 6 | 5 | 5.6 | 5.6 | 5,8 |
| 35 c | 0 | 0 | 0 | 0 | 6 | 0 | 6 | 6 | 6.5 | 6 | 6,0 |
| 27 d | 0 | 0 | 0 | 0 | 6 | 0 | 6 | 6 | 6 | 6.5 | 5,9 |
| 36 e | 0 | 0 | 0 | 0 | 6 | 0 | 6 | 6 | 5.6 | 5.6 | 5,6 |
| 26 f | 0 | 0 | 0 | 0 | 6 | 6 | 6 | 6 | 5 | 6.5 | 5,7 |
| 14 g | 0 | 0 | 0 | 0 | 6 | 0 | 6 | 6 | 6 | 6 | 5,8 |
| 15 h | 0 | 0 | 0 | 0 | 6 | 0 | 6 | 6 | 6 | 6 | 5,7 |
| 4 | 0 | 0 | 0 | 0 | 0 | 0 | 5 | 5.6 | 5 | 5 | 5,5 |
| 11 | 0 | 0 | 0 | 0 | 6 | 6 | 6 | 7 | 5 | 5 | 5,5 |
| 12 | 0 | 4.5 | 0 | 4 | 4 | 4 | 5 | 5.6 | 5.4 | 4.5 | 4,0 |
| 18 | 0 | 0 | 0 | 0 | 5 | 6 | 6 | 5.6 | 5 | 5 | 5,8 |
| 19 | 0 | 0 | 0 | 0 | 0 | 0 | 6 | 6 | 5.6 | 6.5 | 5,8 |
| 20 | 0 | 0 | 0 | 0 | 0 | 0 | 5 ½ | 5 | 6 | 6.5 | 5,9 |
| 21 | 0 | 0 | 0 | 0 | 0 | 0 | 5 | 6 | 6.5 | 6.5 | 5,7 |
| 23 | 0 | 0 | 0 | 0 | 0 | 0 | 5 | 6 | 6 | 6.5 | 5,7 |
| 51 | 0 | 0 | 0 | 0 | 0 | 5 | 5 | 6 | 6 | 6.5 | 5,8 |
| 56 | 0 | 0 | 0 | 0 | 0 | 5 | 5 | 6 | 0 | 0 | 6,2 |
| 57 | 0 | 0 | 0 | 0 | 0 | 0 | 6 | 6.7 | 5 | 5.6 | 6,4 |
| 66 | 0 | 0 | 0 | 0 | 0 | 0 | 5 ½ | 6.7 | 6 | 6.7 | 5,8 |
| 69 | 0 | 0 | 0 | 0 | 0 | 5 | 5 | 5 | 5 | 5 | 5,4 |
| 70 | 0 | 0 | 0 | 0 | 0 | 5 | 5 | 5.6 | 5 | 5 | 5,2 |
| 71 | 0 | 0 | 0 | 0 | 0 | 4 | 4 | 5 | 4.5 | 5,4 | 4,6 |

L'étoile β varie également : elle est actuellement fort inférieure à γ, tandis qu'à l'époque de Tycho et de Bayer, elles étaient toutes deux de troisième grandeur. Comme ce n'est pas sa position qui peut avoir influé sur sa dénomination, il est certain qu'elle a diminué d'éclat.

L'étoile η varie régulièrement de 3,5 à 4,7 en 7 jours 4 heures

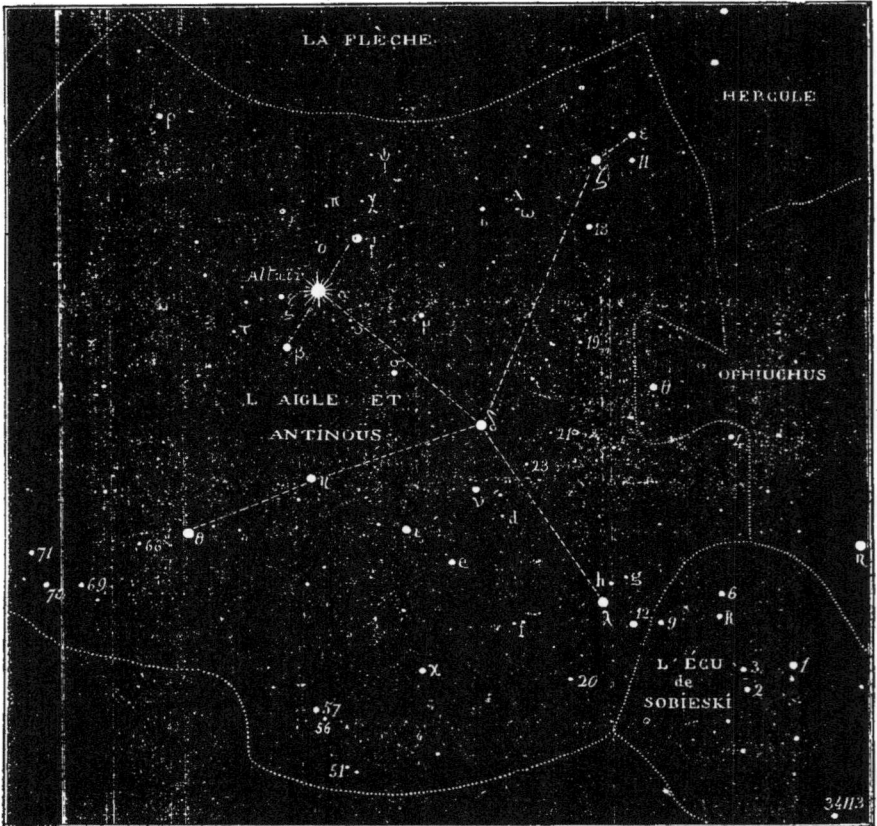

Fig. 161. — Principales étoiles de la constellation de l'Aigle.

13 minutes 53 secondes, soit par sa rotation, soit par la révolution d'un anneau cosmique autour d'elle. — Variation très facile à suivre à l'œil nu, et fort intéressante pour le penseur qui aime à sentir la vie circuler dans l'univers.

ι, anciennement de 3e grandeur, est tombée à la 4e 1/2.

Au contraire, κ, de 5e grandeur, s'est élevé à la 3e au temps de Tycho et de Bayer.

$\mu$, varie de la 4ᵉ à la 6ᵉ.

$\nu$, non observée par les anciens, était de 4ᵉ grandeur au temps de Bayer.

Hipparque et Ptolémée signalent $\xi$ comme étant de 3ᵉ grandeur et demie. Au sixième siècle, Sûfi remarque qu'elle n'est plus que de 5ᵉ; Tycho ne l'a notée que de 6ᵉ.

L'étoile $\tau$, de 6ᵉ grandeur, est de 4ᵉ dans le catalogue de Ptolémée.

L'étoile n° 11, de 5ᵉ grandeur, a été notée de 7ᵉ par Piazzi, et l'étoile n° 12, de 4ᵉ grandeur, a été notée de 5ᵉ 1/2 par le même observateur.

L'étoile n° 56 a été vue de 5ᵉ par Flamsteed, de 6ᵉ par Piazzi, de 6ᵉ 1/2 par Lalande, et je l'ai estimée à 6,2. Mais, ni Argelander, ni Heis ne l'ont inscrite parmi les étoiles visibles à l'œil nu. Elle descend donc à la septième grandeur, quoique en général elle soit de sixième.

On voit que cette constellation est particulièrement remarquable au point de vue des variations séculaires qui s'accomplissent dans cette région du ciel. Elle peut être signalée comme exemple des transformations plus ou moins rapides que subissent de siècle en siècle tous ces lointains soleils disséminés à travers l'infini. L'examen du catalogue de Flamsteed montre en outre que cinq de ses étoiles de 4ᵉ et 5ᵉ grandeur manquent à la liste précédente; mais elles n'ont pas disparu pour cela : elles sont incorporées dans la petite constellation de l'*Écu de Sobieski*, créée vers l'an 1660 par Hévélius en l'honneur du héros polonais. « L'une de ces étoiles, dit-il, représente sa royale personne, l'autre la reine, la troisième leur fille unique, la princesse; on voit aussi les quatre princes actuellement vivants : tous immortels. » Si j'étais chargé par un concile œcuménique d'astronomes de faire une édition définitive des figures célestes, je commencerais par jeter ce Bouclier dans l'oubli; puis je condamnerais Antinoüs au même sort, et je laisserais toute cette province inscrite sur la seule et unique dénomination de l'Aigle, qui lui suffit amplement. En attendant, inscrivons-la ici et signalons-la pour mémoire.

PRINCIPALES ÉTOILES DE L'ÉCU DE SOBIESKI.

| ÉTOILES | 1603 | 1660 | 1700 | 1800 | 1840 | 1860 | 1880 |
|---|---|---|---|---|---|---|---|
| Fl. 1 *Aigle*. | 4 | 4 | 4 | 5.6 | 4.5 | 4.5 | 3,8 |
| 2 — . | 5 | 5 | 5 | 5 | 5 | 5 | 5,2 |
| 3 — . | 5 | 5 | 5 | 5.6 | 5 | 5 | 5,3 |
| 6 — . | 4 | 4 | 4 | 5.6 | 5.4 | 5.4 | 4,6 |
| 9 — . | 5 | 5 | 4¼ | 5.6 | 5 | 5 | 5,5 |
| R. . . . | 0 | 0 | 0 | 0 | var. | var. | var. |
| Lal. 34113 . | 0 | 6 | 0 | 0 | 5.4 | 5.4 | 4,8 |

On remarque là les mêmes manifestations de variabilité qui nous ont frappés tout à l'heure. La première de ces étoiles surpasse aujourd'hui la 4ᵉ grandeur, tandis que Piazzi ne l'a estimée que de 5ᵉ et demie, et il l'a observée neuf fois en ascension droite et autant en déclinaison. La quatrième étoile de cette petite liste paraît aussi soumise à certaines fluctuations. L'avant-derrière, observée depuis 1795, varie de la 5ᵉ à la 9ᵉ grandeur dans une période moyenne de 71 jours, soumise elle-même à certaines irrégularités encore inexpliquées. On l'a nommée R de l'Écu. La dernière, située en bas du Bouclier, près du Sagittaire, a été signalée par Hévélius comme de 6ᵉ grandeur et nébuleuse ; elle est absente des catalogues de Flamsteed et de Piazzi. C'est une brillante de la cinquième, ou plutôt même une faible de la quatrième.

Il y a dans l'Aigle deux autres variables, R et S, dont la première oscille de la 7ᵉ à la 11ᵉ grandeur dans la période de 345 jours, et dont la seconde varie de 9,4 à 11,3 en 146 jours ; mais pour les trouver et les suivre facilement, une bonne lunette montée en équatorial est nécessaire.

Cette région du ciel ne renferme qu'un petit nombre d'étoiles doubles observables dans les instruments de faible ou moyenne puissance :

Et d'abord Altaïr. Compagnon de 10ᵉ grandeur à 156″. Minuscule ;

Fig. 162. — Mouvement observé sur le compagnon d'Altaïr.

difficile à distinguer. C'est un groupe optique. La brillante étoile passe devant la petite, plus éloignée, et vogue dans l'espace avec une vitesse annuelle de 0″,55 en ascension droite et de 0″,38 en déclinaison, qui équivaut à un déplacement de 68″ par siècle, dirigé vers le nord-ouest.

Observer l'étoile γ, qui brille au milieu d'un très beau champ, tout constellé.

15 h (au nord de λ et au milieu du chemin entre β Ophiuchus et α Capricorne) : couple élégant ; 5,7 et 7,5 ; écartement = 35″.

57 (tout à fait au sud) : 6,4 et 7 ; même écartement : les deux composantes sont parfois égales comme couleur et parfois différentes.

11 (triangle avec ζ et ε) : 5,5 et 9 ; distance = 17″ ; couple en mouvement rectiligne rapide.

23 (triangle avec δ et ν) : 6ᵉ et 10ᵉ ; distance = 3″ ; couple délicat ; la visibilité de la petite étoile augmente plus que d'habitude avec le grossissement des instruments.

Mais si cette contrée du ciel n'est pas riche en beaux spécimens d'étoiles doubles, elle se présente en revanche comme l'une des plus magnifiques et des plus admirables à observer à l'aide des plus faibles pouvoirs optiques, par l'opulence de la Voie lactée qui a semé là avec profusion des milliers de soleils jetés les uns sur les autres. Le foyer

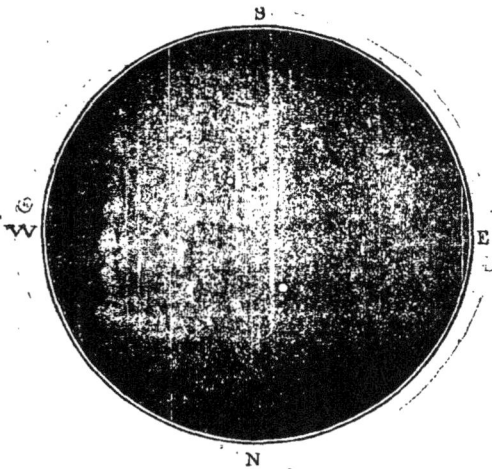

Fig. 163. — L'étoile double 15 h de l'Aigle.    Fig. 164. — L'étoile double 11 de l'Aigle.

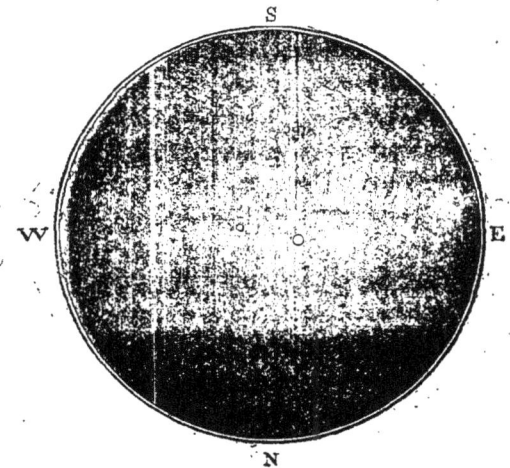

laiteux de l'Écu de Sobieski est une merveille. Ici, les gigantesques télescopes destinés à pénétrer au loin dans l'immensité éthérée deviennent superflus : l'observation directe de l'œil attentif suffit pour juger cette grandeur sidérale. Que la nuit soit bien profonde et que l'atmosphère soit bien pure, et par milliers jaillissent les petites étincelles de la Voie lactée. Pointez une jumelle, ou une petite lunette munie d'un vaste champ, et la fascination sera complète. Ç'est là que William Herschel a compté 330 000 étoiles sur une étendue de cinq degrés carrés. Généralement les nuances de condensation sont imparfaitement indiquées sur les atlas célestes, et je ne puis mieux faire ; pour donner une juste idée de l'aspect de cette belle région, que de reproduire ici la carte qui vient d'en être tracée par l'Observatoire de la République Argentine, qui, sous un ciel plus clément que le nôtre, vient d'entreprendre la révision générale des étoiles de l'hémisphère

austral. Seulement, comme pour l'observateur austral le sud est en
haut et le nord en bas, le lecteur est prié de retourner la carte, afin
de placer  e sud en bas, comme nous le voyons de nos latitudes

Fig. 165. — La Voie lactée dans la région de l'Aigle

lorsque nous observons cette région du ciel à son passage au méridien.

Dirigez une lunette quelconque vers ces nuages stellaires et vous pénétrerez rapidement à travers ces agglomérations fabuleuses. Il y a là de magnifiques amas d'étoiles. Pointez surtout, à l'aide du dessin précédent, vers la région située par 18ʰ 13ᵐ et 18° sud, vous rencontrerez là trois nébuleuses splendides, qui portent les nᵒˢ 17, 18 et 24 du catalogue de Messier. La première est la fameuse nébuleuse en fer à cheval, ou pour mieux dire en forme de la lettre grecque majuscule Ω(omega) ; chercher vers 5 degrés au nord-est de μ du Sagittaire de 4ᵉ grandeur (à 18ʰ 6ᵐ et 21°). C'est assurément là l'une des nébuleuses les plus curieuses du ciel. On croirait voir un courant de fumée que le vent a étrangement contourné. Mais cette fumée qui nous paraît si légère représente un univers en formation ! Déjà

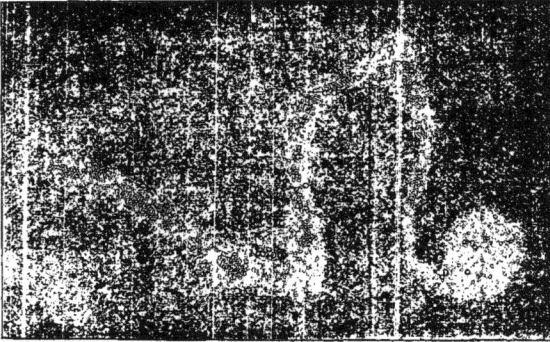

Fig. 166. — La nébuleuse de l'Écu vue dans le télescope de sir John Herschel.

deux centres de condensation commencent à s'accentuer. Quel géomètre pourrait pressentir les forces en action dans cet immense travail cosmique et deviner la figure définitive qui s'élaborera sous la main des siècles futurs. Si l'on compare les dessins faits depuis un demi-siècle seulement, on croit déjà apercevoir un changement de forme indiquant des métamorphoses beaucoup plus rapides que l'examen général de ces créations lointaines n'avait porté à le croire jusqu'ici. Cependant il ne faudrait pas se hâter de conclure, car la différence dee instruments et des observateurs entre certainement pour une partie notable dans les changements observés. Il suffit de comparer les deux dessins (fig. 166 et 167) pour être frappé de la différence d'aspect de cette même nébuleuse dessinée par sir John Herschel, d'une part, et d'autre part par Lassell, chacun à son télescope.

Vers 4° au sud-ouest de la belle étoile λ, dans Antinoüs, vous trou·

verez de ravissants objets d'étude. D'abord une étoile double très écartée, de 7ᵉ et 9ᵉ grandeur, à 99″ de distance angulaire, puis deux autres doubles plus serrées, ensuite un curieux amas d'étoiles (11 Mes-

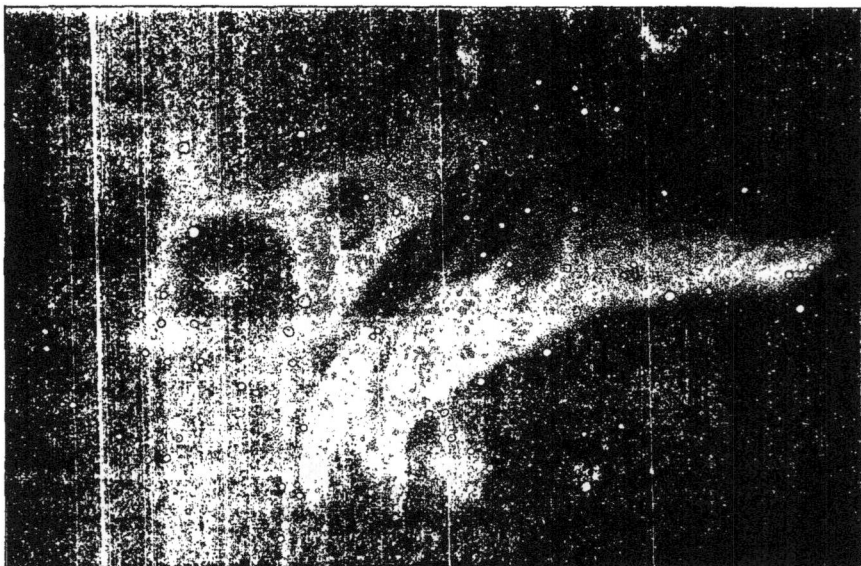

Fig. 167. — La nébuleuse de l'Ecu vue dans le télescope de Lassell.

sier) découvert dès l'an 1681 par Kirch, et qui ressemble un peu à un vol d'oiseau. L'amiral Smyth en a fait en 1835 le petit dessin reproduit ici (*fig.* 168). Le 18 septembre 1879, j'ai trouvé une différence sensible entre la réalité et ce dessin : l'étoile de l'amas était aussi brillante que les deux autres, et elle brillait non pas absolument dans l'intérieur, comme ici, mais vers l'extrémité ovale de l'amas, comme si elle s'était déplacée de la gauche vers la droite. Cette étoile est-elle en deçà ou au delà de la nébuleuse ? c'est ce qu'il est impossible de décider. Kirch la décrivait comme une étoile située en arrière, brillant à travers la nébuleuse et rendant celle-ci plus lumineuse. C'est le théologien Derham qui l'a résolue le premier en étoiles, en 1733.

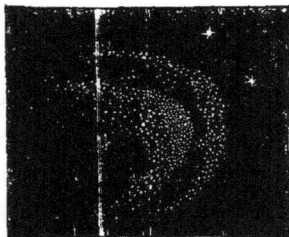

Fig. 168.—Amas d'étoiles dans Antinoüs.

La fameuse comète de 1811 a traversé cette constellation au mois de décembre de cette année impériale, et, pendant les observations de

Piazzi à l'Observatoire de Palerme, a donné lieu à une remarque assez singulière. Deux étoiles devant lesquelles cette fantastique visiteuse de l'immensité a étendu son immense atmosphère, les étoiles qui portent les nᵒˢ 149 et 197 du Catalogue de Piazzi (XXᵉ heure) ont été vues, la première de 5ᵉ grandeur et la seconde de 9ᵉ. Or ces deux étoiles, vérifiées ensuite par l'astronome de Palerme lui-même, ne sont respectivement que de 7ᵉ 1/2 et 12ᵉ grandeur. Ainsi, en passant devant ces étoiles, l'atmosphère de la comète, au lieu d'en diminuer l'éclat, l'a considérablement augmenté. Je signale ce fait comme une curiosité assez difficile à expliquer. L'astronome se trouve ici dans la position du naturaliste, du physicien et du chimiste, qui ne peuvent pas toujours se rendre compte des causes auxquelles sont dus les effets qu'ils observent.

Avant de quitter l'Aigle, remarquons au-dessus de lui, en allant vers le Cygne et la Lyre, une toute petite constellation (la plus petite du ciel) formée principalement par trois étoiles alignées en ligne droite, pour aboutir à deux autres qui semblent terminer ce même alignement. C'est la *Flèche*, et son acte de baptême n'est pas difficile à découvrir. Cette flèche, dont la pointe est tournée vers l'orient, paraît lancée par un génie inconnu à travers la Voie lactée et prête à filer au-dessus du Dauphin. Levez les yeux, et vous la reconnaîtrez tous les soirs, de juillet à octobre.

Fig. 100. — La constellation de la Flèche.

Toute minuscule qu'elle est, cette figure date des Grecs et des Romains, et nous avons deux mille ans d'observations à son égard.

PRINCIPALES ÉTOILES DE LA CONSTELLATION DE LA FLÈCHE

| ÉTOILES | −130 | +960 | 1430 | 1590 | 1603 | 1660 | 1700 | 1800 | 1840 | 1860 | 1880 |
|---|---|---|---|---|---|---|---|---|---|---|---|
| α | 5 | 5 | .5 | 4 | 4 | 4 | 4 | 4 | 4.5 | 4.5 | 4,6 |
| β | 5 | 5 | 5 | 4 | 4 | 4 | 4 | 5 | 4.5 | 4.5 | 4,5 |
| γ | .4 | 4 | 4 | 4 | 4 | 4 | 4 | 4.5 | 4.3 | 4.3 | 3,8 |
| δ | 5 | 5 | 5 | 5 | 5 | 4 | 4 $\frac{1}{2}$ | 4 | 4 | 4 | 4,3 |
| ε | 0 | 0 | 0 | 0 | 6 | 0 | 5 | 6 | 6 | 6 | 5,7 |
| ζ | 6 | 6 | 6 | 6 | 6 | 6 | 6 | 5 | 5 | 5.6 | 5,5 |
| η | 0 | 0 | 0 | 0 | 6 | 6 | 6 | 6 | 5.6 | 5.6 | 5,5 |
| θ | 0 | 0 | 0 | 0 | 6 | 0 | 6 | 7 | 6 | 6 | 6,2 |

Il suffit de jeter un coup d'œil sur cette petite constellation pour s'apercevoir que les lettres données à ces huit étoiles ne correspondent ni à leur éclat actuel ni à leur disposition. Si α et β avaient été données aux deux étoiles voisines pour commencer la figure, γ eût été donnée à la troisième, δ à la quatrième, et ainsi de suite. Il n'en est rien. Sur l'atlas de Bayer, α, β et γ sont les trois plus brillantes, et sa dénomination est logique. Actuellement (août 1880), c'est γ qui domine, avec un éclat frappant, pleinement de 4ᵉ grandeur, et même plus. Viennent ensuite δ, β et α.

Donc α et β, qui étaient aussi brillantes que γ au temps de Bayer, ont diminué. Anciennement, elles lui étaient déjà inférieures. L'étoile θ, (au bout de la flèche), en remontant un peu, est actuellement à la dernière limite de la visibilité à l'œil nu.

En regardant ces étoiles, on remarquera que la ligne de β à α prolongée laisse à sa droite un bel amas, visible dans la plus faible jumelle. Il est composé d'étoiles de 6ᵉ à 10ᵉ grandeur, et produit un effet agréable dans une petite lunette à large champ. Si, maintenant, on pointe une lunette sur la ligne qui joindrait θ à Albireo, au quart de la distance à partir de θ, on tombe sur la nébuleuse Dumb-bell dont nous avons parlé plus haut (p. 208) : sa distance au nord-ouest de θ est à peu près la même que celle de θ à γ de la Flèche, et c'est à peu près un triangle rectangle.

L'étoile ζ est une belle double, facile à trouver. Grandeurs des composantes : 5 1/2 et 9; écartement = 8″6. Elles paraissent tantôt blanche et bleue, tantôt jaune et bleue, tantôt jaune et violette, tantôt jaune et rouge, tantôt bleue et violette : curieuses variations. C'est là un système physique en mouvement propre rapide (60″ par siècle); mais le mouvement orbital de ces deux soleils l'un autour de l'autre est excessivement lent, et leur révolution autour de leur centre commun de gravité emploie certainement plus de dix mille ans pour s'accomplir.

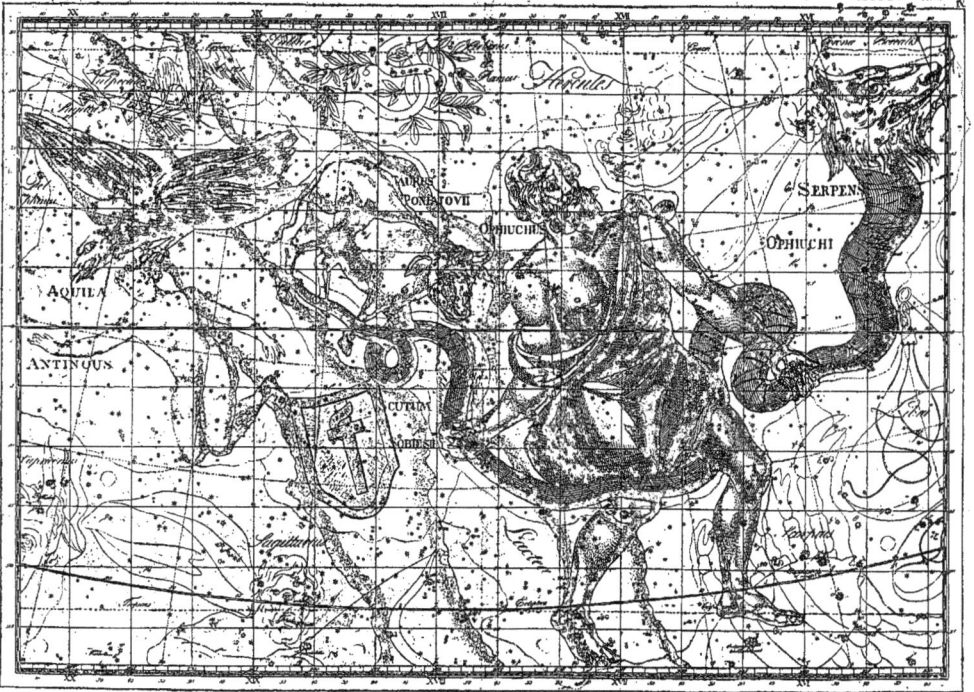

Fig. 170. — Ophiuchus et le Serpent. — Aigle et Antinoüs. — Écu de Sobieski. — Taureau de Poniatowski.

θ est triple. La plus brillante, que nous appellerons A, est de 6ᵉ grandeur ; son compagnon le plus proche, B, est de 8° ; l'autre, C, est de 7ᵉ. La distance de A à B est de 11″, et celle de A à C est de 76″. On voit que ce groupe peut être observé comme le précédent dans les instruments de faible puissance. Le couple AB forme un système physique qui file rapidement devant C, immobile au fond des cieux.

ε est une double très écartée : 6° et 8°, à 92″ ; accessible à la plus petite lunette.

Pour un champ très large, voir les étoiles 10 et 11, de sixième grandeur sur un panorama céleste très riche.

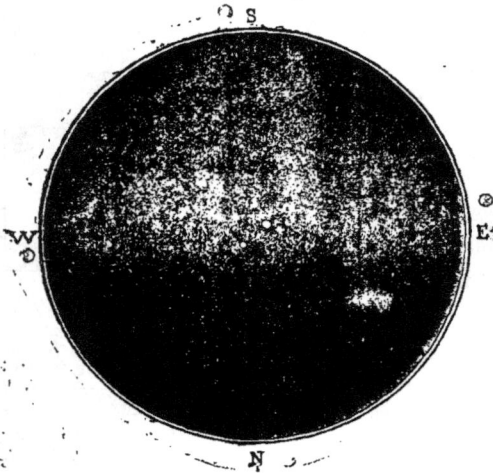

Fig. 171. — L'étoile double ζ Flèche.          Fig. 172. — L'étoile triple θ Flèche.

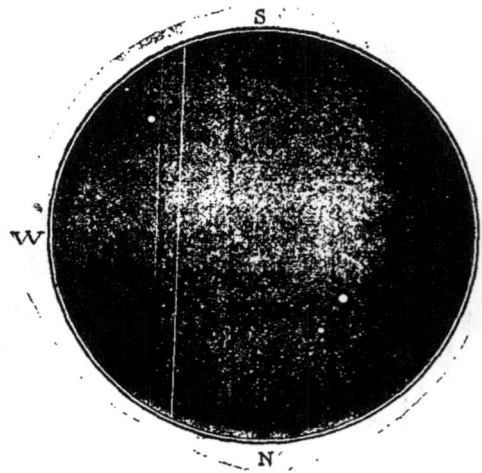

Voir aussi l'étoile 13, également de sixième ; elle brille comme une perle d'or au milieu d'un groupe charmant où l'on remarque une petite étoile toute rouge et un joli petit couple. Il y a aussi, non loin de là, au nord-ouest du n° 15, une belle étoile bleue. Du reste, cette région du ciel est vraiment d'une richesse extraordinaire, et les astronomes amateurs qui entreprendront de la visiter seront toujours émerveillés des heures agréables qu'ils passeront là. C'est surtout lorsqu'elle s'élève au zénith qu'elle étincelle de tous ses feux ; mais malheureusement, c'est la position la plus incommode pour observer dans une lunette, et l'on se prend parfois à regretter de n'avoir pas les yeux plantés sur le sommet de la tête. Ici le télescope se réclame de ses avantages et se montre bien supérieur pour les observations à faire au zénith. La nature humaine est si imparfaite qu'elle se fatigue assez vite des moindres difficultés. Aussi les amis de la science doivent-ils faire tous leurs efforts pour aplanir les obstacles qui peuvent rebuter les commençants et pour ouvrir des chemins sans roches et sans épines. Il n'est pas donné à tout le monde d'avoir une lunette *et* un télescope, et c'est déjà beaucoup d'avoir l'un *ou* l'autre; car qui s'occupe de sciences, dans les classes sociales même les plus fortunées? Quel est le rentier, quel est le chatelain, quel est l'homme du monde, quelle est la femme du monde, qui ne préfère l'ignorance au savoir? C'est étrange, assurément, mais c'est ainsi. Sur cent personnes qui pourraient facilement s'instruire et s'éclairer dans la connaissance des grands et sublimes problèmes de la nature, quatre-vingt-dix-neuf préfèrent l'ignorance, l'erreur et les illusions. Les futilités seules les occupent sérieusement et prennent tout leur temps : il ne leur reste pas une minute pour meubler leur esprit. Aussi quels vides incommensurables! Un siècle de sondages n'en trouverait pas le fond.... Mais, pour en revenir aux constellations zénithales, le meilleur moyen de tourner la difficulté, en l'absence du télescope, c'est de les observer à la lunette soit avant, soit après leur passage au-dessus de nos têtes.

Nous allons arriver à Ophiuchus, la dernière constellation qu'il nous reste à étudier avant d'atteindre le Zodiaque, et la plus compliquée de toutes. Mais il y a encore une petite figure qui nous arrête : c'est le *Taureau de Poniatowski*, dessiné entre l'Aigle et Hercule par l'abbé Poczobut, de Wilna, en 1777, en l'honneur du roi Stanislas de Pologne, et représenté par Bode comme on l'a vu sur notre *fig.* 170. Quoique cet aimable ecclésiastique n'ait ajouté cette constellation à la sphère céleste qu'après en avoir demandé et obtenu l'autorisation de l'Académie des Sciences de Paris, je suis d'avis que c'est là une flatterie inutile, une complication superflue, et que ce que nous avons de mieux à faire aujourd'hui, c'est de prendre une bonne éponge, et d'effacer cet animal qui reste là depuis cent ans dans la plus singulière position, les pieds sur un serpent et le dos dans la Voie lactée. Supprimons-le donc, en rendant à l'Aigle, à Hercule et à Ophiuchus, les rares étoiles qu'on leur avait empruntées pour le composer. Il n'y a du reste là pas une seule étoile supérieure à la cinquième grandeur, pas une seule double accessible aux instruments de faible puissance, ni une seule nébuleuse en situation d'être présentée à l'illustration populaire.

Faisons maintenant connaissance avec la vaste constellation d'*Ophiuchus* ou du *Serpentaire*. La situation et le nom du personnage semblent montrer qu'il n'est là que pour tenir un énorme serpent. Son nom d'*Ophiuchus*, comme celui de *Serpentaire*, n'a pas d'autre signification. C'était, du reste, un moyen ingénieux de réunir

en une même figure toutes les étoiles éparses dans cette région du
ciel.

Le meilleur moyen d'entrer en relation avec les étoiles de cette
constellation est de mener par la pensée une ligne des trois caractéristiques de l'Aigle à Arcturus, ou, dans le cas où il serait couché, à
la Perle de la Couronne boréale, étoiles que nous connaissons toutes
intimement. Vers le milieu de cette ligne, on remarque deux étoiles
assez brillantes : la première, de deuxième grandeur, est α Ophiuchus;
la seconde, de troisième grandeur, est α Hercule, avec laquelle nous

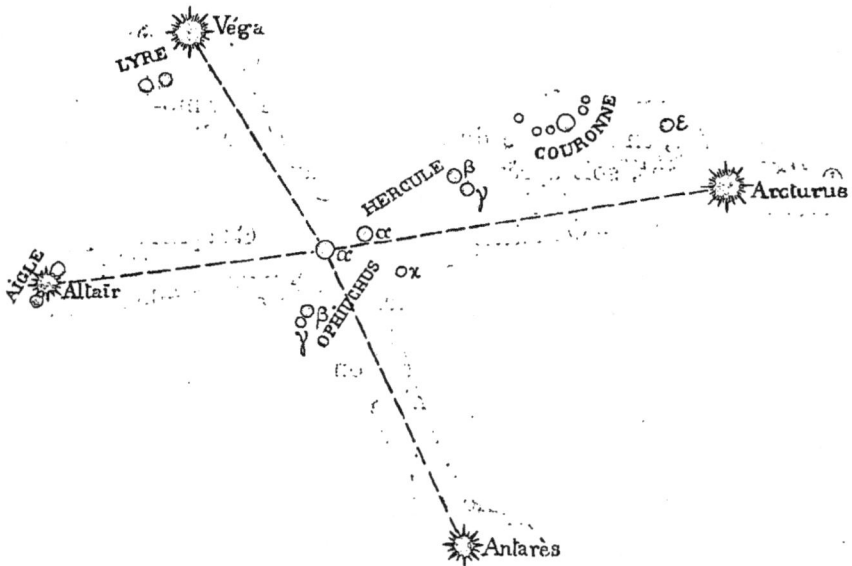

Fig. 173. — Alignement pour trouver α Ophiuchus.

avons déjà fait connaissance. Plus loin, sur le même alignement, on
voit aussi l'étoile de deuxième grandeur β Hercule, au-dessous de
laquelle, au sud-ouest, brille également γ Hercule, de troisième grandeur.

On peut vérifier cet alignement par un autre : α Ophiuchus forme
l'angle occidental d'un triangle équilatéral avec Véga et Altaïr.
D'autre part, elle se trouve à peu près au milieu du chemin, entre
Véga et Antarès du Scorpion au sud. Enfin, s'il restait quelque équivoque dans l'esprit du lecteur, le dessin ci-dessus la ferait disparaître
facilement. Ajoutons que cette constellation plane au-dessus de nos

têtes de juin à octobre, se montrant à l'est en juin, au sud en août et à l'ouest en octobre.

Une fois qu'on aura trouvé dans le ciel l'étoile α Ophiuchus, on reconnaîtra les autres étoiles de cette constellation à l'aide de notre *fig*. 174.

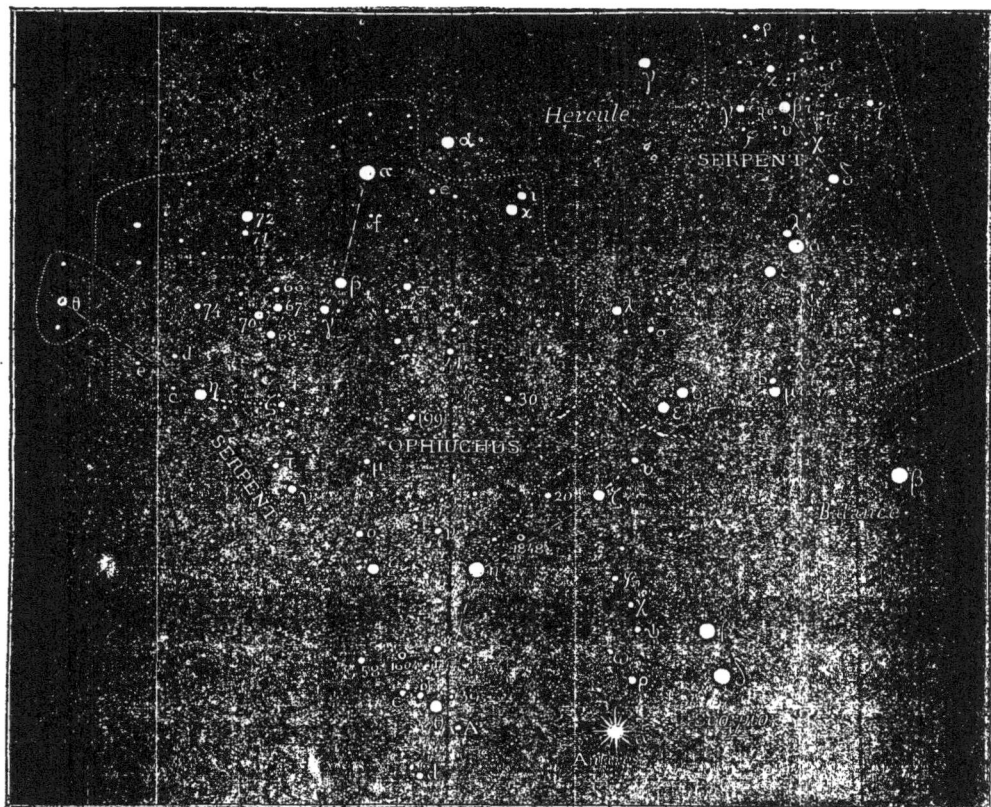

Fig. 174. — Principales étoiles d'Ophiuchus et du Serpent.

Le tableau ci-après présente les principales étoiles qui la composent, avec la comparaison des observations faites depuis deux mille ans. Plusieurs m'ont donné, je l'avoue, un assez grand embarras pour leur identification, et cette comparaison m'a montré que Bayer n'a pas observé lui-même cette région du ciel, car il est impossible d'admettre qu'elle ait subi depuis son époque tous les changements qui en résulteraient. Il y a surtout un groupe d'étoiles qui pourrait nous remplir de perplexité : c'est celui des étoiles θ, ξ, o, π, A, b et c de la carte de Bayer. La différence est telle qu'on n'imaginerait pas qu'il s'agisse là du même canton de la sphère céleste. Du reste, déjà, à Paris, il nous est assez difficile de bien observer cette région, car elle ne s'élève qu'à une faible hauteur au-dessus de notre horizon du sud, et pendant la courte durée de son apparition (août), le crépuscule, le clair de lune, les brumes ou les nuages, réduisent de beaucoup les heures d'observation. Bayer a eu les mêmes difficultés à Augsbourg. (Mais tout en concluant qu'il n'a pas vérifié personnellement ce groupe, cela ne prouve en rien qu'il n'ait pas observé toutes les autres constellations faciles à vérifier pour la latitude qu'il habitait.)

PRINCIPALES ÉTOILES DE LA CONSTELLATION D'OPHIUCHUS
DEUX MILLE ANS D'OBSERVATION

| ÉTOILES | −127 | +960 | 1430 | 1590 | 1603 | 1660 | 1700 | 1800 | 1840 | 1860 | 1880 |
|---|---|---|---|---|---|---|---|---|---|---|---|
| α | 3 | 3 | 3 | 3 | 2 | 2 | 2 | 2 | 2 | 2 | 2,0 |
| β | 4 | 3.4 | 3 | 3 | 3 | 3 | 3 | 3 | 3 | 3 | 3,0 |
| γ | 4 | 4 | 4 | 3 | 3 | 4 | 4 | 4 | 4.3 | 4.3 | 3,8 |
| δ | 3 | 3 | 3 | 3 | 3 | 3 | 3 | 3 | 3 | 3 · | 3,1 |
| ε | 3.4 | 3.4 | 3 | 3 | 3 | 4 | $3\frac{1}{2}$ | 3 | 3.4 | 3.4 | 3,4 |
| ζ | 3 | 3 | 3 | 3 | 3 | 3 | 3 | 3.4 | 3.2 | 3.2 | 3,0 |
| η | 3 | 3 | 3 | 3 | 3 | 3 | 3 | 2.3 | 2.3 | 2.3 | 2,7 |
| θ | 4.3 | 4.3 | 4 | 4 | 3 | 5 | $3\frac{3}{4}$ | 3.4 | 3.4 | 3.4 | 3,7 |
| ι | 4 | 4 | 4 | 4 | 4 | 4 | 4 | 4 | 4.5 | 4.5 | 4,4 |
| κ | 4 | 4.3 | 4 | 4 | 4 | 3 | 4 | 4 | 3.4 | 3.4 | 3,4 |
| λ | 4 | 4 | 4 | 4 | 4 | 4 | 4 | 4 | 4.3 | 4.3 | 3,8 |
| μ | 4 | 5.4 | 5 | 4 | 4 | 4 | $5\frac{1}{2}$ | 5 | 5.4 | 5.4 | 4,7 |
| ν | 4.5 | 4.3 | 4 | 4 | 4 | 4 | 4 | 4 | 4.3 | 4.3 | 3,6 |
| ξ | 4.3 | 4.5 | 4 | 4 | 4 | 3 | 4 | 4.5 | 5 | 5 | 5,0 |
| ρ | 4 | 5 | 5 | 5 | 5 | 5 | 5 | 5 | 5 | 5 | 5,0 |
| σ | 0 | 6 | 0 | 0 | 5 | 5 | 5 | 4.5 | 5 | 4.5 | 4,9 |
| τ | 4 | 5 | 5 | 5 | 5 | 5 | 5 | 5 | 5 | 5 | 5,2 |
| υ | 0 | 0 | 0 | 5 | 5 | 5 | 5 | 5 | 5 | 5 | 5,3 |
| φ | 5 | 5 | 5 | 4 | 5 | 4 | 4 | 4.5 | 5 | 5 | 4,6 |
| χ | 5 | 5 | 5 | 4 | 5 | 4 | 6 | 5 | 6 | 6 | 4,7 |
| ψ | 5 | 5 | 5 | 4 | 5 | 4 | 5 | 5 | 5 | 5 | 4,8 |
| ω | 5 | 5 | 5 | 4 | 5 | 4 | 5 | 5 | 5 | 5 | 4,7 |
| 36 A | 4 | 4.5 | 4 | 4 | 5 | 0 | $5\frac{3}{4}$ | 4.5 | 5 | 5 | 5,5 |
| 44 b | 4 | 4.5 | 4 | 4 | 5 | 5 | 5 | 5.6 | 5 | 5 | 4,7 |
| 50 c | 5 | 0 | 5 | 5 | 5 | 0 | 6 | 5 | 5 | 5 | 5,5 |
| 45 d | 0 | 0 | 0 | 0 | 5 | 0 | 6 | 5 | 5 | 5 | 4,6 |
| e | 0 | 0 | 0 | 0 | 6 | 0 | 0 | 6 | 5 | 5 | 5,7 |
| 53 f | 0 | 0 | 0 | 0 | 6 | 6 | 6 | 6 | 6 | 6 | 6,0 |
| 20 | 0 | 5 | 0 | 0 | 0 | 5 | $5\frac{1}{2}$ | 5 | 5 | 5 | 5,0 |
| 30 | 0 | 0 | 0 | 0 | 0 | 5 | 6 | 6 | 5 | 5 | 5,5 |
| 41 | 0 | 0 | 0 | 0 | 0 | 5 | $4\frac{1}{4}$ | 4.5 | 5 | 5 | 5,1 |
| P. XVII, 99 | 0 | 0 | 0 | 0 | 0 | 5 | 0 | 5.6 | 5.4 | 5.4 | 4,9 |
| 58 | 5 | 5 | 5 | 5 | 0 | 0 | 6 | 5 | 5 | 5 | 5,4 |
| 66 | 4 | 4 | 4 | 4 | 5 | 5 | $4\frac{1}{2}$ | 5 | 5 | 5 | 5,2 |
| 67 | 4 | 4 | 4 | 4 | 5 | 4 | 4 . | 4 | 4 | 4 | 4,5 |
| 68 | 4 | 4 | 4 | 4 | 5 | 4 | 4 | 5.6 | 4.5 | 5.4 | 4,7 |
| 70 | 4 | 4 | 4 | 4 | 5 | 4 | 4 | 4.5 | 4.5 | 4.5 | 4,4 |
| 71 | 0 | 0 | 0 | 0 | 6 | 5 | 6 | 6 | 5 | 5 | 7,0 |
| 72 | 4 | 4 | 4 | 4 | 5 | 4 | 4 | 4 | 3.4 | 3.4 | 3,6 |
| 74 | 0 | 0 | 0 | 0 | 6 | 0 | 6 | 6 | 5 | 5 | 5,5 |

Je reproduis ici, comme document instructif, quatre dessins de ce groupe, qui montrent quelles incohérences existent encore aujourd'hui dans les cartes astronomiques et quelles difficultés s'opposent parfois à la sûreté des identifications (c'est ce qui amène souvent des longueurs inattendues et des retards désespérants dans des travaux de la nature de celui-ci). Le premier de ces dessins est celui de Bayer

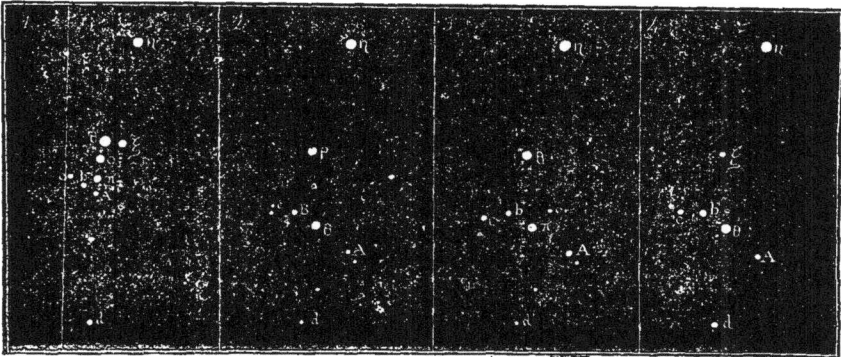

Fig. 175. — Variations dans les cartes célestes.

(1603), le second, celui de l'atlas de Flamsteed (1753), le troisième, celui de l'atlas de Bode (1800); le quatrième représente l'état réel actuel du ciel. Cette comparaison montre que le groupe de Bayer n'existe pas. Et il n'a jamais existé, car dès le dixième siècle de notre ère, l'astronome persan Ald-al-Rahman al-Sûfi décrivant le ciel d'après ses propres observations, signale ces étoiles dans l'ordre suivant :

« La 12ᵉ ($\eta$) se trouve sur le genou droit; c'est une brillante étoile de la 3ᵉ grandeur, située au bord occidental de la petite branche de la Voie lactée. La 13ᵉ ($\xi$) se trouve au-dessous, vers le sud : elle est des moindres de la 4ᵉ grandeur. La 14ᵉ (A) est la précédente des quatre étoiles qui se trouvent dans la jambe droite, c'est aussi une petite de la 4ᵉ grandeur. La 15ᵉ ($\theta$) suit immédiatement; c'est une brillante de la 4ᵉ. La 16ᵉ (b) incline un peu vers le nord ; elle est des moindres de la 5ᵉ. La 17ᵉ (c) la suit de très près et est des moindres de la 5ᵉ. Ces quatre étoiles sont dans la jambe droite. La 18ᵉ (58) suit ces quatre étoiles immédiatement, inclinant un peu vers le nord ; elle est aussi des moindres de la cinquième. »

Cette description correspond encore à peu près à l'état actuel du ciel. Une légère différence provient du mouvement propre de A qui emporte rapidement cette étoile vers le sud-sud-ouest en l'éloignant de $\theta$; mais depuis le temps de Sùfi, depuis 920 ans, le déplacement n'a été que de 19′ 28″ ou de moins d'un tiers de degré.

L'étoile π de Bayer n'existe pas et *n'a jamais existé*. Cette lettre doit donc être effacée de la constellation. Cependant on la voit encore sur beaucoup de catalogues et de cartes modernes. L'étoile o de Bayer *n'existe pas davantage*. On a donné cette lettre à l'étoile du n° 67 de Flamsteed, située dans le groupe que l'on voit à gauche de γ; c'est encore là une équivoque nuisible. L'étoile appelée depuis θ ne correspond pas à la position de celle qui porte cette lettre sur l'atlas de Bayer. Celui-ci a pris dans le catalogue de Tycho-Brahé plusieurs étoiles qui étaient marquées comme ayant une latitude boréale, tandis qu'elles en avaient une australe. L'étoile ξ a été appelée ρ par Flamsteed, θ par Bode, et les astronomes suivants ont tout simplement supprimé la lettre pour couper court à tout embarras, sans paraître s'apercevoir que loin de le diminuer, ce procédé l'augmentait encore.

Au milieu d'une telle confusion, dont on pourrait trouver plusieurs exemples en d'autres points de cette constellation, il est difficile de décider sur la variabilité de ces étoiles. Ainsi, θ paraît variable si l'on compare Hévélius (1660) à Bayer (1603) et à Tycho (1590); mais sur l'atlas d'Hévélius, il y a là la même incertitude que sur les autres. L'étoile μ paraît varier de 4 à 5 1/2; elle est à peine plus brillante en ce moment (août 1880) que sa voisine P, xvii, 99, qui varie sans doute aussi elle-même. L'étoile ξ paraît diminuer d'éclat. L'étoile χ a été vue de 4ᵉ par Tycho; de 5ᵉ par Sùfi, Ulugh Beigh, Piazzi; de 6ᵉ par Flamsteed, Argelander, Heis; elle est actuellement de 4,7. L'étoile 36 A varie de 4 à 6. L'étoile 45 *d* n'a été notée que de sixième par Flamsteed et surpasse aujourd'hui la cinquième. Enfin l'étoile 71 a diminué d'éclat jusqu'à devenir invisible à l'œil nu.

Deux étoiles temporaires ont brillé, en 1604 et 1848, dans cette constellation d'Ophiuchus. La première a été observée par Fabricius, et par Kepler qui écrivit un ouvrage entier sur elle : *De stellâ novâ in pede Serpentarii.* Comme la fameuse étoile de 1572 dont nous avons rapporté l'histoire en décrivant la constellation de Cassiopée, elle surpassait, le jour de son apparition (10 octobre 1604), les étoiles de première grandeur et Jupiter lui-même, atteignant presque l'éclat de Vénus. Sa scintillation était d'une vivacité extraordinaire. En janvier 1605, elle était encore plus brillante que Antarès, mais un peu inférieure à Arcturus. Elle descendit à la deuxième grandeur en février, à la troisième en mars, puis l'observation devint impossible, cette région du ciel disparaissant alors au-dessous de l'horizon. Lorsqu'on la rechercha six mois plus tard, elle avait disparu pour l'œil nu; il était d'ailleurs impossible de la suivre au delà de la vision naturelle, les lunettes n'ayant été inventées que quatre ans plus tard. Elle a dù tomber progressivement à la neuvième grandeur au moins, car on n'a jamais revu en ce point du ciel aucune étoile supérieure à ce faible éclat : notre *fig.* 176 représente la marche la plus probable de cette curieuse diminution de lumière. Sa position n'a pas été déterminée avec autant de précision que celle de l'étoile de 1572; le lieu le plus sûr est situé par 17$^h$ 23$^m$ d'ascension droite et 21° 22′ de déclinaison australe, entre les étoiles ξ et 58, et justement près du groupe perplexe dont nous parlions tout à l'heure (voy. notre *fig.* 174). On ne voit là en ce moment aucune étoile supérieure à la 9$^e$ grandeur (16 872 du Catalogue d'Œltzen). Ceux d'entre nos lecteurs qui aiment

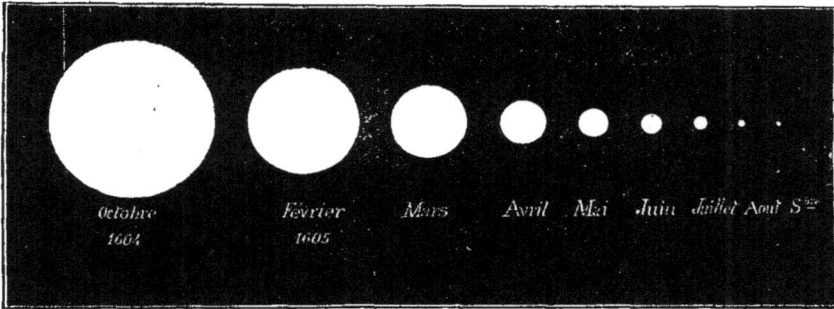

Fig. 176. — Variation d'éclat de l'étoile temporaire de 1604.

le ciel et qui ont une assez bonne lunette en leur possession seraient bien inspirés de la diriger de temps en temps vers ce point : ils pourraient assister à la résurrection de cet astre et attacher leur nom à une découverte intéressante.

Non loin de là, entre η et ζ, ou, plus exactement, entre η et 20 voy. notre *fig.* 174), une étoile de quatrième grandeur et demie fut observée par l'astronome anglais Hind le 28 avril 1848. On la vit à l'œil nu jusqu'au 11 mai; puis elle tomba au-dessous de la sixième grandeur; au mois de juillet elle atteignait la septième; au mois de juin 1849 on l'observa de dixième, et depuis 1850 on la voit de onzième. Elle se trouve à 16$^h$ 52$^m$ et 12° 42′. Intéressante à rechercher, comme la précédente.

Cette constellation renferme trois autres étoiles variables, R, S et T; mais elles ne sont jamais visibles à l'œil nu et ne peuvent être trouvées qu'à l'aide d'instruments montés en équatoriaux.

Il importe maintenant de signaler ici plusieurs systèmes multiples extrêmement curieux et dignes de fixer l'attention du philosophe comme celle de l'astronome. Regardez l'étoile A, l'occidentale de ce même groupe dont nous parlions ; pointez une lunette sur elle, vous la verrez double, accompagnée d'une étoile de 6ᵉ grandeur, écartée à 4″, 3. (L'étoile A varie de la quatrième à la sixième grandeur, ce qui fait que parfois les deux étoiles sont égales : ainsi les ai-je observées en 1877.) C'est là un couple fort curieux ; il est emporté dans l'espace par un mouvement propre rapide de 1″,27 par an, ou de 127″ par siècle, dirigé vers le sud-sud-ouest; et ce qu'il y a de plus remarquable, c'est qu'une étoile voisine, de septième grandeur, située à 14′ de distance (presque la moitié du diamètre apparent de la lune), est emportée dans l'espace par le même mouvement, de sorte que nous avons là un *système stellaire* formé d'un soleil double et d'un soleil simple, qui sont en réalité extrêmement éloignés l'un de l'autre, sûrement à des milliards de lieues.

Par une bizarrerie assez malheureuse, la limite des deux constellations d'Ophiuchus et du Scorpion passe juste entre ces deux étoiles, pourtant si voisines dans le ciel, et, tandis que la première, la double, porte la lettre A d'Ophiuchus, la seconde, celle de septième grandeur, porte le n° 30 de la constellation du Scorpion.

Il y a, près du couple A Ophiuchus, une étoile double très écartée ; je l'ai observée avec soin pour savoir si elle ferait aussi partie du système ; elle ne partage pas le mouvement propre rapide dont nous avons parlé, et par conséquent c'est là une étrangère que les hasards seuls de la perspective ont placée là.

On distingue aussi, entre A Ophiuchus et 30 Scorpion, une minuscule étoile de douzième grandeur, que j'ai examinée dans le même but. La comparaison des observations que j'ai faites en 1877 avec celles de l'amiral Smyth en 1835 semble montrer que cette petite étoile n'est pas perdue dans le fond de l'infini, comme l'apparence l'indiquerait, mais qu'elle est emportée dans l'espace par le même mouvement propre, de sorte que nous aurions là un système stellaire composé de quatre étoiles.

Notre *fig.* 177 montre l'aspect de ce groupe d'étoiles et la direction certaine des deux principales, A Ophiuchus et 30 Scorpion.

Depuis la première mesure précise, qui date de 1822, le compagnon de A a tourné de 125 degrés, en se rapprochant de A et en décrivant une ligne droite. Il n'est pas certain qu'il accomplisse une révolution complète, et nous pourrions avoir là un cas analogue à celui de la 61ᵉ du Cygne. S'il y avait là une orbite régulière, la période pourrait être de 840 ans environ. Quant au cycle immense du grand° système de A Ophiuchus et de 30 Scorpion, s'il existe, il ne peut être que de plusieurs centaines de milliers d'années. Quelles que soient, d'ailleurs, sa nature et sa destinée, ce système stellaire, le premier qui

Fig. 177.— Système stellaire formé par les étoiles A Ophiuchus et 30 Scorpion.

nous ait été révélé par l'observation, transporte notre pensée au sein de ces régions profondes d'où la Terre disparaît dans le néant de son imperceptibilité.

Dans la même constellation, observez le groupe d'étoiles situé à l'est (ou à gauche) de β et γ. Dans ce groupe, l'étoile qui porte le n° 70 est l'une des étoiles doubles les plus intéressantes du ciel tout entier. Nous connaissons sa distance, la durée exacte de sa révolution, et, ce qui eût plongé les philosophes de l'antiquité dans une admiration indicible, nous connaissons aussi son *poids*; c'est l'un des rares soleils étrangers à notre système que nous ayons pu peser. Ce système se compose de deux étoiles, l'une de 4ᵉ grandeur et demie, l'autre de 6ᵉ, d'une nuance rougeâtre toutes deux. Lorsque William Herschel l'observa pour la première fois en 1779, la petite

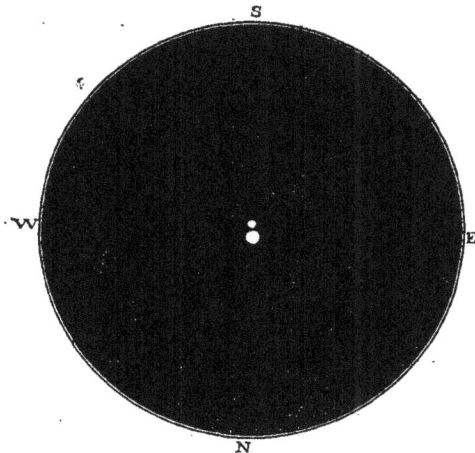

Fig. 178. — L'étoile double 70 Ophiuchus.

étoile était juste à l'est de l'étoile principale, à 90° en comptant à partir du nord. Elle y est revenue en 1872. La durée de la révolution se trouve être ainsi directement démontrée, ou, pour mieux dire, montrée, par l'observation elle-même : elle est de près de 93 ans, exactement de 92 ans 9 mois.

La distance angulaire entre les deux composantes varie considérablement dans le cours de la révolution. Ainsi, en 1847 la petite étoile se trouvait à 6",6 de la grande ; depuis, la distance a diminué régulièrement; actuellement (1880) elle n'est plus que de 3",0 et elle va continuer de diminuer d'année en année.

J'ai tracé (fig. 179) l'orbite apparente, telle que nous la voyons de

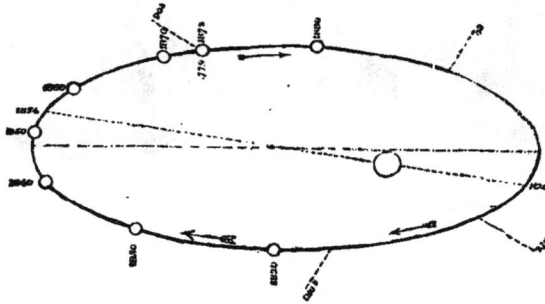

Fig. 179. — Orbite apparente de l'étoile double 70 Ophiuchus.

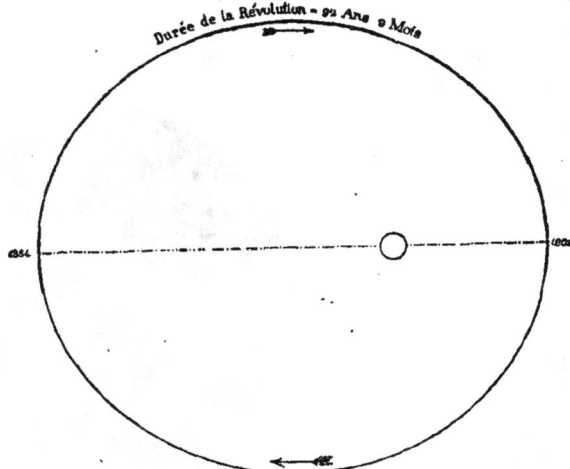

Fig. 180. — Orbite absolue du même système.

la Terre, et (fig. 180) l'orbite réelle telle que nous la verrions de face. Tandis que l'excentricité de la première s'élève à 0,91, celle de la seconde n'est de 0,39.

La parallaxe adoptée de cette étoile double (0",168) correspond à une distance égale à 1 400 000 fois celle du Soleil. A cet immense éloignement, le rayon de l'orbite terrestre étant réduit à l'angle précédent, le grand axe de l'orbite de ce système, qui est de 9″,76, représente 2150 millions de lieues, et la moitié, ou la distance moyenne qui sépare ces deux soleils, représente 1075 millions de lieues. C'est un peu moins que la distance de Neptune au Soleil. Or nous savons par les principes de la Mécanique céleste que plus un soleil est lourd, plus il est énergique, et plus il fait tourner vite un corps qui gravite autour de lui. Si le soleil double d'Ophiuchus avait la même masse que notre soleil, la petite étoile tournerait autour de la grande à peu près dans le même temps que Neptune emploie à parcourir sa révolution autour du Soleil, c'est-à-dire 164 ans (un peu moins, puisque la distance est un peu moindre). Mais la révolution n'est, disons-nous, que de 92 ans et 9 mois. Nous en concluons, par une proportion mathématique, que *le soleil d'Ophiuchus pèse presque trois fois plus que celui qui nous éclaire*, sa masse étant à celle de notre soleil dans le rapport de 285 à 100. Comme nous savons d'autre part que le Soleil pèse 324 480 fois plus que la Terre, il en résulte que cette petite étoile, que nos yeux distinguent à peine au milieu des constellations, pèse à peu près autant que *neuf cent vingt-cinq mille globes terrestres réunis ensemble*. Tout simple qu'il est, ce fait n'est pas sans éloquence.

Ce remarquable système est emporté dans l'espace par un mouvement propre de 1″,1 par an, qui correspond à une vitesse de 141 millions de lieues au minimum, pour la translation commune de ces deux soleils jumeaux à travers l'immensité.

(Cette étoile est ordinairement désignée par les astronomes sous la lettre *p* ; c'est une erreur, qui provient sans doute d'une inscription provisoire de Flamsteed ; il vaut mieux supprimer cette lettre inutile, puisque les lettres précédentes manquent à la constellation.)

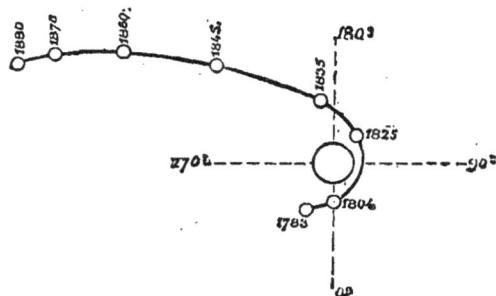

Fig. 181. — Orbite parcourue par l'étoile double τ Ophiuchus.

Les deux remarquables systèmes dont nous venons de parler sont certainement les plus intéressants de la constellation; cependant il en est d'autres qui méritent aussi une attention spéciale. Les amis du Ciel, ou « astrophiles », comme on les appelait au siècle dernier, qui ont à leur disposition une bonne lunette, pourront la diriger sur l'étoile λ : c'est une gentille petite étoile double; couple très serré; 4ᵉ et 6ᵉ grandeur, $1''\frac{1}{2}$ d'écartement — système orbital, qui a déjà tourné de 140° depuis sa découverte en 1783, et qui accomplit sa révolution entière en 233 ans.

Beau système aussi dans l'étoile τ : 5ᵉ et 6ᵉ; écartement = $1'',8$. Déjà 280° parcourus depuis 1783, suivant l'arc d'ellipse assez curieux tracé sur la figure précédente : la seconde étoile va descendre, tourner et revenir vers le lieu qu'elle occupait en 1783; elle y arrivera sans doute vers l'an 2000, car la période paraît être de 218 ans. — Ces dates des premières mesures d'étoiles doubles, de 1779 à 1783, reviennent à chaque instant dans cet examen général du Ciel; c'est à elles que nous devons de pouvoir aujourd'hui nous rendre compte de ces périodes. Qui pourrait n'être pas transporté de reconnaissance envers le patient et persévérant astronome auquel nous devons ces premières mesures? qui pourrait ne pas conserver avec vénération dans son cœur le nom immortel de William Herschel qui, à lui seul, par ses travaux personnels, a plus fait à son époque pour les progrès de l'Astronomie — et de la Philosophie — que tous les observatoires officiels réunis !

Dirigez aussi une lunette vers l'étoile 67 (non loin de 70) : couple écarté; 4ᵉ 1/2 et 8ᵉ; distance = 55″. Le plus faible instrument suffit. A

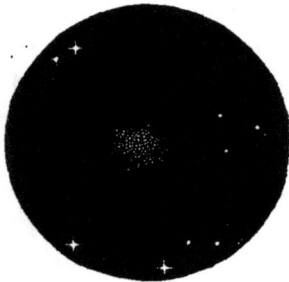

Fig. 182. — Amas d'étoiles dans Ophiuchus.

une faible distance à l'ouest-sud-ouest, on voit une belle étoile orange, de septième grandeur.

ρ : 5ᵉ et 7ᵉ 1/2 — $3'',8$ — jaune et bleue. A 3 degrés au nord d'Antarès.

Au-dessus de θ, observer l'étoile 39 : 5ᵉ 1/2 et 7ᵉ 1/2 — $12''$ — jaune et bleue.

Pointez une lunette vers β, au nord-est : très brillant amas, perceptible à l'œil nu.

Il y en a une autre au sud-ouest de γ, à environ 6ᵉ 1/2. Cherchez à l'aide d'une lunette à champ très large. C'est l'amas Messier 14, représenté sur notre fig. 182. Curieux par sa vivacité et par la richesse stellifère du ciel sur lequel il se projette. Il doit être éloigné de nous à une distance vraiment incommensurable.

On voit que cette vaste constellation d'Ophiuchus ne manque pas de spectacles intéressants pour le contemplateur du Ciel. Il nous reste pour en compléter l'étude générale, à reconnaître les étoiles alignées en ligne sinueuse qui ont donné naissance à la figure du long serpent que ce personnage tient à la main. Ces étoiles ont reçu des lettres indépendantes de celles d'Ophiuchus et ont été traitées comme une constellation spéciale. Les voici, inscrites au tableau suivant, avec les observations d'éclat faites depuis deux mille ans.

PRINCIPALES ÉTOILES DE LA CONSTELLATION DU SERPENT
DEUX MILLE ANS D'OBSERVATION.

| ÉTOILES | — 127 | + 960 | 1430 | 1590 | 1603 | 1660 | 1700 | 1800 | 1840 | 1860 | 1880 |
|---|---|---|---|---|---|---|---|---|---|---|---|
| α | 3 | 3 | 3 | 2 | 2 | 2 | 2 | 2.3 | 2.3 | 2.3 | 2,6 |
| β | 3 | 3 | 3 | 3 | 3 | 3 | 3 | 3.4 | 3.4 | 3.4 | 3,3 |
| γ | 3 | 3.4 | 3 | 3 | 3 | 3 | 3 | 3 | 4.3 | 4,3 | 3,8 |
| δ | 3 | 3.4 | 3 | 3 | 3 | 3 | 3 | 3 | 3.4 | 3.4 | 3,3 |
| ε | 3 | 3.4 | 3 | 3 | 3 | 3 | 3 | 3 | 3.4 | 3.4 | 3,7 |
| ζ | 4 | 4 | 4 | 3 | 3 | 3 | 5 ½ ? | 5 | 5 | 5 | 4,8 |
| η | 4.3 | 4.3 | 4 | 3 | 3 | 3 | 3 | 4 | 3 | 3 | 3,4 |
| θ | 4 | 4 | 4 | 3 | 3 | 3 | 3 | 4.5 | 4.3 | 4.3 | 4,4 |
| ι | 4 | 4 | 4 | 5 | 4 | 5 | 5 | 5 | 5.4 | 5.4 | 4,9 |
| κ | 4 | 5 | 5 | 4 | 4 | 4 | 4 | 4 | 4 | 4 | 4,0 |
| λ | 4 | 4 | 4 | 4 | 4 | 4 | 4 | 4.5 | 4.5 | 4.5 | 4,7 |
| μ | 4 | 4 | 4 | 4 | 4 | 4 | 4 | 3.4 | 3.4 | 3.4 | 3,3 |
| ν | 4 | 4 | 4 | 4 | 4 | 4 | 4 | 4.5 | 5.4 | 5.4 | 4,6 |
| ξ | 4.3 | 4.3 | 4 | 4 | 4 | 4 | 4 | 5 | 4.3 | 4.3 | 3,7 |
| ο | 4 | 4 | 4 | 4 | 4 | 5 | 5 | 4.5 | 5.4 | 5.4 | 4,7 |
| π | 4 | 4.5 | 4 | 4 | 5 | 4 | 4 | 4.5 | 5.4 | 5.4 | 4,7 |
| ρ | 4 | 4.5 | 4 | 3 | 5 | 4 | 5 | 5 | 5 | 5 | 4,8 |
| σ | 0 | 0 | 0 | 0 | 5 | 5 | 5 | 5 | 5 | 5 | 5,4 |
| τ | 0 | 0 | 0 | 0 | 6 | 6 | 6 | 5.6 | 6 | 5 | 5,5 |
| υ | 0 | 0 | 0 | 0 | 6 | 0 | 6 | 6.7 | 6 | 6 | 6,0 |
| φ | 0 | 0 | 0 | 0 | 6 | 0 | 7 | 6 | 6 | 6.5 | 6,0 |
| χ | 0 | 5 | 0 | 0 | 6 | 0 | 6 | 5.6 | 6 | 6.5 | 5,8 |
| ψ | 0 | 0 | 0 | 0 | 6 | 6 | 6 | 6 | 6 | 6.5 | 6,2 |
| ω | 0 | 0 | 0 | 0 | 6 | 6 | 6 | 6 | 6 | 6.5 | 5,7 |
| A | 0 | 0 | 0 | 0 | 6 | 0 | 6 | 6 | 6 | 6 | 5,8 |
| b | 0 | 6 | 0 | 0 | 6 | 0 | 6 | 6 | 5 | 5.6 | 5,6 |
| c | 0 | 0 | 0 | 0 | 6 | 0 | 6 | 6 | 6 | 6 | 5,9 |
| d | 0 | 0 | 0 | 0 | 6 | 0 | 6 | 5.6 | 6 | 6 | 5,6 |
| e | 0 | 0 | 0 | 0 | 6 | 0 | 6 | 0 | 6 | 6 | 6,1 |
| R | 0 | 0 | 0 | 0 | 0 | 0 | 0 | 0 | 0 | var. | var. |
| 5 | 0 | 0 | 0 | 0 | 6 | 0 | 6 | 5.6 | 5 | 5 | 5,2 |

On pourra facilement reconnaître ces étoiles dans le ciel à l'aide de notre *fig.* 174. La tête du Serpent, dessinée par le triangle des étoiles β, γ et κ, se trouve au sud de la Couronne boréale. On trouve ensuite, en descendant vers le sud, δ, α (accompagné de λ), ε et μ. Puis, en se dirigeant vers l'est, on passe par les étoiles voisines δ et ε, qui forment la main gauche d'Ophiuchus, et, fort loin à l'est, on trouve ν, ξ et ο. Enfin, au delà de deux autres étoiles qui marquent la main droite d'Ophiuchus, en remontant vers le nord-est, entre les deux branches de la Voie lactée, on trouve la queue du Serpent, dessinée par les étoiles ζ, η et θ. Cette dernière étoile se trouve tout près de l'Aigle. perpendiculaire à la ligne des trois étoiles de l'Aigle et à trois fois la distance de μ. On remarquera aussi que près de la tête du Serpent il n'y a pas moins de huit étoiles qui portent la lettre τ.

Parmi ces étoiles, ζ offre de remarquables fluctuations d'éclat. Actuellement de 4,8, elle n'a été estimée que de 5ᵉ 1/2 par Flamsteed, tandis que Tycho-Brahé, Bayer et Hévélius l'ont notée de 3ᵉ.

Il en est de même de θ, sur une échelle moindre. Elle n'est actuellement que de 4ᵉ ½, tandis qu'elle était supérieure à la quatrième il y a vingt ans, et de troisième en 1700, 1660, 1603 et 1590.

ρ a été notée de 3ᵉ par Tycho, de 4ᵉ par Hipparque; elle est actuellement de 5ᵉ.

La dernière étoile de la liste précédente augmente lentement d'éclat : elle était égale à ses voisines, de 6ᵉ grandeur, au temps de Tycho et de Bayer : elle appartient maintenant au cinquième ordre.

On remarquera aussi (dans la tête, entre β et γ) l'étoile R, qui varie régulièrement de 5, 7 à 12 dans une période de 359 jours. Le maximum arrive quelquefois à 5, 7, quelquefois à 6, 0, quelquefois seulement à 6, 7; le dernier est arrivé le 9 février 1880. — Ajoutons en terminant que cette constellation possède deux autres étoiles variables régulières, S et T; mais celles-ci ne sont jamais visibles à l'œil nu.

Étoiles doubles intéressantes et faciles à observer :

θ : 4ᵉ ½ et 5ᵉ, à 21″; le plus faible instrument la dédouble. Intéressante à suivre pour savoir si elle varie rapidement : le compagnon, de 5ᵉ grandeur, brille à l'est et peut servir de point de comparaison. Ce couple est fixe depuis l'an 1755 que nous ne le quittons pas des yeux. C'est néanmoins un système physique, car les deux étoiles qui le composent, tout en restant stationnaires l'une par rapport à l'autre, sont emportées dans l'espace par un mouvement propre commun assez rapide. Cette étoile est au bout de la queue du Serpent, et nous en avons déjà parlé. On peut aussi, pour la trouver, savoir qu'elle est à peu près au milieu de la ligne menée du groupe de 66, 67, 68 et 70 Ophiuchus à Altaïr.

δ : 3ᵉ ½ et 5ᵉ, à 3″5. Le compagnon varie, car souvent les deux composantes ont été notées d'égale grandeur. Système orbital en mouvement assez lent : 40° parcourus depuis 98 ans; la révolution entière doit demander quelque chose comme neuf siècles pour s'accomplir. Au nord de α, dans le cou.

ν, au nord de η Ophiuchus et ξ Serpent : 4,6 et 9, à 51″.

5, à l'ouest d'une ligne menée de α à μ : 5ᵉ et 10ᵉ, à 10″.

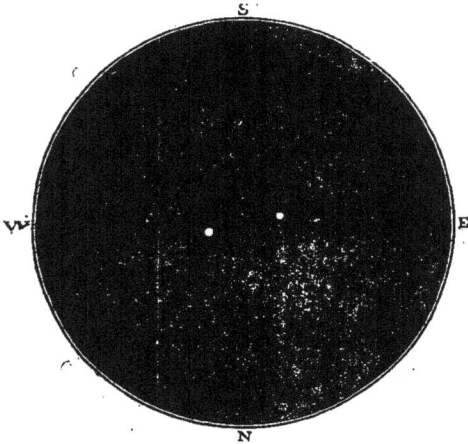

Fig. 183. — L'étoile double θ du Serpent.

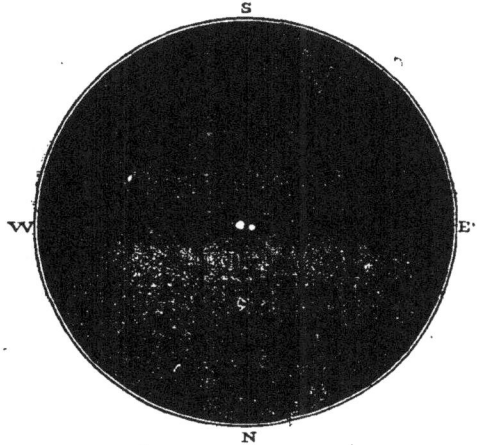

Fig. 184. — L'étoile double δ du Serpent.

Tout près de cette dernière étoile, au nord-ouest, on trouvera une magnifique nébuleuse, ou pour mieux dire un splendide amas d'étoiles, ordinairement classé dans la Balance, et qui porte le n° 5 du Catalogue de Messier (*fig.* 185). William Herschel y a compté deux cents étoiles, et lord Rosse y a remarqué des branches courbées en spirales. La richesse stellaire est si considérable au centre que l'énumération devient impossible.

Fig. 185. — Amas d'étoiles dans le Serpent.

A l'est-nord-est du groupe de 66, 67, 68 et 70 Ophiuchus, entre 72 Ophiuchus et θ du Serpent, très bel amas, perceptible à l'œil nu. A observer dans une lunette munie d'un faible oculaire et d'un champ large.

En général, pour chercher dans le ciel les nébuleuses, et même les étoiles, il faut se servir de l'oculaire le plus faible, de l'oculaire terrestre, car rien n'est plus difficile pour les commençants que de faire arriver l'astre désiré dans le champ de l'instrument, à moins qu'il ne s'agisse d'une étoile de première ou de deuxième grandeur.

L'important est d'abord d'assujettir solidement la lunette sur un pilier ou sur une table qui ne remue pas. Puis, lorsqu'on est arrivé au but, on peut retirer doucement l'oculaire faible pour lui en substituer un plus fort, et il n'y a aucun inconvénient à ce que le second renverse les images quand l'astre est dans le champ ou tout près de lui. Je parle pour les commençants, qui n'ont à leur disposition qu'un faible instrument, car toute lunette un peu forte est munie d'un *chercheur,* destiné précisément à résoudre cette difficulté.

Les cartes partielles qui ont été données ici pour chaque constellation permettent de trouver toutes les étoiles et toutes les curiosités célestes signalées dans notre description. Mais il est presque indispensable d'avoir pris soin de procéder exactement comme nous l'avons fait, d'avoir commencé par le nord, et d'avoir reconnu les constellations dans l'ordre où nous les avons étudiées. Les figures les plus importantes pour cette étude générale du ciel sont celles des pages 15, 24, 16, 50 (*fig.* 28), 65 (*fig.* 40), 83, 89, 102, 132, 137, 154, 159, 166, 171, 177, 191, 211, 214, 223, 232, 239, 244 et 245. En réunissant ces figures on constitue un atlas complet de cette région du ciel. Ces cartes et ces alignements représentent toute l'étendue située au nord du Zodiaque, et l'on pourra toujours, en les étudiant successivement, et en les appliquant directement à l'examen du ciel, apprendre à reconnaître les constellations qui passent au-dessus de nos têtes. Cependant il y a un avantage considérable à posséder toutes ces constellations réunies sur une même carte, d'abord parce que les exigences du format n'ont pas permis de tout dessiner à la même échelle, ensuite parce que les constellations voisines s'aident mutuellement pour la reconnaissance qu'on en veut faire. Je n'ai donc pas été surpris de voir un grand nombre de lecteurs réclamer une *Carte générale du Ciel* comme complément de notre description. Mais pour qu'elle rende tous les services qu'on ambitionne, il est nécessaire qu'elle soit très grande, c'est-à-dire d'une étendue fort supérieure au format de cet ouvrage, et construite de telle sorte qu'elle puisse être facilement et rapidement consultée. Cette grande carte uranographique est en préparation, et elle sera publiée à la fin de ce *Supplément.* Elle contiendra toutes les étoiles de la première à la cinquième grandeur inclusivement, ainsi que les étoiles intéressantes de la sixième, avec les alignements nécessaires et toutes les indications utiles; mais il serait assurément superflu de la surcharger des figures mythologiques, car il importe avant tout d'y faire régner la plus grande clarté possible. Nous n'avons du reste reproduit ces figures dans nos descriptions détaillées que pour répondre à une curiosité bien légitime sur les causes de ces dénominations plus ou moins bizarres de la géographie céleste, et parce qu'il y a toujours un intérêt historique à suivre les fluctuations de la pensée humaine dans toutes ses œuvres. Mais cet aspect est sans importance réelle au point de vue scientifique, et lorsqu'il s'agit de reconnaître les étoiles dans le firmament et de les étudier, soit à l'œil nu, soit à l'aide d'instruments, ces figures sont plus embarrassantes qu'utiles, et la pratique montre qu'il y a avantage à se servir de préférence des tableaux ou des cartes qui en sont dépourvus.

Mais nous voici arrivés au Zodiaque. Abordons sans tarder l'étud. de ses mémorables constellations.

# CHAPITRE XI

**Les constellations du Zodiaque. — Les Poissons. — Le Bélier.**

Les constellations du Zodiaque forment une ceinture qui fait le tour entier du ciel. Si l'on trace sur la sphère céleste la ligne suivie par le soleil dans son cours annuel apparent autour de la Terre, cette ligne est l'écliptique; elle marque en réalité le plan dans lequel notre planète se meut autour de l'astre du jour. En tournant autour de la Terre, la Lune suit à peu près la même ligne'; son inclinaison est de 5 degrés, c'est-à-dire qu'elle ne s'écarte, au maximum, qu'à 5 degrés de part et d'autre de l'écliptique. Les planètes tournent autour du Soleil, comme la Terre, à peu près aussi dans ce même plan : la plus inclinée, Mercure, ne s'en écarte qu'à 7 degrés. Les figures du Zodiaque sont en quelque sorte à cheval sur l'écliptique, se suivant, de l'ouest à l'est, dans l'ordre suivant :

Poissons. — Bélier. — Taureau. — Gémeaux. — Cancer. Lion.
Vierge. — Balance. — Scorpion. — Sagittaire. — Capricorne. — Verseau.

On en a déjà vu l'aspect général dans l'*Astronomie populaire*, p. 691 ; mais il importe maintenant d'entrer dans le détail de chaque constellation.

Cette ceinture est inclinée de 23° sur l'équateur, comme l'écliptique, naturellement. Ce n'est donc pas l'étoile polaire qui est au pôle de l'écliptique ou du Zodiaque, puisqu'elle marque le pôle de l'équateur ; le pôle de l'écliptique se trouve, comme nous l'avons vu, dans la constellation du Dragon, entre les étoiles $\zeta$ et $\delta$.

On pourrait appeler le Zodiaque « la voie des mondes » de notre système. En effet, la Lune suit régulièrement son cours, qu'elle renouvelle chaque mois depuis des siècles et des siècles, sans jamais être sortie du chemin zodiacal. C'est dans la même voie que la blanche Vénus étincelle, étoile du matin ou du soir. C'est elle que Jupiter illustre de son éclat si majestueux. C'est sur le même passage que la planète Mars lance ses ardeurs ; et c'est également le long du Zodiaque que le vieux Saturne se traîne à pas lents. Voie triomphale des mondes de notre système, sa contemplation et son étude se doublent pour nous d'un intérêt spécial, car, en dehors de ses richesses sidérales, c'est toujours vers elle que nos regards devront se diriger lorsque nous aurons à chercher une planète quelconque, lorsque nous voudrons observer une curiosité planétaire de notre grande famille : aujourd'hui les bandes nuageuses de Jupiter ou son cortège de quatre satellites, demain l'anneau mystérieux de Saturne, après-demain les phases de Vénus ou de Mercure, plus tard les continents et les mers de notre sœur voisine, la planète Mars.

Au moment où j'écris ces lignes (septembre 1880), Jupiter étincelle de tous ses feux et règne en souverain sur les constellations du soir. Il habite la constellation des Poissons; mais ce n'est pas elle qui pourrait le faire reconnaître, car elle ne se compose que de petites étoiles qui se trouvent éclipsées par la lumière dominante de l'éclatante planète. Au contraire, il se signale de lui-même par cette vive lumière qui frappe les regards les plus inattentifs, et chaque année, à l'époque où Jupiter apparaît, chacun se demande quel est ce nouveau visiteur céleste. Pour le nommer, l'important est de connaître cette époque. Lorsque nous aurons terminé la description des constellations, notre premier soin sera d'indiquer les moyens de reconnaître chaque planète dans le ciel. Quant à Jupiter en particulier, puisque tout le monde l'admire cet automne ([1]), remarquons qu'il a commencé de briller à l'est, le soir, au mois d'août; qu'il s'élève en ce moment (septembre) un peu plus dans le ciel et marque le sud-est; qu'il va passer au méridien à minuit, c'est-à-dire marquer le sud, en octobre. Puis il se lèvera de plus en plus tôt, passera successivement au méridien à 11 heures, 10 heures, 9 heures, 8 heures du soir, brillera encore au sud en novembre, puis au sud-ouest (décembre), puis à l'ouest (janvier). Eh bien, c'est la même répétition tous les ans, avec un mois de retard à peu près, et personne ne devrait s'y tromper après avoir lu l'*Astronomie populaire* et son *Supplément*. Regardez-le cette année, et vous le retrouverez l'année prochaine sans éprouver le moindre doute sur son identité. Personne ne devrait plus aujourd'hui s'étonner de l'apparition de Jupiter : le soir à l'est en août 1880, en septembre 1881, en octobre 1882, et ainsi de suite. On ne pourrait le

([1]) Je laisse à cette rédaction son caractère d'actualité, quoiqu'elle ne doive pas être lue immédiatement par tous les lecteurs de cet ouvrage; car ces indications pourront servir de point de repère pour toutes les époques. Tous les ans, au moment de l'apparition de Jupiter, je reçois une centaine de lettres portant la même phrase : « Quelle est cette brillante étoile? » etc. J'espère que mes lecteurs ne s'y tromperont plus.

confondre qu'avec Vénus « l'étoile du Berger » ; mais Vénus ne brille jamais à l'est le soir, quoique Lamartine ait chanté dans *Le Soir* :

Vénus *se lève* à l'horizon ;

on n'a jamais vu la belle planète se lever le soir depuis le commencement du monde, et on ne le verra jamais, car elle n'est jamais opposée au soleil. C'est *se couche*, ou *descend*, ou *s'allume*, ou simplement *paraît*, qu'il eût fallu dire.

En ce moment aussi on voit Saturne, étoile de première grandeur également, mais beaucoup moins lumineuse que Jupiter, qui brille d'une lumière tranquille à l'est de son éblouissant rival, le suivant à une faible distance, à trois quarts d'heure environ, dans la même constellation des Poissons. Tous les ans aussi, à la même époque, avec un retard de treize jours chaque année, il revient s'offrir à nos regards en déployant dans le champ de la lunette cet anneau merveilleux dont la constitution reste encore pour nous un si grand mystère.

Nous devons précisément inaugurer par cette constellation des Poissons la description que nous voulons faire des étoiles du Zodiaque, parce qu'elle se trouve être actuellement la première de cette zone, en commençant, comme on a l'habitude de le faire, par le point qui marque dans le ciel l'équinoxe du printemps, par le point où le soleil brille ce jour-là. Il y a deux mille ans, le soleil était, le jour de l'équinoxe, devant les premières étoiles de la constellation du Bélier, et c'était le Bélier qui ouvrait les signes du Zodiaque chez nos auteurs classiques. Il y a quatre mille ans, c'était le Taureau. Nous avons vu qu'en vertu du mouvement séculaire de la précession des équinoxes, le point qui marque le renouvellement de l'année à l'équinoxe du printemps (et qui devrait marquer logiquement le premier jour de l'année civile et du calendrier) fait le tour entier du ciel, le long de la ceinture zodiacale, dans la période de 25 765 ans. Dans deux mille ans, ce point se trouvera dans les étoiles du Verseau. Actuellement, le 20 mars, le soleil se projette devant la constellation des Poissons et en éclipse naturellement les étoiles ; c'est donc six mois plus tard, en septembre, que cette constellation est opposée au soleil et passe au méridien au milieu de la nuit. Nous allons en donner la description. Seulement, pour en reconnaître les étoiles, nos lecteurs auront soin de faire abstraction des planètes Jupiter et Saturne, qui y passent actuellement mais qui n'en font pas partie. La même recommandation est applicable aux douze constellations zodiacales, puisque c'est là que les planètes se trouvent toujours. Du reste, il n'y a guère d'équivoque possible, 'si l'on apporte ici quelque attention. Sur les cinq planètes visibles à l'œil nu, Vénus et Jupiter sont tellement brillantes qu'il est impossible de les confondre avec aucune étoile; Mercure n'apparaît que si difficilement dans l'aurore ou dans le crépuscule qu'il faut le chercher exprès pour le trouver; Mars est si rouge qu'il se trahit par son aspect même; Saturne pourrait être confondu avec une étoile de première grandeur; mais il brille d'une lumière calme et comme morte, ne scintille pas du tout (les autres planètes non plus); nous savons où il est, et nous le saurons toujours, puisque tous les ans à la même époque nous le retrouverons marchant à pas lents

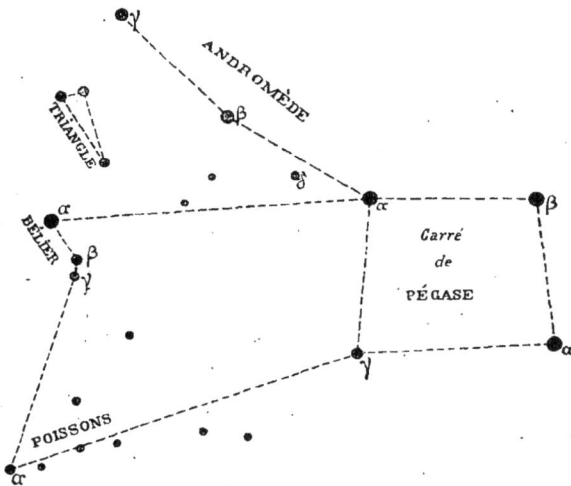

Fig. 186. — Alignements pour trouver α des Poissons.

le long de ce Zodiaque qu'il n'emploie pas moins de trente années à parcourir.

La constellation des *Poissons* se trouve au-dessous, ou au sud, du carré de Pégase. On la voit le soir à l'est en juillet, au sud-est en août, au sud en septembre et octobre, au sud-ouest en novembre, à l'ouest en décembre. Elle n'a aucune étoile brillante, et pour faire connaissance avec elle, il est utile que nous nous servions de Pégase et du Bélier.

Par les deux étoiles supérieures ou boréales du carré de Pégase, menons une ligne et prolongeons-la, vers la gauche ou vers l'est, de presque deux fois sa longueur : elle nous conduit vers l'étoile de deuxième grandeur α du Bélier. Cette ligne forme un angle aigu avec celle de l'alignement de α, β et γ Andromède, que nous connaissons

déjà. Près de l'étoile α du Bélier, on voit β et γ, rappelant la figure de
la Lyre. A l'aide des alignements indiqués sur notre *fig.* 186, les trois
étoiles du Bélier d'une part, et la direction du carré de Pégase d'autre
part, nous conduisent à l'étoile α des Poissons, de troisième grandeur.

C'est le nœud du ruban auquel les Poissons sont attachés. De là
partent d'une part vers le nord ou vers β Andromède, d'autre part
vers l'ouest, deux files d'étoiles, qui aboutissent, la première au Poisson qui va mordre Andromède, la seconde au Poisson étendu sur le
dos du cheval Pégase. L'idée de deux poissons rattachés par un fil a
pu venir de la disposition même de ces étoiles dans le ciel. Regardez,

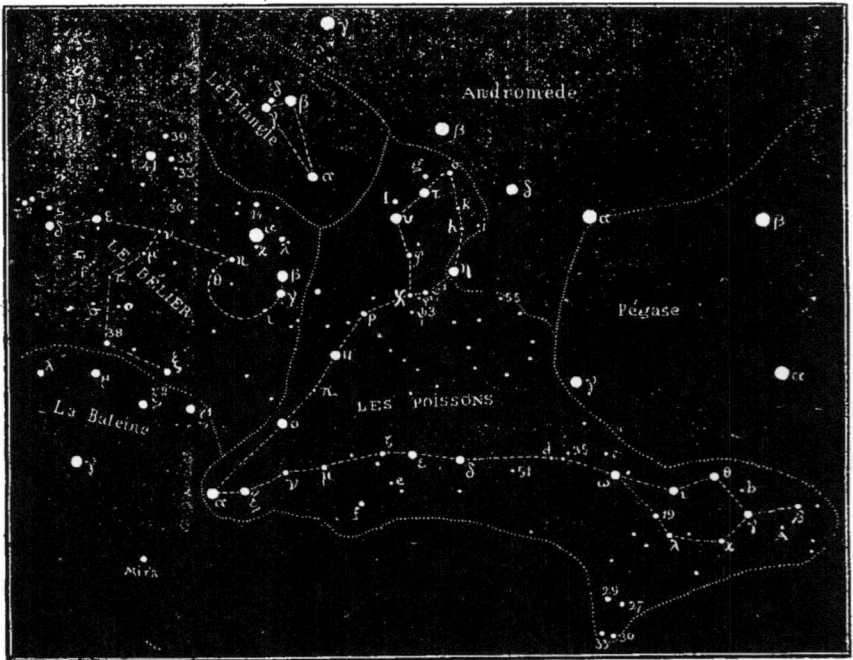

Fig. 187 — Principales étoiles des Poissons et du Bélier.

en effet, notre *fig.* 187, et voyez si quelque autre dénomination convién-
drait mieux pour définir cet arrangement. Il va sans dire que les premiers contemplateurs qui cherchaient dans les cieux des analogies,
des ressemblances plus ou moins frappantes ou plus ou moins vagues,
comme nous en trouvons nous-mêmes parfois dans les formes capricieuses des nuages ou dans les flammes du vieux foyer, n'ont point
imaginé qu'il y ait jamais eu là de véritables poissons, un véritable
cheval ailé ou un dauphin vivant; mais des rapports inattendus entre

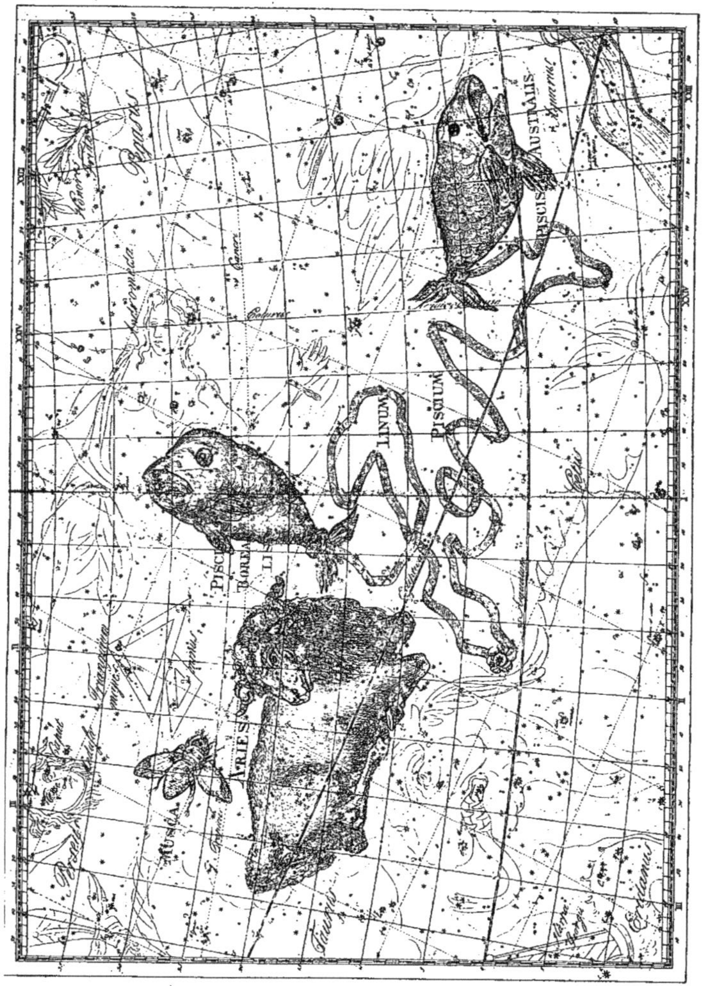

Fig. 180. — Constellations zodiacales. — Les Poissons. — Le Bélier.

le groupement de quelques étoiles et la forme de certains êtres réels ou même imaginaires ont suffi pour les engager dans cette voie et pour les autoriser à peupler d'une vie plus ou moins fantastique les solitudes apparentes des cieux.

Cette explication paraît préférable à celle que l'on a adoptée jusqu'ici, savoir, que l'on aurait dessiné là des Poissons parce que cette constellation paraît à l'époque des pluies et des inondations. On a dit aussi que c'étaient des poissons consacrés à Vénus, que Vénus elle-même et son aimable fils s'étaient métamorphosés en poissons ; mais ces explications mythologiques n'expliquent pas grand'chose.

On trouvera au tableau ci-contre les principales étoiles de cette constellation, avec les observations faites depuis deux mille ans sur leur éclat.

Plusieurs de ces étoiles ont subi des variations d'éclat certaines. La première de toutes, $\alpha$, qui était anciennement la plus brillante de la constellation et la seule de troisième grandeur , vient aujourd'hui après $\eta$ et $\gamma$, et n'est que de quatrième grandeur. Plusieurs observateurs (Jacob en 1842, Main en 1845, Webb en 1859, Dembowski en 1866) l'ont même estimée de cinquième. Struve, au contraire, l'a estimée de 2ᵉ gr. 1/2 en 1825 et en 1832. La variation est certaine. C'est une étoile double ; le compagnon, de 5ᵉ grandeur, paraît varier lui-même. Si l'on recommençait actuellement la classification littérale de Bayer, c'est l'étoile $\eta$ qui recevrait la première lettre.

L'étoile $\zeta$ varie également. Vue de 4ᵉ grandeur jusqu'en 1660, elle a été notée de 5ᵉ par Flamsteed, de 6ᵉ par Piazzi : elle approche en ce moment de la cinquième grandeur.

L'étoile $\iota$ a diminué d'éclat aux xvıᵉ et xvııᵉ siècles, et est revenue à son éclat primitif. Il en est de même de $\xi$ et $o$. Les étoiles $\psi^1$, $\psi^2$, $\psi^3$, anciennement de 4ᵉ grandeur, sont, la première de 5ᵉ, les deux autres de 6ᵉ, depuis le xvıᵉ siècle.

L'étoile $\omega$ a augmenté d'une grandeur depuis l'époque de Bayer ; elle est actuellement presque égale à $\alpha$. L'étoile $b$, anciennement de 4ᵉ grandeur, est tombée à la sixième et s'est un peu relevée.

L'étoile 19, notée de 6ᵉ grandeur par tous les observateurs du siècle dernier et de celui-ci, surpasse aujourd'hui les étoiles de la cinquième. Elle offre une nuance rouge bien prononcée, qui plaide en faveur de sa variabilité.

Enfin le groupe des quatre étoiles 27, 29, 30 et 33, situé au sud de la constellation, était formé anciennement de quatre étoiles de la quatrième grandeur ; elles sont bien moins apparentes aujourd'hui.

(Regardez avec une attention toute spéciale ce losange de quatre étoiles : c'est là, un peu au-dessus, que passe le soleil le jour de l'équinoxe de printemps. Menez une ligne de là à α Andromède et à l'étoile polaire, c'est l'origine des ascensions droites : les étoiles situées sur ce méridien céleste sont à 0 heure; celles situées 15 degrés plus loin à l'est sont à I heure, les suivantes à II heures, III heures, et ainsi de suite.)

ÉTOILES PRINCIPALES DE LA CONSTELLATION DES POISSONS
DEUX MILLE ANS D'OBSERVATIONS

| ÉTOILES | −127 | +960 | 1430 | 1590 | 1603 | 1660 | 1700 | 1800 | 1840 | 1860 | 1880 |
|---|---|---|---|---|---|---|---|---|---|---|---|
| α | 3 | 3.4 | 3 | 3 | 3 | 3 | 3 | 5 | 3.4 | 3.4 | 4,0 |
| β | 4.3 | 4 | 4 | 5 | 4 | 5 | 5 | 5 | 5.4 | 5.4 | 4,5 |
| γ | 4 | 4.5 | 4 | 4 | 4 | 4 | 4 | 4.5 | 4 | 4 | 3,8 |
| δ | 4 | 4 | 4 | 4 | 4 | 4 | 4 | 5 | 4.5 | 4.5 | 4,5 |
| ε | 4 | 4 | 4 | 4 | 4 | 4 | 4 | 4 | 4 | 4 | 4,3 |
| ζ | 4 | 4 | 4 | 4 | 4 | 4 | 5 | 6 | 5,4 | 5.4 | 4,9 |
| η | 3 | 3.4 | 3 | 4 | 4 | 4 | 4 | 4 | 4.3 | 4.3 | 3,6 |
| θ | 4 | 4 | 4 | 5 | 5 | 5 | 5 | 5 | 4.5 | 5.4 | 4,5 |
| ι | 4 | 4 | 4 | 5 | 5 | 5 | 6 | 4.5 | 4.5 | 4.5 | 4,2 |
| χ | 4 | 4 | 4 | 5 | 5 | 5 | 5 | 5.6 | 5.4 | 5.6 | 4,8 |
| λ | 4 | 4 | 4 | 5 | 5 | 5 | 5 | 5 | 4 | 5 | 4,7 |
| μ | 4 | 4.5 | 4 | 5 | 5 | 5 | 5 | 5 | 5 | 5 | 5,0 |
| ν | 4 | 4 | 4 | 5 | 5 | 5 | 5 | 5 | 5.4 | 5.4 | 4,6 |
| ξ | 4 | 4 | 4 | 5 | 5 | 5 | 6 | 5.6 | 4 | 4 | 4,7 |
| o | 4 | 4 | 4 | 5 | 5 | 0 | 5 | 5 | 4 | 4.5 | 4,4 |
| π | 5 | 5.6 | 5 | 5 | 5 | 5 | 5 | 6 | 6 | 6.5 | 5,8 |
| ρ | 4 | 5 | 5 | 5 | 5 | 5 | 5 | 5.6 | 5 | 5 | 5,3 |
| σ | 0 | 5 | 0 | 6 | 5 | 6 | 5 | 5.6 | 5 | 5.6 | 5,5 |
| τ | 5 | 5.4 | 5 | 5 | 5 | 5 | 5 | 6 | 4 | 4 | 4,5 |
| υ | 4 | 4 | 4 | 5 | 5 | 5 | 5 | 5.6 | 4 | 4.5 | 4,4 |
| φ | 4 | 4 | 4 | 5 | 5 | 5 | 5 | 6 | 5 | 5.4 | 4,8 |
| χ | 4 | 4 | 4 | 5 | 5 | 5 | 5 | 5 | 5.4 | 5.4 | 4,8 |
| ψ¹ | 4 | 4 | 4 | 5 | 5 | 5 | 5 | 5.6 | 5.4 | 5.4 | 4,9 |
| ψ² | 4 | 4 | 4 | 6 | 5 | 6 | 6 | 6 | 6.5 | 6.5 | 5,8 |
| ψ³ | 4 | 4 | 4 | 6 | 5 | 6 | 6 | 6 | 6 | 6.5 | 6,0 |
| ω | 4 | 4 | 4 | 5 | 5 | 5 | 5 | 4.5 | 4 | 4 | 4,2 |
| 5 A | 0 | 0 | 0 | 0 | 6 | 6 | 6 | 6 | 6 | 6.5 | 5,6 |
| 7 b | 4 | 4.5 | 4 | 6 | 6 | 5 | 5 ½ | 6 | 6 | 6.5 | 5,5 |
| 32 c | 0 | 0 | 0 | 6 | 6 | 5 | 5 ½ | 6 | 6 | 6 | 5,8 |
| 41 d | 6 | 6 | 6 | 6 | 6 | 6 | 6 | 5.6 | 6.5 | 6 | 5,3 |
| 80 e | 6 | 6 | 6 | 6 | 6 | 5 | 5 | 5 | 6.5 | 6.5 | 5,6 |
| 89 f | 5 | 6 | 5 | 6 | 6 | 6 | 6 | 6 | 5.6 | 5 | 5,2 |
| 82 g | 5 | 5 | 5 | 6 | 6 | 6 | 6 | 5.6 | 5 | 5.6 | 5,5 |
| 68 h | 6 | 6 | 6 | 6 | 6 | 6 | 6 | 6 | 6 | 6 | 6,0 |
| 65 i | 6 | 6 | 6 | 6 | 6 | 6 | 6 | 6 | 6 | 6.5 | 6,0 |
| 67 k | 6 | 6 | 6 | 6 | 6 | 6 | 6 | 6 | 6 | 6 | 6,0 |
| 91 l | 0 | 5 | 0 | 0 | 6 | 6 | 6 | 6 | 5 | 5 | 5,5 |
| 19 | 0 | 0 | 0 | 0 | 0 | 0 | 5 | 6 | 6 | 6 | 4,9 |
| 27 | 4 | 4 | 4 | 0 | 4 | 0 | 5 | 5 | 5.6 | 5.6 | 5,2 |
| 29 | 4 | 4 | 4 | 0 | 4 | 0 | 5 | 5 | 5.6 | 5.6 | 5,0 |
| 30 | 4 | 4 | 4 | 0 | 4 | 0 | 5 | 4.5 | 5 | 5.4 | 4,5 |
| 33 | 4 | 4 | 4 | 0 | 4 | 0 | 5 | 5 | 5 | 5 | 4,9 |
| 58 | 0 | 0 | 0 | 0 | 0 | 0 | 6 | 6 | 5 | 5 | 5,4 |

Les variations que nous venons de remarquer dans plusieurs étoiles des Poissons sont lentes, et sans doute irrégulières. Mais nous connaissons déjà dans cette constellation cinq variables régulières, inscrites dans les catalogues sous les lettres R, S, T, U, V; malheureusement elles ne peuvent être trouvées, identifiées et suivies, qu'à l'aide d'instruments assez puissants et montés équatorialement.

Étoiles doubles intéressantes :

Et d'abord $\alpha$; mais elle est assez difficile à dédoubler nettement. 4° et 5°, variables; distance $= 3'',1$. Couple physique en mouvement orbital probable : il y a seulement 14 degrés de parcourus depuis un siècle; à cette lenteur, la révolution de ces deux soleils ne demanderait pas moins de 2570 ans pour s'accomplir.

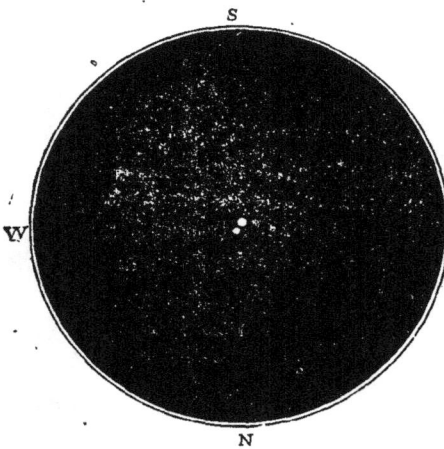

Fig. 189. — L'étoile double α Poissons.        Fig. 190. — L'étoile double ζ Poissons.

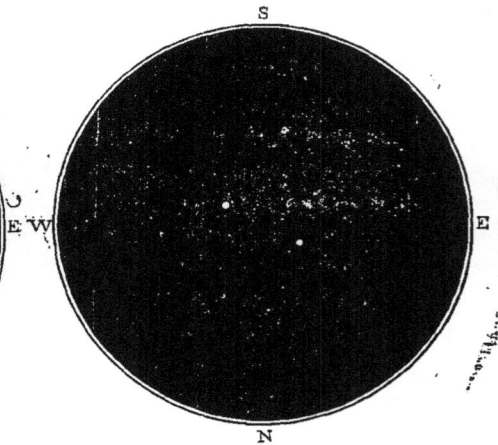

$\psi^1$ (près $\eta$ Andromède). Les deux composantes sont d'égale grandeur (5°$\frac{1}{2}$), à 30″ de distance. Dédoublement facile à l'aide du plus faible instrument. Ces deux lointains soleils restent fixes l'un par rapport à l'autre depuis l'an 1755 qu'on les observe; ils n'en forment pas moins un système physique qui vogue dans l'espace, animé d'un mouvement propre assez rapide.

$\zeta$ : 5° et 6°, à 24″. Système physique, fixe également depuis 1755. Variable, comme nous l'avons vu. — Jupiter vient de passer près de cette étoile. — Couple brillant et facile, comme le précédent. Chercher à l'est de $\delta$ et $\varepsilon$.

65 $i$ : 6° et 7°; quelquefois toutes deux de 6°. Distance $= 4'',5$. On la trouvera par $\alpha$, $\delta$ et $\varepsilon$ Andromède.

55 : au sud-ouest de $\eta$ et $\zeta$ Andromède. 6° et 9°. Écartement $= 6''$.

*Orange* et *bleu saphir*. Couleurs charmantes. Très beau contraste.

35 : 6° et 8°, à 12″. C'est la supérieure des trois petites étoiles, entre δ et ω.

51 : à gauche de ce petit groupe de trois étoiles, entre lui et δ ; 6° et 9°,

Fig. 191. — Alignements naturels d'étoiles dans les Poissons.

à 28″. Blanc de perle et lilas pâle. Au télescope, ce couple solitaire a un aspect mélancolique.

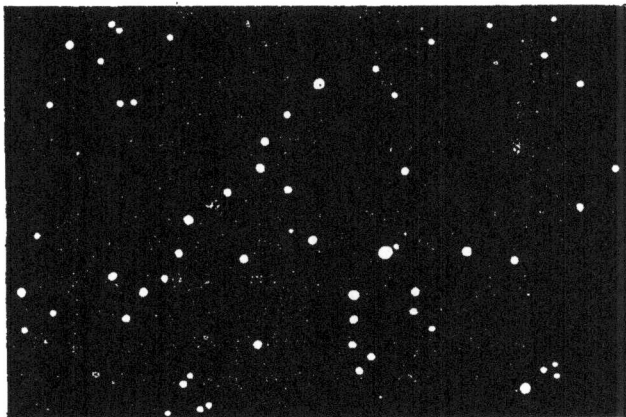

Fig. 192. — Courants d'étoiles dans les Poissons.

Cette constellation des Poissons ne renferme aucun amas, aucune nébuleuse, qui soit accessible aux instruments de moyenne puissance.

Toutefois la distribution de ses étoiles met en évidence ce fait, encore
si peu étudié et si peu connu, des systèmes sidéraux formés par des
étoiles associées entre elles, quoique réellement très éloignées les unes
dès autres. En général, les alignements naturels de certaines étoiles
entre elles sont difficiles à reconnaître sur les cartes, à cause des
lettres, des noms, des tracés qui les surchargent plus ou moins. Mais
si l'on supprime toutes les indications utiles pour les recherches
et qu'on examine ces alignements sur une carte muette (*fig.* 191),
on ne peut s'empêcher de penser que ces files d'étoiles ne sont pas
un simple effet du hasard et qu'une loi de la nature a présidé
à cette distribution. Il y a certainement des groupes naturels, des associations, des courants d'étoiles, dus à la formation même des univers,
comme on remarque des vides, des déserts, des solitudes, où, pour
une raison ou pour une autre, l'espace est resté dépourvu de toute
richesse sidérale. La distribution des étoiles sur la sphère céleste
n'offre aucune régularité, et c'est sans contredit l'étude des irrégularités mêmes qui peut nous mettre sur la voie de la structure des différentes parties de l'Univers.

On éprouvera la même impression à l'examen d'un petit rectangle
pris dans les cartes écliptiques faites par Chacornac à l'Observatoire
de Paris (position = $23^h 26^m$ et 4° 1/2 de déclinaison sud, dans les
Poissons également). On voit là (*fig.* 192) une série d'étoiles alignées
de telle sorte, et séparées par des vides relatifs si obscurs, que l'on
ne peut s'empêcher de penser que ce sont là de véritables systèmes
sidéraux, que la plupart des soleils qui dessinent cet immense cirque
céleste sont associés par leur origine même dans une commune
destinée. Non, les soleils de l'espace ne sont pas distribués régulièrement, isolément, de profondeurs en profondeurs, à travers l'immensité infinie ; ils forment des associations multiples et variées, que
l'astronomie des siècles futurs est destinée à découvrir et à expliquer.

Que le contemplateur du ciel « s'amuse » à promener sa lunette à
travers cette constellation des Poissons, et, au surplus, vers une
région quelconque choisie arbitrairement dans la campagne céleste,
et il ne tardera pas à être émerveillé des surprises qui s'offriront à sa
vue, des groupements d'étoiles, des alignements, des associations,
des richesses sidérales et même des *déserts* et des *solitudes*, qui n'im-
pressionnent pas moins la pensée que les régions les plus opulentes ;
car à travers ces profondeurs béantes, l'esprit n'étant plus arrêté par
aucune île de lumière, s'envole peut-être plus loin encore dans les
abîmes de l'infini !

La constellation du *Bélier* se compose d'abord des trois étoiles α, β et γ, dont nous avons parlé tout à l'heure, et qui brillent au sud du Triangle, et elle se continue vers l'est par quelques petites étoiles qui la complètent sur ε, δ et ζ (*voy.* la *fig.* 187). Un peu plus loin à l'est scintillent les Pléiades. Il n'est pas facile de trouver dans cet assemblage d'étoiles l'explication du symbole auquel elles ont servi de prétexte ; cependant si une certaine disposition des étoiles de la tête peut donner l'idée d'une corne de bélier et de la direction de la tête qui regarde en arrière, l'analogie doit mettre sur la voie de l'origine de cette dénomination, d'autant plus que la corne de bélier était autrefois honorée d'une célébrité particulière par sa consécration à Jupiter. Or, si l'on réunit par un trait les étoiles β, γ, ι, θ et η, on trace une courbe qui n'est pas fort éloignée de cette forme caractéristique. Peut-être dans l'antiquité une étoile assez brillante la complétait-elle suffisamment pour justifier le symbole. Il y a deux mille ans, le soleil occupait le Bélier à l'équinoxe de printemps, et ce fécond animal se plaçait très naturellement à la tête de l'origine des signes du Zodiaque ; mais deux mille ans auparavant, c'était le Taureau qui ouvrait les signes, et le Bélier existait déjà. Ce n'est donc pas un symbole de fécondité qui a fait imaginer le Bélier en cette région du ciel, puisqu'à l'époque de l'invention du Zodiaque il ne marchait pas à la tête des signes ; mais il se trouva ensuite très heureusement placé, et les commentateurs ont pris cette coïncidence pour la cause même de sa création..La logique ne joue pas généralement le premier rôle dans les œuvres humaines et dans les événements historiques ; ni les constellations du Zodiaque ni les autres n'ont été établies suivant un plan déterminé ; les premières remarques des contemplateurs du ciel sont restées dans les traditions et dans les souvenirs ; le lien qui devait les réunir plus tard en un même ensemble plus ou moins homogène n'a été formé que par des conceptions scientifiques qui ne pouvaient naître qu'à une époque beaucoup plus avancée. Les théoriciens trouvent ensuite un plan très logique qui n'a jamais existé. C'est ce qui arrive constamment en histoire : les révolutions, les guerres, les événements politiques sont expliqués par chaque historien à sa façon suivant la logique la plus admirable et la plus rigoureuse : « c'est évidemment ainsi que les choses devaient arriver » ; et si elles étaient arrivées autrement, l'enchaînement n'en serait pas moins logique ni moins naturel. L'esprit humain met son mastic dans tous les vides et, sans s'en douter, arrange tout à son image.

Le Bélier s'appelait aussi, anciennement, Jupiter Ammon, Chryso•

mallus ou la Toison d'or, et l'expédition des Argonautes a certains rapports originaires avec cette constellation, comme avec celles du navire Argo, d'Hercule et du Dragon. Mais il me semble que Dupuis, Lalande et leurs émules ont eu tort d'en conclure que cette expédition n'est qu'une fable astronomique, une allégorie fondée sur les levers et couchers de ces constellations. C'est comme les commentaires de l'Apocalypse qui assurent que l'Agneau de Dieu, la Vierge, le Dragon .et le Serpent, dont parle l'apôtre Jean, ne sont autre chose que des personnifications mystiques de ces constellations. L'Apocalypse est tout autre chose qu'une rêverie astronomique, et il n'y a là que des rapports de mots. Le prophète de Pathmos s'imaginait que la fin du monde ne tarderait pas à venir, suivant la prédiction illusoire de Jésus (Mathieu, XXIV, 29, 30, 31 et 34 ; Marc, XIII, 24, 25, 26, 27, et 30 ; Luc, XXI, 25, 26, 27 et 32), et c'est cet événement qu'il redoute, contemple et décrit dans cette étrange composition.

Voici les étoiles dont la constellation du Bélier est composée.

PRINCIPALES ÉTOILES DE LA CONSTELLATION DU BÉLIER
DEUX MILLE ANS D'OBSERVATION

| ÉTOILES | — 127 | + 960 | 1430 | 1500 | 1603 | 1660 | 1700 | 1800 | 1840 | 1860 | 1880 |
|---|---|---|---|---|---|---|---|---|---|---|---|
| α | 3.2 | 3.2 | 3 | 3 | 2 | 2 | 2 | 3 | 2 | 2 | 2,2 |
| β | 3 | 3 | 3 | 4 | 3 | 3 | 3 | 3 | 3 | 3 | 3,0 |
| γ | 3 | 3.4 | 3 | 4 | 3 | 4 | 4 | 4.5 | 4.3 | 4.3 | 3,9 |
| δ | 4 | 4 | 4 | 4 | 4 | 4 | 4 | 4 | 4.5 | 4 | 4,1 |
| ε | 5 | 5 | 5 | 5 | 4 | 5 | 5 | 5 | 4.5 | 4.5 | 4,8 |
| ζ | 4 | 4 | 4 | 5 | 4 | 5 | 5 | 5 | 4.5 | 5.4 | 4,9 |
| η | 5 | 5.6 | 5 | 6 | 6. | 6 | 6 | 6 | 5 6 | 5.6. | 5,5 |
| θ | 5 | 5.6 | 5 | 6 | 6 | 5 | 5 ¾ | 6 | 6.5 | 6.5 | 5,7 |
| ι | 5 | 5 | 5 | 5 | 6 | 5 | 6 | 6 | 6 | 6.5 | 5,8 |
| κ | 0 | 6 | 0 | 6 | 6 | 5 | 5 ¾ | 6 | 6.5 | 6.5 | 5,7 |
| λ | 0 | 5.6 | 0 | 0 | 6 | 6 | .5 | 5.6 | 5 | 5 | 5,3 |
| μ | 0 | 0 | 0 | 6 | 6 | 6 | 6 | 6 | 6.5 · | 6.5 | 5,8 |
| ν | 6 | 6 | 6 | 6 | 6 | 6 | 6 | 5.6 | 6.5 | 6.5 | 6,0 |
| ξ | 0 | 0 | 0 | 0 | 6 | 0 | 6 | 6 | 5.6 | 5.6 | 5,5 |
| ο | 0 | 0 | 0 | 6 | 6 | 6 | 6 | .6.7 | 6 | 6 | 6,0 |
| π | 0 | 0 | 0 | 6 | 6 | 6 | 6 | 5 | 6.5 | 6.5 | 5,6 |
| ρ | 5 | 5 | 5 | 6 | 6 · | 6 | 6 ½ | 6 | 6 | 6 | 6,0 |
| σ | 5 | 5 | 5 | 6 | 6 | 6 | 6 | 6 | 6 | 6.5 | 5,8 |
| 61 τ' | 4 | 4 | 4 | 6 | 6 | 6 | 7 | 6 | 5 | 5 | 5,0 |
| 63 τ² | 0 | 5 | 0 | 0 | 0 | 0 | 6. | 7 | 5.6 | 5.6 | 5,5 |
| 14 | 0 | 0 | 0 | 0 | 0 | 6 | 6 | 5.6 | 5 | 5 | 5,4 |
| 33 | 5 | 5.6 | 5 | 5 | 5 | 5 | 5 | 6 | 6.5 | 6.5 | 5,8 |
| 35 | 5 | 5 | 5 | 4 | 5 | 4 | 4 | 4 | 5 | 5 | 5,0 |
| 38 | 0 | 0 | 0 | 0 | 0 | 6 | 6 | 5.6 | 5 | 5 | 5,0 |
| 39 | 5 | 5 | 5 | 4 | 5 | 4 | 4 | 4 | 5 | 5 | 4,9 |
| 41 | 4 | 4 | 4 | 3 | 4 | 3 | 3 | 3 | 4.3 | 4.3 | 3,8 |
| P. III, 32 | 0 | 0 | 0 | 0 | 0 | 0 | 6 ½ | 5.6 | 5 | 5 | 5,2 |

**Remarque curieuse**, l'étoile la plus brillante de cette constellation, α, n'était pas autrefois incorporée dans la figure du Bélier ; c'était un astre externe, et Hipparque la nomme « celle qui est au-dessus de la tête ». Au xᵉ siècle de notre ère, l'astronome persan Sûfi dit : « Elle brille au nord des deux de la corne », et il ajoute : « on la nomme *al-nâtih* (qui frappe de la corne) ». Au xvᵉ siècle, l'astronome arabe Ulugh-Beigh la met aussi en dehors de la figure, au-dessus de la tête cornue. Au xviᵉ siècle seulement, Tycho la place dans la tête, au front.

Non loin de là, à l'est, les étoiles 33, 35, 39 et 41, externes aussi, et observées dès le temps d'Hipparque, ont été réunies en une petite figure, en une *Mouche* par Bartschius, gendre de Kepler, sur son globe céleste dessiné en 1623. Puis on en a fait une *Fleur-de-lis* pour être agréable à Louis XIV. Cette constellation, aussi éphémère qu'insignifiante, n'a pas tardé à disparaître ; pourtant l'atlas de Bode (*fig.* 189) la donne encore. Pour nous, ce qui nous intéresse, c'est de remarquer que sur ces quatre étoiles l'une, la première à l'ouest (33), a diminué d'éclat, car elle était anciennement égale à 35 et 39.

λ, dans la tête, a certainement augmenté d'éclat, car les anciens n'en ont pas fait mention. Au temps de Sûfi elle a paru de 5°¼.

τ¹, anciennement de 4ᵉ grandeur, d'Hipparque à Ulugh-Beigh, est tombée à la 6ᵉ au temps de Tycho, Bayer, etc. Elle est actuellement de cinquième. Sûfi remarque expressément qu'elle est de 4ᵉ grandeur, comme δ et ζ, et il ajoute qu'il y a dans son voisinage une étoile dont Ptolémée n'a pas parlé : c'est celle que l'on voit encore aujourd'hui à côté (τ²), qui est de cinquième grandeur aussi, un peu moins brillante que τ. Il est probable qu'elle était alors assez brillante, puisqu'il s'étonne que Ptolémée n'en ait pas parlé, mais qu'elle était moins évidente que τ, puisqu'il lui donne une place secondaire : elle était de cinquième grandeur. Il y a eu là de curieuses variations, car Bayer n'a pas marqué cette étoile du tout, Hévélius non plus ; Flamsteed l'a vue plus brillante que la précédente (τ'), qu'il n'a notée que de 7ᵉ ; Piazzi a fait le contraire de Flamsteed, et aujourd'hui nous les voyons à peu près comme Sûfi a dû les voir, mais moins brillantes.

L'étoile 14, qui paraîtrait avoir augmenté d'éclat, a pu ne pas varier, et n'avoir pas été remarquée par les anciens à cause de sa position extérieure. Il en est de même de P. III, 32.

Telles sont les étoiles de la constellation du Bélier. Plusieurs d'entre elles sont des doubles remarquables :

Et d'abord γ : 4,2 et 4,5; écartement = 8″,9. Couple facile pour les petits instruments. *C'est la première étoile double que l'on ait découverte* : sa première observation date de l'année 1664. En suivant la comète de cette année-là, l'astronome anglais Hooke, contemporain de Newton et de Flamsteed, remarqua que cette étoile était double : « I took notice, dit-il, that it consisted of tow small stars very near together; a like instance to which I have not else met with in all the

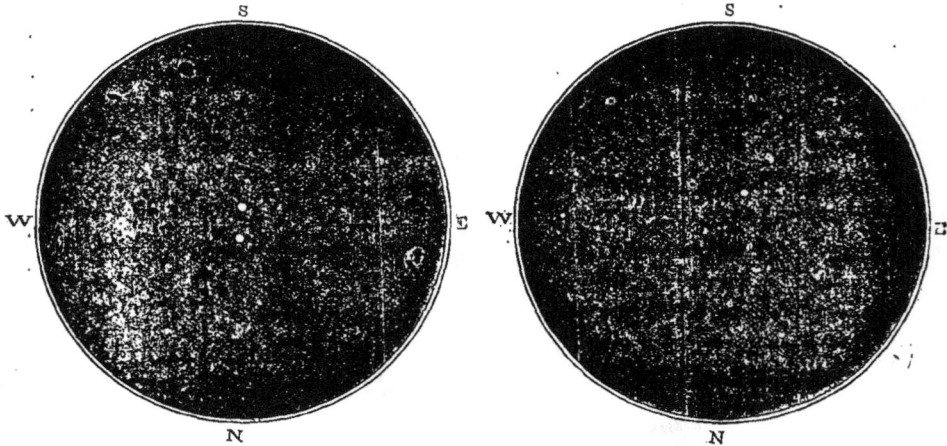

Fig. 193. — L'étoile double γ du Bélier.

Fig. 194. — L'étoile triple 14 du Bélier (1ᵐᵐ = 4″).

heaven. » Il ne se doutait pas de l'importance que devait prendre un jour dans la science l'étude de ces lointains systèmes. La première *mesure* de la position des deux composantes de ce beau couple date de 1756 (Bradley). Herschel les croyait en mouvement orbital; mais en réalité elles sont restées fixes depuis cette première mesure. Elles n'en forment pas moins un système physique : elles voguent de concert dans l'espace, emportées par un mouvement propre assez rapide.

λ : 5,3 et 8; écartement = 38″. Fixe depuis la première mesure faite en 1781. Néanmoins, système physique : mouvement propre commun.

ε : 5ᵉ et 6ᵉ. Très serrées, à 1″,3. Une bonne lunette est nécessaire pour opérer le dédoublement. Ce couple était le plus serré du ciel à l'époque de sa découverte en 1827 par William Struve, et depuis la distance a régulièrement augmenté. Les deux étoiles ont dû se rencontrer vers l'année 1800 et s'éclipser réellement, car la distance des centres est descendue à un dixième de seconde. C'est probablement là un système orbital très serré, tournant dans le plan de notre rayon visuel.

14 : triple; 5,4, 10ᵉ et 9ᵉ, à 82″ et 106″; blanche, *bleue* et *lilas*

π : triple; 5,6, 8,5 et 11ᵉ, à 3″ et 25″. Pas facile.

30 : 6ᵉ et 7ᵉ à 38″. Il y a au nord une dizaine d'étoiles doubles variées.

33 : 5,8 et 9, à 28″.

Rien de particulier à signaler comme amas d'étoiles eu nébuleuses

# CHAPITRE XII

Le Taureàu : Les Pléiades; les Hyades; Aldébaràn. — Les Gemeaux: Castor
et Pollux. — Le Petit Chien : Procyon.

Nous arrivons ici à l'une des contrées du ciel les plus riches et les
plus splendides, à la région illustrée par les Pléiades, par les feux
d'Aldébaran, par les Gémeaux Castor et Pollux, par une zone opulente de la Voie lactée, par les scintillements dorés de Procyon, et,
plus au sud, par la plus belle constellation du ciel, le géant Orion, aux
pieds duquel rayonne l'éblouissant Sirius. C'est à partir d'octobre
que le Taureau et ensuite les Gémeaux s'élèvent au-dessus de nos
têtes et se révèlent à notre contemplation ; ces magnificences
étoilées se déploient au sud pendant nos longues nuits d'hiver, et
jusqu'en avril, jusqu'en mai même, on peut suivre vers l'ouest les
Gémeaux, qui, insensiblement, descendent comme deux frères inséparables, pour s'endormir ensemble dans les brumes de l'horizon
occidental.

Les Pléiades sont si connues et si faciles à trouver, que toute indication pour leur recherche doit paraître superflue. Remarquons cependant, pour les personnes qui voudraient, non pas seulement les
nommer en les voyant, mais les chercher dans le ciel, qu'il est inutile
de les chercher en été, attendu qu'elles restent invisibles sous notre
horizon d'avril à août, qu'elles commencent à paraître le soir, en septembre, se levant vers neuf heures du soir, s'élèvent davantage à
l'orient en octobre, encore davantage en novembre, trônent en plein
sud en décembre et janvier et au sud-ouest en février, puis descendent
en mars et se couchent définitivement en avril. Elles sont précédées
au loin, vers l'ouest, par Andromède et le carré de Pégase, et suivies,
à l'est, d'abord par l'étoile d'or d'Aldébaran, ensuite, plus loin, par
les Gémeaux et Procyon. Au-dessus d'elles, au nord-est, brille Capella, du Cocher. Au-dessous, au sud-est, et au delà d'Aldébaran,
trône l'immense figure d'Orion. On se rendra compte de cet ensemble à l'aide de notre *fig.* 195.

Les Pléiades ont été remarquées dès la plus haute antiquité. Notre
esprit contemplatif, qui aime à remonter vers les vieux siècles éva-

nouis, peut considérer ce groupe d'étoiles qui palpitent dans la nuit comme le plus ancien de tous ceux sur lesquels se soient attachés les regards de nos aïeux. Avant la connaissance de l'année solaire, les premiers peuples réglaient leur calendrier sur les étoiles, l'année commençait avec le lever matinal des Pléiades au printemps, et l'hiver

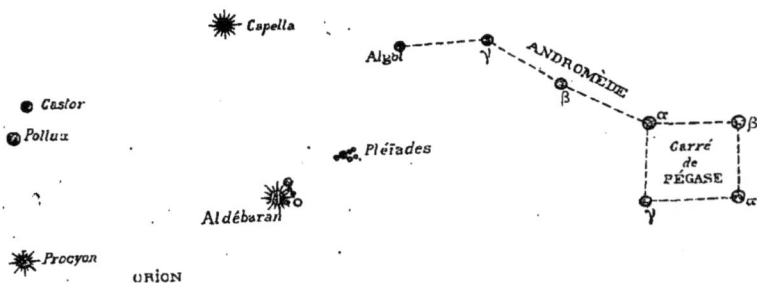

Fig. 195. — Alignements pour trouver les Pléiades et Aldébaran.

avec leur lever du soir en automne ; l'année était partagée en deux parties, et leur réapparition en novembre était saluée par la fête des morts, que nous avons conservée dans « la Toussaint ». Les anciens Égyptiens donnaient au mois de novembre le nom d'*Athar-aye*, « mois des Pléiades » ou d'*Athor*, et il en était de même chez les Chaldéens et les Hébreux. On trouve la même division de l'année chez les sauvages de la Polynésie, une moitié de l'année est appelée *Matarii i nia* « les Pléiades dessus », et l'autre moitié *Matarii i raro* « les Pléiades dessous ». Les Australiens fêtent de la même façon en novembre les Mormodellick, ou pléiades. On trouve la même coutume au Pérou et au Mexique. La grande Pyramide de Gizeh, qui est exactement orienté aux quatre points cardinaux, et dont la destination primitive a dù être de servir d'observatoire, a deux galeries creusées obliquement dans son massif : l'une au nord, pointant vers l'étoile polaire (α du Dragon il y a quatre mille ans), l'autre au sud, pointant précisément à la hauteur des Pléiades, dont le passage au méridien à minuit marquait alors le commencement de l'année. Chez les anciens Grecs, Hésiode fixe les travaux des champs sur les Pléiades, et chez les anciens Latins, elles s'appelaient encore *Vergiliæ*, astres du printemps. On se préoccupait surtout alors de leur lever matinal. L'équinoxe de printemps, qui passe aujourd'hui près de l'étoile α d'Andromède, passait par les Pléiades il y a quatre mille ans. Les annales de l'astronomie chinoise nous ont conservé une observation de ce groupe d'étoiles, faite l'an 2357 avant notre ère et marquant l'équinoxe, ce qui correspond au calcul rétrospectif que nous pouvons faire, aujourd'hui que nous connaissons les effets de la précession. Vers l'an 570 avant notre ère, Anaximandre fixa leur coucher matinal au vingt-neuvième jour après l'équinoxe d'automne. Il y a trente siècles, les navigateurs attendaient l'époque de leur lever printanier pour se mettre en route, ce qui a conduit les étymologistes à conclure que leur nom dérive de *pleïn*, naviguer. C'est ce que pensaient Lalande, Arago, etc. Il est plus probable qu'il dérive simplement de *pléias*, pluralité.

Ce groupe célèbre se compose surtout de six étoiles visibles à l'œil nu. Il paraît qu'autrefois on en voyait ordinairement sept, car il y en a sept de nommées par les anciens : Taygète, Mérope, Alcyone, Celæno, Électre, Astérope et Maïa. Ce sont les filles d'Atlas. Aratus les nomme toutes dans son poème, et il en est de même d'Ovide dans le quatrième livre des *Fastes*. Virgile signale la première dans les *Géorgiques* (liv. IV, v. 232) : « Deux fois, dit-il, les ruches se remplissent de miel lorsque la pléiade Taygète, élevant son front virginal au-dessus de l'horizon, repousse d'un pied dédaigneux les flots de l'Océan, et lorsque, fuyant les regards du poisson pluvieux, elle se replonge tristement au sein de l'onde glacée. » Et Ovide, dans les *Métamorphoses* (liv. III, v. 594) : « J'appris à gouverner les navires avec la rame ; j'observai l'astre pluvieux de la Chèvre, ainsi que Taygète, les Hyades et l'Ourse. » Les astronomes modernes ont conservé ces noms en y ajoutant ceux d'Atlas et de Pléione, le père et la mère de ces Atlantides ; on a nommé la plus brillante Alcyone. Aujourd'hui on n'en voit que six. Avec beaucoup d'attention, et si le ciel est très pur, on en distingue une septième, mais elle n'est pas dans le groupe et elle n'a pas de nom : elle gît à une assez grande distance au sud d'Atlas. Cette étoile se voit mieux actuellement (septembre 1880) que Celæno, Pléione et Astérope, qui font partie du groupe. Ovide déclare qu'on en connaît sept, mais qu'on n'en voit que six, et que la septième s'est enfuie à l'époque de la guerre de Troie : serait-ce celle-la, dont l'éloignement et la faiblesse auraient donné naissance à cette fable ? Des vues plus puissantes encore en comptent dix, et les vues les plus perçantes parviennent à en découvrir quatorze. La première lunette de Galilée en a montré une quarantaine. A l'Observatoire de Paris, Jeaurat a construit au siècle dernier une carte comprenant cent trois étoiles, et M. Wolf en a construit une nouvelle en ces dernières années, qui n'en contient pas moins de 625. En réalité il y en a des milliers.

Nos paysans appellent cet amas *la Poule et ses Poussins* ou *la Pous-*

*sinière* : Alcyone est la poule. Cette appellation n'est pas moderne. Il y a neuf siècles, les Arabes disaient déjà : *Dadjâdja al-samâ mâ banatihi*, « la Poule céleste avec ses petits »; nouvel exemple des ressemblances plus ou moins vagues cherchées par les anciens entre les tableaux du ciel étoilé et les choses de la vie terrestre. On nommait aussi ce groupe la *Grappe de Raisin*. — Nous reviendrons tout à l'heure plus en détail sur cette petite république céleste.

Douces et lointaines Pléiades! Combien de regards mortels ne se sont-ils pas rencontrés sur cette île de lumière suspendue dans les cieux! Combien d'espérances ne leur ont-elles pas été confiées, depuis l'espoir du marin perdu sur les mers jusqu'aux vagues et inconscients désirs de la jeune fille qui cherche à lire sa destinée dans les étoiles! Elles semblent veiller là, au sein de la nuit solitaire, et dominer du haut de leur céleste demeure les vaines et puériles agitations de la terre. Mais, en réalité, elles sont si éloignées qu'elles ne nous entendent pas, et leur domaine est si vaste que notre humanité tout entière arrivant là ne serait qu'une fourmilière inaperçue!

Si les Pléiades signalent par leur groupe classique la constellation du Taureau, les *Hyades* et Aldébaran la caractérisent sous un aspect non moins remarquable. On peut même admettre que c'est à la disposition particulière de ces étoiles que l'on doit le nom donné à cette constellation. Le triangle formé par les étoiles α, θ et γ d'une part, par γ, δ et ε d'autre part, donne l'idée d'une tête d'animal, et plutôt celle d'un taureau qui se précipite en avant que celle de tout autre être; regardez dans le ciel : Aldébaran forme l'œil droit, vif, rouge et menaçant; ε l'œil gauche, γ la bouche; j'avoue qu'on ne trouve pas facilement les cornes, mais l'impression reste. (On les a mises dans β et ζ, mais c'est bien loin.) — Voy. *fig.* 198.

On a donné le nom d'Hyades aux étoiles disséminées qui avoisinent Aldébaran. Ce nom vient, dit-on, du mot grec *huein*, pleuvoir, parce que leur apparition coïncidait avec la saison des pluies. Le fait est que, dans l'antiquité, on leur associait toujours le qualificatif de pluvieuses. Elles forment un groupe très écarté, qui perd son aspect lorsqu'on le regarde dans une lunette, les étoiles qui le composent étant très éloignées les unes des autres. Il est probable, néanmoins, que ces lointains soleils sont réellement associés en un même système physique, comme ceux qui composent le groupe plus intéressant des Pléiades.

L'étoile la plus brillante du Taureau, Aldébaran, tire son nom de l'arabe *al-dabarân*, qui signifie la *Suivante*, parce que cette étoile suit les Pléiades; c'est là son principal qualificatif chez les anciens. Les Arabes l'appelaient aussi « l'œil du Taureau », et les Hébreux « l'œil de Dieu ». Dès l'époque du bœuf Apis, elle a joué le premier rôle dans les mythologies antiques. Le Taureau est, en effet, le plus ancien des signes du Zodiaque, le premier que la précession des équinoxes ait placé à la tête des signes. Aucune tradition historique, aucune légende même n'associe la constellation précédente, celle des Gémeaux, au renouvellement de l'année, au retour du printemps, au calendrier primitif. L'astronomie d'observation paraît n'avoir été fondée qu'à l'époque où l'équinoxe de printemps passait par Aldébaran, c'est-à-dire environ trois mille ans avant notre ère; c'est vers cette époque que les constellations zodiacales, sans doute formées à des dates différentes, comme toutes les autres, suivant leur éclat et leur importance, paraissent avoir été réunies théoriquement en une même ceinture de douze signes parcourus de mois en mois par le Soleil. Les Grecs ont assimilé plus tard ce Taureau à celui qui avait servi à l'enlèvement d'Europe, et les littérateurs se sont ingéniés à écrire beaucoup de fables et de commentaires sur Europe, Io, Osiris et Pasiphaé.

Aldébaran est aussi nommé parfois chez les Romains *Palilicium*, parce que les fêtes de Palès, les Palilies, étaient fixées sur son lever. Il jouait, comme les Pléiades, un rôle important dans les calendriers primitifs et dans l'astrologie.

Ce Taureau céleste était autrefois représenté tout entier, et les Pléiades en formaient la queue; mais depuis trois mille ans environ, il est dessiné seulement avec la tête et la partie antérieure du corps (voyez *fig.* 196) : le géant Orion semble lever sa massue tout exprès pour l'arrêter et l'assommer. Dès le temps d'Ératosthènes et d'Eudoxe, la constellation était représentée comme aujourd'hui.

On apprendra à en connaître les étoiles en suivant les alignements de notre *fig.* 197. L'étoile β, de deuxième grandeur, est très éloignée au nord-est, vers le Cocher, où elle est même incorporée, comme nous l'avons vu, sous la lettre γ. Mais, au lieu de ce double emploi, il vaut mieux l'éliminer du Cocher et la conserver au Taureau. Elle est censée marquer l'extrémité de la corne supérieure, et au-dessous d'elle, ζ, de troisième grandeur, indique celle de la corne inférieure. Les étoiles γ, δ et ε forment le côté droit du V des Hyades, dont θ et α forment le côté gauche. η est dans les Pléiades : c'est Alcyone, de troisième grandeur. ι se trouve au milieu du chemin entre Aldébaran et β. On trouvera la suite à l'aide de notre dessin, mais non sans complication.

*Aldébaran* est une belle étoile rougeâtre, dont la coloration avait déjà frappé les anciens : elle est plus rouge qu'Arcturus, mais moins qu'Antarès et Mars. Elle se trouve sur le chemin de la Lune, et quand l'astre des nuits passe devant l'étoile, celle-ci paraît quelquefois pénétrer dans son disque, effet que l'on a attribué à la réfraction d'une atmosphère lunaire, mais qui peut être dû seulement à la différence de réfrangibilité entre ses rayons rouges et ceux de notre pâle Phœbé.

Cette belle étoile n'a offert aucune parallaxe sensible aux mesures essayées pour déterminer sa distance. Elle gît donc à plus de cent trillions, ou cent mille milliards de lieues d'ici, dans une profondeur telle que sa lumière emploie certainement plus d'un siècle à nous parvenir. Quel ne doit pas être son volume! Quelles ne doivent pas être sa lumière et sa chaleur!

Si nous n'avons encore pu découvrir son insondable distance, du moins les derniers progrès de la chimie céleste sont-ils parvenus à nous révéler quelque chose de sa nature et de sa constitution. On a vu sur notre planche générale des spectres celui de ce lointain soleil, sur lequel on peut compter ses 60 raies principales, qui accusent dans son atmosphère la présence du sodium, du magnésium, de l'hydrogène, du calcium, du fer, du bismuth, du tellure, de l'antimoine et du mercure. Ce spectre n'est ni clair, comme celui de Sirius et des étoiles blanches (*fig.* 3 de la *planche*), ni aussi long, ni aussi riche que celui du Soleil et des étoiles jaunes (*fig.* 2), ni cannelé et partagé en zones comme celui d'alpha d'Hercule et des étoiles rouges; il est en quelque sorte intermédiaire entre le deuxième et le troisième type. C'est une étoile remarquable pour sa lumière, et les conditions organiques de la vie dans son système doivent être très différentes de celles du système solaire. Victor Hugo l'appelle l'étoile tricolore : quelquefois, en effet, sa vive scintillation projette tout autour d'elle les nuances les plus variées.

L'analyse spectrale a montré aussi que cette étoile *s'éloigne de nous* avec une vitesse évaluée à 30 kilomètres par seconde. Non loin d'elle, Capella, α et β Orion, s'éloignent aussi de nous avec rapidité.... Comment regarder maintenant cette lumière ardente qui palpite silencieusement dans l'éther au milieu du calme de la nuit, sans songer aux destinées que tous ces lointains soleils régissent dans l'infini, sans rêver aux existences inconnues qui se succèdent dans ces Hyades tremblantes, dans ces mélancoliques Pléiades perdues au fond des cieux!

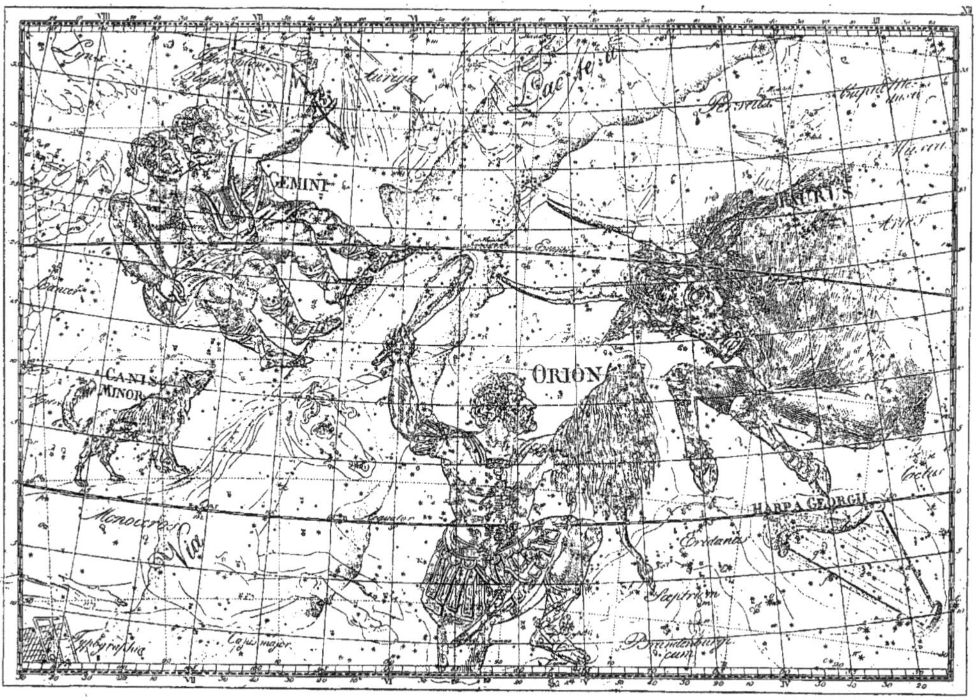

Fig. 196. — Constellations zodiacales. — Le Taureau. — Les Gémeaux.

Examinons en détail les étoiles de cette riche constellation et formons-en le tableau général. Dans ce tableau, les Pléiades sont absentes : il importe de les étudier séparément.

PRINCIPALES ÉTOILES DE LA CONSTELLATION DU TAUREAU

DEUX MILLE ANS D'OBSERVATION

| ÉTOILES | −127 | +960 | 1430 | 1590 | 1603 | 1660 | 1700 | 1756 | 1800 | 1840 | 1860 | 1880 |
|---|---|---|---|---|---|---|---|---|---|---|---|---|
| α Aldébaran | 1 | 1 | 1 | 1 | 1 | 1 | 1 | 1 | 1 | 1 | 1 | 1,4 |
| β | 3 | 2 | 2 | 2 | 2 | 2 | 2 | 2 | 2 | 2 | 2 | 2,0 |
| γ | 3.4 | 3.4 | 3 | 3 | 3 | 3 | 3 | 3 | 3.4 | 4 | 4 | 4,1 |
| $\delta^1$ | 3.4 | 3.4 | 3 | 3 | 3 | $3\frac{1}{2}$ | 4 | 4 | 4 | 4 | 4 | 4,0 |
| $\delta^2$ | 0 | 0 | 0 | 0 | 0 | 0 | 4 | 5 | 4.5 | 6 | 6.5 | 5,9 |
| ε | 3.4 | 3.4 | 3 | 3 | 3 | $3\frac{1}{2}$ | $3\frac{1}{2}$ | $3\frac{1}{2}$ | 4 | 4.3 | 4.3 | 3,7 |
| ζ | 3 | 3 | 3 | 3 | 3 | 3 | 3 | 3 | 3.4 | 3.4 | 3.4 | 3,5 |
| η | Voir aux Pléiades. | | | | | | | | | | | |
| $\theta^1$ | 3.4 | 3.4 | 3 | 3 | 4 | 3 | 5 | 5 | 5 | 4.5 | 4 | 3,9 |
| $\theta^2$ | 0 | 0 | 0 | 0 | 4 | 0 | 5 | 5 | 5.6 | 4.5 | 4 | 4,2 |
| ι | 5 | 5 | 5 | 0 | 4 | 4 | 4 | 4 | 4.5 | 5 | 5 | 5,0 |
| $\varkappa^1$ | 5 | 4 | 4 | 4 | 4 | 4 | 5 | 0 | 5.6 | 5.4 | 5.4 | 4,8 |
| $\varkappa^2$ | 0 | 0 | 0 | 0 | 0 | 0 | 5 | 0 | 6.7 | 0 | 6.7 | 6,5 |
| λ | 3 | 3 | 3 | 4 | 4 | 4 | 4 | 4 | 4 | 3.4 | var | var |
| μ | 4 | 4 | 4 | 4 | 4 | 4 | $5\frac{1}{2}$ | 0 | 5 | 4.5 | 4.5 | 4,4 |
| ν | 4 | 4.3 | 4 | 4 | 4 | 4 | 4 | 0 | 5 | 4 | 4 | 3,9 |
| ξ | 4 | 4.3 | 4 | 4 | 4 | 4 | 4 | 4 | 4 | 4.3 | 4.3 | 3,5 |
| ο | 4 | 4.3 | 4 | 4 | 4 | 4 | 4 | 4 | 4.5 | 4.3 | 4.3 | 3,4 |
| π | 0 | 6 | 0 | 5 | 5 | 5 | 5 | 5 | 5 | 5 | 5 | 5,8 |
| ρ | 0 | 0 | 0 | 5 | 5 | 5 | 5 | 5 | 5 | 5 | 5.6 | 5,6 |
| $\sigma^1$ | 0 | 5.6 | 0 | 5 | 5 | 6 | 6 | 7 | 5.6 | 5.6 | 5.6 | 5,4 |
| $\sigma^2$ | 0 | 0 | 0 | 0 | 0 | 0 | 6 | 6 | 5.6 | 5.6 | 5.6 | 5,4 |
| τ | 4 | 4 | 4 | 5 | 5 | 5 | 5 | 5 | 5 | 4.5 | 4.5 | 4,5 |
| $\upsilon^1$ | 5 | 4 | 4 | 5 | 5 | 5 | 5 | 5 | 5 | 5.4 | 5.4 | 4,8 |
| $\upsilon^2$ | 0 | 0 | 0 | 0 | 0 | 0 | 6 | 6 | 6 | 6 | 6 | 6,0 |
| φ | 5 | 5 | 5 | 5 | 5 | 5 | 5 | 5 | 6 | 5.6 | 5.6 | 5,5 |
| χ | 5 | 5 | 5 | 5 | 5 | 5 | 5 | 5 | 6 | 6.5 | 6.5 | 5,7 |
| ψ | 5 | 5 | 5 | 5 | 5 | 5 | 5 | 5 | 5.6 | 6 | 6.5 | 5,6 |
| $\omega^1$ | 6 | 6 | 5 | 0 | 5 | 6 | 6 | 6 | 5.6 | 6.5 | 6.5 | 5,8 |
| $\omega^2$ | 0 | 0 | 6 | 6 | 0 | 0 | 7 | 6 | 6.7 | 6 | 6 | 6,2 |
| 37 $A^1$ | 5 | 5 | 5 | 5 | 5 | 5 | 5 | 5 | 5 | 5.4 | 5 4 | 4,9 |
| 39 $A^2$ | 0 | 0 | 0 | 0 | 0 | 0 | 6 | 7 | 6.7 | 0 | 6.7 | 6,4 |
| 79 b | 0 | 0 | 0 | 5 | 5 | 5 | 5 | 0 | 6 | 6.5 | 6.5 | 5,8 |
| 90 $c^1$ | 4 | 4 | 4 | 5 | 5 | 5 | 5 | 0 | 5 | 5.4 | 4.5 | 4,4 |
| 93 $c^2$ | 0 | 0 | 0 | 0 | 0 | 0 | 6 | 0 | 5 | 6.5 | 6.5 | 5,5 |
| 83 d | 4 | 4 | 4 | 5 | 5 | 5 | 5 | 0 | 5 | 5.4 | 5.4 | 4,6 |
| 30 e | 5 | 6 | 6 | 5 | 5 | 5 | 5 | 5 | 6 | 5 | 5 | 5,0 |
| 5 f | 4 | 4 | 4 | 5 | 5 | 5 | 5 | 5 | 5.6 | 4 | 4 | 4,7 |
| g | 0 | 0 | 0 | 5 | 5 | 0 | 0 | 0 | 6.7 | 6 | 6 | 6,2 |
| 57 h | 0 | 0 | 0 | 0 | 6 | 0 | $6\frac{1}{2}$ | $6\frac{1}{2}$ | 6 | 6 | 6 | 6.0 |
| 97 i | 4 | 5 | 5 | 6 | 6 | 6 | 6 | 6 | 5.6 | 5.6 | 5.6 | 5,7 |
| 98 k | 0 | 0 | 0 | 0 | 6 | 0 | 6 | 0 | 6 | 6.5 | 6 | 6,0 |
| 106 l | 5 | 5 | 5 | 6 | 6 | 6 | 6 | 6 | 5.6 | 6.5 | 6.5 | 5,8 |
| 104 m | 5 | 5 | 5 | 0 | 6 | 6 | 6 | 6 | 5 | 5.6 | 5.6 | 5,5 |
| 109 n | 5 | 5 | 5 | 6 | 6 | 6 | 6 | 6 | 5.6 | 6 | 6.5 | 5,9 |
| 114 o | 5 | 5 | 5 | 6 | 6 | 6 | 5 | 5 | 5 | 6 | 6 | 6,0 |
| 44 p | 5 | 5 | 5 | 6 | 6 | 6 | 6 | 6 | 6.7 | 6 | 6 | 6,2 |
| q | Supprimé : dans les Pléiades. | | | | | | | | | | | |
| 66 r | 0 | 6 | 0 | 6 | 6 | 5 | 5 | 0 | 5.6 | 5.6 | 5.6 | 5,4 |
| 4 s | 4 | 4 | 4 | 6 | 6 | 6 | 6 | 6 | 6 | 5 | 5 | 5,5 |

| Étoiles | — 127 | + 960 | 1430 | 1590 | 1603 | 1660 | 1700 | 1756 | 1800 | 1840 | 1860 | 1880 |
|---|---|---|---|---|---|---|---|---|---|---|---|---|
| 6 t | 0 | 0 | 0 | 6 | 6 | 6 | 6 | 6 | 6.7 | 6 | 6 | 6,0 |
| 29 u | 0 | 0 | 0 | 6 | 6 | 6 | 6 | 0 | 6.7 | 6.5 | 6.5 | 5,7 |
| 10 | 4 | 4 | 4 | 0 | 4 | 0 | 4 $\frac{1}{2}$ | 0 | 5 | 4.5 | 4.5 | 4,5 |
| 40 | 0 | 6 | 0 | 0 | 0 | 0 | 7 | 0 | 6.7 | 6 | 6 | 5,4 |
| 41 | 0 | 5 | 0 | 5 | 0 | 5 | 6 | 0 | 6 | 6.5 | 5.6 | 5,4 |
| 47 | 0 | 0 | 0 | 0 | 0 | 0 | 5 $\frac{1}{2}$ | 0 | 5.6 | 5 | 5 | 5,2 |
| 48 | 0 | 0 | 0 | 0 | 0 | 0 | 7 | 0 | 6 | 6 | 6 | 7,0 |
| 68 | 0 | 6.5 | 0 | 0 | 0 | 6 | 4 $\frac{1}{2}$ | 0 | 5 | 5 | 5 | 5,0 |
| 105 | 5 | 0 | 0 | 0 | 0 | 0 | 6 | 0 | 6 | 6 | 6 | 6,0 |
| 119 | 0 | 5 | 0 | 0 | 6 | 5 | 6 | 0 | 5.6 | 6.5 | 5 | 5,6 |
| 121 | 5 | 5 | 5 | 0 | 6 | 0 | 6 | 0 | 6 | 6 | 6 | 5,8 |
| 125 | 5 | 5 | 5 | 0 | 5 | 0 | 5 $\frac{1}{2}$ | 0 | 6 | 6 | 6 | 6,0 |
| 126 | 5 | 0 | 5 | 0 | 0 | 0 | 6 | 0 | 5.6 | 5 | 6.5 | 5,9 |
| 132 | 5 | 5 | 5 | 0 | 5 | 0 | 5 $\frac{1}{4}$ | 6 $\frac{1}{2}$ | 5 | 5.6 | 5.6 | 5,7 |
| 133 | 0 | 0 | 0 | 0 | 5 | 0 | 6 | 0 | 6 | 6 | 5.6 | 5,5 |
| 134 | 0 | 0 | 0 | 0 | 5 | 0 | 6 | 0 | 5.6 | 5.6 | 5.6 | 5,4 |
| 136 | 5 | 5 | 5 | 0 | 5 | 0 | 5 | 0 | 4.5 | 5 | 5.6 | 5,6 |
| 139 | 5 | 5 | 5 | 0 | 5 | 0 | 6 | 0 | 5.6 | 5.6 | 5.6 | 5,7 |
| P. iv, 99 | 0 | 0 | 0 | 0 | 0 | 0 | 6 | 0 | 5.6 | 5 | 5 | 4,9 |
| P. iv, 246 | 0 | 0 | 0 | 0 | 0 | 0 | 0 | 0 | 6.7 | 6 | 5.6 | 5 3 |

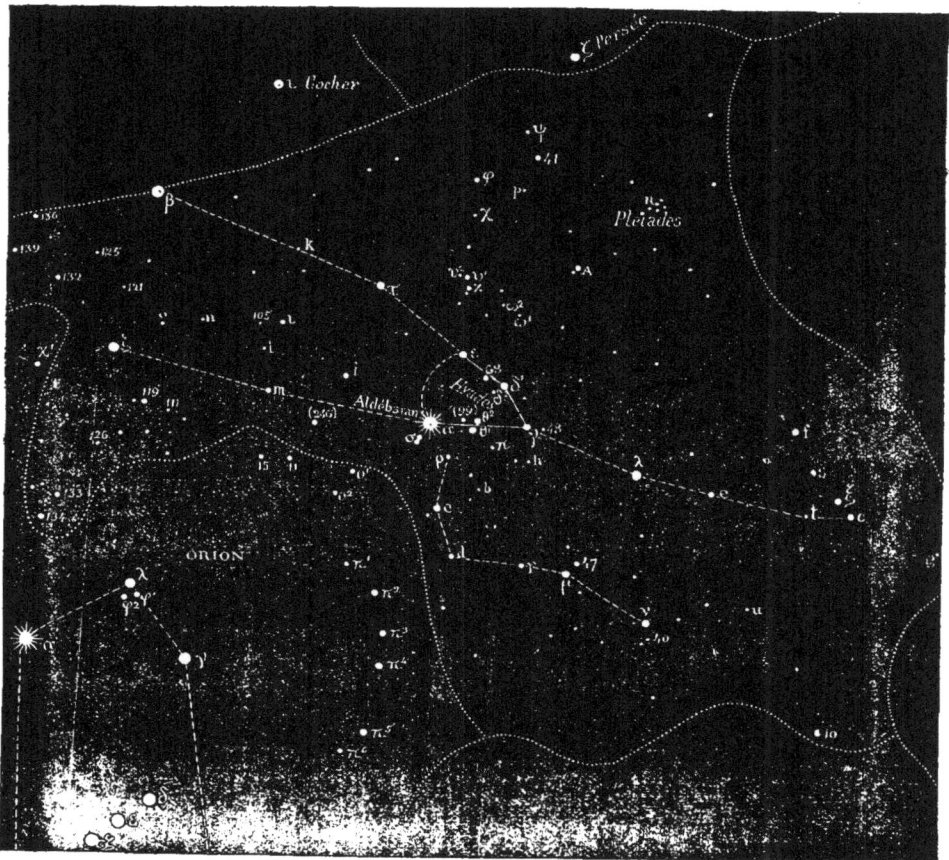

Fig. 197. — Étoiles principales de la constellation du Taureau.

Ce qui nous frappe au premier aspect dans la série des lettres données à ces étoiles, c'est que, contrairement à ce qui arrive en général,
nous avons ici plusieurs lettres répétées : il y a deux $\delta$, deux $\theta$, deux $\varkappa$,
deux $\sigma$, deux $\upsilon$, deux $\omega$, deux A, deux c, etc.; c'est-à-dire que chacune des étoiles désignées primitivement par l'une ou l'autre de ces
lettres a tout près d'elle une étoile voisine, visible à l'œil nu, et qui
se désigne naturellement par la même appellation. Ce sont des étoiles
doubles très écartées, formant des couples visibles à l'œil nu. Sont-ce
de véritables étoiles doubles, des
soleils véritablement associés l'un
à l'autre dans une destinée commune ? C'est ce que nous ne pouvons encore décider et ce que ré-
vèleront seules les observations
de l'astronomie future. Il n'est
pas impossible que, malgré l'immense distance réelle qui sépare
l'une de l'autre ces étoiles en
apparence si voisines, plusieurs
d'entre elles forment de véritables
systèmes physiques. Quoi qu'il en
soit, il est intéressant de remarquer la richesse de cette constel-

Fig. 198. — Étoiles formant la tête du Taureau.

lation sous cet aspect spécial; en plusieurs points même, ce ne sont
pas seulement des groupes de deux étoiles qui frappent notre atten-
tion, mais bien des groupes de trois, comme vers $\theta$, $\delta$, $\tau$, des groupes
de quatre, comme dans les Hyades, — justement dans cette ré-
gion stellifère déjà signalée par ces fameuses et classiques associations d'étoiles. — Il y a là une tendance spéciale qui ne pouvait manquer de frapper notre attention, et nous en sentirons mieux
encore l'importance si j'ajoute qu'elle continue de se manifester sur
une échelle plus vaste encore aussitôt qu'on dirige la moindre lunette
vers ces lointains champs d'étoiles.

La plupart de ces étoiles doubles visibles à l'œil nu n'ont pourtant
été signalées par les anciens que comme étoiles simples; on ne s'est
pas préoccupé des compagnons. (Il faut, du reste, une certaine attention pour les reconnaître et constater leur position.) Aussi ne pouvons-
nous conclure de l'absence des observations anciennes des étoiles
secondaires à une augmentation d'éclat.

Parmi les étoiles de cette constellation, plusieurs présentent des variations d'éclat plus ou moins certaines. Ainsi, γ paraît avoir diminué d'une grandeur : elle est très pâle aujourd'hui. $\delta^2$ (sous $\delta^1$) est maintenant toute petite (6ᵉ) ; or, Flamsteed l'a notée égale à $\delta$, de 4ᵉ, et Piazzi de 4ᵉ$\frac{1}{2}$ ; la différence est trop grande pour être attribuée à des erreurs d'estimation. $\theta^1$ offre des fluctuations de la 3ᵉ à la 5ᵉ. Lorsque deux étoiles voisines ne produisent qu'une seule impression sur la rétine, l'estimation de l'éclat est naturellement un peu surfaite, mais pourtant moins qu'on le supposerait, car deux étoiles d'une grandeur quelconque n'en représentent pas une de la grandeur précédente.

L'étoile λ varie régulièrement de 3,4 à 4,2, dans la période rapide de 3 *jours* 22 *heures* 52 *minutes et* 24 *secondes*. C'est l'une des étoiles périodiques les plus rapides que nous connaissions.

$\omega^1$ était, au temps de Bayer, de même éclat que $c^1$, $d$ et $f$, toutes notées alors de cinquième ; elle paraît avoir augmenté d'éclat aux xvᵉ et xviᵉ siècles, tandis que les trois autres avaient diminué de la 4ᵉ à la 5ᵉ grandeur. Ces trois étoiles sont toutefois revenues à la 4ᵉ. Devons-nous conclure à une oscillation réelle ou à un manque de précision dans les observations ? La variation de l'étoile $i$ peut être considérée comme plus certaine, car elle est tombée insensiblement du quatrième au sixième ordre. Il en est de même de l'étoile $s$ ([1]).

L'étoile 40, notée de 7ᵉ grandeur en 1700 et de 6ᵉ$\frac{1}{2}$ en 1800, est aujourd'hui de 5ᵉ$\frac{1}{2}$ au moins.

L'étoile 41, aujourd'hui plus brillante que ψ, a augmenté d'éclat depuis l'époque de Bayer. Elle n'est pas inscrite du tout sur son atlas, et si elle avait eu l'éclat actuel, c'est elle qui aurait reçu cette lettre (comme il arrive aujourd'hui, par erreur, sur plusieurs atlas ; exemple, Heis). La comparaison de la variation de l'éclat relatif de ces deux étoiles est assez curieuse : depuis l'année 1800, ψ est descendue de la 5ᵉ à la 6ᵉ grandeur, tandis que sa voisine s'élevait de la 6ᵉ à la 5ᵉ.

L'étoile 47, près de μ, paraît avoir augmenté d'éclat, car les anciens n'en font aucune mention, quoiqu'elle soit parfaitement visible. Il en est de même de l'étoile P. ɪv, 246, non observée par les anciens, de 6ᵉ grandeur $\frac{1}{2}$ dans Piazzi, de 6ᵉ dans Argelander, et de 5ᵉ aujourd'hui. L'étoile P. ɪv, 99 présente un accroissement analogue.

Remarquons encore que l'étoile 48, près de γ et la précédant, est invisible à l'œil nu depuis 1871. Flamsteed l'avait déjà notée de septième grandeur ; mais elle était de sixième depuis le siècle dernier.

---

([1]) Nous ajoutons à nos tableaux, à partir d'ici, les observations zodiacales faites par Mayer en 1756, qui viennent fort heureusement s'intercaller à une date qui nous manquait, entre 1700 et 1800.

Toutes ces étoiles variables, sur lesquelles nous venons d'appeler l'attention, se signalent particulièrement aux amateurs, qui bien facilement peuvent vérifier à l'œil nu l'état du ciel étoilé, noter les éclats relatifs et constater eux-mêmes les variations lentes ou rapides qui peuvent se produire. Rien n'est plus intéressant, du reste, que de s'exercer ainsi, pendant les belles nuits d'automne ou même d'hiver, à reconnaître les étoiles d'une constellation comme celle-là, à estimer les grandeurs et à inscrire les principales par ordre d'éclat, en commençant par la plus brillante. C'est un exercice scientifique, et c'est en même temps un exercice philosophique qui fait vivre nos intelligences au milieu des grands horizons du ciel.

Il y a dans le Taureau, outre $\lambda$, dont nous avons déjà parlé, cinq variables régulières connues : R, S, T, U, V. Mais ce sont toutes des étoiles télescopiques, qui ne peuvent être suivies qu'à l'aide d'instruments assez puissants.

Les *étoiles doubles* de cette constellation se font d'abord remarquer, comme nous l'avons vu, par les couples très écartés signalés plus haut, notamment par celui de $\theta^1$ et $\theta^2$, perceptible à l'œil nu. Les deux étoiles sont de quatrième grandeur (4,2 et 4,5) et forment un beau couple pour une jumelle. Leur distance est considérable : 337″ ou 5′ 37″, un peu plus grande que celle de $\varepsilon$ Lyre (207″), mais cependant beaucoup moins que celle de Mizar et Alcor (11′ 48″ ou 708″). Il est certain que ces deux soleils forment un système stellaire, car depuis la première mesure faite par Flamsteed en 1696, la position relative des deux étoiles n'a pas varié du tout (toujours 346° et 337″), quoique l'étoile principale soit animée d'un mouvement propre assez rapide. Comment regarder maintenant ce couple, si facile à reconnaître à l'œil nu, sans songer que ces deux modestes étoiles sont d'énormes soleils qui roulent ensemble dans l'immensité, emportant au sein des profondeurs insondables les destinées confiées à leur puissance ?

Moins brillants, mais non moins intéressants, se montrent les couples de $\sigma^1$ $\sigma^2$, composé de deux étoiles de cinquième grandeur, écartées à 430″; et de $\varkappa^1$ $\varkappa^2$, composé d'une étoile de cinquième grandeur et d'une de sixième, écartées à 340″. Observations faciles à faire pour les commençants. Une jumelle suffit. Entre $\varkappa^1$ et $\varkappa^2$, il y a une petite étoile double très serrée.

A l'aide d'une petite lunette, on peut observer $\tau$, de quatrième grandeur et demie, dont le compagnon, de huitième grandeur, brille à 62″ de distance; ainsi que l'étoile 88 *d*, de même éclat, dont le compagnon, un peu plus faible encore, brille à 68″.

φ est un peu moins facile : 6ᵉ et 8ᵉ ¼, à 56″. χ forme un couple un peu plus serré.et fort élégant : 6ᵉ et 8ᵉ, à 19″.

39 A², à l'est de A, au tiers de la distance entre les Pléiades et Aldébaran, est une étoile triple, de sixième grandeur et demie, à peine visible, accompagnée de deux de 9ᵉ, l'une à 26″, l'autre à 37″. Groupe de perspective intéressant; la troisième étoile se rapproche en ligne droite de la première.

111 (près de 119, au sud de ζ) : 6ᵉ et 9ᵉ, à 75″; mouvement rectiligne de la petite étoile : groupe de perspective.

Nous inscrivons ces observations par ordre de difficulté, et nous

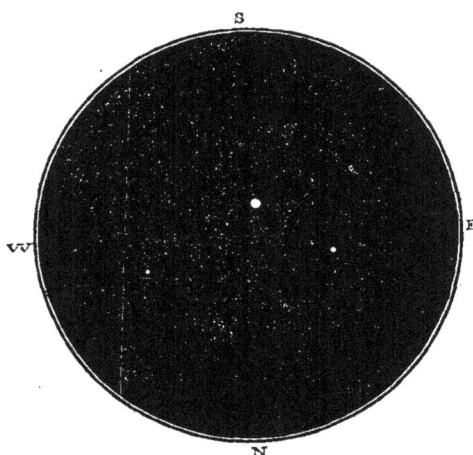

Fig. 199. — L'étoile triple 39 A² du Taureau.

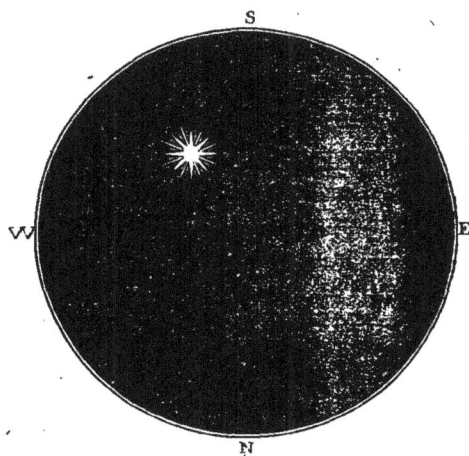

Fig. 200. — Aldébaran et son compagnon.
(1ᵐᵐ = 4″)

compléterons cette liste par Aldébaran lui-même, qui laisse apercevoir à côté de lui un petit compagnon de onzième grandeur, très difficile à distinguer, non seulement à cause de son exiguïté, mais aussi à cause de l'éclat fulgurant de cet ardent soleil, qui éclipse tout le ciel environnant. Il faut une bonne lunette pour reconnaître nettement ce petit compagnon. Sa distance est pourtant de 115″.

Depuis la première mesure, faite par William Herschel en 1781, cette distance s'est élevée de 95″ à 115″. L'angle est de 36°, avec un léger déplacement vers le nord, et ce mouvement s'explique par une ligne droite tirée vers 26°, avec une vitesse annuelle d'environ 0″,15.

Il serait naturel d'attribuer ce mouvement relatif de la petite étoile au mouvement propre d'Aldébaran lui-même, qui passerait ainsi devant une lointaine étoile, fixe au fond des cieux. C'est ce que les astronomes ont admis jusqu'ici. Mais. en mesurant ce groupe en

1877 ('), je n'ai pas trouvé le compagnon juste où il aurait dû être si vraiment son déplacement n'était dû qu'au mouvement propre d'Aldébaran, qui est parfaitement connu aujourd'hui, mais un peu plus à l'est, ou plutôt au sud-est, comme s'il était emporté lui-même dans l'espace par un mouvement particulier. On jugera du fait par l'examen du petit tracé ci-dessous (*fig.* 201), qui montre la direction et la vitesse du mouvement propre d'Aldébaran, ainsi que la direction et la vitesse du mouvement observé sur le compagnon. Ces mesures sont très difficiles, à cause de la faiblesse de la petite étoile, et nous ne sommes pas absolument sûrs de celles d'Herschel, dont l'appareil

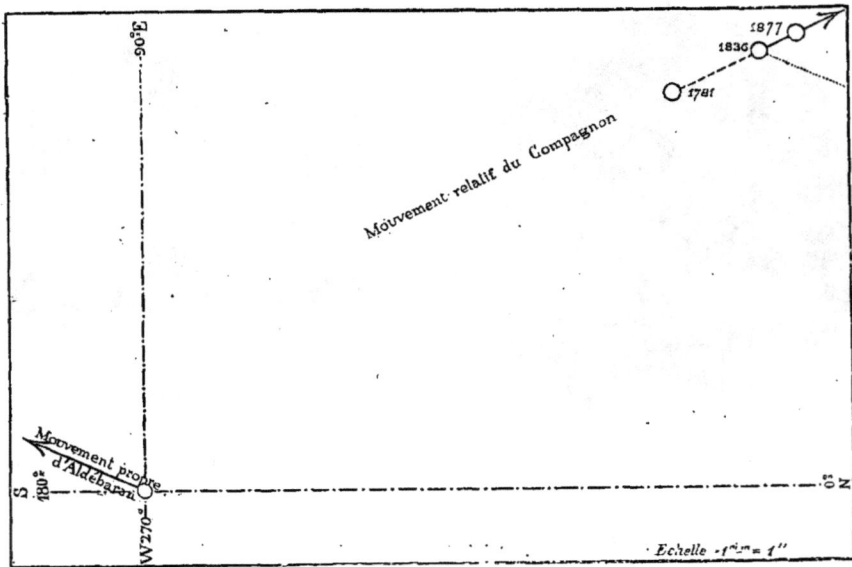

Fig. 201. — Mouvement observé sur le compagnon d'Aldébaran.

micrométrique était loin d'être aussi parfait que ceux d'aujourd'hui. Autrement, l'angle de 1781, comparé à celui de 1836, aurait suffi pour prouver que le mouvement du compagnon n'est pas parallèle et contraire à celui d'Aldébaran, ce qui devrait être si la petite étoile était absolument fixe et si la grande seule était en mouvement. Mais la mesure de Struve, en 1836, est assurément très précise, et je crois pouvoir affirmer avec la même confiance la précision de la mienne en 1877, car je l'ai précisément recommencée et vérifiée à cause du

('){*Voy.* mon *Catalogue des étoiles doubles en mouvement,* comprenant toutes les observations faites sur chaque couple depuis sa découverte, p. 25 et 161.

désaccord. Si donc nous traçons, à partir de 1836, une ligne parallèle et contraire au mouvement d'Aldébaran, c'est cette ligne (ponctuée sur la figure) que la petite étoile aurait dû suivre. Au contraire, elle marche suivant la ligne pleine tracée de 1836 à 1877. En résumé, voici les deux mouvements :

*Aldébaran :*

Direction = 156°; vitesse séculaire = 19″.

*Petite étoile :*

Direction =   26°; vitesse séculaire = 15″.

(Au lieu de 336° et 19″, parallèle et contraire au mouvement d'Aldébaran.) Il en résulte que cette petite étoile est animée elle-même d'un mouvement sensible. C'est la première fois qu'on découvre un mouvement propre dans une étoile aussi faible.

A toutes ces curiosités, ajoutons maintenant les amas d'étoiles qui enrichissent cette constellation. Nous ne nous étendrons pas sur les Hyades, attendu que les étoiles qui composent ce groupe sont si écartées, que leur association disparaît aussitôt qu'on essaye de les observer au télescope; une jumelle suffit amplement pour les faire apprécier complètement. Cependant, alors, on en découvre de nouvelles, et nous examinerons plus loin leurs mouvements propres pour savoir s'il y a là un véritable système stellaire. Les Pléiades forment une république plus condensée, plus homogène; elles gagnent à être vues dans une jumelle, et encore davantage à être observées dans une petite lunette terrestre, à condition que l'oculaire soit faible et le champ très large. Dès que la lunette est un peu forte, elles perdent la grandeur de leur aspect, parce qu'on cesse de voir l'ensemble pour n'en avoir que la moitié, le tiers ou le quart sous les yeux. Mais on y gagne d'autre part, car, à mesure que le grossissement augmente, de nouveaux diamants viennent s'ajouter à ce riche écrin. Ce groupe classique et dont la célébrité historique surpasse celle des plus vastes constellations, mérite notre attention spéciale, et nous devons nous y arrêter avec un soin particulier.

Tout d'abord, l'accroissement du nombre des étoiles observées suivant les progrès de l'optique semble nous offrir un résumé en miniature des progrès généraux constatés dans l'étude générale du ciel :

ÉTOILES OBSERVÉES DANS LES PLÉIADES.

Jusqu'à l'invention des lunettes, vues ordinaires . . . . . . . . . .          6
Vues excellentes . . . . . . . . . . . . . . . . . . . . . 7 à 10
Vues extraordinaires . . . . . . . . . . . . . . . . . . . .         14
Première observation télescopique, par Galilée (1610). . . . . . .         36
Carte de La Hire (1693). . . . . . . . . . . . . . . . . . . .         64·
—       Jeaurat (1779) . . . . . . . . . . . . . . . . . .        103
—       Wolf (1874) . . . . . . . . . . . . . . . . . . . .        625

Il y a certainement plus d'un millier de soleils dans cette république. On n'a pas cessé d'en découvrir de nouveaux à mesure que les instruments employés ont eu une plus grande puissance de pénétration. La dernière carte ne va pas au delà de la quatorzième grandeur et s'étend sur un rectangle de 9 minutes de temps en largeur et de 90 minutes d'arc en hauteur, dont Alcyone occupe à peu près le centre. Ce sont toutes les étoiles visibles, sur cette étendue, à l'aide d'un objectif de 31 centimètres d'ouverture. Les instruments plus puissants en montrent bien davantage, pénétrant jusqu'aux étoiles de quinzième et seizième grandeur.

Examinons en détail ce groupe si curieux. — Son étude vient de m'arrêter plusieurs semaines consécutives dans la rédaction de cet ouvrage : il ne sera pas sans intérêt de présenter ici les pièces de cette laborieuse enquête, mais elle est un peu longue, tout en étant résumée ici aussi succinctement que possible, et je demanderai la permission de l'imprimer en petits caractères afin de ne pas absorber une place trop étendue. Notre voyage céleste n'est pas encore fini.

Tout d'abord (commençons par le commencement), j'ai consacré principalement les belles soirées de septembre et octobre (1880) à l'examen attentif de ce groupe d'étoiles, et comme plusieurs vérifications valent mieux qu'une, quelques yeux différents des miens ont bien voulu me prêter leur concours. Un savant jésuite, dont la science déplore la perte récente, le P. Secchi, assurait que dans ces vérifications sur l'éclat et la couleur des étoiles, les astronomes avaient tort de dédaigner le jugement des yeux féminins. Je suis tout à fait de son avis.

Il sera fort intéressant pour chacun d'essayer la portée de sa vue sur ce même groupe. Les yeux myopes ne distinguent là aucune étoile en particulier, mais seulement un amas nébuleux. Les vues ordinaires peuvent compter six étoiles, ils voient ce groupe tel qu'il est représenté ici dans ce premier dessin (fig. 202). Ces six étoiles sont :

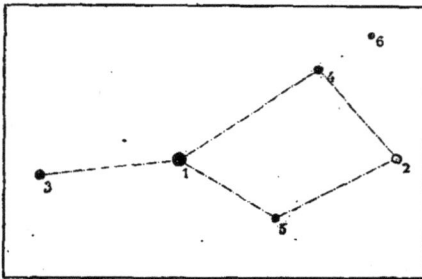

Fig. 202. — Les six principales Pléiades.

| | Grandeur. |
|---|---|
| 1° Alcyone. | 3°,0 |
| 2° Électre | 4,5 |
| 3° Atlas | 4,6 |
| 4° Maïa | 5,0 |
| 5° Mérope | 5,5 |
| 6° Taygète | 5,8 |

Les vues excellentes aperçoivent dix étoiles, et voient le groupe tel qu'il est représenté fig. 203. Les quatre étoiles ajoutées aux précédentes sont :

| | Grandeur. |
|---|---|
| 7° Externe au sud | 6°,1 |
| 8° Pléione | 6,3 |
| 9° Externe au nord | 6,4 |
| 10° Celæno | 6,5 |

Enfin les vues très perçantes, ou les vues ordinaires aidées d'une jumelle,

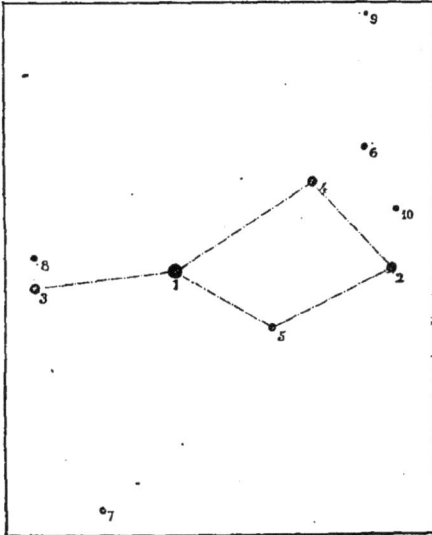

Fig. 203. — Les dix principales Pléiades.

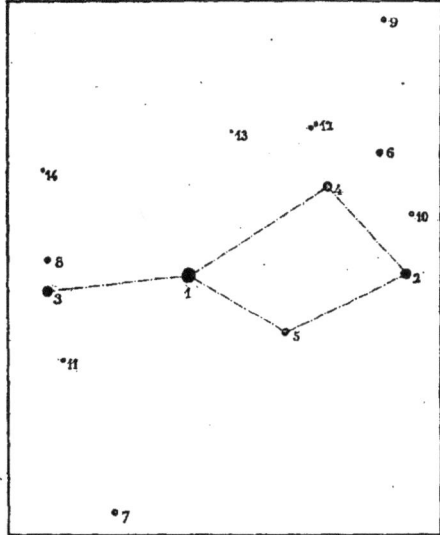

Fig. 204. — Les quatorze principales Pléiades.

parviennent à en découvrir quatorze et distinguent toutes les étoiles indiquées sur notre *fig.* 204. Les quatre nouvelles étoiles sont :

|  |  | Grandeur. |
|---|---|---|
| 11° Au-dessous d'Atlas | | 6°,7 |
| 12° Astérope (les deux réunies) | | 6,8 |
| 13° A gauche d'Astérope | | 6,9 |
| 14° Au-dessus d'Atlas et Pléione | | 7,0 |

Comme nous l'avons déjà vu, les principales de ces étoiles ont reçu des noms dès une haute antiquité, et ces noms sont ceux des filles d'Atlas, auxquels on a ajouté au XVI° siècle, *Pater Atlas* et *Mater Pléione*, leur père et leur mère, que l'ingrate Mythologie avait laissés dans l'oubli. Afin que chacun puisse facilement connaître ces noms et les appliquer directement à leurs astres respectifs, on les a inscrits ici sur un petit dessin spécial (*fig.* 205) qui ne contient que les étoiles nommées. La plus brillante est *Alcyone*, qui est aussi η du Taureau.

Voici les positions exactes de ces neuf Pléiades, inscrites de l'ouest à l'est par ordre d'ascension droite :

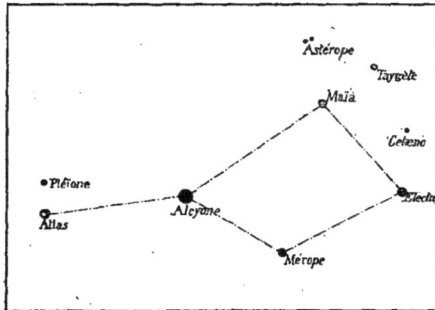

Fig. 205. — Noms donnés aux Pléiades.

| | POSITION ACTUELLE (1880) | |
| --- | --- | --- |
| | Ascension droite | Déclinaison |
| Celæno.................... | 3ʰ37ᵐ40ˢ | 23°54′,7 |
| Électre.................... | 37.45 | 23.44 ,1 |
| Taygète................... | 38. 4 | 24. 5 ,4 |
| Maïa..................... | 38.41 | 23.59 ,8 |
| Astérope.................. | 38.45 | 24.10 ,7 |
| Mérope................... | 39.12 | 23.34 ,4 |
| Alcyone.................. | 40.21 | 23.44 ,0 |
| Atlas.................... | 42. 2 | 23.41 ,2 |
| Pléione.................. | 42. 3 | 23.46 ,2 |

La longueur de cette petite république, d'Atlas et Pléione à Celæno, est de 4 minutes 23 secondes de temps, ou de 1° 6′ d'arc; la largeur, de Mérope à Astérope, est de 36′. Dans le quadrilatère, la longueur, d'Alcyone à Électre, est de 36′, et la largeur, de Mérope à Maïa, est de 25′. Il semble que si l'on plaçait la pleine lune devant ce groupe de neuf étoiles, elle le couvrirait entièrement, car elle paraît à l'œil nu beaucoup plus grande que les Pléiades tout entières. Or il n'en est rien. Elle ne mesure que 31′, moins de moitié de la distance d'Atlas à Celæno; elle est à peine plus large que la distance d'Alcyone à Atlas, et tiendrait tout entière entre Mérope et Taygète sans toucher ces deux étoiles ! Il y a là une illusion optique constante et bien curieuse. Quand la lune passe devant les Pléiades et ne les occulte que successivement, on a peine à en croire ses yeux.

Voyons maintenant ce que les anciens nous ont légué pour l'histoire de ce groupe classique.

Les Pléiades sont remarquées, nommées, observées, depuis plus de quatre mille ans, par les Chinois d'une part, et par les Égyptiens et les Chaldéens d'autre part; Job les cite, au dix-septième siècle avant notre ère, et Homère, comme Hésiode, au neuvième siècle. Eudoxe, Ératosthènes et Anaximandre en faisaient une petite constellation séparée du Taureau. Aratus, interprète d'Eudone, donne déjà leurs noms : « Électre, Alcyone, Celæno, Taygète, Stérope, Mérope et Maïa. » Ce sont, ajoute-t-il, les filles d'Atlas. Elles sont au nombre de sept; cependant on n'en voit que six; « toutefois la septième ne peut pas être perdue, car aucune étoile ne se perd. »

Ovide dit à son tour dans les *Fastes* :

« On compte sept Pléiades, mais six seulement se montrent d'ordinaire. »

Il cherche ensuite l'explication de cette variation d'éclat; mais c'est, comme on va le voir, une fantaisie toute mythologique :

« Si la septième est cachée, c'est sans doute parce que six seulement ont reçu les baisers des dieux : Stérope a vu Mars honorer sa couche, Alcyone et la belle Celæno ont reçu Neptune en la leur; Maïa, Électre et Taygète ont passé tour à tour aux bras de Jupiter. Mérope, la septième, a épousé Sisyphe, un simple mortel : elle en rougit et se cache de honte. »

Puis, comme si cette explication ne le satisfaisait pas tout à fait, le poète ajoute :

« Après cela, celle qui est invisible pourrait bien être Électre, qui ne put supporter le spectacle de l'incendie de Troie et mit sa main devant ses yeux. »

Laissons la forme pour le fond. Il n'en résulte pas moins pour nous ce fait qu'aux temps d'Aratus et d'Ovide on ne voyait ordinairement que six Pléiades, mais que la légende ou la tradition en comptait sept.

Si ces sept étoiles étaient bien celles qui portent encore ces noms aujourd'hui, Atlas était alors moins brillant que de nos jours, et Astérope (nom dérivé de Stérope) pouvait être la septième, la plus petite des sept.

Mais voici des documents à la fois plus importants et plus embarrassants.

Ptolémée, contemporain d'Ovide, ne signale dans son catalogue que quatre Pléiades. On doit penser que c'étaient les plus brillantes, et l'intérêt actuel pour nous est de chercher à les identifier. Les voici, avec les positions en longitude et latitude données par Ptolémée :

|   |                                        | Grandeur. | Longitude. | Latitude. |
|---|----------------------------------------|-----------|------------|-----------|
| A | La boréale du côté occidental.. . . .  | 5°        | 32° 10'    | 4° 30'    |
| B | L'australe du même côté. . . . . .     | 5.        | 32.20      | 3.40      |
| C | Au sommet suivant et le plus étroit..  | 5         | 33.40      | 3.40 ·    |
| D | L'externe et petite du côté du nord. . | 4         | 33.40      | 5. 0      |

Pour trouver quelles sont celles de nos Pléiades actuelles qui correspondent à celles-là, il faut calculer la longitude et la latitude actuelles de ces étoiles; puis, comme la précession des équinoxes n'altère pas les latitudes, mais fait rétrograder les longitudes de 1° en 71 ans et demi, et les a reculées de 24° 28' pour les 1750 ans qui s'étendent de notre époque (1880) à celle de Ptolémée (130), il faut retrancher cette quantité des longitudes actuelles pour obtenir les positions correspondantes à l'époque de Ptolémée. Voici les résultats de ce calcul :

|                          | Longitude. | | Latitude. |
|--------------------------|------------|-----------|-----------|
|                          | L'an 1880. | L'an 130. |           |
| Électre.. . . . . . . . . . . . . | 57° 44'    | 33° 16'   | 4° 10'    |
| Celæno.. . . . . . . . . . . . .  | 57.46      | 33.18     | 4.21      |
| Taygète . . . . . . . . . . . . . | 57.54      | 33.26     | · 4.31    |
| Maïa.. . . . . . . . . . . . . .  | 58. 0      | 33.32     | 4.23      |
| Mérope.. . . . . . . . . . . . .  | 58. 1      | 33.33 .   | 3.56      |
| Astérope. . . . . . . . . . . . . | 58. 5      | 33.37     | 4.34      |
| Alcyone. . . . . . . . . . . . .  | 58.19      | 33.51     | 4. 2      |
| Atlas.. . . . . . . . . . . . . . | 58.41      | 34.13     | 3.54      |

Résultat fantastique : il n'y a aucune correspondance entre ces positions et celles de Ptolémée. Pour mieux juger de la divergence vraiment surprenante qui se manifeste entre les deux états, traçons sur une même figure nos Pléiades calculées comme elles viennent de l'être et celles de Ptolémée (*fig.* 206). Les quatre étoiles de Ptolémée sont toutes extérieures à la figure moderne. Est-ce à dire pour cela que Ptolémée ou Hipparque ont bien observé, et que leurs étoiles existaient réellement là, tandis que les nôtres n'existaient pas? Non, assurément, car d'une part nous savons qu'il y avait déjà six ou sept Pléiades, et d'autre part, la *rédaction* de Ptolémée concorde assez bien avec la réalité, si ses mesures ne concordent pas. Sa première étoile est « la boréale du côté occidental »; ce doit être Taygète. La deuxième est « l'australe du même côté »; ce doit être Mérope. La troisième est « au sommet suivant et le plus étroit »; ce doit être

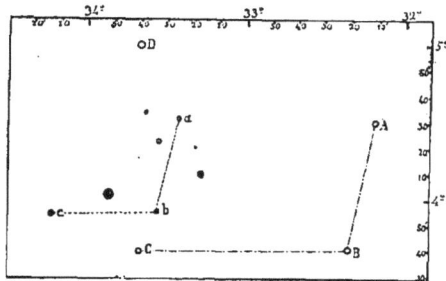

Fig. 206. — Les Pléiades de Ptolémée.

Atlas. Quant à la quatrième, « externe du côté du nord », elle est tout simplement introuvable.

Il n'y aurait rien de surprenant à ce que les anciens, dépourvus d'instruments de précision, eussent dans leurs mesures *écarté* ces étoiles les unes des autres, et à la rigueur on peut admettre que les trois étoiles marquées ici des lettres ABC sont celles de Ptolémée. Mais il s'en suivrait que la plus brillante de nos Pléiades, Alcyone, n'était pas remarquable à cette époque-là, et qu'Électre était également moins brillante que de nos jours. La plus brillante était alors l'externe du nord, actuellement introuvable, et encore, par surcroît d'incohérence, Ptolémée l'appelle *petite*, et la fait plus grande que les autres, de quatrième grandeur !

N'y aurait-il pas eu quelque erreur de transcription dans les copies de l'*Almageste*, qui pendant quatorze siècles ont précédé l'invention de l'imprimerie? On peut d'autant mieux le soupçonner, que sur les huit nombres des longitudes et latitudes de ces étoiles, il y en a quatre qui répètent le même chiffre (3° 40'). N'avons-nous aucun moyen de contrôler les faits? L'histoire de l'astronomie est muette là-dessus pendant neuf cents ans; mais au dixième siècle l'astronome persan Abd-al-Rhaman al-Sûfi déclare qu'il donne la description du Ciel *tel qu'il l'observe lui-même*; et en effet, chaque fois qu'il remarque une différence entre Ptolémée et lui, il ne manque pas de la signaler. J'avais donc l'espérance de trouver en lui quelque éclaircissement du mystère; mais il se trouve que lui-même ne signale que quatre Pléiades, qu'il considère comme étant les mêmes que celles de Ptolémée. Les voici :

| | | Grandeur. | Longitude. | Latitude. |
|---|---|---|---|---|
| A | La plus boréale du côté antérieur. . . . . . . | 5° | 44° 52' | 4° 30' |
| B | La méridionale du même côté. . . . . . . . . | 5 | 45.12 | 3.40 |
| C | Au sommet suivant et dans l'endroit le plus étroit. | 5 | 46.22 | 3.20 |
| D | Hors de leur côté boréal, petite brillante.. . . . | 4 | 46.22 | 5. 0 |

Sûfi a ajouté 12°42' aux longitudes de Ptolémée pour les amener à son époque. Je ne pense pas qu'il les ait *mesurées*, mais il les a *observées* et trouvées telles que Ptolémée les avait vues. « Il est vrai, remarque-t-il, que les étoiles des Pléiades sont au nombre de plus de quatre; mais je me borne à citer celles-ci, parce qu'elles sont très proches l'une de l'autre et que ce sont les plus apparentes. »

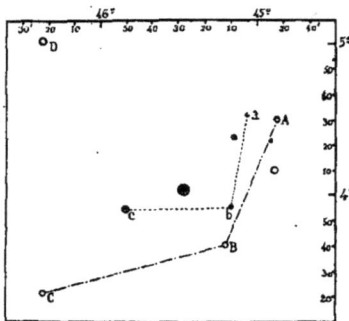

Fig. 207. — Les Pléiades de Sûfi (x° siècle).

Reconstruisons une double figure, comme précédemment, afin d'examiner de nouveau la même correspondance : nous trouvons que, pour l'aspect général du groupe, c'est encore Taygète, Mérope et Atlas qui se rapprochent des trois premières étoiles de Sûfi. Quant à la quatrième, « la petite brillante au nord », elle est tout aussi introuvable que dans l'exemple précédent. —

La conclusion est la même pour l'écartement; car, depuis Ptolémée, ce sont les mêmes instruments rudimentaires qui étaient restés en usage. Elle est aussi la même pour l'observation entière du groupe : 1° les mesures n'ont pas une grande précision et les erreurs peuvent dépasser un degré; 2° la plus brillante des Pléiades n'était pas Alcyone. A moins d'admettre que Hipparque, Ptolémée et Sûfi n'ont pas su voir et reproduire ce groupe comme un enfant saurait le faire aujourd'hui, nous sommes forcés de conclure que de grands changements se sont opérés dans cette région du ciel. Ce n'est pas le groupe qui a tourné, en amenant Alcyone du nord à l'est, et ce ne sont pas non plus les étoiles qui ont changé de place, car les mouvements propres sont assez bien déterminés aujourd'hui pour que nous sachions que depuis mille et deux mille ans les déplacements n'ont pu être qu'insensibles. C'est l'éclat qui a pu et qui a dû varier.

Quelle pouvait être cette quatrième étoile, alors plus brillante que les autres? Il y a actuellement au-dessus du groupe, à 53′ de déclinaison au nord d'Alcyone et à 34ˢ d'ascension droite plus à l'ouest, une étoile de 7ᵉ grandeur, qui correspondrait assez bien à la position de Ptolémée et Sûfi, par 5° de latitude et sur la même longitude qu'Atlas. C'est sans doute là notre mystérieuse inconnue. Elle n'est pas dans le catalogue de Lalande (1800), ni dans celui de Piazzi (1800), ni dans celui de d'Agelet (même époque), ni dans celui de Bessel (1825), ni dans celui d'Armagh (1829-1854), ni dans celui de Washington (1845-1877), ni dans ceux de Radcliffe, ni dans ceux de Rumker, ni dans le B. A. C., ni dans Bradley, ni dans Flamsteed, ni dans les observations de Greenwich, ni dans celles de Paris. Cependant elle a été observée par Argelander, elle est gravée sur son grand atlas, et c'est le n° 571 de sa zone + 24°, par 3ʰ39ᵐ27ˢ et 24°32′,2 (1855). On la trouvera sur notre *fig.* 208, qui est une reproduction de cette partie

de la carte d'Argelander correspondant à cette région du ciel, et qui nous montre les environs des Pléiades en même temps que les Pléiades elles-mêmes. L'étoile dont il s'agit est entourée d'un petit cercle. Je l'ai observée récemment et l'ai trouvée de 7ᵉ grandeur : elle est sur le prolongement d'Electre à Maïa; au delà, sur le même alignement, on en voit une de 6ᵉ. — Elle est aussi sur la carte des Pléiades de Lahire (1693) et sur celle de Cassini (1708). C'est probablement là une étoile variable, et il n'est pas impossible que ce soit la brillante des anciens.

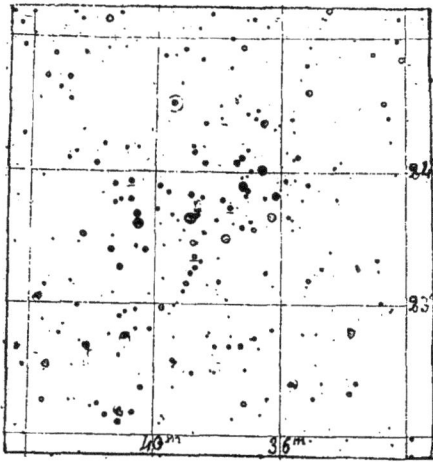

Fig. 208. — Les environs des Pléiades.

Mais continuons notre enquête. Quatre cent soixante-dix ans après Sûfi, le petit-fils de Tamerlan, Ulugh-Beigh, observant le ciel à son tour, ne signale, lui aussi, que quatre Pléiades, qu'il décrit dans les termes suivants :

| | | Grandeur. | Longitude. | Latitude. |
|---|---|---|---|---|
| A | A l'extrémité boréale du côté précédent | 5ᵉ | 52°1′ | 3°45′ |
| B | A l'extrémité australe du même côté | 5 | 52.16 | 3.30 |
| C | A l'extrémité suivante, au lieu le plus étroit | 5 | 52.49 | 3.45 |
| D | Externe, petite, au côté boréal | 4 | 52.58 | 4.9 |

C'est toujours la description de l'*Almageste* qui se continue, et cependant Ulugh-Beigh déclare, comme Sûfi, qu'il a observé lui-même l'état du ciel et corrigé les erreurs de Ptolémée. Les positions ne sont pas les mêmes, et elles se rapprochent davantage de l'état moderne. Construisons, comme précédemment, une figure comparative et examinons-la.

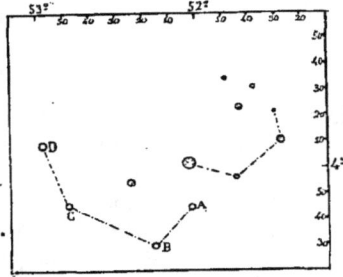

Fig. 209. — Les Pléiades d'Ulugh-Beigh
(xvᵉ siècle).

On voit au premier coup d'œil que la figure d'Ulugh-Beigh est un peu trop basse et un peu trop à gauche, autrement dit un peu trop au sud-est. Quant à l'identification, je laisse au lecteur le soin de trouver lui-même quelles sont les étoiles qui correspondent le mieux. On croirait presque que la figure s'est tournée de près d'un angle droit. ::

Copernic vient à son tour (1540). C'est toujours la même description littéraire à peu près :

| | | Grandeur. | Longitude. | Latitude. |
|---|---|---|---|---|
| A | A l'extrémité boréale du côté précédent. . . . . . | 5ᵉ | 55°30' | 4.30' |
| B | A l'extrémité australe du même côté. . . . . . . | 5 | 55.50 | 4.40 |
| C | A l'angle le plus aigu, et suivant. . . . . . . . | 5 | 57. 0 | 5.20 |
| D | La petite, séparée des extrêmes (*ab extremis secta*). | 5 | 56. 0 | 3. 0 |

Les positions sont encore plus incohérentes que précédemment, comme on peut en juger par la *fig.* 210, que j'ai tracée à la même échelle que les précédentes.

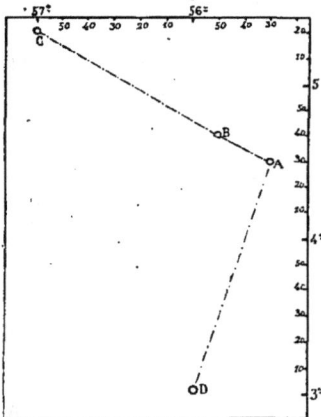

Fig. 210. — Les Pléiades de Copernic
(xviᵉ siècle).

Ce serait peine perdue d'essayer aucune identification : les positions ne correspondent même pas au texte de la description ! Il est certain que l'immortel astronome n'a pas fait ici d'observation personnelle; il a seulement reproduit le Catalogue de Ptolémée en faisant la correction de précession et avec des fautes nouvelles. Cette figure ne ressemble pas plus aux Pléiades qu'à n'importe quoi.

Il faut avouer que cette enquête est véritablement remarquable en surprises désagréables. Mais ayons de la persévérance et continuons.

Tycho-Brahé *observe* le ciel, restaure l'astronomie sidérale et nous donne la description suivante du même groupe :

| | Grandeur. | Longitude. | Latitude. |
|---|---|---|---|
| 1º L'occidentale des trois brillantes. . . . . . . . . . | 5ᵉ | 53°50' | 4°11' |
| 2º La petite, proche de l'occidentale. . . . . . . . | 6 | 54. 3 | 4. 2 |
| 3º Au milieu, et la plus brillante. . . . . . . . . | 3 | 54.24 | 4. 0 |
| 4º Celle qui est à la pointe, à l'est. . . . . . . . . | 5 | 54.47 | 3.55 |

Ici, Alcyone paraît pour la première fois. Nous commençons enfin à approcher de la réalité, comme on peut en juger par notre diagramme comparatif (*fig.* 211). La première, la troisième et la quatrième étoiles de Tycho-Brahé sont évidemment Électre, Alcyone et Atlas; les positions coïncident à une minute d'arc près, ce qui est vraiment extraordinaire, quand on songe aux instruments employés avant l'invention des lunettes. Voici, en effet, les positions de ces trois étoiles, calculées pour l'an 1600, et celles de Tycho ·

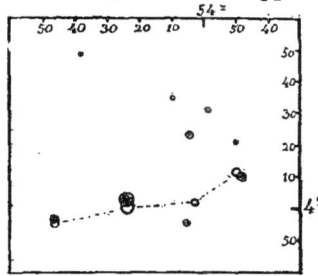

Fig. 211.—Les Pléiades de Tycho (1590).

| | Longitude | | Latitude | | Grandeur | |
|---|---|---|---|---|---|---|
| | calculée | Tycho | calculée | Tycho | actuelle | Tycho |
| Électre . . . . . . . . | 53°49′ | 53°50′ | 4°10′ | 4°11′ | 4,5 | 5 |
| Alcyone. . . . . . . . | 54.24 | 54.24 | 4. 2 | 4. 2 | 3,0 | 3 |
| Atlas . . . . . . . . | 54.46 | 54.47 | 3.54 | 3.55 | 4,6 | 5 |

Cette harmonie nous rafraîchit un peu, après tous les tracas par lesquels nous venons de passer; en arrivant ici, nous éprouvons un peu la sensation du calme après l'orage, du paysage clair et parfumé après la poussière, du ciel pur après les nuées sombres et la tempête. Les grandeurs mêmes de ces étoiles sont satisfaisantes. Il y a une erreur de 4′ en longitude et de 6′ en latitude pour sa deuxième étoile qu'il annonce comme « proche de l'occidentale », ce qui ne convient guère à Mérope, car elle n'est pas plus proche d'Électre que d'Alcyone, au contraire. Nous serions conduits à admettre que cette étoile n'est.pas Mérope, mais le n° 7 de Bessel (120 de Wolf), qui correspond exactement à la position de Tycho, si justement, vers la même époque, Moestlin, le maître de Kepler, n'avait vu et mesuré dans les Pléiades les onze étoiles reproduites (*fig.* 212), où l'on voit Mérope à sa place et non l'étoile n° 7 dont nous venons de parler. Cette

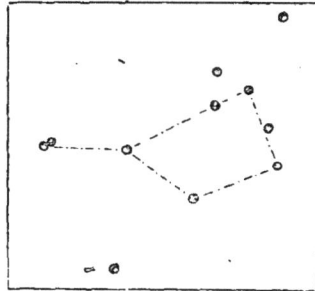

Fig. 212. — Les Pléiades de Moestlin (1579).

carte ancienne des Pléiades a été faite il y a trois cents ans, le 24 décembre 1579; elle correspond d'une manière remarquable avec l'état actuel du ciel. L'étoile du bas doit être notre n° 7 (*fig.* 203) et l'étoile du haut doit être notre n° 9. Moestlin n'a pas indiqué les grandeurs.

Nous pouvons considérer cette *carte* comme la plus ancienne que les annales de l'astronomie nous aient conservée.

Pourquoi Tycho n'a-t-il signalé que quatre Pléiades? Sans doute parce que, les observant à propos d'une occultation, il n'a eu que ces quatre à mesurer.

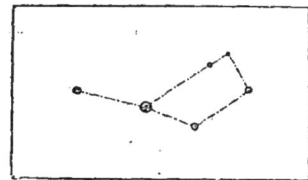

Fig. 213. — Les Pléiades de Bayer (1630)

Tycho-Brahé, qui a calculé les positions de son Catalogue pour l'an 1600, observait vers l'an 1590. En 1603, Bayer publiait, dans la carte de son Atlas, consa-crée au Taureau, le petit dessin des Pléiades, reproduit ici (*fig.* 213) : il correspond à peu près exactement à ce que nous voyons aujourd'hui. Taygète est un peu plus petite que Maïa.

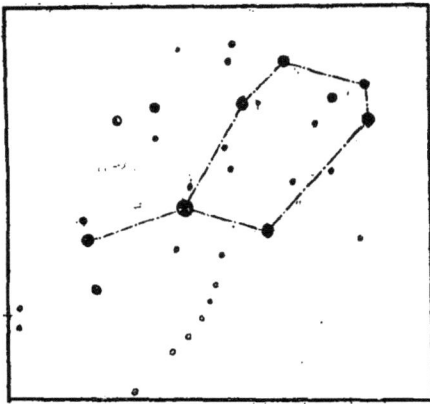

Fig. 214. — Les Pléiades de Galilée (1610).

En 1610, Galilée dessina la pre-mière carte des Pléiades vues dans une lunette, et il la publia plus tard dans son *Nuntius Sidereus* ou *Courrier du Ciel*. Elle comprend 36 étoiles, comme on le voit dans la reproduction ci-contre (*fig.* 214). Leur position correspond bien à l'état actuel, quoique Maïa soit un peu trop haut et Celæno beaucoup trop bas. L'étoile la plus brillante est Alcyone, de quatrième gran-deur ; Atlas, Mérope, Maïa, Taygète et Électre sont de cinquième ;

Pléione et les deux Astéropes sont de septième ; Celæno est de sixième. On en voit une autre, non loin d'elle, de même grandeur ; deux au sud (les n°ˢ 11 et 7 de notre *fig.* 204), et deux au nord (le n° 13 de notre dessin et une autre). D'après le dessin de Galilée, Pléione eût été alors moins brillante que Celæno et que notre n° 11 (Fl. 26) ; c'est le contraire aujourd'hui.

On trouve dans l'*Almagestum Novum* de Riccioli (1651), au chapitre *De Stellis fixis*, p. 399, une description du groupe, dans laquelle il est dit que la plus brillante du quadrilatère est Maïa, mère de Mercure, de troisième grandeur. Viennent ensuite, dit-il, formant avec elle le quadrilatère, Stérope, Taygète et Celæno ; puis Électre, Mérope et Alcyone. Il faut croire qu'à cette époque les noms étaient distribués autrement que de nos jours, car nous venons de voir, par les observations de Tycho, Bayer et Galilée, que c'était bien alors notre Alcyone actuelle qui était la plus brillante. Riccioli ajoute : « Michel Florentius Langrenus les a observées et en a fait le dessin exact, qu'il m'a envoyé et sur lequel il a ajouté deux étoiles jusqu'alors innommées, qu'il a appelées Atlas et Pléione. Je ne sais si ce sont celles que Vendelinus prétend avoir observées comme nouvelles. » Riccioli, malheureusement, ne publie pas ce dessin. Dans son *Astronomia refor-mata* (1665), il donne (p. 266) les positions des étoiles du groupe, nommées comme nous les nommons aujourd'hui. Les voici, avec les longitudes et les latitudes calculées, dit-il, pour l'an 1700 :

|  | Grandeur. | Longitude | Latitude. |
|---|---|---|---|
| Electre.. | 5ᵉ | 54°43′ | 4° 9′ |
| Celæno.. | 7 | 54.45 | 4.16 |
| Taygète . | 5 | 54.53 | 4.32 |
| Maïa.. | 6 | 55. 0 | 4.23 |
| Mérope. | 5 | 55. 0 | 3.52 |
| Astérope.. | 7 | 54.57 | 4.30 |
| Alcyone. | 3 | 55.55 | 3.59 |
| Atlas.. | 6 | 55.46 | 3.50 |

Les longitudes sont en moyenne de 30′ trop faibles, et correspondent, non pas à l'époque de 1700, comme le disent tous les Catalogues, mais à trente-six ans auparavant, à raison de 50″,3 par an. Cette date (1664) est précisément celle de la rédaction de l'ouvrage. Seulement l'auteur a avancé Alcyone, qui se trouve à peu près à sa position pour 1700 ; et il n'a fait que pour cette étoile son calcul de précession, de sorte que si l'on dessine les Pléiades avec les nombres de Riccioli, Alcyone vient se placer à gauche d'Atlas, en dehors du groupe, comme on le voit (fig. 215). Le plus curieux est que, en reproduisant ce Catalogue, depuis deux siècles, les astronomes ne se soient jamais aperçus de la transposition.

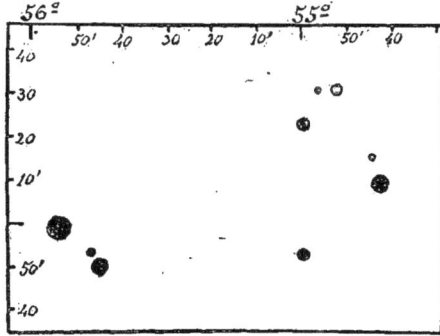

Fig. 215. — Les Pléiades de Riccioli (1664).

Riccioli a *fixé* vers cette époque les noms donnés aux Pléiades. Nous devons remarquer toutefois qu'il avait donné le nom d'Astérope, non pas à l'étoile double qui le porte aujourd'hui, et située de son temps par 55°1′ et 4°34′, mais à l'étoile située entre Taygète et Maïa, aujourd'hui de neuvième grandeur et notée alors de septième.

Vers la même époque, Hévélius décrit aussi ce groupe si célèbre et donne les positions suivantes pour l'an 1660 :

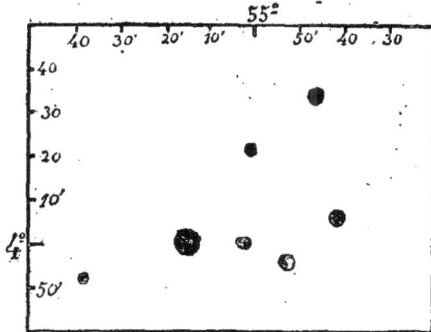

| | Gr. | Long. | Latitude |
|---|---|---|---|
| La brillante . . . . . | 3ᵉ | 55°16′ | 4° 1′ |
| A l'angle occidental. . | 5 | 54.47 | 4.34 |
| A l'angle oriental. . . | 6 | 55.38 | 3.52 |
| Précéd. la brillante. . | 6 | 55. 1 | 4.23 |
| La préc. des inférieur. | 5 | 54.42 | 4. 6 |
| La suivante des infér. | 5 | 54.53 | 3.56 |

Fig. 216. — Les Pléiades d'Hévélius (1660).

Le tracé de la figure montre les divergences. Elles ne sont pas considérables, quoique plus fortes que dans Tycho. La première est Alcyone, la deuxième Taygète, la troisième Atlas, la quatrième Maïa, la cinquième Électre et la sixième Mérope. Atlas et Maïa étaient alors moins brillantes que de nos jours. — On sait qu'Hévélius persistait encore à observer à l'œil nu.

A dater de cette époque (1660 à 1680, fondation des Observatoires de Paris et de Greenwich), on substitue les ascensions droites et les déclinaisons aux longitudes et aux latitudes. Les

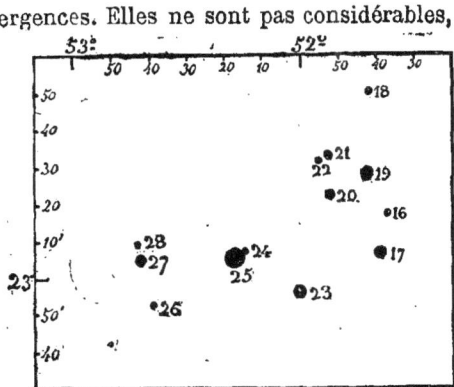

Fig. 217. — Les Pléiades de Flamsteed (1690).

premières observations que nous pouvons qualifier de *modernes* sont celles de Flamsteed, vers l'an 1690. Il observa treize étoiles dans le groupe qui nous occupe et les désigna par les n°ˢ 16 à 28 du Taureau, numéros qu'elles portent encore. Les voici :

| | GRANDEUR | ASCENSION DROITE | DÉCLINAISON | | NOMS CORRESPONDANTS |
|---|---|---|---|---|---|
| 16 | 7ᵃ | 51°37′ 30″ | +23°16′ 50″ | . . . . . . | Celæno. |
| 17 | 5 | 51.38.40 | 23. 5.55 | . . . . . . | Electre. |
| 18 | 7 | 51.41.40 | 23.49.35 | . . . . . . | —— |
| 19 | 5 | 51.43.10 | 23.27.35 | . . . . . . | Taygète. |
| 20 | 6 | 51.52.30 | 23.21.50 | . . . . . . | Maïa. |
| 21 | 6 ¹/₂ | 51.53.30 | 23.32.35 | . . . . . . | Astérope I. |
| 22 | 7 | 51.55.30 | 23.31.15 | . . . . . . | Astérope II. |
| 23 | 5 | 52. 0.30 | 22.56.15 | . . . . . . | Mérope. |
| 24 | 7 | 52.15.30 | 23. 6.50 | . . . . . . | —— |
| 25 η | 3 | 52.17.30 | 23. 6.15 | . . . . . . | Alcyone. |
| 26 | 7 ¹/₂ | 52.39.10 | 22.51.50 | . . . . . . | —— |
| 27 | 6 | 52.42.30 | 23. 3.45 | . . . . . . | Atlas. |
| 28 | 7 ¹/₂ | 52.42.40 | 23. 8.55 | . . . . . . | Pléione. |
| | 0 | 52.51.10 | 22.42.15 | . . . . . . | —— |

J'ai ajouté la dernière, qui n'a pas été insérée dans le Catalogue britannique, on ne sait trop pourquoi, car Flamsteed l'a parfaitement observée, le 4 février

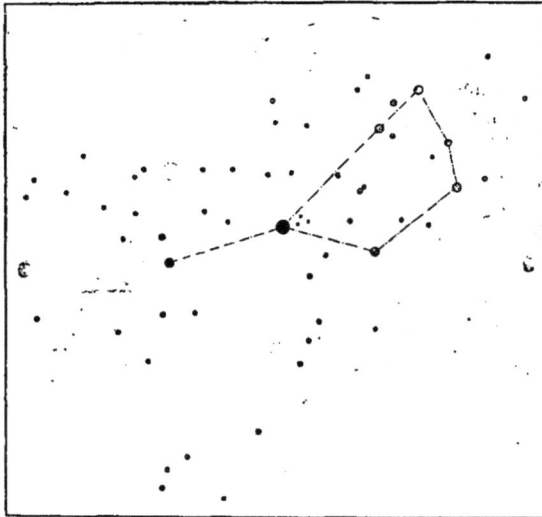

Fig. 218. — Carte des Pléiades, faite par Lahire en 1693.

1691 et le 3 février 1693; seulement il ne dit rien de sa grandeur. Piazzi l'a notée de 7½ (c'est P.III,163). Le dessin de l'Atlas de Flamsteed ne reproduit pas exactement ces données, soit par la faute du dessinateur, soit par celle du graveur; aussi ai-je refait la figure. Elle correspond à peu près à l'état actuel; seulement Pléione est beaucoup plus petite. L'étoile située entre 19 et 20, et nommée Astérope par Riccioli, n'a pas été observée.

En 1693, Lahire dessina les Pléiades à l'Observatoire de Paris, à propos du passage de la Lune devant elles. Il ne donne pas de nom aux étoiles ; mais l'inspection de sa carte (*fig.* 218) nous montre que cette année-là l'étoile située entre Taygète et Maïa était, comme du temps de Riccioli, plus brillante que les deux nommées aujourd'hui Astérope I et Astérope II. Pléione était alors plus brillante que Fl. 26, à l'inverse de ce que Galilée avait observé.

Cassini en 1708, Le Monnier en 1746, Mayer en 1756, Jeaurat en 1779, Lalande en 1795, Piazzi en 1800, Bessel en 1839, Argelander en 1840, Heis en 1860, Engelmann en 1870, Wolf en 1874, ont fait successivement des observations et des cartes du même groupe.

Il serait interminable de reproduire toutes ces observations, dont l'intérêt diminue pour nous à mesure qu'elles se rapprochent de notre époque; cependant on trouvera encore ici les cartes de Cassini, Jeaurat et Wolf. Je n'ai rien voulu négliger pour mettre toutes les pièces du procès entre les mains ; et maintenant, après la comparaison laborieuse qui vient d'être faite de tous les documents, il nous reste à *résumer* l'impression qui résulte pour nous de cette longue étude.

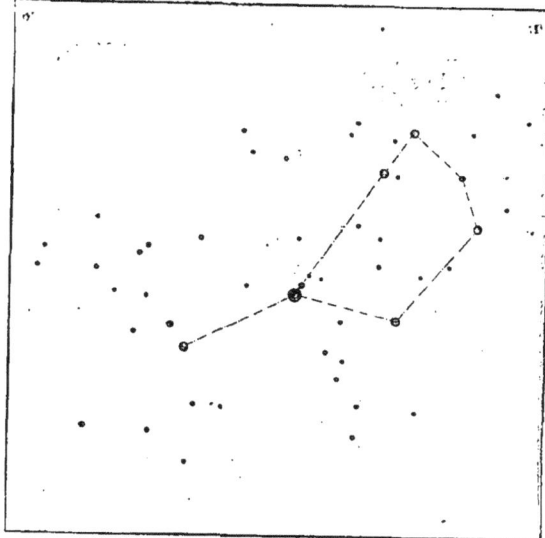

Fig. 219. — Carte des Pléiades, faite par Cassini, en 1703,

1° Les Pléiades des Catalogues de Ptolémée et Sùfi ne correspondent pas du tout à l'état actuel du ciel.

2° La divergence doit être attribuée en grande partie au manque de précision des observations anciennes. Cependant il est probable que l'étoile la plus brillante du groupe n'était pas alors Alcyone, située vers le milieu du groupe, mais une étoile externe située au nord.

Cette étoile, alors de quatrième grandeur, pouvait être celle qui porte le n° 571 de la zone + 24° du grand Catalogue d'Argelander. Elle est actuellement de 7° grandeur.

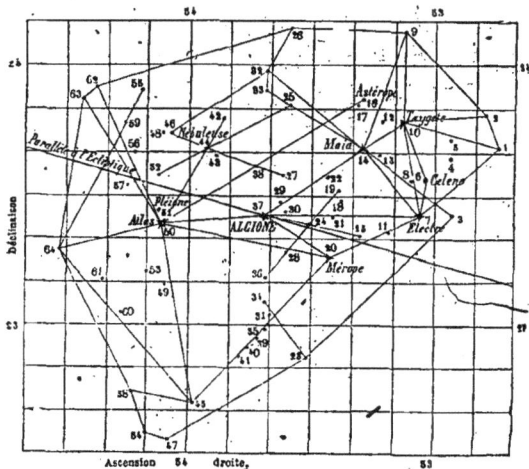

Fig. 220. — Carte des Pléiades, faite par Jeaurat en 1779.

3° Les variations observées ne proviennent pas d'une rotation du groupe, ni de déplacements dans les positions respectives de ces étoiles, mais de changements d'éclat.

4° Parmi ces changements, outre l'augmentation de l'éclat d'Alcyone,

arrivée sans doute au seizième siècle, et la diminution d'une étoile située au
nord du groupe, on peut signaler les suivantes comme dignes de fixer l'attention :

L'étoile n° 2 de Bessel, entre Taygète et Maïa, aujourd'hui de neuvième gran-
deur, était de septième au temps de Riccioli (1664), et c'est elle qu'il a nommée
Astérope. Elle était de sixième grandeur en 1693, quand Lahire dessina sa carte.
Mais en 1708, sur la carte de Cassini, elle est tombée à la huitième grandeur, et

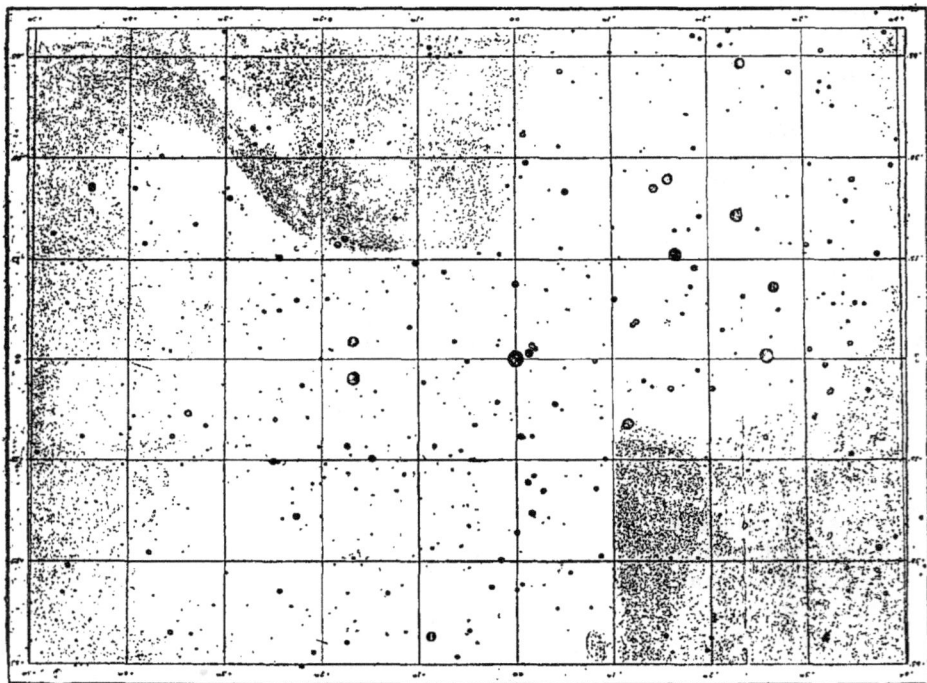

Fig. 221. — Carte des Pléiades, faite par Wolf en 1874.

désormais elle s'efface devant la double supérieure, nommée dès lors Astérope I
et Astérope II.

L'étoile n° 26 de Flamsteed, au-dessous d'Atlas, était de sixième grandeur, plus
brillante que Pléione en 1610 (Galilée). Elle était du même éclat à l'époque de
Flamsteed. Elle n'est plus aujourd'hui que de huitième.

Taygète était autrefois plus brillante que Maïa (Hévélius, Flamsteed, etc.).
C'est le contraire aujourd'hui.

Électre et Atlas étaient égales au temps de Cassini; ensuite, la seconde descend
d'une grandeur au-dessous de la première; puis elle remonte au-dessus d'Électre; Heis la fait de 4ᵉ en 1860; Wolf de 5ᵉ en 1875; elle est actuellement de 4°,6.

Mérope s'élève, en 1746 et 1756, à l'éclat d'Électre, retombe en 1800 et remonte
encore en 1850, pour redescendre jusqu'à notre époque.

Astérope I était égale à Astérope II en 1841 et en 1850 (Schlüter et Argelander). Actuellement, la première est d'une demi-grandeur supérieure à la seconde; en 1746 c'était le contraire. Elles doivent augmenter d'éclat l'une et l'autre.

L'étoile 28 Bessel, au sud du groupe, *qui est actuellement la septième par ordre d'éclat*, et de 6e grandeur, a été estimée de 7e 1/4 il y a cinq ans par M. Wolf, et de 7e 1/2 en 1825 par Bessel. Elle n'a pas été observée du tout par Piazzi et n'est pas dans le catalogue d'Armagh ni dans beaucoup d'autres. En revanche, elle a été estimée de 6e 1/3 par Heis, et elle est de 5e 1/2 dans le catalogue de Lalande [6991]; c'est donc encore certainement là une étoile variable. — Sa distance à Alcyone est de + 55' en ascension droite, et de − 41' en déclinaison.

Voilà, sans contredit, bien des variations qui rendent cette région du ciel plus remarquable encore qu'elle ne nous l'avait paru jusqu'ici. Et ce ne sont pas seulement les étoiles les plus brillantes qui présentent d'aussi curieuses fluctuations : pendant que M. Wolf construisait sa carte, de 1874 à 1876, l'étoile qui porte le n° 92 de son Catalogue, notée de 11e grandeur en 1874, n'était plus que de 12e en 1875, et tombait au-dessous de la 13e en 1876. C'est donc là encore une étoile certainement variable. On se rendra compte de ces fluctuations par le petit tableau synoptique dans lequel j'ai réuni les observations faites depuis le premier dessin moderne, celui de Bayer en 1603 : Galilée (1610); — Riccioli (1650); — Hévélius (1660); — Lahire (1693); — Flamsteed (1700); — Cassini (1708); — Lemonnier (1746); — Mayer (1756); — Piazzi (1800); — Bessel (1839); — Argelander (1850); — Heis (1860); — Wolf (1874); — et moi en ce moment même (octobre 1880).

TABLEAU COMPARATIF DES OBSERVATIONS MODERNES SUR L'ÉCLAT DES PLÉIADES

| | B 1603 | G 1610 | R 1650 | H 1660 | L 1693 | F 1700 | C 1708 | L 1746 | M 1756 | P 1800 | B 1839 | A 1850 | H 1860 | W 1874 | F 1880 |
|---|---|---|---|---|---|---|---|---|---|---|---|---|---|---|---|
| 1 Alcyone... | 4 | 4 | 3 | 3 | 3 | 3 | 3 | 3 | 3 | 3 | 3,5 | 3,2 | 3,0 | 3,0 | 3,0 |
| 2 Électre... | 5 | 5 | 5 | 5 | 5 | 5 | 5 | 4 | 5 | 4,5 | 4,5 | 4,7 | 4,5 | 4,5 | 4,5 |
| 3 Atlas.... | 5 | 5 | 6 | 6 | 5 | 6 | 5 | 5 | 5 | 5 | 4,5 | 4,0 | 4,0 | 5,0 | 4,6 |
| 4 Maïa.... | 5 | 5 | 6 | 6 | 5 | 6 | 5 | 4½ | 6 | 5 | 5 | 4,8 | 5,0 | 4,5 | 5,0 |
| 5 Mérope... | 5 | 5 | 5 | 5 | 5 | 5 | 5 | 4 | 5 | 5 | 5 | 4,5 | 4,7 | 5,5 | 5,5 |
| 6 Taygète... | 5¼ | 5 | 5 | 5 | 5 | 5 | 5 | 5 | 5 | 5 | 5,0 | 5,0 | 5,5 | 5,8 | |
| 7 28 Bessel.. | 0 | 6 | 0 | 0 | 7 | 0 | 0 | 7 | 0 | 0 | 7 | 6,9 | 6,3 | 7,2 | 6,1 |
| 8 Pléione... | 0 | 7 | 7 | 0 | 6 | 7½ | 6 | 6 | 6 | 5,5 | 5,5 | 6,2 | 6,3 | 5,7 | 6,3 |
| 9 18 Fl.... | 0 | 7 | 0 | 0 | 7 | 7 | 8 | 6 | 7 | 7 | 7 | 6,3 | 6,3 | 6,2 | 6,4 |
| 10 Celæno... | 0 | 6 | 7 | 0 | 6 | 7 | 6 | 6 | 6 | 5,5 | 5,5 | 6,5 | 6,3 | 6,0 | 6,5 |
| 11 26 Fl.... | 0 | 6 | 0 | 0 | 7 | 7½ | 8 | 8 | 0 | 7,5 | 7,5 | 7,0 | 6,5 | 7,5 | 6,7 |
| 12 Astérope.. | 0 | 7 | 0 | 0 | 7 | 6½ | 7 | 6 | 0 | 7,5 | 7,5 | 7,0 | 0 | 6,5 | 6,8 |
| 2 Bessel.. | 0 | 0 | 7 | 0 | 6 | 0 | 8 | 9 | 0 | 0 | 8,5 | 8,8 | 0 | 9,0 | 8,9 |
| 7 Bessel.. | 0 | 0 | 0 | 0 | 7 | 0 | 8 | 9 | 0 | 0 | 8 | 8,2 | 0 | 8,2 | 8,0 |

Ne quittons pas les Pléiades sans remarquer encore qu'elles sont entourées d'une vague nébulosité, découverte par Tempel en 1859 et décrite avec soin par Goldschmidt en 1863. La partie australe commence juste à Mérope, d'où elle s'étend au sud et à l'ouest comme un éventail; la partie boréale descend vers Alcyone à peu près symétriquement par rapport à l'éventail de Mérope. Cette nébuleuse doit être variable, car on la distingue parfois à l'aide de très faibles instruments; cependant la transparence atmosphérique joue ici un si grand rôle que cette variabilité n'est pas absolument certaine. Mais elle est très probable, et cette probabilité est encore accrue par ce fait que, dans cette même région du ciel, dans le Taureau, plus près d'Aldébaran, une autre nébuleuse, observée par Hind en 1852, a aujourd'hui complètement disparu.— Nous avons déjà vu, dans la carte de Jeaurat (*fig.* 220), une nébuleuse indiquée au nord d'Atlas et d'Alcyone. Sur la carte d'Engelmann, la nébuleuse de Mérope consiste en une simple petite tache, au sud de cette étoile. Des observations récentes ont également montré des aspects fort différents. La variation est presque certaine.

Cette réunion d'étoiles forme-t-elle une *association réelle*, un groupe physique, un amas de soleils, un univers dans l'univers? Ou bien n'aurions-nous sous les yeux qu'un effet de perspective dû à l'agglomération fortuite d'un grand nombre d'étoiles sur le même rayon visuel? La réponse à cette question capitale n'est plus douteuse aujourd'hui. Déjà, il y a plus d'un siècle, Mitchell faisait la remarque, fondée sur le calcul des probabilités, qu'il y a ·500 000 à parier contre 1 que les six principales étoiles des Pléiades ne sont pas réunies là par hasard, mais forment une véritable association physique. Cette probabilité déjà si haute n'a fait que s'élever davantage à mesure que de nouvelles étoiles, de plus en plus multipliées, ont été découvertes dans le même groupe, et aujourd'hui il est impossible de douter qu'il n'y ait là un archipel d'îles célestes réunies dans une commune destinée. Revoyez notre *fig.* 208, qui permet d'apprécier les environs de cet archipel sidéral, et vous remarquerez son isolement relatif, son agglomération progressive vers le centre, en un mot son unité. Il est probable, néanmoins, que plusieurs des étoiles avoisinantes se trouvent en avant ou en arrière et ne font pas partie de l'amas.

Les mouvements propres déterminés pour les principales étoiles de l'amas ont complété la certitude en montrant qu'une direction commune emporte le système dans l'espace. En comparant ses observations de 1825 à celles de Bradley en 1755, Bessel a déterminé les mouvements propres qui se sont manifestés pour cette période, et M. Wolf, en comparant à son tour ses observations de 1874 à celles de Bessel en 1840, a conclu ceux qui résultent de cette dernière période. Il va sans dire que, pour un aussi faible intervalle de temps (1755 à 1874), ces mouvements doivent être considérés comme réguliers. La valeur la plus sûre que nous pouvons obtenir est donc de prendre la moyenne de ces deux déterminations. La voici :

MOUVEMENTS PROPRES DES PLÉIADES.

| | Asc. droite | Dist. polaire |
|---|---|---|
| Celæno | + 0″046 | + 0″068 |
| Electre | + 0.030 | + 0.056 |
| Taygète | + 0.022 | + 0.057 |
| Maïa | + 0.022 | + 0.059 |
| Astérope I | + 0.045 | + 0.056 |
| Astérope II | + 0.019 | + 0.053 |
| Mérope | + 0.050 | + 0.059 |
| Alcyone | + 0.019 | + 0.065 |
| 26 Fl | + 0.049 | + 0.060 |
| Atlas | + 0.020 | + 0.070 |
| Pléione | + ·0.017 | + 0.072 |

On voit que toutes ces étoiles sont emportées vers l'est d'une part, vers le sud d'autre part, autrement dit vers le sud-est. On s'en rendra mieux compte sur une figure, et c'est pourquoi je me suis encore intéressé à tracer le diagramme ci-contre (*fig.* 222), où chacune de ces étoiles porte une flèche représentant la direction de sa marche et sa grandeur pour dix mille ans. La communauté du mouvement est frappante. Les divergences indiquées sont-elles réelles, ou seulement dues aux petites erreurs inhérentes à ces observations si délicates? C'est ce que nous ne pouvons encore décider ; de même que nous ne pouvons affirmer que chacun de ces mouvements se con-

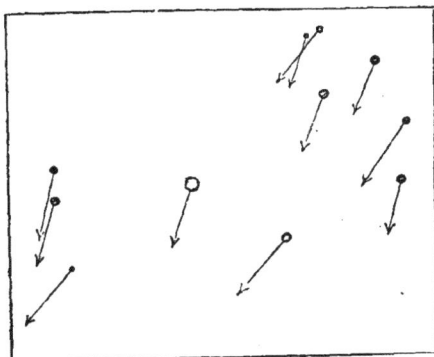

Fig. 222. — Mouvements propres des Pléiades.

tinue en ligne droite pendant dix mille ans (mais il sont si lents qu'il faut prendre un intervalle de temps respectable pour les rendre sensibles). Peut-être quelques-unes de ces étoiles tournent-elles les unes autour des autres, comme les composantes des systèmes d'étoiles multiples. Il y a là d'ailleurs plusieurs étoiles doubles qui forment sans doute de véritables couples physiques. Quant à décider quel est le centre de gravité de ce vaste système, et si toutes les étoiles des Pléiades gravitent autour de ce centre, c'est là un problème réservé aux progrès de la science des siècles futurs. Nous ne pouvons même pas décider si ce mouvement commun des Pléiades vers le sud-est leur appartient en propre et ne serait pas simplement dû à la translation de notre système solaire dans l'espace, car il se trouve être précisément parallèle et contraire au nôtre, et si ces étoiles reposaient tranquillement ensemble dans le sein de l'infini, elles nous paraîtraient en effet se déplacer ainsi par suite de notre propre translation séculaire à travers l'immensité. Peut-être même voguent-elles de concert avec nous, un peu plus lentement. C'est cette lenteur dans leur mouvement propre, c'est ce repos relatif qui avait conduit l'astronome allemand Mädler à l'hypothèse que cette importante agglomération de soleils pourrait bien être le centre, le foyer sidéral, autour duquel notre soleil gravite. Mais il n'y a là qu'une hypothèse, assez peu probable même, car les Pléiades ne se trouvent pas juste à angle droit avec la ligne que nous suivons dans l'espace. Examinez la carte générale des mouvements propres (*Astronomie populaire*, p.797) et vous verrez que l'équateur tracé à angle droit sur notre axe de direction, avec le point d'Hercule pour pôle, vous verrez, dis-je, que cette courbe sur laquelle doit se trouver le centre de l'orbite du Soleil, si ce centre existe, passe assez loin des Pléiades, au nord d'Algol et de Capella. Il n'est donc pas probable que nous tournions autour de cet amas; mais peut-être fait-il partie des étoiles qui, sans doute, forment avec la nôtre un courant, un système sidéral, composé d'un grand nombre de systèmes solaires emportés dans l'espace et dans l'éternité par une commune destinée.

Par un hasard (est-ce un hasard?) assez curieux, il y a, au sud d'Alcyone, un alignement de sept étoiles, alignées à peu près directement dans le sens du mouvement propre des Pléiades. Ce sont des étoiles de 8ᵉ et 9ᵉ grandeur, qui, dans

une lunette ordinaire, indiquent en quelque sorte d'elles-mêmes à l'observateur
la direction de ce mouvement vers le sud-sud-est, et en même temps la direction du nôtre vers le nord-nord-ouest. Non loin de là, entre Alcyone et Mérope, on en voit quatre autres alignées à peu près dans le même sens ( la supérieure de celles-ci est double). Plusieurs autres alignements se font encore remarquer dans cette direction spéciale.

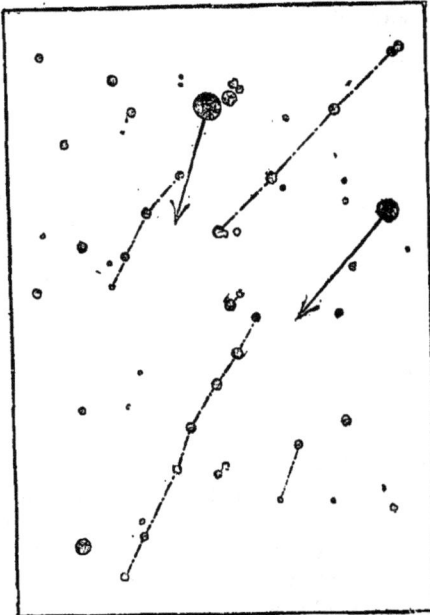

Fig. 223. — Curieux alignements d'étoiles dans les Pléiades.

L'examen qui précède du mouvement propre des Pléiades m'avait si ardemment intéressé que j'ai voulu me rendre compte en même temps de celui des Hyades, et que j'ai également calculé pour une durée de dix mille ans les déplacements en ascension droite et en déclinaison constatés sur les 30 étoiles de ce groupe observées depuis Bradley. Les chiffres absorberaient trop de place ici pour être reproduits, mais la carte que j'en ai tracée montre

très exactement la direction et la vitesse de ces mouvements. Sans une seule exception, ces 30 étoiles voient leur ascension droite augmenter et marchent vers l'orient. Pour toutes aussi, le mouvement en déclinaison est dirigé vers le sud (il n'y a que deux exceptions, pour $\delta^3$ et 63, encore le mouvement est-il à peine indiqué : 1″ en cent ans). Les divergences de chaque étoile n'empêchent pas la translation générale d'être dirigée vers l'est-sud-est, et, ce qu'il y a de plus remarquable, c'est que la direction de perspective due au transport du système solaire dans l'espace tend vers le sud-sud-est, à peu près comme la flèche d'Aldébaran, formant un

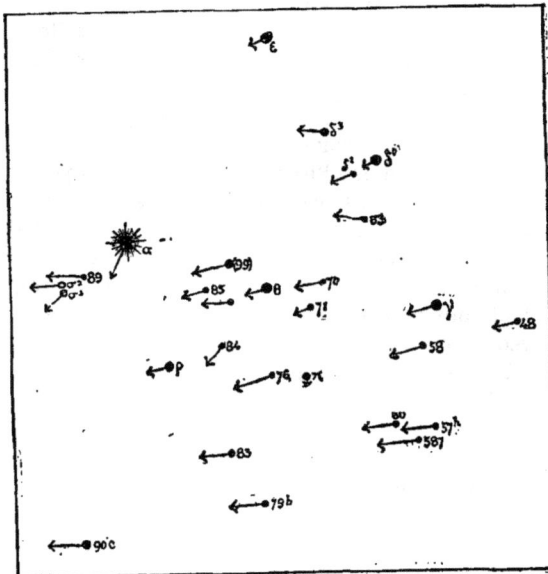

Fig. 224. — Mouvements propres des Hyades.

angle de 45° à 50° avec celui du mouvement général des Hyades. Il n'est donc pas douteux que ce soit là aussi un groupe physique de *soleils associés dans une destinée commune*, et il est presque certain que le radieux Aldébaran n'en fait pas partie. Il est sans doute en avant, de ce côté-ci, et l'étoile π en arrière, isolée dans le désert infini.

Cette discussion sur les Pléiades a été longue et laborieuse; mais les divergences et les difficultés se sont montrées si grandes dès l'origine, qu'elles réclamaient une enquête rigoureuse et qu'elles nécessitaient un examen comparatif complet de tous les documents pouvant servir à l'histoire scientifique de ce groupe célèbre. Nous venons de reproduire les principaux, en omettant ceux qui n'avaient aucune valeur, car il n'est pas inutile de remarquer que sur plusieurs atlas et globes célestes modernes (par exemple, sur le plus grand et l'un des plus soignés qu'on ait jamais construits, sur le grand globe de Coronelli, gravé pour Louis XIV en 1693), les Pléiades ne sont souvent représentées que sous l'aspect d'un amas quelconque, composé de 5, 6, 7, 8, 9 étoiles jetées sans ordre les unes à côté des autres. On agissait là comme dans les autres branches de la science, en négligeant certains détails qui paraissaient insignifiants. C'est ainsi que dans les ouvrages d'anatomie, le cerveau humain était tout simplement dessiné comme un paquet d'intestins, sans avoir égard aux circonvolutions les plus essentielles même et les plus caractéristiques de cet organe. Aujourd'hui la science est plus exigeante (¹).

Revenons maintenant à notre description générale de la constellation du Taureau. Parmi les amas d'étoiles et nébuleuses qui lui appartiennent, il en est un dont l'observation est accessible aux instruments de moyenne puissance : c'est la nébuleuse en forme de poisson ou de crabe, que les Anglais appellent *crab-nebula*, à cause de ses franges et de ses appendices si curieux. Cette nébuleuse du Taureau se trouve à 1° au nord-ouest, ou nord précédent, de l'étoile ζ, et elle porte le n° 1 du catalogue de Messier. Cet astronome la découvrit accidentellement en suivant la comète de 1758, et c'est ce qui le conduisit à construire son catalogue de nébuleuses. On l'appelait « le chercheur de comètes du roi »; mais s'il

Fig. 225. — Nébuleuse du Taureau, vue dans une lunette de moyenne puissance.

n'avait cherché de comètes que pour Louis XV, on peut croire qu'il

(¹) Nous aurions pu encore signaler d'autres irrégularités, d'un ordre purement grammatical. Ainsi, dans son beau travail sur les Pléiades, M. Wolf, de l'Observatoire de Paris, appelle constamment Alcyone *Alcyon*, ce qui dénature toute l'histoire mythologique de cette famille célèbre; M. Houzeau, directeur de l'Observatoire de Bruxelles, appelle Celæno, *Seleno*, comme si elle était parente de la *Lune*; etc. Mais ce sont là des détails.

n'en aurait guère trouvé, car ce n'est pas ce genre de beautés qui
intéressait le plus le royal chasseur du Parc aux cerfs. — Messier,
fort heureusement, cherchait des comètes pour son plaisir personnel,
et, chemin faisant, il trouvait des nébuleuses dont la contemplation
faisait tressaillir son cœur d'astronome. Vue dans une lunette ordinaire, la nébuleuse dont nous parlons offre l'aspect d'une tache laiteuse ovale (*fig.* 225) mesurant 5′ 1/2 de longueur sur 3′ 1/2 de largeur. Un instrument plus puissant permet de découvrir une extension de la nébulosité vers les angles, qui donne à la figure un aspect presque rectangulaire. Le grand télescope de Lord Rosse métamorphose encore plus complétement cet aspect en jetant sous les yeux de l'observateur le monstre sidéral reproduit ici (*fig.* 226), qui a fait donner à ce lointain univers le nom de nébuleuse de l'écrevisse. Quelques étoiles se projettent sur

Fig. 226. — La nébuleuse du Taureau, vue dans un grand télescope.

cette nébuleuse, mais elle ne se résout pas elle-même en étoiles.

Nous arrivons maintenant à la constellation des *Gémeaux*, qui succède vers l'orient à celle du Taureau, et qui se fait reconnaître à tous les yeux, par ses deux étoiles caractéristiques, Castor et Pollux, brillantes de deuxième grandeur. Il serait superflu de chercher en dehors de ces deux étoiles fraternellement associées dans leur cours céleste la cause ou l'origine du nom donné à cette constellation, car ces deux astres brillent sous la voûte étoilée comme deux frères jumeaux réunis par la même destinée. Ils commencent à se lever à l'est en novembre, trônent dans le ciel de décembre à avril et descendent à la fin de mai sous l'horizon occidental. On les voit toujours ensemble, et il n'y a rien de surprenant à ce qu'on les ait qualifiés de *frères jumeaux*. Cette explication de leur nom me paraît toute simple, et par cela même beaucoup plus probable que celle de Dupuis, Francœur, Dulaure, etc., qui pensent que ce nom a été donné à cette partie du ciel parce qu'elle présidait à l'époque de la germination et annonçait la fécondité.

Les anciens appelaient les Gémeaux tantôt Castor et Pollux, tantôt Apollon et Hercule; ces quatre personnages étaient du reste tous les quatre fils de Jupiter. La première appellation a prévalu. La dénomination de *Dioscures* (littéralement enfants de Jupiter) a été réservée à Castor et Pollux. Si l'on en croit l'auteur de l'*Iliade*, leurs mères auraient été cette fameuse Léda dont on a tant parlé, et la belle Tyndare, plus modeste sans doute, ou moins originale dans ses goûts, car sa renommée n'est pas descendue jusqu'à nous. Le culte des Dioscures était répandu dans toute la Grèce et l'Italie. Castor et Pollux étaient les dieux tutélaires de l'hospitalité. On croyait aussi qu'ils avaient le pouvoir d'apaiser les tempêtes et qu'ils apparaissaient sous la figure de flammes légères au sommet des mâts et dans les vergues des navires. C'était là le phénomène électrique connu sous le nom de feux Saint-Elme. Nous les voyons encore sculptés aujourd'hui sur les portails d'un grand nombre de cathédrales.

On trouve parfois de singuliers rapprochements entre les peuples les plus éloignés ethnologiquement et historiquement. Ainsi, une race humaine tout entière a récemment disparu de la surface de notre planète : la race des Tasmaniens, en Australie, dont le dernier survivant est mort en 1876. Eh bien, cette race sauvage avait cependant une sorte d'astronomie rudimentaire; Castor et Pollux étaient pour eux deux Noirs, *les inventeurs du feu*, aujourd'hui transportés parmi les étoiles.

Les Gémeaux ont été représentés dans les atlas célestes sous différentes formes. Généralement ils sont dessinés, comme sur notre *fig.* 196 (p. 281), sous l'aspect de deux enfants accolés, dont l'un, Castor, tient une lyre, et dont l'autre, Pollux, porte une massue; ce sont clairement là les attributs d'Apollon et d'Hercule, dont nous parlions tout à l'heure. A une certaine époque on les a retournés et on ne les a plus dessinés que vus de dos ou de profil, près de l'Écrevisse. (Revoir la *fig.* 106, p. 156). Au xv<sup>e</sup> siècle, on leur a mis des ailes et on en a fait des anges, comme on le voit sur les éditions d'Aratus et d'Hyginus de cette époque. Sur certaines cartes du xvii<sup>e</sup> siècle, ils sont séparés et debout, Pollux est armé d'une lance et d'une massue, Castor porte d'une main sa lyre qui paraît être devenue une cage (c'est une sorte de cythare verticale), et de l'autre un petit bâton, servant sans doute à jouer de cet instrument. Sur l'atlas de Bayer, Pollux est armé d'une faucille. La place nous manque pour reproduire tous ces curieux dessins; mais pourtant je ne puis résister au plaisir de vous offrir ici d'une part (*fig.* 227) ces deux petits héros que j'extrais d'une carte publiée à Amsterdam au com-

Fig. 227. — Dessin des Gémeaux, au xvıı° siècle.

mencement du règne de Louis XIV, et d'autre part (*fig.* 228) une autre représentation des Gémeaux non moins curieuse assurément, extraite de l'*Astronomie* du roi Alphonse X (douzième siècle), et sur laquelle le commentateur paraît avoir voulu ressusciter Adam et Ève, les deux premiers jumeaux de la création. Mais nous n'avons pas le temps de nous appesantir plus longtemps sur ces aspects particuliers de l'histoire des constellations, car les étoiles nous réclament, et parmi celles qui nous attendent ici, plusieurs peuvent compter parmi les plus intéressantes du ciel tout entier.

Fig. 228. — Dessin des Gémeaux, au xıı° siècle.

Outre les deux étoiles principales Castor et Pollux, qui ont reçu les lettres $\alpha$ et $\beta$ de la constellation, les Gémeaux renferment une autre étoile de deuxième grandeur, $\gamma$ (au pied de Pollux en descendant vers $\alpha$ Orion), et six de troisième grandeur : $\delta$, $\varepsilon$, $\zeta$, $\eta$, $\theta$ et $\mu$. $\zeta$ est variable, comme nous le verrons, et $\mu$ a augmenté d'éclat. On apprendra à connaître les étoiles de cette constellation et à les trouver dans le ciel à l'aide du tableau ci-dessous et de la *fig.* 229 qui le complète.

La comparaison des éclats observés depuis deux mille ans met en évidence quelques variations intéressantes. Et d'abord Castor et Pollux sont présentés par tous les anciens comme égaux et de deuxième grandeur. Flamsteed fait Castor de première, mais il n'a inscrit qu'*une seule fois* sa grandeur dans toutes ses observations de Greenwich, de sorte que ce témoignage perd de son importance intrinsèque. A l'opposé, Piazzi a fait Castor moins brillant que Pollux, et de troisième grandeur : son catalogue porte 200 observations en ascension droite et 34 en déclinaison, faites à Palerme de 1792 à 1813. Mais à là même époque, Lalande à Paris l'a toujours fait de deuxième. Castor est une étoile double, l'une des plus belles du ciel, et Piazzi, qui séparait les deux composantes dans sa lunette et les estimait chacune de troisième, a pu les inscrire un peu au-dessous de leur valeur, de manière à rétablir par leur réunion une étoile de deuxième grandeur moyenne. On peut les considérer comme étant de 2,5 et 3,0. Le fait que Bayer a donné la première lettre à Castor et la seconde à Pollux a fait croire que l'ordre d'éclat était alors interverti, comparativement à l'état actuel. Mais ce n'est pas encore là une raison suffisante, attendu que les deux étoiles ont le même éclat sur la carte de Bayer, et que pour les nommer, il a suivi sa méthode habituelle qui est de procéder de l'ouest à l'est, de la droite vers la gauche, dans l'ordre des longitudes. D'autre part encore, comme les personnifications étaient faites dès l'antiquité, et qu'on nomme toujours Castor avant Pollux, il était tout naturel d'attribuer la première lettre à Castor et la seconde à Pollux. Voilà, je crois, plus de raisons qu'il n'en faut pour admettre que Castor n'a pas changé d'éclat depuis deux mille ans.

Je n'en dirais pas autant de Pollux. Il est depuis un siècle sensiblement plus brillant que son frère, et il arrive actuellement juste à la limite de la première grandeur. Selon toute probabilité, son éclat augmente lentement. Sa lumière est rougeâtre. Nous reviendrons tout à l'heure sur ces deux personnages célestes.

Il y a au pied des Gémeaux une étoile très remarquée par les anciens, qui l'appelaient Propus. Elle est certainement variable. Ptolémée l'a estimée de 4°; Sûfi de 4° ¾, Tycho de 4°, Bayer de 3° Elle est aujourd'hui de 5°, et n'a rien qui la signale à l'attention de l'observateur du ciel. — C'est près de cette étoile, nommée H par Bayer, que William Herschel découvrit la planète Uranus, le 13 mars 1781, à 10 heures du soir, découverte qui doublait d'un seul coup le diamètre du royaume solaire, en reculant sa frontière de 355 à 710 millions de lieues. Elle a longtemps servi d'étoile de comparaison pour déterminer le mouvement d'Uranus. Cette planète avait déjà été observée par Mayer, le 26 septembre 1756 : elle était alors les Poissons (c'est le n° 964 de son Catalogue). Mais il l'avait prise pour une étoile. A quoi tiennent les plus grandes découvertes !

L'étoile ζ est une variable, périodique et très rapide : elle oscille règulièrement de 3,7 à 4,5, dans la période de 10 jours 3 heures 47 minutes 36 secondes. C'est là une observation très facile à faire à l'œil nu. L'intérêt de cette observation s'accroît encore sous un aspect spécial si nous ajoutons que cette étoile est double : on voit à côté d'elle, à 90″, un compagnon de 8ᵉ grandeur. Nous pourrions même le qualifier d'étoile triple, car une lunette assez puissante montre, un peu plus près, à 65″, une petite étoile de 13ᵉ grandeur. Il est probable que ce n'est là qu'un groupe optique.

PRINCIPALES ÉTOILES DE LA CONSTELLATION DES GÉMEAUX
DEUX MILLE ANS D'OBSERVATION

| ÉTOILES | −127 | +960 | 1430 | 1590 | 1603 | 1660 | 1700 | 1756 | 1800 | 1840 | 1860 | 1880 |
|---|---|---|---|---|---|---|---|---|---|---|---|---|
| α (Castor) | 2 | 2 | 2 | 2 | 2 | 2 | 1 | 1.2 | 3 | 2.1 | 2.1 | 2,3 |
| β (Pollux) | 2 | 2 | 2 | 2 | 2 | 2 | 2 | 2 | 2 | 1.2 | 1.2 | 1,9 |
| γ | 3 | 3 | 3 | 2 | 2 | 2 | 2½ | 2.3 | 3 | 2.3 | 2.3 | 2,7 |
| δ | 3 | 3 | 3 | 3 | 3 | 4 | 3 | 3 | 3.4 | 3.4 | 3.4 | 3,8 |
| ε | 3 | 3.4 | 3.4 | 3 | 3 | 3 | 3 | 3 | 3 | 3.4 | 3.4 | 3,3 |
| ζ | 3 | 4.3 | 4.3 | 3 | 3 | 3 | 3½ | 3 | 4 | 4 | var | var |
| η | 4.3 | 4.3 | 4.3 | 4 | 3 | 4 | 4¼ | 4 | 4.5 | 3.4 | 3.4 | var |
| θ | 4 | 4.3 | 4.3 | 5 | 4 | 5 | 4 | 0 | 5 | 3.4 | 3.4 | 4,2 |
| ι | 4 | 4 | 4 | 4 | 4 | 4 | 4½ | 4.5 | 4 | 4 | 4 | 4,0 |
| κ | 4 | 4.3 | 4.3 | 4 | 4 | 4 | 4½ | 4.5 | 4 | 4.3 | 4.3 | 3,8 |
| λ | 3 | 3.4 | 3.4 | 4 | 4 | 4 | 5 | 5 | 4.5 | 4.3 | 4 | 4,3 |
| μ | 4.3 | 4.3 | 4.3 | 3 | 4 | 3 | 3 | 3 | 3 | 3 | 3 | 3,0 |
| ν | 4.3 | 3.4 | 3.4 | 4 | 4 | 4 | 4 | 4 | 5 | 5.4 | 5.4 | 4,6 |
| :: | 4 | 4 | 4 | 4 | 4 | 4 | 4¾ | 5.4 | 4 | 4.3 | 4.3 | 3,9 |
| ο | 0 | 0 | 0 | 0 | 5 | 6 | 5 | 7 | 6 | 5.6 | 5.6 | 5,5 |
| π | 0 | 0 | 0 | 0 | 5 | 6 | 5 | 0 | 5.6 | 6 | 6 | 5,7 |
| ρ | 0 | 5 | 0 | 5 | 5 | 5 | 5 | 5 | 5 | 5 | 5.4 | 4,6 |
| σ | 0 | 5 | 0 | 5 | 5 | 5 | 5 | 5 | 6 | 5 | 5 | 4,5 |
| τ | 4 | 4 | 4 | 4 | 5 | 4 | 5 | 5 | 5 | 5.4 | 5.4 | 4,8 |
| υ | 4 | 4 | 4 | 5 | 5 | 5 | 5 | 5 | 5 | 4.5 | 4.5 | 4,4 |
| φ | 0 | 0 | 0 | 6 | 5 | 5 | 5 | 6 | 5 | 5 | 5 | 5,4 |
| χ | 0 | 0 | 0 | 0 | 5 | 6 | 5 | 0 | 5.6 | 5 | 5 | 5,5 |
| ψ | 0 | 0 | 0 | 0 | 5 | 6 | 6 | 0 | 6 | 6 | 6.5 | 5,7 |
| ω | 0 | 0 | 0 | 6 | 6 | 5 | 6 | 6 | 6 | 6 | 6.5 | 5,8 |
| 57 A | 5 | 5.6 | 5.6 | 6 | 6 | 6 | 5½ | 5.6 | 6 | 5.6 | 6.5 | 5,8 |
| 64 b¹ | 5 | 5.4 | 0 | 6 | 6 | 6 | 6 | 6 | 5.6 | 5 | 5.6 | 5,8 |
| 65 b² | 0 | 0 | 5 | 0 | 0 | 0 | 6 | 0 | 5.6 | 5 | 5.6 | 5,5 |
| 76 c | 5 | 0 | 0 | 0 | 6 | 0 | 6 | 6 | 6 | 6 | 5 | 5,0 |
| 36 d | 5 | 5.6 | 5.6 | 6 | 6 | 5 | 6 | 6 | 6.7 | 6 | 6 | 6,3 |
| 38 e | 0 | 0 | 0 | 6 | 6 | 6 | 6 | 6 | 5.6 | 5 | 5 | 6,0 |
| 74 f | 5 | 5.6 | 5.6 | 6 | 6 | 6 | 6 | 6 | 5 | 6 | 5 | 5,4 |
| 81 g | 5 | 5.6 | 5.6 | 6 | 6 | 6 | 6 | 6 | 6 | 6.5 | 5.6 | 6,0 |
| 1 (Propus) | 4 | 4¾ | 4 5 | 4 | 3 | 4 | 5 | 4 | 5 | 5 | 5.6 | 5,8 |
| 26 | 0 | 0 | 0 | 0 | 0 | 0 | 5 | 6.7 | 5.6 | 6.5 | 6.5 | 5,0 |
| 30 près ξ | 0 | 0 | 0 | 0 | 0 | 0 | 6 | 0 | 5.6 | 5 | 6.5 | 5,5 |
| 70 | 0 | 0 | 0 | 0 | 0 | 6 | 5 | 0 | 6 | 6 | 6 | 5,7 |
| 85 | 5 | 5.6 | 5.6 | 6 | 0 | 6 | 6 | 0 | 6.7 | 6.5 | 6 | 6,0 |

L'étoile η est également variable, de 3,2 à 4,2, dans la période assez lente de 230 jours. Le dernier minimum a eu lieu le 5 décembre 1880.

L'étoile θ varie de la 3ᵉ à la 5ᵉ. Périodiquement ou irrégulièrement ? c'est ce que nous ne pouvons encore décider.

Il en est de même de λ, estimée de 3ᵉ grandeur par Ptolémée et Ulugh Beigh, de 3ᵉ ½ par Sùfi, de 4ᵉ par Tycho-Brahé, Bayer, Hévélius, de 4ᵉ ½ par Piazzi, de 5ᵉ par Flamsteed.

Inscrivons ν dans la même catégorie : Ulugh Beigh l'a vue de 3ᵉ grandeur, Sùfi de 3ᵉ ¼, Ptolémée de 3ᵉ ¾ (et Sùfi fait la remarque de cette différence); Tycho, Bayer, etc., l'ont estimée de 4ᵉ et Piazzi de 5ᵉ.

L'étoile μ, de troisième grandeur, est plus brillante que celles qui

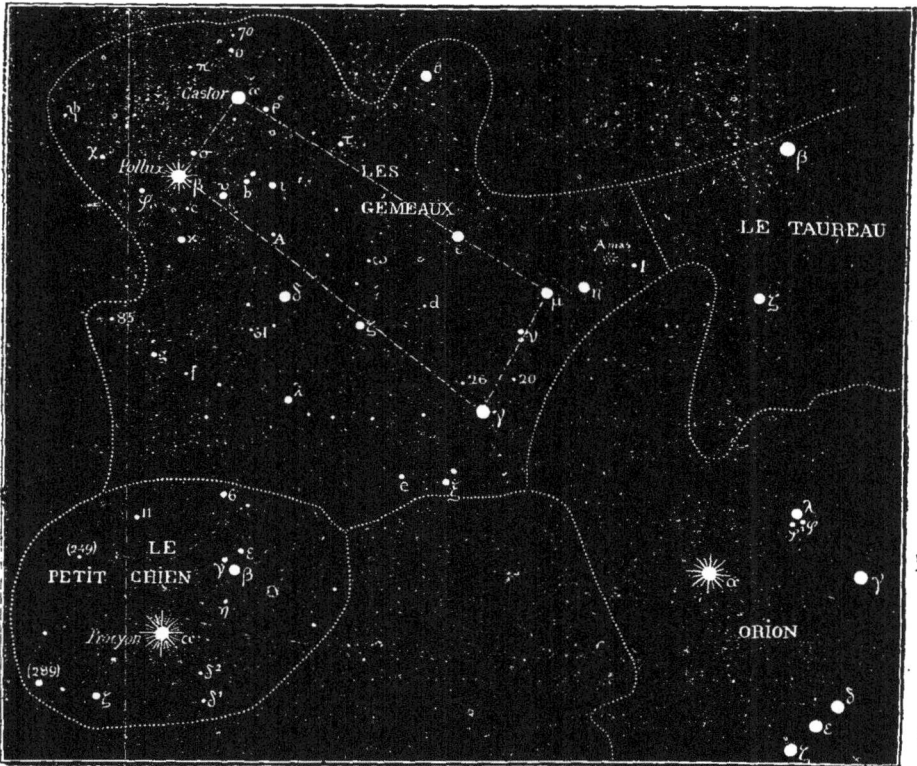

Fig. 229. — Principales étoiles des Gémeaux et du Petit Chien.

ont reçu de Bayer les lettres précédentes de l'alphabet, ι, ϰ et λ, et elle appartient, en effet, au troisième ordre d'éclat, tandis que les autres appartiennent au quatrième. Il est bien probable qu'elle a augmenté d'une grandeur.

Les deux étoiles voisines b¹ et b² ont été parfois prises l'une pour l'autre, mais cela ne prouve pas de variation.

Ce sont là autant de témoignages en faveur des modifications lentes
et séculaires qui s'accomplissent dans les cieux. Outre les étoiles périodiquement et régulièrement variables, et en dehors de celles qui
se sont imposées à l'attention générale par une conflagration subite,
il en est qui, depuis l'origine de l'uranométrie, ont présenté de
longues fluctuations d'éclat, s'élevant à une et à deux grandeurs
de différence, et modifiant sensiblement l'ordre des classifications
faites à toutes les époques. Ces variations lentes ne se remarquent
pas uniformément sur toute l'étendue de la sphère céleste; il y a des
régions plus frappées par ces transformations séculaires, tandis que
d'autres restent beaucoup plus calmes et plus stables.

Les deux variables périodiques ζ et η ne sont pas les seules périodiques connues dans cette constellation; nous devons encore signaler
les étoiles R, S, T, U; mais aucune d'elles n'arrive à être visible à

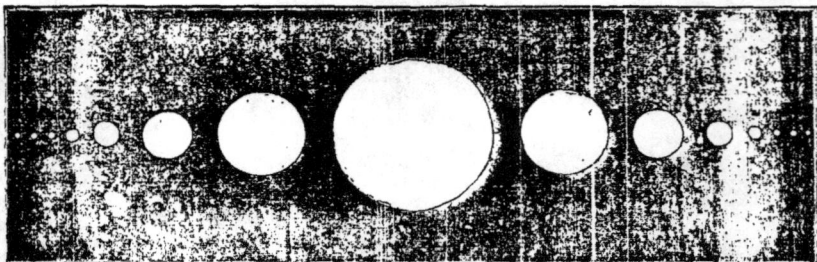

Fig. 220. — Augmentation rapide d'éclat de l'étoile U des Gémeaux.

l'œil nu, et leur étude sort de cette description populaire du ciel. La
première varie de 6,7 à 12,5 en 371 jours: la deuxième de 8,2 à 13,5
en 295 jours; la troisième de 8,4 à 13,5 en 289 jours; et la quatrième
de 9,0 à 14 en une période irrégulière que l'on a trouvée parfois
de 97 jours, parfois de 209, de 230, de 252, et même de 617 jours.
Cette étoile (U des Gémeaux) est bien l'une des plus curieuses du
ciel. Aux époques de ses maxima, elle semble arriver des profondeurs
de l'infini, de la région de l'invisibilité, et grandir avec une vitesse
inimaginable. On l'a vue parfois s'accroître de trois grandeurs d'éclat
en 24 heures (Schœnfeld, février 1869). Elle est visible pendant quelques jours au télescope; puis elle tombe et disparaît. C'est en quelque
sorte la contre-partie d'Algol Quel étonnant soleil !

Mais revenons à nos Gémeaux, Castor et Pollux.

L'illustre astronome William Struve pensait que ces deux remarquables étoiles devaient être réellement associées dans leur destinée

sidérale, comme elles le paraissent par leur rapprochement dans le ciel et par leur similitude. Cette opinion n'avait, en effet, rien que de très naturel et de fort plausible. Mais nous sommes aujourd'hui forcés de l'abandonner, car leurs mouvements propres déterminés d'une part par les observations méridiennes et d'autre part par les expériences spectroscopiques montrent là deux destinées absolument étrangères l'une à l'autre. La projection du mouvement propre sur le plan de la sphère céleste, c'est-à-dire à angle droit sur notre rayon visuel, n'indique pas encore une différence essentielle, car elle nous donne :

MOUVEMENTS PROPRES DE CASTOR ET POLLUX

|            | en ascension droite. | en déclinaison. |
|------------|----------------------|-----------------|
| Castor     | — 0s 013             | — 0″ 08         |
| Pollux     | — 0,048              | — 0,06          |

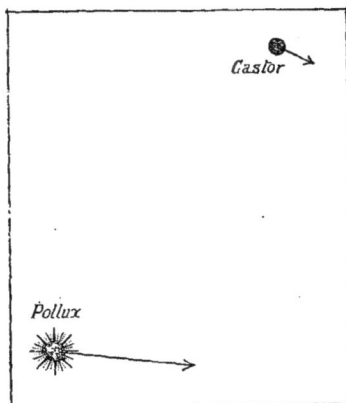

Fig. 231. — Mouvements propres de Castor et Pollux.

ce qui, dessiné sur le plan de la sphère céleste, se traduit par les deux flèches tracées sur la *fig.* 231. Pollux marche beaucoup plus vite que Castor et vogue plus directement vers l'ouest.

Mesuré dans le sens du rayon visuel, par le spectroscope, le mouvement de chacune de ces deux étoiles se différencie plus radicalement encore, attendu que l'une d'elles (Castor) s'éloigne de nous, tandis que l'autre arrive vers nous dans le sens du rayon visuel. La vitesse de la première paraît être de 45 kilomètres par seconde, et la vitesse de la seconde de 64. Sous cet aspect spécial, les deux étoiles suivent le mouvement indiqué

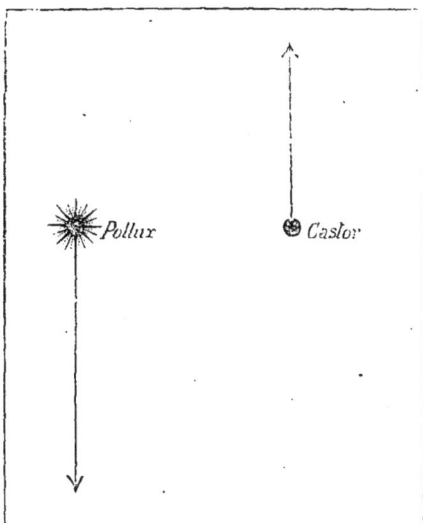

Fig. 232. — Mouvements de Castor et Pollux dans le sens du rayon visuel.

sur notre *fig.* 232. En réalité, elles décrivent l'une et l'autre une ligne oblique, qui est la résultante des deux composantes horizontale et verticale, mais que nous ne pouvons pas encore tracer exactement, parce que si la composante verticale peut être estimée en kilomètres, il n'en est pas de même de la composante horizontale, qui n'est donnée qu'en vitesse angulaire, puisque nous ne connaissons pas la distance de ces deux étoiles.

Castor est *l'une des plus belles étoiles doubles du ciel;* c'est en même temps l'un des systèmes orbitaux les plus remarquables, et c'est *le premier* qui en 1804 ait fait constater à William Herschel le mouvement révolutif de deux étoiles l'une autour de l'autre, soupçonné, deviné, affirmé théoriquement, mais non démontré avant lui. Les deux étoiles sont de deuxième à troisième grandeur (2,5 et 3,0), très brillantes dans le champ du télescope, et à 5″,6 de distance angulaire, ce qui permet le dédoublement pour des instruments de faible puissance. Je vous en supplie, ne laissez pas passer la première occa-sion qui vous sera offerte de diriger une lunette vers cette étoile comme vers ζ de la Grande-Ourse. C'est là une observation charmante, et qui plonge toujours dans un étonnement bien légitime. Par une association d'idées anciennes, il arrive assez souvent que l'observateur novice nomme tout de suite les deux composantes Castor et Pollux. Il importe de ne pas laisser cette erreur se prolonger.

La première observation de ce beau couple a été faite en 1718 par Bradley et Pound, qui estimèrent que la direction des deux étoiles était parallèle à une ligne menée vers Pollux en laissant ϰ à l'ouest. L'année suivante ils recommencèrent l'expérience et trouvèrent cette direction absolument parallèle à une ligne tracée de ϰ à σ. Cette direction correspond à un angle de 356°.

Depuis cette lointaine époque, Castor a été l'objet d'une attention constante et d'une prédilection sympathique de la part des astronomes, et nous possédons plus de deux cents mesures, qui montrent à la fois la nature de l'orbite et la lenteur avec laquelle elle est parcourue. Le mouvement peut se résumer ainsi :

| DATES | ANGLE | DISTANCE | | OBSERVATEURS |
|-------|-------|----------|---|-------------|
| 1719 | 356° | 5″,½ | . . . . . . | Bradley, Pound. |
| 1759 | 327 | 5 ¼ | . . . . . . | Bradley, Maskelyne. |
| 1779 | 303 | 5 ¼ | . . . . . . | Chr. Mayer, William Herschel |
| 1802 | 281 | 5 ¼ | . . . . . . | William Herschel. |
| 1820 | 267 | 5,4 | . . . . . . | J. Herschel, South. |
| 1830 | 260 | 4,6 | . . . . . . | W. Struve, Dawes, Smyth |
| 1840 | 254 | 4,9 | . . . . . . | Dawes, O. Struve, Kaiser. |
| 1850 | 248 | 5,0 | . . . . . . | Mädler, Jacob, Fletcher. |
| 1860 | 243 | 5,3 | . . . . . . | Wrottesley, Powell, Secchi. |
| 1870 | 238 | 5,6 | . . . . . . | Dembowski, Talmage, Duner. |
| 1880 | 234 | 5,6 | . . . . . . | Wilson, Flammarion, Doberck. |

ou 122° parcourus en 161 ans. A ce taux moyen, la révolution en‑
tière, de 360°, demanderait 474 ans pour s'accomplir. Mais le mou‑
vement se ralentit, de sorte que la
période est certainement plus lon‑
gue. Le calcul fondé sur l'analyse de
l'orbite conduit au chiffre de *mille
ans*.

Ainsi, nous avons là sous les yeux
un système de deux brillants soleils
circulant l'un autour de l'autre et
n'employant pas moins de mille
années pour parcourir leur révolu‑
tion. Lentement, ce lointain cadran
stellaire mesure les destinées des
peuples inconnus qui habitent en

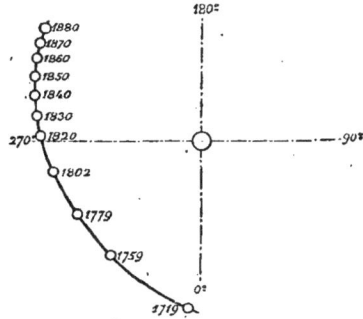

Fig. 233. — Mouvement observé dans le système
de Castor.

ces régions célestes. L'étoile secondaire s'éloigne insensiblement
du point de son orbite où nous la voyons en ce moment, et elle
n'y reviendra que dans dix siècles ; mais déjà elle est passée là il
y a dix siècles, au temps où Jean Scot Érigène infiltrait ses singu‑
lières doctrines druidiques et bouddhistes au sein même de la théo‑
logie chrétienne, où les derniers monarques carlovingiens assistaient
à l'écroulement de l'édifice de Charlemagne, et où trois rois rivaux
se faisaient sacrer par les ministres d'une même religion pour démem‑
brer la France chacun à son profit. Si cette étoile double voit de là‑
haut l'état de notre petite planète, elle doit remarquer qu'en chacune
de ses années (qui en valent mille des nôtres) il y a ici‑bas d'étranges
transformations dans la matière et dans l'esprit. Que verra‑t‑elle
dans mille années ?... Sans doute les habitants de la Terre en com‑
munication avec leurs voisins du monde de Mars.

Remarquons, en passant, la supériorité de l'étude de l'astronomie
sur celle de la géographie. Combien est‑il de lecteurs des voyages
anciens et modernes qui puissent espérer visiter, je ne dirai pas
Ninive, Thèbes, Memphis ou Carthage, qui n'existent plus, mais
l'Afrique centrale comme Livingstone et Stanley, les régions polaires
comme Hayes, Hall ou Nordenskiold, ou tout simplement New‑York,
Constantinople ou Pékin? Les curiosités du ciel sont, au contraire,
constamment déployées pour tous les yeux, et chacun de nous peut,
sans dérangement, visiter les merveilles étudiées par tous les
astronomes qui nous ont précédés, contempler avec Herschel le
système de Castor, voir ce qu'ont vu Galilée dans Jupiter, Cassini

dans Saturne, Mädler dans la Lune, Secchi dans la nébuleuse d'Orion ; en un mot, nous pouvons voir nous-mêmes tout ce que les explorateurs du ciel ont vu avant nous, et mieux encore.

Comme nous venons de l'apprécier, saluons dans Castor l'un des plus magnifiques systèmes d'étoiles doubles que nous connaissions. Déjà même nous pourrions le qualifier de système triple, attendu que ce couple est accompagné d'une étoile de 9ᵉ grandeur 1/2, éloignée

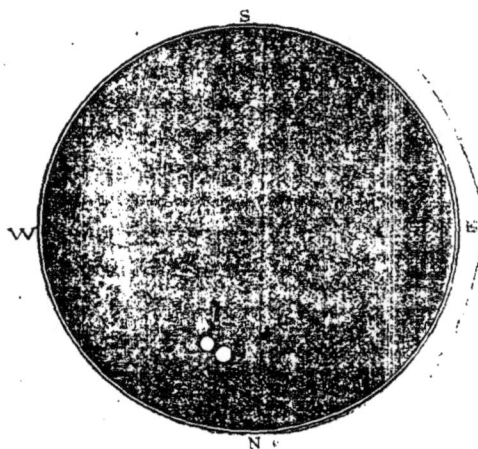

Fig. 234. — Système triple de Castor.

à 73″, qui reste fixe à la même position par rapport au couple qu'elle accompagne. Telle l'astronome anglais South l'a mesurée en 1823, telle je l'ai retrouvée dernièrement. Or, si cette étoile ne faisait pas partie du système de Castor, le mouvement propre aurait déjà allongé la distance de plus de 10″ depuis 1823. C'est donc là un *système ternaire*. Il est probable que cette troisième étoile tourne lentement autour des deux premières. Mais quelle ne doit pas être la durée d'une pareille révolution! Si déjà, sur une orbite dont le demi-grand axe, ou la distance moyenne entre les deux soleils, parait mesurer 7″, la durée de la révolution est de dix siècles, quel développement ne doit pas prendre une orbite dix fois plus large? Les lois de Kepler nous ont appris que les carrés des temps sont entre eux comme les cubes des distances : si l'on assimilait l'étoile principale de Castor à notre soleil, et les deux autres à deux planètes lumineuses, on aurait comme première approximation la proportion élémentaire :

$$\frac{1000^2}{T^2} = \frac{1^3}{10^3},$$

qui nous donne

$$T^2 = 1000^2 \times 10^3$$
$$= 1\,000\,000\,000 ;$$

d'où

$$T = 31640,$$

soit plus de trente mille ans ! Mais rien ne prouve qu'il en soit ainsi, car il peut se faire que le centre de gravité du système ne soit pas dans l'étoile principale de Castor, mais entre le couple et la petite étoile, ce qui change les conditions d'équilibre et de mouvement. Toutefois, ce n'est pas nous avancer que de considérer la *grande année* de ce système stellaire comme étant assurément beaucoup plus longue que toute l'histoire connue de notre humanité, depuis Adam et Ève ou leurs sosies.

Comme nous l'avons dit, ce système va en s'éloignant de nous avec une vitesse évaluée à 45 kilomètres par seconde, 2700 par minute, 162 000 par heure, 3 888 000 par jour, ou 1420 millions de kilomètres, 355 millions de lieues par an, de sorte que ce double soleil doit être de mille milliards de lieues plus éloigné de nous qu'il ne l'était il y a trois mille ans, à l'époque où les Grecs l'adoraient en compagnie de « son frère voisin » Pollux, qui va, au contraire, en se rapprochant de nous avec une vitesse plus grande encore, et doit être actuellement de quinze cent mille milliards de lieues plus proche de notre planète qu'il ne l'était à la même époque. La différence entre la distance des deux étoiles peut s'élever ainsi à deux trillions cinq cents milliards de lieues pour cet intervalle entre Homère et Hugo. Ce simple fait est bien aussi poétique que l'*Odyssée* et que la *Légende des siècles*. Ne vous semble-t-il pas même qu'il esquisse à lui seul, dans sa grandeur, la vraie « légende des siècles » et la meilleure image de l'odyssée de l'univers ?

*Pollux* est aussi une étoile multiple, mais elle ne l'est que par un effet d'optique, c'est-à-dire qu'il y a derrière elle, dans l'infini, quatre lointains soleils devant lesquels elle passe. Ces faibles étoiles ne sont du reste accessibles qu'aux instruments de grande puissance. La plus proche est de 14ᵉ grandeur et éloignée à 43″; la deuxième est de 11ᵉ grandeur, à 175″; la troisième est de 12ᵉ grandeur, à 205″, et la quatrième est de 10ᵉ grandeur, à 229″. La deuxième est double. Il n'y a là qu'un groupe de perspective, car ces étoiles restent fixes au fond du ciel, tandis que Pollux brillant glisse devant elles, emporté par son mouvement propre rapide.

Un puissant télescope est nécessaire pour observer ce groupe; mais une petite lunette dirigée sur $\gamma$ ouvrira sous les yeux de l'observateur un joli champ d'étoiles.

Diriger aussi un instrument de moyenne puissance vers la variable $\eta$ : on y trouvera trois étoiles rouges assez curieuses par le ton de leur lumière.

$\delta$ est une belle étoile double : 3ᵉ et 8ᵉ, à 7″, en mouvement orbital très lent.

Nous avons vu aussi plus haut que $\zeta$, variable périodique, se montre accompagnée de deux autres, de 8e et 13e grandeur. — Ne chercher à voir que celle de 8e, à 90″.

$x$ : 4e et 9e, à 6″, orangée et azur ; la petite paraît varier de 8 à 10. Sir John Herschel pensait qu'elle pouvait briller d'une lumière réfléchie, être une planète dont cette étoile $x$ serait le soleil.

L'étoile 38 e, de 5e grandeur, jaune d'or, est une double intéressante. Son satellite varie d'éclat de 8 à 10, et de couleur, du vert au bleu, au pourpre et au rouge. Écartement $= 6″$. L'étoile principale paraît varier aussi de 5 à $6\frac{1}{2}$.

L'étoile 61 (petit triangle au sud de $\delta$) est une double écartée à 60″, dont les deux composantes sont de 6e et 9e grandeur, et dirigent le regard vers une jolie paire composée de deux étoiles de 8e et 9e dont la distance est de 6″. L'étoile 61 varie de 6 à $7\frac{1}{2}$, et son compagnon tombe même jusqu'à la disparition complète.

Ajoutons encore l'étoile n° 20, de sixième grandeur, à 1° 1/2 au nord-ouest de $\gamma$, et à peu près à égale distance entre $\gamma$ et $\nu$ : 6e et 7e; écartement = 20″; système fixe depuis l'an 1755 que nous l'observons. Cette étoile est à la limite de la visibilité pour l'œil nu, et elle doit varier d'éclat, car nous avons comme observations, entre autres, pour ses deux composantes :

| | | A | B |
|---|---|---|---|
| Struve.. | . . 1832 | 5. — | 6. |
| Struve.. | . . 1827 | 6. — | .7 |
| Piazzi.. | . . 1800 | 7 — | 8 |
| Lalande. | . . 1800 | 7 — | 8 |
| Smyth.. | . . 1833 | 8 — | 8,5 |

qui diffèrent singulièrement. On arrive parfois à la distinguer à l'œil nu, et Heis l'a insérée dans son Catalogue; ce serait tout à fait impossible si elle n'était que de 8e grandeur, ou même de 7e. Comme on a presque toujours noté une grandeur de différence entre les deux composantes, on est porté à invoquer la transparence atmosphérique pour expliquer ces variations ; mais elles sont si énormes que l'explication n'est vraiment pas suffisante. Autre particularité. En 1696, Flamsteed a observé à côté de cette étoile, qu'il a notée de 7e 1/2, une voisine, de 6e 1/2, qui porte le n° 21 dans son Catalogue. Or on ne retrouve plus cette étoile au ciel, ce qui porte à penser que l'astronome anglais a commis là quelque erreur d'observation ou de rédaction. Peut-être est-ce la composante la plus brillante qu'il a observée cette fois-là, car elle est à l'est de la moins brillante, mais beaucoup plus rapprochée qu'il ne le dit, même en supposant, comme l'a fait Baily, une erreur d'une minute de temps dans l'ascension droite. On en a conclu que l'étoile 21 Gémeaux n'existe pas. Tout ami des astres peut à la première occasion diriger une petite lunette vers ce point du ciel : 1° pour voir s'il ne la retrouverait pas, et 2° pour vérifier la grandeur des deux composantes de l'étoile double dont nous venons de parler.

Un splendide amas d'étoiles enrichit encore cette opulente constellation des Gémeaux. On le distingue à l'œil nu, lorsque le ciel est bien pur et que lé clair de lune ne vient pas interposer son voile de lumière sous les étoiles pâlissantes. Regardez entre ε des Gémeaux et ζ du Taureau, ou, plus minutieusement, au nord-ouest de μ — η. Prenez une jumelle, et vous aurez déjà comme un prélude du spectacle réservé à la vision télescopique. Dirigez là une petite lunette, et vous remarquerez des étoiles de 9ᵉ et 10ᵉ grandeur alignées en forme de courbes curieuses. Armez votre vue d'un instrument plus puissant, et vous

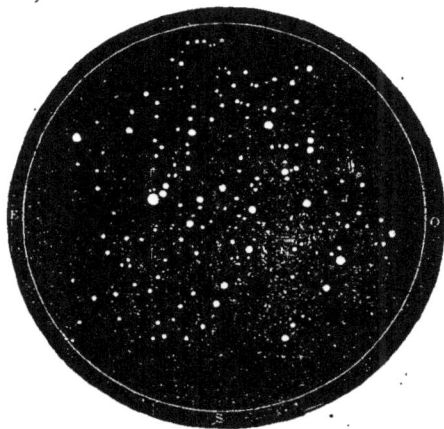

Fig. 235. — L'amas des Gémeaux.

découvrirez des centaines d'étoiles de 11ᵉ et 12ᵉ grandeur. « C'est un objet céleste merveilleusement frappant, s'écriait Lassell, l'un de ses observateurs assidus. Nul ne peut le voir pour la première fois sans exclamation. Un champ de 19′ de diamètre se montre absolument rempli d'étoiles. Il faut voir soi-même, dans un bon télescope, ce splendide amas pour le juger à sa valeur, et l'apprécier dans son exquise beauté, car les dessins n'en peuvent donner qu'une pâle idée. » Ajoutons cependant qu'on peut se rendre compte de l'aspect général de l'amas par la gravure ci-dessus, quoiqu'elle n'ait assurément ni l'éclat, ni la scintillation, ni la grandeur du spectacle céleste. Cette nébuleuse résoluble est inscrite sous le n° 35 du catalogue de Messier.

Il y a encore dans cette constellation une autre nébuleuse bien curieuse, c'est celle qui porte le chiffre H. IV, 45 et qui se trouve par 7ʰ 22ᵐ et 21° 10′ de déclinaison, à 2° au sud-est de δ. C'est une étoile de 9ᵉ grandeur, qui brille juste au centre d'une nébulosité circulaire, phénomène remarquable et d'une extrême rareté. Telle William Herschel l'a observée il y a un siècle, telle nous la retrouvons aujourd'hui. Le diamètre est de 30″. On voit auprès d'elle, à l'est, ou pour mieux dire au nord-est, une étoile de 8ᵉ grandeur, un peu plus brillante que celle de la nébuleuse. La marge australe de ce disque pâle est un peu plus claire que la marge boréale. Étudiée au spectroscope, cette nébuleuse s'est montrée absolument *gazeuse*, son spectre est traversé des trois principales raies brillantes, dues à la prédominance de l'azote et de l'hydrogène.

Telles sont les curiosités principales de la constellation des Gémeaux. On voit qu'elles ne manquent ni d'intérêt ni de variété. Mais nous ne pouvons pas encore quitter cette région du ciel sans remarquer le *Petit Chien* installé depuis deux mille ans au sud des Gémeaux, et dont l'étoile *Procyon*, de première grandeur, se trouve très facilement, soit à l'aide de Castor et Pollux (revoir la *fig*, 195, p. 276), soit à l'aide d'Orion, à l'orient duquel elle scintille. Cette petite constellation tire son nom de l'éclat de sa brillante étoile, *Pro-Cyon*, « précurseur du Chien », parce que le lever matinal de Sirius, du Chien, était attendu, épié, avec une attention perplexe par les Égyptiens, et que Procyon étant plus boréal apparaissait avant lui dans l'aurore. Le nom a dû précéder ici le dessin de la constellation, et ensuite on a pu trouver dans la disposition de ses étoiles une esquisse suffisante pour y dessiner un petit chien, car les étoiles β γ et ε forment facilement une petite tête. Quoique peu étendu, cet astérisme fait partie des 48 anciennes constellations déjà établies au temps d'Eudoxe, d'Aratus et d'Hipparque. Aratus, Hipparque, Ptolémée ne l'appellent pas le Petit-Chien, mais le Procyon. Sûfi le nomme *al-Kalb al-Asgar*, le Petit-Chien. C'est le nom qui lui a été unanimement conservé. — En voici les étoiles principales.

PRINCIPALES ÉTOILES DE LA CONSTELLATION DU PETIT CHIEN.
DEUX MILLE ANS D'OBSERVATION.

| | — 127 | + 960 | 1430 | 1590 | 1603 | 1660 | 1700 | 1800 | 1840 | 1860 | 1830 |
|---|---|---|---|---|---|---|---|---|---|---|---|
| α (*Procyon*)... | 1 | 1 | 1 | 2 | 1 | 1 | 1½ | 1.2 | 1 | 1 | 1,4 |
| β ....... | 4 | 4 | 4 | 3 | 3 | 3 | 3 | 3 | 3 | 3 | 3,0 |
| γ ....... | 0 | 0 | 0 | 6 | 5 | 6 | 6 | 5.6 | 5 | 5 | 5,2 |
| δ' ....... | 0 | 0 | 0 | 0 | 5½ | 6 | 6 | 6 | 6 | 6.5 | 5,8 |
| δ² ....... | 0 | 0 | 0 | 0 | 5 | 6 | 6 | 5.6 | 6 | 6 | 6,2 |
| ε ....... | 0 | 0 | 0 | 0 | 6 | 6 | 6 | 6 | 5.6 | 5.6 | 5,4 |
| ζ ....... | 0 | 0 | 0 | 0 | 6 | 5 | 5 | 5.6 | 6 | 5.6 | 5,4 |
| η ....... | 0 | 0 | 0 | 0 | 6 | 6 | 6 | 6 | 6 | 6 | 5,9 |
| θ ....... | 0 | 0 | 0 | 6 | 5 | 0 | 6 | 5.6 | 5 | 5 | 4,8 |
| 11 ....... | 0 | 0 | 0 | 5 | 5 | 0 | 6 | 6 | 5.6 | 6.5 | 5,5 |
| P. VII, 289... | 0 | 0 | 0 | 0 | 5 | 5 | 4 | 5 | 6 | 5 | 4,7 |
| P. VII, 249... | 0 | 0 | 0 | 0 | 0 | 5 | 0 | 6 | 0 | 6.7 | 6,4 |

Procyon se place, par son éclat, après Sirius, Arcturus, Véga, Rigel et Capella, et avant Bételgeuse, Aldébaran, Altaïr et Antarès. On peut estimer sa grandeur à 1,4, et c'est sans doute par une évaluation un peu trop faible que Tycho ne l'a noté que de deuxième grandeur.

β a certainement augmenté d'une grandeur entière depuis Ptolémée, Sûfi et Ulugh-Beigh.

Aucune des autres étoiles de cette petite constellation n'a été signalée par les anciens. Tycho remarque le premier γ, 6 et 11 ; ce qui porte à croire que ε était plus faible alors que de nos jours, car aujourd'hui il est difficile de voir γ sans voir ε. L'étoile n° 6 était certainement plus faible du temps d'Hévélius, car dans sa description, très soignée d'ailleurs, il ne parle pas de cette étoile, aujourd'hui plus brillante que les autres dont il donne les positions. L'étoile n° 11 est aussi descendue d'une grandeur au moins entre Bayer et Hévélius. L'étoile P. VII, 289, a été estimée de quatrième grandeur par Flamsteed et Lalande, de cinquième par Piazzi, et de sixième par Argelander. L'étoile P. VII, 249 était invisible à l'œil nu en 1840 ; mais en 1660, Hévélius l'a notée, à l'œil nu, de cinquième grandeur.

Ce sont là des fluctuations plus ou moins prononcées, mais certaines, et dont la considération ne laisse pas que de modifier profondément les idées admises jusqu'à présent, et unanimement enseignées, sur la fixité, la permanence, la stabilité presque immuable des étoiles disséminées dans les campagnes de l'infini.

(Par suite d'une erreur, qu'il n'est pas inutile de corriger, l'étoile P. VII, 289, qui se trouve incontestablement dans les limites de la constellation du Petit-Chien, et qui brille à l'est de ζ, se nomme 13 du Navire dans les catalogues (Flamsteed, Piazzi, etc.). Or le Navire est relégué fort au sud, et entièrement séparé du Petit-Chien par la Licorne.)

Il y a là trois variables périodiques, R, S et T, qui oscillent, la première en 337 jours de 7,2 à 10, la deuxième en 324 jours, de 7,6 à 13, et la troisième en 340 jours, de 9 à 14. Mais on ne les voit jamais à l'œil nu, et leur étude est en dehors de notre programme actuel.

L'éclatant *Procyon* s'impose spécialement à notre attention par la grandeur de son mouvement propre et par une irrégularité curieuse découverte dans l'analyse de ce mouvement lui-même. La marche annuelle s'élève à — 0ˢ,047 en ascension droite et à — 1″,06 en déclinaison, ce qui donne pour résultante une ligne dirigée vers le sud-ouest et mesurant 1″,27, soit 127″ par siècle ou 21′ en mille ans. Il ne lui faut pas plus de quinze cents ans pour se déplacer dans le ciel d'une quantité égale au diamètre apparent de la lune. Dans douze mille ans, si le mouvement se continue en ligne droite, cette belle étoile va traverser l'équateur et se lancer dans l'hémisphère austral. Ce mouvement est exactement parallèle et contraire au nôtre, de sorte que la perspective de notre propre translation entre pour une partie notable dans sa construction. Il est certain, toutefois, qu'il n'y a pas seulement là un effet de perspective, car sa valeur surpasse de beaucoup celle de notre propre déplacement. Peut-être ce soleil vogue-t-il précisément en sens contraire de nous. De même que, lorsque nous sommes emportés par un convoi rapide, un train en marche sur une ligne voisine nous paraîtra immobile, s'il court dans le même sens que nous et avec la même vitesse, tandis qu'un autre nous paraîtra se diriger vers notre but, parce qu'il est animé d'une plus grande vitesse, et qu'un troisième nous paraîtra reculer — ou se diriger en sens contraire, — parce qu'il va moins vite (une gare nous paraîtra rétrograder plus vite encore parce qu'elle est tout à fait immobile); de même les étoiles du ciel nous offrent des marches variées suivant la combinaison de leurs mouvements avec le nôtre. Mais évidemment, en aucun cas, l'effet de perspective ne peut être supérieur à sa cause, et pour qu'une étoile nous paraisse rétrograder avec une rapidité plus grande que celle qui nous emporte nous-mêmes, il faut qu'elle soit animée personnellement d'une certaine vitesse et lancée en sens contraire de notre propre mouvement. C'est ce qui arrive pour Procyon.

Ce brillant soleil n'a offert comme parallaxe que la faible valeur de $0'',123$, ce qui porte sa distance à $1\,677\,000$ fois le demi-diamètre de l'orbite terrestre, à $1\,677\,000$ fois 37 millions de lieues, ou à 62 *trillions* de lieues de notre fourmilière, distance que le rayon lumineux n'emploie pas moins de vingt-six années à franchir, malgré son inconcevable rapidité de $75\,000$ lieues par seconde. Or si $0'',123$ représente 37 millions de lieues vues de là, le mouvement annuel de $1'',27$, représente 381 millions de lieues par an, au minimum, puisque ce n'est là qu'une projection de la marche réelle, sur le plan de la sphère céleste. En réalité, cette marche n'est pas perpendiculaire à notre rayon visuel, mais oblique, car Procyon va en s'éloignant de nous, avec une vitesse évaluée à 43 kilomètres par seconde, 2580 par minute, $154\,800$ par heure, $3\,715\,000$ par jour, ce qui donne 1357 millions de lieues par an. Si donc nous voulons nous rendre compte du mouvement réel de Procyon, nous devons construire une figure en prenant 381 pour composante horizontale et 1357 pour composante verticale, et nous obtiendrons sa trajectoire relativement à notre position dans l'espace. C'est ce que nous avons fait, et ce que

met en évidence la *fig.* 236. La résultante est de 1409 millions de
lieues — en supposant notre observatoire immobile. Mais en réalité
nous entrons pour une partie notable
dans ce mouvement, peut-être pour un
tiers.

Mais ce n'est point encore là le fait
le plus curieux de l'analyse du mouvement de Procyon. Au lieu d'être uniforme et régulier, ce mouvement est
quelquefois plus lent, quelquefois plus
rapide, et au lieu de suivre une ligne
droite, il oscille légèrement de part et
d'autre de la trajectoire. D'après un
travail de l'astronome Auwers, ces
irrégularités s'expliqueraient en admettant que cette étoile est attirée par une
autre située dans son voisinage et formant un même système avec elle, et
que Procyon tourne, dans un plan
perpendiculaire au rayon visuel, autour d'un centre de gravité situé à 1″,2,
les deux astres opérant l'un autour de
l'autre leur révolution en une période
de 40 ans environ.

Des perturbations analogues ont été,
comme nous le verrons plus loin,
constatées sur Sirius, et la prédiction
théorique a été brillamment confirmée
par la découverte du satellite, faite en
1862, dix-huit ans après la prédiction
de Bessel. Il n'en a pas encore été de
même pour Procyon, quoique M. Otto
Struve, directeur de l'Observatoire
impérial de Russie, se soit imaginé
avoir découvert ce satellite, et, ce qui

Fig. 236 — Mouvement de Procyon
dans l'espace.

est plus bizarre encore, ait cru l'observer pendant deux ans, justement du côté où la théorie l'annonçait, à 90° et 12″,5 en 1873,
à 100° et 11″,7 en 1874. On a fait beaucoup de bruit de cette découverte ; puis en la vérifiant à l'aide d'instruments plus puissants que
celui de Poulkowa, on s'est aperçu que l'astre de M. Otto Struve

*n'existe pas.* C'est là un remarquable exemple d'illusion, bien rare chez les astronomes.

Les télescopes géants permettent d'apercevoir dans le voisinage de Procyon plusieurs petits points presque éclipsés par son éblouissante lumière. Dans les instruments de moyenne puissance, on distingue les trois plus éloignés, l'un, de 8ᵉ grandeur à 346″, l'autre de 8ᵉ ½ à 371″, et le troisième, de 7ᵉ grandeur, à 652″. (Je donne ici mes mesures, faites en 1877.) Ces étoiles ne partagent pas le mouvement propre de Procyon, et gisent fort loin au delà de ce soleil dans l'infini. La dernière de ces étoiles est une double fort élégante et très serrée, à 1″,4, formant un système orbital qui a tourné de 27° depuis cent ans. Vers 1° au sud-est de ce couple, il y a une belle étoile orangée, de septième grandeur et demie. Ajoutons encore que l'amiral Smyth a mesuré en 1833 une étoile de 8ᵉ grandeur, à 85°, c'est-à-dire à l'est, et à 145″, que personne n'a jamais revue depuis à cette distance, et que l'on a considérée comme variable, mais qui doit être tout simplement le compagnon que j'ai mesuré en 1877 à 81° et 346″, l'amiral ne l'ayant mesuré qu'une seule fois et ayant pu se tromper dans la transcription de la distance.

On voit que malgré son exiguïté, la constellation du Petit-Chien n'en garde pas moins, dans Procyon et dans son voisinage, des curiosités sidérales dignes de l'attention du contemplateur du ciel. Elle complète admirablement celle des Gémeaux et couronne par son diadème les richesses de Castor et Pollux.

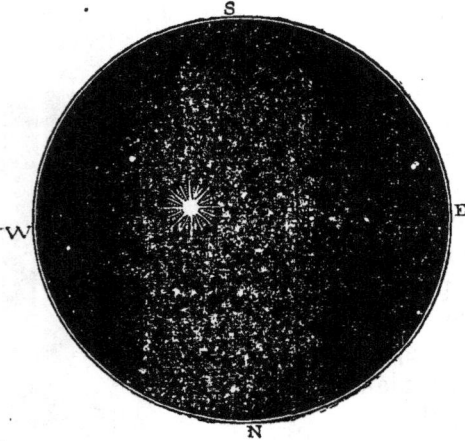

Fig. 237. — Etoiles voisines de Procyon (1ᵐᵐ = 20″).

# CHAPITRE XIII

Le Cancer : **Præsepe ou la Crèche; curieux système ternaire formé par l'étoile ζ du Cancer. — Le Lion : Régulus. — Le Sextant.**

Nous continuons notre description des constellations zodiacales en marchant toujours de l'ouest à l'est. Après les Poissons, le Bélier, le Taureau et les Gémeaux, nous arrivons au Cancer, astérisme de peu d'importance au point de vue de l'étendue qu'il occupe sur la sphère céleste comme au point de vue de l'éclat des étoiles qui le composent. Cette constellation n'a dû être remarquée et formée que très tard, par une astronomie relativement avancée, et uniquement comme point de repère entre le Lion et les Gémeaux. On n'y voit pas une seule étoile de première, deuxième ou même de troisième grandeur, et ce qui la distingue dans le ciel de minuit, c'est plutôt, dans sa pauvreté remarquable, une nébuleuse, un pâle amas d'étoiles, perceptible à l'œil nu, qui a reçu le nom de *Præsepe* ou de *la Crèche*.

Comme le Zodiaque était déjà établi du temps d'Eudoxe, au quatrième siècle avant notre ère, il n'y a rien de surprenant à voir cet auteur, puis Aratus et Ératosthènes, parler du Cancer et de sa Crèche. Les astrologues faisaient dès cette époque grand cas de ce signe zodiacal et de son voisinage, les étoiles du Lion. La philosophie chaldéenne et platonicienne assurait même que c'était par cette porte obscure que les âmes descendaient du ciel pour venir s'incarner dans les embryons humains.

Le mot grec *karkinos*, par lequel Eudoxe, Hipparque, Ptolémée, et tous les anciens, désignent cette constellation, signifie à la fois crabe et écrevisse, comme le mot latin *cancer*. Aussi trouve-t-on dès les plus anciens atlas ces deux figures, qui pourtant ne se ressemblent pas, attendu que l'une est courte, plus large que longue, tandis que l'autre est fort allongée. Il n'est pas facile de reconnaître dans la disposition des étoiles la justification de l'une ou l'autre appellation : le crabe, comme l'écrevisse, se cache aussitôt qu'on cherche à le saisir. Il est vrai que de faibles ressemblances ont souvent servi de prétexte à

des étymologies bien curieuses, puisqu'en chirurgie le mot cancer a
été donné, dit Littré, à la tumeur que ce nom caractérise, « à cause
des bosselures et des veines qui l'ont fait grossièrement comparer à
un crabe ». Ne serait-ce pas plutôt parce que le cancer ronge comme
un crabe? Dans un cas comme dans l'autre, il faut avouer que l'analogie est lointaine. Le cancer céleste est peut-être amené d'aussi loin.
Considérez pourtant la disposition des étoiles de cet astérisme
(*fig.*239): ne trouvez-vous pas que les lignes menées aux deux brillantes
étoiles α et ι peuvent donner l'idée de deux longues pattes, γ et δ l'idée
de deux yeux, et le quadrilatère l'idée d'un corps, — d'autant plus
qu'autrefois les deux étoiles η et θ étaient presque aussi brillantes
que les deux autres? — Or, encore aujourd'hui, α et ι représentent les
pinces du crabe, et γ et δ ses deux yeux ronds.

On a dit que le nom d'écrevisse avait été donné à ce signe du
Zodiaque, parce que le soleil y arrive au solstice d'été, et que, parvenu
à la limite de son cours boréal, il rétrograde. Si cette explication était
exacte, il n'y a pas plus de deux mille ans que le Zodiaque serait formé
et nommé, puisque l'équinoxe de printemps arrivait dans le Bélier au
temps d'Hipparque. Or nous avons vu que le Taureau existait déjà à
l'époque où l'équinoxe se plaçait dans ces limites, et à cette époque
le solstice n'arrivait pas dans le Cancer, mais dans le Lion. Donc le
Cancer n'a pas été nommé à cause d'une telle coïncidence.

Francœur se tire d'embarras en assurant que le Cancer était le
signe du solstice d'hiver : « la marche lente et rétrograde de l'Écrevisse annonce le mois de janvier, temps où le soleil revient vers les
signes supérieurs »: Mais cette hypothèse conduirait à reculer de
douze mille ans plus loin l'invention du Zodiaque, ce qui ne s'accor-
derait avec aucune des traditions ni aucun des synchronismes de
l'histoire.

Remarquons, d'ailleurs, en passant, combien il est facile de trouver des ressemblances et des justifications. Ceux qui placent le Cancer
au solstice d'hiver trouvent que c'est naturel, parce que l'Écrevisse
marche lentement; ceux qui le placent au solstice d'été expliquent le
symbole par le fait de la rétrogradation du soleil, qui ne va pas plus
loin au nord; ceux qui, dans le premier cas, voient le Lion en juillet
justifient cette position, « parce que le Lion symbolise l'ardeur de
l'été », et ceux qui dans le second cas, sont forcés de mettre le Lion
en février, trouvent qu'il y est à sa place, « parce qu'en Égypte la
végétation est plus active en février et que le soleil reprend sa force
dans ce signe qui en est le symbole ». Ainsi les commentateurs

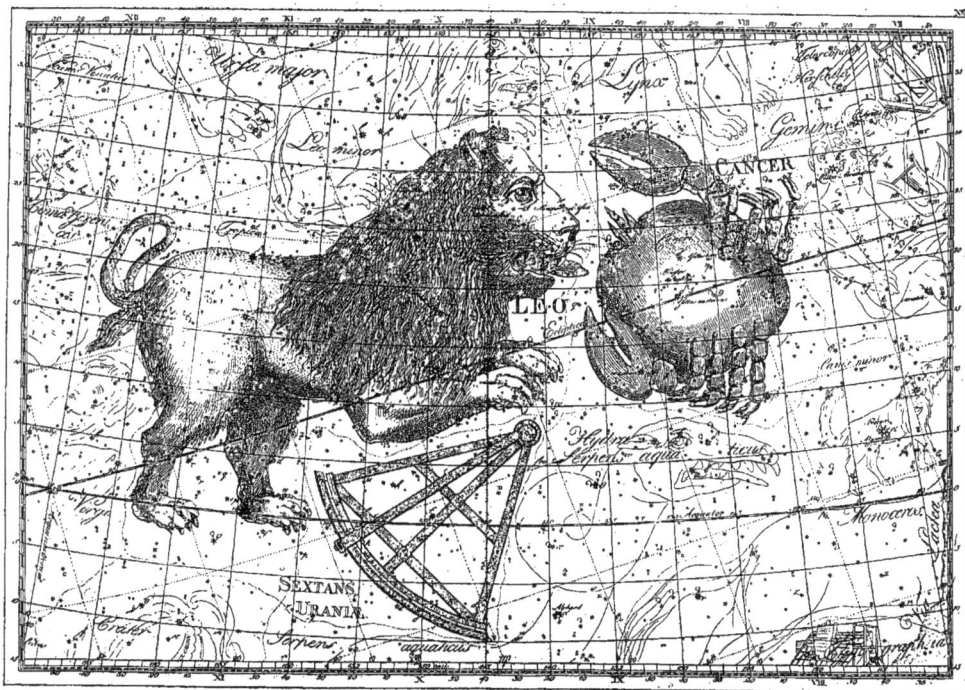

Fig. 238. — Constellations zodiacales. — Le Cancer. — Le Lion.

sont toujours satisfaits. Il n'en est pas de même des astronomes. — Depuis dans son *Origine des cultes* et dans ses *Mémoires* sur les zodiaques, Bailly dans son *Astronomie ancienne*, Anquetil dans son *Zend Avesta*, Dulaure dans son *Histoire des différents cultes*, Francœur dans son *Uranographie*, et un grand nombre d'autres écrivains, ont rempli d'énormes volumes de dissertations plus ou moins ingénieuses, que j'ai toutes en ce moment sous les yeux, mais dont l'étude critique ne conduit à rien de sûr, à rien de certain, ni sur l'origine des noms donnés aux constellations zodiacales, ni sur la date de l'établissement du zodiaque.

Dans son *Uranographie chinoise*, M. Schlegel va plus loin; il nous apprend que les anciens Chinois nommaient le Cancer, ou pour mieux dire l'amas de la Crèche, « les cadavres accumulés » ; et poursuivant sa théorie que toutes les constellations nous sont arrivées des Chinois, il ajoute que les Égyptiens ont pu mettre là un crabe, comme symbole de la mort, « puisque cet animal se nourrit de cadavres, et qu'on rencontre souvent le crabe fluviatile sur les corps des noyés dont il ronge le nez, les oreilles et les doigts ». Cette origine n'est pas plus satisfaisante.

Plus ingénieuse est son explication des deux papillons que sur certaines sphères anciennes on a dessinés au signe des Gémeaux. « C'est là, dit-il, un ancien symbole chinois et japonais. Tandis que chez nous le papillon est l'emblème de l'inconstance, il est, au Japon, celui de la fidélité. En voyant le papillon voltiger de fleur en fleur, nous nous sommes habitués à dire : « léger, inconstant comme un « papillon. » Les Japonais sont allés au fond des choses ; ils ont pénétré dans le sanctuaire intime de la vie privée de cet insecte multicolore, et ils ont constaté que s'il voltige de fleur en fleur, ce n'est là qu'une affaire de goût pour sa nourriture, tandis qu'en amour les papillons sont fidèles, volant toujours deux à deux et ne se quittant jamais. »

Et l'auteur ajoute une touchante légende à propos du papillon rouge qui vit sur une plante nommée *Ho* par les Chinois. Il y avait à la cour du roi K'ang une jeune et belle femme, nommée *Ho*, sage, vertueuse, fidèle, adorée de son mari. Le roi la désirait, et pour arriver à ses fins, il commença par mettre le mari en prison. Désespéré, celui-ci se suicida. En apprenant la mort de l'être qu'elle aimait, sa femme se précipita du haut d'une tour du palais et se tua. Dans sa ceinture on trouva une lettre pour laquelle elle demandait comme dernière grâce au roi d'être ensevelie dans la même tombe que son mari. Mais le roi irrité la fit enterrer séparément. Dans la nuit, cependant, deux arbres

poussèrent sur les deux tombes, et bientôt entrelacèrent leurs branches et leurs racines. Le peuple nomma ces arbres « les arbres de
l'amour fidèle » et le nom de l'épouse vertueuse est devenu celui de
l'arbre au papillon rouge.

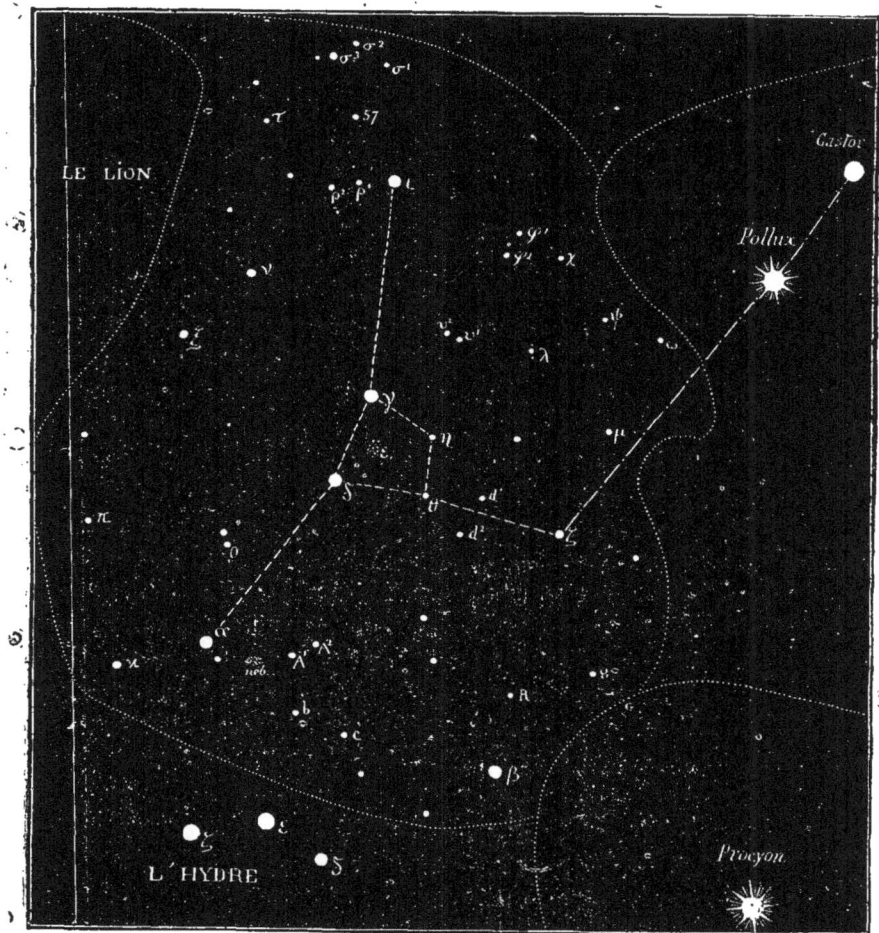

Fig. 230. — Principales étoiles de la constellation du Cancer.

Mais nous voici loin du Cancer. Cette petite constellation ne se
compose, avons-nous dit, que de quelques étoiles, situées entre les
Gémeaux et le Lion, et qu'il faut chercher en l'absence de clair de
lune, pendant les belles nuits d'hiver et de printemps, de décembre à
juin. On trouvera l'étoile ζ (qui est, comme nous le verrons bientôt,

la plus intéressante de la constellation) en prolongeant la ligne de Castor à Pollux d'un peu plus de deux fois sa longueur (*voy.* la *fig.* 239). L'étoile *α* brille fort au delà, en tournant au sud-est. En remontant vers le nord, à partir de *α*, comme si l'on voulait revenir ensuite vers les Gémeaux, on remarque *δ* et *γ*, qui sont, comme *α*, de 4° grandeur. C'est entre ces deux étoiles que palpite d'un faible éclat l'amas de la Crèche, perceptible à l'œil nu.

Cette dénomination de *la Crèche* a un aspect d'origine chrétienne; mais ce n'est là qu'un aspect trompeur, car elle est fort antérieure au christianisme. On lit dans Pline l'Ancien : « Sunt in signa Cancri duæ stellæ parvæ, aselli appellatæ, exiguum inter illas spatium... nubecula quam præsepia appellant. » Il y a dans le signe du Cancer deux petites étoiles nommées les Anes; elles sont séparées par un petit espace où se trouve une nébuleuse que l'on appelle les Crèches. Pline dit les Crèches, au pluriel; mais dès son temps on disait généralement « *præsepe* », au singulier : la Crèche. D'après cette vieille tradition les deux Anes seraient, comme on le voit, les étoiles *γ* et *δ*. — C'est une nouvelle preuve que nos ancêtres, à l'imagination primesautière, n'étaient pas très exigeants pour les analogies ou les vagues ressemblances indiquées dans les aspects célestes. Les Arabes l'appelaient aussi *al-malaf*, « le sac à fourrage que l'on pend au cou de la bête ». Les Anglais l'appellent encore *Bee-hive*, « l'essaim d'abeilles ».

Les anciens donnaient une grande attention à cette nébuleuse, comme aux Pléiades et aux Hyades. Aratus et Théophraste rapportent que son affaiblissement et sa disparition étaient regardés comme un signe météorologique annonçant l'arrivée prochaine de la pluie.

Aucune vue humaine ne peut séparer les étoiles qui composent cet amas : la lumière de chacune d'elles (les principales sont de 6° 1/2 et de 7° grandeur) s'étend, s'éparpille sur la rétine, empiète sur la lumière de l'étoile voisine à cause de l'imperfection de nos organes, et le tout forme une masse confuse. Que l'on prenne, au contraire, une bonne jumelle marine ou une petite lunette, et l'image de chaque étoile se concentrant devient nette, lumineuse, distincte, ce qui donne une première idée de la beauté et de la richesse de cet amas. Prenez une lunette plus puissante, munie d'un faible oculaire à champ très large, et en découvrant les étoiles de 8°, 9° et 10° grandeur, vous admirerez une opulente agglomération de soleils, qui est en réalité l'une des plus magnifiques du ciel. — C'est un excellent objet pour l'essai des instruments.

En observant cet amas d'étoiles à l'aide d'une bonne lunette, on trouvera vers l'est, à 8 minutes environ, deux petites nébuleuses qui se suivent. La première est assez brillante et mesure 55″ de diamètre; elle est double. La seconde, à 40 secondes plus à l'est et à 4′ plus au sud, est plus faible. William Herschel en a observé là une autre, en 1784, que personne n'a jamais revue depuis. C'était peut-être une comète.

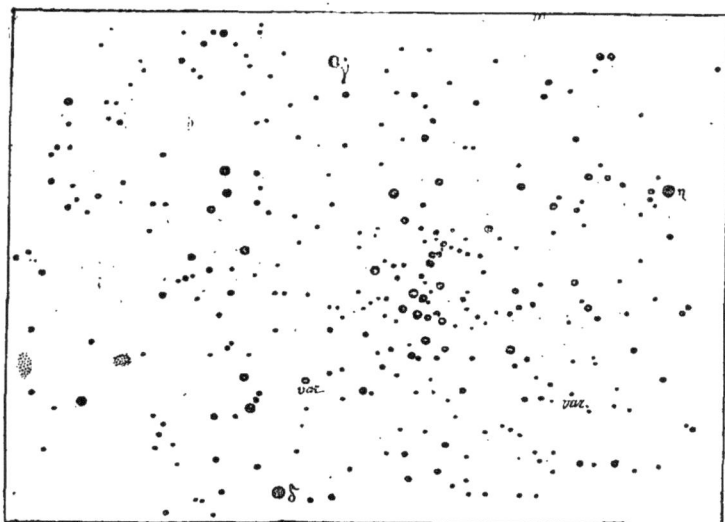

Fig. 240. — Amas du Cancer (la Crèche).

J'ai réuni au tableau suivant toutes les étoiles de cette constellation qui ont reçu des lettres; mais j'ose à peine engager mes lecteurs à chercher à les reconnaître toutes dans le ciel, car elles sont pour la plupart de sixième grandeur et si difficiles à identifier que j'ai dû annexer à un grand nombre d'entre elles leurs numéros du catalogue de Flamsteed, précaution qui n'est généralement utile, et dont nous n'avons fait usage jusqu'ici, que pour les étoiles qui n'ont pas reçu de lettres grecques. Encore reste-t-il quelque incertitude pour le groupe où trois étoiles ont reçu la lettre σ. L'observation qui nous a frappés à propos des lettres redoublées dans la constellation du Taureau, peut nous frapper ici avec plus de vivacité encore, car il y a des étoiles si rapprochées, qu'un grand nombre forment des couples désignés sous une même dénomination, et que dans cette petite constellation du Cancer, nous comptons deux o, deux ρ, trois σ, deux ν, deux φ, deux ω, deux A et deux d; — sans compter d'autres couples encore, tels, par exemple, que celui qui est formé par α, de 4ᵉ grandeur, et sa voisine, l'étoile 60, de 6ᵉ, que l'on distingue à 43′ au sud-ouest de la brillante; ainsi que d'autres voisines de 6° à 7° grandeur, formant deux μ, deux ψ, deux ε, etc., ce n'est pas là évidemment un effet du hasard, et cette région du ciel est, comme celle du Taureau, singulièrement remarquable par ces associations d'étoiles doubles très écartées.

ÉTOILES PRINCIPALES DE LA CONSTELLATION DU CANCER
DEUX MILLE ANS D'OBSERVATION

| ÉTOILES | −127 | +960 | 1430 | 1590 | 1603 | 1660 | 1700 | 1756 | 1800 | 1840 | 1860 | 1880 |
|---|---|---|---|---|---|---|---|---|---|---|---|---|
| α | 4 | 4 | 4 | 3 | 3 | 3 | 4 | 4.3 | 5 | 4 | 4 | 4,2 |
| β | 4 | 4 | 4 | 3 | 3 | 3 | 3¾ | 4.3 | 4 | 4.3 | 4.3 | 3,7 |
| γ | 4.3 | 4 | 4 | 4 | 4 | 4 | 4 | 4 | 5 | 4.5 | 4.5 | 4,4 |
| δ | 4.3 | 4 | 4 | 4 | 4 | 4 | 4 | 4 | 4.5 | 4 | 4 | 4,3 |
| ε (La Crèche) | néb. | néb. | néb. | néb. | néb. | néb. | néb. | néb. | néb. | cum. | cum. | amas |
| ζ | 4 | 4.5 | 4.5 | 4 | 4 | 4 | 5½ | 5 | 6 | 5.4 | 5.4 | 4,8 |
| η | 4.5 | 4.5 | 4.5 | 5 | 5 | 5 | 6¼ | 6.7 | 6 | 6 | 6.5 | 5,6 |
| θ | 4.5 | 4.5 | 4.5 | 5 | 5 | 5 | 5¾ | 6.5 | 5.6 | 6 | 6.5 | 5,5 |
| ι | 4 | 4 | 4 | 5 | 5 | .5 | 5 | 5 | 5.6 | 4 | 4 | 4,5 |
| κ | 4 | 4.7 | 4.5 | 5 | 5 | 4½ | 6¼ | 4.5 | 5.6 | 5 | 5 | 5,0 |
| λ | 0 | 0 | 0 | 0 | 5 | 6 | 6 | 6 | 6 | 6 | 6.5 | 5,8 |
| μ | 5 | 5.6 | 5.6 | 5 | 5 | 5 | 6⅓ | 5 | 6.7 | 6.5 | 6.5 | 5,9 |
| ν | 5 | 5 | 5 | 6 | 6 | 6 | 6 | 0 | 6 | 6 | 5.6 | 5,5 |
| ξ | 5 | 0 | 5 | 6 | 6 | 6 | 5½ | 5.6 | 5.6 | 5 | 5 | 5,0 |
| 62 ο¹ | 0 | 4.5 | 4.5 | 6 | 6 | 6 | 6 | 6 | 6 | 6 | 6.5 | 5,5 |
| 63 ο² | 0 | 0 | 0 | 0 | 0 | 0 | 6 | 6 | 6 | 6 | 6 | 6,0 |
| 82 π | 4 | 0 | 0 | 0 | 6 | 6 | 6 | 7 | 6 | 6 | 6 | 6,0 |
| 55 ρ¹ | 0 | 0 | 0 | 0 | 6 | 0 | 6 | 0 | 6 | 6 | 6 | 6,0 |
| 58 ρ² | 0 | 0 | 0 | 0 | 6 | 0 | 0 | 0 | 6 | 6 | 6.5 | 5,8 |
| 51 σ¹ | 0 | 0 | 0 | 0 | 6 | 0 | 6 | 0 | 6 | 6 | 6 | 6,0 |
| 59 σ² | 0 | 0 | 0 | 0 | 6 | 0 | 5½ | 0 | 5.6 | 6 | 6.5 | 5,8 |
| 64 σ³ | 0 | 0 | 0 | 0 | 6 | 0 | 6 | 0 | 6 | 5 | 5 | 5,0 |
| 72 τ | 0 | 0 | 0 | 0 | 6 | 0 | 6½ | 0 | 6.7 | 6 | 6 | 6,2 |
| 30 υ¹ | 0 | 0 | 0 | 0 | 6 | 0 | 6 | 6.7 | 6.7 | 6 | 6 | 6,0 |
| 32 υ² | 0 | 0 | 0 | 0 | 6 | 0 | 6¼ | 6 | 7.8 | 6 | 6.5 | 5,9 |
| 22 φ¹ | 0 | 0 | 0 | 0 | 6 | 0 | 6½ | 6.7 | 6.7 | 6 | 6 | 6,0 |
| 23 φ² | 0 | 0 | 0 | 0 | 6 | 6 | 6 | 6 | 6 | 6 | 6.5 | 6,2 |
| 18 χ | 0 | 0 | 0 | 0 | 6 | 6 | 6 | 6 | 6 | 6 | 6.5 | 5,6 |
| 14 ψ | 0 | 0 | 0 | 0 | 6 | 7 | 7 | 4 | 7.8 | 6 | 6.5 | 6,0 |
| 2 ω¹ | 0 | 0 | 0 | 0 | 6 | 0 | 6 | 6 | 6 | 6 | 6 | 6,0 |
| 4 ω² | 0 | 0 | 0 | 0 | 0 | 0 | 6 | 6 | 6.7 | 0 | 6.7 | 6,3 |
| 45 A¹ | 0 | 0 | 0 | 0 | 6 | 0 | 6 | 0 | 6.7 | 6 | 6 | 5,5 |
| 50 A² | 0 | 0 | 0 | 0 | 6 | 0 | 6 | 6 | 6 | 6 | 6 | 5,5 |
| 49 b | 0 | 0 | 0 | 0 | 6 | 0 | 6 | 6 | 6.7 | 6 | 6.5 | 6,0 |
| 36 c | 0 | 0 | 0 | 0 | 6 | 6 | 6 | 6 | 7 | 6 | 6 | 6,0 |
| 20 d¹ | 0 | 0 | 0 | 6 | 6 | 6 | 6 | 7 | 6 | 6 | 6 | 6,0 |
| 25 d² | 0 | 0 | 0 | 0 | 6 | 0 | 6 | 7 | 6 | 6 | 6 | 6,3 |
| 8 | 0 | 0 | 0 | 5 | 5 | 5 | 6 | 0 | 6.7 | 6 | 6 | 6,2 |
| P. VIII, 42 | 0 | 0 | 0 | 0 | 0 | 0 | 5 | 0 | 6.7 | 6 | 6 | 6,3 |

L'étoile β est un peu plus brillante que l'étoile α, et dans les circonstances habituelles, nous serions en droit de conclure qu'il y a eu transposition d'éclat depuis l'époque de Bayer. Mais dans ce cas particulier, le second rang a été donné évidemment à l'étoile β, à cause de sa position éloignée et pour ainsi dire externe. Tycho Brahé l'a même laissée tout à fait en dehors de la figure, et l'a inscrite, non au Cancer, mais à l'Hydre. Nous ne pouvons donc pas conclure à un changement d'éclat. Toutefois, il est bien possible que $\alpha$ ait diminué au temps de Piazzi.

L'étoile $\zeta$ n'a été rattachée au Cancer qu'au XVI$^e$ siècle. Anciennement, elle était inscrite comme externe des Gémeaux, ce qui a induit en erreur plusieurs historiens de l'astronomie, qui n'avaient pas été la chercher là.

Les étoiles $\eta$ et $\theta$, qui forment avec $\gamma$ et $\delta$ le quadrilatère enfermant la nébuleuse ont diminué d'éclat. Elles sont descendues de la quatrième grandeur à la cinquième et même à la sixième. Les observations précises de Sûfi, entre autres, ne peuvent laisser aucun doute à l'égard de cette diminution. On a vu l'étoile $\delta$ éclipsée par Jupiter le 3 septembre de l'an 240 avant notre ère.

L'étoile $\iota$ est de la 4$^e$ grandeur, comme autrefois; mais elle paraît s'être abaissée à la 5$^e$ pendant deux cents ans.

Les étoiles $\varkappa$, $\nu$ et $\pi$ sont mal placées dans les positions de Ptolémée. $\nu$ est beaucoup trop basse; mais aucune autre étoile ne correspond à sa position, et nous pouvons admettre une erreur de latitude, d'autant plus que Sûfi remarque qu'au lieu de former un triangle avec $\xi$ et $\iota$, comme l'indiquerait le diagramme construit sur les positions de Ptolémée, elle se trouve à peu près en ligne droite. Quant à $\pi$, que Ptolémée signale de quatrième grandeur, il me semble que Sûfi a observé non pas cette étoile, mais sa voisine $o$, qu'il signale aussi de quatrième grandeur: l'une comme l'autre ne sont que de sixième aujourd'hui : il y a eu là certainement aussi un changement d'éclat. Enfin $\varkappa$, placée trop à l'est dans Ptolémée, a été notée de 4$^e$ grandeur par ce patriarche de l'astronomie, et de 4$^e\frac{2}{3}$ par Sûfi, expressément. Elle n'est que de cinquième, et même Piazzi l'a notée de 5$^e$ 1/2 et Flamsteed de 6$^e$ 1/2. Il est difficile de se refuser à voir encore là quelque fluctuation de lumière.

Remarquons encore que l'étoile 64 $\sigma^3$ a augmenté d'éclat de 6 à 5; que l'étoile n° 8 est, au contraire, descendue de 5 à 6, et que les étoiles 32 $\nu^2$ et 14 $\psi$ ont diminué de 6 à 7 1/2 pour remonter à 6. — Toutefois, les évaluations de Piazzi sont souvent un peu trop faibles. — La variabilité de $\psi$ est d'autant plus certaine que cette étoile a été vue par Mayer de 4$^e$ grandeur en 1756, et qu'elle est inscrite de ce même éclat dans le catalogue d'Armagh (1840).

À l'ouest de $\eta$, entre cette étoile et $\mu$, au milieu du quadrilatère formé par les étoiles $\zeta$, $d'$, $\eta$, $\lambda$ et $\mu$, brille une étoile solitaire, de

6e grandeur. Le 4 mars 1796, Lalande, en l'observant (c'est le nº 16292 de son Catalogue) a ajouté cette remarque sur son registre : « Étoile singulière. » Pour que Lalande, qui a observé tant de milliers d'étoiles, ait fait cette remarque, il faut que cet astre lui ait offert un aspect particulier. Je l'ai souvent examinée, mais sans rien lui trouver d'extraordinaire. On sera bien inspiré de tourner de temps en temps une petite lunette vers cette étoile. (C'est la dernière de notre tableau.)

On connaît dans cette constellation cinq variables périodiques, R, S, T, U, V, qui oscillent, la première de 6,3 à 13 en 359 jours (c'est la seule qui arrive parfois à être perceptible à l'œil nu); la deuxième de 8 à 10,5, dans la période rapide de 9 jours 11 heures 37 minutes 45 secondes (variabilité du type d'Algol); la troisième de 8,3 à 9,9 et à 12 en 455 jours; la quatrième de 8,9 à 14 en 300 jours, et la cinquième de 6,8 à 14 en 273 jours. Chaque fois que nous avons à signaler ces étoiles périodiques disséminées dans l'étendue des cieux, nous ne pouvons nous empêcher de songer aux étranges conditions de lumière, de chaleur, de saisons, de climats, qui doivent en résulter pour les systèmes de mondes attachés par leur destinée aux vicissitudes de ces lointains soleils.

Visitons maintenant les *étoiles doubles* les plus remarquables. A part les couples très écartés signalés par les redoublements de lettres qui nous ont frappés tout à l'heure, et qui sont accessibles aux jumelles ou aux plus petites lunettes terrestres, quelques couples plus rapprochés et plus intéressants méritent notre attention spéciale.

Comme intermédiaire, signalons l'étoile θ, de 5e grandeur, dont le compagnon, de 9e grandeur, est juste à 1′ ou 60″ de sa primaire.

L'étoile ι, de 4e grandeur, montre à côté d'elle, à 30″, une petite étoile de 7e grandeur. *Pâle orange* et *bleu claire.* Beau contraste.

23 φ² : 6,0 — 6,5, à 4″,8. Quelquefois les deux étoiles paraissent tout à fait égales. Blanches.

Les trois étoiles que l'on voit au nord de la constellation, à peu près sur le prolongement de γ à ι, ont reçu la lettre σ (σ′, σ² et σ³ de notre tableau). A côté de σ³, à l'est, il y en a une quatrième plus petite, de 6e 1/2, que les vues perçantes parviennent à distinguer à l'œil nu. C'est une étoile double fort jolie : 6e¼ et 9e, à 4″,8; blanche et bleu ciel.

Entre ι et σ, on voit une étoile de sixième grandeur, qui porte le nº 57 du catalogue de Flamsteed : c'est une petite double très serrée, à 1″4; 5,8 et 7e. On essayera avec intérêt sur elle les lunettes de moyenne puissance. Cette étoile, qui porte le nº 1291 du catalogue de

Struve, est généralement désignée sous une lettre erronée et qui peut induire en erreur. Les uns, comme Smyth, Webb, etc., la nomment $\sigma^2$ : or elle n'est pas du tout dans le groupe des $\sigma$. D'autres, comme Herschel, Struve, la nomment $\iota^2$ : or elle est fort loin de $\iota$. Il me semble que pour éviter toute confusion, le mieux est de lui laisser tout simplement son numéro classique, c'est-à-dire 57 Fl.

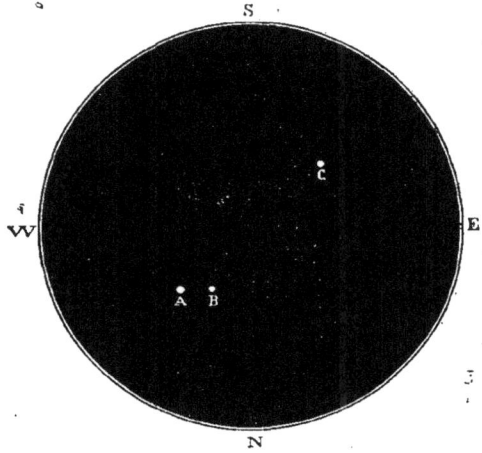

Fig. 241. — L'étoile triple ζ du Cancer.

Les observateurs très patients pourront aussi chercher à droite de $\upsilon'$ : ils trouveront là un joli couple, de $7^e$ et $7^e\frac{1}{2}$, dont les composantes sont écartées à $5'',9$. On l'appelle aussi $\upsilon'$, mais c'est encore là une confusion regrettable : c'est le n° 24 de Flamsteed, invisible à l'œil nu.

Nous arrivons ici au groupe le plus curieux de cette constellation, à la fameuse étoile triple ζ du Cancer, qui est l'une des plus intéressantes du ciel entier — nous pourrions même dire la plus importante au point de vue spécial des systèmes multiples, car c'est là *le premier système ternaire* que nous ayons pu analyser dans tout l'univers.

Cette étoile se présente dans le champ de la lunette sous l'aspect reproduit ci-dessus (*fig.* 241). L'étoile la plus brillante, que nous appellerons A, a pour grandeur 5,0; sa voisine, que nous appellerons B, a pour grandeur 5,7; la troisième, que

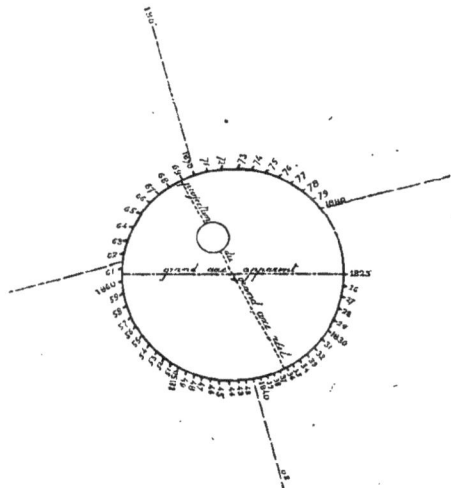

Fig. 242. — Orbite apparente de ζ du Cancer.

nous appellerons C, a pour grandeur 5,4. La deuxième (B) tourne très rapidement autour de la première; la troisième circule autour de ce couple, mais avec une grande lenteur.

Depuis la première mesure faite en 1781 par William Herschel, l'étoile B a déjà parcouru presque deux fois son orbite; elle est repassée en 1840 au point où elle avait été vue en 1781, et depuis 1840 elle a déjà accompli les deux tiers d'une révolution nouvelle. J'ai calculé cette orbite en 1873, et trouvé 61 ans pour la durée de la révolution; mais cette durée ne doit pas être constante, à cause de l'action perturbatrice de la troisième étoile. L'orbite apparente, telle que nous la voyons de la Terre, est presque circulaire; mais l'étoile A n'est ni au centre ni au foyer de cette orbite apparente, de sorte que la distance varie suivant une proportion assez forte : de $0''{,}4$ à $1''{,}2$. L'orbite réelle est plus allongée; la projection de son grand axe forme un angle considérable avec le grand axe apparent, comme on peut en juger par la figure précédente, qui représente l'orbite tracée sur l'ensemble de toutes les observations précises faites depuis 1825. — L'échelle est de $2^{mm}$ pour $1''$.

C'est là un couple orbital très serré et fort rapide. Mais son intérêt s'accroît considérablement par l'existence de la troisième étoile qui forme un système physique avec les deux premières et gravite lentement autour d'elles. Examinons en détail les caractères de ce triple système.

Mes recherches sur les étoiles doubles m'ayant conduit, dans le cours de l'année 1873, à analyser toutes les observations faites sur ce groupe remarquable, j'ai été frappé de la forme irrégulière affectée par le mouvement de la troisième étoile. Construisant l'orbite apparente, comme j'avais l'habitude de le faire pour les couples d'étoiles doubles en mouvement rapide, je trouvai des stations et des rétrogradations inattendues, et une courbe en forme d'épicycloïde. Tournant et retournant les observations dans tous les sens, je ne cessai pas de trouver cette irrégularité constante, et au mois de mars 1874 je communiquai ce fait si curieux à plusieurs astronomes, qui partagèrent mon étonnement (notamment à MM. Faye, Président du Bureau des Longitudes; Paul et Prosper Henry, de l'Observatoire de Paris; Gonzalès, de Bogota, alors à Paris; Charles Boissay, rédacteur des *Mondes*, etc.). Avant de présenter ce résultat à l'Académie des sciences, comme j'avais l'habitude de le faire, je voulus le compléter par les mesures récentes les plus précises que je pourrais obtenir, et j'écrivis à cet égard à M. Otto Struve, directeur de l'Observatoire de Poulkowa, pour lui demander communication de ses dernières mesures sur ce remarquable système. L'astronome russe ne me répondit pas; mais quelques mois après, tandis que M. Faye et moi attendions sa réponse, il crut mieux faire, sans doute, en l'envoyant à l'Académie elle-même et en révélant au monde savant cette singularité de l'orbite de la troisième étoile de ζ du Cancer. C'est une coïncidence bien remarquable que M. Otto Struve ait justement fait cette découverte après avoir reçu ma lettre; c'en est une autre non moins curieuse qu'il se soit justement occupé de l'analyse de cette étoile en même temps que moi (qui consacrais alors exclusivement mon temps (1873 et 1874) à cette analyse des couples rapides) ; c'en est une troisième qu'il ait construit l'orbite apparente par la méthode graphique que j'employais comme première approximation de préférence à l'analyse mathématique ; c'en est une quatrième qu'il ait envoyé sa découverte en France contrairement à ses habitudes allemandes et russes, etc. En raison de ces curieuses coïncidences, j'ai, le jour même de la publication de son travail dans les *Comptes rendus*, remis à l'Académie un pli cacheté constatant les résultats auxquels j'étais parvenu, indépendamment de l'astronome russe (ne pas lire *rusé*) et antérieurement à leur publication [ce document est toujours à l'Académie, et on le décachettera quand M. O. Struve le désirera]. Mais ne perdons pas plus de temps en futilités et parlons de l'anomalie dont il s'agit.

Depuis la première mesure, faite en 1756 par Tobie Mayer, l'étoile C a parcouru 68°, non d'un mouvement uniforme, mais d'un mouvement irrégulier.

Les mesures de 1756 à 1826 sont trop incertaines pour essayer le tracé de la courbe ; mais à partir de 1826 elles permettent ce tracé. Si l'on prend le milieu entre l'étoile A et l'étoile B, ce point voyage avec le mouvement circulaire de B et décrit d'année en année la courbe représentée par la flèche intérieure (*fig.* 243). C'est généralement à ce milieu mobile que se rapportent les mesures de C, car comme A et B sont presque de même éclat, on pourrait les prendre l'une pour l'autre et mesurer par inadvertance BC pour AC :
il est préférable de placer le point de départ entre les deux étoiles. Or, si l'on reporte sur un diagramme toutes les mesures faites à partir de ce point mobile, on obtient la singulière courbe que l'on voit au sommet du petit diagramme ci-dessus : l'étoile C avance d'un mouvement direct jusqu'en 1835, descend, rétrograde jusqu'en 1845, repart, un peu au-dessous de la courbe primitive, jusqu'en 1854, tourne de nouveau, en rétrogradant, jusqu'en 1860, puis remonte, repasse en 1862 tout près du point où elle est passée en 1836, et repart d'un mouvement direct, en s'élevant jusqu'en 1869-1870, pour redescendre lentement jusqu'à l'époque actuelle. Il y a là deux espèces d'épicycles irréguliers extrêmement curieux (*fig.* 243 : échelle de 1$^{mm}$ pour 1$''$).

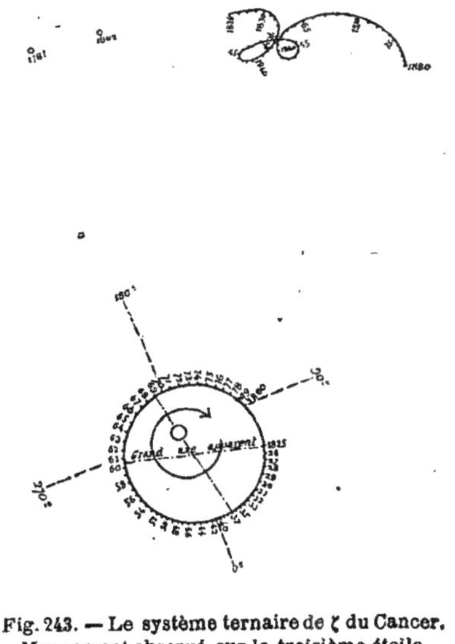

Fig. 243. — Le système ternaire de ζ du Cancer. Mouvement observé sur la troisième étoile.

On peut aussi, sur ce même dessin, pointer les mesures prises à partir de l'étoile A ; elles s'accordent avec les précédentes.

Tel est le mouvement des deux étoiles B et C autour de A supposée fixe. On le voit, le cours de B est régulier, mais celui de C est étonnamment compliqué. Nous avons là les deux mouvements tels qu'on les observe de notre observatoire terrestre.

Si l'orbite de la troisième étoile était tracée autour du point médian mobile, considéré comme centre de gravité, elle devrait reproduire dans l'espace une courbe semblable à celle de ce centre de gravité, avoir rétrogradé, en descendant, de 1826 à 1851, et en remontant de 1851 à 1864, et avoir suivi un marche directe à partir de 1864 en remontant jusqu'en 1875 pour s'abaisser ensuite. La dernière partie de la courbe tracée se conforme assez bien à cette hypothèse. car le mouvement est direct depuis 1864; la section de 1864 à 1858 s'accorde encore avec le déplacement du centre de gravité pendant cette période; mais de 1858 à 1864 l'étoile C remonte, ensuite rétrograde de 1854 à 1844 (suivre sur le dessin), puis revient de 1844 à 1832, sans que l'allure de notre flèche courbe justifie en rien cette sorte de boucle. Le déplacement du centre de gravité de $\frac{AB}{2}$ n'est donc pas seul en jeu dans la production de cette orbite.

Ainsi, l'étoile C ne tourne d'un mouvement régulier ni autour de A, ni autour du centre de gravité entre A et B, supposé situé entre ces deux étoiles.

Il y a un tel fouillis (c'est le mot) dans les positions mesurées de 1837 à 1863, que la courbe précédente est loin d'être sûre, et qu'au lieu de cette double boucle on peut également tracer celle de la *fig.* 244 qui représente sans plus de sûreté l'ensemble de ces positions. Ce qu'il y a de certain, c'est que l'étoile C s'est arrêtée en 1837, a subi une double perturbation, est revenue vers le même point en 1863, et depuis a continué de marcher en sens direct, en traçant une courbe assez régulière qui s'abaisse depuis quelques années et va sans doute de nouveau s'arrêter et rétrograder.

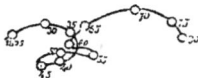

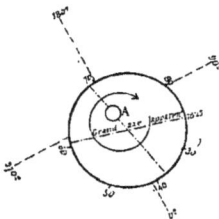

Fig. 244. — Courbe possible de la troisième étoile du système ζ du Cancer.

L'arrêt de 1837 correspond à l'époque de l'aphélie des étoiles formant le couple A et B. La plus grande vitesse correspond à l'époque du périhélie de ces deux étoiles.

Nous pouvons nous demander laquelle des deux étoiles A et B exerce la plus puissante influence attractive sur la troisième étoile. Il semble que ce soit B, car si l'on trace la courbe sur l'ensemble des positions mesurées, en supposant B fixe et A tournant autour, on obtient la *fig.* 245, sur laquelle la courbe se montre plus développée et moins compliquée. Il y a encore l'arrêt de 1837, et un abaissement de la trajectoire; mais, à partir de 1846, le mouvement est direct; il arrive à un maximum de vitesse en 1851-1852, époque à laquelle l'étoile A s'est trouvée en conjonction et où les trois astres étaient en ligne droite; puis on remarque un ralentissement et un abaissement de 1858 à 1863, et ensuite l'orbite subit une inflexion qui paraît reproduire par sa direction comme par sa forme celle du centre de gravité de 1863 à 1880.

Enfin, pour épuiser la discussion de cet intéressant problème, j'ai encore tracé la courbe du mouvement, non plus autour de A ou de B fixes, avec le centre de gravité mobile, mais autour de ce centre de gravité lui-même supposé fixe. Effet, si l'étoile C subissait uniquement l'influence de ce centre de gravité (supposé coïncidant avec le milieu entre A et B), son mouvement autour de ce centre devrait être uniforme et régulier. Or, il n'en est rien, comme on peut en juger par la *fig.* 246. L'arrêt de 1837 se manifeste toujours. Il en est de même de l'accélération de 1851-1852. On remarque un ralentissement en 1855 et une nouvelle rétrogradation. Puis la courbe reprend en sens direct et s'infléchit pour se rapprocher de nouveau du centre en arrivant à l'époque actuelle. Il faut donc que de 1836 à 1847 et que de 1855 à 1865 le centre de gravité ait été abaissé et reculé, ou, pour une cause quelconque, ait agi moins fortement. Le premier cas s'expliquerait par la prépondérance de l'étoile B, à l'aphélie, et dans la section inférieure de son cours. Ensuite, les trois étoiles arrivant en ligne droite, il y

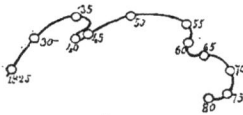

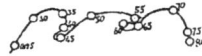

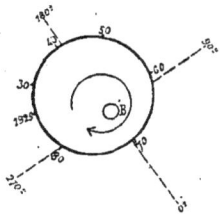

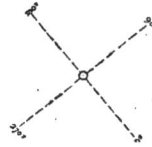

Fig. 245. — Courbe décrite par la troisième étoile en supposant la deuxième immobile.

Fig. 246. — Courbe décrite par la troisième étoile autour du centre de figure supposé fixe.

aurait eu recrudescence de vitesse dans le mouvement de la troisième; puis B aurait opéré de nouveau une sorte d'enrayement jusqu'en 1865, où l'approche du périhélie aurait de nouveau ranimé le mouvement orbital.

Si l'on admet que les trois étoiles aient la même masse, et si l'on trace l'orbite elliptique de B autour de A supposée fixe, on constate que, lorsque B est au périhélie et en conjonction, le centre de gravité des trois soleils se trouve en dehors de l'orbite de B, entre B et C, au sixième de la distance de B à C. Au contraire, lorsque B est à l'aphélie et en opposition, le centre de gravité des trois corps se trouve dans l'intérieur de l'orbite de B, au dixième de la distance de A à C. Dans le premier cas, l'étoile C subit une attraction plus énergique et sa trajectoire doit paraître s'élever, puisque le centre de gravité s'élève lui-même. Dans le second cas, cette troisième étoile doit s'abaisser et en même temps se ralentir. Les deux circonstances du second cas, l'aphélie et l'opposition, se sont présentées de 1837 à 1852; les deux circonstances du premier, le périhélie et la conjonction, se sont présentées en 1869 et 1874. L'aspect de nos deux premières figures, dans lesquelles le mouvement est rapporté à A supposée fixe et B mobile, s'accorde assez bien avec ces conditions. D'autre part, l'accélération de mouvement en 1851-1852, mis en évidence par les deux figures suivantes, conduirait à penser que l'étoile A a eu à cette époque une plus grande influence sur C, accroissant alors sensiblement sa vitesse. Le troisième corps a été chassé sur son orbite avec plus d'énergie en 1832, 1851 et 1870 qu'en 1843, 1862 et 1880. Il y a là une sous-période de dix-neuf ans assez singulière.

Ce curieux système ternaire est le premier exemple que le ciel sidéral nous ait offert du fameux problème des trois corps, que nul géomètre n'a encore pu résoudre, et qui, par sa nature indéterminée, se trouve même encore aujourd'hui au-dessus des esprits mathématiques de l'ampleur des Newton, des d'Alembert, des Laplace et des Leverrier. De tels problèmes ne peuvent encore aujourd'hui, dans leur transcendance, être présentés que comme de simples curiosités naturelles à contempler.

Quoi qu'il en soit, les terres habitées qui gravitent autour de ces trois soleils doivent éprouver les plus singulières perturbations dans leur cours. Qu'est-ce que les dix pauvres mouvements de la Terre à côté des centaines de *nutations* et de *librations* que tous ces mondes doivent subir en réagissant ensuite mutuellement les uns sur les autres! Les soixante balancements compliqués de notre lune, qui ont déjà fait le désespoir de tant d'astronomes, ne sont que des jeux d'enfants lorsqu'on les compare aux fluctuations sans nombre que subissent dans leurs années, dans leurs mois, leurs saisons, leurs climats, leurs jours et leurs nuits, les humanités illuminées par ces trois soleils. Quels magnifiques observatoires pour l'étude de la mécanique céleste! Que les astronomes qui habitent en ces régions exceptionnelles doivent être enchantés de leur sort! Ne serait-il pas équitable que Newton fût réincarné là, comme complément logique de sa vie terrestre?... Pour moi, je ne regarde jamais cette étoile, qui scintille d'une calme lumière dans l'alignement de Castor et Pollux, sans m'intéresser à ces balancements mystérieux et sans rêver au calendrier fantastique de ce lointain univers.

Telle est la curiosité principale de la constellation du Cancer. Nous lui trouverons un pendant un peu plus loin, dans le Scorpion. Ajoutons encore à notre galerie de tableaux célestes, avant d'arriver à la majestueuse constellation du Lion, une jolie nébuleuse, ou, pour mieux dire, un remarquable amas d'étoiles, qui gît vers le milieu de la distance qui sépare ε de l'Hydre de δ du Cancer, tout près de α, à l'ouest. C'est un riche amas (Messier 67) que l'on peut presque observer à l'œil nu, qui ne mesure pas moins de 25′ de diamètre, et qui se compose d'un grand nombre d'étoiles de 10ᵉ et de 11ᵉ grandeur; William Herschel en avait déjà compté plus de deux cents en 1783. L'ensemble affecte un peu la forme d'un bonnet phrygien.

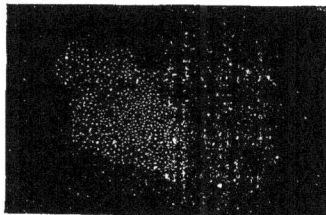

Fig. 247. — La nébuleuse M. 67

La constellation du *Lion*, à laquelle nous arrivons en ce moment, est l'une des plus grandes figures du ciel : le géant Orion et le char du Nord, seuls, la dominent par la majesté de leur aspect. Elle s'étend, en effet, sur quatre heures d'ascension droite, comme on a déjà pu le remarquer (*fig.* 238), couvrant 60 degrés de longitude et 30 de latitude. Les principales étoiles qui la dessinent sont brillantes, de deuxième et troisième grandeur (Régulus atteint même le premier ordre d'éclat), et le quadrilatère, ou pour mieux dire la figure polygonale esquissée par la disposition de ces soleils, donne l'idée d'un animal d'une grande force qui regarde vers le couchant et s'avance noblement dans la direction du mouvement diurne.

Le Lion se lève en janvier, occupe l'orient en janvier et février, monte dans le ciel du sud en mars et avril, trône sur nos nuits étoilées pendant la saison charmante du printemps, descend en juin vers l'occident; sa tête touche l'horizon occidental vers les premiers jours de juillet, et il est entièrement couché vers le 15 août. — Nous parlons toujours pour l'heure moyenne que nous avons choisie : 9 heures du soir. Si l'on observe deux heures plus tard, on s'avance d'un douzième, c'est-à-dire d'un mois, sur l'aspect du ciel; quatre heures plus tard, on s'avance de deux mois. Les amis des étoiles qui seraient impatients de les reconnaître n'ont donc qu'à veiller pour les attendre.

L'étendue de cette constellation, l'exiguïté relative de celle qui la précède, suffiraient pour nous apprendre que la division du Zodiaque en douze signes correspondant aux douze mois de l'année est postérieure à la formation des constellations. Chaque signe zodiacal occupe un douzième de la ceinture complète, soit 30 degrés. Or, jamais le Lion ni le Cancer n'ont eu aucun rapport avec ce partage, le premier par sa grandeur, le second par sa petitesse. La division en douze parties a été postérieure à la formation des constellations principales, dont les plus apparentes ont été les premières remarquées, les premières établies. Parmi les constellations zodiacales en particulier, le Taureau, les Gémeaux, le Lion, la Vierge, le Scorpion, le Sagittaire les Poissons , doivent être antérieures au Cancer, au Bélier , au Capricorne, au Verseau et à la Balance. Le nombre de douze n'a été arrêté qu'à la formation du Zodiaque, c'est-à-dire après l'observation faite du cours annuel du soleil.

Nous pouvons même tenir pour certain que le Lion était autrefois encore plus gigantesque qu'il ne l'est aujourd'hui. Au temps d'Abd-al-Rahman Sûfi, les Arabes nommaient encore Præsepe *al-natsra* « le milieu du nez » ou la fossette entre les deux moustaches, et ils appelaient les deux étoiles qui suivent la Crèche, γ et δ du Cancer, *al-mincharaïn mincharai al-âsad* « les deux narines du Lion », al-natsra étant le museau. Ils nommaient aussi les deux étoiles avec la nébuleuse *fûm al-âsad* « la bouche du Lion ». D'autre part, les premières étoiles de la Vierge et la chevelure de Bérénice représentaient les jambes et la queue du Lion. Ératosthènes avait déjà dit en parlant du Lion : « Il a 17 étoiles, plus 7 obscures qu'on appelle les boucles de cheveux de Bérénice-Évergète. » Ces traditions, comparées à l'aspect même du ciel, nous invitent à tracer l'esquisse du Lion d'après tout cet ensemble, et l'on peut voir par le dessin qui en résulte (*fig.* 248) que l'idée d'un lion gigantesque a pu facilement naître de la disposition de cet assemblage d'étoiles.

Aujourd'hui, le Lion est relégué dans le quadrilatère formé par les étoiles β, δ, γ et α, qui en dessinent en quelque sorte la charpente; en avant, à l'ouest, les étoiles η, γ, ζ, μ et ε tracent une courbe qui indique la position de la tête du roi des carnassiers. Ces étoiles sont faciles à reconnaître dans le ciel, en se servant de notre *fig.* 249, et les autres se découvriront également sans beaucoup de peine.

Dans la mythologie, ce Lion céleste passait pour être l'apothéose de celui que tua Hercule dans la forêt de Némée. Au moyen âge, les cabalistes y voyaient le Lion de la tribu de Juda, et quelques commentateurs chrétiens l'un des lions de la fosse de Daniel. Dans l'ancienne météorologie, le Lion était associé aux chaleurs de l'été. En astrologie, on lui attribuait une grande influence, et ceux qui naissaient sous son signe étaient destinés aux honneurs et à la fortune. Son étoile la plus brillante, α, que l'on nomme depuis bien des siècles « le cœur du Lion », était appelée par les Grecs *Basiliscos*, parce que, dit Geminus, ceux à la naissance desquels elle préside directement, passent pour être de race royale. Ce nom de Basiliscos (littéralement : Petit Roi), est devenu chez les Arabes *Al-Maliki*, « la royale », comme on le voit dans Sûfi et Ulugh-Beigh. Copernic, le premier, a traduit ce mot dans le latin *Regulus*, qui veut dire également Petit Roi. Tycho lui donne les deux titres : Regulus et Basiliscus : c'est le premier qui a été universellement conservé. Ce nom de Régulus ne vient donc pas, comme on l'a parfois supposé, de celui du général romain qui vainquit les Carthaginois et eut la courageuse

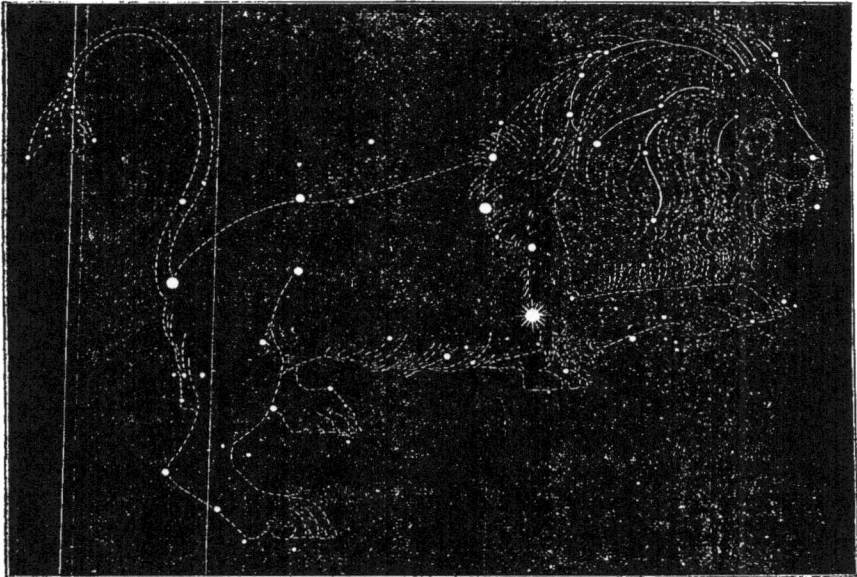

Fig. 248. — Étoiles formant la figure du Lion.

folie d'aller se faire martyriser par eux, mais d'un titre attaché à la prétendue influence astrologique de ce lointain soleil.

La deuxième étoile du Lion par ordre d'éclat, β, a reçu le nom de *Denebola*, dérivé de *dzanab al-asâd* « la queue du Lion » : on a d'abord prononcé Dzenebalaâd, et l'on a fini par Denebola. C'est du darwinisme dans la linguistique, et il n'est pas plus contestable que celui de l'histoire naturelle, quoique susceptible, lui aussi, de certaines interprétations aventureuses et erronées. — Sans l'imprimerie, qui a *fixé* les mots, les Italiens auraient peut-être fini par appeler cette étoile *Debola*, et les Français *la débile*.

Regardez avec attention le resplendissant Régulus, *le Cœur du Lion* : c'est sur lui que se réglait aux siècles antiques le calendrier primordial des vénérables astronomes de la Chaldée et de la Babylonie ; c'est cette étoile que, la clepsydre à la main, les veilleurs de nuit de la tour de Babel observaient pour déterminer les équinoxes et les solstices ; c'est cet astre dont Tymocharis et Aristillus ont mesuré avec soin la longitude, et c'est cette longitude et celle de l'Épi de la Vierge qui ont fait découvrir à l'Alexandrin Hipparque le mouvement séculaire de la précession des équinoxes. Les Annales de l'Astronomie nous ont conservé les observations suivantes :

| | AN | | LONGITUDE |
|---|---|---|---|
| Avant notre ère. . . | — 2120 | Astronomes babyloniens. . . . . . . | 92°30' |
| | — 295 | Timocharis . . . . . . . . . . . . . | 117.54 |
| | — 127 | Hipparque. . . . . . . . . . . . . . | 119.50 |
| De l'ère chrétienne. + | 136 | Ptolémée. . . . . . . . . . . . . . | 122.30 |
| | 964 | Abd-al-Rahmann Sûfi. . . . . . . . | 135.12 |
| | 1587 | Tycho-Brahé. . . : . . . . . . . . | 144.17 |
| | 1880 | Astronomes modernes . . . . . . . | 148. 9 |

Comment ne pas éprouver, en contemplant cette étoile, le sentiment de respect et de vénération qui s'attache aux antiques souvenirs ! comment ne pas songer aux générations disparues dont cette même étoile a guidé les pas dans les chemins de la vie ? comment ne pas voir renaître de l'obscur tombeau des idées, les faits mémorables qui depuis l'Égypte, la Phénicie, la Grèce, le Moyen Age, ont été successivement associés à la contemplation des cieux, à la détermination des dates de l'histoire, aux fluctuations variées de la science, des arts, de la littérature et de la politique ! Quel enseignement chaque étoile nous donnerait, si elle pouvait nous répondre sur tout ce qu'elle a vu et sur tout ce que, sans le savoir, elle a dirigé, conseillé, béni, depuis les origines de l'histoire jusqu'à nos jours !

Le Lion est l'une des constellations qui ont joué le plus grand rôle dans les fastes de l'astronomie, de la navigation, et même dans celles de la religion et de l'histoire. Régulus, allié surtout à Jupiter, régissait les hautes destinées, mais était implacable pour les petits. Denebola passait pour avoir la puissance de détourner l'influence du Lion dans les grandes chaleurs et de faire changer le temps quand la pleine lune arrivait vers elle. Mais ne nous attardons pas sur des souvenirs historiques, et faisons connaissance avec les belles étoiles qui composent cette vaste constellation.

Le premier aspect qui nous frappe dans l'examen de cette région, c'est le nombre de ses étoiles brillantes. Tandis que les plus belles étoiles du Cancer, α et β, ne sont que de quatrième ordre, Bayer a dû, pour le Lion, épuiser presque toutes les lettres de l'alphabet grec pour les quatre premières grandeurs, et il n'a pas compté moins de 29 étoiles de la première à la cinquième grandeur inclusivement.

Cet ordre s'est sensiblement modifié depuis l'an 1603. Ainsi, les étoiles ν et ξ sont descendues de la quatrième à la cinquième grandeur (en 1693, Maraldi ne vit même ξ que de 6ᵉ), tandis que la suivante ο gardait toujours son même éclat de quatrième brillante. Il en est de même de π et de τ, qui sont également descendues de la quatrième à la cinquième. Sur ces quatre étoiles, ξ est celle qui a subi la plus forte fluctuation, car Ptolémée, Sûfi, Ulugh Beigh, Argelander, l'ont vue de sixième; Piazzi, les observateurs d'Armagh, l'ont vue de cinquième, Tycho-Brahé, Bayer, Hévélius, Mayer, l'ont inscrite de quatrième, et le plus étonnant peut-être encore, c'est qu'elle est complètement absente du grand catalogue de Lalande, qui ne renferme pas moins de 47390 étoiles de la première à la neuvième grandeur.

L'étoile ψ est descendue de la cinquième à la sixième entre Ptolémée et Sûfi, est remontée à la cinquième au temps de Tycho, Bayer et Hévélius, a complètement disparu pour les observations faites par Pigott de 1660 à 1667, est revenue à la sixième au temps de Flamsteed et de ses successeurs. Piazzi l'a notée de 5ᵉ 1/2, Lalande deux fois de 6ᵉ et une fois de 6ᵉ 1/2. Elle est actuellement de 5ᵉ 1/2.

L'étoile ζ a été observée par Piazzi 27 fois en ascension droite, et 23 fois en déclinaison, et il ne l'a notée que de quatrième et demie, tandis qu'en général on la note de troisième. La différence est trop sensible pour ne pas être fondée sur une variation réelle. Les observateurs d'Armagh l'ont également notée de quatrième et demie. Elle est actuellement d'une demi-grandeur plus brillante que η.

L'étoile β, autrefois de première, est actuellement de deuxième.

L'étoile p¹ paraît également variable. J'ai inscrit pour la date de 1800 l'observation de Lalande, car Piazzi ne l'a pas observée. Elle est absente aussi du catalogue de Flamsteed, ce qui porte à croire à un affaiblissement vers cette époque.

Les descriptions anciennes de τ, υ, φ et 69 p⁵ ne concordent pas. Je les ai corrigées de mon mieux.

Si les étoiles 93 et 92 n'ont pas été signalées anciennement, c'est sans doute à cause de leur situation un peu externe.

L'étoile P. IX, 230, remarquée par Hévélius et Flamsteed, était alors plus brillante que ses deux voisines du sud-est et de l'est, qui n'ont pas été remarquées

ÉTOILES PRINCIPALES DE LA CONSTELLATION DU LION

DEUX MILLE ANS D'OBSERVATION

| ÉTOILES | −127 | +960 | 1430 | 1590 | 1603 | 1660 | 1700 | 1756 | 1800 | 1840 | 1860 | 1880 |
|---|---|---|---|---|---|---|---|---|---|---|---|---|
| α (*Régulus*) | 1 | 1 | 1 | 1 | 1 | 1 | 1 | 1 | 1 | $1\frac{1}{3}$ | $1\frac{1}{3}$ | 1,9 |
| β (*Denebola*) | 1 | 1 | 1 | 1 | 1 | $1\frac{1}{2}$ | $1\frac{1}{2}$ | 1.2 | 2.3 | 2 | 2 | 2,1 |
| γ | 2 | 2 | 2 | 2 | 2 | 2 | 2 | 2 | 2 | 2 | 2 | 2,2 |
| δ | 2 | 2 | 2 | 2 | 2 | 3 | $2\frac{1}{2}$ | 2.3 | 3 | $2\frac{1}{3}$ | $2\frac{1}{3}$ | 2,8 |
| ε | 3.2 | 3.2 | 3 | 3 | 3 | 3 | 3 | 3 | 3 | 3 | 3 | 3,0 |
| ζ | 3 | 3 | 3 | 3 | 3 | 3 | 3 | 0 | 4.5 | 3 | 3 | 3,3 |
| η | 3 | 3 | 3 | 3 | 3 | 3 | $3\frac{1}{3}$ | 3.4 | 3.4 | $3\frac{1}{3}$ | $3\frac{1}{3}$ | 3,8 |
| θ | 3 | 3 | 3 | 3 | 3 | 3 | 3 | 3 | 3 | $3\frac{1}{3}$ | $3\frac{1}{3}$ | 3,4 |
| ι | 3 | 3.4 | 3 | 3 | 3 | 4 | 4 | 4 | 4 | 4 | 4 | 4,0 |
| κ | 4 | 4 | 4 | 4 | 4 | 4 | 5 | 4 | 5 | 5 | $4\frac{1}{3}$ | 4,8 |
| λ | 4 | 4 | 4 | 4 | 4 | 4 | 4 | 4 | 4.5 | $4\frac{2}{3}$ | $4\frac{2}{3}$ | 4,6 |
| μ | 3 | 3.4 | 3 | 4 | 4 | 4 | $3\frac{1}{3}$ | 0 | 3 | 4 | 4 | 4,2 |
| ν | 5 | 5 | 5 | 4 | 4 | 4 | $5\frac{1}{3}$ | 4.5 | 5.6 | 5 | $5\frac{1}{3}$ | 5,1 |
| ξ | 6 | 6 | 6 | 4 | 4 | 4 | $5\frac{1}{4}$ | 4 | 5 | 6 | $5\frac{1}{2}$ | 5,5 |
| ο | 4 | 4.3 | 4 | 4 | 4 | 4 | $3\frac{1}{3}$ | 5.4 | 4 | $3\frac{2}{3}$ | $3\frac{2}{3}$ | 3,9 |
| π | 4 | 4 | 4 | 4 | 4 | 4 | 4 | 4 | 4.5 | 5 | 5 | 5,2 |
| ρ | 4 | 4 | 4 | 4 | 4 | 4 | 4 | 4 | 4 | 4 | 4 | 4,0 |
| σ | 4 | 4.3 | 4 | 4 | 4 | 4 | $4\frac{1}{2}$ | 4.5 | 4 | 4 | $4\frac{1}{3}$ | 4,2 |
| τ | 4 | 0 | 0 | 4 | 4 | 4 | 4 | 4 | 4 | 5 | 5 | 5,2 |
| υ | 5 | 5 | 0 | 4 | 4 | 4 | 4 | 4 | 4.5 | $4\frac{2}{3}$ | 5 | 4,4 |
| φ | 0 | 4 | 4 | 4 | 4 | 4 | 4 | 4 | 5 | $4\frac{2}{3}$ | $5\frac{2}{3}$ | 4,3 |
| χ | 4 | 4.5 | 4 | 4 | 4 | 4 | $4\frac{1}{2}$ | 4 | 4.5 | 5 | $5\frac{3}{5}$ | 4,7 |
| ψ | 5 | 6 | 6 | 5 | 5 | 5 | 6 | 6 | 5.6 | 6 | 6 | 5,5 |
| ω | 0 | 0 | 0 | 5 | 5 | 5 | 6 | 5 | 6.7 | 6 | $5\frac{2}{3}$ | 5,9 |
| 31 A | 4 | 4 | 4 | 5 | 5 | 5 | 5 | 5 | 5 | 5 | $4\frac{2}{3}$ | 5,0 |
| 60 b | 6 | 5.4 | 5 | 5 | 5 | 5 | 5 | 0 | 5 | $4\frac{1}{4}$ | $4\frac{2}{3}$ | 4,9 |
| 59 c | 5 | 5 | 5 | 5 | 5 | 5 | 5 | 5 | 5.6 | 5 | $5\frac{1}{3}$ | 5,0 |
| 58 d | 5 | 5 | 5 | 5 | 5 | 5 | $5\frac{2}{3}$ | 5 | 5 | 5 | $4\frac{2}{3}$ | 5,3 |
| 87 e | 0 | 0 | 0 | 5 | 5 | 5 | $4\frac{1}{2}$ | 4.5 | 4.5 | 5 | 5 | 5,2 |
| 15 f | 0 | 0 | 0 | 0 | 6 | 6 | 6 | 0 | 6.7 | 5 | $5\frac{1}{4}$ | 5,7 |
| 22 g | 0 | 0 | 0 | 6 | 6 | 6 | 6 | 0 | 6 | 5 | $5\frac{2}{3}$ | 5,8 |
| 6 h | 0 | 0 | 0 | 6 | 6 | 6 | 6 | 6 | 6 | 6 | $5\frac{2}{3}$ | 5,7 |
| i | 0 | 0 | 0 | 6 | 6 | 0 | 0 | 0 | 0 | 0 | 0 | absente |
| 52 k | 6 | 6 | 6 | 6 | 6 | 6 | 6 | 6 | 6 | 6 | $5\frac{1}{3}$ | 6,0 |
| 53 l | 6 | 6 | 6 | 6 | 6 | 6 | 6 | 6 | 6 | 5 | $5\frac{1}{2}$ | 5,7 |
| 51 m | 0 | 0 | 0 | 6 | 6 | 6 | 6 | 0 | 6 | 6 | $5\frac{1}{3}$ | 6,0 |
| 73 n | 0 | 0 | 0 | 6 | 6 | 6 | 6 | 6 | 5.6 | 6 | $5\frac{2}{3}$ | 5,8 |
| 95 o | 0 | 0 | 0 | 0 | 6 | 6 | 6 | 0 | 6.7 | 6 | $5\frac{1}{3}$ | 6,0 |
| p¹ | 0 | 0 | 0 | 0 | 6 | 0 | 0 | 0 | 5 | 6 | $5\frac{1}{4}$ | 5,9 |
| 61 p² | 0 | 0 | 0 | 0 | 6 | 6 | 5 | 0 | 5.6 | 5 | 5 | 5,4 |
| 62 p³ | 0 | 0 | 0 | 0 | 6 | 0 | 6 | 0 | 6 | 6 | 6 | 6,2 |
| 65 p⁴ | 0 | 0 | 0 | 0 | 6 | 0 | 6 | 0 | 5.6 | 6 | $5\frac{2}{3}$ | 5,8 |
| 69 p⁵ | 0 | 0 | 0 | 0 | 6 | 0 | $5\frac{1}{2}$ | 0 | 5.6 | 5 | $6\frac{1}{3}$ | 5,6 |
| 54 | 5 | 5 | 5 | 5 | 5 | 5 | $4\frac{1}{2}$ | 0 | 4.5 | $4\frac{1}{3}$ | $4\frac{1}{3}$ | 4,5 |
| 71 | 5 | 0 | 0 | 0 | 0 | 0 | 6 | 0 | $6\frac{1}{2}$ | 0 | 0 | 7,4 |
| 72 | 0 | 5 | 5 | 5 | 0 | 5 | 5 | 0 | 5.6 | 5 | 5 | 5,0 |
| 92 | 0 | 0 | 0 | 0 | 5 | 5 | 6 | 0 | 5.6 | 5 | 5 | 5,8 |
| 93 | 0 | 0 | 0 | 4 | 4 | 5 | 4 | 0 | 4 | $4\frac{1}{3}$ | $4\frac{1}{3}$ | 4,5 |
| P. IX, 230 | 0 | 0 | 0 | 0 | 0 | 5 | 5 | 0 | 6.7 | 6 | $5\frac{2}{3}$ | 6,0 |

Deux étoiles ont disparu : celle que Bayer a nommée $i$, entre $\alpha$ et $\eta$, et celle que Ptolémée a signalée entre $\delta$ et $\theta$ et qui correspond au n° 71 du catalogue de Flamsteed.

La première pourrait bien n'avoir jamais existé. Le seul atlas qui

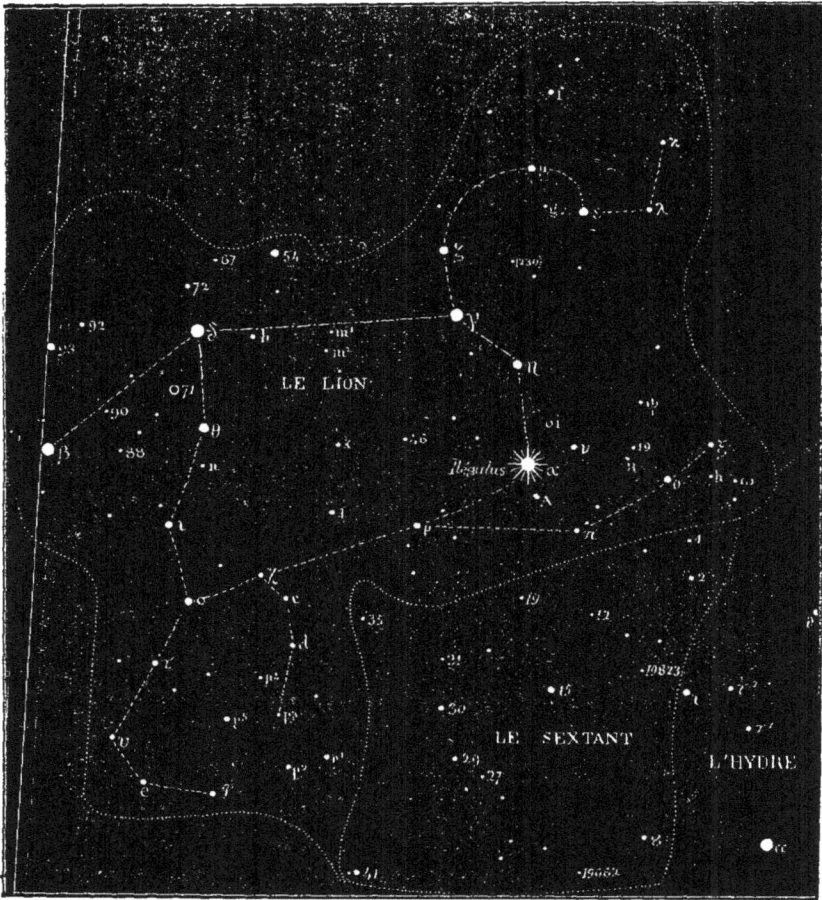

Fig. 149. — Étoiles principales de la constellation du Lion.

la porte est celui de Bayer, et le seul catalogue qui la possède est celui de Tycho, par 142° 24′ de longitude et 2° 10′ de latitude boréale, au nord-ouest de Régulus. Flamsteed a observé non loin de là une étoile de 7ᵉ grandeur, qui porte le n° 26 ; mais quoique Baily ait identifié cette étoile avec celle de Tycho, la différence de position est

trop grande pour que nous puissions admettre cette identité. On
la confond assez souvent aussi avec la 16ᵉ étoile de Ptolémée, que l'on
nomme 46 *i*; c'est encore là une erreur : le n° 46 de Flamsteed est fort
à l'ouest de Régulus et n'a jamais correspondu avec l'étoile nommée *i*
par Bayer. La position de Tycho et de Bayer, portée à l'époque de
Flamsteed (1690), donne : $\mathcal{R} = 146°\ 45'$ et $\mathfrak{D} = 15°\ 40'$, tandis que
26 Lion est par 145° 19′ et 16° 40′. On voit que la différence est considérable pour les mesures modernes.

Cette étoile *i* de Bayer, serait, pour l'époque 1800, par 148° 14′
d'ascension droite et 15° 9′ de déclinaison. On ne voit aujourd'hui
dans cette région du ciel que quelques petites étoiles de huitième
grandeur. Si, comme il est possible, Bayer n'a pas observé lui-même
cette étoile et s'est fié à Tycho-Brahé, son insertion dans le catalogue
de l'astronome danois (étant la seule qui existe) pourrait provenir
d'une erreur d'observation, de calcul ou de transcription ; l'extinction
d'un soleil est un fait si grave dans l'histoire de l'univers, qu'il
est plus naturel de croire à une erreur humaine qu'à un tel
événement.

Ce ne serait pas une raison suffisante, cependant, pour rejeter
toujours sur des erreurs les discordances qui se manifestent entre
les observations anciennes et les modernes. Une observation isolée
peut être soumise à caution, non plusieurs. Et la seconde étoile
que nous avons à signaler ici se présente comme un exemple contraire
au précédent. Cette étoile, qui porte le n° 71 du catalogue de Flamsteed,
a certainement subi des modifications d'éclat.

Voici le changement fort curieux qui s'est opéré dans cette région
du ciel. Son examen demande, pour notre instruction, une analyse un
peu détaillée.

En décrivant la figure du Lion, Ptolémée signale une étoile de la cinquième
grandeur, qu'il désigne ainsi : « tòn en toïs gloutoïs boreïoteros, » ce qui, traduit
en français, signifie (pardonnez l'expression) : « la boréale des deux qui sont
dans les fesses ». L'australe de ces deux étoiles est θ, de troisième grandeur.
Antérieurement à ces deux étoiles Ptolémée en signale deux autres qu'il décrit
ainsi : 1° l'occidentale des deux dans les reins (osphuos) : 2° l'orientale. Et voici
les positions qu'il donne de ces quatre étoiles.

| | Longitude | Latitude | Grandeur | Étoiles corresp. |
|---|---|---|---|---|
| 1° (19) l'occidentale des deux dans les reins . . | 131°20′ | 12°15′ | 6ᵉ | b |
| 2° (20) l'orientale — — | 134.10 | 13.40 | 2ᵉ | ᵹ |
| 3° (21) la boréale des deux dans les fesses. . . | 134.20 | 11.10 | 5ᵉ | 71 |
| 4° (22) l'australe — — | 136.20 | 9.40 | 3ᵉ | θ |

Si nous traçons l'esquisse de cette région (*fig.* 250), nous constaterons que les quatre étoiles *b*, δ, 71 et θ correspondent exactement à la description de Ptolémée.

Sur ces quatres étoiles, *b* a augmenté de la 6ᵉ à la 5ᵉ grandeur, et même à la 4ᵉ en 1840; δ est restée de la deuxième; θ est restée de la troisième; mais 71 a disparu.

Dès le xᵉ siècle de notre ère, Sûfi remarquait cette disparition, toutefois sans y croire et en admettant plutôt une erreur dans la latitude. « La 19ᵉ et la 20ᵉ, dit-il, sont deux étoiles situées dans les reins : la précédente est une brillante de la cinquième grandeur et la suivante est de deuxième; c'est celle que l'on appelle le dos du Lion (*zhahr al-ásad*). Selon Ptolémée, la 21ᵉ se trouve avec la 22ᵉ dans les fesses *al-harkafa, au sud*

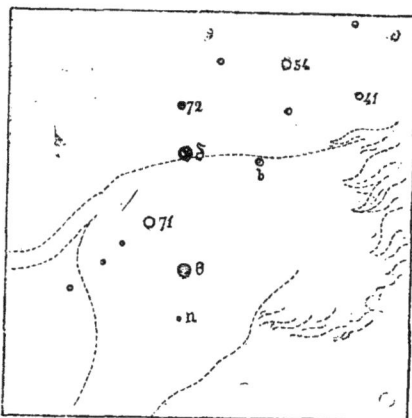

Fig. 250. — Les étoiles de la partie postérieure du Lion

de la brillante 20ᵉ, et est de la cinquième grandeur; cependant, entre la 20ᵉ et la 22ᵉ on ne voit pas d'étoile. » Et l'astronome persan ajoute : « Elle est *au nord* de la 20ᵉ, et est de cinquième ordre. »

Il y a en effet là, au nord de δ, une étoile de cinquième grandeur (72 Fl.). Mais il est impossible de faire concorder sa position avec la description de Ptolémée, ni avec sa latitude. Essayez de dessiner le dos du Lion avec autant d'imagination que vous le voudrez, vous ne parviendrez jamais à mettre (pardonnez encore l'expression) les fesses au-dessus des reins. Et il n'y a pas à supposer que la ligne du dos passait autrefois plus haut ou plus bas qu'aujourd'hui, car les deux étoiles 41 et 54 sont nommées dès l'antiquité « les deux étoiles au-dessus du dos ». Le plus singulier est encore que Sûfi conserve la latitude de Ptolémée, au lieu de donner celle de l'étoile 72; voici ses positions :

|  | Longitude | Latitude | Grandeur | Étoiles corresp. |
|---|---|---|---|---|
| 1º (19) la précédente des deux sur les lombes . | 144º 2′ | 12º15′ | 5.4 | *b* |
| 2º (20) la suivante — — | 146.52 | 13.40 | 2 | δ |
| 3º (21) la boréale des deux dans les fesses. . . | 147. 2 | 11.20 | 5 | ? |
| 4º (22) l'australe — — | 149. 2 | 9.40 | 3 | θ |

Les longitudes sont augmentées de 12º 42′, à cause de la précession des équinoxes. Les latitudes sont invariables. Il y a bien une petite différence de 10′ dans celle de notre étoile, mais elle provient sans doute d'une copie, et est d'ailleurs insignifiante. La latitude de 72 est 16º 47′.

Ulugh Beigh vient à son tour. Il garde le texte de Ptolémée et de Sûfi : « *in coxis* », mais il mesure la latitude de l'étoile 72. De son temps, l'étoile 71 était donc invisible, comme du temps de Sûfi.

Tycho-Brahé donne de ces quatre étoiles la description suivante :

| | Longitude | Latitude | Grandeur | Étoiles corresp. |
|---|---|---|---|---|
| 1° (19) la précédente des deux dans les lombes . . | 153°14' | 12°53' | 5 | b |
| 2° (20) la brillante qui suit. . . . . . . . . . . | 155.41 | 14.20 | 2 | δ |
| 3° (21) la précédente boréale des deux dans la fesse. | 157.50 | 9.41 | 3 | θ |
| 4° (22) la suivante australe. . . . . . . . . . . | 159. 8 | 7.50 | 6 | n |

La première et la seconde étoile sont les mêmes que dans les exemples précédents ; mais la troisième est θ et la quatrième est n, au-dessous de θ, et non plus entre θ et δ comme anciennement. La conclusion est la même : quoique l'illustre astronome ne paraisse pas s'en être aperçu, ses deux dernières étoiles ne correspondent pas à celles de ses prédécesseurs, et l'étoile de Ptolémée continue à rester invisible.

Cette troisième étoile n'existe pas davantage sur les atlas de Bayer et d'Hévélius ; mais — et c'est là ce qui prouve que la description de Ptolémée concorde avec l'existence d'un astre réel — Flamsteed a observé précisément en ce point du ciel, le 8 avril 1691, une étoile de sixième grandeur, qui porte le n° 71 de son catalogue. Par un surcroît de complications, il est vrai, cette étoile a été ensuite corrigée sur ce catalogue, puis rétablie, et ici encore se glisserait la place d'un doute, si un autre observateur, non moins sûr que Flamsteed, Lalande, n'avait observé aussi la même étoile, qui porte le n° 21660 de son catalogue et qui est inscrite de 6e grandeur et demie. Sa position, réduite à l'année 1880, est :

$$\text{Æ} = 11^h \, 12^m \, 0^s ; \quad \text{☉} = 18°32'0''.$$

D'Agelet a observé cette étoile le 2 mai 1783 et l'a inscrite de 8e grandeur. Vers la même époque, Piazzi ne l'a pas vue du tout.

Bessel a passé cette zone en revue le 3 avril 1829, et n'a pas observé cette étoile, quoiqu'il ait inscrit tout près de là (à 19 secondes à l'ouest et à 22' au nord de la position de 71) une étoile de 9e grandeur.

D'autre part, entre les années 1828 et 1854, elle a été observée à l'Observatoire d'Armagh cinq fois en ascension droite et cinq fois en distance polaire, et elle est inscrite de 6e grandeur dans ce catalogue — toutefois encore avec une erreur dans la distance polaire : 74° 41' au lieu de 71° 41'.

Elle est marquée de 7e dans les atlas de Harding et Argelander, de 6e dans le B-A-C, dans les catalogues de Greenwich et de Washington.

Je l'ai observée récemment ( 31 décembre 1880, ou pour mieux dire, 1er janvier 1881, à 2 heures du matin) : elle est actuellement de 7e ½ grandeur.

Ainsi l'étoile vue il y a deux mille ans par les astronomes grecs existe réellement ; mais elle varie d'éclat de la cinquième à la huitième grandeur.

A ces transformations remarquables, si intéressantes, ajoutons maintenant les variations périodiques plus rapides découvertes par l'inspection permanente et attentive des célestes lumières. Et d'abord, l'étoile R, dont la position est marquée sur notre carte (*fig.* 249), qui devient à son maximum visible à l'œil nu : elle varie de 5, 8 à 11 dans la période de 331 jours, présentant d'ailleurs dans cette période plusieurs maxima et minima secondaires. Intéressante à chercher, même à l'aide d'une petite lunette, et bien facile à trouver. Il y a là, entre Régulus et ξ, une étoile de sixième grandeur, visible à l'œil nu; c'est Fl. 18; et au-dessous, au sud-ouest, à 20', une étoile de septième grandeur (Fl. 19); la variable R est juste au-dessous de celle-ci, tout contre, dans le même champ, et toujours *rouge*, comme un feu. Sa coloration offre justement un contraste frappant avec la blancheur de ses deux voisines. Son dernier minimum est arrivé le 8 mars 1880 et son dernier maximum le 3 août. Son prochain minimum arrivera le 14 janvier 1881 et son prochain maximum le 11 juin. Qui nous expliquera le mystère de ces étranges soleils?

Nous connaissons dans le Lion trois autres variables : S qui oscille de 9,3 à 13 en une période de 192 jours, T qui change de 10 à 14, et U, qui varie de 9 à 14, en des périodes encore indéterminées. Ce sont là des étoiles télescopiques.

Le brillant Régulus doit trôner à une distance inimaginable de nos tribunes politiques et religieuses, et je défie bien le plus fougueux des athlètes qui pérorent avec véhémence dans l'une ou l'autre chaire, de ne pas s'arrêter net, ébahi lui-même de la naïveté de ses phrases, s'il réfléchit un instant que la France et l'Italie, Paris et Rome, l'empereur d'Allemagne et le Pape, ne pèsent pas un carat dans la balance des mouvements de l'univers. Ce Régulus, ce roitelet, comme l'appelaient les anciens, est incomparablement plus important à lui seul que tous les vrais rois passés, présents et futurs, de notre fantasmagorie terrestre, car il vaut plus que la terre entière, plus que Jupiter, plus que Saturne, plus que notre immense Soleil et tout son monde; non pas que nous jugions cette importance au poids de la matière, mais parce que ces magnifiques soleils, centres de systèmes inconnus, régissent dans l'espace des destinées intellectuelles proportionnées à leur majesté, et parmi lesquelles certaines âmes sont sans doute d'une telle élévation au-dessus des nôtres que les humains qui habitent là ne pourraient s'empêcher de prendre en pitié nos prétentions et nos suffisances. Un enfant de cinq ans est peut-être là plus instruit que Newton à son lit de mort, que Socrate buvant la ciguë ou que Jésus expirant sur le Golgotha.

Malgré l'éclat splendide de sa lumière, indice d'un volume gigantesque, toutes les tentatives faites pour mesurer la parallaxe de Régulus ont abouti à zéro, de sorte que nous pouvons, sans crainte d'erreur, considérer sa distance comme dépassant cent trillions de lieues, et sa lumière comme employant plus d'un demi-siècle, et sans doute des siècles entiers, à nous parvenir. D'après les expériences spectrales, ce soleil va en s'éloignant de nous en raison de 37 kilomètres par seconde ; au contraire, β et γ vont en s'approchant de nous. Comme nous l'avons souvent remarqué déjà, lorsque nous observons aujourd'hui les étoiles pendant la nuit silencieuse, nous savons qu'elles ne sont plus fixes et immobiles : notre esprit les voit voguer, se précipiter, s'enfuir, ou arriver vers nous, chacune suivant la force qui l'anime et suivant la destinée qui l'emporte dans l'éternel devenir.

Nous parlions tout à l'heure du *système* de Régulus. En effet, il y a non loin de lui, à 2' 57", ou à 177", une étoile de huitième grandeur que Christian Mayer a mesurée pour la première fois en 1777, et que j'ai mesurée juste cent ans plus tard, en 1877 : pendant cet intervalle de temps assez respectable, elle n'a pas subi le plus léger changement dans sa situation. Or, le brillant soleil est animé dans l'espace d'un mouvement propre assez rapide, de 27" par siècle. Si, comme sa petitesse le faisait supposer, l'étoile de huitième grandeur était très éloignée dans l'immensité en arrière de Régulus et reposait immobile à l'horizon de l'infini, nous aurions remarqué depuis un siècle l'effet du mouvement de Régulus passant devant elle. Mais cette pâle lumière n'est pas plus éloignée de nous que la brillante étoile : elle marche de concert avec elle, partage son mouvement propre, et forme avec elle un même système, un *système stellaire* qui vogue rapidement vers l'ouest (*fig.* 252). Nous en concluons en même temps que cette petite étoile va aussi en s'éloignant de nous, comme Régulus.

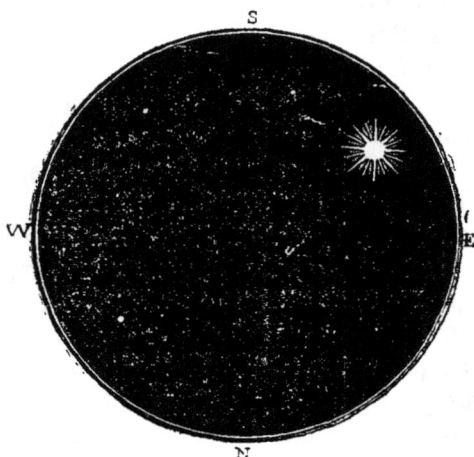

Fig. 251. — Régulus et son compagnon (1ᵐᵐ = 4″).

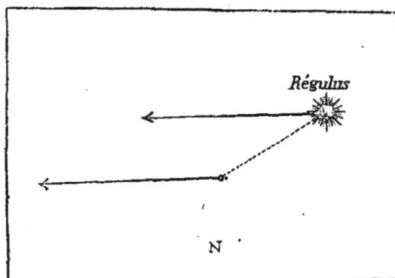

Fig. 252. — Le système stellaire de Régulus. Mouvement propre pour 1000 ans (1ᵐᵐ = 10″).

Quoiqu'elles nous paraissent se toucher, ces deux étoiles sont en réalité à une éloquente distance l'une de l'autre. En admettant pour elles une parallaxe d'un dixième de seconde, ce qui est un maximum, puisque les observations ne décèlent rien du tout, ce dixième de seconde représenterait, vu de là, 37 millions de lieues, une seconde entière équivaudrait à 370 millions, et 177″ à 65 milliards 490 millions de lieues. C'est là un *minimum* pour la distance réelle qui sépare ces deux soleils dans l'immensité, car nous ne voyons pas de face la ligne qui les joint, mais en projection, en raccourci. En observant ce lointain soleil, nous ne pouvons donc nous empêcher de songer à l'étendue formidable de son système. Voilà un petit soleil qui sans doute gravite autour de son puissant foyer, à une distance supérieure à 65 milliards de lieues : c'est un rayon soixante fois plus vaste que celui de Neptune au Soleil ! Si Régulus est analogue à notre foyer central pour sa puissance attractive, son soleil secondaire emploie 464 fois plus de temps à parcourir autour de lui son orbite immense que Neptune à tourner autour de notre Soleil, c'est-à-dire que sa période surpasse 76 000 ans ! Il n'y a rien de surprenant à ce que le mouvement orbital soit insensible depuis cent ans seulement que nous l'observons : à ce taux, il faudrait 213 ans pour un seul degré. Dans trois ou quatre cents ans, au XXIII⁻e ou au XXIVᵉ siècle de notre ère, *nous* saurons sans doute à quoi nous en tenir.... Mais, peut-être, d'ici-là aurons-nous été visiter ce système en personnes : ce ne serait pas un voyage dépourvu d'intérêt. Et quelles choses inattendues nous montreraient les indigènes de ce nouveau monde !... Mais encore, quelle que soit la vitesse que nous supposions aux ailes de l'âme, combien d'années, combien de siècles n'emploierions-nous pas pour traverser l'abîme céleste qui nous sépare de ce grandiose système ! Que dis-je ! des années, des siècles.... — Il n'y a point d'années, point de siècles dans l'univers. —

Ajoutons encore que ce soleil secondaire de Régulus est double lui-même, ayant à côté de lui un minuscule compagnon de 13ᵉ grandeur, écarté à 3″,2, à l'est, vers 90°. C'est peut-être une planète de son système.

L'étoile β du Lion, Denebola, est signalée comme étoile double écartée par l'amiral Smyth dans son « Cycle of celestial objects », et par Webb dans son « Cel. objects for common telescopes ». Le compagnon serait de huitième grandeur, rouge, éloigné à 298″ à l'est (114°). J'ai souvent dirigé ma lunette vers cette belle étoile, — la première fois par une belle soirée de printemps, le 22 avril 1876,— sans jamais rencontrer le compagnon rouge. L'étoile la plus proche se trouve non pas à l'est, mais au sud, à 206° et 282″; elle est de huitième grandeur et blanche, un peu terne, comparativement au diamant étincelant et légèrement bleuâtre de Denebola. Dans la même direction, mais beaucoup plus loin, à 19′, brille une étoile de sixième grandeur. A l'est, on en distingue une première, de 12ᵉ grandeur, à 115° et 303″, et une seconde de 10ᵉ gr., à 116° et 556″, qui est double (compagnon de 11ᵉ, à 22° et 51″). C'est du reste là un champ assez curieux à observer : j'y ai compté 13 étoiles, dont j'ai estimé les positions approchées. (Les mesures données ci-dessus ont été prises par M. Knott en 1864.) —Peut-être la petite étoile que l'on aperçoit à 115° et 303″ est-elle celle que l'amiral Smyth a mesurée en 1833 : elle serait alors tombée du huitième au douzième ordre d'éclat. Observations intéressantes à refaire à cause du mouvement propre de β qui produit des déplacements relatifs assez sensibles.

L'étoile γ est une *double magnifique* ; c'est, avec Castor, l'un des plus beaux couples de l'hémisphère boréal. Les deux étoiles sont brillantes, limpides, éclatantes, comme des rayons d'or fluide : deux *diamants jaunes translucides*. Grandeur : 2,5 et 4,0 ; écartement = 3″ 3. Système orbital certain, mais d'une majestueuse lenteur : 30 degrés parcourus depuis un siècle ; la révolution complète de ces deux soleils autour de leur centre commun de gravité doit s'élever à un millier d'années.

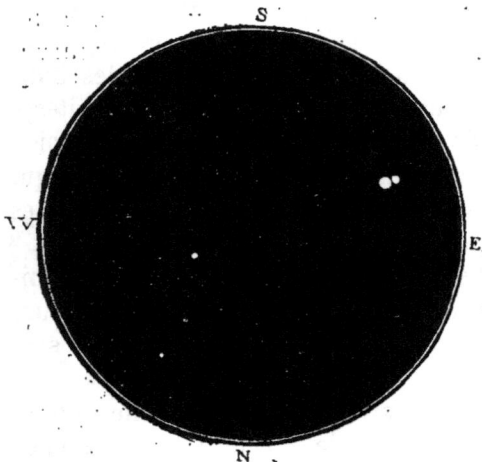

Fig. 253. — L'étoile double γ du Lion et ses voisines.

On voit à l'ouest de ce beau couple une étoile de 7ᵉ à 8ᵉ grandeur, que j'ai mesurée, en 1877, à 293° et 229″, et dont l'analyse m'a causé plus d'une insomnie : son mouvement est tout à fait inexplicable (¹). On voit aussi un peu plus loin, une étoile de 9ᵉ grandeur, à 302° et 325″. Ce groupe, intéressant à suivre, se présente dans le champ télescopique sous l'aspect reproduit ici.

L'étoile ζ, de troisième grandeur et demie, se montre accompagnée, à 319″, d'une étoile de sixième, qui forme avec la première un groupe de perspective. Le fait le plus curieux est que cette

(¹) Voy. mon *Catalogue des étoiles doubles*, p. 58.

petite étoile se meut dans l'espace d'un mouvement plus rapide que ζ, ce qui porte à croire qu'elle est plus proche de nous, quoique beaucoup plus petite. (J'ai trouvé entre les deux une étoile de 11ᵉ grandeur, plus rapprochée, à 306° et 240″.)

ι : 4° et 7°, à 2″,7 ; système orbital en mouvement lent. La grande étoile est jaune ; la seconde varie de chaque côté du bleu, jusqu'au vert et au jaune d'une part, jusqu'à l'indigo et au pourpre d'autre part, et tombe parfois à la 9ᵉ grandeur, dans ses périodes de bleu sombre.

54 : 4° ½ et 7°, à 6″, 3 ;blanche et cendrée ; beau couple, d'une observation agréable.

90 : triple; 6°, 7° et 9°; distances = 3″,3 et 64″.

88 : 6° et 8°, à 15″; système physique en mouvement propre commun.

Dirigez une lunette vers τ, de 4° grandeur : vous la verrez accompagnée, à 94″ au sud, d'une étoile de septième grandeur, qui forme avec elle un couple très écarté et accessible aux plus faibles instruments. Cherchez en même temps à l'ouest de τ, c'est-à-dire en avant dans le sens du mouvement diurne, 1ᵐ 3ˢ avant τ et 9′ au nord : vous trouverez l'étoile 83 du Lion, de septième grandeur aussi, et qui forme un joli couple avec sa compagne, de 8° grandeur, à 30″ d'écartement; la première est blanche, la seconde rose pâle. Elles sont restées fixes l'une par rapport à l'autre depuis cent ans que nous les observons, mais elles forment un système physique, car un même mouvement propre les emporte dans l'espace. Il me semble qu'elles sont variables.

Couronnons cette série d'étoiles multiples par l'un des systèmes binaires les plus serrés que nous connaissions dans le ciel entier, par l'étoile ω du Lion, type devenu classique pour l'essai des puissantes lunettes. L'écartement des deux composantes, de 6° et 7° gran-

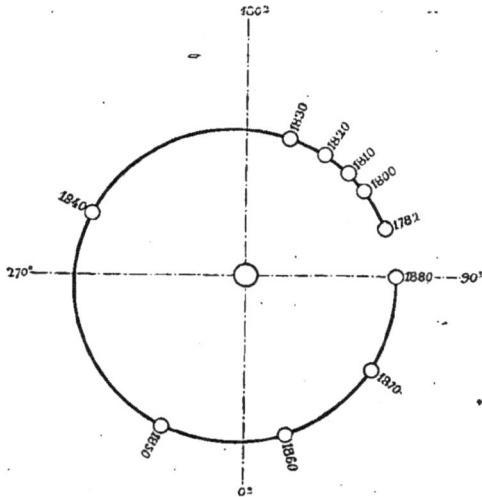

Fig. 254. — Système orbital de l'étoile double ω du Lion (5ᵐᵐ = 1″).

deur, ne dépasse jamais une demi-seconde, et pourtant l'œil perçant de William Herchel en a opéré le dédoublement dès l'année 1782. Depuis cette époque, ce petit couple miniature a parcouru près d'une révolution entière : la période est de 110 ans; la petite étoile reviendra en 1893 au point où elle est passée au mois de novembre 1782.

La constellation du Lion garde encore en réserve une curiosité sidérale souverainement digne de l'attention du contemplateur du ciel. Cherchez à 3 degrés au sud-est de θ, vous trouverez deux nébuleuses elliptiques régulières. La plus grande mesure 6' de grand axe sur 2' à 3' de large, et son éclat égale celui d'une étoile de 9ᵉ grandeur. Sa clarté s'accroît vers le centre. Découverte par Messier en 1780, elle porte le n° 66 de son catalogue.

Fig. 255. — Nébuleuses elliptiques dans le Lion.

Sa compagne (= Messier 65) la précède de 1ᵐ 19ˢ, et brille comme une étoile de 10ᵉ grandeur. D'Arrest lui a mesuré 8' de longueur sur 1'½ de largeur. Sa lumière présente également une condensation vers le centre.

Le gigantesque télescope de lord Rosse a révélé dans la structure

Fig. 256. — La nébuleuse M 65 (Lion) dans un grand télescope.

intime de cette nébuleuse des circonvallations spirales qui rappellent celles que nous avons admirées dans la nébuleuse devenue classique des Chiens de chasse. Comment contempler ces condensations opé-rées par les siècles, ces flots de sable sidéral jetés pour ainsi dire par les vagues cosmiques sur les rives de l'océan éternel, sans vivre un instant dans l'étendue immense de l'histoire de l'univers ouverte à la pensée par ces créations lointaines? La contemplation d'un tel objet ne ressuscite-t-elle pas devant notre pensée les centaines de milliers d'années qui ont servi à la formation de ces spires séculaires (¹)?

A 36′ au nord de la nébuleuse M. 66, on aperçoit un rayon lumineux d'une énorme longueur (9′ de long sur 50″ seulement d'épaisseur). Serait-ce un disque immense que nous n'apercevrions que par la tranche?

Dans la même constellation, à 1° 1/2 au sud de'λ, une autre nébu-leuse (H. I, 56), peut compter aussi parmi les belles : elle est ovale, mesurant 3′ de longueur sur 1¼ de largeur, et *double*. En 1784, William Herschel a décrit les deux nébuleuses comme égales ; en 1848, lord Rosse en a donné le dessin que nous reproduisons ici (*fig.* 257), dans lequel on voit la seconde nébuleuse à peine indiquée, comme un noyau secondaire enfermé dans la première ; en 1862 d'Arrest déclare que l'aspect est tout autre que dans le dessin de lord Rosse. Serait-ce encore là une nébuleuse variable ?

Il y en a encore une autre, fort curieuse, que l'on trouvera entre θ et ρ, un peu au-dessus d'une ligne tracée de l'une à l'autre étoile, et un peu plus près de ρ que de θ (elle est en même temps sur la ligne qui joint γ à χ) : c'est aussi une *nébuleuse double* (H. I, 17) ; splendide ; brille comme une étoile de neuvième grandeur. — Quatre minutes avant, on en admire une autre, non moins belle (M. 95), mesurant

---

(¹) Il faut avouer que l'œuvre de la gravitation pendant sept ou huit cent mille ans ne frappe pas moins fortement notre esprit qu'une durée de plusieurs millions d'an-nées, parce que ces nombres dépassent absolument la sphère de nos conceptions habituelles. C'est ce qui arrive dans tous les problèmes qui conduisent à des chif-fres exorbitants. Ainsi, le calcul prouve qu'en mettant sur les 64 cases d'un échi-quier 1 grain de blé, 2, 4, 8, etc., en doublant toujours, on arrive, pour la somme totale des grains à placer sur les 64 cases, au chiffre de 18 446 744 073 709 551 615 grains : toutes les moissons du globe entier ne fourniraient pas cette quantité — que d'ailleurs nous ne pouvons pas du tout nous figurer, malgré tous les efforts d'imagi-nation possibles.

A propos de combinaisons, le calcul conduit à des résultats bien singuliers : dix personnes assises à une même table peuvent changer de place en 3 628 800 *manières différentes* !

On dit quelquefois que les noms propres n'ont pas d'orthographe. Rien n'est plus inexact. Il n'y a qu'une vraie manière d'écrire le mot *Hainaut*, par exemple. Cepen-dant on peut l'écrire de 2304 manières différentes en le prononçant toujours de même !

120″ de diamètre, suivie à 25 secondes par une étoile de douzième grandeur. Il y a, du reste, une telle richesse, une telle profusion de nébuleuses dans cette région du ciel, qu'il suffit de promener un bon instrument, armé d'un faible oculaire à vaste champ, pour en cueillir par dizaines dans les champs étoilés. Si ce sont vraiment là des mondes en création, nous pourrions dire que l'océan céleste tient là en suspension dans ses vagues éthérées la semence prolifique des univers futurs.

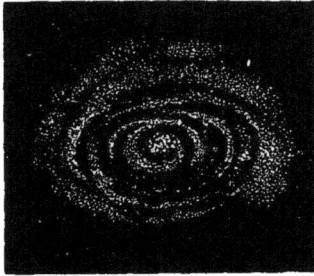

Fig. 257. — La nébuleuse à deux foyers dans le Lion.

Avant de quitter cette région, arrêtons-nous encore un instant aux pieds du Lion pour quelques étoiles éparses réunies par Hévélius, vers l'an 1680, sous la forme d'un *Sextant*, instrument alors fort en usage dans les observations astronomiques. « Ce n'est pas, dit-il lui-même, que la disposition des étoiles donne l'idée de cet instrument, ni qu'il soit bien placé là, mais il m'a servi, de l'an 1658 à l'an 1679 à vérifier les positions des étoiles, et la méchanceté humaine l'a détruit, avec mon observatoire et tout ce que je possédais, par les flammes d'un horrible incendie; j'ai donc placé là cette œuvre de Vulcain pour honorer Uranie, et les astrologues trouveront ce souvenir bien à sa place entre le Lion et l'Hydre, de féroce nature. »

Le legs du pauvre astronome a été respecté par ses successeurs; et comme on l'a vu *(fig.* 238, p. 329), le Sextant d'Uranie se dessine dans le ciel entre les pieds du Lion et la tête de l'Hydre.

Ce petit astérisme ne se compose que de six étoiles supérieures à la sixième grandeur. Inscrivons-les de l'ouest à l'est, par ordre d'ascension droite, en leur adjoignant celles qu'un intérêt quelconque signale à notre attention.

ÉTOILES PRINCIPALES DU SEXTANT.

| | 1680 | 1700 | 1800 | 1840 | 1860 | 1880 |
|---|---|---|---|---|---|---|
| 1. | 5 | 5 | 5.6 | 6 | 6 | 5,4 |
| 2. | 5 | 5 | 5.6 | 5 | 5 | 5,2 |
| 8. | 6 | 6 | 6 | 5 | 5 | 5,4 |
| 12. | 0 | 6 | 6.7 | 6 | 6⅓ | 6,8 |
| 15. | 4 | 4 | 5 | 4½ | 4½ | 4,7 |
| 19. | 5 | 6 | 7 | 6 | 6 | 6,2 |
| 27. | 0 | 6 | 6 | 7 | 6 | 6,8 |
| 29. | 5 | 5 | 6 | 5 | 5 | 5,4 |
| 30. | 5 | 5 | 6 | 5 | 5 | 5,2 |
| 31. | 0 | 6 | 8 | 7 | 7 | 7,0 |
| 35. | 0 | 6 | 7 | 6 | 6⅓ | 6,2 |
| 41. | 7 | 6 | 6 | 5 | 5 | 6,0 |
| 19662 Lal | 0 | 0 | 4½ | 7 | 6⅔ | 6,3 |
| 19823 Lal | 0 | 0 | 7 | 8 | 6⅓ | 8,0 |

Parmi ces étoiles, la première a diminué d'éclat pendant la première moitié de notre siècle; la troisième a, au contraire, augmenté depuis le commencement de ce siècle; l'étoile n° 12 est actuellement un peu plus faible qu'il y a vingt ans et a cessé d'être visible à l'œil nu; l'étoile n° 19, de cinquième grandeur au temps d'Hévélius, n'a été notée que de septième par Piazzi; mais comme les évaluations de cet astronome sont souvent un peu trop faibles (notamment ici), il est probable que cette étoile n'est pas descendue au-dessous de la sixième; l'étoile 27 était invisible à l'œil nu en 1840, et elle l'est encore aujourd'hui; l'étoile 31 a été inscrite de 6° par Flamsteed, de 6° $\frac{1}{7}$ par Piazzi en 1797 et de 8° par le même astronome en 1809 : elle est actuellement de 7°; l'étoile 41, au contraire, de 7° grandeur dans Flamsteed, s'est élevée à la 6° au XVIII° siècle et à la 5° en 1840 et en 1860 : elle est en ce moment retombée à la sixième; enfin l'avant-dernière étoile de notre petit tableau a été inscrite de 4° $\frac{1}{7}$ par Lalande en 1798, de 5° par Harding en 1822, de 7° en 1840 (elle est rougeâtre); et la dernière, vue à l'œil nu par Heis, est actuellement invisible. Voilà encore des témoignages de changements d'éclat arrivés assez rapidement dans les étoiles.

C'est dans cette petite constellation, alors non dénommée, qu'en l'an de grâce 1643 le capucin Antonio de Rheita, qui venait de construire un télescope de ses propres mains, s'imagina découvrir un assemblage d'étoiles reproduisant exactement dans le ciel la figure de Jésus-Christ sur le voile de sainte Véronique : « Sudarium Veronicæ sive faciem Domini *maximâ similitudine* in astris expressum », comme on le voit sur la gravure de l'époque ( *fig.* 258). J'ai souvent visité cette région du ciel au télescope, sans jamais rien apercevoir qui ressemblât le moins du monde à cette image.

Fig. 258. — Le Voile de sainte Véronique.
(Constellation du XVII° siècle.)

L'étoile 35 du Sextant est une belle *double* : 6° et 8°, à 7″, jaune et bleue.

Belle nébuleuse, à 2° 1/2 à l'est de l'étoile n° 8, sur le prolongement d'une ligne menée de α de l'Hydre à cette étoile. Lumineuse dans la nuit noire. Elliptique; son grand axe mesure 150″, son petit axe 35″; noyau de l'éclat d'une étoile de dixième grandeur (H. I. 163).

Nébuleuse *double* (H. I. 3 et 4) non moins curieuse, au nord de l'étoile n° 15 (la plus brillante de la constellation), et vers le milieu de la distance entre cette étoile et π du Lion, un peu à gauche de la ligne joignant ces deux étoiles, — ou, mieux encore, sur une ligne menée de Régulus à η du Lion. — On voit là deux nébuleuses conjuguées, à 30 secondes de temps l'une de l'autre, rondes; la précédente, ou l'occidentale, est plus claire. C'est là sans doute un embryon d'univers. Un double soleil commence sa mystérieuse genèse, et dans quelques centaines de milliers d'années, les astronomes de la Terre, s'ils existent encore, ou ceux de Jupiter et de Saturne, ou leurs confrères des autres systèmes, verront briller là une magnifique étoile double dont ils observeront avec attention la grandeur et le mouvement, pour l'instruction de nos successeurs sur la scène changeante de l'impérissable univers.

# CHAPITRE XIV

La Vierge. L'Épi. La Vendangeuse. — Richesse de cette région en nébuleuses.
Changements arrivés dans le ciel.
L'étoile double gamma de la Vierge. — La Balance. — Les étoiles de l'Été.

Pendant les douces soirées du printemps, quand la nature elle-même nous invite à la contemplation des beautés sidérales, après le crépuscule évanoui, on voit monter en silence dans les cieux les étoiles qui insensiblement deviennent de plus en plus brillantes et de plus en plus multipliées. A l'heure où les sept étoiles du nord planent au plus haut de leur cours, c'est-à-dire vers onze heures en avril, vers neuf heures en mai, l'*Épi de la Vierge* brille en plein sud, sur le prolongement de la courbe tracée par la queue de la Grande Ourse et Arcturus. C'est une étoile de première grandeur, qui forme un triangle équilatéral avec Arcturus et Denebola. Elle paraît à l'Orient en mars, s'élève dans le ciel du sud en avril, mai et juin, descend en juillet vers l'Occident, et s'endort en septembre dans les brumes du soir. Cette étoile a été associée depuis bien des siècles aux travaux des champs ; on en a fait le symbole des moissons, et nos pères la faisaient briller au milieu d'un bouquet d'épis.

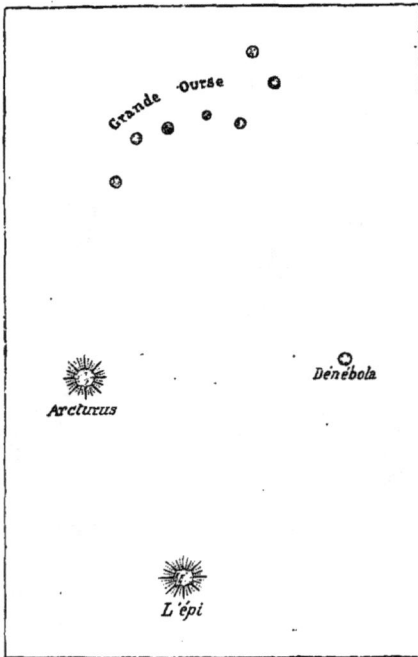

Fig. 259. — Alignement pour trouver l'Épi de la Vierge.

On a dessiné là, sur l'ancienne sphère, une jeune femme munie de deux ailes, portant un rameau de la main droite et un épi de la main gauche. Peut-être le groupe d'étoiles qui forme aujourd'hui la Chevelure de Bérénice, et dans lequel on voyait autrefois une gerbe de blé, n'est-il pas étranger au dessin de cette figure, car la main droite de la Vierge qui porte aujourd'hui un rameau imaginaire, dépourvu d'étoiles, est levée vers l'amas de la chevelure : on peut penser qu'il formait autrefois la gerbe primitive des épis placés à portée de sa main.

Aratus, Hipparque, Ptolémée, appelaient cette constellation *Parthenos* « la Vierge ». Elle devint ensuite, dans la poésie : Cérès, déesse des moissons ; Thémis, déesse de la justice (à cause de la Balance qui est à ses pieds) ; Astrée, fille de Jupiter et de Thémis, que les crimes des hommes forcèrent à remonter au ciel à la fin de l'âge d'or ; Diane d'Éphèse ; Isis d'Égypte, Atergatis ou la Fortune ; Minerve, mère de Bacchus ; Érigone, fille du Bouvier, la Sybille de Virgile qui, un rameau à la main, descend aux enfers ou sous l'hémisphère. On lui a mis parfois un enfant dans les bras, comme à l'Isis égyptienne. La circonstance assez curieuse qu'autrefois au solstice d'hiver, vers le 25 décembre, la Vierge donnait naissance au retour du soleil Sauveur, et que lorsqu'elle se lève elle est précédée au milieu du ciel par la Crèche, devant laquelle marchent, d'orient en occident, la belle étoile du précurseur Procyon et les Trois Rois mages, tandis qu'au-dessous d'elle gît le Serpent de l'Hydre ; ces rapprochements, dis-je, ont conduit certains commentateurs à supposer que la Vierge Marie n'avait jamais existé, pas plus que Jésus, image du Soleil, et qu'il n'y avait dans leur histoire qu'un mythe astronomique oriental. Ce serait aller un peu loin, et l'induction est plus ingénieuse que légitime. On a démontré de la même façon que Napoléon n'a jamais existé, et qu'il n'est, lui aussi, qu'une image symbolique de l'astre du jour. En effet, son nom lui-même signifie nouveau soleil, nouvel Apollon : *Né-apolio*, comme on le voit encore aujourd'hui gravé sur le socle de la colonne Vendôme ; il est né vers l'Orient, dans une île, au sein des ondes, et sa mère n'est autre que la joie du lever du Soleil, *Lætitia* ; il s'est éteint *dans la mer occidentale*, emporté par les hommes du nord vers les antipodes ; il avait douze compagnons de guerre, douze maréchaux : ce sont les douze mois de l'année ; etc. Mais cet infatigable guerrier a régné assez réellement pour tuer cinq millions d'hommes ; et nous avons de même des témoignages historiques suffisants, quoique d'un autre ordre, pour admettre que le philosophe de Nazareth a incontestablement existé.

L'imagination des dessinateurs s'est donné un libre cours dans les représentations variées des constellations zodiacales, et un volume comme celui-ci ne suffirait pas si nous voulions reproduire tous ces curieux dessins. Pour la Vierge, entre autres, le choix est considérable et nous édifie complètement sur le dédain avec lequel les artistes de l'époque traitaient les étoiles ; qu'il nous suffise d'en donner ici deux spécimens, dont le premier montre les étoiles semées au hasard sur une figure d'enfant ailé (un petit chérubin), et dont le second nous présente une jeune mariée du xvᵉ siècle absolument dépourvue d'étoiles — et bien dépourvue aussi de charmes et de beauté : je l'extrais d'un ouvrage de l'an 1489, écrit par Léopold, évêque de Fresingue, et fils naturel du duc d'Autriche, Albert III.

Mais revenons au ciel. Lorsqu'on aura reconnu l'Épi de la Vierge, qui est l'étoile α de la constellation, on trouvera facilement, d'abord

Fig. 260. — La Vierge de l'*Astronomie* du roi Alphonse X (xiiᵉ siècle).

Fig. 261. — La Vierge de la *Compilation astronomique* de Léopold d'Autriche (xvᵉ siècle).

les trois étoiles de troisième grandeur γ, η et β, qui s'alignent au nord-ouest à peu près dans la direction de Régulus ; puis δ et ε, également de troisième ordre, qui brillent au nord dans la direction de la chevelure ; ζ, de même grandeur, à peu près sur la ligne menée de l'Épi à Capella. Notre carte (*fig.* 262) servira à trouver successivement toutes les autres.

Au sud-ouest de l'Épi, un groupe de quatre étoiles principales indique la place du Corbeau, qui a les pieds sur l'Hydre et lui donne des coups de bec; mais cette région ne s'élevant jamais beaucoup sur notre horizon, on ne peut observer que rarement ces étoiles, et seulement dans les très belles nuits d'été.

L'étoile ε, de troisième grandeur, située au nord de la figure, a été surnommée la Vendangeuse (*Vindemiatrix*), à l'époque où elle se levait le matin pour annoncer la maturité du raisin et les vendanges. Elle porte ce nom en différentes langues : en grec, en latin, en arabe, en persan et dans les langues modernes. On appelait aussi cette étoile et ses voisines « le Crieur », surnom déjà donné au Bouvier, avec lequel on a quelquefois confondu le nouvel astérisme. Au temps d'Hipparque, l'étoile δ marquait l'épaule droite de la Vierge : Ptolémée nous dit qu'il l'a descendue au côté, parce que l'ancien dessin faisait cette épaule beaucoup trop grande. En astrologie, et chez les Arabes surtout, ces étoiles de la Vierge étaient considérées comme exerçant une heureuse influence sur les destinées humaines, parce qu'elles brillent entre le Lion et le Scorpion, « le Lion n'étant hostile que par la tête, les dents et les griffes, et le Scorpion par la queue et le dard »... Heureux temps !

C'est l'Épi de la Vierge qui, avec Régulus, fit découvrir à Hipparque la précession des équinoxes et la véritable durée de l'année, par la comparaison de ses observations avec celles faites par Aristillus et Tymocharis, 170 ans avant lui. Cette belle étoile, qui joua un si grand rôle dans l'astronomie ancienne, gît à une distance incommensurable de notre atome terrestre, malgré son éclat ; toutes les recherches faites pour lui trouver une parallaxe sont restées infructueuses. Son spectre appartient au premier type, au type de Véga, Sirius, Castor, Régulus, Rigel, Altaïr, étoiles blanches, très photogéniques (voy. la photographie, p. 211), prédominance de l'hydrogène, astres plus éblouissants mais moins chauds que les soleils aux feux d'or, tels qu'Arcturus et Capella, qui appartiennent au second type spectral. Cette brillante étoile s'éloigne de nous.

Les annales de l'astronomie nous ont conservé l'observation du passage de Saturne tout contre l'étoile γ, arrivé le 1er mars de l'an 228 avant notre ère.

L'étoile δ est une belle étoile jaune qui appartient au troisième type des spectres, comme Antarès, α d'Hercule et Mira Ceti.

L'étoile η, autrefois de troisième grandeur, est actuellement de quatrième ; elle diminue lentement depuis deux siècles. Déjà elle avait diminué au temps de Tycho.

λ est descendue de la quatrième à la cinquième.

Au contraire, ν, ο et τ se sont élevées de la cinquième à la quatrième.

φ a été estimée de 4° par Tycho, Hévélius, Flamsteed ; de 5°, par Bayer, Piazzi, Argelander, Heis ; de 6°, par Bessel. Elle varie au moins de $4\frac{1}{4}$ à $5\frac{1}{2}$.

16 c s'est élevée de la sixième à la cinquième.

L'étoile g, au nord-ouest de α, est appelée par tous les astronomes (Flamsteed, Mayer, Piazzi, Baily, etc.,) 49 g, et identifiée avec une étoile signalée par Ptolémée, Sûfi, Ulugh Beigh, Tycho, etc., à l'ouest de l'Épi. C'est là une erreur. L'étoile des anciens correspond à 49 ou à 50 de Flamsteed ; mais 49 n'a jamais correspondu à g de Bayer. On a été jusqu'à en conclure que cette dernière étoile n'avait jamais existé ; or, elle existe parfaitement, je l'ai souvent observée ; elle est actuellement de sixième grandeur, comme au temps de Bayer. Nous reviendrons tout à l'heure sur ce sujet.

ÉTOILES PRINCIPALES DE LA CONSTELLATION DE LA VIERGE
DEUX MILLE ANS D'OBSERVATION

| Étoiles | −127 | +960 | 1430 | 1590 | 1603 | 1660 | 1700 | 1756 | 1800 | 1840 | 1860 | 1880 |
|---|---|---|---|---|---|---|---|---|---|---|---|---|
| α (*L'Épi*) | 1.2 | 1.2 | 1.2 | 1 | 1 | 1 | 1 | 1 | 1 | 1 | 1 | 1,5 |
| β | 3 | 3 | 3 | 3 | 3 | 3 | 3 | 3 | 3.4 | 3 ⅓ | 3 ⅓ | 3,5 |
| γ | 3 | 3 | 3 | 3 | 3 | 3 | 3 | 3 | 4 | 2 ⅔ | 2 ⅔ | 3,2 |
| δ | 3 | 3 | 3 | 3 | 3 | 3 | 3 | 3 | 3.4 | 3 | 3 | 3,4 |
| ε (*La Vendang.*) | 3.4 | 3 | 3 | 3 | 3 | 3 | 3 | 3 | 3.4 | 2 ⅔ | 2 ⅔ | 2,8 |
| ζ | 3 | 3.4 | 3.4 | 3 | 3 | 3 | 4 | 3 | 4 | 3 ⅓ | 3 ⅓ | 3,5 |
| η | 3 | 3 | 3 | 4 | 4 | 3 | 3 | 4.3 | 3.4 | 3 ⅓ | 3 ⅓ | 3,9 |
| θ | 4 | 4 | 4 | 4 | 4 | 4 | 4 | 4 | 4.5 | 4 ⅓ | 4 ⅓ | 4,6 |
| ι | 4 | 4 | 5 | 4 | 4 | 4 | 4 | 4 | 4 | 4 | 4 | 4,1 |
| κ | 4 | 4 | 4 | 4 | 4 | 4 | 4 | 4 | 4 | 4 ⅓ | 4 ⅓ | 4,2 |
| λ | 4 | 4 | 4 | 4 | 4 | 4 | 4 | 4 | 4 | 4 ⅔ | 4 ⅔ | 4,9 |
| μ | 4.3 | 4.3 | 4.3 | 4 | 4 | 4 | 4 | 0 | 4.5 | 4 | 4 | 4,0 |
| ν | 5 | 5 | 5 | 5 | 5 | 5 | 5 | 5 | 4.5 | 4 ⅓ | 4 ⅓ | 4,1 |
| ξ | 5 | 5 | 5 | 5 | 5 | 5 | 5 | 5 | 5 | 4 ⅔ | 4 ⅔ | 5,3 |
| ο | 5 | 5 | 4 | 5 | 5 | 5 | 5 | 5 | 4.5 | 4 | 4 | 4,2 |
| π | 5 | 5 | 5 | 5 | 5 | 5 | 5 | 5 | 5 | 4 ⅓ | 4 ⅓ | 4,8 |
| ρ | 5 | 5.6 | 5.6 | 5 | 5 | 5 | 5 | 0 | 5 | 5 | 5 | 5,0 |
| σ | 0 | 0 | 0 | 5 | 5 | 5 | 5 | 0 | 6 | 5 | 5 | 5,3 |
| τ | 0 | 0 | 0 | 5 | 5 | 5 | 5 | 0 | 4.5 | 4 | 4 | 4,4 |
| 102 $\upsilon^1$ | 0 | 0 | 0 | 5 | 5 | 5 | 5 | 0 | 6 | 5 | 5 | 5,6 |
| 103 $\upsilon^2$ | 0 | 0 | 0 | 0 | 0 | 0 | 5 | 0 | 0 | 0 | 6 | 6,8 |
| φ | 4.5 | 4.5 | 4.5 | 4 | 5 | 4 | 4 | 0 | 5 | 5 | 5 | 5,2 |
| χ | 5 | 5 | 5 | 5 | 5 | 5 | 5 | 5 | 6 | 5 | 5 | 5,2 |
| ψ | 5 | 5 | 5 | 5 | 5 | 5 | 5 | 5 | 5.6 | 5 | 5 | 5,2 |
| ω | 0 | 0 | 0 | 0 | 6 | 0 | 6 | 6 | 6.7 | 6 | 6 | 6,0 |
| 4 $A^1$ | 0 | 0 | 0 | 0 | 6 | 6 | 6 | 6 | 5.6 | 6 | 6 | 5,8 |
| 6 $A^2$ | 0 | 0 | 0 | 0 | 6 | 0 | 6 | 0 | 6 | 6 | 6 | 6,1 |
| 7 *b* | 0 | 0 | 0 | 6 | 6 | 5 | 5 ½ | 5.6 | 5.6 | 6 | 5 ⅔ | 5,8 |
| 16 *c* | 0 | 0 | 0 | 6 | 6 | 6 | 6 ½ | 5 | 5.6 | 5 | 5 | 5,5 |
| 31 $d^1$ | 0 | 0 | 0 | 6 | 6 | 6 | 6 | 0 | 6 | 6 | 6 | 6,0 |
| 32 $d^2$ | 6 | 6 | 6 | 6 | 6 | 6 | 6 | 0 | 7 | 6 | 6 | 5,8 |
| 59 *e* | 0 | 0 | 0 | 6 | 6 | 6 | 6 ½ | 0 | 6 | 5 | 5 ⅔ | 5,5 |
| 25 *f* | 0 | 0 | 0 | 0 | 6 | 6 | 6 | 6 | 6.7 | 6 | 6 | 6,0 |
| *g* | 0 | 0 | 0 | 0 | 6 | 0 | 0 | 0 | 0 | 6 | 6 | 6,0 |
| 76 *h* | 6 | 6 | 6 | 0 | 6 | 6 | 6 | 6 | 6 | 5 | 5 | 5,8 |
| 68 *i* | 5 | 0 | 5 | 0 | 6 | 0 | 6 | 6 | 5 | 6 | 6 | 5,7 |
| 44 *k* | 5 | 6 | 6 | 6 | 6 | 6 | 6 | 6 | 6 | 6 | 6 | 6,0 |
| 74 *l* | 5 | 5.6 | 5.6 | 6 | 6 | 6 | 6 | 5 | 6 | 5 | 5 | 5,2 |
| 82 *m* | 4 | 5.6 | 5.6 | 6 | 6 | 6 | 6 | 6 | 5.6 | 6 | 6 | 5,8 |
| *n* | 0 | 0 | 0 | 6 | 6 | 0 | 6 | 0 | 6 | 6 | 6 | 6,8 |
| 78 *o* | 0 | 0 | 0 | 6 | 6 | 0 | 6 | 0 | 6 | 5 | 5 | 5,3 |
| 90 *p* | 5 | 5 | 5.6 | 6 | 6 | 6 | 6 | 6 | 6 | 5 ⅔ | 5 ⅓ | 5,6 |
| 21 *q* | 0 | 0 | 0 | 0 | 6 | 6 | 6 | 6 | 5.6 | 6 | 6 | 5,8 |
| 49 | 5 | 5 | 5 | 0 | 6 | 0 | 5 | 5 | 5.6 | 6 | 6 | 5,6 |
| 50 | 0 | 0 | 0 | 5 | 5 | 5 | 6 | 0 | 6 | 0 | 0 | 6,3 |
| 53 | 6 | 6 | 6 | 5 | 5 | 5 | 4 ½ | 0 | 5 | 5 | 5 | 5,3 |
| 61 | 5 | 5 | 5 | 5 | 6 | 5 | 4 ½ | 0 | 4.5 | 5 | 5 | 5,3 |

| ÉTOILES | −127 | +960 | 1430 | 1590 | 1603 | 1660 | 1700 | 1756 | 1800 | 1840 | 1860 | 1880 |
|---|---|---|---|---|---|---|---|---|---|---|---|---|
| 63 | 5 | 5 | 6 | 0 | 6 | 0 | 6 | 0 | 6 | 6 | 6 | 5,6 |
| 69 | 0 | 0 | 0 | 5 | 5 | 5 | $5\frac{1}{2}$ | 0 | 5.6 | $5\frac{1}{3}$ | $5\frac{1}{3}$ | 5,0 |
| 70 | 0 | 0 | 0 | 0 | 0 | 6 · | 6 | 0 | 5.6 | 5 | $5\frac{1}{3}$ | 5,5 |
| 75 | 0 | 0 | 0 | 0 | 6 | 0 | 6 | 0 | 6 | 6 | 6 | 6,0 |
| 86 | 5 | 5.6 | 0 | 0 | 0 | 0 | 6 | 0 | 6 | 6 | 6 | 5,8 |
| 89 | 6 | 6 | 6 | 0 | 0 | 0 | $5\frac{1}{2}$ | 0 | 5.6 | 5 | 5 | 5,4 |
| 96 | 0 | 0 | 6 | 0 | 0 | 0 | 6 | 0 | 6.7 | 0 | $6\frac{1}{3}$ | 6,9 |
| 97 | 0 | 0 | 0 | 0 | 0 | 0 | 7 | 0 | 6 et 8 | 0 | 0 | 7,0 |
| 109 | 0 | 0 | 0 | 0 | 0 | 0 | 4 | 0 | 4 · | $3\frac{2}{3}$ | $4\frac{2}{3}$ | 4,5 |
| 110 | 0 | 0 | 0 | 0 | 0 | 0 | $4\frac{1}{2}$ | 0 | 5 | .5 | 5 | 4,9 |
| P. XII, 142 | 0 | 0 | 0 | 0 | 0 | 0 | 0 | 0 | 7 | 6 | 6 | var |
| P. XIII, 174 | 0 | 0 | 0 | 0 | 0 | 0 | 0 | 7.8 | 7 | 6 | 6 | 6,5 |
| P. XIV, 12 | 0 | 0 | 0 | 0 | 0 | 5 · | 0 | 0 | 6 | $4\frac{2}{3}$ | 5 | 5,0 |
| Lal. 23228 | 0 | 0 | 0 | 0 | 0 | 0 | 0 | 0 | $5\frac{1}{2}$ | 6 | 6 | 6,1 |
| Lal. 25086 | 0 | 5.6 | 0 | 0 | 0 | 0 | 0 | 0 | 7 | 0 | $6\frac{1}{3}$ | 5,8 |

76 $h$ s'est élevée pendant notre siècle du 6° au 5° ordre d'éclat.
68 $i$ varie certainement de 5 à 6 : elle est orangée ; son spectre
appartient au quatrième type, qui se compose surtout des étoiles

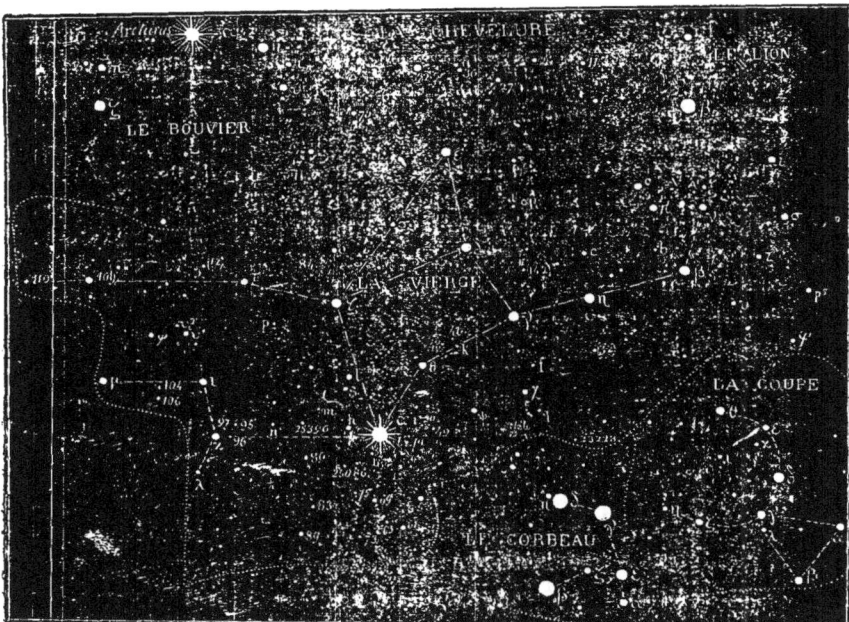

Fig. 262. — Étoiles principales de la constellation de la Vierge.

colorées d'un rouge sang. Elle est plus curieuse encore que $\mu$ de
Céphée, qui appartient au troisième type, et c'est l'une des plus brill-
lantes du quatrième type ; il me semble même que c'est la plus brill-
lante du ciel entier, car nous n'en connaissons aucune dont l'éclat

surpasse la cinquième grandeur ; c'est l'une des rares que l'on puisse voir à l'œil nu. Ce spectre étrange paraît un mélange des aspects 6, 7 et 8 de notre planche générale des spectres, et montre des colonnades sur lesquelles la lumière est plus vive du côté du violet, tandis que dans le troisième type elle est plus vive du côté du rouge ; il semble que l'un des deux spectres soit le négatif de l'autre. On y reconnaît le caractère des composés du carbone, probablement des oxydes gazeux, ce qui indiquerait des *soleils à température relativement basse.*

L'étoile 82 *m* ou l'étoile 25396, toutes deux aujourd'hui de sixième grandeur, ont changé d'éclat l'une ou l'autre, car Ptolémée rapporte qu'une étoile placée là (n° 18 de Ptolémée, Sûfi et Ulugh Beigh) était de quatrième ordre. Sûfi, en la vérifiant, déclare qu'elle est beaucoup plus petite que dans l'*Almageste,* et des moindres de la cinquième.

Il y a ici une difficulté inextricable dans les auteurs anciens. Ptolémée, Sûfi et Ulugh Beigh appellent les étoiles *l* et *h* (*fig.* 262) « la boréale et l'australe du côté occidental du quadrilatère » à l'est de l'Épi. Puis ils décrivent « la boréale et l'australe du côté oriental de ce même quadrilatère ». La première étoile de ces deux-ci est *m* ou 25396 ; la seconde paraît être 25086. Mais dans ce cas il n'y a pas de quadrilatère, car *l*, *h* et 25086 sont en ligne droite : c'est un triangle. Si les anciens ont su ce qu'ils disaient (et c'est probable), il faut ou que l'étoile 25086 se soit déplacée de l'est à l'ouest, et qu'en plus elle ait diminué d'éclat, ou que la quatrième étoile de ce quadrilatère ait disparu du ciel. Nous savons déjà, d'autre part, que l'étoile 25086 est variable : le 6 juin 1866, Schmidt l'a trouvée parfaitement visible à l'œil nu (5,4) et plus brillante que sa voisine 68 *i* ; puis sa lumière décrut lentement ; en 1872, Gould l'estima à 5,7 et, en 1873, à 6,3. — Intéressante à suivre. — Quoi qu'il en soit, *un changement est arrivé depuis deux mille ans dans cette région du ciel.*

L'étoile 78 *o* a augmenté d'une grandeur. Il en est de même de l'étoile 89.

L'étoile 86 n'est pas *n*, comme Flamsteed et d'autres astronomes l'écrivent. Elle paraît varier de 5° à 6° $\frac{1}{2}$.

96, actuellement invisible à l'œil nu, est quelquefois visible.

97 (= P. XIV, 11) est descendue de la 6° à la 8° grandeur de 1796 à 1810, pendant les observations de Piazzi.

109 oscille au moins d'une grandeur entière.

P. XII, 142, au nord de $\gamma$, varie de 4° $\frac{1}{2}$ à 7°.

Enfin l'étoile Lal. 23228, actuellement de 6° grandeur, n'a pas été observée par Piazzi ; mais elle a été notée de 5° $\frac{1}{4}$ par Lalande en 1798, de 7° par le même en 1795, de 8° par Steinheil.

Le groupe d'étoiles situé au sud de l'Épi a subi certaines modifications curieuses qui réclament une analyse détaillée.

Fig. 263. — Constellations zodiacales. — La Vierge. — La Balance.

On a publié dans les traités d'astronomie et dans les recueils astronomiques des « listes d'étoiles disparues » qui ne sont pas fondées
sur une discussion suffisante, et dont la plupart des étoiles n'ont
jamais existé. Une erreur d'observation, de lecture ou de réduction
suffit pour faire insérer dans un catalogue et par suite sur un atlas
un astre dans une position erronée : toutes les fois que nous ne
retrouvons plus au ciel une étoile, l'explication la plus simple est
d'abord de supposer une erreur, et nous devons tout au moins
remonter à *deux* observations originales avant d'être disposés à
admettre une disparition. C'est un événement fort grave, en effet, que
l'extinction d'un soleil, et nous ne devons l'admettre que lorsqu'elle
est établie sur des témoignages suffisants. Cependant, malgré la
sévérité si légitime que nous devons apporter dans ces discussions,
malgré la peine que peut nous causer la mort d'un soleil et d'un
système de mondes, il ne faudrait pas pousser les conséquences à
leur dernière rigueur ni vouloir, de parti pris, n'admettre que des
erreurs partout où des changements se manifestent entre l'état actuel
du ciel et les aspects anciennement observés : ce serait là un autre
excès, qui stériliserait toutes nos recherches.

Ces réflexions nous sont inspirées ici par l'état actuel du ciel aux
environs de l'Épi de la Vierge, comparé au même état observé il y
deux et trois siècles, et par les différentes représentations que les Atlas
célestes en donnent. Voici, par exemple (A *fig.* 264), la carte du grand
Atlas de Flamsteed sur cette région : avec la meilleure volonté du
monde, il est absolument impossible de reconnaître le ciel dans le
groupe des six étoiles qui dessinent une courbe irrégulière à l'ouest
d'Alpha. 1° L'étoile 52, de 6° grandeur dans Flamsteed, n'existe pas
et n'a jamais existé; 2° l'étoile 58 se trouve au-dessous et non pas
au-dessus du prolongement d'une ligne menée de 50 à 56 ; 3° la lettre
*g* annexée au n° 49 n'appartient pas à cette étoile, mais à une autre
située au-dessus du n° 50, dans la direction de θ, et qui n'existe pas
sur l'Atlas de Flamsteed. Voilà plus de divergences qu'il n'en faut
pour dérouter le chercheur, et l'on doit certainement attribuer à ces
négligences quelques-unes des causes qui ont empêché jusqu'à ce jour
l'astronomie de devenir vraiment populaire. De telles difficultés
rebutent les commençants, et ils ne vont pas plus loin. Comparez
à la carte de Flamsteed celle d'Argelander ( B , *fig.* 264) et cherchez quel rapport elles ont entre elles : croirait-on qu'il s'agisse là
du même point du ciel ? On voit, d'après cette dernière carte, qu'il
n'y a pas d'étoile de sixième grandeur entre $\alpha$ et 49; que l'étoile *g*

est visible entre 49 et θ; qu'il y a une étoile visible au-dessous de ψ, tandis qu'il n'y en a pas au-dessus; que trois étoiles se montrent vers *h*, et non pas cinq (l'étoile marquée au-dessous de *h* n'a jamais existé)]; que l'étoile 54 est invisible à l'œil nu; etc.

Mais, comme nous le disions tout à l'heure, ces divergences sont-elles entièrement dues à des erreurs, et devons-nous nous refuser à admettre des changements réels survenus dans le ciel? L'observation directe de la nature nous conduit à une conclusion contraire et nous prouve l'existence de tels changements. Comme il s'agit surtout ici d'étoiles situées à la limite de la perceptibilité, aidons-nous d'une

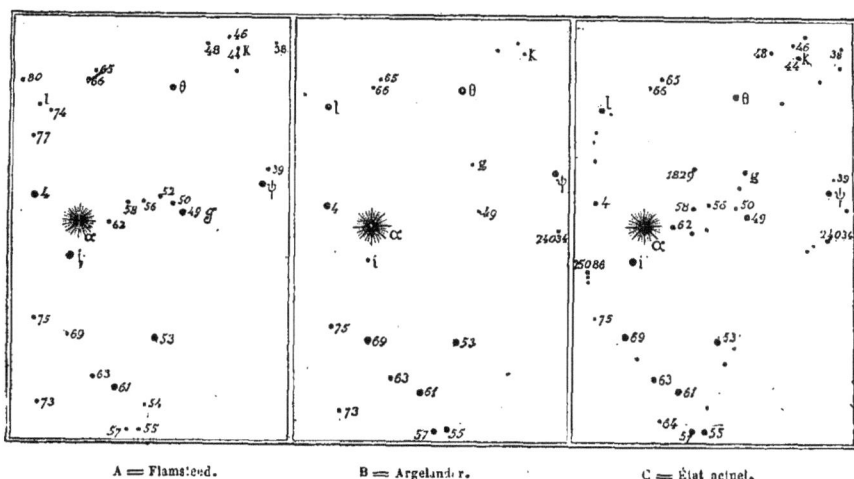

A = Flamsteed.          B = Argelander.          C = État actuel.

Fig. 264. — Variations dans les cartes célestes.

jumelle et pointons sur une carte toutes les étoiles jusqu'à la septième grandeur inclusivement : nous obtenons la petite carte C de la même figure, qui met en évidence plusieurs faits assez curieux. La discussion complète de cette région conduit aux déductions suivantes :

1° L'étoile 52 de Flamsteed n'existe pas — comme le prouvent d'autre part les manuscrits mêmes de Greenwich.

2° L'étoile *g* de Bayer, absente de l'atlas de Flamsteed, existe réellement et est visible à l'œil nu, de 6ᵉ grandeur au moins. — Elle a été observée par l'astronome anglais en 1693 et en 1712 (c'est le n° 1805 de son catalogue); mais elle a été omise sur l'atlas ; les astronomes (Baily, Argelander, etc.), qui ont conclu que l'étoile de Bayer n'existait pas, se sont trompés.

3° L'étoile 50 est à la limite de la visibilité (= 6,3). Comme Bayer l'a fort bien vue et l'a marquée de 5ᵉ, tandis qu'en 1839 Argelander la distinguait à peine dans une jumelle, et que Lalande, Harding, Bessel la font de 7ᵉ grandeur, elle est *variable*, probablement de 5ᵉ½ à 7ᵉ. Sa couleur est rougeâtre.

4° L'étoile 49 est également variable. Dans les *Mémoires de l'Académie*, de 1709, Maraldi rapporte que « l'étoile de sixième grandeur, la plus méridionale des deux marquées par Bayer au-dessous de la main australe de la Vierge, ne s'apercevait plus, tandis que la septentrionale, marquée de cinquième grandeur, était restée dans le même état. » Elle est actuellement plus brillante que 50, et de 5°½. Sa couleur est rougeâtre, comme celle de sa voisine. — Hévélius n'a observé qu'une étoile : il est difficile de dire laquelle des deux.

5° L'étoile 63 est quelquefois aussi brillante que l'étoile 61, c'est-à-dire de 5° grandeur (elle est même plus brillante dans Bayer); mais elle est plus souvent de sixième, et elle disparaît parfois à la vue, car Hévélius, en 1660, ne l'a pas observée, tandis que, dès le x° siècle, Sûfi la signale comme formant avec sa voisine 63 une étoile double de cinquième grandeur.

6° L'étoile 69 est quelquefois de 6° grandeur, presque aussi faible que l'étoile 75; quelquefois de 5° ½, quelquefois de 5°, et même fort brillante.

7° L'étoile 39, au-dessus de ψ, de 6° dans Flamsteed, est de 7° dans Harding; Lalande l'a vue deux fois de 7° et une fois de 8°; elle est actuellement de 7° ½.

8° A l'est de *i*, une étoile ordinairement visible à l'œil nu (Lal. 25086), descend quelquefois à 7° et disparaît, et s'élève parfois à 5° ½, surpassant en éclat sa voisine.

9° Flamsteed a observé, le 24 avril 1712, une étoile de 8° grandeur (1829) située entre α et θ, qui n'est pas gravée sur son atlas; Lalande a observé cette étoile le 5 mai 1795 et l'a inscrite de 7° ½ (24 661); Harding l'a marquée de 8°; sur le grand atlas austral de Gould, elle est dessinée de 6°, mais est absente du catalogue.

Cet exemple suffit pour nous édifier. Il y a dans cet ensemble plusieurs variations réelles, absolument incontestables, et en vérité elles sont si nombreuses, nous en rencontrons si souvent d'analogues dans l'étendue entière du ciel, que nous pouvons bien ne pas être sans crainte sur le sort réservé à notre propre soleil et, comme conséquence, sur les destinées de la vie terrestre et de notre propre humanité. Sans amener l'extinction totale de la vie, de pareilles transformations solaires entraîneraient sans contredit des événements d'une certaine importance dans la santé générale de l'humanité, dans les conditions de son alimentation, dans les climats et dans l'histoire naturelle des différents peuples. Le *moindre* de ces changements suffirait pour arrêter net *toutes* les discussions politiques (¹).

(¹) L'histoire du ciel nous garde encore bien des surprises pour l'avenir. Que de petites difficultés restent inexpliquées dans la discussion des meilleures observations! Ainsi, par exemple, 1ᵐ10ˢ à l'est et 8' au nord de l'étoile 109, de 4° grand. ½, il y a une étoile de 7° à 8° grandeur (Lal. 26936 = P. XIV, 180) qui a offert à Piazzi une bizarre oscillation en ascension droite. En 1798 et 1813 elle était plus à l'ouest qu'en 1809, et elle a marché régulièrement vers l'est de 1798 à 1809, pour revenir graduellement vers l'ouest de 1809 à 1813. La différence des extrêmes s'est élevée à 12″. Lalande a fait deux observations de cette étoile : le 24 mai 1797 et le 27 avril 1798; à la seconde date, l'observation donne pour la position de l'étoile près d'une seconde (0ˢ,89) de moins qu'à la première, ce qui correspond à la date du minimum de Piazzi. N'y a-t-il là qu'un effet d'erreurs instrumentales?

Voici maintenant un fait particulièrement curieux et jusqu'à présent unique dans l'histoire de l'astronomie : c'est le cas d'une étoile que les anciens nommaient *étoile double* « DIPLOS », qui était réellement double autrefois, et qui ne l'est plus aujourd'hui. Ceux qui comprennent le plaisir de l'étude de la nature sentiront leur cœur battre en contemplant ce mouvement séculaire, comme le mien vient de le faire en trouvant l'explication du mystère.

Ptolémée signale au-dessous de la Vierge les trois étoiles suivantes :

|  | Grandeur. | Longitude. | Latitude. |
|---|---|---|---|
| 1° L'occidentale des trois en ligne droite sous l'Épi. | 6° | 177°10' | 7°10' |
| 2° Celle du milieu, *qui est double*.. . . . . . . . | 5• | 178.10 | 8.20 |
| 3° L'orientale des trois. . . . . . . . . . . . | 6° | 185. 0 | 7.50 |

La description et la position de la première correspondent à l'étoile 53, et celles de la seconde à l'étoile 63. La description de la troisième correspond à l'étoile 73, mais la position se rapporte plutôt à l'étoile 89. Il y a, du reste, pour cette troisième étoile, deux versions dans les éditions de l'*Almageste*. Il est probable qu'anciennement on a observé 73 et 89, et qu'ensuite 73 étant devenue moins brillante, on n'a plus observé que 89.

En effet, Sûfi écrit au dixième siècle : « La première de ces trois étoiles est la précédente des deux situées au sud de l'Épi, à quatre coudées de distance ; la deuxième suit à une coudée vers le sud-est : *elle est double;* la troisième suit, mais de très loin, à cinq coudées. Ptolémée dit que ces trois étoiles sont en ligne droite ; il n'en est pas ainsi, car la double se trouve au sud des deux autres. Il y a au-dessus de l'étoile double une étoile à une coudée de distance, et au-dessous aussi une étoile à une coudée. » La description comme les positions de Sûfi correspondent exactement aux étoiles 53, 63, 89, ainsi qu'aux étoiles 69 et 55-57 vues comme étoiles simples. — Comparer à l'aide de notre *fig.* 262.

Ulugh Beigh signale de même ces étoiles :

|  | Grandeur. | Longitude. | Latitude. |
|---|---|---|---|
| 1° La précédente des trois sous Simak. . . . . . | 6° | 196° 7' | 8° 0' |
| 2° Celle du milieu, *qui est double*. . . . . . . . | 5• | 197.19 | 8.36 |
| 3° La suivante des trois. . . . . . . . . . . . . | 6° | 204.10 | 7.42 |

Ces trois étoiles sont certainement 53, 63 et 89.

Ulugh Beigh est le dernier astronome qui parle de l'étoile 63 comme étoile double. Tycho-Brahé, qui fait la même description cent soixante ans après, a supprimé cette désignation ancienne, et désormais cette étoile est considérée comme simple et comme ne répondant pas à la qualification de nos aïeux.

Eh bien ! et c'est là l'événement intéressant pour l'historien du ciel, l'étoile 61 était anciennement voisine de l'étoile 63, et *elle formait avec elle une étoile double visible à l'œil nu,* comme Mizar et Alcor, comme $v^1$ et $v^2$ du Sagittaire, comme $\alpha^1$ et $\alpha^2$ du Capricorne. Mais elle a depuis abandonné sa compagne, et elle s'enfuit d'un vol rapide vers le sud-ouest, s'éloignant chaque siècle de l'astre auquel elle était anciennement associée. Actuellement (1880), son éloignement est de 1° 14′; il y a deux mille ans, la distance des deux étoiles n'était que de 40′.

En effet, tandis que l'étoile 63 demeure relativement fixe dans l'espace, l'étoile 61 est animée d'un mouvement propre très rapide, qui s'élève à — 0ˢ,075 en ascension droite et à + 1″,04 en distance polaire, ce qui donne pour mille ans 75 secondes de temps, d'une part, et 1040 secondes d'arc, d'autre part : soit pour deux mille ans, 150 secondes (2ᵐ 30ˢ) et 2080″ (34′ 40″). La direction de ce mouvement tend précisément à éloigner presque en ligne droite la seconde étoile de la première, dans un vol rapide pointant au sud de l'étoile 54 et, plus loin, vers l'étoile β de l'Hydre.

Notre petit diagramme (*fig.* 265) représente ce mouvement rapide, tracé pour une période de dix mille ans. En supposant les autres étoiles relativement fixes pour cette période (qui n'est pas longue dans l'histoire sidérale), on voit que notre étoile passera dans trois mille ans au sud-est de l'étoile 54, et, dans cinq mille, à l'ouest des étoiles 57 et 55, composant avec elles une sorte d'étoile triple. Il y a 2500 ans, elle a constitué avec l'étoile 63 *l'étoile double* observée par les astronomes égyptiens et grecs; il y a cinq mille ans, elle est passée vers l'étoile

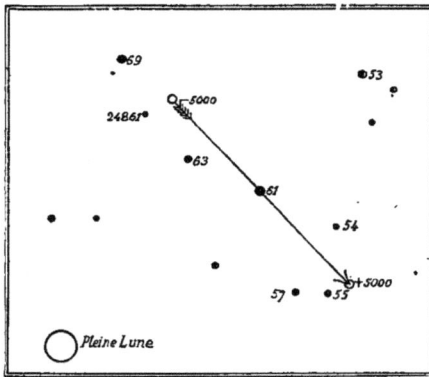

Fig. 265. — Mouvement propre de l'étoile 61 Vierge.

24861 Lalande, et il y a 7400 ans, si l'étoile 69 ne s'est pas déplacée elle-même, les deux étoiles se sont trouvées l'une devant l'autre. Si le ciel avait été suffisamment observé par nos aïeux, nous aurions dans ces constatations de rencontres célestes les meilleures vérifications des dates historiques : le ciel est le juge le plus sûr que nous puissions invoquer même pour les choses de la terre. Les antiquités fabuleuses dont certains peuples se sont prévalus dans tous les âges ne comportent pas ces vérifications authentiques : toutes les fois qu'on nous vante pour l'histoire d'une littérature, d'un art ou d'une science antique, un âge extraordinaire, réclamons, s'il se peut, quelque trace d'événement astronomique qui puisse contrôler les faits ; c'est encore là le témoignage le plus sûr qui puisse nous être donné d'une date invérifiable.

Quoi qu'il en soit, l'étoile 61 Vierge est remarquable par ce déplacement rapide, qui eût confondu Aristote et toute son école ; elle nous rappelle par cet intérêt et par son nom la 61ᵉ du Cygne qui vogue plus rapidement encore (*voy.* p. 201) ; de plus, c'est jusqu'à présent *le seul exemple que nous ayons d'un mouvement propre consta-, table sur des observations faites à l'œil nu*, et cet exemple, nous le devons aux obstacles, aux incohérences, aux difficultés qui arrêtent à chaque pas la rédaction de ce « Supplément de l'Astronomie populaire », que l'auteur aurait aimé voir se dérouler calme, facile, rapide, et qui, sans contredit, a déjà aussi plus d'une fois mis à l'épreuve la patience studieuse de ses nombreux lecteurs... Qu'il me soit permis à ce propos, de manifester mon étonnement de voir trente mille amis de la science me suivre dans cette étude technique et non amusante du grand et sublime univers ; je l'avoue bien sincèrement : je ne pensais pas, et nul n'espérait, qu'il y eût en Europe trente mille intelligences vraiment prêtes à faire connaissance avec le ciel, vraiment disposées à s'instruire sérieusement (¹).

Cette belle constellation de la Vierge offre, comme on le voit, sur notre chemin des spectacles variés. Mais nous sommes encore loin d'avoir scruté toutes ses richesses. Déjà nous avons reconnu dans plusieurs de ses étoiles des variations d'éclat plus ou moins étendues. L'observation attentive du ciel a mis en évidence des variations périodiques régulières, dont le nombre va en s'accroissant chaque année. Voici celles qui sont actuellement connues et suivies :

R, qui varie de 6 1/2 à 11 en 145 jours : on la distingue parfois à l'œil nu, à droite de *d'* ; le dernier maximum a eu lieu le 9 septembre 1880.

S, qui varie de 5 1/2 à 12 1/2 en 373 jours ; au-dessous de *l* ; son dernier maximum a eu lieu le 8 octobre 1880. Scintillation remarquable : élancements rougeâtres.

T, qui varie de 8ᵉ,2 à 13ᵉ,5 ; mais elle n'est jamais visible à l'œil nu.

U, qui varie de 7ᵉ,8 à 12ᵉ,6, en 212 jours ; toujours télescopique aussi.

V, de 8ᵉ à 13ᵉ en 252 jours ; invisible à l'œil nu.

W, de 8ᵉ ½ à 10ᵉ, en 17 jours.

X, de 7ᵉ à 11ᵉ ; période indéterminée.

(¹) Depuis son apparition en décembre 1879, l'*Astronomie populaire* a été imprimée à cinquante mille exemplaires, et ce *Supplément*, en cours de publication, compte déjà trente mille souscripteurs. Que l'on vienne prétendre maintenant que nous vivons à une époque de décadence ! Jamais, depuis le commencement du monde, on n'a apprécié, compris, désiré la science comme aujourd'hui. On s'aperçoit enfin que nous n'existons intellectuellement que par elle, et que, hommes ou femmes, il n'y a que les êtres instruits qui *existent réellement ;* les autres, fussent-ils millionnaires, marquis, ducs, princes ou rois, n'étant rien autre chose que *des nullités.* — Nous parlons ici de la valeur intellectuelle : la valeur morale a, elle aussi, son importance dans l'humanité. Mais le temps des apparences et des titres extérieurs est passé.

L'alphabet sera bientôt épuisé, et il le serait si nous ajoutions à ces étoiles celles que nous avons remarquées tout à l'heure, telles que P. XII, 142 (qui pourrait être Y), Lal. 25 086 (qui pourrait être Z), 68 *i*, 86, etc.

C'est un champ bien fertile que cet espace qui s'étend dans le ciel à partir de l'Épi de la Vierge, au sud, et jusque dans la Chevelure de Bérénice, au nord, et il n'est pas étonnant que nous y surprenions des variations plus ou moins étranges, des mouvements et des métamor-

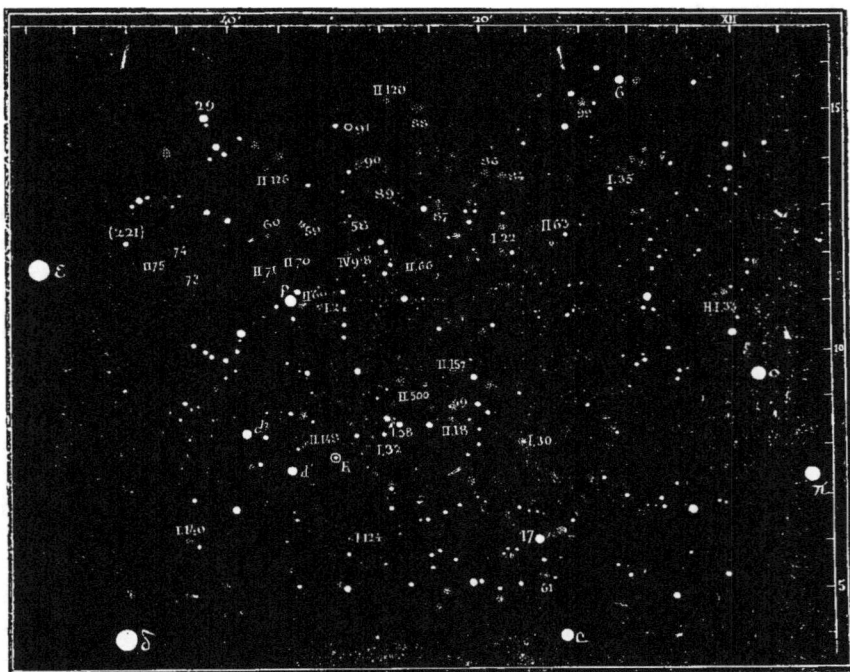

Fig. 266. – Champ de nébuleuses dans la Vierge.

phoses dont l'étude est loin d'être complète. C'est la région du ciel la plus riche en nébuleuses : il y en a là plus de cinq cents ! Semence des mondes futurs, germes des univers à venir, gelée féconde qui semble trembler suspendue dans l'océan éthéré ! Examinez un instant notre petite carte spéciale (*fig.* 266), sur laquelle ne sont encore dessinées que les nébuleuses principales existant dans un pentagone circonscrit par les étoiles ε, δ, *c*, π, o et 6 Chevelure, et décidez vous-mêmes de l'impression produite par cet aspect. Le nombre des nébuleuses éclipse celui des étoiles ! Que de questions se lèvent en présence de cette richesse ! Chacune de ces taches laiteuses est-elle vraiment un système solaire en création ? Sont-elles perdues au fond de l'infini, à une distance incommensurable au delà des étoiles ? Sont-elles mélangées avec les soleils qui trônent dans cette étendue ? Seraient-elles plus proches de nous que les étoiles ?... Comment songer à ces grandeurs — grandeurs dans l'espace et grandeurs dans le temps — sans se sentir transporté, loin de notre boule errante, dans les mystères de l'infini et de l'éternité !

Dirigez une lunette à large champ vers cette mine céleste, et, au hasard, vous ne tarderez pas à rencontrer l'une de ces pâles nébuleuses et à voyager dans une contrée qui n'est pas moins intéressante que la Voie lactée elle-même, quoiqu'elle en forme un système pour ainsi dire contraire, à angle droit sur le premier, s'élevant, par la Chevelure, les Chiens de Chasse et la Grande Ourse, jusqu'au pôle et au delà. Pointez, par exemple, au nord de l'étoile ρ, de cinquième grandeur, vous trouverez là plusieurs nébuleuses, dont une belle *double* (M. 60) (*fig.* 267). Les deux noyaux sont sphériques et mesurent, celui de l'ouest 95″, celui de l'est 120″ de diamètre; la dis-

tance entre les deux centres est de 9 secondes de temps. Ces deux noyaux tournent-ils l'un autour de l'autre ? Probablement. Mais les observations ne suffisent pas encore pour décider.

Sept minutes avant, presque sur le même parallèle (18′ au sud) passe une nébuleuse elliptique double bien curieuse : *elegantissimum et permirum phænomenon*, dit D'Arrest. C'est H. IV, 8 et 9. Les deux se touchent et occupent un espace de 2′½ à 3′½

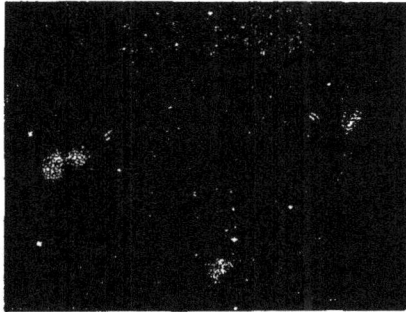

— S —

Fig. 267. — Nébuleuse M. 60, H. 270 et M. 59, dans la Vierge.

d'étendue. Groupe vraiment remarquable. Au nord on voit trembler dans l'éther une autre nébuleuse plus belle encore : M. 58, précédée par une étoile de 7ᵉ grandeur. La nébuleuse double paraît animée d'un mouvement propre vers l'est.

Il y a là dans le ciel un district véritablement merveilleux. Par une nuit de printemps, sans clair de lune et sans brunes, cherchez à reconnaître les richesses nébuleuses signalées sur notre *fig.* 266. Les

systèmes de premier ordre vous apparaîtront d'abord, ceux que
Messier découvrait il y a plus d'un siècle : M. 84-86-87-88-89-90
et 91, sans compter les moins brillantes révélées ensuite par les
télescopes des Herschel. La première est ronde et mesure 3′ de
diamètre ; la deuxième mesure près de 4′ et brille comme une étoile de
9ᵉ grandeur; la troisième offre plus de 4′ de diamètre et est couronnée,
à 6′ au nord, par une étoile de 8ᵉ grandeur ; la nébuleuse M. 88 est
elliptique, fort allongée, mesurant 7′ (presque le quart du diamètre
lunaire) de longueur, sur 90″ de largeur; M. 87 est petite, ronde et
brillante; M. 90 est elliptique, atteignant 7′ de longueur sur 2′ de
largeur et attachée à une étoile de 11ᵉ grandeur; la nébuleuse M. 91,
que Messier rapporte avoir découverte en 1781, en même temps que
M. 90, n'a été revue par aucun astronome. L'habile fureteur des
curiosités célestes s'est-il trompé, ou bien *la nébuleuse a-t-elle disparu* ? L'événement ne serait pas sans gravité; mais le ciel nous en
offre d'autres exemples. Il y a là, à cette même place (1ᵐ plus loin),
une étoile assez mystérieuse. W. Herschel l'appelle « a small well
defined body », un petit objet bien défini. Lalande l'a notée de 8ᵉ grandeur le 1ᵉʳ avril 1795 et de 7ᵉ le 4 avril 1796 (23620-21); Piazzi l'a
notée de 7-8 (P. XII, 145); Argelander l'a inscrite de 6ᵉ¼. On ne voit
actuellement là aucune nébulosité, mais une petite étoile double au
nord-ouest, ou nord précédent. Champ magnifique à explorer. Se
servir de notre carte (*fig.* 266).

A 2° 1/2 à l'ouest de *ε*, curieuse nébuleuse ovale (H. II, 75) surmontée d'un triangle de trois petites étoiles et précédée à 38 secondes
par une nébuleuse circulaire. Elle
mesure 150″ de longueur sur 15″ de
largeur. On croirait rencontrer une
queue de comète perdue dans l'espace. C'est comme un rayon de lumière électrique. Cette nébuleuse,
avec sa compagne (74), est inscrite sur
notre carte, et la petite figure ci-
contre qui en reproduit l'aspect est
orientée comme la carte, le sud en bas.
Pour plus de facilité, ces dessins de
nébuleuses ne sont pas renversés.

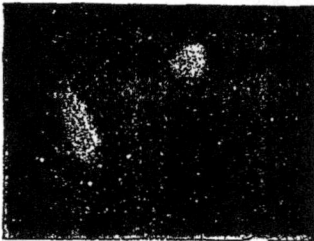

— s —

Fig. 268. — Nébuleuse H. II, 75 et 74.
dans la Vierge.

A 2ᵐ et demie plus loin, vers la Vendangeuse, étoile double de
7ᵉ et 9ᵉ, à 29″ (P. XII, 221).

Non loin de l'étoile 6 Chevelure, au sud-est, sur le prolongement

de β, π, o, se trouve la nébuleuse M. 99, à peu près circulaire, mesurant 3′ de diamètre, et qui, dans le grand télescope de lord Rosse, a
offert ces spires magnifiques dont l'aspect rappelle les soleils tour-
nants des feux d'artifice. Création vraiment merveilleuse. La nébuleuse presque entière se résout en étoiles. Lointains univers! Splendeurs de l'infini! A qui et à quoi servez-vous? — A quoi servons-
nous nous-mêmes?

Ce n'est pas tout. Mais il faut nous borner. Signalons-en deux
encore, qu'il est difficile d'oublier.

A peu près sur le prolongement d'une ligne menée de γ à χ, près du
Corbeau, une nébuleuse allongée (H. I, 43) qui mesure 4′ de longueur

Fig. 269. — La nébuleuse spirale de la Vierge.

et 50″ seulement de largeur, est particulièrement curieuse. C'est sans
doute là un système elliptique posé dans le vide, et que nous aperce-
vons par la tranche.

Entre les étoiles ι et μ, près de l'étoile 104, à l'est, formant un
triangle avec elle et 106, on trouvera un petit amas d'étoiles bleues,
suivi d'une étoile rougeâtre de 8e grandeur H. I, 70.

Au nord de c, à 1° environ, un peu à l'est, il y a encore une nébuleuse à noyau double (M. 61, fig. 270) bien curieuse pour l'esprit philosophique : fœtus d'un soleil jumeau dont l'éclosion complète est

réservée à la maturité des siècles futurs. Au nord de cette nébuleuse on remarquera une étoile double, fine, mais facile : 6,6 et 9, à 20″, rose et rouge foncé : c'est Fl. 17.

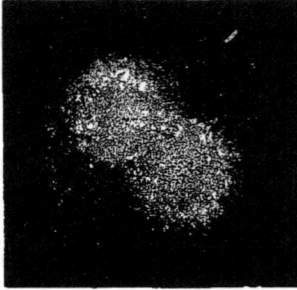

Fig. 270. — La nébuleuse double M. 61, de la Vierge.

.Mais de toutes les merveilles de cette constellation, l'une des plus attachantes est sans contredit la splendide étoile double γ de la Vierge. Ses deux composantes, fort brillantes, sont de troisième grandeur, et écartées actuellement à 5″ de distance angulaire. C'est l'un des plus beaux couples

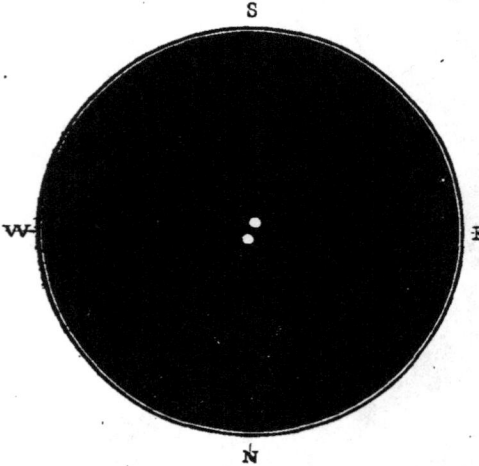

Fig. 271. — L'étoile double γ de la Vierge.

à observer, c'est *l'un des premiers découverts au télescope*, et c'est l'un de ceux qui ont été le plus assidûment suivis par les astronomes. Dès l'année 1718, Bradley, après avoir dédoublé cette belle étoile, constatait, en regardant d'un œil dans la lunette et de l'autre dans le ciel, que la ligne de jonction des composantes était parallèle à une ligne passant par α et ∂ de la Vierge, ce qui correspond à un angle de 331°. Depuis cette époque, le couple a tourné de près d'une révolution totale, suivant une ellipse assez allongée dans laquelle le périhélie est arrivé en 1836 : les deux étoiles ont été tellement rapprochées qu'on a cessé de les distinguer séparément, et que l'astre paraissait parfaitement rond. Voici les positions principales :

| DATE | ANGLE | DISTANCE | OBSERVATEURS |
|---|---|---|---|
| 1718 | 331° | 6″ ± . . . . . | Bradley, Cassini. |
| 1756 | 324 | 6 ± . . . . . | Tobie Mayer. |
| 1781 | 311 | 5 . . . . . | William Herschel. |
| 1803 | 300 | 4 ½ . . . . . | William Herschel. |
| 1820 | 284 | 3,0 . . . . . | John Herschel, South. |
| 1830 | 262 | 1,8 . . . . . | W. Struve, Dawes. |
| 1836 | 140 | 0,4 . . . . . | Smyth, Dawes, Struve. |

| DATE | ANGLE | DISTANCE | OBSERVATEURS |
|---|---|---|---|
| 1840 | 27 | 1,3. . . . . . | Kaiser, Galle, Mädler. |
| 1850 | 356 | 2,8. . . . . . | Wrottesley, Main, Jacob. |
| 1860 | 348 | 3,9. . . . . . | Secchi, Knott, Dembowski. |
| 1870 | 342 | 4,5. . . . . | Dunèr, Wilson, Gledhill. |
| 1880 | 337 | 5,0. . . . . . | Hall, Stone, Flammarion. |

La période est de 175 ans, et l'étoile secondaire reviendra vers 1893 au point où elle est passée en 1718. Le plan de l'orbite n'est que faiblement incliné sur notre rayon visuel; nous voyons le mouvement s'effectuer à peu près de face, de sorte que l'orbite apparente (*fig.* 272) diffère très peu de l'orbite absolue, et est à peine déformée par la per-

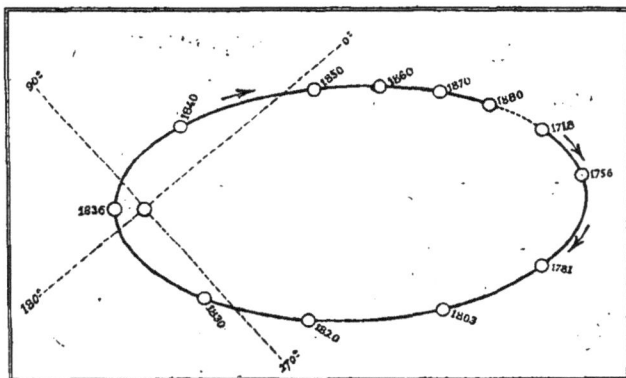

Fig. 272. — Orbite de l'étoile double γ de la Vierge.

spective. Considérons un instant cette figure. En rapportant le mouvement à l'un des deux soleils supposé fixe (ils sont du même éclat, et sans doute de même volume et de masse analogue), l'autre soleil décrit l'ellipse d'un mouvement non uniforme, accélérant considérablement sa vitesse dans la région du périhélie et la ralentissant à l'aphélie : le mouvement angulaire annuel a été de 30° en 1836 et seulement de 0°,43 en 1760; il est plus de *soixante fois plus rapide* dans la première région que dans la seconde. La seule contemplation de ce mouvement centuple pour nous l'intérêt de l'observation de ce couple radieux.

En réalité, les deux soleils tournent autour de leur centre commun de gravité, situé vers le milieu de la ligne idéale qui les joint à tout instant de la révolution. S'ils sont accompagnés chacun d'un système planétaire, il faut que chaque famille de planètes soit très rapprochée de son soleil respectif, et en quelque sorte serrée sous la protection de son aile tutélaire, car autrement l'attraction de l'autre soleil amènerait au périhélie des perturbations qui désorganiseraient le système et mettraient en péril la vie des humanités confiées à ces destinées. Toutefois, il ne faudrait pas croire que les deux soleils se touchent à leur périhélie : la distance, qui est de 6″,3 à l'aphélie, se réduit à 0″,43, il est vrai ; mais comme cette étoile n'offre pas de parallaxe sensible, cette faible valeur peut représenter un rayon égal à celui de notre système planétaire tout entier. L'espace ne manque donc pas pour la gravitation d'un grand nombre de terres habitées. Et quelle merveilleuse situation que celle de ces *séjours illuminés par deux soleils égaux* dont la splendeur s'efface et reparaît avec les variations des distances !

Les deux étoiles se sont recouvertes en 1836 pour les observations faites dans les meilleurs instruments : on n'a plus vu qu'une seule étoile, à peine allongée. Ce fait nous permet de calculer quels disques apparents elles offrent à la vision télescopique. Nous devons au moins leur supposer un diamètre de 1″ pour que l'image optique n'ait pas été trop allongée et ait, comme on l'a observé, ressemblé à un disque circulaire. En dessinant ces disques à l'échelle de 1ᵐᵐ pour 1″, on obtient les aspects représentés *fig.* 273, qui correspondent aux obser-

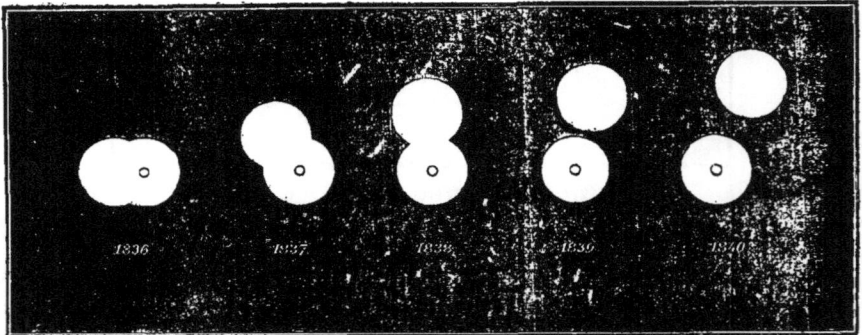

Fig. 273. — Aspects variables de l'étoile double γ de la Vierge.

vations faites à l'époque du périhélie. Les deux composantes se sont écartées lentement l'une de l'autre depuis 1836, et leur distance est actuellement de 5″.

Ces deux soleils tournent sur eux-mêmes, comme tous les soleils de l'univers, sans doute, et cette rotation semble se manifester à nous par les variations alternatives d'éclat qu'ils nous présentent, car tantôt l'une des deux étoiles est plus brillante et tantôt l'autre, sur une demi-grandeur environ de fluctuation.

Quoique ce magnifique système éclipse tous ses voisins par sa beauté et par son intérêt, nous ne devons pas, cependant, passer sous silence les autres couples de la même constellation accessibles aux instruments de moyenne puissance. Inscrivons-les par ordre de difficulté :

θ : triple; 4ᵉ ½, 9ᵉ et 10ᵉ; 7″ et 65″. Les deux premières forment un système physique en mouvement propre commun. Mais elles restent fixes l'une par rapport à l'autre.

84 : 5ᵉ,8 et 8ᵉ,5, à 3″,5; jaune et bleue; belles couleurs. Système orbital en mouvement lent.

54 : 6ᵉ,3 et 7ᵉ,5 ; 5″,7 ; fixes depuis un siècle qu'on les observe.

Tout près de ψ, au sud-ouest, l'étoile P. XII, 196 : 6ᵉ¼ et 9ᵉ¼, à 33″.

A 3° au sud de η, un peu à l'ouest, P. XII, 32 : 6ᵉ et 6ᵉ½; écartement = 21. Piazzi les a estimées seulement de 7ᵉ¼ chacune.

Enfin, tout près de ζ, au nord-ouest : P. XIII, 127; couple très délicat ; 8ᵉ et 9ᵉ, à 2″,3. Facile à trouver, à 25 secondes précédant ζ et à 17′ au nord. Cette étoile paraît animée du même mouvement propre que ζ.

A l'aide de notre petite carte (*fig.* 266), on pourra encore glaner, dans ce fameux champ de nébuleuses, l'étoile double 17 Vierge : 6ᵉ¼ et 9ᵉ, à 20″; rose et rouge; couple remarquable.

Telles sont les richesses et les curiosités sidérales que la Vierge céleste garde en réserve pour ses contemplateurs. La *Balance* est moins riche.

On enseigne classiquement que cette constellation n'a été introduite dans le Zodiaque, entre la Vierge et le Scorpion, qu'à une époque relativement récente, pendant la vie de l'empereur Auguste, et l'on cite à l'appui ces vers de Virgile dans les *Géorgiques* :

> Anne novum tardis sidus te mensibus addas,
> Qua locus Erigonem inter Chelasque sequentes
> Panditur : Ipse tibi jam brachia contrahit ardens
> Scorpius, et cœli justa plus parte reliquit.

flatterie qui peut se traduire ainsi : « Et toi qui dois un jour être admis au conseil des dieux, ô César ! veux-tu, nouvel astre d'été, te placer entre la Vierge Érigone et les serres du Scorpion? Déjà devant toi l'ardent Scorpion replie ses serres pour te laisser dans le ciel un espace suffisant. » Ce serait la justice d'Auguste qui aurait inspiré à ses sénateurs et à ses astronomes la création du signe de la Balance. Mais il y a là une erreur manifeste. Auguste était né au mois d'août (lequel mois, comme nous l'avons vu, a reçu son nom à cause de cette coïncidence) ; on lui aura consacré un astérisme qui existait déjà, généralement nommé *chelaï* « les serres » du Scorpion, et à dater de cette époque cet astérisme s'est spécialement appelé la Balance; mais déjà les Égyptiens et les Grecs lui avaient donné ce nom. La naissance d'Octave-Auguste tombait au commencement de la Balance. De plus, c'est là qu'était apparue la fameuse comète qui plana dans le ciel à la mort de Jules César et dans laquelle la piété du peuple avait vu l'âme de César elle-même s'envolant dans les cieux.

Virgile lui-même semble reconnaître une autre étymologie à ce nom de Balance :

> Libra die somnique pares ubi fecerit horas,
> Et medium luci atque umbris jam dividet orbem,
> Exercete, viri, tauros...

« Quand la Balance rend égales les heures du travail et les heures du sommeil, quand le jour et la nuit se partagent également le monde, laboureurs, conduisez vos taureaux aux champs.... »

Mais c'est encore là une origine erronée. La Balance existait dans le Zodiaque avant l'époque où elle marquait l'équinoxe d'automne. Son nom est dû à ses deux étoiles principales qui sont d'égale grandeur, assez écartées l'une de l'autre, et donnent fort simplement l'idée de deux plateaux de balance. On a prétendu aussi que les anciens ne connaissaient pas la balance à deux plateaux, et que les Romains, notamment, se servaient de l'instrument que nous appelons balance romaine. Nouvelle erreur : la balance dite romaine ne vient pas du tout des Romains, mais des Arabes : son nom dérive du mot arabe rommana, poids; et la plus ancienne balance, la plus naturelle, est la balance à deux plateaux.

Primitivement, le Scorpion étendait ses serres jusqu'aux pieds de la Vierge. A l'époque où l'on a assigné un signe au soleil pour chaque mois de l'année, les onze constellations zodiacales ont dû faire place à douze, et c'est celle du Scorpion qui a été scindée en deux. Le Scorpion proprement dit a formé une constellation, et les serres en ont formé une autre. Hipparque et Ptolémée conservent encore les Serres, continuant Eudoxe et Aratus. Mais le prêtre égyptien Manéthon, qui vivait sous Ptolémée-Philadelphe, au IIIe siècle avant notre ère, remarque déjà que les serres ont été changées en plateaux de balance, à cause de la similitude.

Ptolémée ne comptait que huit étoiles dans cet astérisme ($\alpha$, $\beta$, $\gamma$, $\delta$, $\iota$, $\theta$, $\mu$ et $\nu$), et neuf aux alentours. Nous n'en comptons guère plus aujourd'hui, de la première à la cinquième grandeur inclusivement.

La comparaison de l'éclat actuel de ces étoiles avec les éclats anciennement observés montre, comme on le voit par le tableau ci-après, que plusieurs variations importantes se sont opérées.

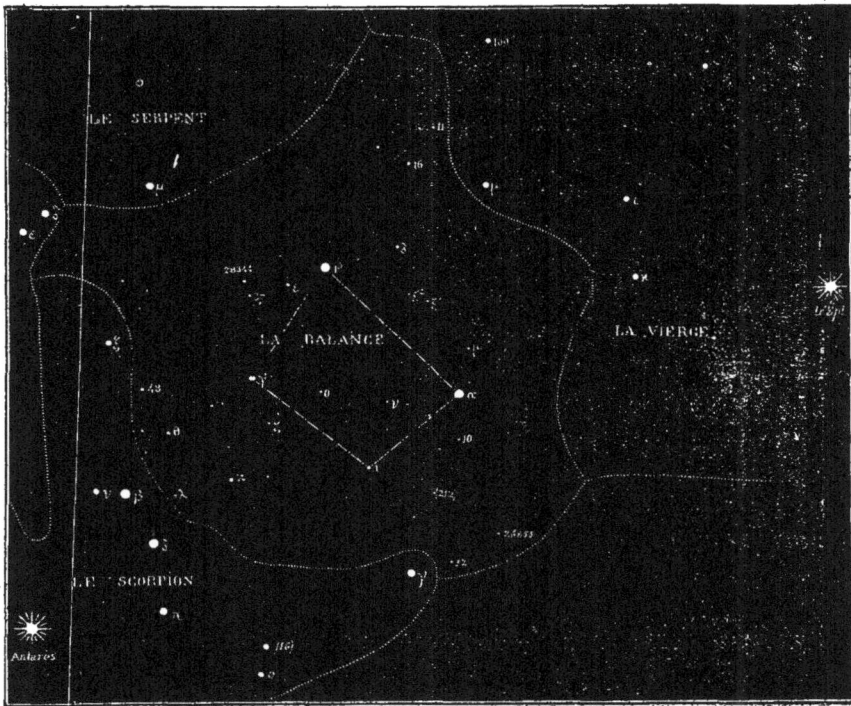

ÉTOILES PRINCIPALES DE LA CONSTELLATION DE LA BALANCE

| ÉTOILES | −127 | +960 | 1430 | 1590 | 1603 | 1660 | 1700 | 1756 | 1800 | 1840 | 1860 | 1880 |
|---|---|---|---|---|---|---|---|---|---|---|---|---|
| α | 2 | 3.2 | 3.2 | 2 | 2 | 2 | 2 | 2.3 | 3 | $2\frac{1}{3}$ | $2\frac{1}{3}$ | 3,0 |
| β | 2 | 3.2 | 3 | 2 | 2 | 2 | 2 | 2 | 2.3 | 2 | 2 | 2,9 |
| γ | 4 | 4 | 4 | 3 | 3 | 6 | $3\frac{1}{2}$ | 3.4 | 4.5 | $4\frac{1}{3}$ | $4\frac{1}{3}$ | 4,4 |
| δ | 5 | 5.6 | 5.6 | 4 | 4 | 5 | $4\frac{1}{2}$ | 4.5 | 4.5 | 5 | var | var |
| ε | 0 | 0 | 0 | 4 | 4 | 4 | 4 | 4 | 5.6 | 5 | 5 | 5,5 |
| ζ | 0 | 0 | 0 | 4 | 4 | 6 | 6 | 4 | 6 | 6 | 6 | 5,8 |
| η | 5 | 6 | 6 | 4 | 4 | 6 | 4 | 4 | 4.5 | 6 | 6 | 5,9 |
| θ | 4 | 4 | 4 | 4 | 4 | 4 | 4 | 4 | 4.5 | $4\frac{2}{3}$ | $4\frac{2}{3}$ | 4,8 |
| ι | 4 | 4 | 4 | 3 | 4 | 3 | 5 | 4 | 5.6 | $4\frac{2}{3}$ | $4\frac{2}{3}$ | 5,0 |
| χ | 4 | 4 | 4 | 4 | 4 | 0 | 4 | 4 | 5 | 5 | 5 | 5,5 |
| λ | 6 | 6 | 6 | 4 | 4 | 4 | 4 | 4 | 5 | 6 | 6 | 5,5 |
| μ | 5 | 5.6 | 5 | 5 | 5 | 5 | 5 | 5 | 5.6 | 6 | 6 | 5,7 |
| ν | 4 | 5.6 | 5 | 5 | 5 | 5 | 5 | 5 | 6 | 6 | 6 | 5,5 |
| ξ¹ | 0 | 0 | 0 | 0 | 0 | 6 | 6 | 6 | 6 | 6 | 6 | 6,1 |
| ξ² | 0 | 0 | 0 | 0 | 0 | 0 | 6 | 6 | 5 | 6 | 6 | 5,7 |
| o | 0 | 0 | 0 | 6 | 6 | 6 | 6 | 7 | 6 | 6 | 6 | 6,4 |
| 11 | 0 | 0 | 0 | 0 | 0 | 5 | 6 | 0 | 6 | 6 | 6 | 5,4 |
| 16 | 0 | 0 | 0 | 0 | 0 | 5 | $5\frac{1}{2}$ | 0 | 5.6 | $4\frac{2}{3}$ | $4\frac{2}{3}$ | 4,8 |
| 37 | 5 | 5 | 5 | 0 | 0 | 5 | $5\frac{1}{2}$ | 0 | 4 | 5 | 5 | 5,5 |
| 28344 Lal. | 0 | 0 | 0 | 0 | 0 | 5 | 0 | 0 | 6 | 5 | 5 | 5,6 |
| 48 | 4 | 4.5 | 4.5 | 4 | 4 | 4 | 4 | 0 | 5 | 5 | 5 | 5,4 |

δ est une variable périodique très rapide. Elle oscille de 4,9 à 6,1 dans la période de 2 jours 7 heures 51 minutes 19 secondes : c'est *la plus rapide* que nous connaissions dans le ciel entier, car elle se place même avant Algol. Sa variation, moins brusque que celle d'Algol, n'est probablement pas due à une éclipse produite par une planète de son système passant devant elle, mais à une rotation de ce soleil tournant autour de son centre de gravité. Cette rotation s'effectuerait en 56 heures environ, et l'astre serait recouvert de taches fixes dominant sur un hémisphère, continents ou scories émergeant au-dessus d'un océan de feu! Ces étoiles à variations périodiques rapides ouvrent le plus vaste champ à l'imagination. Nous en connaissons déjà plusieurs :

| | | | jours | heures | minutes | secondes |
|---|---|---|---|---|---|---|
| δ Balance, qui varie de | 4,9 à 6,1 en | | 2 | 7 | 51 | 19 |
| U Céphée | — | 7,5 à 9,2 — | 2 | 11 | 49 | 48 |
| *Algol* | — | 2,3 à 4,3 — | 2 | 20 | 48 | 53 |
| S Licorne | — | 4,9 à 5,6 — | 3 | 10 | 48 | |
| U Couronne | — | 7,6 à 8,8 — | 3 | 10 | 51 | |
| λ Taureau | — | 3,4 à 4,3 — | 3 | 22 | 52 | 24 |
| δ Céphée | — | 3,7 à 4,9 — | 5 | 6 | 42 | 48 |

Que ces variations soient dues à une rotation — ce doit être le cas le plus général — ou à une révolution de corps obscurs, leur *rapidité* est vraiment extraordinaire. (Notre soleil tourne en 27 jours, et sa planète la plus proche en 89.) Elles sont moins étendues que les variations à longues périodes et ne dépassent pas deux grandeurs.

Les deux étoiles principales de la Balance, α et β, ne sont que de troisième grandeur, à la limite de la seconde. α est *jaune* et β a une nuance de *vert*, très rare dans les étoiles simples. La première a été nommée *Kiffa australis*, la seconde *Kiffa borealis;* c'est de l'arabe marié au latin : balance australe et boréale.

L'étoile γ a offert depuis deux mille ans des fluctuations assez profondes, car Hévélius ne l'a inscrite que de 6ᵉ grandeur, tandis qu'elle est de 3ᵉ dans Bayer; elle est actuellement de 4ᵉ ½ environ.

ε, qui n'est aujourd'hui que de 5ᵉ ¼, a été notée de 4ᵉ par tous les observateurs du xvıᵉ au xvıııᵉ siècle. Il est certain qu'elle n'offrait pas cet éclat au temps de Ptolémée et Sûfi, qui ont décrit avec soin ses voisines β et 37 sans la mentionner.

Nous en dirons autant de ζ et de η : variations certaines.

ι a été vue de 3ᵉ par Tycho et Hévélius, de 4ᵉ par Ptolémée, Sûfi, Ulugh Beigh, Mayer; elle est en ce moment de cinquième.

χ est aussi tombée d'une grandeur au moins.

λ a subi une oscillation très importante : Ptolémée, Sûfi, Ulugh

Beigh l'ont vue de *sixième*; Tycho, Hévélius, Flamsteed, Mayer, de *quatrième*; elle est aujourd'hui de cinquième et demie.

ν était notée de quatrième par les anciens ; mais dès le x⁰ siècle, Sûfi remarque qu'elle est des moindres de la cinquième.

Les deux étoiles qui brillent à l'est de β sont en ce moment à peu près d'égal éclat. Il n'en était pas de même autrefois, car celle du nord n'a été signalée par aucun observateur avant Hévélius, et il suffit de lire la description minutieuse de Sûfi pour en conclure que s'il l'avait vue, il l'aurait signalée. Ni Flamsteed, ni Mayer, ni Piazzi ne l'ont observée. Elle est donc variable, comme les précédentes. — C'est Lalande 28344, voisine de 37.

Enfin, l'étoile 48, entre θ et ξ Scorpion, paraît varier de 4 à 5. Cette étoile est nommée ψ dans un grand nombre de catalogues (Piazzi, Mayer, etc.). Mais la nomenclature de Bayer s'arrête à o. Il y a aussi certaines confusions pour quelques étoiles insérées tantôt dans la Balance et tantôt dans le Scorpion. Ainsi, les étoiles, 20, 39, 40 et 51 de Flamsteed doivent être réintégrées dans le Scorpion : ce sont, respectivement, γ, o, P. xv, 116, et ξ du Scorpion.

On connaît dans la Balance, outre δ, trois variables périodiques, R, S et T; mais elles sont télescopiques et hors du cadre de cette description pratique et populaire des curiosités du ciel.

Il faut avouer que si cette constellation n'occupe pas dans le ciel un vaste espace, ses témoignages sont assez remarquables en faveur des variations séculaires qui s'accomplissent dans la création, puisque sur les 21 étoiles qui la composent, neuf seulement (α, β, θ, μ, ξ, o, 11, 16 et 37) paraissent stables, tandis les douze autres manifestent des indices, les uns très probables, les autres certains, d'instabilité et de modifications de lumière plus ou moins profondes. A mesure que nous avançons dans l'étude du ciel, nous sentons davantage le grand souffle de vie qui circule à travers l'immense univers.

Il y a là aussi plusieurs associations d'étoiles dignes d'attention.

Et d'abord, l'étoile α se montre, dans une simple jumelle, accompagnée, à 3' 49″, par une étoile de sixième grandeur qui paraît former un système stellaire avec elle.

L'étoile ζ est entourée de trois voisines, de sixième grandeur. Il y en a deux surtout assez brillantes pour être facilement visibles à l'œil nu.

ν est accompagnée d'une petite étoile de 6⁰ ½ : à 15'.

ξ¹ et ξ² forment aussi un couple très écarté; la seconde étoile est un peu plus brillante que la première.

ο est accompagnée, à 11' au sud, d'une étoile de huitième grandeur
ι forme un couple très écarté (17') avec une étoile de 6ᵉ½ qui la
suit à l'est ; mais plus près d'elle, à 57", on découvre une petite étoile
de 9ᵉ grandeur, qui s'est éloignée de 7" depuis 1822. Ce déplacement ne
correspond au mouvement propre de ι ni comme direction ni comme
vitesse. La petite étoile est double elle-même : très fine = 1",9. On
distingue encore une étoile de 10ᵉ grandeur, presque en ligne droite
au delà du compagnon.

Ce sont là des groupes écartés, plutôt optiques que physiques.
Remarque assez curieuse : on ne voit pas, dans cette contrée du ciel,
une seule véritable étoile double importante, un seul système orbital,
sinon quelques petits couples télescopiques, minuscules, et sans
doute fort lointains. Signalons seulement un groupe remarquable
par son mouvement propre rapide, et dont les deux composantes se
déplacent suivant une ligne droite, comme celles de la 61ᵉ du Cygne :
c'est l'étoile P. XIV, 212, de sixième grandeur, que l'on trouvera à
peu près au milieu du quadrilatère formé par les étoiles α, ι, γ Scorpion et 26855 Lalande (fig. 274). Facile à dédoubler dans une petite
lunette : 6,3 et 7,0, à 15". Ce couple est emporté dans l'espace par
un mouvement propre très rapide, de 202" par siècle, dirigé vers
le sud-est. Relativement à l'étoile la plus brillante, la moins brillante
se déplace suivant un mouvement rectiligne dirigé vers le nord-ouest,
en sens contraire de la translation générale du système. Le fait est
exactement le même que si les deux étoiles marchaient de concert,
avec une faible différence de vitesse, la première voguant un peu plus
vite que la seconde. On se rendra compte de ce curieux mouvement
par notre diagramme (fig. 275 A) qui le représente pour un siècle
(1780-1880) : la seconde étoile recule, relativement à la plus brillante.
Va-t-elle continuer de rétrograder et restera-t-elle décidément en
arrière, comme le cheval de course dépassé par le vainqueur? La
question est intéressante ; mais les observations ne suffisent pas pour
décider. Il est possible que ces deux étoiles lancées dans l'immensité
ne se trouvent que par hasard l'une près de l'autre ou l'une derrière
l'autre. Pourtant, si l'on considère la grandeur de leur mouvement,
qui surpasse de beaucoup la moyenne des mouvements propres, et
la similitude — pour ne pas dire l'identité—des deux cours, la conclusion la plus probable est que ces deux astres sont réellement associés
dans leur destinée, comme les deux soleils jumeaux qui composent le
couple de la 61ᵉ du Cygne. Comparez ces deux systèmes, à l'aide du
diagramme des positions constatées par un siècle d'observation.

La 61° du Cygne (*fig.* 275 B) marche vers le nord-est, emportée par un essor rapide de 508″ par siècle, et sa compagne marche à côté d'elle, un peu obliquement : elles se sont croisées à la fin du siècle dernier. L'étoile P. XIV, 212 marche vers le sud-est, avec une vitesse de 202″, et sa partenaire l'accompagne à peu près parallèlement, mais d'une démarche un peu plus lente. Ce sont là des systèmes stellaires d'un ordre particulier. Nous en avons rencontré d'autres, composés de deux soleils qui voguent dans l'espace absolument parallèlement et avec une vitesse identique : ainsi, depuis l'an 1755 que nous les observons, les étoiles formant les couples de β du Cygne,

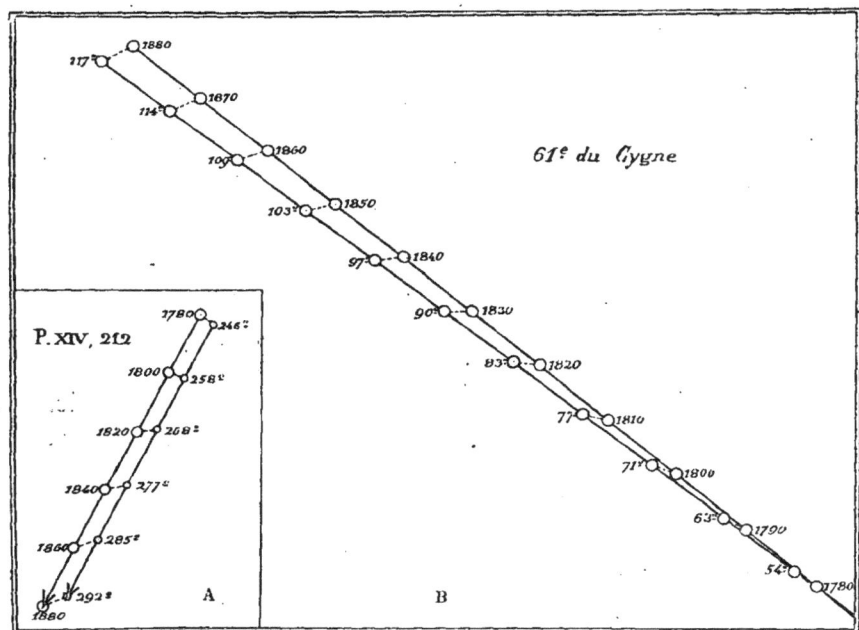

Fig. 275. — Mouvements rectilignes des composantes de la 61° du Cygne et de celles de l'étoile P. XIV, 212 du Scorpion.

γ du Bélier, ν du Dragon, ζ des Poissons, ψ des Poissons, θ du Serpent, 16 du Cygne, 20 des Gémeaux, sont restées complètement *fixes* l'une par rapport à l'autre, quoique voyageant assez rapidement ensemble à travers l'immensité.

Nous ne sommes encore, il faut bien l'avouer, qu'à l'aurore de l'astronomie sidérale, et le travail que nous faisons en ce moment pour nous reconnaître dans l'immensité du ciel, ne choisir que les objets les plus évidents et les mieux connus, distinguer les étoiles selon leur nature ou leur caractère sidéral, et prendre une première idée scientifique, exacte, des réalités de l'univers qui nous environ‧nent et nous touchent de plus près, ce travail, dis-je, n'a jamais été fait, de sorte que cet exposé général n'est, en réalité, qu'un premier essai de méthode et de classification. Il n'y a guère plus d'un siècle que l'on observe avec précision les positions absolues des étoiles. Et comment ne pas remarquer que les grandes œuvres qui ont fondé l'astronomie sidérale sur ses bases inébranlables, les catalogues d'étoiles doubles et de nébuleuses d'Herschel, et le grand catalogue de 47390 étoiles de Lalande, sont dues aux efforts passionnés de deux amis de la science, de deux hommes indépendants, et nullement aux fonctionnaires des établissements officiels! Lalande lui-même laisse échapper un sourire quelque peu mélancolique à propos de la fondation de son observatoire de l'École militaire, où se sont faites à la fin du siècle dernier toutes les observations de son grand catalogue : « Après avoir fait, dit-il, des efforts *inutiles* auprès des ministres les plus *célèbres* et les plus *savants*, Malesherbes et Turgot, pour obtenir une lunette, je finis par l'obtenir de Bergeret, receveur général des finances. On lit dans l'Évangile que le publicain fit honte au pharisien.... Je fus longtemps contrarié par les circonstances, les intérêts et la jalousie.... L'Observatoire de l'État avait coûté quinze cent mille francs ; celui-ci n'en coûta pas quatre-vingt mille, et il est mieux approprié aux besoins de l'astronomie... etc. » Il y a bientôt un siècle que Lalande écrivait ces mots (¹). Les hommes n'ont pas sensiblement changé depuis, et si j'ai quelque jour le temps d'écrire l'histoire de l'astronomie en France pendant la seconde moitié du

(¹) Depuis plus de deux siècles qu'il existe, l'Observatoire de Paris, avec tous ses observateurs et tous ses calculateurs, n'a pas encore publié un seul catalogue d'étoiles! Il y a quatre-vingts ans que le Catalogue de Lalande est construit, et notre Observatoire, dont le travail fondamental est la révision de ce Catalogue, n'a même pas encore renouvelé l'œuvre de Lalande. On nous promet cette publication pour « l'année prochaine », depuis vingt ans au moins.

Les faits ont parfois de tristes enseignements. Ce Catalogue français de Lalande est encore aujourd'hui sans rival, et restera toujours dans la science comme le tableau exact de l'état du ciel pour l'époque 1800. Eh bien, ce ne sont pas des astronomes français qui l'ont publié : c'est le gouvernement *anglais*, en 1847, quarante ans après la mort de Lalande! — Un autre astronome français, élève de Lalande, le jeune Lepaute d'Agelet, neveu de la célèbre Mme Lepaute, et qui fut en 1788 victime de l'infortunée expédition de *La Pérouse*, travaillait aussi à l'Observatoire de l'École militaire, où il réalisa 6500 observations de petites étoiles, obtenant les positions les plus précises que l'on connût alors. Eh bien, le Catalogue de d'Agelet n'a été publié qu'en 1866, et par qui? par un astronome *américain*, aux frais du gouvernement des États-Unis. Etc., etc. Voilà les encouragements que l'on donne à la science.

xix⁰ siècle, on y trouvera des faits analogues et fort édifiants. A part quelques rares exceptions, *l'intérêt personnel* seul régit le monde. La science, la philosophie, l'art, le progrès, le bonheur de l'humanité, ne viennent qu'en seconde ligne, et la plupart du temps non comme étant leur propre *but* à eux-mêmes, mais comme *moyens* de servir à l'avancement matériel, politique ou autre, de ceux qui s'y consacrent. Et les gouvernements eux-mêmes sont si équitablement organisés, qu'en général nous les voyons décerner leurs titres, positions et récompenses non pas aux hommes de réelle valeur qui les méritent par leurs travaux, mais presque toujours à des savants superficiels qui, ne travaillant pas, passent leur vie à intriguer. On n'est pas plus intelligent! C'est à se demander quelquefois par quel miracle le Progrès marche quand même : il faut convenir que depuis l'origine des sociétés c'est la science indépendante, la science libre, qui en conduit le char, à ses risques et périls (¹).

---

(¹) Nous venons de parler de Lalande et Herschel. La plus grande découverte astronomique de ce siècle, celle de Neptune, a été faite en même temps par deux savants, l'un français (Leverrier), l'autre anglais (Adams), étrangers l'un et l'autre aux observatoires de leur pays ; et, mieux encore, l'Observatoire de Greenwich avait entre les mains le travail d'Adams, antérieur à celui de Leverrier, et il ne se donna même pas la peine de l'examiner et de le publier, de sorte que toute la gloire fut réservée à la France. Il en est de même des autres grandes découvertes : Copernic était un chanoine, penseur isolé; Galilée resta toute sa vie en contradiction avec la science officielle de son époque; Képler était obligé de faire des almanachs pour vivre, et lorsqu'il mourut de fatigues, après avoir découvert les lois immortelles qui portent son nom, c'est en allant mendier à l'empereur Ferdinand d'Autriche l'arriéré de sa pension. L'histoire des sciences est pleine de ces incohérences, qui ne sont guère à l'honneur des « classes dirigeantes ». Récemment encore, un travailleur passionné, qui a rendu de grands services à l'instruction publique, et qui en aurait rendu de plus grands encore s'il avait été soutenu, Charles Dien, est mort de misère à l'hôpital pendant le siège de 1870. Etc., etc.

# CHAPITRE XV

Le Scorpion. **Disposition remarquable de ses étoiles.** *Antarès.*
**Les étoiles temporaires.**
**Curieux système ternaire — Le Sagittaire. Nouvelles étoiles variables.**
**La Couronne australe. — Les dernières soirées de l'été.**

Depuis que nous avons quitté l'hémisphère boréal et que nous avons commencé la description des constellations zodiacales, nous tournons le dos au nord et nous regardons le sud en face pour toutes nos observations. Plus nous avançons vers le sud et moins les étoiles s'élèvent au-dessus de notre horizon. De leur lever à leur coucher, celles auxquelles nous arrivons maintenant ne décrivent plus au-dessus de l'horizon austral qu'un arc peu étendu, car elles sont fort au sud de l'équateur, et même au sud de l'écliptique, s'éloignant jusqu'à 120 et même 130 degrés du pôle nord. Nous ne pouvons donc les bien voir qu'à l'heure de leur passage au méridien, c'est-à-dire vers 9 heures du soir, en juin et juillet pour la Balance, en juillet et août pour le Scorpion, en août et septembre pour le Sagittaire. On ne peut guère se tromper pour reconnaître Antarès ; cependant si l'on éprouvait quelque difficulté, notre *fig.* 173 (p. 244) peut servir à rappeler les principaux points de repère.

Le Scorpion, signalé par la belle étoile rouge Antarès, s'étend au-dessous d'Ophiuchus, avec lequel nous avons fait connaissance. Le nom d'Antarès signifie « rival de Mars », ce qui montre qu'au temps des Grecs la coloration ardente de ce lointain soleil ressemblait comme de nos jours à celle de la planète guerrière. Antarès marque le cœur du Scorpion. A droite, les étoiles β, δ et π indiquent la direction de la tête. Les serres primitives s'allongeaient jusqu'à γ et β Balance pour la serre boréale, et jusqu'à ι et α pour la serre australe. Mais le caractère le plus frappant est celui de la queue et du dard recourbé : la seule disposition des étoiles ε, μ, η, θ, κ, λ a suffi pour donner l'idée d'un Scorpion, d'autant mieux que toutes ces étoiles sont fort brillantes, et l'origine de cette figure céleste est aussi évidente que celle de la Couronne boréale, de la Flèche, des Gémeaux, et plus évidente encore que celle du Dauphin, du Taureau, des Poissons, de la Lyre, etc. Un seul coup d'œil jeté sur notre *fig.* 276 suffit pour reconnaître dans l'arrangement de ces étoiles l'animal au dard recourbé. Chercher avec Pluche, Lalande, Dupuis, Francœur, une explication dans les mois de l'année et les chaleurs ou les maladies de l'été symbolisées par l'animal venimeux, c'est chercher, suivant une expression vulgaire, midi à quatorze heures. Ajoutons que le seul fait de la présence du Scorpion dans les figures célestes nous prouve que ces constellations ont été nommées par un peuple habitant *les chaudes latitudes*, familier avec cet animal, et pour lequel ces étoiles s'élevaient plus haut que pour nous au-dessus de leurs regards contemplateurs.

Le Scorpion primitif s'étendait, avons-nous dit, jusqu'à la Vierge : il en était encore de même au temps d'Ératosthènes, car dans le livre des *Catastérismes* qui nous a été conservé de lui et qui ne paraît être qu'un extrait d'un ouvrage astronomique plus important, il est dit : « La grandeur du Scorpion l'a fait partager en deux signes : dans l'un sont les serres et dans l'autre le corps et l'aiguillon; on voit deux étoiles à chaque serre, l'une brillante et l'autre obscure, trois brillantes au front, deux

Fig. 276. — Étoiles formant la figure du Scorpion.

au ventre, cinq à la queue, quatre à l'aiguillon. Elles sont précédées par la plus belle de toutes, l'éclatante de la serre boréale ». D'après cette description, le Scorpion se serait encore à cette époque étendu sur les deux signes, et l'étoile β de la Balance, qui formait la serre boréale, eût été plus brillante qu'Antarès. Celle-ci n'était sans doute pas alors de première grandeur, puisqu'on la signale sans remarque, comme faisant simplement partie des deux du ventre (α et τ sans doute). — Eudoxe, Aratus et Ératosthènes ne parlent que des Serres du Scorpion, et c'est Manéthon le premier qui rapporte que « les prêtres ont changé les serres en plateaux de Balance, parce qu'elles s'étendent de part et d'autre comme des plats suspendus à un joug. »

Ovide rapporte que c'est la vue de ce monstre qui épouvanta Phaéton lorsqu'il essaya de conduire dans l'espace le char flamboyant du Soleil, et la mythologie assurait que ce Scorpion était la métamorphose de celui qui piqua Orion au moment où il allait atteindre Diane poursuivie. Mais ne nous occupons pas des fables.

L'éloignement austral des étoiles du Scorpion nous interdit de les observer toutes de nos latitudes boréales : celles-là même que nous pouvons voir ne s'élèvent que faiblement au-dessus des brumes de l'horizon, de sorte qu'il nous est difficile d'estimer exactement leur grandeur. Pour représenter l'état actuel du ciel et former la dernière colonne de notre tableau, j'ai eu recours aux observations si soigneuses qui viennent d'être faites sur les étoiles de l'hémisphère austral, par les astronomes de l'Observatoire de Cordoba, près Buenos-Ayres (République argentine), et qui ont permis à M. Gould de compléter l'uranométrie d'Argelander et de Heis par l'étude des zones célestes qui restent cachées aux astronomes européens.

Hipparque, Ptolémée, Sûfi, Ulugh Beigh, Piazzi, qui habitaient au midi de nos latitudes, ont observé presque toutes ces étoiles ; mais Tycho-Brahé, Hévélius, Flamsteed, Mayer, Argelander et Heis n'ont pas observé celles qui dépassent le 35ᵉ degré de déclinaison australe. Fort heureusement, nous pouvons suppléer en partie à ces lacunes par trois séries d'observations indépendantes faites à de longs intervalles l'une de l'autre. En 1676, Halley s'embarqua pour l'île Sainte-Hélène, et l'année 1677 fut presque entièrement consacrée à l'étude de l'hémisphère austral ; j'ai remplacé dans notre tableau la colonne fort incomplète d'Hévélius (1660) par celle de Halley. En 1751 et 1752, Lacaille fit, au cap de Bonne-Espérance, la première observation intégrale complète de l'hémisphère austral : j'ai inscrit ses observations, au lieu de celles de Mayer, pour toutes les étoiles situées au delà du 30ᵉ degré ; enfin les lacunes de Heis (1860) ont été comblées par les observations de Behrmann, extraites de son « Atlas des südlichen gestirnten Himmels ».

Antarès n'était classé par les anciens astronomes que parmi les astres de la deuxième grandeur ; il s'est élevé ensuite à la première, et maintenant il paraît de nouveau diminuer lentement. Au temps d'Ératosthènes, l'étoile β de la Balance était plus brillante qu'Antarès, et sans doute de première grandeur.

L'étoile β du Scorpion a été éclipsée par la planète Mars (presque occultée) le 17 janvier de l'an 271 avant notre ère. Cette étoile paraît osciller autour de la troisième grandeur ; en 1756, Mayer l'a notée de 4ᵉ ; mais ses estimations ne sont pas absolument sûres ; en 1704, Kirch l'a vue inférieure à δ, et elle y redescend actuellement.

Les estimations d'éclat qui composent la dernière colonne de notre tableau, ayant été faites par des observateurs placés dans l'hémisphère austral, doivent être sensiblement supérieures à celles qui sont dues aux observateurs de l'hémisphère boréal : de faibles différences dans le sens positif n'indiqueraient donc pas pour cela un accroissement d'éclat. Il est probable que, malgré l'apparence, les étoiles $\delta$, $\varepsilon$, $\theta$, $\varkappa$, $\lambda$ n'ont pas varié. Cependant la différence est d'une grandeur entière pour la dernière.

C'est sans doute par erreur que Piazzi a noté $\theta$ de 5ᵉ.

$\zeta^1$, qui était anciennement égale à $\zeta^2$, est aujourd'hui de deux grandeurs au-dessous.

$\rho$ est descendue de la troisième à la quatrième et demie.

$\varphi$ *n'a jamais existé*. Bayer a placé cette étoile entre $\beta$ et $\chi$, au milieu de la distance qui les sépare; mais on ne voit rien au ciel en cet endroit. Elle provient sans doute d'une erreur de transcription.

Sur la carte de Bayer, la lettre $c$ est gravée entre deux étoiles contiguës qui se suivent à peu près parallèlement à l'écliptique. Ces deux étoiles correspondent à Fl. 13 et P. XVI, 31, seulement elles sont moins écartées l'une de l'autre. C'est donc la première qui est $c^1$, et c'est la seconde qui est $c^2$. Les astronomes se trompent souvent sur cette identification, appelant $c^1$ une étoile de sixième grandeur et demie située tout contre 13, au sud (Fl. 12), et appelant 13 $c^2$. — Ces deux étoiles manifestent une certaine fluctuation d'éclat. Fl 12 est très faible et invisible à l'œil nu.

P. XVI, 111 paraît varier entre $4^e \frac{1}{3}$ et $5^e \frac{1}{3}$.

P. XVI, 92 est $\alpha$ de la Règle sur un grand nombre de cartes et catalogues. Lacaille a placé là, en effet, en 1752, une Règle et une Équerre (*fig.* 279), en prenant au Scorpion, au Loup et à l'Autel, des étoiles qui auraient fort bien pu leur rester.

Le même astronome a voulu aussi glisser une lunette dans l'étroite ouverture qui sépare le Scorpion du Sagittaire. L'étoile de troisième grandeur et demie qui suit le dard recourbé du Scorpion (P. XVII, 229) et qui peut marquer la pointe d'un second dard, au lieu de rester au Scorpion, se nomme $\gamma$ du Télescope, mais non chez tous les astronomes, car dans Behrmann elle est la 63ᵉ du Scorpion, et dans Gould elle porte la lettre G de cette même constellation. Cette étoile offre la particularité d'avoir été nommée nébuleuse par Ptolémée. Sûfi rapporte cette qualification sans la continuer, et dit que c'est une faible de la quatrième grandeur. Bayer l'a dessinée nébuleuse, sans doute à cause de la tradition de Ptolémée. Cette tradition n'est peut-être pas sans fondement, car il est certain que l'étoile augmente d'éclat; la gradation est même instructive :

Il y a deux mille ans. . . . . . . . . *nébuleuse.*
Il y a neuf cents ans . . . . . . . . . $4^o \frac{1}{2}$
Il y a trois cents ans. . . . . . . . . $4^o$
Aujourd'hui . . . . . . . . . . . . $3^o \frac{1}{2}$

Aurions-nous assisté là à la transformation d'une nébuleuse en étoile? Nous sommes ici en pleine Voie lactée.

PRINCIPALES ÉTOILES DE LA CONSTELLATION DU SCORPION

DEUX MILLE ANS D'OBSERVATION

| Étoiles | −127 | +960 | 1430 | 1590 | 1603 | 1677 | 1700 | 1750 | 1800 | 1840 | 1860 | 1880 |
|---|---|---|---|---|---|---|---|---|---|---|---|---|
| α (*Antarès*) | 2 | 2 | 2 | 1 | 1 | 1 | 1 | 1 | 1 | $1\frac{1}{3}$ | $1\frac{1}{3}$ | 1,7 |
| β | 3 | 3 | 3 | 2 | 2 | $2\frac{1}{2}$ | 2 | 4 | 2 | 2 | 2 | 2,5 |
| γ | 3 | 3.4 | 3.4 | 3 | 3 | 3 | 3 | 3 | 3.4 | $3\frac{1}{3}$ | $3\frac{1}{2}$ | 3,5 |
| δ | 3 | 3 | 3 | 3 | 3 | $2\frac{1}{2}$ | 3 | $2\frac{2}{3}$ | 3 | $2\frac{1}{3}$ | $2\frac{1}{3}$ | 2,4 |
| ε | 3 | 3 | 3 | 0 | 3 | 3 | 3 | 3 | 3 | 3 | 3 | 2,3 |
| ζ¹ | 4 | 4 | 4 | 0 | 3 | 4 | 0 | 4 | 5.6 | 0 | $5\frac{2}{3}$ | 5,8 |
| ζ² | 4 | 4 | 4 | 0 | 4 | 0 | 0 | 3 | 5.6 | 0 | $4\frac{2}{3}$ | 3,6 |
| η | 3 | 3.4 | 3.4 | 0 | 3 | 4 | 0 | $3\frac{1}{2}$ | 4 | 0 | 4 | 3,6 |
| θ | 3 | 3 | 3 | 0 | 3 | $2\frac{1}{2}$ | 0 | $2\frac{1}{2}$ | 5 | 0 | $2\frac{1}{4}$ | 2,1 |
| ι | 3 | 3.4 | 3 | 3 | 3 | $3\frac{1}{2}$ | 0 | 3 | 4.5 | 0 | $3\frac{1}{3}$ | 3,3 |
| ϰ | 3 | 3 | 3 | 0 | 3 | 4 | 0 | $2\frac{1}{7}$ | 3 | 0 | $2\frac{2}{3}$ | 2,6 |
| λ | 3 | 3 | 3 | 0 | 3 | $2\frac{1}{2}$ | 3 | $2\frac{1}{2}$ | 3 | 3 | 3 | 2,0 |
| μ¹ | 3 | 3 | 3 | 0 | 4 | 3 | 0 | 3 | 3.4 | 0 | 4 | 3,6 |
| μ² | 0 | 0 | 0 | 0 | 0 | 0 | 0 | $3\frac{1}{2}$ | 4 | 0 | $4\frac{2}{3}$ | 3,9 |
| ν | 4 | 4 | 4 | 4 | 4 | 4 | 4 | 4 | 4 | 4 | 4 | 4,3 |
| ξ | 4 | 4.5 | 4.5 | 4 | 4 | 4 | $4\frac{1}{2}$ | $4\frac{1}{2}$ | 4.5 | $4\frac{1}{3}$ | $4\frac{1}{3}$ | 4,6 |
| ο | 4 | 4 | 4 | 0 | 4 | 4 | 4 | 4 | 4.5 | $4\frac{1}{3}$ | $4\frac{1}{3}$ | 3,8 |
| π | 3 | 3 | 3 | 3 | 4 | 3 | 3 | $3\frac{1}{2}$ | 3.4 | 3 | 3 | 3,4 |
| ρ | 3 | 3.4 | 3 | 4 | 4 | $3\frac{1}{2}$ | 4 | 4 | 4 | $4\frac{2}{3}$ | 5 | 4,5 |
| ϭ | 3 | 3.4 | 3 | 4 | 4 | 4 | 5 | $3\frac{1}{2}$ | 4 | $3\frac{1}{3}$ | $3\frac{1}{3}$ | 5,4 |
| τ | 3 | 3 | 3 | 4 | 4 | 4 | 4 | $3\frac{1}{2}$ | 3.4 | $3\frac{1}{3}$ | $3\frac{1}{3}$ | 3,2 |
| υ | 4 | 3.4 | 3 | 0 | 4 | $3\frac{1}{2}$ | 4 | $3\frac{1}{2}$ | 3.4 | 4 | | 3,2 |
| ϕ | 0 | 0 | 0 | 0 | 5 | 0 | 0 | 0 | 0 | 0 | 0 | absente |
| χ | 0 | 0 | 0 | 0 | 5 | 0 | 6 | 5 | 6 | 6 | 6 | 5,6 |
| ψ | 0 | 0 | 0 | 5 | 5 | 5 | 5 | 5 | 5 | 5 | 5 | 5,2 |
| ω | 4 | 4 | 4 | 5 | 5 | 5 | 5 | 5 | 4.5 | 4 | $4\frac{2}{3}$ | 4,4 |
| 2 A | 0 | 6 | 0 | 0 | 5 | 0 | 5 | 5 | 5 | 5 | 5 | 5,2 |
| 1 b | 0 | 6 | 0 | 0 | 5 | 0 | 6 | 6 | 5 | 5 | 5 | 5,3 |
| 13 c¹ | 5 | 5.6 | 5.6 | 0 | 5 | 6 | 6 | 6 | 5 | 5 | 5 | 5,3 |
| c² | 5 | 5.6 | 5.6 | 5 | 5 | 5 | 0 | $5\frac{1}{3}$ | 5.6 | 6 | 6 | 5,5 |
| 19 | 0 | 5.6 | 0 | 0 | 0 | 0 | 6 | 6 | 6 | 6 | 6 | 5,1 |
| 22 | 0 | 5.6 | 0 | 0 | 0 | $5\frac{1}{2}$ | $5\frac{1}{2}$ | 6 | 5 | 5 | 5 | 5,3 |
| 24 | 0 | 0 | 0 | 0 | 0 | 6 | $5\frac{1}{7}$ | 0 | 5 | 5 | 5 | 5,5 |
| P. XV, 116 | 4 | 4 | 4 | 0 | 4 | 4 | 4 | 4 | 5 | $4\frac{1}{3}$ | $4\frac{1}{3}$ | 3,9 |
| P. XVI, 55 | 0 | 0 | 0 | 0 | 0 | 0 | 0 | 7 | 6.7 | 0 | 0 | 5,8 |
| P. XVI, 92 | 6 | 0 | 0 | 0 | 0 | 0 | 0 | 6 | 6 | 5 | 5 | 5,7 |
| P. XVI, 111 | 0 | 0 | 0 | 0 | 0 | 0 | 0 | 5 | 5.6 | 0 | $5\frac{1}{3}$ | 4,4 |
| P. XVI, 255 | 0 | 0 | 0 | 0 | 0 | 0 | 0 | 6 | 6 | 5 | 5 | 5,7 |
| P. XVII, 137 | 0 | 0 | 0 | 0 | 0 | 0 | 0 | 6 | 5 | 0 | $5\frac{1}{3}$ | 4,5 |
| P. XVII, 229 | néb | 4.5 | 4.5 | 0 | néb | 4 | 0 | 4 | 4 | 0 | $3\frac{1}{3}$ | 3,4 |

L'étoile P. XVI, 55 est actuellement visible à l'œil nu. Elle ne l'était pas il y a vingt ans (Behrmann), ni il y a trente ans (Gillis); Piazzi l'a notée de 6$^e$ $\frac{1}{2}$, et Lacaille ne l'avait vue que de septième.

P. XVI, 255 paraît varier de 5° à 6°. — P. XVII, 137 varie de 4$^e$ $\frac{2}{4}$, à 6°.

Il y a là aussi, comme on le voit, un vaste champ d'études pour l'analyste du ciel. Le Scorpion s'est signalé, du reste, depuis une haute antiquité, par plusieurs phénomènes remarquables observés

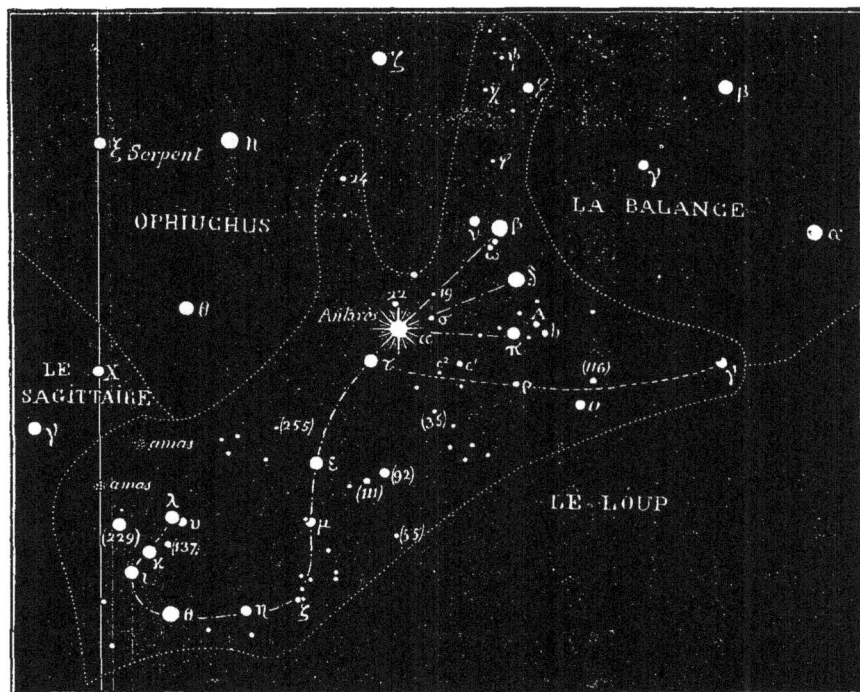

Fig. 277. — Principales étoiles de la constellation du Scorpion.

dans cette contrée. C'est là que la plus ancienne *étoile temporaire* dont les annales de l'astronomie fassent mention est apparue, l'an 134 avant notre ère, et sur les 24 étoiles temporaires importantes que nous connaissions, cinq appartiennent au Scorpion. On ne connaît pas au juste la position de cette première étoile; peut-être occupait-elle le point où Bayer a placé φ; mais son apparition frappa si vivement les savants, d'un bout du monde à l'autre, que les Chinois d'une part, les Grecs d'autre part, l'inscrivirent dans leurs annales comme un événement historique d'une haute importance. La littérature chinoise nous a conservé la liste des étoiles extraordinaires (*Ke-Sing*, étrangers d'une physionomie singulière), apparues dans le ciel, et celle-ci est en tête de la liste. Pline rapporte d'autre part que c'est l'apparition de cette étoile nouvelle qui détermina Hipparque à observer avec soin le ciel et à rédiger son catalogue, « afin que la postérité connaisse si des changements arrivent réellement dans le ciel ». La comparaison générale que nous faisons ici réalise précisément ce vœu formulé il y a vingt siècles. Le dire de Pline est traité d'historiette par Delambre; mais comme Ptolémée affirme expressément que le catalogue d'Hipparque est relatif à l'an 127 avant notre ère, et comme Hipparque observait à Rhodes — et sans doute aussi à Alexandrie — entre les années 162 et 127, il n'y a rien à opposer à l'assertion de Pline. D'ailleurs, elle n'a rien que de très naturel, et seize siècles plus tard, Tycho-Brahé n'a été déterminé lui-même à construire son catalogue que par une apparition du même genre.

L'incendie de cette fameuse étoile eut lieu vers la tête du Scorpion, non loin de β. En l'an 393 de notre ère, une autre étoile nouvelle apparut dans la queue.

Sous le règne du calife Al-Mamoun, vers l'an 827, deux célèbres astronomes arabes, Haly et Giafar Ben-Mohammed *Alboumazar* observèrent à Babylone une étoile nouvelle, « dont la lumière égalait celle de la lune en son premier quartier » ! Cet événement eut encore lieu dans le Scorpion : l'apparition dura quatre mois.

En 1203, nouvelle étoile dans la queue du Scorpion : elle était de couleur bleuâtre, sans nébulosité lumineuse et semblable à Saturne.

En 1584, nouvelle apparition encore dans le Scorpion; la position a été mieux observée : près de π.

Il semble que les apparitions de l'an — 134 et de l'an 1584 puissent appartenir à la même étoile (peut-être aussi celle de l'an 827), et que les apparitions de l'an 393 et de l'an 1203 puissent aussi être attribuées aux conflagrations d'un même astre. Déjà, selon toute probabilité, la fameuse étoile de 1572 s'est allumée au même point de Cassiopée où l'an 1264 et l'an 945 deux apparitions analogues avaient frappé l'attention des astronomes. En attribuant à une même étoile plusieurs phénomènes de ce genre, nous sommes peut-être inspirés par l'idée de diminuer le travail de la nature, et, sans contredit, une telle préoccupation ne devrait pas nous inquiéter beaucoup, attendu que la nature n'est pas un être qui se fatigue; cependant ces phénomènes sont précisément assez rares pour que nous ayons une tendance logique à réduire le nombre des astres qui en ont été le théâtre.

Il n'en est pas moins remarquable que certaines contrées de l'espace sont privilégiées à certains égards (si toutefois c'est un privilège de subir de pareilles révolutions). Les unes, comme les provinces du Cygne et de l'Aigle, sont riches en étoiles rouges et variables; les autres, comme celles de la Vierge et de la Chevelure, sont ensemencées de nébuleuses; les autres, comme celles de Céphée et Cassiopée, sont peuplées d'étoiles doubles; d'autres sont très pauvres en étoiles, et le voyageur céleste pourrait les croire dévastées par le vent du désert. Non loin des cinq apparitions dont nous venons de parler, se placent celle de l'année 1604, dans le Serpentaire, au nord-est d'Antarès, près de ξ Ophiuchus ; — celle de 1848, près de η ; — celle de 1230 dans le Serpent, et celle de l'an 386, dans le Sagittaire. — Il faut certainement que des circonstances locales favorisent ces éclosions célestes. — Quels horizons immenses ces mystérieuses apparitions d'étoiles nouvelles ne nous ouvrent-elles pas dans l'incommensurable histoire des cieux !

Comme complément naturel, nous connaissons déjà là un grand nombre d'étoiles variables :

| | | | | |
|---|---|---|---|---|
| R du Scorpion, qui varie de | 9 à 13 | en 648 jours |
| S | — | — | 9 à 13 | en 342 — |
| T | — | — | 7 à 12 | (indéterminé) |
| U | — | — | 9 à 12 | — |
| V | — | — | 11 à 13 | — |
| W | — | — | 10 à 13 | — |

sans compter plusieurs voisines dans la Couronne australe et le Sagittaire.

La Voie lactée traverse cette opulente région. Nous l'avons vue se partager en deux branches dans la constellation du Cygne; ces deux branches cheminent presque parallèlement pour ne se rejoindre que fort loin au sud, sous la constellation de l'Autel (*fig.* 279). De nos latitudes, nous ne pouvons la suivre jusque-là, et pendant les belles nuits d'été, à minuit même, nous voyons ces deux colonnes étoilées descendre du haut des cieux comme une arche éthérée, tandis que le Scorpion et le Sagittaire semblent marcher avec lenteur à une faible distance au-dessus de notre horizon. Cette Voie céleste continue de faire le tour du monde, descend au sud au delà de l'horizon, passe sous nos pieds, et revient derrière nous par le nord, Persée, Cassiopée et le Cygne au zénith.

Champs d'étoiles à moissonner *ad libitum*, depuis la base jusqu'au sommet, depuis le Scorpion jusqu'au Cygne, par Ophiuchus, l'Écu, Antinoüs et l'Aigle.

Curiosité toute spéciale entre α et β, au milieu de la distance qui les sépare : nébuleuse en forme de noyau cométaire (M. 80); W. Herschel la considérait comme l'amas d'étoiles le plus riche et le plus condensé du firmament tout entier; l'agglomération est pâle, mais la lumière qui s'accroît progressivement vers le centre révèle là un véritable fourmillement de soleils. Cet amas est précédé, à un demi-degré au nord, par une étoile de 8ᵉ grandeur (P. XVI, 17). C'est là une contrée bien étrange. A 36ˢ à l'est se trouve la variable R; un peu au-dessous de R gît la variable S; et dans la nébuleuse même (probablement en deçà), la variable T a offert, en 1860, le singulier spectacle de se rani-mer tout à coup, de briller comme une belle étoile de sep-tième grandeur, et, en moins d'un mois, de retomber dans son obscurité primitive. Cette région est le siège de métamorpho-ses importantes, et il serait à désirer qu'elle fût assidûment suivie par quelque observa-teur habitant le midi de la France, l'Italie ou l'Algérie (fig. 278).

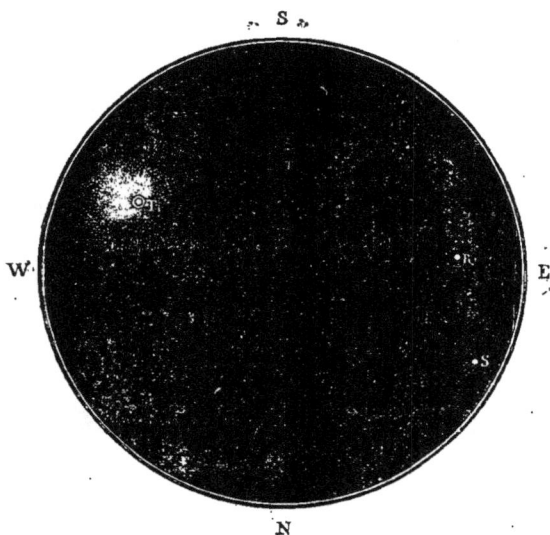

Fig. 278. — Étoiles variables et nébuleuse dans le Scorpion.

Remarquons à ce propos que de telles observations, c'est-à-dire les plus intéressantes qui se puissent faire, sont généralement en dehors du service régulier et routinier des observatoires, et réservées aux amis des célestes études. C'est ainsi qu'au siècle dernier un simple amateur avait plus fait pour la connaissance de la planète Mercure que tous les observatoires réunis. On sait combien cette planète est difficile à apercevoir, parce qu'elle ne s'éloigne jamais beaucoup du Soleil et ne peut être vue à l'œil nu que dans la lumière crépusculaire, près de l'horizon. Or, au siècle dernier, à Mirepoix, près Toulouse, Vidal était parvenu, à l'aide d'une excellente lunette, à suivre Vénus jusqu'à une distance égale au demi-diamètre du Soleil, et Mercure jusqu'à une distance égale au diamètre et demi du même astre. Aussi

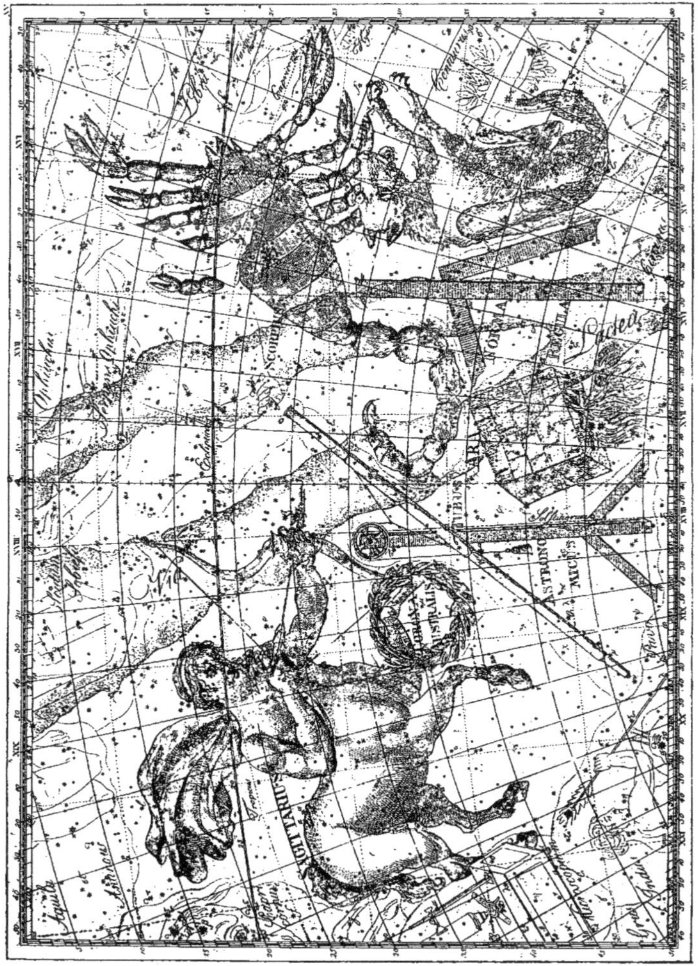

Fig. 279. — Constellations zodiacales. — Le Scorpion. — Le Sagittaire.

Lalande, qui s'était beaucoup occupé des tables du mouvement de Mercure, et dont les calculs avaient été mis en défaut à plusieurs reprises par cette planète rebelle est-il émerveillé de ce succès : «Nous avons reçu, dit-il, des observations de Mercure par le citoyen Vidal, véritable *hermophile*, à qui nous avons l'obligation de pouvoir dire que les observations de Mercure, si rares avant lui, sont actuellement aussi abondantes que celles des autres planètes et ne laissent plus rien à désirer : il en a fait à lui seul *plus que tous les autres astronomes de l'univers,* anciens et modernes, réunis ensemble, et nous pouvons tous nous dispenser de nous en occuper. La beauté du climat, la perfection de ses instruments, le courage et l'excellence de la vue de l'observateur ont produit ces observations aussi précieuses qu'extraordinaires. Cet homme étonnant m'a déjà envoyé plus de cinq cents observations de Mercure.... Peut-être, à Mirepoix, on ne sait pas qu'il y a un pareil homme dans l'enceinte de cette petite ville, mais nous l'apprendrons à l'univers et à la postérité! (¹) »

L'astronomie offre mille sujets d'études du plus vif et plus captivant intérêt, et l'observation des étoiles variables est de ce nombre : il n'y a encore presque rien de fait, malgré les apparences, dans cette branche de l'astronomie sidérale. Pas la moindre classification! D'une part, nous connaissons des étoiles variables à périodes régulières et constantes, dont la variation est causée par la rotation de ces lointains

(¹) Les étoiles ont aujourd'hui des amis comme au siècle dernier, et davantage encore. Des observateurs à la fois passionnés pour notre sublime science, et précis dans leurs travaux, consacrent leurs plus belles heures à l'étude du ciel et obtiennent d'excellents résultats. Je signalerai notamment, parmi nos compatriotes (étrangers aux observatoires de l'État), MM. Lescarbault à Orgères (Eure-et-Loir) : taches du Soleil; — Barnout à Paris: étoiles doubles; — Le P. Lamey à Grignon (Côte-d'Or) : planètes, étoiles filantes; — Fenet à Beauvais: nébuleuses; — Blot, à Clermont de l'Oise: étoiles doubles; — Coueslant à Dieulefit (Drôme): planètes; — Courtois à Muges (Lot-et-Garonne): planètes; — Towne à Dampont (Seine-et-Oise): Lune et planètes; — Hennequin à Wicres (Nord): taches du Soleil. A ces noms il est très juste d'ajouter celui de M. Vinot pour son dévouement à la propagation de l'astronomie et surtout de l'astronomie *pratique*, qui est le complément naturel des lectures sérieuses. Il est bien à souhaiter, pour l'instruction générale et la rectitude des idées, que chacun connaisse au moins le ciel visible à l'œil nu, et tienne ce Supplément pour un *Manuel pratique* facile à consulter en toute circonstance. L'étude de ce volume-ci est, en effet, plus important, et plus efficace pour la connaissance du ciel que celle de l'*Astronomie populaire* elle-même, dans laquelle nous avons dû nous borner à une esquisse générale et éviter les détails techniques. Cette description du ciel a pris plus de développement que nous ne l'avions prévu, malgré toute la concision possible; mais nous avons pensé qu'il est préférable de ne rien supprimer. Après les constellations, qui touchent à leur fin, nous donnerons les cartes du ciel pour chaque mois de l'année, les positions des planètes, les catalogues, tableaux et explications utiles, des tables analytiques, etc., afin que les deux volumes réunis renferment l'astronomie populaire tout entière et ne laissent, si c'est possible, rien à désirer.

soleils autour de leur axe : Quelles sont celles qui sont absolument régulières? Lesquelles voyons-nous tourner de face ? lesquelles de profil? Ces axes de rotation ne subissent-ils pas eux-mêmes des mouvements de précession plus ou moins lents, plus ou moins sensibles ? — D'autres variations sont dues à la révolution de planètes ou d'anneaux, soit dans le plan de notre rayon visuel, soit suivant une certaine inclinaison qui peut varier elle-même. — D'autres variations se renouvellent sans régularité, et par conséquent ne devraient pas faire classer ces étoiles sous le titre de périodiques. — D'autres encore n'ont été observées qu'une fois, comme celle que nous venons de voir (τ du Scorpion) qui n'est peut-être qu'une étoile à conflagration temporaire, et pourtant sa position sur un amas nébuleux n'est sans doute pas fortuite. Que d'observations à faire! que de problèmes à résoudre !

Il y a là aussi des étoiles *rouges;* mais elles sont un peu basses pour être observées d'ici. On pourra cependant en trouver une assez facilement au nord-ouest (nord précédent) de ε. Sir John Herschel l'appelait *the drop of blood* « la goutte de sang ». Huitième grandeur.

Les observateurs du midi trouveront au nord du couple de ζ un amas d'étoiles presque visible à l'œil nu, et une autre belle étoile rouge rubis de huitième grandeur, entre θ et ι, au milieu de la distance qui les sépare.

C'est l'une des régions du ciel les plus agréables à visiter, à cause de la saison, et les étoiles boréales de cette constellation nous invitent elles-mêmes à diriger nos lunettes de leur côté. Regardez, à l'œil nu, à droite d'Antarès, en montant, c'est-à-dire au nord-ouest : vous verrez briller β, et, à côté, ν, et, au-dessous, ω. Celle-ci est une double très écartée, juste à la limite des dédoublements possibles à l'œil nu : l'écartement est de 14′½, et les deux étoiles sont toutes deux de 4ᵉgr.½; c'est encore là un moyen précis d'essayer la portée de sa vue : les yeux exceptionnels seuls peuvent réussir; autrement il faut s'aider d'une jumelle. Hévélius, qui refusa toute sa vie d'observer dans des lunettes et qui s'obstinait à croire qu'elles ne feraient pas progresser la science, Hévélius, dis-je, a fait exception à ses habitudes à propos de cette étoile, car c'est à l'aide d'une lunette qu'il l'a dédoublée en observant une occultation : « non nisi tubo visibilis », dit-il.

Après avoir dédoublé ω dans une jumelle, dirigez une petite lunette sur sa voisine ν, et vous la dédoublerez à son tour : 4ᵉ et 7ᵉ à 40″. Très facile. Observées depuis plus d'un siècle, ces deux étoiles n'ont pas bougé l'une par rapport à l'autre. Elle constituent un même système physique, d'autant plus curieux et plus intéressant que chacune d'elles est double à son tour. L'étoile de 7ᵉ grandeur a été dédoublée pour la première fois en 1846 par Mitchell à Cincinnati, et la brillante en 1874, par Burnham à Chicago. Nous avons là deux couples très fins, et qui déjà montrent par les mesures faites que leurs composantes tournent assez vite. Il faut de bons instruments pour les observer : le plus facile, le premier découvert, se compose de deux astres de 7ᵉ et 8ᵉ grandeur, écartés à 1″,9; le second se compose de deux astres brillants, de 4ᵉ et 5ᵉ grandeur, écartés seulement à 1″. C'est là un *système quadruple* analogue à celui que nous avons admiré dans ε de la Lyre.

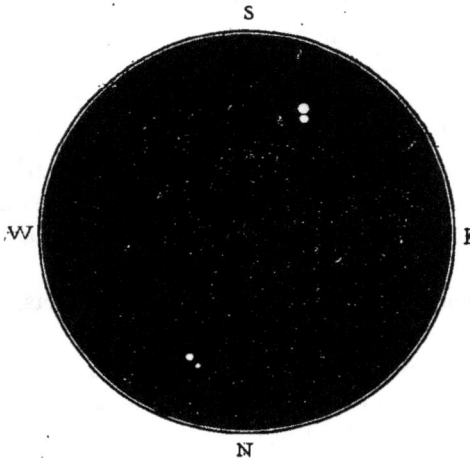

Fig. 280. — L'étoile quadruple ν du Scorpion.

Toujours en ce même point du ciel, observez β : 2ᵉ¼ et 5ᵉ½, à 13″. *Couple charmant;* système fixe depuis plus d'un siècle qu'on l'observe.

Non loin de là, à droite d'Antarès : σ : 3ᵉ½ et 9ᵉ, à 20″; étoiles sombres, surtout la petite.

L'étoile μ¹ forme un couple écarté avec 8′μ², à de distance. Sans doute système stellaire.

L'étoile ι est accompagnée, à 40′ à l'est, d'une étoile de 5ᵉ gr. ½. Mais c'est là un couple extrêmement écarté, et par conséquent moins intéressant. La nature l'a placé là par contraste avec le beau système que nous allons visiter.

ANTARÈS : l'une des plus jolies étoiles doubles du ciel entier; mais une lunette assez forte, et surtout munie d'un objectif bien pur, est nécessaire pour reconnaître nettement le petit compagnon. J'ai souvent comparé, à cette occasion, les lunettes et les télescopes et ai toujours donné la préférence aux lunettes : c'est ainsi que dans une lunette de 108 millimètres les deux disques, *rouge orange,* d'Antarès et *vert émeraude* du compagnon, sont parfaitement circulaires et nettement séparés par un intervalle noir, tandis que des télescopes de 15 et 20 centimètres les montrent mal définis. Récemment encore, le 28 juillet 1879, la Lune est passée devant cette étoile, et, en observant cette occultation, j'ai vu très distinctement le petit compagnon vert disparaître le premier, et reparaître le premier, car il est juste à l'ouest d'Antarès. Sa coloration n'est certainement pas un effet de contraste produit par la couleur dominante du rouge Antarès. C'est précisément pendant une occultation du même ordre que ce compagnon a été découvert pour la première fois, en 1819, par Burg : il était déjà à l'ouest, à 270°, et il y est toujours. C'est un système fixe, emporté dans l'espace par un mouvement peu rapide. Ce compagnon est de 7ᵉ grandeur et plongé, à 3″ seulement, dans l'ardent rayonnement de son brillant soleil (voy. le n° 5 de notre Planche spéciale des plus belles étoiles doubles colorées (p. 74). — Tourne-t-il autour d'Antarès ? Probablement. Mais avec quelle lenteur ! Merveilleux système, néanmoins, pour les planètes suspendues là, sur le doux réseau de l'attraction universelle. Quel voluptueux bercement, entre cet ardent soleil aux flammes orangées et ce magnifique flambeau d'où jaillissent des feux d'émeraude ! Quand l'hiver arrive et que l'astre rouge s'enfuit vers d'autres cieux, une coloration nouvelle vient illuminer le monde. Spectacles infinis et sans cesse renouvelés ! Notre île terrestre est décidément bien pauvre, bien deshéritée, en face de ces splendeurs.

Le soleil principal de ce système présente un spectre appartenant au troisième type. Or nous savons que les spectres stellaires des premier et second types ont des lignes d'absorption dues à des vapeurs métalliques comme on en voit dans le soleil, et que ceux des troisième et quatrième types ont, en outre, celles d'autres gaz et probablement du carbone à l'état d'oxyde ou d'autres combinaisons, indiquant une température moindre que celle des premiers. Il est probable que ces deux soleils d'Antarès sont en voie de refroidissement, et que la coloration qui les embellit est due à des *vapeurs* emplissant leurs atmosphères. Des variations fréquentes doivent se produire dans leur lumière et leur chaleur; les taches et les protubérances de notre soleil, qui déjà offrent un si vif intérêt à l'étudiant des cieux, ne sont rien à côté des phénomènes que les habitants de ce système doivent observer dans la constitution physique de leur double flambeau.

On ne connaît pas la distance d'Antarès, qui n'offre aucune parallaxe sensible. Son mouvement propre est extrêmement faible. Cet ardent soleil est perdu là-bas dans un éloignement incommensurable. En le regardant, pendant les calmes soirées d'automne, nous le voyons, non tel qu'il est actuellement, mais tel qu'il était il y a bien des siècles. Qui sait ?... il n'existe peut-être plus.

Autre curiosité : au sud de cette belle étoile, on en distingue quatre petites de sixième grandeur. La plus australe et la plus petite de ces quatre (*fig.* 277) est une double assez curieuse (P. XVI, 35) : 6° et 8°, à 23″. Piazzi a appliqué à cette étoile une note énigmatique : « fortiter micans, intereadum, sequens tranquilla luce splendescit. » Il serait intéressant de voir si ces intervalles de scintillation et de calme se perpétuent.

Mais le spectacle le plus curieux de cette constellation est sans contredit le système ternaire formé par l'étoile triple ξ du Scorpion (nommée souvent, par erreur, 51 ξ Balance). Les deux composantes principales de ce groupe sont de quatrième grandeur et demie, et la troisième est de septième. Les deux premières tournent l'une autour de l'autre suivant une ellipse très allongée. Relativement à l'une des deux prise pour point de repère (elle est, du reste, un peu plus brillante que l'autre), la seconde étoile se trouvait en 1782 vers 188°, lorsque William Herschel la mesura pour la première fois ; elle était diamétralement à l'opposé, c'est-à-dire vers 8°, en 1835, et actuellement (1880) elle revient au point initial, ce qui indique comme première approximation une période de 98 ans. Le calcul confirme cette période. L'écartement des deux étoiles, qui s'élève aux époques de plus longue élongation, c'est-à-dire en 1782 et 1880 d'une part, en 1835 et 1933 d'autre part, à 1″, 3, descend à 0″, 4 à l'époque où, grâce à la forte ellipticité de l'orbite apparente, les étoiles semblent glisser l'une contre l'autre (1861) : alors les deux disques se confondent en un seul, un peu allongé, comme nous

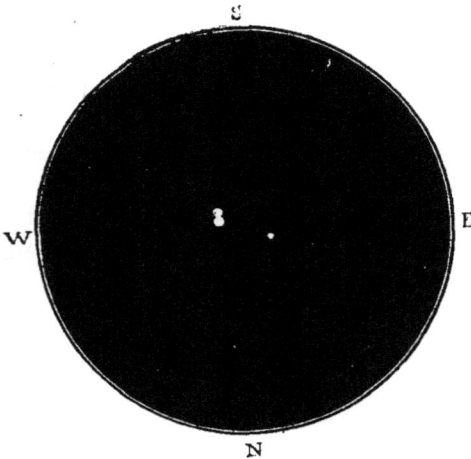

Fig. 281. — L'étoile triple ξ du Scorpion.

l'avons vu pour γ de la Vierge et pour ζ d'Hercule. On peut suivre cette orbite apparente sur notre *fig.* 282, construite à l'échelle de 1ᵐᵐ pour 1″ ; malheureusement on n'a fait aucune observation entre 1782 et 1825, de sorte que nous ne pouvons tracer la moitié occidentale de l'orbite que par à peu près, en la supposant symétrique à la moitié orientale.

La troisième étoile rappelle par ses allures les curieux mouvements que nous avons remarqués plus haut dans le système ternaire de ζ du Cancer. Mais elle en diffère par ce fait extraordinaire que la direction de son mouvement est *rétrograde* relativement à celui du petit système. Ce fait est, répétons-le, véritablement extraordinaire. Je puis cependant l'*affirmer*, car ce mouvement résulte incontestablement de l'ensemble des positions observées, comme on le voit sur le diagramme que j'ai construit d'après ces positions.

Il est probable, pour ne pas dire certain, que c'est le couple AB qui tourne autour de la troisième étoile C, et que celle-ci, quoique moins lumineuse, a une masse prépondérante. Le couple AB serait comparable au système des satellites d'Uranus, dont le mouvement est rétrograde relativement à la translation d'Uranus et de toutes les planètes autour du Soleil. C'est encore un autre cas, fort étrange en vérité, du problème des trois corps.

La difficulté et l'incertitude des mesures pourraient laisser croire un instant que peut-être la troisième étoile ne fait pas partie du système, et ne rétrograde que par suite du mouvement propre de ξ Scorpion. Mais ce mouvement propre n'est pas dirigé dans ce sens, et il tendrait à éloigner le couple de la troisième étoile, presque diamétralement à l'opposé, étant dirigé vers 260°. D'ailleurs, le mouvement relatif de cette troisième étoile n'est pas uniforme : voici les mesures principales :

| DATES | ANGLES | ANGLES CORRIGÉS | DISTANCES |
|---|---|---|---|
| 1782 | 88°6 | | 6″4 |
| 1784 | 90 (estimé) | | — |
| 1822 | 78 | | 6,8 |
| 1825 | 78 | 74° | 6,9 |
| 1835 | 75 | 70 | 7,0 |
| 1840 | 73 | 70 | 7,1 |
| 1855 | 71 | 71 | 7,1 |
| 1864 | 71 | 73 | 7,1 |
| 1870 | 70 | 74 | 7,0 |
| 1875 | 68 | 73 | 7,1 |
| 1880 | 67 | 72 | 7,2 |

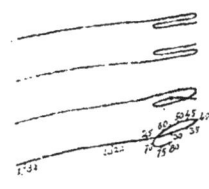

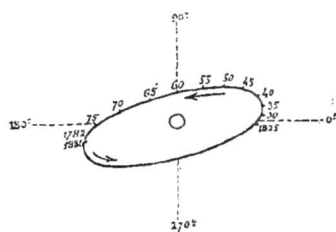

Fig. 282. — Le système ternaire ξ du Scorpion.

Les trois premières mesures sont prises de l'étoile A ; les autres du milieu entre A et B. Comme ce point est mobile et se déplace dans le sens du mouvement de B, il est difficile de juger de la marche de la troisième étoile à la seule inspection de ces angles, et il vaut mieux les transformer en mesures directes de A à C. C'est ce que j'ai fait, et inscrit à côté. On voit que de 1782 à 1835 l'angle a diminué de 18°, tandis que depuis 1835 il flotte autour de 73°. Il y a là un stationnement, quand même on voudrait mettre la rétrogradation sur le compte des erreurs d'observations, qui sont en effet extrêmement difficiles; or, puisque le mouvement n'est pas uniforme, il faut qu'il y ait une cause perturbatrice: cette cause reste cachée dans le mystère du fameux Problème des trois Corps.

L'interprétation des mesures ne permet pas de conclure rigoureusement sur la nature de la courbe, car quelques dixièmes de seconde de différence suffisent pour donner les quatre recourbements représentés au sommet du diagramme, et comme les mesures se font sur le point central entre A et B et non sur un point lumineux net et saisissable, on ne peut certainement pas répondre d'un ou deux dixièmes. Nous sommes ici dans un cas analogue à celui de ζ du Cancer. Ce qu'il y a de certain, c'est que l'étoile s'est arrêtée vers 1840, qu'elle est revenue sur ses pas depuis cette époque jusque vers 1870, et que depuis dix ans elle continue sa direction première : elle est actuellement au point où elle est passée en 1827 et 1860. Mouvement bien étrange : l'expliqué qui pourra. Je crois pouvoir assurer que toutes les académies du monde réunies en conseil n'en donneraient pas la solution.

On peut voir, tout près de ce système, à 3′,7 à l'est et à 4′,38 au sud, un autre couple, dont les composantes (gr. = 7°,4 et 8°,1) restent fixes à 102° et 10″. Peut-être ce second système est-il lui-même associé au premier.

Que de spectacles à contempler! Que de contrées nouvelles à visiter! Mais nous arrivons au *Sagittaire*.

Cette constellation est reconnaissable, dans les belles nuits d'été et dans les belles soirées d'automne, par les cinq étoiles μ, λ, δ, ε et η qui en dessinent l'arc, à 25 degrés ou 1 heure 40 minutes environ à l'est d'Antarès. C'est certainement cet arc qui a donné aux hommes primitifs, pasteurs, chasseurs et guerriers, l'idée de placer là un archer lançant une flèche. La vieille et inexpliquée tradition des centaures a inspiré le dessin du personnage moitié homme et moitié cheval qui est représenté là depuis la plus haute antiquité sur les cartes célestes (*fig.* 279). Il est certain qu'il n'y a jamais eu de centaures, d'hommes-chevaux, de sextupèdes, car leur organisation anatomique est tout à fait en dehors du système de la vie terrestre ; cependant les antiques traditions égyptiennes et grecques sont peuplées de ces personnages ; certains anachorètes de la Lybie assuraient en avoir vu aux premiers siècles du christianisme, et c'est même à un être de cette race, au centaure Chiron, que les anciens astronomes attribuaient l'invention de la sphère céleste, la première représentation du ciel faite sur un globe pour l'enseignement de la cosmographie. Peut-être la tradition descend-elle de l'époque de la conquête du cheval, et de l'étonnement des familles primitives qui virent passer comme un rêve devant elles les premiers cavaliers à la poursuite de leur proie. Le Sagittaire ou « l'homme à l'arbalète » est dessiné sur l'ancienne sphère par l'arbalète elle-même dont nous avons signalé les étoiles, et par la flèche lancée de $\sigma$ à $\gamma$ ; le groupe d'étoiles $\nu$, $\xi$, $o$, $\pi$ marque la tête ; $\alpha$ et $\beta$ indiquent le pied de devant, et $\omega$, A, $b$, $c$ la croupe du Centaure. Mais plusieurs remaniements ont modifié le dessin primitif. En avant du Sagittaire, un groupe d'étoiles représente si clairement une couronne que, dès le temps d'Eudoxe, l'archer céleste porte une couronne d'étoiles sur l'un de ses pieds antérieurs : c'est la *Couronne australe*. En 1752, Lacaille enleva plusieurs étoiles au Sagittaire pour pouvoir glisser en cette région la lunette dont nous avons déjà parlé. Ici se montre tout particulièrement l'inconvénient d'avoir modifié les constellations anciennes au profit des nouvelles et d'avoir trop souvent dessiné celles-ci au détriment des premières : l'étoile $n$ du Sagittaire, par exemple, a été supprimée pour être incorporée au Télescope sous la lettre $\beta$, de telle sorte qu'elle porte à la fois ces deux désignations, et que dans plusieurs descriptions on est arrivé à la confondre avec $\beta$ du Sagittaire. Comme pendant au Télescope, Lacaille a dessiné un Microscope derrière les pieds du cheval, en enlevant aussi plusieurs étoiles à l'ancienne constellation pour en faire don à la nouvelle. Là aussi, au sud du Scorpion, est représenté l'*Autel* (fig. 279, p. 401). Sa position est renversée ; il faut que celui qui l'a placé de la sorte, — il y a vingt-cinq ou trente siècles, — l'ait vu ainsi, ou l'ait dessiné sur un globe en tournant le pôle sud en haut.

Les Arabes voient dans le groupe formé par les étoiles $\gamma$, $\delta$, $\varepsilon$ et $n$ du Sagittaire une « Autruche qui va à l'abreuvoir », la Voie lactée étant la rivière ; et ils nomment le groupe formé par $\sigma$, $\varphi$, $\tau$ et $\zeta$ « l'Autruche qui revient de l'abreuvoir ». Ils ont imaginé là tout un petit paysage méridional, jusqu'au « sable où l'Autruche dépose ses œufs ».

La constellation du Sagittaire paraît avoir été dessinée pour la première fois, en même temps que celle du Bélier, par Cléostrate, de Ténédos, au sixième siècle avant notre ère.

PRINCIPALES ÉTOILES DE LA CONSTELLATION DU SAGITTAIRE

DEUX MILLE ANS D'OBSERVATION

| ÉTOILES | —127 | +960 | 1430 | 1500 | 1603 | 1677 | 1700 | 1750 | 1800 | 1840 | 1860 | 1880 |
|---|---|---|---|---|---|---|---|---|---|---|---|---|
| α | 2.3 | 4.5 | 4 | 0 | 2 | 4 | 0 | $3\frac{1}{2}$ | 4.5 | 0 | $4\frac{2}{3}$ | 4,0 |
| β | 2 | 4.5 | 4 | 0 | 2 | 4 | 0 | $3\frac{1}{2}$ | 4 | 0 | $4\frac{2}{3}$ | 3,8 |
| γ | 3 | 3.4 | 3.4 | 3 | 3 | $3\frac{1}{2}$ | 3 | $3\frac{1}{2}$ | 4 | $3\frac{1}{3}$ | $3\frac{1}{3}$ | 2,8 |
| δ | 3 | 3.4 | 3.4 | 3 | 3 | $3\frac{1}{2}$ | 3 | 3 | 3.4 | $3\frac{1}{3}$ | $3\frac{1}{3}$ | 2,8 |
| ε | 3 | 3.2 | 3.2 | 0 | 3 | $2\frac{1}{2}$ | 3 | 3 | 3 | $2\frac{2}{3}$ | $2\frac{2}{3}$ | 2,2 |
| ζ | 3 | 3 | 3 | 0 | 3 | 3 | 3 | 3 | 0 | $3\frac{1}{3}$ | $3\frac{1}{3}$ | 3,1 |
| η | 3 | 3.4 | 3 | 0 | 3 | 3 | 0 | 4 | 4 | 4 | 4 | 3,3 |
| θ | 3 | 4.5 | 4 | 0 | 3 | 0 | 0 | $5\frac{1}{2}$ | 5.6 | 0 | $5\frac{1}{3}$ | 4,5 |
| ι | 3 | 4.5 | 4 | 0 | 3 | 0 | 0 | 4 | 4.5 | 0 | $4\frac{2}{3}$ | 4,3 |
| κ | 0 | 0 | 0 | 0 | 3 | 0 | 0 | 6 | 6 | 0 | 6 | 5,5 |
| λ | 3 | 3 | 3 | 4 | 4 | 4 | 4 | 3 | 4 | 3 | 3 | 2,7 |
| 13 $\mu^1$ | 4 | 4 | 4 | 4 | 4 | 4 | 4 | 4 | 3.4 | 4 | 4 | 4,3 |
| 15 $\mu^2$ | 0 | 0 | 0 | 0 | 0 | 0 | 6 | 4 | 6 | 5 | 5 | 5,8 |
| $\nu^1$ | *néb.* | *néb.* | *néb.* | 0 | *néb.* | 0 | 5 | $5\frac{1}{2}$ | 5 | 5 | 5 | 5,0 |
| $\nu^2$ | | | | | | | 5 | 6 | 5 | 5 | 5 | 5,1 |
| ξ | 4 | 4 | 4 | 4 | 4 | 4 | 4 | 4 | 5 | 4 | 4 | 3,5 |
| ο | 4 | 4 | 4 | 4 | 4 | 4 | 4 | 4 | 4.5 | 4 | 4 | 3,8 |
| π | 4 | 4.3 | 4 | 4 | 4 | $3\frac{1}{2}$ | 4 | 3.4 | 4.5 | 3 | 3 | 3,1 |
| ρ | 4 | 4.5 | 4 | 4 | 4 | 4 | 5 | 5 | 5 | 4 | 4 | 4,2 |
| σ | 3 | 3 | 3 | 4 | 4 | 3 | $3\frac{3}{4}$ | $2\frac{1}{2}$ | 3 | $2\frac{1}{3}$ | $2\frac{1}{3}$ | 2,4 |
| τ | 4 | 4.3 | 4 | 0 | 4 | $3\frac{1}{2}$ | 4 | 4 | 4 | $3\frac{2}{3}$ | $3\frac{2}{3}$ | 3,6 |
| υ | 4 | 4.5 | 4.5 | 5 | 5 | 5 | 6 | 6 | 5.6 | $4\frac{2}{3}$ | $4\frac{2}{3}$ | 4,9 |
| φ | 4 | 4.3 | 4 | 5 | 5 | $3\frac{1}{2}$ | 5 | $3\frac{1}{2}$ | 4.5 | $3\frac{2}{3}$ | $3\frac{2}{3}$ | 3,7 |
| 47 $\chi^1$ | 5 | 5.6 | 5.6 | 0 | 5 | 5 | 6 | 5 | 6 | 6 | $5\frac{2}{3}$ | 5,4 |
| 49 $\chi^3$ | 0 | 0 | 0 | 0 | 0 | 0 | 6 | 0 | 6 | 0 | 6 | 5,6 |
| ψ | 5 | 5.6 | 5 | 0 | 5 | 5 | 5 | 5 | 6 | 0 | 6 | 5,4 |
| ω | 5 | 5 | 5 | 0 | 5 | 5 | 5 | $5\frac{1}{2}$ | 6 | 5 | 5 | 5,1 |
| 60 A | 5 | 5 | 5 | 0 | 5 | 5 | 5 | 6 | 5.6 | 5 | 5 | 5,3 |
| 59 *b* | 5 | 5 | 5 | 0 | 5 | 5 | 5 | $5\frac{1}{2}$ | 5 | 5 | 5 | 4,6 |
| 62 *c* | 5 | 5 | 5 | 0 | 5 | 5 | 6 | $5\frac{1}{2}$ | 4.5 | 5 | 5 | 4,7 |
| 43 *d* | 5 | 5.6 | 5 | 6 | 6 | 6 | 6 | 6 | 5 | 5 | 5 | 5,6 |
| 54 $e^1$ | 0 | 0 | 0 | 0 | 0 | 0 | 6 | 6 | 5.6 | 6 | 6 | 5,5 |
| 55 $e^2$ | 6 | 6 | 6 | 6 | 6 | 6 | 6 | 6.5 | 5 | 5 | 5 | 5,4 |
| 56 *f* | 6 | 6 | 6 | 6 | 6 | 0 | 6 | 6 | 6 | 5 | 5 | 5,2 |
| 61 *g* | 5 | 5.6 | 5 | 6 | 6 | 6 | 5 | 5 | 6 | $5\frac{2}{3}$ | $5\frac{2}{3}$ | 5,3 |
| 51 $h^1$ | 0 | 0 | 0 | 0 | 0 | 0 | 0 | 6 | 6 | 0 | $4\frac{2}{3}$ | *var.* |
| 52 $h^2$ | 4 | 4.5 | 4 | 6 | 6 | 6 | 5 | $5\frac{1}{2}$ | 4.5 | $4\frac{2}{3}$ | $4\frac{1}{3}$ | 4,7 |
| 3 X | 0 | 0 | 0 | 0 | 0 | 0 | 6 | 6 | 5 | 5 | *var.* | *var.* |
| W | 0 | 0 | 0 | 0 | 0 | 0 | 0 | 4 | 5 | 0 | *var.* | *var.* |
| 4 | 0 | 0 | 0 | 0 | 0 | 0 | $6\frac{1}{2}$ | 6 | 5 | 5 | 5 | 5,4 |
| 9 | 0 | 0 | 0 | 0 | 0 | 0 | 7 | 0 | 6.7 | $4\frac{2}{3}$ | 6 | 6,0 |
| 21 | 0 | 0 | 0 | 0 | 0 | 0 | 6 | 6 | 6 | 5 | 5 | 5,1 |
| 29 | 0 | 0 | 0 | 0 | 0 | 0 | 6 | 0 | 6 | 5 | $6\frac{1}{3}$ | 5,5 |
| P.XVII, 294 | 0 | 0 | 0 | 0 | 0 | 0 | 0 | 6 | 5 | 0 | 6 | 5,4 |
| P.XVII, 359 | 0 | 0 | 0 | 0 | 0 | 0 | 0 | 5 | 5 | 0 | $5\frac{2}{3}$ | 5,1 |
| P.XVII, 367 | 0 | 0 | 0 | 0 | 0 | 0 | 0 | 6 | 6 | 0 | $5\frac{1}{3}$ | 5,9 |
| P.XVIII, 24 | 0 | 0 | 0 | 0 | 0 | 0 | 0 | 6 | 5.6 | 0 | $5\frac{2}{3}$ | 5,1 |
| P.XVIII, 146 | 0 | 0 | 0 | 0 | 0 | 0 | 0 | 6 | 6 | 0 | 6.5 | 5,2 |
| Lacaille 8310 | 0 | 0 | 0 | 0 | 0 | 0 | 0 | 6 | 0 | 0 | $5\frac{2}{3}$ | 5,0 |

Ptolémée présente les étoiles α et β comme appartenant à la seconde grandeur, et Bayer a suivi cette tradition en leur assignant les deux premièreslettres. Lors de ses observations faites à l'île Sainte-Hélène, en 1677, Halley, remarque qu'elles ne sont que de quatrième; et s'il n'ose pas encore attaquer l'incorruptibilité des cieux toujours enseignée et vénérée dans les Écoles, il admet toutefois un changement —ce qui, en définitive, revient à peu près au même : « quod corporum

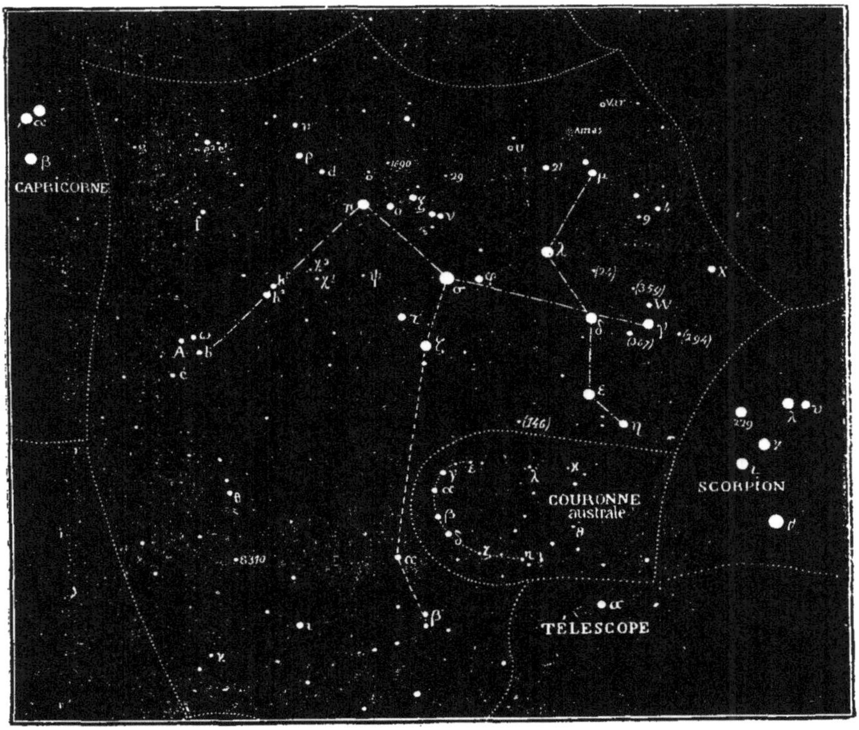

Fig. 283. — Principales étoiles de la constellation du Sagittaire.

cœlestium, dit-il, si non corruptibilitatem, saltem mutabilitatem demonstrare videtur. »

Mais déjà, au dixième siècle, Sûfi signalait la différence entre l'état du ciel et le tableau de l'*Almageste*. D'après ses observations, β se range parmi les petites de la quatrième grandeur, et α est également des moindres de cette grandeur. Il n'est pas probable que Ptolémée ait commis une erreur, car en rédigeant son catalogue d'après les observations d'Hipparque et les siennes propres, il a exposé avec un soin minutieux l'état de la science à cette époque, et les diverses copies de l'*Almageste* s'accordent toutes sur cet éclat. Cependant, si nous pouvions trouver d'autres observations anciennes de ces deux étoiles, notre appréciation serait encore plus sûre. Or, précisément Aratus paraît signaler ces étoiles dans le passage suivant : « Sous le Sagittaire, dit-il, on aperçoit un cercle qui n'est pas brillant (en effet, les principales étoiles de la Couronne ne sont que de quatrième grandeur) ; mais sous les premiers pieds on voit des étoiles qui ont beaucoup plus d'éclat ». Ces étoiles doivent être $\alpha$ et $\beta$ du Sagittaire, car il n'y en a pas d'autres dans cette région du ciel.

Ainsi les étoiles $\alpha$ et $\beta$ du Sagittaire sont tombées de la deuxième à la quatrième grandeur. Leur lumière paraît encore instable et flotter de $3\frac{1}{4}$ à $4\frac{1}{4}$.

Les étoiles $\theta$ et $\iota$ ont subi une diminution corrélative. Tandis que Ptolémée les dit absolument de la troisième, Sûfi remarque qu'elles sont des moindres de la quatrième. Lacaille et Piazzi ont même noté $\theta$ de $5^e\frac{1}{2}$, et Maraldi déclare qu'il l'a cherchée en vain et ne l'a vue reparaître, de $6^e$ grandeur, qu'en 1699.

On ne trouve l'étoile $\varkappa$ sur aucun ancien catalogue, de sorte qu'il est impossible de rien conclure à son égard. Je ne sais où Bayer a pris cette troisième grandeur, et il n'est pas probable qu'il l'ait observée lui-même. Cassini assure que Halley l'a vue de $3^e$ grandeur en 1676, de $6^e$ en 1692 et de $4^e$ en 1694. Il me semble qu'il y a ici quelque erreur, car cette étoile ne brille que par son absence dans le catalogue de Halley, et quant à ce que cet astronome l'ait observée en 1692 et 1694, ce serait assez difficile, puisque cette étoile ne s'élève pas au-dessus de l'horizon de l'Angleterre.

$\lambda$ paraît osciller de la troisième à la quatrième grandeur.

Mayer a noté $\mu^2$ du même éclat que $\mu^1$ ; mais ses indications sont souvent indécises.

L'étoile $\nu$ est *la plus ancienne étoile désignée comme double.* Ptolémée l'appelle « néphéloeidès kaï diplous » *nébuleuse* et *double*. Sûfi et Ulugh Beigh lui donnent la même désignation. Il y a là deux étoiles de cinquième grandeur, écartées seulement à 12′ l'une de l'autre, et qui paraissent rester fixes l'une par rapport à l'autre. Les anciens les séparaient, comme nous, à l'œil nu, mais pas avec netteté.

$\pi$ a été notée de $5\frac{1}{2}$ par d'Agelet, de $4\frac{1}{2}$ par Piazzi, de 4 par Flamsteed, Lalande et les anciens, de $3\frac{1}{2}$ par Halley et Mayer, de 3 par Argelander et Heis.

$\sigma$ paraît osciller de $2\frac{1}{3}$ à 4 ; $\upsilon$ de 4 à 6 ; $\varphi$ de $3\frac{1}{2}$ à 5.

Au-dessus de $\chi$ on voit une petite étoile : $\chi^3$ ($\chi^2$ est télescopique) qui varie aussi probablement. Heis l'a estimée à $6\frac{1}{3}$, Piazzi à 6, Yarnall à $5\frac{1}{2}$. 51 $h$ varie de $4\frac{2}{3}$ à $6\frac{3}{4}$.

9 a été notée de $7^e$ par Flamsteed, de $8^e$ par Lalande, et de $4^e\frac{2}{3}$ par Argelander ; elle est dans un amas perceptible à l'œil nu, et les différences de notifications peuvent provenir de ce que certains observateurs ont entendu l'amas considéré dans son effet total, tandis que d'autres ont distingué l'étoile séparément. Il y a là, dans une petite région, quatre amas visibles à l'œil nu et trois variables.

29 paraît variable. Argelander l'a notée de $5^e$ dans ses zones, mais ne l'a pas inscrite dans son *Uranométrie ;* Heis l'a estimée $6\frac{1}{3}$, Gould 5,4 et 5,9.

Cette constellation est remarquable par le nombre de ses étoiles rouges et de ses étoiles variables. Signalons comme nettement nuancées de rouge, par ordre d'ascension droite : $\gamma$; P. xvii, 359; $\mu^2$; $n$; P. xviii, 24; $\partial$; 21; $\lambda$; $\nu^2$; $\tau$; $d$; $\chi^3$ ; $e'$; $f$; $b$ ; $\theta^2$ ; $c$; Lacaille 8310; — sans compter d'autres plus petites. Parmi les variables, il en est trois qui sont particulièrement curieuses :

| | | | | en | | heures | minutes | secondes |
|---|---|---|---|---|---|---|---|---|
| X | qui varie de 4 à 6 | | en | 7 | jours | 0 | 17 | 42 |
| W | — | — | 5 à $6\frac{1}{2}$ | 7 | | 14 | 15 | 34 |
| U | — | — | 7 à 8 | 6 | | 17 | 53 | 1 |

La similitude de ces périodes est digne d'attention : elle confirme les remarques déjà faites maintes fois dans notre voyage sidéral sur les variétés locales observées dans les diverses régions du ciel ; il est évident maintenant pour nous que l'immensité de l'univers est loin d'être construite sur un plan homogène, et que des conditions originaires physiques, chimiques, mécaniques, très variées, ont amené des effets spéciaux en des régions spécialement favorisées. D'autre part, ces périodes rapides témoignent pour nous des mouvements de *rota-tion* de même vitesse qui animent ces trois soleils du Sagittaire, et par une généralisation bien légitime, en sachant que ces lointains soleils (comme le nôtre, du reste) tournent plus ou moins rapidement sur eux-mêmes, le spectacle de la nuit se transfigure de nouveau devant nos esprits, car nous voyons désormais, par la pensée, *toutes les étoiles du ciel tourner sur elles-mêmes* autour de leurs mystérieux essieux.... Les deux premières étoiles des trois précédentes peuvent être facilement observées, même à l'œil nu (on trouve leur position sur notre *fig.* 283) pendant les belles soirées de juillet, août et septem-bre. Jules Schmidt, d'Athènes, les a examinées « plus de deux mille fois » chacune, depuis l'année 1866, et c'est de ses minutieuses et persévérantes observations qu'il a conclu les périodes que nous venons de faire connaître.

Parmi les autres variables du Sagittaire, remarquons $h^1$, qui oscille, comme nous l'avons vu, de 5,3 à 6,7, en une période encore indéterminée, et une étoile située au nord de $\mu$, sur une ligne menée à $\nu$ du Serpent : D'Agelet l'a notée de $4\frac{1}{2}$ en 1783 ; Argelander l'a observée de 5 $\frac{1}{2}$, et pourtant elle n'est ni dans son catalogue des étoiles visibles à l'œil nu, ni dans celui de Heis, ni dans celui de Berhmann ; Gould la note de 5,9, en remarquant qu'au cercle méridien elle n'a paru que 7ᵉ. Intéressante à chercher de temps en temps.

L'étoile que l'on voit au-dessus de 4, un peu à gauche, et de cinquième grandeur aussi, se compose de deux, écartées à 13′, qui ont dû augmenter d'éclat, car leur place est vide dans les anciens catalogues. La petite indiquée un peu plus haut, formant un triangle avec la précédente et 4, et qui est marquée sur notre carte, parce que Heis l'a vue à l'œil nu, de 6ᵉ$\frac{1}{3}$, n'est actuellement que de 7ᵉ$\frac{3}{4}$. C'est Lalande 32847, notée de 7ᵉ$\frac{1}{2}$ par cet astronome.

Au nord-ouest de $\lambda$, entre $\lambda$ et $\mu$, même remarque : cette petite étoile, notée de 6ᵉ$\frac{1}{3}$ par Heis et de 6ᵉ$\frac{1}{2}$ par Yarnall, n'a jamais été vue que de huitième par Gould, et elle est actuellement invisible à l'œil nu.

Enfin la dernière étoile de notre liste a probablement augmenté d'éclat.

(Comme dans le cas du Scorpion, les grandeurs des étoiles invisibles ou trop basses pour notre horizon ont été prises chez les observateurs de l'hémisphère austral.)

Une étoile temporaire, de l'ordre de celles que nous avons remarquées tout à l'heure dans le Scorpion, a été observée près de l'étoile $\pi$, en 1690, à l'Observatoire de Pékin, par les astronomes français (jésuites) alors attachés à cet observatoire. C'est M. Schiaparelli, de Milan, qui a retrouvé cette notice, il y a quelques années seulement. Le 28 septembre 1690, l'étoile nouvelle paraissait de quatrième grandeur ; mais dès le 4 octobre elle était déjà fort diminuée, et elle ne tarda pas à s'évanouir. La position n'est pas très précise, mais elle ne peut beaucoup différer de

Ascension droite = 285°;   Déclinaison — 20°

On connaît déjà trois variables dans cette contrée du ciel :

| | | Æ | | ◐ | | |
|---|---|---|---|---|---|---|
| R | Sagittaire. | Æ = 286° 59′; | ◐ = | — 19° 34′ | ( 7 à 13) |
| S | — | 287 40 | | 19 18 | (10 à 14) |
| T | — | 286 54 | | 17 13 | ( 8 à 12) |

sans compter celles que nous avons visitées tout à l'heure.

A l'ouest de $\mu$, M. Pickering, de Cambridge, a remarqué, le 28 août 1880, une étoile de huitième grandeur, dont le spectre continu, traversé d'une bande brillante près de chaque extrémité, indique que cette étoile est entourée d'une vaste *atmosphère incandescente*. C'est après avoir examiné au spectroscope environ cent mille étoiles sans avoir découvert une seule nébuleuse planétaire, que l'auteur a été arrêté par celle-ci, qui peut bien être une nébuleuse brillante et condensée, et dont le spectre hydrogéné rappelle celui des étoiles temporaires de la Couronne et du Cygne.

On pourra chercher et observer avec intérêt les étoiles doubles suivantes :

Et d'abord le couple $\nu^1$ $\nu^2$, visible à l'œil nu, et *connu depuis deux mille ans ;* les bonnes vues discernent nettement les deux composantes, qui sont l'une et l'autre de cinquième grandeur, et écartées à 12′, comme Mizar et Alcor. Cette constellation renferme un grand nombre de couples plus, écartés encore :

$h^2$-$h^1$ : 5ᵉ et 6ᵉ, à 14′ ;

$\beta^1$-$\beta^2$ : 3,8 et 4 ¼ à 22′ ; déjà nommée *double* par Sûfi ; $\beta^1$ est double elle-même (réservée aux observateurs du sud) ;

$\mu^1$-$\mu^2$ : 4ᵉ et 5ᵉ ¼, à 29′ ; $\mu^1$ est triple.

$\xi^2$-$\xi^1$ : 3½ et 5ᵉ à 29′ ;

$\rho^1$-$\rho^2$ : 4 ¼ et 6ᵉ à 28′ ;

$\gamma^1$-$\gamma^2$ : 5,5 et 5,6, à 31′ (réservée aux observateurs du sud) ;

$e^2$-$e^1$ : 5,4 et 5,5, à 31′; $e^1$ est double elle-même.

$\theta^1$-$\theta^2$ : 4 ¼ et 5 ¼, à 35′ ;

$\chi^1$-$\chi^2$-$\chi^3$ : 5 ½ — 7 — 5 ½; triple écartée.

Cette région du ciel est aussi remarquable sous cet aspect que celle du Taureau, et comme elle, elle est pauvre en étoiles doubles serrées et dépourvue de systèmes orbitaux. Voici les sujets d'observation les plus intéressants :

$\mu^1$ : triple; 4ᵉ, 9ᵉ et 10ᵉ, à 40″ et 45″. De puissants instruments en font apercevoir un quatrième, de 13ᵉ grandeur, à 15″; ce qui rend ce groupe quadruple.

$\beta^1$ : 4ᵉ et 7ᵉ, à 29″. Le compagnon est certainement variable. Piazzi l'a estimé de 9ᵉ grandeur, sir John Herschel de 8ᵉ, Gould de 6 ¾. — Réservé aux observateurs du sud.

54 $e^1$ : 5 ¼ et 8ᵉ, à 28″. Joli champ de petites étoiles, dont une fine double au sud-ouest. L'étoile 54 est la supérieure des trois visibles dans le chercheur.

Il est assez remarquable que ces étoiles multiples appartiennent précisément aux couples écartés signalés plus haut. Ce fait, déjà observé en d'autres constellations, conduit à conclure que ces couples écartés ne sont pas seulement des groupes de perspective, comme on le croit, mais forment, en général, de véritables systèmes physiques dont les soleils sont réellement associés entre eux, malgré l'énorme abîme qui les sépare les uns des autres. Le même cas vient de se présenter dans les étoiles doubles plus serrées que l'on a scrutées récemment à l'aide de puissants instruments : on a souvent dédoublé l'une des composantes en deux petites étoiles contiguës. Ainsi les circonstances cosmogoniques qui ont donné naissance aux étoiles doubles sont intimement liées à celles qui ont produit les groupements, même écartés, de plusieurs étoiles dans le ciel, et réciproquement, les couples écartés se sont souvent trouvés en situation de se scinder de nouveau en étoiles doubles plus serrées.

On peut encore observer dans cette constellation du Sagittaire l'étoile $\sigma$, de deuxième grandeur et demie, qui se montre accompagnée, à 5′ au sud-ouest, d'une petite étoile de 9$^e$ ; — et l'étoile Fl. 21, double serrée, à 2″ ; 5$^e$ et 9$^e$, orange et bleue.

Cette région, traversée par la Voie lactée, est riche en amas d'étoiles. L'un des plus beaux et des plus brillants, visible à l'œil nu, palpite à 6 degrés au-dessus de l'étoile $\gamma$, en allant vers $\mu$. Il porte le n° 8 du catalogue de Messier. Une petite lunette à champ large montre là une étoile triple écartée, suivie d'une magnifique agglomération d'étoiles à deux foyers. C'est l'un des plus merveilleux spectacles qui se puissent voir.

Tout proche, au-dessus, plane une autre amas, plus étendu mais moins brillant : M. 21. Vers le centre on découvre une étoile double de neuvième grandeur.

Au surplus, dirigez une petite lunette vers l'un quelconque des points signalés sur notre carte spéciale (fig. 284) et vous serez tout simplement émerveillés. Outre les nébuleuses, l'étoile $\mu$ est multiple, comme nous l'avons vu ; entre cette étoile et l'amas M. 25, l'étoile solitaire que l'on rencontre là est Fl. 21, double elle-même. La Voie lactée seule, du reste, tient en réserve de véritables champs d'étoiles à moissonner. Dans l'un de ces amas, le P. Secchi a trouvé des couches d'étoiles superposées l'une devant l'autre, et un arrangement de brillantes étoiles si régulier, « si géométrique, dit-il, qu'il est impossible de le croire accidentel ». La plus grande partie, ajoute-t-il, « offre des arcs de spirale où l'on peut compter jusqu'à dix et douze étoiles de la neuvième grandeur, se suivant sur une même courbe comme des grains de chapelet ; quelquefois, elles s'étendent en rayons qui semblent diverger d'un foyer commun, et, ce qui est bien singulier, on remarque soit au centre des rayons, soit à l'origine de la courbe, une étoile brillante et rouge qui semble diriger la marche ». Lointains univers ! quelles richesses, quelles merveilles restent ensevelies là-bas dans la nuit des inaccessibles distances !

Cette constellation n'a qu'un tort: c'est d'être un peu trop éloign'c dans l'hémisphère austral pour être facilement visible de nos latitudes

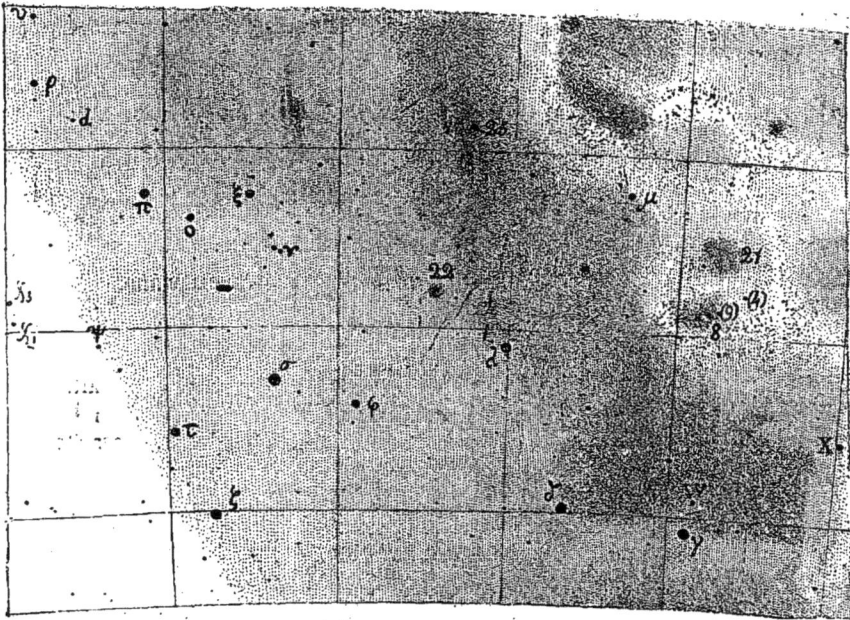

Fig. 284. — Champ de nébuleuses dans le Sagittaire.

boréales. Nous habitons en effet (latitude de Paris) à 42° du pôle nord, de telle sorte que nous ne voyons pas le ciel à plus de 42° au delà de l'équateur, et que toutes les étoiles situées au delà restent perpétuellement invisibles au-dessous de notre horizon. Or le 42ᵉ degré de déclinaison passe par la Couronne australe et les pieds du Sagittaire, et l'étoile α est la plus australe que nous puissions apercevoir d'ici; encore ne fait-elle que raser l'horizon juste au sud, ce qui veut dire que, pratiquement, elle reste inobservable. A cause des brumes de l'horizon, il faut souvent enlever dix degrés pour l'observation pratique et reléguer dans l'invisibilité les étoiles situées au delà du

32° degré. De Londres, qui est à 39 degrés du pôle, on ne voit qu'à 39° au delà de l'équateur — pratiquement qu'à 29 ; cependant l'œil ardent et passionné de William Herschel est allé chercher des étoiles doubles jusqu'au 35°. De Rochefort, Limoges, Clermont, Lyon, l'horizon atteint le 44° degré ; de Périgueux, Grenoble, Turin, Milan, le 45° ; de Montauban, Nîmes, Toulouse, Marseille, Nice, le 46° : le Scorpion, la Couronne et le Sagittaire y sont entièrement visibles. De nos cités d'Algérie, on atteint le 54° degré ; mais, remarque peu flatteuse, depuis un demi-siècle que cette belle province est conquise par les armes françaises, nous n'y avons pas encore établi *un seul* observatoire astronomique ! La brumeuse Angleterre en compte actuellement quarante, publics ou particuliers. C'est là une de ces incohérences dont les organisations sociales offrent à chaque pas les exemples les plus inexplicables.

Ne quittons pas cette région sans remarquer la petite constellation de *la Couronne australe* (*fig.* 279 et 283). Quoiqu'elle soit à peu près invisible pour nos latitudes, nous ne devons pas absolument la négliger. Ses étoiles sont comprises entre 37° et 44° de déclinaison, et pour la latitude de Paris elle rase l'horizon sud ; mais elle est visible de Marseille et de toute l'Italie.

C'est l'une des constellations anciennes de la sphère d'Eudoxe et d'Aratus ; et sa création est certainement due à sa forme frappante, car elle ne se compose que de petites étoiles ; α, β et γ sont de quatrième grandeur, et les autres de cinquième.

Les catalogues astronomiques font la plus étrange confusion entre ces étoiles. Examinez un instant notre petit dessin (*fig.* 283), les lettres inscrites sont celles dont on se sert actuellement pour désigner ces étoiles ; mais, par une fâcheuse exception, ce ne sont pas du tout celles de Bayer. Notre α actuel correspond au γ de Bayer, tandis que son α est notre θ, et ainsi pour toutes les autres, de telle sorte que les éditions modernes des catalogues de Ptolémée donnent pour toutes ces étoiles des identifications erronées ! Il serait trop long et trop peu intéressant pour nous de discuter ces modifications, d'autant plus que cette constellation nous reste étrangère par son éloignement austral ; mais cette nouvelle incohérence n'en est pas moins singulière et malheureuse.

On voit sur l'atlas de Bayer, entre les étoiles η et θ (qui sont nos δ et ε) une magnifique étoile de seconde grandeur marquée ξ. Je n'ai pu retrouver son extrait de naissance.

Parmi les astres de cette constellation, signalons γ, étoile double serrée, en mouvement orbital rapide, *l'une des plus rapides du ciel*, dont la révolution s'opère en 55 ans. Les deux composantes sont de cinquième grandeur et demie, et leur écartement n'est que de 1″,5. C'est l'un des beaux systèmes d'étoiles doubles que nous connaissions.

# CHAPITRE XVI

**Fin de la description du Zodiaque. — Les étoiles de l'automne. Le CAPRICORNE.**
**Etoiles doubles faciles à observer. — Le VERSEAU.**
**Nébuleuses remarquables. — Origine des signes du zodiaque.**

Nous arrivons ici aux deux dernières constellations du zodiaque, à celles que le soleil traverse en janvier et février et qui par conséquent passent au méridien à minuit en juillet et août, à dix heures en août et septembre, à huit heures en septembre et octobre. La première, celle du Capricorne, se fait remarquer principalement par ses étoiles $\alpha$ et $\beta$, qui brillent dans la direction des trois étoiles de l'Aigle ( $\gamma$, $\alpha$, $\beta$); la seconde, celle du Verseau, est reconnaissable à un groupe d'étoiles ( $\alpha$, $\gamma$, $\zeta$, $\eta$, $\pi$ ) qui scintillent au-dessous du carré de Pégase, un peu à droite, c'est-à-dire au sud-ouest. Mais faisons successivement connaissance avec elles.

Le Capricorne est, comme on le sait (*fig.* 290), un animal mythologique dont la tête rappelle celle d'un bélier et dont la queue ressemble à celle d'un poisson. Dans la disposition des étoiles qui le composent, il n'y a guère que les deux brillantes, $\alpha$ et $\beta$, qui aient quelque rapport avec la figure, en représentant une corne toute droite, élevée vers l'Aigle, vers le haut du ciel. Macrobe, au cinquième siècle de notre ère, nous assure que ce symbole du Capricorne a eu pour but de rappeler que lorsque le soleil atteint ce signe du zodiaque, il arrive au plus haut de son cours, « ce qu'il est naturel de représenter par une chèvre, dont l'habitude est de grimper toujours ». Il y a deux mille ans, en effet, le soleil était dans le Capricorne au tropique d'hiver et dans le Cancer au tropique d'été, et encore aujourd'hui les géographes ont l'habitude de tracer sur les globes et planisphères terrestres un cercle à 23° au sud de l'équateur qu'ils appellent le tropique du Capricorne, et un pareil à 23° au nord nommé le tropique du Cancer : ce sont les lieux géographiques au zénith desquels le soleil arrive respectivement le 21 décembre et le 21 juin. Mais nous avons déjà vu que les constellations sont plus anciennes que la formation du zodiaque, et que le zodiaque n'a été tracé qu'après coup, à travers des figures inégales et hétérogènes, n'ayant aucun rapport primitif avec le cours du soleil. Le mouvement séculaire de la précession des équinoxes remonte actuellement vers le nord toute cette partie du ciel et rend visibles pour nos latitudes des étoiles qui leur étaient cachées autrefois. Actuellement, c'est le Sagittaire qui s'éloigne à 23 degrés de l'équateur et occupe la contrée la plus australe du zodiaque.

On trouvera, comme nous le disions tout à l'heure, les étoiles α et β du Capricorne en se servant de la direction indiquée par les trois étoiles principales de l'Aigle; puis dans la même direction, au delà de β du Capricorne, le triangle formé par ο, π, et ρ qui marque l'œil du Capricorne. L'étoile α du Capricorne est une double très écartée, visible à l'œil nu pour les vues excellentes : 3ᵉ et 4ᵉ grandeur, écartement = 376″; ou 6′ 16″. — Les anciens ne l'ont pas dédoublée : ni Ptolémée ni Sûfi ne la signalent à cet égard. Ils ont remarqué la petite étoile ν qui est à 43′ de distance de α. Les Arabes nommaient α et β *Sad al-dzâbih* « le bonheur du boucher » et « les égorgeuses », parce qu'ils regardaient la petite ν comme une brebis égorgée dans son abattoir. — La plus ancienne

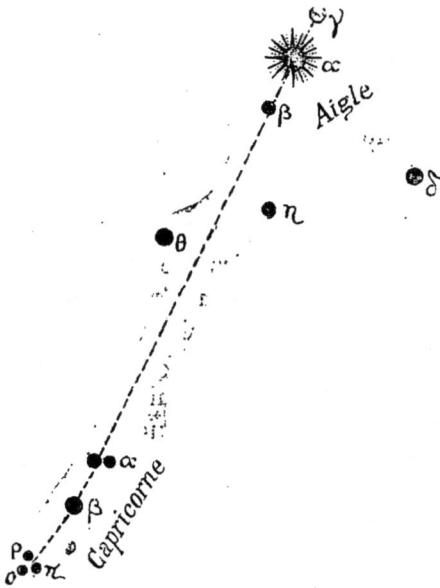

Fig. 285. — Alignement pour trouver le Capricorne.

mention de l'étoile α comme double est celle de Bayer (1603).

La constellation elle-même est peu apparente : elle ne compte comme étoiles brillantes que quatre étoiles de 3ᵉ grandeur (α, β, γ, δ) et cinq de quatrième, assez éclatantes. Parmi ces étoiles, plusieurs présentent des variations séculaires fort curieuses. Ainsi, par exemple, au dixième siècle de notre ère, Sûfi déclare que « Ptolémée a noté ζ trop brillante en la faisant expressément de quatrième, tandis qu'elle n'est que de quatrième et demie ». Or elle est aujourd'hui, comme du temps de Ptolémée, des *brillantes* de la quatrième et mieux encore 3,7), tandis que de 1590 à 1756 on ne l'a jamais vue que de cinquième.

θ a subi une diminution et une recrudescence analogues.

ι et κ peuvent être stables vers 4 1/2.

φ, ω et A sont descendues toutes de la quatrième à la sixième grandeur et sont revenues à la quatrième. C'est là une fluctuation bien

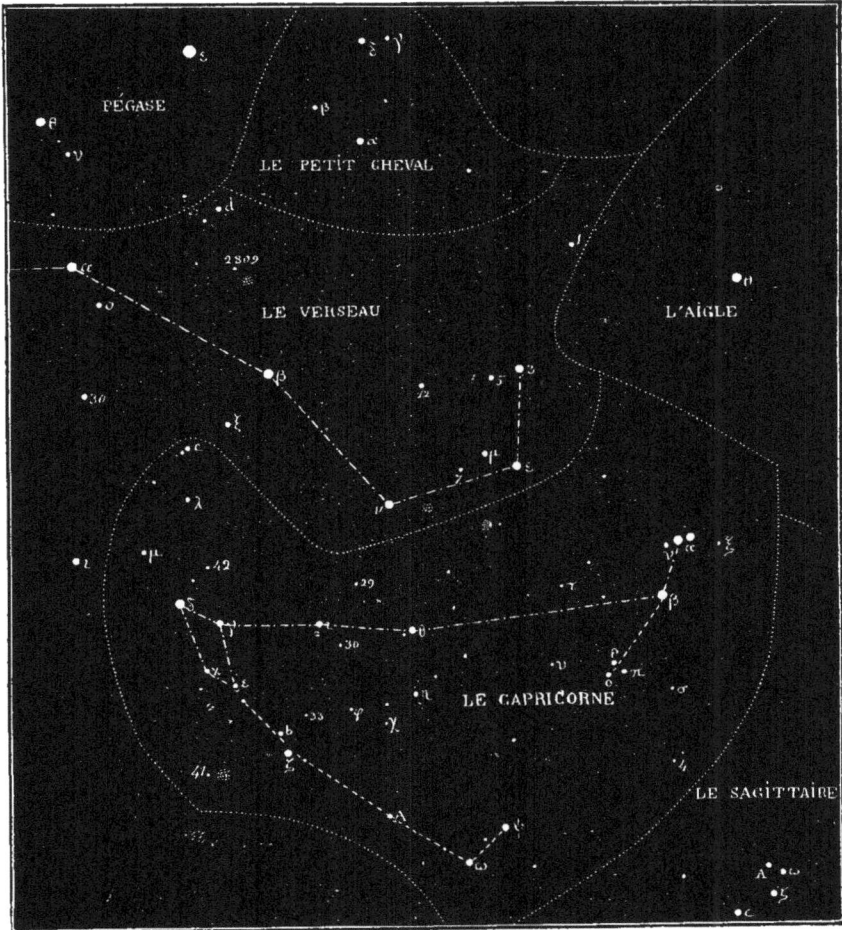

Fig. 236. — Étoiles principales de la constellation du Capricorne.

étonnante, bien extraordinaire; mais comment ne pas l'admettre en présence du nombre et de la concordance des observations?

46 c s'est élevée de la 6° grandeur à 4 $\frac{2}{3}$, sous les yeux d'Argelander.

Regardez à gauche de θ : il y a là une petite étoile qui est tantôt visible à l'œil nu et tantôt invisible. Elle n'a été observée ni par Piazzi, ni par Lalande.

ÉTOILES PRINCIPALES DE LA CONSTELLATION DU CAPRICORNE
DEUX MILLE ANS D'OBSERVATION.

| ÉTOILES | — 127 | + 960 | 1430 | 1590 | 1603 | 1660 | 1700 | 1756 | 1800 | 1840 | 1860 | 1880 |
|---|---|---|---|---|---|---|---|---|---|---|---|---|
| α¹ | 3 | 3.4 | 3.4 | 3 | 3 | 4 | 4 | 4 | 4 | 4 | 4 | 4,5 |
| α² | | | | | 3 | 3 | 3 | 3 | 3 | $3\frac{1}{3}$ | 3 | 3,6 |
| β | 3 | 3.4 | 3.4 | 3 | 3 | 3 | 3 | 3 | 3.4 | 3 | 3 | 3,2 |
| γ | 3 | 3.4 | 3.4 | 3 | 3 | $3\frac{1}{2}$ | 4 | 4.3 | 4 | $3\frac{2}{3}$ | $3\frac{2}{3}$ | 3,7 |
| δ | 3 | 3 | 3 | 3 | 3 | 3 | 3 | 0 | 3.4 | 3 | 3 | 2,8 |
| ε | 4 | 4 | 4 | 4 | 4 | 4 | 4 | 4 | 5 | $4\frac{2}{3}$ | $4\frac{2}{3}$ | 4,7 |
| ζ | 4 | 4.5 | 4.5 | 5 | 5 | 5 | 5 | 5 | 4 | 4 | 4 | 3,7 |
| η | 5 | 5.6 | 5.6 | 5 | 5 | 5 | 5 | 5 | 5 | $5\frac{1}{3}$ | $5\frac{1}{3}$ | 5,1 |
| θ | 4 | 4 | 4 | 5 | 5 | 5 | 5 | 5 | 5.6 | 4 | 4 | 4,1 |
| ι | 4 | 4 | 4 | 5 | 5 | 5 | 5 | 5 | 5 | $4\frac{1}{3}$ | $4\frac{1}{3}$ | 4,4 |
| κ | 4 | 4.5 | 4 | 5 | 5 | 5 | 5 | 5 | 5 | 5 | $5\frac{1}{3}$ | 5,0 |
| λ | 5 | 5 | 5 | 5 | 5 | 5 | 5 | 5 | 5.6 | $5\frac{1}{3}$ | $5\frac{1}{3}$ | 5,7 |
| μ | 5 | 5 | 5 | 5 | 5 | 5 | 5 | 5 | 5 | 5 | 5 | 5,4 |
| ν | 6 | 5.6 | 5.6 | 6 | 6 | 6 | 6 | 0 | 5 | 5 | $5\frac{1}{3}$ | 5,2 |
| ξ | 6 | 0 | 6 | *néb.* | 6 | 6 | 6 | 6 | 6 | 6 | 6 | 6,3 |
| ο | 6 | 6 | 6 | *néb.* | *néb.* | *néb.* | 0 | 6 | 6 | $5\frac{1}{3}$ | $5\frac{1}{3}$ | 6,3 |
| π | 6 | 6 | 6 | *néb.* | *néb.* | *néb.* | 0 | 6 | 5 | 5 | 5 | 5,5 |
| ρ | 6 | 6 | 6 | 6 | 6 | 6 | 6 | 6 | 5 | 5 | $5\frac{1}{3}$ | 5,3 |
| σ | 5 | 6 | 0 | *néb.* | *néb.* | *néb.* | 6 | 6 | 5.6 | $5\frac{2}{3}$ | $5\frac{2}{3}$ | |
| τ | 6 | 6 | 6 | 6 | 6 | 6 | 6 | 6 | 6 | 5 | | 5,6 |
| υ | 5 | 6 | 6 | 6 | 6 | 6 | 6 | 6 | 5 | $5\frac{1}{3}$ | $5\frac{2}{3}$ | 5,7 |
| φ | 5 | 6 | 6 | 6 | 6 | 6 | 6 | 6 | 6 | $5\frac{1}{3}$ | $5\frac{2}{3}$ | 5,5 |
| χ | 5 | 6 | 6 | 6 | 6 | 6 | 6 | 6 | 5.6 | 6 | $5\frac{2}{3}$ | 5,4 |
| ψ | 4 | 4 | 4 | 6 | 6 | 5 | 5 | 5 | 4.5 | $4\frac{1}{3}$ | $4\frac{1}{3}$ | 4,3 |
| ω | 4 | 4 | 4 | 6 | 6 | 6 | 6 | 6 | 5.6 | $4\frac{1}{3}$ | $4\frac{1}{3}$ | 4,1 |
| 24 A | 4 | 4.5 | 4.5 | 6 | 6 | 6 | 6 | 0 | 5.6 | 5 | 5 | 4,8 |
| 36 *b* | 5 | 5.4 | 5.4 | 6 | 6 | 6 | 6 | 6 | 5.6 | $4\frac{2}{3}$ | $4\frac{2}{3}$ | 4,7 |
| 46 *c*¹ | 5 | 5 | 5 | 6 | 6 | 6 | 6 | 6 | 6 | $4\frac{2}{3}$ | 5 | 5,5 |
| 47 *c*² | 0 | 0 | 0 | 0 | 6 | 0 | 6 | 0 | 6.7 | 6 | 6 | 6,4 |
| 29 | 0 | 0 | 0 | 0 | 0 | 0 | 6 | 0 | 5 | 6 | 6 | 5,7 |
| 30 | 0 | 0 | 0 | 0 | 0 | 0 | 6 | 0 | 6 | 6 | 6 | 5,5 |
| 33 | 0 | 0 | 0 | 0 | 0 | 0 | 6 | 0 | 6 | $5\frac{1}{3}$ | $5\frac{2}{3}$ | 5,7 |
| 41 | 0 | 0 | 0 | 0 | 0 | 0 | 6 | 0 | 5 | $5\frac{1}{3}$ | $5\frac{2}{3}$ | 5,8 |
| 42 | 5 | 5.6 | 5 | 0 | 0 | 6 | 6 | 0 | 6 | 5 | $5\frac{2}{3}$ | 5,6 |

Tycho-Brahé a qualifié de *nébuleuses* les étoiles ξ, ο, π, σ, et il a été suivi en cela par plusieurs astronomes. Cette qualification peut provenir soit d'un aspect nébuleux de l'étoile elle-même, soit de l'impression produite sur la rétine par une étoile très voisine se confondant avec la première. Cette dernière explication peut encore s'appliquer aujourd'hui à l'étoile ξ, attendu qu'elle est accompagnée à 14′ d'une étoile de 6ᵉ gr. ½ qui se confond avec elle et qui a pu autrefois être un peu plus brillante et perceptible à l'œil nu. Mais les trois autres ne sont pas dans le même cas. ο est double ; mais son compagnon, de 7ᵉ grandeur, la touche presque, à 22″. π est double aussi ; mais son compagnon n'est que de 10ᵉ grandeur, et presque en contact : 3″. σ n'a aucune étoile dans son voisinage. Le ciel a encore subi là quelque changement.

Au-dessous de σ, on trouve l'étoile Fl. 4, de sixième grandeur : tout
près de cette étoile, un peu au-dessus, une jumelle en montrera une
un peu plus petite, qui jette des feux d'un *rouge rubis*. C'est l'une des
plus curieuses du ciel comme constitution chimique. Son spectre
appartient à la classe si rare du quatrième type, comme celui de l'étoile
*i* de la Vierge, de *μ* Céphée, et des étoiles rouges en général. Intéressante à suivre, car elle paraît varier de 6 à 8.

Les variables connues, périodiques ou irrégulières, de cette constellation, ne peuvent être trouvées qu'à l'aide d'un grand atlas et
suivies qu'à l'aide d'instruments relativement supérieurs :

| | | |
|---|---|---|
| R | varie de | 9 à 14 en un an environ |
| S | — | 7 à 8½ en un temps indéterminé |
| T | — | 9 à 14 en 274 jours |
| U | — | 10½ à 14 en 450 jours |

Ce sont là des observations spéciales.

Dans les belles soirées de septembre et octobre, dirigez une jumelle
sur *α* : vous la dédoublerez
facilement. La distance des
deux composantes de ce système est actuellement de 376″,
comme nous l'avons dit. Est-
ce là un véritable système
physique? Les deux astres,
de 3° et 4° grandeur, sont-ils
emportés par un mouvement
propre commun à travers l'espace, en restant fixes l'un par
rapport à l'autre, comme tant
de couples que nous avons rencontrés dans notre voyage sidéral? Non. La comparaison

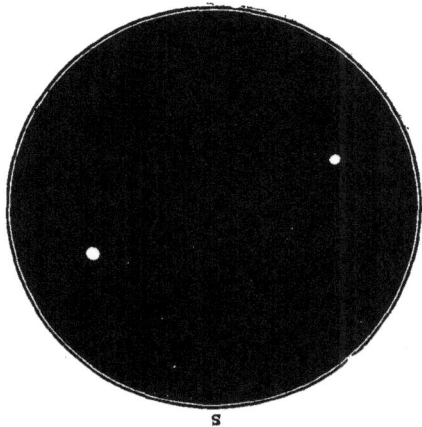

Fig. 287. — L'étoile α du Capricorne vue dans une jumelle.

de toutes les mesures prises montre que les deux étoiles s'éloignent
lentement l'une de l'autre, avec une vitesse d'environ 7″ par siècle.

Ce mouvement nous donne la clef de l'énigme posée tout à l'heure
par le silence des anciens à propos de la duplicité de cette étoile. Du
temps d'Hipparque, ces deux astres étaient, en effet, de 2′ 20″ plus
rapprochés que de nos jours, et leur distance angulaire ne surpassait guère 4 minutes. Il n'est donc pas étonnant que les anciens astronomes ne se soient pas doutés qu'ils avaient sous les yeux une étoile
double. Nous nous trouvons ici dans un cas encore différent de celui

de 61 Vierge, qui était double il y a deux mille ans et qui ne l'est plus aujourd'hui, parce que l'une des deux a abandonné sa sœur primitive. Dans le cas de $\alpha$ du Capricorne, c'est parce que les deux étoiles étaient trop serrées qu'on ne les a pas séparées. Depuis le XVIIᵉ siècle, les vues excellentes les séparent; dans quelques siècles elles seront devenues accessibles aux vues ordinaires.

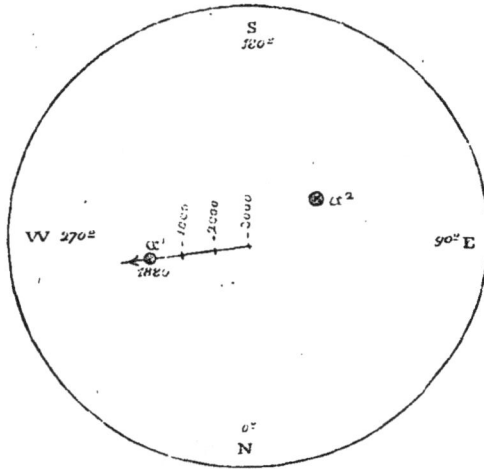

Fig. 288. — Séparation lente des deux étoiles $\alpha^1$ et $\alpha^2$ du Capricorne.

Une forte lunette montre une petite étoile de 12ᵉ grandeur à 7″ de $\alpha^2$. Celle-ci est elle-même une double très serrée. On voit deux autres compagnons lointains.

Dirigez aussi une petite lunette vers $\beta$. Double écartée : 3ᵉ et 7ᵉ, à 205″, jaune orange et bleu ciel. Une troisième étoile, de 8ᵉ à 9ᵉ grandeur, forme avec elles un assez joli triangle.

L'étoile $e^1$, de 5½, se montre accompagnée à 3′ d'une petite voisine de septième grandeur.

L'étoile $\rho$, de cinquième grandeur, est accompagnée à 4′ d'une étoile de 7ᵉ½; de plus, elle est double elle-même, assez serrée : le compagnon, de 9ᵉ grandeur, est à 3″,8.

$\sigma$ : 5½ et 10ᵉ, à 54″; jaune orangé et lilas ; couple facile.

$o$ : 6ᵉ et 7ᵉ, à 22″; bleuâtres ; observation agréable.

$\pi$ : 5½ et 8ᵉ, à 3″,4 ; couple délicat. Ces trois étoiles étaient, comme nous l'avons vu, qualifiées de nébuleuses par les astronomes du XVIIᵉ siècle.

Fig. 289. — La néb. M. 30, Capricorne.

Au-dessous du groupe formé dans la queue du Capricorne par les étoiles $\delta$, $\gamma$, $\varkappa$ et $\varepsilon$, on peut voir une étoile de sixième grandeur assez brillante : c'est 41. Pointez une lunette à l'ouest de cette étoile et vous admirerez un bel amas (M. 30), découvert en 1764 par Messier qui l'inscrivit comme nébuleuse, et résolu en étoiles par William Herschel en 1783. Cet univers lointain paraît isolé au milieu d'un immense désert, comme

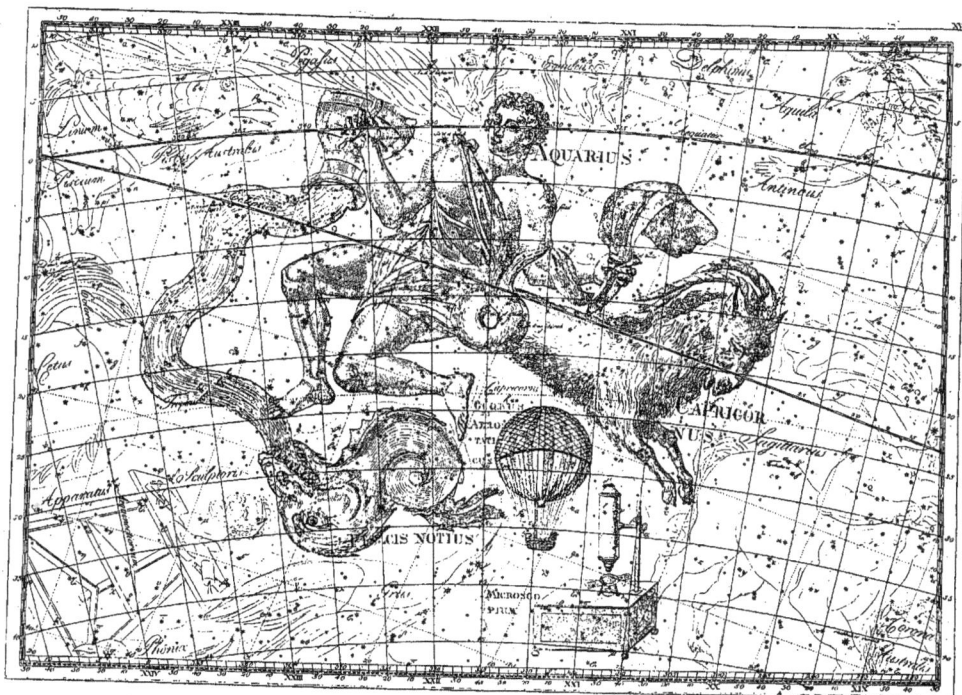

Fig. 200. — Dernières constellations zodiacales. — Le Capricorne. — Le Verseau.

il arrive assez souvent; du reste, cette contrée de l'espace est singulièrement pauvre en étoiles.

On trouvera un autre amas, non moins remarquable, entre les
étoiles ν du Verseau et β du Capricorne, à peu près sur le prolongement d'une ligne qui partirait de l'étoile 3 du Verseau, de quatrième
grandeur, et passerait entre ε et μ. Il y a là une petite étoile de sixième
grandeur (P. XX,325) : la nébuleuse la suit à un demi-degré environ.
C'est M.72. Elle a été découverte par Messier en 1780, et résolue trois
ans plus tard par le télescope d'Herschel. Son diamètre est de près
de 2′.

La constellation du Verseau empiète si complètement sur celle du
Capricorne, qu'elle s'étend presque au nord sur toute sa longueur, et
qu'il serait impossible de faire une complète connaissance avec l'une
sans entrer également en relation avec l'autre. Nous avons dû, sur
notre *fig.* 286, qui renferme le Capricorne tout entier, donner en
même temps la partie occidentale du Verseau. L'étude de cette région
du ciel est ainsi rendue beaucoup plus facile.

Il y a dans le Verseau un grand nombre de petites étoiles de cinquième grandeur qui, sans être alignées régulièrement, tracent
néanmoins une espèce de courant qui peut donner très naturellement
l'idée d'un courant d'eau, comme la disposition des étoiles des Poissons a donné l'idée de deux poissons réunis par un ruban.

Ce courant d'eau commence au nord, vers un groupe de quatre
étoiles qui a servi à dessiner une urne qui verse l'eau ; il finit au sud
vers une brillante étoile de 1ʳᵉ grandeur qui a servi à dessiner un
poisson dont la bouche grande ouverte semble avaler ledit courant
d'eau. Assurément, tout cela est d'une invention assez naïve; mais il
faut se reporter au temps où des imaginations primitives aimaient
peupler le ciel d'idées et de faits terrestres : ce vaste ciel devenait
moins vide, moins muet, moins froid, moins silencieux. La vie réelle
qui remplit de ses accords l'universelle harmonie n'était ni devinée ni
pressentie. La grande doctrine de la pluralité des mondes habités, de
la vie universelle et éternelle, ne devait s'établir que plus tard, comme
complément positif et naturel des progrès de la science; nous nous
sentons étrangers à tous ces mondes où règne une solitude apparente
et qui ne peuvent faire naître en nos âmes l'impression immédiate par
laquelle la vie nous rattache à la Terre ; nos pères ont peuplé comme
dans un rêve ces vastes solitudes, et la naïveté même de leurs créations nous séduit en nous faisant revivre un instant en ces époques
primitives où les villes, les codes humains, les temples de pierre, les

formes superficielles n'avaient pas encore recouvert de leur écorce les premiers sentiments de l'homme dans la nature. C'est dans ces sentiments, dans ces impressions mêmes, qu'il faut chercher l'origine de ces antiques figures de la sphère, et non dans l'organisation logique et scientifique du zodiaque, qui n'est venue aussi que plus tard. Ce n'est point dans le but de symboliser des inondations qu'on a mis là un homme versant de l'eau et un poisson qui la boit mais seulement à cause de ce vague courant d'étoiles qui en a donné l'idée. Nous devons penser que les auteurs de ces figures n'habitaient point les plateaux de l'intérieur des continents, mais qu'ils vivaient sur les rivages de la mer, la vie nautique entrant pour une part sensible dans leur existence, car l'élément aquatique domine ici dans toutes ces images : le Verseau, le Poisson austral, la Baleine, les Poissons. Cette simplicité n'est pas sans charmes. Considérez un instant notre *fig.* 290 : les additions faites par les modernes ne sont vraiment pas heureuses et jurent singulièrement avec l'aspect primitif : un microscope sous les pieds du Capricorne ; un aérostat sous le ventre du même animal ; un chevalet de sculpteur sur la tête du poisson ! La simplicité antique a disparu.

L'*aérostat*, dessiné par Lalande en 1798, en souvenir de ses propres ascensions, est encore la constellation moderne la mieux inspirée, car un ballon va de lui-même se placer tout naturellement dans le ciel. Pour ma part, j'aime voir cet aérostat sur cette figure, et je garderai toute ma vie le plus sympathique souvenir de ce globe céleste qui déjà m'a emporté douze fois dans les plaines azurées, et qui dans ces divers voyages aériens, accomplis de nuit comme de jour, m'a causé des impressions à nulle autre pareilles. Mais il faut quelquefois savoir réprimer ses sympathies personnelles, et l'aéronaute s'éclipse devant l'astronome lorsqu'il s'agit de mettre de la clarté dans la description des étoiles, de simplifier l'étude du ciel et d'en rendre la connaissance aussi générale que possible. Je suis donc absolument d'avis d'effacer ce dessin et de laisser le Capricorne, le Verseau et le Poisson austral reprendre leurs antiques et classiques frontières.

Cette belle étoile du Poisson austral, nommée *Fomalhaut* (de l'Arabe *fom-al-hût* « la bouche du poisson »), est l'étoile de première grandeur la plus australe que nous puissions admirer de nos latitudes : elle marque le 30ᵉ degré de déclinaison. Nous ne pouvons la voir qu'en septembre vers 11 heures, en octobre vers 9 heures, en novembre vers 7 heures, et comme c'est aussi là la saison du Verseau, nous pouvons nous servir de cette brillante étoile australe et du carré de Pégase pour trouver les principales étoiles du Verseau.

Tournez-vous vers le sud, prenez en main le tracé ci-dessous, *fig.* 291, et faites descendre une ligne idéale des deux étoiles de droite, β et α,

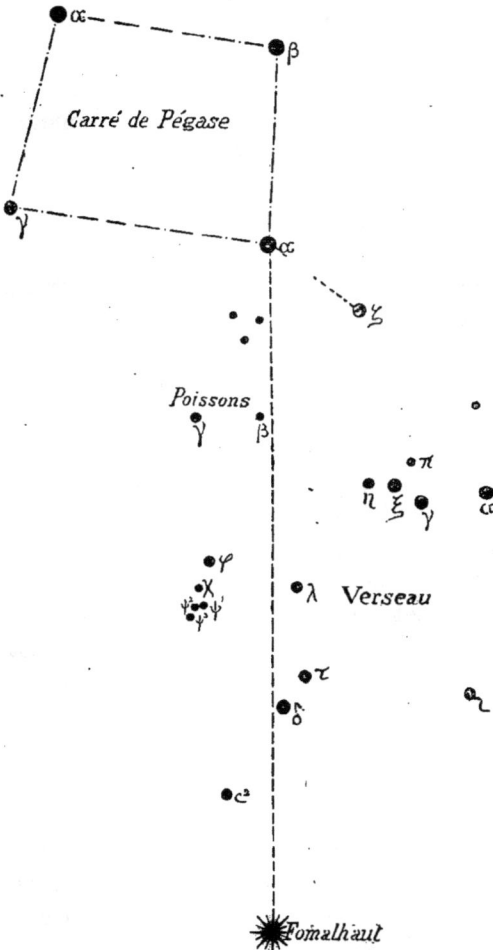

du carré de Pégase : avant d'atteindre l'horizon, cette ligne rencontrera Fomalhaut. Sur son chemin vous trouverez d'abord un petit triangle appartenant à Pégase; puis γ et β des Poissons; puis φ, χ et trois ψ du Verseau. A droite de ce groupe vous remarquerez λ, de 4ᵉ grandeur, puis, en descendant, τ, de 4ᵉ; δ, de 3ᵉ et c² de 4ᵉ. Entre α de Pégase et φ du Verseau, il est facile de trouver, à l'ouest, les étoiles η, ζ; γ, π, puis α.

Cette constellation s'appelait chez les Grecs *Hydrochos*, chez les Latins *Aquarius*, chez les Arabes *Sâkib al-mâ*, ce qui, dans toutes ces langues, signifie un homme qui verse de l'eau. Les Arabes appelaient aussi le groupe formé par α et ο *Sadalmalick* « le bonheur du royaume », et le groupe formé par β, ξ « les événements heureux »; c'étaient là des étoiles de bon

Fig. 291. — Alignement pour trouver le Verseau.

augure : elles se levaient au temps où le froid finit et où la fécondité commence.

Les deux étoiles principales, α et β, que l'on trouvera au sud de la tête de Pégase et du Petit Cheval, sont de deuxième grandeur et demie, presque de troisième, et de nuance rougeâtre; la plus brillante ensuite est δ, au sud-est de α: elle est de troisième grandeur; viennent ensuite ζ et λ. γ a dû diminuer d'éclat depuis la classification de Bayer, car la position de cette étoile n'est pour rien dans le rang qu'il lui a donné.

×, dans l'urne du Verseau, au sud des trois étoiles γ, ζ, η, a augmenté d'éclat entre l'époque de Ptolémée et celle de Tycho-Brahé.

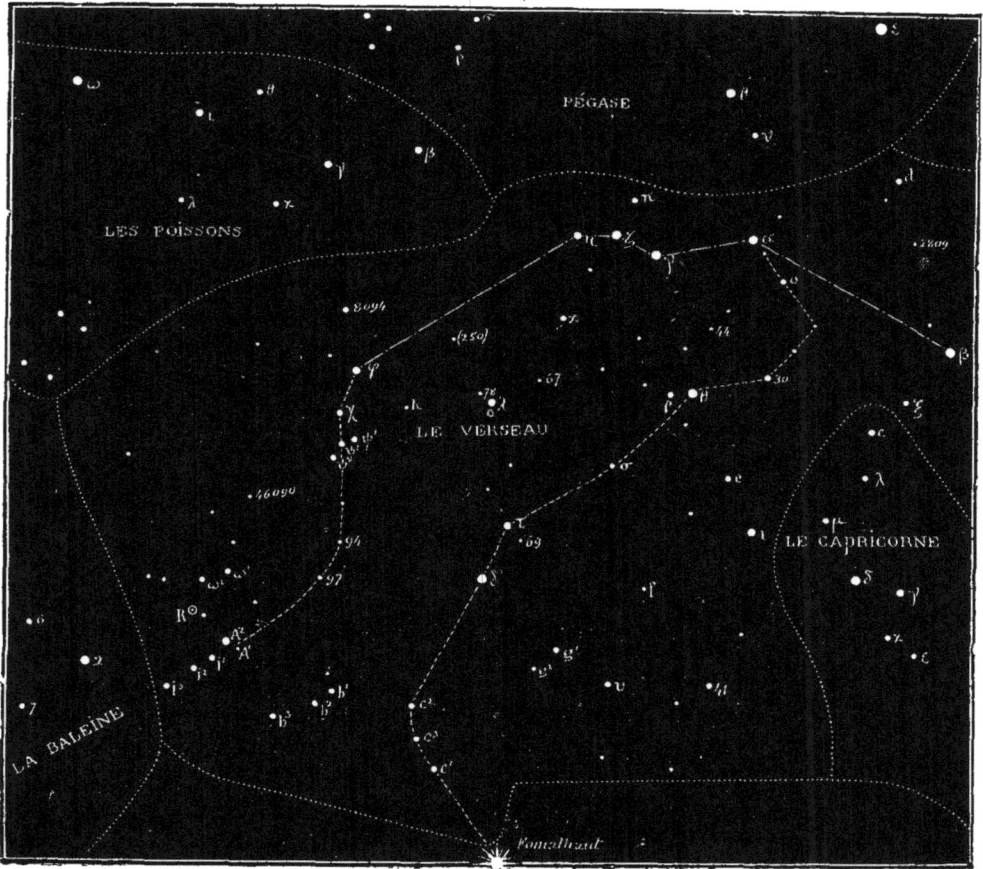

Fig. 292. — Principales étoiles de la constellation du Verseau.

En effet, Ptolémée passe absolument cette étoile sous silence. Voici sa description de cette région :

| | | Longitude | Latitude | |
|---|---|---|---|---|
| 9 | L'étoile qui est dans le coude droit . . . . . | 3° 9° 30′ | + 8°45′ | γ |
| 10 | La boréale des trois qui font la main droite. | 3° 11.40 | +10.45 | π |
| 11 | L'occidentale des deux autres. . . . . . . . | 3° 12. 0 | + 9. 0 | ζ |
| 12 | L'orientale. . . . . . . . . . . . . . . . . | 3° 13.20 | + 8.30 | η |
| 23 | A la sortie de l'eau, hors de la main. . . . . | 4° 15. 0 | + 2. 0 | ? |
| 24 | Près de celle-ci, au midi.. . . . . . . . . . | 4° 14.50 | + 0.10 | λ |
| 25 | Plus loin, après la courbure . . . . . . . . | 4° 17.40 | — 1.10 | h |

La 23ᵉ manque au ciel aujourd'hui. La position de Ptolémée serait-elle erronée ? Proviendrait-elle d'une observation inexacte de l'étoile κ qui est dans ce voisinage et qui est absente de la description de l'astronome alexandrin ? L'hypothèse n'a rien que de très plausible. Voyons ce que dit Sûfi dans sa révision de l'*Almageste*.

« La 23ᵉ est la première étoile à l'embouchure de l'eau, au-dessous des quatre de la main droite ( les 9ᵉ, 10ᵉ, 11ᵉ et 12ᵉ ). Entre elle et la 12ᵉ (η), il y a plus de quatre coudées. Elle est de la quatrième grandeur. Entre la 12ᵉ et la 23ᵉ, il y a une étoile dont Ptolémée n'a pas parlé.

» La 24ᵉ (λ) suit la 23ᵉ, un peu vers le sud, et est des petites de la quatrième grandeur ; entre ces deux il y a plus d'une coudée. La 25ᵉ (h) suit la 24ᵉ à plus d'une coudée vers le nord-est. »

D'après cette description, l'étoile κ, qui se trouve précisément entre η et la position de l'étoile disparue, aurait existé au ciel en même temps que celle-ci. La coudée arabe représentait environ 2° ; quatre coudées représentent donc environ 8 degrés, et comme κ n'est qu'à quatre degrés de η, il serait d'autre part impossible de lui appliquer la position de l'étoile disparue. D'ailleurs Sûfi a bien réellement observé le ciel de ses propres yeux ; nul ne le conteste. Donc la 23ᵉ étoile des catalogues anciens a *bien réellement disparu du ciel.*

Notre *fig.* 293 met en comparaison les quatre plus anciennes re-

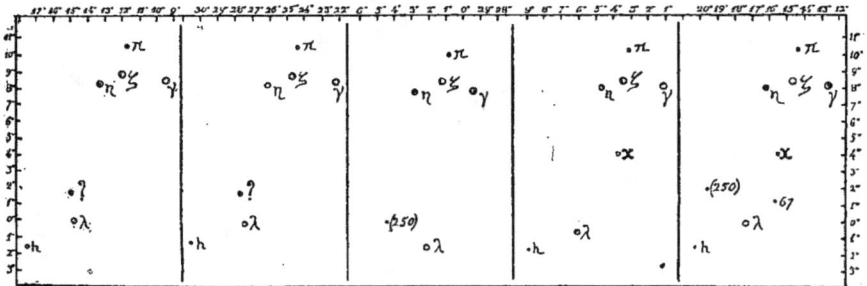

Fig. 293. — Changement arrivé dans le Verseau.

présentations de cette contrée avec l'état actuel. Ptolémée et Sûfi s'accordent pour la position de l'étoile inconnue ; le dernier mentionne l'existence de κ, sans en donner la position. Ulugh Beigh signale au nord-est de λ une étoile qui doit être P. XXII, 250, à moins que ce ne soit une transcription erronée de l'étoile h, ce qui pourrait être, attendu que Sûfi signale cette étoile comme se trouvant au nord-est, au lieu du sud-est. Il pourrait bien se faire que cette étoile ( P. XXII, 250 ) fût variable, car, quoiqu'elle soit actuellement visible à l'œil nu, Piazzi ne l'a notée que de septième grandeur. — Les catalogues identifient par erreur l'étoile d'Ulugh Beigh à Fl. 78.

ÉTOILES PRINCIPALES DE LA CONSTELLATION DU VERSEAU
DEUX MILLE ANS D'OBSERVATION.

| ÉTOILES | − 127 | + 960 | 1430 | 1590 | 1603 | 1660 | 1700 | 1756 | 1800 | 1840 | 1860 | 1880 |
|---|---|---|---|---|---|---|---|---|---|---|---|---|
| α | 3 | 3.4 | 3.4 | 3 | 3 | 3 | 3 | 3 | 3 | 3 | 3 | 2,7 |
| β | 3 | 3.4 | 3.4 | 3 | 3 | 3 | 3 | 3 | 4 | $3\frac{2}{3}$ | $3\frac{1}{3}$ | 2,6 |
| γ | 3 | 3.4 | 3.4 | 3 | 3 | 3 | 3 | 3 | 4 | $3\frac{2}{3}$ | $3\frac{1}{3}$ | 3,9 |
| δ | 3 | 3 | 3 | 3 | 3 | 3 | 3 | 3 | 3 | 3 | 3 | 3,2 |
| ε | 3 | 4.3 | 4.3 | 4 | 4 | 4 | $4\frac{3}{4}$ | 5 | 4.5 | $3\frac{2}{3}$ | $3\frac{2}{3}$ | 3,8 |
| ζ | 3 | 3.4 | 3.4 | 4 | 4 | 4 | 4 | 4 | 4 | $3\frac{1}{3}$ | $3\frac{1}{4}$ | 3,5 |
| η | 3 | 3.4 | 3.4 | 4 | 4 | 4 | 4 | 4 | 4 | $3\frac{2}{3}$ | 4 | 4,1 |
| θ | 4 | 4 | 4 | 4 | 4 | 4 | 4 | 4 | 4.5 | $4\frac{1}{3}$ | $4\frac{1}{3}$ | 4,3 |
| ι | 4 | 4.5 | 4.5 | 4 | 4 | 4 | 4 | 4 | 4.5 | 4 | 4 | 4,4 |
| κ | 0 | 0 | 0 | 4 | 4 | $5\frac{3}{4}$ | 5 | 5 | 6 | 5 | $5\frac{1}{3}$ | 5,2 |
| λ | 4 | 4.5 | 4.5 | 4 | 4 | 4 | 4 | 4 | 4 | 4 | 4 | 3,6 |
| μ | 4 | 5.6 | 5.6 | 5 | 5 | 5 | $4\frac{1}{2}$ | 4.5 | 4.5 | $4\frac{1}{3}$ | $4\frac{2}{3}$ | 5,0 |
| ν | 3 | 5 | 5 | 5 | 5 | 5 | 5 | 5 | 5 | $4\frac{1}{3}$ | $4\frac{1}{3}$ | 4,7 |
| : | 5 | 5 | 5 | 5 | 5 | 5 | 6 | 5 | 5 | $4\frac{1}{3}$ | 5 | 5,0 |
| o | 5 | 5 | 5 | 5 | 5 | 5 | 5 | 5 | 5 | $4\frac{2}{3}$ | $4\frac{2}{3}$ | 4,9 |
| π | 3 | 4.3 | 4.3 | 5 | 5 | 5 | 5 | 0 | 5 | $4\frac{2}{3}$ | $4\frac{2}{3}$ | 4,9 |
| ρ | 5 | 5.6 | 5.6 | 6 | 5 | $5\frac{1}{2}$ | $5\frac{1}{2}$ | 5.6 | 6 | $5\frac{1}{3}$ | $5\frac{1}{3}$ | 5,6 |
| σ | 4 | 4.5 | 4.5 | 5 | 5 | 5 | 5 | 5 | 5 | $4\frac{2}{3}$ | 5 | 5,1 |
| 69 ι¹ | 0 | 0 | 0 | 0 | 0 | 0 | 5 | 6 | 6 | 6 | 6 | 5,8 |
| 71 τ² | 4 | 4 | 4 | 5 | 5 | 5 | $5\frac{3}{4}$ | 6 | 5.6 | 4 | 4 | 4,2 |
| . υ | 5 | 0 | 0 | 5 | 5 | 5 | 5 | 0 | 5 | $5\frac{2}{3}$ | $5\frac{1}{3}$ | 5,7 |
| φ | 4 | 4.5 | 4.5 | 5 | 5 | 5 | 5 | 5 | 5 | $4\frac{1}{3}$ | $4\frac{1}{3}$ | 4,1 |
| χ | 4 | 4 | 4 | 5 | 5 | 6 | 6 | 6 | 5.6 | $5\frac{1}{3}$ | $5\frac{1}{3}$ | 5,3 |
| ψ¹ | 4 | 4 | 4 | 5 | 5 | 5 | 5 | 5 | 5.6 | $4\frac{2}{3}$ | $4\frac{2}{3}$ | 4,1 |
| ψ² | 4 | 4 | 4 | 5 | 5 | 5 | 5 | 5 | 5 | $4\frac{2}{3}$ | $4\frac{2}{3}$ | 4,2 |
| ψ³ | 4 | 4 | 4 | 5 | 5 | 5 | 5 | 5 | 5 | 5 | 5 | 4,8 |
| ω¹ | 5 | 0 | 5 | 5 | 5 | 5 | 5 | 0 | 5 | $4\frac{2}{3}$ | $4\frac{2}{3}$ | 5,2 |
| ω² | 5 | 5 | 5 | 5 | 5 | 5 | 5 | 0 | 5.6 | $4\frac{1}{3}$ | 5 | 4,7 |
| 103 A¹ | 0 | 0 | 0 | 0 | 0 | 0 | 5 | 0 | 5. | 0 | 0 | 5,8 |
| 104 A² | 5 | 5 | 5 | 5 | 5 | 5 | 5 | 0 | 5 | 4 | 4 | 5,0 |
| 98 b¹ | 4 | 4 | 4 | 5 | 5 | 5 | 5 | 5.6 | 5 | $4\frac{2}{3}$ | $4\frac{2}{3}$ | 3,9 |
| 99 b² | 4 | 4 | 4 | 5 | 5 | 5 | 5 | 0 | 5 | 5 | 5 | 4,4 |
| 101 b³ | 4 | 4 | 4 | 5 | 5 | 5 | 5 | 0 | 5 | $4\frac{1}{3}$ | $4\frac{2}{3}$ | 4,5 |
| 86 c¹ | 4 | 4 | 4 | 5 | 5 | 5 | 6 | 0 | 5.6 | $4\frac{1}{3}$ | $4\frac{2}{3}$ | 4,4 |
| 88 c² | 4 | 4 | 4 | 5 | 5 | 5 | 4 | 0 | 4.5 | 4 | 4 | 3,7 |
| 89 c³ | 4 | 4 | 4 | 5 | 5 | 5 | $5\frac{1}{2}$ | 0 | 5 | 5 | 5 | 4,9 |
| 25 d | 5 | 6.7 | 6 | 6 | 6 | 6 | 6 | 0 | 5.6 | $5\frac{2}{3}$ | $5\frac{1}{3}$ | 5,5 |
| 38 e | 6 | 6 | 0 | 0 | 6 | 6 | 6 | 6 | 6 | $5\frac{1}{3}$ | $5\frac{1}{3}$ | 5,6 |
| 53 f | 0 | 6 | 6 | 0 | 6 | 0 | 6 | 0 | 6 | 6 | 6 | 5,8 |
| 66 g¹ | 5 | 5.6 | 5.6 | 6 | 6 | 6 | 6 | 0 | 6.7 | $5\frac{1}{3}$ | $5\frac{1}{3}$ | 4,9 |
| 68 g² | 5 | 5.6 | 5.6 | 0 | 0 | 0 | 6 | 0 | 6 | 6 | 6 | 5,4 |
| 83 h | 4 | 4.5 | 4.5 | 6 | 6 | 6 | 6 | 0 | 6 | $5\frac{2}{3}$ | $5\frac{2}{3}$ | 5,4 |
| 106 i¹ | 5 | 5 | 5 | 6 | 6 | 0 | 5 | 0 | 5 | 5 | 5 | 5,2 |
| 107 i² | 0 | 0 | 0 | 0 | 0 | 0 | 6 | 0 | 6 | $5\frac{1}{3}$ | $5\frac{1}{3}$ | 5,4 |
| 108 i³ | 0 | 0 | 5 | 5 | 6 | 0 | 6 | 0 | 6 | 5 | 5 | 5,1 |
| 1 | 0 | 0 | 0 | 0 | 0 | 0 | 6 | 0 | 5.6 | 5 | 5 | 5,6 |
| 3 | 0 | 0 | 0 | 0 | 0 | 0 | 5 | 0 | 4 | $4\frac{1}{3}$ | $4\frac{1}{3}$ | 4,8 |
| 5 | 0 | 0 | 0 | 0 | 0 | 0 | 6 | 0 | 6 | 5 | $5\frac{1}{3}$ | 5,8 |
| 7 | 0 | 6 | 6 | 0 | 0 | 0 | 6 | 0 | 6 | 5 | $5\frac{2}{3}$ | 5,9 |
| 12 | 0 | 0 | 0 | 0 | 0 | 0 | 6 | 0 | 5.6 | $5\frac{1}{3}$ | $5\frac{1}{3}$ | 5,7 |
| 41 | 0 | 0 | 0 | 0 | 0 | 0 | 6 | 0 | 6 | 6 | $5\frac{1}{3}$ | 5,8 |
| 46090 Lal. | 0 | 0 | 0 | 0 | 0 | 0 | 0 | 0 | $6\frac{1}{2}$ | 6 | 6 | 6,8 |
| 94 | 0 | 0 | 5 | 0 | 0 | 6 | 6 | 0 | 6 | $5\frac{2}{3}$ | $5\frac{2}{3}$ | 5,5 |
| 97 | 0 | 0 | 0 | 0 | 0 | 6 | 6 | 0 | 6 | $5\frac{2}{3}$ | $5\frac{2}{3}$ | 5,3 |
| P.XXII, 250 | 0 | 0 | 0 | 0 | 0 | 0 | 0 | 0 | 7 | 6 | 6 | 5,9 |
| Fomalhaut. | 1 | 1 | 1 | 1 | 1 | 1 | 1 | 1 | 1 | $1\frac{1}{3}$ | $1\frac{1}{3}$ | 1,4 |

Pour en revenir à ϰ, Tycho-Brahé est le premier qui donne sa position, en la marquant de quatrième grandeur. Sa variabilité est prouvée non-seulement par son invisibilité ancienne, mais encore par les divergences modernes : elle est actuellement de 5°; Hévelius l'a estimée de 5 3/4; Piazzi de 6°.

L'étoile ν paraît varier sur une échelle plus vaste encore. Ptolémée l'a notée de troisième grandeur. Sùfi l'a faite de cinquième dans sa description, et de sixième dans son catalogue (il y a eu une confusion ici entre cette étoile et Fl. 7 ; mais comme il n'y a pas là d'autre étoile brillante, il est à peu près certain que c'est de l'étoile ν qu'il s'agit). Argelander et Heis l'ont estimée de $4\frac{1}{3}$.

Ptolémée a également noté π de troisième grandeur : elle a varié, car Sùfi remarque qu'elle est « des brillantes de la quatrième », et aujourd'hui elle n'est plus que de cinquième.

τ, de quatrième grandeur, laisse briller à côté d'elle, au nord-ouest, une étoile de sixième, que les anciens n'ont pas remarquée, quoiqu'on l'aperçoive bien et que sa distance soit de 40′. Flamsteed est le premier qui l'ait observée, et il a noté la seconde étoile par ordre d'ascension droite (celle qui est actuellement la plus brillante), comme plus petite que la première. Mayer les a vues égales. Depuis cette époque, la seconde est plus brillante que la première, avec deux grandeurs de différence ! Elle est d'une belle couleur orangée.

On remarquera encore d'autres variations en comparant attentivement les nombres du tableau qui précède. Plusieurs valeurs, dues aux observateurs de l'hémisphère boréal, sont inférieures à la réalité, à cause de l'éloignement austral de ces constellations ; cependant $A^1$ est parfois visible à l'œil nu et parfois invisible; $A^2$ paraît avoir varié tout récemment de 4 à 5; $b^1$ de 5 à 4; $c^1$, de $5\frac{1}{2}$ à $4\frac{1}{2}$; $c^2$ de $4\frac{1}{2}$ à $3\frac{2}{3}$; h a été notée de quatrième par Ptolémée et de $4\frac{1}{2}$ par Sùfi, comme nous l'avons vu tout à l'heure, tandis qu'elle n'a été vue que de sixième et de cinquième et demie par leurs successeurs. Ce sont là autant de variations plus ou moins probables.

Au-dessus d'une ligne droite fort remarquable tracée par les étoiles $A^2$, $i^1$, $i^2$, $i^3$, et au-dessous de $\omega^2$, on pourra chercher une étoile rouge variable assez curieuse. Sa lumière varie de la 6° à la 11° grandeur dans la période de 388 jours. Quelquefois, à l'époque de son maximum, elle n'arrive qu'à la septième. Son dernier maximum a eu lieu le 9 novembre 1880, et son prochain, aura lieu le 2 décembre 1881. C'est la variable R du Verseau. Une voisine, de 6°, peut servir de point de comparaison.

Une autre variable, T, pourra être cherchée, à l'aide d'une lunette, tout près de l'étoile Fl. 3, au sud-est : elle varie de 6,8 à 12,8 en 203 jours. Ses prochains maxima auront lieu les 13 mai et 2 décembre 1881.

Une troisième, S, varie de 8 à 13 en 280 jours, mais son observation est d'une grande difficulté.

Plus facile à trouver est l'étoile 46090 Lalande, à peu près sur le prolongement de $\psi^1, \psi^2, \psi^3$, à l'ouest. Cette étoile paraît varier de $5\frac{1}{2}$ à 8, et la durée de sa période est encore à déterminer. Elle était invisible à l'œil nu en 1878 (Schmidt), quoique Heis et Argelander l'aient vue sans difficulté et estimée de sixième grandeur. Piazzi ne l'a pas observée ; mais Lalande l'a vue de 6° $\frac{1}{2}$. Intéressante à suivre.

C'est dans cette constellation, à l'est de $\delta$, que Tobie Mayer observa *Uranus* le 26 septembre 1756, sans se douter qu'il avait sous les yeux un monde de notre système, dont la découverte devait immortaliser vingt-cinq ans plus tard le nom de William Herschel. C'est le grossissement du disque qui attira l'attention d'Herschel sur cet objet céleste, grossissement dû à la puissance du télescope qu'il avait construit de ses propres mains. Mais, à défaut du grossissement, la découverte aurait pu être faite beaucoup plus tôt, si l'on avait suivi le mouvement de cet astre. Ainsi, par exemple, à l'Observatoire de Paris, Lemonnier l'a observé quatre fois en 1750, deux fois en 1768, six fois en 1769 et 1771. Si cet astronome avait transcrit régulièrement ses propres observations, il eût, par cette seule comparaison, enlevé à Herschel la gloire de sa découverte. On ne peut pourtant s'empêcher de remarquer d'autre part que si certains astronomes manquent parfois d'ardeur ou d'imagination, il en est d'autres qui en ont un peu trop. Ainsi, dans cette même constellation du Verseau, le père capucin Antonio de Rheita, dont nous avons rencontré plus haut « le Voile de sainte Véronique », a cru reconnaître cinq satellites à Jupiter et compléter la découverte de Galilée, parce qu'un beau soir il avait observé la planète passant devant les petites étoiles situées près de $\gamma$ du Verseau. Il fit hommage de sa découverte au pape Urbain VIII, le condamnateur de Galilée, et, pour en rappeler le souvenir, il baptisa le nouveau cortège de Jupiter du titre d'*astres urbanoctaviens* (Urbanus Octavus). Mais son pseudo-satellite ne vécut pas longtemps, tandis que ceux de Galilée tournent toujours ([1]).

([1]) A la fin du siècle dernier, un astronome quelque peu célèbre aurait cru manquer à ses devoirs de colonisateur céleste s'il n'avait pas surchargé la sphère d'une nouvelle constellation, et c'est à cette mode que nous devons ces figures sans goût et plus embarrassantes qu'utiles qui, telles que le Fourneau chimique, le Chevalet du

Nous avons déjà remarqué tout à l'heure le couple très écarté (40′) formé par l'étoile orangée 71 $\tau^2$ et l'étoile jaune 69 $\tau^1$. Celle-ci est double elle-même: 6ᵉ et 9ᵉ, à 28″.

A² n'est séparée de A¹ que par 13′; distance un peu supérieure à celle de Mizar à Alcor.

L'étoile 83 $h$, de cinquième grandeur, forme un couple écarté à 4′ avec une voisine de septième grandeur et demie.

$\psi^1$ forme un couple, élégant et très facile à reconnaître, avec son compagnon de neuvième grandeur : jaune topaze et bleu ciel; à 50″. Système fixe. Mouvement propre commun aux deux étoiles. (On peut remarquer que, dans cette région, $\lambda$, $\tau$, $\varphi$, $\chi$, $\psi^1$, $\psi^2$, A¹, et $b^2$ sont rougeâtres.)

94: 5ᵉ ½ et 7ᵉ ½, à 14″; rose et bleu clair; beau système; mouvement propre commun.

53 $f$: 6ᵉ $=$ 6ᵉ, à 8″; système physique, comme les deux qui précèdent. Le mouvement relatif des deux composantes n'est pas encore bien accusé.

107 $i^2$ : 5ᵉ ½ et 7ᵉ ½, à 5″,6 ; blanche et pourpre; système en mouvement très lent.

41 : 6ᵉ et 8ᵉ ½, à 4″ 8; jaune topaze et bleu ciel, couple charmant.

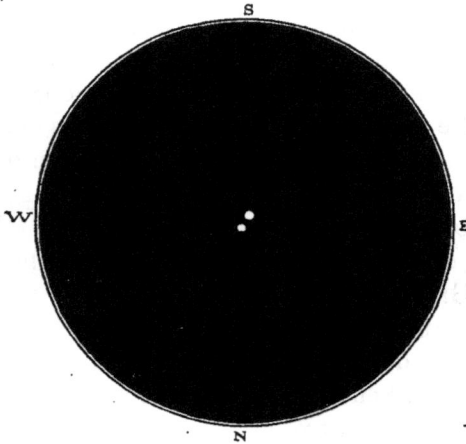

Fig. 204. — L'étoile double $\zeta$ du Verseau.

Une étoile de septième grandeur, brillant dans le voisinage, en rehausse encore l'intérêt.

12 : 5⅔ et 8¼, à 2″8 ; blanche et bleuâtre. Couple délicat.

Mais de toutes les étoiles doubles de cette constellation, la plus magnifique, la plus célèbre et la plus digne d'attention est la belle étoile $\zeta$, de troisième grandeur et demie, qui brille au milieu du groupe de trois étoiles formant l'urne du Verseau, dont nous nous sommes entretenus tout à l'heure à propos de la dispari-

peintre, la Machine pneumatique, le Messier, l'Atelier de typographie, voire même le Chat de Lalande, encombrent si singulièrement la géographie du ciel. Il y eut plus d'un essai mort-né, entre autres, dans la région du ciel que nous étudions en ce moment, entre le Verseau et Antinoüs, le « Lion Palatin » que Kœnig, astronome assermenté de l'Électeur palatin, avait fait graver en 1785.

tion arrivée au-dessous de ce groupe. Cette étoile se dédouble en
deux astres brillants, de 3⅔ et 4⅓, séparés à 3″,5. La première observation en a été faite par Christian Mayer le 8 septembre 1777, et la seconde par Herschel le 12 septembre 1779. Depuis cette époque, c'est-à-dire depuis plus d'un siècle, le couple a tourné de 45 degrés, d'un mouvement sensiblement uniforme et sous la même distance angulaire de 3″,5. C'est seulement le huitième de la révolution totale. Si le mou-

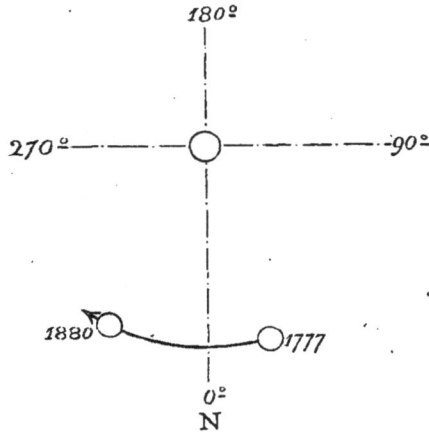

Fig. 205. — Mouvement observé sur l'étoile ζ du Verseau.

vement restait tout à fait constant, la période serait de huit siècles. Mais on commence à remarquer un ralentissement, et il est déjà certain qu'elle surpasse *un millier d'années*. Voilà un système de mondes devant lequel nos années ne sont que des jours.

Cette constellation possède un magnifique amas d'étoiles, la nébuleuse découverte par Maraldi en 1746, décrite quelques années plus tard par Messier et inscrite par cet astronome au n° 2 de son catalogue. A cette époque, les meilleurs instruments ne montraient là qu'une nébuleuse sans étoiles, pâle et circulaire, avec condensation centrale; mais en lui appliquant son télescope de quarante pieds, William Herschel vit, avec une joie indicible, jaillir sous ses yeux des myriades d'étoiles nettement séparées. Lorsqu'on examine cette création lointaine à l'aide d'un instrument puissant, on ne peut s'empêcher de comparer ce champ d'étoiles au sable des bords de la mer, tant ces points brillants sont serrés les uns contre les autres. Une lunette de onze centimètres d'objectif suffit

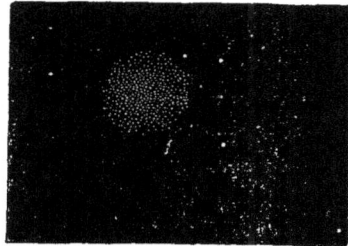

Fig. 296. — L'amas d'étoiles M. 2. Verseau dans un instrument moyen.

néanmoins pour distinguer cet aspect granulé et pour deviner qu'on a sous les yeux une immense agglomération d'étoiles, quoiqu'elles ne soient que de la quatorzième grandeur. Quel ne doit pas être

l'éloignement de cet univers !... Son diamètre mesure environ 3'.
L'instrument dont je viens de parler montre à peu près l'aspect reproduit (*fig.* 296) : la nébuleuse se trouve à la tête d'un triangle rectangle
formé par une étoile de dixième grandeur et deux de onzième. Dans

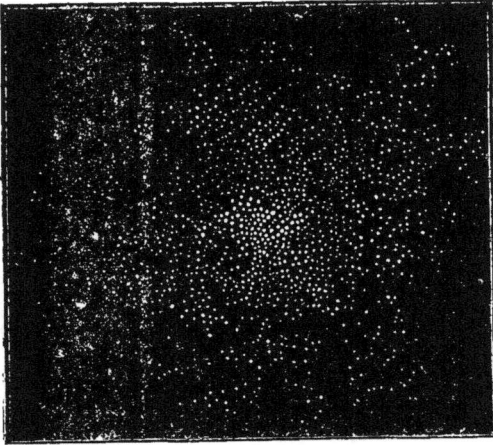

un puissant télescope,
l'aspect circulaire dis-
paraît ; et l'on a sous
les yeux le magni-
fique fourmillement
d'étoiles représenté
(*fig.* 297). On trouvera
cette nébuleuse entre
les étoiles ε de Pégase
et β du Verseau : il y a
là, vers le milieu, une
étoile de cinquième
grandeur (*d*) ; sous
cette étoile on en voit
une première, de sixiè-
me grandeur, puis une

Fig. 297. — L'amas stellaire du Verseau dans un puissant instrument.

seconde : celle-ci est
double et porte le n° 2809 du catalogue de William Struve (6ᵉ et 8ᵉ,
à 31″). La nébuleuse dont nous venons de parler se trouve tout près,
au sud-ouest. — Se servir de la *fig.* 292.

Plus curieuse encore est celle que l'on trouvera près de l'étoile ν
(la précédant de 1° ½), à 12 degrés à l'est de α du Capricorne. C'est là
une nébuleuse planétaire (H. IV, I), un disque blanc, légèrement
teinté de bleu, singulièrement lumineux, elliptique, mesurant 23″ de
longueur sur 18″ de largeur. Sa lumière égale celle d'une étoile de
septième à huitième grandeur, et, de fait, Lalande l'a observée comme
étoile le 22 août 1794 et le 25 octobre 1800 (= 40765). Déjà
Herschel l'avait découverte en septembre 1782. Cette nébuleuse à
l'aspect planétaire est accompagnée d'une étoile de quinzième grandeur, à 343° et 103″. En 1848, le grand télescope de lord Rosse montra
que son ellipticité est probablement due à la présence d'un anneau vu
par la tranche (*fig.* 298). Mystère sur mystère !... Et, comme complément, le spectroscope révèle qu'elle est composée d'une masse de
*gaz incandescent !*

Nous avons là, à n'en pas douter, devant nous un système solaire
en formation. En le supposant seulement à la distance des étoiles les

plus proches, par exemple de la 61ᵉ du Cygne, là, 37 millions de lieues, vues de face, sont réduites à une demi-seconde d'arc, et 20″ représentent, en nombre rond, quarante fois la distance qui nous sépare du Soleil. Le diamètre de ce globe de gaz est donc, à n'en pas douter, plus considérable que celui de notre système solaire tout entier. Or sait-on ce qu'une sphère du diamètre de l'orbite de Neptune représente? Les volumes des sphères sont entre eux comme les cubes des rayons. Eh bien! Neptune décrit sa circonférence à 6420 fois le demi-diamètre du Soleil: le volume du Soleil est donc à celui de cette sphère immense dans le rapport de 1 à 6420³, ou de 1 à 264 000 000.

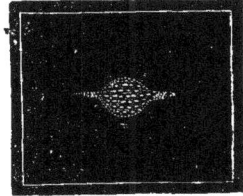

Fig. 298. — La nébuleuse H. IV, 1, du Verseau.

Ainsi ce globe de gaz est au moins 264 *milliards* de fois plus gros que notre soleil, lequel est lui-même 1 283 700 fois plus gros que la Terre...... c'est-à-dire que cette pâle nébuleuse est, au minimum, 338 *quatrillions* 896 *trillions* 800 *mille millions* de fois plus grosse que la Terre !

Que la densité d'un tel gaz doit être faible ! Si toute la matière du Soleil, des planètes et des satellites était uniformément répartie dans l'espace sphérique embrassé par l'orbite de Neptune, la densité de cette nébuleuse gazeuse serait *quatre cent millions* de fois plus faible que celle de l'hydrogène, gaz le plus léger de tous, déjà quatorze fois moins dense que l'air que nous respirons.

Non loin de cette genèse cosmique, à l'ouest, en se dirigeant vers β du Capricorne, on trouve une troisième nébuleuse, M. 72, dont nous avons parlé plus haut (p. 434).

Quelle étude intéressante que celle des nébuleuses et amas d'étoiles, pour celui qui se consacrerait exclusivement à leur examen consécutif et qui chercherait à surprendre les variations d'aspects, de condensations et de mouvements que l'analyse ne manquera pas de révéler ! Déjà nous en connaissons plusieurs qui sont doubles et qui, comme les étoiles doubles elles-mêmes, se montrent en mouvement relatif [1]. Que de découvertes à faire dans ce vaste champ de l'astronomie sidérale ! Le catalogue général des nébuleuses de Sir John Herschel donne déjà la description sommaire de 5076 nébuleuses qui se décomposent ainsi :

[1] Voyez mon *Catalogue des Étoiles doubles*, p. 167.

Amas stellaires . . . . . . . . . . . . . . . . . . 535
Amas stellaires globulaires. . . . . . . . . . . . 30
Amas globulaires résolubles . . . . . . . . . . . 72
Nébuleuses résolubles . . . . . . . . . . . . . . 397
Nébuleuses irréductibles ou non résolues. . . . . 4042

Plus d'un millier de nébuleuses sont résolues aujourd'hui en agglo-mérations d'étoiles, et à mesure que la puissance télescopique augmente on voit des nébuleuses jusqu'alors rebelles se laisser à leur tour pénétrer par la vision télescopique et se classer parmi les amas d'étoiles. On peut estimer au cinquième du nombre total celles qui sont certainement composées d'étoiles, et nous pouvons être convaincus que la proportion s'accroîtra constamment avec les progrès de l'optique. Il n'en est pas moins certain, néanmoins, qu'il y a dans l'immensité un grand nombre de véritables nébuleuses gazeuses, dont l'analyse spectrale commence à déterminer l'état physique et la constitution chimique. Telle est, entre autres, la nébuleuse planétaire que nous venons de rencontrer ; telle est aussi la splendide nébuleuse d'Orion à laquelle nous allons arriver.

Les unes comme les autres plongent nos esprits contemplateurs dans une admiration bien naturelle et bien légitime. Les nébuleuses gazeuses nous révèlent les mystères de la genèse des mondes et nous transportent à travers les arcanes des *temps* disparus ; les amas d'étoiles nous éblouissent par la richesse du nombre de leurs soleils, et nous transportent dans l'immensité de l'*espace* : quelle étendue ne doit pas occuper une agglomération de soleils comme l'amas d'Hercule ou celui du Verseau, pour que ces soleils ne tombent pas les uns sur les autres ! il y a peut-être entre chacun de ces points lumineux la distance qui nous sépare de l'étoile *alpha* du Centaure. La lumière emploie certainement des milliers — peut-être des millions — d'années pour venir de là !

C'est ainsi que, dans notre description technique des constellations, notre voyage, analysateur et synthétique à la fois, nous a fait toucher du doigt, pour ainsi dire, toutes les curiosités essentielles de l'univers au sein duquel notre petite planète veille comme un observatoire. Étoiles visibles à l'œil nu, dont l'histoire peut nous intéresser à différents titres ; étoiles variables, périodiques ou temporaires ; étoiles curieuses par leur coloration et leur constitution physique et chimique ; étoiles doubles et multiples ; systèmes remarquables par leurs mouvements ; nébuleuses de tout ordre ; groupes et associations ; changements arrivés dans le ciel ; en un mot tout ce qui peut se voir, tout ce qui doit se voir, tout ce que chacun *devrait* connaître pour cesser de vivre en aveugle au milieu d'un univers splendide : toutes ces réalités nous les avons visitées, géographiquement, et nous savons maintenant où les chercher et où les trouver. Ce n'est plus un exposé théorique ; c'est un *guide* que nous avons entre les mains.

Notre description du zodiaque est terminée ([1]), de sorte qu'il ne nous reste plus à visiter que les constellations australes, dont les plus extrêmes passeront rapidement devant nous, attendu qu'elles restent constamment invisibles pour nos latitudes et que d'ailleurs elles n'ont été l'objet que d'observations modernes, toujours rares et souvent incomplètes. Les plus importantes qui nous attendent encore sont celles du géant Orion (la plus belle et la plus riche du ciel), du Grand Chien, illustré par Sirius ; de la Baleine, de la Licorne et de l'Hydre.

Mais avant de quitter les régions zodiacales, il est encore un point de l'histoire de l'Astronomie qui peut nous intéresser à juste titre : c'est celui de l'antiquité du zodiaque et de l'origine des caractères sous lesquels chacun des signes est encore aujourd'hui représenté.

On a écrit des dissertations interminables sur l'antiquité du zodiaque, les uns la faisant remonter à quinze mille ans, les autres à vingt-deux mille. D'après l'étude directe que nous venons de faire du ciel et de son histoire, nous avons vu que la formation de la zone zodiacale est postérieure à la création des constellations, et que les constellations ont eu des origines diverses et successives. On a d'abord remarqué le chemin décrit par la Lune, et on a partagé cette circonférence en vingt-huit parties représentant la demeure de la Lune pendant chaque nuit du mois. Puis on a reconnu que les planètes se meuvent le long de la même ceinture, et que dans son cours annuel apparent, le soleil suit également la même marche, ce qui ne put être constaté qu'en dernier lieu, attendu qu'on n'observe pas directement la marche de l'astre du jour devant les étoiles et qu'on n'a pu l'apprécier que par des comparaisons faites après son coucher ou avant son lever. C'est ainsi qu'on a fait passer, à travers des constellations préexistantes, une zone mesurant 15 degrés de largeur, au milieu de laquelle glisse la route du soleil ou l'écliptique.

Il est certain que du temps d'Homère et d'Hésiode il n'y avait qu'un très petit nombre de constellations de nommées, et c'est ce que Strabon a soin de souligner pour empêcher ses contemporains de les accuser d'ignorance. Endémus de Rhodes, élève d'Aristote, attribue l'introduc-

---

([1]) Revoir, pour l'ensemble, la bande zodiacale inférieure de notre Planisphère céleste, *Astronomie populaire*, p. 700, en attendant notre grande carte générale, qui ne pourra être publiée qu'après ce *Supplément.*

tion de la zone zodiacale dans la sphère grecque à Œnopide de Chio, contemporain d'Anaxagore. C'est seulement vers le sixième siècle avant notre ère que notre zodiaque a reçu les noms qui nous ont été

Fig. 299. — Un zodiaque de l'an 1489.

conservés; encore la Balance n'a-t-elle été détachée du Scorpion qu'au troisième siècle avant notre ère.

Sans doute, le lever matinal ou crépusculaire de certaines étoiles ou de certains groupes remarquables situés vers l'écliptique avait frappé les observateurs, et nous avons vu, notamment, que les Pléiades ont joué le principal rôle dans l'établissement des premiers calendriers. Il y a bien des milliers d'années que le chemin zodiacal est tracé par le cours de la Lune et des planètes; mais il n'y a pas plus de trois mille ans que notre zodiaque actuel est dessiné.

Nous parlions tout à l'heure de Fomalhaut, ou α du Poisson austral. Remarquons à ce propos que Aldébaran du Taureau, Antarès du Scorpion, Régulus du Lion et Fomalhaut se trouvent à peu près à angle droit l'une avec l'autre et partagent le ciel en quatre parties égales. Ces quatre étoiles, brillantes et remarquables, appelées aussi étoiles royales, étaient vénérées par les Perses 2500 ans avant notre ère, comme les quatre gardiens du ciel. Alors Aldébaran, ou l'œil du Taureau, était dans l'équinoxe du printemps et gardien de l'est; Antarès, ou le cœur du Scorpion, se trouvait précisément dans l'équinoxe d'automne et était le gardien de l'ouest; enfin Régulus, le cœur du Lion, n'était qu'à une petite distance du solstice d'été, et Fomalhaut, à une petite distance du solstice d'hiver, de manière à désigner pour les Perses le midi et le nord. C'est sans doute de ces mêmes étoiles que parle le *Chou-King*, le monument historique le plus ancien et le plus authentique de la Chine, lorsqu'il rapporte que l'empereur Yao, vers l'an 2357 avant notre ère, ordonna aux astronomes Hi et Ho d'observer « l'étoile *Niao* du printemps; l'étoile *Ho* de l'été; l'étoile *Hiu* de l'automne, et l'étoile *Mao* de l'hiver, en vérifiant en même temps l'ombre du soleil ». A cette époque lointaine, ces quatre étoiles réglaient la mesure du temps et le calendrier; elles réglaient même les affaires politiques.... Mais de tous les peuples anciens qui les ont consultées, Égyptiens, Babyloniens, Perses, Mèdes, Chinois, tous ont disparu, excepté cette étrange Chine qui semble cristallisée depuis quatre mille ans.

On s'est souvent demandé quelle est l'origine des signes par lesquels chacune des douze constellations zodiacales est représentée depuis un temps immémorial. Les voici, tels qu'on les reproduit encore aujourd'hui dans les almanachs :

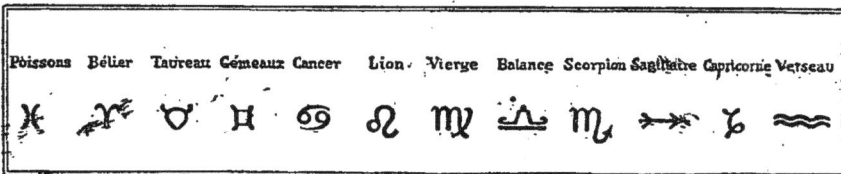

Poissons  Bélier  Taureau  Gémeaux  Cancer  Lion  Vierge  Balance  Scorpion  Sagittaire  Capricorne  Verseau

Sur ces douze signes, six sont faciles à expliquer : — Deux poissons dos à dos, — Cornes de bélier, — Tête de taureau, — Balance, — Flèche du Sagittaire, — Vagues de l'eau. Nous pouvons conclure de là que ces signes sont des restes d'hiéroglyphes, des représentations abrégées de la figure même. C'est là une induction qu'il est légitime d'appliquer à la recherche des six autres origines, beaucoup moins claires que les précédentes. Nous pouvons déjà deviner toutefois que le signe des Gémeaux n'est autre que deux traits verticaux associés, représentant deux jumeaux. Le dard qui reste encore au signe du Scorpion rappelle une origine analogue, et l'espèce d'*m* qui le précède doit provenir du dessin rudimentaire des tentacules de cet insecte. Examinez, en effet, la *fig.* 299 (*fac-simile* d'une vieille gravure sur bois de l'an 1489), et vous reconnaîtrez qu'en dessinant en abrégé le Scorpion on arrive assez naturellement au signe actuel; c'est du reste ce que nous pouvons essayer de reproduire : ♏ ♏ ♏ : la sténographie s'explique facilement. Il en est de même du Lion; on a, rudimentairement, la tête, le corps et la queue : ♌ ♌ ♌ . Le signe du Cancer ou de l'Écrevisse indique fort ingénieusement le mouvement de recul caractéristique de ce crustacé. Quant aux symboles du Capricorne ♑ et de la Vierge ♍, l'extrait de naissance est plus difficile à reconstruire. On a dit que le signe ♑ était une abréviation des deux premières lettres τρ du mot grec τραγος, bouc; mais cette origine n'est pas certaine, car le Capricorne n'était pas nommé *Tragos* en grec, mais Αἰγοκέρος. Peut-être ce signe est-il plus moderne et n'est-il que l'initiale du mot Capricornus lui-même. Il ne faudrait pas jurer, pourtant, qu'il ne dérive pas, comme les autres, du dessin primitif de l'animal cornu représenté dressé sur ses pattes de derrière ♑ ♑ ♑

Qu'en pensez-vous? Les trois jambages du signe de la Vierge et son petit crochet seraient, dans le même système, les vestiges de la Vierge ailée d'Eudoxe et d'Aratus portant l'Épi : ♍ ♍ ♍ . Le signe actuel de la Vierge ressemble singulièrement à celui du Scorpion, et pourtant qui pourrait douter qu'il y ait eu une différence essentielle primitive entre les deux êtres, comme entre les deux symboles? Une vierge ressembler à un scorpion! C'est tout au moins inattendu.

Ces métamorphoses hiéroglyphiques paraîtront peut-être un peu hardies à quelques membres de l'Académie des Inscriptions et Belles-Lettres; mais elles sont absolument dans l'ordre des descendances analogues. Prenons comme exemple, instructif à tous les points de vue, notre propre alphabet français moderne. Voici l'origine de chaque lettre :

ORIGINE DES LETTRES DE L'ALPHABET.

| | | | |
|---|---|---|---|
| A a | vient du dessin d'une | | tête de bœuf. |
| B b | — | — | maison. |
| C c | — | — | main recourbée. |
| D d | — | — . | porte. |
| E e | — | — | main qui appelle. |
| F f | — | — | (altération de la lettre p.) |
| G g | — | — | chameau. |
| H h | — | — | haie. |
| I i | — | — | main indicatrice. |
| J j | — | — | vient de i. |
| K k | — | — | est le C dur. |
| L l | — | — | aiguillon. |
| M m | — | — | vagues de l'eau. |
| N n | — | — | poisson. |
| O o | — | — | œil. |
| P p | — | — | bouche. |
| Q q | — | — | nœud. |
| R r | — | — | rayon. |
| S s | — | — | support. |
| T t | — | — | marque d'une limite. |
| U u | — | — | crochet. |
| V v | — | — | vient de U. |
| X x | — | — | composé de c et s. |
| Y y | — | — | autre forme de l'i. |
| Z z | — | — | marteau. |

Assurément il serait assez difficile aujourd'hui de retrouver une tête de bœuf dans A ou a, une maison dans B ou b, etc.; et pourtant il n'est pas contestable que ce soit parfaitement là l'origine de nos lettres.

La première écriture des humains a été la représentation des objets par le dessin, de même que la première forme de langage avait été l'onomatopée, c'est-à-dire les sons représentant les premières impressions, de crainte, de joie, de douleur, de plaisir. Les lettres de l'alphabet primitif (phénicien) ne sont autre chose que les initiales des mots représentés hiéroglyphiquement. Les Grecs ont emprunté leur alphabet aux Phéniciens, mais en retournant les lettres, attendu que les Phéniciens écrivaient de droite à gauche, tandis que les Grecs, comme leurs successeurs, ont écrit de gauche à droite. Il n'est pas sans intérêt de suivre la curieuse transformation de chaque lettre des Phéniciens aux Grecs et aux Latins (c'est-à-dire à nous-mêmes, puisque notre alphabet est l'alphabet latin). Voici cette succession, à travers laquelle on pourrait mettre plus de variété encore si l'on voulait reproduire toutes les formes de lettres des manuscrits du moyen âge :

ORIGINE ET TRANSFORMATION DES LETTRES DE L'ALPHABET.

| Signe primitif | Nom phénicien | Phénicien archaïque | Lettre grecque | Nom grec | Lettre romaine |
|---|---|---|---|---|---|
| Tête de Bœuf | Alap | | A α | Alpha | A a |
| Maison | Bit | | B β | Bêta | B b |
| Main recourbée | Cap | | K x | Cappa | C c |
| Porte | Dalat | | Δ δ | Delta | D d |
| Main qui appelle | E | | E ε | Epsilon | E e |
| Chameau | Gamal | | Γ γ | Gamma | G g |
| Haie | Hith | | H η | Êta | H h |
| Main indicatrice | Id | | I ι | Iota | I i |
| Aiguillon (bœufs) | Lamad | | Λ λ | Lambda | L l |
| Vagues de l'eau | Mim | | M μ | Mu | M m |
| Poisson | Nun | | N ν | Nu | N n |
| Œil | Oïn | | O o | Omicron | O o |
| Bouche | Pé | | Π π | Pi | P p |
| Nœud | Qup | | X χ | Chi | Q q |
| Rayon (brisé) | Rich | | P ρ | Rho | R r |
| Support | Samac | | Σ σ | Sigma | S s |
| Marque d'une limite | Tau | | T τ | Tau | T t |
| Crochet | U | | Υ υ | Upsilon | U u |
| Marteau | Zin | | Ψ ψ | Psi | V v |

On voit que les Grecs ont à peu près gardé tous les noms phéniciens, qui ne signifiaient plus, dans leur propre langue, les objets représentés par les lettres. Ainsi, bœuf ne se dit en grec ni *alap*, ni *alpha*, mais *bous*; maison se dit *oïkia*; porte se dit *thura*; etc.

Les mots et les signes se métamorphosent parfois plus complètement encore que la chrysalide de la chenille qui devient papillon. Ce que nous venons de dire des lettres peut se dire également des chiffres. D'où vient ce fameux système décimal sur lequel toute la mathématique est fondée? De ce fait anatomique que nous avons dix doigts, et que la plus simple, la plus primitive manière de compter est de se servir de ses dix doigts. Si nous avions huit, douze ou quatorze doigts, notre numération eût été toute différente. L'idée suggérée à l'origine par un fait d'expérience quotidienne a été, à l'aide du langage, convertie en une loi qui façonne et domine désormais la pensée humaine. Et les chiffres écrits, d'où viennent-ils? Prenons les chiffres romains anciens :

I   II   III   IIII   V   VI   VII   VIII   VIIII   X

Il n'est pas douteux que ce sont tout simplement là les doigts de la main ; que le V représente la main elle-même, grande ouverte ; que le VI représente une main plus un doigt ; que le X réunit les deux mains. C'est ce qu'il y avait là de plus simple au monde. Les chiffres arabes, dont l'usage n'est devenu général que depuis le temps de Henri III, sont moins simples, mais plus courts, et proviennent d'abréviations successives qui masquent aujourd'hui complètement leur origine. Pour couronner cette digression sur les transformations successives des signes du zodiaque et des caractères de l'alphabet, jetez un coup d'œil sur le dessin ci-dessous, qui témoigne d'un fait plus curieux encore peut-être. Ce sont là des ornements de pagaies, tracés

Fig. 300. — Dégénérescence d'un dessin primitif.

par les insulaires de la Nouvelle-Irlande. Un dessin plus ou moins grossier de la forme humaine a graduellement dégénéré au point de devenir d'abord méconnaissable, puis de disparaître tout à fait pour faire place à un croissant enfilé d'une flèche. Ces curieux spécimens ont été présentés au Congrès de l'Association britannique, à la session de Brighton, en 1872, et sont absolument authentiques. L'histoire entière de l'humanité nous offrirait des exemples analogues.

Les hommes primitifs ne peuvent représenter leurs idées que sous des formes simples et naïves. Jetez un coup d'œil, par exemple, sur le *Calendrier des Dakotas* (fig. 301) dessiné par eux-mêmes, et reproduit récemment en fac-simile par des officiers américains : chacun de ces 71 croquis a eu pour but, dans l'esprit de ces Indigènes, de représenter chaque année, à partir de l'hiver 1799-1800 (ils comptent leurs années par neiges et leurs mois par lunes), en signalant ces années par le fait capital qui les caractérise. Et voilà tout leur calendrier et toute leur histoire. Ainsi, le dessin n° 1, qui représente l'année comprise entre novembre 1799 et novembre 1800, rappelle que trente des leurs (trois rangs de dix) ont été tués à cette époque-là par les Indiens Crows. Le n° 2 rappelle une épidémie de petite vérole marquant la tête et le corps d'un homme. Le n° 3 constate qu'en 1802 ils ont appliqué le fer à cheval aux pieds de leurs coursiers. Le n° 4 rappelle qu'en 1803, ils ont conquis des chevaux sur les Crows, et ainsi de suite. L'année 1823 (n° 24) a été signalée par un incendie allumé par un homme blanc ; l'année 1833 (n° 34) par la fameuse chute d'étoiles

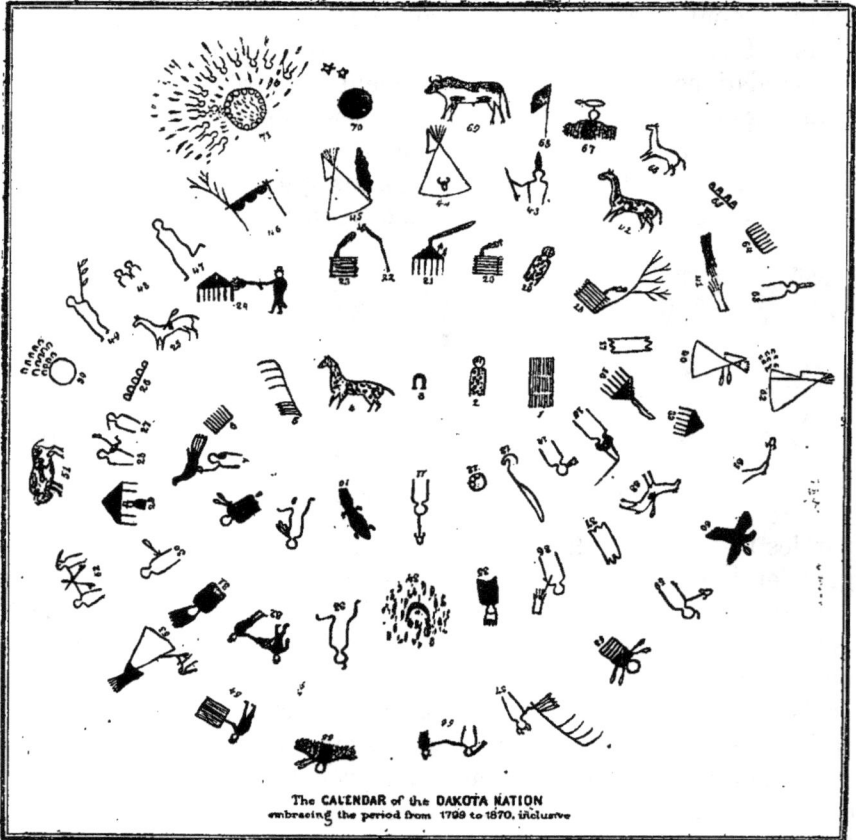

The CALENDAR of the DAKOTA NATION
embracing the period from 1799 to 1870, inclusive

Fig. 301. — Calendrier primitif moderne.

filantes que nous connaissons ; l'année 1869 (n° 70) par une éclipse totale de soleil, dont la ligne centrale passait justement par le pays des Sioux et des Dakotas, etc. Voilà la représentation la plus moderne que nous connaissions des calendriers du mode primordial.

Mais ces digressions instructives et intéressantes nous feraient oublier les étoiles, si nous ne revenions immédiatement vers elles, sans leur faire une plus longue infidélité.

# CHAPITRE XVII

La constellation géante de l'équateur. — ORION et ses splendeurs.
La grande nébuleuse d'Orion et son étoile sextuple.
Le GRAND CHIEN. — Sirius et son système.

Si le spectacle du ciel étoilé charme nos regards, captive nos âmes, sollicite mystérieusement nos pensées et nos rêves; si, à toute époque de l'année et à toute heure de la nuit, la contemplation des tableaux célestes nous invite à l'étude des sublimes réalités de l'univers, combien les splendeurs sidérales devant lesquelles notre voyage uranographique nous amène en ce moment ne vont-elles pas davantage nous séduire, nous émerveiller, nous plonger dans une admiration plus profonde encore! Nous sommes en face du plus beau paysage céleste qui se puisse voir de notre planète. Nous sommes devant la constellation géante chantée par Job, par Homère, par Hésiode, par toute l'antique poésie et par toute la science de nos pères. Nous sommes devant ce grandiose spectacle qui fascina nos aïeux et qui, dans l'avenir le plus reculé, charmera encore nos derniers descendants. L'humanité terrestre tout entière, de son berceau jusqu'à sa tombe, aura contemplé cette opulente contrée du ciel, et en fixant aujourd'hui nos regards sur ces brillantes étoiles, nous nous associons par la pensée à ceux qui ne sont pas encore nés sur notre planète, comme à ceux qui sont venus autrefois en ce monde et qui en sont partis!

Vers minuit en novembre, dans le ciel du sud-est; vers onze heures en décembre et janvier, en plein sud; vers dix heures en février et neuf heures en mars, dans le ciel du sud-ouest; vers huit heures en avril, à l'occident, cette géante constellation d'Orion frappe tous les regards et s'impose à l'attention même des plus indifférents. Les trois étoiles obliquement alignées, qui marquent sa ceinture ou son baudrier, signalent au premier coup d'œil sa position dans le ciel : on les a nommées, dès une haute antiquité, « les Trois Rois », et les habitants des campagnes voient là un rateau. Ces trois étoiles, de seconde grandeur, sont $\delta$, $\varepsilon$ et $\zeta$; la première se trouve précisément sur la ligne de l'équateur. Cette position place Orion dans les conditions d'observation les plus favorables pour nous, n'étant ni trop haut ni trop bas pour être examiné facilement, soit à l'œil nu, soit à l'aide d'instruments.

La figure du géant Orion se dessine dans le ciel par neuf étoiles principales. Au-dessus des Trois Rois ou du baudrier, on en remarque deux : celle de gauche, de première grandeur, mais légèrement variable, est α ou *Bételgeuse :* sa nuance est jaune topaze ; celle de droite, de seconde grandeur, est γ ou *Bellatrix.* Entre ces deux étoiles, et un peu plus haut, on en distingue une troisième, qui paraît nébuleuse aux vues moyennes : c'est λ, de troisième grandeur, sous laquelle deux de cinquième ajoutent une certaine nébulosité. Au-dessous des Trois Rois, vers la droite, on en admire une fort brillante, de première grandeur, bien blanche : c'est β ou *Rigel ;* elle est presque toujours plus lumineuse que α. Enfin, le quatrième angle du quadrilatère, l'angle inférieur de gauche, est marqué par l'étoile κ, de quatrième grandeur, et au-dessous de la ceinture on remarque encore une étoile allongée, qui indique la place d'une épée suspendue à la ceinture, ou qui, pour les habitants des campagnes, représente le manche du râteau. Ces étoiles seront très facilement reconnues en regardant le ciel un soir quelconque d'hiver et en le comparant à notre petite carte ci-dessous.

Il ne faut pas avoir une imagination superlativement vive pour découvrir dans cet arrangement d'étoiles un géant à la brillante ceinture, dont α et γ marquent les larges épaules, λ la tête, β et κ les jambes ; regardez directement au ciel par une belle nuit, et vous le reconnaîtrez. L'impression est surtout frappante au lever d'Orion : c'est vraiment un géant qui apparaît au-dessus de l'horizon et monte avec majesté dans les cieux.

La ligne oblique des Trois Rois, prolongée vers sa gauche, c'est-à-dire vers le sud-est, rencontre *Sirius*, la plus brillante étoile du ciel tout entier. Cette même ligne, prolongée vers sa droite, c'est-à-dire au nord-ouest, rencontre *Aldébaran* et les Pléiades, que nous connaissons.

Il y a encore un autre moyen bien facile de trouver Sirius, c'est de regarder les gémeaux, Castor et Pollux, que nous connaissons aussi, et de descendre tout simplement vers l'horizon : nous serons obligés de rencontrer Procyon, de première grandeur, et en continuant tout naturellement notre chemin visuel, nous arrivons encore à Sirius. Toutes ces étoiles éclatantes, la richesse de nos nuits d'hiver (Sirius, Rigel, Procyon, Bételgeuse, Aldébaran, Castor et Pollux, Bellatrix, δ, ε et ζ d'Orion), sont inscrites, telles qu'on les voit au ciel, sur la carte de cette fertile contrée (*fig.* 302). C'est, sans comparaison, la plus belle page du grand livre du ciel.

L'idée d'un géant est naturellement inspirée par cette magnifique constellation ; et, dès la plus haute antiquité, nous voyons, en effet, cette figure personnifiée par *un Géant poursuivant les Pléiades*, ce qui nous montre, d'autre part, que cette constellation a été remarquée et nommée, dès l'origine, à la même époque que les Pléiades et antérieurement à la représentation du Taureau. Hésiode conseille d'observer les levers et les couchers de ces étoiles ; c'est, en effet, cette

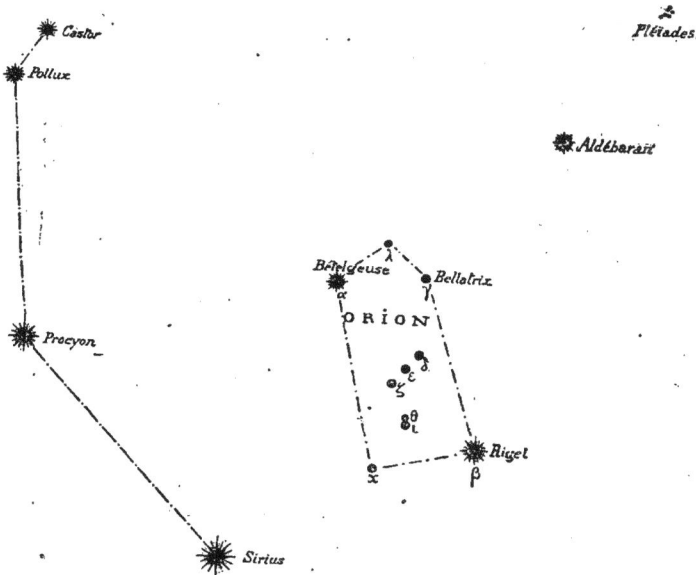

Fig. 302. — Orion et son cortège.

indication qui constituait alors tout le calendrier des cultivateurs et des navigateurs. La tête du Taureau a été dessinée quelque temps après, et depuis cette époque, Orion, qui de la main gauche tient une peau de bête ou une toison, et de l'autre lève une lourde massue, a l'air de se préparer à assommer le Taureau, qui se précipite sur lui, les cornes menaçantes. Retournez les feuillets de cet ouvrage même jusqu'à la page 281, et vous reverrez en détail toute cette scène (*fig.* 196).

Dans cette seule constellation, on ne compte pas moins de deux étoiles de première grandeur, quatre de deuxième, sept de troisième et douze de quatrième.

Pindare chante en lui le géant du ciel ; Plaute semble le traiter d'assassin ou d'égorgeur (Jugula) : ce titre convient d'ailleurs à tout chasseur comme à tout militaire ; Manilius l'appelle le dominateur du ciel ; les anciens Hébreux saluaient en lui Nemrod, le premier chasseur ; Job, Ézéchiel et Amos le qualifiaient Késil, ce qui veut dire inconstant, à cause du mauvais temps d'automne et des périls de la navigation à l'équinoxe (c'est même de là que Rabelais a plaisamment appelé le concile de Trente « le concile de Késil », à cause des tempêtes qu'il souleva dans son sein). Le titre de *nimbosus*, de *pluviosus*, d'*aquosus* lui est donné par tous les auteurs latins. Polype attribue la perte de la flotte romaine dans la première guerre punique

Fig. 303. — Un Orion du XIIIᵉ siècle (Alphonse X).      Fig. 304. — Un Orion du XVᵉ siècle (Hyginus).

à l'obstination des consuls qui, malgré l'almanach séculaire des pilotes, persistèrent à naviguer « à l'époque du lever d'Orion et de Sirius ». Les Arabes nommaient Orion *al-djabbar* et *al-Jauza*, « le Géant » : « On reconnaît, disent-ils, les deux larges épaules, la tête indiquée par un nuage, la ceinture et le sabre. » Au XVIIᵉ siècle, Schiller essaya de métamorphoser la vieille figure païenne en celle de saint Joseph, qui ne devait guère s'y attendre, car il n'a jamais brillé dans l'histoire par son ardeur belliqueuse, au contraire... enfin, en 1807, l'Université de Leipzig proposa de substituer le nom de Napoléon « le grand conquérant du monde » à celui de l'antique chasseur. Il serait interminable de suivre toutes ces métamorphoses. Les deux dessins reproduits ci-dessus, comparés à notre *fig.* 196, suffiront pour en donner une idée. L'un nous montre un chasseur assez pacifique, l'autre un guerrier en fureur, prêt à tout déconfire.

ETOILES PRINCIPALES DE LA CONSTELLATION D'ORION
DEUX MILLE ANS D'OBSERVATION.

| ÉTOILES | — 127 | + 960 | 1430 | 1590 | 1603 | 1660 | 1700 | 1800 | 1840 | 1860 | 1880 |
|---|---|---|---|---|---|---|---|---|---|---|---|
| α (Bételgeuse) | 1 | 1.2 | 1.2 | 2 | 1 | 1 | 1 | 1 | 1 | var. | var. |
| β (Rigel) | 1 | 1 | 1 | 1 | 1 | 1 | 1 | 1 | 1 | 1 | 1,0 |
| γ (Bellatrix) | 2 | 2 | 2 | 2 | 2 | 2 | 2 | 2 | 2 | 2 | 2,0 |
| δ | 2 | 2 | 2 | 2 | 2 | 2 | 2 | 2 | 2 | var. | 2,6 |
| ε | 2 | 2 | 2 | 2 | 2 | 2 | 2 | 2.3 | 2 | 2 | 2,0 |
| ζ | 2 | 2 | 2 | 2 | 2 | 2 | 2 | 3 | 2 | 2 | 2,0 |
| η | 3 | 3 | 3 | 3 | 3 | 3 | 3 | 4.5 | $3\frac{1}{3}$ | $3\frac{1}{3}$ | 3,5 |
| θ | 3 | 3.4 | 3.4 | 3 | 3 | 3 | 4 | 6 | 4 | 4 | 4,8 |
| ι | 3 | 3.4 | 3.4 | 3 | 3 | 3 | $3\frac{1}{7}$ | 3.4 | 3 | $3\frac{1}{3}$ | 3,0 |
| χ | 3 | 3.4 | 3.4 | 3 | 3 | 3 | 3 | 3 | $2\frac{2}{3}$ | $2\frac{2}{3}$ | 2,8 |
| λ | néb. | néb. | néb. | 4 | 4 | 4 | 4 | 4 | $3\frac{1}{3}$ | $3\frac{1}{3}$ | 3,5 |
| μ | 4 | 4 | 4 | 4 | 4 | 4 | 4 | 5 | $4\frac{2}{3}$ | $4\frac{2}{3}$ | 4,7 |
| ν | 4 | 5 | 5 | 4 | 4 | 5 | $4\frac{1}{2}$ | 4.5 | $4\frac{2}{3}$ | $4\frac{2}{3}$ | 4,7 |
| ξ | 4 | 5 | 5 | 4 | 4 | 5 | $4\frac{1}{2}$ | 5 | $4\frac{2}{3}$ | $4\frac{2}{3}$ | 4,8 |
| υ' | 0 | 0 | 0 | 4 | 4 | 5 | $4\frac{1}{2}$ | 5 | $5\frac{1}{3}$ | 6 | 5,7 |
| o² | 4 | 4 | 4 | 4 | 4 | 5 | $4\frac{1}{2}$ | 5 | 5 | 5 | 5,0 |
| π' | 3 | 4 | 4 | 4 | 4 | 4 | 4 | 5.6 | 5 | 5 | 5,0 |
| π² | 4 | 4 | 4 | 4 | 4 | 4 | 4 | 5 | $4\frac{2}{3}$ | $4\frac{2}{3}$ | 4,7 |
| π³ | 3 | 3.4 | 3.4 | 4 | 4 | 4 | 4 | 4 | 4 | $3\frac{2}{3}$ | 3,1 |
| π⁴ | 4 | 3.4 | 4 | 4 | 4 | 5 | 6 | 4 | $4\frac{1}{3}$ | $4\frac{1}{3}$ | 3,7 |
| π⁵ | 3 | 3.4 | 3.4 | 4 | 4 | 4 | 4 | 4.5 | 4 | 4 | 3,7 |
| π⁶ | 3 | 4 | 4 | 4 | 4 | 5 | $4\frac{1}{2}$ | 5.6 | $4\frac{2}{3}$ | $4\frac{2}{3}$ | 4,7 |
| ρ | 0 | 0 | 0 | 4 | 4 | 5 | $4\frac{1}{2}$ | 5 | 5 | 5 | 5,1 |
| σ | 0 | 4 | 0 | 4 | 4 | 4 | 4 | 4 | $3\frac{2}{3}$ | $3\frac{2}{3}$ | 4,2 |
| τ | 4 | 4.3 | 4 | 4 | 4 | 4 | 4 | 4 | 4 | 4 | 4,4 |
| υ | 4 | 4.5 | 4 | 4 | 4 | 4 | 4 | 5 | $4\frac{2}{3}$ | 5 | 5,1 |
| 37 ς' ⎫ 40 φ² ⎭ | néb. | néb. | néb. ⎰ 5 ⎱ 5 | 5 5 | 5 5 | 5 5 | 5 5 | 5 5 | 5 $4\frac{2}{3}$ | 5 $4\frac{2}{3}$ | 5,0 4,5 |
| 54 χ' | 5 | 5 | 5 | 5 | 5 | 5 | 5 | 5 | $4\frac{2}{3}$ | $4\frac{2}{3}$ | 4,7 |
| 62 χ² | 5 | 5.6 | 5 | 5 | 5 | 5 | 5 | 5 | 5 | 5 | 5,0 |
| 25 ψ' | 0 | 5 | 0 | 5 | 0 | 5 | 5 | 5.6 | 5 | 5 | 5,4 |
| 30 ψ² | 5 | 6 | 5 | 5 | 5 | 5 | 5 | 5 | 5 | 5 | 5,0 |
| ω | 4 | 4 | 4 | 5 | 5 | 5 | 5 | 6 | 5 | 5 | 5,0 |
| 32 A | 4 | 4.5 | 4 | 5 | 5 | 5 | 5 | $5\frac{1}{3}$ | $5\frac{1}{2}$ | $5\frac{1}{4}$ | 4,8 |
| 51 b | 0 | 0 | 0 | 5 | 5 | 5 | 5 | 6 | $5\frac{1}{2}$ | $5\frac{2}{3}$ | 5,5 |
| 42 c | 4 | 4 | 4 | 0 | 5 | 5 | 5 | 5 | $4\frac{2}{3}$ | $4\frac{2}{3}$ | 5,2 |
| 49 d | 4 | 4.5 | 4 | 5 | 5 | 5 | 5 | 5 | 5 | $5\frac{1}{3}$ | 5,2 |
| 29 e | 4 | 4 | 4 | 5 | 5 | 5 | 5 | 5.6 | $4\frac{2}{3}$ | 5 | 4,4 |
| 69 f' | 6 | 6 | 6 | 6 | 6 | 6 | 6 | 6 | $5\frac{2}{3}$ | $5\frac{2}{3}$ | 5,7 |
| 72 f² | 6 | 6 | 6 | 6 | 6 | 6 | 6 | 6 | $5\frac{1}{3}$ | $5\frac{2}{3}$ | 5,7 |
| 6 g | 0 | 0 | 0 | 6 | 6 | 6 | 6 | 6 | 6 | 6 | 6,0 |
| 16 h | 0 | 0 | 0 | 6 | 6 | 0 | 6 | 6 | 6 | 6 | 5,9 |
| 14 i | 0 | 0 | 0 | 6 | 6 | 6 | 5 | 6 | 6 | 6 | 5,9 |
| 74 k | 6 | 6 | 6 | 6 | 6 | 6 | 6 | 5.6 | $5\frac{1}{3}$ | $5\frac{2}{3}$ | 5,8 |
| 75 l | 0 | 0 | 0 | 0 | 6 | 6 | 6 | 6 | 6 | 6 | 6,0 |
| 23 m | 0 | 0 | 0 | 6 | 6 | 6 | 6 | 5 | $5\frac{1}{3}$ | $5\frac{1}{4}$ | 5,4 |
| 33 n' | 6 | 0 | 6 | 6 | 6 | 6 | 6 | 6 | 6 | 6 | 6,0 |
| 38 n² | 6 | 6 | 6 | 6 | 6 | 6 | 6 | 6 | 6 | 6 | 5,8 |
| 22 o | 0 | 0 | 0 | 5 | 6 | 5 | 5 | 5.6 | 5 | 5 | 5,1 |
| 27 p | 0 | 0 | 0 | 6 | 6 | 6 | 6 | 5.6 | 6 | 6 | 5,6 |
| 11 | 4 | 4 | 4 | 0 | 0 | 5 | 5 | 5 | 5 | 5 | 5,0 |
| 15 | 4 | 4 | 4 | 0 | 0 | 5 | 5 | 5 | $5\frac{1}{3}$ | $5\frac{1}{4}$ | 5,3 |

| ÉTOILES | —127 | +960 | 1430 | 1590 | 1603 | 1660 | 1700 | 1800 | 1840 | 1860 | 1880 |
|---|---|---|---|---|---|---|---|---|---|---|---|
| 31 | 0 | 0 | 0 | 0 | 0 | 0 | 6 | 5 | 5 | $5\frac{1}{3}$ | 5,3 |
| 52 | 0 | 0 | 0 | 0 | 0 | 0 | 6 | 6 | $5\frac{2}{3}$ | $5\frac{2}{3}$ | 5,7 |
| 56 | 0 | 0 | 0 | 5 | 0 | 5 | 6 | 5.6 | $5\frac{2}{3}$ | $5\frac{2}{3}$ | 5,8 |
| 60 | 0 | 0 | 0 | 5 | 0 | 5 | 6 | 6 | $5\frac{2}{3}$ | $5\frac{2}{3}$ | 5,7 |
| 9419 *Lal.* | 0 | 0 | 0 | 0 | 0 | 0 | 0 | $7\frac{1}{2}$ | 6 | $6\frac{1}{3}$ | 6,2 |
| 9581 *Lal.* | 0 | 0 | 0 | 0 | 0 | 0 | 0 | $6\frac{1}{2}$ | 0 | 0 | 6,5 |
| 10492 *Lal.* | 0 | 0 | 0 | 0 | 0 | 0 | 0 | $7\frac{1}{2}$ | $6\frac{1}{2}$ | 0 | 6,3 |
| 10527-29 *Lal.* | 0 | 0 | 0 | 0 | 0 | 0 | 0 | 7 | 0 | 0 | 5,3 |
| 11382 *Lal.* | 0 | 0 | 0 | 0 | 0 | 0 | 0 | $6\frac{1}{2}$ | $5\frac{1}{3}$ | $5\frac{2}{3}$ | 5,2 |
| 12104 *Lal.* | 0 | 0 | 0 | 0 | 0 | 0 | 0 | 6 | 6 | 6 | 5,2 |

Le mot *Orion* lui-même est un nom propre très ancien. Le mot grec *ôriôn* représente, dès la plus haute antiquité, le héros céleste dont il s'agit ici. Le mot le plus voisin, *ôrios*, signifie saison. Un mot analogue, *ôra*, signifiait d'abord saison, année et heure. Ce sont là, évidemment, autant d'inspirations astronomiques. Plusieurs étymologistes, notamment l'amiral Smyth, ont cru reconnaître aussi là une parenté avec le musicien Arion, qui séduisit jusqu'aux dauphins et dut la vie à celui qui le sauva des flots, et fut, en récompense, élevé au rang des constellations. (J'avouerai même ici, en passant, que d'éminents linguistes, qui m'ont fait autrefois l'honneur de chercher l'étymologie de mon nom, ont associé cette origine à la belle constellation qui nous occupe, en composant ce nom des deux mots *Flamma* et *Orion* ou *Arion*.... Si cette étymologie était réelle, je regretterais de n'avoir encore presque rien fait pour la justifier, et je me verrais engagé, sans aucune peine d'ailleurs, à me consacrer encore plus passionnément au culte des étoiles, afin de ne pas faire mentir le vieil adage : Noblesse oblige!) [1]

Après avoir reconnu les étoiles fondamentales de cette grande figure céleste, regardez avec un soin plus minutieux, et vous trouverez que la nébulosité de la tête est formée de trois étoiles : $\lambda$, $\varphi^1$ et $\varphi^2$. Ptolémée ne les signale pas et se contente de qualifier $\lambda$ de nébuleuse; mais Sûfi dit déjà, au xe siècle de notre ère : « Ce nuage consiste en trois petites étoiles voisines, formant un triangle. » Elles affectaient donc déjà la même disposition que de nos jours. La distance angulaire de $\lambda$ à $\varphi^1$ est de 27′, et celle de $\varphi^1$ à $\varphi^2$ est de 33′. Le disque de la pleine lune entrerait entre ces deux étoiles, ce que vous trouverez inconcevable en les examinant. On ne croirait jamais, en regardant ce triangle, qu'il est aussi grand que le disque de la lune.

[1] Au lieu de cette étymologie latine qui est peut-être plus ingénieuse qu'authentique, Lorédan Larchey, dans son *Dictionnaire des noms propres*, donne l'étymologie gallo-romaine *flammeron*, « qui apporte la lumière ». Mais il faut avouer qu'elle n'est pas moins difficile à réaliser dignement.

Tycho-Brahé est le premier qui ait mesuré la position des deux φ et qui en ait indiqué la grandeur.

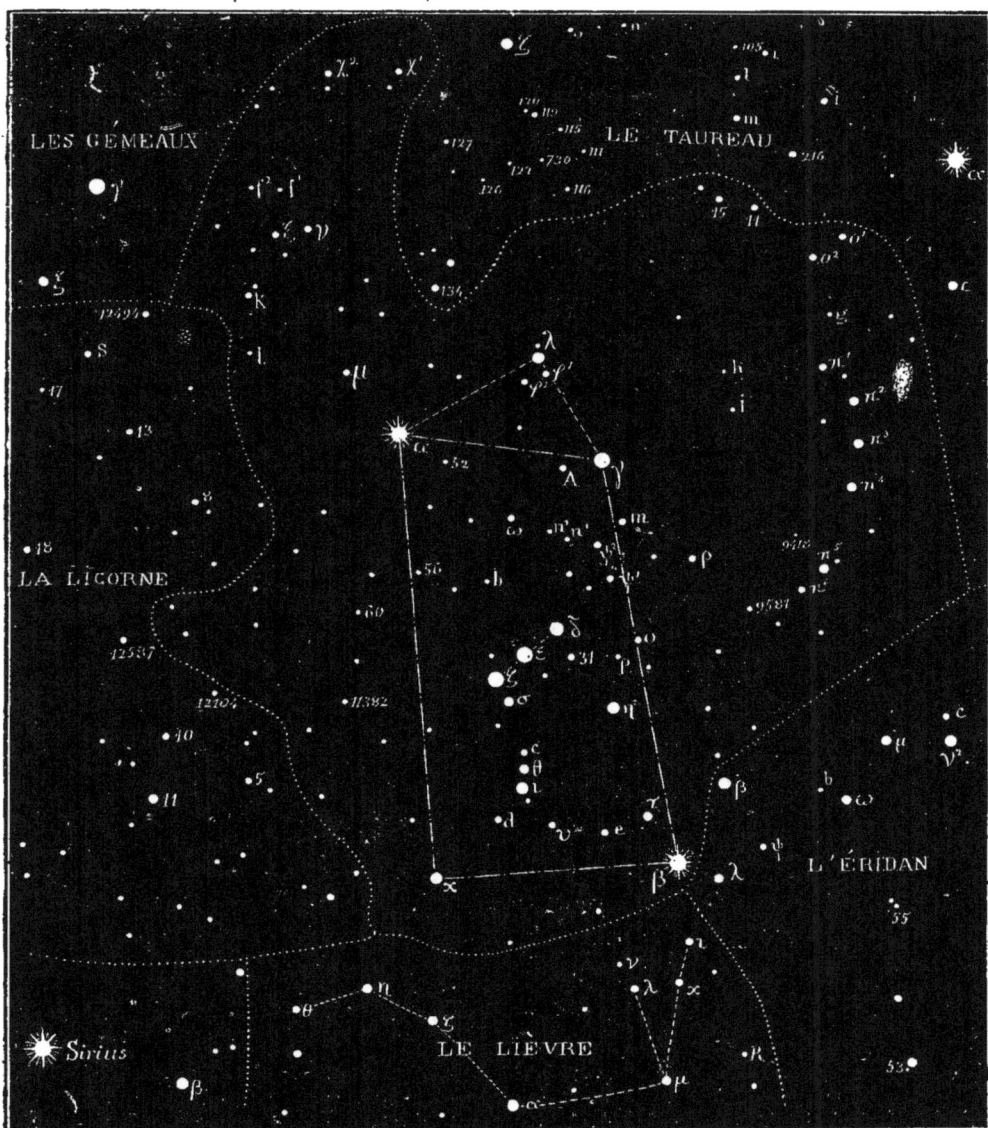

Fig. 305. — Étoiles principales de la constellation d'Orion.

En outre des étoiles caractéristiques de la figure du Géant, on remarque, à droite ou à l'ouest, une file de six étoiles de quatrième grandeur qui portent toutes la lettre π, numérotée de 1 à 6 à partir du haut ou du nord; c'est cette file d'étoiles qui dessine la toison tenue par la main gauche du Chasseur. Ces six étoiles toutefois ne sont pas égales, et plusieurs varient même assez notablement; $\pi^3$ a paru de 3ᵉ grandeur en 1871 et de 4ᵉ en 1874 (Lalande l'a même notée de 5ᵉ, le 3 décembre 1793); $\pi^1$ est inscrite de 3ᵉ dans Ptolémée, de 4ᵉ dans Sûfi, et nous la voyons actuellement de 5ᵉ; $\pi^4$, actuellement de 3,7, a été notée de 5ᵉ par Hévélius et de 6ᵉ par Flamsteed; $\pi^6$ est marquée de 3ᵉ chez les anciens, de 4ᵉ au moyen âge, de 5ᵉ½ par Piazzi. L'astronome persan Sûfi compte neuf étoiles se suivant en ligne courbe; ce sont, à partir du nord: 15 — 11 — o² — $\pi^1$ à $\pi^6$; il les voit toutes de quatrième, excepté $\pi^3$, $\pi^1$ et $\pi^5$ qu'il note de troisième et demie. Il est certain qu'à cette époque o¹ n'égalait pas o², comme au temps de Tycho, Bayer, etc. Les catalogues modernes de Ptolémée assimilent sa 19ᵉ à 9; c'est une erreur : cette étoile est o².

Étudions maintenant successivement chacune des belles étoiles d'Orion. Et d'abord arrêtons-nous sur α ou BÉTELGEUSE.

À l'époque de Bayer, l'étoile α était plus brillante que β. De nos jours c'est celle-ci qui a la palme. Actuellement, β est fort supérieure à α. J'ai sous les yeux une centaine de comparaisons des étoiles d'Orion que j'ai faites depuis 1871, et je n'y trouve qu'une seule date à laquelle Bételgeuse ait égalé Rigel : c'est au commencement d'avril 1876, notamment le 5 et le 8. Le 5, la note suivante est consignée : « Bételgeuse est rouge, plus grosse que Rigel; celle-ci est d'un blanc pur; 8 heures du soir, clair de lune. » Il y a eu certainement à cette époque une recrudescence d'éclat. En décembre 1875 et janvier 1876, j'ai toujours noté Bételgeuse égale à Aldébaran (1,4); mais, en mars 1876, la première surpassait la seconde de deux et trois dixièmes. C'est Sir John Herschel le premier qui, en 1836, signala la variabilité de Bételgeuse : on lui avait attribué une période de 196 jours; mais il me semble bien qu'il n'y a pas de période du tout. Son éclat tombe parfois à 1,6.

Cette étoile Bételgeuse est colorée d'un ton *jaune orange*, comme Aldébaran, comme α d'Hercule. Son spectre est un type superbe du troisième ordre, à colonnes fondamentales. Il ressemble à celui des taches solaires, ce qui pourrait faire penser que ce globe est couvert de taches. Les oxydes de carbone paraissent dominer dans la constitution chimique de ce soleil, arrivé sans doute à la phase du *refroidissement*. Les expériences spectrales ont montré que cet astre s'éloigne de nous avec une vitesse évaluée à 35 kilomètres par seconde. Aldébaran, Rigel et Sirius s'éloignent également de nous, avec des vitesses du même ordre.

Le nom de Bételgeuse dérive de l'arabe *ibt al-jauzà*, « l'épaule du Géant », d'où l'on a fait Btaljause et Btelgeuse. La plupart des livres d'astronomie et des atlas écrivent *Beteigeuse*, ce qui n'a aucun sens. — Rigel dérive de l'arabe *ridjl al-jauzà*, « la jambe du Géant », d'où l'on a fait Rijel et Rigel. — Bellatrix, nom donné à $\gamma$, n'est autre que le mot latin *guerrière*, « féminin, disait-on autrefois, dû à ce fait que les femmes nées sous l'influence de cette étoile sont favorisées et ont de bonnes langues ». Je ne sais à quel astrologue on doit cette statistique, dont l'exactitude doit être contestable, attendu que (soit dit entre nous) on ne rencontre guère de filles d'Ève qui ne soient pas ultra-favorisées sur ce chapitre-là.

RIGEL est une belle étoile *blanche* de première grandeur, l'une des plus brillantes du ciel ; mais, malgré son éclat, elle gît à une distance incommensurable de notre atome terrestre. Toutes les tentatives faites pour mesurer sa parallaxe n'ont abouti qu'à prouver qu'elle n'en a pas. A défaut de parallaxe, le mouvement propre d'une étoile peut donner un indice de sa distance, car, toutes circonstances égales d'ailleurs, moins une étoile est éloignée et plus son mouvement est apparent. Or, ce second indice tombe comme le premier devant l'éloignement de Rigel : elle n'a aucun mouvement propre, du moins son déplacement séculaire sur la voûte céleste est presque insensible. Ajoutons que, comme nous le verrons plus loin, Rigel est une étoile double dont le compagnon, écarté à $9''\frac{1}{2}$, reste fixe. Sans contredit, une période de révolution n'est ni plus ni moins rapide, que le couple soit plus ou moins éloigné de nous ; mais nous devons penser qu'en général les révolutions sont d'autant plus rapides que les composantes d'un même couple sont plus rapprochées entre elles, et il est certain, d'autre part, que la distance réduit proportionnellement l'écartement apparent de deux composantes. Ce troisième indice de l'immobilité, ou du mouvement très lent du compagnon de Rigel, à ce rapprochement angulaire de moins de $10''$, témoigne donc, lui aussi, en faveur de l'éloignement de ce soleil. Il trône certainement, non seulement à des trillions, ou à des centaines de trillions de lieues, comme les étoiles de notre voisinage céleste, mais à des milliers de trillions, c'est-à-dire à une distance telle que le messager si rapide de la lumière vole sans arrêt pendant des milliers d'années pour arriver jusqu'à nous. La conclusion incontestable est que ce brillant soleil d'Orion est des milliers de fois plus volumineux, plus ardent, plus formidable encore que le nôtre, puisque du fond des cieux sa lumière arrive sur nous avec un tel éclat, avec une telle splendeur !

D'autre part, l'importance de sa masse est indiquée par l'aspect de son spectre qui nous montre la prédominance de l'hydrogène, comme ceux de Sirius, de Véga, d'Altaïr, et des brillantes étoiles *blanches* — notre soleil appartenant à la classe des étoiles *jaune d'or* — car il est naturel de penser que plus un soleil est lourd, plus il exerce d'attraction à sa surface, plus sa pression atmosphérique est énorme, et plus les lignes spectrales sont accusées : c'est précisément ce que l'on observe dans le spectre de Rigel, comme dans celui de Sirius et de Véga. Ce sont là d'énormes soleils, des milliers de fois plus volumineux, plus lourds, plus importants que celui qui nous éclaire, lequel est lui-même 1 300 000 fois plus gros que notre globe terrestre et 324 000 fois plus lourd !

Ainsi déjà la contemplation de ces deux soleils d'Orion, Bételgeuse et Rigel ([1]) nous transporte en deux directions différentes dans l'étude de l'Univers, le premier nous montrant le passé, le second nous montrant l'avenir ; le premier nous enseignant la mutabilité des cieux, le second nous en racontant la splendeur.

Regardons maintenant les trois étoiles du Baudrier, δ, ε et ζ : la première est toujours moins brillante que les deux autres, dont l'éclat égale celui de γ : on la considère comme variable de 2,2 à 2,7 ; mais je l'ai toujours trouvée d'une demi-grandeur environ au-dessous des trois précédentes. Nous avons vu (*Astronomie populaire*, p. 795) que ces étoiles sont animées de mouvements propres variés, et que dans l'avenir la ligne du baudrier d'Orion va se disloquer, ainsi que la constellation tout entière, les Trois Rois n'étant unis qu'en apparence (c'est souvent le cas dans les états de notre planète) et devant un jour se séparer et suivre chacun sa destinée personnelle.

---

([1]) Cette étoile Rigel a donné naissance, sans s'en douter, à deux saints du calendrier catholique, saint Marinus (saint Marin) et saint Aster, parce qu'au mois de mars, au temps de l'équinoxe, elle était censée influer sur la navigation et avait reçu en latin du moyen âge le surnom de *marinus aster* « astre marin ». Ces saints apocryphes ne sont pas seuls dans ce cas, et leur famille serait intéressante à étudier si nous en avions le temps. C'est ainsi que sainte Vénère n'a jamais existé non plus : son culte est une transformation inattendue de celui de Vénus, les églises qui lui sont consacrées occupent l'emplacement d'anciens temples (et l'on a même récemment, dans le chœur de l'une d'elles, mis au jour une très belle fresque ancienne représentant Vénus sortant des ondes). Sainte Solange est une transformation, encore facilement reconnaissable dans les superstitions populaires du Berry, de l'ancien culte du Soleil, etc. Cela ne veut pas dire, assurément, qu'aucun des saints honorés par la tradition n'aient existé ; mais il en est un nombre beaucoup plus grand qu'on ne pense qui dérivent simplement de *mots* latins plus ou moins modifiés.

L'étoile η, de troisième grandeur, a été notée de 4° ½ par Piazzi; il est plus naturel de croire à une erreur d'estimation qu'à une fluctuation d'éclat, surtout si l'on remarque qu'à la même époque Lalande l'a constamment notée de troisième.

Nous n'en dirons pas autant de θ. Cette célèbre étoile est composée de deux, écartées à 135″ et inséparables à l'œil nu. Le premier qui les sépara fut Flamsteed, qui les nota respectivement de 6° et de 4°, par ordre d'ascension droite, en les appelant θ¹ et θ². Piazzi les estima toutes deux de sixième, et elles sont absentes du catalogue de Lalande. Nous voici bien loin des estimations de la troisième grandeur données par les astronomes anciens. Nous leur attribuons actuellement les grandeurs 5,0 et 5½, dont la réunion produit 4,8 : θ¹ est un peu plus brillante que θ². Il n'y aurait rien de surprenant à ce qu'il y eût là quelque variation, soit dans l'une ou l'autre de ces étoiles, dont la première est multiple, soit dans la fameuse nébuleuse qui les environne, car en certaines nuits d'hiver on aperçoit là tant d'éclat qu'on s'imagine parfois distinguer la nébuleuse à l'œil nu. — Tout à l'heure nous nous occuperons plus en détail de cette étoile et de la splendide nébuleuse qui l'enveloppe; mais il importe en ce moment de nous rendre compte d'abord de l'ensemble de la constellation.

Les étoiles χ¹ χ², en haut de la figure (elles terminent le bâton que le Chasseur primitif est censé tenir de la main droite) sont accompagnées chacune d'une étoile de sixième grandeur, la première à 32′, la seconde à 28′. Remarque assez curieuse : Sûfi a signalé la seconde sans parler de la première, et il qualifie à cause de cela χ² du titre d'étoile double. Il est probable qu'au xᵉ siècle le compagnon de χ¹ (Fl. 57) n'était pas visible à l'œil nu.

Hipparque et Ptolémée n'ont pas parlé de σ, de quatrième grandeur, qui brille au-dessous de ζ, et Sûfi est le premier qui la signale. Cependant son éclat paraît stable. Aurait-elle été autrefois éclipsée dans les rayons de ζ ? Non, car son mouvement propre est insensible. Toutefois, c'est à sa proximité de cette brillante étoile et à la richesse d'Orion que nous devons, selon toute probabilité, attribuer le silence des anciens. Tout est relatif, et les jugements varient selon les positions, dans le ciel aussi bien que sur la terre.

L'induction n'est pas la même pour ρ, car son isolement la laisse briller de tout son éclat personnel. Tycho est le premier qui l'ait observée, et il l'a notée de quatrième grandeur. Elle est aujourd'hui de cinquième. Elle était sans doute moins apparente encore aux temps de Ptolémée et Sùfi. Elle a varié de 5,1 à 4,6 entre 1871 et 1876. Sa couleur est orangé pâle.

ω, A, c, d, e ont subi des fluctuations de la quatrième à la cinquième grandeur. Lalande a même estimé A de sixième. Piazzi a noté ω de sixième aussi; mais nous avons déjà remarqué que les évaluations de cet astronome pèchent plutôt par défaut que par excès. L'étoile 42 c est accompagnée, à 5′ vers l'est, d'une étoile de sixième grandeur (Fl. 45) qui a été vue, à l'œil nu, naturellement, par Tycho-Brahé. On ne la distingue plus aujourd'hui à l'œil nu, et il faut s'aider d'une jumelle pour y parvenir ; $c^1$ est plus brillant que $c^2$, et je les estime en ce moment ( mars 1881) respectivement 5,6 et 6,2 : l'ensemble donne comme effet 5,2. Cette seconde étoile a été notée de 7° par Flamsteed, de 6° ½ par Piazzi, et de 7° par Lalande. Elle est certainement variable. 51 b était plus brillante du temps de Bayer que de nos jours, car il l'a mise sur le même rang que les précédentes, les anciens ne l'avaient pas observée, et elle est retombée en notre siècle vers le sixième ordre d'éclat. Elle est rougeâtre.

Les étoiles 11 et 15 paraissent avoir diminué d'une grandeur.

L'étoile 31 (sous δ) est particulièrement curieuse. C'est un astre orangé dont le spectre appartient au quatrième type de Secchi, au type des étoiles les plus rares du ciel : on voit dans ce spectre trois zones vives et larges, une jaune, une verte et une bleue, tranchées nettement du côté du violet, et au contraire estompées vers l'extrémité rouge. Les cannelures tirent sur le violet, tandis que dans le troisième type elles tirent sur le rouge. Ce sont sans doute là *les soleils les plus froids* : ils commencent à s'oxyder. Cette étoile a été vue de 6° grandeur par Flamsteed, de 5° par ses successeurs, de 7° par Bessel, de 4 ¾ par Gould : elle est certainement variable, comme presque toutes ses sœurs du même âge. Elle est double.

On pourra observer une autre étoile rouge entre $\pi^6$ et ρ (*voy.* la carte *fig.* 305), c'est 9581 Lalande, de sixième grandeur et demie; chercher à l'aide d'une jumelle. Lalande l'a notée de septième « rouge » le 10 janvier 1794, et de 6° ½, rouge également, le 6 février 1798. Birmingham l'a vue de septième et Webb de huitième. — Variable. Son spectre appartient aussi à l'ordre des étoiles rares du quatrième type.

Tout près de cette étoile, à 30′ au sud-ouest, on en trouvera une autre, de septième grandeur, jaune assez colorée.

Regardez aussi près de $\pi^5$, à 15′ au nord-ouest : la petite étoile qui brille là (Fl. 5) est orangée. Lalande l'a notée de 5° ¼, Piazzi de 6°, Bessel de 6° ½, Webb de 7°. L'éclat de $\pi^5$ gêne pour la distinguer à l'œil nu, lors même qu'elle surpasse la sixième grandeur. Observation intéressante et facile à faire à l'aide d'une jumelle. — On appelle souvent cette étoile $d$. Erreur à réparer.

Sont colorées de la même nuance rougeâtre : $o^1$, $\pi^6$, $\varphi^2$, 51 $b$, 27 $p$ et 56. Celle-ci varie de 5 à 6 ; $o^1$ était, comme nous l'avons vu tout à l'heure, moins apparente autrefois que de nos jours : son spectre appartient au troisième type. Mais la plus belle de toutes, et l'une des plus extraordinaires du ciel entier, est encore l'étoile R du Lièvre, que l'on sera bien inspiré d'observer pendant que l'attention sera dirigée vers Orion (*fig.* 305). C'est elle qui est célèbre sous le nom de « *Crimson star* », et c'est avec justesse qu'on l'a comparée à une goutte de sang jetée sur le fond noir du ciel. Nous y reviendrons en décrivant la petite constellation à laquelle elle appartient. Elle varie de 6 ¼ à 9.

Dans les parages d'Orion se trouve aussi une autre variable curieuse, S de la Licorne, qui varie de 4,9 à 5,5. Mais ne nous attardons pas, les richesses de notre constellation géante nous réclament. En voici de nouvelles encore.

Il y a au-dessus d'Orion un petit groupe d'étoiles assez curieux, enclavé dans la constellation du Taureau par les incohérences de la géographie céleste, mais qui se trouve juste sur une ligne menée de $\chi^1$ $\chi^2$ Orion à 15, 11 de la même constellation. Remarquez dans ce groupe l'étoile 119, de cinquième grandeur et demie. Tout près d'elle, 20′ à l'est, gît l'étoile 120, estimée de 7ᵉ par Flamsteed, de 6ᵉ par Piazzi, de 7ᵉ par Lalande (10409). Elle est absente des catalogues de Argelander et Heis (celle qui porte ce numéro dans celui-ci n'est pas 120). Or Piazzi a mis en note à cette étoile : « *Præcedit alia rubei coloris* ». Cette étoile rouge qui précède 120 est intéressante à chercher, car elle paraît varier.

Au milieu de ce même groupe, remarquer l'étoile 730 du catalogue de William Struve : double ; les deux composantes de 6 ½, à 10″.

Près de Rigel, à 1 minute de temps, ou 15 minutes d'arc en avant (ouest), une forte jumelle montre une petite étoile, trop éclipsée par le rayonnement de ce magnifique soleil, qui a été estimée de grandeurs fort diverses : d'Agelet et Piazzi = 7 ; Gould = 6,7 ; Lalande = 6 ¼ et 6 ; Yarnall et Ellery = 5 ¼ ; Taylor, = 4. Elle est actuellement de sixième.

Au-dessous de ι, à 6′ au sud, on voit deux petites étoiles : Lal. 10527 et 10529, qui forment une belle étoile double écartée à 36″, visible dans la plus petite lunette. Je viens de les observer à l'instant (mars 1881) ; la plus brillante est celle du nord-est, et je les estime, la première (sud-ouest) de 6,3 et la seconde de 5,8. Lalande a noté la première de 8ᵉ et la seconde de 7ᵉ. William Struve les a notées 6,5 et 5,6 (c'est le n° 747 de son Catalogue). En 1871, les deux réunies faisaient à l'œil nu l'effet d'une étoile de cinquième grandeur et égalaient l'éclat de $c$. En ce moment, une jumelle la montre un peu moins brillante que $c^1$ $c^2$ réunies. Il se passe là de grands changements, et il semble que la première au moins varie considérablement. Couple intéressant à suivre.

Au-dessus de λ, à 18′ au nord, l'étoile 10492 Lalande, rougeâtre, a été notée de 5,7 par Gould, de 6½ par Argelander, de 7½ par Lalande. Elle est en ce moment de septième. Certainement variable.

Cette constellation renferme encore des variables périodiques connues, telles que R, qui varie de 8,8 à 14 en 380 jours ; S, qui varie de 8,3 à 13 en 140 jours ; mais leur observation est réservée aux instruments équatoriaux.

Ce sont là les curiosités, les singularités diverses de cette contrée. Elles nous conduisent ici aux tableaux plus remarquables encore présentés par les *étoiles doubles et multiples*, que la main du Semeur céleste a distribuées dans ces sillons fertiles avec une profusion plus généreuse encore. Le champ principal d'attraction est celui qui s'étend de ι jusqu'à c : c'est tout simplement merveilleux, inimaginable : nous nous y arrêterons bientôt ; mais avant d'atteindre le sommet de la montagne, examinons encore les panoramas et les paysages variés qui nous entourent.

Déjà nous avons vu que Rigel est une étoile double ; seulement, à cause de l'éclat si éblouissant de ce magnifique soleil, de l'exiguïté relative du compagnon (9° grandeur) et de son rapprochement ( 9″ ½ ), l'observation n'est possible que par un ciel bien pur. On parvient à le distinguer avec une lunette de 75 millimètres, et même à le deviner avec une de 50, mais exceptionnellement. Depuis un siècle qu'il est découvert (W. Herschel, 1ᵉʳ octobre 1781), il est resté absolument *fixe* à 201° et 9″ ½. Dans une lunette de 11 centimètres, et par un grossissement de 150

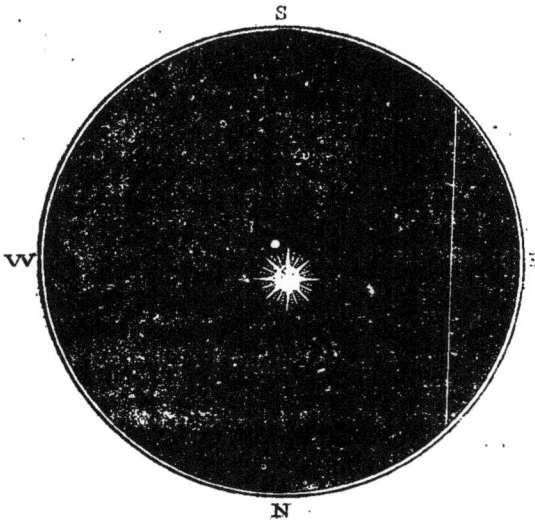

Fig. 306. — Rigel et son compagnon.

et 200, l'écartement est très prononcé et la couleur *bleue* très détachée. Un grossissement de 50 suffit pour obtenir le dédoublement. — Remarquons à ce propos que le crépuscule ou le clair de lune sont préférables à la nuit complète pour distinguer les compagnons très voisins des étoiles de première grandeur, telles que Sirius, Rigel et Antarè

Rigel a deux autres compagnons qu'il est beaucoup plus difficile d'apercevoir. L'un est une petite étoile de quatorzième grandeur, découverte en 1846 par Mitchel, à Cincinnati; sa distance est de 44″; l'autre est un dédoublement de l'étoile découverte par Herschel; en 1871, M. Burnham, de Chicago, observa un allongement de cette étoile, et en 1878, il obtint une mesure approximative de la distance, qui ne surpasse pas 2 dixièmes de seconde! Il va sans dire que ces deux observations sont tout à fait en dehors du domaine de l'astronomie populaire.

$\delta$ est, en revanche, une double ravissante pour le plus petit instrument : $2^e\frac{1}{2}$ et $7^e$, à 53″. Le compagnon est juste au nord. Il serait impardonnable de diriger une lunette vers Orion sans l'arrêter d'abord sur ce couple si facile.

Bételgeuse a un compagnon, de neuvième grandeur, très écarté : à 160″. La grande étoile est *jaune*, comme nous l'avons vu; la petite est bleuâtre.

Dirigez une lunette, petite ou grande, vers $\sigma$: triple; $4^e$, $8^e$ et $7^e$, à 12″ et 42″. Tout près, une

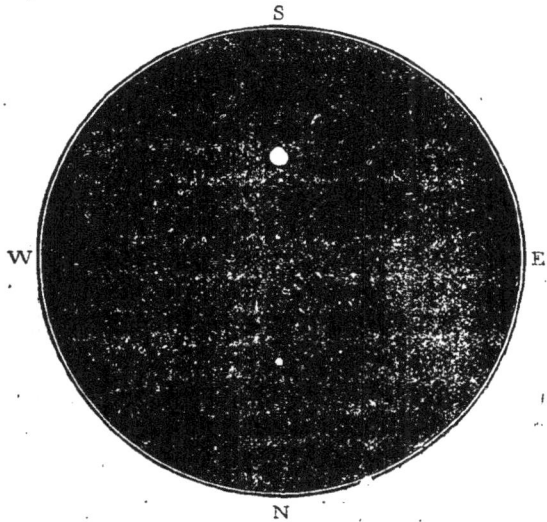

Fig. 307. — L'étoile double $\delta$ d'Orion.

autre étoile triple s'ajoute là pour former un joli groupe, le tout observable dans les petits instruments. De plus forts pouvoirs font découvrir dans ce champ une septième, une huitième et jusqu'à quinze étoiles !

23 $m$ : $5^e\frac{1}{2}$ et $7^e$, à 32″. La petite est d'une belle couleur *bleue*.

Pointez une lunette vers $\psi^1$, au sud-ouest, à 50′ : vous admirerez deux jolis couples ; l'un marie la topaze au saphir, l'autre fait étinceler deux diamants blancs dans une limpide lumière.

$\lambda$ : $3^e$ et $6^e$, à 4″, 5. On distingue un autre petit compagnon.

$\iota$ : $3^e$ et $8\frac{1}{2}$, à 11″; troisième étoile, de onzième, à 49″. Champ d'étoiles très opulent : au sud-ouest de la double, vous verrez tout de suite scintiller là huit autres étoiles fort belles.

ζ : 2ᵉ et 6 ⅓, à 2″,·5; le compagnon est sombre; pour définir sa nuance, William Struve a fabriqué l'adjectif «olivaceasubrubiconda» que l'on peut traduire par olivacé-rougeâtre. Il y a des étoiles plus foncées encore : par exemple le compagnon de 7 Girafe, que le baron Dembowski découvrait en 1864 : « Cette étoile, m'écrivait-il, a une couleur de cendre mouillée ; je n'ai jamais vu d'étoile aussi sombre ».

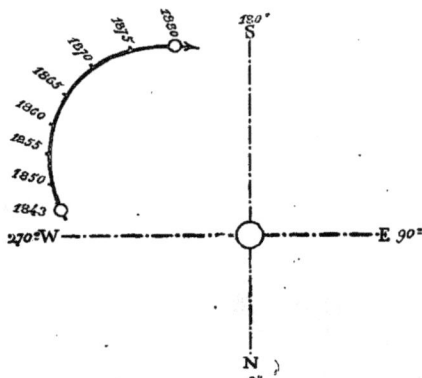

Fig. 308. — Mouvement observé sur l'étoile double 14 i Orion.

ρ : 5ᵉ et 9ᵉ, à 6″,8; orange et bleue.

33 $n^1$ : 6ᵉ et 8ᵉ, à 2″.

52; 6ᵉ = 6ᵉ; fixe depuis un siècle, à 1″,7.

14 i, 6ᵉ et 7ᵉ, à 1″,0 : couple serré. L'angle a tourné de 50 degrés depuis la première mesure, qui ne date que de 1842. Système orbital assez rapide : c'est la seule étoile double d'Orion qui tourne manifestement. La période paraît être de 250 ans. — Il faut déjà un bon instrument pour opérer le dédoublement.

31 : curieuse par la variabilité signalée plus haut : elle varie de 4 ¾ à 7 et est teintée d'une belle coloration orangée. Son compagnon, de 11ᵉ grandeur, est à 13″. Difficile.

ψ² : 5ᵉ et 11ᵉ, à 2″,8. Très difficile.

η : 3ᵉ et 5ᵉ, à 1″. Très difficile.

32 A, 5ᵉ et 7ᵉ, forme un système très serré, en mouvement lent. La distance a diminué de 1″ ½ à 0″ 4 depuis cent ans, et l'angle est descendu de 218° à 188°. Réservé aux puissants instruments.

Nous pourrions encore signaler un autre couple (celui-ci pour une jumelle) formé de deux étoiles de cinquième et sixième grandeur, mais très écartées : à 4′. C'est 22 o, à l'ouest de δ.

Et encore : c' c², de 5ᵉ ½ et 6ᵉ, à 5′ de distance; entre elles, une de 7ᵉ; à l'ouest, un peu au nord, deux autres, de 6ᵉ ½ et 8ᵉ; et au nord, une double très fine, le tout dans le même champ.

Nous voici arrivés à la contrée la plus riche de cette opulente région, à celle qui s'étend entre l'étoile ι et l'étoile 42 c, et dont le splendide système de θ, entouré de sa nébuleuse, forme en quelque sorte la capitale. On peut dire que c'est ici la Californie du ciel…, mine inépuisable, celle-ci.

Dirigez une jumelle vers ce point de l'immensité, et, comme dans la Voie lactée, vous aurez déjà un avant-goût de ces richesses. Pointez une petite lunette munie d'un faible grossissement, et par conséquent à champ large, vers cette attraction lumineuse, et vous verrez avec une joie indicible se manifester pour la première fois devant vous cette mystérieuse nébulosité, au foyer de laquelle se détachera une brillante étoile qui d'abord vous paraîtra triple, puis quadruple. C'est θ¹. Non loin de là, au sud-est, ou à gauche et en bas (si la lunette est simplement munie d'un oculaire terrestre ne renversant pas, ce qui est beaucoup plus commode pour chercher),

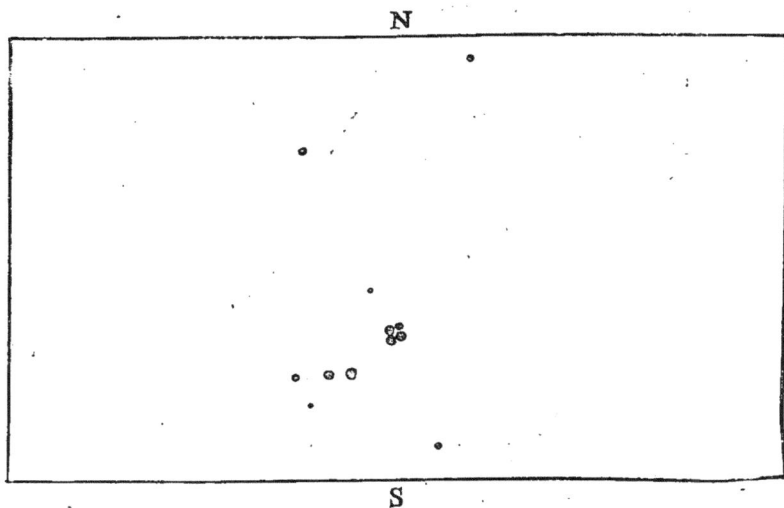

Fig. 309. — Étoiles les plus brillantes du groupe de la nébuleuse d'Orion.

vous remarquerez trois étoiles dont la première est presque aussi brillante que θ¹ : c'est θ². La distance de l'une à l'autre est de 135″. La première est de cinquième grandeur ; la seconde est de cinquième et demie.

Cette seconde étoile (θ²) est suivie à l'est par une étoile de 6ᵉ ½, à 52″. Vient ensuite une étoile de huitième grandeur. En détournant l'œil, on en aperçoit une autre, au sud, très petite, de neuvième grandeur, qui forme la pointe sud d'un triangle avec les deux suivantes de θ². On en distingue encore une autre, de même grandeur, au nord de la quadruple. Le tout se présente sous l'aspect reproduit ici (fig. 309). La nébuleuse environne ce groupe entier, s'étendant au loin, à l'est et à l'ouest.

Le caractère de cette création lointaine n'a été reconnu que lentement par le progrès continu des perfectionnements de l'optique. Ce
qui est étrange, toutefois, c'est que Galilée, qui a consacré une attention toute particulière aux étoiles d'Orion, n'ait pas découvert lui-
même cette nébuleuse, qui date de 1618, observation fortuite faite
par Cysatus en suivant la comète de cette année-là. En 1656, Huygens en donna le premier dessin que nous reproduisons ici (fig. 310),
dans lequel l'étoile est triple, l'instrument employé ne permettant
pas encore de découvrir la quatrième composante du trapèze. Il en
est de même du premier dessin fait à l'Observatoire de Paris par

Fig. 310. — Le groupe des étoiles d'Orion,
dessiné par Huygens en 1656.

Fig. 311. — Le même groupe, dessiné
par Picard en 1673.

Picard en 1673 (fig. 311). Mais en 1750, Mairan découvrit la quatrième étoile, tout en ne voyant encore la nébuleuse que sous l'aspect fort incomplet reproduit ci-contre. En 1771, Messier mesura
les dimensions de la nébuleuse visible dans sa lunette et donna aux
étoiles éparses dans cette région des positions plus précises que celles
que l'on avait eues jusqu'alors. Pendant notre siècle, de Vico et
Secchi à Rome, Tempel à Marseille, Lord Rosse en Angleterre,
Struve et Liapounow en Russie, Bond aux États-Unis, ont perfectionné l'étude de ce grand mystère céleste et publié des dessins qui
ont peut-être le défaut de différer un peu trop les uns des autres. La
vision diffère considérablement, il est vrai, selon l'état de l'atmosphère et son éclairement, selon la vue de l'observateur et son habitude
d'observer, selon la puissance des instruments, et, l'on peut ajouter
aussi que chacun a sa manière de dessiner; mais il y a néanmoins des
dessins qui, faut-il l'avouer? ne ressemblent que de bien loin à cet

admirable système ('). Le meilleur de ces dessins, celui qui donne la plus juste idée de l'aspect de cette belle nébuleuse dans les puissants instruments est celui de Bond, dont on est parvenu à reproduire ici *par la taille-douce* un admirable fac-similé (*voy.* notre *Pl. III*). Dans ce dessin, le nord est à droite. En plaçant cette page le nord en haut, on a la nébuleuse dans sa position naturelle lorsqu'elle passe au méridien. En la tournant le nord en bas, on la voit renversée, telle que la présentent les lunettes astronomiques.

Il y a là un très grand nombre d'étoiles, principalement de la huitième à la quatorzième grandeur, dont près d'un millier (956) ont

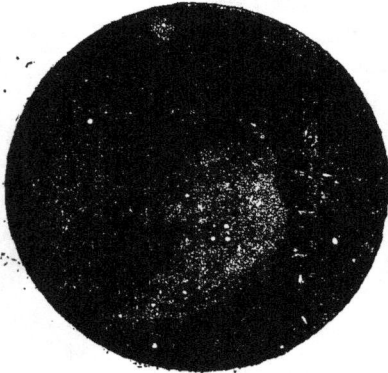

Fig. 312. — Le groupe d'Orion, dessiné par Mairan en 1758.

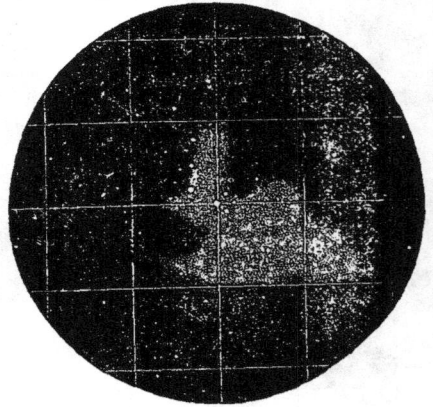

Fig. 313. — Le même groupe, dessiné par Messier en 1771.

été minutieusement mesurées et cataloguées par Bond, qui a publié un volume in-8° tout entier sur cette seule nébuleuse et ses étoiles.

Ces étoiles font-elles partie de la nébuleuse ? Examinée au spectroscope, celle-ci s'est montrée GAZEUSE : elle donne un spectre linéaire comme celui des nébuleuses planétaires. Il y a là une masse de gaz incandescent, probablement de l'azote et de l'hydrogène : Bond y a reconnu des élancements de scintillation, qui avaient fait croire qu'elle était entièrement résoluble en étoiles; mais le contraire est prouvé aujourd'hui. Cela n'empêche pas qu'il y ait là certaines condensations, certaines agglomérations plus brillantes, assez vives pour simuler des étoiles. L'aspect central est même étrange par ces condensations partielles, qui rappellent les nuages moutonnés, observés

('). Tel est le cas, entre autres, du dessin publié dans l'édition française (Bibliothèque scientifique internationale) des *Étoiles* de Secchi, et, en général, de toutes les nébuleuses reproduites par cet ouvrage. Ce sont là de vraies caricatures.

en ballon par leur face supérieure. Examinez cette belle figure céleste (*Pl. III*) avec tout le soin qu'elle mérite, et vous reconnaîtrez avec un intérêt toujours croissant cette structure singulière qui, tout d'abord, par sa forme comme par ses ramifications, avait fait comparer cette apparition à un monstre.

La lumière de cette lointaine formation cosmique est assez vive pour graver son image sur une plaque sensibilisée. Tout récemment, au mois de décembre dernier, l'astronome américain Draper a pu la *photographier* et en envoyer une épreuve fort nette à l'Académie des Sciences : ces portraits impersonnels sont, quoique incomplets encore, plus précis que les meilleurs dessins.

L'examen de son spectre montre qu'elle s'éloigne de nous avec une vitesse de 27 kilom. par seconde ou d'environ cent mille kilom. à l'heure. (Il est plus probable que c'est nous qui nous éloignons d'elle.)

La nébuleuse proprement dite occupe dans le ciel une surface égale au disque apparent de la Lune ; mais la nébulosité s'étend jusqu'à d'énormes distances, et Secchi a pu la suivre sur une étendue de 4° de l'est à l'ouest et de 5° du sud au nord. Toute cette région du ciel paraît envahie. Les étoiles sont ou enveloppées par la nébulosité ou situées au delà, car leur lumière est vue à travers et présente une teinte verdâtre exceptionnelle, lavée d'un rouge faible, ce qui peut être attribué au passage de la lumière à travers cette masse d'un vert prononcé. L'agglomération de toutes ces étoiles dans la même contrée de l'espace, la situation de l'étoile sextuple justement au centre, au foyer de cette création, ne peuvent pas être fortuites. Il y a là un univers spécial, un univers étrange, incompréhensible pour le lilliputien terrestre.

Eh ! qui le comprendrait ? qui le concevrait ? qui pourrait s'en former la moindre idée ? En supposant que cette nébuleuse et ces étoiles ne soient pas plus éloignées de nous que les étoiles les plus proches, et qu'elles planent seulement à la distance de la 61ᵉ du Cygne, là, une demi-seconde d'arc représente 37 millions de lieues, une seconde équivaut à 74 millions, et une minute vaut 4440 millions de lieues. Mais cette prodigieuse nébulosité s'étend sur 5 degrés de longueur ! Or, un degré équivaut déjà à 60 fois le chiffre précédent, c'est-à-dire à 266 400 millions de lieues. Il y aurait donc là une étendue de 1 332 000 millions ou plus d'*un trillion* de lieues de gaz ou de matière cosmique plus ou moins dense...; un train express, marchant en raison de 60 kilomètres à l'heure, n'emploierait pas moins de dix millions d'années pour traverser ce brouillard !...

Que penser, que dire devant cette genèse formidable? Répétons ce que proclamait Sénèque, il y a deux mille ans, dans son admirable livre des *Questions naturelles*, qui est encore supérieur aujourd'hui aux quatre-vingt-dix-neuf centièmes des ouvrages qui s'impriment chaque année :

« Combien d'astres inconnus roulent en secret dans les cieux! s'écriait le grand et profond philosophe. Que voyons-nous de ce magnifique ouvrage? L'Être qui régit ce vaste ensemble, qui l'a établi sur ses bases et jeté autour de lui, cet Être qui, lui-même, est la plus belle et la plus noble partie de son ouvrage, se dérobe à nos regards : on ne le voit que par la pensée. Bien d'autres puissances voisines de l'Être suprême par leur nature et leur pouvoir nous sont inconnues, ou, ce qui surprend encore davantage, se dérobent à nos yeux, soit parce que l'œil de l'homme ne peut saisir des substances si ténues, soit parce que leur majestueuse sainteté se cache dans un profond mystère. Pourquoi nous étonner d'ignorer encore la vraie nature de ces feux si lointains? Que de conquêtes pour les âges à venir, quand notre mémoire même ne sera plus! Le monde serait peu de chose s'il ne fournissait matière aux recherches du monde entier. Il est des secrets qui ne se révèlent pas en un jour; la nature ne les livre pas tous à la fois. Nous nous croyons initiés; mais nous ne sommes réellement qu'à la porte du temple. Notre âge découvre quelques-uns de ces mystères; l'avenir continuera notre œuvre. » (*Questions naturelles*, liv. VII, 30-32.)

Que dirait aujourd'hui le savant contemporain de Jésus, le philosophe romain, le martyr de Néron, s'il assistait aux conquêtes de l'astronomie moderne, dont il a annoncé les principales (notamment les orbites des comètes) avec une si haute clairvoyance? Il penserait comme autrefois, et conclurait qu'il nous en reste toujours davantage à apprendre.

Comment contempler cette magnifique et mystérieuse nébuleuse d'Orion sans ressentir une émotion profonde, sans admirer cette œuvre géante de la nature? Il faudrait pour cela regarder sans voir, ou, pour mieux dire, il faudrait avoir des yeux qui ne voient plus, un cerveau qui ne pense plus, un cœur qui ne batte plus. Lorsque, au milieu de l'obscurité silencieuse de minuit, nous voyons apparaître ce vague et brillant mystère céleste dans le champ du télescope, nous ne pouvons guère nous défendre d'un certain sentiment d'étonnement, de surprise et d'admiration.

Les rayons de lumière qui nous arrivent de si loin nous mettent temporairement en communication avec ces créations étrangères, et le sentiment de la vie terrestre, assoupi dans le silence des nuits profondes, semble dominé par l'ascendant que la contemplation céleste

exerce si facilement sur l'âme captivée. Les choses de la terre perdent
leur prestige, et l'on s'écrie volontiers avec le poète des *Mélodies
irlandaises* : « Il n'est rien de brillant que le ciel. L'éclat des ailes de
la gloire est faux et passager comme les teintes pâlissantes du soir ;
les fleurs de l'amour, de l'espérance, de la beauté s'épanouissent pour
la tombe : il n'est rien de brillant que le ciel. »

On sent que, malgré l'éloignement insondable qui sépare notre
séjour de ces lointaines régions, il y a là des foyers lumineux et des
centres de mouvement; ce n'est pas le vide, ce n'est pas le désert :
c'est « quelque chose », et ce quelque chose suffit pour attacher
notre attention et pour éveiller notre rêverie. Une impression indé-
finissable nous est communiquée par les rayons stellaires qui descendent silencieusement des abîmes inexplorés ; on la subit sans
l'analyser, et les traces en restent ineffaçables, comme celles que le
voyageur ressent lorsqu'il aborde de nouvelles terres et voit de
nouveaux cieux se lever sur sa tête. Lointains univers, humanités
inconnues ! Qu'est-ce que *notre* fourmilière terrestre en présence de
vos merveilles?

Nous avons qualifié tout à l'heure de *sextuple* l'étoile quadruple
du foyer de la nébuleuse. En effet, les puissants instruments la montrent composée de six étoiles. La cinquième a été vue pour la première fois, en 1826, par William Struve, et la sixième, en 1830, par
sir John Herschel : elles sont respectivement de 11e et 12e grandeur.
La cinquième se trouve entre les deux voisines de l'ouest; la sixième
est proche de la plus brillante du groupe. Le système entier se présente sous l'aspect ci-dessous (*fig.* 314).

Les quatre étoiles principales sont restées fixes depuis les pre-

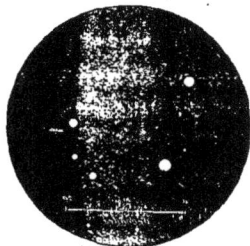

mières observations qu'on en a faites; mais la
cinquième paraît tourner lentement autour de
son soleil le plus voisin, à 4″ de distance, et la
sixième tourne assez vite autour de son soleil,
à la même distance de 4″: déjà 20 degrés de parcourus depuis 1836.

Plusieurs astronomes ont annoncé l'existence
d'une septième étoile, encore plus petite, et même
d'une huitième ; mais il n'y a eu ni vérifications
ni mesures; les meilleurs instruments actuels

Fig. 314. — L'étoile sextuple
θ d'Orion.

n'en montrent pas d'autres, de sorte que l'existence de ces étoiles
reste tout à fait douteuse.

Ajoutons que ce magnifique trapèze d'Orion est, au moins dans ses éléments fondamentaux, accessible aux instruments les plus faibles. La plus grande distance angulaire entre deux de ses composantes est de 21″ et la plus petite est de 9″.

Il se produit là des changements certains, et même assez rapides. Outre plusieurs incontestablement arrivés dans l'éclat comme dans l'aspect de diverses parties de la nébuleuse, quelques étoiles subissent des fluctuations manifestes. Ainsi, pendant toutes les belles soirées de ce mois de mars 1881, j'ai spécialement observé cette région qui d'autre part était si intéressante par la conjonction des planètes Mercure, Vénus, Jupiter et Saturne, arrivée à l'ouest de cette contrée. Or en examinant avec quelque attention les étoiles de la nébuleuse, on ne pouvait s'empêcher de remarquer au nord de la sextuple une étoile aussi brillante que celle qui forme l'angle sud d'un triangle avec les deux suivantes de $\theta^2$, et même un peu plus brillante, car, le 15, par exemple, par un intense clair de lune, on la distinguait encore, non seulement dans une lunette de 11 centimètres, mais même dans une de 75 millimètres, en certains moments où l'autre disparaissait. Or cette étoile est à peine indiquée sur le dessin de Bond, ainsi que sur sa carte spéciale. Sir John Herschel l'a estimée de 10ᵉ grandeur, en estimant de 9ᵉ celle du triangle. Elle est au moins de 9ᵉ en ce moment. Cette étoile repose à 63″ à l'est et à 100″ au nord de $\theta^1$. Elle est marquée sur les anciens dessins de Huygens et Picard (elle est même très brillante sur celui-ci); elle varie donc *au moins* de 9 à 10. Mais c'est surtout comme indice de variations plus générales que je signale ce fait. Comparez entre eux les divers dessins que vous pourrez rencontrer et vous serez surpris des différences qui existent entre l'éclat relatif des étoiles. Sur les unes, la petite étoile sud du triangle est aussi grosse que les deux autres (*ex*: Bond, *Pl. III*); sur les autres, elle est plus brillante (Mairan, *fig.* 312); en fait, du moins actuellement, elle est beaucoup plus petite. Sur tel dessin (Smyth, 1834), il y a une étoile brillante tout contre θ au nord, tandis que celle que l'on voit actuellement n'est pas marquée du tout, etc., etc. Une étude attentive de toutes les descriptions prouve que, même en faisant la plus large part aux divergences physiologiques des observateurs, il reste encore une certitude incontestable pour bien des variations (¹).

(¹) A propos de l'estimation de la grandeur des étoiles vues dans le champ d'une lunette, on en rencontre souvent plusieurs qui sont si semblables en éclat qu'il est difficile de décider à laquelle on doit donner la préférence. J'oserai confier ici un petit procédé qui réussit généralement: c'est de supposer qu'on a devant soi des *diamants* et qu'on est prié d'en choisir un. Il est rare qu'on se trompe, surtout si l'on a recours au jugement des yeux féminins.

Tout près du trapèze, à + 33″ en Æ et + 10″ en ⊙, il y a une petite étoile de 12ᵉ grandeur qui est tantôt visible et tantôt invisible dans les plus grands instruments.

Au loin, à + 515″ en Æ et — 306″ en ⊙, il y a une étoile que Schmidt a estimée de 12,8 le 3 avril 1878 et de 9,7 le lendemain.

Il y a là de quoi occuper toute la vie d'un homme. Encore est-il douteux qu'après cinquante ou soixante ans d'étude assidue, l'observateur le plus attentif aurait réussi à trouver la clef de toutes ces énigmes. Mais ce ne serait pas là une vie mal employée. Malgré l'apparence, les trois quarts des existences humaines le sont beaucoup plus inutilement — et souvent plus désagréablement pour tout le monde.

Telle est, sommairement décrite dans ses éléments essentiels, cette splendide création que l'on peut légitimement considérer comme l'une des merveilles de l'univers. Mais ce ne sont pas encore là toutes les richesses d'Orion, et si nous ne devions nous borner, plusieurs autres descriptions encore mériteraient de trouver place ici. Ne quittons pourtant pas encore cette inépuisable constellation sans promener notre lunette sur tout le champ qui s'étend de ι à c, et sans remarquer entre autres, à 1° ½ au nord de ι, l'étoile double 750 : 6ᵉ et 8ᵉ, à 4″ et, à côté, l'étoile double 743 : 7ᵉ et 8ᵉ, à 1″,8. — Regardons aussi près de ζ, un peu au nord, et nous trouverons, presque éclipsée par son rayonnement, une nébuleuse quadruple mesurant 9′ de longueur sur 5′ de largeur. — Pointons encore à 1° au nord de 15 : nous serons arrêtés là par une assemblée de six cents étoiles de toutes grandeurs, parmi lesquelles un couple élégant, de 8ᵉ et 10ᵉ grandeur, dont l'écartement est de 23″. Mais les meilleures choses ont une fin : il nous faut décidément abandonner maintenant Orion pour Sirius. Eh! nous n'y perdrons guère : ce soleil étincelant, le plus lumineux de notre ciel, nous attire comme un foyer splendide, dont la destinée céleste paraît rattachée par des liens mystérieux à celle de notre propre soleil et par conséquent à celle de notre humanité même.

Sirius est l'étoile la plus brillante du ciel entier : on l'admire, trônant au sud, pendant toutes nos nuits d'hiver; elle commence à paraître au sud-est, après minuit, en octobre, se lève de plus en plus tôt, brille en novembre dès minuit, en décembre dès dix heures, en janvier dès huit heures ; elle étincelle aux pieds du géant Orion et demeure la reine éclatante de nos soirées jusqu'en avril, car même aux derniers jours de ce mois printanier elle jette encore des feux éclatants à travers les brumes de l'horizon au sud-ouest. Sa position au sud-est d'Orion, si facile à reconnaître, comme nous l'avons vu (fig. 302) ne permet aucune confusion à son égard. Jamais les planètes ne descendent en cette zone australe. Une fois que nous l'avons reconnue et nommée dans le ciel, il nous est impossible de l'oublier. Regardez encore cette page (p. 449), et comparez-lui l'aspect du firmament, pendant une belle nuit d'hiver ou une belle soirée de printemps, et vous lirez désormais le livre du ciel en cette région du sud, comme nous l'avons lu dans la région du nord dès l'origine même de cette description générale des constellations.

Demander à quelle époque les hommes de la Terre ont remarqué Sirius pour la première fois, ce serait demander depuis combien de temps il y a des hommes sur cette planète, car le premier regard humain qui s'est élevé vers le ciel a dû être frappé de la supériorité de cette lumière céleste, et, dès l'origine même de la contemplation astronomique, le soleil du ciel étoilé a dû recevoir les acclamations de la pensée admiratrice et les témoignages de la vénération humaine. Le nom que cette splendide étoile porte encore aujourd'hui vient du mot grec seïr, qui veut dire essentiellement briller, et qui était autrefois appliqué au Soleil comme à Sirius. L'adjectif seïrios est devenu le qualificatif ordinaire d'un astre brillant et brûlant, comme on le voit dans tous les anciens poètes grecs. Si nous voulions remonter plus haut encore, nous trouverions que le mot grec seïr vient du sanscrit svar qui a la même signification : « briller, éclairer », et qui, chez nos grands oncles de l'Asie, désignait le ciel lui-même. Comme tout le monde le sait aujourd'hui, le Soleil portait dans cette langue primitive le nom devenu classique de Sûrya ; c'est toujours le même radical, la même impression première de la nature sur la pensée humaine :

De Svar « briller » est dérivé seïr, puis Sirius ;
De Varouna « voûte » est dérivé ouranos, ciel, puis Uranus ;
De Dyaus « air lumineux » est dérivée Théos, le grand être, Zeus, Deus, Dieu ;
De Zeus et patêr on a fait Jupiter...
Etc., etc.

Il y a plus de cinq mille ans, 3285 ans avant notre ère, c'est-à-dire un siècle et demi environ après la construction de la grande pyramide de Chéops et 940 ans avant la date ordinairement assignée au déluge, Sirius réglait le calendrier égyptien : son lever héliaque coïncidait avec le solstice d'été, et le débordement du Nil commençait avec le premier jour du mois de Pachon (le mois de l'inondation). La brillante étoile se nommait en égyptien Sothis, mot qui signifie aussi

« qui rayonne ». Son rôle d'annoncer la crue du Nil a été symbolisé
par un Chien avertisseur.

Homère et Hésiode ont chanté Sirius, comme l'avaient fait leurs
ancêtres de l'Égypte, de la Chaldée, de l'Asie et de la Chine. Hésiode
recommande de cueillir la vigne « lorsque Orion et Sirius sont parvenus au milieu du ciel » ([1]). La brillante étoile se levait autrefois le
matin vers le 21 juin, et tout en annonçant la crue du Nil, elle était
en même temps le signal de l'arrivée des grandes chaleurs. C'est
pourquoi le nom même du chien, *canis*, et celui de l'étoile du chien,
*stella canicula*, sont devenus à leur tour synonymes des grandes chaleurs de l'été, et nous voyons les auteurs latins, Virgile, Horace,
Manilius, recommander de s'éloigner des grandes villes et d'aller se
retremper à la campagne pendant les jours caniculaires. La canicule
alors commençait, si l'on en croît Théon d'Alexandrie, vingt jours
avant le lever de Sirius, et se terminait vingt jours après, cette
période ayant le privilège de donner la rage aux chiens et la fièvre
aux humains. Sirius ne se lève plus actuellement le 21 juin, et c'est
seulement à la fin du mois d'août qu'il commence à paraître avant le
lever du soleil. Néanmoins depuis deux mille ans les prescriptions
astrologiques ont conservé l'ancienne date des jours caniculaires, et
aujourd'hui encore, on peut lire dans nos almanachs de chaque année
qu'ils s'étendent du 3 juillet au 11 août, période qui n'a plus aucun
rapport avec le règne de Sirius. Bizarre métamorphose des idées
et des mots : la *canicule*, tout ardente et tout étouffante qu'elle soit,
ne dérive pas de l'idée de chaleur, mais du mot *chien*; les régions
arctiques ne signifient point les contrées du froid, mais celles de l'*ourse*;
le septentrion n'est point ainsi nommé parce qu'il indique le nord,

([1]) Hésiode donne même à cet égard des indications qui ne manquent pas d'intérêt :
« Lorsque le chardon est en fleurs, dit-il (ch. ii), et que la bruyante cigale, perchée
sur un arbre, siffle ses chants aigus en développant ses ailes, dans les chaleurs exces-
sives, dans ce temps où les chèvres sont grasses, le vin délicieux, les femmes amou-
reuses et les hommes très faibles, parce que le brûlant Sirius leur dessèche la tête
et tout le corps ; recherchez alors la fraîcheur des grottes, buvez du vin de Biblis,
nourrissez-vous de fromages, de lait de chèvre qui n'allaite plus, de viande des jeunes
génisses qui dévorent les arbustes et de celle des tendres chevreaux. Assis à l'ombre,
prenez ces repas que vous accompagnerez de vin noir. Mais lorsqu'Orion et Sirius
seront parvenus au milieu du ciel, et que l'Aurore aux doigts de rose se trouvera en
face d'Arcturus, cueillez toutes vos grappes; exposez-les pendant dix jours et pendant dix nuits au soleil; mettez-les ensuite à l'ombre cinq jours et cinq nuits seulement; et le sixième jour, puisez-en des libations pour le dieu Bacchus qui répand
la joie dans le monde. Puis quand les Pléiades, les Hyades et l'astre prédominant
d'Orion ne paraîtront plus, n'oubliez pas que c'est là le temps du premier labour, il
faut faire suivre à la terre le cours de l'année. »

mais parce qu'il rappelle les sept *bœufs* de la constellation boréale :
le pôle antarctique ne représente pas le sud, mais « l'opposé de
l'ourse ». Et ainsi, comme maintes fois nous l'avons remarqué dans
le cours de ces deux volumes, tout change lentement dans l'histoire

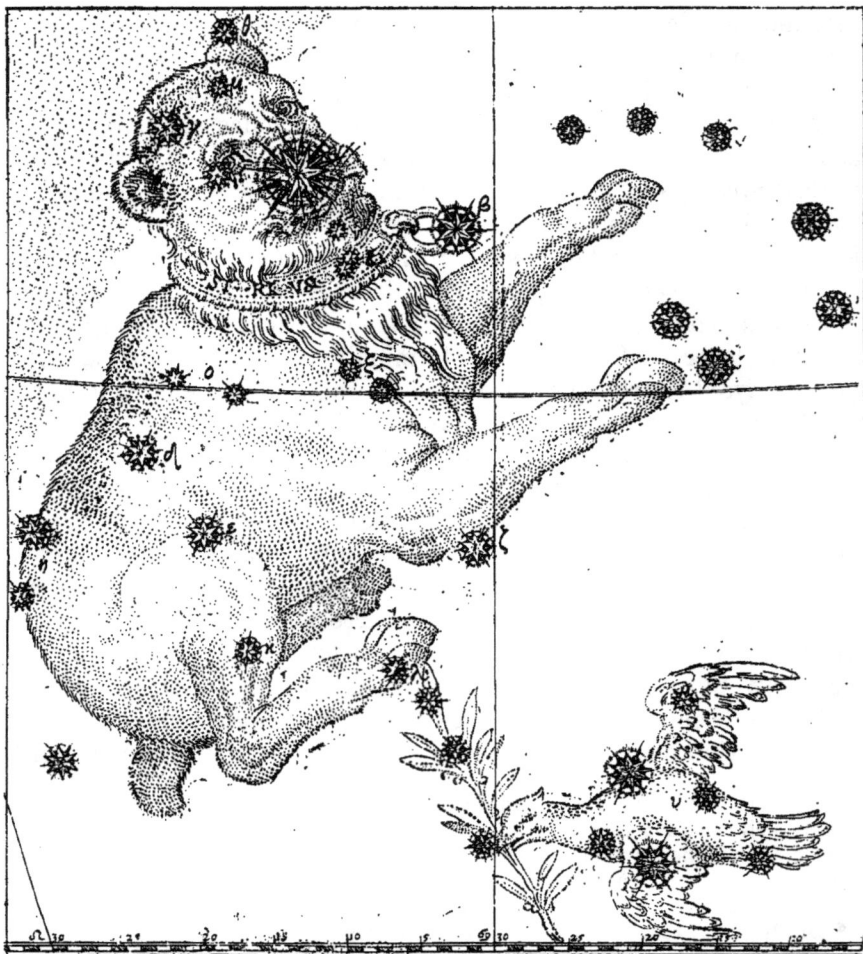

Fig. 315. — Le *Grand Chien* (Atlas de Bayer, 1603).

du ciel et de la terre, tout se transforme dans le langage même de
l'humanité, tout se métamorphose.

La plupart des auteurs anciens ont symbolisé dans Sirius la constellation entière du Grand Chien; mais de nos jours, la qualification
s'applique exclusivement à l'étoile *alpha* de cette figure, représentée

généralement sous l'aspect classique reproduit ci-dessus (*fig.* 315). Le Chien semble, comme aux temps antiques, épier l'événement qu'il doit annoncer. La constellation elle-même n'occupe pas une étendue considérable sur la voûte céleste, mais la qualité éclipse la quantité. Outre Sirius, qui n'est d'aucune grandeur, pour ainsi dire, se plaçant tout à fait *hors concours* par la supériorité de son éclat, on en remarque trois de seconde (ε, δ et β), quatre de troisième (η, ζ, o² et 22), et neuf de quatrième. Le tableau suivant met en comparaison les observations faites depuis deux mille ans.

ÉTOILES PRINCIPALES DE LA CONSTELLATION DU GRAND CHIEN
DEUX MILLE ANS D'OBSERVATION.

| ÉTOILES | −127 | +360 | 1430 | 1590 | 1603 | 1660 | 1700 | 1800 | 1840 | 1860 | 1880 |
|---|---|---|---|---|---|---|---|---|---|---|---|
| α (Sirius) | 1 | 1 | 1 | 1 | 1 | 1 | 1 | 1 | 1 | 1 | 1 |
| β (Mirzam) | 3 | 3 | 3 | 2 | 2 | 2 | 2 | 2.3 | $2\frac{2}{3}$ | $2\frac{1}{3}$ | 2,2 |
| γ | 4 | 4 | 4 | 3 | 3 | 3 | 3 | 4 | $4\frac{1}{4}$ | $4\frac{1}{4}$ | 4,5 |
| δ | 3 | 3 | 3 | 3 | 3 | 2 | $2\frac{1}{2}$ | 3.4 | 2 | 2 | 2,1 |
| ε | 3 | 3 | 3 | 3 | 3 | 2 | $2\frac{3}{4}$ | 2.3 | $1\frac{1}{2}$ | $1\frac{1}{3}$ | 1,9 |
| ζ | 3 | 3 | 3 | 3 | 3 | 2 | 3 | 3 | $2\frac{2}{3}$ | $2\frac{2}{3}$ | 3,2 |
| η | 3 | 3.4 | 3.4 | 3 | 3 | 2 | $2\frac{3}{4}$ | 3 | $2\frac{1}{2}$ | $2\frac{2}{3}$ | 2,9 |
| θ | 4 | 4.5 | 4.5 | 4 | 4 | 5 | 5 | 5 | $4\frac{1}{3}$ | $4\frac{1}{3}$ | 4,4 |
| ι | 4 | 4 | 4 | 4 | 4 | 4 | 4 | 4.5 | $4\frac{2}{3}$ | $4\frac{2}{3}$ | 4,9 |
| κ | 4 | 4 | 4 | 4 | 4 | 4 | 5 | 4 | 4 | 4 | 4,0 |
| λ | 4 | 5 | 5 | 0 | 4 | 5 | 4 | 5 | $4\frac{1}{3}$ | $4\frac{1}{4}$ | 4,7 |
| μ | 5 | 5 | 5 | 5 | 5 | 4 | 4 | 5.6 | 5 | 5 | 5,5 |
| 6 $\nu^1$ | 0 | 0 | 0 | 0 | 5 | 0 | 5 | 6.7 | 0 | $6\frac{1}{3}$ | 6,4 |
| 7 $\nu^2$ | 5 | 5 | 5 | 5 | 5 | 5 | 5 | 5 | 5 | 5 | 4,2 |
| 8 $\nu^3$ | 6 | 5 | 5 | 0 | 5 | 5 | 5 | 5.6 | 6 | 6 | 4,9 |
| 4 $\xi^1$ | 5 | 5 | 5 | 0 | 5 | 5 | 5 | 5.6 | 5 | 5 | 4,5 |
| 5 $\xi^2$ | 5 | 5 | 5 | 0 | 5 | 5 | 5 | 5 | 5 | 5 | 4,8 |
| 16 $\iota^1$ | 5 | 5 | 5 | 5 | 5 | 5 | 5 | 4 | 5 | 5 | 3,9 |
| 24 $o^2$ | 4 | 4 | 4 | 5 | 5 | 4 | $4\frac{3}{4}$ | 4 | $3\frac{1}{3}$ | $3\frac{1}{3}$ | 3,4 |
| 10 | 0 | 0 | 0 | 0 | 0 | 0 | 6 | 6 | 5 | 5 | 5,7 |
| 11 | 0 | 0 | 0 | 0 | 0 | 5 | 5 | 6 | 5 | 5 | 5,5 |
| 15 | 5 | 5 | 5 | 0 | 0 | 0 | 6 | 5.6 | $5\frac{2}{3}$ | $5\frac{2}{3}$ | 5,3 |
| 19 | 0 | 0 | 0 | 0 | 0 | 5 | 6 | 5.6 | $5\frac{2}{3}$ | $5\frac{2}{3}$ | 4,9 |
| 22 | 0 | 0 | 0 | 0 | 0 | 4 | 4 | 3.4 | $4\frac{1}{3}$ | 4 | 3,6 |
| 27 | 0 | 0 | 0 | 0 | 0 | 0 | 7 | 4.5 | $5\frac{2}{3}$ | $5\frac{2}{3}$ | 5,4 |
| 28 | 0 | 0 | 0 | 0 | 0 | 5 | $3\frac{1}{2}$ | 6 | $4\frac{2}{3}$ | $4\frac{2}{3}$ | 4,2 |
| 29 | 0 | 0 | 0 | 0 | 0 | 0 | 0 | 6 | 5 | 5 | 5,6 |
| 30 | 0 | 0 | 0 | 0 | 0 | 5 | 5 | 6 | $4\frac{2}{3}$ | $4\frac{1}{3}$ | 4,6 |
| 11985 *Lal.* | 0 | 0 | 0 | 0 | 0 | 0 | 0 | 5 | 5 | 5 | 5,5 |
| 12541 *Lal.* | 0 | 0 | 0 | 0 | 0 | 0 | 0 | 6 | $5\frac{2}{3}$ | $5\frac{2}{3}$ | 5,6 |
| 2147 B.A.C. | 0 | 0 | 0 | 0 | 0 | 0 | 0 | 0 | 0 | $5\frac{3}{4}$ | 6,0 |
| 2162 B.A.C. | 0 | 0 | 0 | 0 | 0 | 0 | 0 | 0 | 0 | $5\frac{2}{3}$ | 5,7 |
| 12825 *Lal.* | 0 | 0 | 0 | 0 | 0 | 0 | 0 | 5 | $5\frac{2}{3}$ | $5\frac{2}{3}$ | 5,3 |
| 2291 B.A.C. | 0 | 0 | 0 | 0 | 0 | 0 | 0 | 0 | 0 | $5\frac{2}{3}$ | 6,0 |
| 12278 *Lal.* | 0 | 0 | 0 | 0 | 0 | 0 | 0 | 6 | 0 | | 5,6 |
| 12541 *Lal.* | 0 | 0 | 0 | 0 | 0 | 0 | 0 | 6 | $5\frac{2}{3}$ | $5\frac{2}{3}$ | 5,6 |
| 13059 *Lal.* | 0 | 0 | 0 | 0 | 0 | 0 | 0 | 6 | 0 | $6\frac{1}{3}$ | 5,7 |
| 14200 *Lal.* | 0 | 0 | 0 | 0 | 0 | 0 | 0 | 5 | 5 | 5 | 5,3 |
| 2244 B.A.C. | 0 | 0 | 0 | 0 | 0 | 0 | 0 | 0 | 0 | 6 | 7,0 |

Plusieurs étoiles de ce tableau arrêtent notre attention par les singulières différences d'estimation dont elles ont été l'objet. Ainsi, l'étoile 22, qui est actuellement de troisième grandeur et demie, et qui brille dans le corps même de la figure, au-dessus de ε, est complètement absente des catalogues anciens. Sa première observation est celle d'Hévélius qui, vers 1660, l'estima de quatrième grandeur. Mais en 1670 elle était redevenue invisible aux yeux de Maraldi ; en

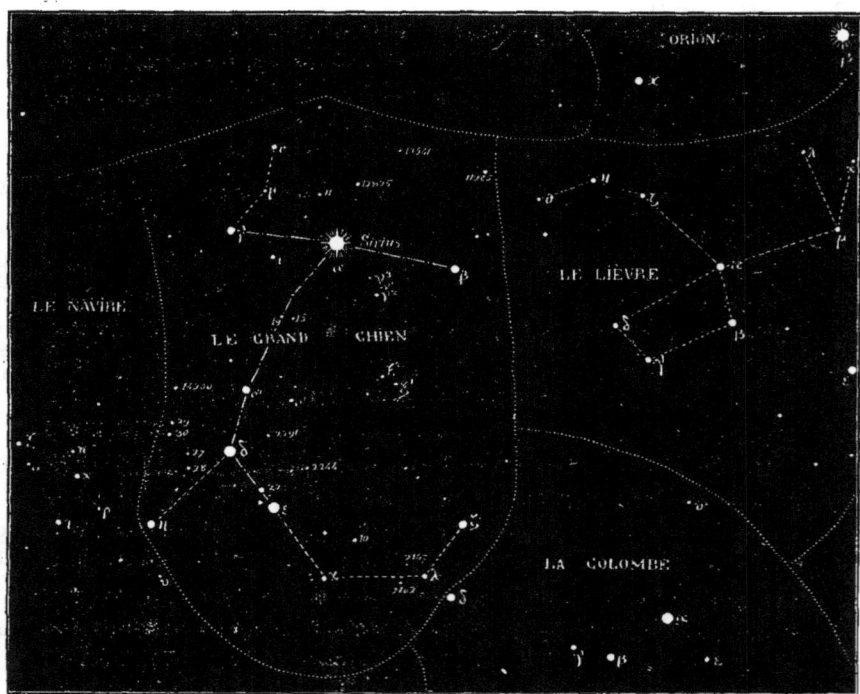

Fig. 316. — Principales étoiles de la constellation du Grand Chien.

1692 et 1693, il la retrouva de quatrième grandeur. Piazzi l'a vue de cette même grandeur, mais Lalande ne l'a pas observée du tout. Elle est *très rouge*. Nous devons donc la considérer comme variant au moins de la troisième à la sixième grandeur.

L'étoile 28 est dans le même cas. Située comme la précédente dans le corps même de l'antique figure, entre δ et η, et actuellement du quatrième ordre d'éclat, son absence des catalogues anciens ne peut s'expliquer que par une invisibilité relative. Flamsteed l'a inscrite de sont en dissociation les vapeurs du sodium, du magnésium, du fer et

3° $\frac{1}{2}$, nous la voyons aujourd'hui de 4°, Hévélius l'a faite de 5° et Piazzi de 6°.

Tout à côté, l'étoile 27, aujourd'hui moins brillante que 28, a été vue plus brillante, et estimée|de 4-5 par Piazzi. Argelander et Heis l'ont inscrite de 5 $\frac{2}{3}$, Behrmann de 6° et Flamsteed de 7°.

L'étoile λ, au pied de la figure, entre ζ et δ, n'est incorporée dans le Grand Chien que depuis Bayer. Ptolémée, Sûfi, Ulugh-Beigh l'avaient inscrite comme la cinquième des externes, et plusieurs atlas, notamment ceux d'Hévélius et Flamsteed, l'ont dessinée à l'extrémité du rameau que la Colombe porte dans son bec. Ptolémée l'a faite de quatrième grandeur, et Sûfi expressément de cinquième. Mais comme elle est à peu près de 4 $\frac{1}{2}$, peut-être ne varie-t-elle pas.

o¹ est une étoile orangée qui a été estimée de 4° à la fin du siècle dernier par Piazzi et Lalande, puis uniformément de 5°, et qui est actuellement une brillante de 4°.

L'étoile 6 ν¹ est actuellement invisible à l'œil nu pour les vues moyennes ; c'est une petite de la sixième grandeur. Or sur l'atlas de Bayer elle est parfaitement visible, de même grandeur que sa voisine ν² et que ν³, c'est-à-dire de cinquième. Elle est absente de l'atlas d'Hévélius. Sûfi, dans sa description si minutieuse, n'en dit pas un mot. Flamsteed l'a toutefois inscrite de cinquième, comme Bayer. Nous en concluons donc qu'elle varie au moins d'une grandeur, probablement de 5 à 6 $\frac{1}{2}$. Sa nuance est rougeâtre, comme celle de ν² et ν³. C'est une étoile double : elle se montre accompagnée à 30″ à l'ouest d'une étoile de 8° grandeur. ν² et ν³, qui étaient respectivement de cinquième et sixième grandeur, il y a vingt ans, sont plutôt en ce moment de la quatrième et de la cinquième. (Le 28 février 1798, Lalande a estimé ν² de 3 $\frac{1}{2}$ et ν³ de 4 $\frac{1}{2}$.) Décidément les étoiles sont moins immuables qu'on le pense.

Voyez, du reste, les plus brillantes même de notre constellation :

On avait autrefois l'ordre suivant d'éclat :

β, δ, ε, ζ  de 3° grandeur
η  de 3° $\frac{1}{4}$
γ, ι, κ  de 4°

Au temps de Tycho et Bayer on a :

β  de 2°
γ, δ, ε, ζ, η  de 3°
θ, ι, κ  de 4°

Argelander et Heis ont fait, en nombres ronds :

$\varepsilon$    de $2^e$ brillante
$\delta$    de $2^e$
$\beta, \zeta, \eta$    de $2^e$ faible
$\varkappa, \gamma, \theta, \lambda$    de $4^e$

Et nous avons aujourd'hui :

$$\varepsilon = 1,9$$
$$\delta = 2,1$$
$$\beta = 2,2$$
$$\eta = 2,9$$
$$\zeta = 3,2$$
$$\varkappa = 4,0$$
$$\theta = 4,4$$
$$\gamma = 4,5$$

En attribuant la plus large part possible aux divergences d'appréciation, on ne peut toutefois s'empêcher de conclure en faveur d'une altération séculaire dans ces ordres d'éclat. Ainsi, $\varepsilon$ a certainement augmenté d'une grandeur au moins ; $\gamma$ a certainement diminué depuis le XVII$^e$ siècle ; $\delta$ paraît osciller entre 2 et 3 ; la plus stable est $\varkappa$.

Certaines autres variations s'accusent encore dans cette comparaison attentive. L'étoile 19, qui est actuellement une brillante du cinquième ordre était presque de sixième il y a vingt ans, et elle a été inscrite de cette classe par Flamsteed. L'étoile 2244 B.A.C, vue à l'œil nu par Heis, est complètement invisible et atteint à peine aujourd'hui la septième grandeur ; Gould l'a estimée de 7 ½ en 1877, et Johnson de 8$^e$ en 1856. Mais nous arrivons ici à des témoignages beaucoup plus graves sur Sirius lui-même.

Si l'on en croit quelques auteurs anciens, cet astre splendide, l'éclatant, l'unique Sirius, aurait subi depuis les temps historiques une étrange transformation dans sa lumière.

Dans sa traduction latine du poème grec d'Aratus, Cicéron déclare que l'étoile du Chien scintille d'une lumière rougeâtre [1]. Mais c'est là une traduction assez libre, car Aratus lui-même ne dit pas que Sirius soit rouge : il le qualifie de ποικίλος, épithète que l'on peut traduire par « scintillant de couleurs variées ». Cicéron, toutefois, a été suivi par Horace et par Sénèque, qui chantent l'ardente coloration de notre étoile. « Montre un courage à toute épreuve, dit Horace [2], soit que

[1]       Namque pedes subter rutilo cum lumine claret
          Fervidus ille canis stellarum luce refulgens.

[2]       Persta, atque obdura, seu rubra Canicula findet
          Infantes statuas, seu pingui tentus omaso
          Furius hibernas cana nive conspuet Alpes.
                                        *Satires*, II, v.

la rouge Canicule fende les muettes statues, soit que la panse du vent Furius fasse neiger de blancs flocons sur les Alpes glacées. » Les licences poétiques permettraient cependant de ne voir ici qu'une métaphore inspirée par les chaleurs de l'été : ce n'est pas encore là une observation précise. Sénèque est plus explicite :

« La variété des émanations de l'atmosphère terrestre ne doit pas nous surprendre. Au ciel même les astres présentent des couleurs différentes : l'étoile de la Canicule brille d'un rouge vif ; Mars est plus pâle, et Jupiter n'est coloré d'aucune nuance ([1]). » Ces expressions ne laissent pas d'ambiguïté.

Cependant il est bien singulier que ce soit seulement pendant ce siècle-là (de Cicéron à Sénèque, — 50 + 50) que l'on ait parlé de cette couleur rouge de la plus brillante étoile du ciel. Eratosthènes, Eudoxe et Aratus n'y avaient fait aucune allusion dans l'antiquité et, depuis, aucun astronome n'en a parlé. Au x⁰ siècle de notre ère, elle était certainement blanche, car Abd-al-Rahman al-Sûfi qui signale la coloration rouge d'Antarès, Bételgeuse, Aldébaran, Arcturus et Pollux, et dont la description est si minutieuse et si détaillée, ne signale pas la moindre nuance dans sa coloration. De plus, il ne remarque pas que Ptolémée l'ait qualifiée de rouge, ce qui conduit à conclure que les anciens manuscrits de l'Almageste ne portaient pas cette mention. Toutes les éditions imprimées la reproduisent, à la première ligne de sa nomenclature des étoiles du Grand Chien : ὁ ἐν τῷ στόματι λαμπρότατος καλούμενος κυων καὶ ὑπόκιρρος. Ce dernier qualificatif *upokirros* « rougeâtre » n'a pas dû être appliqué par Ptolémée lui-même, car Al-Battani (Albategnius), astronome arabe du ix⁰ siècle, antérieur à Sûfi, ne signale dans l'Almageste arabe que cinq étoiles rougeâtres, tandis que l'Almageste grec en présente six. D'autre part encore, Ptolémée, qui généralement appelle les étoiles de première grandeur par leur nom, ne nomme pas Sirius dans la ligne précédente, et j'admettrais volontiers avec M. Schjellerup que ce nom y était écrit et a été mal lu, de sorte qu'au lieu de καὶ ὑπόκιρρος c'était primitivement καὶ σείριος que l'on devait lire. Au lieu de :

> La brillante, sur la bouche, appelée le Chien et rougeâtre,

on lirait :

> La brillante, sur la bouche, appelée le Chien et Sirius,

---

([1]) Nec mirum est, si terræ omnis generis et varia evaporatio est, quam in cœlo quoque non unus appareat color rerum, sed acrior sit Caniculæ rubor, Martis remissior, Jovis nullus. — *Questions naturelles*, Liv. I.

qui correspond aux anciennes éditions arabes, où l'on ne trouve aucune traduction ni aucun synonyme du mot *rougeâtre*. La description des étoiles de Sûfi porte aussi en première ligne :

> La brillante, sur la bouche, appelée le Chien et *al-Schira*.

Le catalogue d'Ulugh-Beigh dit :

> Quæ est in ore, intense lucida, quam Canem et *Shira* vocant.

Il semble que devant l'ensemble de ces témoignages, la coloration
rouge de Sirius devient très douteuse. Seule, l'expression de Sénèque
reste difficile à interpréter. Mais Sénèque n'était pas astronome ; il
ne dit point qu'il ait observé lui-même cette coloration ; il a pu se fier
à Cicéron comme à Horace, et croire que l'ardente Canicule était vraiment rouge : la métaphore sera devenue réalité. Ce n'est pas là le
seul exemple de ce genre que nous offre l'histoire : les origines du
christianisme même en présentent bien d'autres, dont l'influence a
eu les plus singuliers effets sur la conduite entière de l'humanité et
régit encore aujourd'hui les destinées intimes de la France elle-même,
depuis Paris jusqu'à Lourdes.

La plupart des astronomes considèrent, il est vrai, cette métamorphose comme certaine. Sir John Herschel, Secchi, Arago, Humboldt
ont cherché à l'expliquer. « Sirius, dit l'illustre auteur du *Cosmos*,
offre l'unique exemple d'un changement de couleur constaté historiquement, car sa lumière est aujourd'hui d'une blancheur parfaite. Il n'y
a qu'une grande révolution, soit à la surface, soit dans la photosphère
de cette étoile, qui ait pu produire ce changement de couleur, en
troublant l'action des causes auxquelles était due la prédominance des
rayons rouges. Cette prédominance elle-même peut être attribuée à
ce que les rayons complémentaires des rayons rouges étaient absor-
bés par la photosphère même de ce soleil, ou par des nuages cosmiques qui se transporteraient lentement à travers l'espace. » Cette
dernière explication était celle que sir John Herschel préférait. Mais
devant toutes les pièces du procès que j'ai pris soin de remettre directement sous les yeux du lecteur, il me semble qu'il n'y a plus d'explications à chercher, et que, quoique *possible*, cette transformation du
soleil sirien n'est nullement *certaine*. Il vaut mieux admettre une
exagération de langage dans un écrivain de la Terre, ou une confusion
de mots, qu'une révolution dans la nature d'un système de mondes tel
que celui de Sirius [1].

[1] Il se présente assez souvent dans la science des cas analogues, où il est impossible d'avoir une conviction complète, où le rôle de l'historien est assez difficile. Gé-

L'analyse spectrale montrant la prédominance de l'hydrogène dans les étoiles blanches, et celle des oxydes de carbone dans les étoiles rouges, conduit à penser que celles-ci sont à une température moins élevée, et représentent une période plus avancée de ces lointains soleils. Si telle était la carrière normale des foyers solaires, la lumière des étoiles subirait une transformation contraire à celle qui a été attribuée à Sirius : elle serait blanche d'abord, rouge ensuite. On concevrait plus difficilement qu'une étoile aït été rouge avant d'être blanche. Les spectres des troisième et quatrième types rappellent ceux des taches solaires : il est donc probable que les étoiles rouges, parmi lesquelles se rangent presque toutes les étoiles variables, sont des soleils couverts de taches et en voie de refroidissement. — Il est doublement remarquable que Sûfi ait vu Algol *rouge*, au xᵉ siècle de notre ère. Elle était blanche au temps de Ptolémée, et elle l'est encore aujourd'hui, faisant exception dans l'assemblée de ses sœurs en

néralement, l'auteur ne doit laisser aucun travail d'esprit à faire à ses lecteurs et par conséquent doit décider lui-même : c'est ce que le lecteur préfère. Un écrivain léger ou peu soucieux d'être l'interprète fidèle de la vérité absolue, peut toujours agir de la sorte (surtout dans les questions politiques) et imiter les avocats dont la plus haute éloquence consiste à affirmer l'inconnu avec un grand air de conviction et à défendre le faux comme le vrai. Au risque de paraître indécis, un auteur honnête ne peut agir de cette façon : il ne doit affirmer que ce qu'il *sait*. Dans ces cas difficiles, son unique soin doit être d'examiner, sans aucune idée préconçue, toutes les pièces du procès, et de fonder son opinion sur *le plus probable*. Telle a toujours été ma ligne de conduite : elle est plus loyale qu'habile. Ainsi, par exemple, dans les discussions relatives aux planètes annoncées par Le Verrier comme existant entre Mercure et le Soleil, je n'ai pas cessé depuis 1859 (observation de Lescarbault) de déclarer que sur les nombreuses observations signalées en faveur de l'existence de ces planètes, il n'y en a pas une seule d'incontestable, et que par conséquent la probabilité est que ces planètes n'existent pas, ou, dans tous les cas, n'ont jamais été vues. Chaque nouvelle observation prétendue m'a donné raison, et aussi chaque nouvelle annonce déçue de passage devant le Soleil. Eh bien! certains astronomes m'en ont blâmé en déclarant que je manquais d'égards envers Le Verrier! —Il importe d'établir le degré exact de *probabilité* qui résulte de la discussion des problèmes. Pour ces planètes intra-mercuriennes, par exemple, il n'est pas certain, mais il est *presque certain* qu'il n'existe là aucun monde de volume analogue à Mercure.—Pour le changement de couleur de Sirius, la probabilité est déjà moindre : il est *très probable* qu'il n'a pas changé. — On se souvient de notre longue discussion relative aux sept Pléiades anciennes : il est seulement *probable* que quelques changements se sont opérés là depuis l'antiquité. — *Que deviennent les planètes mortes?* Il est *possible* qu'elles se morcellent en fragments et se dispersent dans l'immensité.—Ce sont là des degrés fort divers, et le rôle du savant consciencieux doit être de s'arrêter juste à la limite de ce qui est connu au moment où il se fait l'historien de la science. Que les *faits* soient exposés exactement : c'est la base. Rien ne nous empêche ensuite de laisser un libre essor à notre imagination, pour nous élever au-dessus des panoramas, contempler l'ensemble, dominer la nature et nous envoler dans l'avenir même.

variabilité, qui sont toutes plus ou moins jaunes, orangées ou rouges. L'observation de l'astronome arabe, qui ne connaissait pas la varia-bilité d'Algol, fait pencher la balance en faveur d'une rotation d'un soleil qui s'encroûte plutôt qu'en faveur d'un satellite en révolution autour de lui.

Par la supériorité de son éclat, qui surpasse si magnifiquement celui de toutes les autres étoiles, Sirius a depuis la plus haute anti-quité frappé l'attention de tous les contemplateurs du ciel, qui voyaient et devinaient en lui un astre d'une importance capitale. Aristarque de Samos lui donne déjà le titre de soleil. Toute l'antiquité, tout le

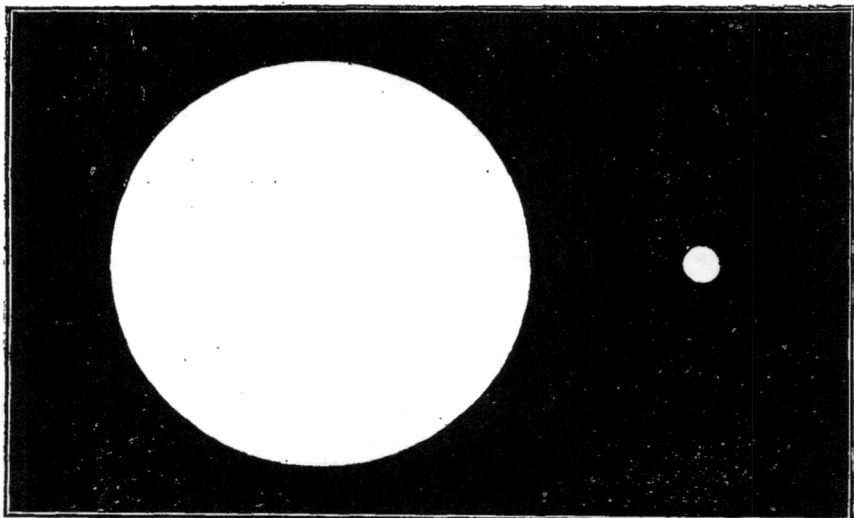

Fig. 317. — Dimension probable de Sirius, relativement à notre Soleil.

moyen âge, gardèrent la conviction qu'il exerçait une action réelle sur les destinées de la Terre. Au siècle dernier, le philosophe Kant le considéra comme étant le pivot central de l'univers, le foyer d'at-traction autour duquel graviteraient notre propre soleil et toutes les étoiles habitant notre contrée de l'espace. Aujourd'hui que nous mesurons sa distance, que nous analysons sa lumière et que nous calculons sa masse, sa valeur s'impose encore davantage à notre pensée. Quand on songe que cette lumière brille dans l'immensité, à des milliers de milliards de lieues d'ici, et que malgré cette incommen-surable distance nous recevons encore d'elle de pareils feux, des feux tels que nous pouvons la photographier et que leur chaleur est sensible au thermomètre, c'est tout simplement stupéfiant! Lorsque nous dirigeons un puissant télescope vers cette étoile, son arrivée dans le champ télescopique se fait annoncer par un rayonnement analogue à celui du soleil levant, et au moment où Sirius lui-même apparaît dans sa gloire, c'est un éblouissement solaire que l'on ne pourrait longtemps soutenir sans fatigue pour la vue. Et pourtant! vu à un tel éloignement, ce gigantesque soleil est réduit pour nous à un simple point lumineux, sans aucune dimension appréciable : il serait impossible de tracer à l'aide de la plume, d'un fin crayon, ou même d'une aiguille, un point aussi petit que l'image réelle de Sirius vu d'ici. Les étoiles sont, en effet, perdues au delà d'une telle immensité, que, seraient-elles des milliers de fois plus volumineuses que notre soleil, elles ne peuvent avoir pour nous aucune dimension appréciable. C'est leur lumière qui nous frappe, non leur grandeur réelle. C'est leur rayonnement qui nous les fait paraître plus ou moins grandes. Plus la vue est bonne, plus ces rayons factices disparaissent, plus l'étoile est nette, et plus elle est petite. Une simple jumelle montre déjà les étoiles beaucoup plus petites que nous les voyons à l'œil nu. Une lunette bien pure les montre plus minuscules encore. Les meilleurs instruments les réduisent à des points mathématiques, excessivement lumineux, mais sans étendue apparente. Plus le grossissement est fort et plus l'étoile est petite, car ici ce n'est plus le grossissement qui agit (la distance est trop immense), c'est la perfection optique de l'instrument qui fait disparaître les derniers rayons factices. Il en est ainsi pour toutes les *étoiles* : les grands instruments ne servent qu'à définir avec plus de précision leurs positions absolues, à découvrir si des compagnes plus humbles se cachaient dans leur rayonnement, à apprécier leur vraie couleur; c'est là un contraste remarquable avec les *planètes*, qui ne roulent qu'à quelques dizaines ou quelques centaines de millions de lieues de nous, présentent des disques appréciables et sont de plus en plus agrandies devant nos yeux par la puissance optique des instruments, — avec les comètes, qui s'approchent également de nos contrées, — avec le Soleil dont les taches se développent sous nos regards, — et surtout avec notre voisine la Lune, dont la topographie nous montre aujourd'hui les moindres détails de ses paysages si étranges et si accidentés.

Estimer la grandeur apparente du disque de l'étoile la plus grande de notre ciel est une tentative purement imaginaire. Même dans le meilleur instrument, c'est encore un disque factice. L'astronome-physicien Wollaston, fondateur de l'analyse spectrale, avait conclu de ses études que le diamètre apparent de Sirius n'égalait certainement pas un cinquantième de seconde. Or, un disque d'une seconde, c'est un cercle de 1 millimètre de diamètre vu à 206 000 millimètres ou à 206 mètres, et un disque d'un cinquantième de seconde, c'est un cercle de 1 millimètre vu à dix mille mètres de distance! On sent que c'est complètement invisible à l'œil nu, et, par conséquent, comme nous le remarquions tout à l'heure, si nous voyons les étoiles, ce n'est point à cause de leur grandeur apparente, mais à cause de l'intensité formidable de leur lumière. Mais se représente-t-on quel volume correspondrait à cette exiguïté même? Si vraiment Sirius mesurait un cinquantième de seconde de diamètre, cette grandeur équivaudrait encore à 6 750 000 lieues : c'est près de 20 fois le diamètre de notre soleil et sept mille fois son volume!

Le chiffre le plus sûr pour la parallaxe de notre étoile est 0″193, qui correspond à 1 069 000 rayons de l'orbite terrestre, ou à 39 *trillions* de lieues. La lumière emploie 16 ans pour venir de là. Nous connaissons dix étoiles plus proches de nous (Voy. *Astronomie populaire*, p. 735), et parmi elles quatre sont invisibles à l'œil nu, ce qui nous prouve que ce ne sont pas les plus brillantes qui sont les plus proches, que ce ne sont pas les plus petites qui sont les plus éloignées, que l'éclat apparent des étoiles ne dépend pas seulement de leurs distances, et qu'il y a une variété inimaginable dans leur lumière, leur température, leur constitution physique et chimique, leurs volumes, leurs masses, leurs densités, leur rôle et leur action dans l'univers.

La lumière intrinsèque de cet astre géant est de beaucoup supérieure à celle du soleil qui nous éclaire. Transporté à une pareille distance, notre soleil ne serait qu'une petite étoile de sixième grandeur. Si le soleil sirien émettait par hectare de sa surface la même quantité de lumière qui est émise par chaque hectare de notre foyer solaire, sa surface serait environ 288 fois plus étendue que celle de notre globe solaire, et son volume serait 4860 fois plus grand que celui de notre propre soleil. Les diamètres des deux globes seraient entre eux dans le rapport de 1 à 17.

Il est probable que sa surface en est elle-même plus lumineuse que celle de notre soleil : tandis que celle-ci est plutôt jaune que blanche et appartient au second ordre de soleils, celle de Sirius est d'une blancheur parfaite et est classée parmi les types du premier ordre. L'analyse spectrale révèle dans son spectre les lignes caractéristiques que nous avons remarquées (Planche générale des spectres, *fig.* 3), indiquant une photosphère hydrogénée très brillante, dans laquelle d'autres métaux. Les lignes de l'hydrogène sont extrêmement fortes, tandis que celles des métaux sont remarquablement faibles. Sirius, Véga, Rigel, Altaïr, Régulus, sont sans doute des soleils qui n'ont pas encore de taches. Leur lumière est blanche, éclatante, leur rayonnement formidable, leur activité prodigieuse, et leur [volume aussi paraît énorme. En raison de la supériorité d'éclat, nous devons réduire le diamètre trouvé plus haut. Mais d'autre part les expériences de Sainte-Claire Deville semblent conduire à la conclusion que l'éclat comme la température de notre Soleil représentent déjà un maximum de combustion chimique, et en supposant que la surface de Sirius soit du double plus brillante que celle de notre fournaise, c'est déjà aller un peu loin. A cette limite même, toutefois, ce lointain soleil aurait encore une surface 144 fois plus vaste, un volume 1728 fois plus gros, et les deux diamètres seraient dans le rapport de 1 à 12.

C'est ce qui est probable. Du moins cette déduction ressort-elle comme moyenne concordante de l'ensemble des études photométriques. Notre *fig.* 317 donne l'idée de ce rapport de dimensions : en l'examinant, ne perdons pas de vue que notre Soleil est 108 fois plus large que la Terre et 1 280 000 fois plus volumineux.

La détermination précise de la quantité de lumière reçue d'une étoile n'est pas facile. Sir John Herschel a trouvé que l'intensité lumineuse de l'étoile α du Centaure est à celle de la pleine lune dans le rapport de 1 à 27 408. D'autre part, Wollaston avait trouvé que la lumière du Soleil est égale à celle de 800 000 pleines lunes réunies. D'où la conséquence qu'il faudrait près de 22 millions d'étoiles pareilles à α du Centaure pour égaler la lumière solaire. Reculé à la distance de cette étoile, notre puissant soleil, perdant de son éclat dans le rapport du carré des distances, n'aurait plus que les 43 centièmes de l'intensité de cette même étoile : ce serait une petite étoile de première grandeur. Son disque serait réduit à moins d'un centième de seconde, à 0″009. Si l'on compare entre elles les mesures photométriques de sir John Herschel, Laugier, Secchi, Seidel et Trépied, on trouve, malgré les discordances, que les vingt plus brillantes étoiles du ciel se rangent dans l'ordre des intensités lumineuses suivantes :

|  | Intensité comparée | Grandeur vulgaire |
|---|---|---|
| Sirius . . . . . . . . . . | 400 | 0,25 |
| Canopus . . . . . . . . . | 200 | 0,5 |
| α du Centaure. . . . . . | 100 | 1,0 |
| Arcturus. . . . . . . . . | 75 | 1,2 |
| Véga. . . . . . . . . . . | 72 | 1,2 |

|               | Intensité comparée | Grandeur vulgaire |
|---------------|--------------------|--------------------|
| Rigel         | 68                 | 1,3                |
| Capella       | 63                 | 1,3                |
| Procyon       | 58                 | 1,4                |
| Bételgeuse    | 50                 | 1,5                |
| Achernar      | 48                 | 1,6                |
| Aldébaran     | 46                 | 1,6                |
| Antarès       | 45                 | 1,6                |
| β du Centaure | 45                 | 1,6                |
| α Croix du Sud| 44                 | 1,7                |
| Altaïr        | 43                 | 1,7                |
| L'Épi         | 41                 | 1,7                |
| Fomalhaut     | 41                 | 1,8                |
| β Croix de Sud| 40                 | 1,8                |
| Régulus       | 40                 | 1,9                |
| Pollux        | 38                 | 1,9                |

La lumière de Sirius est quatre fois plus intense que celle de l'étoile α du Centaure, qui est devenue le type par excellence de la première grandeur, et les premières étoiles de la seconde grandeur sont considérées comme offrant une intensité lumineuse égale au tiers environ de celle de α du Centaure ( ¹ ).

(¹) D'une classe à l'autre le rapport moyen adopté pour l'intensité lumineuse est 2,56. Si l'on calcule l'intensité relative pour les 13 premiers ordres de grandeur, on trouve le petit tableau suivant :

$$
\begin{array}{r}
77753 \\
30420 \\
11902 \\
4656 \\
1822 \\
713 \\
279 \\
109 \\
42,68 \\
16,70 \\
6,53 \\
2,56 \\
1,00
\end{array}
$$

c'est-à-dire qu'une étoile de première grandeur (α du Centaure) est 77753 fois plus brillante qu'une de treizième. Il faut 2 étoiles et demie de la seconde grandeur pour en former une de la première, 6 et demie de la troisième, 16 de la quatrième, 42 de la cinquième, 109 de la sixième, etc.

La lumière totale émise par les étoiles du ciel n'est pas aussi faible qu'on pourrait le supposer. En pleine campagne, par une nuit transparente et étoilée, la pupille dilatée distingue fort bien les objet. Sirius seul est aussi lumineux qu'une lumière électrique vue à un kilomètre, et son éclat surpasse de beaucoup celui d'une bougie vue à cent mètres.

Sirius est si brillant qu'on peut le voir en plein jour, comme Vénus et Jupiter, à l'aide d'une petite lunette, quand on sait où il est. On trouve aussi Arcturus, Véga et Rigel; c'est là une impression toujours particulièrement agréable, parce qu'elle nous montre que de jour aussi bien que de nuit la Terre plane au sein de l'univers étoilé, l'éclairement atmosphérique étant la seule cause qui nous empêche de voir les étoiles pendant le jour.

Aussi longtemps que la distance des étoiles les plus proches est restée inconnue, on a pu croire que Sirius était le soleil le plus voisin de notre système, et que même il pouvait exercer une influence sur notre soleil. Mais lors même qu'on supposait sa parallaxe égale à 1″, William Herschel avait calculé qu'en lui attribuant une masse égale à celle de notre soleil, l'attraction mutuelle des deux corps l'un vers l'autre serait si faible à une pareille distance que c'est à peine s'ils sentiraient leur influence réciproque ; toutefois cette influence ne serait pas nulle : les deux soleils s'avanceraient l'un vers l'autre, d'abord avec une inconcevable lenteur, se rapprochant à peine d'une infinitésimale fraction de millimètre pendant la première journée ; mais leur marche s'accélèrerait insensiblement, ils s'avanceraient l'un sur l'autre avec une vitesse croissante, et, après 33 millions d'années d'un vol progressivement accéléré, se rencontreraient, se briseraient, se broieraient, se *fondraient l'un dans l'autre* avec une telle violence que leur mouvement transformé en chaleur les ferait disparaître tous deux en fumée, ou pour mieux dire en une immense nébuleuse... Mais cette hypothèse ne s'applique qu'au cas où notre soleil et Sirius existeraient seuls et dormiraient en repos dans le sein de l'infini. En réalité, ils n'ont jamais été en repos, n'ont jamais été abandonnés à leur seule influence mutuelle ; au contraire, ils sont lancés l'un comme l'autre dans l'espace, animés de forces personnelles, et subissent d'ailleurs l'influence des autres centres d'attraction. Notre soleil vogue actuellement vers la constellation d'Hercule. Sirius est derrière nous relativement à notre translation séculaire dans l'espace. Nous nous éloignons l'un de l'autre, et notre éloignement s'accroît chaque année de 268 millions de lieues, chaque jour de sept cent mille ! D'une part le spectroscope révèle, par le déplacement des lignes spectrales du côté de l'extrémité rouge du spectre, un éloignement de 35 kilomètres par seconde ou de 268 millions de lieues par an. D'autre part, le mouvement propre sur la voûte céleste, perpendiculaire au rayon visuel, constaté par les positions prises chaque année aux instruments méridiens, est de 1″34 par an, ce qui, à la distance de Sirius correspond à 160 millions de lieues. La résultante de ces deux mesures (AC et AB), *fig.* 318, indique pour le mouvement réel (AD) de Sirius dans l'espace une marche oblique qui s'élève à la vitesse de 297 millions de lieues par an.

Le mouvement propre sur la sphère céleste dirige l'éclatante étoile vers le sud-ouest, vers ζ du Grand Chien, où elle arrivera dans 400 siècles environ, vers la petite constellation de la Colombe, vers la région céleste d'où nous venons. Ce mouvement séculaire est beaucoup plus rapide que la moyenne des mouvements stellaires, comme on peut en juger du reste par cette petite carte (*fig.* 319) sur laquelle j'ai représenté ce mouvement pour une période de cinquante mille ans. Quelle que longue que nous paraisse cette durée, relativement à notre vie si éphémère, on voit par cette carte même que des étoiles fort brillantes, telles que Canopus, Rigel, β du Grand Chien, δ, ε et ζ Orion, se déplacent à peine dans cet intervalle, ce qui conduit à penser qu'elles sont beaucoup plus éloignées de nous que Sirius.

Fig. 318. — Mouvement de Sirius
dans l'espace.

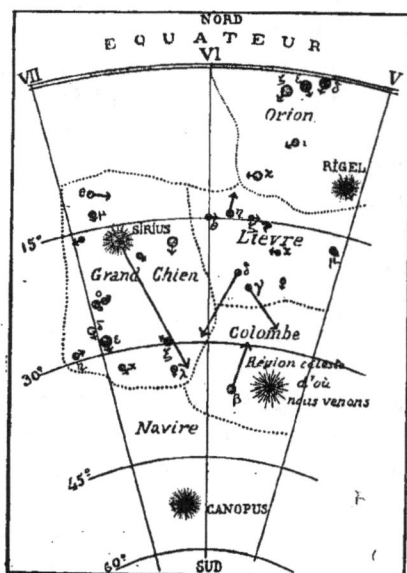

Fig. 319. — Mouvement propre de Sirius
sur la sphère céleste.

Ce mouvement séculaire de Sirius n'est pas uniforme et ne s'effectue pas suivant une ligne absolument droite : il présente des irrégularités bizarres, qui longtemps ont intrigué l'attention des astronomes, et qui, analysées avec un soin minutieux, se sont montrées périodiques. Quelquefois l'étoile s'écarte vers l'est de sa position moyenne ; quelquefois elle s'écarte vers l'ouest; parfois elle accélère son mouvement vers le sud et parfois elle le retarde. C'est surtout dans son ascension droite que les irrégularités ont été remarquées : elles s'élèvent à $0^s,152$.

La période est de 49 ans. Ainsi, en 1843, Sirius était à $0^s,152$ à l'ouest de sa position moyenne ; puis il s'est rapproché de cette position, a croisé la ligne fictive du parcours régulier, s'est écarté vers l'est jusqu'en 1867, année où son écartement s'est de même élevé à $0^s,152$, et depuis cette époque il revient vers l'ouest. Le tracé de notre fig. 320 donne une idée de cette curieuse sinuosité, qui s'est révélée dès les observations méridiennes si précises de Bradley au milieu du siècle dernier. Le plus grand écartement à l'est s'est montré en 1769, 1818 et 1867 ; le plus grand écartement à l'ouest en 1793 et 1843.

Dès l'année 1844, l'astronome Bessel proposa d'expliquer ces irrégularités par l'hypothèse d'un corps perturbateur invisible appartenant au système inconnu de Sirius, et en 1851, Peters calcula l'orbite théorique qui satisferait le mieux aux perturbations observées. Onze ans plus tard l'opticien américain Alvan Clarck venait de terminer la plus belle lentille qui ait été construite jusqu'alors (47 centimètres de diamètre) lorsque son fils, l'essayant sur Sirius, s'écria tout à coup : « Père ! Sirius a un compagnon. » Or la position de ce compagnon s'est trouvée correspondre à la position théorique que lui assignait le calcul pour cette époque. Comme dans le cas de Neptune, ce nouveau monde céleste avait été découvert par le calcul avant que l'œil humain l'ait jamais vu. Son prophète, le mathématicien Bessel, était mort depuis 1846.

Depuis la découverte fortuite de ce compagnon par l'œil perçant du fils d'Alvan Clarck aidé d'un puissant instrument, la petite étoile (elle

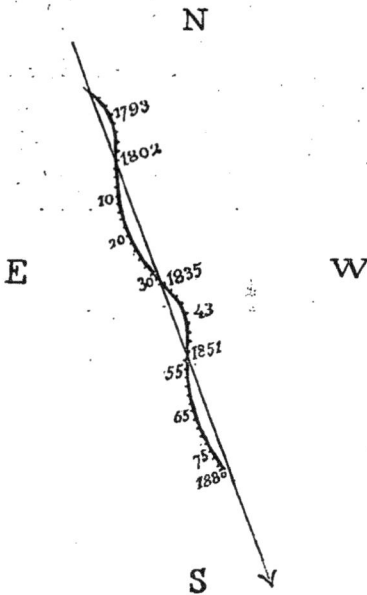

Fig. 320. — Sinuosités observées dans le mouvement propre de Sirius.

est de 9° grandeur et éclipsée dans le rayonnement de son immense
soleil) a été observée,
suivie, mesurée, avec
assiduité.. Elle gravite
vraiment autour de
Sirius. En 1862, elle
était à l'est, à 85°; elle
a marché rapidement
vers le nord, et se
trouve actuellement à
48°. Voici sa marche
observée :

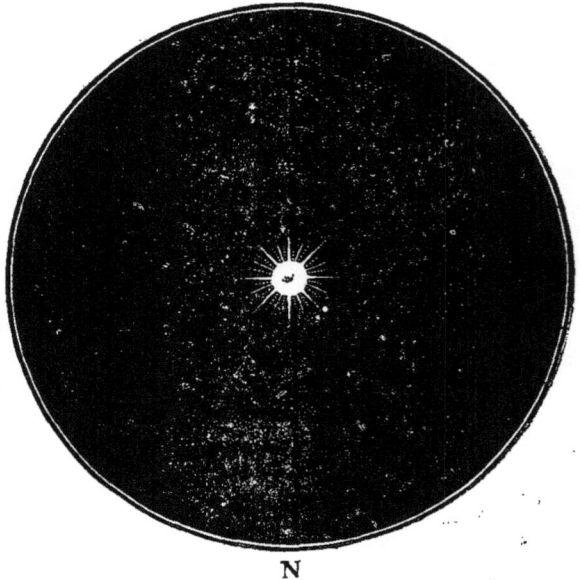

N

Fig. 321. — Sirius et son compagnon.

| 1862 | 85° | 10″,0 |
|---|---|---|
| 1864 | 80 | 10 ,3 |
| 1866 | 75 | 10 ,6 |
| 1868 | 70 | 10 ,9 |
| 1870 | 66 | 11 ,2 |
| 1872 | 62 | 11 ,4 |
| 1874 | 85 | 11 ,5 |
| 1876 | 55 | 11 ,2 |
| 1878 | 52 | 10 ,8 |
| 1880 | 48 | 10 ,4 |

Le calcul du satellite perturbateur de Sirius n'annonçait pas absolument cette
orbite. Voici la marche qui était indiquée par l'éphéméride :

| 1862 | 85° | 10″,1 | | 1872 | 69° | 11″,1 |
|---|---|---|---|---|---|---|
| 1864 | 80 | 10 ,5 | | 1874 | 65 | 10 ,9 |
| 1866 | 78 | 10 ,8 | | 1876 | 62 | 10 ,6 |
| 1868 | 75 | 11 ,1 | | 1878 | 58 | 10 ,0 |
| 1870 | 71 | 11 ,2 | | 1880 | 54 | 9, 3 |

L'angle diminue plus vite que la théorie ne l'indiquait, et la distance diminue
moins vite. L'orbite tracée sur l'ensemble des observations croise en 1870 l'orbite calculée et se projette en dehors suivant une tout autre courbe, qui sera
plus vaste et moins excentrique. C'est en comparant les observations à l'orbite
calculée que j'ai trouvé cette curieuse divergence ('). Notre *fig.* 322 montre, à
côté de l'orbite calculée, l'arc d'ellipse construit sur *la moyenne* des observations,
dont les plus écartées, marquées de part et d'autre de la courbe, ne s'en
éloignent que faiblement, si l'on a égard à la difficulté des mesures.

Cette divergence nous place entre deux hypothèses pour être expliquée : ou
bien ce compagnon observé va accélérer son mouvement de manière à arriver
en 1892 à l'ouest de Sirius; ou bien il y a dans le système de Sirius un second
corps perturbateur, plus rapproché du foyer et tournant plus rapidement que ce
compagnon. La période perturbatrice est certainement de 49 ans : elle peut provenir, soit du compagnon découvert, si sa révolution est bien de cette durée, soit

(') *Voir* les *Comptes rendus de l'Académie des Sciences,* 13 août 1877.

d'une combinaison entre la révolution de ce compagnon et celle d'un autre corps produisant les effets observés. Nous saurons cela d'ici à quelques années.

Pour distinguer le compagnon de Sirius, il faut une bonne lunette de 15 centimètres ou un bon télescope de 20 centimètres au moins, un ciel pur, un crépuscule clair, une vue excellente et une certaine habitude d'observation. La plupart des mesures prises sont dues à des observateurs exercés munis de lunettes de 40 à 60 centimètres d'objectif.

La parallaxe adoptée pour Sirius donne, d'après les calculs d'Au-

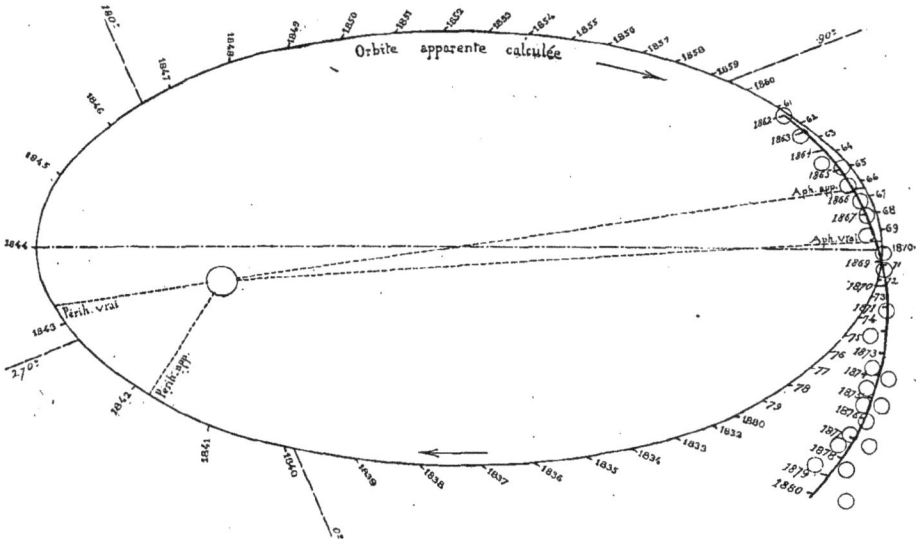

Fig. 322. — *Le système de Sirius.* Divergence entre l'orbite calculée et l'orbite observée.

wers, 37 fois le diamètre de l'orbite terrestre pour la distance du compagnon : il serait ainsi plus éloigné de son soleil central que Neptune ne l'est du centre commun de nos orbites planétaires; quoiqu'il nous paraisse toucher Sirius et être brûlé dans son rayonnement, son écartement réel serait de 1 milliard 370 millions de lieues. La rapidité de sa révolution à une telle distance indiquerait pour la masse de Sirius 14 fois celle du Soleil, et ce compagnon serait encore lui-même près de 7 fois plus lourd que notre propre soleil.

Il n'est pas probable que ce corps céleste ait une telle importance et que sa masse soit égale à la moitié de celle du colossal Sirius. A en juger par sa petitesse relative (9ᵉ grandeur), il doit être beaucoup moindre. Sans doute l'éclat n'est ni une mesure de la masse, ni une indication du volume; mais il est probable que si c'était là un second soleil égal à la moitié de Sirius, la différence d'éclat entre les deux astres ne présenterait pas un pareil contraste. Mais, d'ailleurs, ce satellite de l'éclatant soleil sirien brille-t-il de son propre éclat? ou bien ne serait-ce pas là une planète énorme de ce lointain système? Il ne serait pas absolument impossible que nous apercevions d'ici une telle planète, à la condition qu'elle eût un volume considérable et une surface réfléchissante très blanche. Chacun a pu remarquer que la planète Vénus (et c'est très frappant en ce moment : mars-avril 1881) est incomparablement plus éclatante que Sirius, quoiqu'elle n'ait en réalité aucune lumière propre, quoiqu'elle soit de sa nature aussi obscure que la Terre et qu'elle soit tout simplement éclairée par le Soleil. Si la surface de Sirius est intrinsèquement deux fois plus intense que celle de notre flambeau solaire, et si cette surface est 144 fois plus étendue, une immense planète, éloignée même à un milliard de lieues de Sirius, recevrait encore une assez grande quantité de lumière pour être perceptible d'ici. Il est donc possible que nous ayons là sous les yeux un monde imposant de ce fameux SYSTÈME DE SIRIUS célébré pour la première fois par Voltaire dans son conte charmant de *Micromégas*([^1]).

Des planètes situées près de Sirius, aux distances où gravitent dans notre système Mercure, Vénus, la Terre et Mars, seraient illuminées d'une lumière si éblouissante et chauffées par une fournaise si ardente que l'on peut se demander quel ordre de vie y serait possible. Si l'harmonie céleste n'est pas un vain mot, les planètes du système sirien doivent rouler autour de cet ardent et colossal soleil à une distance plus considérable, et trôner sur des orbites plus vastes encore que celles qui sont décrites en notre système par nos mondes géants de Jupiter, Saturne, Uranus et Neptune.

Le système de Sirius vient ainsi d'être révélé par la double con-

[^1]: *Voyage d'un habitant de Sirius et d'un habitant de Saturne.* Voyez mon ouvrage *Les Mondes imaginaires et les Mondes réels*, p. 479-487. C'est assurément l'un des chefs-d'œuvre de Voltaire. La philosophie astronomique y est déjà tout entière : « Nous avons soixante-douze sens, dit le Saturnien, et nous nous plaignons tous les jours du peu. — Je le crois bien, répond Micromégas ; dans notre monde de Sirius nous avons près de mille sens, et il nous reste encore je ne sais quelle vague inquiétude d'inconnu. — Combien de temps vivez-vous ? continue le Sirien. — Ah ! bien peu, réplique le petit homme de Saturne (qui n'avait que mille toises de hauteur) : seulement cinquante révolutions saturniennes ou quinze mille ans ; c'est mourir aussitôt né. — Notre vie est sept cents fois plus longue que la vôtre, reprend le Sirien de huit lieues de haut ; mais vous savez que quand il faut rendre son corps aux éléments et ranimer la nature sous une autre forme, ce qui s'appelle mourir, avoir vécu une éternité ou avoir vécu un jour, c'est à peu près la même chose, » etc. Tout ce roman astronomique est à lire. On ne sait pas, en général, que ce qui a donné à Voltaire l'ampleur et l'indépendance de ses idées, c'est sa connaissance de l'astronomie. C'est lui le premier qui a fait connaître Newton en France, et la seule traduction que nous ayons du livre des *Principes* est celle de la marquise du Châtelet, publiée par Voltaire.

quête du calcul et de l'observation, et c'est là le premier pas de fait dans la découverte des systèmes solaires différents du nôtre. La science de l'avenir nous conduira, très prochainement peut-être, à pénétrer plus avant dans la connaissance de ces mondes lointains.

[A l'aide d'instruments excellents, on parvient à apercevoir deux autres petites étoiles dans le voisinage de ce soleil, l'une à 114° et 72″, l'autre à 159° et 104″. Appartiennent-elles aussi à Sirius ? L'accompagnent-elles dans sa marche à travers l'immensité ? Sont-elles simplement situées au delà de ce soleil et ne paraissent-elles dans son voisinage que par le hasard des perspectives célestes ? Les mesures sont trop récentes et les observations sont insuffisantes pour décider.]

Tel est l'état de nos connaissances actuelles sur ce SOLEIL GÉANT, dont le système est incomparablement plus important que le nôtre, et sans doute d'une masse si formidable qu'il doit exercer une attraction effective sur les étoiles voisines, attraction qui s'étend certainement jusqu'à notre propre Soleil et jusqu'à nous-mêmes. Mathématiquement parlant, tous les atômes constitutifs de l'univers agissent à distance les uns sur les autres, la Lune soulève les eaux de l'Océan, qui se précipiteraient jusque sur notre satellite même, si la force attractive de la Terre ne les retenait pas; à notre tour, nous agissons nous-mêmes sur la Lune, le déplacement des masses à la surface de la Terre exerce son action sur notre satellite, et l'on ne sortirait pas des limites de la science pure en disant que chaque pas que nous faisons dans une promenade dérange la Lune dans son cours ! Le globe terrestre flotte dans l'espace comme un jouet léger, subissant l'influence de mille attractions diverses exercées par les astres voisins et, de proche en proche, par les plus éloignés. Notre soleil nous emporte avec lui dans sa marche vers la constellation d'Hercule; mais cette marche elle-même est le résultat d'une impulsion primitive constamment modifiée par l'influence des soleils situés dans notre voisinage céleste, soleils parmi lesquels Sirius, malgré son éloignement relatif, compte certainement comme fort important. Comment désormais le verrions-nous briller dans le ciel sans l'admirer plus encore qu'autrefois ? sans lui reconnaître une valeur bien autrement considérable que celle attribuée à la Canicule par les Égyptiens du temps des pyramides, par les Grecs de l'âge d'Homère, ou par les Latins du temps de Cicéron ? sans deviner, sans ressentir le poids formidable de ce lointain système ? sans rêver aux mondes inconnus qui roulent en cette région du ciel, et sans songer aux destinées qui les emportent en même temps que nous à travers l'insondable mystère ?

La splendeur de Sirius éclipse toutes les étoiles de sa constellation. Cependant nous ne devons pas quitter cette région du ciel sans en remarquer les autres richesses, sans en visiter les dernières curiosités.

L'étoile μ montre dans la lunette un couple élégant: 5ᵉ et 9ᵉ, à 3″. Système fixe. L'étoile v' n'est pas moins intéressante : 6ᵉ et 8ᵉ à 17″. Fixe, comme le couple précédent.

30 : 6ᵉ et 9ᵉ, à 85″; dans un riche amas (H. VII, 17).

ζ : 3ᵉ et 7ᵉ, à 167″; couple très écarté.

β : 2ᵉ et 9ᵉ, à 105″; moins intéressante, à cause de la petitesse du compagnon.

δ : 3ᵉ et 7ᵉ ½, à 165″.

Dirigez une lunette vers les étoiles 15 et 19 : entre les deux, vous trouverez une petite étoile de 6ᵉ ½ grandeur (Fl. 17) qui est quadruple (= P. VI, 282 = Lal. 13434-36). Flamsteed et Piazzi l'ont faite de 6ᵉ grandeur, mais elle n'est pas visible à l'œil nu. Un premier compagnon, de 9ᵉ grandeur, se montre à 45″, un second, de 10ᵉ, à 52″, et un troisième, de 11ᵉ, à 125″. — On désigne souvent cette étoile sous la lettre π'; mais cette lettre n'existe pas dans la classification de Bayer.

Quelques étoiles de cette constellation offrent une teinte *rougeâtre* assez prononcée; signalons, parmi celles qui sont visibles à l'œil nu : d'abord l'étoile 22, dont nous avons remarqué la variabilité, ensuite les trois v, θ, o', 2162 B. A. C., ainsi que 12278, 12541, 12825, 13059 et 14200 Lalande.

Au sud de Sirius, à 4° environ, une jumelle nous montrera un amas d'étoiles, qui est parfois visible à l'œil nu par les nuits bien pures. Son diamètre est d'environ 25', c'est-à-dire qu'il égale les quatre cinquièmes de celui de la Lune, et il est principalement composé d'étoiles de la huitième à la douzième grandeur. Sa plus ancienne observation date du 16 février 1702 : Flamsteed, observant l'étoile 12 de son catalogue, remarque « that it has a small cluster of stars preceding it » ; Messier l'a observé en 1764, et il porte le nᵒ 41 de son catalogue. C'est un amas fort remarquable: une lunette de 95 millimètres montre les 92 étoiles reproduites sur notre *fig.* 323. Vers le centre, une étoile rougeâtre, de huitième grandeur, brille un peu plus que les autres. Quels mondes, quelles natures, quelles formes vivantes, quelles destinées ces lumières éclairent-elles dans l'univers inconnu formé par leur opulente association ?...

Les adorateurs passionnés d'Uranie pourront encore chercher et découvrir un autre univers à 8 degrés à l'est de Sirius, ou à 4 degrés environ à l'est de γ : c'est également un riche amas (H. VII, 12); il a été reconnu en 1785 par Mˡˡᵉ Caroline Herschel, compagne infatigable et secrétaire assidu de son illustre frère. Cette république d'étoiles est presque entièrement composée d'astres de la dixième grandeur. — Mais il faut nous arrêter. *Infinitas infinitatis.*

N        Fenet, del.

Fig. 323. — Amas d'étoiles du Grand Chien.

# CHAPITRE XVIII

Les constellations australes. — La Baleine. — L'Eridan. — Le Lièvre.
La Licorne. — L'Hydre.
La Coupe. — Le Corbeau. — La Colombe. — Le Navire.

Nous arrivons ici aux dernières constellations australes visibles
en France, aux zones situées au delà de l'équateur et du zodiaque et

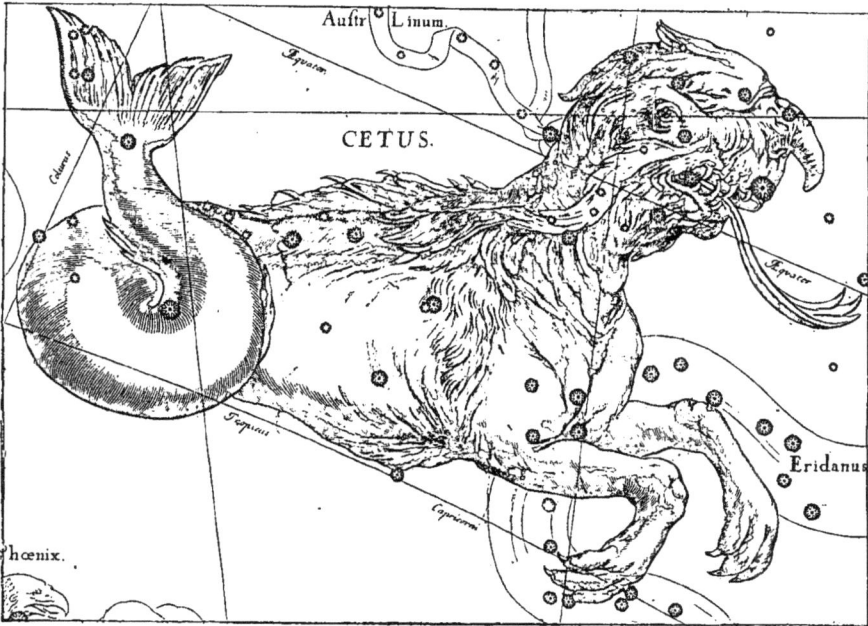

Fig. 324. — Figure fantastique de la Baleine.

qui ne s'élèvent qu'à une faible hauteur au-dessus de notre horizon. Arrêtons-nous d'abord à la Baleine, que nous avons déjà rencontrée en décrivant les Poissons (*voir* la *fig.* 187, p. 264). Elle
s'étend, en effet, au-dessous des Poissons et du Bélier. Sa période de
visibilité commence en septembre et finit en février ; elle précède
Orion de 3 heures environ.

C'est plutôt un animal fantastique, un monstre fabuleux, que nos
aïeux ont représenté là, que l'inoffensive et classique baleine. Examinez

un instant, en effet, le dessin ci-dessus, publié par Hévélius dans son grand atlas céleste, regardez cette tête armée d'une trompe et d'une langue fourchue, et avoüez que l'imagination a quelque peu dépassé les bornes de l'anatomie. Au surplus, il en a été ici comme de la baleine de Jonas : on n'a été d'accord ni sur son espèce, ni sur son nom. Eudoxe, Aratus, Hipparque, Ptolémée, l'appellent *Kêtos* « la Baleine », et c'est là son titre classique ; mais Hyginus la nomme *Orphos*, poisson de mer, qui vit solitaire dans les rochers et qui ne ressemble guère à une baleine ; les astronomes — ou plutôt les astrologues — du moyen âge l'appelaient *le Monstre marin* : c'est sa vraie qualification. Quant à son origine, elle doit provenir primitivement, comme celle des autres figures célestes en général, d'un rapport plus ou moins marqué entre la disposition des étoiles qui la composent et l'esquisse d'un animal quelconque. Regardez d'une part l'ensemble des alignements formés dans le fleuve Éridan, et, d'autre part, la disposition des étoiles $\alpha$, $\gamma$, $\lambda$, $\mu$, $\xi$, $\delta$, $o$, $\pi$, $\zeta$, $\theta$, $\eta$ et $\beta$ de la Baleine, et convenez que cet arrangement donne l'idée d'un animal à tête énorme dressé au bord du fleuve. Les poètes de la mythologie en ont fait ensuite le monstre envoyé par Neptune pour dévorer Andromède enchaînée sur le rivage voisin. — Les Arabes, inventeurs d'autres ressemblances, appelaient les étoiles de la tête *al-Kaff al-djadzmâ* « la main coupée ».

Nous avons déjà vu (*fig.* 187, p. 264) que l'étoile la plus curieuse de la Baleine, $o$, ou Mira, se trouve sur l'alignement du ruban boréal des Poissons, au-dessous de $\alpha$ des Poissons. L'étoile $\alpha$ de la Baleine, de seconde grandeur, est au nord-est de Mira et forme l'angle occidental d'un triangle avec Rigel et Aldébaran. On trouvera toutes les étoiles principales de cette constellation, ainsi que celles de l'Éridan, à l'aide de notre *fig.* 327.

De toutes ces étoiles, la plus curieuse est cette célèbre variable, la *première* reconnue par les hommes, signalée dès la fin du seizième siècle par le patient David Fabricius. C'est, en effet, le 13 août 1596 que cet observateur du ciel aperçut là, dans le cou de la Baleine, une étoile de troisième grandeur qui n'existait sur aucun des catalogues anciens. Il la revit pendant deux mois, mais en octobre elle disparut. En 1603, Bayer la dessina sur son atlas ; elle était alors de la quatrième grandeur, et il lui donna la lettre $o$. En 1638, Holwarda la remarqua pendant une éclipse de lune : elle surpassait alors les étoiles du troisième ordre d'éclat ; la recherchant pendant l'été de 1639, il n'en put retrouver aucun vestige ;

mais le 7 novembre suivant il la revit à son ancienne place. Cet astronome prouva ainsi par ses seules observations que les étoiles ne sont pas immuables dans leur éclat, comme on l'enseignait unanimement, mais peuvent être soumises à des alternatives périodiques de disparition et de réapparition. Ces observations furent suivies de celles de Fullenius, de 1641 à 1644 : mêmes oscillations dans cette mystérieuse lumière céleste. Vinrent ensuite celles d'Hévélius, plus assidues, plus détaillées, plus minutieuses, poursuivies pendant quinze années, de 1648 à 1662, sur cette étoile qu'il qualifia avec raison de « Merveilleuse » : *Mira*, qualification qu'elle a conservée; on la nomme depuis lors *Mira ceti* « la merveilleuse de la Baleine » (ne pas imprimer *Mira cœli*, comme le font quelquefois des typographes qui s'ingénient à corriger les auteurs). La curieuse conséquence tirée des premières observations de Holwarda se trouvait ainsi confirmée irrévocablement. Ce n'est toutefois qu'en 1667 que Bouillaud chercha si ces changements d'éclat étaient périodiques et réguliers, et trouva à l'aide des observations faites de 1638 à 1660 une période de 333 jours. La discussion des observations lui montra en même temps:

> Que l'étoile mystérieuse n'arrive pas aux mêmes grandeurs dans toutes ses périodes, qu'elle va quelquefois jusqu'à la deuxième grandeur, et que plus souvent elle s'arrête à la troisième;
>
> Que la durée de son apparition est changeante; changeante à ce point que, dans certaines années, on a vu l'étoile pendant trois mois consécutifs seulement, et dans d'autres années pendant plus de quatre mois;
>
> Que le temps de la période ascendante de la lumière n'est pas toujours égal au temps de la période descendante; que l'étoile emploie à aller de la sixième grandeur à son maximum d'intensité, tantôt plus et tantôt moins de temps que pour revenir, en s'affaiblissant, de ce maximum à la sixième grandeur.

William Herschel s'occupa du même astre à la fin du siècle dernier et trouva pour le chiffre le plus probable de la période 331 jours 10 heures 19 minutes.

En 1850, Argelander, discutant toutes les observations, arriva à la conclusion que la durée de la période embrassant tous les changements d'intensité est en moyenne de 331 jours 15 heures 7 minutes, mais que cette durée est assujettie à une variation en plus ou en moins, embrassant 88 de ces périodes. Cette variation aurait pour effet d'augmenter ou de diminuer alternativement de 25 jours les retours successifs de l'étoile au même éclat.

Les dernières observations donnent

*331 jours 8 heures 4 minutes*

Une grande partie de la période s'écoule pendant l'invisibilité, car cette invisibilité dure environ cinq mois : l'étoile est alors au-dessous de la sixième grandeur, descendant à son minimum jusqu'à $9\frac{1}{2}$. Après cinq mois d'évanouissement, on la voit reparaître à l'œil nu et augmenter lentement pendant trois mois ; puis elle arrive parfois à briller de l'éclat des étoiles de seconde grandeur, mais ce maximum ne dure qu'une quinzaine de jours. Ensuite elle redescend par tous les degrés qu'elle avait traversés pendant son ascension, redevient invisible au bout de trois mois, et tombe de nouveau à son minimum. La phase lumineuse de quinze jours rend assez difficile l'appréciation précise de la date du plus grand éclat ; les derniers maxima ont été observés le 11 septembre 1879 et le 11 août 1880 ; le prochain doit arriver vers le 29 juin 1881.

Quelle transformation pour un soleil ! Tomber en 166 jours de la

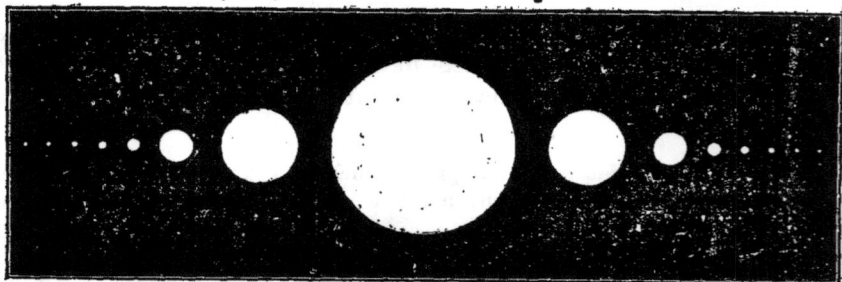

Fig. 325. — Variation d'éclat de *Mira Ceti* (Période = 11 mois).

seconde grandeur au-dessous de la neuvième ! Émettre mille fois moins de lumière à la dernière date qu'à la première ! Puis ressusciter comme le phénix et reprendre son premier éclat ! Comment concevoir de telles métamorphoses ?

Le plus singulier encore est peut-être l'oscillation d'éclat de son maximum lui-même. Le 6 novembre 1779, par exemple, Mira était à peine inférieure à Aldébaran ; plus d'une fois elle a de même atteint la première grandeur. Mais à d'autres époques, elle n'a même pas atteint l'éclat de $\delta$ de la Baleine (4e gr.). Sa grandeur moyenne est égale à celle de $\gamma$. Si l'on désigne par 0 l'éclat des dernières étoiles visibles à l'œil nu, et celui d'Aldébaran par 50, on peut dire que Mira oscille, vers son maximum, entre 20 et 47. Le maximum probable peut être représenté par 30 ; mais il est plus souvent au-dessous qu'au-dessus de cette limite : ces derniers écarts sont, du reste, les plus frappants. On n'a pu, jusqu'à présent, rattacher les oscillations de Mira à aucune période bien nette, il y a seulement quelque raison de soupçonner une période de 40 ans et une quadruple de 160 ans.

Le mystère pourrait peut-être s'élucider par la connaissance de la constitution physique et chimique de ce soleil. Cette étoile est *orangée*, et la tendance vers le *rouge* est d'autant mieux marquée que l'éclat est plus faible. L'analyse spectrale montre en elle un spectre du troisième type, analogue à celui d'Antarès, d'$\alpha$ d'Hercule et de Bételgeuse, formé de lignes noires et brillantes entrecoupées de zones ou .bandes obscures, au nombre de neuf, disposées comme autant de colonnes cannelées vues en perspective et ayant la partie éclairée du côté du rouge. A l'époque du minimum, ce spectre se réduit à de petites raies claires. Il y a là deux spectres superposés, comme chez les étoiles à conflagrations temporaires. Beaucoup de vapeurs métalliques; lignes de l'hydrogène très faibles. L'hypothèse la plus probable est que ce soleil se couvre périodiquement de taches, comme notre propre soleil; seulement, au lieu d'être de onze années, cette périodicité n'est que de onze mois, variant d'ailleurs entre certaines limites, comme celle de notre soleil même. Nous avons vu que les explosions solaires, les protubérances sont soumises à la même périodicité, et que leur nombre comme leur grandeur varie proportionnellement à celui des taches. Maintenant, quelle est la cause de ces variations périodiques des taches solaires? Nous l'ignorons encore. A plus forte raison celle des variations analogues observées dans les étoiles nous reste-t-elle jusqu'ici cachée dans les mystères de l'inconnu. Si l'on se souvient que la période de variation des taches et des protubérances solaires est en connexion avec celle du magnétisme planétaire et des oscillations diurnes de l'aiguille aimantée, on sent que ce mystère cosmique est encore plus intéressant et plus important qu'il ne le paraît. Il reste là quelque *loi de la nature* à découvrir.

Nous avons donné le moyen de trouver Mira dans le ciel : elle est au sud de l'angle du lien des Poissons, qui aboutit à $\alpha$ (*fig*. 327), et on la trouve également en menant une ligne idéale d'Aldébaran à $\alpha$ Baleine et en la prolongeant sur $\gamma$ et $\delta$.

Une lunette dirigée sur elle lui montre un compagnon, de 9e gr. ½, que j'ai mesuré micrométriquement en 1877 et trouvé à 82° et 118″. Cassini l'avait mesuré, le premier, en 1683, et l'avait trouvé à 130° et 119″. Il se meut d'un mouvement rectiligne relativement à Mira; mais il est probable qu'il repose immobile au fond de l'infini et que Mira passe devant lui, animée d'un mouvement propre dirigé vers 194°, c'est-à-dire vers le sud, et d'une vitesse de 32″ par siècle. (Si l'observation de Cassini était sûre, le mouvement ne serait pas uniforme, car le petit diagramme ci-contre montre une vitesse près de trois fois plus rapide de 1683 à 1782 que de cette dernière date à notre époque.) Je n'ai jamais vu Mira plus petite que ce compagnon optique, quoique en général les traités d'astronomie disent qu'elle descend jusqu'à la douzième grandeur. — Cette étoile de comparaison rend encore plus intéressante l'observation de notre Protée, et ceux qui le chercheront dans le ciel seront doublement récompensés.

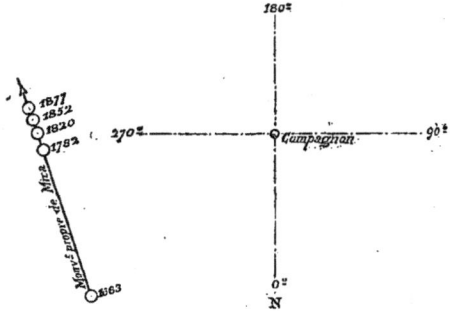

Fig. 326. — Mouvement de *Mira Ceti*, révélé par son compagnon.

Mira n'est pas la seule étoile variable de la constellation de la Baleine. Il y a, non loin d'elle, à 3 degrés au-dessus et un peu plus à l'est, l'étoile R, qui varie de 8 à 13 en 167 jours; mais elle n'est jamais visible à l'œil nu et sort de notre cadre. Il y en a une autre (Lal. 2598) qui varie de $6\frac{1}{2}$ à 8, et reste également invisible à l'œil nu.

L'étoile $\alpha$ (nommée *Menkab*, de *al-Menkhir* la bouche), évaluée de première grandeur et demie par Hévélius, et signalée par Bayer comme étant la plus brillante de la constellation, a sensiblement diminué. Elle est aujourd'hui un peu inférieure à $\beta$, et presque de deuxième et demie.

$\delta$ est descendue de la troisième à la quatrième grandeur, et $\epsilon$ de la troisième à la quatrième et demie.

$\zeta$ a été vue par J. Herschel presque de même éclat que $\epsilon$ et $\rho$ et estimée de 4,9; Bessel l'a estimée de 5°; elle a subi, vers 1830, une oscillation de près de deux grandeurs.

$\varkappa^1$ a été notée de 4° par Bayer, de 5° par Hévélius, de 6° par Piazzi.

$\xi^1$ a été notée de 4° par Bayer, de 5° par Piazzi, de 6° par Flamsteed.

Le groupe des $\varphi$ ne ressemble pas dans Bayer à son aspect réel; mais c'est peut-être la faute du dessinateur. Il est mieux dans Hévélius. — Lorsqu'il y a quelque doute possible ou quelque difficulté dans l'identification, comme dans le cas, par exemple, de ces lettres doublées, triplées, j'ai toujours pris soin de faire précéder la lettre de Bayer du numéro de Flamsteed, devenu classique dans les catalogues.

## PRINCIPALES ÉTOILES DE LA CONSTELLATION DE LA BALEINE

### DEUX MILLE ANS D'OBSERVATION

| Étoiles | −127 | +960 | 1430 | 1590 | 1603 | 1660 | 1700 | 1800 | 1840 | 1860 | 1880 |
|---|---|---|---|---|---|---|---|---|---|---|---|
| α (*Menkab*) | 3 | 3 | 3 | 2 | 2 | 1 ½ | 2 | 2.3 | 2 ⅓ | 2 ⅓ | 2,4 |
| β | 3 | 3.2 | 3.2 | 2 | 2 | 2 | 3 | 2.3 | 2 | 2 | 2,2 |
| γ | 3 | 3 | 3 | 3 | 3 | 3 | 3 | 3 | 3 ⅓ | 3 ⅓ | 3,2 |
| δ | 3 | 3.4 | 3.4 | 3 | 3 | 3 | 3 | 4 | 4 | 4 | 4,0 |
| ε | 4 | 4 | 4 | 3 | 3 | 3 | 3 | 4.5 | 4 ⅔ | 4 ⅔ | 4,5 |
| ζ | 3 | 3.4 | 3.4 | 3 | 3 | 3 | 3 | 3 | 3 | 3 | 3,5 |
| η | 3 | 3.4 | 3.4 | 3 | 3 | 3 | 3 | 3.4 | 3 | 3 ⅓ | 3,5 |
| θ | 3 | 3.4 | 3.4 | 3 | 3 | 3 | 3 | 3 | 3 | 3 | 3,2 |
| ι | 3 | 3.4 | 3.4 | 3 | 3 | 3 | 3 | 4 | 3 ½ | 3 ⅓ | 3,5 |
| 96 $\kappa^1$ | 0 | 0 | 0 | 5 | 4 | 5 | 5 | 6 | 5 | 5 | 5,1 |
| 97 $\kappa^2$ | 0 | 0 | 0 | 0 | 0 | 0 | 5 ½ | 6 | 6 | 6 | 6,2 |
| λ | 4 | 4 | 4 | 4 | 4 | 4 | 5 | 5.6 | 4 ⅔ | 4 ⅔ | 4,7 |
| μ | 4 | 4 | 4 | 4 | 4 | 4 | 4 | 4 | 4 | 4 | 4,2 |
| ν | 4 | 5 | 4 | 4 | 4 | 4 | 4 ½ | 4.5 | 5 | 4 ⅔ | 5,0 |
| 65 $\xi^1$ | 4 | 4.5 | 4.5 | 4 | 4 | 4 | 6 | 5 | 4 ⅓ | 4 ⅓ | 4,3 |
| 73 $\xi^2$ | 4 | 4 | 4 | 4 | 4 | 4 | 4 ¾ | 5 | 4 | 4 | 4,2 |
| o (*Mira*) | 0 | 0 | 0 | 0 | 4 | 2 ½ | 2 ¾ | *var.* | *var.* | *var.* | *var.* |
| π | 3 | 4.3 | 4.3 | 4 | 4 | 3 | 3 ¾ | 4 | 4 | 4 | 4,0 |
| ρ | 4 | 4 | 4 | 4 | 4 | 4 | 4 | 5 | 5 | 5 | 4,6 |
| σ | 4 | 4 | 4 | 4 | 4 | 4 | 4 | 5 | 5 | 5 | 4,7 |
| τ | 3 | 3.4 | 3.4 | 4 | 4 | 3 | 3 ½ | 3.4 | 3 ⅓ | 3 ⅓ | 3,4 |
| υ | 4 | 4 | 4 | 4 | 4 | 4 | 4 ½ | 4.5 | 4 | 4 | 4,0 |
| 17 $\varphi^1$ | 0 | 5.6 | 0 | 0 | 5 | 5 | 5 | 5 | 5 ⅔ | 5 ⅔ | 5,1 |
| 19 $\varphi^2$ | 5 | 6 | 5 | 0 | 5 | 5 | 6 | 6 | 5 ⅔ | 5 ⅓ | 5,5 |
| 22 $\varphi^3$ | 0 | 0 | 6 | 0 | 5 | 6 | 5 | 6 | 6 | 5 ⅔ | 5,7 |
| 23 $\varphi^4$ | 0 | 0 | 0 | 0 | 5 | 0 | 6 | 6 | 6 | 6 | 5,9 |
| χ | 0 | 5 | 0 | 5 | 5 | 5 | 5 | 5 | 4 ⅔ | 4 ⅔ | 4,8 |
| 2 | 4 | 4.3 | 4.3 | 5 | 5 | 4 ½ | 4 ½ | 4 | 4 ⅓ | 4 ⅓ | 4,3 |
| 3 | 0 | 0 | 0 | 0 | 0 | 6 | 6 | 6 | 6 | 6 | 5,2 |
| 6 | 4 | 4.3 | 4.3 | 5 | 5 | 5 | 6 | 6 | 4 ⅔ | 4 ⅔ | 5,1 |
| 72 *Lal.* | 0 | 0 | 0 | 0 | 0 | 0 | 0 | 6 ½ | 6 | 6 | 5,4 |
| 7 | 4 | 4.3 | 4.3 | 5 | 5 | 5 | 5 | 5.6 | 4 ⅔ | 4 ⅔ | 4,3 |
| P.O.91 | 0 | 0 | 0 | 0 | 0 | 0 | 0 | 6 | 5 ⅓ | 5 ⅓ | 5,2 |
| 20 | 0 | 0 | 0 | 0 | 0 | 0 | 6 | 5 | 5 ⅓ | 5 | 5,2 |
| 37 | 0 | 0 | 0 | 0 | 0 | 5 | 6 | 6 | 6 | 5 ⅓ | 5,3 |
| 46 | 0 | 0 | 0 | 0 | 0 | 0 | 5 | 5 | 5 ⅓ | 5 ⅓ | 5,1 |
| 48 | 0 | 0 | 0 | 0 | 0 | 5 | 6 | 6 | 5 ⅓ | 5 ⅓ | 5,3 |
| 3159 *Lal.* | 0 | 0 | 0 | 0 | 0 | 0 | 0 | 5.6 | 5 ⅓ | 5 ⅓ | 5,2 |
| 56 | 0 | 0 | 0 | 0 | 0 | 0 | 6 | 0 | 5 ⅔ | 5 ⅔ | 5,0 |
| 94 | 0 | 0 | 0 | 0 | 0 | 0 | 6 | 5.5 | 5 ⅓ | 5 ⅓ | 5,3 |

| Étoiles | | 1750 | 1800 | 1840 | 1860 | 1880 |
|---|---|---|---|---|---|---|
| 158 *Lal.* | *Atelier du Sculpteur.* | | 6 ½ | 6 | 6 | 5,4 |
| P. O. 250 | *Atelier du Sculpteur.* | 4 ½ | 5 | 4 ⅔ | 4 ⅔ | 4,2 |
| P. I, 168 | *Fourneau chimique.* | 5 | 5 | 5 | 5 | 5,3 |
| P. I, 241 | *Fourneau chimique.* | 6 | 6 | 5 ⅓ | 5 ⅓ | 5,5 |
| P. I, 251 | *Fourneau chimique.* | 6 | 5.6 | 5 | 5 | 4,8 |
| P. II, 28 | *Fourneau chimique.* | 5 ½ | 5.6 | 5 | 5 | 5,4 |
| P. II, 73 | *Fourneau chimique.* | 5 ½ | 6 | 5 | 5 | 5,6 |
| P. II, 122 | *Fourneau chimique.* | 6 | 6 | 4 ⅔ | 4 ⅔ | 4,8 |

L'étoile 72 Lalande, actuellement de cinquième grandeur, apparaît
pour la première fois dans les observations de cet astronome, inscrite
de 6ᵉ ¼. Elle est rougeâtre.

L'étoile 37 Fl., actuellement de cinquième, a été estimée de 6ᵉ ½ par
Lalande.

L'étoile 158 Lalande a également été notée de 6ᵉ ½ par cet astronome, et elle est aujourd'hui de cinquième.

Ce sont là autant de variations, d'amplitudes diverses, mais qui ne

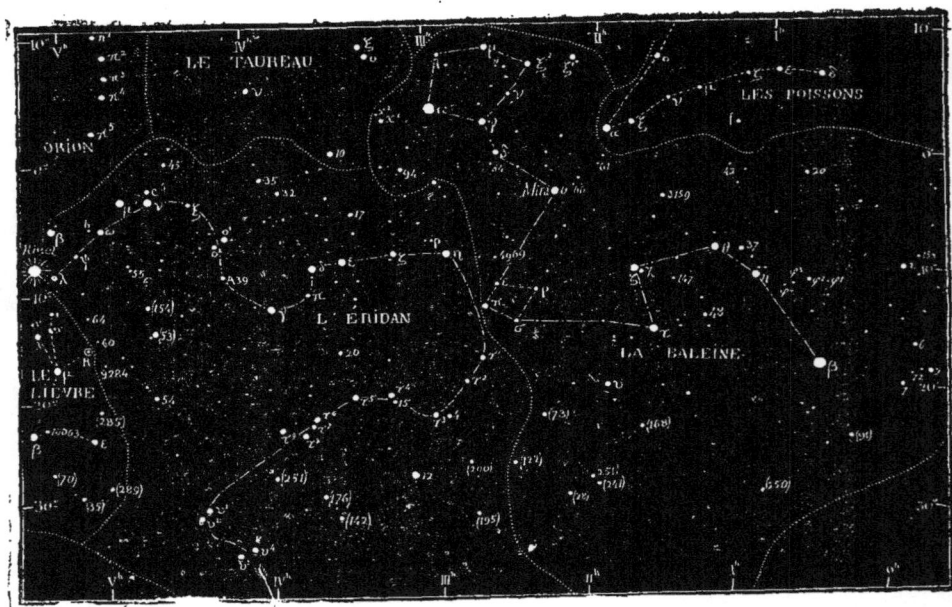

Fig. 327. — Etoiles de la Baleine et de l'Éridan.

paraissent pas douteuses. L'observation assidue en révèlerait sans
doute beaucoup d'autres. Nous pourrions encore appeler l'attention
sur l'étoile 4969 Lalande, au-dessous du quadrilatère formé par επσρ;
mais nous en parlerons plus loin, à propos de l'Éridan. Remarquons,
toutefois, sur ce quadrilatère, que l'étoile π, aujourd'hui plus brillante que les trois autres, était surpassée par ε au temps de Tycho et
de Bayer; Hévélius les a vues toutes deux de 3ᵉ, σ et ρ étant de 4ᵉ.
π oscille, comme ε, de la troisième à la quatrième grandeur : quadrilatère plus intéressant à épier que ceux des fortifications militaires
qui agrémentent les prétendues frontières des nations prétendues
civilisées.

L'étoile τ est curieuse à un autre point de vue : par la rapidité de son mouvement propre. Elle est, en effet, emportée vers le nord-ouest avec une vitesse annuelle de 0ˢ,123 vers l'ouest et de 0″,85 vers le nord, ce qui donne une résultante de 2″ par an ou de 3′20″ par siècle. Elle se dirige vers l'étoile η, près de laquelle elle passera dans dix-neuf mille ans. Notre petite carte (fig. 328) représente, d'après mon catalogue général de tous les mouvements propres, les déplacements qui s'opèrent dans cette région du ciel : chaque étoile porte une flèche qui indique la direction de son mouvement et sa grandeur pour cinquante mille ans. On voit que l'étoile τ se fait remarquer par sa rapidité. Les flèches isolées représentent la perspective stellaire due au déplacement du système solaire dans l'espace; cette étoile se meut *juste en sens contraire* de cette perspective, comme si elle marchait de connivence avec nous,

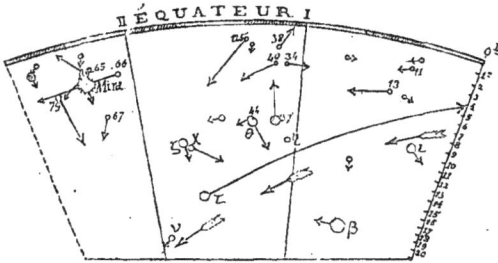

Fig. 328. — Mouvement propre de l'étoile τ de la Baleine.

mais plus vite que nous, à travers l'immensité. Les populations sidérales qui habitent le système de ce soleil nous sont peut-être associées dans l'éternelle destinée. Il serait du plus haut intérêt d'essayer de mesurer la *parallaxe* de cette étoile : elle ne doit pas être insensible.

Signalons maintenant les principales étoiles *doubles*.

L'étoile γ est vraiment charmante : 3ᵉ et 7ᵉ, jaune pâle et *bleue*, beau contraste; l'écartement est de 3″; 10 degrés seulement de parcourus depuis la première mesure, faite en 1825 : le cycle immense de ce magnifique système peut dépasser quinze siècles.

Entre θ et η, l'étoile 37 est une double écartée, très facile : 5ᵉ et 7ᵉ, à 51″. Elle est plus brillante que sa voisine (32); mais elle paraît varier de 5 à 6. Les deux composantes de ce couple sont emportées dans l'espace par un mouvement propre commun et forment ainsi un système physique. On remarque une autre paire au nord-ouest : 8ᵉ et 10ᵉ, à 20″, jaune et violette.

En avant de ζ et de χ, il y a une étoile de 6ᵉ grandeur, que l'on appelle souvent par erreur χ¹ et qui porte le n° 147 du catalogue de W. Struve; c'est une jolie double, assez serrée : 6ᵉ et 7ᵉ, à 3″ ½, blanche et bleuâtre.

χ forme elle-même une double très écartée avec une étoile de

7ᵉ grandeur ½ (P. I, 182) qui brille à 2′57″ à l'ouest et à 62″ au sud, soit à une distance de 186″.

Tout près de là, ζ se montre accompagnée, à 165″, d'une petite étoile de 9ᵉ grandeur ; c'est un couple moins intéressant, à cause de l'humilité de cette pâle compagne.

L'étoile ν est accompagnée, mais tout près d'elle et baignée dans ses rayons, à 6″, d'une toute petite étoile que l'on n'apercevait que difficilement et par moments seulement, en 1833, dans une lunette de 6 pouces, tandis qu'elle était parfaitement visible en 1873 dans une de 4 pouces. Cette petite étoile est par conséquent variable, peut-être de la 10ᵉ à la 13ᵉ grandeur : intéressante à épier, mais à l'aide de lunettes suffisantes.

On essayera aussi avec plaisir un bon instrument sur l'étoile 42 : 6ᵉ et 7 ½, à 1″,4. Couple très serré, et pourtant mouvement orbital très lent.

Tout près de Mira, au nord-ouest, en allant vers α Poissons, on rencontre d'abord une étoile de 6ᵉ grandeur. Sous cette étoile il y en a une de 6ᵉ ½ ; c'est 66, *double fort élégante* : 6ᵉ ½ et 8ᵉ, à 15″, jaune et bleue ; système physique ; mouvement propre commun, assez rapide.

Juste un peu plus haut, en approchant de α Poissons, on rencontre deux étoiles qui reproduisent exactement l'aspect des précédentes, la plus brillante étant également de 6ᵉ et la suivante de 6ᵉ ½. Cette suivante est également double ; c'est 61 Baleine : 6 ½ et 11ᵉ, à 39″ ; suivie, un peu au sud, par un charmant petit couple (Struve 218) de 7ᵉ et 8ᵉ ½, à 4″,6. Il y a là, du reste, un remarquable champ d'étoiles de diverses nuances.

Regardez encore sous δ ; vous trouverez là une petite étoile de 7ᵉ ½ : c'est 84 Baleine ; petit compagnon, de dixième grandeur, lilas, à 4″,7. Très difficile.

Ce sont là les principales curiosités célestes appartenant à cette constellation. Ses amas d'étoiles et nébuleuses sont relativement trop peu importants pour être décrits ici. Comme étoiles *rougeâtres*, signalons, outre ο : φ³, 7, 46, 56, *Lal.* 72 et 158.

Au sud de la Baleine, les cartes célestes contiennent trois constellations modernes : l'*Atelier du Sculpteur*, le *Fourneau chimique* et la *Machine électrique* (fig. 329). Les deux premiers dessins doivent le jour à Lacaille, qui leur donna droit de cité dans le ciel, en 1752, à son retour du cap de Bonne-Espérance ; la Machine électrique est plus moderne encore, et apparaît pour la première fois dans l'atlas de Bode, n'ayant été placée qu'en 1790 au rang des constellations. On trouve dans le *Journal du Voyage de Lacaille* un exposé historique de l'œuvre de l'astronome français, écrit par l'un de ses amis, sous une forme un peu naïve, où perce le sentiment (puéril pour les savants) des rivalités nationales. Citons-en les passages relatifs à la création des nouvelles constellations australes :

La connaissance complète de l'hémisphère austral, et des étoiles qui le composent, était la grande œuvre à laquelle M. de La Caille devait consacrer ses veilles : champ fertile dont on avait à peine défriché quelques portions.

Ptolémée, qui vivait en Égypte, avait donné un catalogue d'étoiles australes; mais ce catalogue est incomplet.

Des navigateurs portugais avaient tracé le plan de plusieurs constellations, mais si grossièrement que l'astronomie n'en retirait aucun profit.

En 1677, M. Halley, célèbre astronome anglais, était passé dans l'île de Sainte-Hélène pour y dresser une carte de l'hémisphère austral. Il n'observa que 350 étoiles dans un monde presque nouveau. Il créa une constellation, mais il déroba, pour la former, de brillantes étoiles de la première grandeur, à des constellations anciennes. Il donna à la nouvelle constellation le nom du roi son souverain. Les lettres, qui ne condamnent pas l'hommage qu'on rend aux grands, n'approuvent pas la conduite de ceux qui se parent des dépouilles d'autrui pour acquérir des distinctions.

Ainsi l'on n'avait que des descriptions ébauchées de l'hémisphère austral, lorsque M. de La Caille partit pour le Cap. Ces descriptions laissaient tout le mérite de la découverte au premier astronome qui entreprendrait de donner en grand le tableau de cet hémisphère.

M. de La Caille commença à observer les étoiles australes le 6 août 1751. Il continua jusqu'au mois d'août de l'année suivante, 1752. Dix-sept nuits pleines, et cent dix séances, à huit heures de nuit chacune, lui dévoilèrent un spectacle merveilleux. Il observa et catalogua près de dix mille étoiles.

Après avoir examiné le planisphère dressé par Halley, de même que les observations de Ptolémée et des pilotes portugais, La Caille trouva place pour quatorze nouvelles constellations mieux fournies et plus exactes que les anciennes. Il fallait désigner ces constellations par de nouveaux noms.

C'était pour l'astronome une occasion unique et légitime de faire des progrès rapides dans le chemin de la fortune, en appliquant à chaque constellation le nom d'un monarque, ou d'un grand du premier ordre. Il avait dans l'antiquité des exemples d'une telle conduite. Celui de Halley, qui avait nommé « arbre ou chêne de Charles », *Robur Carolinum*, sa nouvelle constellation pour faire sa cour au roi d'Angleterre, était récent.

Il aurait pu consacrer au roi, son maître, la plus belle des quatorze constellations, et choisir treize autres noms parmi ceux des souverains ou des grands de l'Europe qui accordent aux sciences une protection marquée. Ce plan eût été trop recherché pour un homme aussi simple. Il en conçut un tout différent, auquel l'intérêt et la flatterie n'avaient aucune part : il jugea à propos de consacrer aux arts ses nouvelles constellations.

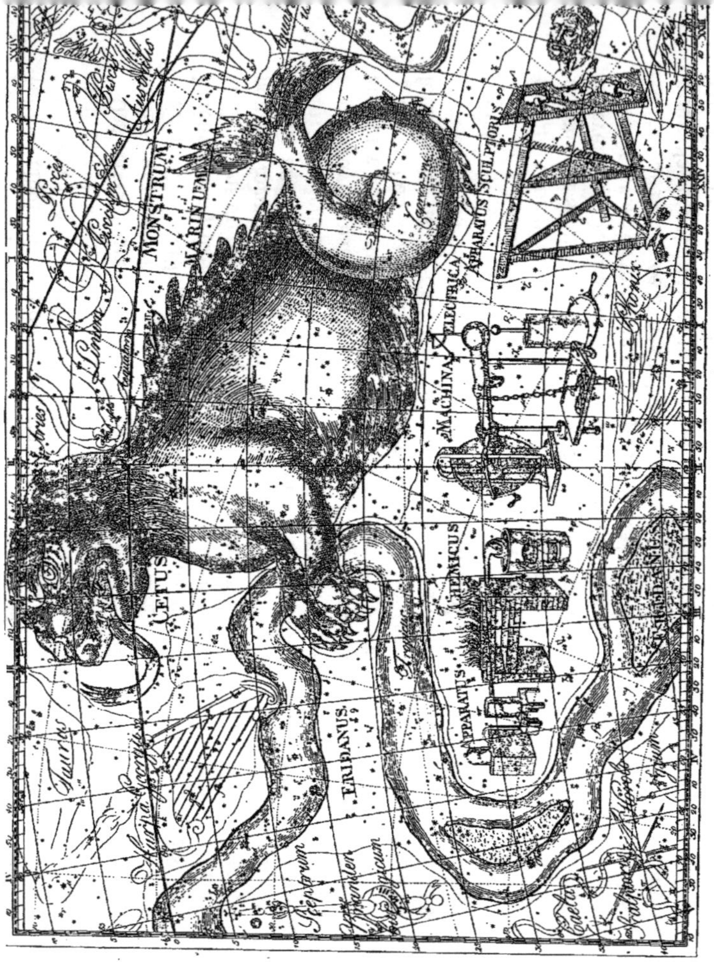

Fig. 323. — Constellations australes. — La Baleine. — L'Éridan. — L'Atelier du Sculpteur. — La Machine électrique. — Le Fourneau chimique.

ASTRONOMIE. — SUPPLÉMENT. 64

Il nomma la première l'*Atelier du sculpteur*; la deuxième, le *Fourneau chimique*; l'*Horloge à pendule*, la troisième; le *Réticule rhomboïde*, la quatrième; le *Burin du graveur*, la cinquième. Il désigna la sixième sous la figure du *Chevalet du peintre*, avec sa palette, appela *Boussole* ou compas de mer la septième, et représenta la huitième sous la figure de la *Machine pneumatique*. Il plaça au centre de l'hémisphère une neuvième constellation qu'il nomma l'*Octans* ou lunette de réflexion. Le *Compas* du géomètre, l'*Équerre* de l'architecte, le *Télescope* de l'astronome et le *Microscope*, servirent de signes aux 10e, 11e, 12e et 13e constellations. Il nomma enfin *Montagne de la table* la quatorzième.

Ce choix d'emblèmes était le plus convenable. L'architecture, la sculpture, la gravure et la peinture sont des arts d'une utilité journalière. La chimie et la physique offrent des ressources intarissables pour les commodités de la vie et pour la santé. La géométrie, l'astronomie et la navigation exigeaient les égards d'un savant qui cultivait ces sciences avec tant de succès. La *Montagne de la table* est l'une des plus considérables de celles du cap de Bonne-Espérance : elle est remarquable par l'aplatissement de son sommet et par un nuage blanc qui vient la couvrir comme une nappe.

Si nous comparons cette belle ordonnance des nouveaux signes avec les noms et la disposition des anciens, on reconnaîtra d'un côté la raison, le désintéressement, la noblesse des sentiments; de l'autre, les écarts d'une imagination excitée par des rêveries, des songes, des idées fausses.

A l'égard de la constellation imaginée sans nécessité par Halley, M. de La Caille fit main basse sur toutes ses parties. M. Halley avait ôté neuf étoiles à la constellation du Navire pour composer son Arbre; il avait choisi les plus brillantes, et avait pris ailleurs trois autres étoiles d'un bel éclat. M. de La Caille rendit au Navire ses neuf étoiles, et rétablit les trois autres dans la place qui convenait à chacune. Ainsi le *Robur Carolinum* fut anéanti, comme un nuage que le soleil dissipe, sans que l'emphase de son nom ait pu l'en préserver.

C'est ainsi que M. de La Caille renouvela l'hémisphère austral.

Malgré toute notre admiration pour les travaux astronomiques de La Caille, nous ne partageons plus le sentiment de son panégyriste sur l'excellence de ces constellations modernes. Sans doute, les sciences et les arts méritent autant et plus que la fable d'être représentés dans la décoration céleste; mais les anciennes figures de la sphère grecque ont gardé je ne sais quel parfum d'antiquité qui leur donne une saveur toute spéciale : il semble, en les considérant, que nous revivions à l'époque où, dans le silence des nuits étoilées, les marins naviguant sur la mer sans bornes, les pasteurs veillant dans les vastes plaines, consultaient les groupes d'étoiles pour connaître l'heure, observaient leur lever, leur culmination, leur coucher, et trouvaient dans ces alignements sidéraux des esquisses d'objets ou d'êtres associés à leur vie, à leurs souvenirs, à leurs rêves primitifs, à leur âme éveillée pour la première fois devant le grand spectacle de la nature. Ce sentiment ne doit pas nous empêcher d'ailleurs de rendre justice à La Caille, qui, inspiré par les idées de son époque, a agi en savant. Les deux constellations qu'il a imaginées sous la Baleine, et auxquelles nous arrivons en ce moment, ont conservé leur droit de cité dans la géographie céleste ; mais elles ne sont composées que de petites étoiles, dont la plus brillante n'est que de quatrième grandeur : c'est P.O, 250 = $\alpha$ du Sculpteur. Les principales font partie du tableau précédent; les cinq dernières ont servi à former l'esquisse du *Fourneau chimique,* et les deux qui les précèdent ont été mises dans l'*Atelier du Sculpteur.* Mais la *Machine électrique,* installée là aussi par Bode à la fin du siècle dernier, occupe une place superflue, ses minuscules étoiles font double emploi, et le mieux est de regarder comme non avenue cette création des derniers jours.

Parmi les dernières étoiles de notre tableau, P. I, 251 (du Fourneau) a été estimée de 6ᵉ grandeur par La Caille, de 5ᵉ $\frac{1}{2}$ par Piazzi, de 5ᵉ par Argelander et Heis, de 4ᵉ $\frac{1}{2}$ par Engelmann, de 4ᵉ par Argelander dans ses *Zones;* nous devons donc la considérer comme variable. Il en est probablement de même de P. II, 122, qui s'est élevée graduellement de la sixième à la quatrième grandeur. Ces étoiles australes n'ont pas été observées par les anciens, de sorte que pour elles notre première colonne d'observations est celle de La Caille.

Nous arrivons ici au fleuve *Éridan,* tracé dès l'antiquité au pied d'Orion par l'alignement naturel des étoiles qui le composent : l'idée d'un fleuve ou d'un serpent est naturellement inspirée par ces sinuosités. Dès l'époque d'Eudoxe, on l'appelle soit le fleuve d'Orion, soit l'Éridan, soit *Potamos* « le Fleuve » tout court. La mythologie rapporte que Phaéton, fils du Soleil, s'appelait d'abord Éridan, et qu'il donna son nom au fleuve d'Italie (le Pô), dans lequel il se noya après sa chute. Chez les Arabes, cette succession d'étoiles est également nommée le Fleuve : *âl-nahr.* L'Éridan commence à Rigel, coule vers l'ouest jusqu'à la Baleine, retourne vers le sud-est et descend au sud jusqu'au 58ᵉ degré de déclinaison australe, où il se termine par une étoile de première grandeur, *Achernar,* dont le nom signifie précisément le bout du fleuve : *akher-nàhr.* Cette étoile est naturellement invisible pour nos latitudes, et il faut aller au delà de 58 degrés du pôle nord, c'est-à-dire au-dessus du 32ᵉ degré de latitude, pour commencer à l'apercevoir : elle reste encore au-dessous de l'horizon de l'Algérie et de la Tunisie; mais on peut la voir d'Alexandrie, de Jérusalem, du Caire et de Suez.

En vertu de la précession des équinoxes, la distance polaire de cette étoile et, par cela même, sa déclinaison australe, diminuent actuellement de 18″, 4 par an : elle remonte donc insensiblement vers le nord ; la diminution était il y a un demi-siècle de 18″,6 ; il y a deux siècles, de 18″,8 ; il y a trois siècles, de 18″,9, etc. ; mais elle ne peut pas dépasser 20″. Si nous prenons, en nombre rond, 19″, 5, pour la diminution moyenne depuis deux mille ans, nous trouvons qu'à l'époque de la rédaction de l'*Almageste*, vers l'an 130 de notre ère, cette brillante étoile était de 662′ ou de 9° 22′ plus au sud que de nos jours. Elle n'était donc pas visible à l'époque de Ptolémée, et encore moins au temps d'Hipparque, pour l'observatoire d'Alexandrie. Elle ne l'était pas davantage, à plus forte raison, pour la Grèce, qui est assise entre le 36ᵉ et le 40ᵉ degré. Il fallait s'élever jusqu'aux 24ᵉ et 23ᵉ degrés de latitude pour la voir briller au-dessus de l'horizon, c'est-à-dire aller jusqu'au sud de Memphis et des Pyramides, au sud de Denderah et de Luxor, au sud même de Syène. Cependant cette étoile est dans le catalogue de Ptolémée.

Elle est également dans celui de Sûfi, et il la décrit avec un soin particulier : « Elle est de la première grandeur, dit-il ; c'est celle que l'on marque sur l'astrolabe méridionale et que l'on nomme *âchir al-nahr*, la Fin du Fleuve ; il y a devant elle deux étoiles, l'une au sud, l'autre au nord, dont Ptolémée n'a pas parlé : la première de quatrième grandeur (α de l'Hydre), la seconde de cinquième (ζ du Phénix) ». Or, l'astronome persan a vécu à Téhéran, à Bagdad et à Schiraz, c'est-à-dire à 32 degrés de latitude au minimum ; et au dixième siècle la déclinaison d'Achernar était encore de 4° 45′ plus australe que de nos jours. L'astronome persan n'a donc pas plus vu cette étoile que l'astronome grec, et ils n'ont pu la décrire que d'après les observations faites au sud. Il est probable que celles de Ptolémée sont dues aux navigateurs de la mer Rouge, et celles de Sûfi aux pèlerins de la Mecque.

La meilleure preuve, du reste, que la position de cette étoile n'avait pas été mesurée aux instruments précis d'un observatoire, c'est qu'elle est fort loin d'être exacte. Sûfi comme Ptolémée donne 53° 30′ à sa latitude qui est en réalité de 59° 18′. Cette position se rapproche plus de θ que d'Achernar ; mais θ n'est que de seconde à troisième grandeur. On aura remarqué Achernar à cause de son éclat, et l'on n'aura pris d'elle qu'une position approximative. D'autres étoiles beaucoup moins éloignées au sud, telles que θ, ι, χ, φ et χ sont restées absentes des catalogues de Ptolémée, Sûfi et Ulugh-Beigh.

L'atlas de Bayer, en 1603, a été dessiné en complétant les observations européennes par celles des navigateurs portugais. Bayer a donné des lettres aux principales étoiles de la constellation tout entière. Elles sont toutes inscrites à notre tableau ; mais celles qui restent invisibles pour nos latitudes sont en dehors de la carte (*fig.* 327) comme du dessin (*fig.* 329) des régions accessibles à nos observations ; on les trouvera plus loin, en arrivant aux zones circumpolaires australes. Dans le tableau ci-dessous, j'ai complété, pour toutes les étoiles situées au delà du 20ᵉ degré, les observations faites de nos latitudes, par celles des astronomes mieux placés pour cette étude : Gould pour notre époque ; Behrmann pour 1860 ; J. Herschel pour 1840 ; La Caille pour 1750 ; Halley pour 1677 (remplit les vides de la colonne d'Hévélius).

Neuf étoiles de la constellation ont reçu la lettre τ et quatre la lettre υ ; j'ai fait précéder la lettre, comme dans tous les cas douteux

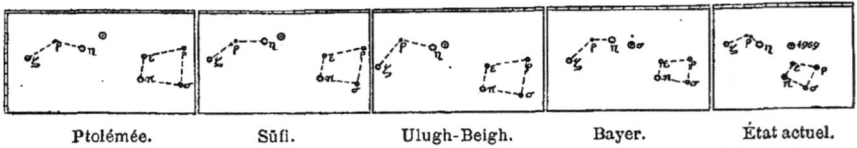

| Ptolémée. | Sûfi. | Ulugh-Beigh. | Bayer. | État actuel. |

Fig. 330 — Étoile inconnue observée anciennement dans l'Éridan.

ou susceptibles d'équivoques, du numéro de Flamsteed correspondant à chaque étoile. Il y a également deux ρ visibles à l'œil nu, et une simple jumelle en montre trois, le plus petit (6 ½) précédant ρ dans le mouvement diurne, ce qui fait que dans plusieurs catalogues nos ρ¹ et ρ² s'appellent ρ² et ρ³, le premier étant le plus occidental : ils portent respectivement les nᵒˢ 8, 9 et 10 de Flamsteed. Mais il vaut mieux être logique et ne donner les lettres grecques de Bayer qu'aux étoiles visibles à l'œil nu.

### ÉTOILES PRINCIPALES DE LA CONSTELLATION DE L'ÉRIDAN
#### DEUX MILLE ANS D'OBSERVATION.

| Étoiles | — 127 | + 960 | 1430 | 1590 | 1603 | 1660 | 1700 | 1750 | 1800 | 1840 | 1860 | 1880 |
|---|---|---|---|---|---|---|---|---|---|---|---|---|
| α (Achernar) | 1 | 1 | 1 | 0 | 1 | 1 | 0 | 1 | 1 | 1.5 | 1 | 1,6 |
| β | 4 | 4 | 4 | 3 | 3 | 3 | 3 | 0 | 3 | 3 | 3 | 2,8 |
| γ | 3 | 3.4 | 3.4 | 3 | 3 | 3 | 2 | 0 | 2.3 | 3 | 3 | 2,8 |
| δ | 3 | 3.4 | 3.4 | 3 | 3 | 3 | 3½ | 0 | 3.4 | 3 | 3 | 3,3 |
| ε | 3 | 3.4 | 3.4 | 3 | 3 | 3 | 3½ | 0 | 4 | 3 | 3 | 3,6 |
| ζ | 3 | 4 | 4 | 3 | 3 | 3 | 3 | 0 | 4 | 4⅓ | 4⅓ | 4,9 |

| ÉTOILES | −127 | +960 | 1430 | 1590 | 1603 | 1660 | 1700 | 1750 | 1800 | 1840 | 1860 | 1880 |
|---|---|---|---|---|---|---|---|---|---|---|---|---|
| η | 3 | 4.3 | 4 | 3 | 3 | 3 | 3 | 0 | 3 | 3 | 3 | 3,7 |
| θ | 0 | 0 | 0 | 0 | 3 | 3 | 0 | 3 | 0 | 3,7 | $3\frac{1}{3}$ | 2,6 |
| ι | 0 | 0 | 0 | 0 | 3 | 4 | 0 | 4 | 0 | 4,7 | 5 | 4,2 |
| κ | 0 | 0 | 0 | 0 | 3 | 4 | 0 | 5 | 0 | 4,7 | $4\frac{1}{3}$ | 4,2 |
| λ | 4 | 4 | 4 | 4 | 4 | 4 | 4 | 0 | 4 | 4 | 4 | 4,6 |
| μ | 4 | 4 | 4 | 4 | 4 | 4 | 4 | 0 | 5 | $3\frac{2}{3}$ | $3\frac{2}{3}$ | 4,0 |
| ν | 4 | 4 | 4 | 4 | 4 | 4 | 4 | 0 | 4 | $3\frac{1}{3}$ | $3\frac{1}{3}$ | 3,8 |
| ξ | 5 | 5.6 | 5.6 | 5 | 4 | 5 | 6 | 0 | 6 | $5\frac{1}{3}$ | $5\frac{1}{3}$ | 5,6 |
| 38 $o^1$ | 4 | 4 | 4 | 4 | 4 | 4 | 4 | 0 | $4\frac{1}{2}$ | $4\frac{1}{3}$ | $4\frac{1}{3}$ | 4,0 |
| 40 $o^2$ | 4 | 4 | 4 | 4 | 4 | 4 | 5 | 0 | 5 | $4\frac{2}{3}$ | $4\frac{2}{3}$ | 4,4 |
| π | 4 | 4 | 4 | 4 | 4 | 4 | 5 | 0 | 5 | $4\frac{2}{3}$ | $4\frac{2}{3}$ | 4,7 |
| 9 $\rho^1$ | 4 | 5 | 5 | 4 | 4 | 4 | 5 | 0 | 5 | 6 | $5\frac{1}{3}$ | 5,6 |
| 10 $\rho^2$ | 0 | 0 | 0 | 0 | 0 | 0 | 5 | 0 | 5 | 6 | 6 | 5,3 |
| σ | *n'existe pas* | | | | 4 | | | | | | | |
| 4969 *Lal.* | 4 | $5\frac{2}{3}$ | 5 | 0 | 0 | 0 | 0 | 0 | 6 | 6 | 6 | 5,7 |
| 1 $\tau^1$ | 4 | 4 | 4 | 0 | 4 | 4 | 4 | 0 | 5 | $4\frac{1}{3}$ | $4\frac{1}{3}$ | 4,5 |
| 2 $\tau^2$ | 4 | 4.5 | 4 | 0 | 4 | 4 | 4 | 0 | $4\frac{1}{2}$ | $4\frac{2}{3}$ | $4\frac{2}{3}$ | 4,9 |
| 11 $\tau^3$ | 4 | 4.3 | 4 | 0 | 4 | 4 | $3\frac{1}{2}$ | 5 | 4 | $3\frac{2}{3}$ | $3\frac{2}{3}$ | 4,1 |
| 16 $\tau^4$ | 4 | 4 | 4 | 0 | 4 | 4 | 4 | 0 | $3\frac{1}{2}$ | $3\frac{2}{3}$ | $3\frac{2}{3}$ | 3,4 |
| 19 $\tau^5$ | 4 | 4 | 4 | 0 | 4 | 4 | 4 | 0 | 4 | 4 | 4 | 4,5 |
| 27 $\tau^6$ | 4 | 4 | 4 | 0 | 4 | 4 | 4 | 0 | 5 | 4 | 4 | 3,9 |
| 28 $\tau^7$ | 5 | 5.6 | 5 | 0 | 4 | 5 | $5\frac{3}{4}$ | 0 | 5 | 5 | 5 | 5,5 |
| 33 $\tau^8$ | 4 | .4 | 4 | 0 | 4 | 4 | $4\frac{1}{2}$ | 0 | $5\frac{1}{2}$ | 4 | $4\frac{1}{3}$ | 4,4 |
| 36 $\tau^9$ | 4 | 4 | 4 | 0 | 4 | 4 | $4\frac{1}{2}$ | $4\frac{1}{2}$ | 5 | 4 | 4 | 4,4 |
| 50 $\upsilon^1$ | 4 | 4.5 | 4 | 0 | 4 | 4 | 4 | $4\frac{1}{2}$ | 6 | 4 | 4 | 4,7 |
| 52 $\upsilon^2$ | 4 | 4 | 4 | 0 | 4 | 4 | 3 | $3\frac{1}{2}$ | 3 | $3\frac{2}{3}$ | $3\frac{2}{3}$ | 3,7 |
| 43 $\upsilon^3$ | 4 | 4 | 4 | 0 | 4 | 4 | 5 | $3\frac{1}{2}$ | $4\frac{1}{2}$ | 4 | 4 | 4,0 |
| 41 $\upsilon^4$ | 4 | 4.3 | 4 | 0 | 4 | 4 | $3\frac{3}{4}$ | $3\frac{1}{2}$ | $3\frac{1}{2}$ | $3\frac{2}{3}$ | $3\frac{2}{3}$ | 3,3 |
| φ | 0 | 0 | 0 | 0 | 4 | 4 | 0 | $3\frac{1}{2}$ | 0 | 0 | $3\frac{2}{3}$ | 3,5 |
| χ | 0 | 0 | 0 | 0 | 4 | 4 | 0 | 4 | 0 | 4,2 | $4\frac{1}{3}$ | 3,9 |
| ψ | 4 | 4.5 | 4 | 5 | 5 | 5 | 5 | 0 | 5 | $4\frac{2}{3}$ | $4\frac{2}{3}$ | 5,3 |
| ω | 4 | 4.5 | 4 | 5 | 5 | 5 | 5 | 0 | 5 | $4\frac{1}{3}$ | $4\frac{1}{3}$ | 4,7 |
| 39 A | 0 | 0 | 0 | 5 | 5 | 5 | 5 | 0 | 5 | 5 | 5 | 5,2 |
| 62 *b* | 0 | 0 | 0 | 0 | 6 | 0 | 6 | 0 | 6 | 6 | 6 | 5,9 |
| 51 *c* | 0 | 0 | 0 | 0 | 6 | 0 | 4 | 0 | $5\frac{1}{2}$ | $5\frac{1}{3}$ | $5\frac{1}{3}$ | 5,8 |
| 4 | 0 | 0 | 0 | 0 | 0 | 0 | 6 | 6 | $5\frac{1}{2}$ | 5 | 5 | 5,7 |
| 5 | 0 | 0 | 0 | 0 | 0 | 0 | 6 | 0 | 6 | $5\frac{1}{3}$ | $5\frac{1}{3}$ | 5,4 |
| 15 | 0 | 0 | 0 | 0 | 0 | 0 | 6 | 6 | $5\frac{1}{2}$ | $5\frac{1}{3}$ | $5\frac{1}{3}$ | 5,3 |
| 17 | 0 | 0 | 0 | 0 | 0 | 0 | $4\frac{1}{2}$ | 0 | $4\frac{1}{2}$ | 5 | $4\frac{2}{3}$ | 4,7 |
| 20 | 0 | 0 | 0 | 0 | 0 | 0 | $5\frac{1}{2}$ | 0 | 6 | 5 | 5 | 5,3 |
| 32 | 0 | 0 | 0 | 4 | 4 | 5 | $4\frac{1}{2}$ | 0 | 5 | 5 | 5 | 4,7 |
| 35 | 0 | 0 | 0 | 0 | 0 | 0 | 0 | 0 | 5 | $5\frac{1}{3}$ | $5\frac{1}{3}$ | 5,3 |
| 45 | 0 | 0 | 0 | 0 | 0 | 0 | 0 | 0 | 6 | $5\frac{1}{3}$ | $5\frac{1}{3}$ | 5,4 |
| 54 | 0 | 0 | 0 | 0 | 0 | 5 | $3\frac{1}{2}$ | 0 | 4 | 5 | $5\frac{2}{3}$ | 4,6 |
| 60 | 0 | 0 | 0 | 0 | 0 | 0 | 6 | 0 | 6 | 6 | 6 | 5,0 |
| 64 | 0 | 0 | 0 | 0 | 0 | 0 | 6 | 0 | 6 | 6 | 6 | 4,8 |
| P. III, 251 | 0 | 0 | 0 | 0 | 0 | 0 | 0 | 0 | 6 | 5 | $5\frac{1}{3}$ | 5,8 |
| P. IV, 154 | 0 | 0 | 0 | 0 | 0 | 6 | 0 | 0 | $6\frac{1}{2}$ | $5\frac{1}{3}$ | $5\frac{1}{3}$ | 5,2 |
| 9284 *Lal.* | 0 | 0 | 0 | 0 | 0 | 0 | 0 | 0 | 6 | 6 | 6 | 5,4 |
| 12 (*Fourneau chimique.*) | | 3.4 | 0 | 0 | 0 | 3 | 3 | $3\frac{1}{2}$ | $3\frac{1}{2}$ | $3\frac{1}{3}$ | $3\frac{1}{3}$ | 3,6 |
| P. II, 195 (*Fourneau chimique.*) | | 0 | 0 | 0 | 0 | 0 | 0 | $4\frac{1}{2}$ | 5 | $4\frac{2}{3}$ | $4\frac{2}{3}$ | 4,5 |
| P. II, 200 (*Fourneau chimique.*) | | 0 | 0 | 0 | 0 | 0 | 0 | 5 | 7 | 5 | 5 | 5,6 |
| P. III, 142 (*Fourneau chimique.*) | | 0 | 0 | 0 | 0 | 0 | 0 | 5 | 5 | 5 | 5 | 4,9 |
| P. III, 176 (*Fourneau chimique.*) | | 0 | 0 | 0 | 0 | 0 | 0 | 6 | 6 | 5 | 5 | 5,6 |
| 53 (*Sceptre*) | | 0 | 0 | 0 | 0 | 5 | $3\frac{1}{2}$ | 0 | 4 | 4 | 4 | 4,1 |

Parmi les nombreuses étoiles dessinant ce fleuve céleste, il en est une surtout dont la vérification ne s'est pas faite sans difficultés : c'est l'étoile σ, placée sur l'atlas de Bayer entre η de l'Éridan et ε des Poissons, et qui n'existe pas au ciel. Ce n'est pas là, pourtant, une génération spontanée. Les anciens catalogues mentionnent l'existence d'une étoile à l'ouest de η ; seulement, elle a été sans doute fort mal observée, car les positions qu'on lui donne sont loin d'être concordantes. On peut en juger en comparant entre eux les cinq diagrammes de la *fig.* 330, sur lesquels j'ai rapporté les étoiles de cette région prises dans les catalogues de Ptolémée, Sûfi, Ulugh-Beigh et Bayer, en ajoutant, comme comparaison définitive, l'état actuel du ciel. Sur Ptolémée, l'étoile η est trop basse et l'inconnue trop haute ; sur Sûfi, l'étoile η est un peu élevée et l'inconnue en est trop proche : ses chiffres ne concordent pas exactement d'ailleurs avec sa description, qui est assez détaillée.

Il y a là, dit-il, quatre étoiles, dont la première (ζ), ou l'orientale, est de quatrième grandeur, quoique Ptolémée la dise de troisième. La seconde (ρ) se trouve à l'ouest de la première, un peu au nord ; elle est de cinquième grandeur, quoique Ptolémée l'ait indiquée de quatrième ; il y a entre elles plus d'une coudée de distance ; elle est *double*. La troisième (η) se trouve à l'ouest de la seconde, et est des grandes de la quatrième grandeur, quoique Ptolémée la fasse de troisième ; entre elle et la précédente, il y a une coudée à peu près. La quatrième est à l'ouest de la troisième et à l'extrémité occidentale de la série, près des quatre étoiles de la poitrine de la Baleine ; elle est des petites de la cinquième grandeur, près de la sixième, et il y a entre elle et l'étoile des quatre de la Baleine, qui en est la plus proche (ε), moins d'une coudée.

D'après cette description, cette quatrième étoile, notre inconnue, aurait été assez proche de ε Baleine, à 2 degrés au plus, et sa distance à cette étoile aurait été inférieure à celle de η à ρ, et surtout à celle de ρ à ζ. Les positions données par l'astronome persan dans son catalogue ne correspondent pas avec son texte. La conclusion est que l'étoile de quatrième grandeur que nos ancêtres ont vue là n'a pas été mesurée avec précision.

On trouve, vers la position de notre inconnue, une étoile de 5°⅔ (4969 Lalande) qui pourrait bien être elle. Dans ce cas, elle varierait au moins de la quatrième à la sixième grandeur. A cause de cette proximité, je l'ai insérée au tableau, immédiatement après l'apocryphe σ, en l'identifiant provisoirement à l'étoile anciennement observée. Peut-être aussi s'est-elle déplacée, mais cette hypothèse n'est pas nécessaire

Plusieurs étoiles de l'Éridan présentent des fluctuations d'éclat dignes d'attention. $\beta$, près de Rigel, de quatrième grandeur dans les catalogues anciens, est aujourd'hui de 2,8. $\gamma$ a été estimée de 2$^e$ par Flamsteed et de 2$^e$¼ par Piazzi, tandis que Sûfi a soin de signaler qu'elle est « des petites de la troisième » (elle est rougeâtre). $\zeta$, aujourd'hui presque de cinquième, a été inscrite de troisième au xvii$^e$ siècle.

L'étoile $\theta$ a été estimée de 2,6 en 1873, de 2,8 en 1871, de 3,0 en 1870, de 3,3 en 1862. $\iota$ a été vue de 4$^e$ par Behrmann, et de 5$^e$ par Gould. $\lambda$ a été observée de sixième par Santini et Gillis. $\mu$ a été inscrite de 5$^e$ par Piazzi et de 3$\frac{2}{3}$ par Argelander; mais l'observation de Piazzi n'est pas suffisante, car à la même époque Lalande l'a estimée de 4$^e$. $\xi$ a été observée de 4$^e$ par Lalande (= Bayer), de 5$^e$ par Hévélius et les anciens, de 6$^e$ par Flamsteed et Piazzi.

$\rho$ est marquée de quatrième simple, dans Ptolémée; Sûfi l'inscrit « double et de cinquième »; Ulugh-Beigh la fait de cinquième sans parler de sa duplicité; Tycho la note de quatrième et simple, et il en est de même de Bayer et d'Hévélius; Flamsteed, à l'aide d'une lunette, les a estimées toutes deux de 5$^e$, et il en a été de même de Piazzi; Lalande les a estimées respectivement: $\rho^1$ de 5$^e$ et $\rho^2$ de 4$^e$½ le 3 décembre 1796, puis $\rho^1$ de 5$^e$, et $\rho^2$ de 4$^e$ le 13 novembre 1797; Argelander les a inscrites toutes deux de 6$^e$; Heis marque $\rho^1$ de 5$\frac{1}{3}$ et $\rho^2$ de 6$^e$; Gould a vu, au contraire, $\rho^1$ moins brillante que $\rho^2$: 5,6 et 5,3. Il y a là certaines fluctuations. *A observer*. Rappelons ici que ces deux étoiles sont précédées d'une petite, de sixième grandeur et demie. — 9 $\rho^1$ est rougeâtre.

Quelques autres oscillations se font encore remarquer. Les estimations de $\tau^3$ varient de la 3$^e$½ à la 5$^e$ grandeur; celles de $v^1$ de la 4 à la 6$^e$; celles de $v^3$ de 3$\frac{1}{2}$ à 5 (cette étoile est rougeâtre); celles de 51$c$ de la 4$^e$ à la 6$^e$ aussi; celles de 54 de 3$\frac{1}{2}$ à 5 (elle est rougeâtre); celles de 60 de 5 à 6 (rougeâtre), Gould l'a vue une fois de 5,8; celles de 64 de 4,8 à 6: Bessel l'a même marquée de 8$^e$, mais des nuages peuvent l'avoir obscurcie. L'étoile 9284 Lalande a été vue de 6$^e$ par cet astronome, comme par Heis et Argelander; mais Gould l'a déterminée scrupuleusement de 5,4 et l'a vue osciller. P. IV, 154 a été notée de 6$\frac{1}{2}$ par Piazzi, de 6$^e$ par Lalande, et elle est actuellement de cinquième. Ce sont là autant de variations plus ou moins accusées.

Parmi les étoiles de cette région, inscrites au tableau précédent, cinq se trouvent enclavées dans le Fourneau chimique, dont nous avons parlé plus haut; l'une d'elles (12 Fl.) est de 3$\frac{1}{2}$$^e$. Quelques autres, notamment 53, de quatrième grandeur, et ses voisines, ont servi à dessiner le *Sceptre de Brandebourg*, imaginé là, dans la courbure du fleuve, près du Lièvre, en 1688, par Godfried Kirch, astronome du roi de Prusse. Encore une constellation inutile : les petites étoiles qui la composaient peuvent sans inconvénient rester au territoire de l'Éridan. Il en est de même de quelques petites étoiles distraites, en 1789, par le P. Hell, de l'Éridan et du Taureau pour former la *Harpe de Georges*, en l'honneur du roi d'Angleterre, Georges III. Ce roi mérite notre estime, car il a protégé, soutenu, honoré, admiré William Herschel, et en parlant un jour à Lalande de l'utilité des sciences et de la valeur sociale des savants, il lui a avoué qu'à ses yeux les livres sterling consacrées à la construction d'un grand télescope étaient mieux employées que celles qui disparaissent dans les fonderies de canons et de boulets. Les princes raisonnent rarement avec autant de sagesse. Mais cela n'empêche pas cette constellation royale de faire double emploi et d'encombrer inutilement la sphère céleste.

Il y a dans l'Éridan deux étoiles particulièrement remarquables : 32 et 40 o².

La première est entre Aldébaran et Rigel ; on la trouvera sur le prolongement d'une ligne menée d'Aldébaran à 10 du Taureau (*fig.* 197) ; c'est une brillante de la cinquième grandeur. Elle serait au beau milieu de « la Harpe de Georges » si nous conservions cet astérisme. C'est une ravissante étoile double : 5e et 7e, à 6″,7 ; *jaune topaze* et *bleu marine* ; couleurs magnifiques ; fixe depuis juste un siècle que nous avons les yeux sur elle. Nous avons déjà remarqué que les plus beaux systèmes d'étoiles doubles comme coloration sont composés d'étoiles relativement fixes, ne tournant pas, ou tournant très lentement, l'une autour de l'autre. Il y a peut-être là encore une loi de la nature, dont la cause nous reste inconnue.... *Felix qui potuit rerum cognoscere causas.*

La seconde curiosité de l'Éridan est le système présenté par l'étoile 40 o². Cette étoile *orangée*, de quatrième grandeur, est accompagnée, à 81″, d'une étoile de neuvième, qu'elle entraîne avec elle dans un mouvement propre très rapide à travers l'espace. Ce mouvement a pour valeur annuelle :

En Ascension droite — 2″,17 ; en Distance polaire + 3″,45. Résultante = 4″,10.

C'est *l'un des plus rapides du ciel.* Cette étoile o², accompagnée de sa voisine télescopique, s'envole vers le sud-ouest, se dirigeant du côté de γ, près de laquelle elle passera dans neuf mille ans environ ; elle est passée il y a cinq mille ans dans le voisinage de ξ. Si ce mouvement se perpétue en ligne droite, elle arrivera dans soixante-deux mille ans vers l'étoile α du Phénix. Notre diagramme (*fig.* 331) représente sa marche calculée pour cinquante mille ans : on voit combien elle surpasse celle des autres étoiles. Mais le fait le plus important est que c'est là une étoile double, ou pour mieux dire un système ternaire fort remarquable, comme on va s'en rendre compte.

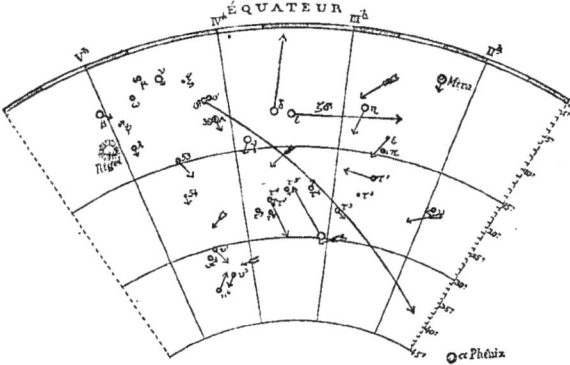

Fig. 331. — Mouvement propre séculaire de l'étoile o² Éridan.

En effet, l'étoile voisine, éloignée à 81″, est emportée par la même vitesse et forme un système physique avec ce rapide soleil. Depuis près d'un siècle que nous l'observons, il n'y a qu'un léger rapprochement en ligne droite, qui peut provenir d'un mouvement orbital s'effectuant dans le plan de notre rayon visuel; on a comme mesures principales :

| | | | |
|---|---|---|---|
| 1783 | 107°,5 | 89″ | W. Herschel |
| 1825 | 107 ,5 | 85 | W. Struve |
| 1850 | 106 ,4 | 82 | O. Struve |
| 1877 | 104 ,7 | 81 | Flammarion |

Le plus curieux encore est que *ce compagnon est double lui-même*, composé d'une étoile de 9° ½ et d'une de 10° ½, écartées à 4″, et tournant assez rapidement l'une autour de l'autre, comme on peut en juger par ces mesures :

| | | | |
|---|---|---|---|
| 1783 | 326°,7 | 4″,1 | W. Herschel |
| 1825 | 287 ,7 | 4 ,0 | W. Struve |
| 1850 | 160 ,2 | 3 ,9 | O. Struve |
| 1877 | 130 ,0 | 4 ,0 | Flammarion |

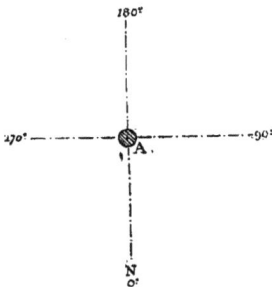

Fig. 332. — Mouvements observés dans le système ternaire de o² Éridan.

Près de 200 degrés en 94 ans, ce qui donne en moyenne plus de 2 degrés par an et conduit à une période de moins de deux siècles. Remarquable *système ternaire*. Notre diagramme montre le mouvement observé : B s'est rapprochée de A, et C a tourné d'une demi-révolution déjà autour de B, en l'accompagnant. (Si l'on supposait que C n'accompagnât pas B, son mouvement serait représenté par la ligne ponctuée.)

En observant ce système, en 1877, j'ai mesuré deux autres petites étoiles, de

11ᵉ et de 12ᵉ grandeur, situées, l'une à 37″, l'autre à 110″, et qui, en 1864, avaient été vues par Winnecke, la première à 76″, la deuxième à 89″. Mon observation prouve que ces deux étoiles ne participent pas au grand mouvement propre de o² et sont situées fort au delà dans l'infini.

Ce mouvement propre si rapide m'avait fait conjecturer que sans doute ce système n'est pas incommensurablement éloigné de nous, et qu'il peut offrir une parallaxe sensible, et j'avais engagé les astronomes de l'hémisphère austral à entreprendre cette mesure. A Rio-de-Janeiro, M. Cruls l'a essayé, mais il n'a trouvé jusqu'à présent qu'une parallaxe inférieure à 0″,3, qui se noie dans les erreurs instrumentales probables.

Quoi qu'il en soit, je ne regarde jamais cette étoile sans penser qu'elle se précipite, énorme projectile, à travers le vide éternel ; sans songer qu'elle emporte avec elle ce couple charmant qui rappelle la Terre et la Lune maintenues l'une contre l'autre à une grande distance du Soleil ; sans rêver aux êtres inconnus que la féconde nature a faits naître dans le système de ce triple soleil.

Il est intéressant de chercher si ce mouvement propre si remarquable est visible sur les observations anciennes de Ptolémée, Sûfi, Ulugh-Beigh et Tycho comparées ; mais les premières sont si peu précises, et les manuscrits si différents dans leurs chiffres de longitude et latitude, qu'il n'y a rien de sûr. Toutefois la description de Sûfi montre bien qu'à son époque o² était entre ξ et o¹. « La 7ᵉ, dit-il (ξ), est devant la 6ᵉ (ν), s'inclinant vers le sud-ouest, à plus d'une coudée : c'est une petite de la cinquième grandeur. La 8ᵉ (o²) se trouve devant la 7ᵉ, vers le sud, à une coudée un tiers : elle est de la quatrième grandeur ; sa latitude est erronée, car au ciel l'étoile se fait voir autrement qu'elle n'est marquée sur le globe. La 9ᵉ (o¹) se trouve devant la 8ᵉ, à une demi-coudée : elle est aussi de la quatrième grandeur. » Ainsi, il y a neuf cents ans, l'astronome persan a vu lui-même que o² suivait o¹, à un degré environ,

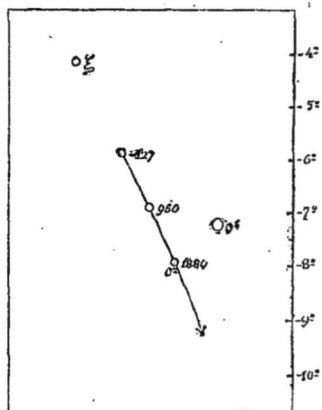

Fig. 333. — Déplacement de l'étoile o² Éridan depuis les anciennes observations.

et se trouvait sur le chemin de ξ, à 3 degrés environ de celle-ci. Notre petite *fig.* 333 montre cette *marche séculaire perceptible à l'œil nu*, le déplacement étant de 6′50″ par siècle.

Remarque intéressante par sa valeur négative même, l'étoile voisine o¹, plus brillante, n'offre aucun mouvement propre sensible, et est absolument étrangère à cet opulent système : elle est, sans doute, quoique plus brillante, beaucoup plus éloignée de nous dans l'infini.

Il y a là encore une troisième curiosité facile à observer : c'est l'étoile double 39 A : 5ᵉ et 9ᵉ, à 6″,4, *jaune* et *bleue*, comme 32, couleurs superbes. Système binaire, en mouvement très lent.

Dirigez aussi une lunette vers 62 *b* : 6ᵉ et 8ᵉ, à 64‴, couple écarté, mais assez brillant.

Contemplez encore la double visible à l'œil nu 55-56, composée de deux étoiles de sixième grandeur, distantes de 20′ l'une de l'autre. La première de ces deux étoiles, celle du sud-ouest, est une jolie double, formée de deux astres de septième grandeur écartés à 10″.

A $2°\frac{1}{2}$ au sud de 39 A, et à peu près symétriquement placée comme pendant avec *o*² qui est à la même distance au nord, gît une nébuleuse (H. IV, 26), assez brillante et ronde, ressemblant à une vague étoile qui ne serait pas au foyer de la lunette. Il faut pour la trouver se servir d'un faible oculaire. C'est un objet assez extraordinaire dans sa simplicité, isolé là comme dans un désert, et dont la solitude fait rêver : embryon, fœtus, genèse d'un univers en formation.

Tout près d'ici se tient *le Lièvre*, juste au-dessous de Rigel, reconnaissable principalement à quatre étoiles assez brillantes (α, β, γ, δ) disposées en quadrilatère et dessinant son corps; une étoile de même éclat (μ) indique la place de sa tête surmontée de deux oreilles ϰ et λ, et en avant l'étoile ε marque les pattes antérieures de l'animal. On trouvera ces étoiles en partie sur notre *fig.* 305 (p. 453), en partie sur notre *fig.* 316 (p. 475), et une troisième fois sur notre *fig.* 327 (p. 501). Quant à l'animal lui-même, on le voit fidèlement dessiné en avant du Grand Chien sur la planche suivante, dont l'aspect ne manque pas d'originalité : un chien assis sur la proue d'un navire, un lièvre qui va se sauver, une colombe apportant un rameau, les burins d'un graveur, la casse d'un typographe, la boussole avec le loch, et par-dessus tout cela une licorne en course!

Cette petite constellation du Lièvre est l'une des 48 anciennes de la sphère grecque. Les Grecs la nommaient *Lagos*, les Latins *Lepus*, les Arabes *al-ârnab*, ce qui a partout la même signification. Cependant les Arabes l'appelaient aussi quelquefois *arsh al-djauzâ*, « le Trône du Géant »; le quadrilatère peut en effet donner l'idée d'un escabeau sur lequel Orion pourrait s'asseoir. D'autre part, l'idée de lièvre a dû s'associer très primitivement à l'image du chasseur représenté par Orion.

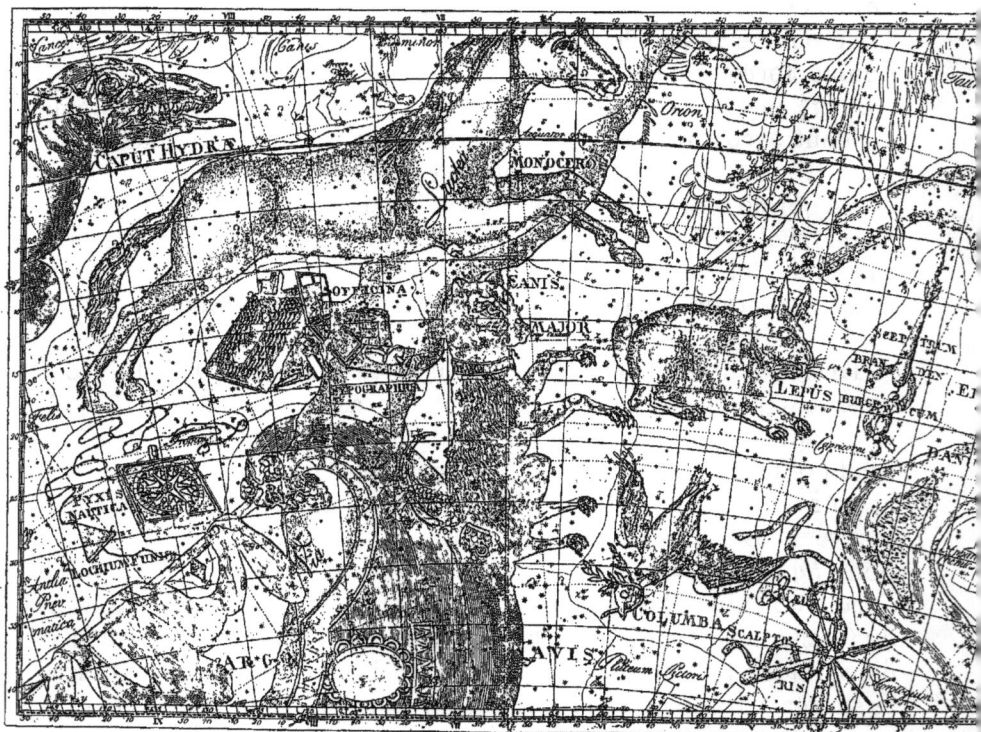

Fig. 334. — Constellations australes. — La Licorne. — Le Lièvre. — Le Grand Chien.
Le Navire. — La Colombe. — La tête de l'Hydre.

ÉTOILES PRINCIPALES DE LA CONSTELLATION DU LIÈVRE

DEUX MILLE ANS D'OBSERVATION.

| ÉTOILES | −127 | +960 | 1430 | 1590 | 1603 | 1660 | 1700 | 1800 | 1840 | 1860 | 1880 |
|---|---|---|---|---|---|---|---|---|---|---|---|
| α | 3 | 3.4 | 3 | 3 | 3 | 3 | 3 | $3\frac{1}{2}$ | 3 | 3 | 2,7 |
| β | 3 | 3.4 | 3 | 3 | 3 | 3 | 3 | 4 | $3\frac{1}{3}$ | $3\frac{1}{3}$ | 2,9 |
| γ | 4 | 4.3 | 4 | 3 | 3 | 4 | $3\frac{1}{2}$ | 4 | 4 | 4 | 3,5 |
| δ | 4 | 4.3 | 4 | 3 | 3 | 4 | $3\frac{3}{4}$ | 5 | 4 | 4 | 3,7 |
| ε | 4 | 4.3 | 4 | 4 | 4 | 4 | 4 | 4 | $3\frac{2}{3}$ | $3\frac{2}{3}$ | 3,1 |
| ζ | 4 | 4.3 | 4 | 4 | 4 | 4 | 4 | $4\frac{1}{2}$ | $3\frac{2}{3}$ | $3\frac{2}{3}$ | 3,6 |
| η | 4 | 4.3 | 4 | 4 | 4 | 4 | 4 | 4 | $3\frac{2}{3}$ | $3\frac{2}{3}$ | 3,8 |
| θ | 0 | 0 | 0 | 4 | 4 | 4 | 4 | $4\frac{1}{2}$ | 5 | 5 | 5,2 |
| ι | 5 | 5 | 5 | 5 | 5 | 5 | 5 | $4\frac{1}{2}$ | 5 | 5 | 4,4 |
| κ | 5 | 5 | 5 | 5 | 5 | 5 | 5 | 5 | $4\frac{1}{3}$ | 4 | 4,2 |
| λ | 5 | 5 | 5 | 5 | 5 | 4 | $4\frac{1}{2}$ | $4\frac{1}{2}$ | $4\frac{1}{3}$ | $4\frac{2}{3}$ | 4,1 |
| μ | 4 | 4.3 | 4 | 5 | 5 | 4 | 4 | 5 | $3\frac{1}{4}$ | 4 | 3,4 |
| ν | 5 | 5 | 5 | 6 | 6 | 5 | $5\frac{1}{2}$ | $5\frac{1}{7}$ | $5\frac{2}{3}$ | $5\frac{1}{3}$ | 5,7 |
| 17 | 0 | 0 | 0 | 0 | 0 | 0 | 6 | $5\frac{1}{2}$ | 5 | 5 | 5,5 |
| P. IV. 285 | 0 | 0 | 0 | 0 | 0 | 0 | 0 | $6\frac{1}{2}$ | $5\frac{1}{3}$ | $5\frac{1}{3}$ | 5,5 |
| P. IV. 289 | 0 | 0 | 0 | 0 | 0 | 0 | 0 | $5\frac{1}{4}$ | 5 | 5 | 5,4 |
| P. V. 35 | 0 | 0 | 0 | 0 | 0 | 0 | 0 | 6 | 5 | $5\frac{1}{3}$ | 5,4 |
| P. V. 70 | 0 | 0 | 0 | 0 | 0 | 0 | 0 | 6 | $5\frac{1}{4}$ | $5\frac{1}{4}$ | 5,4 |
| 10063 Lal. | 0 | 0 | 0 | 0 | 0 | 0 | 0 | 0 | 5 | 5 | 4,9 |

Il n'y a là qu'une vingtaine d'étoiles de quelque importance. Parmi elles, l'étoile μ a présenté des variations d'éclat de la troisième à la cinquième grandeur ; elle paraît varier de $3\frac{1}{2}$ à 5. L'étoile θ, vue de quatrième grandeur aux seizième et dix-septième siècle, n'offrait certainement pas cet éclat au temps de Sûfi, car il a décrit avec beaucoup de soin les étoiles ζ et η formant la queue du Lièvre, et il ne parle pas plus que Ptolémée de leur voisine θ ni de celle qui est au-dessous (17 Fl.). Il est donc certain que θ n'était alors que de cinquième grandeur au plus. δ varie de 3 à 5, et davantage encore d'après ce qui suit :

Cassini II dit dans son *Astronomie* (1740) : « M. Halley et mon père ont observé que l'étoile de troisième grandeur, qui est dans la cuisse postérieure du Lièvre, avait disparu. Quoiqu'on l'eût cherchée depuis ce temps-là plusieurs fois, on ne la put apercevoir qu'en 1699, paraissant à la vue simple de la sixième grandeur ; on la voyait, avec une lunette, composée de deux étoiles éloignées entre elles de 35 minutes en latitude ». Il n'y a pas d'autre étoile de troisième grandeur « dans la cuisse postérieure du Lièvre » que l'étoile δ. Elle serait donc tombée au-dessous du sixième ordre d'éclat au temps des observations de Halley et Cassini I, c'est-à-dire vers 1677. Cependant vers l'an 1700, Flamsteed l'a estimée de $3\frac{1}{4}$. Vers 1800, Piazzi l'a estimée de cinquième et Lalande de quatrième. Cassini II manque de précision (ce qui lui arrive assez souvent, du reste). S'il s'agit vraiment de l'étoile δ, quelle est cette voisine éloignée d'elle de 35'? De quelle grandeur ? Était-elle au nord ou au sud ? — Il y en a une, de 9°, à 20 secondes de temps à l'est et à 25″ au nord, c'est-à-dire à 5′ vers l'est ; ce n'est pas celle-là : elle est trop proche. Il y en a une autre, de 8° $\frac{1}{7}$, à 1$^m$ 24$^s$ à l'ouest et à 29′ 29″ au nord, c'est-à-dire à 36′ au nord-ouest : celle-ci correspond à l'indication donnée : c'est 11100 Lalande. — Cette vérification nous conduit à conclure que c'est bien l'étoile γ du Lièvre qui est tombée à la fin du dix-septième siècle au-dessous du sixième ordre d'éclat.

Cassini II dit aussi que son père a découvert une étoile de quatrième grandeur « proche de la constellation du Lièvre ». Mais il ne donne ni la position ni la date.

Il y a dans cette petite constellation du Lièvre une étoile particulièrement curieuse : la *variable rouge* R, découverte par Hind en 1845 et décrite par lui « of the most intense crimson, resembling a blood of drop on the black ground of the sky », étoile d'un rouge intense ressemblant à *une goutte de sang sur le fond noir du ciel*. Cherchez cette étoile (facile à trouver, à l'aide de notre *fig.* 305, sur le prolongement de γ Orion à Rigel et au bout d'une ligne menée par α et μ du Lièvre), et vous serez surpris de cette coloration qui donne l'idée d'un vaste incendie : c'est l'étoile la plus rouge qui soit visible de nos latitudes, elle est plus colorée encore que μ de Céphée, l'astre grenat d'Herschel ; mais elle a un grand défaut : c'est de ne jamais surpasser en éclat la sixième grandeur et de rester généralement invisible à l'œil nu. Elle varie entre 6$\frac{1}{2}$ et 8$\frac{1}{2}$ en une période de 438 jours, qui paraît variable elle-même. Lointaine et mystérieuse lumière à examiner, à l'aide d'une lunette, pendant les belles soirées d'hiver. L'analyse spectrale montre que sa constitution chimique appartient à l'ordre des bizarres soleils du quatrième type.

Astre étrange, création incompréhensible, flammes sanglantes, lueurs fauves, vapeurs épaisses, ombres et lumières ! Quels atomes vibrent là ? quelles molécules s'y marient et s'y combinent ? quelle chimie s'y développe ? quelles planètes circulent en un tel système ? quelles métamorphoses organiques s'opèrent sur un pareil théâtre ? quelles sont les formes vivantes qui peuvent se jouer dans ce rayonnement écarlate d'un éternel coucher de soleil ?...

A 1°40′ au sud, on trouve un beau champ d'étoiles, entre autres trois jolis couples et une étoile triple.

Les étoiles ε, ζ, μ et P. IV, 289 sont rougeâtres.

γ est accompagnée d'une étoile de 6° $\frac{1}{2}$, à 93″. Observation facile.

ι est une double plus serrée, à 13″ ; mais son compagnon, de douzième grandeur, est à peine perceptible. Il y a, à 57$^s$ précédant (ouest), vers le nord, une étoile rougeâtre qui paraît variable. Curieuse à noter.

ϰ est plus facile, quoique plus serrée : 4° et 8½, à 3″,7. C'est l'objet le plus intéressant de cette région.

Ajoutons encore β, la plus difficile de toutes, 3° et 11°, à 3″,0, dédoublée pour la première fois en 1874, par Burnham, de Chicago, et qui paraît former un petit système orbital en mouvement rapide.

A 4° au sud-sud-ouest de β (*fig.* 316), on rencontre une étoile de sixième grandeur ; tout près d'elle, suivant, gît une nébuleuse (M, 79), découverte par Méchain en 1780, et résolue plus tard par Herschel en un riche amas d'étoiles mesurant 3′ de diamètre, de forme globulaire, condensé au centre. Cet univers lointain vaut aussi la peine d'être cherché et le plaisir d'être admiré. — Si ses habitants voulaient nous chercher dans leur ciel, ils ne pourraient pas en dire autant de nous, pour plusieurs raisons, et la première, c'est qu'il leur serait absolument impossible de nous trouver du tout.

Si nous continuons à inspecter le ciel de l'ouest à l'est, le long de la zone équatoriale et australe que nous passons en revue, après la Baleine, l'Éridan et le Lièvre, et en traversant les régions illustrées par Orion et Sirius, nous rencontrons *la Licorne* (*fig.* 334, p. 517) ou *Monoceros*, que l'on trouve dessinée pour la première fois en 1624 sur le planisphère de Bartschius, mais qui existait avant cette époque, sans être admise officiellement. Ainsi, dans un ouvrage publié à Francfort en 1564, intitulé : *Effets du cours du ciel et influence naturelle des astres*, il est question de la constellation du Neper ou Foret, qui n'est autre que la Licorne, et plus anciennement encore, dans l'antique sphère persique rapportée par Scaliger, on trouve ce même animal fantastique qui a reçu tant d'honneurs au moyen âge, et qui a été le héros de tant de récits fabuleux. Des sept constellations de Bartschius (la Girafe, la Licorne, la Mouche, le Tigre, le Jourdain, le Coq et le Rhombe), les trois premières seules ont été conservées, d'abord par Hévélius, ensuite par ses successeurs, — encore la troisième, la Mouche, au nord du Bélier, est-elle déjà envolée (p. 273).

La Licorne ne se compose que de petites étoiles, dont la plus brillante est à peine de troisième grandeur. On les reconnaîtra, à gauche d'Orion et au-dessous de Procyon, à l'aide de notre *fig.* 335. Aucune n'a de lettre, attendu que cet astérisme est absent de l'atlas de Bayer, et chacune d'elles reste désignée par le numéro qu'elle porte dans le catalogue de Flamsteed. Les plus anciennes observations méthodiques sont celles d'Hévélius ; cependant, en cherchant aux environs d'Orion, du Grand-Chien et de l'Hydre, on trouve dans les anciens catalogues ou sur les vieilles cartes de nos pères des étoiles extérieures aux figures, aujourd'hui insérées dans la Licorne.

Fig. 335.

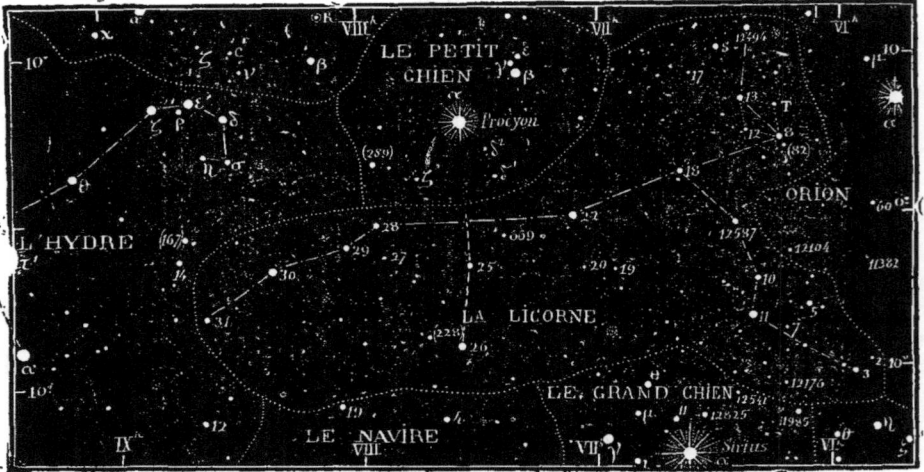

ÉTOILES PRINCIPALES DE LA CONSTELLATION DE LA LICORNE
PAR ORDRE D'ÉCLAT.

| | − 127 | + 960 | 1430 | 1590 | 1603 | 1660 | 1700 | 1800 | 1840 | 1860 | 1880 |
|---|---|---|---|---|---|---|---|---|---|---|---|
| 30 | 3 | 3 | 3 | 4 | 4 | 4 | 6 | $5\frac{1}{2}$ | $3\frac{2}{3}$ | $3\frac{1}{4}$ | 4,0 |
| 11 | 0 | 0 | 0 | 4 | 4 | 4 | 4 | 6 | $4\frac{1}{3}$ | $4\frac{1}{4}$ | 4,2 |
| 26 | 0 | 0 | 0 | 4 | 4 | 4 | $4\frac{1}{2}$ | $4\frac{1}{2}$ | $4\frac{1}{4}$ | $4\frac{1}{3}$ | 4,2 |
| 5 | 0 | 0 | 0 | 4 | 4 | 4 | $4\frac{1}{2}$ | $4\frac{1}{2}$ | $4\frac{2}{3}$ | $4\frac{2}{3}$ | 4,4 |
| 22 | 4 | 4 | 4 | 4 | 4 | 4 | $4\frac{1}{2}$ | $4\frac{1}{2}$ | $4\frac{1}{4}$ | $4\frac{1}{4}$ | 4,5 |
| 8 | 0 | 0 | 0 | 4 | 5 | 4 | 4 | $5\frac{1}{2}$ | $4\frac{2}{3}$ | $4\frac{2}{3}$ | 4,7 |
| 31 | 0 | 0 | 0 | 0 | 0 | 4 | 5 | 7 | 5 | 5 | 4,9 |
| 13 | 0 | 0 | 0 | 4 | 4 | 4 | $4\frac{1}{2}$ | 5 | $4\frac{2}{3}$ | $4\frac{2}{3}$ | 5,0 |
| 29 | 0 | 0 | 0 | 0 | 6 | 0 | 6 | $5\frac{1}{2}$ | 5 | $4\frac{2}{3}$ | 5,0 |
| 18 | 0 | 0 | 0 | 4 | 4 | 4 | 5 | 5 | 5 | 5 | 5,2 |
| 28 | 0 | 0 | 0 | 0 | 6 | 5 | 5 | $5\frac{1}{2}$ | $5\frac{1}{3}$ | $5\frac{1}{3}$ | 5,3 |
| 10 | 0 | 0 | 0 | 0 | 5 | 5 | 6 | 6 | 5 | 5 | 5,4 |
| 17 | 0 | 0 | 0 | 5 | 5 | 5 | 5 | 5. | 5 | 5 | 5,4 |
| 12494 Lal. | 0 | 0 | 0 | 0 | 6 | 0 | 0 | 6 | 5 | 5 | 5,5 |
| 20 | 0 | 0 | 0 | 0 | 0 | 6 | 6 | $5\frac{1}{2}$ | 6 | $5\frac{2}{3}$ | 5,5 |
| 19 | 0 | 0 | 0 | 0 | 0 | 5 | 5 | $5\frac{1}{2}$ | 6 | $5\frac{2}{3}$ | 5,6 |
| 3 | 0 | 0 | 0 | 0 | 5 | 0 | 6 | $5\frac{1}{4}$ | $5\frac{1}{4}$ | $5\frac{1}{4}$ | 5,6 |
| 27 | 0 | 0 | 0 | 0 | 6 | 5 | 5 | $6\frac{1}{2}$ | $5\frac{2}{3}$ | $5\frac{1}{4}$ | 5,6 |
| 25 | 0 | 0 | 0 | 0 | 0 | 5 | 6 | 6 | $5\frac{1}{3}$ | $5\frac{1}{3}$ | 5,7 |
| 12587 Lal. | 0 | 0 | 0 | 0 | 0 | 0 | 0 | .6 | $5\frac{1}{4}$ | $5\frac{1}{4}$ | 5,7 |
| 2 | 0 | 0 | 0 | 0 | 5 | 0 | 6 | $5\frac{1}{2}$ | $5\frac{2}{3}$ | $5\frac{2}{3}$ | 5,7 |
| 12176 Lal. | 0 | 0 | 0 | 0 | 0 | 0 | 0 | 6 | $5\frac{2}{3}$ | $5\frac{2}{3}$ | 5,8 |
| 7 | 0 | 0 | 0 | 0 | 0 | 6 | 6 | 6 | 6 | $5\frac{2}{3}$ | 5,9 |
| P. VII, 228 | 0 | 0 | 0 | 0 | 0 | 0 | 0 | 7 | 6 | $5\frac{1}{4}$ | 6,0 |
| 12 | 0 | 0 | 0 | 5 | 5 | 5 | $6\frac{1}{2}$ | 6 | 5 | 6 | 6,0 |
| 15. S. | 0 | 0 | 0 | 4 | 0 | 4 | $5\frac{1}{3}$ | 6 | 4 | var. | var. |

La première étoile du tableau précédent, qui a été disposé dans l'ordre décroissant des éclats actuels, est certainement la première des informes de l'Hydre des catalogues de Ptolémée, Sûfi et Ulugh Beigh, car sa position est ainsi donnée :

|  | Longitude | Latitude australe | Gr. | | |
|---|---|---|---|---|---|
| Ptolémée. . . | 102°30′ | 23°15′ | 3° | | |
| Sûfi . . . . . | 115 12 | 23 15 | 3° | | |
| Ulugh-Beigh. | 122 16 | 22 39 | 3° | Asc. droite | Déclinaison |
| Hévélius. . . | 125 11 | 22 27 | 4° | 122°13′ | — 2°48′ 1690 |

Il y a dans Flamsteed trois étoiles voisines de cette position :

|  | Æ | ☾ | Gr. | |
|---|---|---|---|---|
| 1 Hydre . . . . . . | 122°16′ | — 2°47′ | 6° | ⎞ |
| 30 Licorne . . . . . | 122 32 | — 2 56 | 6° | ⎬ 1690 |
| 2 Hydre . . . . . . | 122 44 | — 3 0 | 6° | ⎠ |

Ces trois étoiles sont de sixième grandeur sur les manuscrits de Flamsteed, quoique l'éditeur du Catalogue britannique ait imprimé la première et la dernière de quatrième.

Piazzi a observé ces trois étoiles, dont il donne les positions et grandeurs suivantes :

|  | Æ | ☾ | Gr. | |
|---|---|---|---|---|
| 1 Hydre. . . . . . | 123°39′ 2″ | — 3° 7′ | 6° | ⎞ |
| 30 Licorne . . . . . | 123 54 54 | — 3 16 | 5°½ | ⎬ 1800 |
| 2 Hydre. . . . . . | 124 6 49 | — 3 20 | 6° | ⎠ |

On trouve dans Lalande :

|  |  |  |  | |
|---|---|---|---|---|
| 16509-10. . . . . . | 8ʰ14ᵐ 36ˢ | — 93° 7′ | 6° | ⎞ |
| 16559-60. . . . . . | 8 15 40 | — 93 16 | 6° et 5°½ | ⎬ 1800 |
| 66584-85. . . . . . | 8 16 27 | — 93 20 | 6° | ⎠ |

Et nous avons actuellement :

|  |  |  |  | |
|---|---|---|---|---|
| 1 Hydre. . . . . . | 8.18. 37 | — 3° 22′ | 6,2 | ⎞ |
| 30 Licorne . . . . | 8.19. 40 | — 3 31 | 3,8 | ⎬ 1880 |
| 2 Hydre. . . . . . | 8.20. 28 | — 3 36 | 6,5 | ⎠ |

Il y a en ce point du ciel trois étoiles, dont l'une (30 Licorne) est constamment visible à l'œil nu. C'est évidemment celle qui a été signalée par les anciens. Mais elle varie de deux grandeurs, car Piazzi l'a notée de 5° ½ et Flamsteed de 6°, et elle est actuellement supérieure à la 4°. Elle est également de 5°½ dans le catalogue d'Armagh. Autre remarque : En 1865, on a observé à Greenwich la première et la troisième sans observer la deuxième.

Quant à ses deux voisines, la première (1 Hydre), à l'ouest, est actuellement de 6,2, et l'autre (2 Hydre), à l'est, de 6, 5 ; il faut une jumelle pour les apercevoir, surtout la seconde que personne n'a jamais vue à l'œil nu ; Heis voyait la première. Notre petite *fig.* 336 montre les positions relatives de ces trois étoiles, et malheureusement elle montre en même temps les anomalies qui existent dans les

délimitations des provinces célestes, car il est tout simplement absurde d'avoir
prolongé la Licorne en
angle aigu dans l'Hydre
pour lui faire prendre
cette étoile, qui est justement la principale de
cette constellation mo-
derne; ou alors, si l'on
tenait à ce diamant pour
la parure du nouveau
personnage céleste, on
aurait dû lui laisser ses
deux acolytes.

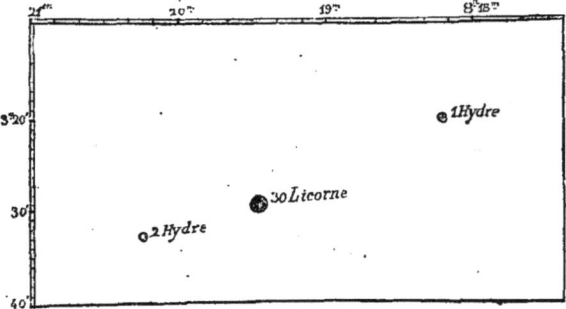

Fig. 336. — Position actuelle de l'étoile 30 Licorne.

Regardez de temps
à autre ce groupe à la jumelle : on le trouve sur le prolongement
d'une ligne menée par Procyon, ζ Petit chien, 28 et 29 Licorne;
comparez les trois étoiles comme grandeur et aussi comme position, car certains catalogues et atlas (Flamsteed, Harding, Dien),
placent l'étoile du milieu *au-dessus*, où au nord, de la ligne joignant
ses deux acolytes, tandis qu'elle est *au-dessous* ou au sud. Oscille-
rait-elle avec une amplitude sensible à l'œil nu? Ce serait le seul
exemple de cette nature que nous aurions dans le ciel entier, et c'est
tout à fait improbable ; mais nous ne devons rien nier *a priori* : l'inconnu n'est pas l'impossible. — Hier soir, 7 mai 1881, je l'ai réobservée, et trouvée très sensiblement au-dessous de la ligne en question.

L'étoile 22 a été également
connue des anciens, et signalée
par Ptolémée et Sûfi comme
brillant entre les deux Chiens.
— Je n'en trouve pas d'autres
jusqu'à Tycho-Brahé.

Piazzi à noté l'étoile 11 de
sixième grandeur seulement,
composée d'une étoile de $6^e \frac{1}{2}$
et d'une de $7^e$ : c'est en effet
une étoile double, ou pour
mieux dire une étoile *triple*,
fort jolie du reste, et même
l'une des plus belles du ciel : .
A = 5; B = $5\frac{1}{2}$; C = 6. Dis-

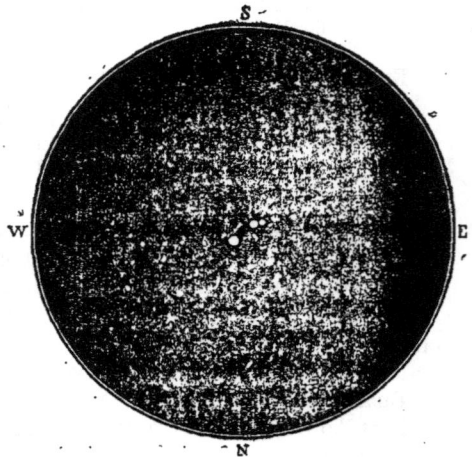

Fig. 337. — L'étoile triple 11 Licorne.

tance de AB = 7″, 2, à 130°. Distance de BC = 2″, 5, à 102°. Blanches

toutes trois. Il est probable qu'il n'y a pas eu de variation d'éclat et
que l'estimation de Piazzi est un peu faible. L'édition de Bradley faite
par Bessel et les observations de l'amiral Smyth s'accordent, il est
vrai, avec Piazzi, mais les grandeurs des étoiles de ces deux ouvrages
ont été copiées dans Piazzi même et ne doivent jamais être citées
comme originales, quoiqu'on le fasse trop souvent (parce qu'on n'a
pas lu attentivement les préfaces des auteurs). — Ce beau système
triple n'a présenté aucun mouvement des composantes entre elles
depuis cent ans que nous l'observons.

L'étoile 29 offre des signes d'accroissement d'éclat, s'étant élevée
de la 6e à 4 $\frac{2}{3}$. C'est aussi une étoile *multiple*, comme la précédente,
mais moins belle. A = 5 ; B = 11 ; C = 9. Distance de AB = 30″, à
105°. Distance de AC = 67″, à 224°. La plus petite des trois (B) n'est
pas toujours facile à apercevoir, et paraît varier entre la dixième et la
douzième grandeur.

L'étoile 31 a été vue de 4e par Hévélius et Lalande, de 6e par les
observateurs d'Armagh, de 7e par Piazzi. Elle est de cinquième.

P. VII, 228 a été notée de 7e par Piazzi, de 6e par Lalande, de
5 $\frac{1}{3}$ par Heis.

15 varie de 4 à 6, parfois rapidement, mais irrégulièrement. On
avait cru trouver une période de 3 jours 10 heures 48 minutes ; mais
elle n'est pas certaine, et l'amplitude de la variation n'est pas non
plus bien déterminée. Cette variable a reçu le nom de S Licorne. Elle
est jaune. Intéressante à observer, d'autant plus, ce qui est de la dernière rareté, que cette *variable* est en même temps une étoile *double* :
on voit à côté d'elle, à 3″, un petit compagnon bleu de 10e grandeur.
C'est sans doute là un système physique ; toutefois le mouvement
orbital n'est pas rapide, car depuis 1825 il n'y a encore que 7 degrés
de parcourus. Une bonne lunette montre un second compagnon, de
13e grandeur, à 16″, ce qui en fait une étoile triple. On en aperçoit
encore un troisième, plus petit et plus éloigné. Belle assemblée d'étoiles
dans le voisinage. Piazzi l'avait déjà remarquée, car il avait annoté
cette étoile des réflexions suivantes : « Duplex videtur : multæ simul
conspiciuntur ; quarum præcipua 8æ magn. sequitur 29s, 3′ circiter
ad austrum ». Le 1er février 1864, D'Arrest a cru la voir entourée
d'une nébulosité. — A épier.

Il y avait déjà, dans la même constellation, la variable R, qui oscille de la neuvième à la treizième grandeur ; mais son observation
est réservée aux vigies des régions télescopiques. Moins difficile à
trouver est la variable T qui précède de 7 minutes de temps l'étoile

13, à peu près sur le chemin d'Aldébaran à cette étoile, et qui forme l'angle occidental d'un petit quadrilatère dessiné par elle et ses voisines 8, 12 et 13 : j'ai marqué sa place sur notre carte (p. 521), quoiqu'elle reste presque toujours au-dessous de l'invisibilité, son maximum étant 6,2 et son minimum 7,6. Cette variabilité est régulière et s'effectue en 27 jours ; mais le minimum ne précède le maximum que de 7 jours.

Une quatrième variable, qui a reçu la lettre U, se trouve à l'ouest de l'étoile 26, à 10 minutes environ, au sommet d'un petit quadrilatère dessiné sous une étoile de sixième grandeur : elle varie de 6, 2 à 7,6 également, en 46 jours.

Il y en a une cinquième à *étudier*, juste au-dessous de 8. C'est P. VI, 82, de sixième grandeur, annotée ainsi par Piazzi : « Hujus stellæ magnitudo in diem imminui videtur », ce qui veut dire, me semble-t-il, que la grandeur de cette étoile diminue pendant le jour, c'est-à-dire, sans doute, qu'elle s'éteint à l'aurore beaucoup plus vite que ses sœurs. C'est une remarque que j'ai faite assez souvent sur les satellites de Jupiter : l'ordre relatif de leur éclat n'est pas le même, à deux heures de distance déterminé au crépuscule ou pendant la nuit. Cette étoile doit être relativement grosse et peu brillante, d'une lumière intrinsèque moins vive, moins intense, moins perçante. Il n'est pas rare, du reste, de remarquer à l'œil nu dans certaines étoiles que la lumière n'est pas en proportion du disque. (Ainsi, ces derniers soirs entre autres (mai 1881), dans une atmosphère calme et limpide, vaguement éclairée par la dernière clarté du crépuscule et par la Lune en son premier quartier, on ne pouvait s'empêcher d'observer que Castor était, à côté de Pollux, très petit et très blanc, tandis que son frère céleste était très gros et coloré d'une nuance orangée). Pour en revenir à notre étoile, Piazzi l'a inscrite de sixième, Lalande ne l'a pas observée du tout, quoiqu'il ait observé deux fois sa voisine supérieure (8), le 1er janvier 1794 et le 19 février 1797 ; Argelander ne l'a pas insérée dans son Uranométrie des étoiles visibles à l'œil nu ; Heis la voyait fort bien, l'estimant de 6, 0; Gould l'a estimée de 6, 4. — Est-elle variable ?

Pendant que nous sommes ici arrêtés devant 8 Licorne, examinons cette étoile : c'est une *double* fort belle : 4, 7 et 7, 5; jaune et bleuâtre, à 14″. Système physique : les deux composantes sont animées d'un mouvement propre commun, mais elles restent fixes l'une par rapport à l'autre depuis cent ans que nous les examinons. L'éclat de l'une ou de l'autre des composantes ne paraît pas constant. Le 1er janvier 1794,

Lalande les a estimées respectivement de 6°½ et 7°, et, le 19 février 1797, de 4° et 8° ½ ; la divergence est énorme. Piazzi les a estimées 5 ¼ et 8 ; William Struve, en 1822 : 4, 5 et 7, 2 ; en 1831 : 4, 0 et 6,7.

Signalons aussi dans cette constellation une étoile de sixième grandeur, à peine perceptible à l'œil nu, même pour les meilleures vues, située sur le prolongement d'une ligne menée de δ² à δ¹ du Petit Chien, à la rencontre de la ligne qui serait tracée de 22 à 27 de la Licorne : cette étoile a été notée de 4° à 5° grandeur par Rumker, de 6° par Gould, de 6 ⅓ par Heis, de 7° par Santini, de 8° à 9° par Fellocker ; elle est jaune et précédée à 4 secondes d'une étoile de 9° ½, à environ 1′ au nord. — Elle porte le n° 669 (VII° heure) du catalogue de Bessel. — A chercher.

Une autre étoile intéressante à observer est l'étoile 12, qui marque l'emplacement d'un petit amas fort curieux. Déjà Piazzi avait écrit en note « Exiguus stellarum acervus nebulositate mixtus » petit amas d'étoiles mélangé de nébulosité ; et Herschel l'avait examiné pendant l'été de l'année 1784 (H. VII, 2). On la devine à l'œil nu. L'étoile 12 est rougeâtre. *Toute cette province céleste est particulièrement intéressante*, car c'est là aussi, au bord de la Voie lactée, que l'on rencontre, outre cet amas nébuleux, les variables S et T, ainsi que P. VI, 82 ; R est également là (entre 13 et S), accompagnée d'une nébuleuse triangulaire en forme de queue de comète (H. IV, 2), c'est un objet étrange. A l'ouest de 12 494, il y a un autre amas perceptible à l'œil nu. Comme déjà nous l'avons remarqué maintes fois, des causes *locales* ont favorisé en certaines contrées de l'univers des créations spéciales. La Licorne est re-marquablement riche en amas ; ne manquez pas d'y promener une lunette, armée d'un faible

Fig. 338. — La nébuleuse cométaire de la Licorne.

oculaire, principalement dans la région qui s'étend entre Aldébaran et Procyon, à travers l'inépuisable et inénarrable Voie lactée. — Octobre à mai.

Signalons encore l'amas d'étoiles M 50, sur la ligne qui joint Sirius à Procyon, au tiers de la distance, ou au double de la distance de

Sirius à θ du Grand Chien et un peu à gauche. Nous sommes encore ici en pleine Voie lactée ; on y remarque notamment une petite étoile double et une étoile rouge.

Entre 29 et 30, au sud de la ligne qui les joint, formant avec ces deux étoiles un triangle à peu près équilatéral, amas assez curieux (H. VI, 22), petit canton d'une quinzaine de villages presque égaux — je veux dire d'étoiles de neuvième grandeur. On le devine à l'œil nu, à condition qu'il n'y ait pas de clair de lune, que l'atmosphère soit pure, et que cette région soit assez élevée au-dessus de l'horizon. Découvert par Miss Herschel en 1783. Cette contrée remarquable, illustrée, sur la frontière de la Voie lactée, par la triple écartée 30 Licorne, la double (et même triple) 29, et l'amas dont nous parlons, est reproduite au diagramme ci-dessus (*fig.* 339). Bayer a dessiné près de l'étoile 5, au sud-ouest, une étoile nébuleuse. Il y a là une collection de nébuleuses télescopiques. L'une d'elles aurait-elle été visible à l'œil nu?

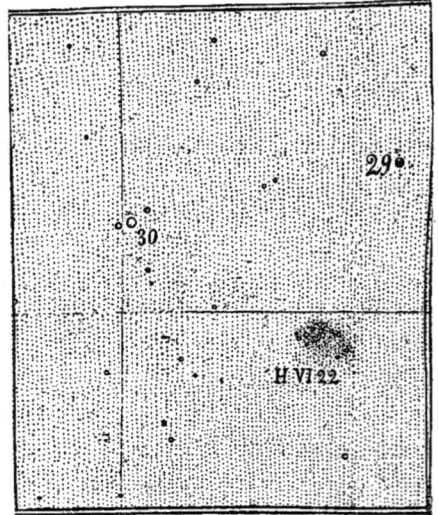

Fig. 339. — Région remarquable dans la Licorne.

On voit que cette constellation de la Licorne ne manque pas de curiosités sidérales de toute nature. Mais voici l'*Hydre* qui nous arrête.

L'Hydre, ou Serpent aquatique (c'est peut-être le type original de ce fameux « grand serpent de mer » dont les journaux parlent de temps en temps), est l'une des 48 anciennes constellations de la sphère grecque ; elle doit sans doute son existence à la disposition des longues files d'étoiles qui la composent, comme nous l'avons vu pour le serpent d'Ophiuchus, le courant d'eau du Verseau, le fleuve Éridan, etc. Elle est mince, longue, sinueuse, ayant la tête près du Petit Chien, sous le Cancer, et s'étendant de l'ouest à l'est, sous le Lion, la Vierge et jusqu'à la Balance. La tête est dessinée sur notre *fig.* 334 ; mais pour avoir sous les yeux l'Hydre tout entière, il faut prendre en mains notre *fig.* 340, entièrement traversée par le fabuleux animal,

, encore la queue reste-t-elle en dehors du cadre. L'idée la plus originale des artistes antérieurs à notre ère a peut-être encore été de mettre sur cette hydre un corbeau qui a l'air de la picoter et une coupe qui n'est guère en équilibre; il faut croire que ces deux superfétations un peu anormales sont d'une origine différente, mais dès le temps d'Eudoxe et d'Aratus, personne ne se souvenait déjà plus de cette origine ni de la cause ou du prétexte de leur situation. La mythologie grecque racontait qu'Apollon voulant faire un sacrifice à Jupiter avait envoyé le corbeau avec une coupe pour apporter de l'eau (c'est encore plus fort que de lui mettre un fromage dans le bec et de faire désirer ce fromage par un renard). Le corbeau se serait arrêté sur un figuier pour attendre que les figues devinssent mûres; mais comme Apollon avait pu perdre patience — et Jupiter aussi, sans doute — le corbeau eut peur de quelque réprimande et il accusa un serpent de sa désobéissance (Ève l'avait déjà fait aux beaux jours de la mythologie juive). Apollon, pour punir le corbeau de sa noirceur, aurait noirci son plumage, qui jusqu'alors était resté blanc, et aurait installé pour l'éternité ce maudit oiseau vis-à-vis de la coupe, sur les flancs du serpent. Ce n'est pas moi qui invente l'histoire (*voir* l'*Astronomie* de Lalande, t. I, § 662.) Les vieilles figures astronomiques rappellent assez naïvement cet épisode, comme on peut en juger par celle que je choisis entre cent pour être reproduite ici fidèlement d'après un *Hyginus* du quinzième siècle (*voir* la *fig.* 341). Est-elle assez naïve? ·

Mais il vaut mieux chercher à reconnaître dans le ciel les étoiles de l'Hydre que de creuser l'origine des dénominations et des métamorphoses. Comme nous l'avons dit, c'est la disposition même des étoiles qui a donné naissance à ce serpent, à la Coupe (qui est extrêmement facile à reconnaître par sa forme même (*voir* la *fig.* 344) et même au . Corbeau. Pour trouver dans le ciel la principale des étoiles de l'Hydre, alpha, on peut se servir du Lion, qui est sur l'horizon à la même époque, et aussi de Castor et Pollux : les alignements de notre *fig.* 342 serviront mieux que toute autre explication. Cette étoile, . alpha, a été nommée *alphard*, non pas en souvenir de la première lettre de l'alphabet grec, mais en dérivation de l'arabe *al-fard* « la solitaire », sans doute à cause de sa situation isolée.

A droite d'Alphard, en allant vers les Gémeaux, quelques étoiles esquissent le corps et la tête triangulaire aplatie de l'Hydre. Alphard marque la place du cœur. A gauche, des étoiles éparses dessinent le corps du Serpent, la Coupe, le Corbeau et la queue de l'Hydre.

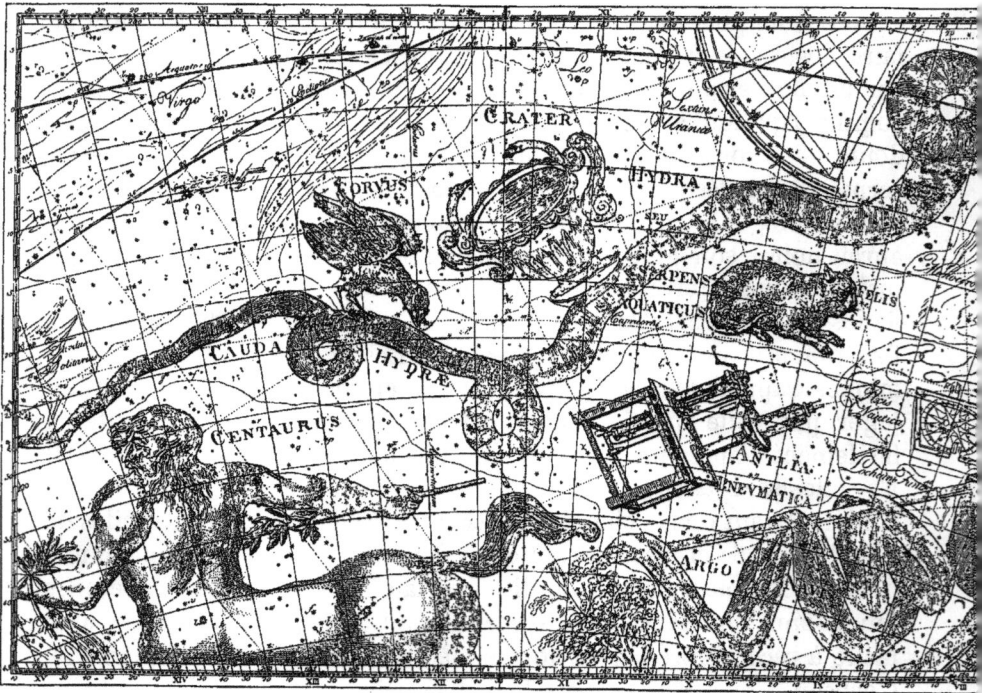

Fig. 340. — Constellations australes. — L'Hydre. — La Coupe. — Le Corbeau.
La Machine pneumatique. — Le Centaure.

ASTRONOMIE. — SUPPLÉMENT. 67

La constellation entière se juge à première vue sur la zone équatoriale inférieure du Planisphère céleste de l'*Astronomie populaire* (p. 700).

Cette étoile Alphard est d'un jaune rougeâtre. Au dixième siècle de notre ère, Sûfi faisait déjà remarquer cette coloration *rouge*. Les Chinois l'appelaient « l'oiseau rouge ». Peut-être était-elle plus rouge aux siècles passés que de nos jours; cependant Ptolémée ne la qualifie pas. Elle paraît varier de la première à la seconde grandeur. Son spectre appartient au troisième type. Sont colorées de la même nuance les étoiles $\gamma$, $\lambda$, $\mu$, $\nu$, $\xi$, $\pi$, $\omega$ de la même constellation.

D'après l'antique encyclopédie chinoise, le *Chou-King*, l'étoile $\alpha$ de l'Hydre a été observée sous le règne de l'empereur Yao, qui monta sur le trône l'an 2356 avant notre ère, comme passant au méridien au coucher du soleil le jour de l'équinoxe de printemps, cet équinoxe étant alors marqué par les Pléiades. C'est l'une des plus anciennes observations astro-

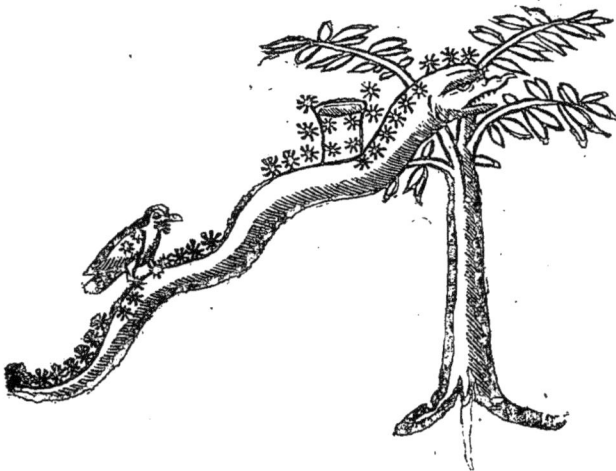

Fig. 341. — L'Hydre, d'après une gravure sur bois du xvᵉ siècle.

nomiques qui nous aient été conservées. Elle date, comme on le voit, de plus de 4200 ans. Cherchez donc un peuple actuellement existant dont l'histoire remonte aussi haut!

L'étoile $\beta$, de troisième grandeur autrefois, est descendue à la quatrième et demie.

Les suivantes marchent assez bien autour d'un éclat moyen permanent; mais en arrivant à $\varkappa$, nous sommes arrêtés court.

Il y a là, entre $\alpha$ et $\mu$, *quatre* étoiles: $\varkappa$, $\upsilon'$, $\upsilon^2$ et $\lambda$, qui sont actuellement de 5,3; 4,1; 4,5 et 3,4. Les anciens n'en ont vu que *trois*; quelles sont-elles?

Il est naturel de supposer d'abord que c'est la moins brillante qui est absente des observations anciennes, c'est-à-dire $\varkappa$. Cette hypothèse s'accorde-t-elle avec les positions? Non.

J'ai représenté sur le diagramme I de la *fig.* 343 les positions données par Ptolémée : elles concordent avec ϰ, υ¹ et υ²; mais λ est absente. Le diagramme II est celui des positions du catalogue de Sûfi, qui sont les mêmes que celles de Ptolémée, avec les longitudes augmentées de 12° 42′. Mais, remarque intéressante à plus d'un point de vue, si l'on compare ces positions du *catalogue* de l'astronome persan avec le *texte* de sa description faite directement par lui d'après l'aspect du ciel, on trouve qu'elles ne concordent pas. Voici, en effet, ce qu'il dit : « La 13ᵉ est la précédente des trois situées au sud d'Alphard, vers l'orient; entre elle et Alphard il y a cinq coudées. La 14ᵉ est la mitoyenne des trois, à l'est de la 13ᵉ, à plus de deux coudées; elle est de la quatrième grandeur. La 15ᵉ suit immédiatement la 14ᵉ, s'inclinant un peu vers le nord; elle est des grandes de la quatrième grandeur, quoique Ptolémée la dise juste de cet éclat : il y a entre elle et

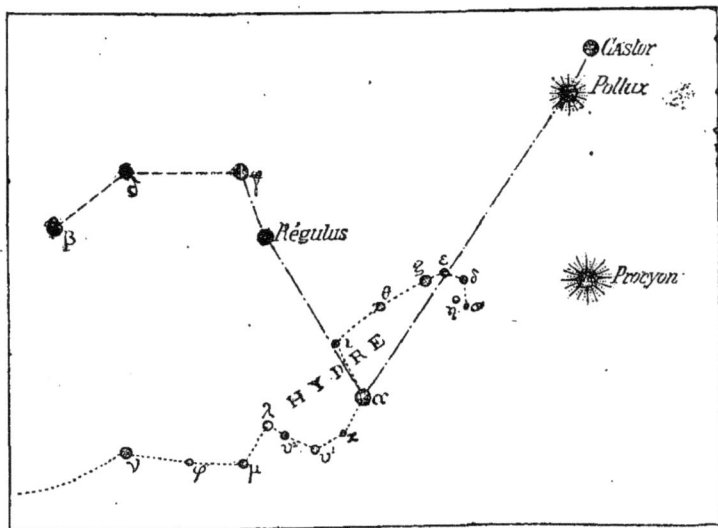

Fig. 342. — Alignements pour trouver α de l'Hydre.

la 14ᵉ deux tiers de coudée; la latitude que donne Ptolémée est erronée, car dans ce cas la distance serait d'une coudée et demie. La 16ᵉ est à plus de trois coudées à l'orient de la 15ᵉ, s'inclinant un peu vers le sud : elle est des petites de la troisième grandeur. » Telle est la description de Sûfi : elle ne s'accorde pas avec les positions données dans son catalogue et reproduites au diagramme II, car l'étoile 14 devrait précéder *immédiatement* la 15ᵉ, et entre ces deux étoiles il ne devrait y avoir que le tiers environ de la distance entre 13 et 14, puisqu'il dit qu'il y a deux coudées entre 13 et 14 et seulement les deux tiers d'une entre 14 et 15. La *description* de Sûfi s'accorde avec notre diagramme III, qui reproduit les positions données par Ulugh-Beigh; d'où il suit que Sûfi n'a pas *mesuré* ces positions, mais que Ulugh-Beigh les a réellement mesurées. C'est utile à savoir pour le jugement que nous devons porter sur les catalogues des deux astronomes. Ainsi, Sûfi et Ulugh-Beigh ont *vu*, non pas les étoiles ϰ, υ¹ et υ² observées par Hipparque et Ptolémée, mais υ¹, υ² et λ. L'étoile λ, absente dans l'antiquité, est devenue brillante, tandis que l'étoile ϰ a diminué d'éclat et reste absente de la description. Notre diagramme III, qui donne les positions d'Ulugh Beigh, s'accorde avec le texte de Sûfi. — Tycho-Brahé a vu et mesuré les quatre étoiles (diagramme IV), qui s'accordent avec l'état actuel du ciel (diagramme V). Conclusion : 1° les anciens n'ont vu que trois étoiles là où nous en voyons quatre ; 2° les trois étoiles de Ptolémée s'accordent avec les positions de x, $v^1$ et $v^2$, et il en résulte que γ était plus faible que ces trois-là ; 3° Sûfi et Ulugh-Beigh n'ont pas observé x, vue de quatrième par Ptolémée, Tycho-Brahé, Hévélius, et sans doute alors de cinquième comme aujourd'hui ou plus faible encore.

Remarquons à propos de ces difficultés, de ces désaccords, de ces incohérences qui nous arrêtent si souvent dans cette description à la fois actuelle et historique du ciel étoilé, qu'il serait beaucoup plus simple, plus expéditif et peut-être aussi plus agréable, de les passer sous silence. Qui s'en apercevrait? Personne ne les a jamais remarquées. Notre étude se développerait paisiblement, comme l'eau tranquille d'un lac éclairé par la lumière des cieux. Oui, sans doute..., mais... nous n'apprendrions pas ce que nous apprenons ici ; nous ne saurions pas que ces étoiles, crues jusqu'à présent fixes et immuables, sont au contraire mobiles et inconstantes ; nous ne pénétrerions pas de nous-mêmes dans la vie de

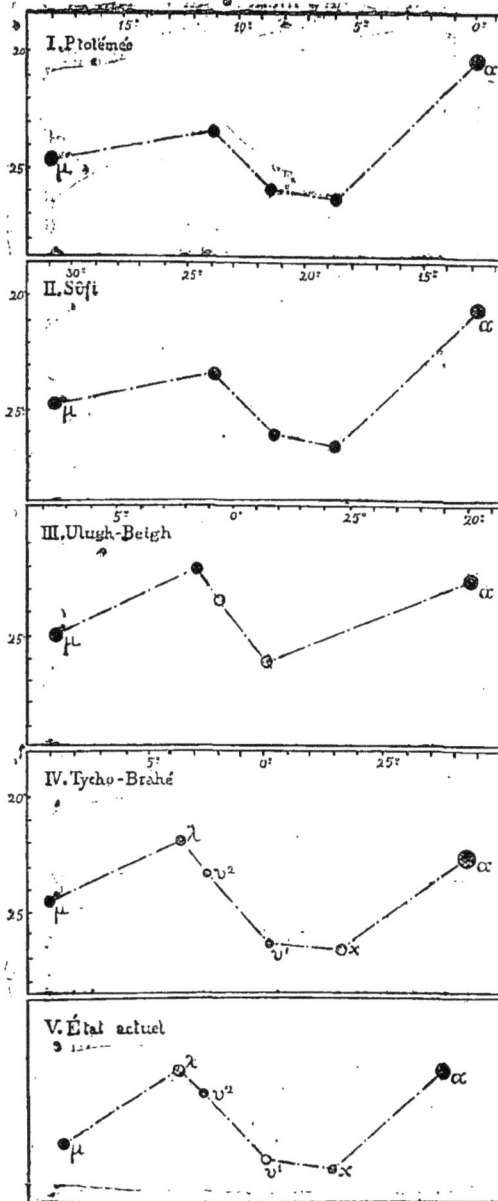

Fig. 343. — Comparaison des observations faites depuis deux mille ans entre α et μ de l'Hydre.

l'univers, et, si je ne me trompe, malgré l'apparence, nous serions, en définitive, moins intéressés ; car ce sont précisément ces variations inattendues, ces fluctuations séculaires dans la lumière de ces lointains soleils, ces déplacements sur la sphère céleste, ce sont, dis-je, ces diversités, ces variétés de coloration, de nature, de dispositions, — ici des étoiles rouges, là des amas plus ou moins riches, ailleurs des étoiles doubles ou multiples, plus loin des systèmes qui restent fixes, ou au contraire des couples en mouvement rapide, etc.; — ce sont ces variétés qui détruisent l'uniformité, la monotonie d'une telle description, et qui, saisies ainsi directement sur le fait, nous instruisent mieux que les pages les plus éloquentes, que les dithyrambes les plus poétiques. Il est à craindre, sans doute, que le lecteur n'éprouve parfois une certaine fatigue d'esprit, provenant d'une attention un peu soutenue ; mais j'ai la confiance que cette *étude complète* du ciel porte en elle-même sa récompense immédiate. Pour ma part, ma plus vive, ma seule ambition est que chacun de ceux qui me suivent dans cet examen comprenne et sente avec autant de plaisir que moi-même le bonheur de nous initier ainsi à l'histoire même de l'immense univers et de connaître enfin *le ciel tel qu'il est.*

Mais revenons aux étoiles de l'Hydre. Quelques-unes nous offrent encore des symptômes de variabilité séculaire. L'étoile $o$ est descendue du quatrième au cinquième ordre d'éclat. Il en est de même de $\varphi$. Au contraire, $\psi$, absente des observations anciennes et vue de 6ᵉ par Tycho et Hévélius, a été notée de 4ᵉ ½ par Piazzi. — L'étoile 12 (fort au-dessous de la tête (*fig.* 335, p. 521), près du Navire) a été vue de quatrième par Tycho, de cinquième par Hévélius, de sixième par Flamsteed et Piazzi : elle est actuellement de quatrième et demie. — L'étoile 25, à 34′ (ou 2ᵐ 16ˢ) précédant 26, au sud-ouest de $\alpha$, a été notée de cinquième par Flamsteed, de septième par Piazzi et Lalande, et n'est en ce moment que de 7ᵉ ½. — L'étoile 51, actuellement de 5,0 était sûrement de 6,0 il y a vingt ans. L'étoile 52 varie de 4,7 à 5,7; 54 oscille de 5,0 à 6,0; 58 de 4,8 à 5,8. — Les deux étoiles voisines, 19034 et 19093 Lal., de cinquième grandeur, au sud de $\alpha$, près du Navire, et formant un couple assez frappant, n'ont pas été observées par les anciens. Elles ont dû augmenter d'éclat, ainsi que celle qui les précède : 18639, qui est pleinement de cinquième aujourd'hui.

L'étoile 20 556 Lalande, à droite de la Coupe, entre $\nu$ et $\lambda$, vers le nord, est *orangée* et *variable ;* l'amplitude est au moins de 4 ½ à 7, d'après la comparaison de toutes les observations. A observer avec un soin particulier, pour découvrir si cette variabilité est soumise à une période régulière. Spectre du quatrième type. — Le 24 mai dernier, je l'ai trouvée de grandeur = 5,2, un peu inférieure à φ, estimée 5,0, et un peu supérieure.à sa voisine de droite, estimée 5,6.

ÉTOILES PRINCIPALES DE LA CONSTELLATION DE L'HYDRE

DEUX MILLE ANS D'OBSERVATION

| ÉTOILES | −127 | +960 | 1430 | 1500 | 1603 | 1660 | 1700 | 1800 | 1840 | 1860 | 1880 |
|---|---|---|---|---|---|---|---|---|---|---|---|
| α (Alphard) | 2 | 2 | 2 | 1 | 1 | 1 | 2 | 2 | 2 | 2 | 2,3 |
| β | 3 | 3 | 3 | 0 | 3 | 0 | 4 | 4 | 4 | 4 | 4,5 |
| γ | $3\frac{2}{3}$ | $3\frac{1}{3}$ | $3\frac{1}{3}$ | 3 | 3 | 3 | $3\frac{1}{3}$ | $4\frac{1}{2}$ | 3 | 3 | 3,3 |
| δ | 4 | 4 | 4 | 4 | 4 | 4 | 4 | 4 | $4\frac{1}{3}$ | $3\frac{1}{3}$ | 4,1 |
| ε | 4 | 4 | 4 | 4 | 4 | 4 | 4 | 4 | $3\frac{1}{3}$ | $3\frac{1}{3}$ | 3,5 |
| ζ | 4 | $3\frac{2}{3}$ | $3\frac{2}{3}$ | 4 | 4 | 4 | 4 | 4 | $3\frac{1}{3}$ | $3\frac{1}{3}$ | 3,1 |
| η | 4 | 4 | 5 | 4 | 4 | 4 | 4 | 5 | $4\frac{2}{3}$ | $4\frac{2}{3}$ | 4,5 |
| θ | 4 | 4 | 4 | 4 | 4 | 4 | 4 | $4\frac{1}{2}$ | 4 | 4 | 3,8 |
| ι | 4 | $4\frac{1}{3}$ | 4 | 4 | 4 | 4 | 4 | 5 | $4\frac{1}{3}$ | 4 | 4,0 |
| ϰ | 4 | 0 | 0 | 4 | 4 | 4 | $4\frac{1}{2}$ | 5 | 5 | 5 | 5,3 |
| λ | 0 | $3\frac{2}{3}$ | $3\frac{2}{3}$ | 4 | 4 | 4 | 4 | $4\frac{1}{3}$ | 4 | 4 | 3,4 |
| μ | 3 | $3\frac{1}{3}$ | 3 | 4 | 4 | 4 | 4 | 4 | 4 | 4 | 4,0 |
| ν | 3 | 3 | 3 | 4 | 4 | 4 | 4 | 4 | $3\frac{1}{3}$ | $3\frac{1}{3}$ | 3,2 |
| ξ | 4 | $3\frac{2}{3}$ | $3\frac{2}{3}$ | 4 | 4 | 4 | 4 | 4 | 4 | 4 | 3,8 |
| ο | 4 | 4 | 4 | 0 | 4 | 0 | 5 | 6 | 5 | 5 | 5,0 |
| π | 4 | $3\frac{1}{3}$ | $3\frac{1}{3}$ | 4 | 4 | 4 | 4 | $4\frac{1}{2}$ | $3\frac{2}{3}$ | $3\frac{2}{3}$ | 3,6 |
| ρ | 0 | $5\frac{1}{4}$ | 0 | 5 | 5 | 5 | 5 | 5 | 5 | 5 | 4,8 |
| σ | 4 | $4\frac{1}{3}$ | $4\frac{1}{2}$ | 5 | 5 | 5 | 5 | 5 | 5 | 5 | 5,0 |
| 31 $\tau^1$ | 4 | $4\frac{1}{3}$ | $4\frac{1}{3}$ | 5 | 5 | 5 | 5 | $5\frac{1}{2}$ | 5 | 5 | 4,8 |
| 32 $\tau^2$ | 4 | $4\frac{1}{3}$ | $4\frac{1}{3}$ | 5 | 5 | 6 | 6 | 6 | 5 | 5 | 4,8 |
| 39 $\upsilon^1$ | 4 | 4 | 4 | 5 | 5 | 5 | 5 | 5 | $4\frac{2}{3}$ | $4\frac{2}{3}$ | 4,1 |
| 40 $\upsilon^2$ | 4 | 4 | 4 | 5 | 5 | 5 | 5 | $5\frac{1}{2}$ | $4\frac{2}{3}$ | $4\frac{2}{3}$ | 4,5 |
| φ | 4 | $4\frac{1}{3}$ | $4\frac{1}{3}$ | 5 | 5 | 5 | 5 | 5 | 5 | 5 | 5,0 |
| χ | 4 | 4 | 0 | 5 | 5 | 5 | 5 | 5 | $4\frac{1}{3}$ | $4\frac{1}{3}$ | 4,8 |
| ψ | 0 | 0 | 0 | 6 | 5 | 6 | 5 | $4\frac{1}{2}$ | $5\frac{1}{3}$ | 5 | 5,4 |
| ω | 5 | 6 | 6 | 6 | 6 | 6 | 6 | 6 | 6 | 6 | 5,5 |
| 33 A | 6 | 0 | 6 | 0 | 6 | 0 | 6 | 6 | 6 | 6 | 6,0 |
| $b^1$ | 0 | 0 | 0 | 0 | 6 | 0 | 6 | 6 | 6 | 6 | 5,8 |
| $b^2$ | 0 | 0 | 0 | 0 | 6 | 0 | 6 | $5\frac{1}{4}$ | 5 | 5 | 5,5 |
| 12 | 0 | 0 | 0 | 4 | 0 | 5 | 6 | 6 | $4\frac{2}{3}$ | $4\frac{2}{3}$ | 4,4 |
| 14 | 0 | 0 | 0 | 0 | 0 | $5\frac{1}{2}$ | $5\frac{1}{2}$ | $5\frac{1}{2}$ | 6 | $5\frac{1}{3}$ | 5,8 |
| 24 | 0 | 5 | 0 | 0 | 0 | 6 | 6 | 6 | 6 | 6 | 6,0 |
| 25 | 0 | 0 | 0 | 0 | 0 | 0 | 5 | 7 | 0 | 0 | 7,5 |
| 26 | 0 | 6 | 0 | 0 | 0 | 6 | 6 | $5\frac{1}{2}$ | 6 | $5\frac{2}{3}$ | 5,4 |
| 27 | 0 | 0 | 0 | 0 | 0 | 0 | 6 | $5\frac{1}{2}$ | 6 | 6 | 5,5 |
| 51 | 0 | 0 | 0 | 0 | 0 | 0 | 5 | 6 | $5\frac{2}{3}$ | 6 | 5,0 |
| 52 | 0 | 0 | 0 | 0 | 0 | 0 | 5 | $5\frac{1}{2}$ | $5\frac{2}{3}$ | $5\frac{2}{3}$ | 4,7 |
| 54 | 0 | 0 | 0 | 0 | 0 | 0 | $5\frac{1}{2}$ | $5\frac{1}{2}$ | 6 | 6 | 5,2 |
| 58 | 0 | 0 | 0 | 0 | 0 | 0 | 5 | 5 | $5\frac{2}{3}$ | $5\frac{2}{3}$ | 4,8 |
| 18639 Lal. | 0 | 0 | 0 | 0 | 0 | 0 | 0 | 6 | 6 | 6 | 5,2 |
| 19034 Lal. | 0 | 0 | 0 | 0 | 0 | 0 | 0 | $4\frac{1}{2}$ | 5 | 5 | 5,3 |
| 19093 Lal. | 0 | 0 | 0 | 0 | 0 | 0 | 0 | 5 | 5 | 5 | 5,5 |
| 20556 Lal. | 0 | 0 | 0 | 0 | 0 | 6 | 0 | $5\frac{1}{2}$ | $5\frac{2}{3}$ | $5\frac{2}{3}$ | 5,2 |
| P. VIII, 167 | 0 | 0 | 0 | 0 | 0 | 0 | 6 | 6 | 5 | $5\frac{1}{3}$ | 5,6 |
| P. X, 256 | 0 | 0 | 0 | 0 | 0 | 0 | 0 | 5 | 5 | 5 | 5,7 |
| P. XI, 96 | 0 | 0 | 0 | 0 | 0 | 0 | 0 | $5\frac{1}{2}$ | 5 | 5 | 5,2 |

Au sud de l'Épi de la Vierge, à gauche de γ de l'Hydre, chercher l'étoile R, plus curieuse encore. *Orangée et variable*, sur une amplitude prodigieuse : elle oscille de la 4ᵉ à la 10ᵉ grandeur, en une période qui va en se raccourcissant d'année en année. Son histoire est assez singulière :

Hévélius, à Dantzig, l'a observée de sixième grandeur en 1662; Montanari, à Bologne, la vit de quatrième en 1670 ; Maraldi, à Paris, la vit de quatrième en 1704 et la suivit de temps en temps jusqu'en 1712; puis on la crut perdue, ou on l'oublia, et ce n'est qu'en 1784 que les observations furent continuées par Pigott, à York. Pendant notre siècle, elle a été particulièrement étudiée par Argelander et Schmidt.

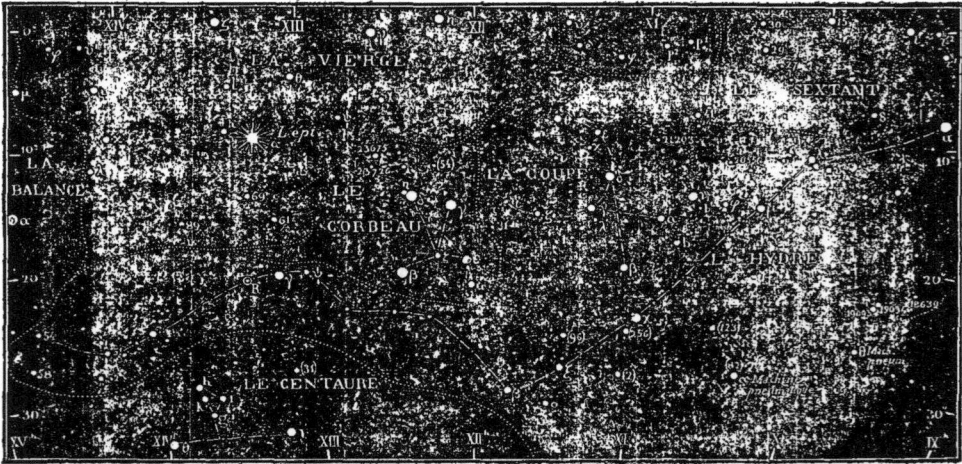

Fig. 344. — Constellations de l'Hydre, de la Coupe et du Corbeau.

Il résulte de la comparaison de toutes les observations que la période diminue assez rapidement, de neuf à dix heures à chaque révolution ; elle a été, d'après les calculs les plus sûrs, de :

$$547 \text{ jours en } 1680$$
$$487 \quad — \quad 1780$$
$$432 \quad — \quad 1880$$

Le dernier maximum a eu lieu le 3 mars dernier (1881). Observations fort intéressantes à poursuivre. La diminution de la période va-t-elle se continuer? Problème ouvert à tous les curieux des choses de la nature. — Cette région s'offre à nos regards de mars à juillet.

L'Hydre compte plusieurs autres variables connues, telles que S, qui varie de la huitième à la treizième grandeur en une période de 256 jours, et T, qui varie de 7½ à 13 en 289 jours; mais elles sont presque impossibles à trouver pour des instruments sans monture équatoriale et sans graduation, — et il faut laisser quelque chose à faire aux astronomes de profession.

Signalons pourtant, près de μ, une curiosité particulière, l'étoile P. X, 68, annotée par Piazzi comme nébuleuse (19′ ou 1ᵐ 16ˢ avant μ et 1° 48′ plus au sud), c'est-à-dire vers 2° au sud de μ ou environ 20, sud-ouest de Régulus. Elle a été observée par Lalande le 21 avril 1798 et qualifiée également de nébuleuse (= 20204 Lal. de 8ᵉ gr.). C'est la *nébuleuse planétaire* H. IV, 27 d'Herschel, décrite en 1785 par ce grand astronome comme un globe de lumière uniforme, et en 1837 par l'amiral Smyth comme ressemblant à Jupiter par sa grandeur, sa lumière et sa couleur. Étudiée spécialement de 1862 à 1866, par d'Arrest à Copenhague et Secchi à Rome, elle a offert l'aspect d'une ellipse de 30″ de longueur sur 25″ de largeur, inclinée sur un angle de position de 150°, colorée d'une teinte bleu céleste admirable. On voit un anneau nébuleux, en dehors comme en dedans duquel la lumière est plus faible ; c'est comme un anneau de condensation. Au centre de la nébuleuse brille une belle petite étoile. Quatre étoiles télescopiques l'entourent de leur cortège : l'une de 11ᵉ grandeur,

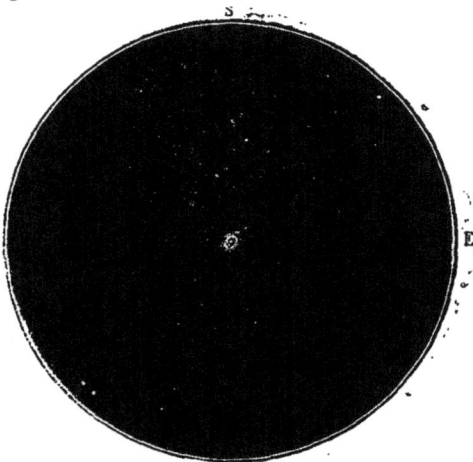

Fig. 345. — La nébuleuse elliptique de l'Hydre et son cortège.

au sud, à 2′ 17″ ; une autre, de 10ᵉ grandeur, au sud-est, à 19′, et une double à l'opposé de celle-ci, c'est-à-dire au nord-ouest, de telle sorte qu'une ligne menée de l'une à l'autre est tangente à la nébuleuse, comme on le voit sur notre petit diagramme. Quelle peut être la nature de cette création bizarre, où l'on croit voir parfois des fluctuations et des massifs de lumière ? Analysée au spectroscope, elle se révèle comme entièrement *gazeuse*.

On trouvera une autre nébuleuse (M. 68) à 3° au sud-est de β du Corbeau : c'est un riche amas d'étoiles, mesurant 4′ de longueur sur 3′ de largeur. Il est très pâle, et isolé entre deux petites étoiles, l'une au nord-ouest, l'autre au sud-est.

Comme *étoiles doubles*, dans cette constellation, remarquons d'abord le couple charmant de ε : 3$^e$ ½ et 7$^e$ ½, *jaune* et *bleue*, couleurs ravissantes; distance = 3″,5. C'est un système orbital assez serré, mais les deux composantes ne tournent que lentement l'une autour de l'autre : 27° seulement de parcourus depuis 1825; à ce taux, la révolution totale demanderait 700 ans pour s'accomplir.

54, au sud de α Balance et près de γ à l'ouest : 5$^e$ et 8$^e$, à 9″, jaune et violette, couple facile. On désigne souvent cette étoile sous des noms différents; Smyth et Webb l'appellent 10 de l'Hydre, Bode 73 de l'Hydre, John Herschel 30 de l'*Oiseau solitaire*, constellation insignifiante introduite là en 1776 par Lemonnier, en souvenir de cet oiseau des Indes. Mais cette étoile est bien correctement la 54$^e$ de l'Hydre du catalogue de Flamsteed. (L'Oiseau dont nous venons de parler, « Turdus Solitarius », est visible sur notre *fig*. 263, p. 369, près du plateau austral de la Balance, et posé sur la queue de l'Hydre.)

$\tau^1$ : 5$^e$ et 8$^e$, à 65″. Couple très écarté.

A 1° nord précédant δ, dans la tête : P. VIII, 108, 6$^e$ et 7$^e$, à 10″; beau couple, agréablement groupé avec d'autres étoiles.

Sous la Coupe : P, XI, 96, 5$^e$ et 6$^e$ ½, à 10″. On met souvent cette étoile dans la Coupe dont elle porte le n° 17; mais elle en est vraiment trop éloignée, et elle appartient au corps même de l'Hydre par sa position.

Ce sont là les curiosités les plus remarquables et les plus accessibles à l'observation. Mais, avant de quitter l'Hydre, voyons ce que ses deux acolytes, la Coupe et le Corbeau, présentent d'intéressant à l'observateur du ciel.

Nous connaissons déjà l'épisode mythologique de leur annexion au grand Serpent équatorial. L'un et l'autre de ces deux astérismes ne se composent que d'un petit nombre d'étoiles. La *Coupe* en compte treize principales, que voici :

ÉTOILES PRINCIPALES DE LA CONSTELLATION DE LA COUPE.

| ÉTOILES | −127 | +960 | 1430 | 1590 | 1603 | 1660 | 1700 | 1800 | 1840 | 1860 | 1880 |
|---|---|---|---|---|---|---|---|---|---|---|---|
| α | 4 | 4 | 4 | 4 | 4 | 4 | 4 | 4 | 4 | 4 | 4,4 |
| β | 4 | 4 | 4 | 4 | 4 | 4 | 3 ½ | 4 | 4 | 4 | 4,6 |
| γ | 4 | 4 | 4 | 4 | 4 | 4 | 4 | 4 | 4 | 4 | 4,2 |
| δ | 4 | 4 | 4 | 4 | 4 | 4 | 4 | 3 ⅓ | 3 ⅓ | 3 ⅓ | 3,5 |
| ε | 4 | 4 ⅓ | 4 ⅓ | 4 | 4 | 4 | 4 | 5 | 5 | 5 | 5,5 |
| ζ | 4 | 4 ⅓ | 4 ⅓ | 4 | 4 | 4 | 4 | 4 | 5 | 5 | 5,2 |
| η | 4 | 5 ⅓ | 5 ⅓ | 4 | 4 | 4 | 4 ½ | 6 | 6 | 6 | 5,4 |
| θ | 4 | 5 | 5 | 4 | 4 | 4 | 4 | 4 | 4 ⅓ | 4 ⅓ | 5,0 |
| ι | 0 | 0 | 0 | 5 | 5 | 5 | 5 | 5 ⅓ | 5 ⅔ | 5 ⅔ | 5,8 |
| κ | 0 | 0 | 0 | 0 | 6 | 0 | 5 | 6 | 6 | 6 | 6,1 |
| λ | 0 | 0 | 0 | 0 | 6 | 6 | 5 ½ | 6 | 5 ⅔ | 5 ⅔ | 5,4 |
| 31 | 0 | 0 | 0 | 0 | 0 | 6 | 5 ½ | 5 ½ | 6 | 6 | 5,5 |
| 21203 *Lal.* | 0 | 0 | 0 | 0 | 0 | 6 | 0 | 5 | 0 | 5 ⅔ | 5,7 |

La plus brillante est *δ*, et nous pouvons en conclure qu'elle a augmenté d'éclat depuis les observations anciennes, et notamment depuis la notation de Bayer, qui lui eût certainement attribué la première lettre, si elle avait alors été, comme aujourd'hui, supérieure à *α* de près d'une grandeur. Au contraire, *ε* est tombée de la quatrième à la cinquième et demie, et *ζ* de la quatrième à la cinquième. L'étoile *η* oscille encore davantage, de la quatrième à la sixième; *θ* varie de 4 à 5. Les autres ne paraissent pas non plus exemptes de variation.

Chercher près de *α*, à 42ˢ à l'est et 1′ au sud, une étoile *rouge* d'une singulière couleur de flamme, qui varie de la huitième à la dixième grandeur par alternatives de 72 et 88 jours. C'est la variable R de la Coupe. Ses maxima actuels (1881) ont pour dates : 29 janvier — 27 avril — 8 juillet — 4 octobre — 15 décembre.

C'est la seule curiosité sidérale de cette petite province.

Le *Corbeau* n'est guère plus riche. Il ne compte comme étoiles visibles à l'œil nu pour les vues moyennes que les dix étoiles du tableau suivant; encore la dernière ne l'est-elle plus.

ÉTOILES PRINCIPALES DE LA CONSTELLATION DU CORBEAU.

| ÉTOILES | −127 | +960 | 1430 | 1590 | 1603 | 1660 | 1700 | 1800 | 1840 | 1860 | 1880 |
|---|---|---|---|---|---|---|---|---|---|---|---|
| α | 3 | 3⅓ | 3 | 4 | 4 | 4 | 4 | 4½ | 4 | 4 | 4,2 |
| β | 3 | 3 | 3 | 3 | 4 | 3 | 3 | 2½ | 2⅓ | 2⅓ | 2,6 |
| γ | 3 | 3 | 3 | 3 | 4 | 3 | 3 | 3 | 2 | 2 | 2,4 |
| δ | 3 | 3 | 3 | 3 | 4 | 3 | 3 | 3 | 2⅓ | 2⅓ | 3,0 |
| ε | 3 | 3 | 3 | 4 | 5 | 4 | 4 | 4 | 3 | 3 | 3,3 |
| ζ | 5 | 5 | 5 | 5 | 6 | 5 | 5 | 5¼ | 5 | 5 | 5,2 |
| η | 4 | 4 | 4 | 5 | 6 | 5 | 5 | 4¼ | 5 | 5 | 4,5 |
| P. XII, 54 | 0 | 0 | 0 | 0 | 0 | 0 | 6 | 6 | 6 | 6 | 5,6 |
| 23675 *Lal.* | 0 | 0 | 0 | 0 | 6 | 6 | 0 | 7 | 6 | 5 | 5,8 |
| 23726 *Lal.* | 0 | 0 | 0 | 0 | 0 | 0 | 0 | 7¼ | 0 | 5 | 7,5 |

Ces étoiles paraissent avoir changé d'éclat presque toutes.

Jusqu'à Bayer, nous n'avons pas de classification précise, et lui-même considère simplement *α*, *β*, *γ* et *δ* comme étant toutes de quatrième grandeur. En 1707 Gottfried Kirch les classa dans l'ordre suivant : *β*, *γ*, *δ*, *ε*;

En 1722, son fils trouva. . . . . . . . . *γ*, *β*, *δ*, *ε*,

En 1783, Herschel trouva. . . . . . . . . *γ*, *δ*, *β*, *α*,

Mais en 1796. . . . . . . . . . . . . *γ*, *β*, *δ* et *α* = *ε*,

En 1831, Smyth observa que *β* était incontestablement la plus brillante.

En 1835, J. Herschel les classa ainsi. . . . . *γ*, *β*, *δ*, *ε*, *α*,

En 1842, Argelander les inscrivit de même, et aujourd'hui l'observation donne le même ordre d'éclat, *γ* étant la plus brillante, de deuxième grandeur et demie environ.

Il résulte de toutes ces comparaisons que l'étoile *γ* a certainement augmenté d'éclat depuis les anciennes observations, et même depuis le siècle dernier ; il est probable qu'au temps de Bayer, les quatre premières étoiles étaient de troisième grandeur comme anciennement : γ aura augmenté d'une demi-grandeur, mais elle oscille, puisqu'en 1831 elle était moins brillante que β ; α aura diminué d'une grandeur entière, d'autant plus qu'elle est aujourd'hui plus petite que ε, à l'opposé de ce qui existait au temps de Tycho et de Bayer. (Il me semble qu'en augmentant d'une grandeur les notations de Bayer, on explique une partie des divergences.)

L'étoile 23675 Lalande varie également sur une certaine amplitude, car Heis l'a estimée de cinquième, Argelander de sixième, Lalande de septième, et Piazzi ne l'a pas vue du tout. Elle est en ce moment (24 mai 1881) de 5,8. C'est une étoile *double* qui paraît composée actuellement de deux astres de 6°¼, écartés à 5″8. Très beau couple.

Près de cette étoile, à l'ouest et entre deux autres marquant à peu près le nord et le sud, on admire un beau triangle équilatéral dans l'intérieur duquel brille une belle petite double — qui devient même triple avec un grossissement suffisant. L'étoile au nord de ce triangle céleste est double aussi, et suivie par deux autres en ligne droite avec elle.

L'étoile 23726 Lalande, actuellement de septième et demie, présente les mêmes témoignages de variabilité que sa voisine : Heis l'a observée à l'œil nu et estimée de cinquième grandeur, tandis que Gore en 1875 ne la voyait que de huitième. Elle est, comme la précédente, absente du catalogue de Piazzi.

C'est assurément là une région remarquable en variabilité.

Il y a là aussi une variable dont la période est connue, R du Corbeau, qui oscille de 7 à 12 en 318 jours; son dernier maximum est arrivé le 10 juin. Cette variable se trouve par $12^h 13^m$ et — 18° 35′ de déclinaison, à 2° au sud-est de γ. Elle est rougeâtre. Les étoiles α et β sont également rougeâtres.

Signalons encore, comme étoile double, l'étoile δ : 3ᵉ et 9ᵉ, à 24″. La petite est très difficile à bien voir.

Telles sont les étoiles les plus intéressantes de cette longue province de l'Hydre, de la Coupe et du Corbeau.

Ptolémée a ajouté à sa liste deux αμορφωτοι, ou « informes » extérieures à la province : la première s'accorde, à un degré près, avec l'étoile 30 Licorne sur laquelle nous nous sommes arrêtés naguère; mais la seconde est introuvable. Ptolémée, Sûfi et Ulugh-Beigh en donnent les positions suivantes .

| | Longitude. | Latitude. | Gr. |
|---|---|---|---|
| Ptolémée (130). . . | 11° 0′ | — 16° 0′ | 3° |
| Sûfi (960) . . . . . | 4ˢ 23 42 | — 16 0 | 4 |
| Ulugh Beigh (1430). | 4 29 4 | — 10 12 | 4 |

Les positions de Ptolémée et Sûfi donnent pour notre époque :

| Longitude. | Latitude. |
|---|---|
| 155° 28′ | — 16° 0′ |

ce qui correspond à une région du Sextant où il n'y a aucune étoile, non seulement de troisième grandeur, mais même de quatrième ou de cinquième (à peu près au milieu du chemin entre λ de l'Hydre et 15 du Sextant). Devons-nous en conclure que cette étoile ait disparu du ciel ? Un tel événement serait grave. Cherchons encore. Ulugh-Beigh donne pour latitude — 10° 12′ au lieu de — 16° 0′. Eh bien ! c'est la position de l'étoile 15 Sextant. Et cette position correspond avec le texte de Sûfi qui dit qu'elle se trouve au nord de λ et presque au milieu de la distance de cette étoile à Régulus. Ce qui nous montre, comme déjà nous l'avons remarqué dans un cas analogue, que Sûfi a inspecté le ciel sans prendre les mesures à l'astrolabe, tandis que Ulugh Beigh a personnellement tout remesuré.

Constatons, à ce propos, que les comparaisons que nous avons eu l'occasion de faire dans le cours de cet ouvrage nous conduisent à conclure que depuis Ptolémée jusqu'à Ulugh-Beigh, c'est-à-dire pendant 1300 ans, les Arabes n'ont point remesuré les positions absolues des étoiles sur la sphère céleste : ils se sont contentés d'adopter celles du Catalogue de Ptolémée, toujours recopiées, avec les erreurs qu'elles pouvaient comporter. Il en a été de même des chrétiens qui, pendant ces treize siècles, avaient complètement négligé l'étude du véritable ciel : le premier Catalogue d'étoiles original est celui de Tycho-Brahé (1580-1600).

On n'a pas été sans remarquer, sur notre *fig.* 340, au-dessous de l'Hydre, un *Chat*. C'est le Chat de Lalande, dessiné pour la première fois sur cette carte XIX de Bode, publiée en 1799. « Il y avait déjà trente-trois animaux dans le ciel, dit Lalande; j'en ai mis un trente-quatrième. » L'astronome français avait une prédilection particulière pour les chats (et encore plus pour les araignées, qu'il mangeait, dit-on, avec le plus succulent plaisir); mais cette dernière constellation est plus que superflue, et elle a disparu d'elle-même des cartes modernes. — C'est la dernière qui ait été créée. — Les petites étoiles qui avaient servi à l'organiser sont retournées à l'Hydre et à la *Machine pneumatique*.

Cet appareil scientifique a été placé là par Lacaille, comme nous l'avons vu, et formé à l'aide de petites étoiles isolées entre le Navire et l'Hydre. L'auteur de cette constellation moderne a désigné, comme Bayer, les plus brillantes par les premières lettres de l'alphabet grec.

Il n'y en a qu'un petit nombre, comme on peut en juger par le tableau suivant.

ÉTOILES PRINCIPALES DE LA MACHINE PNEUMATIQUE.

| ÉTOILES | Nᵒˢ de Piazzi | Nᵒˢ de Lacaille | 1752 | 1800 | 1825 | 1860 | 1878 |
|---|---|---|---|---|---|---|---|
| α | P. X, 82 | 4298 | 4 | 4 $\frac{1}{2}$ | 5 | 4 $\frac{2}{3}$ | 4,4 |
| β | P. XI, 2 | 4623 | 4 | 6 | 5 | 5 $\frac{1}{7}$ | 6,0 |
| γ | P. X, 65 | 4277 | 5 | 6 | 6 | 0 | 7,2 |
|   | P. X, 66 | 4278 | 6 | 6 | 6 | 6 | 5,7 |
| δ | P. X, 91 | 4309 | 5 $\frac{1}{2}$ | 6 | 6 | 5 $\frac{2}{3}$ | 6,0 |
| ε | P. IX, 103 | 3861 | 6 | 5 $\frac{1}{2}$ | 6 | 5 $\frac{1}{3}$ | 5,0 |
| ζ¹ | P. IX, 113 | 3880 | 5 $\frac{1}{2}$ | 6 | 6 | 5 $\frac{1}{3}$ | 6,1 |
| ζ² | P. IX, 117 | 3884 | 5 $\frac{1}{2}$ | 6 | 6 | 5 $\frac{2}{3}$ | 6,3 |
| η | P. IX, 227 | 4095 | 6 | 6 $\frac{1}{2}$ | 6 | 5 $\frac{2}{3}$ | 5,6 |
| θ | P. IX, 166 | 3991 | 5 $\frac{1}{2}$ | 6 | 6 | 5 | 5,2 |
|   |   | 4527 | 6 | 5 | 6 | 5 $\frac{1}{2}$ | 5,1 |

J'ai pris soin de chercher et d'inscrire les numéros du catalogue définitif de Lacaille (édition de Baily, Londres, 1847), ainsi que ceux de Piazzi, car autrement il serait presque impossible d'identifier les étoiles, la plus grande confusion régnant dans ces régions australes. C'est ainsi, par exemple, que l'étoile β ne porte presque nulle part cette lettre : Lacaille l'inscrit dans l'Hydre, Piazzi la nomme η, etc.; l'étoile γ de Lacaille, n° 4277 de son Catalogue, disparaît comme lettre, et c'est le n° suivant, 4278, à 8° 22′ plus au sud, qui est appelée γ par Piazzi, etc. Les observations insérées à ce petit tableau sont celles de Lacaille, Piazzi, Brisbane, Behrmann et Gould. On y voit déjà que β est tombée de la quatrième à la sixième grandeur, γ de la cinquième à la septième; tandis que ε (elle est rougeâtre) et la dernière se sont élevées de la sixième à la cinquième. Si l'on donnait actuellement les lettres,

$$
\begin{array}{rcl}
\alpha \text{ resterait } & & \alpha \\
\text{mais } \varepsilon \text{ deviendrait } & & \beta \\
\text{la dernière} & - & \gamma \\
\theta & - & \delta \\
\eta & - & \varepsilon \\
\beta & - & \zeta \\
\delta & - & \eta \\
\zeta^1 & - & \theta^1 \\
\zeta^2 & - & \theta^2 \\
\end{array}
$$

et γ serait invisible à l'œil nu.

Ce qui nous prouve que, là aussi, de grands changements s'accomplissent dans le ciel.

On peut voir de France α et même θ, au-dessous de l'Hydre, à droite ou à l'ouest (*fig. 344*) : la déclinaison de α est de 30°. — Avril et mai, dans la verticale de Régulus à μ de l'Hydre.

Nous avons déjà remarqué, au-dessous du Grand Chien et à la droite du Navire, la *Colombe* qui porte un rameau dans son bec

(*fig*. 315, p. 473, et 334, p. 517). On attribue généralement sa formation (*voir* Arago, Chambers, etc.) à Augustin Royer (1679); d'autres
(Lalande, etc.) la font remonter à Bartschius (1624). Mais en réalité
elle est déjà gravée dans l'atlas de Bayer (1603) dont notre *fig*. 315
est une reproduction. Cet oiseau messager a sans doute été imaginé
là par les navigateurs portugais du xv° ou du xvi° siècle, en souvenir
de la légende du déluge, et non loin du navire céleste qui leur rappelait l'arche de Noé. Bayer, toutefois, ne lui a pas consacré une
carte spéciale, et n'a pas donné de lettres aux étoiles; il s'est contenté
d'inscrire, au dos de la carte du Grand Chien : « Recentioribus
Columba »; ce qui prouve d'autre part la nouveauté de cette création.
Les lettres ont été données par Lacaille. Voici la liste des principales
étoiles de cet astérisme.

### ÉTOILES PRINCIPALES DE LA COLOMBE

| ÉTOILES | N°ˢ de Lacaille | 1603 | 1677 | 1752 | 1800 | 1825 | 1860 | 1878 |
|---|---|---|---|---|---|---|---|---|
| α | 1938 | 5 | $2\frac{1}{2}$ | 2 | 2 | 2 | $2\frac{1}{3}$ | 2,5 |
| β | 2029 | 3 | $2\frac{1}{2}$ | 3 | 3 | 3 | 3 | 2,9 |
| γ | 2084 | 5 | 5 | $4\frac{1}{3}$ | 4 | 4 | $4\frac{2}{3}$ | 4,5 |
| δ | 2244 | 5 | 5 | 4 | 4 | 4 | 5 | 3,9 |
| ε | 1883 | 4 | 4 | 4 | 4 | 4 | 4 | 4,1 |
| ζ | | | | | | | | |
| η | 2099 | 0 | 0 | 4 | $5\frac{1}{2}$ | 5 | $4\frac{1}{3}$ | 4,0 |
| θ | 2153 | 0 | 5 | $4\frac{1}{2}$ | 5 | 5 | 5 | 5,3 |
| ι | | | | | | | | |
| κ | 2213 | 5 | 5 | $4\frac{1}{2}$ | $4\frac{1}{2}$ | 5 | $4\frac{2}{3}$ | 4,8 |
| λ | 2044 | 3 | 5 | $4\frac{1}{2}$ | $5\frac{1}{2}$ | 5 | $4\frac{2}{3}$ | 5,2 |
| μ | 1982 | 5 | 6 | $5\frac{1}{4}$ | 5 | 6 | $5\frac{1}{3}$ | 5,4 |
| ν¹ | 1911 | 0 | 0 | 6 | 6 | 6 | 6 | 6,4 |
| ν² | 1915 | 0 | 0 | $5\frac{1}{2}$ | 6 | 6 | 5 | 5,3 |
| ξ | 2069 | 0 | 0 | 5 | 6 | 6 | $5\frac{1}{4}$ | 5,4 |
| ο | 1793 | 0 | 0 | 5 | 5 | 6 | 5 | 5,1 |
| π¹ | 2154 | 0 | 0 | 5 | 7 | 6 | $5\frac{2}{3}$ | 6,8 |
| π² | 2164 | 0 | 0 | $4\frac{1}{2}$ | $5\frac{1}{2}$ | 6 | $5\frac{1}{3}$ | 5,8 |
| ρ | | | | | | | | |
| σ | 2070 | 0 | 0 | 6 | 6 | 6 | 6 | 5,6 |
| τ | 2047 | 0 | 0 | $6\frac{1}{2}$ | 0 | 6 | 6 | 6,4 |
| | 2228 | 0 | 0 | 5 | 6 | 6 | 5 | 6,3 |
| | 2234 | 0 | 0 | 5 | 6 | 6 | 5 | 6,0 |

J'ai inscrit les grandeurs indiquées sur l'atlas de Bayer; quoiqu'elles ne soient pas sûres, puisqu'il ne les a connues que par ouï-
dire. (Celles de Halley, 1677, sont sûres.) Il y a trois lettres, ζ, ι et ρ,
qui ne sont appliquées à aucune étoile, sur aucun catalogue ni sur
aucune carte : elles ont cependant dû être données à des astres exis-
tants, puisque la série alphabétique est continuée; mais je ne par-
viens ni à trouver quelles étoiles les ont reçues, ni à décider que ces
étoiles n'aient jamais existé (conclusion que nous avons eu à tirer

dans plusieurs cas, notamment pour o et π d'Ophiuchus, φ du Scorpion, σ de l'Éridan, etc.). Il est singulier que nul catalogue d'étoiles n'ait signalé ces absences. Mais, au surplus, le seul moyen de les découvrir était d'entreprendre le travail méthodique que nous réalisons ici.

Deux étoiles voisines, 2228 et 2234 Lacaille, situées entre δ et x, et qui se sont élevées toutes deux de la sixième à la cinquième grandeur pendant les observations de Lacaille comme pendant celles de Behrmann, ont dû recevoir l'une des lettres absentes. Leur éclat a du reste fait commettre bon nombre d'équivoques avec leurs voisines δ et x, ainsi qu'avec λ du Grand Chien qui se trouve juste sur la même ligne et tout près d'elles. Sur plusieurs atlas même, la limite des deux constellations passe entre ces deux étoiles et δ, qui est devenue λ du Grand-Chien ; ex. : Piazzi, Behrmann, etc.

δ et η varient de 4 à 5. Cette dernière est très rouge. On la place généralement dans le Navire, ce qui peut causer une équivoque, d'autant plus que l'étoile η du Navire a sa célébrité spéciale, comme nous le verrons tout à l'heure.

$π^2$ varie de 4 $\frac{1}{2}$ à 6 ; elle est rougeâtre ; $π'$ varie également : parfois les deux étoiles ont été vues égales, parfois avec une demi-grandeur de différence, parfois avec une grandeur, parfois avec une grandeur et demie.

On peut voir la Colombe de nos latitudes françaises : la déclinaison de α est de 34°, et cette étoile brille au-dessus de notre horizon du sud, en janvier et février dans la verticale d'Orion, à l'ouest d'une ligne menée par δ, ε et ζ du Grand Chien (voir la fig. 316, p. 475). Notre petite fig. 346 contient toutes les étoiles principales qui la composent.

On y retrouvera les quatre étoiles voisines de l'Éridan, ainsi que les trois principales qui ont servi à dessiner le Burin-du graveur. — Cet instrument se dit en latin cœlum, si bien que sur la plupart des cartes astronomiques et des catalogues, on trouve là cette désignation qui ressemble un peu à un pléonasme.

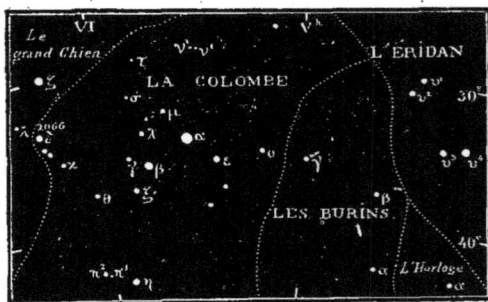

Fig. 346. — Étoiles de la Colombe.

La constellation du Ciel dans le ciel même ! Pour deviner que cœlum veut dire ici burin et non pas ciel, il faut le savoir d'avance.

Il ne nous reste plus que *le Navire* à étudier avant d'arriver aux constellations circompolaires australes, dont la description formera le dernier chapitre de cette revue générale du ciel.

C'est la constellation la plus vaste du ciel entier ; elle s'étend de VI$^h$ à XI$^h$ d'ascension droite, depuis la Colombe et le Grand Chien à l'ouest jusqu'au Centaure à l'est, et de 25° à 70° de déclinaison australe, depuis la Croix du sud, le Caméléon et la Dorade jusqu'à l'Hydre et la Licorne au nord.

On s'accorde généralement à considérer cette grande figure du *navire Argo* comme un symbole de la fameuse expédition des Argonautes qui eut lieu une ou deux générations avant la guerre de Troie, et qui était regardée par tous les anciens comme un exploit merveilleux, attendu que c'était là en réalité le premier grand voyage maritime qui eût été accompli. Partis de la Grèce, du port d'Iolchos au fond du golfe de Thessalie, les Argonautes réussirent à diriger leur navigation par la mer Egée, les Dardanelles et la mer de Marmara jusqu'à l'embouchure du Phase et du Pont-Euxin, c'est-à-dire jusqu'à la mer Noire. Quoique Dupuis, Court de Gebelin, Francœur et d'autres commentateurs n'aient voulu voir dans cette expédition qu'une allégorie astronomique, une fable dont ni les faits, ni les héros n'auraient jamais existé, il n'est pas douteux que ce voyage maritime ait eu lieu, sans doute dans un intérêt à la fois politique, religieux et commercial.

Newton, dans sa *Chronologie*, adopte la tradition de l'auteur de la « Gigantomachie », cité par Clément d'Alexandrie, par laquelle, à l'époque même de l'expédition des Argonautes, le centaure Chiron aurait dessiné les constellations : Musée l'Argonaute, maître d'Orphée, aurait fabriqué une sphère sur laquelle les quarante-huit constellations décrites plus tard par Eudoxe auraient été représentées. Newton ajoute même que Chiron et Musée auraient construit cette sphère pour l'usage des Argonautes, et qu'alors les cercles des équinoxes et des solstices passaient par le milieu des constellations du Bélier, du Cancer, de la Balance et du Capricorne. Il développe même longuement cette opinion et lui consacre plus de dix pages de cet ouvrage. (Édition de Paris, 1728.)

Cette thèse ne nous paraît guère soutenable. D'une part, Newton ajoute lui-même qu'après l'expédition des Argonautes on n'entendit plus parler d'astronomie jusqu'au temps de Thalès, ce qu'il serait difficile de croire si cette science d'observation avait été aussi complète dès le treizième siècle avant notre ère ; d'ailleurs on ne crée pas une sphère de toutes pièces, même pour une expédition comme celle des Argonautes. D'autre part, Apollonius de Rhodes, contemporain d'Érathostènes, né vers l'an 276 avant notre ère, et qui a écrit le poème de l'*Expédition des Argonautes*, ne fait aucune allusion à cette prétendue concordance et ne cite, en fait de constellations ou d'étoiles, que la Grande Ourse, Orion, Sirius, le Bouvier et la Couronne d'Ariane. On peut admettre qu'on ait préparé pour l'expédition même des Argonautes une sphère céleste sur laquelle on aura placé les principales étoiles observées et consultées dès cette époque ; mais il n'est pas probable qu'on ait, avant l'expédition même, dessiné ce navire Argo, ce centaure Chiron, ce dragon du jardin des Hespérides, cet Hercule vainqueur. Cette illustration de la sphère aura été faite *après* le merveilleux voyage. Sans doute, déjà, sur la sphère des Argonautes, on avait représenté les Pléiades, Orion, la Grande Ourse, Sirius, Arcturus et Aldébaran. Les constellations ont été *successivement* nommées et déterminées.

On trouvera au tableau ci-après les principales étoiles de cette antique constellation du Navire. Il est difficile, pour ne pas dire impossible, de se faire une idée du désordre qui règne encore actuellement dans les dénominations des étoiles de cette région du ciel : la même étoile se trouve désignée dans les catalogues sous plusieurs lettres à la fois, grecque, latine, majuscule ou minuscule, et d'autre part la même lettre, grecque, latine, etc., sert à désigner deux ou trois étoiles différentes. C'est à un tel point qu'il est pour ainsi dire impossible de s'y reconnaître et que, d'autre part, on ne sait quelle classification choisir, étant toutes aussi irrégulières les unes que les autres. Une identification *sûre* et complète de Ptolémée avec Bayer, Halley, Lacaille et les modernes est impossible. Dans l'obligation absolue de prendre un parti, et surtout dans le but de n'apporter aucune perturbation nouvelle, j'ai cru devoir ne commencer notre liste qu'à Lacaille, et adopter son mode de numération, qui a d'ailleurs suivi en partie le principe de la notation de Bayer. Les lettres grecques ont été données aux étoiles les plus brillantes de la constellation considérée dans son ensemble, et les lettres latines aux étoiles des quatre subdivisions de la *Poupe*, la *Carène*, les *Voiles* et le *Mât*. Pour éviter d'ailleurs toute équivoque, j'ai annexé à chaque étoile le numéro du Catalogue définitif de Lacaille, 1847 (car il y en a trois, ce qui cause encore de nouvelles difficultés). A cause de l'éloignement de cette constellation dans les latitudes australes, de son étendue et de sa complication, je me suis arrêté dans le tableau à la limite de la cinquième grandeur, sans y pénétrer. Il renferme les observations faites en 1751 (Lacaille), 1800 (Piazzi), 1825 (Brisbane), 1836 (J. Herschel), 1860 (Berhmann) et 1878 (Gould). — L'ensemble de ces étoiles esquisse assez curieusement les pièces essentielles d'un navire.

### ÉTOILES PRINCIPALES DE LA CONSTELLATION DU NAVIRE
#### INSCRITES DE L'OUEST A L'EST, SUIVANT L'ASCENSION DROITE

#### A. — La Poupe.

| ÉTOILES | Nᵒˢ de Lacaille | 1751 | 1800 | 1825 | 1836 | 1860 | 1878 |
|---|---|---|---|---|---|---|---|
| α (Canopus) | 2291 | 1 | 0 | 1 | 1,0 | 1 | 1,0 |
| ν | 2386 | 3 | 3 | 3 | 3,8 | 3 2/3 | 3,5 |
| τ | 2505 | 3 1/2 | 0 | 4 | 3,5 | 3 2/3 | 3,2 |
| L² | 2691 | 5 1/2 | 6 | 6 | 0 | 5 | var |
| π | 2720 | 3 | 3 1/2 | 3 | 2,9 | 2 2/3 | 2,7 |
| σ | 2837 | 3 | 4 | 4 | 3,8 | 3 2/3 | 3,5 |
| k | 2896 | 4 | 6 1/2 | 5 | 0 | 4 1/3 | 4,5 |
| l | 2938 | 5 1/2 | 5 | 6 | 0 | 5 | 4,2 |
| c | 2958 | 5 | 4 | 5 | 0 | 4 | 3,6 |
| ξ | 2994 | 3 1/2 | 4 | 4 | 3,7 | 4 | 3,5 |
| P | 3022 | 4 1/2 | 4 1/2 | 5 | 0 | 5 | 4,3 |
| a | 3044 | 4 | 5 1/2 | 5 | 0 | 4 1/3 | 4,0 |
| b | 3049 | 4 1/2 | 5 | 5 | 0 | 4 1/3 | 4,9 |
| J | 3068 | 4 | 0 | 5 | 0 | 5 | 4,5 |
| ζ | 3136 | 2 | 3 | 2 | 2,7 | 2 2/3 | 2,5 |
| ρ | 3153 | 3 1/2 | 3 1/2 | 4 | 3,3 | 3 | 3,2 |

#### B. — La Carène.

| ÉTOILES | Nᵒˢ de Lacaille | 1751 | 1800 | 1825 | 1836 | 1860 | 1878 |
|---|---|---|---|---|---|---|---|
| χ | 3102 | 4 | 0 | 4 | 4,0 | 4 1/3 | 3,7 |
| ε | 3327 | 2 1/2 | 0 | 2 | 2,1 | 2 | 2,1 |
| d | 3504 | 5 | 0 | 5 | 0 | 4 3/4 | 4,7 |
| c | 3626 | 4 1/4 | 0 | 6 | 0 | 4 2/3 | 4,0 |
| G | 3736 | 4 1/4 | 0 | 5 | 0 | 4 2/3 | 4,8 |
| a | 3738 | 3 1/2 | 0 | 5 | 4,2 | 4 1/3 | 3,8 |
| i | 3753 | 3 1/2 | 0 | 5 | 0 | 4 1/3 | 4,3 |
| β | 3791 | 1 | 0 | 2 | 2,0 | 1 2/3 | 2,0 |
| g | 3782 | 5 | 0 | 6 | 0 | 4 2/3 | 4,8 |
| ι | 3792 | 3 | 0 | 2 | 2,7 | 2 2/3 | 2,5 |
| l | 4033 | 3 1/2 | 0 | 5 | 4,3 | 4 2/3 | var |
| ν | 4051 | 3 | 0 | 3 | 3,5 | 0 | 3,3 |
| ω | 4243 | 3 1/2 | 0 | 4 | 3,8 | 3 2/3 | 3,6 |
| q | 4249 | 4 | 0 | 5 | 3,7 | 4 | 3,3 |
| I | 4319 | 4 1/2 | 0 | 5 | 4,7 | 5 | 4,3 |
| s | 4314 | 4 1/2 | 0 | 6 | 0 | 4 2/3 | 4,6 |
| p | 4348 | 3 1/2 | 0 | 4 | 3,9 | 4 | 3,6 |
| θ | 4447 | 2 1/2 | 0 | 3 | 3,2 | 3 1/2 | 2,9 |
| η | 4457 | 2 | 0 | 2 | 0 | var | var |
| u | 4515 | 5 | 0 | 5 | 4,5 | 4 1/2 | 4,1 |
| x | 4627 | 5 | 0 | 6 | 0 | 4 2/3 | 4,6 |

#### C. — Les Voiles.

| ÉTOILES | Nᵒˢ de Lacaille | 1751 | 1800 | 1825 | 1836 | 1860 | 1878 |
|---|---|---|---|---|---|---|---|
| γ | 3185 | 2 | 0 | 2 | 2,1 | 2 3 | 3,0 |
| e | 3446 | 4 1/2 | 5 | 6 | 0 | 4 2/3 | 4,6 |
| b | 3470 | 5 1/2 | 5 | 5 | 0 | 4 1/2 | 4,1 |
| ο | 3482 | 4 | 0 | 4 | 4,0 | 4 1/3 | 4,0 |

## C. — Les Voiles (suite).

| ÉTOILES | Nᵒˢ de Lacaille | 1751 | 1800 | 1825 | 1836 | 1860 | 1878 |
|---|---|---|---|---|---|---|---|
| d | 3508 | 5 ½ | 6 | 6 | 0 | 4 ⅔ | 4,4 |
| δ | 3532 | 2 ½ | 0 | 3 | 2,4 | 2 ⅓ | 2,2 |
| a | 3526 | 5 ½ | 5 | 5 | 0 | 4 ½ | 4,1 |
| c | 3677 | 5 | 0 | 5 | 0 | 4 ⅔ | 4,6 |
| λ | 3699 | 2 ½ | 3 ½ | 3 | 2,5 | 2 | 2,5 |
| χ | 3816 | 2 ½ | 0 | 3 | 3,0 | 3 | 2,7 |
| ψ | 3885 | 4 | 4 ½ | 4 | 4,3 | 4 | 3,7 |
| N | 3910 | 3 ½ | 0 | 5 | 3,6 | 3 ⅔ | 3,2 |
| φ | 4093 | 3 ½ | 0 | 4 | 4,5 | 4 ⅓ | 3,9 |
| q | 4212 | 4 | 4 | 4 | 4,8 | 4 | 4,0 |
| p | 4378 | 4 ½ | 0 | 5 | 4,7 | 4 ⅔ | 4,1 |
| μ | 4461 | 3 | 0 | 3 | 3,1 | 3 ⅓ | 2,9 |

## D. — Le Mât.

| | | | | | | | |
|---|---|---|---|---|---|---|---|
| b | 3462 | 5 | 5 | 5 | 4,8 | 5 | 4,4 |
| a | 3487 | 4 | 4 ½ | 5 | 4,3 | 4 ⅓ | 3,8 |
| c | 3583 | 5 ½ | 6 | 6 | 0 | 5 ½ | 4,4 |

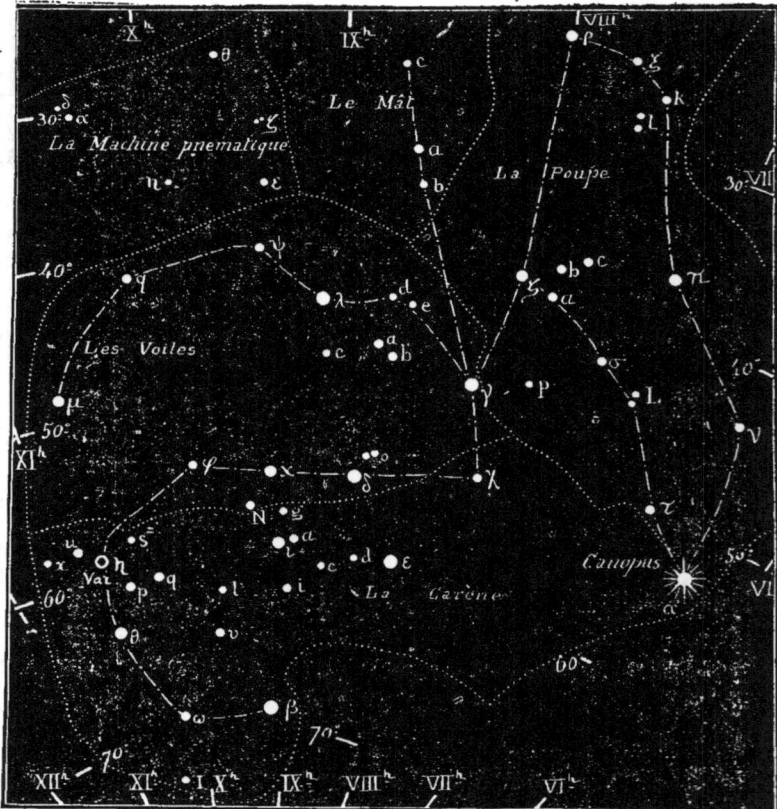

Fig. 347. — Étoiles principales de la constellation du Navire.

Remarquons d'abord que dans l'ensemble de ces étoiles il y en a une *bleue*, ce qui est de la dernière rareté chez les étoiles simples : c'est ν, de 3° $\frac{1}{2}$, sous le Grand Chien, au nord de Canopus, par $6^h 34^m$ et 43°.

Sans entrer en de longs détails sur chacune des étoiles du tableau, l'inspection à première vue suffit pour affirmer la variabilité de L², *h, l, c, a* de la Poupe ; *c, a, i, l, q,* I, η, *x* de la Carène, et *e, d, a,* λ des Voiles. D'après les observations de Gould, L² de la Poupe est rougeâtre et varie de 3,6 à 6,3 en 135 jours ; *l* de la Carène varie de 3,7 à 5,2 en 31 jours ; *q* de la Carène varie de 3,3 à 4,5, et I de 4,2 à 5,1, en des périodes indéterminées.

Ici nous sommes arrêtés, fort agréablement du reste, par une étoile vraiment extraordinaire, par cette fameuse étoile *éta* du Navire, qui est sans contredit *l'une des variables les plus singulières que nous connaissions*, et qui mérite, par sa nature comme par sa situation au milieu d'un groupe d'étoiles et d'une nébuleuse, que nous résumions ici son histoire, telle, du moins, que nous la connaissons jusqu'à ce jour.

Exposons d'abord l'ensemble des observations faites, pour nous former une première idée de cette étrange variabilité.

VARIATIONS D'ÉCLAT OBSERVÉES SUR η DU NAVIRE.

| Années | Grandeur | Observateurs |
|---|---|---|
| 1677 | 4 | Halley. |
| 1751 | 2 | Lacaille. |
| 1811-15 | 4 | Burchell. |
| 1822-26 | 2 | Fallows, Brisbane. |
| 1827 | 1 | Burchell. |
| 1828-33 | 2 | Johnson, Taylor. |
| 1834-37 | 1 $\frac{1}{4}$ | J. Herschel. |
| 1838-42 | 1 | Maclear. |
| 1843 | 1 *presque Sirius* | Id. |
| 1844-54 | 1 | Jacob, Gilliss. |
| 1856 | 1,5 | Powell. |
| 1858 | 2,6 | Id. |
| 1860 | 3,5 | Tebbutt. |
| 1862 | 4,3 | Id. |
| 1864 | 5,0 | Id. |
| 1866 | 5,6 | Id. |
| 1868 | 6,1 | Id. |
| 1870 | 6,5 | Tebbutt, Gould. |
| 1872 | 6,8 | Id. |
| 1874 | 7,0 | Id. |
| 1876 | 7,2 | Gould. |
| 1878 | 7,4 | Id. |

Pour nous rendre compte de la marche de ces singulières fluctuations d'éclat, nous pouvons construire une courbe en prenant pour hauteur verticale correspondante à chaque année l'estimation d'éclat faite par les différents observateurs ; nous obtenons de la sorte le curieux diagramme ci-dessous, qui met de lui-même en évidence ces étonnantes variations. On voit ainsi que l'étoile s'est élancée en 1843 à son maximum d'éclat, qu'à partir de 1856 cet éclat a rapidement diminué, et que depuis 1867 elle est au-dessous de la sixième grandeur, invisible à l'œil nu. La forme de la courbe fait aussi pressentir que selon toute probabilité le décroissement va bientôt s'arrêter et que sans doute une nouvelle recrudescence d'éclat se prépare ; mais les irrégularités précédentes n'autorisent à rien affirmer. D'autre part, il

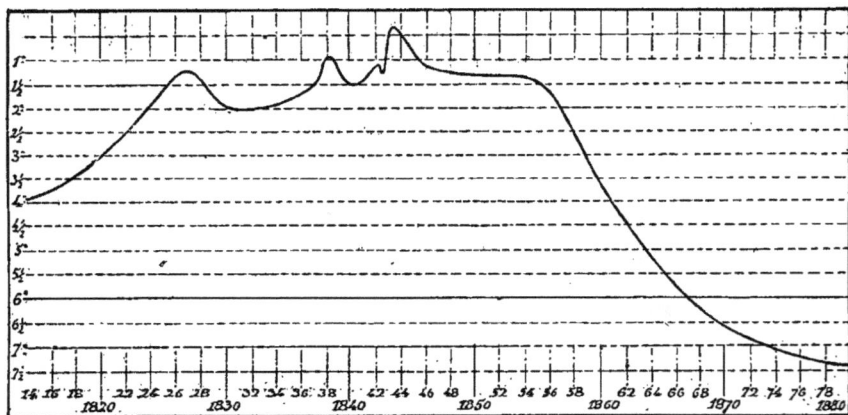

Fig. 348. — Courbe montrant les fluctuations d'éclat de η du Navire.

est impossible de décider si ces variations inexpliquées sont périodiques ou irrégulières.

Dans le ciel tout entier, il n'y a peut-être aucune région plus digne d'attention que celle qui est illustrée par cette variable. Elle se trouve par $10^h 40^m$ d'ascension droite et 59° de déclinaison australe, en pleine Voie lactée, non loin de la Croix du Sud. Il y a là une telle condensation d'étoiles, que sir John Herschel en a compté jusqu'à 250 dans un seul champ télescopique, mesurant 15′ de diamètre, ce qui donne plus de 5000 étoiles pour un degré carré. Sur une étendue de deux heures d'ascension droite parcourue par le télescope et mesurant 47 degrés carrés, le nombre total des étoiles qui passent sous les yeux émerveillés de l'observateur s'élève à *cent quarante-sept mille !*

C'est au milieu de cette vaste agglomération que se trouve l'étrange soleil dont nous parlons, enveloppé lui-même d'une *nébuleuse* plus étrange encore. Cette nébuleuse paraît disloquée dans tous les sens; son intensité même est variable, et, sur ce fond laiteux, on voit ressor-tir une multitude d'étoiles de toutes grandeurs, dont vingt et une sont doubles.

Sir John Herschel a entrepris et réalisé le rude et long travail de dessiner cette nébuleuse dans toutes ses parties, et de mesurer micrométriquement la position précise de toutes les étoiles qui la décorent. Cette création fantastique

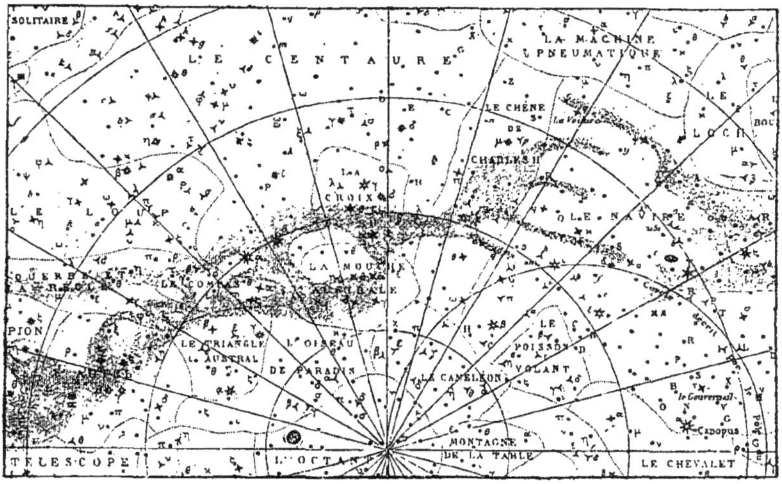

Fig. 349. — Région pittoresque du ciel austral dans le Navire, la Voie lactée et la Croix du Sud.

occupe environ 1 degré d'étendue, les cinq septièmes sont pris par ces branches irrégulières; 1203 étoiles y sont visibles et ont été mesurées et cataloguées.

« Il serait manifestement impossible, dit cet éminent astronome, de donner par une description verbale une juste idée des formes capricieuses et des grada-tions irrégulières de lumière affectées par les différentes branches et les appen-dices de cette nébuleuse: le dessin seul peut satisfaire nos désirs, et encore à grand'peine. Il n'est pas aisé non plus pour le langage de reproduire l'impres-sion entière de la beauté et de la splendeur du spectacle qui nous est offert dans le champ du télescope par cette inimaginable agglomération d'étoiles si singuliè-rement distribuées ; et si je citais les expressions très légitimes dont je me suis servi sur mon journal pour la décrire, on les trouverait certainement extrava-gantes en les lisant à tête reposée.

« En fait, il est impossible à quiconque a la moindre étincelle d'enthousiasme astronomique dans son esprit de voir avec indifférence, pendant une belle nuit et à l'aide d'un puissant télescope, cette partie du ciel austral, qui s'étend de 6 heures à 13 heures d'ascension droite et de 146 à 149 degrés de distance polaire, tant sont immenses l'intérêt et la variété des astres qu'il rencontre, tant est riche le fond du ciel étoilé sur lequel ces astres étincellent. »

La nébuleuse du Navire n'offre, en aucune partie de son étendue, la moindre apparence de résolubilité en étoiles; elle est à cet égard analogue à la nébuleuse d'Orion. Elle ne paraît avoir rien de commun avec la Voie lactée sur le fond de laquelle nous la voyons projetée, et doit être par conséquent située à une incommensurable distance au delà de cette couche.

On ne remarque aucune forme régulière dans cette singulière nébuleuse, ni dans aucune de ses parties; sa substance est disséminée sans aucune espèce de loi apparente et offre la plus complète irrégularité dans ses condensations

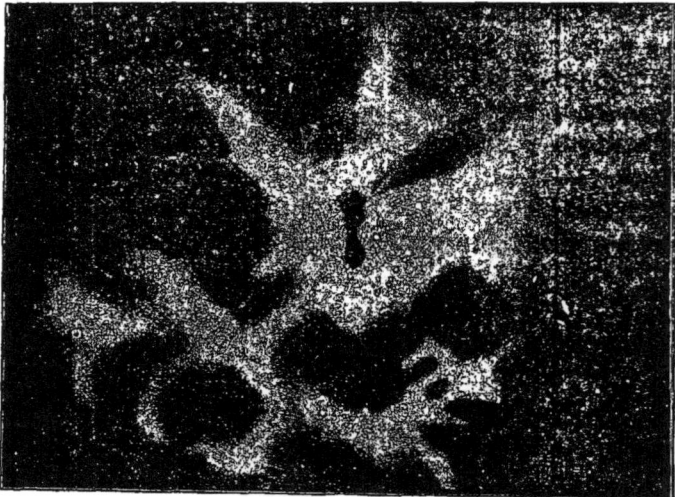

Fig. 350. — La nébuleuse de η du Navire.

comme dans ses vides. Cependant du côté précédent ou occidental de l'étoile η, on remarque une longue ouverture s'étendant du sud au nord et offrant un peu l'aspect d'une serrure; cette ouverture vide n'est pas entièrement noire, car un léger voile nébuleux s'étend obliquement sur sa partie boréale et occidentale; quatre étoiles sont placées sur ses bords.

Nous l'avons déjà dit, sur les 1203 étoiles mesurées 21 sont multiples, et la fameuse variable est l'une d'entre elles; elle est accompagnée de deux étoiles de 12e et de 13e grandeur, rapprochées d'elle à 12 et 14 secondes d'arc.

Il semble que certaines métamorphoses se soient opérées dans la nébuleuse; que, de plus, plusieurs étoiles aient changé de place, tandis que d'autres se seraient éteintes. Sans admettre toutes ces variations, dont plusieurs peuvent être dues aux différences d'appréciation des observateurs et à celles des instruments employés (comme tout astronome ne le sait que trop par la pratique), il est probable néanmoins que certains changements assez rapides s'opèrent actuellement dans cette région du ciel. — Quand nous disons *actuellement*, il faudrait tenir compte du temps que la lumière emploie pour venir de là jusqu'ici... c'est-à-dire des milliers d'années. Le mouvement propre de η du Navire est presque insensible.

On voit qu'il y a là une création bizarre, inexpliquée, actuellement incompréhensible pour l'*homuculus* terrestre. C'est encore là un nouveau mystère sidéral à ajouter à tous ceux qui nous ont émerveillés jusqu'ici. Mais, au surplus, en osant entreprendre ici la description complète du ciel visible, n'était-ce pas essayer d'entreprendre la conquête de l'infini?... Il nous restera toujours plus à apprendre que nous n'en saurons jamais, à quelque époque que ce soit de notre vie éternelle.

Remarquons aussi dans cette vaste constellation du Navire, l'étoile *Canopus*, de première grandeur, située par $6^h 21^m$ et $52°37'$. Comme nous l'avons vu (p. 484), c'est la seconde étoile du ciel par ordre d'éclat, car elle vient immédiatement après Sirius, et est supérieure à α du Centaure, Arcturus, Véga, Rigel et Capella. Elle brille sur le gouvernail du Navire et porte le nom du pilote de Ménélas, qui s'appelait *Kanôbos*. Pline, Ptolémée, Manilius l'appellent déjà *Canopus*; pourtant Hévélius et Flamsteed écrivent encore *Canobus*. Cette éclatante étoile était adorée en Égypte. La ville de Canope (aujourd'hui Aboukir), sur l'une des branches du Nil, dans la basse Égypte, portait anciennement le même nom : c'était là, disait-on, que le pilote de Ménélas était mort de la morsure d'un serpent.

Il faut aller à 53 degrés du pôle nord, c'est-à-dire au 37ᵉ degré de latitude, pour commencer à apercevoir Canopus rasant l'horizon. On peut le voir de Gibraltar, des côtes sud de l'Espagne, de l'Algérie, de la Tunisie, de la Grèce et d'Alexandrie. Hipparque et Ptolémée ont pu l'observer aussi de leur temps, car dans cette position l'effet de la précession est à peu près nul.

Cet astre jouissait d'une célébrité spéciale chez les anciens navigateurs. Améric Vespuce en parle dans ses mémoires, et croyait même en avoir vu trois, dont un noir (probablement le trou dans la Voie lactée nommé sac à charbon). Les pèlerins arabes l'appelaient « l'étoile de sainte Catherine », parce qu'ils étaient joyeux de la voir et de se guider sur elle pour aller de Gaza au mont Sinaï. Canopus est resté célèbre dans les annales de la navigation.

La situation australe de ces étoiles du Navire nous interdit de faire directement connaissance avec elles. Signalons pourtant un bel amas, visible d'ici, et à l'œil nu, sur le prolongement d'une ligne menée par β, α et γ du Grand Chien, à deux fois et demie environ la distance de α à γ. C'est l'amas H. VIII. 38, illustré dans son voisinage immédiat par deux belles étoiles doubles. Entre cet amas et γ, on rencontre H. VII, 12, dont nous avons parlé plus haut (p. 493). Rigoureusement ce n'est pas là un amas, un *cluster*, dans l'acception habituelle du mot, car il ne se compose que d'étoiles écartées, et disparaît dans une lunette un peu forte. Mais il y a là aussi, à 1° au sud-est, un véritable amas (M. 46), nuage circulaire formé d'une poussière d'étoiles. Sur sa marge boréale on rencontre une nébuleuse planétaire d'aspect singulier (H. IV, 39) : étoile environnée d'une vaste atmosphère lumineuse, autour de laquelle on en découvre une seconde plus pâle. — Cette région, classée dans l'Atelier typographique, est la partie la plus boréale du Navire, formant le sommet du mât, et elle s'élève en hiver au-dessus de notre horizon.

Avant de quitter le Navire, rappelons seulement pour mémoire que le *Chêne de Charles II*, dessiné par Halley en souvenir de l'arbre sur lequel se cacha le roi d'Angleterre après sa défaite de Worcester, en 1651, est tombé en désuétude. Humes raconte que cet arbre était si énorme et si touffu que vingt hommes pouvaient se cacher dans ses branches. Halley avait posé ce chêne, non point sur le Navire, encore moins dans la mer naturellement, mais sur le rocher voisin dessiné là par toutes les anciennes figures. On n'a pas toujours pris cette précaution : ainsi Bode, entre autres, l'a tout simplement collé à la proue du Navire (*fig.* 357, p. 561).

La dernière constellation des catalogues anciens est celle du *Poisson austral*, que nous avons déjà rencontrée sur notre *fig.* 290 (p. 425) au bout de la petite rivière formée par le courant d'eau du Verseau, et qui est surtout marquée par une étoile de première grandeur, Fomalhaut, située vers le 30ᵉ degré de déclinaison et visible de nos latitudes. On la trouvera dans le ciel, de septembre à novembre, à l'aide des alignements de notre *fig.* 291 (p. 428). Comme nous l'avons vu, son nom vient de l'arabe *fom-al-hût* « la bouche du Poisson ». Il n'y a là qu'un petit nombre d'étoiles. La figure et le tableau suivant renferment les principales :

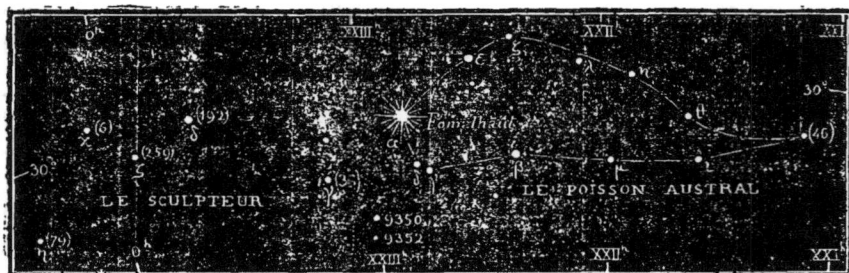

Fig. 351. — Étoiles du Poisson austral.

ÉTOILES PRINCIPALES DU POISSON AUSTRAL

| ÉTOILES | — 127 | +960 | 1460 | 1603 | 1700 | 1751 | 1800 | 1840 | 1860 | 1880 |
|---|---|---|---|---|---|---|---|---|---|---|
| α (*Fomalhaut*) | 1 | 1 | 1 | 1 | 1 | 1 | 1 | $1\frac{1}{3}$ | $1\frac{1}{3}$ | 1,7 |
| β | 4 | 4 | 4 | 4 | 3 | 0 | 4 | 4 | $4\frac{1}{3}$ | 4,4 |
| γ | 4 | 4 | 4 | 4 | 5 | 6 | 5 | $4\frac{2}{3}$ | $4\frac{2}{3}$ | 4,6 |
| δ | 4 | 4 | 4 | 4 | 5 | $5\frac{1}{2}$ | $5\frac{1}{2}$ | $4\frac{2}{3}$ | $4\frac{2}{3}$ | 4,4 |
| ε | 4 | 4 | 4 | 4 | $3\frac{1}{2}$ | 4 | 4 | 4 | $4\frac{1}{3}$ | 4,3 |
| ζ | 5 | $5\frac{1}{3}$ | 6 | 4 | $4\frac{1}{2}$ | 6 | 7 | $5\frac{1}{3}$ | $5\frac{2}{3}$ | 6,7 |
| η | 4 | 5 | 5 | 4 | 5 | 0 | 6 | $5\frac{1}{3}$ | $5\frac{1}{3}$ | 5,7 |
| θ | 4 | $4\frac{2}{3}$ | 5 | 4 | 4 | $5\frac{1}{2}$ | 5 | $4\frac{2}{3}$ | 5 | 5,2 |
| ι | 4 | 4 | 4 | 4 | 4 | 6 | $4\frac{1}{2}$ | 5 | 5 | 4,4 |
| κ | *n'existe pas.* | | | | | | | | | |
| λ | 4 | 5 | 5 | 5 | $4\frac{1}{2}$ | 6 | 6 | 5 | $5\frac{1}{3}$ | 5,6 |
| μ | 5 | 5 | 5 | 5 | $4\frac{1}{2}$ | 6 | $5\frac{1}{3}$ | $4\frac{2}{3}$ | $4\frac{2}{3}$ | 4,7 |
| P. XXI, 46 | 0 | 0 | 0 | 0 | $4\frac{1}{2}$ | 0 | 5 | 5 | 5 | 4,9 |
| | | | | n° de Lacaille | | | | | | |
| | | | | 9350 | | 6 | $5\frac{1}{2}$ | 0 | $5\frac{1}{3}$ | 5,3 |
| VOISINES | | | | 9352 | | 7 | 0 | 0 | 0 | 7,5 |
| P. XXIII, 36 (γ *Sculpteur*) | | | | 9435 | | 5 | 5 | $4\frac{2}{3}$ | $4\frac{2}{3}$ | 4,4 |
| P. XXIII, 192 δ Id. | | | | 9603 | | 5 | 5 | $4\frac{1}{3}$ | $4\frac{1}{3}$ | 4,6 |
| P. XXIII, 259 ζ Id. | | | | 9700 | | 5 | 6 | 5 | 5 | 5,2 |
| P. 0. 6 κ Id. | | | | 9758 | | 6 | $5\frac{1}{2}$ | 5 | 5 | 5,2 |
| P. 0. 79 η Id. | | | | 94 | | 5 | 6 | 5 | 5 | 5,2 |

Nous avons pu, cette fois, remonter jusqu'à l'antiquité pour les identifications. Ces étoiles sont les seules auxquelles Bayer ait donné des lettres ; mais parmi elles, celle qu'il a nommée κ n'existe pas. C'est à tort que les éditions modernes de Ptolémée et Ulugh Beigh lui identifient la dernière de leurs listes : cette dernière, dont la longitude surpasse 22°, correspond à γ de la Grue, qui est au sud de ι ; il n'y a pas d'étoile au sud de μ, comme l'a marqué Bayer.

L'étoile qui varie le plus de la liste précédente est ζ, qui a été notée de 4$^e$ par Bayer, de 4$^e\frac{1}{2}$ par Flamsteed, de 5$^e$ par Ptolémée, de 5$^e\frac{1}{3}$ par Sûfi et Argelander, de 5$^e\frac{2}{3}$ par Behrmann, de 6$^e$ par Ulugh Beigh et Lacaille, de 7$^e$ par Piazzi, et qui est actuellement de 6,7.

γ varie d'une grandeur au moins, δ et η de une et demie, θ et ι d'une au moins, λ de deux sans doute et μ d'une au moins.

Ce canton céleste marque la frontière des régions visibles de nos latitudes ; il ne renferme aucune richesse particulièrement remarquable.

Au moment où je corrige cette épreuve (juin 1881), je reçois de l'hémisphère austral, de l'astronome Gould de Cordoba (République argentine), la nouvelle qu'une étoile de septième grandeur et demie appartenant à cette constellation du Poisson austral, est animée d'un mouvement propre excessivement rapide, s'élevant à + 0$^s$,567 en Æ et à + 1″,306 en déclinaison, c'est-à-dire à 6″,96 d'un arc de grand cercle, dirigé vers 79°. Ce mouvement est l'un des plus rapides du ciel entier, et vient immédiatement après celui de l'étoile de 1830 Groombridge qui est de 7″,03, comme nous l'avons vu plus haut (p. 114). Cette curieuse étoile porte le n° 9352 du Catalogue de Lacaille ; elle se trouve près de l'étoile 9350, de 5$^e$ grandeur, à 1° au sud, cest-à-dire par 22$^h$56$^m$ et 36°37′. Elle m'est arrivée juste à temps pour être inscrite sur la carte précédente.

# CHAPITRE XIX

Le pôle austral et les constellations qui l'environnent.
Vide laissé sur les anciennes cartes.
Variations séculaires: constellations australes autrefois visibles en France.
La Croix du Sud. Le Centaure. L'Indien. Le Phénix. Etc.
Fin de la description générale du ciel étoilé.

Notre revue générale du ciel étoilé, commencée au pôle boréal, arrive ici définitivement à son terme, au pôle austral, après nous avoir fait visiter toutes les constellations et toutes les étoiles visibles à l'œil nu. Ce pôle céleste austral, antipode de notre pôle boréal, et toujours caché au-dessous de notre horizon, est resté inconnu des anciens astronomes et n'a été découvert que par les navigateurs en marche vers les régions du sud. Il faut naturellement traverser la ligne équatoriale pour l'apercevoir, et ce sont les voyageurs de retour de Java, de Sumatra, du cap Horn et du cap de Bonne-Espérance qui les premiers ont apporté la description des étoiles occupant cette région inaccessible à nos yeux.

Il n'y a pas d'étoile polaire au pôle austral, ce qui a été le sujet de plus d'un regret pour les navigateurs et les voyageurs. On n'aperçoit dans cette contrée céleste que de petites étoiles, dont Lacaille a formé la constellation de l'Octant (ancien instrument de marine construit sur le même principe que le sextant), et parmi lesquelles la plus brillante n'est que de quatrième grandeur et demie. L'étoile visible à l'œil nu la plus rapprochée de ce pôle est l'étoile τ de cet astérisme; mais elle en est encore éloignée de 1° 38′, et surtout elle n'est que de sixième grandeur, à la limite de la visibilité.

Les anciens avaient laissé sur leurs cartes célestes un vide qui montre que nulle observation, nulle tradition astronomique n'est descendue du sud. On peut en juger d'après le fac-similé, reproduit plus loin (fig. 356), d'une carte faisant partie de l'ouvrage d'Aratus, dans une vieille édition de l'an de grâce 1559: c'est l'une des dernières cartes antérieures à la création des constellations modernes. On voit au centre le pôle de l'écliptique, attendu que les anciennes observations étaient faites par longitude et latitude et non par ascension droite et déclinaison, et, à côté, le pôle antarctique, zénith du pôle géogra-

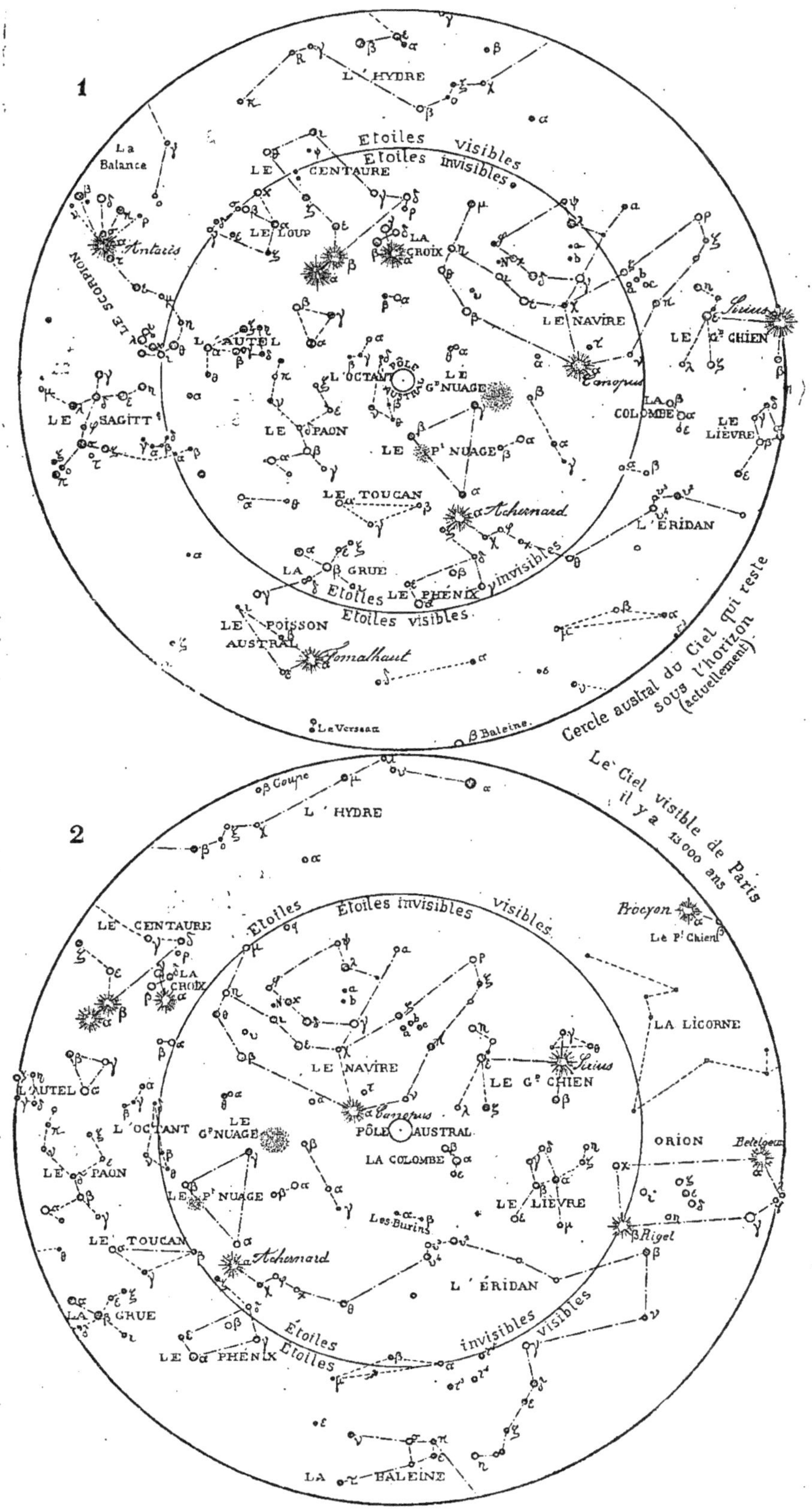

Fig. 353-355. — Transformation séculaire des cieux par la précession des équinoxes

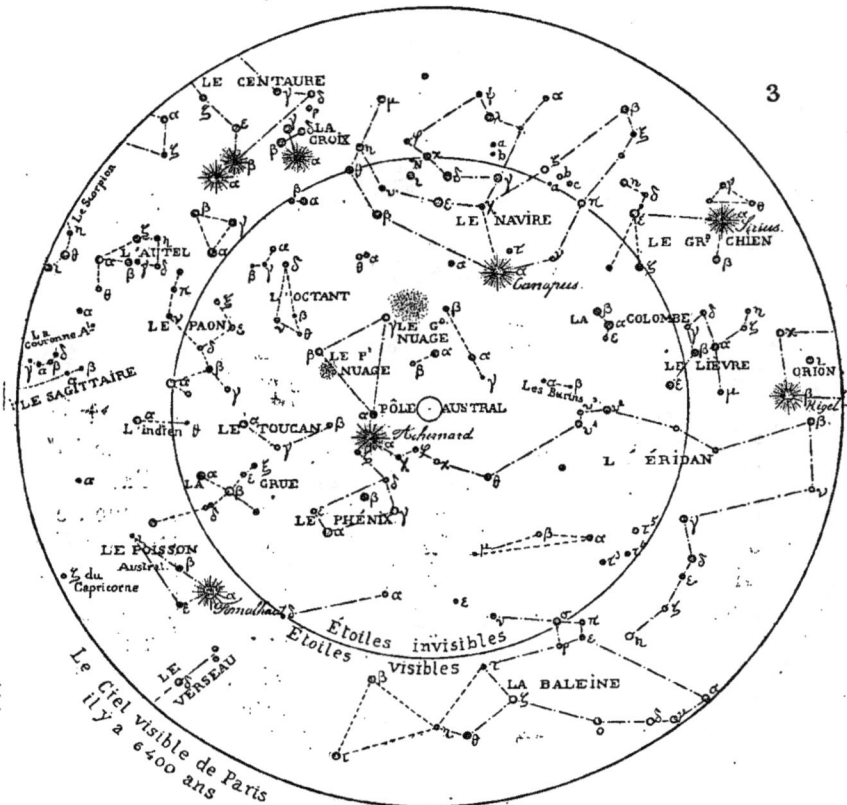

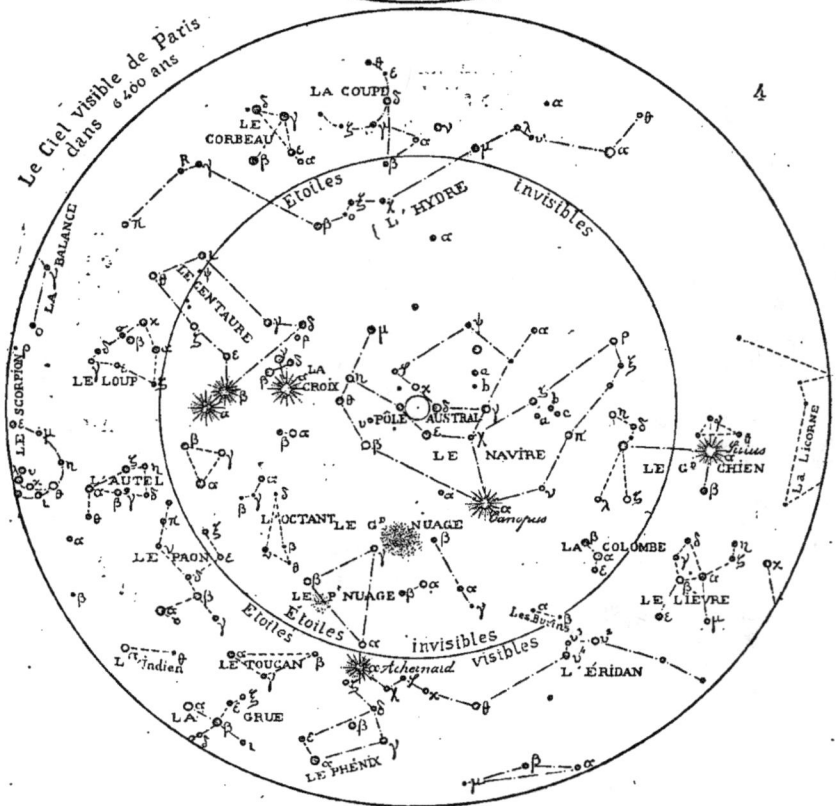

**Fig. 352-355.** — Transformation séculaire des cieux par la précession des équinoxes

Le Ciel visible de Paris il y a 6400 ans

Le Ciel visible de Paris dans 6400 ans

phique austral. Les étoiles les plus proches de ce point sont celles de l'Autel et des pieds du Centaure, dont la déclinaison la plus australe (celle du Centaure) est de 60 degrés. Il faut aller jusqu'au 30ᵉ degré de latitude, jusqu'au Caire (Alexandrie est à 31°12′), pour apercevoir ces étoiles. Hipparque et Ptolémée ne les verraient plus aujourd'hui de leurs observatoires; mais ils les ont vues et observées il y a vingt siècles, à cause du déplacement séculaire produit par la précession des équinoxes. La distance de α du Centaure au pôle nord augmente actuellement de 15″,9 par an; cette augmentation était de 16″,3 il y a un siècle, de 16″,7 il y a deux siècles, etc. [Comme l'ascension droite de cette étoile est actuellement de 14ʰ 30ᵐ, qu'elle augmente de plus de 6 minutes par siècle, et qu'elle était sur la ligne de XII heures il y a 22 siècles, à cette époque le mouvement vers le sud était de 20″ par an. Donc, depuis deux mille ans, la déclinaison australe de α du Centaure a augmenté de dix degrés; elle n'était il y a deux mille ans que de 50°, et on pouvait l'observer du 40ᵉ degré de latitude, c'est-à-dire de la Sicile, du sud de l'Italie, de la Grèce et de la Perse. Du temps de Ptolémée, on voyait sur l'horizon d'Alexandrie : l'Autel, le Centaure tout entier et même la Croix du Sud, comprise alors dans le Centaure et nommée aussi le *Trône de César*, en l'honneur d'Auguste, ainsi que le rapporte Pline.

C'est ici le lieu de nous arrêter un instant sur ces importantes variations séculaires. De siècle en siècle, les étoiles viennent à nous ou s'éloignent; certaines constellations disparaissent, tandis que d'autres s'élèvent lentement au-dessus de notre horizon, et si la mémoire de l'humanité était assez longue, on garderait le profond souvenir de cet aspect changeant des cieux. Mais les peuples ne vivent qu'un jour! Cette lente révolution des étoiles s'accomplit en 25765 ans, le pôle de l'équateur, c'est-à-dire le point où aboutirait l'axe de rotation de notre planète prolongé jusqu'à la sphère céleste, décrivant en cette période une circonférence de 23°¼ de rayon tracée autour du pôle de l'écliptique. Ce déplacement séculaire du pôle amène un déplacement corrélatif de toutes les étoiles, comme nous l'avons vu déjà en parlant du pôle boréal, en remarquant notamment que Véga, qui était notre étoile polaire il y a quatorze mille ans, le redeviendra dans douze mille. Le pôle de l'écliptique se trouve, au nord, dans la tête du Dragon, sur la ligne de XVIII heures d'ascension droite; au sud, près du Grand Nuage de Magellan, dans la Dorade, sur la ligne de VI heures; toutes les étoiles tournent autour de cet axe, et l'on voit facilement que lorsqu'elles passent par la ligne de VIʰ — XVIIIʰ leur distance polaire ne varie pas, tandis que la variation atteint son maximum de rapidité (20″) lorsqu'elles traversent la ligne de 0ʰ — XIIʰ. Nous pouvons nous rendre compte de cet aspect changeant des cieux en construisant des cartes correspondant à différentes époques. Pre-

Fig. 356. — Vide laissé au pôle austral sur les anciennes sphères (Carte de l'an 1559).

nons, par exemple, les quatre époques extrêmes et symétriques : 1° la nôtre, avec le pôle où il est actuellement; 2° l'époque opposée, avec le pôle où il était il y a treize mille ans environ (et où il sera revenu dans treize mille ans); 3° les deux positions perpendiculaires,

aux quarts de la période, il y a 6400 ans, et dans 6400 ans; traçons
à 41 degrés de l'équateur — ou à 49 degrés du pôle sud, — la ligne qui
représente la limite de l'horizon de Paris, et nous aurons ainsi sous
les yeux les quatre cartes principales (*fig.* 352 à 355) de la limite des
*étoiles visibles de la France aux époques indiquées.*

Nous constatons ainsi par là que maintenant l'Autel, une grande
partie du Centaure, la Croix du Sud, une grande partie du Navire,
Canopus, Achernar, le Phénix, l'Indien restent invisibles au-dessous
de notre horizon. Il y a treize mille ans, au contraire, l'Autel, l'Indien, le Centaure entier, la Croix du Sud restaient en dehors de cette
limite et s'élevaient même à plusieurs degrés au-dessus des plaines de
France ; tandis que Sirius, le grand Chien, le Lièvre, κ d'Orion, l'É-
ridan, restaient cachés sous la terre. Rigel rasait l'horizon, et Achernar était presque visible ; il l'était du midi de la France. Ces aspects
reviendront dans treize mille ans. On voit de même qu'il y a 6400 ans
le cercle de la limite de visibilité laissait en dehors de lui, c'est-à-
dire visibles, l'Autel, le Loup, le Centaure, la Croix et le Navire; il
n'y a pas plus de trois mille ans que la Croix du Sud n'est plus visible
de la France. Dans 6400 ans, au contraire, le déplacement séculaire aura abaissé l'Hydre à la limite de la visibilité, tandis qu'il
aura élevé Achernar et le Phénix dans notre ciel. Ces grands
aspects se lisent sur les cartes spéciales qui précèdent : tel était et tel
sera le ciel aux époques indiquées, avec la différence ajoutée par les
mouvements propres; l'un d'eux, celui de α du Centaure, est assez
rapide pour apporter une modification sensible à l'aspect de cette
partie du ciel, car dans 6400 ans cette belle étoile sera passée à droite
de β du Centaure, et dans treize mille ans, elle fera partie de la Croix
du Sud.... L'étude que nous faisons en ce moment, étant par son
caractère et par son but absolument technique, nous interdit toute
dissertation sur les idées philosophiques que ces vastes contemplations ouvrent si naturellement devant nos esprits ; mais comment ne
pas songer qu'il y a treize mille ans la France n'était pas la France,
ni la Gaule, ni la Celtique, mais une immense forêt vierge arrosée
par des fleuves considérables, habitée principalement par des aurochs, des mastodontes, des ours, des cerfs et des rennes, — habitée
peut-être aussi par quelques sauvages vêtus de peaux de bêtes, armés
de haches de pierre et de flèches de silex... Qui sait ce que sera
redevenue cette même France dans treize mille ans? C'est peut-être
sur les rives de l'Hudson, du Saint-Laurent ou du Mississipi que la
civilisation aura alors transporté son siège ! c'est peut-être la capitale

Quel effet prodigieux ne doit pas produire cette arche gigantesque qui s'élance de l'horizon et va se projeter dans les cieux?...

Ainsi les particules formant l'anneau transparent doivent tourner en des temps compris de $5^{heures}50^{minutes}$ à $7^{heures}11^{minutes}$, suivant leur distance, la zone la plus rapprochée tournant le plus rapidement; celles qui composent le large anneau lumineux doivent tourner en des périodes comprises entre $^{heures}11^{minutes}$ et $7^{heures}11^{minutes}$, également selon leur distance; enfin, la limite extérieure de ce singulier système doit accomplir sa révolution en $12^{heures}5^{minutes}$. Mais les huit satellites qui gravitent en dehors des anneaux produisent des perturbations considérables dans ces mouvements, perturbations telles que, peut-être, est-ce à l'équilibre instable qu'elles perpétuent que l'on doit la conservation de l'appendice saturnien, car il semble que, sans leur soutien extérieur, des frottements et des chocs inévitables devraient mettre à chaque instant en péril la stabilité de cette étrange couronne.

Tout en étant étudié de divers côtés, le problème n'est pas encore résolu. Si l'on pouvait un jour voir une brillante étoile passer juste derrière ces anneaux, et dans l'intervalle qui les sépare de la planète, une partie du mystère pourrait s'éclaircir. On dit que cette observation a été faite par Clarke en 1707; mais il n'y en a pas eu de description spéciale, et le fait ne s'est pas reproduit depuis.

Le merveilleux système annulaire que nous venons d'admirer ne suffisait pas à l'ambition de Saturne. Il a, de plus, reçu du Ciel le plus riche cortège de satellites qui existe dans toutle système solaire: huit mondes l'accompagnent dans sa destinée. C'est un empire de deux millions de lieues de largeur. Cependant, Saturne est si éloigné, que cette largeur est réduite pour nous à un espace que la Lune nous cacherait entièrement! Si le centre de la Lune était appliqué sur le centre de Saturne, le satellite le plus éloigné, loin de déborder le disque lunaire, n'approcherait pas même de ses bords; il s'en faudrait encore du tiers du demi-diamètre de la Lune.

Voici les huit compagnons de Saturne, avec leurs distances au centre de la planète évaluées en lieues, et les durées de leurs révolutions évaluées en jours solaires terrestres :

| | DISTANCE AU CENTRE DE SATURNE | | | | ORDRE | |
|---|---|---|---|---|---|---|
| | appa-rente. | en rayons de. ♄ . | en lieues. | DURÉE DES RÉVOLUTIONS. | DE DÉCOUVERTE. | DÉCOUVREURS. |
| I. Mimas.... | 0′27″ | 3,36 | 51750 | 0j.22ʰ37ᵐ23ˢ | 7 | W. Herschel. 1789 |
| II. Encelade. | 0,35 | 4,31 | 64400 | 1 8 53 7 | 6 | Id. 1789 |
| III. Téthys... | 0,43 | 5,34 | 82200 | 1 21 18 26 | 5 | Cassini... 1684 |
| IV. Dioné. ... | 0,55 | 6,84 | 105300 | 2 17 41 9 | 4 | Id. 1684 |
| V. Rhéa .... | 1,16 | 9,55 | 147100 | 4 12 25 11 | 3 | Id. 1672 |
| VI. Titan .... | 2,57 | 22,14 | 341000 | 15 22 41 25 | 1 | Huygens .. 1655 |
| VII. Hypérion. | 3,33 | 26,78 | 412500 | 21 7 7 41 | 8 | Bond et Lassel. 1848 |
| VIII. Japet. ... | 8,35 | 64,36 | 991000 | 79 7 53 40 | 2 | Cassini. . 1671 |

Les trois premiers satellites sont tous plus voisins de Saturne que la Lune ne l'est de la Terre ; et ils le seraient plus encore, si l'on mesurait leurs distances à la surface de la planète : Mimas n'est plus guère alors en moyenne qu'à 36 350 lieues, et même le IVᵉ, Dioné, n'en est qu'à 90 000 lieues, c'est-à-dire à moins de la distance de la Lune aussi. Leurs distances à l'arête de l'anneau extérieur sont plus courtes encore, et Mimas s'en rapproche jusqu'à 17 450 lieues.

Notre figure 246 montre le système des orbites avec leurs dimensions relatives à la même échelle que nous avons employée pour Jupiter, c'est-à-dire à raison de 1 millimètre pour 1 rayon de Saturne.

Ces satellites n'ont été découverts que successivement, selon leur gradation d'éclat et le progrès des instruments d'optique, comme on le voit par la dernière colonne du tableau précedent. Le premier remarqué (le plus gros, Titan) a été découvert par Huygens en 1655. Les instruments de cet astronome eussent été suffisants pour permettre d'en découvrir d'autres, s'ils les avait attentivement cherchés ; mais on était alors convaincu qu'il ne pouvait pas y avoir plus de satellites que de planètes ! et on ne les chercha pas (¹).

Tous ces petits mondes ont été baptisés par sir John Herschel, qui leur donna les noms des frères et des sœurs de Saturne, seul parti à prendre puisque ce bon père a dévoré tous ses enfants. Le plus gros se nomme Titan, le plus éloigné Japet (²), le dernier découvert reçut en 1848 le nom d'Hypérion fils d'Uranus et frère de Neptune.

On a observé sur ces satellites, des variations d'éclat qui montrent que probablement ils tournent autour de leur planète en lui présentant toujours la même face, comme la Lune le fait à l'égard de la Terre. Japet, surtout, est particulièrement curieux à cet égard. Il est presque aussi brillant que Titan à l'ouest de la planète, tandis qu'à l'est, 7 degrés après l'opposition, il disparaît presque entièrement. Sans doute une partie de sa surface est-elle incapable de réfléchir les rayons solaires.

A l'effrayante distance qui nous en sépare, il est difficile de mesurer

(¹) Lui-même a eu l'imprudence d'écrire que c'est le sixième satellite découvert aux planètes, et que, « comme il n'y a que six planètes, il ne doit exister que six satellites. » Un savant anglais disait aussi, en 1729, que si Saturne a plus de cinq satellites (alors connus), on ne les découvrira sans doute jamais, « car l'optique n'ira guère plus loin. » — L'histoire des sciences montre qu'à chaque instant les préjugés classiques ont retardé le progrès : chaque époque a les siens ; il est difficile de s'en affranchir, et ceux qui ont assez d'indépendance pour le faire ne sont généralement ni compris ni appréciés de leurs contemporains.

(²) Et non Japhet, fils de Noé, comme l'écrivent la plupart des traités d'astronomie et l'*Annuaire du Bureau des Longitudes*.

leurs dimensions. Cependant, le principal, Titan, offre l'éclat d'une étoile de huitième grandeur, et on lui a reconnu un diamètre d'une seconde, ce qui correspond à 1700 lieues : *il est donc plus gros que deux des planètes principales du système solaire, Mercure et Mars.* Japet sous-tend un angle de 0″,60, qui correspond à 1000 lieues, c'est-

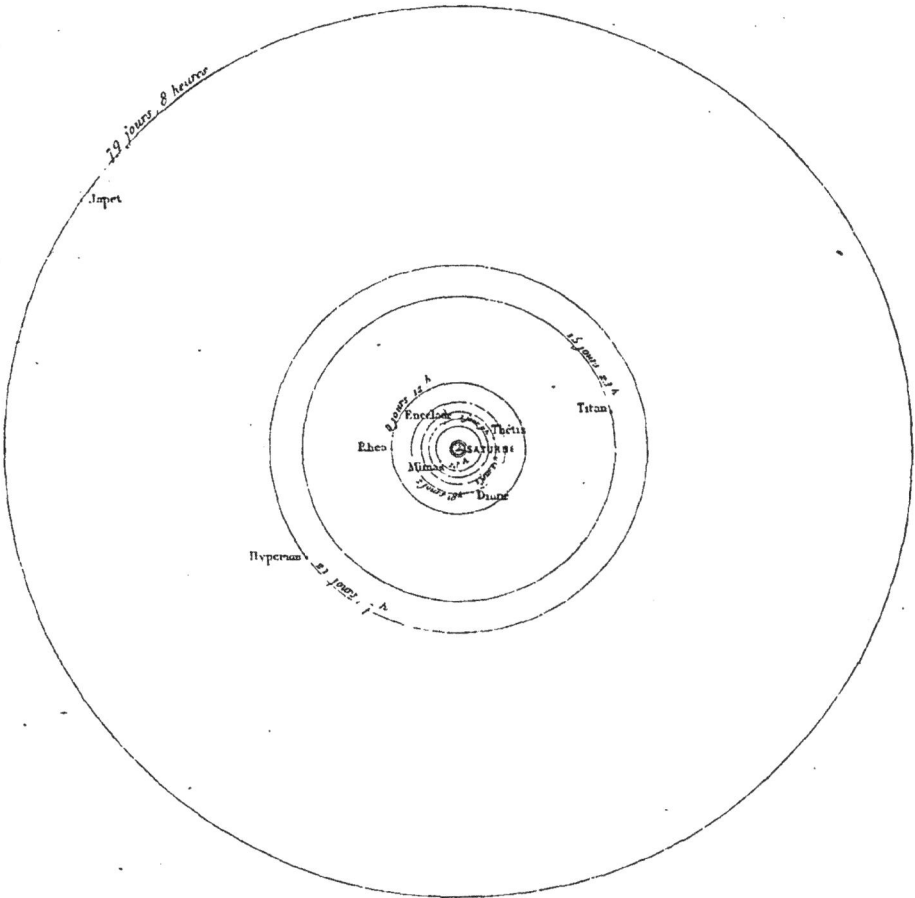

Fig. 246. — Le système de Saturne.

à-dire presque au diamètre de Mercure. Rhéa paraît avoir le diamètre de notre Lune.

Voilà donc tout un univers : un monde colossal, une couronne merveilleuse, et huit mondes gravitant en cadence. Les Saturniens ont assurément le droit d'être fiers et de croire que l'univers tout entier a été créé et mis au monde exprès pour eux : leurs voûtes du ciel ne sont pas imaginaires comme les nôtres, mais réelles ; là, les théologiens ont beau jeu, et si Voltaire s'y réincarne, il court grand risque d'être battu.

L'observation directe d'une part, l'analyse spectrale d'autre part, constatent l'existence d'une atmosphère analogue à celle de Jupiter. On distingue au télescope des bandes formées de nuages, de la nature de nos cirri, qui se disposent en longues traînées dans l'atmosphère saturnienne à cause de la rapidité du mouvement de rotation. La bande équatoriale est la plus permanente, à cause de l'attraction de l'anneau. Cette atmosphère de Saturne est si épaisse d'ailleurs, et si chargée de nuages, que nous ne voyons jamais la surface du sol, pas plus que sur Jupiter, excepté peut-être vers les régions polaires, qui sont ordinairement plus blanches que les zones tempérées et tropicales, peut-être parce qu'elles sont aussi couvertes de neige, et qui sont d'autant plus blanches, alternativement sur chaque pôle, que l'hiver est plus avancé. Mais nous ne distinguons point comme sur Mars le sol géographique, les continents, les mers et les configurations variées qui doivent le diversifier.

L'intensité de la pesanteur à la surface de Saturne surpasse d'un dixième environ celle qui existe ici ; mais la densité des substances y est sept fois plus faible qu'ici, et, de plus, la forme sphéroïdale de la planète prouve que, comme dans Jupiter, comme dans la Terre, cette densité va en s'accroissant de la surface vers le centre, de sorte que les substances extérieures sont d'une légèreté inimaginable. D'un autre côté, si cette atmosphère est aussi profonde qu'elle le paraît, elle doit être à sa base d'une forte densité et d'une énorme pression, et plus lourde que les objets de la surface. C'est là une situation fort étrange.

Or, les observations télescopiques nous invitent à croire, d'autre part, qu'il y a là une quantité de chaleur plus forte que celle qui résulterait de la distance du Soleil, car l'astre du jour vu de Saturne est, comme nous l'avons dit, 90 fois plus petit en surface, et sa chaleur et sa lumière y sont réduites dans la même proportion. L'eau ne devrait pouvoir y subsister qu'à l'état solide de la glace, et la vapeur d'eau ne devrait point pouvoir s'y produire pour former des nuages analogues aux nôtres. Or, on y observe des variations météoriques analogues à celles que nous avons remarquées sur Jupiter, mais moins intenses. Les faits s'ajoutent donc à la théorie pour nous montrer que le monde de Saturne est dans un état de température au moins aussi élevé que le nôtre, sinon davantage.

Mais le caractère le plus bizarre du calendrier saturnien, c'est sans contredit d'être compliqué non seulement du chiffre fabuleux de 25 060 jours par an, mais encore de huit espèces de mois différents dont la durée varie depuis 22 heures jusqu'à 79 jours, c'est-à-dire depuis 2 jours saturniens environ jusqu'à 167. C'est comme si nous avions ici *huit lunes tournant en huit périodes différentes*.

Les habitants d'un tel monde doivent assurément différer étrangement de nous à tous les points de vue. La légèreté spécifique des substances saturniennes et la densité de l'atmosphère auront conduit l'organisation vitale dans une direction extra-terrestre, et les manifestations de la vie s'y seront produites et développées sous des formes inimaginables. Supposer qu'il n'y ait là rien de fixe, que la planète elle-même n'ait pas de squelette, que la surface soit liquide, que les êtres vivants soient gélatineux, en un mot, que tout y soit instable, serait dépasser les limites de l'induction scientifique.

C'est là d'ailleurs un merveilleux séjour d'habitation, et nous ne devons pas nous mettre en peine que la Nature ait su tirer le meilleur parti possible de toutes ces conditions, comme elle l'a fait ici des médiocres conditions terrestres. Séjour merveilleux en vérité! Quelle ne serait pas notre admiration, notre étonnement, notre stupeur peut-être, s'il nous était donné d'être transportés vivants jusque-là, et, parmi tous ces spectacles extra-terrestres, de contempler l'étrange aspect des anneaux qui s'allongent dans le ciel comme un pont suspendu dans les hauteurs du firmament! Supposons-nous habiter l'équateur saturnien lui-même : ces anneaux nous apparaissent comme une ligne mince tracée au-dessus de nos têtes à travers le ciel et passant juste au zénith, s'élevant de l'est en augmentant de largeur, puis descendant vers l'ouest en diminuant selon la perspective. Là seulement nous avons les anneaux précisément au zénith. Le voyageur qui se transporte de l'équateur vers l'un ou l'autre pôle sort du plan des anneaux, et ceux-ci s'abaissent insensiblement, en même temps que leurs deux extrémités cessent de paraître diamétralement opposées pour se rapprocher peu à peu l'une de l'autre. Quel effet prodigieux ne doit pas produire cette arche gigantesque qui s'élance de l'horizon et va se projeter dans les cieux! Le céleste arc de triomphe diminue de hauteur à mesure que nous nous approchons du pôle. Lorsque nous arrivons au 63° degré de latitude, le sommet de l'arc est descendu au niveau de notre horizon, et le merveilleux système disparaît du ciel, de sorte que les habitants de ces régions ne le connaissent pas et se trouvent dans une position moins avantageuse pour étudier leur

propre monde que nous, qui en sommes à plus de trois cents millions de lieues de distance !

Pendant la moitié de l'année saturnienne, les anneaux donnent un
admirable clair de lune sur un hémisphère de la planète, et pendant
l'autre moitié illuminent l'autre hémisphère ; mais il y a toujours une
demi-année sans « clair d'anneau », puisque le soleil n'éclaire qu'une
face à la fois. Malgré leur volume et leur nombre, les satellites ne
donnent pas autant de lumière nocturne qu'on le supposerait, car ils
ne reçoivent, à surface égale, que la 90ᵉ partie de la lumière solaire
que notre lune reçoit. Tous les satellites saturniens qui peuvent être à
la fois au-dessus de l'horizon et aussi voisins que possible de la pleine
phase, n'envoient pas plus de la centième partie de notre lumière
lunaire. Mais le résultat doit être à peu près le même, car le nerf
optique des Saturniens doit être 90 fois plus sensible que le nôtre.

Ce n'est pas encore là toute l'étrangeté d'une telle situation. Ces
anneaux sont si larges, que leur ombre s'étend sur la plus grande
partie des latitudes moyennes. Pendant quinze ans le soleil est au sud
des anneaux et pendant quinze ans il est au nord. Les pays du monde
de Saturne qui ont la latitude de Paris la subissent pendant plus de
cinq ans. Pour l'équateur, cette éclipse est moins longue et ne se renouvelle que tous les quinze ans; mais il y a là, toutes les nuits, pour
ainsi dire, des éclipses des lunes saturniennes par les anneaux et par
elles-mêmes. Pour les régions circompolaires, l'astre du jour n'est
jamais éclipsé par les anneaux ; mais les satellites tournent en spirale
en décrivant des rondes fantastiques, et le soleil lui-même disparaît
pour le pôle pendant une longue nuit de quinze années.

De ce lointain séjour, la Terre est, comme pour Jupiter et plus
encore, un *petit point* lumineux qui ne s'écarte pas à plus de six degrés
du Soleil, c'est-à-dire à environ douze fois la largeur apparente qu'il
nous offre. Elle aura été encore plus difficile à découvrir que de
Jupiter, car elle n'est qu'un point imperceptible, et il est fort douteux
qu'on ait même pu la remarquer lorsqu'elle passe devant le Soleil, ce
qui lui arrive tous les quinze ans; — à moins d'admettre, ce qui est
d'ailleurs possible, que les Saturniens jouissent de facultés visuelles
transcendantes. Quoi qu'il en soit, *cette planète est la dernière* d'où
l'on puisse distinguer notre petit mondicule, et pour le reste de l'univers, pour l'infini tout entier, nous sommes comme si nous n'existions
pas. Il est évident d'ailleurs que si l'on y a découvert notre globe, on
ne songe pas à *nous* pour cela, car ce petit globule y est déclaré par
les Académies saturniennes médiocre, brûlé, désert et inhabitable.

# CHAPITRE VIII

## La planète Uranus.

♅

Vers l'année 1765, il y avait à la chapelle de Bath, en Angleterre, un organiste allemand, né en 1738 dans le duché de Hanovre, et émigré en Angleterre pour gagner sa vie ([1]). Travailleur infatigable, l'étude de la musique l'avait conduit à l'étude des mathématiques et cette dernière à celle de l'optique. Un jour un télescope de deux pieds de longueur lui tombe sous la main; il le dirige vers le ciel, est émerveillé, admire des magnificences dont il ne se doutait pas. Les étoiles fixes croissaient en nombre et présentaient les colorations les plus vives, les planètes acquéraient des dimensions considérables et des formes variées. Son imagination avait souvent rêvé au ciel, mais elle était restée impuissante à se figurer les splendeurs d'un si éblouissant spectacle. Le musicien fut transporté d'enthousiasme.

De ce jour, il n'eut plus de repos qu'il ne fût arrivé à un instrument capable de lui révéler les choses sublimes du ciel. N'ayant pas le moyen de payer les prix que demandait un opticien de Londres pour le lui fournir, il se mit aussitôt à l'œuvre pour en construire un de ses propres mains. Se lançant alors dans une multitude d'essais ingénieux, il arriva, pendant l'année 1774, à pouvoir contempler le ciel avec un télescope newtonien de cinq pieds de foyer, exécuté tout entier de sa main. Encouragé par ce premier succès, le musicien allemand obtint bientôt des télescopes de sept, de huit, de dix et même de vingt pieds de distance focale. Plus tard, il en construisit un véritablement gigan-tesque, de 1$^m$,47 de diamètre et de 12 mètres de longueur, surpassant à lui seul tous les opticiens de l'Europe et tous les astronomes obser-vateurs.

([1]) La principale richesse de son père consistait en ses dix enfants. Ils étaient tous musiciens. Le bisaïeul d'Herschel s'appelait Abraham, son aïeul Isaac et son père Jacob; cependant, ils n'étaient pas israélites, mais protestants très fervents. L'illustre astronome a eu pour fils John Herschel (1792-1871), digne successeur de son père dans les conquêtes du ciel. Son petit-fils, Alexander, suit aussi, d'un peu plus loin, ces nobles traces.

William Herschel découvrant la planète Uranus.

L'ardent astronome était occupé, le 13 mars 1781, à observer avec un télescope de sept pieds et à l'aide d'un grossissement de 227 fois, un petit groupe d'étoiles situé dans la constellation des Gémeaux, lorsqu'il trouva à l'une de ces étoiles un diamètre inusité. Substituant des oculaires grossissant 460 et même 932 fois à celui que le télescope portait d'abord, il vit que le diamètre apparent de l'étoile augmentait toujours dans la proportion du grossissement, tandis qu'il n'en était pas de même des étoiles voisines qui lui servaient de comparaison. Ce petit astre offrait, à l'œil nu, l'aspect d'une étoile de sixième grandeur, c'est-à-dire à peine visible. Les amplifications de la petite étoile avaient cependant une limite, parce qu'au delà d'un certain grossissement, son disque s'obscurcissait et devenait mal terminé sur les bords, ce qui n'arrivait pas pour les autres étoiles; ces dernières conservaient leur éclat et leur netteté.

Ce nouvel astre se déplaçait au milieu des étoiles. On a remarqué avec raison que, s'il avait dirigé son télescope vers la constellation des Gémeaux onze jours plus tôt, c'est-à-dire le 2 mars, au lieu du 13, le mouvement propre du petit astre lui aurait échappé, car il était alors dans un de ses points de station.

Quel pouvait être cet astre nouveau? Il serait bien extraordinaire qu'il existât encore dans le ciel une planète inconnue. Il semble que l'on a depuis longtemps le droit de les considérer comme étant toutes découvertes, et d'affirmer que leur nombre est irrévocablement fixé à six, puisque depuis les temps historiques, et surtout depuis l'invention du télescope, on n'en a pas trouvé de nouvelles [1]. L'auteur de la découverte ne fut pas assez téméraire pour penser que sa petite étoile fût une planète, et quoiqu'elle n'eût ni queue, ni chevelure apparente, il n'hésita pas à la qualifier de *comète*. C'est sous cette désignation qu'il la signala à la Société royale de Londres, dans un mémoire du 26 avril 1781 : *Account of a comet*.

Le nom du musicien astronome se répandit en Europe avec la nouvelle de cette découverte. Les journaux et les recueils scientifiques

[1] Uranus avait déjà été vu 19 fois comme étoile. Il aurait pu être découvert comme planète dès 1690 si les instruments employés lui avaient donné un disque sensible, ou si on l'avait suivi plusieurs jours de suite; et dès 1750, si Lemonnier avait transcrit ses observations sur une même feuille : le mouvement se serait manifesté de lui-même. Dans son *Histoire de l'Astronomie* (1785), Bailly parle de cette découverte qu'il attribue à un *Allemand nommé Hartchell;* il signale l'astre comme une comète, mais en faisant remarquer qu'en France et en Angleterre on commence à croire que c'est plutôt une planète. Pingré, dans sa *Cométographie*, publiée en 1784, classe Uranus sous le titre de *première comète de 1781.* « Cette comète ou planète, dit-il (car il n'est pas encore décidé si elle est l'une ou l'autre) fut découverte en Angleterre par M. Herschel, ASTROPHILE, dit-on, PLUTÔT QU'ASTRONOME. »

de cette époque répétèrent ce nom à l'envi, mais en l'écrivant presque tous d'une façon différente ; ainsi, les Allemands, ses compatriotes, l'orthographiaient, en 1781 : *Merthel, Hersthel, Hermstel*, etc.; les astronomes français l'appelaient *Horochelle*, dans la *Connaissance des Temps* pour 1784. L'homme illustre qui venait de débuter d'une façon si brillante signait son nom *William Herschel*.

A partir de ce jour, la réputation d'Herschel, non plus en qualité de musicien, mais bien en qualité de constructeur de télescopes et d'astronome, fit du bruit dans le monde. Le roi Georges III, qui aimait les sciences et les protégeait, se fit présenter l'astronome; charmé de l'exposé simple et modeste de ses efforts et de ses travaux, il lui assura une pension viagère de 7900 francs et une habitation à Slough, dans le voisinage du château de Windsor. Sa sœur Caroline s'associa à lui comme secrétaire, transcrivit toutes ses observations et fit tous les calculs : le roi lui donna le titre et les appointements d'astronome adjoint. Bientôt l'Observatoire de Slough surpassa en célébrité les principaux observatoires de l'Europe; on peut dire que c'est le lieu du monde où il a été fait le plus de découvertes.

La plupart des astronomes s'attachèrent bientôt à observer le nouvel astre. Ils voulaient que cette « comète » parcourût, comme il arrive ordinairement, une courbe très allongée, et que le sommet de cette orbite arrivât proche du Soleil. Mais tous les calculs faits à cet égard étaient sans cesse à recommencer; on ne parvenait jamais à représenter l'ensemble de ses positions, quoique l'astre marchât avec beaucoup de lenteur : les observations d'un mois renversaient de fond en comble l'édifice du mois précédent.

On fut plusieurs mois sans se douter qu'il s'agissait là d'une véritable planète, et ce n'est qu'après avoir reconnu que toutes les orbites imaginées pour la prétendue comète se trouvaient bientôt contredites par les observations, et qu'il y avait probablement une orbite circulaire, beaucoup plus éloignée du Soleil que Saturne, jusqu'alors frontière du système, que l'on arriva à la regarder comme planète. Encore ne fut-ce d'abord qu'un consentement provisoire.

Il était, en effet, plus difficile qu'on ne pense d'agrandir ainsi sans scrupule la famille du Soleil. Bien des raisons de convenance s'y opposaient. Les idées anciennes sont tyranniques. On était habitué depuis si longtemps à considérer le vieux Saturne comme le gardien des frontières, qu'il fallait un grand effort pour se décider à reculer ces frontières et à les faire garder par un nouveau monde (¹).

(¹) Il en fut pour cela comme pour la découverte des petites planètes situées entre

William Herschel proposa le nom de *Georgium sidus*, l'astre de
Georges ; comme Galilée avait nommé astres de Médicis les satellites
de Jupiter, découverts par lui; comme Horace avait dit : *Julium
sidus*. D'autres proposèrent le nom de *Neptune*, afin de garder le
caractère mythologique et donner au nouvel astre le trident de la
puissance maritime anglaise. *Uranus*, le plus ancien de tous et le père
de Saturne, auquel on devait réparation pour tant de siècles d'oubli.
Lalande proposa le nom d'*Herschel* pour immortaliser le nom de
son auteur. Ces deux dernières dénominations prévalurent. Longtemps la planète porta le nom d'Herschel, mais l'usage s'est déclaré
depuis pour l'appellation mythologique, et Jupiter, Saturne, Uranus,
se succédèrent par ordre de génération : le fils, le père et l'aïeul.

La découverte d'Uranus a porté le rayon du système solaire
de 364 millions à 732 millions de lieues. Pour un pas, il en valait la
peine.

L'éclat apparent de cette planète n'étant que celui d'une étoile de
sixième grandeur, est à peine visible à l'œil nu ; pour la trouver ainsi,
il faut jouir d'une excellente vue, et savoir en quel point du ciel elle
se trouve. C'est ce que plusieurs de nos lecteurs pourront essayer de
faire à l'aide de notre petite carte de la p. 413. Uranus est actuellement dans la constellation du Lion, à gauche, c'est-à-dire à l'est de
Régulus ; elle marche lentement de l'ouest à l'est et n'emploie pas
moins de 84 ans à faire le tour entier du ciel. Par son mouvement
annuel autour du Soleil, la Terre passe entre le Soleil et Uranus tous
les 369 jours, c'est-à-dire tous les ans plus quatre jours, à un jour
près ; voici les dates actuelles de l'opposition :

| | | | | |
|---|---|---|---|---|
| 1879. | . . . . . 20 février. | | 1881 . | . . . . . 1ᵉʳ mars |
| 1880. | . . . . . 25 février. | | 1882. | . . . . . 5 mars. |

C'est donc à ces dates que cette planète passe au méridien à minuit,
et c'est actuellement en février, mars, avril, mai, qu'on peut la chercher le soir dans la constellation du Lion. Le 25 février prochain
elle se trouvera à l'est de l'étoile de 4ᵉ grandeur ρ du Lion, et elle ira
s'en rapprochant jusqu'au 12 mai, c'est-à-dire précisément pendant la
meilleure période d'observation, puis elle reprendra sa marche vers

Mars et Jupiter. Lorsque, deux siècles avant cette découverte, Képler avait imaginé,
pour l'harmonie du monde, une grosse planète en cet intervalle, on lui avait opposé
les considérations les plus frivoles, les plus dénuées de sens. On avait, par exemple,
tenu des raisonnements comme celui-ci : « Il n'y a que sept ouvertures dans la tête,
les deux yeux, les deux oreilles, les deux narines et la bouche; donc il n'y a que sept
planètes, » etc. Des considérations de ce genre et d'autres non moins imaginaires
arrêtèrent souvent les progrès de l'astronomie.

l'est. Une lunette astronomique de moyenne puissance permet de compléter cette observation, qui est d'ailleurs de pure curiosité, car on ne distingue rien dans cette pâle lumière qui gît à sept cent millions de lieues de nous.

Le 5 juin 1872, Jupiter et Uranus se sont rencontrés en perspective dans les champs du ciel, à une fois et demie la largeur de Jupiter seulement. J'avais annoncé cette curieuse rencontre quelques années auparavant, et j'étais doublement intéressé à la vérifier moi-même. Le dessin ci-dessus reproduit l'observation que j'en ai

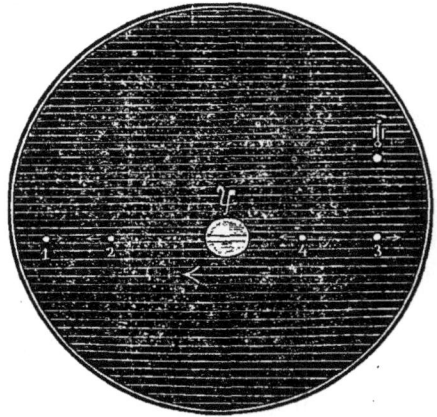

Fig. 249. — Uranus et les satellites de Jupiter le 5 juin 1872.

faite. Le diamètre de Jupiter était de 33″,4, celui d'Uranus de 3″,8, la distance minimum des centres devait avoir lieu à 6ʰ 29ᵐ 53ˢ, à 1′,9″,8, et du bord du disque de Jupiter au bord de celui d'Uranus il ne devait y avoir que 51″,2. Quel rapprochement! Le premier satellite de Jupiter tourne à six fois le demi-diamètre de la planète. A 5 heures et demie, la lumière du jour empêchait l'observation, d'autant plus que le phénomène se passait à l'occident. A 9 heures, Jupiter se présentait admirablement dans le champ de la lunette, accompagné de cinq satellites, dont l'un était Uranus, et paraissait de même grosseur que le plus grand (III$^e$) et un peu plus brillant. Cette observation m'a permis de constater que l'éclat d'Uranus surpasse un peu celui du plus brillant satellite de Jupiter (le III$^e$) et que sa grandeur doit être notée $= 5,7$.

L'orbite d'Uranus autour du Soleil est tracée à la distance moyenne de 710 millions de lieues de l'astre central, à 19 fois environ (19,18) celle à laquelle gravite la Terre. Cette orbite elliptique a pour excentricité la proportion 0,0463, de sorte que sa distance varie comme il suit :

|  | Géométrique. | En kilomètres. | En lieues. |
|---|---|---|---|
| Distance périhélie. . . . . . . | 18,295 | 2 700 000 000 | 675 000 000 |
| Distance moyenne. . . . . . . | 19,183 | 2 840 000 000 | 710 000 000 |
| Distance aphélie. . . . . . . . | 22,071 | 2 968 000 000 | 742 000 000 |

Ainsi cette planète est de 67 millions de lieues plus proche du Soleil à son périhélie qu'à son aphélie. Sa distance minimum à la Terre aux époques de ses oppositions varie dans le même rapport, de 638 à 705 millions de lieues. Le périhélie d'Uranus arrive à 171° de l'équinoxe ; la planète y passera prochainement, en 1883 ; elle y est passée en 1799 et n'y reviendra qu'en 1967. Son orbite gît presque exactement dans le plan de l'écliptique. La durée de sa période, calculée récemment sur l'ensemble de toutes les observations faites depuis sa découverte, est de 30688 jours, ou 84$^{ans}$,022, ou 84 ans 8 jours : elle est de deux jours plus longue qu'on ne le pensait il y a quelques années encore. La planète d'Herschel est revenue le 21 mars 1865 au point du ciel où elle fut découverte le 13 mars 1781.

Le calendrier de ce monde lointain doit, selon toute probabilité, compter soixante mille' jours par an, si l'on en juge par la vitesse de rotation des grosses et légères planètes extérieures sur lesquelles on a déjà pu observer ce mouvement. L'exiguïté du disque d'Uranus n'a pas encore permis d'y découvrir des taches favorisant cette observation ; toutefois, on a un indice de la vitesse probable de la rotation de ce globe par celle de ses satellites : elle doit être de 11 heures environ.

Le diamètre d'Uranus mesure 4″. En le combinant avec la distance, on trouve qu'il correspond à une ligne de 13400 lieues, c'est-à-dire plus de quatre fois supérieure au diamètre de notre globe. Il en résulte que le volume de cette planète est 74 fois plus gros que celui de la Terre. C'est la moins volumineuse des quatres planètes extérieures; mais elle est encore beaucoup plus grosse à elle seule que les quatre planètes intérieures (Mercure, Vénus, la Terre et Mars) réunies. On a pu déterminer sa masse d'après les principes exposés plus haut par la vitesse de ses satellites autour de lui et par son influence sur Neptune, et l'on a trouvé qu'elle pèse quinze fois plus que notre planète. Il en résulte que la matière qui le compose est beaucoup plus légère que celle de notre monde : sa densité n'est que le cinquième de la nôtre.

L'atmosphère d'Uranus a été constatée par l'analyse spectrale. Elle diffère de la nôtre par ses facultés d'absorption, ressemble plus à celles de Saturne et de Jupiter qu'à celle que nous respirons, et renferme des gaz *qui n'existent pas sur notre planète.*

Ce monde lointain marche dans le ciel accompagné d'un système de quatre satellites, dont voici les éléments :

| | DISTANCE | | DURÉE DES RÉVOLUTIONS | | | |
|---|---|---|---|---|---|---|
| I. Ariel . . . . . | 7,44 rayons ♁, ou | 49000 lieues | 2j | 12h29m | | 21s |
| II. Umbriel . . . . | 10,37 | 69000 | 4 | 3 | 28 | 7 |
| III. Titania . . . . . | 17,01 | 112500 | 8 | 16 | 56 | 26 |
| IV. Obéron . . . . . | 22,75 | 150000 | 13 | 11 | 6 | 55 |

Ce qui donne aux Uraniens quatre espèces de mois de deux, quatre, huit et treize jours, sans préjudice des autres satellites que nous pouvons ne pas encore avoir découverts.

Il y a ici une particularité surprenante : les satellites d'Uranus ne tournent pas commme les autres. Que nous considérions la Terre, Jupiter, Saturne ou Neptune, leurs lunes tournent de l'ouest à l'est, dans le plan des équateurs de ces planètes ou à peu près, et ce plan ne fait pas un angle considérable avec celui de leurs orbites

Fig. 250 — Le système d'Uranus.

autour du Soleil. Les satellites d'Uranus tournent au contraire de l'est à l'ouest, et dans un plan presque perpendiculaire à celui dans lequel la planète se meut. Nous pouvons en conclure que l'axe de rotation d'Uranus est presque couché sur le plan de son orbite, et que le soleil tourne en apparence dans le ciel uranien d'occident en orient, au lieu de tourner d'orient en occident. On pourrait presque dire que c'est là un monde renversé. Mais il y a plus. L'équateur de ce singulier globe étant incliné de 76°, le soleil uranien s'éloigne pendant le cours de sa longue année jusqu'à cette même latitude : c'est comme si notre soleil abandonnait le ciel étonné de l'Afrique centrale et des tropiques pour s'en aller planer sur la Sibérie, ou comme si, à Paris, nous voyions en été l'astre du jour tourner autour du pôle, sans se coucher même à minuit, pendant un été de 21 ans, et rester invisible en hiver, pendant 21 ans aussi... Les saisons y sont encore incomparablement plus étranges que celles que nous avons remarquées sur Vénus.

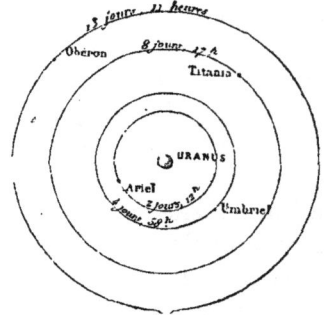

Vu d'Uranus, l'univers étoilé est le même que vu d'ici, mais il n'en est pas de même du système solaire. Mercure et Vénus y sont absolument inconnus, et nous pouvons, malgré les regrets qu'une telle conclusion peut nous causer, en dire autant de la Terre. En effet, notre minuscule planète, outre qu'elle est tout à fait invisible par sa petitesse, est de plus perdue dans le rayonnement du Soleil, dont elle ne s'éloigne pas à plus de 3 degrés. Ainsi, pour les habitants de ce monde, nous n'existons pas, la Terre elle-même tout entière *n'existe pas*, et c'est fini pour tout le reste de l'Univers. — Mars et Jupiter lui-même y sont invisibles; Saturne y paraît comme une faible étoile du matin et du soir; Neptune comme une faible étoile de nuit.

A cette distance, « l'astre du jour » offre un diamètre 19 fois plus petit que celui qu'il nous présente, et une surface 368 fois (19,18 × 19,18) moins étendue. Ainsi ce monde reçoit du Soleil 368 fois moins de lumière et de chaleur que nous : à en juger d'après nos impressions terrestres, ce serait là un désert de glaces auprès duquel les solitudes polaires ou les neiges et les bourrasques du Mont blanc seraient un Sénégal et un Sahara. Le diamètre du soleil uranien mesure 1′40″; mais sa lumière éclaire comme 1584 pleines-lunes. Notre fig. 251 montre la grandeur comparée du Soleil vu des différentes planètes. On voit qu'en arrivant dans les régions lointaines d'Uranus et de Neptune, l'astre diurne est réduit à des dimensions qui ne nous inviteraient guère à transporter nos pénates en ces latitudes boréales.

Mais devons-nous juger de l'univers infini par l'aspect particulier de notre petite île flottante? Nous avons généralement le défaut de considérer comme radicalement inhabitables des régions où des êtres de notre espèce ne pourraient habiter : c'est avoir une bien triste opinion de la puissance de la nature, qui aurait eu la faculté de constituer des globes énormes à des distances incommensurables, et qui n'aurait pas celle d'y organiser des êtres appropriés. Si nous jugeons de la température des planètes éloignées avec notre manière d'envisager les choses, nous n'hésiterons pas un instant à les déclarer à jamais inhabitées en raison du froid excessif qui doit y régner. Nous ne pouvons nous figurer qu'il puisse exister des hommes qui n'aient pas la même conformation et les mêmes besoins que nous.

La population des mondes dépend de tant de causes différentes qu'il serait puéril de se demander même si un monde immense est plus peuplé qu'un monde minuscule. Sur la Terre, la population humaine s'accroît constamment sur l'ensemble du globe, quoique décroissant sur plusieurs points; notre planète pourrait facilement nourrir dix fois plus d'humains qu'elle n'en porte; quatorze milliards y vivraient sans plus de peine que quatorze cents millions (¹).

Les conditions de la vie sur ces planètes ne paraissent pourtant pas, néanmoins, plus différentes de celles de la Terre, que la condition de l'animal terrestre ne diffère de celle du poisson. « Les habitants de Saturne, disait déjà Huygens en son temps, n'ont pas plus à se plain-

---

(¹) La proportion d'accroissement de chaque famille subit des fluctuations considérables. Un grand nombre de familles s'éteignent absolument. D'autres se développent comme le feuillage d'un chêne. Le plus curieux exemple de fécondité humaine dont les annales de l'anthropologie fassent mention est celui qui est rapporté par Derham, d'une femme anglaise qui mourut à l'âge de 93 ans, ayant eu *douze cent cinquante-huit* enfants, petits-enfants ou arrière petits-enfants!

dre que les hibous et les chauves-souris du peu de lumière qu'ils reçoi-

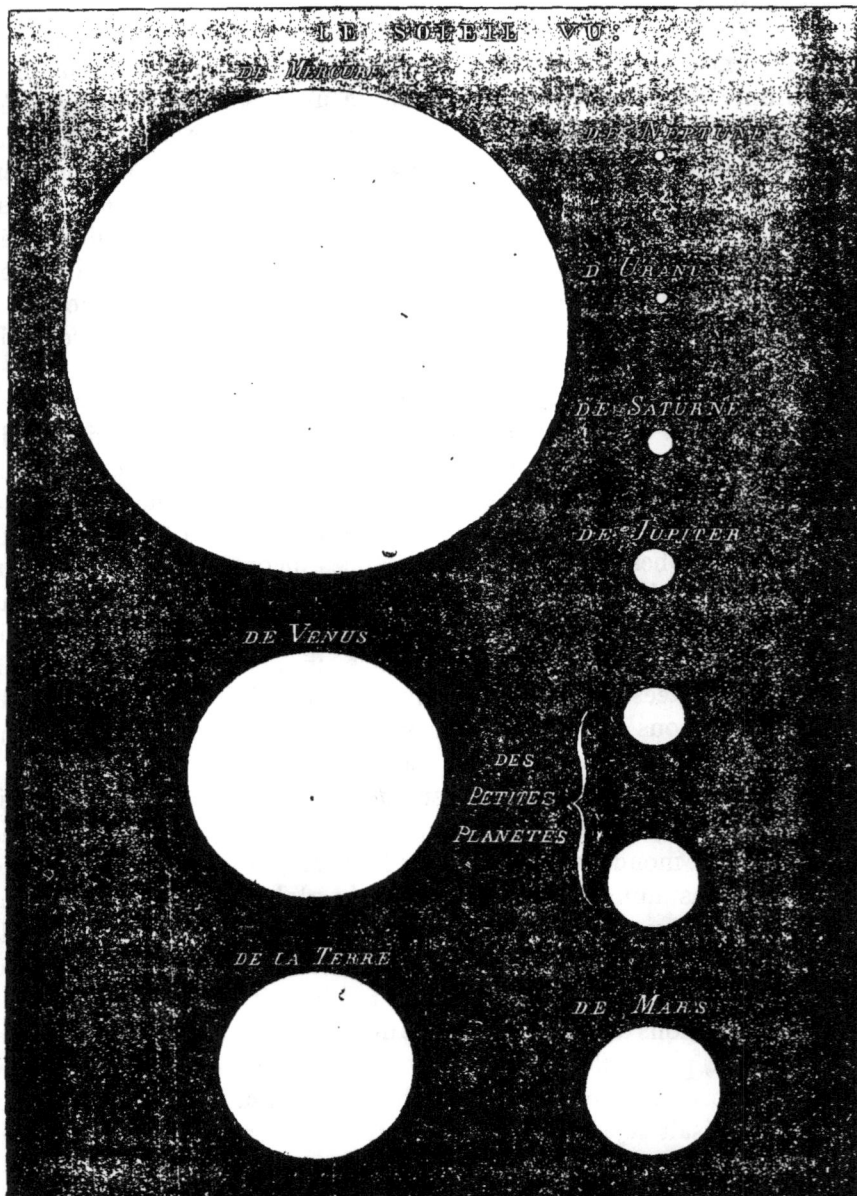

Fig. 251. — Grandeur comparée du Soleil vu des différentes planètes.

vent du Soleil, car il leur est plus avantageux et plus agréable de jouir de la lumière du crépuscule ou de celle qui reste pendant la nuit, que de celle qui nous éclaire pendant le jour. »

Toujours si ingénieux dans la détermination des conditions de l'existence des mondes planétaires, Fontenelle exprime sur Saturne des considérations que nous pourrions appliquer à Uranus : « Nous serions bien étonnés, dit-il, si nous étions dans le monde de Saturne, de voir sur nos têtes, pendant la nuit, ce grand anneau qui irait en demi-cercle d'un bout à l'autre de l'horizon, et qui, nous renvoyant la lumière, ferait l'effet d'une lune continue !... Néanmoins, ces gens sont assez misérables, même avec le secours de l'anneau. Il leur donne la lumière, mais quelle lumière, dans l'éloignement où il est du soleil ! Le soleil même, qu'ils voient cent fois plus petit que nous ne le voyons, n'est pour eux qu'une petite étoile blanche et pâle, qui n'a qu'un éclat et qu'une chaleur bien faibles ; et si vous les mettiez dans nos pays les plus froids, dans le Groënland ou dans la Laponie, vous les verriez suer à grosses gouttes et expirer de chaud. S'ils avaient de l'eau, ce ne serait point de l'eau pour eux, mais une pierre polie, un marbre ; et l'esprit de vin, qui ne gèle jamais ici, serait dur comme nos diamants. »

Après avoir taxé de folie, à force de vivacité, les hommes de Mercure, en raison de leur proximité du Soleil, Fontenelle traite de flegmatiques ceux de Saturne par la raison contraire : « Ce sont des gens, dit-il, qui ne savent ce que c'est que de rire, qui prennent toujours un jour pour répondre à la moindre question qu'on leur fait, et qui eussent trouvé Caton d'Utique trop badin et trop folâtre. »

. Sans rien préjuger du caractère des Uraniens, l'étude de la nature et de la variété de ses manifestations nous convainc absolument que l'éloignement du Soleil ne peut pas être un obstacle absolu à la manifestation de la vie. Les nouveaux mondes découverts par le télescope dans les profondeurs infinies ont coïncidé avec les découvertes grandissantes du microscope dans un univers invisible pour nos yeux, quoique présent tout autour de nous. L'air que nous respirons est rempli de germes, et nos poumons absorbent constamment une quantité prodigieuse d'êtres et de débris végétaux et animaux. Ouvrons la bouche, respirons ; que dis-je ? au contraire, respirons à peine ; car, malgré toutes les précautions possibles pour ne respirer que l'air le plus pur, nous avalons sans cesse à notre insu des corpuscules innombrables en suspension dans l'air, spores de cryptogames, grains de pollen, ferments, vibrions, bactéries, œufs, cellules organisées, microbes variés, corps vivants et cadavres en débris, dont on a compté jusqu'à 24 000 par mètre cube, et dont la *fig.* 252, due aux analyses de M. Miquel, peut donner une idée : Ces êtres microscopiques sont grossis ici 500 fois en diamètre ; plusieurs de leurs formes sont fort curieuses : qui sait ! peut-être sont-ils à leur tour le réceptacle d'êtres infiniment petits relativement à eux-mêmes. Où s'arrête la vie ? Et ces êtres ne sont point insignifiants : ce sont eux qui nous gouvernent par la route de notre propre organisme ; la plupart des maladies qui désolent le genre humain viennent de ces minuscules

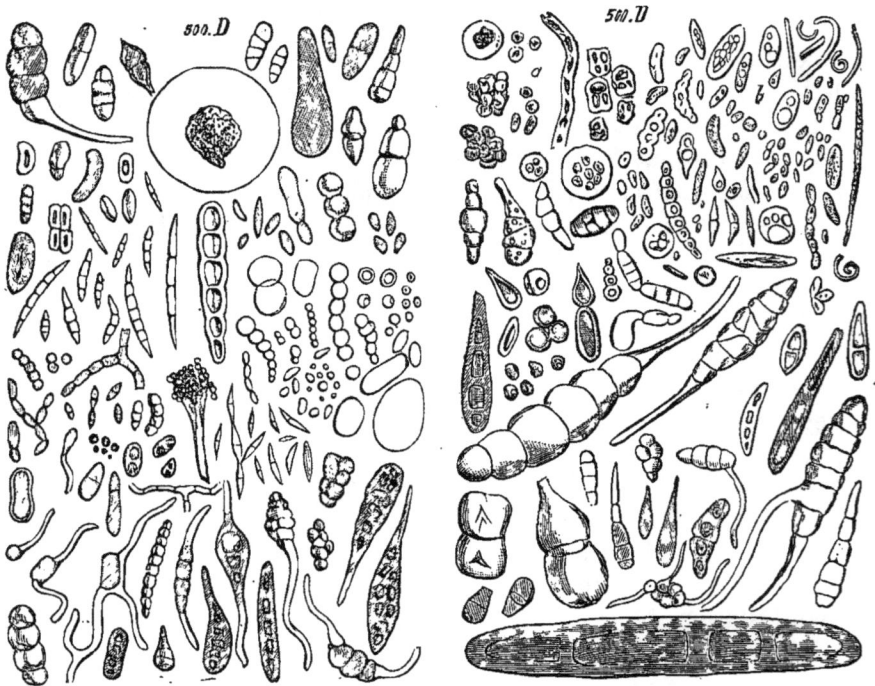

Fig. 252. — Ce que nous respirons : animaux et végétaux microscopiques flottant dans l'air

causes ; une épidémie physique, comme la peste ou le choléra, qui couche cent mille hommes dans la fosse, ne paraît pas avoir d'autre cause ; une épidémie morale qui, comme la dernière guerre, plonge le deuil dans deux cent mille familles, coûte dix milliards et renverse l'équilibre de tous les intérêts, n'a souvent d'autre cause qu'une nuit d'insomnie, quelques heures de fièvre d'une chef d'État ou d'une souveraine, causées par ces petits bataillons invisibles. La vie mange la vie, et elle mange aussi la mort ; elle est partout, se répand partout, apparaît partout, s'installe partout. Prenez une goutte d'eau saumàtre, dont l'aspect comme le goût vous répugnent, et laissez-la tomber au foyer du microscope solaire, soudain l'écran sur lequel vous projetez l'image d'une microscopique partie de cette goutte d'eau vous apparaît peuplé d'une population grouillante qui, par bonds et par sauts multipliés, transforme le champ de la vision stupéfaite en un monde immense et plein de vie.... Une goutte de vinaigre

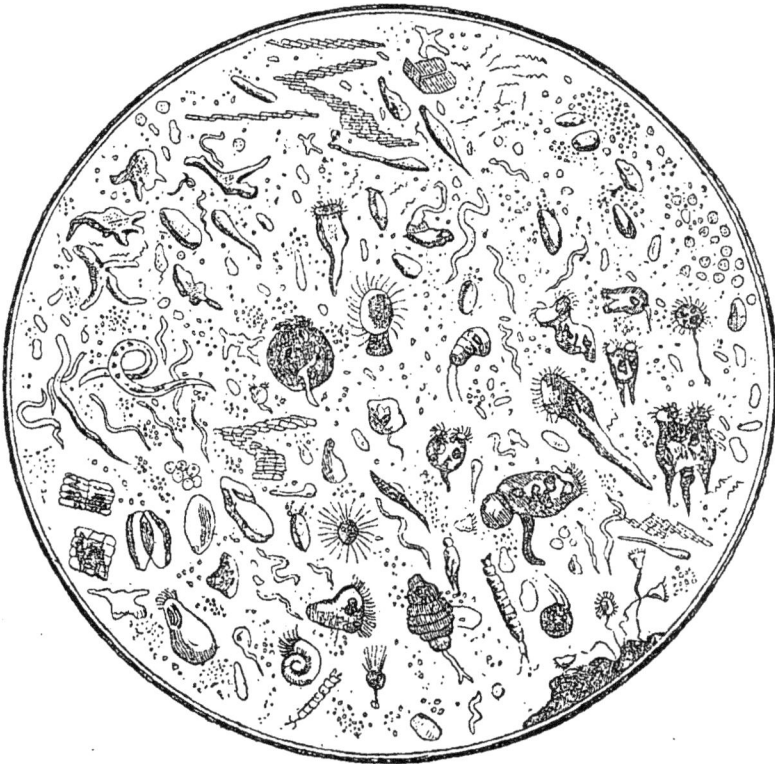

Fig. 253. — Population d'une goutte d'eau.

fait jaillir des anguilles bondissantes; une miette de fromage montre une planète couverte d'habitants plus gros qu'elle... Mais arrêtons-nous, toutes les vérités ne sont pas agréables, et il n'est pas un de nos lecteurs qui, connaissant de près ou de loin les révélations du microscope, ne les ait appliquées déjà à compléter celles du télescope, et ne soit convaincu que la diversité qui distingue Uranus et Neptune de Vénus et de la Terre n'empêche pas la puissance de la nature de s'y être manifestée avec profusion.

# CHAPITRE IX

## La planète Neptune et les frontières du domaine solaire.

☿

On a dit avec raison que les travaux de l'astronomie sont ceux qui donnent la plus haute mesure des facultés de l'esprit humain. La découverte de Neptune, due à la seule puissance des nombres, est l'un des plus éloquents témoignages de cette vérité. L'existence de cette planète dans le ciel a été révélée par les mathématiques. Ce monde, éloigné à plus d'un milliard de lieues de notre station terrestre, est absolument invisible à l'œil nu. Les perturbations manifestées par le mouvement de la planète Uranus ont permis de dire au mathématicien : la cause de ces perturbations est une planète inconnue, qui gravite au delà d'Uranus, vers telle distance, et qui, pour produire l'effet observé, doit se trouver actuellement en tel point du ciel étoilé. On dirige une lunette vers le point indiqué, on cherche l'inconnue, et, en moins d'une heure, on l'y trouve !

Si les planètes n'obéissaient qu'à l'action du Soleil, elles décriraient autour de lui les orbites elliptiques que nous avons étudiées au chapitre 1ᵉʳ du *Soleil*. Mais elles agissent les unes sur les autres, elles agissent également sur l'astre central, et de ces attractions diverses résultent des perturbations.

Les astronomes construisent d'avance les tables des positions des planètes dans le ciel, afin de savoir où elles seront et de les observer selon l'intérêt présenté par leurs situations, soit au point de vue de leur constitution physique, soit pour vérifier leurs mouvements, soit pour les applications nombreuses de l'astronomie à la géographie et à la navigation. Un astronome de Paris, Bouvard, calculant, en 1820, les tables de Jupiter, Saturne et Uranus, constata que les positions théoriques données par ses tables s'accordaient parfaitement avec les observations modernes pour les deux premières planètes, tandis que pour Uranus il y avait des différences inexplicables. Depuis 1820 jusqu'en 1845, ces différences frappant tous les astronomes, plusieurs (Bouvard lui-même, Mädler, Bessel, Valz, Arago) émirent l'opinion

que ces perturbations devaient provenir d'une planète inconnue, et
Bessel lui-même commençait la recherche mathématique quand il fut
frappé de la maladie qui devait l'emporter au tombeau. Cependant, la
différence entre les positions calculées d'Uranus et les positions observées allait toujours en croissant : elle était de 20″ en 1830, de
90″ en 1840, de 120″ en 1844, de 128″ en 1846. Pour un homme du
monde, un artiste ou un négociant, c'eût été là, dans les affaires qui
l'intéressent, une différence si faible qu'elle ne l'eût pas frappé : ce
n'est pas un comma en musique, et s'il y eût eu dans le ciel deux étoiles
contiguës qui se fussent ainsi
écartées l'une de l'autre, il eût
fallu une excellente vue pour les
séparer nettement. Mais, pour
un astronome, une telle divergence devenait tout à fait into-
lérable et une véritable cause
d'insomnie.

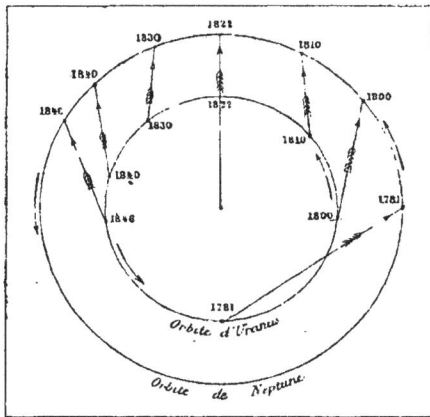

Fig. 254. — Dérangements d'Uranus par Neptune.

On se rendra compte très facilement de l'action troublante
de la planète extérieure à Uranus
sur les positions de celles-ci par
l'examen de la petite *fig.* 254, qui
montre les positions des deux
planètes depuis la découverte
d'Uranus jusqu'à celle de Neptune. On voit que de 1781 à 1822,
l'influence de Neptune tend à tirer Uranus en avant, c'est-à-dire à
accélérer son mouvement, tandis que de 1822 à 1846, au contraire, elle
reste en retard et tend à la faire retarder en diminuant sa longitude.

Ce problème était à l'ordre du jour, et Arago, toujours à l'avant-
garde du progrès, conseilla à un jeune et habile calculateur, étranger
à l'Observatoire de Paris, au jeune mathématicien Le Verrier, de résoudre ce magnifique problème. Déjà accoutumé aux difficultés du
calcul des perturbations par ses recherches sur les comètes, le jeune
savant se mit à l'œuvre immédiatement. Il commença par vérifier les
tables de Bouvard, dans lesquelles il corrigea plusieurs erreurs ; mais
ces erreurs ne rendaient pas compte de la différence trouvée. Recom-
mençant tout le calcul des perturbations de Saturne sur Uranus, il y
ajouta celles de Jupiter, recalcula l'orbite d'Uranus d'après les 19 observations anciennes des positions de la planète observée comme
étoile avant 1781 et les 179 observations faites de 1781 à 1845, et vérifia

que l'écart entre les positions observées et les positions calculées ne pourrait pas être expliqué par les perturbations de Saturne et de Jupiter. « J'ai démontré, dit-il, qu'il y a incompatibilité formelle entre les observations d'Uranus et l'hypothèse que cette planète ne serait soumise qu'aux actions du Soleil et des autres planètes agissant conformément au principe de la gravitation universelle. On ne parviendra jamais, dans cette hypothèse, à représenter les mouvements observés. » En présence de cette incompatibilité bien démontrée, Le Verrier ne doute pas un seul instant de l'exactitude de la loi de la gravitation universelle ; il rappelle qu'à plusieurs reprises, pour expliquer des inégalités dont on n'avait pu se rendre compte, on s'en est pris à cette loi, qui est toujours sortie victorieuse après un examen plus approfondi des faits. Il aborde hardiment l'hypothèse d'une planète agissant d'une manière continue sur Uranus, et changeant son mouvement d'une manière très lente. Le fait de l'existence d'une planète extérieure étant désormais certain, il suppose, d'après la série de Titius exposée plus haut (p. 275), que cette planète doit être à la distance 36 et par conséquent graviter en 217 années autour du Soleil, et, dans cette hypothèse, il calcule quelles positions elle a dû avoir dans le ciel, derrière Uranus, pour produire par son attraction les écarts observés, et quelle doit être sa masse pour expliquer la grandeur de la déviation. Il recommence alors le calcul de l'orbite d'Uranus en tenant compte des perturbations ainsi produites par la planète troublante, et trouve que toutes les positions s'accordent avec la théorie (les plus grandes différences entre les positions observées et les positions calculées ne dépassaient pas 5″,4). Dès lors, le problème était résolu ; le 31 août 1846, Le Verrier annonça à l'Académie des sciences que la planète devait se trouver à la longitude 326°, ce qui la plaçait à 5° à l'est de l'étoile δ du Capricorne.

Le 18 septembre, il écrivit au docteur Galle, de l'Observatoire de Berlin, où l'on construisait des cartes d'étoiles de la zone de l'écliptique, pour le prier de chercher la planète. Cet astronome reçut la lettre le 23 ; il faisait beau ce soir-là ; il dirigea sa lunette vers le point indiqué et aperçut une étoile qui n'était pas sur la carte et qui offrait un disque planétaire sensible : sa position dans le ciel était 327°24′ ; le calcul avait indiqué 326°32′ ; la longitude avait donc été précisée, à moins de 1 degré près !

Voilà l'histoire de la découverte de Neptune dans sa simple grandeur. Elle remet en mémoire la belle apostrophe du poète Schiller qui, représentant Christophe Colomb voguant à la découverte d'un nouvel

hémisphère, lui dit : « Poursuis ton vol vers l'ouest, hardi naviga-
teur; la terre que tu cherches s'élèverait, quand même elle n'existe-
rait pas, du fond des eaux à ta rencontre ; car la nature est d'intelligence avec le génie. » Il y a là, sous la forme d'une grande image et
d'une orgueilleuse exagération, l'expression d'une des conditions les
plus réelles du vrai génie dans les sciences, à qui les découvertes n'arrivent point par un hasard, mais qui va au-devant d'elles par une sorte
de pressentiment. Cette découverte est splendide et de premier ordre
au point de vue philosophique, car elle prouve la sûreté et la précision
des données de l'astronomie moderne. Considérée au point de vue de
l'astronomie pratique, elle n'était qu'un simple exercice de calcul,
et les plus éminents astronomes n'y voyaient rien autre chose ! Ce
n'est qu'après sa vérification, sa démonstration publique, ce n'est
qu'après la découverte visuelle de Neptune qu'ils eurent les yeux ou-
verts et sentirent un instant le vertige de l'infini devant l'horizon révélé par la perspective neptunienne. L'auteur du calcul lui-même, le
transcendant mathématicien, ne se donna même pas la peine de prendre une lunette et de regarder dans le ciel si la planète y était réellement ! Je crois même qu'il ne l'a jamais vue.... Pour lui, du reste, déjà,
et toujours, jusqu'à la fin de sa vie, l'astronomie était tout entière
enfermée dans les formules : les astres n'étaient que des centres de
force. Bien souvent je lui soumis les doutes d'une âme inquiète sur
les grands problèmes de l'infini, je lui demandai s'il pensait que les
autres planètes fussent habitées comme la nôtre, quelles pouvaient
être notamment les étranges conditions vitales d'un monde éloigné
du Soleil à la distance de Neptune, quel devait être le cortège des
innombrables soleils répandus dans l'immensité, quelles étonnantes
lumières colorées les étoiles doubles doivent verser sur les planètes
inconnues qui gravitent en ces lointains systèmes : ses réponses m'ont
toujours montré que pour lui ces questions n'avaient aucun intérêt,
et que la connaissance essentielle de l'univers consistait pour lui en
équations, en formules, en séries de logarithmes, ayant pour objet la
théorie mathématique des vitesses et des forces.

Mais il n'en est pas moins surprenant qu'il n'ait pas eu la *curiosité*
de vérifier lui-même la position de sa planète, ce qui eût été facile,
même sans carte, puisqu'elle offrait un disque planétaire, et ce qui
eût pu d'ailleurs se faire à l'aide d'une carte, puisqu'il suffisait de demander ces cartes à l'Observatoire de Berlin, où elles venaient d'être
terminées et *publiées*. Il n'est pas moins surprenant, qu'Arago, qui
était plus physicien que mathématicien, plus naturaliste que calcula-

Le Verrier découvrant la planète Neptune.

teur, et dont l'esprit avait un caractère synthétique si remarquable, n'ait pas dirigé lui-même vers ce point du ciel une des lunettes de l'Observatoire et qu'aucun astronome français n'ait eu cette idée. Mais ce qui va nous surprendre encore davantage, c'est de savoir que, *près d'un an auparavant*, en octobre 1845, un jeune étudiant de l'uni· versité de Cambridge, M. Adams, avait cherché la solution du *même* problème, obtenu les *mêmes* résultats, et communiqué ces résultats au directeur de l'Observatoire de Greenwich, sans que l'astronome auquel ces résultats étaient confiés en eût rien dit et sans qu'il eût, lui aussi, cherché dans le ciel la vérification optique de la solution de son compatriote !

Nous avons dit tout à l'heure que l'on avait supposé la mystérieuse planète troublante placée à la distance 36, comme la série de Titius l'indiquait. Mais en réalité elle est beaucoup plus proche. Les éléments théoriques de Le Verrier ne sont donc pas ceux de Neptune, comme on peut s'en assurer :

| | Éléments de Le Verrier | Éléments réels |
|---|---|---|
| Distance au Soleil. . . . . . . . . . . | 36,154 | 30,055 |
| Durée de la révolution. . . . . . . . . | 217 ans 140 jours | 164 ans 281 jours |
| Excentricité de l'orbite. . . . . . . . | 0,10761 | 0,00896 |
| Longitude du périhélie . . . . . . . . | 284°45′ | 46°0′ |
| Masse comparée à celle du Soleil. . . . | $\frac{1}{9300}$ | $\frac{1}{17500}$ |

Ces deux séries d'éléments sont aussi différentes l'une de l'autre que s'il s'agissait de deux planètes n'ayant aucun rapport entre elles. De- vrions-nous donc croire que Le Verrier n'a pas découvert Neptune ? Non, assurément. La cause principale de la différence provient de la distance 36, au lieu de la distance 30; mais, dans ce problème comme dans beaucoup d'autres où il y a plusieurs inconnues, il y a plusieurs solutions de possibles. Il fallait ou supposer une distance et calculer la masse, ou supposer une masse et calculer la distance. Plus la planète était supposée éloignée, plus forte devait être la masse troublante, et réciproquement. Le problème n'en est pas moins résolu, car, comme nous le remarquions tout à l'heure, ce n'était là qu'un problème ma- thématique, et c'est la conséquence de sa vérification qui est immense pour le penseur. Mais alors, dira-t-on, comment se fait-il qu'avec une pareille divergence entre ses résultats et la réalité, il soit tombé juste si près de la position réelle occupée par l'astre cherché ? C'est que cette *position* était relativement indépendante de l'orbite calculée. En effet, il suffit de considérer la *fig.* 254 pour constater que, quelle que soit cette orbite, quelle que soit la distance et quelle que soit la masse de Neptune, cette planète était en 1822 juste derrière Uranus,

qu'elle était en avant de 1781 à 1822, et que de 1822 à 1845 elle
était en arrière; l'accélération et le ralentissement du mouvement
d'Uranus indiquaient cette position. L'analyse des perturbations
donnait donc la longitude avec une approximation inévitable.

Arago eût désiré donner à cette planète le nom du savant mathématicien qui l'avait découverte « au bout de sa plume » ; mais les souvenirs mythologiques l'emportèrent cette fois comme ils l'avaient fait
pour la planète d'Herschel, et le nom de Neptune, fils de Saturne, dieu
des mers, déjà proposé pour Uranus, fut donné d'un commun accord
à l'astre de Le Verrier (¹).

Neptune offre l'aspect d'une étoile de 8ᵉ grandeur. Une lunette
astronomique de moyenne puissance suffit pour la trouver quand on
sait où elle est. Un grossissement de 300 fois lui donne un disque sensible. Ce disque ne mesure que 3 secondes de diamètre et paraît dans
les puissants télescopes légèrement teinté de bleu. Lalande l'avait
observé comme étoile les 8 et 10 mai 1795 et Lamont le 25 octobre 1845 ; Lalande avait même remarqué une différence entre ses
deux positions, mais, l'attribuant à une erreur, il avait supprimé la
première : s'il avait pensé à suivre l'étoile, il découvrait Neptune un
demi-siècle avant Le Verrier... Avec des *si* on irait dans la Lune.

D'après les derniers éléments calculés, la distance réelle de Neptune au Soleil est de 30,055, celle de la Terre étant prise pour unité,
c'est-à-dire de 1112 millions de lieues. Le diamètre de cette orbite est
donc de 2224 millions de lieues, et la circonférence entière mesure
2224 × 3,1416 (²), ou 6987 millions de lieues. Ce sont donc 27 milliards 947 millions 674 000 kilomètres parcourus en 60151 jours, ce
qui fait une vitesse de 464 400 kilomètres par jour, ou 19 350 par
heure, 322 par minute ou 5370 mètres par seconde. C'est, naturellement, la plus faible des vitesses planétaires que nous connaissions,
puisque cette planète est la plus éloignée du Soleil.

Cette lointaine planète se trouve actuellement dans la constellation

(¹) Le Verrier a succédé en 1854 à François Arago comme directeur de l'Observatoire de Paris, où il est mort le 23 septembre 1877, jour anniversaire de la date de la
découverte optique de Neptune et deux mois seulement après avoir achevé la théorie complète des mouvements planétaires, dans laquelle la théorie du mouvement
d'Uranus l'avait engagé en 1845.

(²) Chacun sait que pour trouver la longueur de la circonférence d'un cercle dont
on connaît le diamètre, il suffit de multiplier ce diamètre par le nombre 3,1416, et
réciproquement. Ce nombre est le rapport de la circonférence au diamètre et est désigné par la lettre π en géométrie. Il est incommensurable et prouve que la quadrature du cercle est une chimère. On peut lui donner autant de décimales qu'on veut :
il n'est jamais fini. Le voici avec ses *premières* décimales :

3,14159265358979323846264338327950288419716939937510582097494459230781640628.6....

du Bélier, comme on l'a vu (*fig.* 181) et passe actuellement au méridien à minuit le 5 novembre, retardant seulement chaque année de deux jours, et mettant plus d'un siècle et demi pour faire le tour du ciel. La lente et longue révolution de Neptune autour du Soleil demande 60 181 de nos jours pour s'accomplir, c'est-à-dire *cent soixante-quatre ans et deux cent quatre-vingt-un jours* : telle est l'année des Neptuniens.

Le diamètre réel de Neptune est quatre fois plus grand que celui de la Terre (4,4), et son volume 85 fois supérieur au nôtre. Sa densité n'est guère que le cinquième de la nôtre ($=0,216$), mais la pesanteur à sa surface est presque identique à la pesanteur terrestre ($=0,95$).

Nous ne connaissons pas encore la durée de la rotation diurne de

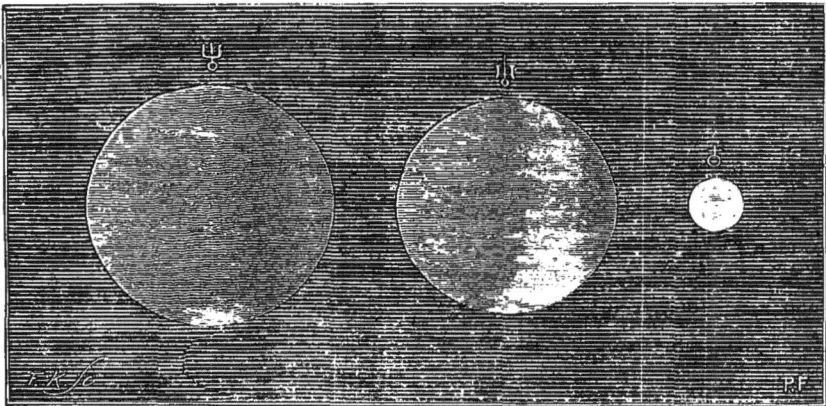

Fig. 256. — Grandeur comparée de Neptune, d'Uranus et de la Terre.

cette planète lointaine ; elle doit être très rapide, comme celles de Jupiter, Saturne et Uranus. Il faudra encore de grands perfectionnements à l'optique pour parvenir à grossir ce disque pâle de manière à découvrir les aspects de sa surface décelant son mouvement de rotation.

L'analyse spectrale est parvenue toutefois, malgré la faiblesse de la lumière de Neptune, à constater l'existence certaine d'une atmosphère absorbante dans laquelle se trouvent des gaz qui n'existent pas sur la Terre, et offrant une remarquable similitude de composition chimique avec l'atmosphère d'Uranus.

A cette distance du Soleil, l'astre du jour, s'il peut encore porter ce titre, est réduit de 30 fois en diamètre, de 900 fois en surface et en intensité lumineuse et calorifique ; il ne mesure plus que 64″ de dia-

mètre. Qu'est-ce que cette lumière et que cette chaleur ? Sans doute
ce n'est pas tout à fait une étoile, car le diamètre de la plus brillante
étoile, de Sirius, n'est même pas de un centième de seconde, et par
conséquent le soleil neptunien brille encore comme plus de quarante
millions d'étoiles de première grandeur. Mais sortir de la Terre pour
aller sur Neptune, c'est quitter la chaleur et la lumière pour pénétrer
dans les glaces et les ténèbres. Est-ce à dire pour cela que ce monde
soit condamné à rester éternellement à l'état de désert stérile et inha-
bité ? La nature elle-même se charge de répondre qu'une telle suppo-
sition serait entièrement contraire à ses actes et à ses vues. Les natu-
ralistes myopes qui croyaient tout connaître il y a dix ans enseignaient
doctoralement qu'une pression de tant d'atmosphères empêche la vie
de se produire, que tel degré de lumière est indispensable à la vie, et
que les profondeurs océaniques sont absolument dépourvues de toute
manifestation vitale. Un navire s'élance sur l'immense plaine liquide
pour visiter les zones équatoriales et polaires, jette la sonde à deux
mille brasses, à trois mille mètres de profondeur, dans la nuit éternelle, obscurité noire où la pression est telle qu'un homme descendu
là aurait à supporter un poids égal à celui de vingt locomotives
accompagnées chacune d'un train de wagons chargés de barres de fer ;
évidemment il n'y a rien là ;... on retire la sonde et l'on ramène des
êtres charmants, délicats, que la légère pression du doigt de Psyché
éveillant l'amour ferait mourir : ils vivent là, tranquilles, heureux
« comme le poisson dans l'eau », et puisqu'il n'y a pas de lumière, ils
en fabriquent ! S'ils pouvaient vous entendre, ne leur parlez pas de vos
châteaux, ni de vos parcs aux arbres séculaires, ni du mondain Paris et
de ces boulevards que vous aimez tant : ils préfèrent leur chaumière,
leur chaumière obscure au fond des eaux, à peine éclairée de l'éclat de
leur phosphorescent amour, et pour eux c'est là le vrai milieu, c'est
là le vrai bonheur. Et quand vous jetez ces débris vivants sur le pont
du navire et que ces êtres merveilleux, aux broderies diaprées, meurent
sous vos yeux écrasés par la lumière du ciel, étouffés par la raréfaction
de l'air qui nourrit vos poumons, vous ne pensez pas à Neptune ?
Vous ne voyez pas que le dieu des mers a là-bas un empire autrement
vaste que celui-ci ? Et comme on a là neuf cent fois moins de lumière
et de chaleur que sur le pont de votre navire, vous vous imaginez que
la nature a été incapable d'y rien produire ! Erreur ! erreur folle, in-
sensée, pardonnable peut-être du temps d'Aristote, absolument impardonnable aujourd'hui.

Ah ! sans doute ils diffèrent beaucoup de nous. Il n'ont ni nos têtes, ni nos corps, ni nos membres. Le cerveau n'est que l'épanouissement de la moelle épinière; c'est lui qui a fait le crâne, et c'est le crâne qui a fait la tête. Nos jambes et nos bras ne sont que les membres transformés du quadrupède; c'est la position graduellement verticale qui a fait les pieds, et c'est l'exercice graduellement perfectionné qui a fait les mains. Le ventre n'est que l'enveloppe de l'intestin; la forme et la longueur de l'intestin suivent le genre d'alimentation! il n'y a pas sur et dans tout notre corps un centimètre carré qui ne soit dû à notre fonctionnement vital dans le milieu de la planète que nous habitons. Or, pensez-vous que l'on mange sur tous les mondes? Ce serait une infamie. Où l'on ne mange pas, le tube digestif est inutile, et par conséquent n'existe pas, fort heureusement. Une variété infinie, inimaginable, existe donc entre les différents mondes; sur chacun d'eux, les êtres, depuis le premier jusqu'au dernier, sont intimement organisés par les forces en action à la surface de chaque globe. L'homme n'est partout qu'un animal plus ou moins raisonnable, et notre espèce terrestre paraît être l'une des moins favorisées sous ce point de vue. Notre vie est moitié perdue par le temps consacré au sommeil et aux repas. Il peut exister des mondes où l'on ne dorme jamais, comme il peut en exister où l'on dorme toujours. C'est peut-être le cas de Neptune.

Là, une seule année dure 164 des nôtres; un enfant de dix ans y a vécu 1640 années terrestres; une jeune fille de dix-huit ans y épouse, à l'âge de 2950 ans terrestres, le « jeune homme » de ses rêves, âgé lui-même de plus de trois mille ans; et un général en retraite doit être né il y a treize mille ans..., si les choses y sont organisées comme ici, ce qui n'est pas probable.

La lenteur de ce monde lointain et ténébreux rappelle les *ombres* dont parle le burlesque Scarron (¹) dans sa visite aux enfers :

Je vis *l'ombre* d'un cocher
Qui de *l'ombre* d'une brosse
Frottait *l'ombre* d un carrosse.

Il va sans dire que là-bas la Terre est complètement invisible, ainsi que Mercure, Vénus et Jupiter. Saturne est une petite étoile qui s'éloigne jusqu'à 18° du Soleil. Pour les Neptuniens, le système solaire

(¹) L'amusant auteur du *Roman comique,* dont la femme devait épouser Louis XIV, était, comme on le sait, cul-de-jatte et perclus de douleurs. Je ne connais rien de plus touchant que son épitaphe, composée par lui-même :

Passant! ne faites pas de bruit,
De peur que je ne me réveille,
Car voici la première nuit
Que le pauvre Scarron sommeille!

paraît se composer essentiellement du Soleil, de Saturne, d'Uranus, de leur propre monde et de la planète qui, sans doute, gravite au delà de Neptune. Ces êtres doivent avoir une excellente vue, car elle s'est formée dans un milieu 900 fois moins éclairé que le nôtre : ils doivent apercevoir les étoiles de jour comme de nuit, si l'état de leur atmosphère le leur permet, et leur énorme base d'opération, trente fois supérieure à la nôtre, doit leur avoir permis de calculer longtemps avant nous et beaucoup mieux les parallaxes et les distances des étoiles.

A peine Neptune était-il révélé aux habitants de la Terre, que, le 10 octobre 1846, un satellite lui était découvert par un astronome anglais, M. Lassell. Il offrait le faible éclat d'une imperceptible étoile de 14° grandeur. Sa distance à Neptune est de 13 fois le demi-diamètre de la planète, ce qui correspond à cent mille lieues environ ; il tourne autour de Neptune en 5 jours 21 heures. Circonstance digne d'attention, le mouvement de ce satellite est rétrograde, comme celui d'Uranus. Cet astre n'a pas encore reçu

Fig. 257. — Le système de Neptune.

de nom ; cependant, ce dieu ne manquait pas de fils : le nom de *Triton*, l'un des compagnons les plus assidus de son père sur l'Océan, ne lui conviendrait-il pas ? Il est probable que cette lointaine planète est accompagnée d'un grand nombre de satellites.

De ce que Neptune est la dernièreplanète que nous connaissions, on n'a aucunement le droit d'en conclure qu'il n'y en a pas d'autres au delà ;

Croire tout découvert est une erreur profonde :
C'est prendre l'horizon pour les bornes du monde.

Nous pouvons même ne pas désespérer de trouver prochainement la première, lorsque les observations de Neptune s'étendront sur un espace assez grand pour que, son orbite étant rigoureusement calculée, les perturbations exercées par la planète extérieure se manifestent d'une manière sensible. Cette recherche pourra être entreprise au siècle prochain, à moins que les observateurs qui passent leurs nuits à la recherche des petites planètes ne la trouvent par hasard, par le déplacement d'une petite étoile de leurs cartes célestes ; mais, d'une part, elle ne doit être qu'une étoile inférieure à la 12° grandeur, et, d'autre part, elle ne peut marcher qu'avec une extrême lenteur. Le mouvement diurne moyen de Saturne est de 120″, celui d'Uranus est de 42″, celui de Neptune de 21″ ; celui de la planète extérieure ne doit pas surpasser 10″.

Telle est la dernière étape de notre voyage planétaire ; telle est la dernière station du vaste empire du Soleil. Nous avons reconnu dès le principe de notre description qu'une même force, un même mouvement, une même loi régit l'harmonie de tous ces mondes; nous pourrions remarquer en terminant qu'ils sont tous constitués d'une substance originairement la même : la matière nébuleuse cosmique primitive. L'idée de l'unité de substance s'impose à l'esprit comme celle de l'unité de force. La variété des conditions successives d'organisation a amené une variété corrélative dans les produits définitifs. Les corps nommés simples par la chimie ne peuvent pas l'être en réalité. L'oxygène, l'azote, le carbone, le mercure, l'or, l'argent, le fer, et tous les autres corps, ne peuvent être que des arrangements moléculaires différents des atomes primitifs, des espèces minérales, comme il s'est produit ensuite des espèces végétales et des espèces animales, dont les substances constitutives dérivent également des substances minérales antérieures. L'unité d'origine n'est pas douteuse, et depuis longtemps même on est autorisé à penser que l'hydrogène est le corps qui se rapproche le plus de la substance primitive essentiellement simple. L'analyse spectrale confirme aujourd'hui ces vues. Les différences entre les planètes de notre grande famille solaire ne sont donc pas essentielles, ce sont surtout des différences de degrés. Nous verrons aussi bientôt que l'analyse chimique des aérolithes et des étoiles filantes appuie cette considération. Les étoiles, soleils de l'espace, sont elles-mêmes sœurs de notre Soleil. Unité d'origine, unité de force, unité de substance, unité de lumière, unité de vie dans l'univers immense, à travers la variété infinie des aspects et des générations.

Mais c'est assez nous attarder dans les régions voisines de notre patrie terrestre, déjà reculée dans l'invisible, déjà perdue de vue pour nous depuis Saturne, déjà oubliée dans sa médiocrité. Ouvrons nos ailes. D'un rapide essor franchissons l'abîme et atteignons les étoiles ! Mais non ; il nous faut encore subir un retard, nous qui avons résolu de faire un voyage instructif et de ne rien laisser passer inaperçu. Entre le monde solaire et les étoiles, d'étranges figures sillonnent échevelées l'espace céleste, paraissant jeter un pont pour notre esprit à travers l'insondable abîme, et mettre en communication les univers entre eux. Observons ces Comètes en passant, mais prenons garde de nous laisser trop longtemps attarder par ces fantastiques créatures, sirènes de l'océan sidéral, dont les révélations sur l'immensité sont pleines de charmes, et dont les mains étendues vers les horizons inaccessibles semblent nous montrer de loin les rêves mystérieux de l'infini.

# LIVRE CINQUIÈME

# LES COMÈTES

## ET LES

## ÉTOILES FILANTES

# LIVRE V
# LES COMÈTES

## CHAPITRE PREMIER
### Les Comètes dans l'histoire de l'humanité

Les comètes sont assurément, de tous les astres, ceux dont l'apparition frappe le plus vivement l'attention des mortels. Leur rareté, leur singularité, leur aspect mystérieux, étonnent l'esprit le plus indifférent. Les choses que nous voyons tous les jours, les phénomènes qui se reproduisent constamment ou régulièrement sous nos yeux, ne nous frappent plus, n'éveillent ni notre attention, ni notre curiosité : « Ce n'est pas sans raison que les philosophes s'étonnent de voir tomber une pierre, écrivait D'Alembert, et le peuple qui rit de leur étonnement le partage bientôt lui-même pour peu qu'il réfléchisse. » Oui, il faut être philosophe, il faut réfléchir, pour arriver à chercher le pourquoi et le comment des faits qu'on voit quotidiennement ou au moins dont la production est fréquente et régulière. Les plus admirables phénomènes restent inaperçus ; l'habitude, émoussant chez nous l'impression, ne nous laisse que l'indifférence. Remarque assez curieuse, toujours l'imprévu, l'extraordinaire, feront naître la crainte, jamais la joie ni l'espérance. Aussi, dans tous les pays, à toutes les époques, l'aspect étrange d'une comète, la lueur blafarde de sa chevelure, son apparition subite dans le firmament, ont-ils produit sur l'esprit des peuples l'effet d'une puissance redoutable, menaçante pour l'ordre anciennement établi dans la création ; et comme le phénomène est limité à une courte durée, il en est résulté la croyance que son action doit être immédiate ou du moins prochaine ; or, les événements de ce monde offrent toujours dans leur enchaînement un fait que l'on peut regarder comme l'accomplissement d'un présage funeste.

A quelques exceptions près, les astronomes anciens ont regardé les comètes, soit comme des météores atmosphériques, soit comme des phénomènes célestes tout à fait passagers. Pour les uns, ces astres étaient *des exhalaisons terrestres* s'enflammant dans la région du feu ; pour les autres, c'étaient les *âmes des grands hommes* qui remontaient vers le ciel et qui livraient notre pauvre planète, en la quittant, aux fléaux dont elle est si souvent atteinte. Les Romains paraissent avoir cru très sérieusement que la grande comète qui apparut à la mort de César l'an 43 avant J.-C., était vraiment l'âme du dictateur ([1]). Au XVIIe siècle, Hévélius et Képler lui-même inclinaient à voir encore en elles des émanations venant de la Terre et des autres planètes. On conçoit qu'avec de pareilles idées la détermination des mouvements cométaires dut être assez négligée. C'est grâce aux efforts de Tycho-

([1]) C'est par cette métamorphose qu'Ovide termine son grand ouvrage dédié à Auguste lui-même : « Vénus, dit-il, descend des voûtes éthérées, invisible à tous les regards, et s'arrête au milieu du sénat. Du corps de César, elle détache son âme, l'empêche de s'évaporer, et l'emporte dans la région des astres. En s'élevant, la déesse la sent se transformer en une substance divine et s'embraser. Elle la laisse s'échapper de son sein. L'âme s'envole au-dessus de la lune, et devient une étoile brillante qui traîne dans un long espace sa chevelure euflammée. »

Brahé d'abord, puis de Newton, de Halley, des astronomes plus modernes surtout, qu'elle s'est élevée au rang de la théorie des mouvements planétaires.

Sans contredit, au premier aspect, la majestueuse uniformité des mouvements célestes paraît dérangée par l'apparition subite de la comète échevelée dont l'aspect extraordinaire semble montrer en elle la figure d'un visiteur surnaturel. Aussi les écrivains anciens les dépeignent-ils toujours sous les images les plus effrayantes; c'étaient des javelots, des sabres, des épées, des crinières, des têtes coupées aux cheveux et à la barbe hérissés; elles brillaient d'un éclat rouge de sang, jaune ou livide, comme celle dont parle l'historien Josèphe, qui se montra pendant l'épouvantable siège de Jérusalem. Pline trouva à cette même comète « une blancheur tellement éclatante qu'on pouvait à peine la regarder; on y voyait l'image de Dieu sous une forme humaine. »

L'historien Suétone rejette sur l'influence de l'un de ces astres les horreurs commises par Néron, qui s'était attaché l'astrologue Babilus (¹), et assure qu'une comète annonça la mort de Claude. On lit aussi dans Dion Cassius : « Plusieurs prodiges précédèrent la mort de Vespasien : une comète parut longtemps; le tombeau d'Auguste s'ouvrit de lui-même. Comme les médecins reprenaient l'empereur de ce que, attaqué d'une maladie sérieuse, il continuait de vivre à son ordinaire et de vaquer aux affaires de l'État : « Il « faut, répondit-il, qu'un empereur meure debout. » Voyant quelques courtisans s'entretenir tout bas de la comète : « Cette étoile che- « velue ne me regarde pas, dit-il en riant : elle menace plutôt le roi « des Parthes, puisqu'il est chevelu et que je suis chauve. » — Cette réponse vaut celle d'Annibal au roi de Bythinie qui refusait de livrer bataille à cause des présages lus dans les entrailles des victimes : « Ainsi tu préfères l'avis d'un foie de mouton à celui d'un

(¹) Depuis Néron jusqu'à Catherine de Médicis, la plupart des rois et des princes avaient un astrologue attaché à leurs personnes. La position n'était pas toujours agréable : Tibère en a fait jeter plus d'un dans le Tibre, et il n'était pas toujours facile de se tirer de ce mauvais pas. Témoin celui de Louis XI qui avait annoncé la mort d'une dame remarquée par le roi. Celle-ci étant morte en effet, le royal compère de Tristan fit venir l'astrologue, et commanda à ses gens de ne pas manquer à un signal qu'il leur donnerait de se saisir de cet homme et de le coudre dans un sac destiné à la Seine. Aussitôt que le roi l'aperçut : « Toi qui prétends être si habile, lui dit-il, et qui connais si bien le sort des autres, dis-moi tout de suite combien tu as encore de temps à vivre? » — « Sire, lui répondit-il, sans témoigner aucune frayeur, les étoiles m'ont appris que je dois mourir trois jours avant votre Majesté. » Le roi n'eut garde, après cette réponse, de donner aucun signal, au contraire, il soigna de son mieux désormais cette chère santé.

« vieux général? » — Chaque époque a ses préjugés, et nous en avons à notre époque d'aussi ridicules.

Les mêmes croyances se manifestèrent chez les Grecs : une comète, apparue en 371 avant Jésus-Christ et décrite par Aristote, annonça, selon Diodore de Sicile, la décadence des Lacédémoniens, et, selon Éphore, la destruction par les eaux de la mer des villes de Hélice et de Bura, en Achaïe. Plutarque rapporte que la comète de l'an 344 avant Jésus-Christ fut pour Timoléon de Corinthe le présage du succès de l'expédition qu'il dirigea la même année contre la Sicile. Les historiens Sazoncène, et Socrate racontent à leur tour qu'en l'an 400 de notre ère une comète en forme d'épée vint briller au-dessus de Constantinople et parut toucher la ville au moment des grands malheurs dont la menaçait la perfidie de Gaïnas.

Le moyen âge surenchérit encore, si c'est possible, sur les idées folles de l'antiquité, et fit de certaines comètes des descriptions dont le fantastique dépasse tout ce que l'on peut imaginer (¹). Paracelse assure que ce sont les anges qui les envoient pour nous avertir. Le fou sanguinaire qui s'appelait Alphonse VI, roi de Portugal, apprenant l'arrivée de la comète de 1664, se précipita sur sa terrasse, l'accabla de sottises et la menaça de son pistolet. La comète poursuivit majestueusemeut son cours.

Nous verrons plus loin que l'une des comètes périodiques les plus

---

(¹) Des comètes apparurent pour annoncer la mort de Constantin (336), d'Attila (453), de l'empereur Valentinien (455), de Mérovée (577), de Chilpéric (584), de l'empereur Maurice (602), de Mahomet (632), de Louis le Débonnaire (837), de l'empereur Louis II (875), du roi de Pologne Boleslas Iᵉʳ (1024), de Robert, roi de France (1033), de Casimir, roi de Pologne (1058), de Henri Iᵉʳ, roi de France (1060), du pape Alexandre III (1181), de Richard Iᵉʳ, roi d'Angleterre (1198), de Philippe-Auguste (1223), de l'empereur Frédéric (1250), des papes Innocent IV (1254) et Urbain IV (1264), de Jean-Galéas Visconti, duc de Milan. Ce tyran était malade quand apparut la comète de 1402. Dès qu'il eut aperçu l'astre fatal, il désespéra de la vie : « Car, dit-il, notre père, au lit de mort, nous a révélé que, selon le témoignage de tous les astrologues, au temps de notre mort une semblable étoile devait paraître durant huit jours. Je rends grâce à mon Dieu de ce qu'il a voulu que ma mort fût annoncée aux hommes par ce signe céleste. » (Quelle humilité monacale! Voilà pourtant des gens qui s'imaginaient sérieusement être d'une autre pâte que leurs sujets.) Sa maladie empirant, il mourut peu après à Marignan, le 3 septembre. — On fit également coïncider des apparitions cométaires avec la mort de Charles le Téméraire (1476), de Philippe le Beau, père de Charles-Quint (1505), de François II, roi de France (1560), etc. La liste pourrait être facilement allongée. On inventa même des comètes au besoin, par exemple pour la mort de Charlemagne (814). Et quelles descriptions ! Voici, par exemple, au rapport de l'historien Nicétas, quel était l'horrible aspect de celle de 1182 :

« Après que les Latins eurent été chassés de Constantinople, on vit un pronostic des fureurs et des crimes auxquels Andronic devait se livrer. Une comète parut dans le ciel; semblable à un serpent tortueux, tantôt elle s'étendait, tantôt elle se repliait sur elle-même, tantôt, au grand effroi des spectateurs, *elle ouvrait une vaste gueule,* on aurait dit qu'avide de sang humain, elle était sur le point de s'en rassasier. »

fameuses dans l'histoire est celle qui porte aujourd'hui le nom de Halley, en mémoire de l'astronome qui a calculé et prédit le premier ses retours. Cette comète s'est en effet déjà montrée vingt-quatre fois à la Terre, depuis l'an 12 avant notre ère, date de l'apparition la plus reculée dont on ait gardé le souvenir. Sa première apparition mémorable dans l'histoire de France est celle de l'an 837, sous le règne de Louis I<sup>er</sup> le Débonnaire. Un chroniqueur anonyme du temps, surnommé l'Astronome, en parla dans les termes suivants : « Au milieu des saints jours de Pâques, un phénomène toujours funeste et d'un triste présage parut au ciel. Dès que l'empereur, très attentif à de tels phénomènes, l'eut aperçu, il ne se donna plus aucun repos. Un changement de règne et la mort d'un prince sont annoncés par ce signe, me dit-il. » Il prit conseil des évêques et on lui répondit qu'il devait prier, bâtir des Eglises et fonder des monastères. Ce qu'il fit. Mais il mourut trois ans plus tard.

La comète de Halley apparut de nouveau en avril 1066, au moment où Guillaume le Conquérant envahissait l'Angleterre. Les chroniqueurs écrivent unanimement : « Les Normands, guidés par une comète, envahissent l'Angleterre. » La duchesse-reine Mathilde, épouse de Guillaume, a représenté fort naïvement cette comète et l'ébahissement de ses sujets sur la tapisserie de soixante-dix mètres de longueur que chacun peut voir à Bayeux. La reine Victoria porte dans sa couronne un fleuron tiré de la queue de cette comète qui a eu la plus grande influence sur la victoire d'Hastings.

Mais la plus célèbre de ses apparitions est celle de 1456, trois ans après la prise de Constantinople par les Turcs. L'Europe était encore en proie à l'émotion produite par cette terrible nouvelle; on racontait que l'église de Sainte-Sophie avait été convertie en mosquée ; que tout le peuple chrétien avait été égorgé ou réduit en captivité; on tremblait pour le salut de la chrétienté. La comète parut en juin 1456; elle était grande et terrible, disent les historiens du temps ; sa queue recouvrait deux signes célestes, c'est-à-dire 60 degrés; elle avait une brillante couleur d'or, et présentait l'aspect d'une flamme ondoyante. On y vit un signe certain de la colère divine : les Musulmans y voient une croix, les Chrétiens un yatagan. Dans un si grand danger, le pape Calixte III ordonna que les cloches de toutes les églises fussent sonnées chaque jour à midi, et il invita les fidèles à dire une prière pour conjurer la comète et les Turcs. Cet usage s'est conservé chez tous les peuples catholiques, bien que nous n'ayons plus guère peur des comètes et encore moins des Turcs; c'est de là que date l'*Angelus*

Cette comète, du reste, ne fait pas exception à la règle générale, car ces astres mystérieux ont eu le don d'exercer sur l'imagination une puissance qui la plongeait dans l'extase ou dans l'effroi. *Epées de feu, croix sanglantes, poignards enflammés, lances, dragons, gueules,* et autres dénominations du même genre leur sont prodiguées au moyen âge et à la Renaissance. Des comètes comme celle de 1577 paraissent du reste justifier, par leur forme étrange, les titres dont on les salue généralement. Les écrivains les plus sérieux ne s'affranchirent pas de cette terreur. C'est ainsi que, dans un chapitre sur les *Monstres célestes,* le célèbre chirurgien Ambroise Paré décrit sous les couleurs les plus vives et les plus affreuses la comète de 1528 : « Cette comète étoit si horrible et si épouvantable et elle engendroit si grande terreur au vulgaire, qu'il en mourut aucuns de peur ; les autres tombèrent malades. Elle apparoissoit estre de longueur excessive, et si estoit de couleur de sang ; à la sommité d'icelle, on voyoit la figure d'un *bras courbé,* tenant une grande épée à la main, *comme s'il eust voulu frapper.* Au bout de la pointe il y avoit trois estoiles. Au deux costés des rayons de cette comète, il se voyoit grand nombre de haches, cousteaux, espées colorées de sang parmi lesquels il y avait grand nombre de *fasces humaines* hideuses, avec les barbes et les cheveux hérissez. »

Fig. 259. — Ce qu'on croyait voir dans la comète de 1528.

On peut, du reste, admirer cette fameuse comète dans la reproduction fidèle que nous en donnons ici. De la même époque date ce naïf dessin d'armées vues au ciel en 1520.

On voit que l'imagination a de bons yeux, quand elle s'y met.

Plusieurs personnages connus crurent si bien à la fin du monde, en 1528 et en 1577, qu'ils léguèrent leurs biens aux monastères, sans réfléchir pourtant suffisamment,... car la catastrophe serait sans doute arrivée pour tout le monde. Les moines se montrèrent meilleurs physiciens, et acceptèrent les biens de la terre en attendant les volontés du ciel.

HORIZON SUD

Fig. 373. — **Aspect du ciel au mois d'avril.**

# MAI

Au zénith, la Grande Ourse.

Au *sud*, le grand quadrilatère du Lion; l'Épi de la Vierge et son cortège; l'Hydre, portant la Coupe et le Corbeau. Les Gémeaux et Procyon descendent à l'occident; Arcturus brille dans les hauteurs du ciel, au sud-est; les deux plateaux de la Balance viennent de se lever au sud-est, suivant l'Épi.

La ligne du méridien descend du zénith par la Chevelure de Bérénice, η de la Vierge et γ du Corbeau.

A l'*est*, le Serpent et Ophiuchus se lèvent. Le Bouvier et la Couronne sont déjà haut dans le ciel, accompagnés par Hercule. Véga de la Lyre brille à l'est-nord-est, et Deneb du Cygne au nord-est.

A l'*ouest*, Castor et Pollux et le Cancer déclinent lentement. Procyon et les dernières étoiles du Taureau se couchent. Capella brille au nord-ouest.

Au *nord*, le Dragon se présente dans les meilleures conditions d'observation. Céphée apparaît au-dessus de la Polaire. Persée et Andromède glissent à l'horizon. Le Cygne va monter dans le ciel.

## PRINCIPAUX OBJETS CÉLESTES
### EN ÉVIDENCE POUR L'OBSERVATION.

Le Cœur de Charles et Mizar sont trop élevés pour être observables dans une lunette; mais bien placés pour le télescope.

La Chevelure de Bérénice; l'étoile 24.

L'amas du Cancer. Les doubles θ, ι et ζ.

Castor, une dernière fois.

Lion : γ et 54. Régulus et son compagnon.

Vierge : γ; 54; 17; nébuleuses.

Hydre : ε et 54. La variable R

Bouvier : ε, π, ξ, ι, 44 *i*.

Couronne : ζ et σ. — Étoile de 1866.

Hercule : κ, ρ, 95, δ.

L'amas d'Hercule, l'un des plus beaux du ciel.

δ du Serpent.

Dragon : ν, ψ. ο.

14 Cocher. L'amas M. 37.

Polaire. 230 Girafe.

Rouge μ de Céphée; variable et double δ.

β, ο et ξ.

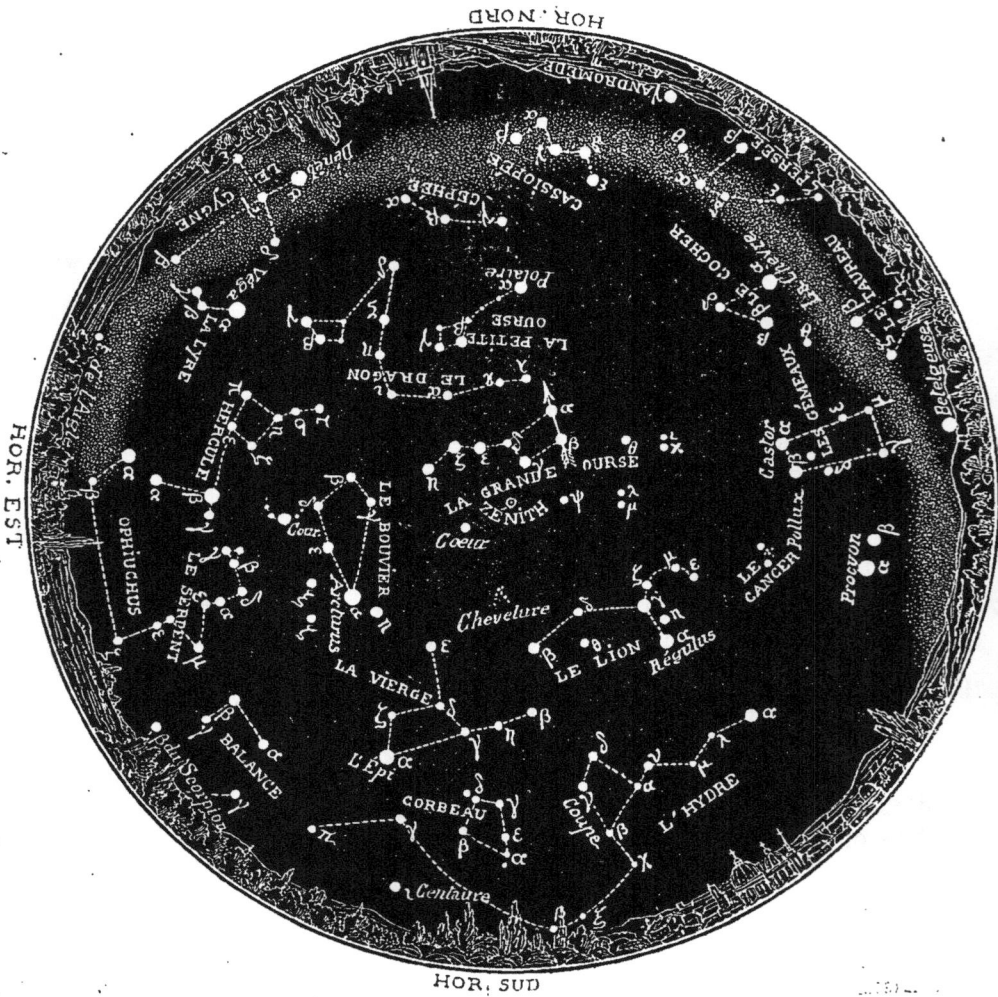

Fig. 374. — **Aspect du ciel au mois de mai.**

# JUIN.

Le zénith est marqué par la dernière étoile de la Grande Ourse : η.

Au *sud*, très haut, Arcturus et le Bouvier ; devant nous la Vierge avec sa belle étoile ; en bas sur l'horizon, le Corbeau et les étoiles de l'Hydre. On distingue, juste à l'horizon, la tête du Centaure. La Balance est déjà haute. Le Scorpion se lève au sud-est et le rouge Antarès apparaît. Ophiuchus et le Serpent planent au sud-est.

Une ligne verticale descendant du zénith en laissant Arcturus à gauche et l'Épi de la Vierge à droite, trace le plan du méridien.

A l'*est*, Véga, de la Lyre, plane déjà à une grande hauteur ; au nord-est, Deneb du Cygne, et, formant la pointe d'un triangle allongé avec ces deux étoiles, Altaïr de l'Aigle, se levant juste à l'est. Entre Véga et la Couronne boréale : Hercule.

La Croix du Cygne apparaît à l'est-nord-est, dans la Voie lactée qui remonte.

A l'*ouest* le Lion descend lentement, très penché vers l'occident. Il n'y a plus rien à chercher au sud-ouest à cause du crépuscule. Quand la nuit arrive, à 9 h. 30 m., les Gémeaux et le Cancer sont couchés.

Au *nord*, la Grande Ourse commence à redescendre du sommet du ciel. Le Dragon se tient très élevé. Céphée glisse sous la polaire. Cassiopée passe en dessous, juste au nord, comme un W. Persée s'éclipse, tandis que Capella reste visible à l'horizon comme un astre rouge. Persée glisse à l'horizon même.

(En raison de la longue durée des jours, les étoiles n'apparaissent que fort tard au solstice d'été : Arcturus perce la lumière crépusculaire vers 9 heures, Véga vers 9 heures 5$^m$, Deneb et l'Épi, vers 9 heures 10$^m$, Altaïr, vers 9 heures 15$^m$, ainsi que η, ε, puis ζ Grande Ourse. Apparaissent ensuite α Grande Ourse, la Polaire, β Petite Ourse, α Couronne, α Ophiuchus, ε Bouvier, γ du Cygne, vers 9$^h$ 25$^m$; β du Lion, Régulus, vers 9 heures 30$^m$ seulement. Les observations à l'œil nu ne peuvent guère se faire que vers 10 heures, et les positions des étoiles correspondent alors à celles de la carte de juillet.)

### PRINCIPAUX OBJETS CÉLESTES
#### EN ÉVIDENCE POUR L'OBSERVATION.

Amas d'Hercule.
γ de la Vierge ; 54 ; 17. Nébuleuses.
Variable R de l'Hydre. Double 54.
γ et 54 Lion.
Cœur de Charles (un peu haut) ; 24 Chevelure.
Bouvier (un peu haut) : ε, π, ξ, 44, *i*, μ.
Couronne : ζ et σ. Etoile de 1866.
Hercule : α, β, ρ, 95, δ
Ophiuchus : 36 A ; 70 ; 67 ; ρ ; 39 ; amas M. 14. Étoile de 1604.
Balance : la var. δ : α (jumelle) ; P. xiv, 212.
Scorpion : ω (jumelle) — ν — β — σ — ξ — Antarès.
Serpent : δ, θ, ν ; amas M. 5.

Lyre : δ (jumelle). — La quadruple ε — ζ — η — Véga.
Cygne : β ou Albireo, — ο — μ — et la fameuse 61°.
Étoiles temporaires de 1600 et 1670. Nébuleuse du Petit Renard.
Dragon : ν, ψ, ο, μ.
Céphée : δ, β, x, ξ, μ.
Polaire ; 230 Girafe.
De 11 heures à minuit, regarder la Voie lactée, à l'aide d'une bonne jumelle, dans les régions blanches du Cygne et de l'Aigle : c'est tout simplement *inénarrable*. Laissez l'œil s'y faire lentement. Prodigieux, fantastique, profondeurs infinies.

Fig. 375. — Aspect du ciel au mois de juin.

## JUILLET.

Le zénith est marqué par l'étoile τ d'Hercule.

Au *sud* : Hercule, la Couronne, le Serpent, la Balance et le Scorpion. Le Bouvier et Arcturus, dans les hauteurs du ciel, s'avancent vers le sud-ouest. Au-dessus, la Vierge et l'Épi marquent tout à fait cette direction. Le rouge Antarès lance ses feux ardents à 20 degrés au-dessus de l'horizon austral. Véga de la Lyre plane presque au zénith. Deneb du Cygne brille plus bas, à l'est-nord-est, et Altaïr de l'Aigle plus bas encore, à l'est-sud-est.

Une verticale descendant du zénith, laissant à droite la Couronne, passant entre γ d'Hercule et γ du Serpent, et tombant sur la tête du Scorpion, marque le méridien.

A l'*est*, l'Aigle est levé, et, comme le Cygne, étend ses ailes en pleine Voie lactée. Pégase se lève au nord-est.

A l'*ouest*, le Lion s'efface dans les régions crépusculaires de l'occident. Régulus se couche.

Au *nord*, dans les hauteurs zénithales, le Dragon est à son point culminant. La Grande Ourse descend par l'ouest. La Petite Ourse est verticale au-dessus de la Polaire. Le Cocher et Persée glissent à l'horizon nord. (Capella brille alors comme un charbon rouge.) Cassiopée s'élève, et Céphée est à la hauteur de la polaire à droite, entre elle et le Cygne.

(Pendant les nuits du 26 au 29, riche courant d'étoiles filantes arrivant de toutes les directions du ciel. — De 11 heures à minuit, une bonne jumelle pointée vers la Voie lactée, dans les mines stellifères du Cygne et de l'Aigle, transportera le contemplateur dans les régions de l'infini.)

### PRINCIPAUX OBJETS CÉLESTES
#### EN ÉVIDENCE POUR L'OBSERVATION.

Véga de la Lyre.
La quadruple ε ; — δ, ζ, η.
β du Cygne (très belle); o ; μ ; la 61ᵉ, étoile la plus proche de la Terre, qui soit visible de nos latitudes.
α d'Hercule ; x, ρ, 95, δ ; *amas.*
δ du Serpent ; θ, ν ; amas.
36 A Ophiuchus : 70, 67, ρ, 39 ; amas.
Balance : couple écarté α ; variable δ ; P. xɪv, 212.
ν du Scorpion ; ω, β, σ, ξ ; Antarès.
γ de la Vierge, une dernière fois.

Sagittaire : variables X et W ; couples écartés ξ, ν ; double 54 *e'.*
Cœur de Charles. 24 Chevelure.
ε Bouvier (un peu haut, comme Hercule et la tête du Dragon) et la Couronne.
Mizar. — Dragon : ν, ψ, o, μ.
Aigle : γ ; Voie lactée ; 15 *h* ; — ζ Flèche.
Dauphin ; γ. — γ et 1 du Petit Cheval.
δ Céphée ; β, x, ξ, μ.
η et ι Cassiopée.
Polaire. — 230 Girafe.

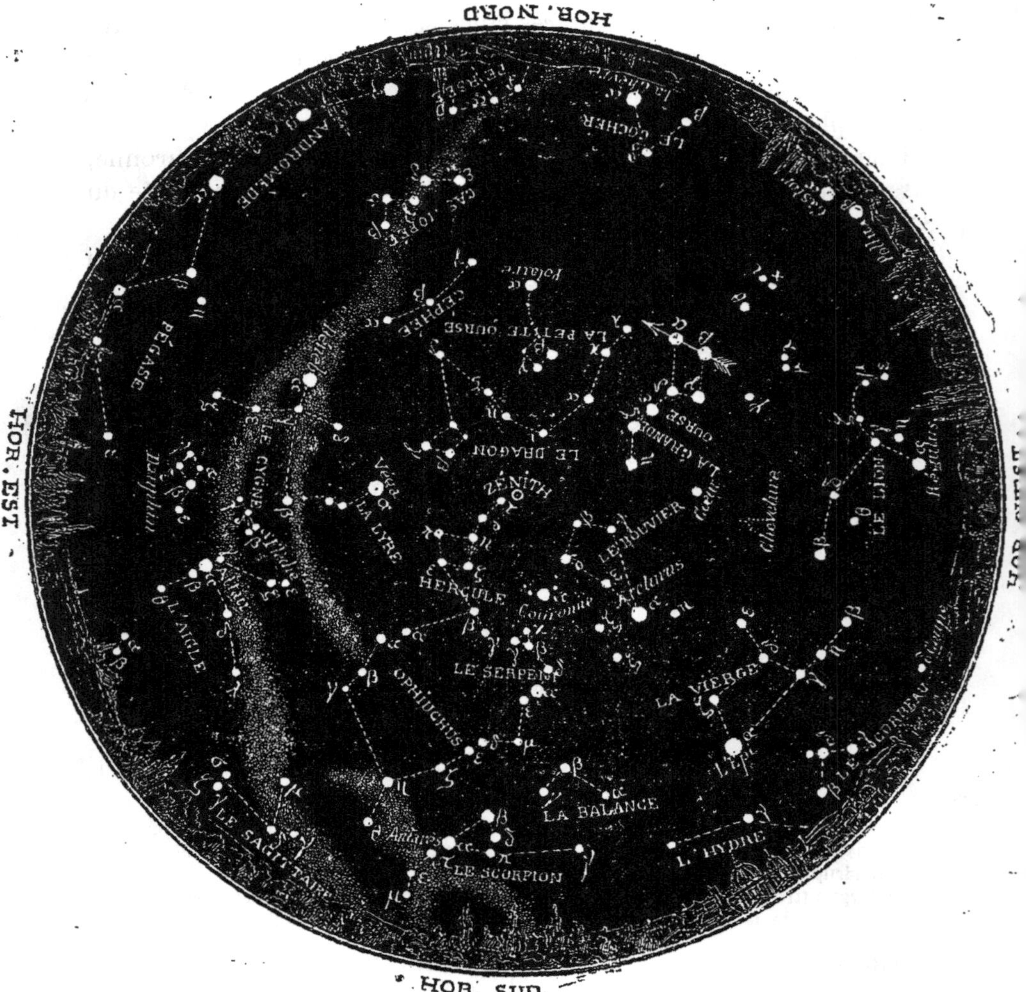

Fig. 376. — **Aspect du ciel au mois de juillet.**

# AOUT.

Le zénith est marqué par Véga de la Lyre, la tête du Dragon et Hercule. Dans les hauteurs du ciel, le Cygne étendu en pleine Voie lactée; l'Aigle, le Dauphin et la Flèche; Hercule, le Bouvier et le Dragon.

Au *sud*, Ophiuchus, la Voie lactée, le Sagittaire, le Scorpion, *Antarès*. La Balance descend vers l'horizon du sud-ouest. Le Capricorne vient de se lever.

Le méridien est tracé par une ligne descendant verticalement du zénith à γ d'Ophiuchus et à μ et γ du Sagittaire.

A l'*est*, le Verseau se lève. Un peu à gauche, en allant vers le nord, Pégase et Andromède se lèvent en même temps.

A l'*ouest*, Arcturus commence à descendre; la Vierge se couche; le Lion est couché.

Au *nord*, la Grande Ourse descend verticalement à gauche de la Petite Ourse. Capella glisse à l'horizon septentrional. Persée sort de l'horizon. Cassiopée, à droite de la polaire, est déjà haute dans le ciel; Céphée est plus élevé encore.

(La Voie lactée est splendide : Cygne, Aigle et Sagittaire. — Dans les nuits du 9 au 12, riche essaim d'étoiles filantes, signalé par nos pères sous le nom des « larmes de Saint Laurent ». Les centres d'émanation les plus importants sont : 1° celui de Persée, vers η et l'amas; 2° celui d'Andromède, entre β Cassiopée et ο Andromède; 3° celui du Cygne, entre δ et θ.)

## PRINCIPAUX OBJETS CÉLESTES
### EN ÉVIDENCE POUR L'OBSERVATION.

La Lyre, Hercule, le Dragon et le Cygne sont trop élevés pour être facilement observables dans les lunettes; mais la situation est favorable pour les télescopes.

Véga. — ε de la Lyre, double dans une jumelle, quadruple au télescope; — δ, ζ, η,

β du Cygne : ο, μ, la 61°.

α d'Hercule : κ, ρ, 95, δ; *amas*.

ν, ψ, ο et μ du Dragon.

δ, θ, ν du Serpent : amas.

36 A, 70, 67, ρ, 39 d'Ophiuchus; amas.

Couple écarté α de la Balance; variable δ; P. xiv, 212.

ω, ν, β, σ¹ ξ du Scorpion; Antarès.

Couples écartés ξ et ν du Sagittaire. Double 54 e'. Amas M. 8. Variables X et W.

Couples écartés α. et β du Capricorne. Doubles ρ et ο.

Aigle : Voie lactée; γ, 15 h. — ζ Flèche.

Dauphin : γ. — γ et 1 du Petit Cheval.

Pégase : π, ε, 1.

Bouvier : ε, π, ξ, μ.

Couronne : ζ, σ.

Cœur de Charles. — Mizar. — Polaire. — 230 Girafe.

Céphée : δ, β, κ, ξ, μ.

Cassiopée : η et ι.

Fig. 377. — **Aspect du ciel au mois d'août**

## SEPTEMBRE.

Le Cygne plane au zénith, dans la Voie lactée. Véga de la Lyre quitte le zénith pour marcher vers l'ouest.

En plein *sud*, l'Aigle, le Dauphin, la Flèche. Au-dessous, le Capricorne; le Sagittaire descend vers l'horizon. Le Scorpion et la Balance se couchent. Ophiuchus et le Serpent occupent le sud-ouest. Le Verseau apparaît au sud-est.

Le méridien est tracé par une ligne descendant de γ de la Croix du Cygne à α β du Capricorne, laissant à sa droite Altaïr de l'Aigle.

A l'*est*, déjà très haut dans le ciel, le grand carré de Pégase, suivi d'Andromède vers le nord-est. Les Poissons et le Bélier se lèvent.

A l'*ouest*, Hercule descend lentement, précédé par la Couronne et le Bouvier. La tête du Dragon est encore presque au zénith.

Au *nord*, la Grande Ourse descend de plus en plus, tandis que, symétriquement au delà de l'étoile polaire, Cassiopée et Céphée s'élèvent progressivement. Sur le prolongement de la ligne d'Andromède, on voit Persée qui se détache de l'horizon nord-est. Capella du Cocher glisse au nord-nord-est.

(Dans les belles soirées sans clair de lune, chercher à reconnaître à l'occident la lumière zodiacale.)

### PRINCIPAUX OBJETS CÉLESTES
#### EN ÉVIDENCE POUR L'OBSERVATION.

La Voie lactée; plages stellifères, de Cassiopée au Cygne et à l'Aigle (jumelle).

Le Cygne et la Lyre sont trop haut pour l'observation, à moins qu'on ne se serve de télescope.

Examiner l'amas d'Hercule, l'étoile rougeâtre et double α, les doubles κ, ρ, 95 et δ.

Notre système solaire se dirige vers le carré, vers π : c'est dans cette direction que le soleil emporte nos destinées.

La 61ᵉ du Cygne est l'étoile la plus proche que nous puissions voir d'ici.

Ophiuchus : 36 A, 70, 67, ρ, 39; amas.

Dans l'Aigle, observer les étoiles doubles γ et 15 *h.*

Non loin de là, γ du Dauphin; ζ de la Flèche; γ et 1 du Petit cheval.

Serpent : δ, θ, ν; amas.

Capricorne : couples écartés α et β; doubles ρ et o.

Sagittaire : couples écartés ξ et ν; double 54 δ.

Verseau : τ, 83 *h*, ψ'; 94, et surtout ζ.

Pégase : ε, π, 1, 3.

Andromède : la belle γ; la nébuleuse.

Persée : Algol; l'amas; les doubles ε et η.

Cassiopée : η et ι. — Céphée : δ, β, κ, ξ, μ.

Mizar. — Dragon : ν, ψ, o, μ.

Bouvier : ε, π, ξ, μ. — Couronne ; ζ, σ.

Polaire. — 230 Girafe.

Fig. 373. — **Aspect du ciel au mois de septembre.**

# OCTOBRE.

L'étoile Deneb du Cygne n'est pas éloignée du zénith, autour duquel se rangent Pégase, Andromède, Cassiopée et Céphée.

Le Grand Carré de Pégase s'avance en plein *sud*. Au-dessous on reconnaît le Verseau et le Capricorne. Fomalhaut s'allume au-dessus de l'horizon austral. L'Aigle plane encore à une hauteur moyenne, mais commence à descendre. La Lyre est un peu plus élevée entre le zénith et l'ouest. Les Poissons montent dans le ciel et la Baleine se lève au sud-est, tandis qu'Ophiuchus se couche au sud-ouest.

Une verticale descendant du zénith sur α du Verseau marque le méridien.

A l'*est*, le Bélier est levé au-dessous d'Andromède, et dans son prolongement vers le nord-est on voit apparaître les Pléiades qui viennent de se lever. Au-dessus des Pléiades : Persée. Au-dessous · Aldébaran qui se lève.

A l'*ouest*, au-dessous de la Lyre, Hercule. La Couronne boréale approche de l'horizon. Arcturus est couché ; on voit encore la tête du Bouvier, et un instant encore la tête du Serpent.

Au *nord*, la Grande Ourse descend de plus en plus et la Petite Ourse est à gauche de la Polaire. Entre les deux, le Dragon reste en d'excellentes conditions d'observation. Céphée est au sommet de son cours. Cassiopée plane aussi à une grande hauteur. La Chèvre et le Cocher sont détachés de l'horizon et s'élèvent lentement.

(La Voie lactée est encore très belle dans le Cygne et l'Aigle. — Du 19 au 25, quelques averses d'étoiles filantes, émanant notamment d'un point situé entre α et β Taureau, d'un autre voisin de γ Gémeaux, et d'un troisième situé près de Pollux. Ces pluies d'étoiles doivent être observées après minuit. — Le soir on distingue la lumière zodiacale.)

### PRINCIPAUX OBJETS CÉLESTES
#### EN ÉVIDENCE POUR L'OBSERVATION.

Le Cygne est un peu haut pour l'observation. Essayer cependant une lunette sur β.
Pégase : ε, π, 1, 3. — Petit cheval : γ et 1.
Aigle : γ, 15 et *h*.
Dauphin : γ. — Flèche : ζ.
Lyre : ε, δ, ζ, η ; Véga.
Hercule : l'amas, α, κ, ρ, 95, δ.
Verseau : ζ, τ, 83 *h*, ψ', 94.

Capricorne : α et β ; ρ et o.
Andromède ; γ, la Nébuleuse.
Bélier : γ. — Poissons : α, ζ, ψ'.
Baleine : *Mira*, γ, 37.
Persée : *Algol* ; l'amas ; les doubles ε et η
Cassiopée : η et ι. — Céphée : δ, β, κ, ξ.
Dragon : ν, ψ, o, μ. — L'étoile polaire.

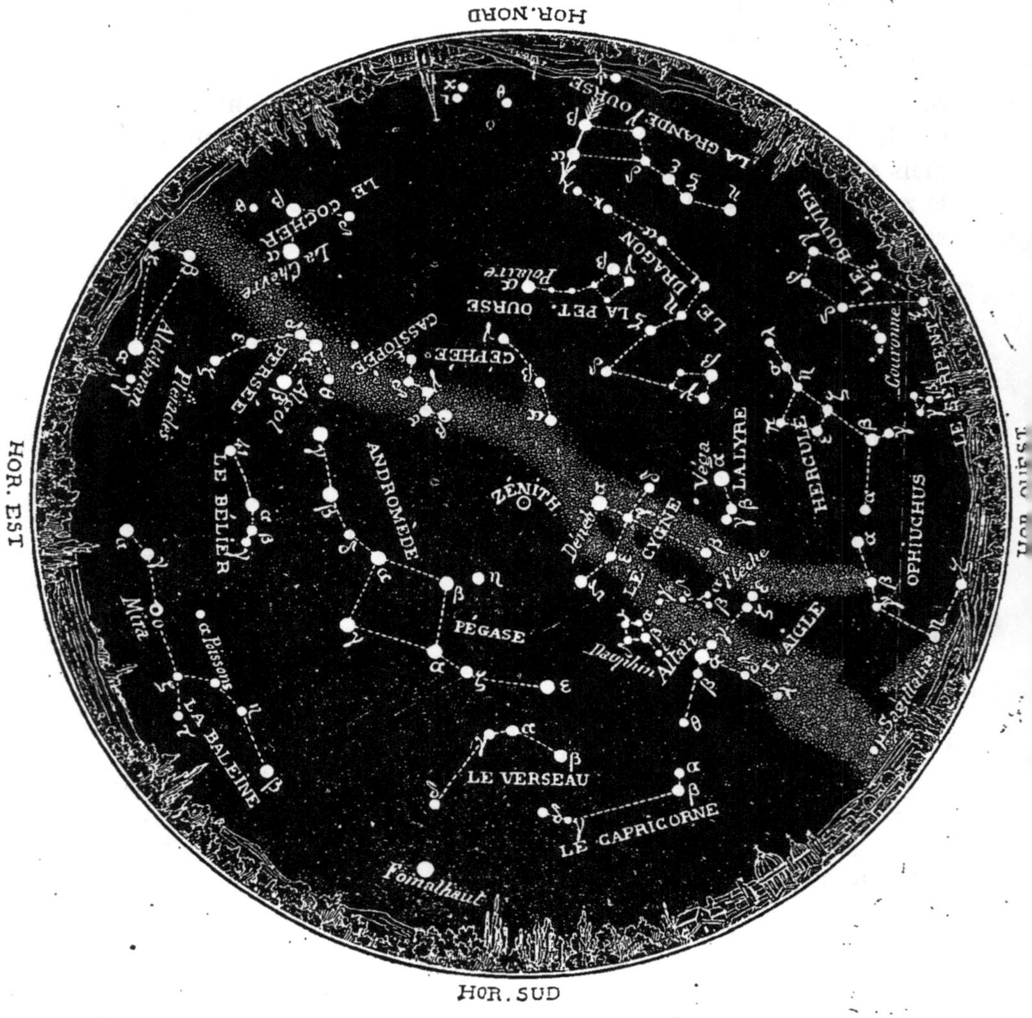

Fig. 379. — **Aspect du ciel au mois d'octobre.**

## NOVEMBRE.

Le zénith est entouré par Andromède, Persée, Cassiopée. Ce sont les petites étoiles du bras et de la main d'Andromède qui planent juste dans notre verticale.

Le Carré de Pégase occupe le *sud* à une grande hauteur. Fomalhaut s'élève à l'horizon austral, dominé par le Verseau, et précédé par le Capricorne. La Baleine se montre tout entière, au-dessus des Poissons. L'Eridan se lève au sud-est. Le Bélier est visible entre Andromède et la Baleine.

Une ligne descendant du zénith par α Andromède et γ de Pégase (les deux orientales du Carré) marque le plan du méridien.

A l'*est*, Orion se lève, Bételgeuse perçant déjà les brumes de l'horizon, et Rigel arrivant. Plus haut Aldébaran et le Taureau. Plus haut encore les Pléiades. Presque au zénith Algol et Persée.

A l'*ouest*, les deux α d'Hercule et d'Ophiuchus se couchent. L'Aigle approche de l'horizon. Le Cygne, encore assez haut dans le ciel, commence également à descendre; Véga le devance et brille à l'ouest-nord-ouest.

La Grande Ourse rase l'horizon au *nord* et la Petite Ourse descend également au-dessous de la Polaire. Le Dragon reste encore en d'excellentes conditions d'observation ; Céphée et Cassiopée sont fort élevés. La Chèvre brille dans le ciel du nord-est à une hauteur égale à celle de la Polaire. Les Gémeaux se lèvent à l'horizon nord-est.

(Dans la nuit du 13 au 14, l'essaim d'étoiles filantes, connu sous le nom de Léonides, rayonne principalement d'un point situé vers x du Lion. Ces météores appartiennent à l'orbite de la comète I, 1866. Un maximum remarquable se reproduit avec une périodicité de 33 ans : 1833, 1866, 1899. — Dans la nuit du 27 au 28, on peut s'attendre à retrouver des étoiles filantes appartenant à la succession de la comète de Biéla.)

### PRINCIPAUX OBJETS CÉLESTES
#### EN ÉVIDENCE POUR L'OBSERVATION.

Cassiopée et Andromède sont trop élevées pour être facilement observables dans les lunettes.

Cygne : la belle étoile double β; o, μ, la 61°.

Aigle : γ. — Dauphin : γ. — Flèche ζ.

Lyre : ε, δ, ξ, η; Véga.

Pégase : ε, π, 1, 3. — Petit Cheval : γ et 1.

Verseau : ζ, τ, 83 *h*, ψ¹, 94.

Capricorne : α et β; ρ et o.

Andromède : la Nébuleuse.

Poissons : α, ζ, ψ¹. — Bélier : γ.

Baleine : *Mira*, γ, 37.

Les Pléiades (œil nu et jumelle).

L'amas de Persée (jumelle). Algol; ε et η.

Taureau : Aldébaran et son compagnon; couples écartés θ, x, σ (jumelle). Variable λ.

Cocher : double 14.

Céphée : double et variable δ; β, x, ξ.

Dragon : ν, ψ, o, μ.

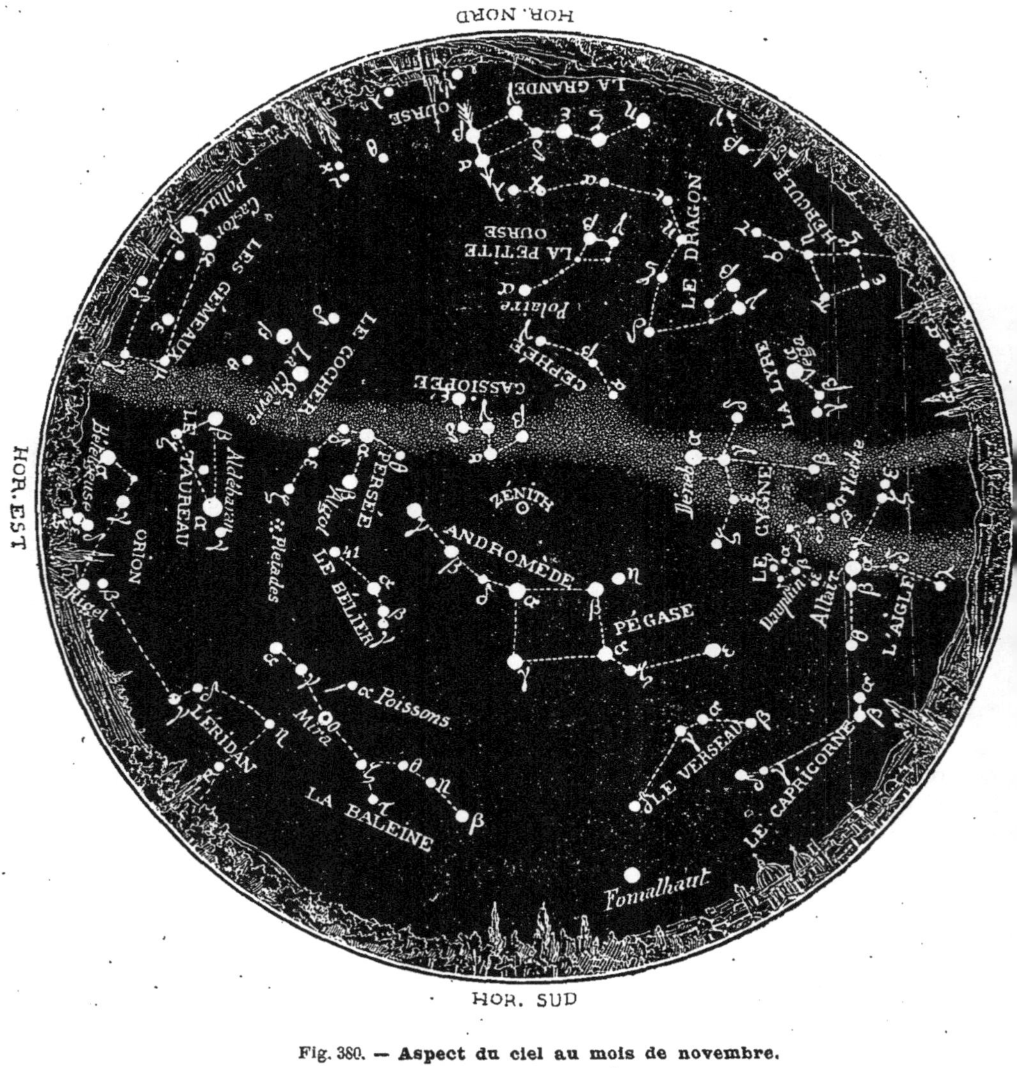

Fig. 380. — **Aspect du ciel au mois de novembre.**

# DÉCEMBRE.

Le zénith est marqué par les étoiles γ Andromède, Algol et θ Persée Les Pléiades sont déjà arrivées dans les hauteurs du ciel, en plein *sud*, précédées par le Bélier et suivies par Aldébaran. La Baleine et l'Éridan allongent dans le sud leurs courants d'étoiles. Pégase trône au sud-ouest, à une hauteur moyenne; le Verseau touche l'horizon.

Le Géant Orion s'élève majestueusement au sud-est.

Une verticale descendant de γ Andromède sur α du Bélier, α des Poissons et traversant la Baleine marque le méridien.

A l'*est*, Procyon se lève. Les Gémeaux sont déjà à une certaine hauteur, et, plus haut encore, on remarque les deux étoiles α et β du Cocher, qui offrent quelque ressemblance avec les Gémeaux, quoique pourtant leur aspect dans le ciel ne donne pas l'idée d'une même fraternité.

A l'*ouest*, le Cygne va se poser sur l'horizon ; l'Aigle disparaît à la limite même de l'horizon; Véga jette ses derniers feux au nord-ouest.

Au *nord*, les sept étoiles du Chariot ont glissé lentement sans se coucher; la Petite Ourse et le Dragon sont également à la partie inférieure de leur cours. Au contraire, Céphée et Cassiopée planent dans les hauteurs.

(Dans les nuits du 6 au 13, on a vu, surtout autrefois, des pluies d'étoiles d'une intensité exceptionnelle, émanant principalement d'un point situé à l'ouest de Castor, vers τ des Gémeaux, et d'un point situé dans la tête du Petit Lion, vers λ et μ de la Grande Ourse.)

## PRINCIPAUX OBJETS CÉLESTES
### EN ÉVIDENCE POUR L'OBSERVATION.

Les Pléiades. — Aldébaran. — θ, x, σ du Taureau. Variable λ.

*Mira Ceti.* — Doubles γ et 37.

Variable *Algol.* Amas de Persée.

La Nébuleuse d'Andromède.

Doubles γ du Bélier et α ζ, ψ' des Poissons.

L'Éridan : 32 et 40 o².

Orion : la Nébuleuse; les doubles δ, λ, σ, ι.

Gémeaux : Castor; δ, ζ, x; l'amas M. 35.

Pégase : ε, π, 1, 3.

L'étoile 14 Cocher.

L'étoile variable et double δ Céphée; β, x, ε.

L'étoile triple o du Cygne; la double μ; β est un peu basse, mais on peut encore l'admirer les deux premières heures de la nuit.

L'étoile polaire peut être observée en de meilleures saisons. Néanmoins elle reste constamment à son poste, dans l'attente de ses admirateurs.

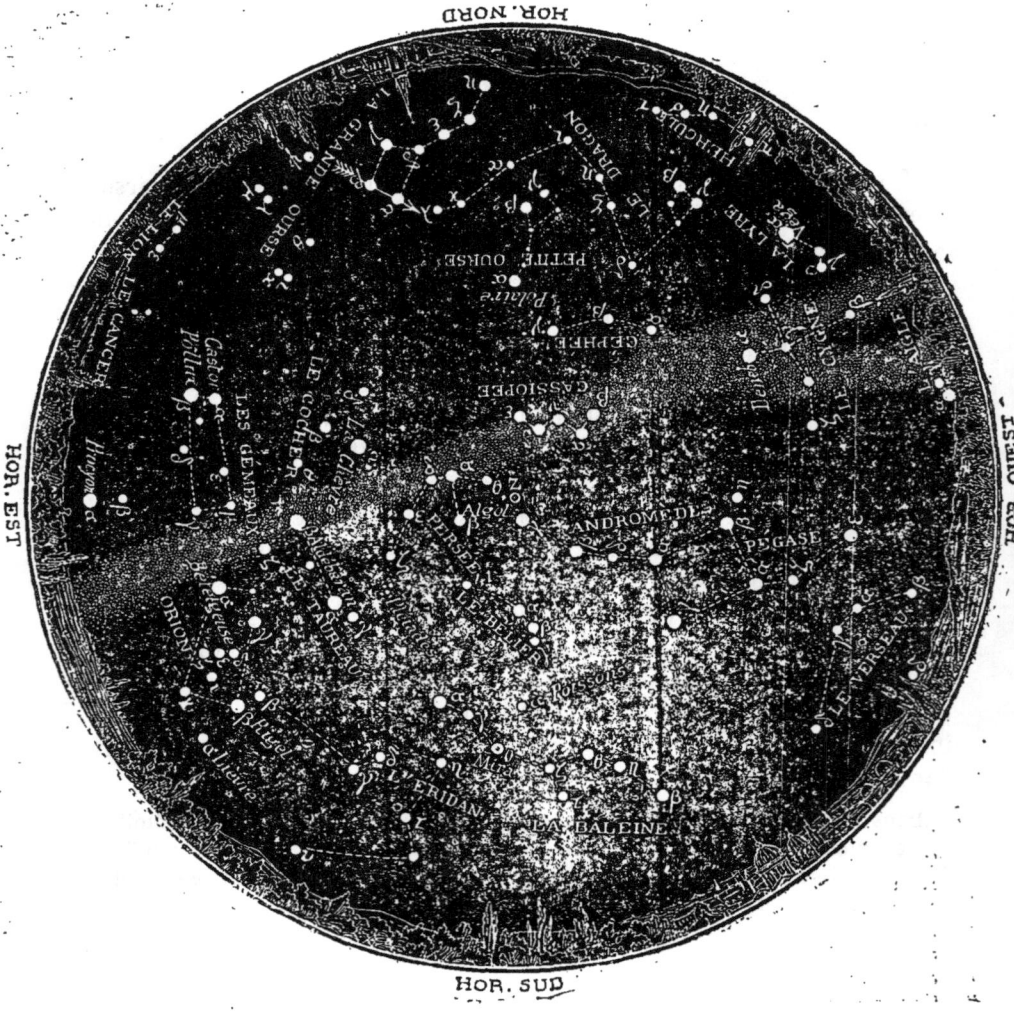

Fig. 381. — **Aspect du ciel au mois de décembre.**

# LISTE GÉNÉRALE DES CONSTELLATIONS

A L'AIDE DE LAQUELLE

ON PEUT LES TROUVER IMMÉDIATEMENT DANS LE CIEL

## A

CONSTELLATIONS ESSENTIELLES, GRAVÉES SUR LES CARTES DE REPÈRE,

**inscrites du nord au sud.**

| Constellations. | Cartes et saisons. | Description. Pages. | Figures. Pages. |
|---|---|---|---|
| Petite Ourse . . . . . . . . | Toute l'année. . . . . . | 15 à 22 | 16,9 |
| Grande Ourse . . . . . . . | id. . . . . . . | 94 à 116 | 24,102,97 |
| Dragon. . . . . . . . . . | id. . . . . . . | 25 à 36 | 24,25,9 |
| Céphée. . . . . . . . . . . . | id. . . . . . . | 36 à 42. | 24,9 |
| Cassiopée . . . . . . . . . | id. . . . . . . | 48 à 64 | 24,50,54 |
| Chiens de chasse. . . . . . | Janvier à septembre . . | 118 à 126 | 102,119,121 |
| Chevelure . . . . . . . . . | Février à septembre . . | 126 à 128 | 102,119,121 |
| Bouvier; ARCTURUS. . . . . | Mars à septembre . . . | 129 à 142 | 132,137,121 |
| Couronne boréale . . . . . . | Mars à octobre. . . . . | 142 à 151 | 132,137,121 |
| Hercule . . . . . . . . . . | Avril à novembre. . . . | 218 à 228 | 244,223,193 |
| Lyre; VÉGA . . . . . . . . . | Mai à décembre . . . . | 210 à 218 | 211,214,193 |
| Cygne; DENEB . . . . . . . | Mai à janvier . . . . . | 188 à 206 | 211,188,191 |
| Cocher; CAPELLA. . . . . . | Septembre à juin. . . . | 152 à 162 | 154,159,153 |
| Persée; *Algol* . . . . . . . . | Août à mai . . . . . . | 83 à 93 | 65 (f. 40) 83, 89 |
| Andromède. . . . . . . . . | Juillet à mars . . . . . | 65 à 79 | 65 (f. 40 et 41) |
| Pégase. . . . . . . . . . . | Août à février . . . . . | 166 à 174 | 166,171,169 |
| Dauphin. . . . . . . . . . | Juin à novembre. . . . | 177 à 180 | 169,177 |
| Flèche. . . . . . . . . . . | Juin à novembre. . . . | 239 à 243 | 239 |
| Aigle; ALTAÏR . . . . . . . | Juin à novembre. . . . | 229 à 236 | 211,232,241 |
| Ophiuchus et le Serpent . . . | Mai à octobre . . . . . | 243 à 259 | 244,245,241 |
| Poissons. . . . . . . . . . | Août à février . . . . . | 263 à 270 | 263,264,265 |
| Bélier . . . . . . . . . . . | Septembre à mars. . . | 271 à 274 | 263,264,265 |
| Taureau; ALDÉBARAN. . . . . | Octobre à avril. . . . . | 275 à 308 | 276,283,281 |
| Pléiades. . . . . . . . . . | Octobre à avril. . . . . | 289 à 305 | 290,291 |
| Gémeaux; CASTOR et POLLUX. | Novembre à mai . . . . | 308 à 321 | 313,281 |
| Cancer. . . . . . . . . . . | Décembre à juin . . . . | 327 à 342 | 331,329 |
| Lion; RÉGULUS. . . . . . . | Janvier à juillet . . . . | 343 à 360 | 349,329 |
| Vierge; L'ÉPI . . . . . . . . | Février à août. . . . . | 362 à 383 | 362,367,369 |
| Balance . . . . . . . . . . | Mars à septembre . . . | 383 à 391 | 385,369 |
| Scorpion; ANTARÈS. . . . . | Avril à octobre. . . . . | 392 à 408 | 397,401 |
| Sagittaire . . . . . . . . . | Mai à novembre . . . . | 408 à 418 | 411,401 |
| Capricorne. . . . . . . . . | Juin à décembre. . . . | 419 à 426 | 420,421,425 |
| Verseau . . . . . . . . . . | Juillet à janvier . . . . | 426 à 437 | 428,429,425 |
| Petit Chien; PROCYON. . . . | Décembre à mai. . . . | 322 à 326 | 313,281 |
| Orion . . . . . . . . . . . | Novembre à avril . . . | 447 à 470 | 449,453,281 |
| Hydre, Corbeau, Coupe. . . . | Février à juin . . . . . | 527 à 536 | 531,535,529 |
| Grand Chien; SIRIUS . . . . | Janvier à avril. . . . . | 470 à 493 | 449,475 |
| Lièvre. . . . . . . . . . . | Janvier à avril. . . . . | 516 à 520 | 453,475,501 |
| Colombe. . . . . . . . . . | Janvier et février . . . | 542 à 543 | 475,543 |
| Éridan. . . . . . . . . . . | Décembre à février. . . | 507 à 516 | 501,505 |
| Baleine; *Mira* . . . . . . . . | Octobre à février. . . . | 494 à 503 | 264,501,505 |
| Poisson austral; FOMALHAUT . | Octobre et novembre. . | 553 à 554 | 428,553 |

# B

## CONSTELLATIONS SECONDAIRES

NON GRAVÉES SUR LES CARTES DE REPÈRE, A TROUVER A L'AIDE DE LEURS VOISINES.

# TABLE ALPHABÉTIQUE

## DE TOUTES LES CONSTELLATIONS

## RÉCAPITULATION MÉTHODIQUE DES CURIOSITÉS DU CIEL

PAR CONSTELLATIONS

L'abondance des richesses explorées dans notre description générale du ciel, l'étendue et la diversité des horizons découverts, les recherches historiques inspirées par l'étude des constellations, les dissertations d'intérêt général auxquelles nous a conduit l'examen de tant de faits astronomiques, occupent une si vaste place dans ce recueil, malgré l'absolue concision dont nous ne nous sommes pas un seul instant départi, que lorsqu'on veut chercher les curiosités sidérales à observer directement au ciel, on ne les trouve pas sans avoir à feuilleter et à parcourir un certain nombre de pages. Or, si un jour, par quelque belle soirée, on éprouve le désir de s'initier directement à la connaissance du ciel, il importe de ne perdre d'abord aucun temps en recherches, et il est essentiel d'avoir immédiatement sous la main les documents utiles. Aussitôt donc que par les douze cartes précédentes on aura trouvé la constellation que l'on désire visiter, on sera satisfait d'avoir sous les yeux la récapitulation méthodique de ce que l'on peut y observer d'intéressant. Ou, réciproquement, étant donnée cette récapitulation, si l'on désire observer, vérifier, étudier un objet céleste quelconque, il suffira de se reporter aux cartes et explications précédentes pour le trouver rapidement dans le ciel. C'est, du reste, par la pratique même des observations indiquées dans ce recueil que l'un de ses lecteurs assidus (¹) a été conduit à insister près de moi sur l'ur-

(1) M. Towne, de Dampont, dont l'observatoire particulier est maintenant transféré sur les hauteurs de Clamart, près Paris.

Je saisis avec empressement cette circonstance pour remercier en même temps cet astronome amateur de m'avoir signalé les fautes typographiques et les incorrections inséparables de la première édition d'un travail comme celui-ci. N'est-il pas naturel, d'ailleurs, que tous ceux qui s'intéressent à une même science (surtout à une science telle que la nôtre) s'associent au moins par la pensée et se communiquent les idées de progrès et d'utilité qui peuvent leur être inspirées? Nous fondons en ce moment en France, sans nous en douter, nous tous, auteur et lecteurs de cet ouvrage sur *les Étoiles*, une association confraternelle pour notre instruction dans la science *réelle et pour notre plus grand plaisir intellectuel, et c'est à nous tous à chercher* ensemble les moyens les plus pratiques de rendre cette éducation scientifique, facile

gence de publier ici une récapitulation générale des curiosités de
chaque constellation, et à préparer même les notes sur lesquelles je
l'ai rédigée. Ce travail résume sous une forme facile à consulter les
540 premières pages de cet ouvrage, consacrées aux constellations
visibles en France.

Cette récapitulation suit l'ordre dans lequel les constellations ont
été décrites, à moins de circonstances spéciales facilitant la recherche,
et elle en présente successivement les principales curiosités : étoiles
doubles ou multiples, étoiles variables ou colorées, étoiles à mouvements propres rapides ou dont la parallaxe est connue, amas d'étoiles
ou nébuleuses, sujets quelconques d'observations intéressantes.

La disposition de ce catalogue s'explique d'elle-même. La première colonne
donne le nom, la lettre ou le numéro de l'étoile, lorsqu'elle peut être ainsi désignée ; dans le cas contraire, sa position est rappelée à la colonne des observations, et au surplus la page où sa description a été faite est indiquée par la dernière colonne. Vient ensuite l'indication de la nature de l'objet céleste signalé :
si c'est une étoile simple (smp), double (dbl), triple (trp), quadruple (qdp),
multiple (mtp), variable (var), un amas (am) ou une nébuleuse (néb). On
trouve ensuite la grandeur des étoiles et leur écartement angulaire, puis le
résumé de l'intérêt spécial qui recommande l'objet signalé à l'attention de l'observateur. Enfin, en se reportant aux pages indiquées, on retrouvera l'histoire
céleste de chaque étoile, la description de chaque curiosité. — Pour les véritables
observateurs du ciel, les treize pages qui suivent seront certainement les plus
fatiguées de leur exemplaire.

et progressive. Ce n'est peut-être pas l'observatoire populaire que nous avons émis
l'idée de fonder à Paris qui réaliserait le mieux ce but. L'éducation astronomique
n'étant pas encore faite, il est peut-être plus naturel de commencer par elle. Que
chacun apprenne d'abord dans les livres les éléments de l'astronomie, et étudie le ciel
à loisir, suivant ses goûts personnels et le temps dont il dispose, d'abord à l'œil nu, ensuite à l'aide de jumelles ou de petits instruments, comme l'industrie optique actuelle
en fournit aujourd'hui si facilement. Ensuite, un observatoire populaire dans chaque
centre important serait le complément logique de cette éducation scientifique, qui
gagnera beaucoup à être d'abord personnelle. Il y a là une question à étudier ensemble. L'important aussi serait d'avoir une *Revue* astronomique, qui traitât les
grands sujets d'actualité, si palpitants d'intérêt, présentés par l'observation du ciel
faite constamment dans tous les observatoires, et qui nous tînt au courant des découvertes et des progrès accomplis dans la connaissance générale de l'univers. — Nous
en reparlerons plus loin.

# RÉCAPITULATION DES CURIOSITÉS PRINCIPALES

## DE CHAQUE CONSTELLATION

### PETITE OURSE

| Étoiles | Nature | Grandeurs | Distance | Observations | Pages |
|---|---|---|---|---|---|
| γ | dbl | 3,0—5,8 | 57′ | Une bonne vue distingue la petite voisine. | 19 |
| α | dbl | 2,9—9,5 | 18″6 | Jaune et bleuâtre. Assez diffic. à dédoubler. | 19 |
| π | dbl | 6,5—7,5 | 30″ | Jaune et bleuâtre. Très facile. . . . . . . | 21 |
| 5 | dbl | 4,8—11 | 45″ | La petite est à peine visible. . . . . . . . | 21 |
| anonyme | dbl | 7,5—9 | 2′ | L'étoile assez brill. la pl. pr. de la polaire. | 40 |
| » | var | 5 à 10 | » | Var. R Céphée, entre α et δ Petite Ourse. | 41 |

### DRAGON

| Étoiles | Nature | Grandeurs | Distance | Observations | Pages |
|---|---|---|---|---|---|
| ν | dbl | 4,7—4,7 | 62″ | Une jumelle suffit. . . . . . . . . . . . . | 31 |
| ο | dbl | 4,7—8,5 | 32″ | Jaune d'or et lilas. Beau contraste . . . . | 31 |
| ψ | dbl | 4,8—6,0 | 31″ | Jaune et lilas. Très facile. . . . . . . . . | 32 |
| 40 | dbl | 5,5—6,0 | 20″ | Très facile. Beau couple. . . . . . . . . . | 32 |
| η | dbl | 3,0—10 | 4″7 | Très difficile. . . . . . . . . . . . . . . | 33 |
| 17 | trp | 6—6—6,5 | 4″-90″ | La 2ᵉ est presque en contact avec la 1ʳᵉ. . | 32 |
| ε | dbl | 4,4—8 | 2″9 | Difficile. Or et azur. . . . . . . . . . . | 33 |
| μ | dbl | 5,0—5,0 | 2″5 | Beau système. Mouvement orbital rapide. . | 33 |
| σ | smp | 5,0 | » | L'une des plus proches de la Terre. . . . . | 33 |
| H. ιv.37 | néb | » | » | Nébuleuse en gaz lumineux. Azote et hydrogène. . . . . . . . . . . . . . . . | 33 |

### CÉPHÉE

| Étoiles | Nature | Grandeurs | Distance | Observations | Pages |
|---|---|---|---|---|---|
| δ | var | 3,7 à 4,9—7,0 | 41″ | Double et var. Période tr. rapide: 5ʲ 8ʰ 47ᵐ; curieuse à suivre. . . . . . . . . . . . | 40 |
| μ | var | 4 à 6 | » | Étoile rouge grenat très remarquable. . . | 38 |
| κ | dbl | 4,5—8,5 | 7″3 | Couple délicat. . . . . . . . . . . . . . | 42 |
| ξ | dbl | 5,0—7,6 | 6″6 | Système physique en mouvement. . . . . . | 42 |
| β | dbl | 3,4—8 | 14″ | Couple assez facile . . . . . . . . . . . | 41 |
| ο | var | 5,4—8 | 2″5 | Jaune et bleue. Beau contraste. ο variable. | 37 |

### GIRAFE

| Étoiles | Nature | Grandeurs | Distance | Observations | Pages |
|---|---|---|---|---|---|
| P.ιv.269 | dbl | 5,0—8 | 19″ | Étoile double en mouvement rapide. . . . | 46 |
| P.xii.230 | dbl | 5,8—6,4 | 22″ | Près de la polaire, facile à dédoubler . . . | 45 |
| 11 | dbl | 5,6—6,2 | 3′ | Très écartées. Jumelle. . . . . . . . . . | 46 |
| 7 | dbl | 4,0—11,5 | 26″ | La compagne est sombre : cendre mouillée. | 42 |

## CASSIOPÉE

| Étoiles | Nature | Grandeurs | Distances | Observations | Pages |
|---|---|---|---|---|---|
| *1572 | var | 1 à? | » | Fameuse étoile temporaire. A rechercher. | 64 |
| γ | smp | 3 | » | Constitution chimique rare. Spectre double. | 60 |
| μ | smp | 5,5 | » | Mouvement propre très rapide . . . . . . | 61 |
| η | dbl | 4,2—7 | 5"3 | Système physique important . . . . . . . | 58 |
| ι | trp | 4,5—7,0—8,4 | 2"—7"6 | Système ternaire remarquable. . . . . . . | 60 |
| ψ | trp | 5,5—9—10 | 29"—3" | Étoile triple délicate . . . . . . . . . . | 56 |
| P. XXIII. 101. | trp | 5—7,5—8 | 74"—1"5 | Compagnon difficile à dédoubler . . . . . | 60 |
| σ | dbl | 5,3—8 | 3" | Couple délicat. . . . . . . . . . . . . | 60 |
| Σ 3062 | dbl | 6,9—7,5 | 1"4 | Système orbital très serré et très rapide . | 59 |
| H.VI.30 | am | » | » | Amas. Fine poussière d'étoiles . . . . . . | 64 |

## ANDROMÈDE

| Étoiles | Nature | Grandeurs | Distances | Observations | Pages |
|---|---|---|---|---|---|
| γ | trp | 2,2—5,5—6,5 | 10"—0"5 | *Orange, verte et bleue.* Couple splendide. Comp. très difficile à dédoubler. . . . . | 74 |
| π | dbl | 4,4—9 | 36" | Compagnon faible. . . . . . . . . . . . | 75 |
| 56 | dbl | 6—6 | 2'56" | Très écartées. Jumelle. . . . . . . . . . | 75 |
| M.31 | néb | » | » | Fameuse nébuleuse d'Andromède . . . . . | 77 |

## TRIANGLE

| Étoiles | Nature | Grandeurs | Distances | Observations | Pages |
|---|---|---|---|---|---|
| 6 | dbl | 5,5—6,5 | 3"7 | Jaune d'or et vert bleu. Très jolie. . . . . | 80 |
| M.33 | néb | » | » | Nébul. étendue mais mal définie. . . . . . | 80 |

## LÉZARD

| Étoiles | Nature | Grandeurs | Distances | Observations | Pages |
|---|---|---|---|---|---|
| 4 | smp | 5 | » | Étoile orangée ; étoile bleue dans le voisinage. Beau champ. . . . . . . . . . . | 83 |

## PERSÉE

| Étoiles | Nature | Grandeurs | Distances | Observations | Pages |
|---|---|---|---|---|---|
| β | var | 2,3 à 4,3 | » | Variation très rapide, observable à l'œil nu : 2ʲ 20ʰ 48ᵐ . . . . . . . . . . . . . | 86 |
| ρ | var | 3,4 à 4,2 | » | Variable à suivre . . . . . . . . . . . . | 90 |
| η | dbl | 4,2—8,5 | 28" | Jaune et bleue. Système physique. . . . . | 90 |
| ε | dbl | 3,3—8,5 | 9" | Système physique. . . . . . . . . . . . | 90 |
| θ | trp | 4,4—10—10 | 15"—68" | Les compagnons sont faibles . . . . . . . | 91 |
| ξ | qdp | 3—10—12—11 | 13"83"121" | Très difficile . . . . . . . . . . . . . . | 90 |
| P.II.220 | dbl | 6—8 | 12" | Facile. Jolie. . . . . . . . . . . . . . | 91 |
| Σ.563 | dbl | 7,5—9 | 12" | Couple délicat. . . . . . . . . . . . . | 91 |
| H.IV.33 | am | » | » | Amas princip. de Persée. Vis. à l'œil nu. | 92 |
| M.34 | am | » | » | Bel amas; non loin d'Algol. Jumelle . . . | 92 |

## GRANDE OURSE

| Étoiles | Nature | Grandeurs | Distances | Observations | Pages |
|---|---|---|---|---|---|
| Mizar | dbl | 2,4—5,0 | 11'48" | Mizar et Alcor, visibles à l'œil nu. . . . . | 105 |
| id. | dbl | 2,4—4,0 | 14"5 | Splendide. Très lumineuse. . . . . . . . | 106 |
| ξ | dbl | 3,6—5,0 | 1"7 | Système orbital en mouvement rapide. . . | 109 |
| ν | dbl | 3,3—10 | 7" | Jaune et bleue. Système fixe . . . . . . . | 108 |
| 23 h | dbl | 4,2—9 | 22" | Système fixe. . . . . . . . . . . . . . . | 113 |
| σ | dbl | 5,3—9 | 2"6 | Le compagnon se rapproche. . . . . . . . | 113 |
| 57 | dbl | 5,9—8 | 5"5 | Beau couple. . . . . . . . . . . . . . . | 114 |
| ι | dbl | 3,4—12 | 12" | Tr. difficile. Compagnon minuscule. . . . | 113 |
| 1830 | smp | 7 | » | Étoile dont le mouv. propre est le pl. rapide. | 114 |

| Étoiles | Nature | Grandeurs | Distance | Observations | Pages |
|---|---|---|---|---|---|
| 21185 | smp | 7,5 | » | Étoile à mouvement propre très rapide. . | 115 |
| 21258 | smp | 8,5 | » | Étoile à mouvèment propre très rapide . . | 115 |

### CHIENS DE CHASSE

| | | | | | |
|---|---|---|---|---|---|
| α | dbl | 3,2—5,7 | 20″ | Jaune d'or et lilas. Superbes . . . . . . . | 118 |
| 2 | dbl | 6—9 | 11″ | Jaune d'or et azur. Beau couple . . . . . . | 119 |
| M.51 | néb | » | » | Fameuse nébul. en spirale. 6′ de diamètre. | 122 |
| M.3 | ams | » | » | Amas d'un millier d'étoiles. 6′ de diamètre. | 125 |

### CHEVELURE

| | | | | | |
|---|---|---|---|---|---|
| 24 | dbl | 5,6—7 | 21″ | Orange et lilas. Ravissantes . . . . . . . | 128 |
| 35 | trp | 5,7—8—8,2 | 28″—1″4 | Système ternaire. La 2ᵉ couple orbital . . | 128 |
| 12 | dbl | 5,4—8 | 66″ | Très écartées : petite lunette . . . . . . . | 128 |
| 42 | dbl | 6=6 | 0″5 | Système orbital tr. serré et tr. rapide. . . | 128 |

### BOUVIER

| | | | | | |
|---|---|---|---|---|---|
| Arcturus | smp | 1,2 | » | Soleil jaune ardent. Mouv. propre rapide. | 135 |
| 34 | var | 4,5 à 6 | » | La période paraît être de 369 jours . . . . | 138 |
| ε | dbl | 2,4—6,5 | 2″9 | Jaune d'or et bleue. « Pulcherrima. ». . | 138 |
| π | dbl | 4,3—6 | 6″ | Couple charmant . . . . . . . . . . . . | 139 |
| ξ | dbl | 4,5—6,5 | 4″2 | Jaunes rougeâtres. Système orbital rapide. | 139 |
| χ | dbl | 5,0—7,0 | 12″8 | Très jolie. Facile . . . . . . . . . . . . . | 142 |
| 44 i | dbl | 5,0—6,0 | 4″8 | Système orbital rapide . . . . . . . . . . | 141 |
| ι | dbl | 4,6—8 | 38″ | Système physique . . . . . . . . . . . . | 140 |
| p.XIV.69 | dbl | 5,3—6,8 | 6″1 | Beau couple. . . . . . . . . . . . . . . | 142 |
| 39 | dbl | 5,6—6,5 | 3″6 | Très facile. Système physique . . . . . . | 140 |
| δ | dbl | 3,4—8,5 | 110″ | Couple très écarté . . . . . . . . . . . | 138 |
| η | trp | 4,4—7—8 | 108″—0″7 | Système ternaire d'une vaste étendue. . . | 141 |
| ζ | dbl | 3,6—4,2 | 0″9 | Très serrée. Très difficile. . . . . . . . | 139 |

### COURONNE BORÉALE

| | | | | | |
|---|---|---|---|---|---|
| T | var | 2 à 9,5 | » | Étoile de 1866. A surveiller . . . . . . . | 143 |
| ζ | dbl | 4,5—6,0 | 6″4 | Beau couple . . . . . . . . . . . . . . | 149 |
| σ | dbl | 6,0—7,0 | 3″5 | Système orbital rapide . . . . . . . . . . | 149 |
| η | dbl | 5,3—5,5 | 0″6 | Système orbital très rapide. Très serré. . | 150 |

### COCHER

| | | | | | |
|---|---|---|---|---|---|
| Capella | smp | 1,3 | » | Soleil jaune pâle. Parallaxe mesurée. . . | 154 |
| 14 | dbl | 5,3—7,5 | 15″ | Il y a une 3ᵉ étoile, de 11ᵉ gr. à 12″ . . . . | 160 |
| 4 ω | dbl | 5,8—8 | 6″3 | Couple délicat . . . . . . . . . . . . . | 160 |
| M.37 | am | » | » | Bel amas : plus de cinq cents étoiles. . . . | 162 |
| M.38 | am | • | » | Ressemble un peu à une croix . . . . . | 162 |

### LYNX

| | | | | | |
|---|---|---|---|---|---|
| 19 | dbl | 5,4—7 | 14″ | Beau couple, stationnaire. Facile. . . . . | 165 |
| 20 | dbl | 7,5=7,5 | 15″ | Système fixe. Étoiles égales. . . . . . . | 165 |
| 38 | dbl | 3,8—7 | 2″8 | Système physique. . . . . . . . . . . | 164 |
| 12 | trp | 5,8—6,5—7,5 | 1″4—8″3 | Système ternaire en mouvement . . . . . | 165 |

## PÉGASE

| Étoiles | Nature | Grandeurs | Distances | Observations | Pages |
|---|---|---|---|---|---|
| 85 | dbl | 6,0—9 | 15″ | Double optique. Mouvement rapide. . . . | 172 |
| 3 | dbl | 6,0—8 | 39″ | Couple facile . . . . . . . . . . . . . . . . | 172 |
| 1 | dbl | 4,4—9 | 36″ | Facile. Compagnon faible. . . . . . . . . | 171 |
| ε | dbl | 2,8—9 | 2′18″ | Compagnon faible et très écarté.!. . . . . | 171 |
| π | dbl | 4,2—5,0 | 12′ | Type de Mizar et Alcor. Jumelle. . . . . . | 171 |
| M. 15 | am | » | » | Petit amas très riche. . . . . . . . . . . | 174 |

## PETIT CHEVAL

| Étoiles | Nature | Grandeurs | Distances | Observations | Pages |
|---|---|---|---|---|---|
| γ | dbl | 4,5—6,0 | 6′ | Type de Mizar et Alcor. Jumelle . . . . . | 175 |
| 1 ε | trp | 5,4—7,5—7,5 | 11″;0″9 | Beau couple. La petite est une double serrée. Ternaire . . . . . . . . . . . . . . . | 176 |
| δ | trp | 4,5—5—10 | 0″2;37″ | Triple non ternaire. Système orbital très serré et très rapide. . . . . . . . . . . | 176 |

## DAUPHIN

| Étoiles | Nature | Grandeurs | Distances | Observations | Pages |
|---|---|---|---|---|---|
| γ | dbl | 3,4—6,0 | 11″ | Orange et verte, fort jolie. Système orbital. | 179 |
| x | dbl | 4,8—11 | 10″ | Compagnon minuscule . . . . . . . . . . | 180 |
| β | dbl | 3,3—10 | 35″ | Compagnon minuscule . . . . . . . . . . | 180 |
| Σ 2703 | trp | 7,6—7,6—7,8 | 26″—69″ | Belle étoile triple près β du Dauphin. . . | 179 |

## CYGNE

| Étoiles | Nature | Grandeurs | Distances | Observations | Pages |
|---|---|---|---|---|---|
| χ² | var | 4,5 à 13 | » | Variable curieuse : de 4 1/2 à 13 en 406 jours. | 192 |
| 34 P | var | 3 à 6 | » | Étoile de 1600. Paraît stable aujourd. à 5 1/2. | 194 |
| près β | var | 3 à 9 | » | Étoile de 1670, très probablement. A vérifier. | 194 |
| près de ρ | var | 3 à 12 | » | Étoile de 1876. Région curieuse pour ces variations. . . . . . . . . . . . . . . | 176 196 |
| T | var | 5 à 6 | » | Près de ε. Var. à suivre. . . . . . . . . | 197 |
| R | var | 7 à 14 | » | Près de θ. Maximum visible à la jumelle. | 197 |
| β | dbl | 3,5—6,0 | 34″ | Jaune d'or et saphir. L'une des plus belles du ciel. (Très facile.) . . . . . . . . . . | 197 |
| o² | trp | 4,3—7,5—5,5 | 107″—338″ | Jaune et bleues. Très écartées. Jumelle.. | 199 |
| ψ | dbl | 5,3—8 | 3″5 | Couple assez serré . . . . . . . . . . . | 206 |
| μ | trp | 4,6—6,0—7,5 | 3″7—210″ | Système orbital et groupe de perspective.. | 199 |
| 61° | dbl | 5,5—6,0 | 20″ | L'étoile boréale la plus proche de la Terre. Très curieux système. . . . . . . . . . | 204 |
| 16 c | dbl | 6,0—6,5 | 37″ | Stationnaires . . . . . . . . . . . . . . | 206 |
| 17 χ' | dbl | 5,3—8 | 26″ | Système physique. Mouv. pr. assez rapide. | 200 |
| Σ 2576 | dbl | 8=8 | 3″ | Système en connexion avec le précédent. | 200 |
| 52 | var | 4,6—9 | 7″ | Orange (var.) et bleue. . . . . . . . . . | 206 |
| δ | var | 2,9—8 | 1″6 | La petite est variable. . . . . . . . . . | 206 |

## PETIT RENARD

| Étoiles | Nature | Grandeurs | Distances | Observations | Pages |
|---|---|---|---|---|---|
| M. 20 | am | 9 à 13 | » | Curieux amas, composé de 104 étoiles de 9° à 13° grandeur. . . . . . . . . . . . | 209 |
| M. 27 | néb | » | » | Nébuleuse double « Dumbbell ». . . . . . | 208 |

## LYRE

| Étoiles | Nature | Grandeurs | Distances | Observations | Pages |
|---|---|---|---|---|---|
| Véga | dbl | 1,2 | » | Était étoile polaire il y a 14000 ans et le redeviendra dans 12000. . . . . . . . | 212 |

| Étoiles | Nature | Grandeurs | Distance | Observations | Pages |
|---|---|---|---|---|---|
| Véga | dbl | 1,2—9 | 47″ | Blanche, très brillante. Compagnon minuscule. Perspective | 213 |
| ε | qdp | 5—6 | 207″ | Couple tr. écarté. Jumelle. Tr. remarquable. | 215 |
| ε² | dbl | 5,5—6 | 2″4 | La plus brillante des deux précédentes. | 215 |
| ε¹ | dbl | 6—7 | 3″2 | Système quadruple avec la précédente. | 215 |
| ζ | dbl | 4,5—5,5 | 44″ | Jaune et verte. Couple écarté. | 216 |
| η | dbl | 4,6—9 | 28″ | Bleuâtres. Compagnon faible | 216 |
| δ | dbl | 4,5—5,5 | 12′ | Œil nu et jumelle. Type de Mizar | 216 |
| β | var | 3,4 à 4,5 | » | Curieuse étoile. Période rapide : 12 j. 21ʰ51ᵐ. | 214 |
| R | var | 4 à 5 | » | La période est de 46 jours. | 214 |
| M.57 | néb | » | » | Nébuleuse annulaire de la Lyre. | 217 |
| M.56 | am | » | » | Globulaire. 3′ de diamètre. Plusieurs centaines d'étoiles | 217 |

### HERCULE

| | | | | | |
|---|---|---|---|---|---|
| α | var | 4—5,5 | 4″7 | *Orange et émeraude.* Couple charmant. α varie de 3,1 à 3,9 | 224 |
| ρ | dbl | 4,0—5,5 | 3″7 | Beau couple. | 226 |
| κ | dbl | 5,5—6,4 | 30″ | Très facile. Petit instrument. | 226 |
| 95 | dbl | 5,5—5,8 | 6″ | *Jaune d'or et azur.* Couple ravissant. | 226 |
| δ | dbl | 3,6—8 | 18″ | Difficile à dédoubler : la petite est violette. | 226 |
| ζ | dbl | 3,0—6 | 1″3 | Système orbital. L'un des plus rap. du ciel. | 226 |
| M.13 | am | » | » | Fameux amas d'Hercule. L'un des plus merveilleux du ciel. Jumelle | 227 |
| M.92 | am | » | » | Très bel amas également; moins facile à résoudre. | 228 |
| 68 u | var | 4 à 6 | » | La période est de 40 jours. | 225 |

### AIGLE

| | | | | | |
|---|---|---|---|---|---|
| Altaïr | dbl | 1,7—10 | 2′36″ | Groupe optique. Très écarté. | 234 |
| η | var | 3,5 à 4,7 | » | Variable très rapide : 7ʲ 4ʰ 14ᵐ. | 232 |
| 15 h | dbl | 5,7—7,5 | 35″ | Couple élégant quoique un peu écarté. | 234 |
| 57 | dbl | 6,4—7,0 | 35″ | Analogue au précédent | 234 |
| 11 | dbl | 5,5—9 | 17″ | Couple en mouvement rectiligne | 235 |
| 23 | dbl | 5,7—10 | 3″ | La petite étoile paraît avoir un disque | 235 |
| γ | smp | » | » | L'observer avec jumelle ou petite lunette. Champ constellé | 234 |
| M.11 | am | » | » | Ressemble un peu à un vol d'oiseaux. | 235 |

### ÉCU DE SOBIESKI

| | | | | | |
|---|---|---|---|---|---|
| M.17 | néb | » | » | Nébuleuse ômega, en forme de fer à cheval. | 237 |

### VOIE LACTÉE

| | | | | | |
|---|---|---|---|---|---|
| » | am | 7 à ? | » | Diriger jumelle ou petite lunette vers les régions blanches de l'Aigle, du Cygne, Persée, Cassiopée. — Spectacle inimaginable | 183 |

### FLÈCHE

| | | | | | |
|---|---|---|---|---|---|
| ε | dbl | 5,7—8 | 92″ | Très écartée. Petite lunette. | 240 |
| θ | trp | 6,2—8—7 | 11″—76″ | Système physique et de perspective. | 242 |
| ζ | dbl | 5,5—9 | 8″6 | Système physique. | 242 |

## OPHIUCHUS

| Étoiles | Nature | Grandeurs | Distances | Observations | Pages |
|---|---|---|---|---|---|
| * de 1604 | var | 1 à ? | » | Fameuse étoile temporaire : 1ʳᵉ grandeur à disparition. A rechercher | 248 |
| * de 1848 | var | 4,5 à 11 | » | De 4,5 en 1848. Actuellement de 11ᵉ. | 249 |
| 36 A | dbl | 5,5—6 | 4″3 | Couple remarquable. Voyez le suivant . . | 250 |
| 36A et 30 Scorp. | dbl | 5,5—7 | 14′ | Vaste système physique : ét. dbl accomp. d'une simple à 14′. Mouvement rapide. . | 251 |
| 70 | dbl | 4,4—6 | 2″9 | Système orbital très rapide . | 252 |
| 67 | dbl | 4,5—8 | 55″ | Couple très écarté. * orange voisine. | 254 |
| 39 | dbl | 5,7—7,5 | 12″ | Jaune et bleue. Jolies. | 254 |
| ρ | dbl | 5,0—7,5 | 3″8 | Jaune et bleue. Couple délicat | 254 |
| τ | dbl | 5,2—6 | 1″8 | Système orbital très rapide. | 254 |
| λ | dbl | 3,8—6 | 1″5 | Système orbital rapide. | 254 |
| M.14 | am | » | » | Riche amas, à 6° 1/2 au sud-ouest de γ . | 254 |
| » | am | » | » | Très brillant amas au N.-E. de β. Jumelle. | |

## SERPENT

| Étoiles | Nature | Grandeurs | Distances | Observations | Pages |
|---|---|---|---|---|---|
| θ | dbl | 4,4—5,0 | 21″ | Beau couple. Facile. Système physique. . | 256 |
| δ | dbl | 3,4—5.0 | 3″5 | Système orbital serré. | 256 |
| ν | dbl | 4,6—9 | 51″ | Couple écarté. | 257 |
| 5 | dbl | 5,2—10 | 10″ | La petite étoile est minuscule. | 257 |
| M.5 | am | » | » | Magnifique amas, près de 5 Serpent, souvent classé dans la Balance | 257 |
| » | am | » | » | Amas du Serpent, entre θ et 72 Ophiuchus. Jumelle. | 257 |
| » | am | » | » | Petit amas au nord-est de α. Jumelle. . | 257 |

## POISSONS

| Étoiles | Nature | Grandeurs | Distances | Observations | Pages |
|---|---|---|---|---|---|
| α | dbl | 4—5 | 3″1 | Système physique assez serré. | 268 |
| ζ | dbl | 4,9—6,0 | 24″ | Couple facile. Système physique. | 268 |
| ψ′ | dbl | 5,4—5,4 | 30″ | Près η Andromède. Facile. | 268 |
| 77 | dbl | 6—7 | 33″ | Facile ; écarté. Système physique. | 268 |
| 65 i | dbl | 6—7 | 4″5 | Couple délicat, assez lumineux | 268 |
| 35 | dbl | 6—8 | 12″ | Couple facile. | 269 |
| 51 | dbl | 6—9 | 28″ | Compagnon faible. | 269 |
| 55 | dbl | 6—9 | 6″ | Orange et bleue. Beau contraste . | 268 |

## BÉLIER

| Étoiles | Nature | Grandeurs | Distances | Observations | Pages |
|---|---|---|---|---|---|
| γ | dbl | 4,2—4,5 | 8″9 | Couple brillant. Dédoublée depuis l'an 1664. | 273 |
| 30 | dbl | 6,0—7,0 | 38″ | Dédoublement facile.. | 274 |
| λ | dbl | 5,3—8 | 38″ | Facile. Système physique.. | 274 |
| π | trp | 5,6—8,5—1 | 13″—25″ | Difficile. | 274 |
| 33 | dbl | 5,8—9 | 28″ | La principale est jaunâtre. | 274 |
| 14 | trp | 5,4—10—9 | 82″—106″ | Blanche, bleue et lilas | 274 |
| ε | dbl | 5,0—6,0 | 1″3 | Très serrée. Beau système | 274 |

## TAUREAU

| Étoiles | Nature | Grandeurs | Distances | Observations | Pages |
|---|---|---|---|---|---|
| Pléiades | am | 3ᵉ à 7ᵉˢ | » | Œil nu, jumelle, lunettes et télescopes. L'un des amas les plus intéressants du ciel. | |

| Étoiles | Nature | Grandeurs | Distances | Observations | Pages |
|---|---|---|---|---|---|
| Hyades | am | 4ᵉ à 6ᵉ | » | OEil nu seulement ou jumelle. . . . . . . | 283 |
| α | dbl | 1,6—11 | 115″ | Aldébaran. Rouge. Compagnon impercep-<br>tible. Mouvement curieux. . . . . . . . | 287 |
| λ | var | 3,4 à 4,3 | » | Période rapide : 3ʲ 22ʰ 52ᵐ. . . . . . . . | 285 |
| θ | dbl | 4,2—4,5 | 5′37″ | Très écartées. Jumelle. . . . . . . . . . | 286 |
| σ | dbl | 5,4=5,4 | 7′10″ | Très écartées. Jumelle. . . . . . . . . . | 286 |
| κ | dbl | 4,8—6,5 | 5′40″ | Très écartées. Jumelle. . . . . . . . . . | 286 |
| τ | dbl | 4,5—8 | 62″ | Couple écarté. Petite lunette . . . . . . . | 286 |
| 88 d | dbl | 4,6—9 | 68″ | Couple écarté. Petite lunette . . . . . . . | 286 |
| χ | dbl | 5,7—8 | 19″ | Double, fort élégante . . . . . . . . . . . | 287 |
| φ | dbl | 5,5—8,5 | 56″ | Couple écarté. . . . . . . . . . . . . . | 287 |
| Σ 730 | dbl | 6—7 | 9″8 | Au sud de 119. Double élégante. . . . . . | 287 |
| 111 | dbl | 6—9 | 75″ | Couple écarté, près de 119, au sud de ζ . . | 287 |
| 39 Aᵉ | trp | 6,4—9—9 | 26″—37″ | Groupe de perspective intéressant. . . . . | 287 |
| M.1 | néb | » | » | Nébuleuse du Taureau (crab nebula) à 1°<br>au nord-est de ζ. . . . . . . . . . . . . | 307 |

## GÉMEAUX

| | | | | | |
|---|---|---|---|---|---|
| Castor. | trp | 2,5—3,0—9,5 | 5″6—73″ | L'une des plus belles du ciel. Système<br>orbital important. Ternaire. . . . . . . | 316 |
| Pollux | mtp | 1,9-11-12-10 | 175″205″229″ | Rougeâtre. Compagnons imperceptibles.<br>Très difficile . . . . . . . . . . . . . | 319 |
| ζ | var | 3,7 à 4,5 | » | Période très rapide : 10ʲ 3ʰ 47ᵐ. Double :<br>compagnon de 8ᵉ grandeur à 90″. . . . | 311 |
| η | var | 3,2 à 4,2 | » | Variation lente; période de 230 jours. . . | 312 |
| δ | dbl | 3,8—8 | 7″ | Système orbital en mouvement lent. . . . | 319 |
| κ | dbl | 3,8—9 | 6″ | Orange et bleue. La petite sombre et var. | 320 |
| 38 e | dbl | 5,4—8 | 6″ | Les deux étoiles varient. . . . . . . . . | 320 |
| 61 | dbl | 6—9 | 60″ | Les deux étoiles varient aussi. . . . . . | 320 |
| Σ 1083 | dbl | 8—9 | 6″ | Près de la précédente. Très fine. . . . . | 320 |
| 20 | dbl | 6—7 | 20″ | Variations à observer. . . . . . . . . . | 320 |
| M.35 | am | » | » | Amas des Gémeaux, au nord-est de μ η.<br>Richissime. Jumelle. . . . . . . . . . | 321 |
| H.ɪᴠ.45 | néb | » | » | Curieuse étoile nébul., à 2° sud-est de δ . . | 321 |

## PETIT CHIEN

| | | | | | |
|---|---|---|---|---|---|
| Procyon | mtp | 1—8—8,5—7 | 346″372″652″ | Procyon et ses voisines. . . . . . . . . . | 326 |
| Σ 1126 | dbl | 7,0—7,3 | 1″6 | L'une des voisines de Procyon. Système<br>orbital très serré . . . . . . . . . . . | 326 |

## CANCER

| | | | | | |
|---|---|---|---|---|---|
| Crèche | am | » | » | Amas du Cancer. OEil nu et jumelle. Répu-<br>blique d'étoiles. . . . . . . . . . . . | 333 |
| ι | dbl | 4,5—7 | 30″ | *Pâle orange et bleue.* Beau contraste . . | 336 |
| ζ | dbl | 5,0—5,7—5,4 | 0″8—5″4 | Système ternaire remarquable . . . . . . | 337 |
| φ² | dbl | 6,0—6,5 | 4″8 | Couple brillant . . . . . . . . . . . . . | 336 |
| θ | dbl | 5,5—9 | 60″ | L'écartement est juste de 1′. . . . . . . | 336 |
| 57 | dbl | 5,8—7 | 1″4 | Très serrée. . . . . . . . . . . . . . | 336 |
| Σ 1298 | dbl | 6,5—09 | 4″8 | Jolie double, très fine à l'est de σ¹ . . . . | 336 |
| 24 | dbl | 7,0—7,5 | 5″9 | Beau couple, à l'ouest de υ¹. . . . . . . | 337 |
| M.67 | am | » | » | Bel amas, de 25′ de diamètre. Plusieurs<br>centaines d'étoiles. Jumelle. . . . . . . | 343 |

## LION

| Étoiles | Nature | Grandeurs | Distances | Observations | Pages |
|---|---|---|---|---|---|
| Régulus | » | 1,9 | » | Les astronomes babyloniens ont observé sa longitude l'an 2120 av. J.-C. | 346 |
| id. | dbl | 1,9—8 | 2'57" | Malgré sa distance,la petite étoile forme un système stellaire avec Régulus. | 354 |
| β | dbl | 21,—8 | 4'42" | Grande distance, mais champ curieux . . | 355 |
| γ | dbl | 2,5—7,5 | 3'49" | Très écartées. Petite lunette. γ double elle-même. | 356 |
| γ | dbl | 2,5—4,0 | 3"3 | Belle et brill., mais serrée. Syst. orbital.. | 356 |
| ζ | dbl | 3,3—6 | 5'19" | Groupe de perspective très écarté. Jumelle. | 356 |
| ι | dbl | 4,0—7 | 2"7 | Système serré. La petite varie d'éclat et de couleur | 357 |
| 54 | dbl | 4,5—7 | 6"3 | Beau couple, d'une observation agréable . | 357 |
| τ | dbl | 5,2—7 | 94" | Couple écarté.Tr. facile; petits instruments. | 357 |
| 88 | dbl | 6—8 | 15" | Système physique . | 357 |
| 90 | trp | 6—7—9 | 3"3—64" | La première est assez serrée. Délicate. . | 357 |
| 83 | dbl | 7—8 | 30" | Système physique. | 357 |
| ω | dbl | 5,9—7 | 0"5 | L'une des plus serrées du ciel. Système orbital rapide. | 357 |
| R | var | 5,8 à 11 | » | Visible à l'œil nu à son maximum. Période = 331 jours. Facile à trouver. | 352 |
| M.65 | néb | » | » | Nébuleuse elliptique double du Lion. A 3° sud-est de θ. | 358 |
| H.I.56 | néb | » | » | Nébuleuse ovale et double, à 1° 1/2 au sud de λ. | 359 |
| H.I.17 | néb | » | » | Encore une nébuleuse double, entre ρ et θ. | 359 |
| M.95 | néb | » | » | Près de la précédente, 4 min. à l'ouest . . | 359 |

## SEXTANT

| | | | | | |
|---|---|---|---|---|---|
| 35 | dbl | 6,2—8 | 7" | Jaune et bleue. Fort jolie. | 361 |
| H.I.163 | néb | » | » | Nébuleuse elliptique, à 2° 1/2 à l'est de 8 Sextant. | 361 |
| H.I.3 | néb | » | » | Néb. double, au nord de l'étoile 15 Sextant. | 361 |
| 27 | var | 5 à 7 | » | Variable à observer. | 6 |

## VIERGE

| | | | | | |
|---|---|---|---|---|---|
| γ | dbl | 3,0—3,2 | 5"0 | L'une des plus belles du ciel. Système orbital important. | 381 |
| θ | trp | 4,5—9—10 | 7"—65" | Les deux prem. forment un syst. physique. | 383 |
| 84 | dbl | 5,8—8,5 | 3"5 | *Jaune et bleue.* Belles couleurs. Syst. orb. | 383 |
| 54 | dbl | 6,3—7,5 | 5"7 | Beau couple. Stationnaires. | 383 |
| 17 | dbl | 6,5—9 | 20" | Roses. Remarquables. | 383 |
| P.XII.196 | dbl | 6,5—9,5 | 33" | Jaunes rougeâtres | 383 |
| P.XII.32 | dbl | 6,0—6,5 | 21" | Beau couple. Facile. Au sud de η. . . . . | 383 |
| P.XIII.127 | dbl | 8—9 | 2"3 | Couple très délicat, au nord-ouest de ζ. . | 383 |
| 68.i | smp | 5,7 | » | Étoile orangée. Varie de 5 à 6. Spectre du 4e type | 367 |
| P.XII.142 | var | 4,5 à 7 | » | Variable, au nord de γ | 368 |
| 61 | smp | 5,3 | » | Mouvement rapide. Était il y a 2000 ans près de 63 | 374 |
| M.60 | néb | » | » | Nébuleuse double au nord de ρ. | 377 |

| Étoiles | Nature | Grandeurs | Distances | Observations | Pages |
|---|---|---|---|---|---|
| H.iv.8 | néb | » | » | Nébuleuse double, 7ᵐ à l'ouest de la précédente. Tout proche la néb. M.58. . . . | 377 |
| M.84 à 90 | néb | » | » | District de nébuleuses, richissime. . . . | 377 |
| H.ii.75 | néb | » | » | Ressemble à une queue de comète. A 2° 1/2 à l'ouest de ε. . . . . . . . . . . . . | 378 |
| M.99 | néb | » | » | Nébuleuse en spirale de la Vierge. Non loin de l'étoile 6 Chevelure. . . . . . . | 379 |
| H.i.43 | néb | » | » | Nébuleuse allongée. 4′ de longueur, près du Corbeau. . . . . . . . . . . . . . . | 379 |
| H.i.70 | am | » | » | Amas d'étoiles bleues. Entre ι et μ. . . . | 379 |
| M.61 | néb | » | » | Nébuleuse double à 1° au N.-N.-E. de c . | 379 |

### BALANCE

| Étoiles | Nature | Grandeurs | Distances | Observations | Pages |
|---|---|---|---|---|---|
| α | dbl | 3,0—6 | 3′49″ | Jaune, très écartée. Jumelle . . . . . . . | 387 |
| β | smp | 2,9 | » | Étoile de nuance verte très rare . . . . . | 386 |
| ζ | smp | 5,8 | » | Trois voisines, de 6ᵉ gr., forment avec elle une belle association. . . . . . . . . . | 387 |
| ι | trp | 5,0—9—10 | 57″—1″9 | La seconde est difficile à dédoubler. . . . | 388 |
| P.xiv.212 | dbl | [6,3—7,0 | 15″ | Double curieuse par son mouvement rectiligne. . . . . . . . . . . . . . . . . . | 388 |

### SCORPION

| Étoiles | Nature | Grandeurs | Distances | Observations | Pages |
|---|---|---|---|---|---|
| Antarès | dbl | 1,7—7 | 3″3 | *Orange et verte.* L'une des plus belles du ciel. Bon instrument et au crépuscule . | 405 |
| β | dbl | 2,5—5,5 | 13″ | Couple charmant. . . . . . . . . . . . . | 404 |
| ν | qdq | 4,3—7,0 | 40″ | Facile à dédoubler. Chacune est double à son tour : 4 — 5 : 1″,0; 7 — 8 : 1″,9 . . . | 403 |
| σ | dbl | 3,4—9 | 20″ | La petite étoile est assez sombre. . . . . | 404 |
| ω | dbl | 4,5=4,5 | 14′1/2 | Voisines de même éclat; limite de l'œil nu. | 403 |
| μ | dbl | 3,6—3,9 | 8′ | Double très écartée. Jumelle. . . . . . . | 405 |
| ζ | trp | 5,0—5,2—7,5 | 1″3—7″3 | Système ternaire fort intéressant. . . . . | 406 |
| P.xvi.35 | dbl | 6—8 | 23″ | Beau couple, au sud d'Antarès. . . . . . | 406 |
| Σ 1999 | dbl | 7,4—8,1 | 10″ | Double très fine, au sud-est de ξ . . . . . | 408 |
| ∗ rouge | smp | 8 | » | Rouge comme une goutte de sang. Au nord-ouest de ε. . . . . . . . . . . . . | 408 |
| M.80 | am | » | » | Entre α et β. Très curieux. Trois variables en cette région. . . . . . . . . . . . . . | 400 |

### SAGITTAIRE

| Étoiles | Nature | Grandeurs | Distances | Observations | Pages |
|---|---|---|---|---|---|
| β | dbl | 3,8—4,5 | 22′ | Étoiles voisines assez brillantes : on les sépare à l'œil nu. . . . . . . . . . . . | 415 |
| h | dbl | 4,7—5 | 14′ | Moins brillantes, mais moins écartées; visibles à l'œil nu. . . . . . . . . . . . . | 415 |
| ν | dbl | 5,0—5,1 | 12′ | OEil nu. Nommée double depuis 2000 ans.. | 412 |
| μ′ | trp | 4,3—9—10 | 40″—45″ | On en distingue encore une 4ᵉ avec de puissants instruments, 13ᵉ gr.; qdp. . . | 415 |
| β′ | var | 3,8—7 | 29″ | Le compagnon est variable. . . . . . . . | 415 |
| 54 e′ | dbl | 5,5—8 | 28″ | Beau champ de petites étoiles. . . . . . . | 415 |
| 21 | dbl | 5,1—9 | 2″ | Orange et bleue. Très fine. . . . . . . . | 416 |
| M.8 | am | » | » | Au-dessus de γ. Magnifique. Jumelle. Étoile triple dans le même champ. . . . . . . | 416 |
| M.21 | am | » | » | Voisin du précédent. Plus étendu, mais moins brillant. . . . . . . . . . . . . . | 416 |

| Étoiles | Nature | Grandeurs | Distances | Observations | Pages |
|---|---|---|---|---|---|
| α | dbl | 1,5—9 | 2'40" | Rougeâtre et légèrement variable. Compagnon trop écarté . . . . . . . . . . . | 461 |
| β | dbl | 1,3—9 | 9"5 | Blanche très brill. et bleue. Comp. trop proche. Bon instrument et au crépuscule. | 460 |
| ι | dbl | 3,0—5,8 | 6' | Intéressante à la jumelle. La petite est double . . . . . . . . . . . . . . . . | 459 |
| Σ 747 | dbl | 5,8—6,3 | 36" | C'est la petite du couple précédent. . . . | 459 |
| ι | dbl | 3,0—8,5 | 11" | ι est double elle-même, on voit même une 3e *, de 11", à 49" . . . . . . . | 461 |
| 22 o | dbl | 5,0—6,0 | 4' | Intéressante à la jumelle. . . . . . . . | 463 |
| 23 m | dbl | 5,4—7 | 32" | *Blanche et bleue*. Beau couple. Facile . . | 461 |
| σ | trp | 4,2—8—7 | 12"—42" | Beau groupe. Facile. . . . . . . . . . . | 461 |
| λ | dbl | 3,5—6,0 | 4"5 | Un peu difficile à cause de l'éclat de λ . . | 461 |
| ρ | dbl | 5,1—9 | 6"8 | Orange et bleue. Facile. . . . . . . . . | 462 |
| ζ | dbl | 2,0—6,5 | 2"5 | La petite est difficile à bien voir, sombre. | 462 |
| 33 n' | dbl | 6,0—8,0 | 2" | Plus facile . . . . . . . . . . . . . . | 462 |
| Σ 750 | dbl | 6—8 | 4" | Fine et délicate, à 1° 1/2 au nord de ι. . . | 470 |
| Σ 743 | dbl | 7—8 | 1"8 | Très fine. Difficile ; même région. . . . . | 470 |
| 52 | dbl | 5,7—6,0 | 1"7 | Très serrée. Difficile . . . . . . . . . . | 462 |
| 14 i | dbl | 5,9—7,0 | 1" | Couple très serré. Système orbital rapide. | |
| η | dbl | 3,5—5 | 1" | Très difficile . . . . . . . . . . . . . . | 462 |
| ψ¹ | dbl | 5,0—11 | 2"8 | Très difficile . . . . . . . . . . . . . | 462 |
| 32 A | dbl | 4,8—7 | 0"4 | Système orbital très serré. Réservé aux puissants instruments. . . . . . . . . | 462 |
| Σ 700 | dbl | 8,0—8,2 | 4"5 | A 50' sud-ouest de ψ¹. . . . . . . . . | 461 |
| 31 | var | 4,7 à 7,0 | » | Orangée, var. et dbl. Comp. de 11e gr. à 13" | 426 |
| » | am | » | » | A 1° au nord de 15. Assemblée de 600 étoiles. | 470 |
| » | néb | » | » | Au nord de ζ, néb. quadruple. 9' de long. sur 5' de largeur. . . . . . . . . . . | 470 |

## GRAND CHIEN

| | | | | | |
|---|---|---|---|---|---|
| Sirius | smp | 1,0 | 11 | Réglait le calendrier égyptien 3285 ans avant notre ère. . . . . . . . . . . . | 471 |
| Sirius | dbl | 1,0—9 | 10"4 | La plus brillante étoile du ciel. Comp. trop proche. Puissant instr. et au crépuscule. | 489 |
| δ | dbl | 2,1—7,5 | 2'45" | Très écartées. Jumelle. . . . . . . . . . | 493 |
| ζ | dbl | 3,2—7 | 2'47" | Très écartées. Jumelle . . . . . . . . . | 493 |
| β | dbl | 2,2—9 | 1'45" | Moins intéressante, à cause de la petitesse du compagnon . . . . . . . . . . . . | 493 |
| 30 | dbl | 4,6—9 | 1'25" | Très écartées. Jumelle. Champ riche en étoiles . . . . . . . . . . . . . . . | 493 |
| μ | dbl | 5,5—9 | 3" | Couple élégant. Système fixe. . . . . . . | 493 |
| ν¹ | dbl | 6,4—8 | 17" | Couple facile. Système fixe . . . . . . . | 493 |
| 17 | qdp | 6—9—10—11 | 45"52"125" | Groupe écarté, mais intéressant. . . . . . | 493 |
| o¹ | dbl | 3,4—8 | 30" | Orangée, variable et double. . . . . . . | 476 |
| 22 | smp | 3,6 | » | Rouge et variable. . . . . . . . . . . . | 475 |
| 28 | smp | 4,2 | » | Paraît varier de 3 1/2 à 6. . . . . . . . | 475 |
| 27 | smp | 5,4 | » | Paraît varier de 4 1/2 à 7. . . . . . . . | 476 |
| M. 41 | am | » | » | Magnifique amas, à 4° au sud de Sirius. Jumelle. . . . . . . . . . . . . . . . | 493 |
| H. VII. 12 | am | » | » | Riche. A 4° à l'est de γ. Petite lunette . . | 493 |

## BALEINE

| Étoiles | Nature | Grandeurs | Distances | Observations | Pages |
|---|---|---|---|---|---|
| Mira | var | 2 à 9,5 | » | L'une des plus curieuses variables du ciel. Compagnon de 9,5, à 1' 58" | 498 |
| ζ | dbl | 3,5—9 | 2'45" | Très écartées. Petite lunette | 550 |
| χ | dbl | 4,8—7,5 | 3'6" | Très écartées. Petite lunette | 582 |
| γ | dbl | 3,2—7 | 3" | *Jaune pâle et bleue.* Charmante | 503 |
| 37 | dbl | 5,3—7 | 51" | Double écartée. Très facile | 502 |
| 66 | dbl | 6,5—8 | 15" | Jaune et bleue; fort élégante | 503 |
| Σ 147 | dbl | 6—7 | 3"5 | A l'ouest de ζ et χ. Fort jolie | 502 |
| ν | dbl | 5,0—11 | 6" | La petite étoile est minuscule. Difficile | 503 |
| 61 | dbl | 6,5—11 | 39" | Difficile, quoique écartée | 503 |
| Σ 218 | dbl | 7—8,5 | 4"6 | Près de la précéd. Beau champ d'étoiles | 503 |
| 84 | dbl | 7,5—10 | 4"7 | Le compagnon est sombre. Difficile | 503 |
| 42 | dbl | 6,0—7,5 | 1"4 | Système orbital, très serré | 504 |
| τ | smp | 3,4 | » | Mouvement propre très rapide | 502 |
| 37 | dbl | 5—7 | » | Double écartée facile. Accompagnée des deux suivantes | 502 |
| Σ 101 | dbl | 8—10 | 20" | Jaune et violette, au nord-ouest de 37 | 502 |
| Σ 106 | dbl | 9—9 | 4"6 | Très fine, au nord-est de 37 | 502 |

## ÉRIDAN

| | | | | | |
|---|---|---|---|---|---|
| 32 | dbl | 4,7—7 | 6"7 | *Jaune topaze et bleu marine;* couleurs magnifiques | 513 |
| 48 o° | drp | 4,4—9—10 | 81"—4" | Système ternaire, emporté par un mouvement propre très rapide | 514 |
| 39 A | dbl | 5,2—9 | 6"4 | *Jaune et bleue.* Couleurs magnifiques | 516 |
| 62 b | dbl | 5.9—8 | 64" | Couple très écarté | 516 |
| 55 | dbl | 6,5—7 | 10" | Double fort jolie | 516 |
| H. iv. 26 | néb | » | » | Néb. isolée. Ronde. Assez brillante | 516 |

## LIÈVRE

| | | | | | |
|---|---|---|---|---|---|
| R | var | 6,3 à 8,5 | » | Étoile d'un *rouge intense :* goutte de sang. | 519 |
| γ | dbl | 3,5—6,5 | 1'33" | Très écartée. Petite lunette | 519 |
| χ | dbl | 4,2—8,5 | 3"7 | Beau couple | 520 |
| ι | dbl | 4,4—12 | 13" | Très difficile. Grands instruments | 519 |
| β | dbl | 2,9—11 | 3" | Très difficile. Grands instruments | 520 |
| » | am | » | » | A 1° 40' sud de R. Beau champ d'étoiles | 519 |

## LICORNE

| | | | | | |
|---|---|---|---|---|---|
| 30 | smp | 4 | » | Position à surveiller | 523 |
| 11 | trp | 5—5,5—5 | 7"—22"5 | Très belle étoile triple | 523 |
| 8 | dbl | 4,7—7,5 | 14" | Jaune et bleuâtre. Beau couple | 525 |
| 15 S | var | 5—10 | 3" | Variable et double fort curieuse | 524 |
| 29 | dbl | 5,0—11—9 | 30"—67" | La petite étoile est sombre | 524 |
| τ | dbl | 6,2 à 7,6 | » | Précèd. 13 Licorne. Période = 27 jours. | 525 |
| P. vi. 82 | smp | 6 | » | Variable probable, au-dessous de 8 Lic. A étudier | 525 |
| 12 | am | » | » | Étoile entourée d'un amas | 526 |
| H. iv. 2 | néb | » | » | Nébuleuse en forme de comète, près des deux objets précédents | 526 |

| Étoiles | Nature | Grandeurs | Distances | Observations | Pages |
|---|---|---|---|---|---|
| M.50 | am | » | » | Amas dans lequel on rem. une petite double et une * rouge. Entre Sirius et Procyon. | 526 |
| H.vi.22 | am | » | » | Au sud de 29 à 30 Licorne. Curieux amas. | 527 |

### HYDRE

| | | | | | |
|---|---|---|---|---|---|
| | dbl | 2,3 | » | Les astronomes chinois l'observaient à l'équinoxe vers l'an 2350 av. J. C. | 530 |
| ε | dbl | 3,5—7,5 | 3"5 | *Jaune et bleue.* Charmante. Système orb. | 537 |
| 54 | dbl | 5,2—8 | 9" | Jaune et violette. Fort élégante. Facile. . | 537 |
| τ¹ | dbl | 4,8—8 | 65" | Couple très écarté. Petite lunette. | 537 |
| P.xi.96 | dbl | 5,2—6,5 | 10" | Beau couple, assez lumineux. | 537 |
| P.viii.108 | dbl | 6—7 | 10" | Beau couple, agréablement groupé avec d'autres étoiles. | 537 |
| H.iv.27 | néb | » | » | Près de μ. Nébuleuse gazeuse, elliptique. Au centre brille l'étoile P. X, 68 . . . . | 536 |
| M.68 | am | » | » | Riche amas, de 4′ de long. sur 3′ de largeur; 3° sud-est de β. | 536 |
| R | var | 4 à 10 | » | Orangée et variable célèbre. Période = 432 jours | 535 |

### COUPE

| | | | | | |
|---|---|---|---|---|---|
| R | var | 8 à 10 | » | Étoile rouge au sud-est de α. Variable curieuse. | 538 |

### CORBEAU

| | | | | | |
|---|---|---|---|---|---|
| R | var | 7 à 12 | » | Rougeâtre, comme α et β ; à 2° sud-est de γ. Période = 318 jours | 539 |
| δ | dbl | 3,0—9 | 24" | La petite est un peu sombre | 539 |
| 23675 | dbl | 6,4—6,5 | 5"8 | Beau couple, et beau groupe triangulaire à côté. | 539 |

# III

## PLANÈTES, LUNE, SOLEIL

### POSITIONS DANS LE CIEL ET ÉPOQUES LES PLUS FAVORABLES

Le ciel n'a maintenant plus de secrets pour nous, du moins ce ciel étoilé qui se développe chaque soir devant tous les yeux, et que presque personne ne connaît encore. Nous pouvons désormais nommer par leurs noms toutes ces étoiles qui brillent à la voûte céleste pendant la nuit profonde, et quelle que soit l'étoile que nous désirions connaître, nous pouvons la trouver immédiatement dans cette géographie supérieure, dans cette uranographie. Cette connaissance du ciel visible à l'œil nu est maintenant complète en elle-même. Mais il nous reste encore une lacune à combler pour que tous nos désirs soient satisfaits. Nous avons appris à connaître les *étoiles,;* il importe maintenant que nous reconnaissions les *planètes*. Les premières sont fixes, et nous les retrouverons toujours aux positions où nous savons qu'elles demeurent. Les secondes sont mobiles et ne restent pas deux années, deux mois, deux semaines de suite à la même place. Cependant il est indispensable à notre instruction astronomique que nous sachions les distinguer des étoiles, lorsqu'elles brillent sur nos têtes, et que nous connaissions les époques les plus favorables pour leur observation. C'est ce que nous allons essayer de faire, en apportant dans ce petit travail spécial toute la méthode et toute la simplicité requises pour arriver facilement à des résultats précis.

Sans nous préoccuper des centaines de planétoïdes qui circulent entre Mars et Jupiter, et dont l'observation n'intéresse que les astronomes de profession, nous allons étudier successivement les marches

et les aspects des sept planètes principales de notre système : — Neptune, Uranus, Saturne, Jupiter, Mars, Vénus et Mercure, — apprendre
à les reconnaître et à les observer.

La province extérieure de notre vaste république solaire, le monde
de Neptune, qui n'est jamais visible à l'œil nu pour nous, quoique en
réalité son volume surpasse de 85 fois celui de notre patrie terrestre,
n'offre sans doute lui-même qu'un intérêt bien secondaire à l'observation populaire du ciel. Cependant, pour ne rien laisser à désirer, et
dans le cas où quelques-uns de nos lecteurs auraient la curiosité de
chercher ce monde neptunien, dont le trident marque la frontière du
système, à un milliard de lieues d'ici, et de constater personnellement
l'existence de cette planète qui a été le triomphe du calcul et l'une des
plus belles victoires de la théorie astronomique, nous commencerons
par indiquer ici sa position parmi les étoiles et l'époque de l'année où
son observation est la plus facile. Nous examinerons ensuite successivement chacune des autres planètes.

## NEPTUNE ♆

La planète Neptune offre l'éclat d'une étoile de huitième grandeur.
Elle n'est donc jamais visible à l'œil nu, et demande pour être facilement reconnue et observée une lunette de 75 millimètres (ou mieux
une de 108), qui permette de distinguer les étoiles jusqu'à la neuvième
grandeur. Pour la trouver, il faut connaître sa marche parmi les
étoiles. Nous donnons dans la carte ci-après (*fig.* 382) toutes les
étoiles de la région qui nous intéresse ici, jusqu'à la 9ᵉ grandeur
inclusivement. En se servant des étoiles les plus brillantes comme
points de repère, on pourra, non sans difficulté toutefois, pointer sa
lunette sur l'endroit désiré, et arriver à reconnaître la pâle et lointaine planète, qui décrit dans le ciel le cours tracé sur ce diagramme.

Elle est actuellement (septembre 1881) par 2ʰ 57ᵐ d'ascension
droite et 15° de déclinaison boréale, dans la constellation du Bélier,
sur la ligne qui joint μ de la Baleine à δ ζ du Bélier, à 3 degrés environ
à l'est de l'étoile σ du Bélier. C'est de septembre à mars que cette
région du ciel est le plus favorablement située pour l'observation, et
c'est par conséquent cette époque de l'année que les observateurs
devront choisir pour faire connaissance avec Neptune.

Cette planète passe actuellement en opposition, c'est-à-dire au méridien à minuit, au commencement de novembre :

| | |
|---|---|
| 1881............................... | 6 novembre |
| 1882............................... | 9 — |
| 1883............................... | 11 — |
| 1884............................... | 13 — |

Elle retarde en moyenne de deux jours par an. Comme cette île lointaine n'emploie pas moins de 165 ans à décrire le tour entier

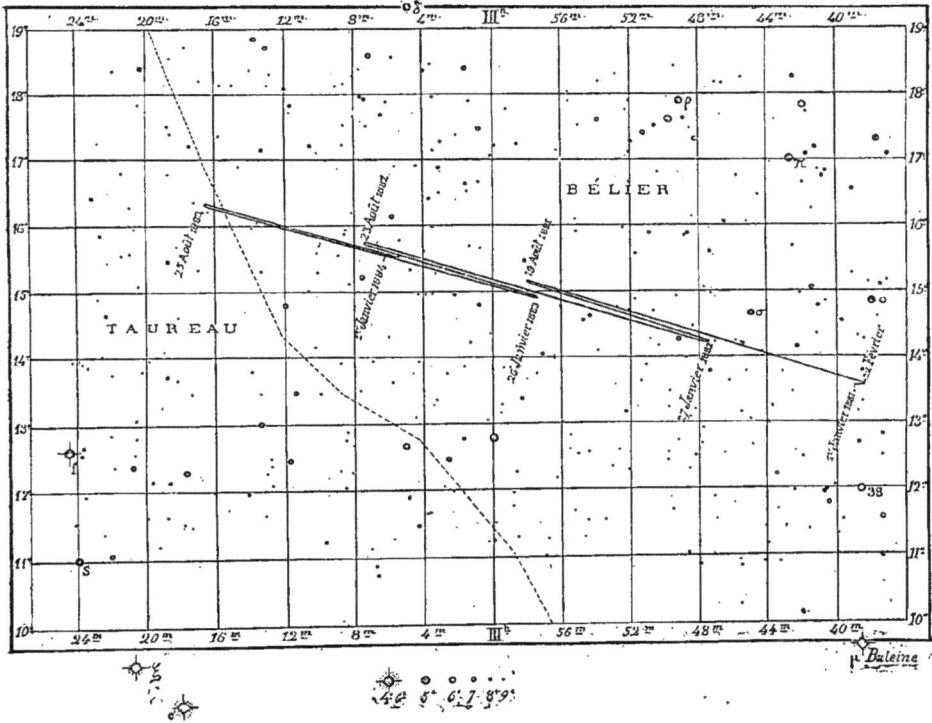

Fig. 382. — Positions et marche de la planète Neptune.

du ciel, elle ne se déplace guère que de 2 degrés annuellement, ou d'environ 4 fois le diamètre de la Lune, s'avançant lentement de l'ouest vers l'est. L'époque que nous venons de signaler restera donc pendant bien des années celle de la visibilité de la planète au-dessus de notre horizon. En 1883, elle entrera dans la constellation du Taureau, et ensuite ce sera d'octobre à avril qu'elle passera sur nos têtes (¹); on voit, dans tous les cas, que le changement est extrêmement lent. Si les brillantes planètes ne marchaient pas plus vite que Neptune, elles ne seraient pas difficiles à trouver chaque année.

A part le simple point de curiosité, bien légitime d'ailleurs, d'avoir *vu* Neptune une fois dans sa vie, l'observation de cette planète n'offre un intérêt réel qu'aux astronomes munis de puissants instruments. Pour distinguer son satellite, il faut au moins une lunette de 8 pouces (21 centimètres). Les grands instruments seuls permettent de reconnaître, au lieu d'un simple point lumineux, un disque à peine sensible et très pâle, légèrement bleuâtre, qui ne mesure, du reste, que 3″ de diamètre. Lalande l'a observée comme étoile les 8 et 10 mai 1795, sans se douter qu'il avait sous les yeux une planète extérieure à Uranus. Nous n'entrerons ici dans aucun détail sur la description physique des planètes et sur leur histoire, le sujet ayant été traité avec tous ses développements dans notre *Astronomie populaire* et dans nos *Terres du ciel* : nous n'avons à nous occuper que de leur position dans le ciel, de la manière de les trouver et de les observer.

## URANUS ♅

La planète Uranus offre l'éclat d'une étoile de sixième grandeur : on peut la découvrir à l'œil nu, lorsqu'on connaît exactement sa position ; mais elle est juste à la limite de la visibilité. Sa position actuelle (septembre 1881) est : Ascension droite $= 11^h 5^m$ ; déclinaison $= 6° 40'$ ; point situé dans la constellation du Lion, qui est visible pour nous de janvier à juillet. On ne doit donc chercher actuellement à voir cette planète le soir que dans les six premiers mois de chaque année. Comme la durée de sa révolution est de 85 ans, elle ne se déplace que de 4 à 5 degrés par an. On pourra la trouver et la suivre sans grande difficulté à l'aide du diagramme suivant.

On voit que le 1er janvier 1882, cette planète se trouve entre les

---

(¹) On trouve sur la carte ci-dessus les positions de Neptune dans le ciel jusqu'en 1884. Il est impossible de tracer le cours des planètes pour toutes leurs positions futures. Mais nous aurons soin de les publier chaque année dans la *Revue astronomique* dont un grand nombre des lecteurs de cet ouvrage réclame avec tant d'instance la création.

étoiles σ et τ du Lion, de 4° et de 5° grandeur, position d'autant plus intéressante à observer, que l'étoile τ est une double écartée, accessible aux plus faibles instruments, et que tout près d'elle (*voir* p. 357) on admire un couple fort élégant : 83 Lion. De là, Uranus rétrograde jusqu'au 22 mai, puis revient : il occupe donc cette région pendant toute sa période de visibilité. Le diagramme suivant permet de suivre sa marche jusqu'en 1885.

Cette planète passe en opposition actuellement (1881) le 1ᵉʳ mars,

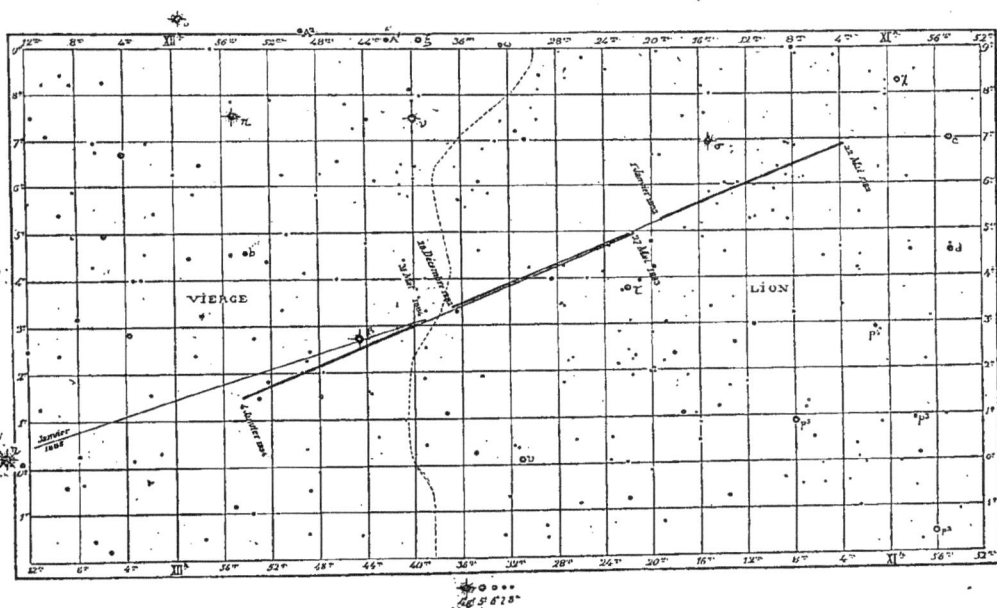

Fig. 383. — Positions et marche de la planète Uranus.

retardant chaque année de 4 jours, à un jour près, de sorte que pour les années prochaines les dates de l'opposition sont :

1882............................. 6 mars.
1883............................. 11 —
1884............................. 14 —
1885............................. 18 —

C'est donc à ces dates que cette planète passe au méridien à minuit, et c'est actuellement de janvier à juin qu'on doit la chercher le soir dans la constellation du Lion (¹). Une petite lunette de

(¹) Même remarque à faire ici que pour la planète Neptune (*voir* la note p. 639).

60 ou 75 millimètres suffit pour suivre sa marche ; mais pour reconnaître son disque, qui ne mesure que 4″ de diamètre, il faut au moins une lunette de 108. On ne peut distinguer ses satellites qu'à l'aide de puissants instruments, indispensables aussi pour chercher à apercevoir quoi que ce soit sur son disque.

Nous avons vu que l'analyse spectrale révèle dans sa constitution physique et chimique, comme dans celle de Neptune, un état extraordinaire, tout différent de ce qui existe sur la Terre. Quand le voile qui nous cache tous ces mystères sera-t-il levé ?

## SATURNE ♄

La merveille de notre système. Fort heureusement pour tous les amateurs de la contemplation céleste, de puissants instruments ne sont pas nécessaires pour reconnaître le mystérieux anneau qui donne à la planète un aspect si étonnant et si étrange : on le distingue fort bien, comme une charmante miniature, dans une lunette de 60 millimètres munie d'un grossissement de 60 fois seulement, et même en de plus petites. Un peu plus lumineux dans une lunette de 75. Très beau dans une lunette de 95. Magnifique dans une de 108 ; on distingue alors nettement la séparation qui partage ce singulier système en deux anneaux principaux.

Nul spectacle ne vaut la plus simple vue de Saturne au télescope. L'être le plus indifférent en est, malgré lui, absolument émerveillé, la première fois que, dirigeant un instrument vers cette planète, il la voit soudain trôner avec sa couronne dans le champ télescopique. En notre ère de progrès scientifique, il serait impardonnable pour toute personne instruite qui n'a jamais vu l'anneau de Saturne, de laisser passer sa présence sur notre horizon sans jouir de ce magique spectacle.

Tout le monde sait que Saturne est visible à l'œil nu, brillant de l'éclat d'une étoile de première grandeur ; moins lumineux que Vénus ou Jupiter, mais aussi remarquable que la plupart des étoiles de première grandeur. L'œil habitué à l'aspect des constellations remarque facilement la présence d'une planète qui vient s'adjoindre aux étoiles en traversant telle ou telle région du zodiaque ; mais comme tous les yeux n'ont pas cette habitude, il importe de préciser la position de Saturne dans le ciel, ainsi que les époques auxquelles il vient briller sur nos têtes, pour que chacun puisse facilement le reconnaître et l'observer. (Il est presque superflu de remarquer, une fois pour toutes, que les planètes circulant dans le zodiaque, ne sont jamais du côté du nord, mais toujours du côté du sud, se levant à l'est et se couchant à l'ouest). Actuellement (1881), ce singulier monde brille dans la constellation du Bélier, à peu près au milieu de la ligne qui joint α du Bélier à α de la Baleine, à l'ouest des Pléiades et du Taureau. Par conséquent, comme pour le Bélier, sa période actuelle de visibilité commence en septembre et finit en mars. Le 1er septembre, il se lève à 9 heures du soir, passe au méridien à 4 heures du matin, et se couche à 11 heures du matin. Le 1er octobre, cette planète se lève à 6ʰ 53ᵐ du soir, passe au méridien à 2 heures du matin, et se couche à 9. Le 1er novembre, elle se lève à 4ʰ 46ᵐ, passe au méridien à 11ʰ 44ᵐ du soir, se couche à 6ʰ 47ᵐ du matin. Le 1er décembre, elle se lève à 2ʰ 42ᵐ du soir, passe au méridien à 9ʰ 38ᵐ et se couche à 4ʰ 37ᵐ du matin. On voit qu'elle avance de 2 heures environ par mois. Ainsi, l'astre qui brille le soir en septembre à l'est, en octobre au sud-est, en novembre et décembre au sud, en janvier au sud-ouest, en février et mars à l'ouest, est la planète Saturne. Les étoiles du Bélier ne peuvent guère servir à le faire reconnaître, car il est plus lumineux qu'elles, et c'est plutôt lui qui marque la place de la constellation dans le ciel; mais elles peuvent servir à vérifier sa position exacte et à empêcher une confusion avec une autre planète, ce qui pourrait précisément arriver à l'occasion de Jupiter.

En effet, Jupiter, dont l'éclat est bien supérieur à celui de Saturne, attire actuellement aussi tous les regards dans la même région du ciel. Déjà, au mois de mars dernier, Jupiter, Saturne et Vénus se sont réunis un instant sur une même ligne, et ont produit par leur rapprochement un aspect dont les plus indifférents ont été frappés. Actuellement, le rapprochement ou la conjonction planétaire, comme disaient les anciens, est plus remarquable encore. Jupiter et Saturne sont voisins. Le plus curieux encore est que Mars vient de passer tout près d'eux, que Vénus a suivi la même route dans le ciel, et que Mercure lui-même n'a pas été fort éloigné de l'assemblée; de telle sorte que les cinq planètes visibles à l'œil nu, les cinq planètes connues des anciens, se sont trouvées momentanément réunies sur une même ligne et dans le même quartier du ciel. Si nous ajoutons que la Lune a, dans sa route nocturne, traversé chaque mois la même contrée, nous complèterons l'aspect *très rare et fort curieux* formé par cette réunion des astres de notre système. Nous avons fixé ces rapprochements si rares sur le diagramme ci-dessous, en réunissant par une même ligne les cinq planètes aux positions qu'elles ont respectivement occupées les 1ᵉʳ juin, 1ᵉʳ juillet, 1ᵉʳ août et 1ᵉʳ septembre 1881. On voit qu'à la première de ces dates, Vénus ♀, Saturne ♄, et Jupiter ♃ étaient réunis en groupe, Mars ♂ s'en approchant vers l'ouest, et Mercure ☿ s'en éloignant à l'est. Au 1ᵉʳ juillet, Mars, Saturne, Jupiter et Vénus se suivaient dans la même heure d'ascension droite,

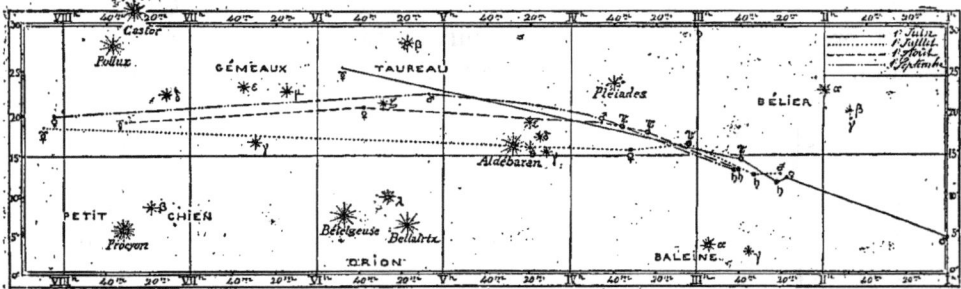

Fig. 384. — Rapprochement des planètes Saturne, Jupiter, Mars, Vénus et Mercure,
de juin à septembre 1881.

sur un parcours de 15 degrés seulement. Le 1ᵉʳ août, nous retrouvons Saturne, Jupiter, Mars, Vénus et Mercure; et le 1ᵉʳ septembre, Saturne, Jupiter, Mars et Vénus, Mercure s'envolant définitivement vers l'orient. En étudiant un peu cette petite carte, on remarquera qu'en certaines dates intermédiaires les positions ont été encore plus rapprochées.

L'année 1881 restera caractérisée, du reste, comme nous l'avions annoncé (*Astronomie populaire*, p. 415), par un rapprochement remarquable des principales planètes, conjonction que les anciens astrologues considéraient comme signes certains d'événements politiques importants dans les petites affaires de notre fourmilière humaine. Comme il y a toujours quelque guerre, quelque massacre ou quelque assassinat de premier ordre dans le cours d'une année terrestre, les astrologues ne couraient aucun risque d'associer une catastrophe quelconque à l'arrivée de ces conjonctions planétaires. Peu s'en est-fallu que moi-même, tout en plaisantant du sujet, aie été considéré tout récemment comme doué de la faculté de connaître l'avenir.

Les moindres coïncidences peuvent être si facilement exagérées ([1]).

Pour en revenir à Saturne, nul de nos lecteurs ne pourra désormais se tromper à son égard, chacun connaîtra sa position dans le ciel, en suivant les indications données ci-dessus. Elles peuvent être résumées comme il suit :

1° Saturne brille en septembre à l'est de 9ʰ à 11ʰ du soir, au sud-est de 11ʰ à 2ʰ, au sud de 2ʰ à 6ʰ ; — en octobre, à l'est de 7ʰ à 9ʰ du soir, au sud-est de 9ʰ à minuit, au sud de minuit à 3ʰ, au sud-ouest de 3ʰ à 6ʰ ; — en novembre, à l'est, du crépuscule à 7 heures, au sud-est de 7ʰ à 10ʰ, au sud de 10ʰ à 1ʰ, au sud-ouest de 1ʰ à 4ʰ, à l'ouest de 4ʰ à l'aurore ; — en décembre au sud-est, du crépuscule à 8ʰ, au sud de 8ʰ à 11ʰ, au sud-ouest de 11ʰ à 2ʰ, à l'ouest de 2ʰ à 4ʰ ; — en janvier au sud, du crépuscule à 9ʰ, au sud-ouest de 9ʰ à minuit, à l'ouest de minuit à 2 heures ; — en février au sud, du crépuscule à 7ʰ, au sud-ouest de 7ʰ à 10ʰ, à l'ouest de 10ʰ à minuit ; — en mars, à l'entrée de la nuit, il brille encore au sud-ouest, mais ne tarde pas à se coucher et disparaît dès lors jusqu'en septembre.

2° Pour surcroît de précision, remarquons que la planète stationne à peu près, tant son mouvement est lent, dans la constellation du Bélier, entre α Bélier et α Baleine, à l'ouest, ou à la droite des Pléiades et d'Aldébaran.

3° On ne pourrait la confondre qu'avec Jupiter ; mais Jupiter peut au contraire facilement servir à faire reconnaître Saturne. En effet, nous verrons au chapitre suivant que Jupiter brille dans le Taureau entre les Pléiades et Aldébaran, comme un astre splendide, supérieur à toutes les étoiles et à Sirius lui-même. Il attire les regards avec une telle puissance qu'il est impossible de ne pas reconnaître sa royauté, de ne pas saluer sa majesté sans rivale. Eh bien ! Saturne est l'étoile la plus belle à l'ouest de Jupiter, se levant avant lui, le précédant dans le sens du mouvement diurne, mais beaucoup moins lumineuse, relativement un peu pâle, un peu sombre, un peu triste, en comparaison de la lumière ardente, ensoleillée de Jupiter.

Avec ces indications précises, il est absolument impossible de ne

---

([1]) J'avais écrit dans le *Magasin pittoresque* du mois de décembre 1880, p. 390 : « L'année 1881 ne sera pas plus extraordinaire que ses devancières, mais *si quelque événement capital arrive en Russie*, ce ne sont pas les planètes qui en seront cause. » En février, j'ai annoncé de plus dans les journaux, pour les premiers jours de mars, la conjonction de Jupiter, Saturne, Vénus et la Lune, que tout le monde a observée, et c'est le 13 mars que l'empereur Alexandre est tombé victime de l'attentat des nihilistes. — Il n'en a pas fallu davantage pour m'honorer un instant du titre de prophète. Il n'y avait pourtant là qu'une coïncidence d'autant moins extraordinaire que chacun pouvait s'attendre à ce qui est arrivé. L'homme le moins perspicace pourrait également annoncer que l'année 1882 ne se passera pas sans que des événements graves pour la France arrivent en Afrique.

Ces conjonctions planétaires ont fait prédire la *fin du monde*, par un astrologue américain, pour le 6 novembre prochain. J'ai rencontré, à Paris même, des personnes qui craignent cette date fatale. Des plaisants ont publié le « programme exact et officiel » de la dernière tragédie. Cela a fait quelque bruit. Mais ce qui est certain, c'est que ce jour-là la Terre tournera comme d'habitude.

pas reconnaître Saturne. Or, elles peuvent servir non seulement pour l'époque actuelle, mais encore pour les années suivantes. Car Saturne va rester à l'ouest du Jupiter, et quoique celui-ci s'avance vers l'est d'une marche assez rapide, cependant, pendant plusieurs années, les deux planètes garderont entre elles à peu près les mêmes rapports : au surplus, quand Jupiter sera parti, Saturne restera seul là, ne suivant qu'avec lenteur la marche de son fils vers l'Orient. Comme il n'emploie pas moins de trente années à faire le tour complet du zodiaque, il demeure en moyenne plus de deux ans dans chaque constellation, il reparaît tous les ans à peu près dans les mêmes conditions, retardant à peine de deux semaines chaque année. Son mouvement apparent se compose de 29 à 30 boucles annuelles résultant de la perspective causée par la combinaison de sa révolution autour du Soleil avec celle de la planète que nous habitons. Il passe en opposition, c'est-à-dire derrière la Terre relativement au Soleil, tous les ans avec un retard de 13 jours :

|      |            |
|------|------------|
| 1881 | 31 octobre. |
| 1882 | 14 novembre. |
| 1883 | 27 novembre. |
| 1884 | 10 décembre. |
| 1885 | 23 décembre. |

Ce sont ces époques, le mois qui précède et les trois mois suivants qui marquent ses périodes de meilleure visibilité. On voit que rien n'est plus facile que de suivre cette planète chaque année. Son mouvement, comme celui de Jupiter, seront du reste l'un et l'autre parfaitement appréciés par l'examen de notre figure 386.

Remarquons encore que, de toutes les planètes visibles à l'œil nu, Mars est la seule qui puisse passer le soir dans cette région du ciel, d'ici à quelques années (comme elle vient d'y passer récemment, *fig.* 384). Mais elle n'apportera certainement aucune équivoque dans l'observation de nos lecteurs, 1° parce qu'au lieu d'une seule étoile nouvelle dans le Bélier ou dans le Taureau, on en verra deux alors, la seconde étant Mars ; 2° parce que Mars est rouge brillant, et Saturne en comparaison vert blafard, et 3° parce que Mars marche vite, ne fait que passer, tandis que Saturne reste à peu près stationnaire. Les deux autres planètes dont nous n'avons pas parlé, Vénus et Mercure, ne sont jamais le soir à l'est, ni au sud-est, ni même au sud. Ainsi donc, pour tout observateur attentif, il n'y a plus aucune confusion possible.

Et maintenant, quand vous verrez Saturne briller au ciel, accordez-vous le plaisir, le bonheur, de diriger vers lui une lunette ou un télescope quelconque. Je ne crains pas d'affirmer que vous serez fatalement émerveillé. On a beau avoir vu l'anneau de Saturne en gravure : la réalité vous impressionnera incomparablement davantage. Que la lunette soit petite, pourvu qu'elle soit claire, le tableau sera charmant. Sans doute, il ne faut pas vous attendre à voir arriver sous vos yeux un Saturne colossal, d'un mètre de diamètre, comme celui qui vient d'être dessiné si magnifiquement par mon ami Trouvelot à l'Observatoire américain de Cambridge ; mais la merveilleuse planète n'offrît-elle à vos yeux que la grosseur d'un pois, votre observation ne sera pas sans intérêt. Mettez bien la vision de l'instrument à votre point (voir, plus loin, au chapitre des instruments), et regardez tranquillement cet astre ceint d'une auréole, qui traverse en silence le champ de votre lunette ; considérez cette couronne qui l'enveloppe entièrement sans le toucher nulle part ; réfléchissez que cet anneau est circulaire, et que si nous le voyons ovale, c'est parce que nous nous trouvons obliquement et non de face, gravitant autour du Soleil dans un plan peu incliné sur celui dans lequel Saturne circule lui-même ; songez que ce petit globe qui vous paraît une miniature est 675 fois plus volumineux que la Terre, que son diamètre mesure 30 000 lieues, qu'il y a 7000 lieues de vide entre sa surface et le bord intérieur de l'anneau, et que le diamètre total de tout le système annulaire est de 71 000 lieues... et si en voyant personnellement par vous-même cette création lointaine (elle plane à 318 millions de lieues de nous), vous n'éprouvez pas un sentiment d'admiration, d'émotion et presque de stupeur... si ce monde de Saturne passe devant vos yeux sans les frapper... fermez votre lunette, fermez ce livre, ne lisez plus, ne pensez plus. Laissez l'Astronomie de côté. Mangez, buvez, dormez, et faites de la politique.

Une petite lunette de 40, 50, 60 millimètres suffit pour voir l'anneau de Saturne ; mais elle ne permet pas de distinguer la séparation qui partage l'anneau en deux, et qui dessine ainsi deux anneaux concentriques au lieu d'un seul : un objectif de 95 millimètres est nécessaire pour obtenir nettement ce dédoublement. Quand l'atmosphère est très pure, une lunette de 108 millimètres permet de deviner le troisième anneau, l'anneau intérieur transparent, surtout dans son passage le long de la planète : les anses, grises sur le ciel noir, sont plus difficiles à apercevoir.

Nous avons vu que la largeur apparente de ce système annulaire varie suivant la perspective, et qu'en certaines années il ne se présente à nous que par la tranche, tandis qu'en d'autres époques il s'offre à nous avec son ouverture maximum. Fort heureusement, nous arrivons justement maintenant à l'époque où nous pouvons voir ces anneaux le plus de face. C'est en 1877 que nous nous sommes trouvés tout à fait de profil et qu'ils ont été réduits à l'aspect d'une simple ligne. Depuis, ils vont en s'ouvrant lentement, progressivement, et leur largeur apparente continuera de s'accroître jusqu'en 1885, année pendant laquelle ils atteindront leur ouverture maximum. La merveilleuse planète va donc se trouver dans les meilleures conditions d'observation.

A partir de 1885, le système ira en se refermant lentement, jusqu'en 1892, époque à laquelle il ne se présentera de nouveau que par la tranche. Actuellement, c'est la surface australe des anneaux qui est obliquement tournée vers nous. A dater de 1892, les anneaux retournés nous présenteront leur surface boréale, jusqu'au maximum de 1899 et jusqu'à la disparition en 1906, correspondant à celle de 1877. Puis on observera de nouveau leur côté austral, et ainsi de suite... Qui sait? Peut-être en ce vingtième siècle qui approche à grands pas les progrès des sciences, plus rapides encore que ceux de notre fécond dix-neuvième siècle, permettront-ils à nos descendants de voir de leurs yeux ce qui se passe à la surface de Saturne, et d'entendre de leurs oreilles les communications photophoniques des citoyens de Mars ou de Vénus !

La grandeur apparente de Saturne vu de la Terre varie également; et, par une heureuse coïncidence, nous arrivons précisément aussi à l'époque du maximum. Le diamètre moyen du globe saturnien est de 17″; il descend à 15″ aux plus grandes distances, et s'élève à 20″ aux plus petites. Or la planète est à son aphélie lorsqu'elle plane dans la constellation du Sagittaire et à son périhélie lorsqu'elle passe dans la constellation des Gémeaux. Elle était en 1871 dans la première position et elle arrivera à la seconde en 1885. Voici les aspects de Saturne aux époques de ses prochaines oppositions :

| | Diamètre du globe. | Diamètre des anneaux. | | | |
|---|---|---|---|---|---|
| | | gr. axe extérieurs. | petit axe | gr. axe intérieurs. | petit axe |
| 1881 octobre . . . . | 18″,2 | 45″,4 | 15″,0 | 30″,2 | 10″,0 |
| 1882 novembre. . . . | 18 ,2 | 46 ,0 | 17 ,8 | 30 ,6 | 11 ,9 |
| 1883 novembre. . . . | 18 ,4 | 46 ,2 | 20 ,0 | 30 ,7 | 13 ,3 |
| 1884 décembre . . . . | 18 ,6 | 46 ,5 | 20 ,0 | 30 ,9 | 13 ,9 |
| 1885 décembre . . . . | 18 ,8 | 46 ,6 | 20 ,0 | 31 ,0 | 13 ,9 |

Ces données pourront servir en même temps aux observateurs pour les appréciations des distances des étoiles doubles.

Les cinq dessins de Saturne publiés ci-après correspondent aux positions qui viennent d'être signalées : ils représentent la planète telle qu'elle apparaîtra dans les lunettes astronomiques (images renversées) d'ici à l'opposition de 1885. L'échelle adoptée est de un demi-millimètre pour une seconde, comme nous l'avons fait pour nos diagrammes d'étoiles doubles.

On pourra observer avec intérêt les différentes teintes des anneaux. Le bord extérieur de l'*anneau du milieu* est ordinairement *très brillant*. L'anneau transparent intérieur est difficile à voir, mais on essayera de le reconnaître le long du globe. Peut-être parviendra-t-on, à l'aide d'une lunette de 4 pouces (108ᵐᵐ) ou de 5 pouces (135ᵐᵐ) à distinguer les zones concentriques qui se succèdent en s'affaiblissant dans la largeur de l'anneau médian. Parfois aussi on peut parvenir à apercevoir une petite ligne vers le milieu de l'anneau extérieur. Quant au globe lui-même, on y reconnaîtra, assez facilement, plusieurs bandes analogues à celles de Jupiter. Ordinairement, l'équateur est marqué par une ceinture blanchâtre, de chaque côté de laquelle courent deux bandes sombres. La calotte polaire paraît un peu verdâtre. Inutile, à l'aide des instruments de moyenne

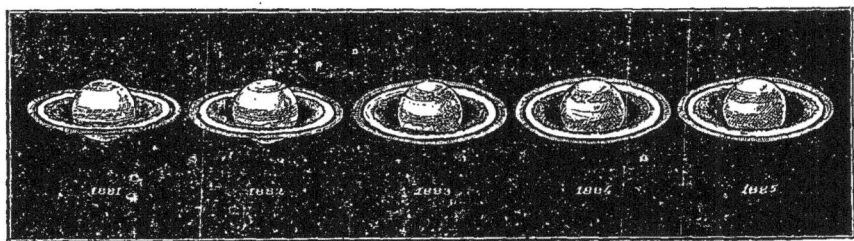

Fig. 385. — Aspects de Saturne : 1881 à 1885.

puissance, de chercher à suivre une tache sur le disque et à deviner le mouvement de rotation : il faut pour cela avoir à sa disposition une lunette de 60 à 80 centimètres de diamètre, armée d'un grossissement de 1200 à 1500.

Des huit satellites de Saturne, le sixième, Titan, le plus gros (il surpasse en dimensions la Lune, Mercure et Mars; diamètre = 1700 lieues) offre l'éclat d'une étoile de 8° ½ grandeur, mesure un diamètre de 1″, et peut être aperçu lors de ses plus longues élongations, à l'aide d'une petite lunette de 60 millimètres d'ouverture. Sa distance au centre de Saturne est égale à 22 fois le demi-diamètre de la planète. Après Titan, le satellite le plus facile à voir est Japet, le huitième, éloigné à 64 demi-diamètres et moins gros que Titan (environ 0″,6 et 9° grandeur). On l'aperçoit aussi avec une lunette de 60ᵐᵐ, mieux avec une de 75. Une lunette de 108 montre aussi le cinquième, Rhéa; mais sa distance au centre de Saturne est très faible (6,8), et on ne peut l'apercevoir que rarement; sa dimension est à peu près celle de notre lune, et son éclat n'est guère que celui d'une étoile de dixième grandeur. Enfin, en des circonstances exceptionnelles, on peut voir encore Thétis et Dioné, le troisième et le quatrième satellite de ce lointain système; mais les télescopes les plus puissants sont nécessaires pour découvrir les trois plus petits, Mimas, Encelade et Hypérion.

JUPITER ♃

Jupiter est l'un des astres du ciel les plus faciles à reconnaître, à observer et à étudier. Son éclat radieux surpasse celui de toutes les étoiles de première grandeur. Il occupe cette année la constellation du Taureau, et resplendit par conséquent, comme Aldébaran et les Pléiades, de septembre à août. Le 15 septembre 1881, il se lève à 8 heures et demie du soir et passe au méridien à 11 heures du matin :

il brille donc à l'est de 8 heures et demie à 11 heures, au sud-est de 11 heures à 2 heures, et au sud à partir de 2 heures. Le 15 octobre, il se lève à 6 heures et demie et passe au méridien à 2 heures : il brille donc à l'est de 6 heures et demie à 9 heures, au sud-est de 9 heures à minuit, et au sud à partir de minuit. Le 15 novembre, il est déjà levé quand la nuit arrive, brille à l'est jusqu'à 7 heures, au sud-est jusqu'à 10, et passe en plein sud, au méridien un peu avant minuit. Au milieu de décembre, on le verra au sud-est à l'entrée de la nuit, au sud de 8 heures à 11 (passage au méridien à 9ʰ et demie), au sud-ouest de 11ʰ à 3ʰ, et à l'ouest de 3ʰ à 5ʰ : coucher à 5 heures. Au milieu de janvier, il brille au sud jusqu'à 9 heures, au sud-ouest jusqu'à minuit, à l'ouest jusqu'à 2 heures. On voit qu'il avance d'environ deux heures par mois. En février, il est déjà au sud-ouest

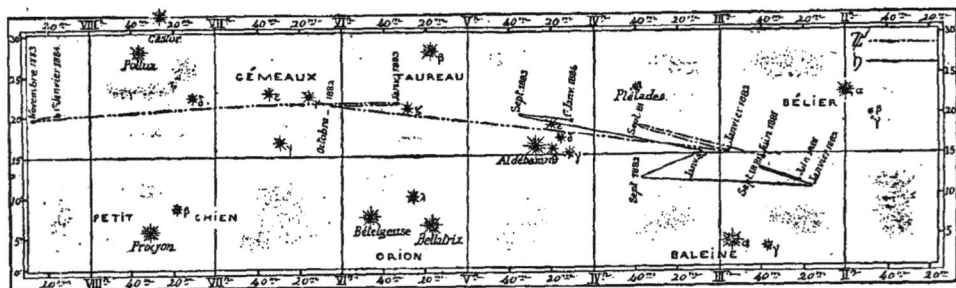

Fig. 366. — Positions de Jupiter et de Saturne en 1882, 1883 et 1884.

pendant les premières heures de la nuit et descend à l'occident vers minuit; en mars, on ne le verra plus qu'au couchant, et en avril il s'effacera dans le crépuscule, pour ne plus revenir qu'en octobre 1882.

Ces indications suffisent amplement pour faire reconnaître Jupiter dans le ciel, sans la moindre hésitation possible. Et elles suffiront au lecteur attentif pour le faire reconnaître tous les ans. En effet, comme il emploie douze années à accomplir sa révolution autour du Soleil, et qu'il y a douze mois par an, il retarde précisément d'un mois chaque année, et les remarques que nous venons de faire sur sa position dans le ciel sont applicables aux années qui vont venir, avec un mois de retard seulement. Ainsi, son apparition actuelle s'étendant de septembre à avril, la prochaine aura lieu d'octobre à mai, la suivante de novembre à juin, et ainsi de suite : une précision plus détaillée serait absolument superflue, puisque cette éclatante planète frappe d'elle-même tous les regards par l'intensité de sa lumière.

Nous écrivons ces lignes-ci en septembre 1881 ; nos lecteurs se sou-
viennent peut-être qu'il y a un an, à pareille époque, nous causions
déjà de cette planète (page 261 de cet ouvrage) — qui m'eût affirmé
alors qu'un travail consécutif et exclusif d'une année entière ne
suffirait pas pour mener à bonne fin cette description complète du
ciel, m'eût assurément fort étonné ! — nous causions déjà, dis-je, de
cette belle planète, et nous remarquions qu'elle était apparue dès le
mois d'août. Déjà même il y a deux ans, en septembre 1879
(*Astronomie populaire*, p. 524) nous examinions ensemble son mouvement, et nous observions qu'elle revient en opposition tous les
399 jours, ou 1 an et 34 jours en moyenne. Nos lecteurs connaissent
donc aujourd'hui si exactement l'antique planète jadis consacrée au
souverain des dieux et des hommes, que très certainement ils la
suivront désormais d'année en année et ne l'oublieront jamais.
Répétons-le, elle se lève à minuit et demi au milieu de juillet 1881,
à 10 heures et demie au milieu d'août, à 8 heures et demie au milieu
de septembre, etc., retardant d'un mois chaque année. Ses oppositions actuelles, ou les dates de son passage au méridien à minuit,
sont :

|        |            |
|--------|------------|
| 1881.  | 12 novembre. |
| 1882.  | 17 décembre. |
| 1884.  | 19 janvier. |
| 1885.  | 26 février. |

On trouvera les périodes suivantes en ajoutant chaque année 1 mois
et 6 jours en moyenne.

L'observation de cette planète est extrêmement intéressante pour
les commençants (elle l'est encore davantage pour les anciens),
surtout à cause du beau cortège de satellites qui l'accompagne dans
son cours céleste. Du jour au lendemain ces satellites ont changé de
place, ce qui donne au petit tableau une configuration sans cesse
variable. Quand nous disons du jour au lendemain, nous pourrions
presque dire d'une heure à l'autre, tant leurs mouvements sont
rapides. Le premier, par exemple, n'employant que 42 heures à faire
le tour complet de Jupiter, passe en 21 heures de sa plus grande
élongation orientale à sa plus grande élongation occidentale, et en
10 heures, du voisinage de Jupiter à l'une de ses élongations : en
quelques heures, souvent même en une seule heure, et parfois même
en une demi-heure, on constate ce mouvement, lorsque le satellite
passe près de la planète ou près d'un de ses frères.

Les grandeurs optiques de ces satellites sont respectivement :

$III^e = 5,8$; — $I^{er} = 6,2$ — $II^e = 6,3$; — $IV^e = 6,6$; mais ils varient, surtout le $IV^e$. Les vues très perçantes sont parfois parvenues à distinguer le $III^e$.

Ce qui devrait rendre l'observation de Jupiter tout à fait populaire, c'est qu'elle est accessible aux plus petits instruments et aux simples lunettes d'approche terrestres. Que l'objectif soit pur, et vous ne tarderez pas à distinguer ces satellites, comme de tout petits points lumineux de chaque côté de la planète. Dans une lunette de 40 ou 50 millimètres, le petit cortège est ravissant et son spectacle vaut presque celui de l'anneau de Saturne, la planète est très lumineuse, et se présente dans le champ sous l'aspect ci-contre.

Une petite lunette de cette sorte suffit aussi pour apercevoir les bandes de Jupiter, parallèles à son équateur, et pour apprécier son aplatissement polaire qui est de $\frac{1}{17}$. Une lunette de 4 pouces ($108^{mm}$) permet de faire des observations détaillées, de véritables études sur son aspect physique, ses nuages, ses variations météorologiques, ainsi que sur les change-

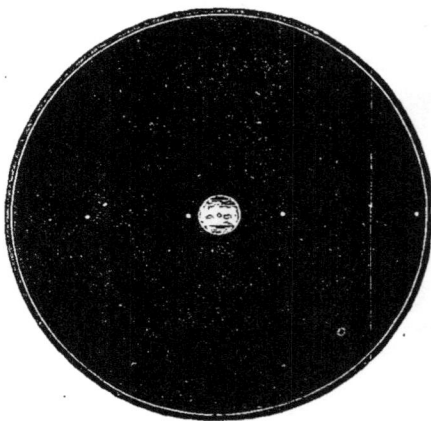

Fig. 387. — Jupiter et ses satellites, dans le champ d'une petite lunette.

ments d'éclat de ses satellites, sur leurs *passages* assez fréquents devant le disque de la planète, leurs *éclipses* et leurs *occultations*. Quelquefois, en arrivant en contact avec le disque de Jupiter, ils semblent osciller.

Le plus brillant satellite du cortège est le $III^e$, dont le diamètre, de $1'',5$, ne mesure pas moins de 5800 kilomètres, est cinq fois plus gros que la Lune et plus gros que Mercure. Les observateurs qui voudraient connaître chaque jour les positions respectives des satellites trouveront ces configurations dans la *Connaissance des Temps*.

Jupiter étincelant d'un éclat considérable, il vaut mieux l'observer pendant le crépuscule que pendant la nuit, comme il arrive pour les étoiles doubles dont la principale est de première grandeur.

On s'intéressera très vite à l'observation de cette belle planète, surtout si l'on essaye d'en faire des dessins. On sent qu'il y a là de grands mystères à éclaircir. Il est bien possible que la surface de ce globe énorme soit encore liquide et agitée comme une mer, mais il est probable que ce n'est pas elle que nous voyons : c'est plutôt une couche permanente de nuages. L'atmosphère de Jupiter est si élevée, si épaisse, que les taches, qui traversent le disque en cinq heures, disparaissent plus d'une heure avant d'arriver aux bords. Depuis deux ans nous observons avec étonnement une tache rouge, ovale, allongée, plus large que le diamètre entier de la Terre, et qui ne paraît pas changer sensiblement de place, tout en tournant rapidement, emportée par la rotation de Jupiter. Les instruments de moyenne puissance suffisent pour observer cette rotation lorsqu'il y a quelque tache caractéristique. Lorsqu'un satellite passe devant la planète, on voit son ombre glisser comme un petit cercle noir. Remarquons enfin que les satellites tournent autour d'elle à peu près dans le plan de notre rayon visuel, de sorte que nous les voyons seulement osciller à gauche et à droite, à l'est et à l'ouest. Lorsque Jupiter passe au méridien, son équateur est horizontal, ainsi que la ligne de ses satellites; au levant comme au couchant cette ligne est oblique. Il faut toujours avoir présent à l'esprit, d'ailleurs, qu'en vertu du mouvement diurne apparent dont la sphère céleste paraît animée par suite du gouvernement de la Terre, tout astre amené dans le champ d'un instrument, traverse ce champ de l'est à l'ouest. Si l'instrument ne renverse pas (lunette terrestre ou télescope), l'astre file de la gauche vers la droite; s'il renverse, c'est le contraire. La rapidité du mouvement est d'autant plus grande que le grossissement est plus fort.

Fig. 388. — Disque de Jupiter.

N'oublions pas non plus, que Jupiter est le monde le plus vaste de tout notre système; que son diamètre est onze fois plus grand que celui de notre globe et que son volume est 1230 fois plus considérable. A la distance de 160 millions de lieues qui le séparent de nous en ses époques d'opposition, son diamètre est de 46″. A l'échelle adoptée de un demi-millimètre pour une seconde il se présente sous l'aspect ci-dessus. Ce diamètre est seulement 39 fois plus petit que celui de la Lune, de sorte qu'une lunette grossissant 39 ou 40 fois, nous montre le disque de Jupiter de la même grandeur que nous voyons notre satellite à l'œil nu, et un grossissement de 80 le montre deux fois plus grand. On n'y croit pas, mais on peut le vérifier en regardant Jupiter d'un œil dans la lunette et la Lune de l'autre œil.

Son aspect change d'une année à l'autre, d'une semaine à l'autre, et quelquefois même du jour au lendemain. Les bandes si caractéristiques qui le traversent ne gardent pas, comme on l'a cru pendant si longtemps, la même forme, le même éclat, la même nuance, la même largeur, la même étendue, mais au contraire elles subissent des variations rapides et considérables. *En général*, l'équateur est marqué par une zone blanche. De part et d'autre de cette zone blanche, il y a une bande sombre, nuancée d'une teinte rougeâtre foncée. Au delà de ces deux bandes sombres australe et boréale, on remarque ordinairement des sillons parallèles alternativement blancs et gris. Sa nuance générale devient plus homogène et plus grise à mesure qu'on s'approche des pôles, et les régions polaires sont ordinairement bleuâtres.

Or, cet aspect typique varie profondément, et si profondément, qu'il est parfois impossible d'en retrouver aucun vestige. Au lieu de cette zone blanche, l'équateur se montre parfois occupé par une bande sombre, et l'on voit une ou plusieurs lignes claires sur telle ou telle latitude plus ou moins éloignée. Quelquefois les bandes sont larges et espacées; quelquefois, au contraire, elles sont fines et serrées. Tantôt leurs bords sont déchiquetés comme des nuages bouleversés et déchirés; tantôt ils se dessinent sous les formes d'une parfaite ligne droite. On a vu des taches blanches lumineuses flotter au-dessus de ces bandes atmosphériques, et quelquefois des points lumineux tout ronds analogues aux satellites; on a vu aussi des traînées sombres croiser obliquement les bandes et persister pendant longtemps. Enfin la variabilité de ce vaste monde est telle, qu'il offre à l'observateur et au penseur un des plus intéressants sujets d'étude de l'astronomie planétaire (¹).

## MARS ♂

La planète Mars est moins facile à trouver dans le ciel que Jupiter et Saturne, parce qu'elle marche plus vite et que les points de repère d'une année ne peuvent pas servir pour l'année suivante. Cependant en examinant son mouvement avec une attention suffisante, nous pourrons parvenir à la faire entrer comme ses sœurs dans le domaine de nos investigations définitives.

Il faut dire tout de suite que son observation n'offre pas l'intérêt de celle de Jupiter et de Saturne pour les instruments de moyenne puissance. Son diamètre n'est que de 28″ aux meilleures époques d'observation (il atteint exceptionnellement 29″ et 30″), c'est-à-dire moins des deux tiers de celui de Jupiter; il décroît assez rapidement par suite de la variation quotidienne de la distance de Mars à la Terre, et lorsque la planète a cessé d'être en opposition, c'est-à-dire juste derrière nous, à l'opposite du Soleil, elle ne tarde pas à présenter des phases assez sensibles, et le disque diminue de largeur à peu près comme le disque lunaire trois jours après la pleine lune. Mars ne présente dans le champ des petits instruments ni le curieux aspect de Saturne entouré de son anneau, ni celui de Jupiter accompagné de ses satellites, et des lunettes de 60 et 75 millimètres ne montreront sur

(¹) Voir mes observations sur ces variations et celles des satellites, dans mes *Études sur l'Astronomie*, tome VII.

son disque, dans les meilleures circonstances, que le cercle de neige caractéristique qui indique la place du pôle. Une lunette de 95, et mieux encore une de 108, permettront de distinguer, lorsque l'atmosphère est bien pure, quelques-unes de ses taches sombres, notamment l'océan Newton et la mer du Sablier (n° 1 de la *fig.* 389), ou la mer circulaire de Lockyer (n° 2, *id.*), ou les mers de Hooke et de Maraldi (n° 3, *id.*); ce sont là les taches les moins difficiles à reconnaître, et les lunettes de 4 pouces (108ᵐᵐ) les montrent assez fréquemment.

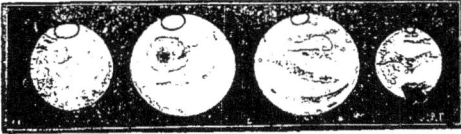

Fig. 389. — Aspects de la planète Mars.

Mais à vrai dire, pour entreprendre une étude de la planète qui ne soit pas trop ingrate, il faut avoir à sa disposition une lunette de 5 pouces (135ᵐᵐ), ou plutôt une de 6 pouces (16 centimètres), et mieux encore une de 7 (19 centimètres), de 8 (21ᶜᵐ ½), et de 9 (24 centimètres); ce dernier instrument vaut presque les meilleurs télescopes pour l'étude de Mars.

A l'échelle que nous avons adoptée (⅟₇ mill. pour 1″), cette planète se présente vers l'époque de ses oppositions sous les aspects reproduits ici : ce sont là quatre de mes dessins de l'excellente année 1877, faits les 30 juillet, 22 août, 14 septembre et 26 octobre, l'opposition étant arrivée le 5 septembre.

La combinaison des mouvements de la Terre et de Mars autour du Soleil fait que cette planète n'est visible pour nous que tous les deux ans, passant en opposition tous les 26 mois. Voici les dates de ses oppositions actuelles :

Décembre. . . . 1881
Janvier . . . . . 1884
Mars . . . . . . 1886
Mai. . . . . . . 1888

C'est à ces époques que la planète passe au méridien à minuit, et c'est pendant le mois de son opposition, pendant les trois mois qui précèdent et les quatre qui suivent qu'elle est le plus favorablement placée pour l'observation du soir. Ainsi, cette année 1881, son opposition arrive le 26 décembre; mais dès le 1ᵉʳ octobre elle se lève à 9ʰ ½, brille à l'est jusqu'à minuit, au sud-est jusqu'à 3 heures, et passe au méridien à 5ʰ ½; le 1ᵉʳ novembre elle se lève à 8ʰ du soir, brille à l'est jusqu'à 11 heures, au sud-est jusqu'à 2 heures, et passe au méridien à 4ʰ du matin : elle se trouve dans la constellation des Gémeaux. Le 1ᵉʳ décembre, elle se lève à 6 heures, brille à l'est jusqu'à 9 heures, au sud-est jusqu'à minuit, au sud de minuit à 4 heures, passant au méridien à 2ʰ 23ᵐ du matin. Le 1ᵉʳ janvier 1882, elle est déjà levée quand la nuit arrive, brille à l'est jusqu'à 7 heures, au sud-est de 7 heures à 10ʰ, et passe au méridien à 11 heures et demie. Ses passages au méridien avancent rapidement : 10 heures le 15 janvier, 9ʰ le 1ᵉʳ février, 8ʰ le 15, 7ʰ 26ᵐ le 1ᵉʳ mars, 6ʰ 50ᵐ le 15 mars et

$6^h 0^m$ le 8 avril. On voit que cette planète brillera le soir à l'est en novembre et décembre, au sud-est en janvier, au sud en février, au sud-ouest en mars et avril. En mai elle n'est plus visible qu'à l'occident et finit par disparaître dans les clartés du crépuscule.

Elle est très facile à reconnaître à l'œil nu, d'abord parce qu'elle brille avec une intensité supérieure à celle des étoiles de première grandeur, ensuite parce qu'elle est rougeâtre, comme un feu, enfin parce qu'elle modifie par sa présence l'aspect des constellations zodiacales auxquelles elle vient ajouter son ardent éclat. Cependant, pour ne rien laisser à désirer, et afin que nos lecteurs puissent sans incertitude la reconnaître et l'observer, aux indications précédentes nous ajoutons ici la carte de sa marche dans le ciel pendant sa période actuelle d'apparition, c'est-à-dire si l'on commence à observer dès 11 heures ou minuit, du mois d'août jusqu'au mois de mai. Remarquons à ce propos qu'il est inutile de diriger une lunette vers une planète tant qu'elle n'est pas dégagée des brumes de l'horizon, car, parût-elle très lumineuse à l'œil nu, elle sera, dans la lunette, brumeuse diffuse et onduleuse, sans netteté et sans intérêt réel : il importe de n'observer qu'une heure au moins après le lever ou avant le coucher, et

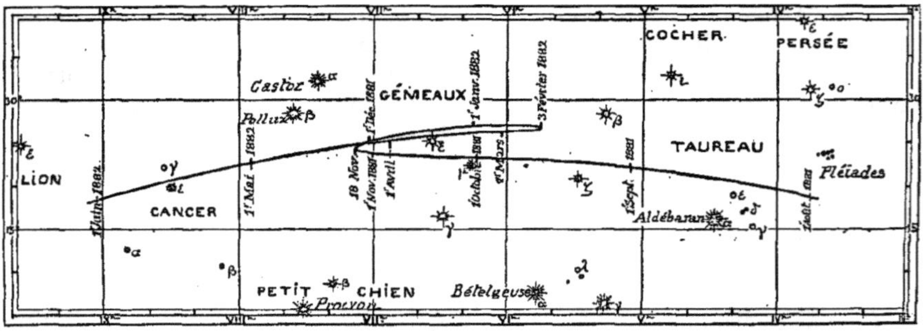

Fig. 390. — Positions et marche de la planète Mars en 1881-1882.

le mieux est de choisir l'heure du passage au méridien. — On voit que la planète marche rapidement. Cette carte de la période de visibilité de Mars, 1881-1882, peut être considérée comme formant la suite de celle que nous avons publiée dans l'*Astronomie populaire* pour la dernière période de visibilité, 1879-1880.

Les indications qui précèdent ne peuvent servir que pour la période de visibilité actuelle. A partir du mois de juin 1882, la planète disparaîtra de notre sphère d'observation pour y revenir en décembre 1883, passer en opposition de nouveau le 31 janvier 1884, et briller sur nos têtes jusqu'en juillet pour disparaître ensuite et recommencer indéfiniment le même cycle. — Il serait superflu de nous préoccuper dès aujourd'hui des détails de ce retour; nous pouvons espérer qu'à cette époque, si Dieu nous prête vie, les lecteurs et l'auteur seront encore en communication sympathique et pourront de nouveau régler ensemble le programme officiel de la marche céleste du dieu de la guerre : puisse-t-il ne pas descendre au milieu de nous d'ici-là.

Quoique ce monde de Mars revienne tous les 26 mois à sa plus grande proximité de notre observatoire terrestre, les conditions d'observation sont loin d'être indentiques à chacun de ses retours. Cette planète et la nôtre décrivent autour du Soleil des orbites non circulaires mais elliptiques; lorsque le périhélie de Mars correspond à l'aphélie de la Terre, le rapprochement est le plus grand possible, tandis que la distance augmente très sensiblement quand les deux planètes se rencontrent au périhélie de la Terre et à l'aphélie de Mars. Il n'est pas sans intérêt de connaître ces variations de la distance minimum de Mars, comme de la grandeur apparente de son disque, à chacun de ses retours. Le cycle est à peu près complet en quinze ans. La plus grande proximité est arrivée en 1877; elle était déjà arrivée en 1862, et elle reviendra en 1892.

*Passages de Mars à ses plus petites distances de la Terre.*

| Epoques. | dist. minim. | diam. max. | Epoques. | dist. minim. | diam. max. |
|---|---|---|---|---|---|
| 1862 octobre. . . . | 0,390 | 21″,6 | 1875 juillet . . . . | 0,433 | 25″,6 |
| 1864 novembre . . | 0,534 | 19,9 | 1877 septembre. . | 0,377 | 29,4 |
| 1867 janvier. . . . | 0,636 | 17,4 | 1879 novembre . . | 0,482 | 23,0 |
| 1869 février. . . . | 0,677 | 16,4 | 1881 décembre . . | 0,603 | 18,4 |
| 1871 mars. . . . . | 0,652 | 17,0 | 1884 janvier. . . . | 0,669 | 16,6 |
| 1873 avril. . . . . | 0,563 | 19,6 | | | |

On voit que l'année 1877, en laquelle M. Hall a eu l'heureuse idée de chercher les satellites, a été la plus favorisée : 0,377 représente 14 millions de lieues. — Les époques de plus grande proximité de Mars (1862-1877-1892) correspondent aux années de disparition de l'anneau de Saturne; mais les deux phénomènes n'ont évidemment aucun rapport entre eux.

Rappelons en terminant que le diamètre du globe de Mars est égal à un peu plus de la moitié (0,54) de celui de la planète que nous habitons; que ses variations climatologiques correspondent sensiblement à celles de notre monde, que sa rotation diurne s'effectue en 24 heures 37 minutes 23 secondes ; que ses années comptent 669 de ses propres jours; que son atmosphère paraît analogue à la nôtre; que sa géographie diffère sensiblement de la nôtre parce qu'il y a là un peu plus de terres que de mers, et que ses continents sont revêtus d'une coloration jaune rougeâtre, tandis que ses mers sont bleuâtres. — On trouvera dans mes autres ouvrages les conclusions qu'il est permis d'en tirer sur l'état probable de la vie à sa surface et sur la nature de l'humanité qui doit le peupler actuellement.

Rien à dire sur les satellites, au point de vue de l'observation. Ils ont le diamètre de Paris, n'apparaissent que sous l'aspect de points minuscules, et ne sont perceptibles, le plus éloigné, que dans les lunettes de 9 pouces, le plus rapproché, que dans celles de 20 pouces et au-dessus (54 centimètres). Celui-ci n'est même suivi régulièrement que dans la grande lunette de Washington (66 centimètres) à l'aide de laquelle il a été découvert.

# VÉNUS ♀

Les deux planètes dont il nous reste à étudier ici les époques et les lieux d'apparition, Vénus et Mercure, circulent, comme nos lecteurs le savent, dans l'intérieur de l'orbite terrestre, et par conséquent ne sont jamais derrière nous à l'opposite du Soleil, ne sont jamais visibles au milieu de la nuit.

Vénus s'écarte quelquefois jusqu'à 48° du Soleil, et retarde alors le soir, ou avance le matin, de plus de 4 heures sur l'astre du jour. Elle est donc essentiellement l'étoile du soir ou l'étoile du matin; c'est toujours, comme du temps de Cicéron, Vesper et Lucifer.

Son éclat est splendide, supérieur à celui de Sirius, à celui de Mars, à celui de Jupiter. A ses époques d'intense lumière, elle porte ombre, et on le reconnaît facilement si l'on examine la silhouette d'un objet sur un mur blanc (simplement celle d'un crayon devant une feuille de papier tournée du côté de Vénus).

Cette lumière blanche est même si vive que si l'on veut observer les phases de cette planète, qui sont analogues à celles de la Lune, et essayer de reconnaître la pénombre de son atmosphère ou les échancrures de son disque intérieur, ce n'est point pendant la nuit qu'il faut diriger une lunette vers elle, mais dès le coucher du soleil, si c'est le soir, et plutôt même pendant le jour, en essayant d'abord de la distinguer à l'œil nu ou à la jumelle par la position qu'elle occupe, et que l'on aura remarquée les jours précédents, relativement au soleil.

La combinaison de son mouvement avec celui de la Terre fait qu'elle passe à sa conjonction inférieure, entre le Soleil et nous, tous les 584 jours. Avant cette conjonction, elle est visible le soir à l'occident pendant cinq mois environ; après s'être écartée à son maximum, elle se rapproche chaque soir de l'astre flamboyant, dans les rayons duquel elle disparaît, pour reparaître quelques semaines plus tard comme étoile du matin et briller à l'orient pendant cinq mois aussi; puis elle se rapproche de nouveau de l'astre du jour, et disparaît derrière lui pendant plusieurs mois pour revenir ensuite comme étoile du soir. Ce mouvement bien compris une fois pour toutes, nous ne pourrons désormais jamais nous tromper à l'égard de la belle planète. Toutes les fois que nous verrons briller le soir dans la lumière crépusculaire, ou le matin avant le lever du soleil,

une étoile très blanche, très vive, éclatante, splendide, nous pourrons
être assurés que c'est Vénus en personne. Nulle autre planète ne
saurait rivaliser avec elle. Jupiter seul flamboie d'un éclat comparable, mais, comme nous l'avons vu, il n'est visible le soir à l'occident qu'après avoir brillé pendant plusieurs mois toute la nuit sur
nos têtes, de sorte qu'il ne nous surprendrait pas par son apparition, tandis que Vénus qui vient de l'ouest au lieu d'arriver de l'est,
se dégage du soleil couchant, et, surtout lorsqu'elle a été masquée par
quelques semaines de ciel couvert, apparaît tout d'un coup dans sa
gloire et dans sa beauté.

Ce qu'il y a de plus intéressant à voir dans Vénus, et en même temps
de plus facile, ce sont ses *phases*. Il faut pour cela, le soir, choisir le
mois qui précède sa conjonction inférieure : plus la planète se
rapproche du Soleil, plus sa phase est marquée, mieux son croissant
est dessiné. Lorsqu'elle arrive de sa conjonction supérieure, elle est
ronde et petite, ne mesurant que 9″,5 de diamètre; puis elle approche
vers nous, tout en s'écartant du Soleil, arrive à sa quadrature, et
paraît alors comme une demi-lune mesurant 25″ de diamètre. C'est
l'époque la plus favorable et la plus intéressante pour commencer les
observations. Bientôt, se rapprochant toujours de nous, et agrandis-
sant graduellement son disque, elle atteint son plus vif éclat : c'est
lorsqu'elle se trouve à 39 degrés du Soleil, 69 jours avant sa
conjonction inférieure; son diamètre apparent est alors de 40″, tandis
que la longueur de sa partie éclairée est à peine de 10″. Dans cette
position, on ne voit que le quart du disque illuminé; mais ce quart
émet plus de lumière que des phases plus complètes. Enfin, lorsqu'elle

Fig. 391. — Les quatre phases principales
de Vénus.

arrive dans la région de son
orbite la plus rapprochée de
la terre, elle ne nous offre plus
qu'un croissant excessivement
mince, puisqu'elle est alors
entre le Soleil et nous, et
qu'elle ne nous présente pour
ainsi dire que son hémisphère
obscur; c'est la position où sa
dimension apparente est la
plus grande, et elle mesure
alors 62 secondes de diamètre. Elle est alors presque tout contre le
Soleil, et ne tarde pas à disparaître dans son rayonnement. Quelquefois, comme nous l'avons dit, elle passe juste entre le Soleil et nous,

et paraît encore un peu plus grande (63 à 64 secondes), mais c'est alors un disque absolument noir, et ce n'est plus un astre, à proprement parler. Après être passée à sa conjonction inférieure, les phases se reproduisent en sens contraire chez l'étoile du matin. Le petit dessin qui précède représente les aspects de Vénus, pour l'observation dans les instruments moyens, à l'échelle adoptée ici de ½ millimètre pour 1″.

Le plus petit instrument d'optique suffit pour reconnaître les phases de Vénus. Les lunettes de 50 et 75 millimètres les montrent admirablement; celles de 95 et 108 permettent déjà de remarquer les échancrures formées par les hautes montagnes, le long du cercle intérieur d'illumination, et de comparer les deux cornes du croissant, qui ne sont pas absolument égales. Parfois on peut suivre très loin leurs fines pointes. Des instruments plus puissants, et des circonstances atmosphériques exceptionnelles, tant sur Vénus que sur la Terre, sont nécessaires pour permettre de distinguer les taches de sa surface, qui sont bien plus difficiles à apercevoir que celles de Mars. Nous ne voyons jamais ce globe de Vénus qu'obliquement éclairé, tandis que Mars se présente de face. Mais tandis que Mars ne s'approche jamais à moins de 14 millions de lieues de nous, Vénus arrive jusqu'à 11 millions, seulement en de mauvaises conditions d'observation, puisque c'est son hémisphère obscur qui est tourné vers nous. Aux époques de son plus grand éclat, son diamètre est de 40″ : une lunette grossissant 47 fois montre donc Vénus telle que nous voyons la Lune à l'œil nu, et il n'est pas rare d'entendre les personnes qui observent pour la première fois les phases de Vénus s'écrier que c'est la Lune qu'elles ont sous les yeux.

Cette planète est presque exactement du même volume que celle que nous habitons, son diamètre étant au nôtre dans le rapport de 954 à 1000. Son atmosphère est plus élevée et plus dense que celle que nous respirons; ses années sont plus rapides, ses saisons plus brusques, ses climats plus extrêmes; sa rotation s'accomplit en 23 heures 21 minutes 24 secondes.

Les données qui précèdent sur les périodes de visibilité de Vénus, jointes à celles qui concernent les planètes Saturne, Jupiter et Mars, suffisent assurément pour que tout observateur un peu attentif du ciel connaisse désormais perpétuellement les positions approchées de ces quatre mondes ainsi que leurs époques d'apparition, et il est presque superflu de rien ajouter à l'égard de Vénus. Aucune carte de son mouvement ne serait utile, puisque la belle planète ne brille que le soir ou le matin et qu'elle éclipse ses lointaines sœurs les étoiles. Constatons seulement, pour ne plus la perdre de vue, au moins dans notre esprit, qu'elle est actuellement (octobre 1881) étoile du matin, qu'elle va se rapprocher du Soleil pour passer derrière lui le 20 février 1882, qu'elle se dégagera ensuite lentement de ses rayons, s'en écartera déjà assez en mai et juin pour briller le soir dans les feux du couchant; le 15 juin elle retardera de $2^h$ $7^m$ sur le Soleil; le 15 juillet de $2^h$ $33^m$, le 15 août de $2^h$ $42^m$, le 15 septembre de $2^h$ $44^m$; sa plus grande élongation arrivera le 26 septembre; puis l'étoile du soir retardera de moins en moins sur l'astre du jour; le 15 octobre, ce retard ne sera que de $2^h$ $41^m$, et le 15 novembre de $1^h$ $47^m$; se resserrant chaque soir de plus en plus vers le Soleil, elle passera exactement devant lui le 6 décembre, *passage de Vénus* visible à Paris. Si le ciel n'est pas couvert, en cette mauvaise saison, ne laissons pas s'évanouir cette occasion unique d'observer ce rare phénomène céleste, car le prochain passage n'aura lieu qu'en l'an 2004, dans 122 ans, et malgré le proverbe qui prétend qu'il ne faut jurer de rien, il est extrêmement probable qu'un grand nombre d'entre nous auront les yeux tout à fait fermés à cette époque, et que Vénus ne les intéressera plus guère... à moins pourtant que nous ne soyons alors ressuscités justement sur cette patrie voisine, ce qui malgré ses climats un peu brusques vaudrait sans doute mieux que rien.

Étoile du matin de juin à décembre 1881; étoile du soir de mai à octobre 1882; étoile du matin de janvier à juin 1883; étoile du soir de novembre 1883 à avril 1884; et ainsi de suite, les oscillations de Vénus ne peuvent jamais être confondues avec les mouvements réguliers de Saturne, Jupiter et Mars, et nul observateur un peu attentif ne peut se tromper dans l'identification de ces planètes. Enfin, au besoin, la période de 584 jours peut servir pour se représenter ces oscillations elles-mêmes, puisque les élongations du soir précèdent la conjonction inférieure et que les élongations du matin la suivent; voici donc, par surcroît, ces conjonctions :

```
1881. . . . . . .  2 mai.
1882. . . . . . .  6 décembre.
1884. . . . . . . 11 juillet.
```

On trouvera les époques suivantes en ajoutant perpétuellement 584 jours. Ainsi l'observateur du ciel pourra désormais suivre les mouvements de Vénus aussi bien que ceux des autres planètes.


# MERCURE ☿


Il ne faut pas espérer trouver facilement Mercure si l'on n'est pas muni d'un équatorial ; car, quoique brillant de l'éclat d'une étoile de première grandeur, lorsqu'il est visible, il l'est très rarement. A l'aide d'un équatorial, on le trouve de jour par sa position calculée; mais il n'est visible à l'œil nu, le soir ou le matin, qu'aux époques de ses plus grandes élongations. Ces époques reviennent souvent, il est vrai, à cause de la rapidité du mouvement de Mercure autour du Soleil (88 jours), seulement il ne s'écarte jamais à plus de 28 degrés de l'astre radieux, ne retarde ou n'avance jamais de plus de deux heures, et reste éclipsé dans la lumière du crépuscule ou masqué par les vapeurs de l'horizon.

En le cherchant avec soin, on peut pourtant arriver à le découvrir si le ciel est bien pur. Je l'observe, à Paris, deux ou trois fois par an, en moyenne. Les amateurs curieux de le trouver devront examiner attentivement le ciel occidental, trois quarts d'heure environ après le coucher du soleil, aux époques de ses plus grandes élongations du soir :

1883. . . . . . 21 janvier; — 14 mai; — 10 septembre.
1884. . . . . . 4 janvier; — 25 avril; — 23 août.

et ainsi de suite, en retranchant 18 jours à chaque date, à un jour près. Ce sont là les milieux des périodes de ses élongations du soir : la visibilité s'étend sur six jours de part et d'autre de ces dates moyennes.

Le seul intérêt de l'observation populaire de Mercure, à part la satisfaction d'une curiosité bien légitime, réside dans la constatation de ses phases, analogues à celles de Vénus, accessibles aux instruments de moyenne puissance, mais assez difficiles à suivre jusqu'au croissant. Aux époques de ses élongations les plus favorables, cette miniature de planète s'offre à nous sous l'aspect d'une demi-lune de 9″ de diamètre, comme on le voit sur cette petite figure dessinée à la même échelle que les précédentes (½ mill. = 1″).

Nos lecteurs savent qu'en réalité le diamètre de ce petit monde n'est égal qu'aux 38 centièmes de celui de la Terre. C'est la plus petite des huit planètes principales de notre système. — De Mercure comme de Vénus, la Terre

Fg. 392. — Aspect de Mercure.

où nous sommes brille pendant la nuit dans le ciel comme une magnifique étoile de première grandeur. On peut même voir à l'œil nu la Lune à côté, de sorte que nous offrons le spectacle d'une charmante étoile double, planant mystérieusement dans l'infini des cieux.

Il serait superflu de chercher à distinguer les taches géographiques, l'atmosphère et les montagnes de Mercure. L'observation de ses phases est vraiment la seule qui se puisse faire facilement. On peut encore examiner la planète, en de tout autres conditions, sous l'aspect d'un disque noir, lorsqu'elle passe devant le Soleil, et ainsi nous l'avons observée le 5 novembre 1868 et le 6 mai 1878. Mais il n'y a plus de passage visible à Paris avant le 10 novembre 1894. Nous en avons un, il est vrai, cette année même, le 7 novembre 1881, seulement il aura lieu de 10ʰ 25ᵐ du soir à 3ʰ 47ᵐ du matin, c'est-à-dire pendant la nuit pour nous, et sera par conséquent invisible pour l'Europe. On l'observera des deux Amériques et de nos antipodes.

# LA LUNE ☾

Je ne connais pas de spectacle plus ravissant, plus délicieux, et en même temps plus saisissant, j'allais dire plus idéal, plus sublime, que celui de la Lune observée au télescope pendant une tranquille soirée, aux environs du premier quartier. Obliquement illuminée par les rayons du soleil, couché pour nous, la surface lunaire offre alors le relief de ses cirques et de ses montagnes, rehaussé par les ombres noires qui s'allongent nettement à leurs pieds ou qui emplissent le fond des cratères. Dans l'azur du ciel, encore éclairé dans la vaste clarté du crépuscule, le bord intérieur du croissant lunaire, non dur et éblouissant comme à la nuit tombée, mais doucement lumineux, clair, pur, candide, semble une broderie d'argent fluide flottant dans l'air, suave comme l'éther, céleste, divine. L'anneau de Saturne, le disque de Jupiter entouré de son cortège; les phases de Vénus; l'aspect des étoiles doubles colorées, telles que γ d'Andromède, β du Cygne, le Cœur de Charles, γ du Dauphin; les étoiles doubles éclatantes, telles que Mizar, Castor, γ de la Vierge; les créations lointaines et splendides, telles que la nébuleuse d'Orion ou l'amas d'Hercule, nous transportent plus loin dans l'infini sans nous charmer davantage. L'aspect de cette île de lumière vaut celui de ces merveilles. Pourquoi ne commencerait-on pas par là l'apprentissage du télescope? C'est l'observation la plus facile; en s'y exerçant, on se préparera à des recherches plus délicates, et dès le premier instant on sera récompensé de la peine que l'on aura prise pour ajuster exactement l'instrument, et encouragé à poursuivre plus loin l'observation des célestes spectacles.

Dès le troisième jour de la lunaison, le croissant est assez dégagé des brumes rougissantes de l'horizon occidental pour offrir des contours nets et arrêtés et des cornes extrêmement fines prolongées le long de la circonférence du disque, dont l'intérieur est éclairé par la lumière cendrée. Tandis que le bord extérieur du croissant se montre net et circulaire, parce qu'il est éclairé moins obliquement et que toutes les irrégularités de la topographie lunaire se projettent en perspective les unes devant les autres pour former un même niveau moyen, le bord intérieur se montre déchiqueté, les reliefs les plus élevés étant seuls éclairés par le soleil levant, qui arrive alors sur ce méridien. La tache grise ovale que l'on remarque déjà est la mer des Crises, tache grise ovale à gauche, à l'ouest, près du bord, au-dessous de l'équateur. Le méridien éclairé, le cercle d'illumination, passe là le troisième jour de la lunaison. — (La petite figure suivante suffit pour les configurations principales; mais il sera utile de revoir la carte de la Lune publiée dans l'*Astronomie populaire*, page 156, et la chromolithographie de la page 186).

[Rappelons à cet égard que si l'on veut avoir devant les yeux la Lune comme on la voit à l'œil nu, il faut retourner le dessin ci-après et mettre le haut en bas : alors le croissant est à droite. Pour avoir l'astre tel qu'il se présente dans les lunettes astronomiques, qui renversent les images, il faut le regarder tel qu'il est imprimé ici : alors le croissant est à gauche et le cercle terminateur intérieur passe par la mer des Crises.]

Le quatrième jour, on juge mieux de l'ensemble de la mer des Crises, parce

que le croissant est plus large et que le cercle terminateur est plus rapproché
du méridien central. Alors on distingue aussi la mer de la Fécondité (la tache
grise, longue, au-dessus de la mer des Crises, et traversée par l'équateur), ainsi
que les cirques qui l'entourent à gauche et à droite : au milieu de cette plaine
se trouvent les deux cratères jumeaux Messier, qui ont subi un changement
depuis 1837. La partie supérieure du
croissant apparaît comme une bordure de dentelle, par le grand nombre
de cratères qui peuplent cette contrée
montagneuse. On commence à apercevoir la mer du Nectar, au-dessus de
la précédente dans l'hémisphère sud.

Le cinquième jour, l'œil est arrêté
par les trois grands cirques à droite
de la mer du Nectar, qui sont, en
allant de bas en haut, Théophile,
Cyrille et Catherine. Malgré la vulga-
rité de ces noms, ces cirques sont
splendides, immenses : ce sont des
montagnes plus élevées que le Mont-
Blanc. La plaine grise au-dessous des
deux mers précédentes, et communi-
quant avec elles, est la mer de la

Fig. 393. — Aspect général de la Lune.

Tranquillité, et celle plus bas, entourée d'un rempart elliptique, est la mer de la
Sérénité. Au-dessous de celle-ci se remarque un beau cirque ovale : Posidonius.

Le sixième jour est peut-être le plus intéressant. La mer de la Sérénité se
développe presque entière, avec le cirque d'Eudoxe et le Caucase nord, Posidonius au nord-ouest, la traînée blanche qui la traverse, et en haut, au sud.
les cirques de Pline, Ménélas et Manilius. (Astronomie, p. 158). Plus haut,
les rainures d'Hyginus et de Triesnecker (Id., p. 189). Le long de l'hémisphère
supérieur, le cercle terminateur passe par une série de cratères énormes. Parfois
leur circonférence est éclairée tout entière par le soleil levant, le fond restant
dans l'ombre ; parfois les crêtes les plus élevées sont seules visibles, détachées
du bord intérieur du croissant, comme des étoiles. Attendez une demi-heure,
une heure, et vous verrez de vos yeux l'illumination solaire enflammer toutes
ces alpes blanches et réunir les cimes aux versants moins élevés.

Le septième jour, quadrature ou premier quartier ; le méridien d'éclairement
coupe la Lune en deux, traversant la mer des Vapeurs vers le centre, et
passant au-dessus d'elle, près des trois grands cirques de Ptolémée, d'Alphonse
et d'Arzachel. Leurs crêtes, comme celles de la grande irradiation de Tycho,
dans la partie supérieure de la Lune, s'illuminent insensiblement à la droite ou
à l'est du méridien. En bas, au-dessous de la mer de la Sérénité, la vue est
attirée par d'autres cirques remarquables.

Le huitième jour, l'observation est encore extrêmement intéressante, parce
que le cercle d'illumination arrive, en haut, sur la pittoresque formation montagneuse de Tycho, et en bas sur la chaîne grandiose des Apennins (dans
l'hémisphère nord, à droite du méridien central), sur les cratères d'Archimède,

d'Aristillus et d'Autolycus (*Voir* les photographies publiées dans *les Terres du Ciel*), et, plus bas encore, vers le pôle boréal de la Lune, sur le cirque plat et sombre de Platon. L'observateur ne pourra s'empêcher de s'étonner de la variété des études qu'il y aurait à faire là, et tout de suite il pensera qu'une vie entière n'y suffirait pas.

Le neuvième jour, l'un des paysages alpestres les plus curieux se présente sur le cercle terminateur: le mont Copernic (au-dessus des Apennins), le plus grandiose peut-être de la Lune entière, formation géologique visible dans tous ses détails, avec son énorme pyramide centrale et ses fantastiques éboulements de rochers. Le terrain environnant est criblé de petits cratères. Au-dessus de Copernic on remarque l'immense plaine qualifiée du nom de mer des Nuées (c'est la grande tache grise qui s'étend depuis l'équateur jusque vers Tycho).

A partir du dixième jour, l'observation devient plus fatigante pour la vue et moins intéressante par l'effacement des reliefs. Cependant en tempérant la vive lumière par un verre bleu léger vissé à l'oculaire, on pourra encore, le 11e jour de la lunaison, examiner, à droite de Copernic, la montagne rayonnante de Képler, le 12e celle d'Aristarque, qui est au-dessus de Képler, et le 13e les échancrures du bord sud-est du disque lunaire. Le jour de la pleine lune, il n'y a d'intéressant à voir que les rayonnements blancs qui partent de Tycho comme autant de méridiens. De la pleine lune au dernier quartier, on peut faire les observations précédentes en sens contraire, mais alors à une heure de plus en plus avancée dans la nuit. La Lune retarde de trois quarts d'heure par jour, et après le dernier quartier, elle n'est plus visible que le matin.

Tous les instruments sont bons pour l'observation de la Lune, à condition que l'objectif soit pur et qu'on n'emploie pas de grossissements trop forts. Mais, naturellement, plus l'instrument sera puissant et plus on découvrira de détails. Une simple jumelle donne déjà une idée exacte de la géographie et de la topographie générale; une jumelle de marine et une longue-vue terrestre mettent en évidence les aspects de la figure précédente. Une lunette de 60 millimètres permet de se rendre compte des principales particularités signalées dans la description sommaire que nous venons de faire. Dans une lunette de 75, on apprécie fort bien le caractère essentiel des cirques lunaires, qui est d'avoir leur fond plus bas que le terrain environnant leurs bords, et d'être de véritables excavations paraissant dues à des bulles de gaz arrivées de l'intérieur du globe lunaire, qui auraient crevé à la surface à l'époque où elle était encore pâteuse, en laissant déprimée l'aire de leur passage. On reconnaîtra également la forme circulaire, totale ou partielle de toutes les mers lunaires. En observant les reliefs à l'aide d'une lunette de 95, on jugera de l'élévation prodigieuse de certaines arêtes et de certains pics, notamment de la chaîne des Apennins, qui s'élève à 5560 mètres au-dessus de la plaine, du cratère de Tycho, dont l'altitude est de 6150 mètres, de Callipus, dans le Caucase, au-dessous de la mer de la Sérénité (6216 mètres), du cirque de Copernic, lequel, quoique ne dépassant pas 4000 mètres, produit néanmoins un effet si remarquable par son isolement, tandis que des monts plus élevés, perdus dans les régions montagneuses, tels que Leibnitz (7610 mètres), Doerfel (6403), Newton (7564), Clavius (7091), accumulés au pôle sud, restent en partie éclipsés par leur propre voisinage.

Une lunette de 108 permettra de distinguer et de dessiner les rainures qui serpentent près d'Hyginus, de Triesnecker, d'Archimède, sous les Apennins, de reconnaître de curieux détails au sein de cette nature si bouleversée, d'entreprendre de beaux dessins des plaines éclairées d'une lumière fuyante, au bord desquelles les arêtes de certains cratères présentent de profil des cadres du relief le plus étonnant.

On appréciera soi-même, par les résultats obtenus, quels seront les grossissements les plus convenables à employer; chaque instrument est muni de plusieurs oculaires : on reconnaîtra par la pratique même que le plus fort ne peut-être appliqué que dans des circonstances exceptionnelles de transparence atmosphérique, et seulement pour vérifier certains détails devinés avec le grossissement moyen. Plus le grossissement est fort, plus la lumière et la netteté diminuent. Répétons-le, pour la Lune, de faibles grossissements, des instruments modestes, donneront des résultats surprenants à tout observateur attentif qui voudra consacrer quelques belles soirées à faire connaissance avec notre petite voisine. Jusqu'à présent, c'est avec des instruments moyens que l'on a fait les plus belles études sur la topographie lunaire.

Ajoutons enfin que les observations faites au crépuscule seront toujours plus agréables que celles faites à la nuit tombée.

## LE SOLEIL ☉

Complétons cette notice générale sur les observations offertes à tous les néophytes du culte d'Uranie, par quelques indications relatives au Soleil lui-même.

Il serait superflu de faire remarquer d'abord que toute éclipse de soleil ou de lune ne doit jamais être négligée, et qu'on aura toujours un nouvel intérêt à les observer avec soin, qu'elles soient partielles ou totales. Dans les éclipses de soleil, la silhouette noire de la Lune montre très bien les irrégularités montagneuses du bord lunaire. Lors des éclipses de lune, on constate l'arrivée et la marche de l'ombre de la Terre, qui s'avance lentement sur le disque lunaire, en répandant un crêpe rougeâtre sur sa configuration géographique, sans l'effacer tout à fait; on note le moment précis où cette ombre terrestre touche les principales montagnes, et les aspects changeants de la surface lunaire atteinte par la pénombre de notre propre atmosphère. Il semble qu'en suivant ainsi toutes les phases du phénomène on s'initie personnellement aux lois des mouvements célestes, et qu'on fasse partie intégrante de ces mouvements eux-mêmes, — ce qui est d'ailleurs absolument vrai, mais ce que personne ne sent.

Les *taches* du Soleil offrent un sujet d'étude facile et satisfaisant, même dans une petite lunette de 60 millimètres. L'observation n'en est pas dangereuse : les opticiens doivent toujours avoir soin de placer parmi les accessoires de tout instrument d'optique destiné à l'observation du ciel une ou deux bonnettes noires ou verres foncés, que l'on visse à l'oculaire lorsqu'on veut regarder le Soleil; ce sont des verres chimiquement colorés; qui atténuent les rayons lumineux ; les bleus sont préférables aux rouges, parce qu'ils atténuent aussi les rayons calorifiques, Il ne faut pas laisser trop longtemps l'instrument directement pointé vers le Soleil, parce que l'oculaire étant naturellement au foyer, s'échauffe, et que le verre noir peut éclater devant l'œil; accident sans gravité d'ailleurs, attendu que le petit verre se fend tout simplement, et que l'œil surpris se retire immédiatement; mais il vaut mieux l'éviter, et il suffit pour cela de tourner légèrement l'instrument dans les moments de répit de l'observation.

Pour pointer sans fatigue l'instrument sur l'astre éblouissant, il y a deux moyens bien simples. Si la lunette est petite, non munie d'un chercheur, dirigez-la, de la main seulement, vers le Soleil, et recevez son ombre sur une feuille de papier ou sur le parquet : lorsque l'ombre est réduite à son minimum, qu'elle n'a plus, dans tous les sens, que le diamètre de la lunette, que le corps de l'instrument n'ayant plus d'obliquité par rapport au soleil ne produit plus d'ombre, l'astre est dans le champ de la lunette. Si l'instrument est muni d'un chercheur, commencez toujours à le tourner comme précédemment dans la direction du Soleil; puis, en ayant soin de prendre l'un des verres noirs pour regarder dans le chercheur, amenez le Soleil à la croisée des fils : il est dans le champ de la lunette. Mais ayez soin de ne pas vous précipiter à l'oculaire sans y visser la bonnette.

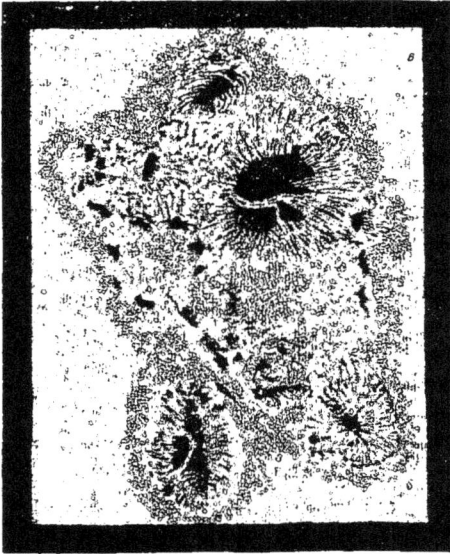

Fig. 394. — Type de taches solaires, vues avec un grossissement de 300 fois.

Il ne faut pas s'attendre à trouver tous les jours des taches sur le Soleil. L'astre reste quelquefois des mois entiers sans en offrir une seule à la curiosité des astronomes, et déjà nous avons vu que certaines années sont privilégiées à cet égard. La variation est périodique. Dans les années de maximum, on a compté jusqu'à trois cents taches et davantage dans le cours de l'année; aux époques de minimum, ce nombre se réduit à une vingtaine. Les dernières années de maximum ont été les années 1848, 1860 et 1871 ; nous pouvons nous attendre à ce retour en 1882 : ainsi nous entrons dans la période la plus riche à cet égard. Les dernières années de minimum ont été 1855, 1867 et 1878. En moyenne, du maximum au minimum suivant sept années s'écoulent, tandis que quatre seulement séparent un minimum du maximum suivant. C'est assurément là l'un des phénomènes les plus curieux que nous connaissions dans la physique de l'univers. Nous en ignorons absolument la cause.

Ces taches offrent toutes les dimensions, depuis de simples points, de petits pores imperceptibles, qui ne se révèlent que dans les plus puissants instruments, jusqu'à des surfaces mesurant plus d'une minute de diamètre, c'est-à-dire larges de 43 000 kilomètres et davantage. De telles taches ne sont que 32 fois moins larges que le Soleil lui-même, sont visibles dans les plus petits instruments, et même à l'œil nu, et sont trois à quatre fois plus larges que la Terre, dont le diamètre, vu à la distance du Soleil, est de 17″,7.

En suivant ces taches de jour en jour, à la même heure, on se rendra très rapidement compte de la rotation du Soleil. Elles mettent environ 13 jours à traverser le disque. Parfois elles durent assez longtemps pour faire le tour du Soleil, de l'autre côté, et nous revenir par le bord oriental, quatorze jours après avoir disparu par le bord occidental j'en ai suivi et dessiné une, en 1868, qui a duré trois rotations solaires sans s'altérer sensiblement. Parfois, au contraire, elles ne durent que quelques jours, se fondent et disparaissent. Quelquefois elles sont isolées, mais le plus souvent elles sont groupées par familles variées, laissant de légères traînées derrière elles. De temps en temps on en voit qui se segmentent en deux parties réunies comme par une charnière.

L'observation des taches fera tout d'abord reconnaître en elles l'*ombre* noire centrale et la *pénombre* qui l'environne. Le centre des taches paraît noir, par contraste, quoiqu'il soit en réalité deux mille fois plus lumineux que la pleine lune. La pénombre paraît formée de filets de lumière, parfois très apparents et singulièrement contournés. Pour se rendre compte de l'aspect réel de ces formations, rien n'est aussi utile que d'essayer de les dessiner, et ce n'est pas absolument difficile. Vous ne serez pas toujours satisfait de vos dessins, car on rencontre des effets et des tons impossibles à rendre dans leur vraie lumière ; mais ces dessins vous feront remarquer un fait assez curieux : c'est que l'œil humain parvient à distinguer nettement des détails extrêmement délicats, et finit par s'accoutumer à les voir, de telle sorte que les proportions deviennent tout à fait trompeuses. Ainsi, pour représenter une tache solaire de la largeur de la Terre, mesurant 17″ à 18″, vous aurez fait un dessin de 7 à 8 centimètres de large, c'est-à-dire que vous croirez voir un objet de 1″ avec une largeur de 4 ou 5 millimètres. Or, cette tache dont vous ne pouvez guère dessiner tous les détails visibles qu'en lui donnant cette exagération, cette tache n'est qu'un point noir sur votre rétine ; et quand, après avoir quitté la lunette et vous être reposé le regard sur le paysage environnant, vous revenez au bout de quelque temps à l'observation, vous ne pouvez vous empêcher d'être surpris de voir, au premier coup d'œil, la tache aussi petite. Puis l'œil s'y habitue de nouveau et la revoit grande. Tout est dans les proportions. C'est par un effet contraire qu'au milieu des Alpes les montagnes ne paraissent pas avoir la moitié de leurs dimensions réelles, que la plaine d'Interlaken (au-dessus de laquelle j'écris ces lignes) paraît large comme la main, tandis que ce triangle a 6 kilomètres de longueur sur 4 de largeur, que Montmartre ici ne se verrait pas, et que la mer de glace à Chamonix paraît pouvoir être traversée en un quart d'heure. Un jour que je contemplais l'intérieur de l'immense basilique de Saint-Pierre de Rome du haut d'une galerie qui court sous le dôme même, quelqu'un me pria de chercher en bas le maître-autel, que l'on finit par reconnaître, en effet, dans le fond de l'abîme, au centre du parvis : ce maître-autel a la hauteur de l'Observatoire de Paris, 27 mètres ! Il est perdu comme un dé sous le ciel de Michel-Ange.

Le Soleil offre en ce moment même (septembre 1881) une belle tache ronde et un groupe remarquable, parfaitement visibles dans une lunette de 60 millimètres. Nous entrons actuellement, comme nous le disions tout à l'heure, dans la période d'observation la plus favorable.

Si l'on veut suivre une tache pendant plusieurs jours, plusieurs semaines, il importe d'observer à la même heure, parce que la position de la tache, relativement à notre verticale, varie du lever au coucher du soleil à cause de l'obliquité du mouvement diurne apparent. En revoyant le lendemain la tache que l'on a vue la veille, et en la retrouvant de nouveau le surlendemain et les jours suivants, on ne peut s'empêcher de songer que pendant ce temps-là la Terre a tourné plusieurs fois autour de son axe, a plongé plusieurs fois l'humanité et la nature entière dans la nuit et dans le sommeil, tandis que l'astre flamboyant est resté là, immuable, toujours lumineux, rayonnant sans arrêt ni trêve la lumière et la chaleur qui vont porter la vie sur tous les mondes.

Lorsque les taches arrivent près des bords, on remarque autour d'elles des traînées plus lumineuses que la surface solaire, des espèces de bourrelets, de longues vagues blanches, que l'on peut suivre jusqu'aux bords de la sphère solaire : ce sont les *facules*.

Une observation plus attentive permettra également de découvrir, même à l'aide de faibles instruments, les *granulations* de la surface solaire, laquelle est loin d'être unie et d'une blancheur homogène, comme on se l'imagine en général, mais est composée de points blancs serrés sur un réseau sombre. Ces points blancs sont des nuages de lumière mesurant en moyenne 200 kilomètres de diamètre.

Ajoutons enfin que si jamais en observant le Soleil on voyait une tache noire bien ronde se déplacer en quelques heures et glisser devant le disque lumineux, il faudrait avoir soin de dessiner la corde tracée et de noter l'heure précise, ainsi que toutes les circonstances de l'observation : ce serait là une belle découverte; nous aurions enfin la constatation de l'existence de cette fameuse planète intra-mercurielle, que la plupart des astronomes considèrent comme acquise à la science, mais dont pourtant l'existence n'est prouvée par aucune observation certaine et définitive.

Il est possible aussi qu'on aperçoive une comète passant devant le Soleil, (comme on l'a vu entre autres le 6 janvier 1818 et le 26 juin 1819), et peut-être d'autres corps célestes inconnus. Toute observation spéciale est intéressante à conserver.

L'analyse spectrale du Soleil et l'étude de ses protubérances demandent des appareils spéciaux, et restent jusqu'à présent en dehors du domaine de l'astronomie populaire.

## LES COMÈTES ☿

Quelques mots encore, et nous aurons, je l'espère, passé en revue tous les sujets qu'il importait de résumer dans cette instruction générale. Les comètes sont rares; mais il ne faut pas plus les négliger que leurs sœurs.

On se préparerait à tomber dans une forte désillusion si l'on s'attendait à ce qu'un instrument quelconque décuplât, centuplât la vision d'une comète, comme il arrive dans l'observation des cratères de la Lune, des taches du Soleil, des bandes de Jupiter, de l'anneau de Saturne ou de l'amas d'Hercule. La lumière des comètes est si faible, si diffuse, que répandue sur un espace dix fois, cent fois plus étendu, par le grossissement d'un télescope, elle se perd en une brume grise et disparaît. Si l'on veut observer une comète, il faut choisir l'oculaire le plus faible, et l'on ne gagne encore presque rien sur l'observation faite à l'œil nu. Le meilleur instrument pour bien juger de l'étendue comme de la forme des comètes est une bonne jumelle. Le noyau seul gagne à être vu au télescope, lorsqu'il s'agit des comètes extraordinaires surtout.

L'observation télescopique est utile pour constater la visibilité des étoiles à travers les queues cométaires, lesquelles sont absolument transparentes.

Lorsqu'une comète planera sur nos têtes, on s'intéressera à marquer tous les soirs la position exacte du noyau sur une carte céleste, à dessiner la direction et l'étendue de la queue, et à se rendre compte ainsi de la marche de l'astre chevelu parmi les étoiles, et de la variation de son éclat.

C'est ce que je viens de faire cette année même avec un véritable plaisir, ayant pu suivre la grande comète de 1881 depuis le jour même de son apparition, depuis le 23 juin jusqu'au 4 septembre. La route de la comète, à peu près droite jusqu'au 15 août, s'est ensuite légèrement courbée; elle s'est étendue depuis l'étoile β du Cocher jusqu'à β de la Petite Ourse, d'un mouvement uniformément ralenti; sa lumière apparente totale, qui équivalait d'abord à celle des étoiles de première grandeur, est descendue à la 2ᵉ le 28 juin, à la 3ᵉ le 2 juillet, à la 4ᵉ le 10, à la 5ᵉ le 23, à la 6ᵉ le 12 août, à la 7ᵉ le 4 septembre; et si j'ai pu la suivre aussi longtemps, c'est parce que j'ai terminé ces observations dans l'atmosphère pure des hautes régions des Alpes, entre 1000 et 2000 mètres d'altitude. A Paris, elle a disparu dès le 20 août. La queue, qui s'étendait le 23 juin sur une longueur de 12°, s'est graduellement réduite à 10° le 26, à 9° le 28, à 8° le 30, à 7° le 3 juillet, à 6° le 6, à 5° le 10, à 4° le 15, à 3° le 21, à 2° le 29, à 1° ¼ le 3 août et à 1° le 9; elle était réduite le 23 août à une nébulosité à peine perceptible, à peu près égale à la distance de Mizar à Alcor (12′), qui ne tarda pas à s'évanouir elle-même. Cette simple constatation de la marche quotidienne de la comète dans le ciel et de ses variations de grandeur et d'éclat est plus intéressante qu'on ne le croirait au premier abord : à elle seule elle fait lever mille questions, mille problèmes. — Du reste, quel est le sujet qui n'est pas intéressant en astronomie?

Remarquons même ici, à propos des comètes, qu'une grande partie des plus brillantes n'ont pas été découvertes par des astronomes de profession, mais par de simples amateurs qui regardaient attentivement le ciel, ou même par des presonnes absolument étrangères à la science. — La belle comète de cette année 1881 a été découverte par M. Tebbut, à Windsor (Nouvelle-Galles du Sud), par suite de l'excellente habitude qu'il a d'inspecter le ciel tous les soirs à l'œil nu, pour voir « s'il n'y a rien de nouveau ». Il faisait son inspection quotidienne le 22 mai, lorsque son attention fut attirée par une pâle nébulosité planant dans la constellation de la Colombe; c'était la comète nouvelle qui arrivait sans s'être fait annoncer.

Quelques mots encore sur

## LES ÉTOILES FILANTES ET LES BOLIDES.

Lorsqu'on remarque un bolide ou une lumineuse étoile filante, le fait le plus important est de constater aussi exactement que possible le point d'apparition et le point de disparition par le voisinage des étoiles visibles, et de tracer la trajectoire parcourue. Estimer la grandeur apparente par l'éclat comparé à celui des brillantes étoiles. On notera ensuite l'heure précise de l'apparition. C'est par ces données que le calculateur peut plus tard déterminer la hauteur et l'orbite réelle du météore dans l'espace.

Nous n'entrerons pas ici dans d'autres détails. Les descriptions ont été données, et nous n'avons pas à y revenir. Au surplus, puisqu'il est décidé, par la sympathie des lecteurs et par l'intérêt qu'ils ont pris à la connaissance du ciel, que nous ne nous quitterons plus, et que nous continuerons à nous entretenir ensemble des choses du ciel par la création d'une *Revue astronomique*, les lacunes seront progressivement comblées, les acquisitions nouvelles de la science nous arriveront d'elles-mêmes, et nos esprits se maintiendront désormais constamment dans la sphère de plaisir intellectuel qu'ils ont appréciée, et qu'ils ont choisie comme complément de l'existence matérielle.

Nous arrivons maintenant à la description des *instruments* et aux conseils pratiques relatifs à leur mode d'emploi. C'est là un chapitre moins idéal sans doute qu'une poésie d'Ossian sur le clair de Lune dans les nuages de l'Écosse, mais il est absolument indispensable à l'instruction astronomique, car les merveilles que nous venons de décrire resteraient à l'état de lettre morte si l'on ne savait pas les *observer*. Il y a là un petit apprentissage à faire, qui demande beaucoup d'attention... et même un peu d'esprit.

# IV

## LES INSTRUMENTS D'OBSERVATION

### ET

### L'ÉTUDE PRATIQUE DU CIEL

En décrivant les merveilles de l'univers et en invitant tous les esprits qui pensent, tous les cœurs qui sentent, à les admirer, à les étudier et à les connaître, j'ai donné un libre cours au développement d'une passion innée pour ces contemplations sublimes; j'ai voulu que ces beautés célestes resplendissent devant tous les yeux dans leur pleine lumière; j'ai semé les fleurs cueillies par les savants de tous les siècles, et j'ai relégué dans l'ombre les difficultés et les épines que le travailleur rencontre toujours sur son chemin. Aussi, plus d'un lecteur, ne réfléchissant pas que d'aussi merveilleux résultats n'ont pu être obtenus sans peine, a-t-il été désabusé le jour où, prenant lui-même en main le télescope, il s'est imaginé voir du premier coup tout ce que les progrès de l'astronomie physique ont successivement révélé. Sans considérer que toute science, tout art, exige un certain apprentissage, on s'attend, en mettant l'œil pour la première fois aux instruments d'un observatoire, à distinguer comme sur une carte les continents et les mers de Mars, à compter les étoiles de l'amas d'Hercule, à voir les deux composantes d'une étoile double tourner l'une autour de l'autre, et même, pour peu qu'on y ait rêvé, lorsque dans les premiers feux de l'enthousiasme on dirige fiévreusement son télescope vers un cirque lunaire obliquement éclairé par les rayons du soleil couchant, on serait à peine surpris d'apercevoir au milieu d'un paysage deux habitants de la Lune causant ensemble. « Vous me faites accabler de reproches par les plus jolies femmes du monde, me disait à cet égard le sympathique directeur de l'Observatoire de Paris; elles arrivent tout enthousiasmées par vos descriptions, et elles prétendent que nos instruments ne valent rien. Elles s'imaginent voir en un quart d'heure ce que nous avons mis vingt années de travail à bien étudier; elles croient que les étoiles les attendent pour leur révéler leurs secrets et que l'atmosphère se purifie tout d'un coup pour leurs beaux yeux, et comme la plupart du temps l'instrument n'est pas à leur point et qu'elles ne distinguent rien de net, elles s'en vont furieuses en prétendant que « ce n'est pas cela du tout ».

Comme mes précédents ouvrages n'ont pas eu pour but de fournir un manuel pratique de l'observation du ciel, je n'ai pas eu à faire connaître les « difficultés du métier » ni à apprendre aux lecteurs à se servir des instruments ; mais ici, dans cet ouvrage sur *les Étoiles*, nous arrivons précisément en ce moment même à ce chapitre important. Ce livre-ci est vraiment un manuel, et toutes les instructions données dans cette description générale du ciel seraient sans utilité pratique si nous ne consacrions pas une étude spéciale aux instruments et à la manière de s'en servir. Eh bien ! avouons-le une fois pour toutes, la chose n'est ni aussi simple ni aussi facile qu'elle le paraît. Il faut, comme nous le disions tout à l'heure, beaucoup d'attention, assez de patience et un peu d'esprit, pour arriver à bien se servir d'une lunette. Sans doute, ce n'est point là une étude aussi désagréable que celle de la langue allemande, ni aussi longue que celle du sanscrit ou de l'égyptien, mais enfin, je le répète, c'est une étude réelle et sérieuse.

Quels instruments un amateur doit-il choisir pour s'initier personnellement à la connaissance pratique de l'astronomie? de quelle manière doit-on s'en servir et que peut-on voir avec ces instruments? Telles sont les questions toutes naturelles qui se posent dans l'esprit de l'étudiant du ciel.

La première étape d'un voyage scientifique à travers les régions célestes consiste dans *le choix d'un instrument*. Nous ne devons pas craindre à cet égard d'entrer ici dans quelques détails du métier et de dégager les abords de la route de tous les embarras qui l'obstruent. Il est très important d'avoir un *bon* instrument, quelque petit qu'il soit, car autrement on sera découragé dès les premiers pas. La nature humaine est ainsi organisée, qu'en général nous ne faisons bien que ce que nous faisons avec plaisir. Tout travail *inutile* est à éviter; on ne perd que trop de temps, et vraiment, dans la création tout entière, il n'y a peut-être rien de plus absurde que le temps perdu. Donc, que l'instrument soit d'un maniement facile, et que ses qualités optiques soient suffisantes : n'attachez pas d'importance à l'aspect extérieur; ne vous fiez pas à la beauté, à la couleur, au vernis de la monture, ni même à la transparence de l'objectif ou a l'éclat du miroir, si c'est un télescope : c'est à la pratique seule qu'il faut juger. Une lentille très pure peut être très mauvaise, parce que sa courbure sera défectueuse ; tandis qu'une autre dans laquelle on verra des bulles d'air et des stries peut être d'un excellent service.

Il n'y a qu'un seul moyen d'éprouver la qualité d'un instrument : c'est de s'en servir. La renommée de l'opticien ne suffit pas, et bien souvent on y est trompé. Ainsi, tout récemment encore, me trouvant à Lausanne chez un professeur distingué, j'ai été tout surpris de ne pas séparer en deux disques nets et bien écartés les deux composantes de l'étoile double α d'Hercule dans une lunette de 108 millimètres que ce professeur venait de recevoir d'Allemagne, et qu'il avait commandée au nom d'une académie. Le premier objectif venu pris par un aveugle dans un magasin de Paris eût pu être meilleur que celui-là. Tout objectif monté dans une lunette doit pouvoir supporter un grossissement de 2 fois par millimètre de son diamètre. Une lunette de 60 millimètres doit supporter 120; une de 75, 150; une de 95, 190; et une de 108, 216. Ce sont là des nombres qui n'ont rien d'exagéré, et un *excellent* instrument doit pouvoir être armé d'un grossissement supérieur encore. Les grossissements applicables aux lunettes dépendent du diamètre de l'objectif et de la longueur focale; chacun de ceux que nous venons d'indiquer peut être considéré comme *normal* pour l'instrument; mais on ne doit l'appliquer que si l'astre est assez élevé au-dessus de l'horizon et si l'atmosphère est bonne; autrement on obtiendra de meilleurs résultats avec un grossissement moindre : les images seront plus nettes. Revenons maintenant à la vérification qui nous intéresse.

Si l'atmosphère est pure et calme, naturellement une étoile (pas trop brillante), placée au foyer de la lunette armée de ces grossissements, doit se présenter sous la forme d'un petit disque lumineux, *tout petit et tout rond*, net, bien défini sans rayons, sans ailes, sans brouillard environnant, ressortant sur un fond uniformément sombre; on distingue alors autour de ce point lumineux un ou deux anneaux concentriques très légers. Une étoile de 3e ou 4e grandeur convient bien pour cet essai, ou encore Jupiter et Saturne (la Lune est trop facile); le mieux est encore une étoile double ('). Le foyer ne doit pas occuper trop de place, et lorsqu'on l'a trouvé par le moment de la netteté absolue de l'image, si l'on avance ou si l'on recule le tube de l'oculaire, la netteté doit immédiatement disparaître et l'étoile doit se transformer en un cercle lumineux plus ou moins gros et plus ou moins vague. Il ne faudra pas considérer l'instrument comme défectueux si l'on n'obtient pas le résultat précédent dès la première soirée d'observation, lors même que l'atmosphère paraîtrait très pure et très calme, car il arrive souvent que d'invisibles courants d'air chaud ou froid (comme j'en ai maintes fois rencontrés en ballon) coulent en plusieurs sens à plusieurs centaines de mètres au-dessus de nos têtes et font danser les étoiles dans le champ télescopique. Les heures parfaites de calme nocturne sont en réalité fort rares. Ce n'est guère qu'après quelques semaines d'expérimentation que l'on pourra être fixé sur la valeur optique d'un instrument. Si la vision n'est pas parfaite avec le grossissement indiqué, ou avec les oculaires les plus forts appartenant à l'instrument, on examinera les étoiles avec l'oculaire moyen, et l'on obtiendra la netteté requise, qui sera suffisante dans les huit dixièmes de cas, attendu que le plus puissant oculaire n'est de service que dans les meilleures circonstances

('») On trouvera plus loin la liste des étoiles doubles par ordre de distances décroissantes.

atmosphériques, et seulement pour les étoiles doubles serrées. Mais si l'on n'obtenait cette *netteté* avec *aucun* oculaire, le mieux serait de renvoyer l'instrument à l'opticien et de lui en réclamer un meilleur.

On peut augmenter la netteté d'un objectif défectueux en le diaphragmant, en lui adaptant un couvercle de carton percé d'une ouverture circulaire un peu inférieure à la sienne ; mais alors c'est aux dépens de sa puissance optique, qui est réduite d'autant : un objectif de 16 centimètres réduit à 11 ne vaut plus qu'un objectif de 11.

L'astre observé doit également être dépourvu d'irisation et de couleurs, à moins qu'il ne soit voisin de l'horizon. Sans doute, les meilleurs objectifs ne sont pas encore absolument achromatiques; mais ils sont constitués de *deux lentilles différentes*, juxtaposées, l'une formée du verre ordinaire de nos glaces (crown-glass), l'autre composée du cristal dans la fabrication duquel il entre une quantité notable de plomb (flint-glass), qui *se neutralisent* l'une l'autre et corrigent les couleurs prismatiques produites par le passage de la lumière à travers elles. Si l'image jette des feux rouges ou bleus, tantôt élancés, tantôt onduleux, l'objectif est imparfait. La scintillation des étoiles leur donne une sorte de légère palpitation, mais sans nuire à leur netteté et sans leur adjoindre des rayons de couleurs étrangères à leur propre lumière.

On peut apprécier d'une manière assez simple si l'objectif est bien affranchi de cette aberration chromatique ou de réfrangibilité. Pointez la lunette vers un objet brillant, tel que la Lune ou Jupiter, et mettez nettement l'astre au foyer. Si en enfonçant l'oculaire en deçà du foyer un anneau pourpre apparaît autour du disque de l'astre, tandis qu'en reculant l'oculaire au delà du foyer un anneau vert apparaît, l'instrument est bon à ce point de vue.

On peut également apprécier s'il est bien affranchi de l'aberration de sphéricité. Pointez-le sur une étoile de troisième grandeur et mettez bien au point. Ensuite, coiffez l'objectif d'un couvercle de carton dans le centre duquel vous aurez découpé une ouverture circulaire d'un diamètre égal à la moitié environ de celui dudit couvercle. Si l'astre est alors resté nettement au foyer, l'instrument est bon à cet égard.

Rappelons en passant, pour ceux de nos lecteurs qui l'auraient oublié, que l'objectif d'une lunette est la grande lentille de son extrémité supérieure, tournée vers l'étoile, vers l'*objet* à observer, et que l'oculaire est la petite lentille de son extrémité inférieure, placée près de l'*œil* de l'observateur. Il n'y a pas d'autres verres dans l'intérieur des lunettes. L'objectif est fixé au sommet du tube. L'oculaire se retire et se change à volonté. Le porte-tuyau dans lequel il est monté se visse ou s'enfonce dans le corps de la lunette, puis un bouton sert à régler la mise au point. On appelle *champ* de la lunette l'espace de ciel que l'on voit dans l'instrument. Si le grossissement est faible, le champ est vaste ; plus l'oculaire est fort, plus le champ se réduit.

Pour les commençants, le plus difficile est de faire arriver l'objet désiré dans le champ de l'instrument, puis de savoir *mettre au point*, pour le bien voir. Voici, à cet égard, les meilleurs conseils dictés par la pratique.

Habituez-vous d'abord à observer quelque objet assez lointain sur la terre. Toute lunette destinée à l'étude populaire du ciel compte un oculaire terrestre dans ses accessoires. Cet oculaire est le plus long de tous, et il est construit pour redresser les images renversées par l'objectif. Commencez par l'adapter à votre lunette, après l'avoir débarrassée soit de l'oculaire astronomique, soit du petit couvercle, qui peuvent fermer l'extrémité inférieure de son tube. Dirigez la lunette vers la maison, l'église, l'horloge, la fenêtre, l'arbre que vous voulez regarder, comme on pointe un fusil à la chasse, et enfoncez l'oculaire terrestre jusqu'à ce que l'objet visé soit absolument net. C'est là une affaire de tâtonnements assez longue. Si l'objet visé est un peu éloigné, et si la journée a été chaude, ou s'il y a des vapeurs dans l'atmosphère, il ne vous apparaîtra qu'à travers un léger voile aérien, onduleux : ce sont les vagues de l'atmosphère que votre lunette grossit. Mais vous arriverez pourtant à un point où la netteté sera le plus grande possible : c'est ce point-là qu'il faut noter ; c'est, selon l'expression employée, le *point* qu'il s'agissait d'obtenir. Vous pourrez, pour ne pas avoir la peine de le rechercher à chaque observation nouvelle, tracer un trait au crayon ou à la couleur pour marquer exactement le degré d'enfoncement du tube oculaire dans la lunette. Ce point change sensiblement suivant la distance des objets observés ; mais vous aurez là une première approximation correspondante à *votre* vue. Ce point, ce foyer, diffèrent suivant les vues. Pour les myopes, l'oculaire doit être plus enfoncé que pour les vues moyennes ; pour les presbytes, c'est le contraire. Il faut que chacun mette à son point ; autrement on voit mal, confusément, sans netteté.

Ne vous préoccupez pas de votre vue personnelle. On s'imagine en général qu'il est indispensable d'être doué d'une vue longue et perçante pour faire de l'astronomie ; c'est une erreur ; tous les yeux sont bons pour l'étude du ciel, même les plus myopes, même les vues les plus basses. Entre les vues longues et les vues courtes, il n'y a du reste qu'une différence de foyer, et par conséquent qu'une différence de mise au point dans l'oculaire. C'est pourquoi il est indispensable que chacun mette à son point. Même les deux yeux ne sont pas égaux, et souvent il y a plus de différence entre les deux yeux d'une même personne qu'entre ceux de deux personnes différentes. Quand nous disons que tous les yeux sont bons, il faut pourtant en excepter ceux dont la rétine est trop faible ou ceux qui sont affectés de daltonisme, qui ne voient pas les couleurs comme tout le monde les voit.

Mais revenons à nos instruments :

Si votre lunette est munie d'un *chercheur*, c'est-à-dire d'une petite lunette adaptée à l'instrument lui-même, grossissant peu, et douée d'un champ large, c'est le moment de *régler* ce chercheur. Pendant que vous tenez un objet assez petit, tel que le centre d'un cadran, ou un barreau de fenêtre, ou l'angle d'un toit, ou le coq d'un clocher, au milieu du champ de votre lunette, voyez si ce même objet est bien juste derrière la croisée des deux fils qui traversent en croix le champ de votre chercheur. Tirez d'abord l'oculaire de ce chercheur, de manière que vous voyiez nettement en même temps ces fils et l'objet observé. Si ledit objet n'est pas juste derrière la croisée des fils, vous l'y amènerez, sans toucher à la lunette (dont il occupe le milieu du champ) par le jeu des deux vis adaptées au chercheur. Le chercheur renverse les images ; mais peu vous importe. Centrez-le ainsi avec le plus de précision possible, car c'est de cette opération que dépendra votre plus ou moins grande facilité d'amener ensuite une étoile dans le champ de la lunette.

Si l'instrument n'est pas muni d'un chercheur, lorsque vous aurez pris quelque habitude des observations faites à l'oculaire terrestre, continuez par celle de la Lune à l'aide du même oculaire, puis par celle des brillantes planètes Jupiter et Saturne, ou par celle d'une belle étoile. Alors, tandis qu'un cirque lunaire, ou Jupiter, ou Saturne, ou une brillante étoile sera dans le champ de l'instrument, enlevez *doucement* l'oculaire terrestre et remplacez-le par l'oculaire astronomique. Faites la *mise au point* de cet oculaire, et marquez-la aussi au crayon. Ne cherchez jamais une petite étoile sans que l'oculaire soit d'avance mis au point.

Tant que vous n'aurez pas une grande habitude des observations, servez-vous de l'oculaire le plus faible. En général, les commençants ont une disposition à se servir des grossissements les plus forts, de même que les petits musiciens qui commencent l'étude du piano font un usage abusif des pédales. Tentation à éviter, temps perdu.

Il est à peu près impossible de trouver quoi que ce soit avec l'oculaire le plus fort si l'objet n'a d'abord été amené dans le champ, soit à l'aide du chercheur bien centré, soit à l'aide de l'oculaire le plus faible.

Le chercheur est beaucoup plus utile qu'on ne le pense en général, même pour les petits instruments. Il évite une énorme perte de temps, des ennuis, de l'agacement et de la fatigue. En pointant la lunette sur l'étoile, celle-ci entre *naturellement* dans le champ du chercheur, et en la mettant sous la croisée des fils, elle arrive d'elle-même dans le champ de la lunette. Au surplus, la description des instruments, donnée ci-après, est rédigée en conséquence.

Les deux premières lunettes de la liste ci-après peuvent au besoin se passer de chercheur, et leur oculaire terrestre peut en tenir lieu; mais, à partir de la troisième, il y a un avantage énorme à ne pas prendre l'instrument sans cet utile supplément.

Il est beaucoup plus difficile qu'on ne pense de viser une étoile avec précision. C'est pendant la nuit, naturellement, et l'on distingue à peine l'instrument. Il faut cependant le voir, par conséquent l'éclairer, à l'aide d'une bougie ou d'une lampe assez éloignée pour ne pas gêner l'œil dans la recherche de l'étoile. Amenez la lunette dans la direction de l'étoile, sans mettre votre œil à l'oculaire, mais en plaçant votre œil dans le prolongement de la lunette, de manière à mettre toute sa longueur supérieure en contact avec l'étoile, et en même temps son côté gauche, et en même temps son côté droit. C'est seulement quand vous êtes satisfait de votre visée, lorsque vous jugez qu'une balle partirait juste dans cette direction, qu'il est utile de mettre l'œil à l'oculaire pour constater qu'on a bien visé — oculaire le plus faible, répétons-le encore, ou mieux, chercheur. Lorsque l'étoile est dans le champ, éclipsez toute lumière, restez dans l'obscurité absolue, et commencez vos observations.

Une monture en équatorial évite toutes ces difficultés rudimentaires; mais tout le monde ne peut pas avoir un observatoire chez soi, tandis que tout le monde peut avoir une lunette.

Les premières fois que vous observerez un astre, vous serez tout d'abord fort surpris de ne pas le voir rester tranquille dans le champ de l'instrument; mais vous aurez vite l'explication de son mouvement en vous rappelant que toute étoile est emportée de l'est à l'ouest par l'effet du mouvement diurne de la Terre. Si nous ne voyons pas à l'œil nu les étoiles se déplacer d'une minute à l'autre, c'est parce que nous ne les visons pas bien. Si vous restiez dix minutes immobile près d'un clocher, d'une tour ou d'un mur coupant la lune en deux ou contigus à une étoile brillante, vous constateriez tout de suite le déplacement. Mais ce qui le rend le plus sensible dans la lunette, c'est le grossissement appliqué à l'instrument : l'astre paraît ainsi marcher dix fois, cinquante fois, cent, deux cents fois plus vite qu'à l'œil nu. Plus l'oculaire est faible, plus le champ est vaste, moins le mouvement est rapide et plus l'observation est facile.

La ligne tracée par ce mouvement diurne de l'astre dans le champ de l'instrument marque exactement la direction est-ouest. Si l'instrument ne renverse pas, le mouvement s'effectue de la gauche vers la droite, comme à l'œil nu (à moins qu'on observe un astre situé entre le pôle et le zénith) ; si l'oculaire renverse, ce mouvement s'effectue de la droite vers la gauche. En observant au méridien, cette ligne du mouvement diurne est horizontale et la ligne qui lui est perpendiculaire marque exactement aussi la verticale nord-sud.

De deux étoiles qui passent ensemble dans le champ de la lunette, celle qui *précède*, qui marche en avant dans le mouvement diurne, est l'*occidentale;* celle qui *suit* est l'*orientale*. Il est important de se bien mettre dans l'esprit cette configuration, dont on a souvent besoin; exemple : satellites de Jupiter, étoiles doubles, etc.

Au bout d'un certain temps, l'astre observé sort de lui-même du champ de l'instrument. On l'y ramènera sans peine si l'on a bien remarqué le sens de son mouvement et si l'on n'a pas attendu trop longtemps. Si l'on a attendu plusieurs minutes, il faut se servir du chercheur et placer de nouveau l'astre à la croisée des fils. Si l'astre était sorti du champ même du chercheur, le mieux serait de recommencer le pointé.

Le grossissement des oculaires est en raison inverse de leur longueur et de leur ouverture : le plus fort est le plus petit et celui dont l'ouverture est la plus étroite. Généralement les opticiens prennent le soin de les numéroter et de graver le chiffre des grossissements. Si vos oculaires ne portaient pas ces indications, ou si vous vouliez les vérifier, vous pouvez le faire vous-mêmes. Le moyen le plus simple est de regarder un même objet à l'œil nu et à la lunette en même temps, un œil regardant directement et l'autre à la lunette, et de comparer. Un mur de briques ou de pierres bien séparées, un toit couvert de tuiles, une échelle placée à distance, conviennent bien pour cette opération; la condition indispensable est de voir nettement à l'œil nu le même objet examiné à l'instrument. Ce grossissement s'apprécie toujours simplement en diamètres, et non en surfaces, comme on le fait un peu abusivement pour les microscopes. Si vous comptez trente briques à l'œil nu recouvertes par une seule, vue à la lunette, l'oculaire employé grossit trente fois. Cette méthode, toutefois, ne peut servir que pour les faibles oculaires; pour les forts, on pourra coller un cercle blanc d'un mètre de diamètre sur une planche noire verticale éloignée à une grande distance, placer à côté de petits cercles blancs également, d'un diamètre de 5, 4, 3, 2, 1 centimètres, et de 8, 7, 6, 5, 4, 3 millimètres, et voir lequel des petits cercles vus dans la lunette recouvre le grand vu à l'œil nu. Enfin, si l'on veut une appréciation plus précise, on demandera aux opticiens un petit appareil anglais très simple, construit par Berthon, ou le dynamètre de Ramsden, accompagnés de leur instruction, et à l'aide desquels on peut mesurer exactement le pouvoir grossissant dont il s'agit.

Il n'est pas moins intéressant de connaître le diamètre du champ de chacun de vos oculaires. La Lune peut avantageusement servir : son diamètre moyen est de 31' ½. Deux lunes, pour un champ, indiquent donc une largeur de champ de 63' ou de 1° 3'; une demi-lune, au contraire, indique une largeur de champ de 15' à 16'. Il y a sur la Lune deux points très faciles à prendre comme repères, le sixième jour de la lunaison : c'est le cirque de Ménélas, au sud de la mer de la Sérénité, et le cirque d'Eudoxe au nord. On remarque là deux arêtes de montagnes qui dépassent nettement le bord éclairé, comme deux pointes, visibles dans une simple jumelle, si on les observe à cette heure critique où le soleil se lève pour elles : elles forment un contraste remarquable avec la pleine nuit de la mer de la Sérénité. La pointe voisine d'Eudoxe est le Caucase et celle voisine de Ménélas appartient aux monts Hémus. La distance entre ces deux pointes est d'environ 6' ½, et celle d'Eudoxe à Ménélas de 7', On peut aussi se servir de certains groupes d'étoiles. Dans les Pléiades, la distance d'Alcyone à Electre est de 36' et celle de Mérope à Maïa, de 25'. La distance de 30 Licorne à 2 de l'Hydre est de 26', et à 1 de l'Hydre de 12'. On a encore comme repères faciles :

| | | | | |
|---|---|---|---|---|
| ι Scorpion | 40' | | ζ Gr. Ourse | 11' 48" |
| τ Verseau | 40' | | μ Scorpion | 8' |
| θ Sagittaire | 35' | | σ Taureau | 7' 10" |
| χ' Orion | 32' | | α Capricorne | 6' |
| ξ Sagittaire | 29' | | ι Orion | 6' |
| μ Sagittaire | 29' | | γ Petit cheval | 6' |
| ρ Sagittaire | 28' | | x Taureau | 5' 40" |
| χ² Orion | 28' | | o² Cygne | 5' 38" |
| β Sagittaire | 22' | | θ Taureau | 5' 37" |
| π⁵ Orion | 15' | | ζ Lion | 5' 19" |
| ω Scorpion | 14' ½ | | α Balance | 3' 49" |
| h Sagittaire | 14' | | ε Lyre | 3' 27" |
| δ Lyre | 12' ½ | | β Capricorne | 3' 25" |
| ν Sagittaire | 12' | | ζ Gr. Chien | 2' 47" |
| π Pégase | 12' | | θ Orion | 2' 15" |

Ou encore on pourra choisir une étoile voisine de l'équateur, telle que δ Orion, γ Vierge, θ de l'Aigle, α du Verseau, et la faire traverser centralement le champ de la lunette. On comptera le temps de cette traversée en secondes ; on recommencera plusieurs fois l'opération ; on prendra la moyenne des résultats, et on multipliera cette moyenne par 15. Le chiffre ainsi obtenu sera le diamètre du champ en secondes d'arc ; en le divisant par 60, on l'aura en minutes.

Le pouvoir de l'instrument pour le dédoublement des étoiles peut être résumé dans la petite table suivante :

LUNETTES ASTRONOMIQUES

| Diamètre de l'objectif | | Dédoublement | Diamètre de l'objectif | | Dédoublement |
|---|---|---|---|---|---|
| en pouces | en millimètres | possible | en pouces | en millimètres | possible |
| 1 | 27 | 4″5 | 5 | 135 | 0″9 |
| 1 ½ | 40 | 3,9 | 6 | 162 | 0,8 |
| 2 | 54 | 2,3 | 7 | 189 | 0,7 |
| 2 ½ | 67 | 1,8 | 8 | 216 | 0,6 |
| 3 | 81 | 1,5 | 9 | 244 | 0,5 |
| 3 ½ | 95 | 1,3 | 10 | 270 | 0,4 |
| 4 | 108 | 1,1 | | | |

Un instrument de premier choix doit donner ces dédoublements, en en exceptant toutefois les couples d'étoiles dans lesquels la principale est trop brillante et éclipse sa compagne, et à la condition que l'instrument soit bien stable, que l'atmosphère soit bien pure et que l'astre observé soit à plus de 40 degrés de hauteur au-dessus de l'horizon, attendu que les données précédentes correspondent aux plus forts grossissements.

La stabilité est une condition essentielle. Une lunette, quelque excellente qu'elle puisse être, ne servira à rien s'il faut la tenir à la main ; elle ne sera que d'un médiocre usage si elle est posée sur un mauvais pied, d'un maniement brusque ou difficile. N'hésitez pas à consacrer une partie du prix au pied et au chercheur : mieux vaut posséder un instrument moins puissant dont on puisse agréablement et facilement se servir, qu'un instrument plus puissant dont l'usage vous rebuterait au bout de quelques semaines. L'astronome Lacaille a construit son fameux catalogue de 9766 étoiles australes avec une petite lunette de 14 millimètres ou un demi-pouce, admirablement montée (c'était le chercheur de son grand instrument).

Les lunettes indiquées ci-après sont toutes montées et vissées sur des pieds stables. Les plus petites sont destinées à être posées sur un pilier ou sur une table bien callée (les guéridons à trois pieds remuent facilement et ne valent rien). Le plus léger mouvement se centuple dans la lunette et s'y perpétue, rendant les observations impossibles. Il importe même de s'abriter du vent, qui suffit pour faire osciller la lunette et faire danser les étoiles. Si l'on observe du haut d'un étage élevé, les trépidations du sol causées par le passage des voitures se transmettent à toute la maison, et il est impossible de les éviter : choisir l'endroit qui en est le plus affranchi, et profiter des heures ou des instants de tranquillité.

La lunette doit être montée de telle sorte sur son pied, qu'elle puisse facilement se mouvoir dans la verticale, ou en altitude, et dans l'horizontale, ou en azimut, et être centrée de telle sorte qu'elle reste stable, en équilibre, quelque position qu'on lui donne. Autrement on ne pourra rien trouver, rien observer au ciel.

Observez de préférence en plein air, même pendant l'hiver, et sans crainte de l'air de la nuit, en prenant les précautons suffisantes. Il n'y a rien à redouter de ces exercices astronomiques à la belle étoile : la longévité bien connue des anciens astronomes en est la meilleure preuve (aujourd'hui nous vivons plus vite !). Si vous ne pouvez observer en plein air, n'ayez ni feu ni lumière dans la pièce où l'instrument est placé. Placez-vous dans l'obscurité plusieurs minutes avant de mettre l'œil à l'oculaire; autrement vous ne distingueriez même pas le champ de la lunette.

Lorsque vous chercherez une petite étoile ou une nébuleuse et que vous ne la trouverez pas là où vous savez qu'elle est, n'abandonnez pas la recherche sans avoir regardé obliquement, en détournant l'œil : la rétine est alors frappée par des rayons qui demeurent invisibles lorsqu'ils arrivent de face.

Toutes les fois que vous ferez une observation, n'attendez pas au lendemain matin pour l'inscrire : la mémoire est infidèle. Notez la date, l'heure et la minute. Soyez clair, précis, et aussi complet que possible dans vos dessins et dans votre rédaction, ne serait-ce que par méthode. Il arrivera parfois qu'un observateur rapportera une observation faite à la même heure que vous : en recourant à vos notes, vous pourrez vérifier vous-même, corriger ou compléter son récit.

Voyons maintenant quels instruments on peut choisir pour commencer l'étude de l'astronomie.

Puisque dans la vie pratique tout se réduit à des questions d'argent, laissons encore un instant l'étude contemplative et la poésie de côté pour nous occuper de ces vulgaires détails. Et pour commencer par le commencement, j'avouerai qu'il ne me paraît guère possible de faire sérieusement un peu d'astronomie à moins d'un instrument d'une valeur de cent francs. Voici donc la liste que j'ai pu établir de concert avec les principaux opticiens-frabricants de Paris (lesquels, on peut le dire, ne sont pas des commerçants ordinaires, et font aux amis de la science qu'ils aiment toutes les concessions possibles) (').

Avant d'arriver aux instruments d'optique proprement dits, rappelons qu'à l'aide d'une bonne *jumelle* on peut déjà apprécier certains spectacles célestes vraiment remarquables, notamment les richissimes agglomérations d'étoiles dans les régions blanches de la Voie lactée, la Chevelure de Bérénice, les Hyades, les Pléiades, l'amas du Cancer, la nébuleuse d'Andromède, les amas de Persée et d'Hercule, et les étoiles voisines brillantes ou les belles étoiles doubles très écartées, telles que γ Petite Ourse, ι Scorpion, τ Verseau, θ Sagittaire, χ' Orion, χ, ξ, μ ρ et β du Sagittaire, ω du Scorpion, h du Sagittaire, δ de la Lyre, π Pégase, ν du Sagittaire, Mizar et Alcor, μ du Scorpion, σ du Taureau, α du Capricorne, γ du Petit Cheval, ι Orion, θ Taureau, α Balance, ε Lyré et θ Orion.

---

(') J'ai cru devoir ne signaler ici que des opticiens français, sentiment tout naturel; mais comme l'intérêt de la science prime tous les autres, je prie les observateurs de vouloir bien me faire connaître s'ils ont éprouvé de meilleurs instruments — à prix égal, bien entendu — et s'ils leur ont reconnu des avantages incontestables : que ces instruments soient dus à des opticiens français avec lesquels je ne me trouve pas en relation, ou à des opticiens étrangers, il en sera tenu compte dans les futures éditions de cet ouvrage. Le progrès de la science et de l'instruction publique avant tout!

## LUNETTES ASTRONOMIQUES ET TERRESTRES

### N° 1 (¹)

Diamètre total de l'objectif. . . . . . . . . . . . . .     57 millimètres.
Longueur focale. . . . . . . . . . . . . . . . . .     85 centimètres.
Un oculaire terrestre grossissant. . . . . . . . . .     35 fois.
Un oculaire céleste grossissant. . . . . . . . . . . .     90 fois.
Monture en cuivre et trépied en fer. (Modèle *fig*. 395).

*Principaux usages*

Observation de la Lune : Cirques, mers, montagnes. — Satellites de Jupiter. — Grosses taches solaires. — Anneau de Saturne (tout petit). — Phases de Vénus. — Pléiades, Crèche, amas d'Hercule et de Persée. — Nébuleuses d'Orion et d'Andromède. — Étoiles jusqu'à la 8ᵉ grandeur. — On pourra essayer de dédoubler les étoiles jusqu'à 2"3 d'écartement ; mais pour dédoubler nettement dans les circonstances atmosphériques ordinaires, et pour avo.r un beau spectacle il ne faudra pas descendre au-dessous de 5"0, ni choisir les couples chez lesquels l'étoile principale est de seconde ou de première grandeur et son compagnon de 7ᵉ ou au-dessous. Les plus faciles et en même temps les plus belles sont par ordre de distances décroissantes : ε Lyre, θ Orion, o² Cygne, τ Lion, γ Lièvre, ν Dragon, δ Orion, θ² Orion, ζ Lyre, δ Céphée, ν *Scorpion*, δ Petit Cheval, β *Cygne*, θ' Orion, θ Serpent, α *Chiens de chasse*, Mizar, β Scorpion, κ Bouvier, γ *Dauphin*, γ *Andromède*, γ Bélier, ζ Couronne, π Bouvier, 95 Hercule, ζ Cancer, 44 i Bouvier, et si l'atmosphère est bien calme, Castor et γ Vierge.

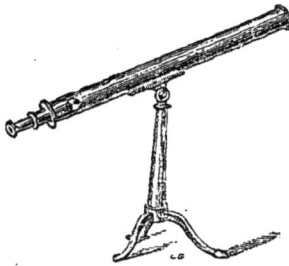

Fig. 305. — Lunette n° 1 (échelle $\frac{1}{20}$).

Fig. 396. — Lunette n° 2 (échelle $\frac{1}{20}$).

### N° 2 (²)

Diamètre total de l'objectif . . . . . . . . . . . . .     61 millimètres.
Longueur focale . . . . . . . . . . . . . . . . . .     90 millimètres.
Un oculaire terrestre grossissant.. . . . . . . . . .     40 fois.
Un oculaire céleste grossissant . . . . . . . . . . .     100 fois.
Monture en cuivre et solide pied de fonte. (Modèle *fig*. 396).

*Principaux usages*

Cirques lunaires, mers, montagnes, cratères. — Satellites, bandes et aplatissement de Jupiter. — Taches du Soleil. — Anneau de Saturne. — Phases de Vénus. — Pléiades, Crèche, amas d'Hercule, de Persée, des Gémeaux, du Grand Chien, du Serpent. — Nébuleuses d'Orion, d'Andromède, de la Vierge, du Taureau, du Lion. — Étoiles jusqu'à la 8ᵉ grandeur et demie. — On pourra essayer de dédoubler les étoiles jusqu'à 2"0 d'écartement ; mais au-dessous de 4"6, on ne réussira que si l'atmosphère est excellente, et si l'étoile principale n'est pas trop brillante ni la seconde trop petite. Les plus beaux spectacles seront offerts par les étoiles de la liste précédente, enrichie de plusieurs autres, notamment par ε Lyre, β Capricorne, ζ et δ Grand Chien, θ Orion, μ Bouvier, o² Cygne, γ Lièvre, ν Dragon, δ Orion, θ² Orion.

(¹) Constructeur : Bardou, rue de Chabrol, 55, Paris. — Prix de fabrique : 100 fr.
(²) Constructeur : Molteni, rue du Château-d'Eau, 44. — Prix de fabrique : 140 francs.

ζ Lyre, δ Céphée, ν Scorpion, 30 Bélier, δ Petit Cheval. 16 Cygne, Σ 747 Orion, 57 Aigle, β Cygne, 77 Poissons, 23 Orion, ψ Dragon, ψ¹ Poissons, χ Hercule, ι Cancer, β¹ Sagittaire, ζ Poissons, o Capricorne, θ¹ Orion, θ Serpent, 24 Chevelure, α Chiens de chasse, 61 Cygne, 40 Dragon, 20 Gémeaux ; P. XIV, 212 Balance ; *Mizar*, 19 Lynx, 8 Licorne, 94 Verseau, β Scorpion. χ Bouvier, σ Orion, 39 Ophiuchus, γ *Dauphin*, ε Petit Cheval, γ *Andromède*, P. XI, 96 Hydre. 55 Éridan, Σ 730 Taureau, γ *Bélier*, 12 Lynx, 53 ƒ Verseau. ι Cassiopée, ξ Scorpion, 11 Licorne, 35 Sextant, 32 *Éridan*, ξ Céphée, ζ Couronne ; P. XIV, 69 Bouvier ; π Bouvier, 95 *Hercule*, 23675 Corbeau ; — Castor, η Cassiopée, ζ Cancer, γ Vierge, 44 ι Bouvier, φ Cancer, et α Hercule si l'atmosphère est calme et pure.

## Nº 3 (³)

Diamètre de l'objectif . . . . . . . . . . . . . : . . . . 75 millimètres.
Longueur focale . . . . . . . . . . . . . . . . 1 mètre.
Un oculaire terrestre grossissant . . . . . . . . . . 50 fois.
Deux oculaires célestes grossissant . . . . . . . . 80 et 150 fois.
Monture en cuivre et pied en fer (Modèle *fig.* 397).

### Principaux usages

Cirques lunaires, cratères, pics et caractères spéciaux de la topographie sélénologique. Satellites de Jupiter ; aplatissement, bandes, nuages de cette planète. — Taches du Soleil. — Saturne, anneau et un satellite. — Phases de Vénus et de Mercure. — Mars : tache polaire. — Uranus : petit disque. — Pléiades, Crèche, amas d'Hercule, de Persée, des Gémeaux, du Grand Chien, du Serpent, du Cocher, d'Ophiuchus. — Nébuleuses d'Orion, d'Andromède, de la Vierge, du Taureau, du Lion, de la Lyre, des Chiens de chasse, de la Chevelure. — Étoiles jusqu'à la 9ᵉ grandeur.

Fig. 397. — Lunette nº 3 (échelle $\frac{1}{20}$).       Fig. 398. — Lunette nº 4 (échelle $\frac{1}{20}$).

— On pourra essayer de dédoubler les étoiles jusqu'à 1″7 ; mais au-dessous de 4″.0, on ne réussira que si l'atmosphère est excellente et si l'étoile principale n'est pas trop brillante ni la seconde trop petite. Les couples les plus intéressants sont ceux de la liste précédente, auxquels on peut ajouter : P. 12, 230 Girafe, P. XII, 32 Vierge, P. IV, 269 Girafe, χ Taureau, δ Hercule, ν¹ Grand Chien, 88 Lion, 66 Baleine, 20 Lynx, β Céphée, 35 Poissons, P. II, 220 Persée, 6 Flèche ; P. VIII, 108, Hydre ; Σ 1999 Scorpion, 54 Hydre, 35 Sextant, 54 Lion, ω Cocher, 24 Cancer, 54 Vierge, 107 i² Verseau, 57 Grande Ourse, α Hercule ; plus λ Orion si l'atmosphère est bonne, ainsi que 65 ι Poissons, Σ 700 Orion, 36 A Ophiuchus, ξ Bouvier, Σ 750 Orion, 17 Dragon, ρ Ophiuchus, ρ Hercule, μ Cygne, 6 Triangle, 39 Bouvier, σ Couronne et Σ 147 Baleine. Les plus jolies sont Mizar, β du Cygne, le Cœur de Charles, γ Dauphin, γ Andromède, γ Bélier, 32 Éridan, 95 Hercule, 44 ι Bouvier.

### Nº 4 (⁴)

Diamètre de l'objectif . . . . . . . . . . . . . . 95 millimètres.
Longueur focale . . . . . . . . . . . . . . . . . 1ᵐ,30 centim.
Un oculaire terrestre grossissant . . . . . . . . . . 60 fois.
Trois oculaires célestes grossissant . . . . . . . . 80, 150 et 200 fois.
Monture en cuivre et pied de fonte (Modèle *fig.* 398).

(³) Constructeur : Bardou. — Prix : 190 francs ; avec le chercheur : 225 francs.
(⁴) Constructeur : Molteni. — Prix : 380 francs ; avec le chercheur : 415 francs.

*Principaux usages*

Étude de la topographie lunaire: cratères, pics, détails des paysages et rainures principales. — Aspects variables de Jupiter, nuages et taches. — Soleil : taches, pénombres, facules. — Saturne, dédoublement de l'anneau, 2 satellites. — Phases et échancrures du croissant de Vénus. — Phases de Mercure. — Neiges polaires et taches principales de Mars. — Petites planètes. — Disque d'Uranus. — Principaux amas d'étoiles. — Principales nébuleuses. — Etoiles jusqu'à la 10e grandeur. — On pourra essayer de dédoubler jusqu'à 1"3 ; mais on ne réussira au-dessous de 3"0 que dans des conditions exceptionnelles. Aux étoiles doubles des listes précédentes on peut ajouter : la Polaire (si la nuit est noire et calme), 11 Aigle, 85 Pégase, $\Sigma$ 503 Persée, $\iota$ Orion, 2 Chiens de chasse, $\varepsilon$ Persée, $\zeta$ Flèche, $\varkappa$ Céphée, $\delta$ Gémeaux, $\theta$ Vierge, 52 Cygne, $\rho$ Orion, 39 A Eridan, 38 $e$ Gémeaux, $\Sigma$ 1083 Gémeaux, 55 Poissons, $\varkappa$ Gémeaux, 41 Verseau, $\Sigma$ 1298 Cancer, $\Sigma$ 218 Baleine. $\rho$ Capricorne, $\varkappa$ Lièvre, $\zeta$ Verseau, $\delta$ Serpent, $\varepsilon$ Hydre, $\psi$ Cygne, 84 Vierge, $\pi$ Capricorne, 90 Lion, $\gamma$ Lion, $\varepsilon^1$ Lyre et $\alpha$ Poissons. Les plus jolies sont: Mizar, le Cœur de Charles, $\beta$ du Cygne, $\gamma$ Andromède, $\gamma$ Dauphin, $\gamma$ Bélier, 32 Eridan, 95 Hercule. 44 $i$ Bouvier, $\alpha$ Hercule, Castor et $\gamma$ Vierge.

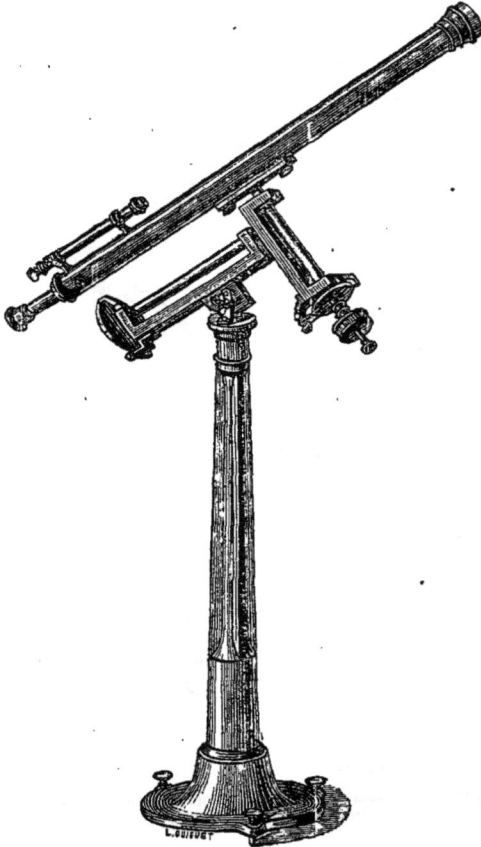

Fig. 309. — Lunette n° 5, en équatorial $\left(\frac{1}{20}\right)$.        Fig. 400. — Télescope Foucault, en équatorial $\left(\frac{1}{10}\right)$.

N° 5 ([5])

| | |
|---|---|
| Diamètre de l'objectif. . . . . . . . . . . . . . | 108 millimètres. |
| Longueur focale. . . . . . . . . . . . . . . . | 1m,60 centimètres. |
| Un oculaire terrestre grossissant. . . . . . . . | 80 fois. |
| Trois oculaires célestes grossissant . . . . . . | 100, 160 et 250 fois. |

Monture en cuivre et pied de fer (Modèle *fig.* 399). Chercheur.

([5]) Constructeur : Bardou. — Prix : 600 francs, avec le chercheur, indispensable. — Avec un soutien de stabilité servant à diriger la lunette par mouvements lents : prix : 650 francs. Montée sur pied *Cauchoix* : 1000 fr. — *Montée en équatorial : 1450 fr.*

C'est là le *véritable instrument d'étude* pour l'astronome amateur qui veut sérieusement consacrer au ciel ses meilleurs instants de loisir. Outre les curiosités énumérées dans les listes précédentes, cet instrument permet de vérifier *de visu* presque toutes les découvertes de l'astronomie moderne, et de voyager dans les domaines de l'astronomie sidérale comme dans ceux de l'astronomie planétaire. Il serait superflu de récapituler ici les sujets d'observation, puisqu'on peut voir à peu près tout ce qui est décrit dans cet ouvrage.

On devra, en des conditions atmosphériques favorables, séparer les composantes des étoiles doubles jusqu'à 1″0 d'écartement, si la principale du couple n'est pas trop brillante et la petite trop minuscule. Comme objets d'épreuves, on doit dédoubler fort nettement au crépuscule Rigel et Antarès, ainsi que les dernières étoiles de la liste publiée ci-après, jusqu'à ε du Bélier in-

Fig. 401. — Lunette montée sur le pied Cauchoix.

clusivement. Castor, γ Vierge, α Hercule, ξ Bouvier, ρ Hercule, μ du Cygne, ζ Verseau, δ Serpent, γ du Lion, α Poissons, ε Bouvier, μ du Dragon, ζ Orion et même ξ Grande Ourse et α Ophiuchus doivent se présenter sous l'aspect de couples bien détachés, nets, lumineux, splendides.

Le pied le plus stable et le plus commode pour cet instrument est le pied en bois mécanique du système de Cauchoix; mais il est un peu encombrant, surtout lorsqu'on doit faire glisser la lunette sur un balcon ou sur une terrasse par l'embrasure d'une fenêtre. Les pieds de fonte ou de fer occupent moins de place et sont plus avantageux à cet égard.

Il sera utile d'ajouter aux oculaires une monture à prisme pour observer les étoiles voisines du Zénith.

: L'étudiant du ciel qui se trouvera dans les conditions favorables pour installer chez lui une telle lunette montée en *équatorial* sera le plus heureux des mortels. Il habitera désormais le ciel et n'en sortira plus. Mais c'est là un rêve que peu de savants peuvent réaliser.

A ces instruments on peut en adjoindre de plus puissants, et les observateurs qui auront pris goût à l'étude du ciel pourront se lancer résolûment dans les conquêtes de l'infini; mais ceux qui précèdent suffisent pour commencer, et à cette heure où les lecteurs de l'*Astronomie populaire* surpassent le chiffre de cinquante mille et ceux de ce *Supplément* le chiffre de trente mille, l'auteur déclare qu'il considérerait ses efforts comme couronnés d'un succès inespéré, si un millier seulement d'entre eux se décidaient à faire de l'astronomie pratique, et se munissaient d'instruments destinés à les conduire parmi ces régions merveilleuses d'où l'on redescend toujours meilleur (¹).

Nous n'avons pas parlé des *télescopes*, quoique depuis l'application des procédés de Foucault et la construction des miroirs en verre argenté, ils aient regagné la place qu'ils avaient un peu perdue en optique, et quoique, quant à leur usage populaire, ils soient, à puissance égale, d'un prix inférieur aux lunettes. Je me sers depuis bien des années des deux espèces d'instruments, et la pratique m'engage à conseiller de préférence l'emploi des lunettes, parce que les objectifs ne se détériorent pas (à moins de les exposer sans aucun soin à l'humidité et à la poussière), tandis que les miroirs se tachent à la moindre goutte d'eau, surtout dans l'atmosphère des grandes villes, se ternissent, et demandent à être réargentés de temps en temps. Il y a là un inconvénient et une source d'ennuis et de dérangements. Or comme, en définitive, la vie est très courte, que celui qui s'adonne avec quelque passion à une étude quelconque n'arrive pas à réaliser la dixième partie de ses plus chers projets, et que nous devons autant que possible réduire toute chose à sa plus simple expression, les lunettes sont préférables aux télescopes. Cependant, avec de grands soins, on peut conserver un télescope très longtemps, une dizaine d'années, en état satisfaisant et au besoin le réargenter soi-même, et comme ce sont là des instruments d'un maniement très commode, il est utile de les connaître aussi. On construit aujourd'hui des télescopes Foucault de 10 centimètres d'ouverture et de 60 centimètres seulement de longueur, d'une puissance optique égale à la lunette n° 4 ci-dessus (²). Ce sont là des instruments simples et élégants, et d'un usage fort agréable. Déjà plusieurs sont montés en équatoriaux d'une grande précision (³).

[Qu'il me soit permis de couronner cette notice par un vœu tout d'à-propos et d'actualité. C'est avec un grand bonheur que j'ai reçu jusqu'à présent les dessins souvent parfaitement réussis faits par les observateurs qui se sont adonnés à l'examen des principales curiosités du ciel. Désormais ces envois pourront être utilisés, lorsqu'il y aura lieu, dans la publication spéciale que nous allons fonder, dans la *Revue Astronomique*, qui va devenir ainsi le recueil le mieux préparé pour publier les observations d'un intérêt général, pour rester au courant des progrès de la science, pour étudier et discuter avec indépendance toutes les grandes questions relatives à la connaissance de l'univers.]

(¹) Les listes des opticiens constructeurs qui viennent de m'être communiquées (octobre 1881) montrent que trois cents lecteurs environ ont acheté des lunettes astronomiques depuis deux ans. C'est d'un excellent augure.

(²) Constructeur : Secrétan, place du Pont-Neuf, à Paris. — Prix (avec le chercheur) : 400 francs.

(³) Le même instrument, monté en équatorial, cercles donnant la minute de degré en déclinaison et les deux minutes horaires, prix : 900 francs.

# V

## ÉTOILES DOUBLES

(ÉTOILES VOISINES BRILLANTES, COUPLES OPTIQUES ET SYSTÈMES PHYSIQUES, ÉTOILES DOUBLES
ET MULTIPLES DE TOUTE NATURE)

### CLASSÉES PAR ORDRE DE DISTANCES DÉCROISSANTES.

———

La liste suivante renferme toutes les étoiles doubles qui ont été décrites dans cet ouvrage et qui par conséquent sont *faciles à trouver dans le ciel* et à observer. Elles ont été classées dans l'ordre des distances décroissantes, afin qu'on puisse choisir sans peine celles qui sont accessibles aux instruments dont on dispose. Ces « étoiles doubles » ne sont point toutes en mouvement orbital et ne sont pas toutes de véritables systèmes physiques. On en trouvera généralement la description sommaire et l'histoire en se reportant aux constellations auxquelles elles appartiennent et aux pages indiquées dans notre récapitulation générale (p. 623 à 635). Les lecteurs qui ambitionneraient plus de détails sur les systèmes en mouvement pourront consulter mon Traité spécial sur le sujet : *Catalogue des Étoiles doubles et multiples en mouvement, comprenant toutes les observations faites et les résultats conclus de l'étude des mouvements*.

Les premiers groupes d'étoiles de ce catalogue sont visibles à l'œil nu. Les suivants peuvent être reconnus dans une simple jumelle. Viennent ensuite les couples plus serrés que l'on pourra observer à l'aide de lunettes de plus en plus fortes. Les étoiles triples et multiples ont été classées à la place où elles sont les plus intéressantes ou les plus faciles à observer. Ainsi Castor (2,5 — 3,0 — 9,5 à 5″6 et 73″) est classée à 5″6 ; ζ du Cancer (5,0 — 5,7 — 5,4 à 0″8 et 5″4) est classée à 5″4 ; ξ du Scorpion (5,0—5,2—7,5 à 1″3 et 7″3) est classée à 7″3 ; θ Vierge (4,5— 9—10 à 7″ et 65″) est classée à 9″, etc.

| ÉTOILES | GRANDEURS | DISTANCES | ÉTOILES | GRANDEURS | DISTANCES |
|---|---|---|---|---|---|
| **Distances supérieures à 1′** | | | μ Sagittaire......... | 4,3-5,8 | 29′ |
| Pléiades.............. | 3-4-5-6 | 66′ | ρ Sagittaire.......... | 4,2-6,0 | 28 |
| Alcyone à Electre. ... | 3,0-4;5 | 36′ | χ² Orion.............. | 5,0-6,0 | 28′ |
| Maïa à Mérope ...... | 5,0-5,5 | 25′ | β Sagittaire.......... | 3,8-4,5 | 22′ |
| γ Petite Ourse....... | 3,0-5,8 | 57′ | 30 Licorne........... | 1 et 2 Hydre | 12′ et 26 |
| ι Scorpion........... | 3,3-5,5 | 40′ | o Cancer............. | 5,5-6,0 | 16′ |
| τ Verseau ........... | 4,2-5,8 | 40′ | π² Orion ............. | 3,7-6,0 | 15′ |
| θ Sagittaire.......... | 4,5-5,5 | 35′ | υ Balance............ | 5,5-6,5 | 15′ |
| χ′ Orion ............. | 4,7-6,0 | 32′ | ω Scorpion........... | 4,5-4,5 | 14′ 1/2 |
| 55 e Sagittaire....... | 5,4-5,5 | 31′ | h Sagittaire.......... | 4,7-5,0 | 14′ |
| χ Sagittaire.......... | 5,4-5,6 | 31′ | 36 A Oph. et 30 Scorp. | 5,5-7,0 | 14′ |
| Præsepe du Cancer.. | 6,5-7-8-9 | de 30′ à 1′ | 103 A Verseau ....... | 5,0-5,8 | 13′ |
| ξ Sagittaire.......... | 3,5-5,0 | 29′ | δ Lyre .............. | 4,5-5,5 | 12′ 1/2 |

| Étoiles | Grandeurs | Distances | Étoiles | Grandeurs | Distances |
|---|---|---|---|---|---|
| υ Pégase.............. | 4,2-5,0 | 12' | | **60″ à 31″** | |
| π Sagittaire.......... | 5,0-5,1 | 12' | θ Cancer............. | 5,5-9 | 60″ |
| ζ Grande Ourse...... | 2,4-5,0 | 11' 48″ | 61 Gémeaux.......... | 6-9 | 60″ |
| μ Scorpion........... | 3,6-3,9 | 8' | ι Balance............. | 5-9-10 | 57″-1″,9 |
| σ Taureau............ | 5,4=5,4 | 7'10″ | φ Taureau............ | 5,5-8,5 | 56″ |
| α (α¹-α²) Capricorne.. | 3,6-4,5 | 6'16″ | 67 Ophiuchus . ...... | 4,5-8 | 55″ |
| γ Petit Cheval....... | 4,5-6,0 | 6'6″ | σ Capricorne......... | 5,6-10 | 54″ |
| ι Orion.............. | 3,0-5,8 | 6' | δ Orion.............. | 2,6-7 | 53″ |
| Procyon...... | 1-8-8,5-7 | 5'46″; 6'11″ et 10'52″ | θ² Orion............. | 5,5-6,5 | 52″ |
| κ Taureau............ | 4,8-6,5 | 5'40″ | 17 Grand Chien.. | 6,5-9-10-11 | 45″; 52″ et 125″ |
| θ Taureau............ | 4,2-4,5 | 5'37″ | 37 Baleine........... | 5,3-7 | 51″ |
| ζ Lion............... | 3,3-6,0 | 5'19″ | ν Serpent............ | 4,6-9 | 51″ |
| 42 c Orion........... | 5,6-6,0 | 5' | ψ¹ Verseau........... | 4,1-9 | 50″ |
| β du Lion............ | 2,1-8,0 | 4'42″ | Véga................. | 1-9 | 47″ |
| ρ Capricorne......... | 5,3-7,5 | 4' | 5 Petite Ourse....... | 4,8-11 | 45″ |
| 83 h Verseau........ | 5,4-7,5 | 4' | ζ Lyre............... | 4,5-5,5 | 44″ |
| 22 o Orion........... | 5,0-6,0 | 4' | δ Céphée............. | var.—7,0 | 41″ |
| α Balance............ | 3,0-6,0 | 3'49″ | 3 Pégase............. | 6,0-8,0 | 39″ |
| γ Lion............... | 2,5-7,5 | 3'49″ | ν Scorpion........... | 4,3-7,0 | 40″ |
| Pollux...... | 1,9-10-11-12 | 3'49″; 2'55″ et 3'25″ | μ¹ Sagittaire........ | 4,3-9-10 | 40″ et 45″ |
| ε Lyre .............. | 5-6 | 3'27″ | 61 Baleine........... | 6,5-11 | 39″ |
| β Capricorne........ | 3,2-7,0 | 3'25″ | ι Bouvier............ | 4,6-8,0 | 38″ |
| χ Baleine............ | 4,8-7,5 | 3'6″ | λ Bélier............. | 5,3-8,0 | 38′ |
| 11 Girafe............ | 5,6-6,2 | 3'1″ | 30 Bélier............ | 6,0-7,0 | 38″ |
| 46 c' Capricorne .... | 5,5-7 | 3'0″ | δ Petit Cheval....... | 4,5-5,0 | 0″,2 et 37″ |
| Régulus.............. | 1,9-8 | 2,57″ | 16 c Cygne.......... | 6,0-6,5 | 37″ |
| 56 Andromède....... | 6=6 | 2'56″ | 39 A² Taureau....... | 6,4-9-9 | 26″ et 37″ |
| ζ Grand Chien....... | 3,2-7 | 2'47″ | Σ 747 Orion......... | 5,8-6,3 | 36″ |
| δ Grand Chien....... | 2,1-7,5 | 2'45″ | 1 Pégase............. | 4,4-9,0 | 36″ |
| ζ Baleine............ | 3,5-9 | 2'45″ | π Andromède ....... | 4,4-9,0 | 36″ |
| Bételgeuse........... | 1-9 | 2'40″ | 15 h Aigle........... | 5,7-7,5 | 35″ |
| Altaïr............... | 1-10 | 2'36″ | 57 Aigle............. | 6,4-7,0 | 35″ |
| ε Pégase............. | 2,8-9 | 2'18″ | β Dauphin........... | 3,3-10 | 35″ |
| θ Orion.............. | 5,0-5,5 | 2'15″ | β Cygne............. | 3,4-6,0 | 34″ |
| Mira Ceti........... | var.—9,5 | 1'58″ | 77 Poissons.......... | 6-7 | 33″ |
| β Grand Chien....... | 2,2-9,0 | 1'45″ | P. xii, 196 Vierge.... | 6,5-9,5 | 33″ |
| δ Bouvier........... | 3,4-8,5 | 1'50″ | 23 m Orion.......... | 5,4-7 | 32″ |
| Aldébaran ........... | 1,4-11 | 1'55″ | o Dragon .⁚......... | 4,7-8,5 | 32″ |
| μ Bouvier........... | 4,4-7-8 | 1'48″ et 0″7 | ψ Dragon........... | 4,8-6,0 | 31″ |
| o¹ Cygne............ | 4,3-7,5-5,5 | 1'47 et 5'38″ | | | |
| τ Lion .............. | 5,2-7,0 | 1'34″ | | **30″ à 11″** | |
| γ Lièvre............. | 3,5-6,5 | 1'33″ | ψ¹ Poissons.......... | 5,4=5,4 | 30″ |
| ε Flèche ... ........ | 5,7-8,0 | 1'32″ | κ Hercule............ | 5,5-6,4 | 30″ |
| ζ Gémeaux.......... | 4-8 . | 1'30″ | ι Cancer............. | 4,5-7 | 30″ |
| 30 Grand Chien...... | 4,6-9,0 | 1'25″ | 18 π Petite Ourse.... | 6,5-7,5 | 30″ |
| 14 Bélier........... | 5,4-10-9 | 1'22″ et 1'46″ | 83 Lion ............. | 7-8 | 30″ |
| 40 o² Eridan ........ | 4,4-9,5-10,5 | 1'21″ et 4″ | β¹ Sagittaire........ | 3,8-7 | 29″ |
| 111 Taureau......... | 6-9 | 1'15″ | ψ Cassiopée ......... | 5,5-9-10 | 27″ et 3″ |
| P. xxiii, 101 Cassiop. | 5-7,5-8 | 1'14″et1″,5 | η Persée ............. | 4,2-8,5 | 28″ |
| 88 d Taureau........ | 4,6-9 | 1'8″ | η Lyre............... | 4,6-9 | 28″ |
| 29 Licorne........... | 5-11-9 | 1'7″ et 0'30″ | 35 Chevelure........ | 5,7-8-8,2 | 28″ et 1″4 |
| 12 Chevelure......... | 5,4-8,0 | 1'6″ | 54 e¹ Sagittaire...... | 5,5-8 | 28″ |
| τ¹ Hydre............ | 4,8-8,0 | 1'5″ | τ¹ Verseau........... | 5,8-9 | 28″ |
| 62 b Eridan......... | 5,9-8,0 | 1'4″ | 33 Bélier............ | 5,8-9 | 28″ |
| υ Dragon ........... | 4,7=4,7 | 1'2″ | 51 Poissons .......... | 6-9 | 28″ |
| τ Taureau............ | 4,5-8 | 1'2″ | | | |

| Étoiles | Grandeurs | Distances |
|---|---|---|
| 17 χ¹ Cygne ......... | 5,3-8 | 26" |
| Σ 2703 Dauphin ....... | 7,6-7,6-7,8 | 26"-69" |
| 7 Girafe ............. | 4,0-11,5 | 26" |
| ζ Poissons .......... | 4,9-6,0 | 24" |
| δ Corbeau .......... | 3,0-9 | 24" |
| P. XVI, 35 Scorpion .. | 6,8 | 23" |
| P. XII, 230 Girafe ... | 5,8-6,4 | 22" |
| o Capricorne ........ | 6,3-7 | 22" |
| 23 h Grande Ourse ... | 4,2-9 | 22" |
| θ¹ Orion ............. | 5-6-7-8 | 9" à 21" |
| θ Serpent ........... | 4,4-5,0 | 21" |
| 24 Chevelure ........ | 5,6-7,0 | 21" |
| P. XII, 32 Vierge .... | 6,0-6,5 | 21" |
| α Chiens de chasse... | 3,2-5,7 | 20" |
| 61 e Cygne .......... | 5,5-6,0 | 20" |
| 40 Dragon .......... | 5,5-6,0 | 20" |
| 20 Gémeaux.......... | 6-7 | 20" |
| Σ 101 Baleine........ | 8-10 | 20" |
| σ Scorpion.......... | 3,4-9 | 20" |
| 17 Vierge........... | 6,5-9 | 20" |
| P. IV. 269. Girafe..... | 5,0-8 | 19" |
| χ Taureau .......... | 5,7-8 | 19" |
| δ Hercule........... | 3,6-8 | 18" |
| Polaire............. | 2,0-9,5 | 18" |
| ν¹ Grand Chien...... | 6,4-8 | 17" |
| 11 Aigle ............ | 5,5-9 | 17" |
| 14 Cocher........... | 5,3-7,5 | 15" |
| θ Persée........... | 4,4-10-10 | 15";68" |
| P. XIV. 212. Balance. . | 6,3-7,0 | 15" |
| 88 Lion ............. | 6-8 | 15" |
| 66 Baleine .......... | 6,5-8 | 15" |
| 85 Pégase........... | 6-9 | 15" |
| 20 Lynx ............ | 7,5=7,5 | 15" |
| ζ Grande Ourse...... | 2,4-4,0 | 14",5 |
| 19 Lynx ............ | 5,4-7 | 14" |
| 8 Licorne ........... | 4,7-7,5 | 14" |
| 94 Verseau.......... | 5,5-7,5 | 14" |
| β Céphée ........... | 3,4-8 | 14" |
| β Scorpion.......... | 2,5-5,5 | 13" |
| ζ Persée ........... | 3-10-11-22 | 13";83";121" |
| 31 Orion ........... | 5-11 | 13" |
| ι Lièvre............ | 4,4-12 | 13" |
| x Bouvier........... | 5,0-7,0 | 12"8 |
| σ Orion ............ | 4,2-8-7 | 12"-42" |
| 39 Ophiuchus........ | 5,7-7,5 | 12" |
| 35 Poissons ........ | 6-8 | 12" |
| P. II, 220 Persée. ... | 6-8 | 12" |
| Σ 563 Persée........ | 7,5-9 | 12" |
| ι Grande Ourse..... | 3,4-12 | 12" |
| γ Dauphin.......... | 3,4-6,0 | 11" |
| 2 Chiens de chasse... | 6-9 | 11" |
| 1 ε Petit Cheval..... | 5,3-7,5-7,5 | 11"-0"9 |
| θ Flèche........... | 6-8-7 | 11-76" |
| ι Orion ............ | 3,0-8,5 | 11" |

11" à 15"

| | | |
|---|---|---|
| Sirius............... | 1-9 | 10"4 |

| Étoiles | Grandeurs | Distances |
|---|---|---|
| γ Andromède ........ | 2,2-5,5-6,5 | 10" et 0"5 |
| P. XI, 96 Hydre ...... | 5,2-6,5 | 10" |
| Girafe............... | 5,5-6,5 | 10" |
| P. VIII, 108 Hydre ... | 6-7 | 10" |
| 55 Éridan........... | 6,5-7 | 10" |
| Σ 1999 Scorpion..... | 7,4-8,1 | 10" |
| 5 Serpent........... | 5,2-10 | 10" |
| x Dauphin........... | 4,8-11 | 10" |
| Σ 730 Taureau ....... | 6-7 | 9"8 |
| Rigel ............... | 1-9 | 9"5 |
| 54 Hydre........... | 5,2-8 | 9" |
| ε Persée ........... | 3,3-8,5 | 9" |
| γ Bélier........... | 4,2-4,5 | 8"9 |
| ζ Flèche ........... | 5,5-9 | 8"6 |
| 12 Lynx ........... | 5,8-6,5-7,5 | 1"4 et 8"3 |
| 53 f Verseau........ | 5,8-6,0 | 8" |
| ι Cassiopée.......... | 4,5-7,0-8,4 | 2" et 7"6 |
| ξ Scorpion ......... | 5,0-5,2-7,5 | 1"3 et 7"3 |
| x Céphée ......... | 4,5-8,5 | 7",3 |
| 11 Licorne ........ | 5-5,5-6 | 7"2 et 2"5 |
| δ Gémeaux.......... | 3,8-8 | 7" |
| 35 Sextant.......... | 6,2-8 | 7" |
| ν Grande Ourse..... | 3,3-10 | 7" |
| θ Vierge........... | 4,5-9-10 | 7" et 65" |
| 52 Cygne.......... | 4,6-9 | 7" |
| α² Capricorne....... | 4,5-12 | 7" |
| ρ Orion ........... | 5,1-9 | 6"8 |
| 32 Éridan .......... | 4,7-7 | 6"7 |
| ξ Céphée.......... | 5,0-7,6 | 6"6 |
| ζ Couronne boréale... | 4,5-6,0 | 6"4 |
| 39 A Éridan ........ | 5,2-9 | 6"4 |
| 54 Lion ............ | 4,5-7 | 6"3 |
| 4 ω Cocher.......... | 5,8-8 | 6" |
| P. XIV, 69 Bouvier ... | 5,3-6,8 | 6"1 |
| π Bouvier.......... | 4,3-6 | 6" |
| 95 Hercule ......... | 5,5-5,8 | 6" |
| 38 e Gémeaux ....... | 5,4-8 | 6" |
| 55 Poissons ........ | 6-9 | 6" |
| Σ 1083 Gémeaux...... | 8-9 | 6" |
| x Gémeaux.......... | 3,8-9 | 6" |
| ν Baleine .......... | 5-10 | 6" |
| 24 Cancer.......... | 7,0-7,5 | 5"9 |
| 23675 Corbeau....... | 6,4-6,5 | 5"8 |
| 54 Vierge.......... | 6,3-6,5 | 5"7 |
| Castor.............. | 2,5-3-9,5 | 5"6 et 73" |
| 107 i³ Verseau....... | 5,5-7,5 | 5"6 |
| 57 Grande Ourse..... | 5,9-8 | 5"5 |
| η Cassiopée.......... | 4,2-7 | 5"3 |
| ζ Cancer........... | 5,0-5,7-5,4 | 0"8 et 5"4 |

5"0 à 2"1

| | | |
|---|---|---|
| γ Vierge............. | 3,0-3,2 | 5"0 |
| 44 i Bouvier......... | 5,0-6,0 | 4"8 |
| φ² Cancer........... | 6,0-6,5 | 4"8 |
| 41 Verseau.......... | 5,8-8,5 | 4"8 |
| Σ 1298 Cancer....... | 6,5-9 | 4"8 |

| Étoiles | Grandeurs | Distances | Étoiles | Grandeurs | Distances |
|---|---|---|---|---|---|
| α Hercule............. | 4-5,5 | 4"7 | 15 S Licorne......... | var.-10 | 3"0 |
| 84 Baleine........... | 7,5-10 | 4"7 | β Lièvre............. | 2,9-11 | 3"0 |
| η Dragon............ | 3,0-10 | 4"7 | **Distances inférieures à 3",0** | | |
| Σ 218 Baleine........ | 7-8,5 | 4"6 | ε Bouvier............ | 2,4-6,5 | 2"9 |
| Σ 106 Baleine........ | 9=9 | 4"6 | 70 Ophiuchus........ | 4,4-6 | 2"9 |
| λ Orion.............. | 3,5-6,0 | 4"5 | ε Dragon ............ | 4,4-8 | 2"9 |
| 65 i Poissons ........ | 6-7 | 4"5 | 12 Verseau .......... | 5,7-8,5 | 2"8 |
| Σ 700 Orion......... | 8,0-8,2 | 4"5 | 38 Lynx............. | 3,8-7 | 2"8 |
| 36 A Ophiuchus..... | 5,5-6 | 4"3 | ψ² Orion............ | 5-11 | 2"8 |
| ξ Bouvier........... | 4,5-6,5 | 4"2 | ι Lion.............. | 4-7 | 2"7 |
| Σ 750 Orion......... | 6-8 | 4" | σ Grande Ourse...... | 5,3-9 | 2"6 |
| 17 Dragon........... | 6-6-6,5 | 4"-90" | μ Dragon............ | 5=5 | 2"5 |
| ρ Ophiuchus........ | 5,0-7,5 | 3"8 | ζ Orion............. | 2,0-6,5 | 2"5 |
| ρ Capricorne........ | 5,3-9 | 3"8 | ο Céphée ............ | 5,4-8 | 2"5 |
| ρ Hercule........... | 4,0-5,5 | 3"7 | ε² Lyre............. | 5,5-6 | 2"5 |
| 6 Triangle.......... | 5,5-6,5 | 3"7 | Σ 2843 Céphée........ | 7,2-7,5 | 2"4 |
| μ Cygne ............ | 4,6-6,0-7,5 | 3"7-210" | P. XIII, 127 Vierge... | 8-9 | 2"3 |
| κ Lièvre............ | 4,2-8,5 | 3"7 | 33 n' Orion.......... | 6-8 | 2"3 |
| 39 Bouvier.......... | 5,6-6,5 | 3"6 | 21 Sagittaire......... | 5-9 | 2"0 |
| σ Couronne boréale.. | 6-7 | 3"5 | Σ 743 Orion......... | 7-8 | 1"8 |
| Σ 147 Baleine........ | 6-7 | 3"5 | τ Ophiuchus......... | 5,2-6 | 1"8 |
| ζ Verseau............ | 3,5-4,4 | 3"5 | 52 Orion............. | 5,7-6,0 | 1"8 |
| δ Serpent........... | 3,4-5,0 | 3"5 | ξ Grande Ourse...... | 3,6-5,0 | 1"7 |
| ε Hydre............. | 3,5-7,5 | 3"5 | Σ 1126 Petit Chien ... | 7,0-7,3 | 1"6 |
| ψ Cygne ............ | 5,3-8 | 3"5 | δ Cygne ............. | 2,9-8 | 1"6 |
| 84 Vierge........... | 5,8-8,5 | 3"5 | γ Couronne australe.. | 5,5=5,5 | 1"5 |
| π Capricorne........ | 5,5-8 | 3"4 | λ Ophiuchus........ | 3,8-6 | 1"5 |
| 90 Lion............. | 6-7-9 | 3"3-64" | Σ 3062 Cassiopée..... | 6,9-7,5 | 1"4 |
| γ Lion.............. | 2,5-4,0 | 3"3 | 42 Baleine.......... | 6,0-7,5 | 1"4 |
| Antarès............. | 1,7-7 | 3"3 | 57 Cancer........... | 5,8-7 | 1"4 |
| ε' Lyre ............. | 6-7 | 3"3 | ε Bélier ............ | 5-6 | 1"3 |
| α Poissons........... | 4-5 | 3"2 | ζ Hercule........... | 3-6 | 1"3 |
| 39 Dragon.......... | 5,0-7,7 | 3"1 | 14 i Orion.......... | 5,9-7,0 | 1"0 |
| γ Baleine........... | 3,2-7 | 3"1 | η Orion............. | 3,5-5 | 1"0 |
| σ Cassiopée......... | 5,3-8 | 3"0 | ζ Bouvier........... | 3,6-4,2 | 0"9 |
| π Bélier............ | 5,6-8,5-11 | 3"-25" | η Couronne boréale.. | 5,3-5,5 | 0"6 |
| μ Grand Chien....... | 5,5-9 | 3"0 | 42 Chevelure ........ | 6=6 | 0"5 |
| 23 Aigle............ | 5,7-10 | 3"0 | ω Lion.............. | 6-7 | 0"5 |
| Σ 2576 Cygne ........ | 8=8 | 3"0 | 32 A Orion.......... | 5-7 | 0"5 |

Le but de cet ouvrage étant *l'astronomie populaire pratique*, nous n'avons décrit, dans le cours du livre comme dans cette liste récapitulative, que les étoiles doubles visibles à l'œil nu (les étoiles visibles à l'œil nu qui sont vues doubles dans les instruments de moyenne puissance) et celles qui sont faciles à trouver par leur proximité des étoiles brillantes. Les petites cartes d'étoiles qui accompagnent chaque constellation (*voir* plus haut, p. 618, la table de ces figures) suffisent pour trouver ces étoiles au ciel. Mais les disciples d'Uranie qui voudraient à la fois plus de précision et plus de détails, qui aimeraient à se consacrer sérieusement à ces observations et à les développer suivant leurs goûts, se serviront avec avantage des cartes de notre grand ATLAS CÉLESTE (¹), sur lequel toutes les étoiles multiples et toutes les curiosités sidérales accessibles aux instruments de moyenne puissance sont indiquées.

Les positions en ascension droite et déclinaison des étoiles de la liste ci-dessus sont données plus loin au Catalogue général.

(¹) Dien et Flammarion, *Atlas céleste, contenant plus de cent mille étoiles*, gr. in-folio.

## V *bis*

### PLUS BELLES ÉTOILES DOUBLES COLORÉES

RUBIS — GRENATS — TOPAZES — ÉMERAUDES — SAPHIRS

Les premières étoiles surtout de la liste ci-dessous sont tout simplement *ravissantes*. Il faut les voir dans une bonne lunette pour les apprécier à leur valeur. C'est un spectacle délicieux. Ces couleurs sont translucides. Pour les représenter fidèlement, il faudrait pouvoir tremper son pinceau dans l'arc-en-ciel et jeter ces gouttes de lumière céleste sur le fond pur et calme du ciel de minuit.

| ÉTOILES | GRANDEURS | DISTANCES | COULEURS |
|---|---|---|---|
| γ Andromède | 2,2—5,5—6,5 | 10″-0″,5 | Orange, verte et bleue. |
| à Chiens de Chasse | 3,2—5,7 | 20″ | Jaune d'or et lilas. |
| β Cygne | 3,4—6,0 | 34″ | Jaune d'or et saphir. |
| ε Bouvier | 2,4—6,5 | 2″9 | Jaune d'or et saphir. |
| 95 Hercule | 5,5—5,8 | 6″ | Jaune d'or et azur. |
| α Hercule | 4—5,5 | 4″7 | Rubis et émeraude. |
| γ Dauphin | 3,4—6,0 | 11″ | Topaze et émeraude. |
| 32 Éridan | 4,7—7 | 6″7 | Topaze et lapis-lazuli. |
| ε Hydre | 3,5—7,5 | 3″5 | Jaune et bleue. |
| γ Baleine | 3,2—7 | 3″ | Jaune pâle et bleue. |
| ζ Lyre | 4,5—5,5 | 44″ | Jaune et verte. |
| ι Cancer | 4,5—7 | 30″ | Pâle orange et bleue. |
| 6 Triangle | 5,5—6,5 | 3″7 | Jaune d'or et vert bleue. |
| Antarès | 1,7—7 | 3″3 | Orange et verte. |
| o Cygne | 4,3—7,5—5,5 | 1′47″-5′38″ | Jaune et bleues. |
| 24 Chevelure | 5,6—7 | 21″ | Orange et lilas. |
| o Céphée | 5,4—8 | 2″5 | Jaune d'or et azur. |
| 94 Verseau | 5,5—7,5 | 14″ | Rose et bleu clair. |
| 39 Ophiuchus | 5,7—7,5 | 12″ | Jaune et bleue. |
| 84 Vierge | 5,8—8,5 | 3″5 | Jaune et bleue. |
| 41 Verseau | 5,8—8,5 | 4″8 | Jaune topaze et bleue. |
| 39 A Éridan | 5,2—9 | 6″4 | Jaune et bleue. |
| 2 Chiens de Chasse | 6—9 | 11″ | Jaune d'or et azur. |
| 52 Cygne | 4,6—9 | 7″ | Orange et bleue. |
| 55 Poissons | 6—9 | 6″ | Orange et bleue. |
| x Gémeaux | 3,8—9 | 6″ | Orange et bleue. |
| ρ Orion | 5,1—9 | 6″8 | Orange et bleue. |
| 21 Sagittaire | 5,1—9 | 2″ | Orange et bleue. |
| 54 Hydre | 5,2—8 | 9″ | Jaune et violette. |
| 35 Sextant | 6,2—8 | 7″ | Jaune et bleue. |
| 8 Licorne | 4,7—7,5 | 14″ | Jaune et bleuâtre. |
| 66 Baleine | 6,5—8 | 15″ | Jaune et bleue. |
| η Persée | 4,2—8,5 | 28″ | Jaune et bleue. |
| ψ Dragon | 4,8—6,0 | 31″ | Jaune et lilas. |
| o Dragon | 4,7—8,5 | 32″ | Jaune d'or et lilas. |
| ρ Ophiuchus | 5,0—7,5 | 3″8 | Jaune et bleue. |
| 107 i² Verseau | 5,5—7,5 | 5″6 | Blanche et pourpre. |
| η Cassiopée | 4—7 | 5″7 | Jaune d'or et pourpre. |
| σ Capricorne | 5,7—10 | 54″ | Jaune orange et lilas. |
| ν Grande Ourse | 3,3—10 | 7″ | Jaune et bleue. |
| Rigel | 1,0—9 | 9″5 | Blanche et bleue. |
| 23 m Orion | 5,1—7 | 32″ | Blanche et bleue. |
| δ Hercule | 3,6—8 | 18″ | Blanche et violette. |
| Σ 101 Baleine | 8—10 | 20″ | Jaune et violette. |
| o Capricorne | 6,3—7 | 22″ | Bleuâtres. |
| 17 Vierge | 6,5—9 | 20″ | Roses. |
| ξ Bouvier | 4,5—6,5 | 4″2 | Jaunes rougeâtres. |

## V ter

### COUPLES LES PLUS LUMINEUX (DIAMANTS CÉLESTES)

| ÉTOILES | GRANDEURS | DISTANCES | ÉTOILES | GRANDEURS | DISTANCES |
|---|---|---|---|---|---|
| Mizar................ | 2,4—4,0 | 14″5 | γ Lion................ | 2,5—4,0 | 3″0 |
| Castor............... | 2,5—3,0 | 5,6 | β Scorpion.......... | 2,5—5,5 | 13,0 |
| γ Vierge ..........·. | 3,0—3,2 | 5,0 | θ Serpent .......... | 4,4—5,0 | 21,0 |
| γ Bélier ............ | 4,2—4,5 | 8,9 | 44 i Bouvier......... | 5,0—6,0 | 4,8 |
| ζ Verseau .......... | 3,5—4,4 | 3,5 | π Bouvier .......... | 4,3—6,0 | 6,0 |

# VI

## ÉTOILES ROUGES ET ORANGÉES

Les étoiles rouges, rougeâtres, orangées ou colorées d'un jaune intense, constituent une classe importante de soleils, non seulement à cause de cette coloration curieuse, mais encore parce qu'elles paraissent être en quelque sorte la pépinière céleste des étoiles variables, et parce que leurs spectres, appartenant en général aux troisième et quatrième types, semblent indiquer une constitution physique et chimique spéciale et annoncer des soleils en voie d'oxydation, de refroidissement et de décadence. Il est intéressant d'en avoir le Catalogue, et nous publions ici celui que nous avions préparé en 1876 ( voir l'*Atlas céleste*, Avertissement de l'édition de 1877, p. X), augmenté des recherches nouvelles faites dans cette branche de la science par l'astronome anglais Birmingham. Ce Catalogue contient toutes les étoiles, simples ou multiples, colorées d'une nuance rougeâtre certaine, plus ou moins prononcée, et qui ne sont pas d'une exiguïté minuscule ; nous avons laissé de côté celles qui sont voisines de la 9ᵉ grandeur ou inférieures, d'autant plus que cette exiguïté même empêche (à part quelques exceptions) de reconnaître la coloration avec certitude et d'en étudier le spectre avec succès. Les étoiles doubles sont signalées par un double astérisque.

Au point de vue purement esthétique, ces étoiles sont assurément, moins *belles* que les associations précédentes du rubis avec l'émeraude ou de la topaze avec le saphir. En général, les couleurs sont claires, pâles, lavées : on se formera une idée de leur intensité plus ou moins affaiblie en se souvenant, par exemple, des tons graduels qui peuvent être donnés à de l'eau rougie de plus en plus allongée. Mais la coloration reste. Quelques-unes de ces étoiles, toutefois, sont d'une telle intensité qu'on ne peut que les comparer à des grenats, à des rubis lumineux ou même à des *gouttes de sang :* telles sont, entre autres, les étoiles μ de Céphée, que William Herschel appelait « Garnet Sidus », l'astre grenat (*voir* plus haut p. 38) ; R du Lièvre, que Hind qualifiait de « Crimson Star », l'étoile cramoisie (*voir* p. 519) ; l'étoile du Scorpion (*voir* p. 403), que sir J. Herschel nommait « the drop of blood », la goutte de sang ; celles du Cocher, du Grand Chien, du Sagittaire, du Cygne, qui brillent comme de véritables rubis, et d'autres qui sont des miniatures d'oranges célestes.

Remarque importante. Lorsqu'on veut apprécier exactement la couleur d'une étoile rouge, il faut d'abord diriger sa lunette vers une étoile blanche située dans le voisinage ; autrement on s'expose à se tromper d'autant plus facilement que les lumières artificielles sont elles-mêmes rougeâtres.

## PRINCIPALES ÉTOILES ROUGES ET ORANGÉES

| NOMS | POSITIONS 1880 AR h. m. | D ° ' | GRAND. | REMARQUES. |
|---|---|---|---|---|
| Baleine 27. | 0. 5 | — 3.45 | 7,2 -8,8 | Σ 8 ☿ rougeâtres. |
| Céphée. | 0. 8 | +77.21 | 8,2-11 | Σ 11 ☿ Princ. rouge. |
| Andromède. | 0.14 | +44. 3 | 8,2 | rouge. |
| T Cassiopée. | 0.17 | +55. 8 | var. | rouge. |
| R Androm. | 0.18 | +37.55 | var. | orangée. |
| S Baleine. | 0.18 | —10. 0 | var. | rougeâtre. |
| Cassiopée. | 0.29 | +67.16 | 6,8 | rouge orange. |
| Cassiopée. | 0.31 | +66.59 | 7,3 | jaune rougeâtre. |
| 55 Poissons. | 0.34 | +20.47 | 5-8 | Σ 46 ☿ Princ. rgt. |
| α Cassiopée. | 0.34 | +55.53 | var. | rougeâtre. |
| Cassiopée. | 0.44 | +61. 8 | 6,2 | rouge pâle. |
| Andromède. | 0.45 | +33.14 | 7-14 | H 628 ☿ Pr. tr. rg. |
| Cassiopée. | 0.46 | +69.19 | 7,5 | rouge jaunâtre. |
| Cassiopée. | 1. 0 | +52.51 | 6,3 | rouge clair. |
| η Baleine. | 1. 3 | —10.49 | 3,0 | rougeâtres. |
| β Androm. | 1. 3 | +34.59 | 2,2 | rouge. |
| Poissons. | 1.10 | +25. 8 | 7,0 | orangée rgt. |
| S Cassiopée. | 1.11 | +71.59 | var. | rouge. |
| Andromède. | 1.11 | +47. 4 | 7,2 | orangée clair. |
| S Poissons. | 1.11 | + 8.18 | var. | rougeâtre. |
| Poissons. | 1.15 | + 6.23 | néb. | rouge. |
| Cassiopée. | 1.19 | +65.27 | 7,0 | teinte rgtr. |
| At. Sculpt. | 1.21 | —33.10 | 6,0 | *orangée rouge.* |
| R Poissons. | 1.24 | + 2.16 | var. | rouge feu. |
| α Eridan. | 1.33 | —57.51 | 1,0 | rouge. |
| Persée. | 1.36 | +50. 1 | 7,8 | rouge. |
| ε Sculpteur. | 1.40 | —25.39 | 6-10 | ☿ comp. rouge somb. |
| Cassiopée. | 1.43 | +64.16 | 6,2 -8,2 | Σ. 163 ☿. Pr. rgt. |
| Cassiopée. | 1.47 | +69.37 | 8,0 | rouge brillant. |
| [V] Poissons. | 1.48 | + 8.12 | 7,0 | rougeâtre. |
| Persée. | 1.55 | +54.39 | 7,9 | orange. |
| γ Androm. | 1.57 | +41.45 | 2,0 | ☿ Princ. orangée. |
| Baleine. | 2. 1 | + 0.52 | 8,0 | rougeâtre. |
| Bélier. | 2. 6 | +14.42 | 6,0 | rouge. |
| 60 Androm. | 2. 6 | +43.40 | 5,2 | orangé pâle. |
| Cassiopée. | 2. 6 | +63.41 | 7 | rouge pâle. |
| R Bélier. | 2. 9 | +24.30 | var. | orangée. |
| Cassiopée. | 2. 9 | +73... | 9,0 | très rouge. |
| Andromède. | 2.11 | +44.39 | 8,3 | rougeâtre. |
| *Mira Ceti* | 2.13 | — 3.31 | var. | *rouge.* |
| Persée. | 2.14 | +56.35 | 8,6 | orangée. |
| S. Persée. | 2.14 | +58. 2 | var. | orangée. |
| 65 Androm. | 2.18 | +49.35 | 4,9 | orangée. |
| R Baleine. | 2.20 | + 0.57 | var. | orangée. |
| Cassiopée. | 2.28 | +65.14 | 6,1 | orangée. |
| Andromède. | 2.30 | +56.33 | 8,3 | rouge pâle. |
| Triangle. | 2.36 | +31.55 | 7,5 | rouge. |
| Triangle. | 2.36 | +31.55 | néb. | rouge. |
| T Bélier. | 2.42 | +17. 0 | var. | jaune rgt. |
| η Persée. | 2.42 | +55.23 | 3,5 | rouge. |
| Persée. | 2.43 | +57.50 | 7,5 | rouge. |
| Cassiopée. | 2.47 | +63.50 | 6,5 | teinte rouge. |
| 47 Céphée. | 2.52 | +78.51 | 6,0 | orange jnt. |
| α Baleine. | 2.56 | + 3.37 | 2,5 | rougeâtre. |
| ρ Persée. | 2.57 | +38.23 | var. | rougeâtre. |
| β Persée. | 3. 0 | +40.30 | var. | rouge. |
| ω Persée. | 3. 3 | +39. 9 | 5,2 | rouge. |
| Cassiopée. | 3. 2 | +73.25 | 6,2-11 | H. 2173 ☿ Pr. tr. rg. |
| Persée. | 3. 4 | +47.16 | 6,9 | rouge clair. |
| Baleine. | 3.10 | — 6.17 | 7,0 | jaune orangé. |
| Horloge. | 3.10 | —57.46 | 7,5 | rouge. |
| P. III, 37. | 3.15 | +49.11 | 6,0 | ☿ Principale rouge. |
| Persée. | 3.21 | +54.18 | 7,5 | rouge. |
| σ Persée. | 3.22 | +47.35 | 4,8 | rougeâtre. |
| R Persée. | 3.22 | +35.15 | var. | rougeâtre. |
| Taureau. | 3.28 | +19.25 | 8,5 | rougeâtre. |
| Girafe. | 3.32 | +62.15 | 6,6 | rouge. |
| P. III, 97. | 3.33 | +59.29 | 6,0 | orangé rgt. |
| Persée. | 3.33 | +47.21 | 8,0 | rouge. |
| Taureau. | 3.35 | +14.24 | 8,8 | rouge clair. |
| Persée. | 3.37 | +53.32 | 8,0 | rouge clair. |
| Eridan. | 3.38 | — 9.59 | 8,0 | rouge. |
| Girafe. | 3.38 | +65. 9 | 6,0 | orangée. |
| π Eridan. | 3.41 | —12.40 | 8,0 | rouge. |
| 30 Eridan. | 3.45 | — 2.47 | 5,0 | rouge. |
| Girafe. | 3.46 | +60.48 | 5,8 | rouge. |
| Girafe. | 3.45 | +69.10 | 8,0 | jaune rgt. |
| Girafe. | 3.47 | +60.45 | 5,8 | orangée clair. |
| 43 A Persée. | 3.48 | +50.21 | 5,6-10 | ☿ compagn. ronge. |
| 32 Eridan. | 3.48 | — 3.15 | 4,7- 7 | ☿ Princ. jaune topaze. |
| Eridan. | 3.49 | —15.13 | 8,0 | orangée. |
| γ Eridan. | 3.52 | —13.51 | 3,0 | orangée. |
| P. III, 242. | 4. 0 | +37.44 | 5,8 | rouge. |
| Taureau. | 4. 5 | +32.13 | 6,5 | rouge. |
| 39 Eridan. | 4. 9 | —10.30 | 5,0 | très jaune. |
| o² Eridan. | 4.10 | — 7.44 | 5,0 | ☿ Princ. orangée. |
| φ Taureau. | 4.13 | +27. 4 | 6-8 | ☿ Princ. rouge. |
| Eridan. | 4.15 | — 6.32 | 7,7 | rouge clair. |
| Taureau. | 4.15 | +20.32 | 6,5 | orangée. |
| Taureau. | 4.17 | +22.43 | 8,0 | jaune roux. |
| R Taureau. | 4.22 | + 9.54 | var. | orangé jnt. |
| S Taureau. | 4.23 | + 9.41 | var. | rougeâtre. |
| Eridan. | 4.28 | —11. 3 | 6,7 | orangé clair. |
| 47 Eridan. | 4.28 | — 8.29 | 6,5 | rouge. |
| e Persée. | 4.28 | +41. 1 | 5,0 | rouge. |
| α Taureau. | 4.29 | +16.16 | 1,6 | rougeâtre. |
| Taureau. | 4.35 | +22.30 | 8,5-10,7 | Σ 579 ☿ Pr. ocrée. |
| Cocher. | 4.37 | +32.42 | 8,7 | rubis clair. |
| Girafe. | 4.39 | +67.57 | 7,0 | orangée. |
| Cocher. | 4.44 | +28.19 | 8,1 | *rouge rubis.* |
| V Taureau. | 4.45 | +17.20 | var. | rougeâtre. |
| o¹ Orion. | 4.46 | +14. 3 | 5,0 | orangée. |
| 5 Orion. | 4.47 | + 2.18 | 5,0 | orangé clair. |
| Orion. | 4.49 | + 7.35 | 5,7 | orangé clair. |
| Cocher. | 4.52 | +39.20 | 6,8 | rubis. |
| Girafe. | 4.52 | +69.12 | 8,5-8,5 | H. 2244 ☿ rouges. |
| R Orion. | 4.52 | + 7.57 | var. | rougeâtre. |
| ζ Cocher. | 4.54 | +40.54 | 3,6 | orangée. |
| R Lièvre. | 4.54 | —14.59 | var. | *rouge sang.* |
| Orion. | 4.59 | + 1. 1 | 6,0 | rubis clair. |
| z Lièvre. | 5. 0 | —22.32 | 4-3 | rouge. |
| Orion. | 5. 3 | — 8.49 | 7,0-8,7 | Σ 649 ☿ cmp. rouge. |
| Cocher. | 5. 3 | +31.53 | 7,4-8,1 | Σ 648 ☿ Princ. rouge |
| Orion. | 5. 4 | — 5.40 | 8,0 | rouge vif. |
| Orion. | 5. 4 | — 0.43 | 6,7 | orangé clair. |
| Lièvre. | 5. 6 | —12. 2 | 7,8 | très rouge. |
| R Cocher. | 5. 8 | +53.27 | var. | rouge. |
| Orion. | 5. 9 | — 0.42 | 7,0 | rouge. |
| Cocher. | 5.11 | +40.58 | 7,3 | rouge. |

| NOMS. | AR h. m. | D ° ′ | GRAND. | REMARQUES. |
|---|---|---|---|---|
| Cocher. | 5.13 | +34. 9 | 7,9 | rouge très clair. |
| Orion. | 5.16 | + 3.27 | 8,0 | rouge. |
| Lièvre. | 5.17 | —24.54 | 6-8 | H. 3752 ⁂ cmp. rg. |
| Orion. | 5.18 | — 9.27 | 8,5 | rougeâtre. |
| Cocher. | 5.20 | +35.13 | néb. | préc. par 1 ét. rgt. |
| S Orion. | 5.24 | — 4.48 | var. | rouge. |
| Taureau. | 5.25 | +18.30 | 4,4 | rouge. |
| Taureau. | 5.27 | +25.49 | 8,4 | rouge clair. |
| Orion. | 5.28 | + 4. 1 | 8,5 | rouge. |
| Orion. | 5.30 | +10.58 | 6,5 | orangée. |
| 124 Taureau. | 5.32 | +23.15 | 7,8 | rouge. |
| Orion. | 5.35 | — 3.54 | 8,0 | rougeâtre. |
| Orion. | 5.36 | + 2.18 | 8,7 | rouge. |
| 51 Orion. | 5.36 | + 1.25 | 5,7 | orangée. |
| Taureau. | 5.38 | +24.22 | 8,5 | très rouge. |
| Taureau. | 5.39 | +20.38 | 7,7 | cramoisie. |
| Cocher. | 5.40 | +30.35 | 8,5 | rouge clair. |
| Lièvre. | 5.40 | — 4.19 | 7-9,3 | Σ 790. ⁂ Pr. rg. |
| Ch. Peintre. | 5.40 | —46.31 | 8,0 | rouge sang. |
| Orion. | 5.48 | +10.33 | 6,5 | rouge clair. |
| α Orion. | 5.48 | + 7.23 | var. | orangée. |
| π Cocher. | 5.51 | +45.56 | 4,8 | orangée. |
| Colombe. | 5.56 | —31. 4 | 8,5-8,5 | H. 3823 ⁂ rg. or. |
| Orion. | 5.56 | — 5. 8 | 7,0 | jaune rgt. |
| Orion. | 6. 0 | +10.46 | 6,2-8,5 | Σ 840 ⁂ P. rouge. |
| Gémeaux. | 6. 3 | +26. 2 | 7,4 | rubis. |
| Orion. | 6. 5 | +21.54 | 7,3 | rouge. |
| Gémeaux. | 6. 5 | +22.56 | 6,7 | rouge. |
| η Gémeaux. | 6. 8 | +22.33 | var. | rouge. |
| 5 Licorne. | 6. 9 | — 6.14 | 5-4 | orangée. |
| Cocher. | 6. 9 | +39.31 | 6,9 | rougeâtre. |
| G. Chien. | 6.12 | —22.40 | 7,5-11,0 | H. 3845 ⁂ Pr. rg. |
| Gémeaux. | 6.12 | +23.19 | 7,0 | très rouge. |
| G. Chien. | 6.12 | —16.46 | 5,5 | rouge feu. |
| Orion. | 6.13 | +14.42 | 5,8 | orangée clair. |
| 5 Lynx. | 6.16 | +58.29 | 6-9 | ⁂ compagn. grenat. |
| μ Gémeaux. | 6.16 | +22.35 | 3,0 | rouge. |
| Orion. | 6.19 | +14.47 | 6,5 | orangée. |
| G. Chien. | 6.19 | —26.59 | 8,1 | rouge rubis. |
| Girafe. | 6.19 | +65. 3 | 8,5 | rouge jnt. |
| Licorne. | 6.24 | + 0. 2 | 8,5 | rougeâtre. |
| Licorne. | 6.24 | — 2.57 | 7,7 | couleur variable. |
| Cocher. | 6.28 | +38.32 | 6,0 | rouge orangé. |
| Navire. | 6.36 | —52.50 | 6,3 | rouge. |
| Licorne. | 6.36 | — 9. 3 | 5,5 | rouge. |
| 17 Licorne. | 6.41 | + 8.10 | 5,3 | rouge orangé. |
| G. Chien. | 6.42 | —20.37 | néb. | rouge clair. |
| 51 Céph. H. | 6.44 | +87.14 | 5,0 | rougeâtre. |
| θ G. Chien. | 6.49 | —11.54 | 4-5 | très rouge. |
| o¹ G. Chien. | 6.49 | —24. 2 | 5,0 | très rouge. |
| μ G. Chien. | 6.51 | —13.53 | 5,0 | rouge. |
| R Lynx. | 6.51 | +55.30 | var. | rougeâtre. |
| Navire. | 6.53 | —48.33 | 5,5 | rouge. |
| Licorne. | 6.56 | — 5.33 | 6,0 | rouge orange. |
| Licorne. | 6.56 | — 5.32 | 7,0 | rouge orange. |
| σ Gr. Chien. | 6.57 | —27.46 | 3,5 | très rouge. |
| Licorne. | 6.57 | — 8.10 | am. | rubis clair. |
| R Gémeaux. | 7. 0 | +22.53 | var. | rouge clair. |
| Licorne. | 7. 1 | — 7.22 | 8,0 | rubis clair. |
| Gr. Chien. | 7. 2 | —11.44 | 7,5 | rouge. |
| Licorne. | 7. 3 | —10.26 | 8,5-11 | ⁂ Princ. jaun. orang. |
| R. Gr. Chien. | 7. 3 | +10.13 | var. | très rouge. |
| Girafe. | 7. 6 | +82.38 | 5,5 | rougeâtre. |
| Gémeaux. | 7. 8 | +22.11 | 7,2 | rouge brillant. |
| π Navire. | 7.13 | —36.53 | 2-3 | très rouge. |
| Licorne. | 7.15 | —10.10 | néb. | rouge. |
| Navire. | 7.18 | —25.32 | 7,0 | rouge clair. |
| Navire. | 7.21 | —20.43 | 7,5-10,0 | ⁂ Princ. rouge. |
| Navire. | 7.21 | —20.43 | 8,0 | rouge. |
| Licorne. | 7.24 | —10. 5 | 6,0 | rouge orangé. |
| σ Navire. | 7.25 | —43. 4 | 5,0 | rouge. |
| S Gr. Chien. | 7.26 | + 8.34 | var. | très rouge. |
| Navire. | 7.28 | —14.16 | 6,0 | rouge feu. |
| υ Gémeaux. | 7.29 | +27.10 | 4,2 | rouge. |
| Gémeaux. | 7.34 | +23.19 | 6,0 | orangée. |
| Navire. | 7.34 | —16.34 | 6,0 | rouge. |
| P. Chien. | 7.35 | +13.46 | 6,5 | orange. |
| γ Licorne. | 7.36 | — 9.16 | 4,5 | rouge orange. |
| σ Gémeaux. | 7.36 | +29.11 | 5,0 | orangée. |
| S Gémeaux. | 7.36 | +23.44 | var. | orangée. |
| Navire. | 7.36 | —31.22 | néb. | rouge. |
| Licorne. | 7.37 | —10.36 | 7,5 | rouge. |
| P. Chien. | 7.37 | + 5.14 | 7,1 | rouge. |
| β Gémeaux. | 7.38 | +28.19 | 1,3 | orangée. |
| Gémeaux. | 7.39 | +35.15 | 8,0 | rouge. |
| c Navire. | 7.41 | —37.41 | néb. | teinte rouge. |
| T Gémeaux. | 7.42 | +24. 2 | var. | orangée. |
| Pet. Chien. | 7.42 | + 5.50 | 8 | rougeâtre. |
| Gémeaux. | 7.43 | +33.33 | 6,5-10 | ⁂ Princip. orange. |
| ξ Navire. | 7.44 | —24.37 | 4 | rouge orangé. |
| Girafe. | 7.46 | +79.48 | var. | rouge. |
| Navire. | 7.48 | —26. 5 | néb. | rouge clair. |
| Navire. | 7.54 | —49.40 | 8,0 | rouge orangé. |
| 28 Licorne. | 7.55 | — 1. 4 | 5,3 | orangée. |
| Navire. | 7.56 | —60.30 | néb. | orangée. |
| Lynx. | 8. 0 | +58.36 | 6,2 | orangée. |
| Cancer. | 8. 7 | +11.13 | 7,7-9,8 | Σ 1202. ⁂ var. |
| R Cancer. | 8.10 | +12. 6 | var. | orangée. |
| V Cancer. | 8.15 | +17.40 | var. | rouge jaune. |
| Hydre. | 8.16 | + 0.13 | 7,9 | rouge. |
| Navire. | 8.19 | —37.54 | 6,0 | rouge. |
| Navire. | 8.20 | —23.39 | 6,0 | rouge. |
| Hydre. | 8.26 | + 0.13 | 8,5 | orangée. |
| U Cancer. | 8.29 | +19.19 | var. | rougeâtre. |
| Hydre. | 8.29 | + 7. 3 | 6-7 | Σ 1245 ⁂comp. rose |
| Fourneau. | 8.34 | —19.19 | 6,5-10.5 | ⁂ Princ. rgtr. |
| Hydre. | 8.34 | —19.19 | 6,5 | rougeâtre. |
| Navire. | 8.40 | —27.46 | 8,5 | rougeâtre. |
| Hydre. | 8.41 | + 0. 5 | 8,2 | rouge orangée. |
| Navire. | 8.46 | —47.56 | 8,5 | rubis. |
| Cancer. | 8.47 | +19.46 | 8,2 | rougeâtre. |
| S Hydre. | 8.47 | + 3.31 | var. | rouge brique. |
| Cancer. | 8.49 | +17.41 | 6,5 | rubis clair. |
| 60 Cancer. | 8.49 | +12. 5 | 5,8 | rouge orangé. |
| Hydre. | 8.50 | —10.55 | 8,0 | orangé clair. |
| T Cancer. | 8.50 | +20.19 | var. | très rouge. |
| T Hydre. | 8.50 | — 8.41 | var. | orangée. |
| α² Cancer. | 8.52 | +12.19 | 4,5-16 | H. 110. ⁂ Cmp. rg |
| Gr. Ourse. | 8.58 | +67.21 | 5,2 | rougeâtre. |
| Navire. | 9. 3 | —25.22 | 4,5 | vermeille. |
| Cancer. | 9. 3 | +31.27 | 6,5 | rouge orangé. |
| π² Cancer. | 9. 9 | +15.26 | 5,8 | rouge. |
| 40 Lynx. | 9.13 | +34.52 | 3,1 | rouge. |
| Hydre. | 9.14 | + 0.41 | 7,5 | orangée. |
| α Hydre. | 9.22 | — 8. 8 | var. | rouge jaunâtre. |
| Gr. Ourse. | 9.24 | +67.20 | 7,2 | rouge. |
| λ Lion. | 9.25 | +23.30 | 1,5 | rouge. |
| 6 Lion. | 9.26 | +10.15 | 6,0 | orangée. |
| Navire. | 9.29 | —62.16 | 8,0 | rouge sang. |
| Hydre. | 9.29 | + 4.27 | 8,0-10,5 | Σ 1371. ⁂ Cmp. rg. |
| ι Hydre. | 9.34 | — 0.36 | 4,0 | rouge. |
| R P. Lion. | 9.38 | +35. 4 | var. | rouge jnt. |
| Lion. | 9.39 | + 7.22 | 8 | rouge. |
| R Lion. | 9.41 | +11.59 | var. | rouge. |
| Hydre. | 9.46 | —22.27 | 6,5 | orangé roug.âtre. |
| Navire. | 9.51 | —41. 1 | 7.5 | écarlate. |

| NOMS. | ÆR h. m. | D °.' | GRAND. | REMARQUES. | NOMS. | ÆR h. m. | D °.' | GRAND. | REMARQUES. |
|---|---|---|---|---|---|---|---|---|---|
| π Lion. | 9.54 | + 8.37 | 5,0 | rouge. | Y Vierge. | 13.22 | − 2.33 | var. | orange. |
| Sextant. | 9.55 | + 5.36 | 9-10 | ☿ rouges. | R Hydre. | 13.23 | −22.40 | var. | très rouge. |
| Navire. | 9.56 | −59.39 | 8,5 | écarlate. | l' Vierge. | 13.26 | − 5.38 | 5,0 | rouge. |
| | | | | | S Vierge. | 13.27 | − 6.35 | var. | orange. |
| A Lion. | 10. 2 | +10.35 | 5,0 | orange rouge. | Chevelure. | 13.31 | +25.13 | 6,0 | orange vif. |
| 18 Sextant. | 10. 5 | − 7.49 | 6,0 | rougeâtre. | Centaure. | 13.42 | −27.46 | 7,0-10 | ☿ Pr. cramoisie. |
| M. Pneum. | 10. 7 | −34.44 | 7,0 | écarlate. | | | | | |
| Lion. | 10.14 | +11.57 | 7,5-9,0 | H. 159. ☿ Pr. rg. | π Hydre. | 14. 0 | −26. 6 | 4-3 | orange. |
| μ Gr. Ourse. | 10.15 | +42. 7 | 3,1 | rouge r. | Centaure. | 14. 1 | −59. 9 | 8,0 | rouge brique. |
| Navire. | 10.31 | −56.56 | 5,5 | rougeâtre. | 13 Bouvier. | 14. 4 | +50. 1 | 5,5 | orange. |
| Hydre. | 10.32 | −12.46 | 5,5 | orangée rgt. | Vierge. | 14. 4 | −15.44 | 5,6 | rouge vif. |
| Sextant. | 10.35 | + 0. 3 | 8,5 | rouge. | x Vierge. | 14. 7 | − 9 43 | 4-5 | rouge. |
| R Gr. Ourse. | 10.36 | +69.24 | var. | rouge clair. | Centaure. | 14. 8 | −59.21 | 7,5 | rubis. |
| G. Ourse. | 10.37 | +68. 2 | 6,2 | rouge orangée. | Pet. Ourse. | 14. 9 | +78. 7 | 5,0 | orange clair. |
| Navire. | 10.39 | −59.56 | 6,0 | rouge. | Pet. Ourse. | 14.10 | +70. 0 | 5,3 | orange clair. |
| η Navire. | 10.40 | −59. 3 | var. | rubis. | Vierge. | 14.10 | −15.53 | 8,5-10,5 | H. 1249. ☿ Pr. rg |
| Hydre. | 10.46 | −20.37 | 6,0 | rouge brun. | α Bouvier. | 14.10 | +19.49 | 1,0 | jaune d'or intense. |
| Coupe. | 10.54 | −15.43 | 6,0 | orangée clair. | Vierge. | 14.18 | + 8.38 | 7,3 | orange clair, var. |
| R Coupe. | 10.55 | −17.41 | var. | rouge écarlate. | Vierge. | 14.19 | −12.49 | 5,6-10,0 | H. 546 ☿ Pr. rg. |
| 60 Lion. | 10.56 | +20.49 | 4,3 | rouge. | Bouvier. | 14.19 | +26.15 | 8,0 | rouge vif. |
| | | | | | Vierge. | 14:23 | − 5.27 | 8,0 | rougeâtre. |
| Caméléon. | 11. 5 | −81. 8 | 8,0 | rubis. | R Girafe. | 14.27 | +84.22 | var. | rougeâtre. |
| 72 Lion. | 11. 9 | +23.45 | 5,0 | orangée vif. | 5 Pet. Ourse. | 14.28 | +76.14 | 5,0 | rouge. |
| Centaure. | 11.10 | −60.26 | néb. | rouge. | α Centaure. | 14.31 | −60.20 | 1,0 | rouge. |
| 75 Lion. | 11.11 | + 2.40 | 6,0 | orange jnt. | R Bouvier. | 14.32 | +27.16 | var. | rouge. |
| ν Gr. Ourse. | 11.12 | +33.45 | 3,4 | orange. | 34 Bouvier. | 14.38 | +27. 2 | 5,8 | orange jnt. |
| 87 Lion. | 11.24 | − 2.20 | 5,0 | rouge. | Hydre. | 14.39 | −24.56 | 5,5-7,5 | Sb. 184. ☿ Pr. rg. |
| λ Dragon. | 11.24 | +69.59 | 3,3 | rouge. | 54 Hydre. | 14.39 | −24.56 | 5,5 | rouge. |
| 90 Lion. | 11.28 | +17.27 | 6-8-10 | compagnons rouges. | ε Bouvier. | 14.40 | +27.35 | 2,3 | ☿ Princ. jaune d'or |
| Lion. | 11.32 | +13.37 | 9-10 | H. 183. ☿ Pr. rg. | σ Balance. | 14.43 | −27.27 | 5,0 | rouge. |
| Gr. Ourse. | 11.32 | +38.51 | 7,0-13,0 | H. 506 ☿ Pr. rg. | ξ Bouvier. | 14.46 | +19.37 | 4,7-6,6 | ☿ jaunes rougeâtres. |
| Caméléon. | 11.34 | −71.54 | 8,5 | rubis. | β Pr. Ourse. | 14.51 | +74.38 | 2,1 | rouge. |
| Lion. | 11.35 | +25.28 | 8,4 | rouge clair (var.). | Balance. | 14.52 | −10.40 | 6,0-10,2 | Σ. 1894. ☿ Cmp. rg |
| Lion. | 11.38 | +25.54 | 6,2 | ☿ Pr. rouge clair. | Pet. Ourse. | 14.56 | +66.25 | 4,5 | orange rgt. |
| χ G. Ourse. | 11.40 | +48.27 | 4,0 | rouge. | 20 Balance. | 14.57 | −24.48 | 3-4 | rouge. |
| Croix. | 11.44 | −56.31 | néb. | orange. | | | | | |
| Lion. | 11.45 | +12.54 | 6,7-11,0 | H. 1201. ☿ Pr. rg. | ν Balance. | 15. 0 | −15.47 | 6,0 | très rouge. |
| Vierge. | 11.52 | + 4.10 | 7,0 | rouge. | Triangle. | 15. 3 | −69.38 | 6,0 | écarlate. |
| Dragon. | 11.54 | +81.31 | 6,2 | orange. | δ Loup. | 15.11 | −29.42 | 4,7 | rouge. |
| R Chevelure. | 11.58 | +19.27 | var. | très rouge. | Oiseau. | 15.13 | −75.30 | 7,0 | rubis. |
| | | | | | S Balance. | 15.15 | −19.57 | var. | rougeâtre. |
| T Vierge. | 12. 8 | − 5.22 | var. | rouge. | S Serpent. | 15.16 | +14.45 | var. | très rouge. |
| R Corbeau. | 12.13 | −18.35 | var. | rouge. | S Couronne. | 15.17 | +31.48 | var. | rouge. |
| Chevelure. | 12.16 | +26.31 | 5-8 | H. V. 121. ☿Pr. rose. | 11 P. Ourse. | 15.17 | +72.16 | 5,5 | orange. |
| Mouche. | 12.16 | −74.51 | 8,5 | rouge. | Balance. | 15.18 | −26.20 | 8,0-10,0 | H. 4767. ☿ Pr. rg. |
| 17 Vierge. | 12.16 | + 5.58 | 7,1 | rouge. | 39 Balance. | 15.30 | −27.44 | 4-5 | rouge. |
| Vierge. | 12.19 | + 1.27 | 8,1 | orange. | Serpent. | 15.31 | +15.30 | 6,7 | très rouge. |
| Vierge. | 12.19 | + 1.33 | 8,0 | orange. | θ P. Ourse. | 15.35 | +77.45 | 5,0 | rouge. |
| γ Croix. | 12.24 | −56.26 | 2,0 | rouge. | χ Serpent. | 15.43 | +18.31 | 4,0 | orange. |
| 24 Chevelure. | 12.29 | +19. 2 | 4,7-6,2 | ☿Princ. jaune orange. | R Couronne. | 15.44 | +28.31 | var. | rougeâtre. |
| T G. Ourse. | 12.31 | +60. 9 | var. | rouge jnt. | R Serpent. | 15.45 | +15.30 | var. | rouge clair. |
| R Vierge. | 12.32 | + 7.39 | var. | rouge. | δ Couronne. | 15.45 | +26.26 | 4,5 | orange clair. |
| Vierge. | 12.32 | −10.51 | 7,8-8,8 | Σ. 1664. ☿ Pr. rg. | ρ Serpent. | 15.46 | +21.21 | 5,0 | très rouge. |
| Vierge. | 12.38 | − 0.47 | 8,5 | rouge. | R Balance. | 15.47 | −15.53 | var. | rougeâtre. |
| Dragon. | 12.38 | +74.11 | 9-10 | H. 1221. ☿ Pr. rg. | θ Balance. | 15.47 | −16.43 | 5-4 | orange clair. |
| S Gr. Ourse. | 12.39 | +61.45 | var. | orange. | ε Couronne. | 15.53 | +27.14 | 4,0 | rouge orange. |
| Lévriers. | 12.39 | +46. 6 | 5,5 | orange. | Hercule. | 15.59 | +47.34 | 6,6 | rouge orange. |
| Croix. | 12.40 | −59. 2 | 8,5 | rouge sang. | | | | | |
| Vierge. | 12.45 | − 0. 6 | 8,3 | rouge. | R. Hercule. | 16. 1 | +18.42 | var. | rouge. |
| U Vierge. | 12.45 | + 6.12 | var. | rougeâtre. | Ophiuchus. | 16. 3 | + 8.52 | 6,4 | rouge clair. |
| x Croix. | 12.47 | −59.42 | am. | rubis : riche écrin. | Ophiuchus. | 16. 3 | + 8.57 | 7,5 | orange. |
| δ Vierge. | 12.50 | + 4. 3 | 3,0 | rougeâtre. | Ophiuchus. | 16. 4 | + 1. 8 | 7,0 | variable. |
| Dragon. | 12.52 | +66.39 | 7,3 | rougeâtre. | δ Ophiuchus. | 16. 8 | − 3.23 | 3,0 | très rouge. |
| Chevelure. | 12.52 | +18.25 | 8,1 | orange. | Règle. | 16. 9 | −45.30 | 8,5 | rubis. |
| 36 Chevel. | 12.53 | +18. 3 | 4,8 | orange vif. | ε Ophiuchus. | 16.12 | − 4.24 | 3-4 | orange. |
| | | | | | ν' Couronne. | 16.18 | +34. 6 | 5,2 | orange clair. |
| σ Vierge. | 13.12 | + 6. 6 | 5,2 | rouge. | ν" Couronne. | 16.18 | +33.59 | 5,3 | grenat. |
| Lévriers. | 13.18 | +37.39 | 6,0 | orange. | Ophiuchus. | 16.20 | −12. 9 | 8,0 | rouge. |
| W Vierge. | 13.20 | − 2.45 | var. | rougeâtre. | U Hercule. | 16.21 | +19.10 | var. | rouge. |
| 68 ☿ Vierge. | 13.21 | −12. 5 | 5,7 | orange clair. | α Scorpion. | 16.22 | −26.10 | 1,6 | rouge ; brillante. |

| NOMS. | POSITIONS 1880 AR h. m. | D ° ' | GRAND. | REMARQUES. |
|---|---|---|---|---|
| 30 g Hercule. | 16.25 | +42. 9 | var. | rouge orange. |
| β Hercule. | 16.25 | +21.45 | 2,5 | jaune foncé. |
| Scorpion. | 16.28 | —35. 0 | 6 | rouge. |
| Scorpion. | 16.33 | —32. 8 | 8,0 | rouges ang. |
| 43 Hercule. | 16.40 | + 8.48 | 5,0-9,0 | Sh. 239. ‡ Pr. rg. |
| Ophiuchus. | 16.41 | —24.19 | 7,0-15 | H. 1294. ‡ Pr. rg. |
| Ophiuchus. | 16.43 | + 0. 8 | 8,4 | rougeâtre. |
| Hercule. | 16.43 | +42.27 | 7,0 | rouge. |
| S Hercule. | 16.46 | +15. 9 | var. | rouge orange. |
| 56 Hercule. | 16.50 | +25.56 | 6,5-13,0 | ‡ compagn. rouge. |
| Ophiuchus. | 16.50 | + 1.37 | 8,0 | rouge. |
| x Ophiuchus. | 16.52 | + 9.34 | 3,0 | orangée. |
| Ophiuchus. | 16.53 | —12.42 | var. | rouge vif. |
| Autel. | 16.53 | —54.54 | 8,5-9,5 | ‡ Princ. rubis. |
| 30 Ophiuchus | 16.55 | — 4. 2 | 5,0 | jaune orange. |
| 61 Ophiuchus | 16.59 | +34.35 | 6,5 | orange. |
| R Ophiuchus. | 17. 1 | —15.56 | var. | rouge pâle. |
| α Hercule. | 17. 9 | +14.32 | var. | ‡ Princ. rouge. |
| π Hercule. | 17.11 | +36.57 | 3,0 | rouge. |
| u Hercule. | 17.13 | +33.14 | var. | rouge. |
| Hercule. | 17.13 | +31.34 | 8,5 | rouge. |
| Ophiuchus. | 17.14 | + 2.17 | 7,0 | rougeâtre. |
| Ophiuchus. | 17.16 | —28. 2 | 6,0 | rose. |
| Ophiuchus. | 17.23 | —19.22 | 8,5 | très rouge. |
| Ophiuchus. | 17.28 | +12.36 | 8,2 | rouge. |
| Scorpion. | 17.32 | —41.33 | 8,0 | rubis. |
| Autel. | 17.33 | —57.40 | 8,0 | écarlate. |
| Hercule. | 17.35 | +31.16 | 6,5 | rouge jaunâtre. |
| Ophiuchus. | 17.38 | —18.36 | 8,5 | très rouge. |
| Ophiuchus. | 17.52 | + 2.40 | 7,3 | rouge. |
| Ophiuchus. | 17.53 | +14.36 | 7,5-10,2 | Σ 2253 ‡ Pr. rg. |
| λ Dragon. | 17.54 | +51.38 | 2,2 | jaune orange. |
| 95 Hercule. | 17.56 | +21.30 | 4,9-4,9 | ‡ Pr. jaune d'or. |
| Ecu. | 18. 3 | —15.15 | 8,0 | rouge p. |
| T Hercule. | 18. 5 | +31. 4 | var. | rougeâtre. |
| μ Sagittaire. | 18. 7 | —21. 8 | 4,3 | ‡ rouges. |
| A Hercule. | 18. 7 | +31.23 | 5,0 | rouge. |
| Hercule. | 18. 8 | +22.48 | 7,5 | rouge clair. |
| Hercule. | 18.13 | +23.14 | 7,0 | orange. |
| δ Sagitt. | 18.13 | —29.53 | 3,0 | rouge. |
| Ophiuchus. | 18.16 | + 0.48 | 7,9 | rouge. |
| Ophiuchus. | 18.17 | — 0. 6 | 7,9 | rouge clair. |
| Hercule. | 18.18 | +25. 0 | 7,5 | rouge brillant. |
| 21 Sagitt. | 18.13 | —20.36 | 5,0 | rouge. |
| T Serpent. | 18.23 | + 6.13 | var. | jaune rongeâtre. |
| Hercule. | 18.23 | +19.13 | 7,2-7,6 | Σ 2319 ‡ roses. |
| V Sagitt. | 18.24 | —18.21 | var. | rouge. |
| U Sagitt. | 18.25 | —19.13 | var. | jaune rgt. |
| Ecu. | 18.26 | —14.51 | 6,5 | rouge orange. |
| Lyre. | 18.28 | +36.54 | 8,5 | cramoisie. |
| 1 Aigle. | 18.29 | — 8.19 | 4-5 | rouge. |
| Sagittaire. | 18.29 | —24. 0 | néb. | ‡ rouges. |
| Ecu. | 18.30 | — 6.50 | 8,0 | rouge. |
| Ecu. | 18.32 | —13.53 | 8,0 | rougeâtre. |
| Serpent. | 18.32 | +11.21 | 8,7 | rougeâtre. |
| Ecu. | 18.32 | — 4.25 | 8,5-11,5 | H. 5499 ‡ Pr. rg. |
| Hercule. | 18.34 | +24.33 | 8,8-10,0 | H. 1322 ‡ Cmp. rg. |
| Aigle. | 18.36 | + 0. 3 | 8,7 | rubis. |
| Lyre. | 18.36 | +31.28 | 8,5-11,0 | H.1337 ‡ Cmp. rg. |
| Ecu. | 18.38 | — 6.39 | 7,0 | rouge orange. |
| Lyre. | 18.39 | +36.51 | 7,5 | rouge clair. |
| Lyre. | 18.39 | +39.11 | 6,5 | tr. rouge. |
| T Aigle. | 18.40 | + 8.38 | var. | rouge raisin. |
| Lyre. | 18.40 | +33. 4 | 7,7 | rouge clair. |
| R Écu. | 18.41 | — 5.50 | var. | rouge. |
| Aigle. | 18.41 | +18.35 | 6,4 | rouge. |
| Ecu. | 18.42 | — 8. 3 | 8,0 | orange. |
| v² Sagitt. | 18.47 | —22.54 | 5,0 | rouge. |

| NOMS. | POSITIONS 1880 AR h. m. | D ° ' | GRAND. | REMARQUES. |
|---|---|---|---|---|
| Sagittaire. | 18.47 | —22.51 | ... | rouge. |
| Sagittaire. | 18.48 | —22.49 | 5,0 | rouge. |
| δ² Lyre. | 18.50 | +36.45 | 4,5 | rouge. |
| ξ² Sagitt. | 18.51 | —21.16 | 4,0 | rouge. |
| Aigle. | 18.51 | +17.58 | 5,9 | orange. |
| Lyre. | 18.53 | +38.38 | 7,6 | rouge orange. |
| Aigle. | 18.55 | +22.39 | 6,5 | orange pâle. |
| λ Lyre. | 18.55 | +31.59 | 5,8 | orange. |
| Aigle. | 18.57 | + 8.12 | 6,5 | rougeâtre. |
| Aigle. | 18.58 | — 5.52 | 7,5 | rouge feu. |
| R Aigle. | 19. 1 | + 8. 3 | var. | rouge. |
| Aigle. | 19. 4 | +23.59 | 7,0 | rouge clair. |
| T Sagitt. | 19. 9 | —17.11 | var. | roug. |
| R Sagitt. | 19.10 | —19.31 | var. | orangée. |
| Aigle. | 19.10 | +18.19 | 6,3 | rouge clair. |
| Aigle. | 19.12 | — 5.58 | 7,0-10,0 | H. 881   Pr rg. |
| Lyre. | 19.14 | +27. 2 | 7,5 | rouge. |
| Aigle. | 19.14 | +22.21 | 7,7 | rouge orange. |
| 3 Cygne. | 19.20 | +24.42 | 6,1 | rouge. |
| Aigle. | 19.21 | +19.34 | 5,0 | orange. |
| Aigle. | 19.21 | +19.39 | 6,2 | rouge orange. |
| Cygne. | 19.22 | +35.55 | 8,0 | rouge. |
| Aigle. | 19.22 | + 1.56 | 7,8 | orange. |
| Aigle. | 19.24 | — 2.39 | 6,9 | rouge orange. |
| e Aigle. | 19.24 | — 3. 2 | 5-6 | rouge clair. |
| Aigle. | 19.25 | + 1.46 | 7,1 | orange. |
| Dragon. | 19.26 | +76.20 | 6,5 | très rouge. |
| Aigle. | 19.27 | + 4.46 | 7,2 | orange rgt. |
| Sagittaire. | 19.27 | —16.38 | 6,5 | rubis. |
| Aigle. | 19.28 | + 5.12 | 6,9 | orange rgt. |
| R Cygne. | 19.34 | +49.56 | var. | orange. |
| Aigle. | 19.35 | + 0.25 | 8,0 | rougeâtre. |
| Cygne. | 19.36 | +32.21 | 8,0 | rouge. |
| Aigle. | 19.38 | + 4.41 | 7,5 | rougeâtre. |
| Aigle. | 19.39 | +12.57 | 7,4 | rouge. |
| γ Aigle. | 19.41 | +10.19 | 3,0 | très rouge. |
| Cygne. | 19.41 | +44.38 | 8,0 | rouge clair. |
| Renard. | 19.41 | +22.28 | 7,7 | orange clair. |
| 3 Renard. | 19.43 | +26.59 | var. | orange. |
| X² Cygne. | 19.46 | +32.37 | var. | très rouge. |
| 19 Cygne. | 19.46 | +38.25 | 5,5 | rouge. |
| Renard. | 19.51 | +24.20 | 8,5-8,5 | H. 1453. ‡ rouges. |
| Cygne. | 19.53 | +43.56 | 8,2 | rouge. |
| Cygne. | 19.57 | +36.47 | 8,5 | rouge. |
| Cygne. | 19.57 | +36.46 | 6,0 | orange. |
| Cygne. | 19.59 | +37.59 | 8,4-9,5 | H. 1470. ‡ Princ. rg. |
| Sagittaire. | 20. 0 | —27.34 | 7,0 | rouge rubis. |
| Paon. | 20. 1 | —60.17 | 8,5 | très rouge. |
| Cygne. | 20. 2 | +34.34 | 6,8 | jaune rgt. |
| Flèche. | 20. 3 | +16.20 | 6;5 | rouge jaunâtre. |
| S Cygne. | 20. 3 | +57.38 | var. | très rouge. |
| R Capricorne | 20. 5 | —14.37 | var. | rouge. |
| Cygne. | 20. 6 | +35.49 | 8,5 | rose. |
| S Aigle. | 20. 6 | +15.16 | var. | rougeâtre. |
| 19 Renard. | 20. 7 | +26.27 | 5,8 | orangée claire. |
| 66 Aigle. | 20. 7 | — 1.22 | 6,0 | rose. |
| Cygne. | 20. 7 | +35.51 | 8,0 | rose. |
| R Sagitt. | 20. 9 | +16.22 | var. | orangée. |
| Cygne. | 20. 9 | +38.22 | 8,2 | rouge. |
| R Dauphin | 20. 9 | + 8.44 | var. | rougeâtre. |
| o¹ Cygne. | 20.10 | +46.23 | 4,0 | jaune orange. |
| Cygne. | 20.10 | +36.18 | 8,0 | rose. |
| Sagittaire. | 20.10 | —21.41 | 7,0 | rubis. |
| 23 Renard. | 20.11 | +27.27 | 4,8 | orangée claire. |
| 32 Cygne. | 20.12 | +47.21 | 5,0 | rouge. |
| σ Capric. | 20.12 | —19.30 | 6,5 | ‡ Cmp. rouge. |
| Cygne. | 20.13 | +40. 0 | 5,4 | orangée rougeâtre. |
| Aigle. | 20.13 | + 0.14 | 8,5 | rouge. |

| NOMS | AR h. m. | D ° ' | GRAND. | REMARQUES. |
|---|---|---|---|---|
| U Cygne. | 20.16 | +47.31 | var. | *très rouge.* |
| Cygne. | 20.18 | +40.39 | 6,0 | orangée claire. |
| 39 Cygne. | 20.19 | +31.48 | 5,0 | rouge. |
| Aigle. | 20.20 | +9.40 | 6,5 | rouge clair. |
| Sagittaire. | 20.21 | —28.39 | 8,0 | rubis. |
| Aigle. | 20.27 | —0.38 | 7,3-10,0 | H. 1529. ‡ Pr. rg. |
| ω³ Cygne. | 20.28 | +48.49 | 5,9 | rouge jaunâtre. |
| 47 Cygne. | 20.29 | +34.50 | 5,4 | brillante orangée. |
| 70 Aigle. | 20.30 | —2.58 | 5,0 | rouge. |
| Aigle. | 20.32 | +0.36 | 8,3 | rougeâtre. |
| Dauphin. | 20.32 | +17.51 | 7,0 | orangée. |
| Pégase. | 20.36 | +2.32 | 8,5-10,0 | H. 2988. ‡ Pr. rg. |
| S Dauphin. | 20.38 | +16.40 | var. | orange. |
| T Dauphin. | 20.40 | +15.58 | var. | orangée. |
| Dauphin. | 20.40 | +17.39 | 6,8 | rougeâtre. |
| T Verseau. | 20.44 | —5.35 | var. | rougeâtre. |
| Céphée. | 20.46 | +88.57 | 5,6-12,0 | H. 2985. ‡ Pr. rg. |
| Petit Cheval. | 20.48 | +3.30 | 6,4-11,0 | H. 3005. ‡ Pr. rg. |
| Cygne. | 20.49 | +32.59 | 6,0 | orangée. |
| R Renard. | 20.59 | +23.21 | var. | orangée. |
| A Capric. | 21.0 | —25.29 | 5,0 | rouge. |
| ξ Cygne. | 21.1 | +43.27 | 4,0 | rouge. |
| Verseau. | 21.9 | —3.3 | 8,5 | rouge clair. |
| Céphée. | 21.10 | +59.37 | 7,5 | rouge. |
| Indien. | 21.13 | —70.14 | 6,0 | rouge or. |
| Capricorne. | 21.15 | —22.53 | 8,5-9,0 | H. 5265 ‡ Pr. rg. |
| Céphée. | 21.16 | +58.7 | 5,6-9,9 | Σ. 2790 ‡ Pr. rg. |
| Cygne. | 21.18 | +41.53 | 9,0 | *rouge foncé.* |
| Céphée. | 21.24 | +59.14 | 6,0-10,0 | H. 1650 ‡ Pr. or. |
| 2 Pégase. | 21.25 | +23.7 | 4,5 | orangée. |
| Cygne. | 21.29 | +45.19 | 6,5 | orangée clair. |
| Céphée. | 21.30 | +58.11 | 6,0 | rouge. |
| Cygne. | 21.32 | +44.50 | 6,7 | rouge clair. |
| S Céphée. | 21.37 | +78.5 | var. | très rouge. |
| Cygne. | 21.37 | +42.18 | var. | rouge. |
| ε Pégase. | 21.38 | +9.20 | 7,8 | rouge. |
| Cygne. | 21.39 | +37.19 | ... | *rubis.* |
| μ Céphée. | 21.40 | +58.14 | var. | rouge. |
| Verseau. | 21.40 | —2.46 | 6,5 | rubis clair. |
| Céphée. | 21.53 | +63.3 | 5,7 | orangée rougeâtre. |
| Cygne. | 21.51 | +49.56 | 9,0 | *rouge feu.* |
| Pégase. | 21.54 | +23.22 | 7,2-11,2 | Σ 2850 ‡ Princ. rg. |
| Céphée. | 21.54 | +65.34 | 6,8 | rouge jaunâtre. |
| Pégase. | 21.59 | +27.46 | 7,7 | *orange.* |
| Céphée. | 22.0 | +62.31 | 5,9 | orangée. |
| 20 Céphée. | 22.1 | +62.12 | 6,0 | orangée. |
| T Pégase. | 22.3 | +11.57 | var. | rougeâtre. |
| ζ Céphée. | 22.7 | +57.37 | 4,1 | orangée. |
| Céphée. | 22.9 | +62.41 | 6,5 | orangée. |

| NOMS | AR h. m. | D ° ' | GRAND. | REMARQUES. |
|---|---|---|---|---|
| 1 Lézard. | 22.11 | +37.9 | 4,8 | orangée. |
| Pégase. | 22.11 | +4.33 | 7,8 | rubis clair. |
| Pégase. | 22.15 | +24.21 | 8,5-10,0 | Σ 2895 ‡ Princ. rg. |
| Céphée. | 22.19 | +55.21 | 7,2 | orangée. |
| 3 Lézard. | 22.19 | +51.38 | 4,7 | orangée. |
| 4 Lézard. | 22.20 | +48.52 | 5,0 | orangée. |
| 5 Lézard. | 22.25 | +47.6 | 4,8 | orangée roug. âtre. |
| δ Céphée. | 22.25 | +57.48 | var. | orangée. |
| Céphée. | 22.34 | +56.11 | 6,0 | orangée. |
| 11 Lézard. | 22.35 | +43.39 | 4,8 | orangée clair. |
| β Grue. | 22.36 | —47.31 | 3,0 | rougeâtre. |
| Lézard. | 22.39 | +38.50 | 6,4-8,4 | Σ2942 ‡ Princ. rg. |
| Verseau. | 22.43 | +0.43 | 8,5 | orangée rougeâtre. |
| π³ Verseau. | 22.43 | —14.14 | 4,0 | rouge. |
| λ Verseau. | 22.46 | —8.13 | 4,0 | rouge. |
| 15 Lézard. | 22.47 | +42.41 | 5,0 | orangée rougeâtre. |
| Pégase. | 22.49 | +10.1 | 8,5-13,0 | H 3152 ‡ Pr. rg. |
| Andromède. | 22.50 | +35.43 | 6,0-8,5 | H 975 ‡ Cmp. rg. |
| S Verseau. | 22.51 | —20.59 | var. | rouge. |
| 16 Lézard. | 22.51 | +40.58 | ... | rougeâtre. |
| Verseau. | 22.53 | —25.48 | 7,0 | rouge brillant. |
| Poissons. | 22.55 | +0.26 | 8,5 | rouge. |
| β Pégase. | 22.58 | +27.26 | var. | rouge. |
| R Pégase. | 23.1 | +9.54 | var. | rouge. |
| 55 Pégase. | 23.1 | +8.46 | 5,2 | orangée rougeâtre. |
| 57 Pégase. | 23.3 | +8.2 | 5,3 | orangée. |
| 286 Verseau. | 23.8 | —14.3 | 7,0-10,5 | ‡ Princ. rouge. |
| φ Verseau. | 23.8 | —6.42 | 4,5 | orangée. |
| χ Verseau. | 23.11 | —8.23 | 5,6 | rouge. |
| 94 Verseau. | 23.13 | —14.7 | 5,5-7,5 | ‡ Princ. rose. |
| S Pégase. | 23.14 | +8.16 | var. | rouge jaunâtre. |
| Céphée. | 23.19 | +60.56 | 8,4 | rouge. |
| Verseau. | 23.24 | —8.44 | 7,0-8,0 | Σ 2913 ‡ Cmp. rg. |
| Pégase. | 23.25 | +12.32 | 8,5-10,2 | H 296 ‡ Pr. rg. |
| Poissons. | 23.25 | +0.13 | 7,7 | rouge. |
| Pégase | 23.27 | +21.52 | 6,0 | rougeâtre. |
| 77 Pégase. | 23.37 | +9.40 | 5,0 | rouge. |
| R Verseau. | 23.38 | —15.57 | var. | *très rouge.* |
| 78 Pégase. | 23.38 | +28.42 | 5,2 | rouge clair. |
| 19 Poissons. | 23.40 | +2.49 | 6,2 | orangé rougeâtre. |
| Céphée. | 23.47 | +74.52 | 6,3 | rougeâtre. |
| ρ Cassiopée. | 23.48 | +56.50 | 5,0 | rouge. |
| Pégase. | 23.51 | +21.59 | 6,0 | rouge clair. |
| Sculpteur. | 23.51 | —27.18 | ... | rouge clair. |
| ψ Pégase. | 23.52 | +24.29 | 4,3 | rouge. |
| R Cassiopée. | 23.52 | +50.43 | var. | *rouge feu.* |
| Poissons. | 23.54 | +0.24 | 8,8 | rose. |
| Cassiopée. | 23.55 | +59.41 | 7,8 | rubis. |
| Cassiopée. | 23.56 | +65.25 | 6,3 | Σ 3053 ‡ Princ. or. |

## Distribution dans le ciel.

En projetant ces 622 étoiles rouges sur un planisphère, on constate que:

1° Elles se distribuent d'une manière remarquable, le long du tracé de la Voie lactée;

2° Elles sont accumulées dans les constellations du Cygne, de l'Aigle, de Céphée, de Cassiopée et d'Orion;

3° Elles se présentent en grand nombre aussi dans Ophiuchus et dans le Serpent;

4° Elles sont au contraire très clairsemées dans le Cancer, le Petit Lion, Pégase, le Bélier. — On ne peut encore rien décider pour l'ensemble de l'hémisphère austral, les observations n'étant pas suffisantes.

# VII

## LES ÉTOILES VARIABLES

Absolument parlant, toutes les étoiles sont variables. Elles ont toutes commencé; leur lumière et leur chaleur s'épuisent inévitablement avec le temps; elles s'éteindront toutes, tandis que d'autres se seront allumées; l'univers est un champ de perpétuelles métamorphoses. Sous le titre d'ÉTOILES VARIABLES, nous pourrions donc les inscrire toutes, si nos observations s'étendaient sur le nombre de siècles correspondant à *la vie d'une étoile*. Mais nous avons vu par cet Ouvrage que les plus anciennes observations précises que nous possédions sur l'état du ciel ne datent que de deux mille ans, et nous les avons toutes exposées dans les tableaux qui précèdent. Cet intervalle de temps n'est pas considérable dans l'histoire de l'univers, et pourtant il suffit pour mettre en évidence certaines variations séculaires assez importantes, certaines oscillations d'éclat trop considérables pour pouvoir être expliquées par des erreurs d'estimation. Nous résumerons plus loin en un même tableau récapitulatif les résultats conclus de ces observations générales et les variations séculaires plus ou moins prononcées qui se sont manifestées. Mais il y a une certaine classe d'étoiles qui varient rapidement, et souvent sur une vaste échelle, qui oscillent de quatre ou cinq ordres de grandeur, et même davantage, soit régulièrement, soit irrégulièrement, paraissant pour la plupart soumises à une périodicité plus ou moins constante. Ce sont là des *curiosités sidérales* d'un genre spécial. Que ces variations périodiques de lumière soient dues à une rotation de l'étoile, amenant tour à tour devant notre vue des régions de sa surface lumineuses et sombres; ou bien qu'elles soient produites par le passage d'une planète ou d'un anneau de matière devant leur disque lumineux plus ou moins éclipsé par ce passage; ou encore qu'il y ait ici un phénomène analogue à celui de la périodicité de nos taches solaires, plus fortement accusé que le nôtre, ce sont là des astres d'un intérêt particulier; il est utile d'en posséder la liste et d'en connaître exactement les positions dans le ciel. Leur observation est accessible à tous les amis de l'astronomie et présente un champ d'études des plus fertiles. Un grand nombre de périodes sont aujourd'hui exactement déterminées; d'autres ne sont connues que par à peu près; d'autres encore sont restées rebelles à tous les essais de déterminations. En examinant le catalogue suivant, l'amplitude des variations, la durée des périodes connues, et certaines irrégularités présentées, on aura sous les yeux, sous sa forme la plus concise, l'état actuel de nos connaissances dans cette branche de l'astronomie sidérale.

A la suite du catalogue, on trouvera la liste des variables *périodiques* connues, classées dans l'ordre des périodes croissantes. Cette petite liste n'est pas la moins curieuse.

On n'a pas inséré dans ce catalogue les étoiles à conflagrations subites, telles que celles de 1572, de 1604, de 1848, de 1866, de 1876, qui forment une classe à part et seront réunies plus loin, sous le titre d'*étoiles temporaires*, en une même liste historique spéciale.

Remarque opportune : les chiffres des maxima et minima ne sont pas toujours identiques dans les citations diverses d'une même étoile. Il ne faut pas s'en inquiéter outre mesure, parce que cette divergence est dans la nature même. Telle étoile aura atteint, par exemple, la grandeur 7,0 à son avant-dernier maximum et la grandeur 6,0 à son dernier tandis qu'au prochain elle s'arrêtera à 7,2, 7,4 ou 7,6, etc. Dans un tel catalogue, les données sont d'autant moins absolues qu'elles sont plus exactes et plus sincères.

Cette connaissance des étoiles variables périodiques, des variations irrégulières, des apparitions subites, complète sous un aspect important notre étude des astres. Lorsque dans le silence de minuit nous contemplons le ciel étoilé, au sein d'une nuit calme et tranquille, rien n'est plus difficilement acceptable pour l'imagination que l'idée, que dans l'immensité de cet espace infini tout soit mort et tranquille. Il semble que là aussi doivent régner la vie et l'activité qui se développent dans notre système. Mais, pour dissiper toute incertitude à cet égard et enlever toute illusion, il suffit de considérer les étoiles variables. On a ainsi la preuve d'une immense activité toujours permanente, que l'œil humain, même avec le secours des moyens les plus puissants, n'arrive pas ordinairement à saisir.

De tels phénomènes, au milieu de l'admirable stabilité de la sphère étoilée, sont des faits trop singuliers pour ne pas exciter l'attention des savants et la curiosité des amis de la science.

L'étude des étoiles variables a été très cultivée dans ces derniers temps, ainsi que celle de leurs couleurs. Les travaux de Schönfeld, Schjellerup, Baxendell, Schmidt, Secchi, Gould, Pickering, Birmingham, Winnecke, ont considérablement enrichi le domaine de la science. Les recherches spectrales ont montré la grande affinité qui règne entre ces deux qualités stellaires ; comme on l'a dit, toutes les étoiles rouges, ou fortement colorées, sont variables, et *vice versa* ; l'une des études concorde donc avec l'autre. Et non seulement les grandeurs, mais même les spectres sont certainement variables ; cette étude a donc maintenant doublé d'importance. Avec le secours de la spectroscopie, on arrivera certainement à dévoiler le mystère qui enveloppe encore ces variations et ces apparitions singulières.

Plusieurs de ces étoiles, les plus importantes même, peuvent être observées à *l'œil nu* ; d'autres peuvent être reconnues dans le ciel à l'aide d'une simple jumelle ; la plupart peuvent être suivies, observées à leur maximum, à l'aide des instruments de moyenne puissance. Les plus belles ont déjà été décrites dans le texte, avec l'indication de leur position. Ces *étoiles variables*, comme les étoiles *doubles*, sont des objets d'observation intéressants et faciles.

# CATALOGUE DES PRINCIPALES ÉTOILES VARIABLES

(VARIATIONS RAPIDES, NON SÉCULAIRES)

| Noms. | Position 1880. Ɀ .h. m. | Déc. . ° ' | Variation de grandeurs. | Périodes connues (en jours). | Auteurs. | |
|---|---|---|---|---|---|---|
| T Cassiopée....... | 0.17 | +55. 8 | 6,7 à 11,1 | 435 | Krüger ............. | 1876 |
| R Andromède..... | 0.18 | +37.55 | 7,1  12,8 | 405 | Argelander.......... | 1858 |
| S Baleine........ | 0.18 | —10. 0 | 7,5  10,7 | 333 | Borelli . ........... | 1872 |
| T Poissons....... | 0.26 | +13.56 | 9,8  10,8 | 143 | R. Luther.......... | 1855 |
| Sculpteur :...... | 0.28 | —35.38 | 7,5  9,0 | ... | Gould.............. | 1874 |
| α Cassiopée (¹)..... | 0.34 | +55.53 | 2,2  2,8 | ... | Birt............... | 1831 |
| U Poissons....... | 0.38 | + 6.54 | 9,0  12,0 | ... | | |
| U Céphée......... | 0.52 | +81.14 | 7,5  9,2 | 2,49 | Ceraski ........... | 1880 |
| S Cassiopée....... | 1.11 | +71.59 | 7,6  13,0 | 614 | Argelander ......... | 1861 |
| S Poissons........ | 1.11 | + 8.18 | 9,0  13,0 | 406 | Hind............... | 1851 |
| Baleine ........... | 1.20 | — 4.34 | 6,5  7,8 | ... | Borelli............. | 1878 |
| R Sculpteur...... | 1.21 | —33. 9 | 5,8  7,7 | ... | Gould.............. | 1875 |
| R Poissons ....... | 1.24 | + 2.16 | 7,8  12,5 | 344* | Hind............... | 1850 |
| V Poissons ....... | 1.48 | + 8.17 | 6,0  9,0 | ... | Argelander ......... | 1863 |
| η Hydre :......... | 1.50 | —68.32 | 6,6  7,4 | ... | Gould.............. | 1874 |
| S Bélier .......... | 1.58 | —11.57 | 9,4  13,0 | 288* | C.-H.-F. Peters .... | 1865 |
| R Bélier(²)........ | 2. 9 | —24.30 | 8,0  12,3 | 187* | Argelander ......... | 1857 |
| o Baleine  (³)...... | 2.13 | — 3.31 | 3,0  9,5 | 331 | D. Fabricius........ | 1596 |
| S Persée.......... | 2.14 | +58. 2 | 8,0  10,2 | 358* | Krüger ............. | 1873 |
| R Baleine (⁴)...... | 2.20 | — 0.43 | 8,3  12,8 | 166 | Argelander ......... | 1867 |
| T Bélier ......... | 2.42 | +17. 1 | 8,0  9,6 | 323* | Auwers............. | |
| ρ Persée.......... | 2.57 | +38.22 | 3,4  4,2 | 32,5* | Schmidt ...:....... | 1854 |
| β Persée  (⁵) ...... | 3. 0 | +40.30 | 2,2  3,7 | 2,87 | Montanari ......... | 1669 |
| R Persée.......... | 3.22 | +35.16 | 8,6  12,5 | 209 | Schönfeld.......... | 1861 |
| z Éridan .......... | 3.26 | —41.46 | 4,0  6,5 | ... | Houzeau............ | 1878 |
| Pléiades........... | 3.38 | +23.46 | 11,0  13,0 | ... | Wolf............... | 1874 |
| Taureau........... | 3.47 | + 7.25 | 6,8  7,9 | ... | | |
| λ Taureau........ | 3.54 | +12. 9 | 3,4  4,2 | 3,95 | Baxendell .......... | 1848 |
| 48 Taureau (⁶)..... | 4. 9 | +15. 6 | 6,3  7,0 | ... | Schmidt............ | 1871 |
| U Taureau (⁷)..... | 4.15 | +19.32 | 9,0  10,4 | ... | Baxendell ......... | 1862 |
| T Taureau....... | 4.15 | +19. 5 | 10,3  10,0 | ... | Hind .............. | 1861 |
| R Taureau........ | 4.22 | + 9.54 | 8,2  13,0 | 325 | Hind............... | 1849* |
| S Taureau ....... | 4.23 | + 9.41 | 9,9  13,0 | 378 | Oudemans .......... | 1855 |
| R Dorade........ | 4.35 | —62.18 | 5,6  6,5 | ... | Gould.............. | 1874 |
| V Taureau....... | 4.45 | +17.20 | 8,6  12,8 | 170 | Auwers............. | 1871 |
| 5 Orion :......... | 4.47 | + 2.18 | 5,6  6,8 | ... | Gould.............. | 1875 |
| R Éridan ........ | 4.50 | —11.36 | 5,4  6,0 | ... | Gould.............. | 1876 |
| R Orion ......... | 4.52 | + 7.57 | 8,8  13,0 | 380 | Hind............... | 1848 |

(*) Les périodes marquées d'un * ne sont pas constantes, et ont montré des irrégularités plus ou moins profondes. Celles qui sont suivies de (:) ne sont pas sûres. Quand la variabilité n'est pas constatée avec certitude, on a fait suivre du même signe(:) le nom de l'étoile.

(¹) Cette étoile paraissait offrir des oscillations d'éclat; depuis un grand nombre d'années, elle reste invariable.

(²) L'accroissement d'éclat s'opère plus vite que la diminution : 88 j. 1/2 d'une part; 98 j. 1/2 d'autre part.

(³) *Mira Celi*, l'une des plus curieuses de toutes (voy. p. 497).

(⁴) L'accroissement s'opère un peu plus vite que la diminution.

(⁵) *Algol*. Rapide, curieuse, facile à suivre à l'œil nu (voy. p. 87).

(⁶) Cette étoile était visible à l'œil nu; elle ne l'est plus depuis 1871 (voy. p. 285).

(⁷) C'est une étoile double, de 9ᵉ gr.; dist. = 5″; l'une des deux varie.

| Noms. | Position 1880. Æ | Position 1880. D | Variation de grandeurs. | Périodes connues (en jours). | Auteurs. | |
|---|---|---|---|---|---|---|
| | h. m. | ° ′ | | | | |
| ε Cocher......... | 4.53 | +43.39 | 3,0 à 4,5 | ... | Fritsch............. | 1821 |
| R Lièvre (¹)...... | 4.54 | —14.59 | 6,5  8,5 | 438 | Schmidt............ | 1855 |
| S Éridan......... | 4.54 | —12·43 | 4,8  5,7 | ... | Gould.............. | 1875 |
| μ Dorade :........ | 5. 6 | —61.57 | 6,0  9,0 | ... | Moesta............. | 1865 |
| R Cocher (²)...... | 5. 8 | +53.27 | 6,9  12,6 | 464 | Argelander ........ | 1862 |
| S Cocher......... | 5.19 | +34. 2 | 9,0  12,0 | ... | Dunèr............. | 1880 |
| S Orion.......... | 5.23 | — 4.47 | 8,3  12,3 | 410 | Webb.............. | 1870 |
| 31 Orion : ........ | 5.24 | — 1.11 | 4,7  6,0 | ... | Falb .............. | 1879 |
| δ Orion :......... | 5.26 | — 0.23 | 2,2  2,7 | .. | J. Herschel........ | 1834 |
| Orion............ | 5.28 | +10.10 | 5,7  6,7 | ... | Gould.............. | 1874 |
| Orion............ | 5.29 | — 6. 5 | 6,0  7,5 | ... | Falb .............. | 1875 |
| Orion............ | 5.30 | — 5.34 | 9,7  12,8 | ... | | |
| α Orion :......... | 5.49 | + 7.23 | 1,0  1,6 | 196 · | J. Herschel........ | 1836 |
| η Gémeaux ....... | 6. 8 | +22.34 | 3,2  4,0 | 230* | Schmidt ........... | 1861 |
| T Licorne (³)...... | 6.19 | + 7. 9 | 6,2 à 7,6 | 27 | Davis............. | 1871· |
| R Licorne (⁴)..... | 6.33 | + 8.51 | 9,5  11,5 | | Schmidt........... | 1865 |
| S Licorne (⁵) ..... | 6.34 | +10. 0 | 4,9  5,4 | 3,40* | Winneke .......... | 1867 |
| R Lynx........... | 6.51 | +55.30 | 7,8  12,7 | 365 | Krüger ........... | 1874 |
| ζ Gémeaux....... | 6.57 | +20.45 | 3,7  4,5 | 10,16 | Schmidt ........... | 1844 |
| R Gémeaux....... | 7. 0 | +22.53 | 6,9  12,3 | 370 | Hind.............. | 1848 |
| R Petit Chien .... | 7. 3 | +10.13 | 7,5  9,8 | 337 | Hind.............. | 1856 |
| 27 Gr. Chien :..... | 7. 9 | —26. 9 | 4,5  6.5 | ... | Gore.............. | 1875 |
| Lª Poupe.......... | 7.10 | —44.27 | 3,5  6,3 | .. | Gould............. | 1874 |
| U Petit Chien .... | 7.16 | +13.19 | 8,7  12,9 | ... | Baxendell.......... | 1880 |
| Gémeaux :........ | 7.23 | +28. 9 | 6,5  8,0 | ... | Tebbutt........... | 1880 |
| U Licorne ........ | 7.25 | — 9.32 | 6,0  7,2 | 46 : | Birmingham........ | 1875 |
| S Petit Chien..... | 7:26 | + 8.34 | 7,6  11,0 | 324 | Argelander ........ | 1854 |
| T Petit Chien .... | 7.27 | +12. 0 | 9,4  13,0 | 332* | Hind.............. | 1856 |
| Petit Chien....... | 7.35 | + 8.39 | 8,0  9,4 | ... | Baxendell.......... | 1879 |
| S Gémeaux ....... | 7.36 | +23.44 | 8,4  13,0 | 295 | Schönfeld.......... | 1865 |
| R Poupe.......... | 7.36 | —31.23 | 6,5  7,5 | ... | Gould............. | 1874 |
| T Gémeaux ....... | 7.42 | +24. 2 | 8,4  13,0 | 288 | Hind.............. | 1848 |
| S Poupe.......... | 7.43 | —47.49 | 7,2  9,0 | ... | Gould............. | 1874 |
| T Poupe.......... | 7.44 | —40.21 | 6,5  7,2 | ... | Gould............. | 1874 |
| U Gémeaux (⁶) .... | 7.48 | +22.19 | 9,3  13,0 | ... | Hind.............. | 1855 |
| Poupe............ | 7.55 | —12.13 | 8,5  10,5 | ... | Pickering.......... | 1881 |
| R Cancer........ | 8.10 | —12. 6 | 6,3  13,0 | 359 | Schwerd........... | 1829 |
| V Cancer......... | 8.15 | —17.40 | 6,8  14,0 | 273 | Auwers............ | 1870 |
| Hydre :.......... | 8.25 | — 0.15 | 9,0  11,0 | ... | Dreyer............ | 1879 |
| U Cancer........ | 8.29 | —19.18 | 9,3  13,0 | 306 | Chacornac ........ | 1843 |
| S Cancer (⁷)...... | 8.38 | —19.29 | 8,2  10,5 | 9,48 | Hind.............. | 1848 |
| S Hydre ......... | 8.47 | — 3.31 | 8,0  12,2 | 256 | Hind.............. | 1848 |
| 60 Cancer........ | 8.49 | —12. 5 | 5,0  8,0 | ... | Webb.............. | 1880 · |
| T Cancer......... | 8.50 | —20.18 | 8,3  9,9 | 455 | Hind .............. | 1850 |
| T Hydre ......... | 8.50 | — 8.41 | 7,5  12,5 | 289 | Hind .............. | 1851 |
| Boussole :........ | 9.13 | —23.57 | 6,0  8,5 | ... | Gould............. | 1874 |

(¹) Curieuse étoile rouge sang.
(²) C'est la période des maxima. Celle des minima est de 445 jours.
(³) Fort curieuse : le maximum arrive 8 jours après le minimum.
(⁴) Variable combinée avec une nébuleuse (H. IV, 2).
(⁵) Variable, double et irrégulière (voy. p. 524).
(⁶) Irrégularités étranges, qui font varier la période de 70 à 150 jours.
(⁷) Variabilité du type d'*Algol* : éclipse.

| Noms. | Position 1880. | | Variation de grandeurs. | Périodes connues (en jours). | Auteurs. | |
|---|---|---|---|---|---|---|
| | R h. m. | D ° ' | | | | |
| α Hydre............ | 9.22 | — 7.51 | 2,0 à 2,5 | 55 | J. Herschel........ | 1837 |
| N Voiles.......... | 9.28 | —56.31 | 3,  4,4 | 4,25: | Gould.............. | 1875 |
| R Carène........ | 9.29 | —62.16 | 4,7 10,0 | ... | Gould.............. | 1876 |
| R Petit Lion ..... | 9.38 | +35. 4 | 6, 8 11,0 | 369 | Schönfeld.......... | 1863 |
| R Lion (¹) ....... | 9.41 | +11.59 | 5,8 10,0 | 331 | Koch .............. | 1782 |
| l Carène.......... | 9.42 | —61.58 | 3.7  5.2 | 31,25: | Gould.............. | 1874 |
| R Voiles.......... | 10. 2 | —51.37 | 6,5  7,5 | ... | Gould.............. | 1874 |
| R. Mach. pneum .. | 10. 5 | —37. 9 | 5,5  8,0 | ... | Gould.............. | 1874 |
| S Carène......... | 10. 6 | —60.58 | 6,3  8,7 | ... | Gould.............. | 1874 |
| Voiles :.......... | 10.10 | —43.53 | 6,5  7,5 | ... | Gould.............. | 1874 |
| q Carène:........ | 10.13 | —60.44 | 3,3  4,5 | ... | Gould.............. | 1874 |
| U Lion............ | 10.18 | +14.36 | 9,5 13,0 | ... | C. H. F. Peters..... | 1873 |
| 39 Lion .......... | 10.18 | —13.48 | 10,0 13,0 | ... | C. H. F. Peters..... | 1876 |
| 27 Sextant :...... | 10.21 | — 3.47 | 5,0  7,0 | ... | | |
| Voiles............. | 10.26 | —56.28 | 5,5  8,0 | ... | Gould.............. | 1875 |
| Hydre............ | 10.32 | —12.46 | 4,3  6,1 | ... | Gould.............. | 1875 |
| R Grand Ourse (²). | 10.36 | +69.24 | 7,0 12,0 | 301 | Pogson ............ | 1853 |
| η Navire (²) ...... | 10.40 | —59. 3 | 1,0  7± | ... | Burchell .......... | 1827 |
| T Carène ........ | 10.51 | —59.53 | 6.2  6,8 | ... | Gould.............. | 1857 |
| R Coupe.......... | 10.55 | —17.41 | 8,0  9,0 | ... | Winnecke .......... | 1861 |
| α Grande Ourse... | 10.56 | +62.24 | 1,9  2,5 | ... | Lalande............ | 1876 |
| S Lion............ | 11. 5 | + 6. 7 | 9,3 13,0 | 192 | Chacornac ........ | 1856 |
| T Lion............ | 11.32 | + 4. 2 | 10,0 14,0 | ... | C. H. Peters ...... | 1871 |
| X Vierge......... | 11.56 | + 9.44 | 7,0 10,0 | ... | Peters............. | 1871 |
| R Chevel. de Bér. | 11.58 | +19.27 | 7,7 13,0 | 363 | Schönfeld.......... | 1856 |
| T Vierge ........ | 12. 8 | — 5.22 | 8,4 à 13,0 | 337 | Boguslawski........ | 1872 |
| R Corbeau........ | 12.13 | —18.35 | 7,0 11,5 | 318 | Karlinski .......... | 1867 |
| U Lion ........... | 12.27 | — 3.44 | 8,0 14,0 | 219 | P. Pr. Henry....... | 1875 |
| T Gr. Ourse ..... | 12.31 | +60. 9 | 7,6 12,2 | 257 | Argelander......... | 1855 |
| Vierge........... | 12.32 | + 2.38 | 7,0  9,0 | ... | Catalogues de Radcliffe. | |
| P. XII, 142 Vierge. | 12.32 | +, 2.31 | 4,5  6,7 | ... | | |
| R Vierge......... | 12.32 | + 7.39 | 7,0 10,5 | 145 | Harding ........... | 1809 |
| Chevelure........ | 12.33 | +17.10 | 8,8 10,0 | ... | Weiss ............. | 1878 |
| Chevelure........ | 12.33 | +17. 8 | 7,6  8,4 | ... | Weiss ............. | 1878 |
| R Mouche austr. . | 12.35 | —68.45 | 6,6  7,4 | 0,89 : | Gould.............. | 1875 |
| Corbeau :......... | 12.37 | —12.12 | 5,0  8,0 | ... | Schönfeld.......... | 1877 |
| S Gr. Ourse...... | 12.39 | +61.45 | 7,9 10,7 | 226 | Pogson ............ | 1853 |
| B Chiens de Chas. | 12.39 | +46. 6 | 5,5  6,5 | ... | Schmidt .......... | 1872 |
| U Vierge ........ | 12.45 | + 6.12 | 7,9 12,5 | 212 | Harding............ | 1809 |
| Centaure :........ | 13. 0 | —58.10 | 6.2  7,7 | ... | Gould.............. | 1874 |
| W Vierge........ | 13.20 | — 2.45 | 8,9 10,1 | 17,27 | Schönfeld.......... | 1866 |
| V Vierge (⁴) ..... | 13.22 | — 2.33 | 8,5 13,0 | 252 | Goldschmidt........ | 1857 |
| R Hydre (⁵) ...... | 13.23 | —22.40 | 4,7 10,0 | 432 | J. P. Maraldi....... | 1704 |
| S Vierge.......... | 13.27 | — 6.35 | 6,7 12,5 | 373 | Hind............... | 1852 |
| Vierge .......... | 13.28 | —12.36 | 5,0  6,5 | ... | Schmidt........... | 1866 |

(¹) Étoile rouge rubis (voy. p. 353).

(²) Curieuse. Accroissement rapide : presque 4 grandeurs en 1 mois; elle reste ensuite au-dessus de la 8ᵉ gr. pendant 2 mois, puis diminue régulièrement pendant 4 mois. Au moment de son minimum elle devient nébuleuse et cette apparence suffit pour la distinguer des voisines (voy. p. 104).

(³) Étoile *extraordinaire*. Sans doute non périodique, ou périodicité fort irrégulière. Se rapproche des étoiles à conflagrations subites (voy. p. 549).

(⁴) Coloration orangée très prononcée.

(⁵) R de l'Hydre : diminution curieuse de la période (voy. p. 535).

| Noms. | Position 1880. | | Variation de grandeurs. | Périodes connues (en jours). | Auteurs. | |
|---|---|---|---|---|---|---|
| | Æ h. m. | D ° ' | | | | |
| Z Vierge......... | 13.30 | —12.30 | 5,0 à 8,0 | ... | Schmidt............. | 1866 |
| η. Gr. Ourse...... | 13.43 | +49.55 | 1,9  2,3 | ... | Lalande............ | 1786 |
| Oiseau indien..... | 13.54 | —76.13 | 5,6  6,6 | ... | Gould............. | 1875 |
| Vierge ........... | 13.57 | — 1.48 | 7,5  9,0 | ... | Argelander......... | 185 |
| Vierge .......... | 14. 4 | —12.44 | 9,5  12,5 | ... | Palisa.............. | 1879 |
| T Bouvier........ | 14. 8 | +19.38 | 9,7  13,0 | ... | Baxendell. .......... | 1860 |
| R Centaure ....... | 14. 8 | —59.21 | 6,0  19,7 | ... | Gould............. | 1875 |
| S Bouvier ........ | 14.19 | +54.21 | 8,3  13,2 | 272 | Argelander......... | 1860 |
| R Girafe.......... | 14.27 | +84.22 | 8,2  12,0 | 265 | Hencke ............ | 1858 |
| R Bouvier ........ | 14.32 | +27.15 | 6,7  11,8 | 222 | Argelander ........ | 1858 |
| π Bouvier........ | 14.34 | +16.56 | 4,0 | ... | Schmidt............ | 1874 |
| 34 Bouvier ....... | 14.38 | +27. 2 | 5,3  6,0 | 369 : | Schmidt .......... | 1874 |
| ε¹ Bouvier ........ | 14.40 | +27.36 | 2,5 | ... | Schmidt............ | 1873 |
| Compas .......... | 14.40 | —56.10 | 6,0  7,0 | ... | Gould............. | 1876 |
| U Bouvier ........ | 14.49 | +28.11 | 9,2  12,7 | ... | Baxendell.......... | 1864 |
| δ Balance (¹) .... | 14.55 | — 8. 2 | 4,9  6,1 | 2,33 | Schmidt............ | 1859 |
| T Triangle austral | 14.59 | —68.16 | 7,0  7,4 | 1,00 | Gould.............. | 1876 |
| T Balance........ | 15. 4 | —19.34 | 10,0  12,5 | ... | Palisa ............. | 1878 |
| R Triangle austral | 15. 9 | —66. 3 | 6,6  7,5 | 3,40 | Gould.............. | 1876 |
| U Couronne ...... | 15.13 | +32. 5 | 7,6  8,8 | 3,45 | Winnecke .......... | 1869 |
| S Balance ........ | 15.15 | —19.57 | 7,0  12,0 | 190 : | Borelli ............ | 1872 |
| S Serpent.'........ | 15.16 | +14.45 | 8,1  12,5 | 359 | Harding ............ | 1828 |
| S Couronne....... | 15.17 | +31.48 | 6,9  12,2 | 363 | Hencke ............ | 1860 |
| Equerre .......... | 15.27 | —49. 6 | 7,0  9,5 | ... | Gould.............. | 1875 |
| Balance .......... | 15.37 | —10.32 | 6,3  8,8 | ... | Weiss'............. | 1878 |
| Loup............. | 15.39 | —34.18 | 5,5  6,5 | ... | Gould.............. | 1875 |
| Couronne......... | 15.44 | +28.39 | 11,5  12,5 | ... | Schmidt ........... | 1878 |
| R Couronne (²) .... | 15.44 | +28.31 | 5,8  13.0 | 323 | Pigott ............ | 1795 |
| R Serpent........ | 15.45 | +15.30 | 6,6  11,0 | 359 | Harding........... | 1826 |
| V Couronne...... | 15.45 | +40. 5 | 7,7  10,5 | ... | Duner ............. | 1877 |
| R Balance ....... | 15.47 | —15.53 | 9,6  13,0 | 722 | Pogson ........... | 1858 |
| Dragon........... | 15.59 | +55.51 | 6,5  8,5 | ... | Gore.............. | 1878 |
| R Hercule........ | 16. 1 | +18.42 | 8,5  13,0 | 318 | Argelander ........ | 1855 |
| Scorpion .......... | 16. 1 | —21.12 | 11,0  13,0 | ... | C. H. F. Peters ..... | 1876 |
| V Scorpion........ | 16. 5 | —19.49 | 10,5  12,5 | ... | Palisa ............. | 1878 |
| T Scorpion (³) .... | 16.10 | —22.40 | 7,0  10,0 | ... | Auwers............ | 1860 |
| R Scorpion........ | 16.10 | —22.39 | 9,7  11,5 | 648 | Chacornac ......... | 1853 |
| S Scorpion........ | 16.11 | —22.36 | 9,8  12,5 | 342 | Chacornac ......... | 1854 |
| U Scorpion........ | 16.16 | —17.36 | 9,0  12,0 | ... | Pogson ........... | 1863 |
| U Hercule........ | 16.20 | +19.10 | 7,1  11,5 | 405 | Hencke ............ | 1860 |
| g Hercule........ | 16.25 | +42. 9 | 5,0  6,2 | ... | Baxendell.......... | 1857 |
| T Ophiuchus...... | 16.27 | —15.52 | 10,0  12,5 | 186* | Pogson ........... | 1860 |
| S Ophiuchus...... | 16.27 | —16.54 | 8,6  12,5 | 229 | Pogson ........... | 1854 |
| W Hercule ....... | 16.31 | +37.35 | 8,3  11,0 | ... | Dunèr ............. | 1880 |

(¹) L'une des plus rapides, comme Algol, δ Céphée, λ Taureau, S Licorne, facile à suivre à l'œil nu.

(²) La diminution d'éclat s'opère beaucoup [plus vite que l'accroissement. Quelquefois elle reste au-dessous de la 10e gr. pendant les 3/4 de la période.

(³) Cette étoile, située dans la nébuleuse M. 80 (voy. p. 400) et généralement de 10e grandeur, a brillé soudain, le 21 mai 1860, de l'éclat d'une étoile de 6e gr. 1/2, et le 10 juin elle retombait à son éclat primitif. Elle ressemble beaucoup en cela aux *étoiles temporaires*; mais nous ne l'avons pas insérée dans cette liste qui s'arrête aux apparitions visibles à l'œil nu.

| Noms. | Position 1880. | | Variation de grandeurs. | Périodes connues (en jours). | Auteurs. | |
|---|---|---|---|---|---|---|
| | Æ h. m. | D ° ' | | | | |
| R Dragon........ | 16.32 | +67. 0 | 6,7 à 9,5 | ... | Geelmuyden ........ | 1877 |
| S Hercule ....... | 16.46 | +15. 9 | 6,3  11,9 | 301 | Schöndeld ......... | 1856 |
| Scorpion ......... | 16.49 | —32.58 | 9,5  8,5 | ... | Gould............. | 1874 |
| V Hercule ....... | 16.54 | +35.15 | 9,7  12,0 | ... | Baxendell.......... | 1880 |
| R Ophiuchus...... | 17. 1 | —15.56 | 7,8  12,0 | 304 | Pogson ............ | 1859 |
| α Hercule (') ..... | 17. 9 | +14.32 | 3,1  3,9 | 233 | W. Herschel....... | 1795 |
| 68 u Hercule (²) ... | 17.13 | +33.14 | 4,5  5,6 | 38,5 | Schmidt ........... | 1863 |
| Autel ............ | 17.30 | —45.24 | 5,0  11,0 | ... | Gould............. | 1875 |
| X Sagittaire...... | 17.40 | —27.47 | 4,0  6,0 | 7,01 | Schmidt ........... | 1866 |
| W Sagittaire...... | 17.57 | —29.35 | 5,0  6,5 | 7,59 | Schmidt ........... | 1866 |
| T Hercule........ | 18. 5 | +31. 0 | 7,7  11,8 | 165 | Argelander ........ | 1857 |
| Y Sagittaire ..... | 18.10 | —34. 9 | 6,2  7,4 | 2,42 | Gould............. | 1875 |
| T Serpent ....... | 18.23 | + 6.13 | 9,5  12,8 | 340 | Baxendell.......... | 1860 |
| V Sagittaire ..... | 18.24 | —18.21 | 7,0  9,5 | ... | Quirling .......... | 1865 |
| U Sagittaire ..... | 18.25 | —19.13 | 7,5  8,3 | 6,75 | Schmidt........... | 1866 |
| T Aigle.......... | 18.40 | + 8.37 | 8,8  9,5 | irr | Winnecke......... | 1860 |
| R Ecu........... | 18.41 | — 5.50 | 5,2  7,3 | 71 | Pigott............ | 1795 |
| κ Paon.......... | 18.45 | —67.23 | 4,0  5,6 | 9,10 | Gould............. | 1875 |
| β Lyre........... | 18.46 | +33.13 | 3,4  4,5 | 12,91 | Goodricke......... | 1784 |
| R Lyre ......... | 18.52 | +43.47 | 4,3  5,0 | 46 | Baxendell.......... | 1855 |
| S Couron. austr... | 18.53 | —37. 7 | 9,8  11,5 | 6,20 | Schmidt............ | 1866 |
| R Couron. aust.(³). | 18.54 | —37. 7 | 11,0  12,5 | 54 | Schmidt........... | 1866 |
| R Aigle.......... | 19. 1 | + 8. 3 | 6,9  11,1 | 345 | Argelander ........ | 1856 |
| T Sagittaire ..... | 19. 9 | —17.11 | 7,8  11,0 | 381 | Pogson ............ | 1863 |
| R Sagittaire ..... | 19.11 | —19.31 | 7,1  12,0 | 279 | Pogson ............ | 1858 |
| S Sagittaire...... | 19.12 | —19.14 | 10,0  12,7 | 230 | Pogson ............ | 1860 |
| β Cygne.......... | 19.26 | +17.42 | 3,3  3,9 | ... | H. Klein .......... | 1873 |
| h' Sagittaire ..... | 19.29 | —24.59 | 5,3  6,7 | ... | Gould............. | 1874 |
| R Cygne......... | 19.34 | +49.56 | 6,9  13,0 | 405 | Pogson ............ | 1852 |
| S P. Renard...... | 19.43 | +26.59 | 8,6  9,3 | 67,5 | Rogerson .......... | 1837 |
| χ² Cygne (⁴)....... | 19.46 | +32.37 | 4,5  13,0 | 406 | G. Kirch.......... | 1687 |
| η Aigle........... | 19.46 | + 0.42 | 3,5  4,7 | 7,18 | Pigott............ | 1784 |
| T Petit Renard ... | 19.47 | +24.41 | 5,0  6,8 | ... | Schmidt .......... | 1878 |
| S Cygne.......... | 20. 3 | +57.38 | 9,1  13,0 | 322 | Argelander ........ | 1860 |
| R Capricorne ..... | 20. 5 | —14.37 | 9,2  13,0 | 347 | Hind ............. | 1848 |
| S Aigle........... | 20. 6 | +15.16 | 9,4  11,3 | 146 | Baxendell.......... | 1863 |
| Capricorne....... | 20. 7 | —22.20 | 10,5  13,0 | ... | C. H. F. Peters.... | 1879 |
| R Flèche......... | 20. 9 | +16.22 | 8,6  10,1 | 70,42 | Baxendell.......... | 1859 |
| R Dauphin ....... | 20. 9 | + 8.44 | 8,0  12,8 | 284 | Hencke ........... | 1751 |
| Capricorne....... | 20.10 | —21.42 | 6,5  8,5 | ... | Gore ............. | 1879 |
| R Céphée(⁵)...... | 20.16 | +88.46 | 5,0  10,0 | irr. | Pogson ........... | 1856 |
| U Cygne......... | 20.16 | +47.31 | 7,8  9,8 | 465 | Knott ............ | 1871 |
| Capricorne........ | 20.24 | —12.38 | 6,8  8,5 | ... | Gould............. | 1876 |
| S Capricorne...... | 20.35 | —19.30 | 9,0  11,0 | ... | Hind ............. | 1854 |
| S Dauphin ....... | 20.38 | +16.39 | 8,5  10,8 | 276 | Baxendell.......... | 1860 |
| T Dauphin ....... | 20.40 | +15.58 | 8,5  13,0 | 330 | Baxendell.......... | 1860 |
| U Capricorne .... | 20.41 | —15.13 | 10,5  13,0 | 450 | Pogson............ | 1857 |

(¹) Période composée de sous-périodes de 60, 26 et 38 jours.
(²) Aux époques de minima la lumière oscille singulièrement.
(³) Schmidt a trouvé 3 autres périodes, de 33,5; 26,0; et 20,5 jours.
(⁴) Étoile curieuse (voy. p. 192). Je l'ai réobservée à son dernier maximum (du 25 juillet au 6 août 1881): elle n'a pas surpassé χ', dont la gr. = 5,3
(⁵) Cette étoile est 24 Hév. Céphée, non loin de la Polaire et tout près de λ Pet. Ourse (voy. p. 40).

| Noms. | Position 1880. | | Variation de grandeurs. | Périodes connues (en jours). | Auteurs. | |
|---|---|---|---|---|---|---|
| | Æ h. m. | D ° ' | | | | |
| T Cygne (¹)...... | 20.42 | +33.56 | 5,0 à 6,0 | 365 * | Schmidt............ | 1864 |
| T. Verseau........ | 20.44 | — 5.34 | 6,8 12,6 | 203 | Goldschmidt....... | 1861 |
| R. Petit Renard.. | 20.50 | +23.21 | 8,0 12,8 | 137 : ± | Argelander ........ | 1858 |
| Capricorne........ | 21. 2 | —21.50 | 10,5 13,0 | ... | C. H. F. Peters..... | 1876 |
| T Céphée........ | 21. 8 | +68. 0 | 5,6 9,5 | ... | Ceraski............ | 1877 |
| Indien :............ | 21.13 | —50.26 | 6,1 7,3 | ... | Gould.............. | 1875 |
| T Capricorne ..... | 21.15 | —15.40 | 9,3 13,0 | 269 | Hind.............. | 1854 |
| S Céphée......... | 21.37 | +78..5 | 7,9 11,5 | 470 | Hencke ............ | 1858 |
| Cygne............. | 21.37 | +42.18 | 3,2 12,0 | ... | J. Schmidt......... | 1876 |
| μ Céphée (²)...... | 21.40 | +58.14 | 4,0 5,0 | ... | W. Herschel........ | 1782 |
| T Pégase......... | 22. 3 | +11.57 | 9,0 12,5 | 374 | Hind.............. | 1863 |
| 43641 Lal. Pégase. | 22.16 | + 7.29 | 8,5 13,5 | ... | Hind.............. | 1848 |
| δ Céphée.......... | 22.25 | +57.48 | 3,7 4,9 | 5,37 | Goodricke .......... | 1784 |
| Verseau........... | 22.30 | — 8.13 | 9,0 12,5 | ... | Hind.............. | 1875 |
| S Verseau ....... | 22.51 | —20.59 | 8,4 11,5 | 280 | Argelander......... | 1853 |
| β Pégase......... | 22.58 | +27.26 | 2,2 2,7 | 40 | Schmidt............ | 1848 |
| R Pégase......... | 23. 1 | + 9.54 | 7,3 12,0 | 379 | Hind.............. | 1848 |
| S Pégase ......... | 23.14 | + 8.16 | 7,6 12,2 | 318 | Marth.............. | 1870 |
| Verseau :......... | 23.26 | —11.40 | 5,0 8,5 | ... | Gould.............. | 1875 |
| R Verseau ........ | 23.38 | —15.57 | 7,0 11,0 | 388 | Harding ........... | 1810 |
| R Cassiopée ...... | 23.52 | +50.43 | 5,8 12,0 | 410 | Pogson ............ | 1835 |
| Baleine : ......... | 23.58 | —11.10 | 4,9 5,9 | ... | Gould.............. | 1875 |

## VII bis.

## VARIABLES PÉRIODIQUES

### CLASSÉES DANS L'ORDRE DES PÉRIODES CROISSANTES

| ÉTOILES | VARIATIONS | PÉRIODES en jours et décimales | en jours, heures et minutes | ÉTOILES | VARIATIONS | PÉRIODES en jours et décimales | en jours, heures et minutes |
|---|---|---|---|---|---|---|---|
| **A. Périodes très rapides (o j. à 20 j.)** | | | | x Paon........... | 4,0 à 5,6 | 9j,10 | 9j2h30m |
| | | | | S Cancer...... | 8,2 10,5 | 9,48 | 9 11 38 |
| R Mouche aus. | 6,6 à 7,4 | 0j,89 | 0j21h22m | ζ Gémeaux .... | 3,7 4,5 | 10,16 | 10 3 48 |
| T Triangle aus. | 7,0 7,4 | 1, 0 | 1 0 0 | β Lyre.......... | 3,4 4,5 | 12,91 | 12 21 50 |
| δ Balance ..... | 4,9 6,1 | 2,33 | 2 7 51 | W Vierge....... | 8,9 10,1 | 17,27 | 17 6 30 |
| Y Sagittaire... | 6,2 7,4 | 2,42 | 2 10 5 | **B. — Périodes rapides (27 j. à 72 j.).** | | | |
| U Verseau...... | 7,5 9,2 | 2,49 | 2 11 50 | T Licorne..... | 6,2 à 7,6 | 27, 0 | 27 0 » |
| β Persée....... | 2,2 3,7 | 2,87 | 2 20 49 | l Carène....... | 3,7 5,2 | 31,25 | 31 6 » |
| S Licorne ..... | 4,9 5,4 | 3,40 | 3 10 48 | ρ Persée ...... | 3,4 4,2 | 32,5* | 32 12 » |
| R Triangle aus. | 6,6 7,5 | 3,40 | 3 10 49 | 68 u Hercule.. | 4,5 5,6 | 38,50 | 38 12 » |
| U Couronne... | 7,6 8,8 | 3,45 | 3 10 51 | β Pégase...... | 2,0 2,7 | 40, 0 | 40 0 » |
| λ Taureau..... | 3,4 4,2 | 3,95 | 3 22 52 | U Licorne..... | 6,0 7,2 | 46, 0 | 46 0 » |
| N Voiles...... | 3,4 4,4 | 4,25 | 4 6 0 | R Lyre........ | 4,3 5,0 | 46, 0 | 46 0 » |
| δ Céphée...... | 3,7 4,9 | 5,37 | 5 6 42 | R Couron. aus. | 11,0 12,5 | 54, 0 | 54 0 » |
| S Couron. aust. | 9,8 11,5 | 6.20 | 6 4 50 | α Hydre........ | 2,0 2,5 | 55, 0 | 55 0 » |
| U Sagittaire... | 7,0 8,3 | 6,75 | 6 17 53 | S Pet. Renard. | 8,6 9,3 | 67,50 | 67 12 » |
| K Sagittaire... | 4,0 6,0 | 7, 1 | 7 0 18 | R Flèche...... | 8,6 10,1 | 70,42 | 70 10 » |
| η Aigle........ | 3,5 4,7 | 7,18 | 7 4 14 | R Écu......... | 5,2 7,3 | 71,10 | 71 2 » |
| W Sagittaire.. | 5,0 6,5 | 7,59 | 7 14 16 | | | | |

(¹) Les catalogues d'étoiles (Chambers, Secchi, etc.) appellent cette étoile λ' du Cygne; c'est une erreur, car elle n'est pas voisine de λ mais de ε, λ étant éloignée à plus de 2° N.
(²) Période à trouver : étoile rouge visible à l'œil nu.

| ÉTOILES | VARIATIONS | | PÉRIODES |
|---|---|---|---|
| *C. — Périodes moyennes (4 mois à 1 an).* | | | |
| T Aigle....... | 8,8 à | 9,5 | 120 jours* |
| R Pet. Renard. | 8,0 | 12,8 | 137 |
| T Poissons.... | 9,8 | 10,0 | 143* |
| R Vierge...... | 7,0 | 10,5 | 145 |
| S Aigle....... | 9,4 | 11,3 | 146 |
| T Hercule..... | 7,7 | 11,8 | 165 |
| R Baleine..... | 8,3 | 12,8 | 167 |
| V Taureau.... | 8,6 | 12,8 | 170 |
| S Scorpion .... | 9,8 | 12,5 | 177 |
| T Ophiuchus.. | 10,6 | 12,5 | 186* |
| R Bélier....... | 8,0 | 12,3 | 187 |
| S Balance..... | 7,0 | 12,0 | 190 |
| S Lion ........ | 9,3 | 13,0 | 192 |
| U Capricorne.. | 10,5 | 13,0 | 203 |
| T Verseau..... | 6,8 | 12,6 | 203 |
| R Persée...... | 8,6 | 12,5 | 209 |
| U Vierge...... | 7,9 | 12,5 | 212 |
| U Lion........ | 8,0 | 14,0 | 219 |
| R Bouvier..... | 6,7 | 11,8 | 222 |
| S Gr. Ourse... | 7,9 | 10,7 | 226 |
| S Ophiuchus.. | 8,6 | 12,5 | 229 |
| S Sagittaire... | 10,0 | 12,7 | 230 |
| η Gémeaux.... | 3,2 | 4,0 | 230* |
| U Gémeaux... | 9,3 | 13,0 | 230* |
| α Hercule..... | 3,1 | 3,9 | 233* |
| V Vierge ..... | 8,5 | 13,0 | 252 |
| S Hydre ...... | 8,0 | 12,2 | 256 |
| T Gr. Ourse... | 7,6 | 12,2 | 258 |
| R Girafe...... | 8,2 | 12,0 | 265 |
| T Capricorne.. | 9,3 | 13,0 | 269 |
| R Sagittaire... | 7,1 | 12,0 | 270 |
| S Bouvier..... | 8,3 | 13,2 | 272 |
| V Cancer ..... | 6,8 | 14,0 | 273 |
| S Dauphin.... | 8,5 | 10,8 | 276 |
| S Verseau .... | 8,4 | 11,5 | 280 |
| R Dauphin.... | 8,0 | 12,8 | 284 |
| S Bélier....... | 9,4 | 13,0 | 288* |
| T Gémeaux ... | 8,4 | 13,0 | 288 |
| T Hydre ...... | 7,5 | 12,5 | 289 |
| S Gémeaux ... | 8,4 | 13,0 | 295 |
| S Hercule..... | 6,3 | 11,9 | 301 |
| R Gr. Ourse .. | 7,0 | 12,0 | 302 |
| R Ophiuchus.. | 7,8 | 12,0 | 304 |
| U Cancer ..... | 9,3 | 13,0 | 306 |
| S Pégase...... | 7,6 | 12,2 | 318 |
| R Corbeau.... | 7,0 | 11,5 | 318 |
| R Hercule .... | 8,5 | 13,0 | 318 |
| S Cygne...... | 9,1 | 13,0 | 322 |
| T Bélier....... | 8,0 | 9,6 | 323* |
| R Couronne... | 5,8 | 13,0 | 323* |
| S Petit Chien . | 7,6 | 11,0 | 324 |
| R Taureau.... | 8,2 à | 13,0 | 325 |

| ÉTOILES | VARIATIONS | | PÉRIODES |
|---|---|---|---|
| T Dauphin.... | 8,5 à | 13,0 | 330 jours |
| o Baleine...... | 3,3 | 8,5 | 331 |
| R Lion........ | 5,8 | 10,0 | 331 |
| T Petit Chien. | 9,4 | 13,0 | 332 |
| S Baleine..... | 7,5 | 10,7 | 333 |
| R Petit Chien. | 7,5 | 9,8 | 337 |
| T Vierge...... | 8,4 | 13,0 | 337 |
| T Serpent..... | 9,5 | 12,8 | 340 |
| S Scorpion.... | 9,8 | 12,5 | 342 |
| R Poissons.... | 7,8 | 12,5 | 344 |
| R Aigle....... | 6,9 | 11,1 | 345 |
| R Capricorne . | 9,2 | 13,0 | 347 |
| *D. — Périodes voisines de 1 an.* | | | |
| S Persée...... | 8,0 à | 10,2 | 358 jours |
| R Cancer...... | 6,3 | 13 | 359 |
| S Serpent..... | 8,1 | 12,5 | 359 |
| R Serpent..... | 6,6 | 11,0 | 359 |
| S Couronne... | 6,9 | 12,2 | 363 |
| R Chevelure .. | 7,7 | 13,0 | 363 |
| T Cygne ...... | 5,0 | 6,0 | 365* |
| R Céphée..... | 5,0 | 10,0 | 365 |
| R Lynx....... | 7,8 | 12,7 | 365 |
| R Petit Lion.. | 6,8 | 11,0 | 369 |
| 34 Bouvier.... | 5,3 | 6,0 | 369 |
| R Gémeaux... | 6,9 | 12,3 | 370 |
| *E. — Périodes supérieures à une année.* | | | |
| S Vierge...... | 6,7 à | 12,5 | 373 jours |
| T Pégase...... | 9,0 | 12,5 | 374 |
| S Taureau..... | 9,9 | 13,0 | 378 |
| R Pégase ..... | 7,3 | 12,0 | 379 |
| R Orion....... | 8,8 | 13.0 | 380 |
| T Sagittaire... | 7,8 | 11,0 | 381 |
| R Verseau.... | 7,1 | 11,0 | 388 |
| R Andromède. | 7,1 | 12,8 | 405 |
| U Hercule..... | 7,1 | 11,5 | 405 |
| R Cygne...... | 7,0 | 14,0 | 405 |
| χ² Cygne ...... | 4,5 | 13,0 | 406 |
| S Poissons.... | 9,0 | 13,0 | 406 |
| S Orion...... | 8,3 | 12,3 | 410 |
| R Cassiopée... | 5,8 | 12,0 | 410 |
| R Hydre ...... | 4,7 | 50,0 | 432 |
| T Cassiopée... | 6,7 | 11,1 | 435 |
| R Lièvre....... | 6,5 | 8,5 | 438 |
| U Capricorne.. | 10,5 | 13,0 | 450 |
| T Cancer..... | 8,3 | 9,9 | 455 |
| R Cocher...... | 6,9 | 12,6 | 464 |
| U Cygne ..... | 7,5 | 10,8 | 465 |
| S Cassiopée ... | 7,6 | 13,0 | 614 |
| R Scorpion.... | 9,7 | 12,5 | 648 |
| R Balance..... | 9,6 à | 13,0 | 722 |

Ce tableau est fort instructif. Il nous conduit aux déductions suivantes :

1° Plusieurs périodes sont excessivement rapides, descendant à 24 heures, et même à moins encore. Il semble que ce soit là l'indice de mouvements de *rotation* de ces lointains soleils, plutôt que de *révolutions* de planètes ou d'anneaux produisant des éclipses partielles. Ces étoiles à périodes très rapides sont généralement *assez brillantes* (12 sur 22 sont visibles à l'œil nu), et l'amplitude de leur oscillation *n'est pas considérable* (1 à 2 ordres de grandeur seulement).

2° Un second groupe de périodes se place entre 27 jours et 71 jours.

3° On n'a pas encore remarqué une seule période comprise entre 71 et 120 jours. Il y a là l'indication d'une cause naturelle à étudier.

4° Les autres étoiles variables périodiques se placent toutes entre 120 et 722 jours. Elles peuvent être divisées en trois groupes; mais les périodes se suivent d'assez près, sans nouvelles lacunes. Selon toute probabilité, ces astres sont d'une autre nature que ceux de nos deux premiers groupes. Ils sont généralement peu brillants, invisibles à l'œil nu, et l'amplitude de leur variation est souvent *considérable*, s'élevant jusqu'à 4, 5 et 6 ordres de grandeur. — Il est probable que α d'Hercule, dont la période de 233 jours se compose de sous-périodes de 60, 38 et 26 jours, devrait être comprise parmi les étoiles de notre second groupe.

5° On ne connaît encore aucune étoile *périodique* régulière et certaine dont la périodicité s'élève à plusieurs années.

6° Sans qu'on puisse décider encore quelle est la cause productrice de ces variations périodiques, on peut classer, par ordre de probabilité : d'abord la rotation d'un astre dont la surface n'est pas homogène en intensité lumineuse, ensuite la révolution d'un anneau nébuleux tournant dans le plan de notre rayon visuel, enfin celle d'une grosse planète causant une éclipse partielle. Cette dernière hypothèse ne peut s'appliquer que dans les cas restreints où la diminution de lumière est très courte relativement à la durée de la période, comme dans l'exemple d'Algol, de S du Cancer et de quelques autres ; mais tel n'est pas le cas général. Enfin on peut encore voir là des phénomènes périodiques analogues à celui de nos taches solaires, dont la période est de 11 ans, mais plus rapides et plus accentués : ces soleils se voileraient périodiquement de taches ou de nuages, comme s'ils étaient soumis à de véritables alternatives de saisons dues soit à des marées causées par l'attraction de leurs planètes, soit à une sorte de rythme inhérent à leur propre constitution physique. La coloration rouge que l'on remarque sur la plupart de ces étoiles indique d'ailleurs une *constitution spéciale,* confirmée par l'analyse de leur spectre. Il est probable que ces lointains soleils sont à leurs derniers siècles et prêts à s'éteindre.

# VIII

## LES ÉTOILES TEMPORAIRES

### SUBITEMENT APPARUES DANS LE CIEL

Nous réunissons sous ce titre les étoiles qui ont brillé soudain d'un vif éclat, ont paru nouvelles dans le ciel parce qu'elles sont devenues visibles à l'œil nu et qu'elles n'avaient pas été vues précédemment, et sont redevenues invisibles après l'épuisement de cette conflagration subite. Ce sont là des étoiles variables qui ne peuvent entrer ni dans le cadre des périodiques régulières ni dans celui des lentes variations séculaires. La fameuse étoile nouvelle de 1572, dont nous avons rapporté l'histoire, en est l'un des types les plus remarquables. Il est naturel de donner cette liste dans l'ordre chronologique. Pour les apparitions anciennes, les positions sur la sphère céleste ne sont qu'approchées, les observations n'ayant pas été précises.

Quelle est la cause, quelle est l'explication de ces apparitions soudaines ? Selon toute probabilité, l'étoile ainsi allumée n'est pas nouvelle, mais ancienne : c'est un astre de faible éclat dont la lumière a été tout à coup décuplée, centuplée. Comment ? Nous pouvons faire sur ce point plusieurs hypothèses. Une rencontre, un choc provenant d'un corps céleste extérieur, peut amener un grand développement de chaleur et de lumière par la simple transformation de son mouvement arrêté et converti en chaleur. Mais, dans ce cas, l'astre, ayant subi une énorme élévation de température, demeurerait longtemps en cet état, et ne s'éteindrait pas en quelques semaines, comme il arrive souvent dans ces conflagrations subites. Il est plus probable qu'il s'agit ici de soleils sur le point de s'éteindre, déjà figés extérieurement et revêtus d'une écorce commençante, et qui, soit par suite d'une convulsion intime, soit par suite d'un choc extérieur, auront subi une sorte de déchirement ou d'effondrement dans cette écorce, que aura momentanément mis à nu l'océan incandescent intérieur. Ou bien encore, l'atmosphère d'un tel astre aura subi un embrasement, une conflagration physique, un véritable incendie. C'est seulement dans les dernières apparitions de ce genre que la spectroscopie a pu être appliquée à l'analyse de ces combustions lointaines. Elle a précisément montré dans leur lumière la coexistence de deux spectres superposés, et la combustion d'une énorme quantité d'hydrogène.

Voici la liste historique de ces curieuses apparitions.

### ÉTOILES SUBITEMENT APPARUES DANS LE CIEL.

| Dates d'apparition. | Constellations. | Positions. | Éclat. |
|---|---|---|---|
| 1. Juill. 134 av. J.-C. | *Scorpion.* | Tête : entre β et ρ. | 1ʳᵉ grandeur. |
| 2. Déc. 123 apr. J.-C. | *Ophiuchus.* | entre α Herc. et α Ophiuch. | 1ʳᵉ grandeur. |
| 3. 10 décembre 173. | *Centaure* | entre α et β. | 1ʳᵉ grandeur. |
| 4. Mars 369. | (Le catalogue chinois n'indique ni sa position ni son éclat.) | | |
| 5. Avril 386. | *Sagittaire.* | entre λ et φ. | très grande. |
| 6. An 389. | *Aigle.* | près de α. | 1ʳᵉ grandeur. |
| 7. 393. | *Scorpion.* | dans la queue. | très grande. |

| Dates d'apparition. | Constellations. | Position. | Éclat. |
|---|---|---|---|
| 8.         827. | *Scorpion.* | Date douteuse. | 1$^{re}$ grandeur. |
| 9.         945. | *Cassiopée.* | près Céphée. | grande étoile. |
| 10.  Mai 1012. | *Bélier.* | (peut-être 1006 ou 1011.) | grosseur extraord. |
| 11.  Juillet 1202. | *Scorpion.* | dans la queue. | 1$^{re}$ grand., bleuâtre. |
| 12.  Décembre 1230. | *Ophiuchus.* | près du serpent. | 1$^{re}$ grandeur. |
| 13.  Juillet 1264. | *Cassiopée.* | près Céphée. | grande étoile. |
| 14.  11 novembre 157 2. | *Cassiopée.* | ℞ : 0$^h$18$^m$9$^s$; ᴅ :+63°27'6 (1880). | Éclat. de 1$^{re}$ grand. |
| 15.  Février 1578. | | (Constellation non indiquée.) | « extraordinaire. » |
| 16.  1$^{er}$ juillet 1584. | *Scorpion.* | Tête : près de π. | « grande étoile. » |
| 17.  18 août 1600. | *Cygne.* | ℞ : 20$^h$13$^m$21$^s$; ᴅ :+37°39'9 (1880). | 3$^e$ grandeur. |
| 18.  10 octobre 1604. | *Serpentaire.* ℞ : 17$^h$23$^m$27$^s$; ᴅ :—21°22'8 (1880). | | 1$^{re}$ grandeur. |
| 19.      An 1609. | | (vue au sud-ouest.) | grand. considérable. |
| 20.  20 juin 1670. | *Renard.* | ℞ : 19$^h$42$^m$38$^s$; ᴅ :+27°1'3 (1880). | 3$^e$ grandeur. |
| 21   28 sept. 1690. | *Sagittaire.* « dans le cou » 19$^h$0$^m$±; —20°,± | | 4$^e$ grandeur. |
| 22.  28 avril 1848. | *Serpentaire.* ℞ : 16$^h$52$^m$47$^s$; ᴅ :—12°42'5 (1880). | | 5$^e$ grandeur |
| 23.  12 mai 1866. | *Couronne.* | ℞ : 15$^h$54$^m$29$^s$; ᴅ :+26°15'7 (1880). | 2$^e$ grandeur. |
| 24.  24 novembre 1876. | *Cygne.* | ℞ : 21$^h$36$^m$59$^s$; ᴅ :+42°17'6 (1880). | 3$^e$ grandeur. |

Résumons l'histoire de chacune de ces apparitions. Les mentions anciennes les plus précises sont tirées de l'Encyclopédie chinoise de Ma-tuan-lin, traduite et coordonnée par Edouard Biot, Catalogue astronomique qui remonte jusqu'à l'an 613 avant notre ère, c'est-à-dire à l'époque de Thalès.

1° Première apparition entre β et ρ du Scorpion, en juillet de l'an 134 avant J.-C., selon l'Encyclopédie chinoise — ou vers l'an 130 selon Pline (II, 6). — Si l'on en croit Pline, c'est l'apparition de cette étoile qui aurait déterminé Hipparque à entreprendre son Catalogue. Le rapport du grand naturaliste a été traité d'historiette par Delambre (*Hist. de l'Astr. anc.*, t. I, p. 290, et *Hist. de l'Astr. mod.*, t. I, p. 186). Mais comme Ptolémée affirme expressément (*Almageste*, VII, 2) que le Catalogue d'Hipparque est relatif à l'an 128 avant notre ère, et comme Hipparque observait à Rhodes, et peut-être aussi à Alexandrie, entre les années 162 et 127 avant J.-C., il n'y a rien à opposer à l'assertion de Pline.

2° Étoile qui parut sous l'empereur Adrien, vers l'an 130, selon les annalistes ou en décembre de l'année 123, entre α d'Hercule et α d'Ophiuchus selon les Chinois.

3° Étoile singulière et très grande, tirée de Ma-tuan-lin ainsi que les trois suivantes. Elle parut le 10 décembre 173, entre α et β du Centaure, et disparut huit mois plus tard, après avoir montré *les cinq couleurs l'une après l'autre*.

4° Cette étoile brilla depuis le mois de mars jusqu'au mois d'avril de l'an 369. Sa position n'est pas indiquée.

5° Entre λ et φ du Sagittaire. Le catalogue chinois indique ici expressément le lieu « où l'étoile demeura depuis le mois d'avril jusqu'à celui de juillet 386 ». Elle était donc immobile, et n'a pu être confondue avec une comète.

6° Étoile nouvelle près de α de l'Aigle; pendant le règne de l'empereur Honorius. D'après le récit de Cuspinianus, témoin oculaire, elle brilla d'un éclat comparable à celui de Vénus, et elle disparut trois semaines après sans laisser de traces.

7° Mars 393; encore dans le Scorpion, mais cette fois dans la queue; tirée du Catalogue de Ma-tuan-lin.

8° L'année 827 est douteuse; il est plus sûr de dire : dans la première moitié du ix° siècle. C'est en effet vers cette époque, et sous le règne du calife Al-Mamoun, que deux célèbres astronomes arabes, Haly et Giafar Ben Mohammed Alboumazar, observèrent, à Babylone, une étoile nouvelle « dont la lumière égalait celle de la lune dans son premier quartier ». Cet événement eut encore lieu dans le Scorpion : l'étoile s'évanouit après un intervalle de quatre mois.

9° L'apparition de cette étoile, en 945, sous l'empereur Othon le Grand, ainsi que celle de l'an 1264, reposent uniquement sur le témoignage de l'astronome bohémien Cyprianus Leovitius, qui assure avoir puisé ses renseignements dans une chronique manuscrite. Cet auteur fait remarquer en même temps que les deux apparitions de 945 et de 1264 ont eu lieu entre Céphée et Cassiopée, tout près de la Voie lactée : précisément à l'endroit où l'étoile de Tycho s'est montrée en 1572.

10° D'après le témoignage d'Hépidannus, moine de Saint-Gall, mort en 1088, et dont les annales s'étendent de 709 à 1044, une étoile nouvelle d'une grandeur extraordinaire et d'un éclat éblouissant (*oculos verberans*) parut vers la fin du mois de mai 1012, dans le signe du Bélier, au point le plus méridional du ciel, et y resta visible pendant 3 mois. Elle oscilla plusieurs fois d'éclat, et parfois même on cessait de la voir.

11° A la fin de juillet 1203, dans la queue du Scorpion : « Étoile nouvelle de couleur bleuâtre, sans nébulosité lumineuse, et semblable à Saturne », d'après les catalogues chinois.

12° Encore une observation chinoise tirée de Ma-tuan-lin. La nouvelle étoile parut vers le milieu de décembre 1230, entre Ophiuchus et le Serpent. *Elle s'évanouit* à la fin de mars 1231.

13° C'est l'étoile dont parle l'astronome bohémien Cyprianus Leovitius. A la même époque (juillet 1264) parut une grande comète dont la queue embrassait la moitié du ciel, et qui par conséquent n'a pu être confondue avec l'étoile nouvelle qui apparut entre Céphée et Cassiopée.

14° L'étoile de Tycho du 11 novembre 1572, dans le trône de Cassiopée. C'est la plus mémorable de ces apparitions subites, et celle qui jeta dans l'esprit des hommes l'étonnement le plus ineffaçable. Le massacre de la Saint-Barthélemy, accompli quelques mois auparavant, le malaise général, la terreur et la privation qui pesaient en nos contrées ; l'attente encore crédule quoique vingt fois trompée de la fin du monde ; la direction funeste des événements donnaient à cette apparition un caractère céleste, manifestant clairement les desseins terribles du Tout-Puissant. Cette étoile gigantesque, subitement apparue, surpassait en éclat toute l'armée des cieux. Tycho-Brahé, qui écrivit son histoire, déclare que Sirius, Véga, Jupiter pâlissaient auprès d'elle, et qu'on la voyait en plein jour. Cardan compulsa les manuscrits poussiéreux des antiques grimoires, et trouva que cette étoile mystérieuse était la même que celle des Mages ! Théodore de Bèze, poursuivant la même hypothèse, déclara à l'Europe consternée que cette apparition annonçait le second avénement de l'Homme-Dieu, comme l'apparition orientale de Bethléem avait annoncé le premier. L'antechrist devait être né, d'après les calculs de Stoffler et de Leovitius ; *la fin du monde approchait ;* le jugement dernier se préparait : déjà l'on entendait le bruit lointain des préparatifs, et bientôt les étoiles allaient tomber du ciel !

Mais l'étoile de Cassiopée commença à diminuer d'éclat, et en mars 1574 elle avait complètement disparu à l'œil nu. La première lunette ne fut inventée que trente-sept ans plus tard. (Voir *Astronomie populaire*, p. 765.)

15° Étoile qui apparut en février 1578, d'après Ma-tuan-lin. La constellation n'est pas indiquée. Il faut que l'éclat de cette étoile ait été bien extraordinaire : le Catalogue assure qu'elle paraissait « grande comme le Soleil ».

16° Le 1ᵉʳ juillet 1584, près de π du Scorpion ; observation chinoise.

17° L'étoile 34 du Cygne, d'après Bayer. Guillaume Janson, géographe distingué, qui avait observé quelque temps sous la direction de Tycho, est le premier qui ait fixé son attention sur cette nouvelle étoile, située dans la poitrine du Cygne, au commencement du col ; c'est ce que prouve une inscription de son globe céleste. Képler manquant d'instruments depuis la mort de Tycho, et empêché d'ailleurs par ses voyages, ne commença à l'observer que deux ans plus tard ; il n'apprit même son existence que vers cette époque : circonstance singulière, car l'étoile était de 3ᵉ grandeur. L'étoile diminua d'éclat, surtout à partir de 1619, et finit par disparaître en 1621. De 1638 à 1659, Hévélius la revit, de 3ᵉ grandeur, et de même Cassini en 1655 ; mais en 1659 elle diminua de nouveau, et le 31 octobre 1660, elle était plus petite que les étoiles de 5ᵉ grandeur du col du Cygne. Elle décrut encore en 1661, et du mois d'août au mois de décembre elle était presque de 6ᵉ grandeur. De 1662 à 1666, elle resta complètement invisible à l'œil nu ; mais le 24 septembre 1666, elle était redevenue visible. Je l'observe régulièrement chaque été : elle reste actuellement de 5ᵉ grandeur ½. (*Voir* plus haut, p. 194.)

18° Après l'étoile qui éclata en 1572, dans Cassiopée, la plus célèbre est celle qui parut en 1604 dans Ophiuchus. A l'une, comme à l'autre, se rattache un grand nom. L'étoile nouvelle du pied droit du Serpentaire ne fut pas découverte, à la vérité, par Képler lui-même, mais par son élève Jean Brunowski, de Bohême, le 10 octobre 1604. « Elle surpassait les étoiles de 1ʳᵉ grandeur, elle surpassait même Jupiter et Saturne ; mais elle était moins brillante que Vénus. » Son éclat était moindre que celui de l'étoile de Tycho en 1572 ; aussi n'était-elle pas visible en plein jour comme celle-ci ; mais sa scintillation était beaucoup plus vive, et c'est par là surtout qu'elle excitait l'étonnement des observateurs : elle flamboyait comme un feu de toutes couleurs. Elle tomba à la 2ᵉ grandeur en février 1605, à la 3ᵉ en avril, à la 4ᵉ en août, à la 5ᵉ en octobre, diminua et disparut en janvier 1606. Les instruments d'optique n'étaient pas encore inventés pour la suivre dans l'invisibilité.

19° 1609. « Vue au sud-ouest » : c'est tout ce qu'en ont rapporté les Chinois qui l'ont observée.

20° 1670. Observée par le chartreux Anthelme, non loin de β du Cygne, de 3ᵉ grandeur en juin, de 4ᵉ en juillet, de 5ᵉ en août. Elle disparut au bout de trois mois, mais pour reparaître le 17 mars 1671, avec l'éclat d'une étoile de 4ᵉ grandeur. En avril 1671, Cassini lui trouva une lumière variable. Elle disparut en septembre pour venir le 29 mars 1672, mais seulement avec l'éclat d'un astre de 6ᵉ ordre, puis au mois de septembre, elle s'évanouit tout à fait. Depuis ce temps, on ne l'a jamais revue. Il y a vers sa position une petite étoile de 10ᵉ grandeur (n° 1814 du Catalogue de Greenwich de 1872), qui paraît soumise à quelques fluctuations, et deux autres de même éclat dans le voisinage. Un astronome amateur serait bien avisé d'observer de temps en temps ce point du ciel. (*Voir* p. 191.)

21° Le 28 septembre 1690, les astronomes français qui avaient restauré l'Observatoire de Pékin observèrent non loin de l'étoile π du Scorpion une étoile de 4ᵉ grandeur qui n'existait sur aucune carte ni sur aucun catalogue, et qui disparut en quelques semaines. (*Voir* plus haut, p. 414.)

22° 1848. Découverte par Hind, le 28 avril ; était de 5ᵉ grandeur et de couleur rougeâtre. Sa position a été déterminée avec la plus grande exactitude. On avait examiné ce même point du ciel le 4 et le 5 du même mois, et l'on n'avait vu là aucune étoile supérieure à la 9ᵉ grandeur. La nouvelle étoile était orangée et visible à l'œil nu. Le 15 mai, elle devint inférieure à l'étoile 20 Ophiuchus, de 5ᵉ grandeur, qu'elle avait un peu surpassée; le 23, elle fut trouvée de 6ᵉ gr. ½ et rouge, le 20 juin de 7ᵉ. Elle descendit successivement jusqu'à la 11ᵉ.

23° Étoile de la Couronne, du 12 mai 1866, qui apparut ce soir-là avec l'éclat d'une étoile de seconde grandeur. Le 14 elle était déjà de 3ᵉ, le 16 de 4ᵉ, le 19 de 5ᵉ, le 20 de 6ᵉ, le 22 de 7ᵉ, le 24 de 8ᵉ, le 27 de 8ᵉ 1/2, le 7 juin de 9ᵉ, le 5 de 9ᵉ 1/2, le 1ᵉʳ juillet de 10ᵉ. Elle resta dans cet état jusqu'au 27 août, puis se ranima et remonta à la 9ᵉ grandeur le 30, à la 8ᵉ le 10 septembre, et atteignit presque la 7ᵉ le 10 octobre pour redescendre à la 8ᵉ le 1ᵉʳ novembre. Elle est ensuite tombée à la 9ᵉ 1/2, et depuis cette époque je l'ai toujours trouvée stationnaire. D'après les observations de l'astronome Schmidt, directeur de l'Observatoire d'Athènes, qui depuis un demi-siècle a voué sa vie aux étoiles variables, cette étoile a dû s'élever subitement à son éclat maximum le 12 mai, ce qui paraît être, du reste, le cas de toutes les étoiles temporaires.

Pour la première fois il a été possible d'examiner ce phénomène par l'analyse spectrale. L'examen du spectre ne laisse aucun doute sur la nature du phénomène observé : c'est une étoile qui s'est trouvée subitement enveloppée des flammes de l'hydrogène en combustion. Il y a eu probablement une éruption qui aura mis d'énormes volumes de gaz en liberté, et ces gaz auront brûlé à la surface de l'astre en se combinant avec quelque autre élément. N'oublions pas d'ailleurs que l'événement cosmique auquel il nous a été donné d'assister en spectateurs désintéressés en 1866 n'était point un événement contemporain; au moment où les flammes de cet incendie vinrent frapper nos regards, le 12 mai 1866, elles étaient éteintes, depuis bien des siècles peut-être.

24° Étoile de 1876, dans le Cygne. Aperçue pour la première fois le 24 novembre par l'astronome athénien Julius Schmidt, elle brillait comme une étoile de 3ᵉ grandeur, plus intense que η Pégase, et très jaune; quelques jours après, elle était déjà descendue à la 4ᵉ grandeur; le 5 décembre elle était de 5ᵉ et le 11 de 6ᵉ, puis elle disparut, tombant à la 7ᵉ, à la 8ᵉ grandeur et au-dessous. Elle est actuellement de 12ᵉ grandeur et nébuleuse. Spectre analogue à celui de l'étoile de la Couronne. (*Voir* p. 195.)

Telle est, en résumé, l'histoire de ces apparitions curieuses. Ce sont là, répétons-le, selon toute probabilité, des soleils en voie d'extinction réveillés un instant par une conflagration soudaine.

# IX

## ÉTOILES QUI PARAISSENT AVOIR VARIÉ DEPUIS DEUX MILLE ANS

En construisant pour notre instruction astronomique les tableaux des étoiles visibles à l'œil nu dans chaque constellation du ciel, nous avons remarqué qu'un nombre considérable d'entre elles présentent des oscillations d'une, deux et même trois grandeurs, lorsqu'on met en regard les observations faites de siècle en siècle depuis deux mille ans. Sans doute, il ne faut pas se hâter de conclure immédiatement à une variation réelle de la lumière intrinsèque de ces étoiles, car il n'y a pas de limite absolue entre chacun des six ordres d'éclat adoptés ; une faible étoile de telle ou telle grandeur peut être rangée parmi les brillantes de la grandeur suivante, et lorsque les observations ne sont pas faites à l'œil nu, c'est-à-dire essentiellement comparatives, il est bien facile de se tromper d'une demi-grandeur et même davantage dans l'estimation d'une étoile isolée vue dans le champ d'une lunette, la transparence atmosphérique exerçant, d'ailleurs, ici une influence non négligeable. Dans nos tableaux, les estimations de Flamsteed et Piazzi ayant été faites lors de leurs observations méridiennes, sont donc par cela même un peu moins sûres que les autres (en général, pour la cinquième et la sixième grandeur, celles de Piazzi sont plutôt un peu faibles). D'un autre côté, les observations anciennes n'étaient certainement pas aussi précises que les modernes, et, pour Ptolémée surtout, il est possible que les copies et les manuscrits de son catalogue aient commis quelques fautes irréparables. D'autre part encore, les jugements des divers observateurs ne sont pas absolument identiques, et les uns évaluent tout au-dessus de la moyenne, tandis que d'autres évaluent tout au-dessous. Les yeux plus ou moins myopes voient les étoiles rougeâtres *moins lumineuses* que ne les jugent les vues longues (mais la différence s'efface si l'on se sert d'une jumelle ou même d'un simple lorgnon). Une longue comparaison des diverses notations apprend à apprécier ces variétés. Mais en tenant compte de toutes les causes d'illusions ou d'erreurs, on n'en est pas moins arrêté par un certain nombre d'exemples dans lesquels les différences, mises en évidence par ces tableaux comparatifs, semblent bien plutôt dues à des variations réelles qu'à des erreurs possibles dans les observations.

Comme il s'agit en définitive ici de la constitution même de l'univers, de la stabilité ou de l'instabilité des soleils qui en forment la base, nous pensons qu'il ne sera pas sans intérêt de rédiger ici un tableau récapitulatif, qui n'a jamais été fait, puisqu'il est issu de nos descriptions mêmes, et qu'il résume en lui-même le résultat des observations les plus sûres faites depuis deux mille ans. En vérité, nos lecteurs vont encore trouver ici beaucoup de chiffres ! Mais ce ne sont pas les chiffres qu'il faut voir, c'est « ce qu'il y a dessous » : c'est la réalité qu'ils expriment. Lorsqu'on sait les lire, les chiffres sont aussi intéressants que les mots, et souvent davantage. Quand nous lisons une phrase, ce ne sont pas les lettres que nous lisons, c'est le sens qu'elles transmettent à notre pensée. Il en est de même des chiffres : *lisons-les* comme une langue que nous comprenons, et ne nous contentons pas de les regarder comme s'il s'agissait d'hiéroglyphes égyptiens ou chinois.

Dans ce tableau, nous n'avons pas reproduit toutes les observations faites sur chaque étoile signalée, mais seulement celles qui mettent en évidence la variation, et, en général les premières et les dernières en date. On retrouvera les dates en se reportant aux pages où la description est faite.

Le zéro indique que l'étoile est absente des Catalogues consultés. On en remarquera un certain nombre qui, absentes des observations anciennes, ont été vues par les modernes, de cinquième et même de *quatrième* grandeur.

Les étoiles de 6e et même de 5e grandeur qui sont absentes des Catalogues anciens, mais ne montrent pas de variations sensibles, n'ont pas été insérées dans la liste, parce qu'elles ont fort bien pu être vues sans être inscrites. Il est certain que l'ouvrage de Ptolémée ne renferme pas toutes les étoiles de la cinquième grandeur, et n'en contient qu'un très petit nombre de la sixième. En effet, ce Catalogue renferme :

|        |        |        |          |        |
|--------|--------|--------|----------|--------|
|        | 15     | étoiles de la 1re grandeur. | | |
|        | 45     | —      | 2e       | —      |
|        | 208    | —      | 3e       | —      |
|        | 474    | —      | 4e       | —      |
|        | 217    | —      | 5e       | —      |
| et     | 49     | —      | 6e       | —      |
| plus   | 9      | étoiles appelées obscures | | |
| et     | 5      | nébuleuses. | | |

TOTAL. . .   1022 (¹)

Or, sur la même étendue du ciel on compte 3256 étoiles facilement visibles à l'œil nu (Argelander). La plupart des étoiles de la 6e grandeur n'ont pas été cataloguées par les anciens, ni une grande partie de celles de la 5e, ni même quelques-unes de la 4e. Lorsqu'elles étaient éloignées du corps des figures mythologiques, elles étaient généralement passées sous silence. Nous devons tenir compte de toutes ces circonstances, si nous voulons discuter la probabilité de la variabilité de certaines étoiles.

Quelques oscillations d'une seule grandeur sont néanmoins sûres, parce qu'elles ont été observées avec précision : telles sont les étoiles qui, par exemple, ont été parfaitement visibles à l'œil nu et ne le sont plus, ou réciproquement, et ont passé du 6e au 7e ordre d'éclat.

On voit par ce tableau qu'un grand nombre d'étoiles considérées jusqu'à ce

---

(¹) On sait que ces célèbres 1022 étoiles connues des anciens ont été associées à ce vers adressé à la Vierge :

Tot tibi sunt dotes, Virgo, quot sidera cœlo!
Tu as autant de qualités, ó Vierge, qu'il y a d'étoiles au ciel.

En appliquant le calcul des combinaisons ou permutations, le P. Prestet a trouvé qu'on peut changer de place ces huit mots latins justement de 1022 manières différentes sans qu'ils cessent de former un vers !

L'examen attentif du Catalogue de Ptolémée donne 1025 étoiles, au lieu de ces 1022 du nombre classique des anciens.

jour comme fixes dans leur lumière, ont subi des variations certaines depuis deux mille ans. Si l'on considère notamment les observations qui révèlent des variations de 2 et 3 grandeurs, il est impossible d'attribuer les divergences à de simples erreurs, car, ne l'oublions pas, toutes les estimations rapportées sont dues à des astronomes de profession, à des yeux exercés et à des esprits sévères dans leurs travaux.

Sur le point de reproduire dans cet Ouvrage les listes publiées en divers traités d'astronomie sur les variations observées dans le ciel, listes qui se contredisent lorsqu'elles ne se copient pas servilement, nous avons préféré, comme dans les autres cas, refaire entièrement le travail, et comparer directement les observations anciennes avec les modernes. Les amis de l'astronomie ont désormais tous les documents sous les yeux et peuvent juger définitivement, en connaissance de cause.

Voici les conclusions principales :

1° *Il y a beaucoup plus d'étoiles variables qu'on ne le pense.* Le dixième au moins des étoiles observées par nos pères ont varié depuis l'origine des observations astronomiques.

2° Ces variations consistent plutôt en *oscillations* de lumière qu'en une *diminution* ou en une *augmentation graduelle.* Aucune étoile *brillante* du Catalogue de Ptolémée ne paraît s'être éteinte.

3° Il est intéressant pour nous de nous former une idée exacte des *variations les plus importantes.* Voici celles que l'examen du tableau ci-après met le mieux en évidence.

Ptolémée donne la position d'une étoile de 5e grandeur, dans le Lion, qui n'est plus visible à l'œil nu aujourd'hui, et que nous avons trouvée correspondre à l'étoile 71 de Flamsteed, vue de 6e par cet astronome et de 6e ¼ par Lalande, et tombée aujourd'hui à la 7e ½. C'est là une *diminution d'éclat certaine.*

Dans le Verseau, l'étoile x, de 4e grandeur au temps de Tycho et Bayer, et de 5e aujourd'hui, est absente du catalogue de Ptolémée. Sûfi en parle sans la cataloguer, comme d'une étoile peu brillante, et il signale au-dessous, à 8 degrés au sud de η, et proche de λ au nord-ouest, une étoile de 4e grandeur, déjà cataloguée par Ptolémée et revue par Ulugh Beigh, qui n'existe plus au ciel aujourd'hui. Il y a eu là un double changement.

L'étoile x de Hydre, de 4e grandeur de Tycho à Flamsteed, et de 5e depuis un siècle, n'a pas été *vue* par Sûfi et Ulugh-Beigh, qui ont minutieusement décrit cette région ; mais elle avait été observée par Hipparque ou Ptolémée. Elle a subi une *diminution* certaine de lumière, est remontée à la 4e, puis est retombée à la 5e. L'étoile λ, au contraire, absente de l'*Almageste,* a subi une *augmentation* d'éclat.

L'étoile ζ du Poisson austral, de 5e grandeur dans Ptolémée, et de 4e dans l'*Uranométrie* de Bayer, est actuellement de 6,7, *invisible à l'œil nu.*

L'étoile 53 Andromède, aujourd'hui de 4,8, est absente de Ptolémée, tandis que sa voisine υ, actuellement de cinquième et demie, y est notée, ainsi que dans Sûfi, de quatrième brillante : identification certaine et variation.

L'étoile la plus brillante du Petit Lion était, du temps de Tycho, d'Hévélius et de Piazzi, celle qui porte le n° 37, et était qualifiée de *Præcipua;* elle ne vient aujourd'hui que la troisième de cette constellation.

β du Triangle (3,2) a remplacé α (4,0) dans l'ordre des grandeurs.

L'étoile 47 *k* du Bouvier a été notée de 4ᵉ gr. par Tycho ; elle est aujourd'hui de 6ᵉ

L'étoile 38 du Lynx s'est élevée de 5,0 à 3,8.

ψ Pégase s'est élevée de la 6ᵉ à la 4ᵉ.

ζ et κ du Dauphin se sont élevées de 6,0 à 4,8.

λ du Cygne est descendue de 3,8 à 5,3 ; μ, absente de Ptolémée et Sûfi, a été notée de 3ᵉ par Tycho et Hévélius, et est actuellement de 4ᵉ ½ ; l'étoile 47, absente aussi des catalogues anciens, est de 3ᵉ dans Bayer, de 4ᵉ dans Hévélius, de 6ᵉ dans Flamsteed et Piazzi, de 5ᵉ aujourd'hui.

ν de la Lyre, anciennement de 4ᵉ, est tombée à la 6ᵉ.

13 *p* Hercule, *visible à l'œil nu au temps de Bayer*, et notée de 5ᵉ ½ par Flamsteed, est maintenant de 7ᵉ ½ ; 88 *z* est presque dans le même cas, et tombée à la 7ᵉ grandeur, quoique vue à l'œil nu par les anciens. κ est descendue de la 4ᵉ à la 5ᵉ ½ ; Au contraire, dans la même constellation, plusieurs étoiles de 4ᵉ grandeur sont absentes des catalogues anciens.

ε de l'Aigle, voisine de ζ et de la 4ᵉ grandeur, n'a été observée ni par Ptolémée, ni par Sûfi, ni par Ulugh-Beigh, tandis qu'elle a été vue de 3ᵉ par Tycho et Bayer.

ι de l'Aigle est descendue de la 3ᵉ grandeur à la 4ᵉ ½.

36 A Ophiuchus est descendue de la 4ᵉ à la 5ᵉ ½ ; l'étoile 71, de 5ᵉ grandeur il y a vingt ans encore, est actuellement *invisible à l'œil nu*, et de 7ᵉ.

α Poissons est descendue de la 3ᵉ à la 4ᵉ, en oscillant très probablement, et tout récemment encore, de la 5ᵉ à la 3ᵉ. ψ² et ψ³ sont descendues de la 4ᵉ à la 5ᵉ et à la 6ᵉ. L'étoile 7 *b* est dans le même cas.

π, estimé de 5ᵉ par tous les anciens, a été déclarée complètement de 6ᵉ par Piazzi, et elle est restée depuis à cet état.

94, contiguë à ρ, à sa gauche, ou à l'est, estimée de 6ᵉ ½ par Piazzi, en même temps qu'il estimait ρ de 5ᵉ ½, et notée de 6ᵉ ⅓ par Heis dans les mêmes circonstances, est actuellement (octobre 1881) presque égale à ρ. Si l'on estime celle-ci à 5,0, 94 = 5,3.

τ¹ du Bélier est tombée de la 4ᵉ à la 6ᵉ et est remontée à la 5ᵉ grandeur.

L'étoile 7 Bélier, près λ, a été notée de 6ᵉ, 7ᵉ et 8ᵉ par Flamsteed, et ces oscillations ont été remarquées de nouveau en 1798 et en 1803 par Piazzi. En ce moment (octobre 1881) elle est de 6ᵉ ½.

Plusieurs Pléiades ont varié.

δ² du Taureau, marquée de même grandeur que δ¹ sur la plupart des Catalogues et des atlas, lui est inférieure de 2 grandeurs.

97 *i* et 4 *s* du Taureau sont descendues de la 4ᵉ à la 5ᵉ et à la 6ᵉ.

L'étoile 41, aujourd'hui plus brillante que ψ, dont elle est voisine, a augmenté d'éclat depuis Bayer ; autrement, c'est elle qui aurait reçu cette lettre.

48 est invisible à l'œil nu depuis 1871.

θ des Gémeaux, vue de 5ᵉ par Tycho et Hévélius, et aujourd'hui de 4ᵉ, était notée il y a vingt ans encore, de 3ᵉ ⅓.

20 a été notée de 5ᵉ par Struve en 1832, de 6ᵉ par le même en 1827 de 7ᵉ par Piazzi et Lalande en 1800, de 8ᵉ par Smyth en 1833.

Dans le Petit Chien, l'étoile P. vii, 289, actuellement de 4ᵉ $\frac{2}{3}$, a été notée de 4ᵉ par Flamsteed et de 6ᵉ par Argelander.

π du Cancer, de 6ᵉ grandeur, est de 4ᵉ dans Ptolémée.

Dans le Lion, l'étoile ξ, de 6ᵉ gr. chez tous les anciens, a été notée de 4ᵉ de Tycho à Hévélius; elle est actuellement de 5ᵉ $\frac{1}{2}$.

Dans le Sextant, l'étoile 19662 Lalande, de 6ᵉ grandeur, a été notée de 4ᵉ $\frac{1}{2}$ par Piazzi, et l'étoile 19823, de 8ᵉ grandeur aujourd'hui, était *visible à l'œil nu* il y a vingt ans.

Dans la Vierge, l'étoile 82 *m*, de 6ᵉ grandeur, a été notée de 4ᵉ par Ptolémée, et l'étoile 23228 a été observée de 5ᵉ $\frac{1}{4}$, de 6ᵉ, de 7ᵉ et de 8ᵉ.

L'étoile γ de la Balance, de 4ᵉ $\frac{1}{4}$ grandeur, a été vue de 3ᵉ par Tycho, tandis qu'Hévélius ne l'a inscrite que de 6ᵉ. ε, de 5ᵉ $\frac{1}{2}$ aujourd'hui, a été observée de 4ᵉ par Tycho, Hévélius, Flamsteed, et est absente des descriptions de Ptolémée Sûfi et Ulugh-Beigh. La description de Sûfi est si minutieuse à cet égard qu'il est certain que l'étoile 37 était alors de 5ᵉ grandeur, tandis que ε n'a pas été remarquée, aspect contraire à celui de Tycho et de Bayer. ζ est dans le même cas : variations de 4 à 6; et η également. Les étoiles ι, κ, λ, ν de la même constellation offrent les mêmes témoignages de variabilité.

ζ' du Scorpion varie de 3 à 5 $\frac{2}{3}$; ρ de 3 à 5; l'étoile P. XVI, 229, près du dard, signalée comme *nébuleuse* il y a deux mille ans et de 4ᵉ $\frac{1}{4}$ il y a neuf siècles, est actuellement de 3ᵉ $\frac{1}{4}$. P. XVI, 111, et P. XVII, 137, présentent un accroissement d'éclat analogue.

α et β du Sagittaire, aujourd'hui de 4ᵉ grandeur, ont été notées de *deuxième* par Ptolémée. θ, de 3ᵉ dans Ptolémée, était de la 6ᵉ en 1699, de 5ᵉ $\frac{1}{4}$ il y a vingt ans, et est actuellement de 4ᵉ $\frac{1}{4}$. σ, de 4ᵉ dans Tycho, est de 2ᵉ maintenant; υ offre des oscillations de 4 à 6, ainsi que les étoiles 51 et 52.

Dans le Capricorne, ζ, notée expressément de *quatrième et demie* au xᵉ siècle par Sûfi, est aujourd'hui de *quatrième brillante*, c'est-à-dire de 3,8 ou 3,9, comme au temps de Ptolémée, et elle a été notée de cinquième par tous les observateurs du xviᵉ au xviiiᵉ siècle; ψ, ω et A varient de 4 à 6.

τ' du Verseau a été inscrite par Flamsteed comme plus petite que τ'; Mayer les a vues égales. Maintenant τ' est de 4ᵉ et τ' de 6ᵉ. Nous voyons les étoiles ν et π osciller de 3 à 5; χ de 4 à 6; 86 *c'* de 4 à 6; 88 *c'* de 5 à 3 $\frac{2}{3}$; 83 *h* de 4 à 6. L'étoile 46090 Lalande est parfois visible à l'œil nu et parfois invisible.

Dans Orion, θ paraît varier de 3 à 5, et o' varie certainement de 4 à 6; π' et π⁶ oscillent de 3 à 5, ω et 32 A de 4 à 5. L'étoile 5 oscille de 5ᵉ $\frac{1}{2}$ à 7, 31 de 4ᵉ $\frac{3}{4}$ à 7 et 10527 de 5 à 7.

L'étoile γ du Grand Chien, de 3ᵉ gr. au temps de Tycho, de 4ᵉ $\frac{1}{4}$ aujourd'hui, n'était pas visible en 1670, d'après Cassini; ε s'est accrue d'une grandeur entière; ν' varie de 5 à 6ᵉ $\frac{1}{4}$; ν³ de 5 à 6; o' de 4 à 5; l'étoile 22, qui est actuellement de 3ᵉ $\frac{1}{2}$ et qui brille dans le corps même de la figure, au-dessous de ε, est complètement absente des catalogues anciens, et en 1670 elle était redevenue invisible; l'étoile 28 offre un exemple analogue; 27 varie de 4ᵉ $\frac{1}{4}$ à 6 ou 7.

α de la Baleine, estimée de 1ʳᵉ $\frac{1}{2}$ par Hévélius, est aujourd'hui de 2ᵉ $\frac{1}{2}$, un peu inférieure à β.

β et γ de l'Éridan se sont élevées d'une grandeur entière. Il en est de même des étoiles 60 et 64.

δ du Lièvre, qui flotte actuellement de la troisième à la quatrième grandeur est tombée à la *sixième* au xvii^e siècle; θ, de 4° aux xvi^e et xvii^e siècles, n'a pas été vue par les anciens, qui ont décrit cette région avec beaucoup de soin, et elle est aujourd'hui de 5°; μ varie de 3° ¼ à 5.

Dans la Licorne, les variations ne sont pas moins remarquables; la 30° oscille de 3 à 5°½ ou 6. La 31° a été vue de 4° par Hévélius et Lalande, de 6° par les observateurs d'Armagh, de 7° par Piazzi.

Dans l'Hydre, outre les étoiles λ et κ dont nous avons parlé, l'étoile β oscille de 3 à 4°½; la 51°, de 6° grandeur il y a vingt ans, est de 5° aujourd'hui.

Dans la Coupe, ε est tombée de la 4° à la 5° ¼, et η de la 4° à la 6°.

Dans le Corbeau, α a diminué d'une grandeur, tandis que γ a augmenté d'une demi-grandeur au moins; l'étoile 23726, *visible* à l'œil nu, il a vingt ans, est *invisible* aujourd'hui.

Dans la Machine pneumatique, l'étoile γ, estimée de 5° grandeur en 1752, par Lacaille, n'est actuellement que de 7°, et *invisible* à l'œil nu.

Dans le Navire, l'étoile *l* de la Poupe, estimée de 6° grandeur en 1825 et de 5° en 1860, est aujourd'hui de 4°. L'étoile *c* de la Carène, estimée de 6° en 1825, est aujourd'hui de 4°, et les étoiles *s* et *x*, estimées aussi de sixième, sont actuellement de 4° ½; les étoiles *e*, *d* des Voiles et *c* du Mât paraissent également s'être élevées de la 6° à la 4° ¼.

Ajoutons encore que, dans le Poisson austral, outre l'étoile ζ dont nous avons parlé, l'étoile η, inscrite de 4° grandeur par Ptolémée, est presque de 6° aujourd'hui; que dans le Loup, l'étoile η, qui était de 5° grandeur en 1860, est actuellement de 3° ⅔, ainsi que l'étoile ι; que dans l'Indien, au contraire, l'étoile γ est descendue de 4° ¼ à 6; que dans le Paon, κ varie également de 4 à 6; que dans le Poisson volant, γ s'est élevée de 5 à 3,8 et ε de 6 à 4°½; et enfin que dans l'Octant près du pôle austral, l'étoile ν mériterait aujourd'hui la lettre α de la constellation.

Ce sont là autant de témoignages irrécusables en faveur d'une variabilité beaucoup plus générale et beaucoup plus prononcée qu'on ne l'a cru jusqu'ici.

A ces remarques sur les variations séculaires des étoiles nous pourrions ajouter celles que l'on trouve dans les divers traités d'astronomie et notamment dans ceux de Cassini et d'Arago; mais elles ne sont pas assez sûres, et elles sont trop vagues. Ainsi, par exemple, Arago assure que la preuve la plus incontestable de la diminution d'intensité d'une étoile peut se lire dans la remarque suivante d'Hipparque : « L'étoile du pied de devant du Bélier est belle et remarquable. » Or, ajoute l'illustre astronome, « de nos jours l'étoile du pied de devant du Bélier est de quatrième grandeur ». Eh bien, il n'y a là rien de sûr : 1° parce qu'on n'a pas conservé la déclaration *authentique* d'Hipparque; 2° parce que le Catalogue d'Hipparque, publié par Ptolémée, ne signale *aucune* étoile dans le pied de devant du Bélier; 3° parce qu'actuellement il n'y a là, dans le Bélier, aucune étoile de quatrième grandeur : les plus proches sont les étoiles ξ' de la Baleine et *o* des Poissons. Ainsi l'indication est trop vague pour servir de base à une véritable critique historique.

On lit aussi qu'Eratosthènes disait en parlant des étoiles du Scorpion : « Elles sont précédées par la plus belle de toutes, l'étoile brillante de la serre boréale. » Cette serre boréale était l'étoile β de la Balance. En prenant cette déclaration à la lettre, il en résulterait que cette étoile eût été alors plus brillante qu'Antarès elle-même. Mais j'avoue que cette citation d'Eratosthènes, de troisième ou de dixième main, n'est pas suffisante pour nous donner une affirmation irrécusable. Ni Ptolémée, ni Sûfi, ne parlent de cette diminution d'éclat, et la description du vieil Aratus n'y fait aucune allusion.

Il en est de même pour plusieurs autres exemples. Les incohérences et les erreurs des Catalogues eux-mêmes, et surtout certaines difficultés d'identification, ont souvent trompé les commentateurs. Nous avons fait nos efforts pour que les tableaux publiés dans cet ouvrage sur chaque constellation continssent les données les plus authentiques et les plus sûres des observations astronomiques faites depuis deux mille ans.

Les mêmes comparaisons nous ont montré aussi que plusieurs étoiles inscrites encore aujourd'hui, sur des atlas et des catalogues, n'existent pas au ciel, et *n'ont jamais existé*. Telles sont entre autres :

ÉTOILES QUI N'ONT JAMAIS EXISTÉ

| | |
|---|---|
| 71 Hercule. . . . . . . . . . | (*Voir* p. 225) |
| o Ophiuchus. . . . . . . . . | — 248 |
| π Ophiuchus. . . . . . . . . | — 248 |
| i Lion. . . . . . . . . . . . | — 350 |
| 52 Vierge . . . . . . . . . . | — 370 |
| φ Scorpion. . . . . . : . . . | — 395 |
| σ Eridan. . . . . . . . . . . | — 511 |
| x Poisson austral. . . . . . . | — 554 |

Il y a des exemples contraires : l'étoile ι de Cassiopée existe toujours au ciel, de 4° ½ gr. ; mais elle a perdu son nom (sa lettre) dans les catalogues astronomiques, et n'est plus désignée que sous le n° P. II, 72. — Identification à rétablir.

Plusieurs étoiles portent des lettres inutiles et illogiquement données. Ainsi la fameuse étoile double 70 Ophiuchus porte partout la lettre *p*. Or cette lettre ne vient pas de la classification de Bayer, qui s'est arrêté à *f*, et elle n'a aucun sens. L'étoile double Σ 1291 du Cancer est appelée tantôt σ', tantôt ι', ce qui n'est pas plus logique dans un cas que dans l'autre. Pourquoi ne pas la désigner comme les autres étoiles sous son numéro de Flamsteed : 57 Cancer?

D'autres portent le nom de constellations dont elles ne font pas partie. Ainsi l'étoile du Petit Chien, P.vii,289, à + 2°50′, est nommée 13 Navire sur les catalogues (Flamsteed, Piazzi, etc.). Or le Navire est relégué fort au sud de l'équateur, entièrement séparé du Petit Chien par la Licorne.

γ du Scorpion est supprimée dans les catalogues modernes (*Connaissance des Temps*, etc.) pour être inscrite sous le n° 20 de la Balance. Injustice uranienne à réparer. — Il en est de même pour les étoiles 39 et 51 de la Balance, qui sont en réalité o et ξ du Scorpion.

On voit que cette récapitulation comparative avait son intérêt. Désormais nous aurons entre les mains tous les éléments pour connaître *aussi exactement et aussi complètement que possible* le ciel visible à l'œil nu, ainsi que les principales curiosités de tout le ciel sidéral.

# PRINCIPALES ÉTOILES QUI PARAISSENT AVOIR VARIÉ D'ÉCLAT

## DEPUIS DEUX MILLE ANS

### D'APRÈS LA COMPARAISON DES OBSERVATIONS FAITES

| ÉTOILES | GRANDEURS OBSERVÉES | PAGES | ÉTOILES | GRANDEURS OBSERVÉES | PAGES |
|---------|--------------------|-------|---------|--------------------|-------|
| | *Petite Ourse.* | | | *Andromède.* | |
| α | 3—2 | 17 | 50 | 0—4—6—4 1/2—4 | 70 |
| δ | 4—3—4 1/3 | | γ | 3—2 | |
| 5 | 4—3—6—4—5 | | θ | 4—5—5 1/3 | |
| | | | ι | 4—5—7—6—4 1/2 | |
| | *Dragon.* | | ξ | 0—4—5—4—5 | |
| | | | π | 0—4—5—4 | |
| α | 3 1/2—2—3 | 29 | τ | 4—5—6—4 1/2 | |
| ε | 4—3—5 1/2—4 | | ν | 4—5—4—6—5 1/2 | |
| π | 4—3—5 | | ω | 0—6—5—4 2/3 | |
| ρ | 3 1/3—4—5 | | 53 | 0—6—5—4 3/4 | |
| μ | 4—4 2/3—5—5 1/2 | | | | |
| σ | 4—4 1/2—5—5 1/3 | | | *Triangle.* | |
| υ | 4 3/4—5—4—5 1/2—5 | | β | 4—3 | 79 |
| φ | 3 3/4—4—4 1/3—5 | | γ | 3—4—5 1/2—4 | |
| ω | 6—4—5 | | δ | 4—5—6—5 1/2 | |
| 15 A | 0—3—4—5 | | | | |
| 65 e | 0—5—5 1/2—6 1/3 | | | *Lézard.* | |
| P. IX, 37 | 0—5—4 1/3 | | 7 | 5—4 | 82 |
| | | | 6 | 5—4 1/2—5 1/2—5 | |
| | *Céphée.* | | 11 | 6—6 1/2—5—5 1/2 | |
| δ | 3 3/4—4—4 1/2—var. | 37 | | | |
| μ | 0—5—6—4 1/2 | | | *Persée.* | |
| ο | 5—4—7—5 | | β | 2—3—2—var. | 84 |
| ρ | 5—5 2/3—6—6 1/3 | | λ | 4—6—4 1/3—4 1/2 | |
| 43 Hév. | 0—5—4 1/2—4 2/3 | | π | 4—5—5 1/2—5 | |
| | | | υ | 4—5—3 1/2—4 | |
| | *Girafe.* | | φ | 4—5—4 | |
| P. III, 111. | 5—6—7—4 1/3 | 45 | ω | 4—5—6—5 | |
| 1042 Radcl. | 0—5 | | 43 A | 0—5—6 1/2—5 1/2 | |
| P X, 22 | 6—5 1/2—5—5 1/2 | | 57 m | 6—8—6—6 1/2 | |
| | | | 29 | 6—5 | |
| | *Cassiopée.* | | 24 | 5—6—4 1/2—5 1/2 | |
| α | 3—2 | 55 | | | |
| β | 3—2 | | | *Grande Ourse.* | |
| γ | 3—2 | | α | 2—1 1/2—2—2 1/2 | 96 |
| ψ | 6—5—4 1/2—5 1/2 | | δ | 3—2—2 1/2—3 3/4 | |
| 48 A | 0—4—6—5 | | ω | 0—5—4—5 | |

| ÉTOILES | GRANDEURS OBSERVÉES | PAGES | ÉTOILES | GRANDEURS OBSERVÉES | PAGES |
|---|---|---|---|---|---|
| $f$ | 4—5—6—5 | 96 | $\eta$ | 4—5—6—5 | 143 |
| 4 | 4—5—3 2/3—4 | | $\iota$ | 4—6—5—4 3/4 | |
| 10 | 0—4 | | $\varkappa$ | 0—6—5—4 3/4 | |
| P. VIII, 245 | 0—4—5 | | $\tau$ | 6—4 2/3—5 | |
| P. X, 42 | 0—5—4—6—5 | | | | |
| 83 | 6—5 1/2—4—5 1/2 | | | *Cocher.* | |

|  |  |  |  |  |  |
|---|---|---|---|---|---|
| | *Petit Lion.* | | $\varepsilon$ | 4—3 | 158 |
| | | | $\xi$ | 4—5—6—5 | |
| 37 | 3—4—5 | 117 | $\tau$ | 5—6—7—5 1/2 | |
| 30 | 3—4—5 | | $\psi$ | 6—4 1/2—5—5 1/3 | |
| 42 | 3—4—5 | | 16 | 6—7—5—5 2/3 | |
| 10 | 4—5—6—5 | | 63· | 0—4 1/2—5—6 | |

|  |  |  |  |  |  |
|---|---|---|---|---|---|
| | *Chiens de Chasse.* | | | *Lynx.* | |
| 19 | 6—7—5 1/3—6 | 120 | 40 | 3—4—4 1/2—3 1/2 | 163 |
| 20 | 6—5—5 1/3—5 | | 38 | 5—4—3 3/4 | |
| 21 | 4 1/4—6—5 | | 2 | 5—4—4 1/2—4 2/3—5 1/2 | |
| 23793 | 0—5 1/2—5 1/3—5 2/3 | | 27 | 5—4 2/3—5 2/3 | |
| | | | 19 | 6—5—7—5—5 1/2 | |
| | *Chevelure de Bérénice.* | | 20 | 6—7 1/2 | |

|  |  |  |  |  |  |
|---|---|---|---|---|---|
| 43 | 4—5 1/2—6—4 1/2 | 127 | | *Pégase* | |
| 15 | 3—4—4 1/2—5 | | $\beta$ | 2—3 | 168 |
| 42 | 0—4 1/2—5 | | $\gamma$ | 2—3 | |
| 11 | 0—4 1/2—5—5 1/2 | | $\varepsilon$ | 2—3 | |
| 14 | 4—5—5 1/2 | | $\nu$ | 4—5 1/3 | 170 |
| 23 | 4—5—5 1/2 | | $\xi$ | 4—5 | |
| 31 | 4—5—5 2/3 | | $\tau$ | 4—6—5 | |
| 41 | 4—5—5 1/2 | | $\upsilon$ | 4—6—5 | |
| 7 | 4—5—5 2/3 | | $\psi$ | 6—5—4 | |
| 18 | 4—5—6 | | 1 | 0—4—4 1/2 | |
| 21 | 4—5—6 | | 2 | 0—4—5—6—5 | |
| | | | 9 | 0—4—5—4 1/3 | |
| | | | 31 | 0—4—5 | |
| | *Bouvier.* | | 56 | 0—5 1/2—4 1/2—5 | |

|  |  |  |  |  |  |
|---|---|---|---|---|---|
| $\mathfrak{s}$ | 3—2 | 136 | | *Petit Cheval.* | |
| 0 | 5—4—3 2/3—4 | | | | |
| $\varkappa$ | 5—4—5 1/2—5 | | $\beta$ | 6—4—5 1/2—5 | 175 |
| $\nu$ | 4—5—5 1/2—4 3/4 | | $\gamma$ | 5 1/2—4—5—4 1/2 | |
| $\xi$ | 5—4—3 1/2—4 1/2 | | $\delta$ | 5 1/2—4—4 1/2 | |
| $\pi$ | 5—4—3—4 | | | | |
| $\sigma$ | 4—5 | | | *Dauphin.* | |
| 22 $f$ | 0—4—5—6—5 | | | | |
| 44 $i$ | 6—5—4 2/3—5 | | $\alpha$ | 3—3 1/3—3 2/3 | 178 |
| 47 $k$ | 4—6—5—6 | | $\delta$ | 3 1/3—3—5—4 | |
| P. XIV, 69 | 5—6—4 2/3—5 | | $\varepsilon$ | 3 1/3—4—3—4 | |
| 31 | 7—5—4 2/3—5 | | $\zeta$ | 6—5—4 2/3 | |
| 34 | 6—4 1/2—5 | | $\varkappa$ | 6—5 1/2—5—4 3/4 | |
| 40 | 6—6 1/2—5—5 3/4 | | | | |

|  |  |  |  |  |  |
|---|---|---|---|---|---|
| | *Couronne.* | | | *Cygne.* | |
| $\gamma$ | 4—6—3 2/3 | 143 | $\gamma$ | 3—2 2/3—2 1/3 | 190 |
| $\zeta$ | 0—4—5—4 1/2 | | $\delta$ | 3—3 1/2—2 2/3—3 | |

| ÉTOILES | GRANDEURS OBSERVÉES | PAGES | ÉTOILES | GRANDEURS OBSERVÉES | PAGES |
|---|---|---|---|---|---|
| $\eta$ | 4—5—6—6 1/2—4 1/2 | 190 | 102 | 0—4—4 1/2—5 1/2—4 1/2 | 222 |
| $\iota$ | 4—6—5—4 | | 109 | 0—4—5 1/2—4 | |
| $\lambda$ | 3 2/3—4—5—5 1/3 | | 110 | 0—4—5—4 | |
| $\mu$ | 0—3—4—5—4 1/2 | | 111 | 0—4—5 1/2—4 1/3—4 | |
| $\pi'$ | 0—4—5—4 3/4 | | 113 | 0—4—5—4 1/2 | |
| $\pi^2$ | 0—4—5—4 1/2 | | | | |
| $\rho$ | 0—4—5—4 | | | *Aigle.* | |
| $\upsilon$ | 0—4 2/4—4—5—4 1/2 | | | | |
| $\chi^2$ | 0—5—6 1/2 | | $\beta$ | 3 à 4 | 231 |
| $\varphi$ | 5—6—4—5 | | $\varepsilon$ | 0—3—4—3 1/2—4 | |
| 33 | 0—5—4 1/2 | | $\iota$ | 3—4—4 1/2 | |
| 34 | 0—3—6—5 | | $\varkappa$ | 5—3—4—5 1/2 | |
| 39 | 0—4—6—5 | | $\mu$ | 5—6—4—5 1/3 | |
| 41 | 0—4—4 1/2—4 3/4 | | $\nu$ | 0—4—5—5 1/2 | |
| 47 | 0—3—4—6—5 | | $\xi$ | 3 1/3—5—6—5 | |
| 52 | 0—4—6—5 1/2—4 1/2 | | $\tau$ | 4—6 | |
| 71 | 6—5—4 2/3 | | 11 | 6—7—5—5 1/2 | |
| | | | 12 | 0—4—5—5 1/2—4 | |
| | *Petit Renard.* | | 56 | 5—6—6 1/2—6 1/4 | |
| | | | 71 | 0—4—5—4 1/2 | |
| 13 | 6—4 1/2—5 | 207 | | | |
| 17 | 5—4 1/2—5 1/2 | | | *Ecu* (Aigle). | |
| 32 | 5—4 1/2—5 1/2—5 2/3 | | | | |
| | | | 1 | 4—5 1/2—4 1/2—3 3/4 | 233 |
| | *Lyre.* | | 6 | 4—5 1/2—4 1/2 | |
| | | | 34113 | 6—4 2/3 | |
| $\beta$ | 3—3 1/2—var. | 215 | | | |
| $\delta$ | 3 2/3—4—5—4 1/2 | | | *Flèche.* | |
| $\varepsilon$ | 3 2/3—4—5—4 1/2 | | | | |
| $\zeta$ | 3 2/3—4—5—4 1/2 | | $\gamma$ | 4—4 1/2—3 3/4 | 240 |
| $\eta$ | 4—5—6—4 1/2 | | | | |
| $\theta$ | 4—5—6—4 | | | *Ophiuchus.* | |
| $\varkappa$ | 0—5—4 2/3 | | | | |
| $\lambda$ | 4—5—6—5 2/3 | | $\mu$ | 4—4 2/3—5—5 1/2—4 2/3 | 246 |
| $\nu$ | 4—6 | | $\sigma$ | 6—5—4 1/2—5 | |
| 13 | 0—4—5—6—4 1/2 | | $\chi$ | 5—4—6—5 2/3 | |
| 34931 | 0—5 1/2—6 1/2—5 | | 36 A | 4—4 1/3—5—5 3/4—5 1/2 | |
| | | | 44 $b$ | 4—4 1/3—5—5 1/2—4 2/3 | |
| | *Hercule.* | | 71 | 6—5—7 | |
| | | | | | |
| $\beta$ | 3—2 1/3 | 222 | | *Serpent.* | |
| $\zeta$ | 3—4—2 2/3 | | | | |
| $\varkappa$ | 4—5—5 1/2 | | $\zeta$ | 4—3—5 1/2—4 3/4 | 255 |
| $\lambda$ | 3 2/3—5—4—4 1/2—5 | | $\theta$ | 4—3—3 2/3—4 1/2 | |
| $\nu$ | 3 2/3—4—5—4 1/2 | | $\rho$ | 4—4 1/3—3—5 | |
| $\varphi$ | 4—6—4 | | 5 | 6—5 1/2—5 | |
| $\chi$ | 4—5—6—4—4 2/3 | | | | |
| $\omega$ | 5—4—6—5 | | | *Poissons.* | |
| 104 A | 0—5—4 1/2—5 | | | | |
| 69 $e$ | 4—5—4 2/3 | | $\alpha$ | 3—5—3 1/3—4 | 267 |
| 29 $h$ | 6—5—4—5 1/3 | | $\zeta$ | 4—5—6—4 2/3—5 | |
| 13 $p$ | 6—5 1/2—7—7 1/2 | | $\iota$ | 4—5—6—4 | |
| 68 $u$ | 6—5—4—5 | | $\varkappa$ | 4—5—5 1/2—5 | |
| 88 $z$ | 6—7—6—7 | | $\pi$ | 5—6 | |
| 55 | 0—5—0—5—0 | | $\tau$ | 5—6—4—4 1/2 | |
| 70 | 0—5—4 1/2—6 - 5 1/2 | | $\varphi$ | 4—5—6—4 3/4 | |
| 59 | 0—5—4—5 1/2—4 3/4 | | $\psi^2$ | 4—5—6—5 3/4 | |
| | | | $\psi^3$ | 4—5—6 | |

| ÉTOILES | GRANDEURS OBSERVÉES | PAGES |
|---|---|---|
| ω | 4—5—4 | 267 |
| 76 | 4—6—5—5 1/2 | |
| 19 | 5—6 1/2—6—5 | |
| 27 | 4—5—5 1/3—5 | |
| 29 | 4—5—5 1/3—5 | |
| 58 | 5—5—6 | |
| 94 | 6 1/2—5 1/3 | |

### Bélier.

| | | |
|---|---|---|
| λ | 0—6—5 | 272 |
| τ' | 4—6—7—5 | |
| 7 | 6—7—8—6 1/2 | |
| 38 | 0—6—5 1/2 | |
| P. III, 32 | 0—6 1/2—5 1/2—5 | |

### Taureau.

| | | |
|---|---|---|
| γ | 3—4 | 282 |
| δ' | 0—4—5—6 | |
| Atlas | 5—6—5—4 1/2 | |
| Maïa | 5—6—4 1/2—5 | |
| Mérope | 5—4—4 1/2—5 1/2 | |
| 28 Bessel | 7—6—7—6 | |
| Pléione | 7—6—5 1/2—6 1/2 | |
| 18 Fl. | 7—8—6—6 1/2 | |
| θ' | 3—4—3—5—4 | |
| λ | 3—4—var. | |
| 97 i | 4—5—6—5 2/3 | |
| 4 s | 4—6—5 1/2 | |
| 41 | 6—5 1/2 | |
| 48 | 6—6—7 | |
| P. IV, 246 | 0—6 1/2—6—5 1/3 | |

### Gémeaux.

| | | |
|---|---|---|
| β | 2—1 | 312 |
| ζ | 3—3 1/2—4—var. | |
| η | 4—3—3 1/2—var. | |
| θ | 4—5—3 1/3—4 1/4 | |
| λ | 3—4—5—4 1/3 | |
| ν | 3 2/3—4—5—4 1/2 | |
| o | 0—5—6—7—5 1/2 | |
| 1 | 4—4 3/4—4—3—4—5 | |
| 20 | 5—6—7—8 | |
| 26 | 0—5—6 1/2—5 1/2 | |

### Petit Chien.

| | | |
|---|---|---|
| β | 4—3 | 322 |
| ε | 0—6—5 1/2 | |
| 6 | 0—6—5—5 1/2—4 3/4 | |
| P. VII, 289 | 0—5—4—6—4 2/3 | |
| P. VII, 249 | 0—5—6—6 1/2 | |

### Cancer.

| | | |
|---|---|---|
| α | 4—3—5—4 | 334 |
| η | 4 1/3—5—6 1/2—5 1/2 | |

| ÉTOILES | GRANDEURS OBSERVÉES | PAGES |
|---|---|---|
| θ | 4 1/3—5—5 1/2—6—5 1/2 | 334 |
| ι | 4—5—4—4 1/2 | |
| χ | 4—4 1/2—5 1/2—5 | |
| π | 4—6 | |
| 62 o' | 4 1/3—6—6 1/2—5 1/2 | |
| 82 π | 4—0—6—7—6 | |
| 64 σ³ | 0—6—5 | |
| ψ | 6—7—4—6 | |
| 8 | 0—5—6—6 1/4 | |

### Lion.

| | | |
|---|---|---|
| β | 1—1 1/2—2 | 348 |
| ζ | 3—4 1/2—0—3—3 1/3 | |
| ν | 5—4—5 1/2—5 | |
| ξ | 6—4—5—6—5 1/2 | |
| τ | 4—0—5—5 1/4 | |
| φ | 0—4—5—5 2/3—4 1/3 | |
| ψ | 5—6—6 1/2—5 1/2 | |
| 60 b | 6—5—4 1/3—4—6 | |
| 87 e | 0—5—4 1/2—5 | |
| 12 | 6—6 1/3—6—8 | |
| 71 | 5—0—6—6 1/2—7 | |
| 93 | 0—4—5—4—4 1/2 | |

### Sextant.

| | | |
|---|---|---|
| 19 | 5—6—7—6 | 360 |
| 27 | 6—7—6—7 | |
| 31 | 0—6—8—7 | |
| 41 | 7—6—5—6 | |
| 19662 Lal. | 0—4 1/2—7—6 1/3 | |
| 19823 Lal. | 0—7—8—6 1/3—8 | |

### Vierge.

| | | |
|---|---|---|
| ν | 5—4 1/2—4 1/3—4 | 366 |
| o | 5—4—5—4 1/3 | |
| τ | 0—5—4 | |
| 50 | 5—6—7—6 | |
| 61 | 5—6—4 1/2—5 1/3 | |
| 68 i | 5—6—5—5 3/4 | |
| 82 m | 4—5 1/2—6—5 3/4 | |
| 78 o | 6—5—5 1/3 | |
| 96 | 6—6 3/4 | |
| 97 | 7—6—8—7 | |
| P. XII, 142 | 7—6—4 1/2—6 | |
| 23228 Lal. | 5 1/2—7—8—6 | |
| 25086 Lal. | 5 1/2—7—6 1/3—5 3/4 | |

### Balance.

| | | |
|---|---|---|
| γ | 4—3—6—3 1/2—4 1/2 | 385 |
| δ | 5—4—5—var. | |
| ε | 0—4—5 1/2—5—5 1/2 | |
| ζ | 0—4—6—4—6 | |

| ÉTOILES | GRANDEURS OBSERVÉES | PAGES | ÉTOILES | GRANDEURS OBSERVÉES | PAGES |
|---|---|---|---|---|---|
| η | 5—6—4—4—6 | 385 | 83 $h$ | 4—4 1/2—6—5 1/2 | 431 |
| ι | 4—3—4—3—5 | | 46090 | 6 1/2—6—8 | |
| κ | 4—5—5 1/2 | | | | |
| λ | 6—4—5—6 | | *Orion.* | | |
| ν | 4—5 1/2—5—6—5 1/2 | | α | 1—1 1/3—2—1—var. | 451 |
| 16 | 0—5—5 1/2—4 2/3 | | θ | 3—4—6—4—4 3/4 | |
| 48 | 4—5—5 1/2 | | o¹ | 0—4—5—6—5 2/3 | |
| | | | π¹ | 3—4—5 | |
| *Scorpion.* | | | π⁶ | 3—4—5 | |
| ζ¹ | 4—3—4—5 2/3—5 3/4 | 396 | ρ | 0—4—5 | |
| ρ | 3—4—4 2/3—5—4 1/2 | | ω | 4—5—6—5 | |
| P. XVI, 55 | 7—6 2/3—0—5 3/4 | | 32 A | 4—5—5 1/3—4 2/3 | |
| P. XVI, 255 | 6—5—5 2/3 | | 5 | 5 1/2—6—7—6 | |
| P. XVII, 137 | 6—5—4 1/2 | | 31 | 6—5—7—4 3/4 | |
| | | | 10527 | 7—6—5 | |
| *Sagittaire.* | | | *Grand Chien.* | | |
| α | 2 1/3—4 1/2—2—4 | 410 | γ | 4—3—6 1/2—4 1/3—4 1/2 | 474 |
| β | 2—4 1/2—4—2—3 3/4 | | δ | 3—2 | |
| γ | 3—4—2 3/4 | | ε | 3—2 | |
| θ | 3—4 1/3—5—6—4 1/2 | | 6 ν¹ | 5—6 2/3—6 1/2 | |
| ι | 3—4 1/3—4 1/2—4 1/3 | | 8 ν³ | 6—5—6—5 | |
| λ | 3—4—2 2/3 | | 16 o¹ | 5—4 | |
| 15 μ² | 0—6—4—5—5 3/4 | | 19 | 5—6—5 2/3—5 | |
| π | 4—3 1/2—5 1/2—3 | | 22 | 0—4—4 2/3—4—3 1/2 | |
| σ | 3—4—3—2 1/3 | | 27 | 0—7—4 1/2—5 2/3—5—4 | |
| υ | 4—5—6—5 | | 28 | 0—5—3 1/2—6—4 1/4 | |
| φ | 4—5—3 1/2—3 2/3 | | 2244 | 6—7—7 1/2 | |
| 51 $h$¹ | 6—4—var. | | | | |
| 52 $h$² | 4—6—5—4 2/3 | | *Baleine.* | | |
| 9 | 7—6 2/3—4 2/3—6 | | α | 3—2—1 1/2—2 1/2 | 500 |
| 29 | 6—5—6 1/3—5 1/2 | | δ | 3—4 | |
| | | | ε | 4—3—4 1/2 | |
| *Capricorne.* | | | ζ | 3—5—3 1/2 | |
| ζ | 4—4 1/2—5—3 2/3 | 422 | 96 κ¹ | 0—5—4—6—5 | |
| θ | 4—5—5 1/2—4 | | 65 ξ¹ | 4—4 1/2—6—5—4 1/2 | |
| ψ | 4—6—5—4 | | o | 0—4—2 1/2—var. | |
| ω | 4—6—4 | | 72 Lal. | 0—6 1/2—6—5 1/2 | |
| 24 A | 4—4 1/2—6—5 2/3—4 3/4 | | 37 Fl. | 5—6—6 1/2—5 1/3 | |
| 36 $b$ | 5—4 2/3—6—4 2/3 | | 158 Lal. | 6 1/2—6—5 1/2 | |
| 46 $c'$ | 5—6—4 2/3—5 1/2 | | | | |
| | | | *Éridan.* | | |
| *Verseau.* | | | β | 4—3—2 3/4 | 509 |
| κ | 0—4—5 3/4—5—5 1/4 | 431 | γ | 3—3 1/2—3—2—2 3/4 | |
| ν | 3—5—4 2/3 | | ζ | 3—5 | |
| π | 3—4 1/3—5 | | θ | 3—3 2/3—3—3—2 1/2 | |
| 71 τ² | 6—5 1/2—4 | | ι | 3—4—5—4 | |
| χ | 4—5—6—5 1/3 | | κ | 3—4—5—4 | |
| 103 A¹ | 6 1/2—6—5—6 | | λ | 4—6—4 1/2 | |
| 104 A² | 5—4—5 | | 9 ρ¹ | 4—5—6—5 1/2 | |
| 98 $b$¹ | 4—5—4 2/3—4 | | 4969 Lal. | 4—5—6—5 1/2 | |
| 86 $c$¹ | 4—5—6—4 1/2 | | 50 ν¹ | 4—4 1/2—6—4 2/3 | |
| 88 $c$² | 4—5—4—3 2/3 | | 43 ν³ | 4—5—3 1/2—4 1/2 | |

| ÉTOILES | GRANDEURS OBSERVÉES | PAGES |
|---|---|---|
| 51 c | 4—5 1/2—5 3/4 | 509 |
| 54 | 5—3 1/2—5 2/3—3 1/2 | |
| 60 | 6—5 | |
| 64 | 6—4 3/4 | |
| P. IV, 154 | 6 1/2—5 1/3—5 1/4 | |

**Lièvre.**

| | | |
|---|---|---|
| δ | 4—3—6—5—3 2/3 | 518 |
| θ | 0—4—5 | |
| μ | 4—5—3 1/2 | |

**Licorne.**

| | | |
|---|---|---|
| 30 | 3—4—6—5 1/2—4 | 521 |
| 31 | 4—5—7—5 | |
| 29 | 6—4 2/3—5 | |
| P. VII, 228 | 7—6—5 1/3—6 | |

**Hydre.**

| | | |
|---|---|---|
| β | 3—4—4 1/2 | 534 |
| x | 4—0—4 1/2—5—5 1/3 | |
| λ | 0—3 2/3—4 1/2—4—3 1/2 | |
| o | 4—5—6—5 | |
| 12 | 0—4—5—6—4 1/2 | |
| 25 | 5—7—7 1/2 | |
| 51 | 0—5—6—5 | |
| 52 | 5—5 2/3—4 2/3 | |
| 20556 Lal. | 0—6—5 2/3—5 1/4 | |

**Coupe.**

| | | |
|---|---|---|
| ε | 4—4 1/2—5—5 1/2 | 537 |
| η | 4—5 1/3—6—5 1/2 | |

**Corbeau.**

| | | |
|---|---|---|
| α | 3—4—3—4 | 538 |
| γ | 3—3—2 | |
| 23675 Lal. | 6—7—6—5 3/4 | |
| 23726 Lal. | 7 1/2—5—7 1/2 | |

**Machine Pneumatique.**

| | | |
|---|---|---|
| β | 4—6—5 1/3—6 | 541 |
| γ | 5—6—7 1/4 | |

| ÉTOILES | GRANDEURS OBSERVÉES | PAGES |
|---|---|---|

**Colombe.**

| | | |
|---|---|---|
| δ | 4—5—4 | 542 |
| η | 4—5 1/2—4 | |
| π¹ | 5—7—6 3/4 | |
| π² | 4 1/2—5 1/2—6—5 3/4 | |

**Navire.**

| | | |
|---|---|---|
| h (Poupe) | 4—6 1/2—5—4 1/2 | 546 |
| l | 5 1/2—5—6—4 1/4 | |
| c | 5—4—3 1/2 | |
| c (Carène) | 4 1/2—6—4 2/3—4 | |
| i | 3 1/2—5—4 1/3 | |
| β | 1—2 | |
| s | 4 1/2—6—4 1/2 | |
| x | 5—6—4 1/2 | |
| γ (Voiles) | 2—3 | |
| e | 4 1/2—5—6—4 1/2 | |
| b | 5 1/2—5—4 1/3—4 | |
| d | 5 1/2—6—4 2/3—4 1/2 | |
| c (Mât) | 5 1/2—6—5 1/3—4 1/2 | |

**Poisson Austral.**

| | | |
|---|---|---|
| γ | 4—5—6—4 1/2 | 554 |
| ζ | 5—6—4—7—6 2/3 | |
| η | 4—5—6—5 2/3 | |

**Loup.**

| | | |
|---|---|---|
| η | 4—5—3 2/3 | 575 |
| ι | 4—5—3 2/3 | |

**Indien.**

| | | |
|---|---|---|
| γ | 4 1/2—5—6—6 1/3 | 577 |

**Paon.**

| | | |
|---|---|---|
| x | 4—6 | 578 |

**Poisson volant.**

| | | |
|---|---|---|
| α | 5—3 2/3—4 | 579 |
| γ | 4 1/2—5—3 2/3 | |
| ε | 4 1/2—6—4 1/2 | |
| ζ | 5—5 2/3—4 1/3 | |

**Octant.**

| | | |
|---|---|---|
| ν | 4—6—4 1/3—3 3/4 | 580 |

# X

## PRINCIPALES NÉBULEUSES

### ET AMAS D'ÉTOILES LES PLUS IMPORTANTS

| NOM de la CONSTELLATION. | SYNONYMES. | | POSITION 1880. | | DESCRIPTION. |
|---|---|---|---|---|---|
| | John Herschel Cat. génér. | Messier ou W. Hersch. | Æ | ☾ | |
| | | | h. m. | ° ' | |
| Toucan...... !!! | 52 | .... | 0.19 | —72.48 | Amas splendide. Etoile rouge au centre. |
| Andromède .... | 105 | V, 18 | 33 | +41. 2 | Grande, ovale et faible. |
| Andromède . !!! | 116 | 31 | 36 | +40.37 | Fameuse nébuleuse d'Andromède. |
| Andromède .... | 117 | 32 | 36 | +40.12 | Petite, contiguë à la précédente. |
| Cassiopée...... | 120 | VIII,78 | 36 | +61. 7 | Groupe de petites étoiles. |
| Baleine...... !! | 138 | V, 1 | 42 | —25.53 | Néb. elliptique avec des étoiles incluses. |
| Petit Nuage.. ! | 165 | .... | 47 | —73.57 | Groupe de nébuleuses et d'étoiles. |
| Toucan........ | 193 | .... | 59 | —71.30 | Groupe très condensé. Diamètre 4'. |
| Cassiopée..... | 341 | 103 | 1.25 | +59.58 | Beau champ. |
| Triangle...... ! | 352 | 33 | 27 | +30. 2 | Nébuleuse très étendue, mais mal définie. |
| Cassiopée...... | 392 | VI, 31 | 38 | +60.38 | Beau champ d'étoiles. |
| Persée...... !!! | 512 | VI, 33 | 2.11 | +56.36 | Amas de Persée, visible à l'œil nu. |
| Persée........ | 521 | VI, 34 | 14 | +56.33 | Bel amas, à 3' du précédent. |
| Persée........ ! | 584 | 34 | 34 | +42.16 | Bel amas, non loin d'Algol. Visible à la jum. |
| Baleine ........ | 600 | 77 | 37 | — 0.31 | Petite nébuleuse, près d'une étoile de 9° gr. |
| Eridan ........ | 731 | .... | 3.29 | —36.32 | Nébuleuse ovale. Peut-être spirale. |
| η Taureau..... | ... | .... | 40 | +23.42 | Les Pléiades. |
| Eridan ........ | 826 | IV, 26 | 4. 9 | —13. 2 | Nébul. planétaire, ronde, bril.; * au centre. |
| Orion........ !! | 1030 | VII, 4 | 5. 4 | +16.33 | Riche amas d'étoiles de 11° à 14° grandeur |
| Colombe....... | 1061 | .... | 11 | —40.11 | Amas globulaire brillant. |
| Lièvre ........ | 1112 | 79 | 19 | —24.38 | Globulaire, assez grande, brill. au centre. |
| Cocher........ | 1119 | 38 | 21 | +35.44 | Groupe en forme de croix. Riche voisinage. |
| Gr. Nuage..... | .... | .... | 25 | —69.35 | Vis. à l'œil nu. Petites étoiles et nébuleuses. |
| Taureau........ | 1157 | 1 | 27 | +21.56 | Nébuleuse du Taureau. *Crab nebula.* |
| Cocher........ | 1166 | 36 | 28 | +34. 3 | Beau groupe d'étoiles de 9° à 11° grand. |
| Dorade........ | 1181 | .... | 29 | —66.19 | Nébuleuse longue, brillante et ovale. |
| Orion....... !!! | 1179 | 42 | 29 | — 5.28 | La plus belle nébuleuse du ciel. |
| Orion.......... | 1184 | .... | 30 | — 4.26 | Beau champ. Plusieurs étoiles doubles. |
| Orion......... ! | 1227 | V, 28 | 36 | — 1.55 | Belle nébuleuse, partiellement résoluble. |
| 30 Dorade... !!! | 1269 | .... | 40 | —69.10 | Nébuleuse grande et irrégulière. |
| Orion.......... | 1267 | 78 | 41 | + 0. 1 | Nébuleuse très large. |
| Cocher....... !! | 1295 | 37 | 44 | +32.31 | Amas de plus de 500 étoiles. |
| Gémeaux.... !! | 1360 | 35 | 6. 1 | +24.21 | Amas des Gémeaux. Visible à l'œil nu. |
| Orion.......... | 1361 | VIII,24 | 2 | +13.58 | Amas triangulaire. Plusieurs étoiles doubl. |
| Licorne........ | 1408 | VII, 35 | 21 | +12.42 | Bel amas. Perceptible à l'œil nu. |
| Licorne........ | 1424 | VII, 2 | 26 | + 4.57 | Petit amas. Etoile rouge au centre. |
| Licorne........ | 1437 | IV, 2 | 33 | + 8.52 | Nébuleuse en forme de comète. |
| Gr. Chien.... !! | 1454 | 41 | 42 | —20.37 | Magnifique amas. Visible à l'œil nu. |
| Licorne........ | 1465 | VI, 27 | 46 | + 0.35 | Comme un flocon de la Voie lactée. |
| Licorne........ | 1483 | 50 | 57 | — 8.10 | Amas brillant. Riche voisinage. |
| Gr. Chien.... ! | 1512 | VII, 12 | 7.12 | —15.24 | Riche amas. |
| Gémeaux....... | 1532 | IV, 45 | 22 | +21.10 | Nébuleuse circulaire. Etoile au centre. |
| Gémeaux....... | 1549 | VI, 1 | 31 | +21.50 | Agglomération de très petites étoiles. |
| Navire......... | 1551 | VIII,38 | 31 | —14.12 | Bel amas, avec * doubles. Visib. à l'œil nu. |
| Navire ....... ! | 1564 | 46 | 36 | —14.31 | Groupe dispersé, avec nébul. planétaire. |
| Navire......... | 1565 | IV, 39 | 36 | —14.27 | Nébuleuse planétaire d'un aspect singulier. |
| Navire......... | 1571 | 93 | 40 | —23.34 | Beau groupe d'étoiles de 8° à 13° grandeur. |
| Navire......... | 1593 | .... | 49 | —38.14 | Amas de petites étoiles. |
| Navire......... | 1619 | .... | 57 | —60.34 | Groupe de plus de 200 *; visible à l'œil nu. |
| Navire......... | 1630 | VII, 11 | 8. 5 | —12.28 | Vaste amas, près de l'* orangée 19 Navire. |

| CONSTELLATION. | SYNONYMES. | | POSITION. 1880. | | DESCRIPTION. |
|---|---|---|---|---|---|
| | John Herschel Cat. génér. | Messier ou W. Hersch. | ÆR (h. m.) | ☾ (° ') | |
| Licorne........ | .... | 48 | 8 7 | — 1.33 | Petit amas. |
| Licorne........ | 1637 | VI, 22 | 8 | — 5.26 | Joli groupe d'étoiles de 9° grandeur. |
| Navire......... | 1636 | .... | 8. 7 | —48.55 | Grand groupe diffus. 20' de diamètre. |
| Licorne........ | 1637 | VI, 22 | 8 | — 5.26 | Curieux amas. Etoile double au milieu. |
| Cancer......... | 1681 | 44 | 33 | +20.23 | Prœsepe ou la Crèche. Vis. à l'œil nu. |
| Cancer......... | 1704 | II, 80 | 43 | +19.31 | Petite nébuleuse double. |
| Cancer......... | 1712 | 67 | 45 | +12.17 | Bel amas de 25' de diamètre. |
| Gr. Ourse...... | 1823 | I, 205 | 9.14 | +51.29 | Somb. Beau champ, près 37, à 30' S.-O de 0. |
| Lion........... | 1863 | II, 495 | 25 | +22. 2 | Nébuleuse ovale et double. |
| Navire......... | 1881 | .... | 31 | —46.21 | Groupe riche, de 1° de diamètre. |
| Gr. Ourse....! | 1949 | 81 | 44 | +69.39 | Nébuleuse brillante, elliptique. |
| Gr. Ourse....!! | 1950 | 82 | 46 | +70.21 | Nébuleuse longue de 7' sur 1' de large. |
| Navire......... | 2007 | .... | 59 | —59.33 | Grand groupe d'étoiles. |
| Sextant........ | 2008 | I, 163 | 59 | — 7.10 | Nébuleuse elliptique; noyau stellaire. |
| Sextant........ | 2038 | I, 3 | 10. 8 | + 4. 4 | Nébuleuse double. |
| Hydre........! | 2102 | IV, 27 | 19 | —18. 2 | Nébuleuse gazeuse elliptique. |
| Lion........... | 2184 | 95 | 38 | +12.19 | Nébuleuse. Sa lumière est faible. |
| η Navire....'!!! | 2197 | .... | 40 | —59. 3 | Néb. vaste et singulière, associée à l'ét. η. |
| Lion........... | 2203 | I, 17 | 41 | +13.13 | Nébuleuse double (H. I, 17 et 18). |
| Lion........... | 2301 | I, 13 | 11. 0 | + 0.34 | Nébuleuse ovale avec noyau stellaire. |
| Navire......... | 2308 | .... | 2 | —58. 1 | Grand groupe dispersé. |
| Gr. Ourse...... | 2318 | V, 46 | 4 | +56.19 | Nébuleuse très allongée. * au centre. |
| Gr. Ourse....!! | 2343 | 97 | 8 | +55.41 | Grande nébuleuse planétaire. |
| Lion........... | 2366 | III, 76 | 11 | +15.24 | Rayon lumineux. |
| Lion........... | 2373 | 65 | 12 | +13.45 | Nébuleuse. Sa lumière est faible. |
| Lion........... | 2377 | 66 | 14 | +13.38 | Nébuleuse elliptique. |
| Vierge......... | 2838 | 99 | 12.13 | +15. 5 | Nébuleuse en spirale de la Vierge. |
| Gr. Ourse...... | 2841 | V, 43 | 13 | +48. 1 | Nébuleuse brillante avec noyau stellaire. |
| Vierge......... | 2878 | 61 | 16 | + 5. 8 | Nébuleuse double. |
| Vierge......... | 2930 | 84 | 19 | +13.33 | Nébuleuse. Il y en a dix dans le voisinage. |
| Chevelure...... | 2946 | 85 | 20 | +18.51 | Nébuleuse ronde, double noyau. |
| Vierge......... | 2961 | 86 | 21 | +13.46 | Nébuleuse circulaire. |
| Vierge......... | 3021 | 49 | 23 | + 8.39 | Nébuleuse ronde et brillante. |
| Vierge......... | 3035 | 87 | 25 | +13. 2 | Nébuleuse ronde et brillante. |
| Vierge......... | 3049 | 88 | 27 | +15. 5 | Nébuleuse elliptique. 7' de longueur. |
| Chevelure...... | 3106 | V, 24 | 30 | +26.39 | Nébuleuse très allongée et étroite. |
| Vierge......... | 3108 | IV, 8 | 31 | +11.53 | Nébuleuse double elliptique. |
| Vierge......... | 3111 | 90 | 32 | +13.49 | Nébuleuse elliptique. 7' de longueur. |
| Vierge.......! | 3121 | 58 | 33 | +12.29 | Belle nébuleuse. |
| Hydre........! | 3128 | 68 | 33 | —26. 5 | Bel amas. 4' de longueur sur 3' de large. |
| Vierge......... | 3132 | I, 43 | 34 | —10.57 | Nébuleuse allongée. 4' de longueur. |
| Lévriers ...... | 3165 | V, 42 | 36 | +33.12 | Nébuleuse allongée. 15' de longueur. |
| Vierge......... | 3182 | 60 | 38 | +12.13 | Nébuleuse elliptique. |
| Lévriers ...... | 3258 | 94 | 46 | +41.48 | Petite néb. résol., forme de comète. |
| Vierge......... | 3274 | II, 74 | 46 | +11.57 | Nébuleuse circulaire, assez brillante. |
| χ Croix du S. !!! | 3275 | .... | 46 | —59.42 | Riche amas d'étoiles colorées. |
| Vierge......... | 3278 | II, 75 | 47 | +11.57 | Nébuleuse ovale, contiguë à la précédente. |
| Chevelure...... | 3321 | 64 | 51 | +22.26 | Nébuleuse elliptique avec noyau stellaire. |
| Chevelure ...!! | 3453 | 53 | 13. 7 | +18.48 | Amas globulaire d'étoiles de 12° grandeur. |
| Lévriers........ | 3474 | 63 | 10 | +42.40 | Grande nébuleuse ovale; pâle. |
| ω Centaure. !!!! | 3531 | .... | 19 | —46.36 | Magnifique amas globulaire. |
| Lévriers.... !!! | 3572 | 51 | 25 | +47.50 | Fameuse nébuleuse en spirale. |
| Lévriers..... !!! | 3636 | 3 | 37 | +28.59 | Amas d'un millier d'étoiles. 6' de diamètre. |
| Vierge....... !! | 3900 | I, 70 | 14.23 | — 5.26 | Amas de petites étoiles bleuâtres. |
| Balance..... !!! | 4083 | 5 | 15.12 | + 2.33 | Magnifique amas globulaire. |
| Serpent........ | 4118 | .... | 31 | + 6.27 | Petit amas globulaire. |

| CONSTELLATION. | SYNONYMES. | | POSITION. | | DESCRIPTION. |
|---|---|---|---|---|---|
| | John Herschel Cat. génér. | Messier ou W. Hersch. | ℞ | ⊕ | |
| | | | h. m. | ° ' | |
| Scorpion .....! | 4173 | 80 | 16.10 | −22.41 | L'étoile de 1860 est dans cette nébuleuse. |
| Scorpion...... | 4183 | 4 | 16 | −26.15 | Amas d'étoiles larges. |
| Serpent ......! | 4211 | VI, 40 | 26 | −12.47 | Amas globuleux. Poussière d'étoiles. |
| Hercule ....!!!! | 4230 | 13 | 37 | +36.41 | Fameux amas d'Hercule. Visible à l'œil nu. |
| Hercule........ | 4234 | .... | 39 | +24. 2 | Petite nébuleuse planétaire; bleuâtre. |
| Ophiuchus...!! | 4238 | 12 | 40 | − 1.42 | Bel amas globulaire d'étoiles de 10°grandeur. |
| Ophiuchus...!! | 4256 | 10 | 49 | − 3.54 | Nébuleuse résoluble très riche.. |
| Scorpion....... | 4261 | 62 | 53 | −29.56 | Amas d'étoiles de 14° à 16° grandeur. |
| Ophiuchus..... | 4264 | 19 | 55 | −26. 5 | Vaste et assez brillante. |
| Ophiuchus..... | 4287 | 9 | 17.12 | −18.24 | Myriade d'étoiles télescopiques. |
| Hercule..... !!! | 4294 | 92 | 13 | +43.15 | Très bel amas. Condensation au centre. |
| Autel.......... | 4311 | .... | 31 | −53.36 | Amas globulaire. |
| Ophiuchus ...! | 4315 | 14 | 31 | − 3.10 | Riche amas, de 4' de diamètre. |
| Sagittaire...... | 4318 | 6 | 32 | −32. 8 | Amas d'étoiles de 13° à 15° grandeur. |
| Ophiuchus..... | .... | .... | 41 | − 5.45 | Vaste agglomération de belles étoiles. |
| Télescope..... | 4340 | 7 | 46 | −34.47 | Amas d'étoiles de 7° à 12' grandeur. |
| Ophiuchus...!! | 4346 | 23 | 49 | −19. 0 | Groupe riche et remarquable. |
| Sagittaire....!! | 4355 | 20 | 55 | −23. 2 | Nébuleuse triplement divisée. |
| Sagittaire....! | 4361 | 8 | 56 | −24.22 | Agglom. d'étoiles à 2 foyers. Visib. à la jum. |
| Ophiuchus..... | 4362 | .... | 56 | +11. 2 | Brillant amas. |
| Sagittaire...... | 4367 | 21 | 57 | −22.31 | Amas d'étoiles de 9° à 12° grandeur. |
| Dragon...... !! | 4373 | IV, 37 | 59 | +66.38 | Nébuleuse planétaire. Gaz lumineux. |
| Sagittaire...... | 4388 | VII, 30 | 18. 6 | −21.36 | Nuage d'étoiles de 11° gr. 1/2 degré S. de μ'. |
| Ecu.......... !! | 4397 | 24 | 11 | −18.28 | Vis. à l'œil nu comme un floc. de la V. lact. |
| Ecu........... | 4400 | 16 | 12 | −13.50 | Amas d'étoiles, sur fond nébuleux. |
| Ecu........... | 4401 | 18 | 13 | −17.11 | Champ très riche. |
| Ecu.......... !! | 4403 | 17 | 14 | −16.14 | Nébuleuse ressemblant à un Ω. |
| Sagittaire...... | 4406 | 28 | 17 | −24.56 | Amas glob. d'étoiles de 14° à 16° grandeur. |
| Serpent........ | 4410 | VIII,72 | 22 | + 6.29 | Bel amas. * de 6° gr. dans le champ.Jumelle. |
| Sagittaire..... | .... | , 25 | 25 | −19. 9 | Large et brillant. |
| Sagittaire...... | 4424 | 22 | 29 | −24. 0 | République d'étoiles de 11° à 15° grandeur. |
| Ecu........... | 4432 | 26 | 39 | − 9.33 | Amas d'étoiles de 12° à 15' grandeur. |
| Antinoüs....!!! | 4437 | 11 | 44 | − 6.25 | Amas ressemblant à un vol d'oiseau. |
| Sagittaire...... | 4442 | 54 | 48 | −30.40 | Amas globulaire. |
| Lyre ........!!! | 4447 | 57 | 49 | +32.53 | Nébuleuse annulaire de la Lyre. |
| Aigle......... | 4451 | .... | 51 | +10.12 | Amas disséminé : beau champ d'étoiles. |
| Lyre.......... | 4485 | 56 | 19.12 | +29.58 | Amas globul. : plusieurs centaines d'étoiles. |
| Flèche........ | 4498 | VI, 14 | 25 | +20. 1 | Bel amas. |
| Sagittaire..... | 4503 | 55 | 32 | −31.13 | Nébuleuse blanchâtre; 6' de longueur. |
| Sagittaire..... | 4510 | IV, 51 | 38 | −14.27 | Néb. planét. Spectre gazeux. 2° au N. de 54. |
| Cygne......... | 4514 | IV, 73 | 42 | +50.13 | Nébuleuse ronde avec noyau stellaire. |
| Sagittaire..... | 4520 | 71 | 48 | +18.28 | Amas d'étoiles de 11° à 16° grandeur. |
| P. Renard.. !!! | 4532 | 27 | 54 | +22.24 | Nébuleuse double : Dumb bell. |
| Sagittaire...... | 4543 | 75 | 59 | −22.16 | Nébuleuse avec noyau assez brillant. |
| P. Renard..... | 4559 | .... | 20. 7 | +26.21 | Curieux amas, composé de 104 étoiles. |
| Cygne......... | 4575 | VIII,56 | 19 | +40.24 | Beau groupe, à 1/2 degré au N. de γ. |
| Cygne........ | 4576 | 29 | 20 | +38. 7 | Petit amas. |
| Capricorne..... | 4608 | 72 | 47 | −12.59 | Bel amas de 3' de diamètre. |
| Verseau........ | 4628 | IV, 1 | 58 | −11.51 | Nébuleuse gazeuse. Ressemble à Saturne. |
| Pégase.......! | 4670 | 15 | 21.24 | +11.38 | Petit amas très riche, isolé. |
| Verseau........ | 4678 | 2 | 27 | − 1.21 | Amas stellaire du Verseau. |
| Cygne......... | 4681 | 39 | 28 | +42.17 | Amas d'étoiles de 7° à 10° grandeur. |
| Capricorne... ! | 4687 | 30 | 34 | −23.43 | Riche amas d'étoiles de 12° à 16° grandeur. |
| Lézard........ | 4773 | VIII,75 | 22.10 | +49.17 | Magnifique champ d'étoiles. |
| Céphée........ | 4957 | 52 | 23.19 | +60.56 | Amas irrégul. de pet. étoiles, avec 1 orangée. |
| Andromède.. !!! | 4964 | IV, 18 | 20 | +41.53 | Nébuleuse planétaire brillante, 12' de diam. |
| Cassiopée... !!! | 5031 | VI, 30 | 51 | +56. 3 | Fine poussière d'étoiles. |

# XI

## CATALOGUE DE TOUTES LES COMÈTES OBSERVÉES ET CALCULÉES

Nous réunissons dans la liste suivante toutes les comètes qui ont été scientifiquement *observées* depuis l'origine des sciences, et dont les orbites ont pu être calculées sur l'ensemble de ces observations.

En fait, on en a *vu* un très grand nombre d'autres, mais on ne les a pas suivies dans le ciel assez longtemps ou avec des soins suffisants pour que leur parcours ait pu être déterminé, et il serait impossible de les inscrire dans un véritable catalogue. Dans sa *Comètographie* (premier traité assez complet écrit sur ce sujet), Pingré fait remonter jusqu'à Mathusalem l'apparition de la première comète. Un grand nombre d'autres sont tout aussi légendaires, et beaucoup,. réellement apparues, n'ont pas été scientifiquement ou suffisamment observées.

Il est utile que le lecteur ait sous les yeux le catalogue des comètes dont les orbites ont été calculées, afin de pouvoir suivre les supputations des astronomes lors de la découverte d'un astre nouveau du même ordre. Le catalogue a, en outre, le mérite de montrer que chaque année voit apparaître quelque nouvelle comète, et que, par conséquent, de telles apparitions n'ont plus rien qui doive surprendre ou émouvoir.

Ce premier catalogue renferme toutes les comètes calculées, qui n'ont été observées qu'une seule fois, c'est-à-dire dont la périodicité n'est pas sûrement déterminée. Il est suivi d'un second comprenant les comètes *périodiques*, dont le retour a été observé.

La première colonne donne le jour où la comète est passée à son périhélie, c'est-à-dire au point de son orbite le plus proche du soleil; la deuxième colonne fait connaître la longitude du périhélie, c'est-à-dire la direction du grand axe de l'orbite, comptée à partir du point équinoxial de l'écliptique; la troisième colonne donne la longitude du nœud ascendant, c'est-à-dire le point où passe la comète quand elle va du midi au nord de l'écliptique; la quatrième donne l'inclinaison que le plan de l'orbite de la comète forme avec l'écliptique; la cinquième fait connaître la distance du périhélie exprimée en prenant pour unité le rayon moyen de l'orbite terrestre. Vient ensuite le chiffre de l'excentricité : le chiffre 1 indique qu'elle n'est pas calculée et qu'on a supposé l'orbite parabolique; les excentricités moindres que l'unité se rapportent à des *ellipses*, qui sont par conséquent fermées, et dans lesquelles on a pu évaluer la durée de la révolution. Les excentricités plus grandes que l'unité indiquent des courbes ouvertes *hyperboliques*.

La durée de la révolution, lorsqu'elle a pu être calculée, est donnée en années et fractions d'année. Elle est d'autant moins sûre que la période est plus longue (celles qui sont entre parenthèses doivent être considérées plutôt comme des exercices de calcul que comme des réalités).

Le sens du mouvement est indiqué à la 7ᵉ colonne : il est direct quand le mouvement s'effectue comme celui de la Terre et de toutes les planètes d'occident en orient; il est rétrograde, quand il a lieu en sens contraire.

Les comètes ne se reconnaissent pas à leur aspect physique, car elles en changent souvent avec une rapidité étonnante, mais à la route qu'elles suivent dans l'espace, ce qui est beaucoup plus sûr. Dès qu'une comète nouvelle a été observée suffisamment, on calcule son orbite, et c'est en comparant les résultats du calcul avec le catalogue ci-dessus, que l'on trouve si elle est déjà passée en vue de la Terre et si elle peut être mise au rang des comètes périodiques.

# CATALOGUE DE TOUTES LES COMÈTES OBSERVÉES ET CALCULÉES.

## A. — Comètes dont on n'a observé qu'une apparition.

| PASSAGE AU PÉRIHÉLIE (Calendrier de Jules César) | LONGITUDE DU PÉRIHÉLIE | LONGITUDE DU NŒUD ASCENDANT | INCLINAISON | DISTANCE DU PÉRIHÉLIE | EXCENTRICITÉ | SENS du mouvement | RÉVOLUTION CALCULÉE | AUTEUR OU LIEU DE LA DÉCOUVERTE |
|---|---|---|---|---|---|---|---|---|
| Année et jour | ° ' | ° ' | ° ' | | | | | |
| — 136 Avril | 202. 0 | 192. 0 | 20. 0 | 1,01 | 1 | R | » | En Chine. |
| — 68 Juill. | 288. 0 | 138. 0 | 70. 0 | 0,80 | 1 | D | » | En Chine. |
| + 178 Sept. | 290. 0 | 190. 0 | 18. 0 | 0,5 | 1 | D | » | ? |
| 240 Nov. 10 | 271. 0 | 189. 0 | 44. 0 | 0,372 | 1 | D | » | En Chine. |
| 565 Juill. 14 | 80. 0 | 159.30 | 59. 0 | 0,832 | 1 | R | » | En Chine. |
| 568 Août 29 | 318.35 | 294.15 | 4. 8 | 0,907 | 1 | D | » | En Chine. |
| 574 Avril 7 | 143.39 | 128.17 | 46.31 | 0,963 | 1 | D | » | En Chine, |
| 770 Juin 6 | 357. 7 | 90.59 | 61.49 | 0,642 | 1 | R | » | En Chine. |
| 837 Mars 1 | 289. 3 | 206.33 | 10 ou 12 | 0,58 | 1 | R | » | En Chine. |
| 961 Déc. 30 | 268. 3 | 350.35 | 79.33 | 0,552 | 1 | R | » | En Chine. |
| 989 Sept. 12 | 264. 0 | 84. 0 | 17. 0 | 0,568 | 1 | R | » | En Chine. |
| 1006 Mars 22 | 304 ou305 | 38. 0 | 17.30 | 0,583 | 1 | R | » | Les Arabes. |
| 1092 Fév. 15 | 156.20 | 125.40 | 28.55 | 0,928 | 1 | D | » | En Chine. |
| 1097 Sept. 21 | 332.30 | 207.30 | 73.30 | 0,738 | 1 | D | » | En Europe. |
| 1231 Janv. 30 | 134.48 | 13.30 | 6. 5 | 0,948 | 1 | D | » | En Chine. |
| 1264 Juill. 25 | 309.59 | 139.39 | 16.21 | 0,888 | 1 | D | » | En Europe. |
| 1299 Mars 31 | 3.30 | 107. 8 | 68.57 | 0,318 | 1 | R | » | En Chine. |
| 1337 Juin 15 | 2.20 | 93. 1 | 40.28 | 0,828 | 1 | R | » | En Europe. |
| 1362 Mars 2 | 227. 0 | 237. 0 | 32. 0 | 0,470 | 1 | R | » | En Chine. |
| 1366 Oct. 13 | 59. 0 | 205. 0 | 6. 0 | 0,958 | 1 | D | » | En Chine. |
| 1385 Oct. 16 | 101.47 | 268.31 | 52.15 | 0,774 | 1 | R | » | En Chine. |
| 1442 Mars 21 | 208. 0 | 117. 0 | 55. 0 | 0,38 | 1 | D | » | En France. |
| 1433 Nov. 4 | 281. 2 | 133.49 | 79. 1 | 0,339 | 1 | R | » | En Chine. |
| 1449 Déc. 9 | 60. 0 | 143. 0 | 75.30 | 0,15 | 1 | D | » | En Chine. |
| 1457 Sept. 3 | 90.50 | 256. 5 | 20.20 | 2,103 | 1 | D | » | En Chine. |
| 1462 Août 6 | 196. 0 | 25. 0 | 25. 0 | 0,31 | 1 | R | » | En Chine. |
| 1468 Oct. 7 | 1.22 | 71. 5 | 38. 1 | 0,830 | 1 | R | » | En Chine. |
| 1472 Fév. 28 | 48. 3 | 207.32 | 1.55 | 0,564 | 1 | R | » | Regiomontanus. |
| 1490 Déc. 24 | 58.40 | 288.45 | 51.37 | 0,738 | 1 | D | » | En Chine. |
| 1491 Janv. 4 | 108. 0 | 263. 0 | 75. 0 | 0,755 | 1 | R | » | Bernhard Walter. |
| 1499 Sept. 6 | 0. 0 | 326.30 | 21. 0 | 0,954 | 1 | D | » | En Chine. |
| 1500 Mai 17 | 290. 0 | 310. 0 | 75 | 1,4 | 1 | R | » | En Europe. |
| 1506 Sept. 3 | 250.37 | 132.50 | 45. 1 | 0,386 | 1 | R | » | En Chine. |
| 1532 Oct. 18 | 111.48 | 87.23 | 32.36 | 0,519 | 1 | D | » | En Chine. |
| 1533 Juin 14 | 217.40 | 299.19 | 28.14 | 0,327 | 1 | D | » | En Europe. |
| 1556 Avril 22 | 276. 6 | 175.14 | 32.26 | 0,491 | 1 | D | » | Joach. Heller. |
| 1558 Août 10 | 329.49 | 332.36 | 73.29 | 0,577 | 1 | R | » | En Europe. |
| 1577 Oct. 26 | 129.42 | 25.20 | 75.10 | 0,177 | 1 | R | » | Tycho Brahé. |
| 1580 Nov. 28 | 108.29 | 19. 7 | 64.34 | 0,602 | 0,9986 | D | (9228 ans) | En Chine. |
| 1582 Mai 6 | 256.15 | 229.18 | 60.47 | 0,168 | 1 | R | » | Tycho Brahé. |
| Calendrier réformé | | | | | | | | |
| 1585 Oct. 8 | 9. 8 | 37.44 | 6. 6 | 1,095 | 1 | D | » | En Chine. |
| 1590 Fév. 8 | 217.57 | 165.37 | 29.30 | 0,568 | 1 | R | » | Tycho Brahé. |
| 1593 Juill. 18 | 176.19 | 164.15 | 87.51 | 0,089 | 1 | D | » | En Chine. |
| 1596 Juill. 25 | 270.55 | 330.21 | 51.58 | 0,567 | 1 | R | » | Tycho Brahé. |
| 1618 Août 17 | 318.20 | 293.25 | 21.18 | 0,513 | 1 | D | » | En Hongrie. |
| 1618 Nov. 8 | 3. 5 | 75.44 | 37.12 | 0,389 | 1 | D | » | Kirch. |
| 1652 Nov. 12 | 38.19 | 88.10 | 79.28 | 0,847 | 1 | D | » | Hévélius. |
| 1661 Janv. 26 | 115.16 | 81.54 | 33.55 | 0,443 | 1 | D | » | Hévélius. |
| 1664 Déc. 4 | 130.33 | 81.16 | 21.18 | 1,026 | 1 | R | » | En Espagne |
| 1665 Avril 24 | 71.54 | 228. 2 | 76. 5 | 0,106 | 1 | R | » | A Aix. |
| 1668 Fév. 24 | 40. 9 | 193.26 | 27. 7 | 0,025 | 1 | D | » | Ægidius. |

| PASSAGE AU PÉRIHÉLIE | LONGITUDE DU PÉRIHÉLIE | LONGITUDE DU NŒUD ASCENDANT | INCLINAISON | DISTANCE DU PÉRIHÉLIE | EXCENTRICITÉ | SENS du mouvement | RÉVOLUTION CALCULÉE | AUTEUR DE LA DÉCOUVERTE |
|---|---|---|---|---|---|---|---|---|
| Année et jour | ° ' | ° ' | ° ' | | | | | |
| 1672 Mars 1 | 46.59 | 297.30 | 83.22 | 0,697 | 1 | D | » | Hévélius. |
| 1677 Mai 6 | 137.37 | 236.49 | 79. 3 | 0,280 | 1 | R | » | Flamsteed. |
| 1678 Août 18 | 322.48 | 163.20 | 2.52 | 1,145 | 0,6270 | D | 5,379 | La Hire. |
| 1680 Déc. 17 | 262.49 | 272. 9 | 60.40 | 0,006 | 0,9999 | D | (8814 ans) | Kirch. |
| 1683 Juill. 13 | 85.36 | 173.25 | 83.13 | 0,559 | 1 | R | » | Flamsteed. |
| 1684 Juill. 8 | 238.52 | 268.15 | 65.49 | 0,960 | 1 | D | » | Bianchini. |
| 1686 Sept. 16 | 77. 0 | 350.35 | 31.22 | 0,325 | 1 | D | » | Au Brésil. |
| 1689 Nov. 29 | 269.41 | 90.25 | 59. 4 | 0,019 | 1 | R | » | Dans le Sud |
| 1695 Nov. 9 | 60. 0 | 216. 0 | 22. 0 | 0,843 | 1 | D | » | Delisle. |
| 1698 Sept. 17 | 274.41 | 65.52 | 10.55 | 0,729 | 1 | R | » | Cassini. |
| 1699 Janv. 13 | 212.31 | 321 46 | 69.20 | 0,744 | 1 | R | » | Fontenay. |
| 1701 Oct. 17 | 133.41 | 298.41 | 41.39 | 0,593 | 1 | R | » | Pallu. |
| 1702 Mars 13 | 138.47 | 188.59 | 4.25 | 0,647 | 1 | D | » | Bianchini. |
| 1706 Janv. 30 | 72.36 | 13.11 | 55.14 | 0,428 | 1 | D | » | Cassini. |
| 1707 Déc. 11 | 79.58 | 52.50 | 88.38 | 0,859 | 1 | D | » | Manfredi. |
| 1718 Janv. 14 | 121.40 | 127.55 | 31. 8 | 1,025 | 1 | R | » | Kirch. |
| 1723 Sept. 27 | 42.53 | 14·14 | 50. 0 | 0,999 | 1 | R | » | Sanderson. |
| 1729 Juin. 12 | 320.28 | 310.38 | 77. 5 | 4,043 | 1,0053 | D | » | Sarabat. |
| 1737 Janv. 30 | 325.55 | 226.22 | 18.20 | 0,223 | 1 | D | » | (A la Jamaïque). |
| 1737 Juin 8 | 262.37 | 123.54 | 39.14 | 0,867 | 1 | D | » | Kegler. |
| 1739 Juin 17 | 102.39 | 207.25 | 55.43 | 0,673 | 1 | R | » | Zanoti. |
| 1742 Fév. 8 | 216.39 | 185. 9 | 67.32 | 0,770 | 1 | R | » | Grant. |
| 1743 Janv. 8 | 93.20 | 86.54 | 1.54 | 0,861 | 0,7213 | D | » | Grischow. |
| 1743 Sept. 20 | 247.16 | 6.15 | 45.38 | 0,524 | 1 | R | » | Klinkenberg. |
| 1744 Mars 1 | 197.14 | 45.48 | 47. 8 | 0,222 | 1 | D | » | Klinkenberg. |
| 1746 Fév. 15 | 140. 0 | 325. 0 | 6. 0 | 0,95 | 1 | D | » | Kinderman. |
| 1747 Mars 3 | 277. 2 | 147.19 | 79. 6 | 2,198 | 1 | R | » | Chéseaux. |
| 1748 Avril 28 | 215.23 | 232.52 | 85.28 | 0,840 | 1 | R | » | Maraldi. |
| 1748 Juin 18 | 278.47 | 33. 8 | 67. 3 | 0,946 | 1 | D | » | Klinkenberg. |
| 1757 Oct. 21 | 122.36 | 214. 7 | 12.41 | 0,339 | 1 | D | » | Bradley. |
| 1758 Juin 11 | 267.38 | 230.50 | 68.19 | 0,215 | 1 | D | » | La Nux. |
| 1759 Nov. 27 | 53.38 | 139.40 | 79. 3 | 0,802 | 1 | D | » | Messier. |
| 1759 Déc. 16 | 139. 4 | 79.20 | 4.42 | 0,962 | 1 | R | » | Dunn. |
| 1762 Mai 28 | 104. 2 | 348.33 | 85.38 | 1,009 | 1 | D | » | Klinkenberg |
| 1763 Nov. 1 | 84.57 | 356.18 | 72.34 | 0,498 | 0,9954 | D | (3205 ans) | Messier. |
| 1764 Fév. 12 | 15.15 | 120. 5 | 52.54 | 0,555 | 1 | R | » | Messier. |
| 1766 Fév. 17 | 143.15 | 244.11 | 40.50 | 0,505 | 1 | R | » | Messier. |
| 1766 Avril 26 | 251.13 | 74.11 | 8. 2 | 0,399 | 0,8640 | D | 5,037 | Helfenzrieder. |
| 1769 Oct. 7 | 144.11 | 175. 4 | 40.46 | 0,123 | 0,9992 | D | (2089 ans) | Messier. |
| 1770 Août 14 | 356.16 | 132. 0 | 1.35 | 0,674 | 0,7868 | D | 5,696 | Messier. |
| 1770 Nov. 22 | 208.23 | 108.42 | 31.26 | 0,528 | 1 | R | » | Messier. |
| 1771 Avril 19 | 104. 3 | 57.52 | 11.15 | 0,903 | 1,0094 | D | » | Messier. |
| 1773 Sept. 1 | 75.11 | 121. 5 | 61.14 | 1,127 | ? | D | » | Messier. |
| 1774 Août 15 | 317.28 | 180.45 | 83.20 | 1,433 | 1,0283 | D | » | Montaigne. |
| 1779 Janv. 4 | 87.10 | 24.57 | 32.31 | 0,713 | 1 | D | » | Bode. |
| 1780 Sept. 30 | 246.36 | 123.41 | 54.23 | 0,096 | 0,9099 | R | (75600 ans) | Messier. |
| 1780 Nov. 28 | 246.52 | 142. 1 | 72. 3 | 0,515 | 1 | R | » | Olbers. |
| 1781 Juill. 7 | 239.11 | 83. 1 | 81.43 | 0,776 | 1 | D | » | Méchain. |
| 1781 Nov. 29 | 16. 3 | 77.23 | 27.12 | 0,961 | 1 | R | » | Méchain. |
| 1783 Nov. 19 | 50.17 | 55.40 | 45. 7 | 1,459 | 0,5524 | D | 5,888 | Pigott. |
| 1784 Janv. 21 | 80.44 | 56.49 | 51. 9 | 0,708 | 1 | R | » | La Nux. |
| 1785 Janv. 27 | 109.52 | 264.12 | 70.14 | 1,143 | 1 | D | » | Messier. |
| 1785 Avril 8 | 297.30 | 64.34 | 87.32 | 0,427 | 1 | R | » | Méchain. |
| 1786 Juill. 8 | 158.38 | 195.23 | 50.59 | 0,394 | 1 | D | » | Cᵐᵉ Herschel. |
| 1787 Mai 10 | 7.44 | 106.52 | 48.16 | 0,349 | 1 | R | » | Méchain. |

| PASSAGE AU PÉRIHÉLIE | LONGITUDE DU PÉRIHÉLIE | LONGITUDE DU NŒUD ASCENDANT | INCLINAISON | DISTANCE DU PÉRIHÉLIE | EXCENTRICITÉ | SENS du mouvement | RÉVOLUTION CALCULÉE | AUTEUR DE LA DÉCOUVERTE |
|---|---|---|---|---|---|---|---|---|
| Année et jour | ° ' | ° ' | ° ' | | | | | |
| 1788 Nov. 10 | 99. 8 | 156.57 | 12.28 | 1,063 | t. | R | » | Messier. |
| 1788 Nov. 20 | 22.50 | 352.24 | 64.30 | 0,757 | 1 | D | » | Cᵃᵉ Herschel. |
| 1790 Janv. 16 | 58.25 | 172.50 | 29.44 | 0,747 | 1 | R | » | Cᵃᵉ Herschel. |
| 1790 Mai 20 | 274.57 | 35.14 | 63.35 | 0,791 | 1 | R | » | Cᵃᵉ Herschel. |
| 1792 Janv. 15 | 34.43 | 191.55 | 41. 5 | 0,129 | 1 | R | » | Cᵃᵉ Herschel. |
| 1792 Déc. 27 | 135.57 | 283.16 | 42. 2 | 0,966 | 1 | R | » | Gregory. |
| 1793 Nov. 4 | 228.42 | 108.29 | 60.21 | 0,403 | 1 | R | » | Messier. |
| 1793 Nov. 20 | 71.54 | 2. 0 | 51.31 | 1,495 | 0,9734 | D | 412,82 | Perny. |
| 1796 Avril 2 | 192.44 | 17. 2 | 64.55 | 1,578 | | R | » | Olbers. |
| 1797 Juill. 9 | 49.35 | 329.16 | 50.36 | 0,525 | 1 | R | » | Cᵃᵉ Herschel. |
| 1798 Avril 4 | 105. 7 | 122.12 | 43.45 | 0,484 | 1 | D | » | Messier. |
| 1798 Déc. 31 | 34.27 | 249.30 | 42.26 | 0,779 | 1 | R | » | Bouvard. |
| 1799 Sept. 7 | 3.38 | 99.23 | 51. 2 | 0,840 | 1 | R | » | Méchain. |
| 1799 Déc. 25 | 190.20 | 326.49 | 77. 2 | 0,626 | 1 | R | » | Méchain. |
| 1801 Août 8 | 182.42 | 42.29 | 20.45 | 0,256 | 1 | R | » | Pons. |
| 1802 Sept. 9 | 332. 9 | 310.16 | 57. 1 | 1,094 | 1 | D | » | Pons. |
| 1803 Fév. 10 | 146.15 | 307.45 | 0.55 | 0,960 | 1 | D | » | Reissig. |
| 1804 Fév. 13 | 149. 4 | 176.53 | 56.56 | 1,075 | 1 | D | » | Pons. |
| 1806 Déc. 26 | 97. 3 | 322.23 | 35. 3 | 0,081 | 1,0102 | R | » | Pons. |
| 1807 Sept. 18 | 270.55 | 266.47 | 63.10 | 0,650 | 0,9955 | D | 1725,41 | Castro Giovanni. |
| 1808 Mai 12 | 69.13 | 322.59 | 45.43 | 0,390 | 1 | R | » | Pons. |
| 1808 Juill. 12 | 252.39 | 24.11 | 39.19 | 0,608 | 1 | R | » | Pons. |
| 1810 Sept. 29 | 52.45 | 310.21 | 61.11 | 0,976 | 1 | D | » | Pons. |
| 1811 Sept. 12 | 75. 1 | 140.25 | 73. 2 | 1,035 | 0,9951 | R | (3065 ans) | Flaugergues. |
| 1811 Nov. 10 | 47.27 | 93. 2 | 31.17 | 1,582 | 0,9827 | D | 874,378 | Pons. |
| 1812 Sept. 15 | 92.19 | 253. 1 | 73.57 | 0,777 | 0,9545 | D | 70,684 | Pons |
| 1813 Mars 4 | 69.56 | 60.48 | 21.14 | 0,699 | 1 | R | » | Pons. |
| 1813 Mai 19 | 197.37 | 42.40 | 81. 7 | 1,215 | 1 | R | » | Pons. |
| 1815 Avril 25 | 149. 2 | 83.29 | 44.30 | 1,213 | 0,9312 | D | 74,049 | Olbers |
| 1816 Mars 1 | 267.36 | 323.15 | 43. 5 | 0,048 | 1 | D | » | Pons. |
| 1818 Fév. 3 | 76.18 | 256. 1 | 34.11 | 0,696 | 1 | D | » | Pons. |
| 1818 Fév. 25 | 182.45 | 70.26 | 89.44 | 1,198 | 1 | D | » | Pons. |
| 1818 Déc. 4 | 101.55 | 90. 0 | 63. 5 | 0,855 | 1 | R | » | Pons. |
| 1819 Juin 27 | 287. 8 | 273.42 | 80.45 | 0,341 | 1 | D | » | Tralles. |
| 1819 Nov. 20 | 67.19 | 77.14 | 9. 1 | 0,892 | 0,6867 | D | 4,8089 | Blanpain. |
| 1821 Mars 21 | 239.29 | 48.41 | 73.33 | 0,092 | 1 | R | » | Nicollet et Pons. |
| 1822 Mai 5 | 192.48 | 177.25 | 53.36 | 0,504 | 1 | R | » | Gambart. |
| 1822 Juill. 16 | 219.54 | 97.51 | 37.43 | 0,846 | 1 | R | » | Pons. |
| 1822 Oct. 23 | 271.40 | 92.45 | 52.39 | 1,145 | 0,996 | R | (5449 ans) | Pons. |
| 1823 Déc. 9 | 274.34 | 303. 4 | 76.12 | 0,227 | 1 | R | » | Köhler. |
| 1824 Juill. 11 | 260.17 | 234.19 | 54.34 | 0,591 | 1 | R | » | Rümker. |
| 1824 Sept. 29 | 4.31 | 279.16 | 54.37 | 1,050 | 1,002 | D | » | Scheithauer. |
| 1825 Mai 30 | 273.55 | 20. 6 | 56.41 | 0,889 | 1 | R | » | Gambart. |
| 1825 Août 18 | 10.14 | 192.56 | 89.42 | 0,883 | 1 | D | » | Pons. |
| 1825 Déc. 10 | 318.46 | 215.43 | 33.32 | 1,241 | 0,9954 | R | (4472 ans) | Pons. |
| 1826 Avril 21 | 117.11 | 197.30 | 39.57 | 2,003 | 1,0089 | D | » | Pons. |
| 1826 Avril 29 | 35.48 | 40.29 | 5.17 | 0,188 | 1 | R | » | Flaugergues. |
| 1826 Oct. 8 | 57.48 | 44. 6 | 25.57 | 0,853 | 1 | D | » | Pons. |
| 1826 Nov. 18 | 315.30 | 235. 6 | 89.22 | 0,027 | 1 | R | » | Pons. |
| 1827 Fév. 4 | 33.30 | 184.28 | 77.36 | 0,506 | 1 | R | » | Pons. |
| 1827 Juin 7 | 297.32 | 318.10 | 43.39 | 0,808 | 1 | R | » | Pons. |
| 1827 Sept. 11 | 250.57 | 149.39 | 54. 5 | 0,138 | 0,9993 | R | 2611,08 | Pons. |
| 1830 Avril 9 | 212.11 | 206.22 | 21.16 | 0,921 | 0,9994 | D | (58466 ans) | Kiernau. |
| 1830 Déc. 27 | 310.59 | 337.53 | 44.45 | 0,126 | 1 | R | » | Herapath. |
| 1832 Sept. 25 | 227.55 | .72.26 | 43.19 | 1,184 | 1 | R | » | Gambart. |

| PASSAGE AU PÉRIHÉLIE | DISTANCE DU PÉRIHÉLIE | LONGITUDE DU NŒUD ASCENDANT | INCLINAISON | DISTANCE DU PÉRIHÉLIE | EXCENTRICITÉ | SENS du mouvement | RÉVOLUTION CALCULÉE | AUTEUR DE LA DÉCOUVERTE |
|---|---|---|---|---|---|---|---|---|
| Année et jour | ° ' | ° ' | ° ' | | | | | |
| 1833 Sept. 10 | 224.21 | 323.28 | 7.18 | 0,464 | 1 | D | » | Dunlop. |
| 1834 Avril 2 | 276.34 | 226.49 | 5.57 | 0,515 | 1 | D | » | Gambart. |
| 1835 Mars 27 | 207.43 | 58.20 | 9. 8 | 2,041 | 1 | R | » | Boguslawski. |
| 1840 Janv. 4 | 192.12 | 119.58 | 53. 6 | 0,618 | 1,0002 | D | » | Galle. |
| 1840 Mars 12 | 80.18 | 236.49 | 59.13 | 1,221 | 0,9979 | R | (13864 ans) | Galle. |
| 1840 Avril 2 | 324.12 | 186. 3 | 79.52 | 0,748 | 1 | D | » | Galle. |
| 1840 Nov. 13 | 22.32 | 248.56 | 57.57 | 1,481 | 0,9698 | D | 334,269 | Bremiker. |
| 1842 Déc. 15 | 327.18 | 207.50 | 73.34 | 0,504 | 1 | R | » | Laugier. |
| 1843 Fév. 27 | 278.40 | 1.15 | 35.41 | 0,005 | 0,9999 | R | 532,67 | En Italie. |
| 1843 Mai 6 | 281.30 | 157.15 | 52.45 | 1,616 | 1,0002 | D | » | Mauvais. |
| 1844 Oct. 17 | 179.35 | 31.38 | 48.36 | 0,855 | 0,9996 | R | (102047 ans) | Mauvais. |
| 1844 Déc. 13 | 296. 1 | 118.19 | 45.39 | 0,252 | 1,0003 | D | » | Wilmot. |
| 1845 Janv. 8 | 91.20 | 336.44 | 46.51 | 0,905 | 1 | D | » | D'Arrest. |
| 1845 Avril 20 | 192.29 | 347. 6 | 56.27 | 1,255 | 1 | D | » | De Vico. |
| 1845 Juin 5 | 262. 3 | 337.49 | 48.42 | 0,402 | 0,9899 | R | (7899 ans) | Colla. |
| 1846 Janv. 22 | 89. 6 | 111. 8 | 47.26 | 1,481 | 0,9924 | D | (2720 ans) | De Vico. |
| 1846 Mars 5 | 90.27 | 77.33 | 85. 6 | 0,664 | 0,9621 | D | 73,24 | De Vico. |
| 1846 Mai 27 | 82.39 | 161.18 | 57.36 | 1,375 | 1 | R | » | De Vico. |
| 1846 Juin 1 | 240. 8 | 260.29 | 30.24 | 1,529 | 0,7213 | D | 12,8 | C.H.F. Peters. |
| 1846 Juin 5 | 162. 6 | 261.53 | 29.19 | 0,634 | 0,9899 | R | 499,87 | Brorsen. |
| 1846 Oct. 29 | 98.47 | 4.38 | 49.39 | 0,829 | 0,9933 | D | (1382 ans) | De Vico. |
| 1847 Mars 30 | 276. 2 | 21.42 | 48.40 | 0,042 | 0,9999 | D | (10818 ans) | Hind. |
| 1847 Juin 4 | 141.37 | 173.57 | 79.34 | 2,115 | 1 | R | » | Colla. |
| 1847 Août 9 | 21.20 | 76.42 | 32.38 | 1,484 | 0,9974 | R | (13919 ans) | Schweizer. |
| 1847 Août 9 | 246.44 | 338.16 | 83.26 | 1,766 | 0,9986 | R | (44229 ans) | Mauvais. |
| 1847 Sept. 9 | 79.12 | 309.49 | 19. 8 | 0,488 | 0,9726 | D | 74,97 | Brorsen. |
| 1847 Nov. 14 | 374.13 | 190.50 | 71.51 | 0,329 | 1,0001 | R | » | Maria Mitchell. |
| 1848 Sept. 8 | 310.35 | 211.32 | 84.25 | 0,320 | 1 | R | » | Petersen. |
| 1849 Janv. 15 | 63.15 | 215.13 | 85. 3 | 0,960 | 0,9998 | D | (382801 ans) | Petersen. |
| 1849 Mai 26 | 235.45 | 202.33 | 67. 8 | 1,159 | 0,9979 | D | (12841 ans) | Goujon. |
| 1849 Juin 8 | 266.51 | 30.31 | 67. 7 | 0,895 | 1,0047 | D | » | Schweizer. |
| 1850 Juill. 23 | 273.25 | 92.53 | 68.11 | 1,081 | 0,9988 | D | (28910 ans) | Petersen. |
| 1850 Oct. 19 | 89.15 | 205.59 | 40. 9 | 0,565 | 1 | D | » | G. P. Bond. |
| 1851 Août 26 | 310.59 | 223.41 | 38. 9 | 0,984 | 0,9968 | D | (5543 ans) | Brorsen. |
| 1851 Sept. 30 | 338.45 | 44.26 | 74. 0 | 0,141 | 1 | D | » | Brorsen. |
| 1852 Avril 19 | 278.42 | 317.29 | 49.11 | 0,913 | 1,0525 | R | » | Chacornac. |
| 1852 Oct. 12 | 43.14 | 346.10 | 40.55 | 1,250 | 0,9189 | D | 60,5 | Westphal. |
| 1853 Fév. 24 | 153.44 | 69.34 | 20.13 | 1,092 | 0,9904 | R | (1215 ans) | Secchi. |
| 1853 Mai 9 | 201.45 | 40.58 | 57.49 | 0,909 | 0,9893 | R | 784,75 | Schweizer. |
| 1853 Sept. 1 | 310.57 | 140.31 | 61.31 | 0,307 | 1,0003 | D | » | Klinkerfues. |
| 1853 Oct. 16 | 302.15 | 220. 6 | 61. 0 | 0,173 | 1,0012 | R | » | Bruhns. |
| 1854 Janv. 3 | 56. 7 | 227. 3 | 66. 7 | 2,045 | 1 | R | » | Van Arsdale. |
| 1854 Mars 24 | 213.49 | 315.27 | 82.33 | 0,277 | 1 | R | » | Menciaux. |
| 1854 Juin 22 | 272.58 | 347.49 | 71. 8 | 0,647 | 1 | R | » | Klinkerfues. |
| 1854 Oct. 27 | 94.23 | 324.28 | 40.55 | 0,799 | 0,9933 | D | (1310 ans) | Klinkerfues. |
| 1854 Déc. 15 | 165. 9 | 238. 7 | 14. 9 | 1,357 | 0,9864 | D | 998,0 | Colla. |
| 1855 Fév. 5 | 226.38 | 189.44 | 51.24 | 2,193 | 0,9652 | R | 520,12 | Schweizer. |
| 1855 Mai 29 | 239.29 | 260.11 | 23.10 | 0,565 | 0,9040 | R | 14,25 | Donati. |
| 1855 Nov. 25 | 86. 1 | 51.34 | 10.11 | 1,232 | 0,9972 | R | (9512 ans) | Bruhns. |
| 1857 Mars 21 | 74.44 | 313.10 | 87.56 | 0,772 | 0,9992 | D | (30977 ans) | D'Arrest. |
| 1857 Juill. 17 | 249.36 | 23.41 | 58.58 | 0,367 | 0,9990 | R | (7032 ans) | Klinkerfues. |
| 1857 Août 23 | 21.47 | 200.49 | 32.46 | 0,747 | 0,9804 | D | 234,7 | C.H.F. Peters. |
| 1857 Sept. 30 | 250. 8 | 14.58 | 56. 3 | 0,563 | 0,9969 | R | (2464 ans) | Klinkerfues. |
| 1857 Nov. 19 | 44.12 | 139.18 | 37.49 | 1,009 | 0,9970 | R | (6143 ans) | Donati. |
| 1858 Juin 5 | 226. 6 | 324.58 | 80. 3 | 0,544 | 1 | R | » | Bruhns. |

| PASSAGE AU PÉRIHÉLIE | LONGITUDE DU PÉRIHÉLIE | LONGITUDE DU NŒUD ASCENDANT | INCLINAISON | DISTANCE DU PÉRIHÉLIE | EXCENTRICITÉ | SENS du mouvement | RÉVOLUTION CALCULÉE | AUTEUR DE LA DÉCOUVERTE |
|---|---|---|---|---|---|---|---|---|
| Année et jour | | | | | | | | |
| 1858 Sept. 29 | 36.13 | 165.19 | 63. 2 | 0,578 | 0,9964 | R | (2054 ans) | Donati. |
| 1858 Oct. 12 | 4.13 | 159.45 | 21.17 | 1,427 | 1 | R | » | Tuttle. |
| 1859 Mai 29 | 75·21 | 357.21 | 83.32 | 0,291 | 1 | R | » | Tempel. |
| 1860 Fév. 16 | 173.50 / 173.45 | 324. 4 / 324. 3 | 79.40 / 79.36 | 1,199 / 1,198 | . 1 | D | » | Liais. |
| 1860 Mars 5 | 50. 5 | 8.53 | 48.13 | 1,307 | 1 | D | » | Rümker. |
| 1860 Juin 16 | 161.31 | 84.43 | 79.18 | 0,292 | 0,9972 | D | 1089,6 | Caswell. |
| 1860 Sept. 28 | 111.59 | 104.14 | 28.14 | 0,954 | 1 | R | » | Tempel. |
| 1861 Juin 3 | 243.22 | 29.56 | 79.46 | 0,921 | 0,9835 | D | 415,43 | Thatcher. |
| 1861 Juin 11 | 249. 4 | 278.58 | 85.26 | 0,822 | 0,9853 | D | 419,546 | Tebbutt. |
| 1861 Déc. 7 | 173.30 | 145. 7 | 41.57 | 0,839 | 1 | R | » | Tuttle. |
| 1862 Juin 22 | 229.20 | 326.33 | 7.54 | 0,981 | 1 | R | » | Schmidt. |
| 1862 Août 22 | 290.13 | 137.27 | 66.26 | 0,963 | 0,9607 | R | 121,502 | Tuttle. |
| 1862 Déc. 28 | 125.12 | 355.46 | 42.29 | 0,803 | 1 | R | » | Respighi. |
| 1863 Fév. 3 | 191.23 | 116.56 | 85.22 | 0,795 | 0,9999 | D | (1883820 ans) | Bruhns. |
| 1863 Avril 4 | 255.16 | 251.16 | 67.22 | 1,068 | 1 | R | » | Klinkerfues. |
| 1863 Avril 20 | 305.47 | 250.11 | 85.29 | 0,629 | 1 | D | » | Respighi. |
| 1863 Nov. 9 | 94.43 | 97.29 | 78. 5 | 0,706 | 1 | D | » | Tempel. |
| 1863 Déc. 27 | 60.24 | 304.43 | 64.29 | 0,771 | 1 | D | » | Respighi. |
| 1863 Déc. 29 | 183. 7 | 105. 1 | 83.19 | 1,313 | 1,0006 | D | » | Bäker. |
| 1864 Juill. 27 | 161. 5 | 174.59 | 45. 0 | 0,626 | 1 | R | » | Donati. |
| 1864 Août 15 | 246.17 | 95.15 | 1.52 | 0,909 | 0,9963 | R | 3933,5 | Tempel. |
| 1864 Oct. 11 | 264.13 | 31.45 | 70.18 | 0,931 | 0,9999 | R | (2810300 ans) | Donati. |
| 1864 Déc. 22 | 321.40 | 203.12 | 48.53 | 0,771 | 1 | R | » | Bäker. |
| 1864 Déc. 27 | 162.23 | 160.54 | 17. 7 | 1,115 | 1 | R | » | Bruhns. |
| 1865 Janv. 14 | 4.50 | 253. 3 | 87.32 | 0,026 | 1 | R | » | Tebbutt. |
| 1866 Janv. 11 | 42.24 | 231.26 | 17.18 | 0,976 | 0,9054 | D | 33,175 | Tempel. |
| 1866 Janv. 20 | 31.23 | 205.16 | 12.14 | 1,945 | 1 | D | » | Secchi. |
| 1867 Janv. 19 | 75.52 | 78.36 | 18.13 | 1,572 | 0,8490 | D | 33,62 | Tempel. |
| 1867 Fév. 27 | 162.40 | 168.35 | 6. 7 | 1,124 | 1 | D | » | Tempel. |
| 1867 Mai 23 | 236. 9 | 101.10 | 6.25 | 1,563 | 0,5097 | D | 5,694 | Tempel. |
| 1867 Nov. 6 | 213.35 | 64.58 | 3.26 | 0,330 | 1 | R | » | Bäker. |
| 1868 Juin 26 | 286.21 | 52.48 | 48.18 | 0,580 | 1 | R̃ | » | Winnecke. |
| 1869 Oct. 9 | 139.43 | 311.30 | 68.20 | 1,231 | 1 | R | » | Tempel. |
| 1869 Nov. 20 | 40.37 | 292.57 | 6.56 | 1,103 | 1 | D | » | Tempel. |
| 1870 Juill. 14 | 303.32 | 141.45 | 58.12 | 1,009 | 1 | R | » | Winnecke. |
| 1870 Sept. 2 | 18. 0 | 12.56 | 80.39 | 1,817 | 1 | R | » | Coggia. |
| 1870 Déc. 19 | 5.20 | 94.45 | 32.44 | 0,389 | 1 | R | » | Winnecke. |
| 1871 Juin 10 | 141.50 | 279.19 | 87.36 | 0.654 | 0,9978 | D | (5188 ans) | Winnecke. |
| 1871 Juill. 27 | 308.14 | 211.55 | 78. 1 | 1,076 | 1 | R | » | Tempel. |
| 1871 Déc. 20 | 29.34 | 147. 2 | 81.36 | 0,694 | 1 | R | » | Tempel. |
| 1872 Déc. 15 | 93.54 | 33.11 | 31.13 | 0,035 | 1 | R | » | Pogson. |
| 1873 Sept. 10 | 36.51 | 230.35 | 84. 1 | 0,794 | 0,9964 | R | (3375 ans) | Borrelly. |
| 1873 Oct. 1 | 50.28 | 176.43 | 58.31 | 0,385 | 1 | R | » | Paul Henry. |
| 1873 Déc. 1 | 85.43 | 250.20 | 30. 1 | 0,734 | 1 | D | » | Coggia. |
| 1874 Mars 9 | 300.36 | 31.31 | 58.17 | 0,044 | 1 | D | » | Winnecke. |
| 1874 Mars 12 | 245.53 | 274. 7 | 31.35 | 0,886 | 1 | R | » | Winnecke. |
| 1874 Juill. 8 | 271.22 | 118.49 | 65.48 | 0,678 | 0,9745 | D | 137,099 | Coggia. |
| 1874 Juill. 18 | 6.50 | 216.13 | 34.29 | 1,710 | 1 | D | » | Coggia. |
| 1874 Août 20 | 344. 8 | 251.30 | 41.50 | 0,983 | 0,9986 | D | (10849 ans) | Borelly. |
| 1874 Oct. 18 | 298.47 | 281.38 | 80.34 | 0,520 | 1 | R | » | Borelly. |
| 1877 Janv. 19 | 200. 4 | 187.15 | 27. 5 | 0,807 | 1 | R | » | Borelly. |
| 1877 Avril 17 | 253.30 | 316.36 | 58.54 | 0,950 | 1 | R | » | Winnecke. |
| 1877 Avril 26 | 102.50 | 346. 4 | 77.10 | 1,009 | 0,9989 | D | (28234 ans) | Swift. |
| 1877 Janv. 27 | 80.57 | 184.16 | 64.19 | 1,072 | 1 | R | » | Tempel. |
| 1877 Sept. 11 | 107.38 | 250.59 | 77.42 | 1,576 | 1 | R | » | Coggia. |
| 1878 Juill. 20 | 280.20 | 102.18 | 78. 1 | 1,399 | 1 | R | » | Swift. |

| PASSAGE AU PÉRIHÉLIE | LONGITUDE DU PÉRIHÉLIE | LONGITUDE DU NŒUD ASCENDANT | INCLINAISON | DISTANCE DU PÉRIHÉLIE | EXCENTRICITÉ | SENS du mouvement | RÉVOLUTION CALCULÉE | AUTEUR DE LA DÉCOUVERTE |
|---|---|---|---|---|---|---|---|---|
| T | π | ☊ | i | q | e | | | |
| 1879 Avril 26 | 24.56 | 40.28 | 73.59 | 0,678 | 1 | R | » | Swift. |
| 1879 Oct. 4 | 201.42 | 86.54 | 76.58 | 0,996 | 1 | D | » | Palisa. |
| 1879 Août 26 | 309.56 | 28.13 | 71.55 | 0,978 | 1 | R | » | Hartwig. |
| 1880 Janv.27 | 77.40 | 355.54 | 36.58 | 0,007 | 1 | R | » | Gould. |
| 1880 Juill. 1 | 42.31 | 257.15 | 56.56 | 1,813 | 1 | R | » | Schäberle. |
| 1880 Sept. 6• | 8. 1 | 45.12 | 38. 6 | 0,357 | 0,9970 | R | (1280 ans) | Hartwig. |
| 1880 Nov. 7 | 41.58 | 297. 3 | 7.23 | | 1 | D | » | Swift. |
| 1880 Nov. 9 | 263. 0 | 249.39 | 60.41 | 0,676 | 1 | D | » | Péchûle. |
| 1881 Mai 20 | 299.37 | 125. 1 | 78.51 | 0,588 | 1 | D | (2954 ans) | Swift. |
| 1881 Juin 16 | 265.13 | 270.58 | 63.26 | 0,734 | 0,9964 | D | » | Tebbutt. |
| 1881 Août 22 | 219.14 | 97. 7 | 39.43 | 0,634 | 1 | R | » | Schäberle. |
| 1881 Sept. 12 | 18.19 | 65.58 | 6.5! | 0,725 | 0,8253 | D | 8,45 | Denning. |
| 1881 Sept. 13 | 260.16 | 269.24 | 66.14 | 0,495 | 1 | R | » | Barnard. |

Ce Catalogue de comètes contient toutes celles dont l'orbite a été calculée, à l'exception des comètes *périodiques* certaines, dont on a observé au moins un retour, et qui sont inscrites au tableau suivant.

**B. — Comètes périodiques dont le retour a été observé.**

| DERNIER PASSAGE AU PÉRIHÉLIE | LONGITUDE DU PÉRIHÉLIE | LONGITUDE DU NŒUD ASCENDANT | INCLINAISON | DISTANCE DU PÉRIHÉLIE | DISTANCE DE L'APHÉLIE | EXCENTRICITÉ | SENS du mouvement | DURÉE DES RÉVOLUTIONS SIDÉRALES | AUTEUR DE L'. DÉCOUVERTE |
|---|---|---|---|---|---|---|---|---|---|
| T | π | ☊ | i | q | A | e | | Années | |
| 1881 | 158.20 | 334.39 | 13. 7 | 0,333 | 4,088 | 0,8492 | D | 3,287 | Encke. |
| 1878 Sept. 7 | 306. 8 | 121. 1 | 12.46 | 1,339 | 4,664 | 0,5537 | D | 5,200 | Tempel. |
| 1879 Mars 30 | 116.15 | 101.19 | 29.23 | 0,599 | 5,613 | 0,8098 | D | 5,462 | Brorsen. |
| 1880 Déc. 4 | 276.43 | 101.31 | 11.17 | 0,830 | 5,573 | 0,7406 | D | 5,730 | Winnecke. |
| 1879 Mai 6 | 238.11 | 78.46 | 9.47 | 1,769 | 4,821 | 0,4630 | D | 5,982 | Tempel. |
| 1877 Mai 10 | 319. 9 | 146. 9 | 15.43 | 1,318 | 5,765 | 0,6278 | D | 6,644 | D'Arrest. |
| 1852 Sept. 23 | 109. 5 | 245.50 | 12.33 | 0,860 | 6,167 | 0,7552 | D | 6,587 | Biéla. |
| 1852 Sept. 22 | 108.58 | 245.58 | 12.34 | 0,860 | 6,197 | 0,7551 | D | 6,629 | |
| 1881 Janv.22 | 50.49 | 209.35 | 11.20 | 1,738 | 5,970 | 0,5490 | D | 7,566 | Faye. |
| 1871 Nov. 30 | 116. 5 | 269.17 | 54.17 | 1,030 | 10,483 | 0,8210 | D | 13,811 | Tuttle. |
| 1835 Nov. 15 | 304.32 | 55.10 | 17.45 | 0,589 | 35,411 | 0,9673 | R | 76,370 | Halley. |

Dans ce second tableau, ces comètes périodiques sont classées dans l'ordre des durées de révolution, en commençant par la plus courte. On a inscrit le *dernier* passage au périhélie. Elles ont toutes été observées plusieurs fois.

La Comète d'Encke a été vue et observée en **1786 — 1795 — 1805 — 1819 — 1822 — 1825 — 1829 — 1832 — 1835 — 1838 — 1842 — 1845 — 1848 — 1852 — 1855 — 1858 — 1862 — 1865 — 1871 — 1875 — 1878 — 1881.** L'astronome Encke en a reconnu la périodicité, en 1819. C'est l'orbite cométaire la plus courte que nous connaissions. Sa période est de 3 ans 105 jours.

La Comète I de Tempel a été découverte par cet observateur en **1873**, et elle est revenue en **1878.** Sa période est de 5 ans 73 jours.

La Comète de Brorsen a été découverte en **1846**, et dès cette époque on avait reconnu son ellipse et sa période. Elle n'a pas été revue à ses retours de 1851 et 1863 ; mais on l'a revue en **1857, 1868, 1873** et **1879.** Sa période est de 5 ans 169 jours.

La Comète de Winnecke a été découverte en 1858. Elle avait déjà été observée en 1819, et la ressemblance des éléments de cette comète avec la nouvelle, confirmant l'ellipse calculée, prouva qu'il s'agissait certainement là d'un astre périodique, qui sans doute était revenu plusieurs fois sans être remarqué. Cependant on ne la revit pas en 1864; mais on a pu la retrouver à ses trois derniers retours de 1869, 1875 et 1880. Sa période est de 5 ans 267 jours.

La Comète II de Tempel a été découverte en 1867; elle est revenue en 1873 et en 1879. Sa période est presque juste de 6 ans.

La Comète de d'Arrest a été découverte en 1851. On l'a revue en 1857, perdue en 1864, où elle est restée invisible malgré toutes les recherches, retrouvée en 1870, et réobservée de nouveau en 1877. Sa période est de 6 ans 235 jours.

La Comète de Biéla pourrait sans doute être effacée désormais du nombre des comètes périodiques. Elle a d'abord été vue en 1772 et 1805, sans qu'on en remarquât la périodicité. En 1826, Biéla l'observa en Bohême, et Gambart en reconnut la ressemblance avec les deux apparitions précédentes. Elle reparut en 1832, 1846 et 1852, et depuis, nul n'a jamais pu la retrouver. Nous avons vu qu'elle s'est brisée en deux pendant son apparition de 1846, et qu'en 1872 elle nous a jeté des milliers d'étoiles filantes. Il est bien probable qu'elle est dissoute et qu'elle a cessé d'appartenir au monde des comètes pour s'évanouir dans le rêve des étoiles filantes. Quoi qu'il en soit, c'est une *comète perdue.*

La Comète de Faye a été découverte en 1843. Elle est revenue régulièrement à chacun de ses retours annoncés : 1851 — 1858 — 1866 — 1873 — 1881. Sa période est de 7 ans 207 jours.

La Comète de Tuttle a été découverte en 1858. Son identité avec une apparition de 1790 a été immédiatement reconnue. Elle est revenue en 1871. Sa période est de 13 ans 296 jours.

La Comète de Halley est la première et la plus célèbre des comètes périodiques reconnues. Nous avons vu que l'astronome dont elle porte le nom en calcula les éléments lors de sa fameuse apparition de 1682, fit remarquer leur ressemblance avec ceux des comètes observées en 1531 et 1607, et en annonça hardiment le retour pour 75 ans plus tard. L'astre mystérieux reparut en effet en 1759, au grand émoi des astronomes et de tous les savants, et depuis, il est revenu de nouveau en 1835. On connaît quatorze apparitions de la comète de Halley : l'an 12 avant notre ère (observée par les Chinois); — les années 66 et 141 de notre ère (observations chinoises aussi); — l'an 837, sous le règne de Louis le Débonnaire; — l'an 989 (observée par les Chinois); — l'an 1066, au moment de la conquête de l'Angleterre par Guillaume et les Normands; — en 1301, observée dans toute l'Europe et en Chine; — en 1378, observée en Chine; — en 1456, au moment de la guerre du pape Calixte III contre Mahomet II (bataille de Belgrade); — en 1532, sous François Ier, observée par Apien et par Fracastor, — en 1607, observée par Képler et par Longomontanus; — en 1682, observée par Halley et tous les astronomes de l'époque; — en 1759, retour calculé par Clairaut, Lalande et Madame Lepaute, — et enfin en 1835. Nous la reverrons en 1911. Sa période de 76 ans.

Les chiffres donnés pour les périodes représentent la dernière révolution observée : les perturbations des planètes produisent des différences souvent notables d'une révolution à l'autre.

# XII

# CATALOGUE GÉNÉRAL DES ÉTOILES

Ce CATALOGUE GÉNÉRAL renferme toutes les étoiles dont il a été parlé dans le texte de cet Ouvrage, c'est-à-dire celles des cinq premières grandeurs, visibles à l'œil nu pour les vues moyennes, celles de la sixième grandeur qui ont reçu des lettres grecques ou latines ou qui sont intéressantes à un point de vue quelconque, les étoiles doubles faciles à trouver et à observer, les étoiles variables, les étoiles colorées, les étoiles dont la distance est connue, les principaux amas d'étoiles et les nébuleuses les plus importantes.

Le Catalogue est rédigé par constellations. — Les constellations sont placées dans l'ordre de leur description, en allant du pôle nord vers le pôle sud. — Les étoiles de chaque constellation sont inscrites dans l'ordre de leurs lettres, qui correspond, en général, à celui de leur éclat.

Les étoiles *colorées* d'une teinte bien prononcée sont indiquées : ʀ = rouge ; o = orange ; ɪ = jaune. On a ajouté les belles rouges de 6ᵉ ou 7ᵉ grandeur, et les rouges extraordinaires de grandeur inférieure. Il y en a une de nuance verte : β de la Balance, nuance rare (pour ne pas dire introuvable) parmi les étoiles simples, et une de nuance bleuâtre : β de la Lyre.

Les étoiles *variables* sont inscrites à leur grandeur maximum (en nombre rond), suivie de la lettre *v*. On n'a pas inséré celles dont le maximum ne surpasse pas la 9ᵉ grandeur.

Les étoiles *doubles* sont signalées, les plus intéressantes par un astérisque (*), les autres par un point (·). Pour savoir si elles sont visibles dans les instruments de moyenne puissance, pour connaître leur nature, leurs distances, etc., il faut se reporter aux descriptions données dans le volume, et d'abord à la récapitulation des pages 623-635, et aux résumés mensuels (p. 594-616), qui mettent en évidence les objets les plus faciles à observer.

Une CARTE CÉLESTE va être construite et gravée sur ces documents précis. Elle contiendra par conséquent : 1° les étoiles des cinq premières grandeurs, c'est-à-dire toutes les étoiles visibles à l'œil nu pour les vues ordinaires ; 2° les étoiles de 6° grandeur intéressantes à un point de vue quelconque ; 3° les étoiles doubles et multiples ; 4° les principales étoiles variables ; 5° les étoiles rouges les plus remarquables ; 6° les amas d'étoiles et les nébuleuses accessibles aux instruments de moyenne puissance.

# CATALOGUE GÉNÉRAL

### DES

## ÉTOILES VISIBLES A L'ŒIL NU

### ET DES

## PRINCIPALES CURIOSITÉS DU CIEL

### CLASSÉES

### PAR CONSTELLATIONS

## PETITE OURSE

| ÉTOILES. | GR. | Æ 1880 | ☽ |
|---|---|---|---|
| | | h. m. | ° ′ |
| α* | 2,0 | 1.15 | +88.40 |
| β* | 2,2.R. | 14.51 | 74.39 |
| γ | 3,0 | 15.21 | 72.16 |
| δ | 4,3 | 18.11 | 86.37 |
| ε* | 4,5 | 16.58 | 82.14 |
| ζ | 4,5 | 15.48 | 78.10 |
| η | 5,0 | 16.21 | 76. 2 |
| θ | 5,7.R. | 15.35 | 77.45 |
| Fl. 5* | 4,8.R. | 14.29 | 76.15 |
| Fl. 2 | 5,0.J. | 0.52 | 85.37 |
| Fl. 4 | 5,4.O. | 14.11 | 78. 6 |
| Fl. 11 | 5,8 | 15.19 | 72.14 |
| P.XIV.260 | 5,2.R. | 14.56 | 66.25 |
| P.XIII.109 | 5,6 | 13.24 | 73. 2 |
| 5058. B.A.C. | 5,6 | 15.14 | 67.54 |
| 18 π* | 6,5 | 15.36 | 80.51 |

## DRAGON

| ÉTOILES. | GR. | Æ 1880 | ☽ |
|---|---|---|---|
| α | 3,3 | 14. 1 | +64.57 |
| β | 2,9.J. | 17.28 | 52.23 |
| γ | 2,4.O. | 17.54 | 51.30 |
| δ | 3,0.J. | 19.13 | 67.27 |
| ε* | 4,4 | 19.48 | 69.58 |
| ζ | 3,1 | 17.08 | 65.52 |
| η* | 2,9 | 16.22 | 61.47 |
| θ | 3,4 | 16. 0 | 58.53 |
| ι | 3,3.J. | 15.22 | 59.23 |
| κ | 3,4 | 12:28 | 70.27 |
| λ | 3,6.R. | 11.24 | 70. 0 |
| μ* | 5,5 | 17. 3 | 54.38 |
| ν* | 4,0 | 17.30 | 55.15 |
| ξ* | 3,9.J. | 17.51 | 56.53 |
| ο* | 4,8 | 18.49 | 59.14 |
| π | 4,9 | 19.20 | 65.29 |
| ρ | 5,0 | 20. 2 | 67.31 |
| σ | 5,4 | 19.33 | 69.27 |
| τ | 5,0 | 19.18 | 73. 8 |
| υ | 5,2 | 18.56 | 71. 8 |
| φ | 4,3 | 18.23 | 71.16 |
| χ | 4,0 | 18.23 | 72.41 |
| ψ* | 4,7 | 17.44 | 72.13 |
| ω | 5,1 | 17.38 | 68.48 |
| 15 A | 5,3 | 16.28 | 69. 2 |
| 39 b* | 5,0 | 18.22 | 58.44 |
| 46 c | 5,3 | 18.40 | 55.25 |
| 45 d | 5,0 | 18.30 | 56.57 |
| 64 e | 6,0 | 20. 1 | 64.23 |
| 27 f | 5,4 | 17.32 | 68.13 |
| 18 g | 5,3 | 16.40 | 64.49 |
| 19 h | 5,3 | 16.55 | 65.16 |

| ÉTOILES. | GR. | Æ 1880 | ☽ |
|---|---|---|---|
| | | h. m. | ° ′ |
| 10 i | 5,0.0. | 13.48 | +65.19 |
| 40* | 5,4 | 18.12 | 79.59 |
| 17* | 5,8 | 16.33 | 53. 8 |
| P.IX,37. | 4,3 | 9.11 | 81.52 |
| P.X,78. | 5,0 | 10.22 | 76.20 |
| R | 6.v. | 16.32 | 67. 0 |
| * rouge | 6,5 | 19.26 | 76.20 |
| 17415 OEltzen. | 8,0 | 17.37 | 68.28 |
| H.IV,37. | Néb. | 17.58 | 66.38 |

## CÉPHÉE

| ÉTOILES. | GR. | Æ 1880 | ☽ |
|---|---|---|---|
| α* | 3,0 | 21.16 | +62. 5 |
| β* | 3,4 | 21.27 | 70. 2 |
| γ | 3,3 | 23.34 | 76.58 |
| δ* | 4.v.O. | 22.25 | 57.48 |
| ε | 4,7 | 22.11 | 56.27 |
| ζ | 3,9.R. | 22. 7 | 57.37 |
| η | 3,9 | 20.43 | 61.22 |
| θ | 4,4 | 20.27 | 62.35 |
| ι | 4,0 | 22.45 | 65.34 |
| κ* | 4,5 | 20.14 | 77.21 |
| λ | 5,8 | 22. 7 | 58.51 |
| μ | 4.v.R. | 21.40 | 58.14 |
| ν | 5,0 | 22. 0 | 59.14 |
| ξ* | 5,0 | 22. 0 | 64. 2 |
| ο* | 5,4 | 23.13 | 67.27 |
| π | 5,0 | 23. 4 | 74.44 |
| ρ | 6,0 | 22.29 | 78.12 |
| 43 Hév. | 4,7 | 0.51 | 85.36 |
| 51 Hév. | 5.5.0. | 6.44 | 87.14 |
| R | 5.v. | 20.16 | 88.46 |
| S | 8.v.R. | 21.37 | 78. 5 |
| Σ 2843* | 7,0 | 21.49 | 65.11 |
| Σ 2840 * | 6,5 | 21.48 | 55.15 |
| Σ 2895 * | 6,5 | 22.11 | 72.45 |
| 20 | 6,0.0. | 22. 1 | 62.12 |
| * rouge | 6,0 | 21.30 | 58.11 |
| id. | 7,5 | 21.10 | 59.37 |
| * orangée. | 5,7 | 21.53 | 63. 3 |
| id. | 5,9 | 22. 0 | 62.31 |
| id. | 6,0 | 22. 1 | 62.12 |
| id. | 6,0 | 22.34 | 56.10 |

## GIRAFE

| ÉTOILES. | GR. | Æ 1880 | ☽ |
|---|---|---|---|
| 10 | 4,2 | 4.53 | +60.15 |
| P. III, 111. | 4,3 | 3.32 | 70.58 |
| 9 | 4,6 | 4.42 | 66. 6 |
| P. III, 51. | 4,7 | 3.16 | 59.32 |
| P. V, 335. | 4,9 | 6. 1 | 69.22 |
| P. VI, 201. | 4,9 | 6.35 | 77.15 |
| P. XII, 230.* | 5,0 | 12.52 | 84. 4 |
| 7. | 5,0 | 4.47 | 53.32 |

| ÉTOILES. | GR. | ℛ h. m. | ☉ ° ' |
|---|---|---|---|
| P. III 7, | 5,0 | 3. 6 | +65.13 |
| P. III, 54. | 5,0 | 3.18 | 58.18 |
| P. III, 57. | 5,2 | 3.18 | 54.27 |
| 1042 Radcl. | 5,3 | 3.35 | 70.30 |
| 1* | 5,4 | 4.27 | 53.39 |
| P. III, 121. | 5,5 | 3.35 | 65. 8 |
| P. IV, 7. | 5,5 | 4. 5 | 53.19 |
| P. IV, 269* | 5,0 | 4.54 | 79. 6 |
| 11· | 5,5 | 4.56 | 58.50 |
| 42 | 5,5 | 6.38 | 67.42 |
| 43 | 5,6 | 6.39 | 69. 4 |
| P. X, 22. | 5,5 | 10. 9 | 83.10 |
| R | 8.v.o. | 14.27 | 84.22 |
| * rouge. | 6,6 | 3.32 | 62.15 |
| * orangée. | 6,0 | 3.38 | 65. 9 |
| id. | 5,8 | 3.47 | 60.45 |
| id. | 7,0 | 4.39 | 67.57 |

### CASSIOPÉE

| ÉTOILES. | GR. | ℛ h. m. | ☉ ° ' |
|---|---|---|---|
| α | 2,5.R. | 0.34 | -+55.53 |
| β | 2,2 | 0. 3 | 58.29 |
| γ | 2,0 | 0.49 | 60. 4 |
| δ | 2,8 | 1.18 | 59.37 |
| ε | 3,5 | 1.46 | 63. 5 |
| ζ | 4,0 | 0.30 | 53.22 |
| η* | 4,1 | 0.42 | 57.11 |
| θ | 4,4 | 1. 4 | 54.31 |
| ι* | 4,5 | 2.19 | 66.51 |
| κ | 4,5 | 0.26 | 62.16 |
| λ | 5,1 | 0.25 | 53.52 |
| μ | 6,0 | 1. 0 | 54.20 |
| ν | 5,6 | 0.42 | 50.18 |
| ξ | 5,6 | 0.35 | 49.50 |
| ο | 5,2 | 0.38 | 47.36 |
| π | 5,2 | 0.37 | 46.22 |
| ρ | 5,3.R. | 23.48 | 56.49 |
| σ* | 5,3 | 23.53 | 55. 5 |
| τ | 5,5 | 23.41 | 57.59 |
| υ' | 5,4 | 0.48 | 58.19 |
| φ | 5,5 | 1.12 | 57.36 |
| χ | 5,7 | 1.26 | 58.37 |
| ψ* | 5,5 | 1.17 | 67.30 |
| ω | 5,8 | 1.46 | 68. 6 |

| ÉTOILES. | GR. | ℛ h. m. | ☉ ° ' |
|---|---|---|---|
| 48 A | 4,7 | 1.51 | 70.18 |
| 50 | 4,2 | 1.52 | 71.49 |
| P.II,227. | 5,0 | 2.58 | 73.59 |
| 1 | 5,3 | 22.57 | 56.28 |
| Σ 3062* | 5,0 | 23.25 | 57.29 |
| P.XXIII,101* | 5,0 | 0. 0 | 57.44 |
| 4 | 6,0 | 23.20 | 61.37 |
| Σ 3033 * | 6,5 | 23.57 | 65.24 |
| R | 6.v.R. | 23.52 | 50.43 |
| S | 7.v.R. | 1.11 | 71.59 |
| T | 7.v.R. | 0.17 | 55. 8 |
| * rouge. | 6,5 | 2.47 | 63.50 |
| * orangée. | 6,1 | 2.28 | 65.14 |
| ** rg. et bleue. | 7-9 | 23.55 | 59.41 |
| 3077 Bradlen. | 6,5 | 23. 7 | 56.30 |
| H.VI,30 | Am. | 23.51 | 56. 3 |
| * de 1572 | temp. | 0.18 | 63.27 |

### ANDROMÈDE

| ÉTOILES. | GR. | ℛ h. m. | ☉ ° ' |
|---|---|---|---|
| α | 2,0 | 0. 2 | +28.26 |
| β | 2,2.R. | 1. 3 | 34.59 |
| γ* | 2,1.O. | 1.56 | 41.45 |
| δ | 3,3.J. | 0.33 | 30.13 |
| ε | 4,3 | 0.32 | 28.40 |
| . | 4,3 | 0.41 | 23.37 |
| η | 4,4 | 0.51 | 22.47 |

| ÉTOILES. | GR. | ℛ h. m. | ☉ ° ' |
|---|---|---|---|
| θ | 5,4 | 0.11 | +38. 1 |
| ι | 4,5 | 23.32 | 42.36 |
| κ | 4,5 | 23.35 | 43.40 |
| λ | 4,4.J. | 23.32 | 45.49 |
| μ | 4,3 | 0.50 | 37.51 |
| ν | 4,5 | 0.43 | 40.26 |
| ξ | 5,0 | 1.15 | 44.54 |
| ο | 4,0 | 22.57 | 41.41 |
| π* | 4,3 | 0.30 | 33. 4 |
| ρ | 6,0 | 0.15 | 37.18 |
| τ | 4,7 | 0.12 | 36. 7 |
| 'τ | 4,6 | 1.34 | 39.58 |
| υ | 5,5 | 1.30 | 40.49 |
| φ | 4,5 | 1.36 | 50. 5 |
| χ | 5,6 | 1.32 | 43.48 |
| ψ | 5,7 | 23.40 | 45.45 |
| ω | 4,7 | 1.20 | 44.48 |

| ÉTOILES. | GR. | ℛ h. m. | ☉ ° ' |
|---|---|---|---|
| A | 6,0 | 1.23 | 46.24 |
| b | 5,5 | 2. 5 | 43.40 |
| c | 6,0 | 2.11 | 46.50 |
| 53 | 4,8 | 1.32 | 39.59 |
| 3 | 5,5 | 22.58 | 49.23 |
| 7 | 5,4 | 23. 7 | 48.45 |
| 8 | 5,0.O. | 23.12 | 48.22 |
| 41 | 5,4 | 1. 1 | 43.19 |
| M.31 | Néb. | 0.36 | 40.37 |
| 55 | 6,0 | 1.46 | 40.10 |
| 56· | 5,5 | 1.49 | 36.40 |
| 59* | 6,5 | 2. 4 | 33.29 |
| R | 6.v.o. | 0.18 | 37.55 |
| * tr. rouge. | 8,2 | 0.14 | 44. 3 |
| 34 Groomb. | 8,0 | 0.11 | 43.20 |

### TRIANGLE

| ÉTOILES. | GR. | ℛ h. m. | ☉ ° ' |
|---|---|---|---|
| α | 4,0 | 1.46 | +29. 0 |
| β | 3,2 | 2. 2 | 34.25 |
| γ | 4,2 | 2.11 | 33.23 |
| δ | 5,5 | 2.10 | 33.42 |
| ε | 5,8 | 1.56 | 32.42 |
| 6* | 5,8 | 2. 5 | 29.45 |
| 7 | 6,0 | 2. 9 | 32.48 |
| M. 31 | néb. | 1.27 | 30. 2 |

### LÉZARD

| ÉTOILES. | GR. | ℛ h. m. | ☉ ° ' |
|---|---|---|---|
| 7 Fl. | 4,2 | 22.47 | +49.40 |
| 3 | 4,7.O. | 22.19 | 51.38 |
| 1 | 4,8.O. | 22.11 | 37. 9 |
| 2 | 4,8 | 22.16 | 45.56 |
| 4 | 5,0.O. | 22.20 | 48.52 |
| 5 | 5,0.R. | 22.24 | 47. 5 |
| 6 | 5,2 | 22.25 | 42.30 |
| 10 | 5,2 | 22.34 | 38.25 |
| 11 | 5,5.J. | 22.35 | 43.38 |
| 15 | 5,5.O. | 22.47 | 42.41 |
| P. XXII, 36. | 5,3.O. | 22. 9 | 39. 7 |

### PERSÉE

| ÉTOILES. | GR. | ℛ h. m. | ☉ ° ' |
|---|---|---|---|
| α | 2,2 | 3.16 | +49.26 |
| β | 2.V.R. | 3. 0 | 40.30 |
| γ | 3,0 | 2.56 | 53. 2 |
| δ | 3,5 | 3.34 | 47.24 |
| ε* | 3,3 | 3.50 | 39.40 |
| ζ* | 3,0 | 3.47 | 31.32 |
| η* | 4,2.R. | 2.42 | 55.24 |
| θ* | 4,4 | 2.36 | 48.43 |
| ι | 4,3 | 3. 0 | 49. 9 |
| κ | 4,4 | 3. 1 | 44.24 |
| λ | 4,6 | 3.58 | 50. 2 |
| μ | 4,5 | 4. 5 | 48. 6 |

| ÉTOILES. | GR. | ℛ h. m. | ☽ ° ' |
|---|---|---|---|
| ν | 4,1 | 3.37 | +42.12 |
| ξ | 4,3 | 3.51 | 35.27 |
| ο | 4,3 | 3.35 | 31.55 |
| π | 5,1 | 2.51 | 39.10 |
| ρ | 3.v.r. | 2.57 | 38.22 |
| σ | 4,8.o. | 3.22 | 47.35 |
| τ | 4,3 | 2.46 | 52.16 |
| υ | 3,9 | 1.30 | 48. 1 |
| φ | 4,0 | 1.36 | 50. 5 |
| χ | cum. | 2.10 | 56.58 |
| ψ | 4,8 | 3.28 | 47.47 |
| ω | 5,0.r. | 3. 3 | 39. 9 |
| 43 A· | 5,6 | 3.48 | 50.21 |
| b | 5,1 | 4. 9 | 50. 0 |
| 48 c | 4,4 | 4. 0 | 47.23 |
| 43 d | 5.3 | 4.13 | 46.12 |
| 58 e | 4,6.o. | 4.28 | 41. 1 |
| 52 f | 5,0 | 4. 7 | 40.11 |
| 4 g | 5,6 | 1.54 | 53.54 |
| h | cum. | 2. 5 | 50.31 |
| 9 i | 5,7 | 2.14 | 55.17 |
| k | 5,2 | 2.56 | 56.14 |
| l | 5,5 | 3.13 | 42.55 |
| 57 m | 6,5 | 4.25 | 42.47 |
| 42 n | 6,6 | 3.42 | 32.42 |
| 40 o | 5,7 | 3.35 | 33.34 |
| 16 | 4,5 | 2.43 | 37.49 |
| 17 | 5,0 | 2.44 | 34.34 |
| 21 | 5,2 | 2.50 | 31.26 |
| 995 B. A. C. | 5,2 | 2.43 | 50.29 |
| 29-31 | 5,4 | 3.10 | 49.45 |
| P. III, 23. | 5,4 | 3.10 | 33.11 |
| 24 | 5,5 | 2.51 | 34.42 |
| 12 | 5,5 | 2.34 | 39.40 |
| P. II. 220* | 5,8 | 2.53 | 51.52 |
| Σ. 563* | 7,5 | 4.28 | 40.51 |
| R | 8.v.o. | 3.22 | 35.16 |
| S | 8.v.o. | 2.14 | 58. 2 |
| H. VI, 33. | am. | 2.11 | 56.36 |
| H. VI, 34. | am. | 2.14 | 56.33 |
| M. 34 | am. | 2.34 | 42.16 |
| Néb. et * rg. | — | 2.36 | 31.55 |
| * rouge. | 7,5 | 2.43 | 57.50 |
| id. | 7,5 | 3.21 | 54.58 |

### LA GRANDE OURSE

| | | | |
|---|---|---|---|
| α | 2,4.j. | 10.56 | +62.24 |
| β | 2,8 | 10.55 | 57.02 |
| γ | 2,7 | 11.48 | 54.22 |
| δ | 3,7 | 12. 7 | 57.41 |
| ε | 2,2 | 12.49 | 56.37 |
| ζ* | 2,4 | 13.19 | 55.33 |
| η | 2,1 | 13.43 | 49.55 |
| θ | 3,3 | 9.25 | 52.13 |
| ι* | 3,4 | 8.51 | 48.31 |
| κ | 3,4 | 8.55 | 47.38 |
| λ | 3,3 | 10.10 | 43.31 |
| μ | 3,2.r. | 10.15 | 42. 6 |
| ν | 3,3.r. | 11.12 | 33.45 |
| ξ* | 3,6 | 11.12 | 32.12 |
| ο | 3,8 | 8.20 | 61. 7 |
| π | 5,0 | 8.29 | 64.45 |
| ρ | 5,2 | 8.52 | 68. 5 |
| σ* | 5,3 | 9. 0 | 67.37 |
| τ | 5,5 | 9. 3 | 63.59 |
| υ | 4,8 | 9.42 | 59.37 |
| φ | 5,0 | 9.44 | 54.38 |
| χ | 4,0.r. | 11.40 | 48.26 |
| ψ | 3,2.j. | 11. 3 | 45. 9 |
| ω | 5,0 | 10.47 | 43.50 |

| ÉTOILES. | GR. | ℛ h. m. | ☽ ° ' |
|---|---|---|---|
| A | 5,5 | 8.24 | +65.34 |
| b | 5,5 | 8.43 | 62.24 |
| c | 5,5 | 9. 5 | 61.55 |
| d | 5,2 | 9.24 | 70.22 |
| e | 5,0 | 9. 7 | 54.32 |
| f | 5,2 | 9. 0 | 52. 5 |
| g | 5,0 | 13.20 | 55.37 |
| 23 h* | 4,2 | 9.22 | 63.36 |
| 10 | 4,5 | 8.52 | 42.15 |
| P. VIII, 245. | 5,0 | 8.59 | 38.56 |
| 26 | 5,4 | 9.26 | 52.35 |
| P. X, 42. | 5,0 | 10.14 | 66.10 |
| 38 | 5,2 | 10.34 | 66.21 |
| P. X, 135. | 5,3 | 10.36 | 46.50 |
| 47 | 5,3 | 10.53 | 41. 4 |
| 49 | 5,5 | 10.54 | 39.51 |
| 55 | 5,5 | 11.12 | 38.51 |
| 57* | 5,9 | 11.23 | 40. 0 |
| 83 | 5.v.o. | 13.36 | 55.18 |
| 1830 Groomb. | 6,7 | 11.46 | 38.35 |
| 21185 Lal. | 7,5 | 10.56 | 36.53 |
| 21258 Lal. | 8,5 | 11. 0 | 44. 7 |
| R | 7.v.o. | 10.36 | 69.24 |
| S | 8.v.o. | 12.39 | 61.45 |
| T | 7.v.o. | 12.31 | 60. 9 |
| P. X, 126. | 7.v.o. | 10.34 | 69.42 |

### PETIT LION

| | | | |
|---|---|---|---|
| 37 | 4,9 | 10.32 | +32.35 |
| 30 | 4,9 | 10.19 | 34.24 |
| 42 | 5,0 | 10.39 | 31.20 |
| 46 | 4,2 | 10.47 | 34.52 |
| 31 | 4,4 | 10.21 | 37.18 |
| 21 | 4,5 | 10. 0 | 35. 5 |
| 10 | 5,0 | 9.27 | 36.56 |
| R | 7.v.j. | 9.38 | 35. 4 |

### CHIENS DE CHASSE

| | | | |
|---|---|---|---|
| 12 α* | 2,9 | 13.50 | +38.58 |
| 8 | 4,4 | 12.28 | 42. 0 |
| 14 | 5,0 | 13. 0 | 36.27 |
| 15 | 5,7 | 13. 4 | 39.12 |
| 19 | 6,0 | 13.10 | 41.29 |
| 20 | 5,0 | 13.12 | 41.12 |
| 23 | 6,0 | 13.15 | 40.46 |
| 21 | 5,2 | 13.13 | 50.19 |
| 24 | 4,8 | 13.30 | 49.38 |
| 25 | 5,2 | 13.32 | 36.54 |
| 6 | 5,2 | 12.20 | 39.41 |
| P. XII. 29. | 5,6 | 12.10 | 33.44 |
| P. XII. 27. | 5,2 | 13. 9 | 40.48 |
| 2* | 6,5 | 12.10 | 41.20 |
| 23793 Lal. | 5.v.o. | 12.39 | 46. 6 |
| M.51 | néb. | 13.25 | 47.50 |
| M. 3 | am. | 13.37 | 28.59 |
| M. 94 | néb. | 12.46 | 41.48 |
| * orangée. | 6,0 | 13.18 | 37.40 |

### CHEVELURE DE BÉRÉNICE

| | | | |
|---|---|---|---|
| 43 | 4,6 | 13. 6 | +28.29 |
| 15 | 4,9.j. | 12.21 | 28.57 |
| 16 | 5,2 | 12.21 | 27.30 |
| 42* | 5,2 | 13. 4 | 18.10 |
| 6 | 5,7 | 12.10 | 15.34 |
| 11 | 5,5 | 12.15 | 18.29 |
| 12* | 5,4 | 12.16 | 26.31 |
| 14 | 5,5 | 12.20 | 27.56 |
| 23 | 5,5 | 12.29 | 23.17 |
| 24* | 5,6 | 12.29 | 19. 2 |

| ÉTOILES. | GR. | Æ h. m. | ☽ ° ' | ÉTOILES. | GR. | Æ h. m. | ☽ ° ' |
|---|---|---|---|---|---|---|---|
| 27 | 5,8 | 12.41 | +17.15 | ζ* | 4,5 | 15.35 | +37. 2 |
| 31 | 5,7 | 12.46 | 28.12 | η* | 5,3 | 15.18 | 30.43 |
| 35* | 5,7 | 12.47 | 21.56 | θ | 4,5 | 15.28 | 31.46 |
| 36 | 5,4.0. | 12.53 | 18. 4 | ι | 4,8 | 15.57 | 30.11 |
| 37 | 5.6 | 12.54 | 31.25 | κ | 4,5 | 15.47 | 36. 2 |
| 41 | 5,5 | 13. 2 | 28.17 | λ | 6,0 | 15.51 | 38. 6 |
| 7 | 5,8 | 12.10 | 24.39 | μ | 5,2 | 15.31 | 39.25 |
| 18 | 6,0 | 12.23 | 24.46 | ν* | 5,0.0. | 16.18 | 34. 2 |
| 21 | 6,0 | 12.25 | 25.15 | ξ | 5,3 | 16.17 | 31.11 |
| R | 7.V.R. | 11.58 | 19.27 | ο | 6,0 | 15.15 | 30. 2 |
| » | 8.v. | 12.33 | 17.10 | π | 6,0 | 15.39 | 32.53 |
| » | 7.v. | 12.34 | 17. 8 | ρ | 5,8 | 15.57 | 33.41 |
| * orangée* | 8,0 | 12.52 | 18.24 | σ* | 6,0 | 16.10 | 34.10 |
| * orangée | 6,0 | 13.31 | 25.13 | τ | 5.0 | 16. 5 | 36.47 |
|  |  |  |  | υ | 5,8. | 16.12 | 29.28 |
| **BOUVIER** |  |  |  | R | 6.v.0. | 15.44 | 28.31 |
| α | 1,0.J. | 14.10 | +19.48 | S | 7.V.R. | 15.17 | 31.48 |
| β | 3,3 | 14.57 | 40.52 | T (1866) | Temp. | 15.54 | 26.16 |
| γ | 3,6 | 14.27 | 38.50 | U | 7.v. | 15.13 | 32. 5 |
| δ | 3,4 | 15.11 | 33.46 | V | 7.v. | 15.45 | 40. 5 |
| ε* | 2,4.J. | 14.40 | 27.35 |  |  |  |  |
| ζ* | 3,3 | 14.35 | 14.15 | **COCHER** |  |  |  |
| η | 3,0 | 13.49 | 19. 0 | α | 1,3 | 5. 8 | +45.52 |
| θ* | 4,4 | 14.21 | 52.24 | β | 2,3 | 5.51 | 44.56 |
| ι* | 4,6 | 14.12 | 51.55 | γ | 2,0 | 5.19 | 28.30 |
| κ* | 5,0 | 14. 9 | 52.21 | δ | 4,2.J. | 5.50 | 54.17 |
| λ | 4,5 | 14.12 | 46.38 | ε | 3.v | 4.53 | 43.39 |
| μ* | 4,4 | 15.20 | 37.48 | ζ | 4,0.0. | 4.54 | 40.54 |
| ν | 4,8 | 15.27 | 41.15 | η | 4,0 | 4.58 | 41. 5 |
| ξ* | 4,5 | 14.46 | 19.37 | θ | 3,4 | 5.52 | 37.12 |
| ο | 4,9 | 14.40 | 17.28 | ι | 3,5 | 4.49 | 32.58 |
| π* | 4,3 | 14.35 | 16.56 | κ | 5,6 | 6. 8 | 29.33 |
| ρ | 4,0.J. | 14.27 | 30.54 | λ | 5,5 | 5.11 | 39.59 |
| σ | 5,0 | 14.29 | 30.10 | μ | 6,0 | 5. 5 | 38.20 |
| τ | 5,0 | 13.42 | 18. 3 | ν | 4,6 | 5.43 | 39. 7 |
| υ | 4,8 | 13.44 | 16.24 | ξ | 5,0 | 5.45 | 55.41 |
| φ | 5,3 | 15.33 | 40.44 | ο | 5,9 | 5,37 | 49.47 |
| χ | 5,2 | 15. 9 | 29.37 | π | 5,v.0. | 5.51 | 45.56 |
| ψ | 5,0 | 14.59 | 27.25 | ρ | 6,2 | 5.13 | 41.41 |
| ω | 5,3 | 14.57 | 25.29 | σ | 6,3 | 5.16 | 37.16 |
|  |  |  |  | τ | 5,5 | 5.41 | 39. 9 |
| A | 5,0 | 14.13 | 36. 3 | υ | 5,5 | 5.43 | 37.17 |
| 46 b | 6,0 | 15. 3 | 26.46 | φ | 6,6 | 5.20 | 34.22 |
| 45 c | 5,7 | 15. 2 | 25.21 | χ | 5,7 | 5.25 | 32. 6 |
| 12 d | 5,7 | 14. 5 | 25.40 | 58 ψ⁷ | 5,3 | 6.42 | 41.54 |
| 6 e | 5,8 | 13.44 | 21.52 | 46 ψ¹ | 6,0 | 6.15 | 49.21 |
| 22 f | 6,0 | 14.21 | 19.46 | 50 ψ⁴ | 6,0 | 6.31 | 42.34 |
| 24 g | 6,0 | 14.24 | 50.23 | 55 ψ⁴ | 5,5 | 6.34 | 44.37 |
| 38 h | 6,2 | 14.45 | 46.37 | ψ ¹⁰ | 5,8 | 6.48 | 45.21 |
| 44 i* | 5,0 | 15. 0 | 48. 8 | 4 ω* | 5,8 | 4.51 | 37.43 |
| 47 k | 5,9 | 15. 1 | 48.36 | 2 | 5,4 | 4.44 | 36.31 |
| 9 | 5,5 | 13.51 | 28. 6 | 9 | 5,5 | 4.57 | 51.27 |
| 13 | 5,5.0. | 14. 4 | 50. 1 | 14* | 5,3 | 5. 7 | 32.33 |
| 20 | 5,5 | 14.14 | 16.51 | 16 | 5,7 | 5.10 | 33.16 |
| 4559 B. A. C. | 5,5 | 13.34 | 11.22 | 41* | 6,3 | 6. 3 | 48.44 |
| P. XIV. 69* | 5,3 | 14.18 | 8.58 | 63 | 5,9 | 7. 3 | 39.31 |
| P. XIV. 73. | 5,5 | 14.18 | 6.22 | R | 7.v.R. | 5. 8 | 53.27 |
| 31 | 5,0 | 14.36 | 8.41 | M. 37 | am. | 5.44 | 32.31 |
| 34 | 5.v.0. | 14.38 | 27. 2 | M. 38 | néb. | 5.21 | 35.44 |
| 40 | 5,8 | 14.55 | 39.41 | * tr. rouge | 8,0 | 4.44 | 28.19 |
| 39* | 5,6 | 14.46 | 49.13 | * rouge | 6,8 | 4.52 | 39.28 |
| R | 6.v.R. | 14.32 | 27.15 | * orangée | 6,3 | 6.28 | 38.32 |
| S | 8.v. | 14.19 | 54.21 |  |  |  |  |
|  |  |  |  | **LE LYNX** |  |  |  |
| **COURONNE BORÉALE** |  |  |  | 40 | 3,4.R. | 9.14 | +34.54 |
| α | 2,2 | 15.30 | +27. 7 | 38* | 3,8 | 9.11 | 37.19 |
| β | 3,8 | 15.23 | 29.31 | 31 | 4,4 | 8.14 | 43.34 |
| γ* | 3,7 | 15.38 | 26.40 | 21 | 4,7 | 7.18 | 49.27 |
| δ | 4,2 | 15.44 | 26.27 | 15* | 5,2 | 6.46 | 58.35 |
| ε | 4,0 | 15.53 | 27.14 |  |  |  |  |

| ÉTOILES. | GR. | ÆR h. m. | ⊕ ° ' |
|---|---|---|---|
| 2 | 5,5 | 6. 8 | +59. 3 |
| 27 | 5,7 | 7.59 | 51.51 |
| 12* | 5,6 | 6.35 | 59.33 |
| 36 | 5,5 | 9. 7 | 43.44 |
| P. VII, 169 | 5,5 | 7.31 | 50.43 |
| 19* | 5,4 | 7.13 | 55.30 |
| 24 | 5,5 | 7.33 | 58.58 |
| P. IX, 115 | 5,5 | 9.27 | 40. 9 |
| 18 | 5,7 | 7. 5 | 59.51 |
| 14 | 5,8 | 6.42 | 59.35 |
| Fl. 1010 | 6,0 | 7. 8 | 52.20 |
| 20* | 7,5 | 7.13 | 50.22 |
| R | 7.v.o. | 6.51 | 55.30 |
| * orangée | 6,2 | 8. 0 | 58.36 |

### PÉGASE

| ÉTOILES. | GR. | ÆR h. m. | ⊕ ° ' |
|---|---|---|---|
| α | 2,0 | 22.59 | +14.34 |
| β | 2,4.R. | 22.58 | 27.26 |
| γ | 2,5 | 0. 7 | 14.31 |
| ε• | 2,8.J. | 21.38 | 9.20 |
| ζ | 3,3 | 22.35 | 10.12 |
| η* | 3,0 | 22.37 | 29.36 |
| θ | 3,6 | 22. 4 | 5.36 |
| ι | 4,0 | 22. 1 | 24.45 |
| κ* | 4,0 | 21.39 | 25. 5 |
| λ | 4,2 | 22.41 | 22.56 |
| μ | 4,3 | 22.44 | 23.58 |
| ν | 5,3 | 22.00 | 4.28 |
| ξ | 4,8 | 22.41 | 11.34 |
| ο | 5,0 | 22.36 | 28.41 |
| π• | 4,2 | 22. 4 | 32.35 |
| ρ | 5,3 | 22.49 | 8.11 |
| σ | 5,3 | 22.46 | 9.12 |
| τ | 4,9 | 23.15 | 23. 5 |
| υ | 4,9 | 23.19 | 22.45 |
| φ | 6,0 | 23.46 | 18.27 |
| χ | 5,6 | 0. 8 | 19.33 |
| ψ | 4,3.R. | 23.52 | 24.29 |
| 1* | 4,4 | 21.17 | 19.17 |
| 2 | 4,9 | 21.25 | 23. 6 |
| 3* | 6,0 | 21.32 | 6.04 |
| 9 | 4,3 | 21.39 | 16.48 |
| 14 | 5,0 | 21.44 | 29.37 |
| 16 | 5,6 | 21.48 | 25.22 |
| 31 | 4,8 | 22.16 | 11.38 |
| 32 | 5,0 | 22.16 | 27.44 |
| 55 | 4,9.0. | 23. 1 | 8.46 |
| 56 | 5,0 | 23. 1 | 24.50 |
| 57 | 5,4.0 | 23. 3 | 8. 2 |
| 58 | 5,7 | 23. 4 | 9.11 |
| 59 | 5,4 | 23.06 | 8. 4 |
| 70 | 5,2 | 23.23 | 12. 6 |
| 77 | 5,5.R. | 23.37 | 9.40 |
| 78 | 5,2.0. | 23.38 | 28.42 |
| 85* | 6,0 | 23.56 | 26.27 |
| R | 7.v.R | 23. 1 | 9.54 |
| S | 7.v.0. | 23.14 | 8.16 |
| M. 15 | am. | 21.24 | 11.38 |

### PETIT CHEVAL

| ÉTOILES. | GR. | ÆR h. m. | ⊕ ° ' |
|---|---|---|---|
| α | 4,0 | 21.10 | + 4.44 |
| β | 5,0 | 21.17 | 6.18 |
| γ* | 4,5 | 21. 5 | 9.38 |
| δ* | 4,5 | 21. 9 | 9.31 |
| 1 ε* | 5,4 | 20.53 | 3.50 |
| 2 ζ* | 6,3 | 20.56 | 6.42 |

### DAUPHIN

| ÉTOILES. | GR. | ÆR h. m. | ⊕ ° ' |
|---|---|---|---|
| α* | 3,7 | 20.34 | +15.29 |
| β* | 3,3 | 20.32 | 14.11 |

| ÉTOILES. | GR. | ÆR h. m. | ⊕ ° ' |
|---|---|---|---|
| γ* | 3.4 | 20.41 | +15.42 |
| δ | 4,0 | 20.38 | 14.38 |
| ε | 4,0 | 20.27 | 10.54 |
| ζ | 4,9 | 20.30 | 14.16 |
| η | 5,8 | 20.28 | 12.37 |
| θ | 6,0 | 20.33 | 12.54 |
| ι | 5,7 | 20.32 | 10.57 |
| κ | 4,8 | 20.33 | 9.40 |
| Σ. 2703* | 7,5 | 20.31 | 14.23 |
| R | 8.v.0. | 20. 9 | 8.44 |
| S | 8.v.0. | 20.38 | 16.39 |
| T | 8.v.0. | 20.40 | 15.58 |
| * orangée | 6,8 | 20.40 | 17.39 |
| id. | 7,0 | 20.32 | 17.51 |

### CYGNE

| ÉTOILES. | GR. | ÆR h. m. | ⊕ ° ' |
|---|---|---|---|
| α | 2,0 | 20.37 | +44.51 |
| β* | 3,4.J. | 19.26 | 27.43 |
| γ | 2,5 | 20.18 | 39.52 |
| δ* | 2,9 | 19.41 | 44.50 |
| ε | 2,7.J. | 20.41 | 33.31 |
| ζ | 3,3 | 21. 8 | 29.44 |
| η | 4,6 | 19.52 | 34.46 |
| θ | 4,6 | 19.33 | 49.56 |
| ι | 4,0 | 19.27 | 51.28 |
| κ | 4,1 | 19.14 | 53. 9 |
| λ | 5,3 | 20.43 | 36. 3 |
| μ* | 4,6 | 21.39 | 28.12 |
| ν | 4,2 | 20.53 | 40.42 |
| ξ | 4,1.R. | 21. 1 | 43.26 |
| 30 o* | 4,0.R. | 20.10 | 46.24 |
| 32 | 4,5 | 20.12 | 47.21 |
| π¹ | 4,8 | 21.38 | 50.38 |
| π² | 4,5 | 21.42 | 48.45 |
| ρ | 4,2 | 21.30 | 45. 3 |
| σ | 4,4 | 21.13 | 38.54 |
| τ | 4,0 | 21.10 | 37.32 |
| υ | 4,6 | 21.13 | 34.23 |
| φ | 5,0 | 19.35 | 29.52 |
| χ | 5,3 | 19.42 | 33.28 |
| ψ¹* | 5.v.R. | 19.46 | 32.37 |
| ψ*, | 5,3 | 19.53 | 52. 7 |
| ω¹ | 6,0.J. | 20.23 | 48.59 |
| ω² | 5,0 | 20.26 | 48.33 |
| ω³ | 5,9.J. | 20.28 | 48.49 |
| 2 | 5,3 | 19.20 | 29.24 |
| 3 | 6,0.R. | 19.20 | 24.42 |
| 4 | 5,0 | 19.22 | 36. 6 |
| 8 | 5,0 | 19.27 | 34.13 |
| 19 | 5,6 | 19.45 | 38.25 |
| 20 d | 5,5 | 19.48 | 52.42 |
| 27 b¹ | 5,3 | 20. 2 | 35.39 |
| 28 b² | 5,0 | 20. 5 | 36.29 |
| 29 b³ | 5,6 | 20.10 | 36.26 |
| 32 | 5,5.R. | 20.12 | 47.21 |
| 33 | 4,4 | 20.11 | 56.12 |
| 34 P (1600) | 5,5 | 20.13 | 37.40 |
| 39 | 5,0.R. | 20.19 | 31.48 |
| 41 | 4,8 | 20.25 | 29.57 |
| 47 | 5,2.0. | 20.30 | 34.51 |
| 48 | 5,5 | 20.33 | 31. 9 |
| 52* | 4,6 | 20.41 | 30.16 |
| 59* | 5,0 | 20.56 | 47. 3 |
| 61* | 5,4 | 21. 2 | 38.10 |
| 68 A | 5,0 | 21.14 | 43.27 |
| 70 | 5,5 | 21.22 | 36.35 |
| 71 S | 5,4.R. | 21.26 | 46. 0 |
| 72 | 5,5 | 21.30 | 38. 0 |
| 74 | 5,5 | 21.32 | 39.53 |
| 16 c* | 6,0 | 19.39 | 50.15 |

| ÉTOILES. | GR. | ℞ h. m. | ☽ ° ' | ÉTOILES. | GR. | ℞ h. m. | ☽ ° ' |
|---|---|---|---|---|---|---|---|
| * de 1876 | temp. | 21.37 | +42.18 | ε* | 3,5 | 16.56 | +31. 6 |
| R | 7.v.o. | 19.34 | 49.56 | ζ* | 2,9 | 16.37 | 31.49 |
| T | 5.v. | 20.42 | 33.56 | η | 3,5 | 16.39 | 39. 9 |
| U | 7.v.R. | 20.16 | 47.31 | θ | 3,8 | 17.52 | 37.16 |
| * tr. rouge | 8,0 | 19.36 | 32.21 | ι | 3,7 | 17.36 | 46. 4 |
| * rouge | 6,7 | 21.32 | 44.50 | x* | 5,5 | 16. 3 | 17.22 |
| * orangée | 6,0 | 20.13 | 40. 0 | λ | 5,0.J. | 17.26 | 26.12 |
| id. | 6,3 | 20.18 | 40.39 | μ* | 3,8 | 17.42 | 27.48 |
| id. | 6,3 | 20.49 | 32.59 | ν | 4,4 | 17.54 | 30.12 |
| id. | 6,5 | 20. 2 | 34.34 | ξ | 4,0 | 17.53 | 29.16 |
| id. | 6,7 | 19.57 | 36.46 | ο | 4,0 | 18. 3 | 28.45 |
| | | | | π | 3,4.R. | 17.11 | 36.57 |
| **PETIT RENARD** | | | | ρ* | 4,0 | 17.20 | 37.16 |
| | | | | σ | 4,3 | 16.30 | 42.41 |
| 1 | 5,0 | 19.11 | +21.11 | τ | 3,5 | 16.17 | 46.36 |
| 4 | 5,2 | 19.20 | 19.34 | υ | 4,5 | 16. 0 | 46.23 |
| 6 | 4,4 | 19.24 | 24.25 | φ | 4,0 | 16. 5 | 45.16 |
| 9 | 5,5 | 19.29 | 19.30 | χ | 4,7 | 15.48 | 42.47 |
| 12 | 5,8 | 19.46 | 22.18 | ω | 5,0 | 16.20 | 14.19 |
| 13 | 5,0 | 19.48 | 23.46 | | | | |
| 15 | 5,5 | 19.56 | 27.26 | 104 A | 5,0.0. | 18. 7 | 31.22 |
| 16 | 5,7 | 19.57 | 24.37 | 99 b | 5,0 | 18. 2 | 30.34 |
| 17 | 5,5 | 20. 2 | 23.17 | 61 c | 5,7 | 17. 4 | 36. 6 |
| 19 | 6,0.0. | 20. 7 | 26.27 | 59 d | 5,2 | 16.57 | 33.44 |
| 16 Hév. | 5,2 | 20. 7 | 26. 8 | 69 e | 4,8 | 17.14 | 37.25 |
| 23 | 5,0.0. | 20.11 | 27.27 | 90 f | 5,2 | 17.49 | 40. 1 |
| 28 | 5,4 | 20.33 | 23.42 | 30 g | 5.v.R. | 16.25 | 42. 9 |
| 29 | 5,3 | 20.33 | 20.46 | 29 h | 5,3 | 16.27 | 11.46 |
| 30 | 5,8 | 20.40 | 24.50 | 43 i* | 5,8.R. | 16.40 | 8.48 |
| 31 | 5,5 | 20.47 | 26.38 | 47 k | 5,8 | 16.44 | 7.28 |
| 32 | 5,7 | 20.49 | 27.36 | 45 l | 5,8 | 16.42 | 5.28 |
| R | 8.v.o. | 20.59 | 23.21 | 36 m | 6,0 | 16.35 | 4.28 |
| S | 8.v.o. | 19.43 | 26.59 | 28 n | 5,9 | 16.27 | 5.47 |
| T | 6.v. | 19.47 | 24.41 | 21 o | 6,2 | 16.18 | 7.14 |
| II. VIII 20 | am. | 20. 7 | 26.21 | 13 p | 7,5 | 16. 9 | 11.48 |
| M 27 | néb. | 19.54 | 22.24 | 8 q | 6,0 | 16. 6 | 16.59 |
| Σ 2245* | 6,5 | 17.51 | 18.21 | 5 r | 5,8 | 15.56 | 18. 9 |
| * de 1670 | temp. | 19.43 | 27. 2 | s | 6,0 | 16.46 | 30. 1 |
| | | | | 107 t | 5,5 | 18.16 | 28.49 |
| **LYRE** | | | | 68 u | 4.v.R. | 17.13 | 33.14 |
| | | | | 72 w | 5,3 | 17.16 | 32.37 |
| α* | 1,0 | 18.33 | +38.40 | 77 x | 6,0 | 17.24 | 48.22 |
| β | 3,v. | 18.46 | 33.18 | 82 y | 5,8 | 17.34 | 48.38 |
| γ | 3,3 | 18.54 | 32.32 | 88 z | 7,0 | 17.47 | 48.26 |
| δ* | 4,4.R. | 18.50 | 36.45 | 42 | 4,9 | 16.35 | 49.10 |
| ε* | 4,4 | 18.40 | 39.31 | 52 | 5,2 | 16.46 | 46.12 |
| ζ* | 4,4 | 18.41 | 37.29 | 53 | 5,8 | 16.48 | 31.54 |
| η | 4,6.B. | 19.10 | 38.56 | 60 | 5,0 | 17. 0 | 12.55 |
| θ | 4,2 | 19.12 | 37.55 | 70 | 5,0 | 17.16 | 24.35 |
| ι | 5,0 | 19. 3 | 35.55 | 93 | 5,0 | 17.55 | 16.46 |
| κ | 4,7 | 18.16 | 36. 1 | 95* | 4,8 | 17.57 | 21.36 |
| λ | 5,7.0. | 18.55 | 31.58 | 96 | 5,0 | 17.57 | 20.51 |
| μ | 5,5 | 18.20 | 39.27 | 100• | 6,0 | 18. 3 | 26. 5 |
| ν | 6,0 | 18.45 | 32.32 | 101 | 5,2 | 18. 4 | 20. 2 |
| 16 | 5,5 | 18.59 | 46.46 | 102 | 4,4 | 18. 4 | 20.49 |
| 13 R | 4.v.J. | 18.52 | 43.47 | 109 | 4,2.J | 18.19 | 21.43 |
| 34931 | 5,0 | 18.42 | 26.31 | 110 | 4,2 | 18.41 | 20.26 |
| 33739 | 5,4 | 18.12 | 42. 7 | 111 | 4,0 | 18.41 | 18. 3 |
| M. 56 | am. | 19.12 | 29.59 | 113 | 4,5 | 18.50 | 17.58 |
| M. 57 | néb. | 18.49 | 32.53 | P. XVI, 278. | 5.8 | 16.58 | 14.16 |
| * tr. rouge | 6,5 | 18.39 | 39.11 | 31312 | 5,0 | 17. 7 | 40.55 |
| id. | 8,0 | 18.28 | 36.54 | 31694 | 5,8 | 17.19 | 40. 6 |
| | | | | R | 8.v.R. | 16. 1 | 18.42 |
| **HERCULE** | | | | S | 6.v.o. | 16.46 | 15. 9 |
| | | | | T | 7.v.o. | 18. 5 | 31. 0 |
| α* | 3.v.R. | 17. 9 | +14.32 | U | 7.v.R. | 16.20 | 19.10 |
| β | 2,4.J. | 16.25 | 21.45 | W | 8.v. | 16.31 | 37.35 |
| γ | 3,6 | 16.17 | 19.27 | M. 13 | am. | 16.37 | 36.41 |
| δ* | 3,6 | 17.10 | 24.59 | M. 92 | am. | 17.13 | 43.15 |
| | | | | * rouge | 7,0 | 16.43 | 42.27 |
| | | | | * orangée | 6,6 | 15.59 | 47.34 |
| | | | | id. | 7,0 | 18.14 | 23.14 |

| ÉTOILES. | GR. | ℞ | ⊕ |
|---|---|---|---|
| **AIGLE ET ANTINOUS** | | | |
| | | h. m. | ° ' |
| α· | 1,5 | 19.45 | + 8.33 |
| β | 4,0 | 19.49 | + 6. 6 |
| γ· | 3,3.R. | 19.41 | +10.19 |
| δ· | 3,4 | 19.19 | + 2.52 |
| ε | 4,1 | 18.54 | +14.54 |
| ζ | 3,0 | 19. 0 | +13.41 |
| η | 3,V. | 19.46 | + 0.42 |
| θ | 3,0 | 20.05 | — 1.11 |
| ι | 4,4 | 19.30 | — 1.33 |
| κ | 5,4 | 19.30 | — 7.18 |
| λ | 3,3 | 19. 0 | — 5. 4 |
| μ | 5,3 | 19.28 | + 7. 7 |
| ν | 5,4 | 19.20 | + 0. 6 |
| ξ | 5,2 | 19.48 | + 8. 9 |
| ο | 5,7 | 19.23 | + 1.43 |
| π* | 6,0 | 19.43 | +11.31 |
| ρ | 5,5 | 20. 9 | +14.50 |
| σ | 5,7 | 19.33 | + 5. 7 |
| τ | 5,9 | 19.58 | + 6.56 |
| υ | 6,2 | 19.40 | + 7.20 |
| φ | 5,5 | 19.50 | +11. 6 |
| χ | 5,8 | 19.37 | +11.32 |
| Ψ | 6,4 | 19.39 | +13. 1 |
| ω | 6,0 | 19.12 | +11.23 |
| 28 A | 6,0 | 19.14 | +12.10 |
| 31 b | 5,8 | 19.19 | +11.41 |
| 35 c | 6,0 | 19.23 | + 1.42 |
| 27 d | 5,9 | 19.14 | — 1. 7 |
| 36 e | 5,6 | 19.24 | — 3. 3 |
| 26 f | 5,7 | 19.14 | — 5.39 |
| 14 g | 5,8 | 18.57 | — 3.52 |
| 15 h* | 5,7 | 18.59 | — 4.13 |
| 4 | 5,5 | 18.39 | + 1.56 |
| 5* | 6,0 | 18.40 | — 1. 5 |
| 11* | 5,5 | 18.54 | +13.37 |
| 12 | 4,0.J. | 18.55 | — 5.58 |
| 18 | 5,5 | 19. 1 | +10.53 |
| 19 | 5,8 | 19. 3 | + 5.53 |
| 20 | 5,9 | 19. 6 | — 8. 9 |
| 21 | 5,7 | 19. 8 | + 2. 6 |
| 23* | 5,7 | 19.12 | + 0.50 |
| 51 | 5,8 | 19.44 | —11. 5 |
| 56 | 6,2 | 19.48 | — 8.54 |
| 57* | 6,4 | 19.48 | — 8.33 |
| 66 | 5,8 | 20. 7 | — 1.22 |
| 69 | 5,4 | 20.23 | — 3.17 |
| 70 | 5,2.R. | 20.30 | — 2.58 |
| 71 | 4,6 | 20.32 | — 1.31 |
| R | 7,V. | 19. 1 | + 8. 3 |
| M 11 | am | 18.45 | — 6.27 |
| * rouge | 7,0 | 19. 4 | +23.59 |
| id. | 6,3 | 19.10 | +18.19 |
| * orangée | 6,4 | 18.41 | +18.35 |
| id. | 5,9 | 18.51 | +17.58 |
| id. | 6,5 | 18.55 | +22.39 |
| id. | 6,5 | 18.57 | + 8.12 |
| id. | 5,0 | 19.21 | +19.34 |
| id. | 6,2 | 19.21 | +19.39 |
| id. | 6,9 | 19.24 | + 2.39 |
| id. | 7,1 | 19.25 | + 1.46 |
| id. | 7,2 | 19.27 | + 4.46 |
| id. | 6,9 | 19.28 | + 5.12 |
| id. | 7.V. | 20.20 | + 9.40 |
| **ÉCU DE SOBIESKI.** | | | |
| 1 Aigle | 3,8 | 18.29 | — 8.20 |
| 2 — | 5,2 | 18.36 | 9.10 |

| ÉTOILES. | GR. | ℞ | ⊕ |
|---|---|---|---|
| | | h. m. | ° ' |
| 3 Aigle | 5,3 | 18.37 | — 8.24 |
| 6 — | 4,6 | 18.42 | 4.52 |
| 9 — | 5,5 | 18.51 | 6. 1 |
| R | 5.v. | 18.41 | 5.50 |
| 34113 | 4,8 | 18.22 | 14.39 |
| M. 16 | am. | 18.12 | 13.51 |
| M. 17 | néb. | 18.14 | 16.14 |
| M. 18 | am. | 18.13 | 17.12 |
| M. 24 | am. | 18.11 | 18.28 |
| * orangée | 6,5 | 18.26 | 14.57 |
| id. | 7,0 | 18.38 | — 6.39 |
| **FLÈCHE** | | | |
| α | 4,6 | 19.35 | +17.44 |
| β | 4,5 | 19.36 | 17.11 |
| γ | 3,8 | 19.53 | 19.10 |
| δ | 4,3 | 19.42 | 18.14 |
| ε* | 5,7 | 19.32 | 16.11 |
| ζ* | 5,5 | 19.44 | 18.50 |
| η | 5,5 | 20. 0 | 19.39 |
| θ* | 6,2 | 20. 5 | 20.33 |
| 10 | 6,0 | 19.51 | 16.19 |
| 11 | 6,0 | 19.52 | 16.27 |
| 13 | 6,0 | 19.55 | 17.11 |
| 15 | 6,0 | 19.59 | 16.45 |
| R | 8.v.0. | 20. 9 | 16.22 |
| H. VI, 11 | am. | 19.25 | 20. 1 |
| M. 71 | am. | 19.49 | 18.28 |
| * orangée | 6,5 | 20. 3 | +16.20 |
| **OPHIUCHUS** | | | |
| α | 2,0 | 17.29 | +12.39 |
| β | 3,0.J. | 17.38 | + 4.37 |
| γ | 3,8 | 17.42 | + 2.45 |
| δ | 3,1.R. | 16. 8 | — 2.23 |
| ε | 3,4.J. | 16.12 | — 4.23 |
| ζ | 3,0 | 16.31 | —10.19 |
| η | 2,7 | 17. 3 | —15.34 |
| θ | 3,7 | 17.15 | —24.53 |
| ι | 4,4 | 16.48 | +10.22 |
| κ | 3,4.J. | 16.52 | + 9.34 |
| λ | 3,8 | 16.25 | + 2.15 |
| μ | 4,7 | 17.31 | — 8. 3 |
| ν | 3,6 | 17.52 | — 9.45 |
| ξ | 5,0 | 17.14 | —20.58 |
| ρ* | 5,0 | 16.18 | —23.10 |
| σ | 4,9 | 17.21 | + 4.15 |
| τ* | 5,2 | 17.56 | — 8.11 |
| υ | 5,3 | 16.21 | — 8. 6 |
| φ | 4,6 | 16.24 | —16.21 |
| χ | 4,7 | 16.20 | —18.11 |
| Ψ | 4,8 | 16.17 | —19.45 |
| ω | 4,7 | 16.25 | —21.12 |
| 36 A* | 5,5 | 17. 8 | —26.25 |
| 44 b | 4,7 | 17.19 | —24. 4 |
| 50 c | 5,5 | 17.24 | —23.52 |
| 45 d | 4,6 | 17.20 | —29.45 |
| e | 5,7 | 17.13 | +11. 0 |
| 53 f | 6,0 | 17.29 | + 9.40 |
| 20 | 5,0 | 16.43 | —10.34 |
| 30 | 5,5.0. | 16.55 | — 4. 3 |
| 39* | 5,8 | 17.11 | —24. 9 |
| 41 | 5,1 | 17.10 | — 0.19 |
| P. XVII, 99 | 4,9 | 17.20 | — 4.59 |
| 58 | 5,4 | 17.36 | —21.37 |
| 66 | 5,2 | 17.54 | + 4.23 |
| 67* | 4,5 | 17.55 | + 2.56 |

| ÉTOILES. | GR. | Æ h m | ⊕ ° ' |
|---|---|---|---|
| 68 | 4,7 | 17.56 | + 1.19 |
| 70* | 4,4 | 17.59 | + 2.32 |
| 71 | 7,0 | 18. 2 | + 8.43 |
| 72 | 3,6 | 18. 2 | + 9.33 |
| 74 | 5,5 | 18.15 | + 3.19 |
| R | 8.v.o. | 17. 1 | —15.56 |
| S | 8.v. | 16.27 | —16.54 |
| * de 1604 | var. | 17.23 | —21.23 |
| * de 1848 | temp. | 16.53 | —12.42 |
| M. 14 | am. | 17.31 | — 3.10 |
| J. H. 1992 | am. | 17.56 | +11. 2 |
| M. 23 | am. | 17.50 | +18.59 |
| M. 10 | am. | 16.51 | + 3.55 |
| M. 12 | am. | 16.41 | + 1.44 |
| * tr. rouge | 8,0 | 17.38 | —18.36 |
| * orangée | 6,4 | 16. 3 | + 8.52 |
| id. | 7,3 | 17.52 | + 2.44 |
| * rose | 6,0 | 17.16 | —28. 2 |

### SERPENT

| ÉTOILES. | GR. | Æ h m | ⊕ ° ' |
|---|---|---|---|
| α | 2,6 | 15.38 | + 6.48 |
| β | 3,3 | 15.41 | +15.48 |
| γ* | 3,8 | 15.51 | +16. 3 |
| δ* | 3,3 | 15.29 | +10.57 |
| ε | 3,7 | 15.45 | + 4.51 |
| ζ | 4,8 | 17.54 | — 3.41 |
| η | 3,4 | 18.15 | — 2.56 |
| θ* | 4,4 | 18.50 | + 4. 3 |
| ι | 4,9 | 15.36 | +20. 3 |
| κ | 4,0.0. | 15.43 | +18.31 |
| λ | 4,7 | 15.41 | + 7.43 |
| μ | 3,3 | 15.43 | — 3. 4 |
| ν | 4,6 | 17.14 | —12.43 |
| ξ | 3,7 | 17.31 | —15.19 |
| ο | 4,7 | 17.35 | —12.49 |
| π* | 4,7 | 15.57 | +23. 9 |
| ρ | 4,8.R. | 15.46 | +21.21 |
| σ | 5,4 | 16.16 | + 1.19 |
| τ' | 5,5 | 15.20 | +15.51 |
| υ | 6,0 | 15.42 | +14.30 |
| φ | 6,0 | 15.52 | +14.46 |
| χ | 5,8 | 15.36 | +13.14 |
| ψ | 6,2 | 15.38 | + 2.54 |
| ω | 5,7 | 15.44 | + 2.34 |
| 11 A' | 6,0 | 15.27 | — 0.47 |
| 25 A² | 5,8 | 15.40 | — 1.26 |
| 36 b | 5.6 | 15.45 | — 2.43 |
| 60 c | 5,9 | 18.23 | — 2. 4 |
| 59 d | 5,6 | 18.21 | + 0. 7 |
| e | 6,1 | 18.32 | — 0.25 |
| 5* | 5,2 | 15.13 | + 2.14 |
| R | 6.v.o. | 15.45 | +15.30 |
| S | 8.v.R. | 15.16 | +14.45 |
| M. 5 | am. | 15.12 | + 2.32 |
| H. VIII, 72 | am. | 18.22 | + 6.29 |
| J. H.. 1929 | am. | 15.31 | + 6.25 |
| * tr. rouge | 6,7 | 15.31 | +15.30 |

### POISSONS

| ÉTOILES. | GR. | Æ h m | ⊕ ° ' |
|---|---|---|---|
| α* | 4,0 | 1.56 | + 2.11 |
| β | 4,5 | 22.58 | 3.10 |
| γ | 3,8 | 23.11 | 2.38 |
| δ | 4,5 | 0.42 | 6.56 |
| ε | 4,3 | 0.57 | 7.15 |
| ζ* | 4,9 | 1. 7 | 6.57 |
| η | 3,6 | 1.25 | 14.44 |
| θ | 5,4 | 23.22 | 5.44 |
| ι | 4,2 | 23.34 | 4.59 |
| κ | 4,8 | 23.21 | 0.36 |

| ÉTOILES. | GR. | Æ h m | ⊕ ° ' |
|---|---|---|---|
| λ | 4,7 | 23.36 | + 1. 7 |
| μ | 5,0 | 1.24 | 5.32 |
| ν | 4,6.J. | 1.35 | 4.53 |
| ξ | 4,7 | 1.47 | 2.36 |
| ο | 4,4 | 1.39 | 8.33 |
| π | 5,8 | 1.31 | 11.32 |
| ρ | 5,6 | 1.29 | 18.35 |
| σ | 5,5 | 0.56 | 31.10 |
| τ | 5,4 | 1. 5 | 29.27 |
| υ | 4,4 | 1.13 | 26.38 |
| φ | 4,8 | 1. 7 | 23.57 |
| χ | 4,8 | 1. 5 | 20.24 |
| ψ'* | 4,9 | 0.59 | 20.50 |
| ψ² | 5,8 | 1. 1 | 20. 6 |
| ψ³ | 6,0 | 1. 3 | 19. 1 |
| ω | 4,2 | 23.53 | 6.12 |
| 5 A | 5,6 | 23. 3 | 1.28 |
| 7 b | 5,5 | 23.14 | 4.44 |
| 31 c' | 6,3 | 23.56 | 8.17 |
| 32 c² | 5,8 | 23.56 | 7.49 |
| 41 d | 5,3 | 0.14 | 7.32 |
| 80 e | 5,6 | 1. 2 | 5. 1 |
| 89 f | 5,2 | 1.12 | 2.59 |
| 82 g | 5,5 | 1. 4 | 30.47 |
| 68 h | 6,0 | 0.51 | 28.21 |
| 65 i* | 6,0 | 0.43 | 27. 4 |
| 67 k | 6,0 | 0.49 | 26.34 |
| 91 l | 5,5 | 1.14 | 28. 7 |
| 19 | 5,0.0. | 23.40 | + 2.49 |
| 27 | 5,2 | 23.53 | — 4.13 |
| 29 | 5,0 | 23.56 | — 3.42 |
| 30 | 4,5 | 23.56 | — 6.41 |
| 33 | 4,9 | 23.59 | — 6.23 |
| 35* | 6,0 | 0. 9 | + 8.10 |
| 51* | 6,0 | 0.26 | 6.17 |
| 55* | 5,8 | 0.34 | 20.47 |
| 58 | 5,4 | 0.41 | 11.20 |
| 77* | 6,0 | 1. 0 | 4.16 |
| 94 | 5,3 | 1.21 | 18.39 |
| 100* | 7,0 | 1.29 | 11.57 |
| R | 8.v.R. | 1.24 | 2.16 |
| * orangée | 7,0 | 1.10 | +25. 8 |

### BÉLIER

| ÉTOILES. | GR. | Æ h m | ⊕ ° ' |
|---|---|---|---|
| α | 2,2.J. | 2. 0 | +22.54 |
| β | 3,0 | 1.48 | 20.13 |
| γ* | 3,9 | 1.47 | 18.42 |
| δ | 4,1 | 3. 5 | 19.16 |
| ε* | 4,8 | 2.52 | 20.52 |
| ζ | 4,9 | 3. 8 | 20.35 |
| η | 5,5 | 2. 6 | 20.39 |
| θ | 5,7 | 2.11 | 19.20 |
| ι | 5,8 | 1.51 | 17.14 |
| κ | 5,7 | 2. 0 | 22. 4 |
| λ* | 5,3 | 1.51 | 23. 1 |
| μ | 5,8 | 2.36 | 19.30 |
| ν | 6,0 | 2.32 | 21.26 |
| ξ | 5,5 | 2.18 | 10. 4 |
| ο | 6,0 | 2.38 | 14.48 |
| π* | 5,6 | 2.42 | 16.57 |
| 46 ρ | 6,0 | 2.50 | 17.32 |
| σ | 5,8 | 2.45 | 14.35 |
| 61 τ' | 5,0 | 3.14 | 20.43 |
| 63 τ² | 5,5 | 3.16 | 20.18 |
| 1* | 6,0 | 1.44 | 21.41 |
| 7 | 6,5 | 1.49 | 22.59 |
| 14* | 5,4 | 2. 2 | 25.23 |
| 30* | 6,0 | 2.30 | 24. 7 |
| 33* | 5,8 | 2.34 | 26.32 |
| 35 | 5,0 | 2.36 | 27.13 |

| ÉTOILES. | GR. | Æ h. m. | ⊕ ° ' | | ÉTOILES. | GR. | Æ h. m. | ⊕ ° ' |
|---|---|---|---|---|---|---|---|---|
| 38 | 5,0 | 2.38 | +11.56 | | 126 | 5,9 | 5.34 | +16.29 |
| 39 | 4,9 | 2.41 | 28.44 | | 132 | 5,7 | 5.51 | 24.32 |
| 41 | 3,8 | 2.43 | 26.46 | | 133 | 5,5 | 5.41 | 13.52 |
| P. III, 32. | 5,2 | 3.13 | 28.32 | | 134 | 5,4 | 5.42 | 12.38 |
| R | 8.v.o. | 2. 9 | 24.30 | | 136 | 5,6 | 5.45 | 27.35 |
| T | 8.v.j. | 2.42 | 17. 1 | | 139 | 5,7 | 5.50 | 25.56 |
| | | | | | P. VI, 99. | 4,9 | 4.23 | 20.56 |
| **TAUREAU** | | | | | P. IV, 246. | 5,3 | 4.50 | 16.58 |
| | | | | | Σ. 730* | 6,0 | 5.25 | 17. 0 |
| α | 1,4.R. | 4.29 | +16.16 | | R | 8.v.o. | 4.22 | 9.54 |
| β | 2,0 | 5.19 | 28.30 | | U | 8.v. | 4.15 | 19.32 |
| γ | 4,1 | 4.13 | 15.20 | | » | 7.v. | 3.47 | 7.25 |
| δ¹ | 4,0 | 4.16 | 17.15 | | M. 1 | néb. | 5.27 | 21.56 |
| δ² | 5,9 | 4.17 | 17.10 | | * tr. rouge | 7,7 | 5.39 | 20.38 |
| ε | 3,7 | 4.22 | 18.55 | | id. | 8,5 | 5.38 | 24.22 |
| ζ | 3,5 | 5.30 | 21. 5 | | * orangée | 6,5 | 4.15 | 20.32 |
| η (Pléiades) | 3,0 | 3.40 | 23.44 | | | | | |
| θ¹ | 3,9 | 4.22 | 15.42 | | | | | |
| θ² | 4,2 | 4.22 | 15.36 | | **GÉMEAUX** | | | |
| ι | 5,0 | 4.57 | 21.25 | | | | | |
| κ¹ | 4,8 | 4.18 | 22. 1 | | α* | 2,3 | 7.27 | +32. 9 |
| κ² | 6,5 | 4.18 | 21.55 | | β | 1,9.0. | 7.38 | 28.19 |
| λ | 3.v. | 3.54 | 12. 9 | | γ* | 2,7 | 6.31 | 16.30 |
| μ | 4,4 | 4. 9 | 8.35 | | δ* | 3,8 | 7.13 | 22.12 |
| ν | 3,9 | 3.57 | 5.39 | | ε* | 3,3.J. | 6.36 | 25.15 |
| ξ | 3,5 | 3.21 | 9.19 | | ζ* | 4.v. | 6.57 | 20.45 |
| ο | 3,4 | 3.18 | 8.36 | | η | 3.v. | 6. 8 | 22.32 |
| π | 5,8 | 4.20 | 14.26 | | θ | 4.v. | 6.45 | 34. 6 |
| ρ | 5,6 | 4.27 | 14.35 | | ι | 4,0 | 7.18 | 28. 3 |
| σ¹ | 5,4 | 4.32 | 15.32 | | κ* | 3,8 | 7.37 | 24.42 |
| σ² | 5,4 | 4.32 | 15.40 | | λ | 4,3 | 7.11 | 16.45 |
| τ* | 4,5 | 4.35 | 22.43 | | μ | 3,0.R. | 6.16 | 22.35 |
| υ¹ | 4,8 | 4.19 | 22.32 | | ν | 4,6 | 6.22 | 20.17 |
| υ² | 6,0 | 4.20 | 22.43 | | ξ | 3,9 | 6.38 | 13. 1 |
| φ* | 5,5 | 4.13 | 27. 4 | | ο | 5,5 | 7.31 | 34.52 |
| χ* | 5,7 | 4.15 | 25.20 | | π | 5,7 | 7.40 | 33.44 |
| ψ | 5,6 | 4. 0 | 28.40 | | ρ | 4,6 | 7.21 | 32. 1 |
| ω¹ | 5,8 | 4. 2 | 19.17 | | σ | 4,5.0. | 7.36 | 29.11 |
| ω² | 6,2 | 4.10 | 20.17 | | τ | 4,8 | 7. 3 | 30.27 |
| | | | | | υ | 4,4.R. | 7.28 | 27.10 |
| 37 A¹. | 4,9 | 3.58 | 21.45 | | φ | 5,4 | 7.46 | 27. 6 |
| 39 A²* | 6,4 | 3.58 | 21.39 | | χ | 5,3 | 7.56 | 28. 8 |
| 79 b | 5,8 | 4.22 | 12.46 | | ψ | 5,7 | 8. 6 | 30. 2 |
| 90 c¹ | 4,4 | 4.31 | 12.16 | | ω | 5,8 | 6.55 | 24.23 |
| 93 c² | 5,5 | 4.33 | 11.57 | | | | | |
| 88 d* | 4,6 | 4.29 | 9.54 | | 57 A | 5,8 | 7.16 | 25.17 |
| 30 e | 5,0 | 3.42 | 10.46 | | 64 b¹ | 5,5 | 7.22 | 28.23 |
| 5 f | 4,7 | 3.24 | 12.32 | | 65 b² | 5,0 | 7.22 | 28.11 |
| q | 6,2 | 3. 6 | 6.13 | | 76 c | 6,3 | 7.37 | 26. 5 |
| 57 h | 6,0 | 4.13 | 13.45 | | 36 d | 6,0 | 6.44 | 21.54 |
| 97 i | 5,7 | 4.44 | 18.38 | | 38 e* | 5,4 | 6.48 | 13.20 |
| 98 k | 6,0 | 4.51 | 24.52 | | 74 f | 6,0 | 7.32 | 17.57 |
| 106 l | 5,8 | 5. 1 | 20.16 | | 81 g | 5,8 | 7.39 | 18.49 |
| 104 m | 5,5 | 5. 0 | 18.29 | | 1 | 5,0 | 5.57 | 23.17 |
| 109 n | 5,9 | 5.12 | 21.57 | | 15* | 6,0 | 6.21 | 20.52 |
| 114 o | 6,0 | 5.20 | 21.50 | | 20* | 6,0 | 6.25 | 17.52 |
| 44 p | 6,2 | 4. 3 | 26.10 | | 26 | 5,5 | 6.35 | 17.46 |
| 66 r | 5,4 | 4.17 | 9.11 | | 30 | 5,7 | 6.37 | 13.21 |
| 4 s | 5,5 | 3.24 | 10.56 | | 61* | 6.v. | 7.20 | 20.30 |
| 6 t | 6,0 | 3 26 | 8.58 | | 70 | 6,3 | 7.31 | 35.19 |
| 29 u | 5,7 | 3.39 | 5.40 | | 85 | 6,0 | 7.48 | 20.13 |
| 10 | 4,5 | 3.31 | 0.02 | | Σ. 1083* | 8,0 | 7.18 | 20.46 |
| 40 | 5,4 | 3.57 | 5.06 | | R | 7.v.o. | 7. 0 | 22.53 |
| 41 | 5,4 | 3.59 | 27.16 | | S | 8.v.o. | 7.36 | 23.44 |
| 47 | 5,2 | 4. 7 | 8.58 | | T | 8.v.o. | 7.42 | 24. 2 |
| 48 | 6,v. | 4. 9 | 15. 6 | | M. 35 | am. | 6. 1 | 24.21 |
| 68 | 5,0 | 4.18 | 17.40 | | H. IV, 45. | néb. | 7.22 | 21. 9 |
| 105 | 6,0 | 5. 1 | 21.32 | | * tr. rouge | 7,2 | 7. 8 | 22.11 |
| 119 | 5,6.R. | 5.25 | 18.30 | | id. | 7,4 | 6. 3 | 26. 2 |
| 121 | 5,8 | 5.28 | 23.58 | | * rouge | 6,7 | 6. 5 | +22.56 |
| 125 | 6,0 | 5.32 | 25.50 | | | | | |

| ÉTOILES. | GR. | Æ | ⊕ |
|---|---|---|---|
| | | h. m. | ° ′ |

### PETIT CHIEN

| ÉTOILES. | GR. | Æ | ⊕ |
|---|---|---|---|
| α* | 1,4 | 7.33 | + 5.32 |
| β | 3,0 | 7.21 | 8.32 |
| γ | 5,2 | 7.22 | 9.10 |
| δ¹ | 5,8 | 7.26 | 2.11 |
| δ² | 6,2 | 7.27 | 3.33 |
| ε | 5,4 | 7.19 | 9.31 |
| ζ | 5,4 | 7.45 | 2. 4 |
| η | 5,9 | 7.22 | 7.11 |
| 6 | 4,8 | 7.23 | 12.15 |
| 11 | 5,5 | 7.40 | 11. 5 |
| P. VII, 289. | 4,7 | 7.56 | 2.50 |
| P. VII, 249. | 6,4 | 7.49 | 9.11 |
| Σ. 1126* | 7,0 | 7.35 | 5.34 |
| R | 7.v.R. | 7. 2 | 10.13 |
| S | 7.v.R. | 7.26 | 8.34 |
| * rouge | 7,1 | 7.37 | 5.14 |

### CANCER

| ÉTOILES. | GR. | Æ | ⊕ |
|---|---|---|---|
| α | 4,2 | 8.52 | +12.19 |
| β | 3,7 | 8.10 | 9.33 |
| γ | 4,4 | 8.36 | 21.54 |
| δ | 4,3 | 8.38 | 18.35 |
| ε | amas. | 8.33 | 19.58 |
| ζ* | 4,8 | 8. 5 | 18. 1 |
| η | 5,6 | 8.26 | 20.51 |
| θ* | 5,5 | 8.25 | 18.31 |
| ι* | 4,5 | 8.39 | 29.12 |
| κ | 5,0 | 9. 1 | 11. 9 |
| λ | 5,8 | 8.13 | 24.24 |
| 9 μ¹ | 6,3 | 7.59 | 22.59 |
| 10 μ² | 5,9 | 8. 1 | 21.56 |
| ν | 5,5 | 8.56 | 24.56 |
| ξ | 5,0 | 9. 2 | 22.33 |
| 62 o¹ | 5,5 | 8.50 | 15.47 |
| 63 o² | 6,0 | 8.51 | 16. 2 |
| 82 π | 5,8.R. | 9. 8 | 15.27 |
| 55 ρ¹ | 6,0 | 8.45 | 28.49 |
| 58 ρ² | 5,8 | 8.48 | 28.25 |
| 51 σ¹ | 6,0 | 8.46 | 32.58 |
| 59 σ² | 5,8 | 8.52 | 33.23 |
| 64 σ³ | 5,0 | 8.54 | 32.49 |
| Σ. 1298* | 6,5 | 8.54 | 32.46 |
| 72 τ | 6,2 | 8.59 | 30. 9 |
| 30 υ¹ | 6,0 | 8.24 | 24.29 |
| 32 υ² | 5,9 | 8.22 | 24.33 |
| 22 φ¹ | 6,0 | 8.19 | 28.18 |
| 23 φ²* | 6,2 | 8.20 | 27.20 |
| 18 χ | 5,6 | 8.13 | 27.37 |
| 14 ψ | 6,0 | 8. 3 | 25.53 |
| 2 ω¹ | 6,0 | 7.54 | 25.44 |
| 4 ω² | 6,3 | 7.54 | 25.25 |
| 45 A¹ | 5,5 | 8.37 | 13. 6 |
| 50 A² | 5,5 | 8.40 | 12.33 |
| 49 b | 6,0 | 8.38 | 10.31 |
| 36 c | 6,0 | 8.31 | 10. 4 |
| 20 d¹ | 6,0 | 8.16 | 18.43 |
| 25 d² | 6,3 | 8.19 | 17.27 |
| 8 | 6,2 | 7.58 | 13.28 |
| 24* | 6,7 | 8.20 | 24.55 |
| 57* | 6,0 | 8.47 | 31. 2 |
| 60 | 5,8.0. | 8.49 | 12. 5 |
| 83 | 6,0 | 9.12 | 18.13 |
| P. VIII, 42 | 6,3 | 8.13 | 21. 8 |
| R | 7.v.0. | 8.10 | 12. 6 |
| S | 8.v. | 8.38 | 19.28 |
| T | 8.v.R. | 8.50 | 20.18 |
| V | 7.v.0. | 8.15 | 17.40 |

| ÉTOILES. | GR. | Æ | ⊕ |
|---|---|---|---|
| | | h. m. | ° ′ |
| Σ 1311* | 6,7 | 9. 1 | +23.26 |
| Σ 1177* | 6,5 | 7.59 | 27.52 |
| H. II, 80. | néb. | 8.43 | 19.31 |
| H. II, 48. | néb. | 8.43 | 19.27 |
| M. 67 | am. | 8.45 | 12.15 |
| * rouge | 6,5 | 8.49 | 17.41 |
| id. | 6,5 | 9. 3 | 31.27 |

### LION

| ÉTOILES. | GR. | Æ | ⊕ |
|---|---|---|---|
| α* | 1,9 | 10. 2 | +12.33 |
| β | 2,1 | 11.43 | 15.15 |
| γ* | 2,2.J. | 10.13 | 20.27 |
| δ | 2,8 | 11. 8 | 21.11 |
| ε | 3,0 | 9.39 | 24.20 |
| ζ | 3,3 | 10.10 | 24. 1 |
| η | 3,8 | 10. 1 | 17.21 |
| θ | 3,4 | 11. 8 | 16. 5 |
| ι* | 4,0 | 11.18 | 11.12 |
| κ | 4,8 | 9.18 | 26.42 |
| λ | 4,6.R. | 9.25 | 28.31 |
| μ | 4,2 | 9.46 | 26.34 |
| ν | 5,1 | 9.52 | 13. 1 |
| ξ | 5,5 | 9.26 | 11.51 |
| o | 3,9 | 9.35 | 10.26 |
| π | 5,2.R. | 9.54 | 8.37 |
| ρ | 4,0 | 10.26 | 9.55 |
| σ | 4,2 | 11.15 | 6.41 |
| τ* | 5,2 | 11.22 | + 3.31 |
| υ | 4,4 | 11.31 | — 0.10 |
| φ | 4,3 | 11.11 | — 3. 0 |
| χ | 4,7 | 10.59 | + 7.59 |
| ψ | 5,5 | 9.37 | 14.35 |
| ω* | 5,9 | 9.22 | 9.36 |
| 31 A | 5,0.0. | 10. 2 | 10.36 |
| 60 b | 4,9.R. | 10.56 | 20.49 |
| 59 c | 5,0 | 10.55 | 6.45 |
| 58 d | 5,3 | 10.54 | + 4.16 |
| 87 e | 5,2.R. | 11.24 | — 2.21 |
| 15 f | 5,7 | 9.37 | +30.32 |
| 22 g | 5,8 | 9.45 | 24.59 |
| 6 h | 5,7 | 9.26 | 10.16 |
| 52 k | 6,0 | 10.40 | 14.49 |
| 53 l | 5,7 | 10.43 | 11.11 |
| 51 m | 6,0 | 10.40 | 19.31 |
| 73 n | 5,8 | 11.10 | 13.58 |
| 95 o | 6,0 | 11.50 | +16.19 |
| p¹ | 5,9 | 10.48 | — 1.29 |
| 61 p² | 5,4 | 10.56 | — 1.50 |
| 62 p³ | 6,2 | 10.57 | + 0.39 |
| 65 p⁴ | 5,8 | 11. 1 | 2.37 |
| 69 p⁵ | 5,6 | 11. 8 | 0.36 |
| 49* | 6,0 | 10.29 | 9.17 |
| 54* | 4,5 | 10.49 | 25.25 |
| 71 | 7,4 | 11.12 | 18.32 |
| 72 | 5,0.0. | 11. 9 | 23.45 |
| 75 | 6,0.0. | 11.11 | 2.40 |
| 92 | 5,8 | 11.35 | 22. 1 |
| 93 | 4,5 | 11.42 | 20.54 |
| P. IX, 230. | 6,0 | 10.58 | 0.37 |
| 83* | 7,0 | 11.21 | 3.40 |
| 88* | 6,0 | 11.26 | 15. 3 |
| 90* | 6,0 | 11.28 | 17.28 |
| R | 6.v.0. | 9.41 | 11.59 |
| * | 6,5 | 11.29 | 11.35 |
| M. 65 | néb. | 11.13 | 12.45 |
| M. 66 | néb. | 11.14 | 13.38 |
| H. III, 76 | néb. | 11.12 | 15.23 |
| H. I, 56-57 | néb. | 9.25 | 22. 2 |
| H. I, 17-18 | néb. | 10.41 | 13.13 |
| M. 95 | néb. | 10.38 | +12.19 |

| ÉTOILES. | GR. | ℛ h. m. | ◐ ° ' | ÉTOILES. | GR. | ℛ h. m. | ◐ ° ' |
|---|---|---|---|---|---|---|---|
| **SEXTANT** | | | | 63 | 5,6 | 13.17 | —17. 6 |
| | | | | 69 | 5,0 | 13.21 | —15.21 |
| 1 | 5,4 | 9.31 | + 7.22 | 70 | 5,5 | 13.23 | +14.26 |
| 2 | 5,2 | 9.32 | + 5.11 | 75 | 6,0 | 13.26 | —14.45 |
| 8 | 5,4 | 9.47 | — 7.32 | 84* | 5,5 | 13.37 | + 4. 9 |
| 12 | 6,8 | 9.53 | + 3.57 | 86 | 5,8 | 13.40 | —11.49 |
| 15 | 4,7 | 10. 2 | + 0.13 | 89 | 5,4 | 13.43 | —17.32 |
| 18 | 6,0.R. | 10. 5 | — 7.49 | 96 | 6,9 | 14. 3 | — 9.47 |
| 19 | 6.2 | 10. 7 | + 5.12 | 97 | 7,0 | 14. 7 | + 8.35 |
| 27 | 6,8 | 10.21 | — 3.46 | 109 | 4,5 | 14.40 | + 2.24 |
| 29 | 5,4 | 10.23 | — 2. 7 | 4700 B. A. C. | 5,5.R. | 14. 4 | —15.44 |
| 30 | 5,2 | 10.24 | — 0.59 | 110 | 4,9 | 14.57 | + 2.34 |
| 31 | 7,0 | 10.24 | + 2.46 | P. XII, 142 | 4.V. | 12.32 | + 2.31 |
| 35* | 6,2 | 10.37 | + 5.23 | P. XIII, 174 | 6,5 | 13.38 | — 4.54 |
| 37 | 6,0 | 10.40 | + 7. 0 | P. XIV, 12 | 5,0 | 14. 6 | + 2.58 |
| 41 | 6,0 | 10.44 | — 8.16 | Lal. 23228 | 6,1 | 12.19 | —10.56 |
| 19662 Lal. | 6,3 | 9.58 | — 8.59 | Lal. 25086 | 5.V. | 13.28 | —12.36 |
| 19823 Lal. | 8,0 | 10. 5 | — 1. 3 | 54* | 6,3 | 13. 7 | —17.56 |
| H. I, 3-4 | néb. | 10. 8 | + 4. 4 | 84* | 5,8 | 13.37 | + 4. 9 |
| H. I, 163 | néb. | 9.59 | — 7. 8 | P. XII, 32* | 6,0 | 12.12 | — 3.16 |
| | | | | P. XII, 196* | 6,5 | 12.46 | — 9.38 |
| **VIERGE** | | | | P. XIII, 127* | 8,0 | 13.29 | + 0.21 |
| | | | | * | 6,5 | 12.32 | +14.50 |
| α | 1,5 | 13.19 | —10.32 | | | | |
| β | 3,5 | 11.44 | + 2.26 | R | 7.V. O. | 12.32 | + 7.39 |
| γ* | 3,2 | 12.36 | — 0.47 | S | 7.V. O. | 13.27 | — 6.35 |
| δ* | 3,4.R. | 12.50 | + 4. 3 | T | 8.V. R. | 12. 8 | — 5.22 |
| ε | 2,8 | 12.56 | +11.36 | U | 8.V. O. | 12.45 | + 6.12 |
| ζ | 3,5 | 13.29 | + 0. 1 | V. | 8.V. O. | 13.22 | — 2.33 |
| η* | 3,9 | 12.14 | 0. 0 | X | 7.V. | 11.56 | + 9.44 |
| θ* | 4,6 | 13. 4 | — 4.54 | * | 7.V. | 12.32 | + 2.38 |
| ι | 4,1 | 14.10 | — 5.24 | | 7.V. | 13.57 | — 1.48 |
| κ | 4.2.R. | 14. 6 | — 9.43 | M. 60 | néb. | 12.38 | +12.13 |
| λ | 4,9 | 14.13 | —12.49 | H. IV, 8-9 | néb. dbl. | 12.31 | +11.53 |
| μ | 4,0 | 14.37 | — 5. 8 | M. 58 | néb. | 12.33 | +12.29 |
| ν | 4,1 | 11.40 | + 7.12 | M. 84 | néb. | 12.20 | +13.33 |
| ξ | 5,3 | 11.39 | + 8.55 | M. 86 | néb. | 12.21 | +13.46 |
| ο | 4,2 | 11.59 | + 9.24 | M. 87 | néb. | 12.25 | +13. 2 |
| π | 4,8 | 11.55 | + 7.17 | M. 88 | néb. | 12.26 | +15. 5 |
| ρ | 5,0 | 12.36 | +10.54 | M. 90 | néb. | 12.31 | +13.49 |
| σ | 5,3.R. | 13.12 | + 6. 6 | M. 91 | néb. | 12.31 | +14.26 |
| τ | 4,4 | 13.56 | + 2. 8 | H. II, 74-75 | nb.dbl. | 12.47 | +11.57 |
| 102 υ¹ | 5,6 | 14.13 | — 1.42 | M. 99 | néb. | 12.13 | +15. 5 |
| 103 υ² | 6,8 | 14.16 | — 1.26 | H. I, 43 | néb. | 12.34 | —10.57 |
| φ* | 5,2 | 14.22 | — 1.41 | H. I, 70 | am. | 14.23 | — 5.26 |
| χ | 5,2 | 12.33 | — 7.20 | M. 61 | nb.dbl. | 12.16 | + 5. 8 |
| ψ | 5,2 | 12.48 | — 8.54 | 17* | 7,0.R. | 12.16 | + 5.58 |
| ω | 6,0 | 11.32 | + 8.48 | * rouge | 7.0 | 11.52 | + 4.10 |
| | | | | id. | 7,5 | 14.19 | +26.15 |
| 4 A¹ | 5,8 | 11.42 | + 8.55 | * orangée | 8,0 | 12.19 | + 1.27 |
| 6 A² | 6,1 | 11.49 | + 9. 7 | id. | 7,0 | 14.18 | + 8.38 |
| 7 b | 5,8 | 11.54 | + 4.19 | | | | |
| 16 c | 5,5 | 12.14 | + 3.58 | **BALANCE** | | | |
| 31 d¹ | 6,0 | 12.36 | + 7.28 | | | | |
| 32 d² | 5,8 | 12.40 | + 8.20 | α² | 3,0 | 14.44 | —15.33 |
| 59 e | 5,5 | 13.11 | +10. 3 | β | 2,9. V. | 15.11 | — 8.56 |
| 25 f | 6,0 | 12.31 | — 5.10 | γ | 4,4 J. | 15.29 | —14.24 |
| g | 6,0 | 13. 2 | — 8.20 | δ | 5.V. | 14.55 | — 8.02 |
| 76 h | 5,8 | 13.27 | — 9.32 | ε | 5,5 | 15.18 | — 9.53 |
| 68 i | 5,7.0. | 13.20 | —12. 5 | ζ | 5,8 | 15.21 | —16.18 |
| 44 k | 6,0 | 12.53 | — 3.10 | η | 5,9 | 15.37 | —15.17 |
| 74 l | 5,2.R. | 13.26 | — 5.38 | θ | 4,8. O. | 15.47 | —16.22 |
| 82 m | 5,8 | 13.35 | — 8. 6 | ι* | 5,0 | 15. 5 | —19.20 |
| n | 6,8 | 13.49 | — 8.58 | κ | 5,5 | 15.35 | —19.17 |
| 78 o | 5,3 | 13.28 | + 4.16 | λ | 5,5 | 15.46 | —19.48 |
| 90 p | 5,6 | 13.49 | — 0.55 | μ | 5,7 | 15.49 | —13.39 |
| 21 q | 5,8 | 12.28 | — 8.48 | ν* | 5,5. R. | 15. 0 | —15.47 |
| | | | | ξ¹ | 6,1 | 14.48 | —11.24 |
| 49 | 5,6 | 13. 2 | —10. 6 | ξ² | 5,7 | 14.50 | —10.55 |
| 50 | 6,3 | 13. 3 | — 9.41 | ο* | 6,4 | 15.14 | —15. 7 |
| 53 | 5,3 | 13. 6 | —15.33 | 6 | 5,5.R. | 14.43 | —27.27 |
| 61 | 5,3 | 13.12 | —17.39 | 11 | 5,4 | 14.45 | — 1.48 |
| | | | | 16 | 4,8 | 14.51 | — 3.51 |

| ÉTOILES. | GR. | Æ h. m. | ☉ ° ' | | ÉTOILES. | GR. | Æ h. m. | ☉ ° ' |
|---|---|---|---|---|---|---|---|---|
| 49 | 5,6 | 15.54 | —16.11 | | χ' | 5,5 | 20.14 | —42.26 |
| 37 | 5,5 | 15.28 | 9.39 | | λ | 2,7.J. | [18.21 | 25.29 |
| 28344 Lal. | 5,6 | 15.28 | 8.47 | | 13 μ'* | 4,3.0. | 18. 7 | 21. 5 |
| 48 | 5,4 | 15.51 | 13.56 | | 15 μ² | 5,8 | 18. 8 | 20.46 |
| P. XIV, 212* | 6,3 | 14.50 | 20.52 | | ν' | 5,0.R. | 18.47 | 22.54 |
| S | 7.v. | 15.15 | 19.57 | | ν² | 5,1.R. | 18.48 | 22.49 |
| * | 7.v.o. | 15.37 | 10.32 | | ξ² | 3,5.R. | 18.51 | 21.16 |
| Σ 1962* | 6,0 | 15.32 | 8.24 | | ο | 3,8.J. | 18.57 | 21.55 |
| **SCORPION** | | | | | π | 3,1 | 19. 3 | 21.13 |
| α*· | 1,7.R. | 16.22 | —26.10 | | ρ'· | 4,2 | 19.15 | 18. 4 |
| β'* | 2,5 | 15.58 | 19.29 | | σ | 2,4 | 18.48 | 26.27 |
| γ | 3,5.R. | 14.57 | 24.49 | | τ | 3,6. J. | 18.59 | 27.51 |
| δ | 2,4 | 15.53 | 22.17 | | υ | 4,9 | 19.15 | 16.11 |
| ε | 2,3 | 16.42 | 34. 4 | | φ | 3,7 | 18.38 | 27. 7 |
| ζ' | 5,8 | 16.45 | 42. 9 | | 47 χ'· | 5,4 | 19.18 | 24.44 |
| ζ² | 3,6 | 16.46 | 42. 9 | | 49 χ² | 5,6 | 19.18 | 24.12 |
| η | 3,6 | 17. 3 | 43. 4 | | ψ | 5,4 | 19. 8. | 25.28 |
| θ | 2,1 | 17.29 | 42.56 | | ω | 5,1 | 19.48 | 26.37 |
| ι· | 3,3 | 17.39 | 40. 5 | | | | | |
| κ | 2,6 | 17.34 | 38.58 | | 60 A | 5,3 | 19.52 | 26.31 |
| λ | 2,0 | 17.25 | 37. 1' | | 59 b | 4,6 | 19.50 | 27.29 |
| μ' | 3,6 | 16.44 | 37.51 | | 62 c | 4,7. J. | 19.55 | 28. 3 |
| μ² | 3,9 | 16.44 | 37.49 | | 43 d | 5,6 | 19.11 | 19.10 |
| ν²* | 4,3 | 16. 5 | 19. 9 | | 54 e'* | 5,5 | 19.34 | 16.34 |
| ξ* | 4,6 | 15.58 | 11. 3 | | 55 e² | 5,4 | 19.36 | 16.24 |
| ο | 3,8 | 15.31 | 29.23 | | 56 f | 5,2 | 19.39 | 20. 3 |
| π | 3,4 | 15.52 | 25.46 | | 61 g | 5,3 | 19.51 | 15.48 |
| ρ | 4,5 | 15.49 | 28.52 | | 51 h' | 5.v. | 19.29 | 24.59 |
| σ* | 5,4 | 16.14 | 25.18 | | 52 h² | 4,7 | 19.29 | 25. 9 |
| τ | 3,2 | 16.28 | 27.58 | | 3 X | 4.v. | 17.40 | 27.47 |
| υ | 3,2 | 17.23 | 37.12 | | W | 5.v. | 17.57 | 29.35 |
| χ' | 5,6 | 16. 7 | 11.32 | | 4 | 5,4 | 17.52 | 23.48 |
| ψ | 5,2 | 16. 5 | 9.45 | | 9 | 6,0 | 17 56 | 24.22 |
| ω'· | 4,4 | 16. 0 | 20.20 | | 21* | 5,1.R. | 18.18 | 20.36 |
| ω² | 4,6.R. | 16. 1 | 20.33 | | 29 | 5,5 | 18.43 | 20.28 |
| | | | | | P. XVII, 294 | 5,4 | 17.50 | 30.14 |
| 2 A | 5,2 | 15.47 | 24.57 | | P. XVII, 359 | 5,1 | 17.59 | 28.28 |
| 2 b | 5,3 | 15.44 | 25.23 | | P. XVII, 367 | 5,9 | 18. 1 | 30.45 |
| 13 c' | 5,3 | 16. 5 | 27.37 | | P. XVIII, 24 | 5,1 | 18.10 | 27. 6 |
| P. XVI, 31 c² | 5,5 | 16. 5 | 28.19 | | P. XVIII, 146 | 5,2 | 18.35 | 35.46 |
| 19 | 5,1 | 16.13 | 23.53 | | S310 Lac. | 5,0 | 19.56 | 38.16 |
| 22 | 5,3 | 16.23 | 24.51 | | R | 7.v.o. | 19.10 | 19.31 |
| 24 | 5,5 | 16.34 | 17.31 | | T | 8.v.o. | 19. 9 | 17.11 |
| P. XV, 116 | 3,9 | 15.29 | 27.45 | | U | 7.v.o. | 18.25 | 19.13 |
| P. XVI, 35 | 0,0 | 16.11 | 30.37 | | * 1690 | temp. | 19.± | 20.± |
| P. XVI, 55 | 5,8 | 16.15 | 38.55 | | M. 22 | am. | 18.29 | 24. 0 |
| P. XVI, 92 | 5,7 | 16.22 | 34.27 | | M. 25 | am. | 18.25 | 19. 9 |
| P. XVI, 111 | 4,4 | 16.27 | 35. 1 | | M. 8 | am. | 17.57 | 24.22 |
| P. XVI, 236* | 6,3 | 16.50 | 19.21 | | M. 20 | néb. | 17.55 | 23. 2 |
| P. XVI, 255 | 5,7 | 16.53 | 31.58 | | M. 21 | am. | 17.57 | 22.31 |
| P. XVII, 137 | 4,5 | 17.27 | 38.33 | | H. VII, 30 | am. | 18. 6 | 21.36 |
| P. XVII, 229 | 3,4 | 17.40 | 37. 0 | | * tr.-rouge | 8,0 | 20.21 | 28.39 |
| Σ. 1999 | 7,4 | 16. 1 | 11. 7 | | * rouge | 6,5 | 19.27 | 16.38 |
| T (1860) | 7.v. | 16.10 | 22.41 | | id. | 7,0 | 20. 0 | 27.34 |
| * | 6.v. | 16.49 | 31.58 | | **COURONNE AUSTRALE** | | | |
| M. 80 | néb. | 16.10 | 22.41 | | | | | |
| * rg.-sang | 8,0 | 16.32 | 32. 8 | | α | 4,2 | 19. 1 | —38. 5 |
| * tr.-rouge | 8,0 | 17.32 | 41.33 | | β | 4,1 | 19. 2 | 39.32 |
| * rouge | 6,0 | 16.28 | 35. 0 | | γ* | 4,6 | 18.58 | 37.14 |
| **SAGITTAIRE** | | | | | **CAPRICORNE** | | | |
| α | 4,0 | 19.15 | —40.51 | | α'· | 4,5.J. | 20.11 | —12.53 |
| β'* | 3,8 | 19.14 | 44.41 | | α²* | 3,6.J. | 20.11 | 12.55 |
| β² | 4,4 | 19.14 | 45. 1 | | β | 3,2 | 20.14 | 15.10 |
| γ | 2,8.J. | 17.58 | 30.25 | | γ | 3,7 | 21.33 | 17.12 |
| δ | 2,8.J. | 18.13 | 29.53 | | δ | 2,8 | 21.40 | 16.40 |
| ε | 2,2 | 18.16 | 34.26 | | ε | 4,7 | 21 30 | 20. 0 |
| ζ | 3,1 | 18.55 | 30. 3 | | ζ | 3,7 | 21.20 | 22.56 |
| η | 3,3.J. | 18. 9 | 36.48 | | η | 5,1 | 20.58 | 20.20 |
| θ' | 4,5 | 19.52 | 35.36 | | θ | 4,1 | 20.59 | 17.43 |
| ι | 4,3 | 19.47 | 42.11 | | | | | |

| ÉTOILES. | GR. | Æ h. m. | ⊕ . ' |
|---|---|---|---|
| ι | 4,4 | 21.16 | —17.21 |
| x | 5,0 | 21.36 | 19.25 |
| λ | 5,7 | 21.40 | 11.56 |
| μ | 5,4 | 21.47 | 14. 7 |
| ν | 5,2 | 20.14 | 13. 8 |
| ξ | 6,3 | 20. 6 | 12.58 |
| ο* | 6,3 | 20.23 | 18.59 |
| π* | 5,5 | 20.20 | 18.37 |
| ρ* | 5,3 | 20.22 | 18.13 |
| σ* | 5,6.J. | 20.12 | 19.30 |
| τ | 5,6 | 20.33 | 15.22 |
| υ | 5,7 | 20.33 | 18.34 |
| φ | 5,5 | 21. 9 | 21. 9 |
| χ | 5,4 | 21. 2 | 21.41 |
| ψ | 4,3 | 20.39 | 25.42 |
| ω | 4,1 | 20.45 | 27.22 |
| 24 A | 4,8 | 21. 0 | 25.30 |
| 36 b | 4,7 | 21.22 | 22.20 |
| 46 c¹· | 5,5 | 21.39 | 9.38 |
| 47 c² | 6,4 | 21.40 | 9.50 |
| 29 | 5,7 | 21. 9 | 15.40 |
| 30 | 5,5 | 21.11 | 18.29 |
| 33 | 5,7 | 21.17 | 21.22 |
| 41 | 5,8 | 21.35 | 23.48 |
| 42 | 5,6 | 21.35 | 14.35 |
| S | 7,v. | 20.10 | 21.42 |
| M. 30 | am. | 21.34 | 23.43 |
| M. 72 | am. | 20.47 | 12.59 |
| * tr.-rouge | 7,0 | 20.10 | 21.41 |

## VERSEAU

| ÉTOILES. | GR. | Æ h. m. | ⊕ . ' |
|---|---|---|---|
| α | 2,7 | 22. 0 | — 0.54 |
| β | 2,6 | 21.25 | — 6. 6 |
| γ | 3,9 | 22 15 | — 1.59 |
| δ | 3,2 | 22.48 | —16.28 |
| ε | 3,8 | 20.41 | — 9.56 |
| ζ* | 3,5 | 22.23 | — 0.38 |
| η | 4,1 | 22.29 | — 0.44 |
| θ | 4,3 | 22.11 | — 8.23 |
| ι | 4,4 | 22. 0 | —14.27 |
| x | 5,2 | 22.32 | — 4.50 |
| λ | 3,6.R. | 22.46 | — 8.13 |
| μ | 5,0 | 20.46 | — 9.26 |
| ν | 4,7 | 21.03 | —11.52 |
| ξ | 5,0 | 21.31 | — 8.24 |
| ο | 4,9 | 21.57 | — 2.44 |
| π | 4,9 | 21.19 | + 0.46 |
| ρ | 5,6 | 22.14 | — 8.25 |
| σ | 5,1 | 22.24 | —11.17 |
| 69 τ¹ * | 5,8 | 22.41 | —14.41 |
| 71 τ² | 4,2.R. | 22.43 | —14.14 |
| υ | 5,7 | 22.28 | —21.19 |
| φ | 4,1.O. | 23. 8 | — 6.41 |
| χ | 5,3.R. | 23.11 | — 8.23 |
| ψ¹ * | 4,1.J. | 23.10 | — 9.44 |
| ψ² | 4,2 | 23.12 | — 9.50 |
| ψ³ | 4,8. | 23.13 | —10.16 |
| ω¹ | 5,2 | 23.34 | —14.53 |
| ω² | 4,7 | 23.36 | —15.12 |
| 103 A¹ | 5,8 | 23.35 | —18.41 |
| 104 A² | 5,0 | 23.36 | —18.29 |
| 98 b¹ | 3,9 | 23.17 | —20.45 |
| 99 b² | 4,4 | 23.20 | —21.18 |
| 101 b³ | 4,5 | 23.27 | —21.34 |
| 86 c¹ | 4,4 | 23. 0 | —24.23 |
| 88 c² | 3,7 | 23. 3 | —21.49 |
| 89 c³ | 4,9 | 23. 3 | —23. 6 |
| 25 d | 5,5 | 21.33 | + 1.42 |
| 38 e | 5,6 | 22. 4 | —12.01 |

| ÉTOILES. | GR. | Æ h. m. | ⊕ . ' |
|---|---|---|---|
| 53 f* | 5,8 | 22.20 | —17.21 |
| 66 g¹ | 4,9 | 22.37 | —19.28 |
| 68 g² | 5,4.J. | 22.41 | —20.14 |
| 83 h· | 5,4 | 22.59 | — 8.20 |
| 106 i¹ | 5,2 | 23.38 | —18.56 |
| 107 i²* | 5,4 | 23.40 | —19.21 |
| 108 i³ | 5,1 | 23.45 | —19 34 |
| 1 | 5,6 | 20.33 | + 0. 4 |
| 3 | 4,8 | 20.41 | — 5.28 |
| 5 | 5,8 | 20.46 | — 5.57 |
| 7 | 5,9 | 20.50 | —10. 9 |
| 12 * | 5,7 | 20.58 | — 6.18 |
| 29* | 6,0 | 21.56 | —17.32 |
| 41 * | 5,8 | 22. 8 | —21.40 |
| 46090 Lal. | 6,v. | 23.26 | —11.40 |
| 94 * | 5,5.J. | 23.13 | —14. 7 |
| 97 | 5,3 | 23.16 | —15.42 |
| P. XXII, 250 | 5,9 | 22.49 | — 5.38 |
| Σ 2809* | 6,0 | 21.31 | — 0.58 |
| R | 7.V.R. | 23.38 | —15.57 |
| S | 8.V.O. | 22.51 | —20.59 |
| T | 7.V.O. | 20.44 | — 5.35 |
| M. 2 | am. | 21.27 | — 1.21 |
| H. IV, 1. | néb. | 20.58 | —11.50 |
| * rouge | 6,5 | 21.40 | — 2.46 |
| id. | 7,0 | 22.53 | —25.48 |

## ORION

| ÉTOILES. | GR. | Æ h. m. | ⊕ . ' |
|---|---|---|---|
| α· | 1.V.O. | 5.49 | + 7.23 |
| β* | 1,0 | 5. 9 | — 8.20 |
| γ | 2,0 | 5.19 | + 6.14 |
| δ* | 2,v. | 5.26 | — 0.23 |
| ε | 2,0 | 5.30 | — 1.17 |
| ζ* | 2,0 | 5.35 | — 2. 0 |
| η· | 3,5 | 5.18 | — 2.30 |
| θ* | 4,8 | 5.29 | — 5.28 |
| ι* | 3,0 | 5.30 | — 5.59 |
| x | 2,8 | 5.42 | — 9.43 |
| λ* | 3,5 | 5.29 | + 9.51 |
| μ | 4,7 | 5.56 | + 9.39 |
| ν | 4,7 | 6. 1 | +14.47 |
| ξ | 4,8 | 6. 5 | +14.14 |
| ο | 5,7.O. | 4 46 | +14. 2 |
| ο¹ | 5,0 | 4.50 | +13.19 |
| π¹ | 5,0 | 4.48 | + 9.58 |
| π² | 4,7 | 4.44 | + 8.42 |
| π³ | 3,1 | 4.43 | + 6.45 |
| π⁴ | 3,7 | 4.45 | + 5.24 |
| π⁵ | 3,7 | 4.48 | + 2.15 |
| π⁶ | 4,7 | 4.52 | + 1.32 |
| ρ* | 5,1 | 5. 7 | + 2.43 |
| σ* | 4,2 | 5.33 | — 2.40 |
| τ | 4,4 | 5.12 | — 6.58 |
| υ | 5,1 | 5.26 | — 7.24 |
| 37 φ¹ | 5,0 | 5.28 | + 9.24 |
| 40 φ² | 4,5.J. | 5.30 | + 9.14 |
| 54 χ¹ | 4,7 | 5.47 | +20.16 |
| 62 χ² | 5,0 | 5.57 | +20. 8 |
| 25 ψ¹ | 5,4 | 5.19 | + 1.44 |
| 30 ψ². | 5,0 | 5.21 | + 2.59 |
| ω | 5,0 | 5.33 | + 4. 3 |
| 32 A· | 4,8 | 5.24 | + 5.51 |
| 51 b | 5,5.O. | 5.36 | + 1.25 |
| 32 c | 5,2 | 5.29 | — 4.55 |
| 49 d | 5,2 | 5.33 | — 7.17 |
| 29 e | 4,4 | 5.18 | — 7.55 |
| 69 f¹ | 5,7 | 6. 5 | +16. 9 |
| 72 f² | 5,7 | 6. 8 | +16.10 |
| 6 g | 6,0 | 4.47 | +11.13 |
| 16 h | 5,9 | 5. 3 | + 9.40 |

| ÉTOILES. | GR. | ÆR h. m. | ☽ ° ' | ÉTOILES. | GR. | ÆR h. m. | ☽ ° ' |
|---|---|---|---|---|---|---|---|
| 14 *i*\* | 5,9 | 5. 1 | + 8.20 | 11985 Lal. | 5,5 | 6.10 | —13.41 |
| 74 *k* | 5,8 | 6.10 | +12.18 | 12541 Lal. | 5,6 | 6.26 | 12.18 |
| 75 *l* | 6,0 | 6.10 | + 9.59 | 2147 B.A.C. | 5,7 | 6.29 | 31.56 |
| 23 *m*\* | 5,4 | 5.17 | + 3.25 | 2162 B.A.C. | 5,7 | 6.30 | 32.37 |
| 33 *n'*\* | 6,0 | 5.25 | + 3.12 | 12825 Lal. | 5,3 | 6.34 | 14. 2 |
| 38 *n²* | 5,8 | 5.28 | + 3.41 | 2291 B.A.C. | 6,0 | 6.54 | 25.15 |
| 22 *o*· | 5,1 | 5.16 | — 0.30 | 12278 Lal. | 5,6 | 6.19 | 11.28 |
| 27 *p* | 5,6 | 5.18 | — 1.01 | 13059 Lal. | 5,7 | 6.40 | 14.40 |
| 11 | 5,0 | 4.58 | +15.14 | 14200 Lal. | 5,3 | 7.12 | 23. 6 |
| 15 | 5,3 | 5. 3 | +15.27 | 2244 B.A.C. | 7,0 | 6.45 | 27.12 |
| 31· | 5,1 o. | 5.24 | — 1.11 | M. 41 | am. \*R. | 6.42 | 20.37 |
| 52\* | 5,7 | 5.42 | + 6.26 | H. VII, 12 | am. | 7.12 | 15.25 |
| 56 | 5,8 | 5.46 | + 1.49 | H. VII, 17 | am. | 7.14 | 24.44 |
| 60 | 5,7 | 5.53 | + 0.32 | \* tr.-rouge | 8,1 | 6.19 | 26.59 |
| 5 | 5.v. o. | 4.47 | + 2.18 | \* rouge | 7,5 | 7. 2 | —11.44 |
| 9419 Lal. | 6,2 | 4.54 | + 3.26 |  |  |  |  |
| 9581 Lal. | 6.v. | 4.59 | + 1. 1 |  |  |  |  |
| 10492 Lal. | 6.v. | 5.28 | +10.10 |  | **BALEINE** |  |  |
| 10527\* Lal. | 5,3 | 5.29 | — 6.05 |  |  |  |  |
| 11382 Lal. | 5,2 | 5.54 | — 3. 5 | α | 2,4. o. | 2.56 | + 3.37 |
| 12104 Lal. | 5,2 | 6.14 | — 2.54 | β | 2,2. J. | 0.38 | —18.39 |
| Σ 700\* | 8,0 | 5.17 | + 0.59 | γ\* | 3,2 | 2.37 | + 2.44 |
| Σ 743\* | 7,0 | 5.29 | — 4 30 | δ | 4,0 | 2.34 | — 0.11 |
| Σ 750\* | 6,0 | 5.30 | — 4.27 | ε | 4,5 | 2.34 | —12.23 |
|  |  |  |  | ζ· | 3,5 | 1.46 | —10.55 |
| R | 8.v.o. | 4.52 | + 7.57 | η | 3,5. o. | 1. 3 | —10.49 |
| S | 8.v. R. | 5.23 | — 4.47 | θ | 3,2 | 1.18 | — 8.48 |
| M 42 | néb. | 5.29 | — 5.28 | ι | 3,5. J. | 0.13 | — 9.31 |
| H. VII, 4 | am. | 5. 4 | +16.33 | 96 κ¹ | 5,1 | 3.13 | + 2.55 |
| H. V, 28 | néb. | 5.36 | — 1.55 | 97 κ² | 6,2 | 3.15 | + 3.14 |
| M. 78 | néb. | 5.41 | + 0. 1 | λ | 4,7 | 2.53 | + 8.25 |
| H. VIII, 24 | am. | 6. 2 | +13.58 | μ | 4,2 | 2.38 | + 9.36 |
| \* tr.-rouge | 8,0 | 5. 4 | + 5.40 | ν\* | 5,0 | 2.30 | + 5. 4 |
| \* rouge | 6,5 | 4.59 | + 1. 1 | 65 ξ¹ | 4,3 | 2. 7 | + 8.17 |
| id. | 7,3 | 6. 5 | +21.54 | 73 ξ² | 4,2 | 2.22 | + 7.55 |
| \* orangée | 6,5 | 4.49 | + 7.35 | o | 2.v.v. | 2.13 | — 3.31 |
| id. | 6,7 | 5. 4 | — 0.43 | π | 4,0 | 2.38 | —14.22 |
| id. | 6,5 | 5.30 | +10.58 | ρ | 4,6 | 2.20 | —12.50 |
| id. | 7,0 | 5.56 | — 5. 8 | σ | 4,7 | 2.26 | —15.46 |
| id. | 6,5 | 6.13 | +14.42 | τ | 3,4 | 1.39 | —16.34 |
| id. | 6,5 | 6.19 | +14.47 | υ | 4,0 | 1.54 | —21.40 |
|  |  |  |  | 17 φ¹ | 5,1 | 0.38 | —11.15 |
|  | **GRAND CHIEN** |  |  | 19 φ² | 5,5 | 0.44 | —11.17 |
|  |  |  |  | 22 φ³ | 5,7 | 0.50 | —11.55 |
| α\* | 1,0 | 6.40 | —16.33 | 23 φ⁴ | 5,9 | 0.53 | —12. 1 |
| β· | 2,2 | 6.17 | 17.54 | χ· | 4,8 | 1.44 | —11.17 |
| γ· | 4,5 | 6.58 | 15.27 |  |  |  |  |
| δ· | 2,1 | 7. 4 | 26.12 | 2 | 4,3 | 23.58 | —18. 0 |
| ε | 1,9 | 6.54 | 28.49 | 3 | 5,2 | 23.58 | —11.11 |
| ζ· | 3,2 | 6.16 | 30. 1 | 6 | 5,1 | 0. 5 | —16. 7 |
| η | 2,9 | 7.19 | 29. 4 | 72 Lal. | 5,4 | 0. 6 | —18.36 |
| θ | 4,4. R. | 6.49 | 11.53 | 7 | 4,3 | 0. 9 | —19.36 |
| ι | 4,9 | 6.51 | 16.54 | P. O. 91 | 5,2 | 0.24 | —24.27 |
| κ | 4,0 | 6.45 | 32.22 | 12 | 6,0 | 0.24 | — 4.37 |
| λ | 4,7 | 6.24 | 32.30 | 13 | 6,0 | 0.29 | — 4.15 |
| μ\* | 5,5. R. | 6.51 | 13.53 | 20 | 5,2 | 0.47 | — 1.47 |
| 6 ν¹ \* | 6,4 | 6.31 | 18.34 | 37\* | 5,3 | 1. 8 | — 8.34 |
| 7 ν² | 4,2 | 6.31 | 19. 9 | 42\* | 6,0 | 1.14 | — 1. 8 |
| 8 ν³ | 4,9 | 6.33 | 18. 8 | 46 | 5,1 | 1.20 | —15.13 |
| 4 ξ¹ | 4,5 | 6.27 | 23.20 | 48 | 5,3 | 1.24 | —22.15 |
| 5 ξ² | 4,8 | 6.30 | 22.52 | 3159 Lal. | 5,2 | 1.37 | — 4.19 |
| 16 o¹ | 3,9. R. | 6.49 | 24. 2 | 56 | 5,0 | 1.51 | —23. 7 |
| 24 o² | 3,4 | 6.58 | 23.39 | 61· | 6,5 | 1.58 | — 0.55 |
|  |  |  |  | 66\* | 6,0 | 2. 7 | — 2.58 |
| 10 | 5,7 | 6.40 | 30.57 | 94 | 5,3 | 3. 7 | — 1.39 |
| 11 | 5,5 | 6.41 | 14.18 | Σ. 101\* | 8,0 | 1. 8 | — 8.17 |
| 15 | 5,3 | 6.48 | 20. 4 | Σ. 106\* | 8,5 | 1.10 | — 7.48 |
| 19 | 4,9 | 6.50 | 19.59 | Σ. 147\* | 6,0 | 1.34 | —11.54 |
| 22 | 3,6. R. | 6.57 | 27.46 | Σ. 218\* | 7,0 | 2. 3 | — 1. 1 |
| 27 | var. | 7. 9 | 26. 9 | S | 7.v. o. | 0.18 | —10. 0 |
| 28 | 4,2 | 7.10 | 26.34 | R | 8.v. o. | 2.20 | — 0.43 |
| 29 | 5,6 | 7.14 | 24.20 | 2598 Lal. | 6.v. | 1.20 | — 4.35 |
| 30\* | 4,6 | 7.14 | 24.44 |  |  |  |  |

## ATELIER DU SCULPTEUR

| ÉTOILES. | GR. | Æ | ⊕ |
|---|---|---|---|
| | | h. m. | ° ' |
| α P. 0. 250 | 4,2 | 0.53 | —30. 0 |
| β 9513 Lac. | 6,7 | 23.26 | 26.24 |
| γ P. XXIII, 36 | 4,4 | 23.12 | 33.11 |
| δ P. XXIII, 192 | 4.6 | 23.43 | 28.48 |
| ζ P. XXIII, 259 | 5,2 | 23.56 | 30.23 |
| χ¹ 9741 Lac. | 5,5 | 0. 3 | 28.39 |
| χ² P. 0. 6 | 5,2 | 0. 5 | 28.28 |
| η P. 0, 79 | 5,2 | 0.22 | 33.40 |
| ε* P. I, 168 | 5,4 | 1.40 | 25.39 |
| 158 Lal. | 5,4 | 0. 8 | 8 .30 |
| 9350 Lac. | 5,3 | 22.56 | 35.24 |
| 9352 Lac. | 7,5 | 22.56 | 36.37 |
| P. 0, 111* | 6,5 | 0.28 | 35.39 |
| * rouge | 6,0 | 23.51 | 27.18 |
| * orangée | 6,0 | 1.21 | 33.10 |

## FOURNEAU CHIMIQUE

| ÉTOILES. | GR. | Æ | ⊕ |
|---|---|---|---|
| P. III, 13 | 3,6 | 3. 7 | —29.28 |
| P. II, 195 | 4,5 | 2.45 | 32.54 |
| P. I, 168 | 5,3 | 1.40 | 25.45 |
| P. I, 241 | 5,5 | 1.56 | 30.36 |
| P. I, 251 | 4,8 | 1.59 | 29.54 |
| P. II, 28 | 5,4 | 2. 8 | 31.18 |
| P. II, 73 | 5,6 | 2.17 | 24.22 |
| P. II, 122* | 4,8 | 2.29 | 28.46 |
| P. II, 200 | 5,6 | 2.45 | 28.26 |
| P. III, 142 | 4,9 | 3.38 | 32.19 |
| P. III, 176 | 5,6 | 3.43 | 30.31 |
| P. II, 194* | 6,5 | 2.43 | 37.55 |

## ÉRIDAN

| ÉTOILES. | GR. | Æ | ⊕ |
|---|---|---|---|
| α | 1,6. R. | 1.33 | —57.51 |
| β | 2,8 | 5. 2 | 5.15 |
| γ | 2,8 | 3.52 | 13.51 |
| δ | 3,3 | 3.38 | 10.10 |
| ε | 3,6 | 3.27 | 9.52 |
| ζ | 4,9 | 3.10 | 9.16 |
| η | 3,7 | 2.51 | 9.22 |
| θ | 2,6 | 2.54 | 40.47 |
| ι | 4,2 | 2.36 | 40.22 |
| χ | 4,2 | 2.23 | 48.14 |
| λ | 4,6 | 5. 3 | 8.55 |
| μ | 4,0 | 4.40 | 3.28 |
| ν | 3,8 | 4.30 | 3.36 |
| ξ | 5,6 | 4.18 | 4. 1 |
| 38 o¹ | 4,0 | 4. 6 | 7. 9 |
| 40 o² * | 4,4 | 4.10 | 7.47 |
| π | 4,7. O. | 3.40 | 12.29 |
| 9 ρ¹ | 5,6 | 2.55 | 8. 9 |
| 10 ρ² | 5,3 | 2.57 | 8.10 |
| 4969 Lal. | 5,7 | 2.34 | 9.58 |
| 1 τ¹ | 4,5 | 2.39 | 19. 5 |
| 2 τ² | 4,9 | 2.46 | 21.30 |
| 11 τ³ | 4,1 | 2.57 | 24. 6 |
| 16 τ⁴ | 3,4 | 3.14 | 22.12 |
| 19 τ⁵ | 4,5 | 3.29 | 22. 2 |
| 27 τ⁶ | 3,9 | 3.42 | 23.36 |
| 28 τ⁷ | 5,5 | 3.43 | 24.15 |
| 33 τ⁸ | 4,4 | 3.49 | 24.58 |
| 36 τ⁹ | 4,4 | 3.55 | 24.21 |
| 50 υ¹ | 4,7 | 4.29 | 30. 0 |
| 52 υ² | 3,7 | 4.31 | 30.49 |
| 43 υ³ | 4,0 | 4.20 | 34.18 |
| 41 υ⁴ | 3,3 | 4.13 | 34. 6 |
| φ | 3,5 | 2.12 | 52. 4 |
| χ | 3,9 | 1.51 | 52.12 |
| ψ | 5,3 | 4.56 | 7.21 |
| ω | 4,7 | 4.47 | 5.39 |

| ÉTOILES. | GR. | Æ | ⊕ |
|---|---|---|---|
| | | h. m. | ° ' |
| 39 A* | 5,2 | 4. 9 | —10.33 |
| 62 b* | 5,9 | 4.50 | 3.22 |
| 51 c | 5,8 | 4.32 | 2.43 |
| 4 | 5,7 | 2.52 | 24.21 |
| 5 | 5,4 | 2.54 | 2.57 |
| 15 | 5,3 | 3.13 | 22.58 |
| 17 | 4,7 | 3.25 | 5.29 |
| 20 | 5,3 | 3.31 | 17.52 |
| 32* | 4,7 | 3.48 | 3.19 |
| 35 | 5,3 | 3.55 | 1.53 |
| 45 | 5,4 | 4.26 | 0.18 |
| 53 | 4,1 | 4.33 | 14.32 |
| 54 | 4,6 | 4.35 | 19.54 |
| 55 | 6,5 | 4.38 | 9. 1 |
| 60 | 5,0 | 4.45 | 16.26 |
| 64 | 4,8 | 4.54 | 12.42 |
| P. III, 251 | 5,8 | 4. 1 | 27.59 |
| P. IV, 154 | 5,2 | 4.34 | 12.21 |
| 9284 Lal. | 5.v. | 4.50 | 16.37 |
| P. III, 88 | 4.v. | 3.26 | 41.46 |
| H. IV, 26 | néb. | 4. 9 | 13. 3 |
| * orangée | 6,7 | 4.28 | 11. 2 |

## LIÈVRE

| ÉTOILES. | GR. | Æ | ⊕ |
|---|---|---|---|
| α | 2,7 | 5.27 | —17.54 |
| β | 2,9 | 5.23 | 20.51 |
| γ | 3,5 | 5.40 | 22.29 |
| δ | 3,7 | 5.46 | 20.53 |
| ε | 3,1. R. | 5. 0 | 22.32 |
| ζ | 3,6 | 5.42 | 14.52 |
| η | 3,8 | 5.51 | 14.12 |
| θ | 5,2 | 6. 1 | 14.56 |
| ι | 4,4 | 5. 7 | 12. 1 |
| χ* | 4,2 | 5. 8 | 13. 5 |
| λ | 4,1 | 5.14 | 13.18 |
| μ | 3,4 | 5. 8 | 16.21 |
| ν | 5,7 | 5.14 | 12.26 |
| 17 | 5,5 | 6. 0 | 16.29 |
| P. IV, 285 | 5,5 | 4.56 | 20.14 |
| P. IV, 289 | 5,4 | 4.58 | 26.27 |
| P. V, 35 | 5,4 | 5.11 | 27. 4 |
| P. V, 70 | 5,4 | 5.17 | 24.53 |
| 10063 Lal. | 4,9 | 5.15 | 21.22 |
| R | 6.v. R. | 4.54 | 14.59 |
| M. 79 | néb | 5.19 | 24.38 |
| ... | am. | 4.55 | 13.39 |

## LICORNE

| ÉTOILES. | GR. | Æ | ⊕ |
|---|---|---|---|
| 30 | 4,0 | 8.20 | — 3.31 |
| 11* | 4,2 | 6.23 | — 6.57 |
| 26 | 4,2 | 7.36 | — 9.16 |
| 5 | 4,4. O. | 6. 9 | — 6.14 |
| 22 | 4,5 | 7. 6 | — 0.17 |
| 8* | 4,7 | 6.17 | + 4.39 |
| 31 | 4,9 | 8.38 | — 6.49 |
| 13 | 5,0 | 6.26 | + 7.26 |
| 29* | 5,0 | 8. 3 | — 2.38 |
| 18 | 5,2 | 6.42 | + 2.33 |
| 28 | 5,3 | 7.55 | — 1. 3 |
| 10* | 5,4. J. | 6.22 | — 4.42 |
| 17 | 5,4 | 6.41 | + 8.10 |
| 12494 Lal. | 5,5 | 6.25 | +11.38 |
| 20 | 5,5 | 7. 4 | —.4. 3 |
| 19 | 5,6 | 6.57 | — 4. 4 |
| 3 | 5,6 | 5.56 | —10.36 |
| 27 | 5,6 | 7.54 | — 3.21 |
| 25 | 5,7 | 7.31 | — 3.50 |
| 12587 Lal. | 5,7 | 6.28 | + 7.40 |
| 2 | 5,7 | 5.53 | — 9.34 |
| 12176 Lal. | 5,8 | 6.16 | —11.43 |
| 7 | 5,9 | 6.14 | — 7.46 |

| ÉTOILES. | GR. | ÆR h. m. | ☉ ° ' |
|---|---|---|---|
| P. VII, 228 | 6,0 | 7.45 | — 8.51 |
| 12 | 6,0 | 6.26 | + 4.57 |
| P. VI, 82 | 6,5 | 6.17 | + 3.49 |
| 15 S* | 4.v. | 6.34 | +10. 0 |
| T | 6.v. | 6.19 | + 7. 9 |
| U | 6.v. | 7.25 | — 9.32 |
| W. B 669 | 5.v. | 7.23 | — 1.39 |
| H. VII, 2 | am. | 6.26 | + 4.57 |
| H. IV, 2 | néb. | 6.33 | + 8.52 |
| H. VII, 35 | am. | 6.21 | +12.42 |
| M. 50 | am. *R. | 6.57 | — 8.10 |
| H. VI, 22 | am. | 8. 7 | — 5.26 |
| H. VI, 27 | am. | 6.46 | + 0.36 |
| * rouge | 6,0 | 6.36 | — 9. 3 |
| id. | 7,5 | 7.37 | —10.36 |
| * orangée | 7,0 | 6.24 | — 2.57 |
| id. | 6,0 | 7.23 | —10. 5 |

## HYDRE

| ÉTOILES. | GR. | ÆR h. m. | ☉ ° ' |
|---|---|---|---|
| α | 2,3. O. | 9.22 | — 8. 8 |
| β | 4,5 | 11.47 | —33.14 |
| γ | 3,3. J. | 13.12 | —22.32 |
| δ | 4,1 | 8.31 | + 6. 9 |
| ε* | 3,5 | 8.40 | + 6.51 |
| ζ | 3,1 | 8.49 | + 6.24 |
| η | 4,5 | 8.37 | + 3.49 |
| θ | 3,8 | 9. 8 | + 2.49 |
| ι | 4,0. R. | 9.34 | — 0.36 |
| κ | 5,3 | 9.35 | —13.47 |
| λ | 3,4 | 10. 5 | —11.45 |
| μ | 4,0. J. | 10.20 | —16.13 |
| ν | 3,2 | 10.44 | —15.34 |
| ξ | 3,8 | 11.27 | —31.12 |
| ο | 5,0 | 11.34 | —34. 5 |
| π | 3,6. J. | 14. 0 | —26. 6 |
| ρ | 4,8 | 8.42 | + 6.17 |
| σ | 5,0 | 8.32 | + 3.48 |
| 31 τ¹· | 4,8 | 9.23 | — 2.14 |
| 32 τ² | 4,8 | 9.26 | — 0.39 |
| 39 υ¹ | 4,1 | 9.46 | —14.17 |
| 40 υ² | 4,5 | 9.59 | —12.29 |
| φ | 5,0 | 10.33 | —16.15 |
| χ | 4,8 | 10.59 | —26.38 |
| ψ | 5,4 | 13. 3 | —22.28 |
| ω | 5,5 | 9. 0 | + 5.35 |
| 33 A | 6,0 | 9.29 | — 5.22 |
| b¹ | 5,8 | 10.41 | — 16.40 |
| b² | 5,5 | 10.45 | —17.41 |
| 1 | 6,2 | 8.19 | — 3.22 |
| 2 | 6,5 | 8.20 | — 3.36 |
| 12 | 4,4 | 8.41 | —13. 7 |
| 14 | 5,8 | 8.43 | — 2.60 |
| 24 | 6,0 | 9.11 | — 8.14 |
| 25 | 7,5 | 9.14 | —11.28 |
| 26 | 5,4 | 9.14 | —11.28 |
| 27 | 5,5 | 9.15 | — 9. 3 |
| 51· | 5,0 | 14.16 | —27.12 |
| 52 | 4,7 | 14.21 | —28.57 |
| 54* | 5,2. R. | 14.39 | —24.56 |
| 58 | 4,8 | 14.43 | —27.28 |
| 18639 Lal. | 5,2 | 9.22 | —21.49 |
| 19034 Lal. | 5,3 | 9.36 | —23. 2 |
| 19093 Lal. | 5,5 | 9.37 | —23.23 |
| 20556 Lal. | 5.v.R. | 10.32 | —12.45 |
| P. VII, 167 | 5,6 | 8.41 | — 1.27 |
| P. X. 256 | 5,7 | 11. 3 | —27.25 |
| P. XI, 96* | 5,2 | 11.26 | —28.36 |
| P. VIII, 108* | 6,0 | 8.30 | + 7. 3 |
| R | 4.v.R. | 13.23 | —22.40 |
| S | 8.v.O. | 8.47 | + 3.31 |

| ÉTOILES. | GR. | ÆR h. m. | ☉ ° ' |
|---|---|---|---|
| T | 7.v. R. | 8.50 | — 8.41 |
| H. IV, 27 | néb. | 10.19 | —18. 2 |
| M. 68 | am. | 12.33 | —26. 5 |
| * rouge | 6,0 | 10.46 | —20.36 |
| id. | 7,0 | 13.42 | —27.46 |
| * orangée | 6,5 | 9.46 | —22.27 |
| id. | 7,5 | 9.14 | + 0.41 |

## COUPE

| ÉTOILES. | GR. | ÆR h. m. | ☉ ° ' |
|---|---|---|---|
| α | 4,4 | 10.54 | —17.40 |
| β | 4,6 | 11. 6 | 22.10 |
| γ | 4,2 | 11.19 | 17. 2 |
| δ | 3,5 | 11.13 | 14. 7 |
| ε | 5,5 | 11.19 | 10.12 |
| ζ | 5,2 | 11.39 | 17.41 |
| η | 5,4 | 11.50 | 16.29 |
| θ | 5,0 | 11.31 | 9. 8 |
| ι | 5,8 | 11.33 | 12.33 |
| κ | 6,1 | 11.21 | 11 42 |
| λ | 5,4 | 11.17 | 18. 7 |
| 3ı | 5,5 | 11.55 | 19. 0 |
| 21203 Lal. | 5,7 | 10.57 | 10.39 |
| R | 8.v.R. | 10.55 | 17.41 |
| * orangée | 6,0 | 10.53 | 15.42 |

## CORBEAU

| ÉTOILES. | GR. | ÆR h. m. | ☉ ° ' |
|---|---|---|---|
| α | 4,2 | 12. 2 | —24. 4 |
| β | 2,6 | 12.28 | 22.44 |
| γ | 2.v. | 12.10 | 16.52 |
| δ* | 3.v. | 12.24 | 15.51 |
| ε | 3,3. J. | 12. 4 | 21.57 |
| ζ | 5,2 | 12.14 | 21.33 |
| η | 4,5 | 12.26 | 15.32 |
| P. XII, 54 | 5,6 | 12.15 | 12.54 |
| 23675 Lal. | 5,8 | 12.35 | 12.21 |
| 23726 Lal. | 7,5 | 12.37 | 13.12 |
| Σ 1664* | 7,5. R. | 12.32 | 10.49 |
| R | 7.v.R. | 12.13 | 18.35 |

## MACHINE PNEUMATIQUE

| ÉTOILES. | GR. | ÆR h. m. | ☉ ° ' |
|---|---|---|---|
| α P. X, 82 | 4,4 | 10.22 | —30.27 |
| β XI, 2 | 6,0 | 11. 4 | 31.42 |
| γ X, 65 | 7,2 | 10.19 | 29. 3 |
| X, 66 | 5,7 | 10.19 | 37.24 |
| δ X, 91 | 6,0 | 10.24 | 30. 0 |
| ε IX, 103 | 5,0.R. | 9.24 | 35.25 |
| ζ¹ IX, 113 | 6,1 | 9.26 | 31.22 |
| ζ² IX, 117 | 6,3 | 9.26 | 31.20 |
| η IX, 227 | 5,6 | 9.54 | 35.19 |
| θ IX, 166 | 5,2 | 9.39 | 27.13 |
| ι 4527 Lac. | 5,1 | 10.51 | 36.29 |
| * rouge | 7,0 | 10. 7 | 34.44 |
| * orangée | 6,5 | 10.30 | 38.57 |

## COLOMBE

| ÉTOILES. | GR. | ÆR h. m. | ☉ ° ' |
|---|---|---|---|
| α 1938 Lac. | 2,5 | 5.35 | —34. 8 |
| β 2029 | 2,9 | 5.47 | 35.49 |
| γ 2084 | 4,5 | 5.53 | 35.18 |
| δ 2244 | 3,9 | 6.18 | 33.23 |
| ε 1883 | 4,1 | 5.27 | 35.34 |
| η 2099 | 4,0.R. | 5.56 | 42.49 |
| θ 2153 | 5,3 | 6. 4 | 37.14 |
| κ 2213 | 4,8 | 6.12 | 35. 6 |
| λ 2044 | 5,2 | 5.49 | 33.50 |
| μ 1982 | 5,4 | 5.42 | 32.21 |
| ν¹ 1911 | 6,4 | 5.33 | 27.57 |
| ν² 1915 | 5,3 | 5.33 | 28.46 |

| ÉTOILES. | GR. | AR (h. m.) | ⊕ (° ') |
|---|---|---|---|
| ξ 2069 | 5,4 | 5.51 | —37. 8 |
| o 1793 | 5,1 | 5.13 | 35. 1 |
| π' 2154 | 6,8 | 6. 3 | 42.17 |
| π² 2164 | 5,8 | 6. 4 | 42.08 |
| σ 2070 | 5,6 | 5.52 | 31.24 |
| τ 2047 | 6,4 | 5.50 | 29.10 |
| 2228 | 6,3 | 6.15 | 34.21 |
| 2234 | 6,0 | 6.16 | 34. 5 |

### NAVIRE
### A. — Poupe.

| | | | |
|---|---|---|---|
| α 2291 Lac. | 1,0 | 6.21 | —52.38 |
| ν 2386 | 3,5 | 6.34 | 43. 5 |
| τ 2505 | 3,2 | 6.47 | 50.28 |
| L² 2691 | 3.v. | 7.10 | 44.26 |
| π 2720 | 2,7. R. | 7.13 | 36.53 |
| σ 2837 | 3,5. R. | 7.26 | 43. 3 |
| n* 2849 | 5,7 | 7.29 | 23.12 |
| k* 2896 | 4,5 | 7.34 | 26.32 |
| l 2938 | 4,2. R. | 7.39 | 28.40 |
| c 2958 | 3,6. R. | 7.41 | 37.41 |
| 2994 | 3,5 | 7.44 | 24.34 |
| 3001 | 6.v. R. | 7.44 | 40.21 |
| P 3022 | 4,3 | 7.46 | 46. 4 |
| a 3044 | 4,0. R. | 7.48 | 40.16 |
| b 3049 | 4,9 | 7.48 | 38.33 |
| J 3068 | 4,5 | 7.50 | 47.48 |
| ζ 3136 | 2,5 | 7.59 | 39.40 |
| ρ 3153 | 3,2 | 8.02 | 23.58 |
| Σ. 1120* | 6,5 | 7.30 | 14.13 |
| Σ. 1121* | 7,2 | 7.31 | 14.13 |
| Σ. 1138* | 7,0 | 7.40 | 14.23 |
| M. 46 | am. | -.36 | 14.33 |
| M. 93 | am. | 7.39 | 23.35 |
| H. IV, 39 | néb. | 7.36 | 14.27 |
| H. VIII, 38 | am. | 7.31 | 14.13 |

### B. — Carène.

| | | | |
|---|---|---|---|
| χ 3102 | 3,7 | 7.54 | —52.39 |
| ε 3327 | 2,1 | 8.20 | 59. 7 |
| d 3504 | 4,7 | 8.38 | 59.20 |
| c 3626 | 4,0 | 8.52 | 60.11 |
| G 3736 | 4,8 | 9. 5 | 72. 7 |
| a 2738 | 3,8 | 9. 8 | 58.28 |
| i 3753 | 4,3 | 9. 9 | 61.49 |
| β 3791 | 2,0 | 9.12 | 69.13 |
| g 3782 | 4,8 | 9.13 | 57. 2 |
| ι 3792 | 2,5 | 9.14 | 58.46 |
| l 4033 | 4.v. | 9.42 | 61.57 |
| ν 4051 | 3,3 | 9.44 | 64.31 |
| ω 4243 | 3,6 | 10.11 | 69.26 |
| q 4249 | 3,3 | 10.13 | 60.44 |
| I 4319 | 4,3 | 10.22 | 73.25 |
| t¹ 4380 | 5. v.R. | 10.32 | 58.56 |
| t²* 4396 | 5,2. R. | 10.34 | 58.33 |
| s 4314 | 4,6 | 10.24 | 58. 7 |
| p 4348 | 3,6 | 10.?8 | 61. 4 |
| θ 4447 | 2,9 | 10.39 | 63.46 |
| η 4457 | 1.V. | 10.40 | 59. 3 |
| u 4515 | 4,1. R. | 10.49 | 58.13 |
| x 4627 | 4,6 | 11. 4 | 58.19 |
| R | 4. v. | 9.29 | 62.16 |
| néb. de η | | 10.40 | 59. 3 |
| am et * rg. | | 7.57 | 60.30 |

### C. — Voiles.

| | | | |
|---|---|---|---|
| γ* 3185 | 3,0 | 8. 6 | —46.59 |
| e 3446 | 4,6 | 8.34 | 42.34 |
| b 3470 | 4,1 | 8.37 | 46.13 |
| o 3482 | 4,0 | 8.37 | 52.30 |

| ÉTOILES. | GR. | AR (h. m.) | ⊕ (° ') |
|---|---|---|---|
| d 3508 | 4,4 | 8.40 | —42.12 |
| δ 3532 | 2,2 | 8.42 | 54.16 |
| a 3526 | 4,1 | 8.42 | 45.36 |
| c 3677 | 4,6 | 9. 0 | 46.37 |
| λ 3699 | 2,5 | 9. 4 | 42.57 |
| x 3816 | 2,7 | 9.19 | 54.30 |
| ψ 3883 | 3,7 | 9.26 | 39.56 |
| N 3910 | 3,2 .v. | 9.28 | 56.30 |
| φ 4093 | 3,9 | 9.53 | 54. 0 |
| q 4212 | 4,0 | 10.10 | 41.31 |
| p 4378 | 4,1 | 10.32 | 47.36 |
| μ 4461 | 2,9 | 10.42 | 48.47 |

### D. — Mât.

| | | | |
|---|---|---|---|
| b 3462 | 4,4. R. | 8.35 | —34.53 |
| a 3487 | 3,8 | 8.39 | 32.45 |
| c 3553 | 4,4 | 8.45 | 27.16 |

### POISSON AUSTRAL

| | | | |
|---|---|---|---|
| α | 1,7 | 22.51 | —30.15 |
| β* | 4,4 | 22.25 | 32.58 |
| γ* | 4,6 | 22.46 | 33.31 |
| δ* | 4,4. R. | 22.49 | 33.11 |
| ε | 4,3 | 22.34 | 27.40 |
| ζ | 6,7 | 22.24 | 26.41 |
| η | 5,7 | 21.54 | 29. 2 |
| θ | 5,2 | 21.41 | 31.27 |
| ι | 4,4 | 21.38 | 33.34 |
| λ | 5,6 | 22. 7 | 28.21 |
| μ | 4,7 | 22. 1 | 33.34 |
| P. XXI, 46 | 4,9 | 21.11 | 32.40 |
| 9350 Lac. | 5,3 | 22.57 | 35.24 |
| 9352 Lac. | 7,5 | 22.57 | 36.27 |

### CENTAURE

| | | | |
|---|---|---|---|
| α* 6014 Lac. | 1,0. J. | 14.31 | —60.20 |
| β 5784 | 1,5 | 13.55 | 59.48 |
| γ* 5243 | 2,5 | 12.35 | 48.18 |
| δ 5033 | 2,8 | 12. 2 | 50. 3 |
| ε 5418 | 2,6 | 13.32 | 52.51 |
| ζ 5737 | 2,7 | 13.48 | 46.42 |
| η 5993 | 2,5 | 14.28 | 41.38 |
| θ 5820 | 2,3 | 14. 0 | 35.47 |
| ι 5491 | 3,0 | 13.14 | 36. 5 |
| x 6170 | 3,3 | 14.51 | 41.37 |
| λ 4804 | 3,4 | 11.30 | 62.21 |
| μ 5684 | 3,4 | 13.42 | 41.53 |
| ν 5683 | 3,7 | 13.42 | 41. 5 |
| ζ¹ 5370 | 5,8 | 12.57 | 48.53 |
| ζ² 5396 | 4,8 | 13. 0 | 49.16 |
| o¹ 4774 | 5,2 | 11.26 | 58.47 |
| o² 4775 | 5,5 | 11.26 | 58.51 |
| π 4717 | 4,3 | 11.16 | 53.50 |
| ρ 5055 | 4,5 | 12. 5 | 51.42 |
| σ 5162 | 4,3 | 12.22 | 49.34 |
| τ 5222 | 4,4 | 12.31 | 47.53 |
| υ¹ 5770 | 4,2 | 13.51 | 44.13 |
| υ² 5782 | 5,0 | 13.54 | 45. 1 |
| φ 5768 | 4,1 | 13.51 | 41.31 |
| χ 5810 | 4,8 | 13.59 | 40.36 |
| ψ 5895 | 4,4 | 14.13 | 37.20 |
| ω 5533 | am. | 13.20 | 46.51 |
| * R. | 6.v. R. | 14. 8 | 59.20 |

### LOUP

| | | | |
|---|---|---|---|
| α 6034 Lac. | 2,6 | 14.34 | —46.52 |
| β 6160 | 2,8 | 14.51 | 42.39 |
| γ* 6422 | 3,2. | 15.27 | 40.46 |

| ÉTOILES. | GR. | Æ h. m. | ☉ ° ' |
|---|---|---|---|
| δ 6326 | 3,7.R. | 15.13 | —40.13 |
| ε* 6333 | 3,7 | 15.14 | 44.15 |
| ζ 6245 | 3,6 | 15. 4 | 51.38 |
| η* 6619 | 3,7 | 15.52 | 38. 3 |
| θ 6678 | 4,9 | 15.59 | 36.29 |
| ι 5881 | 3,8 | 14.12 | 45.30 |
| χ* 6246 | 4,2 | 15. 4 | 48.17 |
| λ 6232 | 4,8 | 15. 1 | 44.48 |
| μ* 6296 | 4,8 | 15.10 | 47.26 |
| π* 6201 | 4,3 | 14.57 | 46.35 |
| ρ 6003 | 4,5 | 14.30 | 48.54 |
| φ' 6335 | 3,6.R. | 15.14 | 35.50 |
| φ* 6349 | 5,1 | 15.15 | 36.26 |
| χ 6548 | 4,2 | 15.43 | 33.15 |
| 4 6489 | 5.v. | 15.35 | 34.19 |
| 6380 | 5,9.R. | 15.21 | 46.19 |

### AUTEL

| ÉTOILES. | GR. | Æ h. m. | ☉ ° ' |
|---|---|---|---|
| α 7301 Lac. | 2,9 | 17.22 | —49.47 |
| β 7237 | 2,8 | 17.15 | 55.25 |
| γ 7233 | 3,6 | 17.15 | 56.15 |
| δ 7271 | 3,7 | 17.20 | 60.35 |
| ε' 7050 | 4,2 | 16.50 | 52.58 |
| ε* 7073 | 5,9 | 16.53 | 53. 3 |
| ζ 7034 | 3,2.R. | 16.49 | 55.48 |
| η 6956 | 3,8 | 16.39 | 58.49 |
| θ* 7535 | 3,9 | 17.57 | 50. 6 |
| * | 5.v. | 17.30 | 45.24 |

### CROIX DU SUD

| ÉTOILES. | GR. | Æ h. m. | ☉ ° ' |
|---|---|---|---|
| α* 5148 Lac. | 1,6 | 12.20 | —62.26 |
| β 5277 | 1,8 | 12.41 | 59. 2 |
| γ' 5180 | 2,0.R. | 12.25 | 56.26 |
| δ 5075 | 3,4 | 12. 9 | 58. 5 |
| ε 5110 | 4,0 | 12.15 | 59.44 |
| ζ 5090 | 4,6 | 12.12 | 63.20 |
| η 5023 | 4,7 | 12. 1 | 63.56 |
| θ' 4990 | 4,7 | 11.57 | 62.39 |
| θ* 4999 | 5,3 | 11.58 | 62.30 |
| ι 5265 | 5,7 | 12.39 | 60.19 |
| χ (am.) | 6,7.R. | 12.47 | 59.43 |
| * tr. rouge | 8,5 | 12.40 | 59. 2 |

### INDIEN

| ÉTOILES. | GR. | Æ h. m. | ☉ ° ' |
|---|---|---|---|
| α 8494 Lac. | 3,1 | 20.29 | —47.43 |
| β 8584 | 3,7 | 20.45 | 58.54 |
| γ 8792 | 6,3 | 21.18 | 55.11 |
| δ 8962 | 4,8 | 21.50 | 55.34 |
| ε 8975 | 5,2 | 21.54 | 57.17 |
| ζ 8564 | 5,3 | 20.41 | 46.40 |
| η 8524 | 4,7 | 20.35 | 52.21 |
| θ* 8753 | 4,6 | 21.11 | 53.57 |

### PAON

| ÉTOILES. | GR. | Æ h. m. | ☉ ° ' |
|---|---|---|---|
| α 8416 Lac. | 2,1 | 20.16 | —57. 7 |
| β 8500 | 3,3 | 20.34 | 66.38 |
| γ 8778 | 4,5 | 21.16 | 65.55 |
| δ 8295 | 3,5.R. | 19.57 | 66.29 |
| ε 8249 | 4,0 | 19.46 | 73.15 |
| ζ 7736 | 4,2 | 18.29 | 71.32 |
| η 7364 | 3,8 | 17.34 | 64.40 |
| θ 7813 | 6,1 | 18.37 | 65.12 |
| ι | 5,8 | 17.59 | 62. 1 |
| χ 7856 | 4. v. | 18.44 | 67.23 |
| . 7841 | 4,3 | 18.41 | 62.20 |
| λμ 8244 | 5,9.R. | 19.48 | 67.16 |
| μ* 8251 | 5,6.R. | 19.50 | 67.17 |

| ÉTOILES. | GR. | Æ h. m. | ☉ ° ' |
|---|---|---|---|
| ν 7691 | 4,8 | 18.20 | —62.21 |
| π 7527 | 4,6 | 17.57 | 63.40 |
| * tr. rouge | 7.0 | 17.33 | 57.40 |

### GRUE

| ÉTOILES. | GR. | Æ h. m. | ☉ ° ' |
|---|---|---|---|
| α 9021 | 2,0 | 22. 1 | —47.32 |
| β 9211 | 2,3.R. | 22.35 | 47.31 |
| γ 8951 | 3,0 | 21.47 | 37.56 |
| δ' 9138 | 4,2 | 22.22 | 44. 7 |
| δ* 9140 | 4,4 | 22.23 | 44.22 |
| ε 9249 | 3,5 | 22.41 | 51.57 |
| ζ 9322 | 4,0 | 22.54 | 53.24 |
| η 9223 | 5,1 | 22.38 | 54. 8 |
| θ 9366 | 4,2 | 23. 0 | 44.10 |
| ι 9382 | 3,9 | 23. 4 | 45.54 |

### PHÉNIX

| ÉTOILES. | GR. | Æ h. m. | ☉ ° ' |
|---|---|---|---|
| α 87 | 2,4 | 0.20 | —42.58 |
| β 308 | 3,3 | 1. 1 | 47.22 |
| γ 419 | 3,4.R. | 1.23 | 43.56 |
| δ 440 | 4,0 | 1.26 | 49.42 |
| ε 9742 | 3,8 | 0. 3 | 46.24 |
| ζ 318 | 4,2 | 1. 3 | 55.53 |
| η 190 | 4,5 | 0.38 | 58. 7 |

### TOUCAN

| ÉTOILES. | GR. | Æ h. m. | ☉ ° ' |
|---|---|---|---|
| α 9074 | 2,8.R. | 22.10 | —60.51 |
| β* 119 | 3,7 | 0.26 | 63.37 |
| γ 9420 | 4,0 | 23.10 | 58.54 |
| δ* 9114 | 4,8 | 22.19 | 65.34 |
| ε 7678 | 4,3 | 23.54 | 66.14 |
| ζ 40 | 4,1 | 0.14 | 65.35 |
| 52 Herschel | am. | 0.19 | 72.45 |

### HYDRE MALE

| ÉTOILES. | GR. | Æ h. m. | ☉ ° ' |
|---|---|---|---|
| α 605 | 2,9 | 1.55 | —62. 9 |
| β 74 | 2,7 | 0.19 | 77.56 |
| γ 1322 | 3,2.R. | 3.49 | 74.36 |
| δ 747 | 4,1.R. | 2.20 | 69.12 |
| ε 871 | 4,2 | 2.38 | 68.47 |

### HORLOGE

| ÉTOILES. | GR. | Æ h. m. | ☉ ° ' |
|---|---|---|---|
| α 1398 Lac. | 3,8 | 4.10 | —42.35 |
| β { .... | 5,2 | 2.57 | 64.33 |
| β { 1320 | 7,0 | 3.56 | 44.15 |
| γ 896 | 6,1 | 2.43 | 64.13 |
| δ 1382 | 5,3 | 4. 7 | 42.18 |

### RÉTICULE

| ÉTOILES. | GR. | Æ h. m. | ☉ ° ' |
|---|---|---|---|
| α 1423 | 3,3 | 4.13 | —62.46 |
| β 1253 | 3,9 | 3.43 | 65.11 |
| γ 1357 | 4,7.R. | 3.59 | 62.30 |
| δ 1338 | 4,7 | 3.57 | 61.44 |
| ε 1428 | 4,6 | 4.15 | 59.35 |
| ζ' 1074 | 5,9 | 3.15 | 63. 2 |
| ζ* 1077 | 5,7 | 3.16 | 62.58 |

### DORADE

| ÉTOILES. | GR. | Æ h. m. | ☉ ° ' |
|---|---|---|---|
| α 1539 | 3,1 | 4.32 | —55.17 |
| β 1948 | 3,9 | 5.33 | 62.34 |
| γ 1417 | 4,4 | 4.13 | 51.47 |
| δ 2045 | 4,5 | 5.45 | 65.46 |
| ε 2093 | 5,1 | 5.50 | 66.56 |
| ζ 1744 | 4,8 | 5. 4 | 57.38 |

| ÉTOILES. | GR. | Æ | ☾ | | ÉTOILES. | GR. | Æ | ☾ |
|---|---|---|---|---|---|---|---|---|

## CHEVALET DU PEINTRE

| | | | h. m. | ° ′ |
|---|---|---|---|---|
| α | 2525 | 3,5 | 6.47 | −61.49 |
| β | 2021 | 3,9 | 5.45 | 51. 7 |
| γ | 2053 | 4,7 | 5.48 | 56.12 |
| δ | 2201 | 5,2 | 6. 8 | 54.57 |

## POISSON VOLANT

| á | 3696 | 4,2 | 9. 1 | −65.55 |
|---|---|---|---|---|
| β | 3384 | 3,9 | 8.25 | 65.44 |
| γ* | 2746 | 3,8 | 7.10 | 70.18 |
| δ | 2809 | 4,1 | 7.17 | 67.44 |
| ε | 3242 | 4,5 | 8. 8 | 68.16 |
| ζ | 3056 | 4,3 | 7.44 | 72.19 |

## CAMÉLÉON

| α | 3400 | 4,2 | 8.22 | −76.32 |
|---|---|---|---|---|
| β | 5085 | 4,6 | 12.11 | 78.39 |
| γ | 4428 | 4,4 | 10.34 | 77.59 |
| δ* | 4513 | 4,8 | 10.45 | 79.54 |

## MOUCHE ou ABEILLE

| α | 5213 | 2,9 | 12.30 | −68.29 |
|---|---|---|---|---|
| β | 5267 | 3,4 | 12.39 | 67.27 |
| γ | 5184 | 4,0 | 12.25 | 71.28 |
| δ | 5349 | 3,7 | 12.54 | 70.54 |
| ε | 5084 | 4,7 | 12.11 | 67.17 |
| ζ¹ | 5113 | 6,5.R. | 12.15 | 67.38 |
| ζ² | 5112 | 5,8 | 12.15 | 66.51 |
| λ | 4883 | 3,8 | 11.40 | 66. 4 |
| μ | 4899 | 5,3.R. | 11.43 | 66. 9 |

## OISEAU INDIEN

| | | | h. m. | ° ′ |
|---|---|---|---|---|
| α | 5980 | 4,0 | 14.33 | −78.32 |
| β | 6817 | 4,5.R. | 16.26 | 77.16 |
| γ | 6727 | 3,9 | 16.15 | 78.37 |

## TRIANGLE AUSTRAL

| α | 6911 | 2,2.R. | 16.36 | −68.48 |
|---|---|---|---|---|
| β | 6533 | 3,1 | 15.44 | 63. 3 |
| γ | 6255 | 3,1 | 15. 8 | 68.14 |

## COMPAS

| α* | 6012 | 3,5 | 14.33 | −64.27 |
|---|---|---|---|---|
| β | 6266 | 4,7 | 15. 8 | 58.21 |
| γ* | 6312 | 5,2 | 15.14 | 58.53 |

## MONTAGNE DE LA TABLE

| α | 2283 | 5,3 | 6.14 | −74.43 |
|---|---|---|---|---|
| β | 1778 | 5,7 | 5. 5 | 71.29 |
| γ | 2027 | 5,6 | 5.37 | 76.26 |
| δ | 1579 | 5,8 | 4.27 | 80.30 |

## OCTANT

| α | 8570 | 5,6 | 20.50 | −77.28 |
|---|---|---|---|---|
| β | 9165 | 4,4 | 22.33 | 82. 1 |
| γ | 9607 | 5,5 | 23.45 | 82.41 |
| δ | 5802 | 4,7 | 14. 7 | 83. 7 |
| ν | 8817 | 3,8 | 21.28 | 77.54 |
| σ | 6295 | 5,8 | 18.16 | 89.17 |
| τ | 9225 | 6,0 | 23. 9 | 88. 8 |

# XIII

# DOCUMENTS ASTRONOMIQUES

## IMPORTANTS OU CURIEUX

### A

### PLUS ANCIENNES OBSERVATIONS ASTRONOMIQUES CONSERVÉES

#### ET FAITS IMPORTANTS DE L'ASTRONOMIE JUSQU'A NEWTON

De toutes les sciences humaines, aucune ne peut rivaliser d'antiquité avec l'Astronomie. Notre science est, sans comparaison même, la plus ancienne, celle qui se perd le plus loin dans la nuit des âges.

Elle est antérieure à l'histoire. La mythologie est intimement associée aux figures célestes des constellations et aux noms donnés par les premières langues au Soleil, à la Lune et aux planètes.

Il nous est impossible aujourd'hui de remonter aux plus anciennes observations astronomiques. Hérodote, le père de l'histoire, y renonçait déjà il y a vingt-trois siècles.

Mais il est possible et il est intéressant de retrouver les dates certaines des plus anciennes observations qui nous aient été conservées dans les annales de la science. C'est assurément là l'une des pages historiques les plus curieuses que nous puissions avoir sous les yeux. Voici quelques-unes des données les plus importantes que nous avons pu recueillir.

### Années avant J.-C.

#### — 3200 ±

Les traditions chinoises s'accordent pour faire remonter au règne de Shin-Nung, le successeur immédiat de Fo-Hi, fondateur de l'empire, l'organisation des premières *observations* astronomiques en Chine. Cet empereur monta sur le trône vers l'an 3253 avant Jésus-Christ.

#### — 3000 ±

La plus ancienne constellation qui ait été observée, correspondant à l'équinoxe, est le Taureau. On n'a aucun vestige d'une association des Gémeaux à l'équinoxe. Au contraire, en Égypte, en Chaldée, en Chine, le Taureau est nommé le *premier signe du Zodiaque*. En vertu du mouvement de précession, le Taureau marquait l'équinoxe 3000 ans avant notre ère. Les observations qui l'ont constaté datent donc incontestablement de cette époque, à deux siècles près. (*Voir* p. 279 de cet ouvrage.)

Mithra (en sanscrit Mitra) est une forme du Soleil, répondant principalement à l'équinoxe du printemps. La figure de Mithra tuant le Taureau indique aussi qu'à l'époque où ce symbole fut créé, l'équinoxe avait lieu quand le soleil occupait la constellation de ce nom.

## — 2782 ±

Le roi d'Égypte Asses ou Aseth, qui monta sur le trône l'an 2782 avant notre ère, présida à l'institution du *calendrier égyptien*. Diogène Laërce rapporte, vers l'an 200 avant Jésus-Christ, que le cycle des *éclipses* observées par les Égyptiens embrassait à cette époque 373 éclipses solaires et 832 éclipses lunaires. Ce cycle fait remonter les premières inscriptions Égyptiennes d'éclipses à l'époque du règne dont nous venons de parler.

## — 2637 ±

L'empereur Hoang-Ti organise le *calendrier chinois* par cycle de 60' ans, système de chronologie encore en usage aujourd'hui. On est entré en 1864 dans le 76ᵉ cycle, et le premier commence, d'après toutes les concordances, la 60ᵉ année du règne de Hoang-Ti, qui monta sur le trône l'an 2698 avant Jésus-Christ. Ce prince lettré est regardé par les Chinios comme ayant découvert le *cycle lunaire* de 19 ans qui ramène les éclipses dans le même ordre, cycle redécouvert deux mille ans après par Méton.

## — 2449 ±

Sous le règne de l'empereur Chuen-Kuh, petit-fils de Hoang-Ti, les astronomes chinois ont observé une conjonction des *planètes* Saturne, Jupiter, Mars, Mercure et la Lune réunies dans la constellation *Shih* (étendue de 17 degrés entre le Capricorne et le Verseau).

## — 2306 ±

Le livre chinois le plus ancien et le plus authentique que nous connaissions est le *Chou-King*, qui fut revisé par Confucius vers le sixième siècle avant notre ère. Ces chroniques commencent par l'empereur Yao, qui monta sur le trône l'an 2356 avant notre ère. Ce prince ordonna à ses astronomes officiels Hi et Ho (noms de famille ou peut-être titres, car on les retrouve 148 ans plus tard) d'observer avec soin les *étoiles des équinoxes et des solstices* afin de vérifier avec précision la longueur de l'année. Les étoiles citées correspondent à α de l'Hydre, aux Pléiades, à β du Scorpion et à β du Verseau. A cette époque, les principales étoiles du ciel avaient reçu des noms, les cinq planètes étaient connues, une sphère céleste était dessinée, et on observait les astres à l'aide d'instruments. Ces faits sont établis avec précision dans le Chou-King. L'étoile α de l'Hydre était alors appelée « l'oiseau rouge ». Elle est encore rougeâtre aujourd'hui. Elle passait au méridien, au coucher du soleil, le jour de l'équinoxe du printemps, et les Pléiades marquaient le point équinoxial. L'année était composée de 366 jours, et l'on réclamait une correction.

## — 2158 ±

Une *éclipse* de soleil est arrivée en Chine sans avoir été prédite par les deux directeurs du bureau astronomique, Hi et Ho. C'était la première année du règne de Chang-Kang, dans le dernier mois de l'automne. L'enquête démontra que les deux fonctionnaires négligeaient leurs devoirs et s'adonnaient au vin. Il paraît qu'ils furent condamnés à mort. Le soleil représentant le chef du Céleste Empire, ces éclipses étaient accompagnées de cérémonies religieuses importantes, et le retour d'un pareil oubli eût pu mettre en péril la souveraineté et l'infaillibilité de l'empereur. — Si vraiment les astronomes chinois étaient capables, dès cette époque, de calculer les éclipses de soleil pour un lieu déterminé, il fallait que leur science fût aussi avancée que celle d'Hipparque deux mille ans plus tard.

— 2120 ±

L'étoile Capella a été observée à Babel, pour établir le *calendrier babylonien.*
(*Voir* Bosanquet et Sayce.) En langue accadienne (antérieure à l'assyrienne), cette
étoile est nommée *Dilgan;* puis elle fut nommée *Icu* en assyrien. Sa longitude était
de 24° 37' l'an 2120 avant notre ère, et cette date correspond à celle de la fondation du
calendrier babylonien. On détermina en même temps la position de Régulus, dont la
longitude était alors de 92° 40'. A cette époque, les Babyloniens connaissaient les
principales étoiles et les planètes visibles à l'œil nu. Le mois lunaire et *la semaine de
sept jours* datent au moins de cette époque.

— 2120 ±

Les pyramides d'Égypte sont exactement *orientées.* Il en a été de même des temples
des religions anciennes et des églises chrétiennes jusqu'à nos jours (c'est depuis
notre siècle seulement qu'on les soumet à la direction et aux alignements des rues
des grandes villes). Les couloirs obliques de ces pyramides pointaient au nord vers
l'étoile polaire de cette époque (α du Dragon) et au sud à la hauteur des Pléiades, à
leur passage au méridien.

— 1800 ±

Diodore de Sicile (Liv. I, chap. 49) rapporte que le roi d'Égypte Osymandias, antérieur à Sésostris, avait fait construire à Thèbes son propre tombeau, monument colossal, portant pour inscription : « Je suis Osymandias, roi des rois; si quelqu'un veut
savoir qui je suis et où je repose, qu'il surpasse une de mes œuvres ». Ce monument
aurait coûté 32 millions de mines, on 193 millions de francs. Il contenait une riche
bibliothèque. On avait placé un observatoire au sommet, et un cercle d'or de 365 coudées de circonférence, portant indiqués chaque jour de l'année et les levers et couchers des astres correspondant à chaque jour. « Ce cercle, ajoute Diodore, aurait été
pillé par Cambyse et son armée à la conquête de l'Égypte ».

— 1770 ±

Saint Augustin (*Cité de Dieu*, XXI, 8), nous a conservé un fragment de Varron,
dans lequel il est dit que : vers cette année-là, *Vénus,* la brillante étoile du soir, aurait
changé d'éclat, d'aspect et de route. Cette observation peut se rapporter à l'une des
époques de grand éclat de Vénus, dans lesquelles elle frappe tous les regards,
même en plein jour. Mais il est possible qu'il s'agisse ici d'une *comète,* qui serait
apparue à l'occident, au moment où Vénus disparaissait, c'est-à-dire quelques
semaines avant sa conjonction inférieure. Quelle que soit néanmoins l'explication du
phénomène, ce rapport n'en doit pas moins être conservé parmi les anciennes observations astronomiques.

— 1700 ±

Le personnage biblique iduméen, Job, signale, dans le livre qui porte son nom,
et qui peut avoir été écrit par Moïse : *les Pléiades* (KIMAH), *Orion* (KESIL), *la Grande
Ourse* (ASH, « qui tourne » ), *le Dragon* (NAKHASCH), dont l'étoile α avait marqué le
pôle précédemment.

— 1700 ±

On a retrouvé, dans les tablettes de l'Astronomie babylonienne, écrites pour le roi
Sargon d'Agané, des observations de la planète *Vénus,* transcrites de la langue

accadienne, faisant connaitre les aspects de Vénus au lever et au coucher du soleil, ses apparitions et ses disparitions, ainsi que les événements humains, climatologiques et météorologiques, observés aux mêmes dates. Cette planète, portait alors les noms de Déléphat, Dilbat, Istar et Ninsianna (la Dame des défenses du Ciel). Il y avait alors à Ninive une *Bibliothèque nationale* administrée à peu près exactement comme la nôtre actuellement à Paris, même pour les détails des huissiers et des bulletins sur lesquels on inscrit son nom et son adresse.

### — 1300 ±

Chiron dessine une sphère céleste pour le voyage des Argonautes. (*Voir* p. 544.)

### — 1100

L'astronome chinois, Tcheou-Kong, mesure *l'obliquité de l'écliptique* par l'ombre d'un gnomon au solstice d'été, et trouve pour cette valeur 23° 54′ 2″.

*Remarque.* — Nous sommes au dixième siècle avant notre ère. Comment ne pas remarquer que, tandis que les travaux scientifiques qui précèdent étaient accomplis par des hommes éminents, au milieu de nations déjà parvenues au faîte de leur gloire, le pays des Celtes où nous écrivons ces lignes, les bords de la Seine que la vieille Lutèce devait illustrer, étaient encore déserts et solitaires, marécageux, impénétrables, couverts de forêts, habités surtout par des ours, des rennes, des cerfs, des aurochs, des mastodontes, — et par quelques sauvages couverts de peaux de bêtes et armés de haches de pierre. La Gaule ne paraît pas, en effet, s'être *humanisée* avant le sixième siècle qui précéda notre ère.

### — 930

Le 2 juin de cette année-là il y eut une *éclipse* totale de soleil, partiellement visible à Ninive, la première année du règne de Sardanapale III, qui en tira un bon augure pour la gloire de son règne, parce que le soleil s'était seulement voilé, et non éclipsé entièrement.

### — 900

Homère (ILLIADE, ch. XVIII et ODYSSÉE, ch. V) et Hésiode (LES ŒUVRES ET LES JOURS) signalent, parmi les constellations, *les Pléiades* (filles d'Atlas), *les Hyades, Orion., la Grande Ourse* « ou le chariot », *le Bouvier, Arcturus* et *Sirius*.

### — 809

Le 13 juin de cette année-là, on a observé à Ninive une *éclipse* annulaire de soleil. Cette éclipse est inscrite au canon assyrien, au registre des archontes annuels de Ninive. Nous adoptons cette date avec M. Oppert, comme plus conforme aux synchronismes de l'histoire. Sir Henri Rawlinson la fait descendre jusqu'en 763, année à laquelle il se produisit aussi d'ailleurs une éclipse de soleil presque totale pour Ninive.

### — 720

Confucius, l'auteur du CHUN TSEW, a publié dans cet ouvrage la liste de 36 *éclipses de soleil* observées en Chine entre l'an 720 et l'an 495 avant notre ère. La première de ces éclipses est arrivée le 22 février 720.

### — 720

Cette époque est également celle de la plus ancienne *éclipse de lune* observée à Babylone, dont *Ptolémée* se soit servi dans ses calculs relatifs au mouvement de la lune.

## — 709

Les *cadrans solaires* étaient en usage, et depuis longtemps sans doute, sous le règne d'Ezéchias. Quinze ans avant la mort de ce roi de Juda, la Bible rapporte (*Rois*, liv. IV, ch. xx) que le prophète Isaïe fit rétrograder l'ombre de 10 degrés sur le cadran solaire d'Achaz. C'est là une opération que l'on a taxée jusqu'à ce jour de miraculeuse, mais qui peut se faire sans miracle, si l'on donne au cadran solaire une inclinaison calculée suivant la latitude du lieu. Nous avons nous-même renouvelé le miracle d'Isaïe l'été dernier, à Lausanne (¹).

## — 611

La fameuse encyclopédie chinoise de Ma-Tuan-Lin, écrite par ce lettré au treizième siècle de notre ère, contient le catalogue des *Comètes* apparues en Chine depuis l'an 613 av. J.-C. jusqu'à l'an 1222. Un supplément écrit après la mort de Ma-Tuan-Lin a continué cette liste jusqu'en 1644. La première apparition de ce catalogue est du mois de juillet 611.

## — 600

Thalès de Milet commence l'enseignement de l'astronomie en Grèce, se sert du *Saros* des Chaldéens pour faire connaître le cycle de 18 ans qui ramène les éclipses, donne le nom qu'elle porte encore à la Petite Ourse nommée jusqu'alors la Cynosure (la queue du chien) par les Phéniciens.

## — 590

Le prophète Ezéchiel, à son retour de la captivité de Babylone, décrit, en termes symboliques, la sphère astronomique des Chaldéens (*Galgal*) montée sur quatre cercles à angle droit, et portée sur quatre bœufs, devenus plus tard des chérubins.

## — 585

Hérodote rapporte (I, 74) que, pendant une bataille entre les Mèdes et les Lydiens, « le jour se changea subitement en nuit », et que « Thalès de Milet avait prédit ce phénomène aux Joniens en indiquant cette même année en laquelle il eut lieu ». Cet événement jeta la surprise entre les combattants, ils cessèrent de s'entr'égorger, réfléchirent trois minutes et refusèrent ensuite de se battre. La paix fut décidée.

C'est la fameuse éclipse qui porte le nom d'éclipse de Thalès. Ce sage, qui connaissait la période de 18 ans et 11 jours, croyait sans doute qu'elle ramenait les éclipses de soleil comme elle ramène les éclipses de lune, et il aura annoncé pour la fin de ce cycle une éclipse totale de soleil déjà observée : un heureux hasard a fait qu'elle a été visible, totale même, à Milet. Étant donné l'état de la science grecque à l'époque de Thalès et l'ignorance où les Grecs étaient encore de la parallaxe de la Lune et du diamètre de la Terre, il était impossible de tracer la carte de la zone de l'ombre centrale : la totalité arrivée justement dans le pays de Thalès a donné un retentissement séculaire à sa science.

## — 500 ±

Pythagore, Nicétas de Syracuse, Philolaüs, Héraclite de Pont, Ecphantus et les Pythagoriciens proposent l'hypothèse du *mouvement annuel de la Terre* autour du Soleil et du mouvement de *rotation* diurne; — hypothèse discutée depuis par Aristote, au IVe siècle avant notre ère; Aristarque de Samos et Archimède, au IIIe siècle, Plutarque et Sénèque au Ier siècle de notre ère, Ptolémée au IIe siècle, — adoptée dans le Zohar hébreu au IIIe siècle, par l'astronome hindou Aryabhatta au Ve siècle, par son commentateur Prithudaka au XIe siècle, par le cardinal de Cusa au XVe siècle, — et démontrée par *Copernic* au XVIe siècle.

(¹) Nous ferons connaître la manière de renouveler ce fameux miracle d'Isaïe dans l'un des premiers numéros de notre *Revue astronomique.*

— 433

Méton construit à Athènes le premier cadran solaire grec.

— 370

Eudoxe rédige la plus ancienne liste de constellations et d'étoiles qui nous ait été conservée. Les constellations classiques de la sphère grecque étaient dessinées et nommées à cette époque. Il établit l'année à 365 jours 1/4.

— 306

Papirius Cursor établit à Rome le premier cadran solaire romain.

— 281

Aratus décrit les constellations et les positions relatives des étoiles.

— 127

Hipparque construit le plus ancien *catalogue* général qui nous ait été conservé des étoiles visibles à l'œil nu.

**Années après J.-C.**

150

Ptolémée compose l'*Almageste.*

960

Abd-al-Rahman al Sûfi rédige sa description du ciel étoilé.

1252

Le roi astronome Alphonse X de Castille écrit son grand traité d'Astronomie.

1430

Ulugh Beigh mesure les positions des étoiles et en rédige le catalogue.

1543

Copernic publie son ouvrage *De Revolutionibus orbium cælestium.*

1590

Tycho-Brahé mesure les positions des étoiles et en rédige le catalogue.

1609

Galilée applique le premier la lunette aux observations astronomiques.

1618

Képler termine sa découverte des lois qui régissent le système du monde.

1687

Newton démontre la loi de l'attraction dans son livre des *Principes.*

Le fameux zodiaque égyptien de *Dendérah* et le traité astronomique sanscrit du *Sûrya Siddhanta* n'ont pas été insérés dans cette liste parce qu'ils n'ont pas l'antiquité qui leur avait été primitivement attribuée et que leur date, démontrée plus récente, n'est pas certaine d'ailleurs.

# B

## NOMS DONNÉS AUX PRINCIPALES ÉTOILES

ACHERNAR : α Eridan.
ALBIREO : β Cygne.
ALCHIBA : α Corbeau.
ALCOR ou SAÏDAK : voisine de MIZAR.
ALCYONE : η Taureau (Pléiades).
ALDÉBARAN : α Taureau.
ALDERAMIN : α Céphée.
ALGEIBA : γ Lion.
ALGÉNIB : γ Pégase.
ALGOL : β Persée.
ALKES : α Coupe.
ALIOTH : ε Grande Ourse.
ALMACH : γ Andromède.
ALPHARD : α Hydre.
ALPHERAT : α Andromède.
ALTAIR : α Aigle.
ANTARÈS : α Scorpion.
ARETURUS : α Bouvier.
ARNEB : α Lièvre.
*Baudrier (d'Orion)* : δ, ε et ζ Orion.
BELLATRIX : γ Orion.
BENETNASH : η Grande Ourse.
BETELGEUSE : α Orion.
CANOPUS : α Navire.
CAPELLA ou la CHÈVRE : α Cocher.
CASTOR : α Gémeaux.
*Cavalier (Le)*. Voy. ALCOR.
*Cœur de Charles II* : α Chiens de chasse.
*Crèche* : Amas du Cancer.
DENEB : α Cygne.
DENEBOLA : β Lion.
DUBHÉ : α Grande Ourse.
ÉPI (L') *de la Vierge* : α Vierge.
FOMALHAUT : α Poisson austral.
HAMAL : α Bélier.
*Hyades* : Tête du Taureau.
KAITAIN : α Poissons.
KIFFA *australis* : α Balance.
KIFFA *borealis* : β Balance.
KOCAB : β Petite Ourse.
MARKAB : α Pégase.

MEGREZ : δ Grande Ourse.
MENKAB : α Baleine.
MENKALINAN : β Cocher.
MÉRAK : β Gr. Ourse.
MESARTIM : γ Bélier.
*Mira Ceti* : ο Baleine.
MIRACH : β Andromède.
MIRFAK : α Persée.
MIRZAM : β Grand Chien.
MIZAR : ζ Grande Ourse.
NATH : β Taureau.
*Perle (La)* : α Couronne.
PHEGDA : γ Grande Ourse.
*Pléiades* : Alcyone, Electre, Maïa, Mérope, Taygète, Atlas, Pleione, Celæno, Astérope.
*Polaire* : α Petite Ourse.
POLLUX : β Gémeaux.
*Poussinière (La)*. Voy. *Pléiades*.
*Præsepe* : Amas du Cancer.
PROCYON : α Petit Chien.
PROPUS : 1 Gémeaux.
RASALGETHI : α Hercule.
RASALHAGUE : α Ophiuchus.
*Rateau (Le)* : δ, ε, ζ et θ Orion.
RÉGULUS : α Lion.
RIGEL : β Orion.
*Rois (les trois)*. Voy. *Baudrier d'Orion*,
(ROTANEV) : β Dauphin.
SADALMELIK : α Verseau.
SAÏDAK. Voy. ALCOR.
SCHEAT : β Pégase.
SHERATAN : β Bélier.
SIRIUS : α Grand chien.
(SUALOCIN) : α Dauphin.
THUBAN : α Dragon.
UNUKALHAI : α Serpent.
VÉGA : α Lyre.
*Vendangeuse (La)* ou *Vindemiatrix* : ε Vierge.
ZOSRA : δ Lion.

# C

## ÉTOILES DE LA PREMIÈRE ET DE LA SECONDE GRANDEUR.

Il peut être intéressant, pour un certain nombre d'étudiants du ciel, de connaître par leurs noms les étoiles des deux premiers ordres d'éclat; nous avons rédigé la liste ci-dessous en combinant entre elles : 1° nos observations habituelles faites à l'œil nu, 2° les mesures photométriques de sir John Herschel, 3° les estimations de Gould, 4° les mesures photométriques de Pickering, et 5° les données que nous avons pu recueillir depuis longtemps sur l'éclat apparent des étoiles. Ces estimations sont parfois assez discordantes, à cause de la coloration jaune ou rougeâtre de certaines étoiles qui empêchent de mesurer uniformément l'intensité lumineuse. Nous avons fait nos efforts pour tenir compte de ces divergences et pour réduire toutes les appréciations à une même échelle.

Dans les catalogues, les dernières étoiles de la liste ci-dessous, celles qui sont au-dessous de 2,80, sont généralement considérées comme formant les plus brillantes de la troisième grandeur, et les deux dernières de la première grandeur sont souvent classées aux premiers rangs de la seconde.

Cette liste présente les *cent* plus brillantes étoiles du ciel.

Nous lui avons ajouté les étoiles variables ou temporaires qui ont atteint la première ou la seconde grandeur à leur maximum d'éclat.

### Première Grandeur.

| 1 | Sirius. | 0,25 |
|---|---|---|
| 2 | Canopus. | 0,50 |
| 3 | α Centaure. | 1,00 |
| 4 | Arcturus. | 1,18 |
| 5 | Véga. | 1,20 |
| 6 | Rigel. | 1,25 |
| 7 | Capella. | 1,33 |
| 8 | Procyon. | 1,40 |
| 9 | Bételgeuse (*var.*) | 1,48 |
| 10 | β Centaure. | 1,50 |
| 11 | Achernar. | 1,55 |
| 12 | Aldébaran. | 1,58 |
| 13 | Antarès. | 1,62 |
| 14 | α Croix. | 1,65 |
| 15 | Altaïr. | 1,66 |
| 16 | L'Épi. | 1,72 |
| 17 | Fomalhaut. | 1,73 |
| 18 | β Croix. | 1,78 |
| 19 | Régulus. | 1,85 |
| 20 | Pollux. | 1,90 |

### Seconde Grandeur.

| 21 | α Grue. | 1,95 |
|---|---|---|
| 22 | α Paon. | 2,00 |
| 23 | ε Gr. Chien. | 2,02 |
| 24 | λ Scorpion. | 2,04 |
| 25 | α Cygne. | 2,04 |
| 26 | Castor. | 2,05 |
| 27 | η Gr. Ourse (*var.*) | 2,07 |
| 28 | ε Orion. | 2,10 |
| 29 | α Pégase. | 2,10 |
| 30 | ζ Orion. | 2,12 |
| 31 | β Navire. | 2,12 |
| 32 | ε Gr. Ourse. | 2,15 |
| 33 | δ Navire. | 2,16 |
| 34 | γ Orion. | 2,18 |
| 35 | ε Navire. | 2,18 |
| 36 | δ Orion (*var.*) | 2,20 |
| 37 | ζ Gr. Ourse. | 2,20 |
| 38 | ε Sagittaire. | 2,22 |
| 39 | β Lion. | 2,22 |
| 40 | θ Scorpion. | 2,25 |
| 41 | β Taureau. | 2,25 |
| 42 | α Gr. Ourse (*var.*) | 2,28 |
| 43 | β Pégase. | 2,28 |
| 44 | α Hydre (*var.*) | 2,28 |
| 45 | β Lion. | 2,30 |
| 46 | δ Gr. Chien. | 2,31 |
| 47 | Polaire. | 2,33 |
| 48 | α Persée. | 2,35 |
| 49 | α Andromède. | 2,35 |
| 50 | δ Navire. | 2,37 |
| 51 | γ Cassiopée. | 2,38 |
| 52 | γ Croix. | 2,40 |
| 53 | γ Navire. | 2,42 |
| 54 | α Triangle aust. | 2,45 |
| 55 | γ Lion. | 2,46 |
| 56 | β Grue. | 2,48 |
| 57 | α Bélier. | 2,50 |
| 58 | β Baleine. | 2,50 |
| 59 | β Petite Ourse. | 2,52 |
| 60 | β Cassiopée. | 2,53 |
| 61 | γ Lion. | 2,55 |
| 62 | γ Andromède. | 2,55 |
| 63 | ε Scorpion. | 2,57 |
| 64 | β Andromède. | 2,58 |
| 65 | β Grue. | 2,60 |
| 66 | θ Croix. | 2,60 |
| 67 | α Cassiopée (*var.*) | 2,62 |
| 68 | α Bélier. | 2,6 |
| 69 | α Ophiuchus. | 2,65 |
| 70 | α Baleine. | 2,65 |
| 71 | α Couronne. | 2,67 |
| 72 | α Hydre. | 2,68 |
| 73 | β Hercule. | 2,70 |
| 74 | γ Dragon. | 2,70 |
| 75 | β Cocher. | 2,73 |
| 76 | β Gr. Chien. | 2,74 |
| 77 | γ Pégase. | 2,75 |
| 78 | α Phénix. | 2,75 |
| 79 | ε Bouvier (*var.*) | 2,77 |
| 80 | γ Grande Ourse. | 2,79 |
| 81 | λ Navire. | 2,80 |
| 82 | η Croix. | 2,82 |
| 83 | δ Scorpion. | 2,83 |
| 84 | σ Sagittaire. | 2,83 |
| 85 | θ Centaure. | 2,84 |
| 86 | β Scorpion. | 2,85 |
| 87 | γ Cygne. | 2,86 |
| 88 | α Colombe. | 2,87 |
| 89 | ζ Navire. | 2,88 |
| 90 | ι Navire. | 2,90 |
| 91 | ε Croix. | 2,90 |
| 92 | β Verseau. | 2,92 |
| 93 | α Loup. | 2,92 |
| 94 | θ Éridan. | 2,94 |
| 95 | α Serpent. | 2,95 |
| 96 | α Verseau. | 2,95 |
| 97 | γ Gémeaux. | 2,96 |
| 98 | β Grande Ourse. | 2,97 |
| 99 | ε Pégase. | 2,98 |
| 100 | κ Navire. | 2,98 |

ÉTOILES VARIABLES OU TEMPORAIRES QUI ONT ATTEINT LA PREMIÈRE OU LA
SECONDE GRANDEUR A LEUR MAXIMUM D'ÉCLAT.

* de 1572 : plus brillante que Sirius.
* de 1604 : plus brillante que Sirius.
* de 1578 : brillante de première grandeur.
* de — 134        id.
* de 1609 première grandeur.
* de 1584        id.
* de 1012        id.
* de 827        id.
* de 123        id.
* de 945        id.
* de 173        id.

* de 389 :      première grandeur.
* de 386            id.
* de 393            id.
* de 1202            id.
* de 1230            id.
* de 1264            id.
  η Navire        1,0
  Mira Ceti        1,7
  Algol        2,2
  * de 1866        2,4

# D

## CLASSIFICATION CHIMIQUE DES ÉTOILES

Les résultats obtenus par l'analyse spectrale de la lumière, et notamment les recherches entreprises par Secchi quelques années avant sa mort, nous permettent, aujourd'hui, d'essayer une première classification chimique des étoiles, suivant la nature de leurs spectres et la constitution chimique qui y correspond.

On peut les partager provisoirement en 4 types distincts.

### Ier TYPE

*Exemples*

Sirius.
Véga.
Rigel.
Procyon.
Altaïr.
L'Épi.
Fomalhaut.
Régulus.
Castor.
ε Gr. Chien.
δ, ε, ζ Orion.
χ Pégase.
β, γ, δ, ε, ζ, η Gr. Ourse.
α Persée.
α Ophiuchus.
α Verseau.
α Balance.
α Céphée.
α Couronne.
α Corbeau.
α Dragon.
α Dauphin.
α Petit Cheval.
χ Lièvre.
α Poissons.

**Étoiles blanches.**

CARACTÈRES ESSENTIELS

Spectre presque continu. Les 4 grosses raies principales de l'hydrogène ; raies du magnésium et du sodium.

Probabilité de température très élevée.

Atmosphère hydrogénée et dense.

Classe d'étoiles la plus nombreuse (plus de la moitié de celles qui brillent au ciel).

La *fig.* 3 de notre planche des spectres (p. 224) montre le type le plus répandu de ce spectre.

## IIᵉ Type

### Étoiles jaunes.

*Exemples*
Capella.
Arcturus.
Pollux.
Aldébaran.
α, β, γ Cygne.
α, β Pet. Ourse.
α Gr. Ourse.
α Bélier.
α Capricorne.
α Cassiopée.
ε, δ Serpent.
α Triangle.
β Aigle.
β Bouvier.
β Céphiée.
β Corbeau.
β, γ Dauphin.
β, γ, η Dragon.
β, ζ Hercule.
γ, ε Lion.
β, ε Vierge.

#### CARACTÈRES ESSENTIELS

Ce sont des soleils à lumière jaune d'or, comme *le Soleil* qui nou éclaire, et leurs spectres est identique au spectre solaire. Raies très fines et nombreuses. Le sodium, l'hydrogène, le fer, le magnésium sont très visibles.

Température sans doute moins élevée que dans les étoiles précédentes.

(*Voy.* la *fig.* 2 de notre planche des spectres.)

## IIIᵉ Type

### Étoiles orangées et rougeâtres.

Antarès.
α Hercule.
α Orion.
α Hydre.
*Mira.*
α Baleine.
μ Céphée.
β Pégase.
δ Vierge.
π Cocher.
o¹ Orion.
5 Orion.
σ Persée.
119 Taureau.

#### CARACTÈRES ESSENTIELS

Spectres formés de fortes lignes sombres et de traits lumineux : apparence de colonnes cannelées vues en perspective.
Sans doute deux lumières distinctes superposées.
Atmosphères absorbantes.
Hydrogène rare.
Sodium, fer, magnésium, carbone.
Un grand nombre de ces étoiles sont variables (*fig.* 6 de la planche).

## IVᵒ Type

### Étoiles rouges et singulières.

| | | |
|---|---|---|
| * rg. | Girafe | 4ʰ.39ᵐ |
| * rg. | Orion | 4ʰ.59 |
| * rg. | Cocher | 6ʰ.28 |
| * rg. | Gr. Chien | 7ʰ. 2 |
| * org. | Hydre | 9ʰ.45 |
| * rg. | Mach. pn. | 10ʰ. 7 |
| * org. | Hydre | 10ʰ.32 |
| * rg. | Hydre | 10ʰ.46 |
| * org. | Lévriers | 12ʰ.39 |
| 68 i | Vierge | 13ʰ.20 |
| * rg. | Dragon | 19ʰ.26 |
| * rg. | Sagittaire | 20ʰ.10 |
| * rg. | Cygne | 21ʰ.39 |
| 19 | Poissons | 23ʰ.40 |

#### CARACTÈRES ESSENTIELS

On n'a pas encore trouvé une seule étoile de ce type qui soit très brillante. La plus lumineuse est 68 i Vierge, qui n'est que de 5,7. Elles sont toutes plus ou moins rouges. Ne pouvant donner leurs noms, puisqu'elles n'en ont pas, nous avons donné leur ascension droite, afin qu'on puisse les chercher au catalogue des étoiles rouges.

Spectre en colonnades, qui paraît un mélange des aspects 6, 7 et 8 de notre planche. On y reconnaît le caractère composés du carbone, probablement des oxydes gazeux, ce qui indiquerait des soleils à basse température. Ce sont sans doute là des astres qui s'oxydent, qui sont prêts à s'éteindre.

# E

## ÉTOILES DONT LE MOUVEMENT PROPRE EST LE PLUS RAPIDE

Nous avons construit, il y a déjà quelques années, un catalogue de toutes les étoiles dont le mouvement propre a pu être calculé. Ce catalogue se compose de 1500 étoiles environ des deux hémisphères, choisies sur environ 6000 examinées. Il montre que les mouvenents propres les plus rapides n'appartiennent pas aux étoiles les plus brillantes, et confirment la théorie plusieurs fois émise dans cet ouvrage, que ce ne sont pas les étoiles les plus brillantes qui sont les plus proches, et qu'il y a une diversité aussi manifeste entre les grandeurs des étoiles qu'entre celles des planètes de notre système.

En général, les mouvements propres ne dépassent pas 1 ou 2 dixièmes de seconde d'arc par an. Un certain nombre, toutefois, atteignent 1 seconde, quelques-uns 2 et 3 secondes. Voici ceux qui surpassent 3 secondes et qui sont sûrement déterminés.

| | | POSITION | | Mouvement propre *annuel* | | |
|---|---|---|---|---|---|---|
| ÉTOILES | GRANDEURS | Asc. droite | Déclinaison | en. $\mathbb{R}$ | en $\mathbb{D}$ | Total |
| | | h. m. | | | | |
| 1830 Groomb. Gr. Ourse.. | 6,7 | 11.46 | +38°35' | +0',344 | —5"78 | 7"03 |
| 9352 Lac. Poiss. aus. . . | 7,5 | 22.57 | —36.27 | +0,567 | +1,31 | 6,96 |
| 61° Cygne (*double*)... | 5 et 6 | 21. 1 | +38.10 | +0,341 | +3,11 | 5,08 |
| 21185 Lal. Gr. Ourse.... | 7,5 | 10.56 | +36.53 | —0,044 | —4,66 | 4,69 |
| ε Indien.............. | 5,2 | 21.54 | —57.17 | +0,460 | +2,64 | 4,57 |
| μ Cassiopée.......... | 5,5 | 1. 0 | +54.20 | —0,386 | —1,56 | 4,43 |
| 21258 Lal. Gr. Ourse..... | 8 | 11. 0 | +44. 7 | +0,386 | +1,36 | 4,37 |
| 40 o° Éridan (*triple*) . | 4 et 9° | 4.10 | — 7,47 | —0,146 | —3,45 | 4,09 |
| α Centaure (*double*).. | 1 et 2 | 14.31 | —60.20 | —0,477 | +0,78 | 3,64 |

Le diamètre moyen de la Lune est de 31'6", ou de 1866". La première étoile de notre liste se déplace dans le ciel de cette quantité en 265 ans, la deuxième en 268 ans, la troisième en 367 ans, etc. On voit que ce sont là des mouvements considérables. Ils suffiraient, avec des siècles, pour transformer complètement l'aspect des cieux.

## F. — PLUS GRANDES VITESSES (DE CORPS MATÉRIELS)
### MESURÉES DANS L'UNIVERS

Il est intéressant d'examiner à ce propos quelles sont les plus grandes vitesses (de corps matériels) mesurées dans l'univers. Nous parlons de corps matériels, et non de transmissions de mouvement dans l'éther, tels, par exemple, que la vitesse de propagation de la lumière, qui est, il est vrai, de 300 000 *kilomètres*, ou 75 000 lieues, par seconde, mais qui n'est qu'une transmission de mouvement de proche en proche et non un déplacement réel d'un objet quelconque.

| | | |
|---|---|---|
| Vol de la comète de 1843 (noyau) à son périhélie. . . . | 550,000 | mètres par *seconde* |
| Vitesse minimum probable de l'étoile 1830 Groombridge. . | 300,000 | — — |
| Vitesse minimum probable d'Arcturus . . . . . . . . . | 100,000 | — — |
| Vitesse des étoiles α Couronne, α Grande-Ourse, α Andromède dans le sens du rayon visuel. . . . . . . . . | 75,000 | — — |
| Vitesse de Mercure au périhélie. . . . . . . . . . . . . | 55,000 | — — |
| Vitesse moyenne de la Terre sur son orbite. . . . . . . | 29,000 | — — |
| Vitesse des comètes et des étoiles filantes dans le voisinage de la Terre. . . . . . . . . . . . . . . . . . | 41,000 | — — |

Un corps tombant de l'infini sur le Soleil y arriverait avec une vitesse de 608 000 mètres dans la dernière seconde. Cette même vitesse appliquée à un mobile lancé du Soleil l'enverrait dans l'infini, et il ne retomberait jamais.

Un corps tombant de l'infini sur la Terre, y arriverait avec une vitesse de 11 300 mètres : cette même vitesse appliquée à un mobile lancé de la Terre l'enverrait dans l'infini, et il ne retomberait jamais.

# G

## PRÉCESSION DES ÉQUINOXES.

Le pôle de l'équateur terrestre accomplit une révolution autour du pôle de l'écliptique, suivant un cercle de 23°¼ de rayon, en une période voisine de 25 765 ans. Le cercle décrit n'est pas absolument uniforme et la période n'est pas régulière, parce que le plan de l'écliptique n'est pas invariable lui-même.

La valeur annuelle actuelle est de 50″ 24; les limites sont 48″ 20 et 52″ 30. La période peut s'allonger à 25 840 ans et se raccourcir à 25 560.

Voici les principales mesures que nous ayons de ce mouvement :

| | |
|---|---|
| L'an — 127 Hipparque l'évaluait à . 36″, | L'an 1590 Tycho Brahé................. 51″, 0 |
| L'an + 138 Ptolémée l'évaluait à... 40″, | » 1700 Flamsteed............... 50″, 0 |
| » 960 Abd-al-Rhaman al-Sûfi à.. 55″, | » 1800 Laplace ................. 50″, 1 |
| » 1330 Ulugh Beigh à ........... 51″, 4 | » 1860 Le Verrier.................. 50″,24 |
| » 1543 Copernic à ............... 50″, 2 | |

### CORRECTION A APPLIQUER AUX POSITIONS DES ÉTOILES

Ce mouvement général modifie d'année en année les positions des étoiles, et il peut être utile de connaître, au moins approximativement, la correction à appliquer pour réduire les positions à une même époque.

En général, si l'on en excepte les étoiles voisines du pôle, on obtiendra la position approchée pour l'ascension droite, en ajoutant 3 *secondes de temps par année*.

La formule complète est :

Précession en ℞ = 3ˢ,072 + [le nombre dont log = 0, 12613] sin ℞ tg ☉.

Pour toutes les étoiles indistinctement, la *distance au pôle nord* diminue de 0ʰ à 6ʰ, augmente de 6ʰ à 18ʰ et diminue de 18ʰ à 24ʰ.

On a, en nombres ronds :

| Pour 0ʰ 0ᵐ — 20″ | Pour 6ʰ11ᵐ + 1″ | Pour 13ʰ44ᵐ + 18″ | Pour 18ʰ23ᵐ — 2″ |
|---|---|---|---|
| — 1. 0 — 19 | — 6.23 + 2 | — 14. 8 + 17 | — 18.34 — 3 |
| — 1.45 — 18 | — 6.34 + 3 | — 14.28 + 16 | — 18.46 — 4 |
| — 2. 8 — 17 | — 6.46 + 4 | — 14.46 + 15 | — 18.57 — 5 |
| — 2.28 — 16 | — 6.58 + 5 | — 15. 3 + 14 | — 19. 9 — 6 |
| — 2.46 — 15 | — 7.10 + 6 | — 15.18 + 13 | — 19.21 — 7 |
| — 3. 3 — 14 | — 7.22 + 7 | — 15.33 + 12 | — 19.34 — 8 |
| — 3.18 — 13 | — 7.34 + 8 | — 15.47 + 11 | — 19.47 — 9 |
| — 3.33 — 12 | — 7.46 + 9 | — 16. 0 + 10 | — 20. 0 — 10 |
| — 3.47 — 11 | — 7.59 + 10 | — 16.13 + 9 | — 20.13 — 11 |
| — 4. 0 — 10 | — 8.13 + 11 | — 16.26 + 8 | — 20.27 — 12 |
| — 4.13 — 9 | — 8.27 + 12 | — 16.38 + 7 | — 20.42 — 13 |
| — 4.26 — 8 | — 8.42 + 13 | — 16.50 + 6 | — 20.57 — 14 |
| — 4.38 — 7 | — 8.57 + 14 | — 17. 2 + 5 | — 21.14 — 15 |
| — 4.50 — 6 | — 9.14 + 15 | — 17.13 + 4 | — 21.32 — 16 |
| — 5. 3 — 5 | — 9.32 + 16 | — 17.25 + 3 | — 21.52 — 17 |
| — 5.14 — 4 | — 9.52 + 17 | — 17.37 + 2 | — 22.15 — 18 |
| — 5.25 — 3 | — 10.15 + 18 | — 17.48 + 1 | — 22.45. — 19 |
| — 5.37 — 2 | — 10.45 + 19 | — 18. 0 0 | — 24. 0 — 20 |
| — 5.49 — 1 | — 12. 0 + 20 | — 18.11 — 1 | |
| — 6. 0 0 | — 13.15 + 19 | | |

Par conséquent, la correction en *déclinaison* doit être appliquée avec des signes *contraires* aux précédents : la déclinaison *boréale* augmente de 0ʰ à 6ʰ et de 18ʰ à 24ʰ, la déclinaison australe diminue; la déclinaison boréale diminue de 6ʰ à 18ʰ et la déclinaison australe augmente.

La formule est :

Précession en déclinaison $= [ 1.30223 ]$ cos ʀ.

## H

### OBLIQUITÉ DE L'ÉCLIPTIQUE.

L'obliquité de l'écliptique, c'est-à-dire l'inclinaison de l'équateur de la Terre sur le plan dans lequel notre planète se meut annuellement autour du Soleil, diminue actuellement, en raison de 47″ par siècle. Mais cette diminution s'arrêtera, et l'oscillation est renfermée entre des limites restreintes. L'amplitude a été calculée pour la première fois par Laplace, en 1825, et trouvée de 3° 7′ 30″. En 1873, Stockwell, avec des valeurs plus précises pour les masses des planètes, a trouvé 2° 37′ 22″ pour cette amplitude.

D'après ces derniers calculs, les limites de l'obliquité sont :

$$24° \ 35′ \ 58″$$
$$\text{et} \ 21 . 58 . 36$$

Cette valeur est actuellement de 23 . 27 . 13

Elle ne peut pas être nulle, et l'hypothèse d'un printemps perpétuel, passé ou à venir, n'est qu'une chimère.

Principales *mesures* :

| | | |
|---|---|---|
| 1100 ans avant J.-C. | Tchou-Kong à Loyang (Chine). . | 23°54′ 2″ |
| 350 — — | Pythéas à Marseille. . . . . . . | 23.49.20 |
| 140 — — | Hipparque à Alexandrie. . . . . | 23.51.20 |
| 890 ans après J.-C. | Albategni à Antioche. . . . . . | 23.35.41 |
| 1430 — — | Ulugh Beigh à Samarkande. . . . | 23.31.48 |
| 1655 — — | Cassini à Bologne . . . . . . . . | 23.29.15 |
| 1757 — — | Bradley. Obs. de Greenwich. . . | 23.28.14 |
| 1841 — — | Bouvard. Observatoire de Paris . | 23.27.35 |
| 1868 — — | Airy. Obs. de Greenwich. . . . . | 23.27.22 |

## I

### NUTATION.

L'attraction de la Lune ajoute au mouvement lent de la précession une oscillation plus étroite et plus rapide dont la période est de 18 ans et demi, de sorte que le prolongement idéal de l'axe de la Terre, au lieu de décrire un cercle régulier, trace sur la sphère céleste une série d'ondulations. En réalité, le pôle dessine sur la sphère céleste une petite ellipse de 18″ de longueur sur 14″ de largeur.

Voici les principales valeurs calculées pour le demi grand axe de cette ellipse :

| | | |
|---|---|---|
| 1747 | Bradley. . . . . | 9″,0 |
| 1844 | Peters. . . . . . | 9″,22 |
| 1872 | Nyren. . . . . . | 9″,24 |

# J

## ABERRATION

La combinaison du mouvement annuel de la Terre avec la vitesse de la lumière produit le phénomène connu sous le nom d'aberration de la lumière. Une étoile située au pôle de l'écliptique paraît décrire dans le cours de l'année une circonférence de cercle dont le rayon est de 20″,4 environ. Une étoile située dans le plan de l'écliptique semble osciller suivant une ligne droite dont l'amplitude est de 41″. Toutes les étoiles éprouvent des déplacements annuels correspondant à leur position relativement au mouvement de la Terre. Le mouvement de la Terre est 10 000 fois moins rapide que celui de la lumière.

L'aberration a été découverte par Bradley en 1728.

Principales valeurs mesurées :

| | | |
|---|---|---|
| 1728 | Bradley | 20″ 25 |
| 1817 | Bessel | 20″ 47 |
| 1843 | Péters | 20″ 43 |

# K

## PARALLAXE ET DISTANCE DU SOLEIL.

La distance moyenne du Soleil à la Terre est l'*unité* des mesures astronomiques, le mètre du système du monde. Aussi est-ce l'un des sujets qui ont le plus sollicité l'attention des astronomes. D'après les dernières mesures, la valeur la plus sûre de la parallaxe est 8″ 86 ; c'est-à-dire que le diamètre de la Terre vue du Soleil est de 17″ 72. Ce chiffre correspond à 16 600 fois le diamètre de la Terre, ou à 148 millions de kilomètres.

Voici les principaux essais des astronomes anciens, et les déterminations les plus précises des modernes.

### ESSAIS ANCIENS

| | | | | | | | |
|---|---|---|---|---|---|---|---|
| 270 | ans av. J.-C. | Arist. de Samos | 3′, | 1543 | — | Copernic | 5′, |
| 130 | — | Hipparque | 3′, | 1602 | — | Tycho-Brahé | 3′, |
| 138 | — ap. J.-C | Ptolémée | 2′,50″ | 1618 | — | Kepler | 1′, |

### DÉTERMINATIONS MODERNES

| | | | | | |
|---|---|---|---|---|---|
| 1672 | Cassini, par Mars | 9″,5 | 1867 | Newcomb, par Mars | 8″,85 |
| 1770 | Euler, passage de Vénus, 1769. | 8″,8 | 1872 | Le Verrier, masses des planèt. | 8″,86 |
| 1771 | Lalande, id. id. | 8″,53 | 1875 | Galle, planète Flore | 8″,87 |
| 1772 | Pingré, id. id. | 8″,81 | 1877 | Cornu, vitesse de la lumière... | 8″,80 |
| 1804 | Laplace, par la Lune | 8″, 6 | 1877 | Airy, pass. de Vénus de 1874.. | 8″,76 |
| 1814 | Delambre, pas. de Vénus de 1769 | 8″,55 | 1878 | Stone id. id. | 8″,88 |
| 1823 | Encke, id. id. | 8″,58 | 1878 | Tupman id. id. | 8″,85 |
| 1832 | Plana, par la Lune | 8″,63 | 1878 | Lord Lindsay, par Junon | 8″,77 |
| 1862 | Foucault, vitesse de la lumière. | 8″,86 | 1878 | Maxwell Hall, par Mars | 8″,79 |
| 1864 | Hansen, par la Lune | 8″,92 | 1881 | Puiseux, pas. de Vénus, 1874.. | 8″,98 |

ASTRONOMIE. — SUPPLÉMENT. 97

A propos des parallaxes, on peut souvent avoir besoin d'une table indiquant les distances qui correspondent aux parallaxes mesurées. Voici cette petite table :

## L

### DISTANCES CORRESPONDANTES AUX PARALLAXES.

| | | |
|---|---|---|
| Un angle de 1° ou 60′ | correspond à une distance de | 57 demi-diamètres |
| — 1/2 — 30′ | — — — | 114 — — |
| — 1/10 — 6′ | — — — | 570 — — |
| — 1′ — 60″ | — — — | 3438 — — |

| | | | | |
|---|---|---|---|---|
| 30″ = | 6875 demi-mètres. | | $0″,7 =$ | 294664 demi-mètre. |
| 20″ = | 10313 — | | $0″,6 =$ | 343750 — |
| 10″ = | 20626 — | | $0″,5 =$ | 412530 — |
| 5″ = | 41253 — | | $0″,4 =$ | 515660 — |
| 2″ = | 103132 — | | $0″,3 =$ | 687500 — |
| $1″,0 =$ | 206265 — | | $0″,2 =$ | 1031320 — |
| $0″,9 =$ | 229183 — | | $0″,1 =$ | 2062650 — |
| $0″,8 =$ | 257830 — | | $0″,0 =$ | incommensurable. |

On voit par là que la parallaxe d'Aristarque de Samos, d'Hipparque, de Copernic, correspondait à une distance égale à 1140 demi-diamètres de la Terre, ou à 1 710 000 lieues seulement, tandis que la parallaxe la plus sûre des mesures modernes (8″ 86) correspond à 23 200 fois le demi-diamètre de la Terre, ou à 148 millions de kilomètres environ.

## M

### PARALLAXES ET DISTANCES DES ÉTOILES.

#### TABLEAU DES ÉTOILES DONT LA DISTANCE EST CONNUE.

| Noms | Grandeurs | Parallaxes | Distances en rayons de l'orbite terrestre | Distances en *trillions* de lieues | Durée du trajet de la lumière | Auteurs de la parallaxe adoptée ici |
|---|---|---|---|---|---|---|
| α du Centaure.. | 1 | 0″928 | 222 000 | 8 trillions | 3 ans $\frac{1}{3}$ | Henderson, 1832 et Maclear, 1842-48. |
| 61° du Cygne.. | 5 $\frac{1}{2}$ | 0,511 | 404 000 | 15 — | 6 $\frac{2}{10}$ | W. Struve, 1852 et Auwers 1862. |
| 21185 Lalande.. | 7 $\frac{1}{2}$ | 0,501 | 412 000 | 15 — | 6 $\frac{4}{10}$ | Winnecke, 1857-63. |
| β du Centaure.. | 1 | 0,496 | 416 000 | 15 — | 6 $\frac{1}{2}$ | Maclear, 1837. |
| μ Cassiopée... | 5 $\frac{1}{2}$ | 0,342 | 603 000 | 22 — | 9 $\frac{1}{2}$ | O. Struve, 1858. |
| 34 Groombridge. | 8 | 0,307 | 672 000 | 25 — | 10 $\frac{1}{2}$ | Peters, 1863-66. |
| 21258 Lalande.. | 8 $\frac{1}{2}$ | 0,271 | 761 000 | 28 — | 12 | Auwers, 1862. |
| 17415 Œltzen.. | 8 | 0,247 | 835 000 | 31 — | 13 | Krüger, 1862. |
| σ Dragon.... | 5. | 0,222 | 928 000 | 34 — | 14 $\frac{4}{10}$ | Brunnow, 1870. |
| Castor..... | 2 | 0,210 | 982 000 | 35 — | 15 $\frac{7}{10}$ | Johnson, 1855. |
| Sirius...... | 1 | 0,193 | 1 069 000 | 39 — | 16 $\frac{1}{10}$ | Maclear, 1837 et Gylden, 1870. |
| Véga...... | 1 | 0,180 | 1 146 000 | 42 — | 18 | Brunnow, 1870. |
| 10 Ophiuchus.. | 5 | 0,168 | 1 221 000 | 45 — | 19 | Krüger, 1858-62. |
| η Cassiopée .. | 4 | 0,154 | 1 334 000 | 50 — | 20 $\frac{8}{10}$ | O. Struve, 1858. |
| ι Grande Ourse. | 4 | 0,133 | 1 551 000 | 59 — | 24 $\frac{1}{2}$ | Peters, 1842. |
| Arcturus ... | 1 | 0,127 | 1 624 000 | 60 — | 25 $\frac{4}{10}$ | Peters, 1842.. |
| Procyon.... | 1 | 0,123 | 1 677 000 | 62 — | 26 $\frac{1}{2}$ | Auwers, 1862. |
| γ Dragon.... | 3 | 0,092 | 2 242 000 | 83 — | 35 | Brunnow, 1873. |
| 1830 Groombridge | 7 | 0,090 | 2 291 000 | 85 — | 35 $\frac{1}{10}$ | Wichmann, 1851 et Brunnow, 1871. |
| Etoile polaire.. | 2 | 0,076 | 2 714 000 | 100 — | 42 $\frac{1}{2}$ | Peters, 1842. |
| 3077 Bradley.. | 6 | 0,070 | 2 946 000 | 109 — | 46 | Brunnow, 1873. |
| 85 Pégase.... | 6 | 0,054 | 3 805 000 | 129 — | 64 $\frac{1}{2}$ | Brunnow, 1873. |
| Capella..... | 1 | 0,046 | 4 484 000 | 170 — | 71 $\frac{6}{10}$ | Peters, 1842. |

## N

### PÉRIODES DES ÉTOILES DOUBLES EN MOUVEMENT RAPIDE.

| Étoiles | Grandeurs | Période | Étoiles | Grandeurs | Période |
|---|---|---|---|---|---|
| δ du Petit Cheval........ | 4,5—5 | 7 ou 14 ans | ξ Scorpion (ternaire) AB | 5,0—5,2 | 96 |
| 3130 Σ Lyre (ternaire) AB | 7,4—11 | 16 | 3062 Σ Cassiopée........ | 6,5—7,5 | 104 |
| 42 Chevelure........... | 6—6 | 25 | ω du Lion ............. | 6—7 | 124 |
| 8 Sextant ............. | 5,6—6,5 | 33 | 25 Chiens de Chasse.... | 6—7 | 124 |
| ζ Hercule.............. | 3—6 | 34 | ξ Bouvier............... | 4,5—6,5 | 127 |
| 3121 Σ Cancer ......... | 7,2—7,5 | 39 | γ Vierge ............. | 3—3 | 175 |
| μ Couronne boréale ..... | 5,5—6,0 | 40 | 4 Verseau ............. | 6—7 | 184 |
| 2173 Σ Ophiuchus ....... | 6—6 | 45 | o⁰ Éridan (ternaire) BC.. | 9,5—10,5 | 200 |
| Sirius ................ | 1—9 | 49 | τ Ophiuchus............ | 5—6 | 218 |
| (527) Σ² Petit Cheval .... | 7—8 | 54 | η Cassiopée ............ | 4—7 | 222 |
| γ Couronne australe..... | 5,5—5,5 | 55 | 44 Bouvier ............. | 5,3—6 | 261 |
| ζ Cancer (ternaire) { AB | 5,5—6,2 | 60 | μ¹ Bouvier.............. | 6,5—8 | 280 |
| { AC | 5,5—6,6 | 600 | δ Cygne............... | 3—8 | 336 |
| ξ Grande Ourse ........ | 4—5 | 60 | μ Dragon ............. | 5—5 | 562 |
| (234) Σ² Grande Ourse... | 7—7,8 | 68 | 12 Lynx (ternaire) AB... | 6—6,5 | 676 |
| α du Centaure........... | 1—2 | 85 | ζ Verseau ............. | 4—5,5 | 800 |
| 70 Ophiuchus............ | 4,5—6 | 93 | Castor ................ | 2,5—2,8 | 1000 |
| γ Couronne boréale...... | 4—7 | 95 | | | |

## O

### SCINTILLATION.

Tout le monde a remarqué la *scintillation* des étoiles. Tandis que les *planètes*, même les plus brillantes, rayonnent d'une lumière calme et immobile, les *étoiles*, même les moins brillantes, paraissent plus ou moins agitées d'une lumière vacillante et variable. Cette lumière qui s'élance tantôt vive, tantôt faible, en lueurs intermittentes, tantôt blanche, verte ou rouge, comme les feux étincelants d'un diamant limpide, semble animer les solitudes intersidérales.

La scintillation est un fait causé en partie par *la lumière intrinsèque* de l'étoile elle-même, en partie par l'état de notre atmosphère. Les derniers travaux de M. Montigny conduisent notamment aux conclusions suivantes :

Les étoiles qui scintillent le plus sont les étoiles blanches, comme Sirius, Véga, Procyon, Altaïr, Régulus, Castor, β, γ, ε, ζ, η, de la Grande Ourse, α d'Andromède, α d'Ophiuchus. Nous verrons plus loin que ces étoiles, examinées au spectroscope, présentent un spectre formé de l'ensemble ordinaire des sept couleurs, coupé par quatre lignes noires principales (celles de l'hydrogène); raies spectrales peu nombreuses. Le degré de la scintillation de ces étoiles, ou le nombre de variations de couleur par seconde, est en moyenne de 86, toutes les étoiles observées étant à une même hauteur de 30 degrés au-dessus de l'horizon.

Les étoiles qui scintillent le moins sont les étoiles orangées ou rouges, comme Antarès, α d'Hercule, Aldébaran, Arcturus, Bételgeuse, α de l'Hydre, ε de Pégase, o de la Baleine, β d'Andromède. Les étoiles de ce type offrent un spectre traversé de larges bandes nébuleuses obscures qui en font une espèce de colonnade; la plupart sont variables. La moyenne des variations de couleur par seconde est de 56.

Entre ces deux groupes extrêmes se rangent les étoiles à oscillation moyenne (69 par seconde), dont la lumière est jaune, comme la Chèvre, Rigel, Pollux, α du Cygne, γ d'Orion, γ d'Andromède, α du Bélier, β du Taureau, β de Lion, α de la Grande Ourse. Le spectre de ces étoiles est semblable à celui du Soleil, coupé de raies noires très fines et très serrées.

Ainsi, il y a une correspondance certaine entre la *scintillation* d'une étoile et sa *constitution physique :* les étoiles dont le spectre présente un double système de bandes obscures et de raies noires et auxquelles correspondent, par conséquent, les lacunes les plus nombreuses et les plus marquées entre leurs rayons séparés par dispersion dans notre atmosphère, scintillent moins que les étoiles à raies spectrales fines, et beaucoup moins que celles dont le spectre présente uniquement quatre raies noires, et qui n'offriraient ainsi qu'un très petit nombre de lacunes entre leurs faisceaux de rayons dispersés par l'air.

Notre atmosphère joue un rôle considérable dans la scintillation : plus une étoile est basse et plus elle scintille ; la scintillation est proportionnelle au produit que l'on obtient en multipliant l'épaisseur de la couche d'air que traverse le rayon lumineux émané de l'étoile par la réfraction astronomique pour la hauteur où elle a été observée.

La scintillation est d'autant plus prononcée que le froid est plus vif ; elle est plus forte en hiver qu'en été.

Autre fait d'observation vulgaire et aujourd'hui scientifiquement établi : les fortes scintillations annoncent la pluie. C'est la présence de l'eau en quantité plus ou moins grande dans l'atmosphère qui exerce l'influence la plus marquée sur la scintillation et qui en modifie le plus les caractères selon cette quantité, soit quand l'eau se trouve dissoute dans l'air, soit quand elle tombe au niveau du sol à l'état liquide ou à l'état solide sous forme de neige.

Ainsi, la lumière qui nous arrive des étoiles subit, en traversant notre atmosphère, de légères variations d'aspect, suivant son intensité originelle, sa vivacité, sa nuance, en un mot suivant sa propre nature. Plus on s'élève dans les airs et plus la scintillation diminue : l'expérience est facile à faire en s'élevant en ballon, pendant les nuits profondes, calmes, majestueuses.

## P

### MESURES DES DIAMÈTRES DU SOLEIL ET DE LA LUNE

| DIAMÈTRE DU SOLEIL | | | DIAMÈTRE DE LA LUNE | | |
|---|---|---|---|---|---|
| — 270 | Aristarque de Samos. | 1800″ | + 140 | Ptolémée. | 2000″ |
| + 140 | Ptolémée. | 1938 | 880 | Albategni. | 1945 |
| 920 | Albategni. | 1948 | 1543 | Copernic | 1896 |
| 1543 | Copernic. | 1966 | 1602 | Tycho-Brahé | 1850 |
| 1656 | Hévélius. | 1914 | 1666 | Huygens. | 1885 |
| 1667 | Auzout et Picard. | 1928 | 1672 | Horrockes. | 1868 |
| 1673 | Flamsteed. | 1930 | 1702 | La Hire. | 1890 |
| 1750 | Bradley. | 1920 | 1771 | Lalande. | 1889 |
| 1807 | Piazzi. | 1922 | 1822 | Goombridge. | 1854 |
| 1824 | Arago. | 1922 | 1831 | Ferrer. | 1864 |
| 1842 | Bessel. | 1920 | 1842 | Carlini | 1862 |
| 1858 | Le Verrier. | 1924 | 1849 | Wichmann | 1867 |
| 1862 | Airy. | 1924 | 1859 | Oudemans | 1864 |
| 1876 | Secchi. | 1923 | 1871 | Airy | 1868 |

# Q

## .SURFACE DU CIEL

La surface d'un hémisphère céleste est de 20 626 degrés carrés.

Le nombre des étoiles de l'hémisphère nord, jusqu'à la 9° gr. 1/2, cataloguées par Argelander, est de 315 048; cette distribution correspond à 15 étoiles par degré, ou à une surface de 236 minutes carrées, par étoile, surface décrite par un rayon de 8', 7.

Ce chiffre (20 626) de la surface d'un hémisphère en degrés carrés, est le même que celui de la distance correspondant à un angle de 10″.

# R

## ORBITE DE LA TERRE POUR DEUX CENT MILLE ANS

### D'APRÈS LE VERRIER

| ÉPOQUES | EXCENTRICITÉ | LONGITUDE DU PÉRIHÉLIE | INCLINAISONS | LONGITUDE DU NŒUD |
|---|---|---|---|---|
| — 100.000 | 0,0473 | 316° 18′ | 3° 45′ 31″. | 96° 34′ |
| — 90.000 | 0,0452 | 340. 2 | 2.42.19 | 76.17 |
| — 80.000 | 0,0398 | 4.13 | 1.18.58 | 73.47 |
| — 70.000 | 0,0316 | 27.22 | 1.13.58 | 136. 8 |
| — 60.000 | 0,0218 | 46. 8 | 2.36.42 | 136.29 |
| — 50.000 | 0,0131 | 50.14 | 3.40.11 | 116. 9 |
| — 40.000 | 0,0109 | 28.36 | 4. 3. 1 | 91.59 |
| — 30.000 | 0,0151 | 25.50 | 3.41.51 | 66.49 |
| — 20.000 | 0,0188 | 44. 0 | 2.44.12 | 41.34 |
| — 10.000 | 0,0187 | 78.28 | 1.24.35 | 16.39 |
| 0 | 0,0168 | 99.30 | 0. 0. 0 | 0. 0 |
| + 10.000 | 0,0115 | 134.14 | 1.14.26 | 148.15 |
| + 20.000 | 0,0047 | 192.22 | 2. 7.46 | 124.29 |
| + 30.000 | 0,0059 | 318.47 | 2.33.19 | 100.29 |
| + 40.000 | 0,0124 | 6.25 | 2.27.53 | 75.31 |
| + 50.000 | 0,0173 | 38. 3 | 1.51.54 | 48.13 |
| + 60.000 | 0,0199 | 64.31 | 0.51.52 | 10.47 |
| + 70.000 | 0,0211 | 71. 7 | 0.34.35 | 220.38 |
| + 80.000 | 0,0188 | 101.38 | 1.45.40 | 170.15 |
| + 90.000 | 0,0176 | 109.19 | 2.40.56 | 139. 3 |
| + 100.000 | 0,0189 | 114. 5 | 3. 2.57 | 109 57 |

Ces éléments de l'orbite de la Terre sont calculés pour deux cent mille ans : cent mille ans avant le 1ᵉʳ janvier 1800 et cent mille ans après. On voit que l'excentricité de l'ellipse annuelle décrite par notre planète autour du Soleil diminue actuellement, et que cette ellipse va en se rapprochant du cercle. Cette diminution se continuera encore pendant 23 980 ans, et le *minimum* atteindra 0,0033; puis l'ellipse s'allongera de nouveau pendant environ cinquante mille ans, pour décroître ensuite. Dans cette période de deux cent mille ans, le maximum a été atteint il y a cent mille ans; mais il peut s'élever plus haut encore, car le calcul montre que le chiffre de cette excentricité atteindra 0,0659 dans 900 000 ans, et a atteint 0,0747 il y a 850 000 ans. — Les maxima et les minima de l'excentricité de Saturne sont séparés par une période de 34 628 ans. D'un maximum à l'autre de celle de Mars on ne compte pas moins de 1 800 000 ans. La période qui ramène les mêmes excentricités de Jupiter, Saturne et Uranus et les mêmes positions relatives de leurs périhélies est de 900 000 ans : la dernière coïncidence des périhélies a eu lieu il y a 642 500 ans, et la plus prochaine aura lieu dans 257 400 ans.

On peut vraiment appeler ces périodes les *grandes époques de la nature.*

La longitude du périhélie était de 98° 38′ en 1750, — de 99° 30′ en 1800, — de 100° 21′ en 1850. Elle augmente de 1° 43′ par siècle

# S

## LA TERRE (DONNÉES ESSENTIELLES)

### DIMENSIONS

Notre planète est un sphéroïde aplati aux pôles. Ses dimensions, en mètres, sont les suivantes :

| | |
|---|---|
| Rayon de l'équateur . . . . . . . | 6 378 393 mètres |
| Rayon du pôle. . . . . . . . . . . | 6 356 549 — |
| Aplatissement . . . . . . . . . . | $\frac{1}{292}$ — |

L'incertitude dans les mesures ne surpasse pas aujourd'hui 79 mètres pour le premier nombre et 109 mètres pour le second.

Le rayon moyen de la Terre est de 6 371 104 mètres.

On sait que le mètre est la *dix millionième* partie du quart du méridien ou d'une circonférence passant par les pôles.

### DENSITÉ

D'après les expériences les plus sûres, la densité moyenne du globe terrestre doit être évaluée à 5,56, celle de l'eau étant prise pour unité.

Ainsi, le globe terrestre pèse environ cinq fois et demie plus que ne pèserait un globe d'eau de même dimension.

C'est un poids équivalant à 5875·sextillions de kilogrammes, c'est-à-dire à :

5875 000 000 000 000 000 000 000

### MASSE

Comparée au Soleil, la masse de la Terre est minuscule. La masse du Soleil est, en effet, 324 400 fois supérieure à la nôtre.

Comparée à la Lune, elle reprend une supériorité relative : notre planète pèse 81 fois plus que la Lune.

### PESANTEUR

La pesanteur est mesurée par la vitesse acquise au bout de la première seconde par un corps qui tombe librement dans le vide. Cette vitesse est, à Paris, de 9m, 8108. Comme la Terre n'est pas rigoureusement sphérique, cette valeur n'est pas la même partout : la pesanteur est un peu plus forte aux pôles, parce qu'on est plus près du centre, un peu plus faible à l'équateur, pour la raison contraire. Voici le chiffre correspondant aux diverses latitudes :

| | | | | |
|---|---|---|---|---|
| Aux pôles (90°). . . . . . . | 9m,8316 | | A 40° . . . . . . . . . | 9m,8016 |
| A 80° . . . . . . . . . : | 8306 | | 30 . . . . . . . . . . | 7930 |
| 70 . . . . . . . . . . | 8262 | | 20 . . . . . . . . . . | 7861 |
| 60 . . . . . ' . . . . | 8193 | | 10 . . . . . . . . . . | 7818 |
| 50 . . . . . . . : . . | 8108 | | A l'équateur (0°). . . . . . | 7806 |

La pesanteur est également mesurée par la longueur du pendule battant la seconde et par le nombre de ses oscillations par jour aux diverses latitudes. A Paris, la longueur du pendule battant la seconde est de 994 millimètres ; cette même longueur est de 996mm aux pôles et de 991mm à l'équateur. Si l'on prend

un pendule qui marque rigoureusement la seconde à l'équateur, il exécutera
86 400 oscillations par jours. Ce même pendule, transporté sous une latitude
différente, marchera d'autant plus vite qu'on se rapprochera du pôle, et au pôle
même ses oscillations s'élèveraient à 86 645 par jour. Voici le nombre d'oscillations correspondant aux diverses latitudes :

| | | | |
|---|---|---|---|
| Aux pôles (90°) . . . . . . . 86 645 | A 40° . . . . . . . . . . 86 502 |
| A 80° . . . . . . . . . . 86 638 | 30 . . . . . . . . . . 86 461 |
| 70 . . . . . . . . . . 86 617 | 20 . . . . . . . . . . 86 429 |
| 60 . . . . . . . . . . 86 584 | 10 . . . . . . . . . . 86 407 |
| 50 . . . . . . . . . . 86 544 | A l'équateur (0°) . . . . . . . 86 400 |

### ROTATION

La rotation diurne de la Terre sur elle-même s'effectue en $23^h 56^m 4^s$. En vertu
de cette rotation, chaque point de la surface de l'équateur tourne avec une
vitesse de 465 mètres par seconde ; cette vitesse n'est plus que de 305 mètres à
la latitude de Paris, et elle devient naturellement nulle aux pôles. Voici la vitesse
de la surface terrestre correspondant aux diverses latitudes :

| | | | |
|---|---|---|---|
| Aux pôles (90°) . . . . 0 mètres. | A 40° . . . . . . . 357 mètres. |
| A 80° . . . . . . . 81 — | 30 . . . . . . . . 403 — |
| 70 . . . . . . . 160 — | 20 . . . . . . . 437 — |
| 60 . . . . . . . 234 — | 10 . . . . . . . 458 — |
| 50 . . . . . . . 300 — | A l'équateur (0°). . . . 465 — |

Ce mouvement de rotation développe une force centrifuge d'autant plus
grande que l'on s'éloigne des pôles pour s'avancer vers l'équateur. Si l'on prend
pour unité l'intensité de cette force à l'équateur, on trouve les rapports suivants
pour les différentes latitudes :

| | | | |
|---|---|---|---|
| Aux pôles (90°) . . . . . . . 0,000 | A 40° . . . . . . . . . . 0,588 |
| A 80° . . . . . . . . . . 0,030 | 30 . . . . . . . . . . 0,750 |
| 70 . . . . . . . . . . 0,118 | 20 . . . . . . . . . . 0,883 |
| 60 . . . . . . . . . . 0,251 | 10 . . . . . . . . . . 0,970 |
| 50 . . . . . . . . . . 0,415 | A l'équateur (0°) . . . . . . . 1,000 |

Un corps pesant 289 kilog. aux pôles n'en pèserait plus que 288 à l'équateur,
pesé au dynanomètre.

### RÉVOLUTION

La durée de la révolution annuelle de la Terre autour du Soleil est actuellement de

365 j. 2422166 ou de 365 jours 5 heures 48 minutes 46 secondes.

Elle diminue lentement par suite d'un mouvement oscillatoire de faible amplitude. L'oscillation ne parait pas surpasser 76 secondes, et elle s'exécute en
10 600 ans environ. Un centenaire de nos jours a réellement vécu une heure de
moins qu'un centenaire du temps de l'empereur Hoang-Ti.

La précession des équinoxes augmente de 20 minutes 25 secondes cette année
de la Terre, qui est la véritable année météorologique, l'année civile, l'année
tropique, et produit l'année sidérale, de

365 j. 256374 ou de 365 jours 6 heures 9 minutes 11 secondes.

La vitesse moyenne de la Terre sur son orbite est de 29 000 mètres par
seconde, 106 000 kilomètres à l'heure, ou 643 000 lieues par jour.

# TABLES USUELLES
## I. — TABLE DE RÉFRACTION.

| Hauteur apparente au-dessus de l'horizon. | Réfraction. | Hauteur apparente au-dessus de l'horizon. | Réfraction. | Hauteur apparente au-dessus de l'horizon. | Réfraction. | Hauteur apparente au-dessus de l'horizon. | Réfraction. |
|---|---|---|---|---|---|---|---|
| 0° 0′ | 33′48″ | 2°45′ | 15′19″ | 8° 0′ | 6′35″ | 32°30′ | 1′32″ |
| 0 10 | 31 55 | 3 0 | 14 29 | 8 30 | 6 13 | 35 0 | 1 23 |
| 0 20 | 30 10 | 3 15 | 13 39 | 9 0 | 5 54 | 40 0 | 1 9 |
| 0 30 | 28 33 | 3 30 | 13 2 | 9 30 | 5 36 | 45 0 | 0 58 |
| 0 40 | 27 3 | 3 45 | 12 25 | 10 0 | 5 20 | 50 0 | 0 49 |
| 0 50 | 25 40 | 4 0 | 11 49 | 12 30 | 4 17 | 55 0 | 0 41 |
| 1 0 | 24 22 | 4 30 | 10 47 | 15 0 | 3 34 | 60 0 | 0 34 |
| 1 15 | 22 27 | 5 0 | 9 55 | 17 30 | 3 07 | 65 0 | 0 27 |
| 1 30 | 21 2 | 5 30 | 9 10 | 20 0 | 2 39 | 70 0 | 0 21 |
| 1 45 | 19 42 | 6 0 | 8 30 | 22 30 | 2 22 | 75 0 | 0 16 |
| 2 0 | 18 23 | 6 30 | 7 56 | 25 0 | 2 4 | 80 0 | 0 10 |
| 2 15 | 17 22 | 7 0 | 7 26 | 27 30 | 1 53 | 85 0 | 0 5 |
| 2 30 | 16 14 | 7 30 | 6 59 | 30 0 | 1 41 | 90 0 | 0 0 |

Si la hauteur apparente d'un astre est de 15°, on prend dans cette table la réfraction correspondante, 3′34″, et on la retranche de la hauteur observée pour avoir la hauteur vraie. — Ce n'est que vers 5° ou 6° de hauteur que les réfractions deviennent régulières et conformes à cette table. Il faut éviter d'observer les astres trop près de l'horizon.

## A. — LEVER ET COUCHER DU SOLEIL.

| Latitude. | Quantité dont la durée de la présence du Soleil sur l'horizon est augmentée. | | |
|---|---|---|---|
| | au solstice d'hiver. | aux équinoxes. | au solstice d'été. |
| | m | m | m |
| 0° | 7,4 | 6,8 | 7,4 |
| 5 | 7,5 | 6,8 | 7,5 |
| 10 | 7,6 | 6,9 | 7,6 |
| 15 | 7,7 | 7,0 | 7,7 |
| 20 | 8,0 | 7,2 | 8,0 |
| 25 | 8,4 | 7,5 | 8,4 |
| 30 | 8,8 | 7,9 | 8,9 |
| 35 | 9,4 | 8,3 | 9,5 |
| 40 | 10,4 | 8,9 | 10,5 |
| 45 | 11,6 | 9,6 | 11,7 |
| 50 | 13,3 | 10,6 | 13,6 |
| 55 | 16,2 | 11,9 | 16,7 |
| 60 | 21,9 | 13,6 | 23,2 |
| 65 | 42,9 | 16,1 | 57,1 |

## B. — CRÉPUSCULE ASTRONOMIQUE.

| Latitude. | Durée du crépuscule astronomique. | | |
|---|---|---|---|
| | au solstice d'hiver. | aux équinoxes. | au solstice d'été. |
| | h m | h m | h m |
| 0° | 1.19 | 1.12 | 1.19 |
| 5 | 1.19 | 1.12 | 1.20 |
| 10 | 1.19 | 1.13 | 1.21 |
| 15 | 1.20 | 1.15 | 1.24 |
| 20 | 1.23 | 1.17 | 1.28 |
| 25 | 1.26 | 1.20 | 1.33 |
| 30 | 1.30 | 1.24 | 1.41 |
| 35 | 1.35 | 1.29 | 1.52 |
| 40 | 1.43 | 1.35 | 2. 9 |
| 45 | 1.53 | 1.44 | 2.39 |
| 50 | 2. 6 | 1.55 | Le crépuscule dure toute la nuit. |
| 55 | 2.26 | 2.10 | |
| 60 | 2.57 | 2.33 | |
| 65 | 4. 3 | 3. 8 | |

## C. — CRÉPUSCULE CIVIL

| Latitude | Durée du crépuscule civil | | |
|---|---|---|---|
| | au solstice d'hiver | aux équinoxes | au solstice d'été |
| | h m | h m | h m |
| 0° | 0.26 | 0.24 | 0.26 |
| 5 | 0.26 | 0.24 | 0.26 |
| 10 | 0.27 | 0.24 | 0.27 |
| 15 | 0.27 | 0.25 | 0.28 |
| 20 | 0.28 | 0.26 | 0.29 |
| 25 | 0.29 | 0.27 | 0.30 |
| 30 | 0.31 | 0.28 | 0.32 |
| 35 | 0.33 | 0.29 | 0.34 |
| 40 | 0.36 | 0.31 | 0.38 |
| 45 | 0.40 | 0.34 | 0.43 |
| 50 | 0.45 | 0.37 | 0.51 |
| 55 | 0.54 | 0.42 | 1. 6 |
| 60 | 1. 9 | 0.48 | 1.59 |
| 65 | 1.49 | 0.57 | toute la nuit |

REMARQUE. — La réfraction atmosphérique, qui nous fait voir le soleil avant son lever et après son coucher, augmente la durée du jour d'une quantité d'autant plus grande que nous nous approchons des pôles. Le tableau A donne cette quantité pour les lieux situés entre l'équateur et le 65e degré Nord et Sud, selon les saisons.

Le crépuscule *astronomique* commence le matin aussitôt que l'on n'aperçoit plus les petites étoiles et dure jusqu'au jour. Il commence le soir à la fin du jour et dure jusqu'à ce que le soleil soit descendu à 18° au-dessous de l'horizon. C'est à ce moment que l'on commence à apercevoir les petites étoiles. Le tableau B indique sa durée selon les latitudes et en différents temps de l'année.

Le crépuscule *civil* ne comprend que la partie la plus brillante du crépuscule *astronomique*, et cesse aussitôt qu'on ne peut plus lire, en plein air par un beau temps, une impression ordinaire ; c'est-à-dire au moment où le soleil est descendu à environ 6° au-dessous de l'horizon. Le tableau C indique la durée du crépuscule *civil* pour les différents parallèles.

## II. — TABLE

### pour convertir les dates de l'année en jours et en fractions de l'année, et réciproquement.

| du mois. | de l'année. | FRACTION de l'année. | du mois. | de l'année. | FRACTION de l'année. | du mois. | de l'année. | FRACTION de l'année. | du mois. | de l'année. | FRACTION de l'année. | du mois. | de l'année. | FRACTION de l'année. | du mois. | de l'année. | FRACTION de l'année. |
|---|---|---|---|---|---|---|---|---|---|---|---|---|---|---|---|---|---|
| **JANVIER** | | | **MARS** | | | **MAI** | | | **JUILLET** | | | **SEPTEMBRE** | | | **NOVEMBRE** | | |
| 1 | 0 | ,000 | 1 | 59 | ,161 | 1 | 120 | ,328 | 1 | 181 | ,496 | 1 | 243 | ,065 | 1 | 304 | ,832 |
| 2 | 1 | ,003 | 2 | 60 | ,164 | 2 | 121 | ,331 | 2 | 182 | ,498 | 2 | 244 | ,668 | 2 | 305 | ,835 |
| 3 | 2 | ,005 | 3 | 61 | ,167 | 3 | 122 | ,334 | 3 | 183 | ,501 | 3 | 245 | ,671 | 3 | 306 | ,838 |
| 4 | 3 | ,008 | 4 | 62 | ,170 | 4 | 123 | ,337 | 4 | 184 | ,504 | 4 | 246 | ,673 | 4 | 307 | ,840 |
| 5 | 4 | ,011 | 5 | 63 | ,172 | 5 | 124 | ,339 | 5 | 185 | ,506 | 5 | 247 | ,676 | 5 | 308 | ,843 |
| 6 | 5 | ,014 | 6 | 64 | ,175 | 6 | 125 | ,342 | 6 | 186 | ,509 | 6 | 248 | ,670 | 6 | 309 | ,846 |
| 7 | 6 | ,016 | 7 | 65 | ,178 | 7 | 126 | ,345 | 7 | 187 | ,512 | 7 | 249 | ,682 | 7 | 310 | ,849 |
| 8 | 7 | ,019 | 8 | 66 | ,181 | 8 | 127 | ,348 | 8 | 188 | ,515 | 8 | 250 | ,684 | 8 | 311 | ,851 |
| 9 | 8 | ,022 | 9 | 67 | ,183 | 9 | 128 | ,350 | 9 | 189 | ,517 | 9 | 251 | ,687 | 9 | 312 | ,854 |
| 10 | 9 | ,025 | 10 | 68 | ,186 | 10 | 129 | ,353 | 10 | 190 | ,520 | 10 | 252 | ,690 | 10 | 313 | ,857 |
| 11 | 10 | ,027 | 11 | 69 | ,189 | 11 | 130 | ,356 | 11 | 191 | ,522 | 11 | 253 | ,693 | 11 | 314 | ,860 |
| 12 | 11 | ,030 | 12 | 70 | ,192 | 12 | 131 | ,359 | 12 | 192 | ,526 | 12 | 254 | ,695 | 12 | 315 | ,862 |
| 13 | 12 | ,033 | 13 | 71 | ,194 | 13 | 132 | ,361 | 13 | 193 | ,528 | 13 | 255 | ,698 | 13 | 316 | ,865 |
| 14 | 13 | ,036 | 14 | 72 | ,197 | 14 | 133 | ,364 | 14 | 194 | ,531 | 14 | 256 | ,701 | 14 | 317 | ,868 |
| 15 | 14 | ,038 | 15 | 73 | ,200 | 15 | 134 | ,367 | 15 | 195 | ,534 | 15 | 257 | ,704 | 15 | 318 | ,871 |
| 16 | 15 | ,041 | 16 | 74 | ,203 | 16 | 135 | ,370 | 16 | 196 | ,537 | 16 | 258 | ,706 | 16 | 319 | ,873 |
| 17 | 16 | ,044 | 17 | 75 | ,205 | 17 | 136 | ,372 | 17 | 197 | ,539 | 17 | 259 | ,709 | 17 | 320 | ,876 |
| 18 | 17 | ,046 | 18 | 76 | ,208 | 18 | 137 | ,375 | 18 | 198 | ,542 | 18 | 260 | ,712 | 18 | 321 | ,879 |
| 19 | 18 | ,049 | 19 | 77 | ,211 | 19 | 138 | ,378 | 19 | 199 | ,545 | 19 | 261 | ,715 | 19 | 322 | ,882 |
| 20 | 19 | ,052 | 20 | 78 | ,214 | 20 | 139 | ,381 | 20 | 200 | ,548 | 20 | 262 | ,717 | 20 | 323 | ,884 |
| 21 | 20 | ,055 | 21 | 79 | ,216 | 21 | 140 | ,383 | 21 | 201 | ,550 | 21 | 263 | ,720 | 21 | 324 | ,887 |
| 22 | 21 | ,057 | 22 | 80 | ,219 | 22 | 141 | ,389 | 22 | 202 | ,553 | 22 | 264 | ,723 | 22 | 325 | ,890 |
| 23 | 22 | ,060 | 23 | 81 | ,222 | 23 | 142 | ,389 | 23 | 203 | ,556 | 23 | 265 | ,725 | 23 | 326 | ,893 |
| 24 | 23 | ,063 | 24 | 82 | ,224 | 24 | 143 | ,391 | 24 | 204 | ,558 | 24 | 266 | ,728 | 24 | 327 | ,895 |
| 25 | 24 | ,066 | 25 | 83 | ,227 | 25 | 144 | ,394 | 25 | 205 | ,561 | 25 | 267 | ,731 | 25 | 328 | ,898 |
| 26 | 25 | ,068 | 26 | 84 | ,230 | 26 | 145 | ,397 | 26 | 206 | ,564 | 26 | 268 | ,734 | 26 | 329 | ,901 |
| 27 | 26 | ,071 | 27 | 85 | ,233 | 27 | 146 | ,400 | 27 | 207 | ,567 | 27 | 269 | ,736 | 27 | 330 | ,903 |
| 28 | 27 | ,074 | 28 | 86 | ,235 | 28 | 147 | ,402 | 28 | 208 | ,570 | 28 | 270 | ,739 | 28 | 331 | ,906 |
| 29 | 28 | ,077 | 29 | 87 | ,238 | 29 | 148 | ,405 | 29 | 209 | ,572 | 29 | 271 | ,742 | 29 | 332 | ,909 |
| 30 | 29 | ,079 | 30 | 88 | ,241 | 30 | 149 | ,408 | 30 | 210 | ,575 | 30 | 272 | ,745 | 30 | 333 | ,912 |
| 31 | 30 | ,082 | 31 | 89 | ,244 | 31 | 150 | ,411 | 31 | 211 | ,578 | | | | | | |
| **FÉVRIER** | | | **AVRIL** | | | **JUIN** | | | **AOUT** | | | **OCTOBRE** | | | **DÉCEMBRE** | | |
| 1 | 31 | ,085 | 1 | 90 | ,246 | 1 | 151 | ,413 | 1 | 212 | ,580 | 1 | 273 | ,747 | 1 | 334 | ,914 |
| 2 | 32 | ,088 | 2 | 91 | ,249 | 2 | 152 | ,416 | 2 | 213 | ,583 | 2 | 274 | ,750 | 2 | 335 | ,917 |
| 3 | 33 | ,090 | 3 | 92 | ,252 | 3 | 153 | ,419 | 3 | 214 | ,586 | 3 | 275 | ,753 | 3 | 336 | ,920 |
| 4 | 34 | ,093 | 4 | 93 | ,255 | 4 | 154 | ,422 | 4 | 215 | ,589 | 4 | 276 | ,756 | 4 | 337 | ,923 |
| 5 | 35 | ,096 | 5 | 94 | ,257 | 5 | 155 | ,424 | 5 | 216 | ,591 | 5 | 277 | ,758 | 5 | 338 | ,925 |
| 6 | 36 | ,099 | 6 | 95 | ,260 | 6 | 156 | ,427 | 6 | 217 | ,594 | 6 | 278 | ,761 | 6 | 339 | ,928 |
| 7 | 37 | ,101 | 7 | 96 | ,263 | 7 | 157 | ,430 | 7 | 218 | ,597 | 7 | 279 | ,764 | 7 | 340 | ,931 |
| 8 | 38 | ,104 | 8 | 97 | ,266 | 8 | 158 | ,433 | 8 | 219 | ,600 | 8 | 280 | ,767 | 8 | 341 | ,934 |
| 9 | 39 | ,107 | 9 | 98 | ,268 | 9 | 159 | ,435 | 9 | 220 | ,602 | 9 | 281 | ,769 | 9 | 342 | ,936 |
| 10 | 40 | ,109 | 10 | 99 | ,271 | 10 | 160 | ,438 | 10 | 221 | ,605 | 10 | 282 | ,772 | 10 | 343 | ,939 |
| 11 | 41 | ,112 | 11 | 100 | ,274 | 11 | 161 | ,441 | 11 | 222 | ,608 | 11 | 283 | ,775 | 11 | 344 | ,942 |
| 12 | 42 | ,115 | 12 | 101 | ,276 | 12 | 162 | ,443 | 12 | 223 | ,611 | 12 | 284 | ,778 | 12 | 345 | ,945 |
| 13 | 43 | ,118 | 13 | 102 | ,279 | 13 | 163 | ,446 | 13 | 224 | ,613 | 13 | 285 | ,780 | 13 | 346 | ,947 |
| 14 | 44 | ,120 | 14 | 103 | ,282 | 14 | 164 | ,449 | 14 | 225 | ,616 | 14 | 286 | ,783 | 14 | 347 | ,950 |
| 15 | 45 | ,123 | 15 | 104 | ,285 | 15 | 165 | ,452 | 15 | 226 | ,619 | 15 | 287 | ,786 | 15 | 348 | ,953 |
| 16 | 46 | ,126 | 16 | 105 | ,287 | 16 | 166 | ,454 | 16 | 227 | ,621 | 16 | 288 | ,788 | 16 | 349 | ,955 |
| 17 | 47 | ,129 | 17 | 106 | ,290 | 17 | 167 | ,457 | 17 | 228 | ,624 | 17 | 289 | ,791 | 17 | 350 | ,958 |
| 18 | 48 | ,131 | 18 | 107 | ,293 | 18 | 168 | ,460 | 18 | 229 | ,627 | 18 | 290 | ,794 | 18 | 351 | ,961 |
| 19 | 49 | ,134 | 19 | 108 | ,296 | 19 | 169 | ,463 | 19 | 230 | ,630 | 19 | 291 | ,797 | 19 | 352 | ,964 |
| 20 | 50 | ,137 | 20 | 109 | ,298 | 20 | 170 | ,465 | 20 | 231 | ,632 | 20 | 292 | ,799 | 20 | 353 | ,966 |
| 21 | 51 | ,140 | 21 | 110 | ,301 | 21 | 171 | ,468 | 21 | 232 | ,635 | 21 | 293 | ,802 | 21 | 354 | ,969 |
| 22 | 52 | ,142 | 22 | 111 | ,304 | 22 | 172 | ,471 | 22 | 233 | ,638 | 22 | 294 | ,805 | 22 | 355 | ,972 |
| 23 | 53 | ,145 | 23 | 112 | ,307 | 23 | 173 | ,474 | 23 | 234 | ,641 | 23 | 295 | ,808 | 23 | 356 | ,975 |
| 24 | 54 | ,148 | 24 | 113 | ,309 | 24 | 174 | ,476 | 24 | 235 | ,643 | 24 | 296 | ,810 | 24 | 357 | ,977 |
| 25 | 55 | ,151 | 25 | 114 | ,312 | 25 | 175 | ,479 | 25 | 236 | ,646 | 25 | 297 | ,813 | 25 | 358 | ,980 |
| 26 | 56 | ,153 | 26 | 115 | ,315 | 26 | 176 | ,482 | 26 | 237 | ,649 | 26 | 298 | ,816 | 26 | 359 | ,983 |
| 27 | 57 | ,156 | 27 | 116 | ,318 | 27 | 177 | ,485 | 27 | 238 | ,652 | 27 | 299 | ,819 | 27 | 360 | ,986 |
| 28 | 58 | ,159 | 28 | 117 | ,320 | 28 | 178 | ,487 | 28 | 239 | ,654 | 28 | 300 | ,821 | 28 | 361 | ,988 |
| | | | 29 | 118 | ,323 | 29 | 179 | ,490 | 29 | 240 | ,657 | 29 | 301 | ,824 | 29 | 362 | ,991 |
| | | | 30 | 119 | ,326 | 30 | 180 | ,493 | 30 | 241 | ,660 | 30 | 302 | ,827 | 30 | 363 | ,994 |
| | | | | | | | | | 31 | 242 | ,663 | 31 | 303 | ,830 | 31 | 364 | ,997 |

Quand l'année est bissextile, le 29 février est le 59e jour de l'année (0,161). le 1er mars devient le 60e jour (0,164), et à partir de là chaque jour du mois correspond à la ligne suivante. Le 31 décembre devient 365 et 0,999··

## III. — TABLE
### pour convertir les degrés en temps, et réciproquement.

| D. | H. M. | D. | H. M. | D. | H. M. | D. | H. M. | D. | H. M. |
|---|---|---|---|---|---|---|---|---|---|
| 1 | 0. 4 | 39 | 2.36 | 77 | 5. 8 | 115 | 7.40 | 153 | 10.12 |
| 2 | 0. 8 | 40 | 2.40 | 78 | 5.12 | 116 | 7.44 | 154 | 10.16 |
| 3 | 0.12 | 41 | 2.44 | 79 | 5.16 | 117 | 7.48 | 155 | 10.20 |
| 4 | 0.16 | 42 | 2.48 | 80 | 5.20 | 118 | 7.52 | 156 | 10.24 |
| 5 | 0.20 | 43 | 2.52 | 81 | 5.24 | 119 | 7.56 | 157 | 10.28 |
| 6 | 0.24 | 44 | 2.56 | 82 | 5.28 | 120 | 8. 0 | 158 | 10.32 |
| 7 | 0.28 | 45 | 3. 0 | 83 | 5.32 | 121 | 8. 4 | 159 | 10.36 |
| 8 | 0.32 | 46 | 3. 4 | 84 | 5.36 | 122 | 8. 8 | 160 | 10.40 |
| 9 | 0.36 | 47 | 3. 8 | 85 | 5.40 | 123 | 8.12 | 161 | 10.44 |
| 10 | 0.40 | 48 | 3.12 | 86 | 5.44 | 124 | 8.16 | 162 | 10.48 |
| 11 | 0.44 | 49 | 3.16 | 87 | 5.48 | 125 | 8.20 | 163 | 10.52 |
| 12 | 0.48 | 50 | 3.20 | 88 | 5.52 | 126 | 8.24 | 164 | 10.56 |
| 13 | 0.52 | 51 | 3.24 | 89 | 5.56 | 127 | 8.28 | 165 | 11. 0 |
| 14 | 0.56 | 52 | 3.28 | 90 | 6. 0 | 128 | 8.32 | 166 | 11. 4 |
| 15 | 1. 0 | 53 | 3.32 | 91 | 6. 4 | 129 | 8.36 | 167 | 11. 8 |
| 16 | 1. 4 | 54 | 3.36 | 92 | 6. 8 | 130 | 8.40 | 168 | 11.12 |
| 17 | 1. 8 | 55 | 3.40 | 93 | 6.12 | 131 | 8.44 | 169 | 11.16 |
| 18 | 1.12 | 56 | 3.44 | 94 | 6.16 | 132 | 8.48 | 170 | 11.20 |
| 19 | 1.16 | 57 | 3.48 | 95 | 6.20 | 133 | 8.52 | 171 | 11.24 |
| 20 | 1.20 | 58 | 3.52 | 96 | 6.24 | 134 | 8.56 | 172 | 11.28 |
| 21 | 1.24 | 59 | 3.56 | 97 | 6.28 | 135 | 9. 0 | 173 | 11.32 |
| 22 | 1.28 | 60 | 4. 0 | 98 | 6.32 | 136 | 9. 4 | 174 | 11.36 |
| 23 | 1.32 | 61 | 4. 4 | 99 | 6.36 | 137 | 9. 8 | 175 | 11.40 |
| 24 | 1.36 | 62 | 4. 8 | 100 | 6.40 | 138 | 9.12 | 176 | 11.44 |
| 25 | 1.40 | 63 | 4.12 | 101 | 6.44 | 139 | 9.16 | 177 | 11.48 |
| 26 | 1.44 | 64 | 4.16 | 102 | 6.48 | 140 | 9.20 | 178 | 11.52 |
| 27 | 1.48 | 65 | 4.20 | 103 | 6.52 | 141 | 9.24 | 179 | 11.56 |
| 28 | 1.52 | 66 | 4.24 | 104 | 6.56 | 142 | 9.28 | 180 | 12. 0 |
| 29 | 1.56 | 67 | 4.28 | 105 | 7. 0 | 143 | 9.32 | 181 | 12. 4 |
| 30 | 2. 0 | 68 | 4.32 | 106 | 7. 4 | 144 | 9.36 | 182 | 12. 8 |
| 31 | 2. 4 | 69 | 4.36 | 107 | 7. 8 | 145 | 9.40 | 183 | 12.12 |
| 32 | 2. 8 | 70 | 4.40 | 108 | 7.12 | 146 | 9.44 | 184 | 12.16 |
| 33 | 2.12 | 71 | 4.44 | 109 | 7.16 | 147 | 9.48 | 185 | 12.20 |
| 34 | 2.16 | 72 | 4.48 | 110 | 7.20 | 148 | 9.52 | 186 | 12.24 |
| 35 | 2.20 | 73 | 4.52 | 111 | 7.24 | 149 | 9.56 | 187 | 12.28 |
| 36 | 2.24 | 74 | 4.56 | 112 | 7.28 | 150 | 10. 0 | 188 | 12.32 |
| 37 | 2.28 | 75 | 5. 0 | 113 | 7.32 | 151 | 10. 4 | 189 | 12.36 |
| 38 | 2.32 | 76 | 5. 4 | 114 | 7.36 | 152 | 10. 8 | 190 | 12.40 |

## Suite de la table III (191° à 360°).

| D. | H. M. | D. | H. M. | D. | H. M. | D. | H. M. | D. | H. M. |
|---|---|---|---|---|---|---|---|---|---|
| 191 | 12.44 | 225 | 15. 0 | 259 | 17.16 | 293 | 19.32 | 327 | 21.48 |
| 192 | 12.48 | 226 | 15. 4 | 260 | 17.20 | 294 | 19.36 | 328 | 21.52 |
| 193 | 12.52 | 227 | 15. 8 | 261 | 17.24 | 295 | 19.40 | 329 | 21.56 |
| 194 | 12.56 | 228 | 15.12 | 262 | 17.28 | 296 | 19.44 | 330 | 22. 0 |
| 195 | 13. 0 | 229 | 15.16 | 263 | 17.32 | 297 | 19.48 | 331 | 22. 4 |
| 196 | 13. 4 | 230 | 15.20 | 264 | 17.36 | 298 | 19.52 | 332 | 22. 8 |
| 197 | 13. 8 | 231 | 15.24 | 265 | 17.40 | 299 | 19.56 | 333 | 22.12 |
| 198 | 13.12 | 232 | 15.28 | 266 | 17.44 | 300 | 20. 0 | 334 | 22.16 |
| 199 | 13.16 | 233 | 15.32 | 267 | 17.48 | 301 | 20. 4 | 335 | 22.20 |
| 200 | 13.20 | 234 | 15.36 | 268 | 17.52 | 302 | 20. 8 | 336 | 22.24 |
| 201 | 13.24 | 235 | 15.40 | 269 | 17.56 | 303 | 20.12 | 337 | 22.28 |
| 202 | 13.28 | 236 | 15.44 | 270 | 18. 0 | 304 | 20.16 | 338 | 22.32 |
| 203 | 13.32 | 237 | 15.48 | 271 | 18. 4 | 305 | 20.20 | 339 | 22.36 |
| 204 | 13.36 | 238 | 15.52 | 272 | 18. 8 | 306 | 20.24 | 340 | 22.40 |
| 205 | 13.40 | 239 | 15.56 | 273 | 18.12 | 307 | 20.28 | 341 | 22.44 |
| 206 | 13.44 | 240 | 16. 0 | 274 | 18.16 | 308 | 20.32 | 342 | 22.48 |
| 207 | 13.48 | 241 | 16. 4 | 275 | 18.20 | 309 | 20.36 | 343 | 22.52 |
| 208 | 13.52 | 242 | 16. 8 | 276 | 18.24 | 310 | 20.40 | 344 | 22.56 |
| 209 | 13.56 | 243 | 16.12 | 277 | 18.28 | 311 | 20.44 | 345 | 23. 0 |
| 210 | 14. 0 | 244 | 16.16 | 278 | 18.32 | 312 | 20.48 | 346 | 23. 4 |
| 211 | 14. 4 | 245 | 16.20 | 279 | 18.36 | 313 | 20.52 | 347 | 23. 8 |
| 212 | 14. 8 | 246 | 16.24 | 280 | 18.40 | 314 | 20.56 | 348 | 23.12 |
| 213 | 14.12 | 247 | 16.28 | 281 | 18.44 | 315 | 21. 0 | 349 | 23.16 |
| 214 | 14.16 | 248 | 16.32 | 282 | 18.48 | 316 | 21. 4 | 350 | 23.20 |
| 215 | 14.20 | 249 | 16.36 | 283 | 18.52 | 317 | 21. 8 | 351 | 23.24 |
| 216 | 14.24 | 250 | 16.40 | 284 | 18.56 | 318 | 21.12 | 352 | 23.28 |
| 217 | 14.28 | 251 | 16.44 | 285 | 19. 0 | 319 | 21.16 | 353 | 23.32 |
| 218 | 14.32 | 252 | 16.48 | 286 | 19. 4 | 320 | 21.20 | 354 | 23.36 |
| 219 | 14.36 | 253 | 16.52 | 287 | 19. 8 | 321 | 21.24 | 355 | 23.40 |
| 220 | 14.40 | 254 | 16.56 | 288 | 19.12 | 322 | 21.28 | 356 | 23.44 |
| 221 | 14.44 | 255 | 17. 0 | 289 | 19.16 | 323 | 21.32 | 357 | 23.48 |
| 222 | 14.48 | 256 | 17. 4 | 290 | 19.20 | 324 | 21.36 | 358 | 23.52 |
| 223 | 14.52 | 257 | 17. 8 | 291 | 19.24 | 325 | 21.40 | 359 | 23.56 |
| 224 | 14.56 | 258 | 17.12 | 292 | 19.28 | 326 | 21.44 | 360 | 24. 0 |

On convertira les minutes d'arc en regardant les nombres de la Table désignés par les lettres H. M. comme des minutes et des secondes de temps.

On convertira les secondes en prenant les nombres de la Table pour des secondes et des tierces; les tierces se réduiront ensuite en fractions de seconde, en mettant 1 dixième pour 6''', 2 dixièmes pour 12''', et ainsi de suite.

| 1 minute de temps = 0°15' | 1 seconde de temps = 0'15" | 20 secondes de temps = 5' 0" |
|---|---|---|
| 2 — — 0°30' | 5 — — 1'15" | 25 — — 6'15" |
| 3 — — 0°45' | 10 — — 2'30" | 30 — — 7'30" |
| 4 — — 1° 0' | 15 — — 3'45" | 45 — — 11'15" |

# IV. — TABLE

## pour convertir les heures et les minutes en parties décimales du jour et réciproquement.

| H. M. | FRACTION du jour. | H. M. | FRACTION du jour. | H. M. | FRACTION du jour. | H. M. | FRACTION du jour. | H. M. | FRACTION du jour. | H. M. | FRACTION du jour. |
|---|---|---|---|---|---|---|---|---|---|---|---|
| 0. 1 | 0.001 | 3.30 | 0.146 | 7.35 | 0.316 | 11.40 | 0.486 | 15.45 | 0.656 | 19.50 | 0.826 |
| 0. 2 | 0.001 | 3.35 | 0.149 | 7.40 | 0.319 | 11.45 | 0.489 | 15.50 | 0.660 | 19.55 | 0.830 |
| 0. 3 | 0.002 | 3.40 | 0.153 | 7.45 | 0.323 | 11.50 | 0.493 | 15.55 | 0.663 | 20. 0 | 0.833 |
| 0. 4 | 0.003 | 3.45 | 0.156 | 7.50 | 0.326 | 11.55 | 0.496 | 16. 0 | 0.667 | 20. 5 | 0.837 |
| 0. 5 | 0.003 | 3.50 | 0.160 | 7.55 | 0.330 | 12. 0 | 0.500 | 16. 5 | 0.670 | 20.10 | 0.840 |
| 0. 6 | 0.004 | 3.55 | 0.163 | 8. 0 | 0.333 | 12. 5 | 0.503 | 16.10 | 0.674 | 20.15 | 0.844 |
| 0. 7 | 0.005 | 4. 0 | 0.167 | 8. 5 | 0.337 | 12.10 | 0.507 | 16.15 | 0.678 | 20.20 | 0.847 |
| 0. 8 | 0.006 | 4. 5 | 0.170 | 8.10 | 0.340 | 12.15 | 0.510 | 16.20 | 0.681 | 20.25 | 0.851 |
| 0. 9 | 0.006 | 4.10 | 0.174 | 8.15 | 0.344 | 12.20 | 0.514 | 16.25 | 0.684 | 20.30 | 0.854 |
| 0.10 | 0.007 | 4.15 | 0.177 | 8.20 | 0.347 | 12.25 | 0.517 | 16.30 | 0.687 | 20.35 | 0.858 |
| 0.15 | 0.010 | 4.20 | 0.181 | 8.25 | 0.351 | 12.30 | 0.521 | 16.35 | 0.691 | 20.40 | 0.861 |
| 0.20 | 0.014 | 4.25 | 0.184 | 8.30 | 0.354 | 12.35 | 0.524 | 16.40 | 0.694 | 20.45 | 0.864 |
| 0.25 | 0.017 | 4.30 | 0.187 | 8.35 | 0.358 | 12.40 | 0.528 | 16.45 | 0.698 | 20.50 | 0.868 |
| 0.30 | 0.021 | 4.35 | 0.191 | 8.40 | 0.361 | 12.45 | 0.531 | 16.50 | 0.701 | 20.55 | 0.871 |
| 0.35 | 0.024 | 4.40 | 0.194 | 8.45 | 0.364 | 12.50 | 0.535 | 16.55 | 0.705 | 21. 0 | 0.875 |
| 0.40 | 0.028 | 4.45 | 0.198 | 8.50 | 0.368 | 12.55 | 0.538 | 17. 0 | 0.708 | 21. 5 | 0.878 |
| 0.45 | 0.031 | 4.50 | 0.201 | 8.55 | 0.371 | 13. 0 | 0.542 | 17. 5 | 0.712 | 21.10 | 0.882 |
| 0.50 | 0.035 | 4.55 | 0.205 | 9. 0 | 0.375 | 13. 5 | 0.548 | 17.10 | 0.715 | 21.15 | 0.885 |
| 0.55 | 0.038 | 5. 0 | 0.208 | 9. 5 | 0.378 | 13.10 | 0.551 | 17.15 | 0.719 | 21.20 | 0.889 |
| 1. 0 | 0.042 | 5. 5 | 0.212 | 9.10 | 0.382 | 13.15 | 0.552 | 17.20 | 0.722 | 21.25 | 0.892 |
| 1. 5 | 0.045 | 5.10 | 0.215 | 9.15 | 0.385 | 13.20 | 0.556 | 17.25 | 0.726 | 21.30 | 0.896 |
| 1.10 | 0.051 | 5.15 | 0.219 | 9.20 | 0.389 | 13.25 | 0.559 | 17.30 | 0.729 | 21.35 | 0.899 |
| 1.15 | 0.052 | 5.20 | 0.222 | 9.25 | 0.392 | 13.30 | 0.562 | 17.35 | 0.733 | 21.40 | 0.903 |
| 1.20 | 0.056 | 5.25 | 0.226 | 9.30 | 0.396 | 13.35 | 0.566 | 17.40 | 0.736 | 21.45 | 0.906 |
| 1.25 | 0.059 | 5.30 | 0.229 | 9.35 | 0.399 | 13.40 | 0.569 | 17.45 | 0.739 | 21.50 | 0.910 |
| 1.30 | 0.062 | 5.35 | 0.233 | 9.40 | 0.403 | 13.45 | 0.573 | 17.50 | 0.743 | 21.55 | 0.913 |
| 1.35 | 0.066 | 5.40 | 0.236 | 9.45 | 0.406 | 13.50 | 0.576 | 17.55 | 0.746 | 22. 0 | 0.917 |
| 1.40 | 0.069 | 5.45 | 0.239 | 9.50 | 0.410 | 13.55 | 0.580 | 18. 0 | 0.750 | 22. 5 | 0.920 |
| 1.45 | 0.073 | 5.50 | 0.243 | 9.55 | 0.413 | 14. 0 | 0.583 | 18. 5 | 0.753 | 22.10 | 0.924 |
| 1.50 | 0.076 | 5.55 | 0.246 | 10. 0 | 0.417 | 14. 5 | 0.587 | 18.10 | 0.757 | 22.15 | 0.927 |
| 1.55 | 0.080 | 6. 0 | 0.250 | 10. 5 | 0.420 | 14.10 | 0.590 | 18.15 | 0.760 | 22.20 | 0.931 |
| 2. 0 | 0.083 | 6. 5 | 0.253 | 10.10 | 0.424 | 14.15 | 0.594 | 18.20 | 0.764 | 22.25 | 0.934 |
| 2. 5 | 0.087 | 6.10 | 0.257 | 10.15 | 0.427 | 14.20 | 0.597 | 18.25 | 0.767 | 22.30 | 0.937 |
| 2.10 | 0.090 | 6.15 | 0.260 | 10.20 | 0.431 | 14.25 | 0.601 | 18.30 | 0.771 | 22.35 | 0.941 |
| 2.15 | 0.094 | 6.20 | 0.264 | 10.25 | 0.434 | 14.30 | 0.604 | 18.35 | 0.774 | 22.40 | 0.944 |
| 2.20 | 0.097 | 6.25 | 0.267 | 10.30 | 0.437 | 14.35 | 0.608 | 18.40 | 0.778 | 22.45 | 0.948 |
| 2.25 | 0.101 | 6.30 | 0.271 | 10.35 | 0.441 | 14.40 | 0.611 | 18.45 | 0.781 | 22.50 | 0.951 |
| 2.30 | 0.104 | 6.35 | 0.274 | 10.40 | 0.444 | 14.45 | 0.614 | 18.50 | 0.785 | 22.55 | 0.955 |
| 2.35 | 0.108 | 6.40 | 0.278 | 10.45 | 0.448 | 14.50 | 0.618 | 18.55 | 0.788 | 23. 0 | 0.958 |
| 2.40 | 0.111 | 6.45 | 0.281 | 10.50 | 0.451 | 14.55 | 0.621 | 19. 0 | 0.792 | 23. 5 | 0.962 |
| 2.45 | 0.114 | 6.50 | 0.285 | 10.55 | 0.455 | 15. 0 | 0.625 | 19. 5 | 0.795 | 23.10 | 0.965 |
| 2.50 | 0.118 | 6.55 | 0.288 | 11. 0 | 0.458 | 15. 5 | 0.628 | 19.10 | 0.799 | 23.15 | 0.969 |
| 2.55 | 0.121 | 7. 0 | 0.292 | 11. 5 | 0.462 | 15.10 | 0.632 | 19.15 | 0.802 | 23.20 | 0.972 |
| 3. 0 | 0.125 | 7. 5 | 0.295 | 11.10 | 0.465 | 15.15 | 0.635 | 19.20 | 0.806 | 23.25 | 0.976 |
| 3. 5 | 0.128 | 7.10 | 0.299 | 11.15 | 0.469 | 15.20 | 0.639 | 19.25 | 0.809 | 23.30 | 0.979 |
| 3.10 | 0.132 | 7.15 | 0.302 | 11.20 | 0.472 | 15.25 | 0.642 | 19.30 | 0.812 | 23.35 | 0.983 |
| 3.15 | 0.135 | 7.20 | 0.306 | 11.25 | 0.476 | 15.30 | 0.646 | 19.35 | 0.816 | 23.40 | 0.986 |
| 3.20 | 0.139 | 7.25 | 0.309 | 11.30 | 0.479 | 15.35 | 0.649 | 19.40 | 0.819 | 23.50 | 0.993 |
| 3.25 | 0.142 | 7.30 | 0.312 | 11.35 | 0.483 | 15.40 | 0.653 | 19.45 | 0.823 | 24. 0 | 1.000 |

# V. — TABLE
## pour trouver le jour de la semaine qui correspond à une date quelconque de 1789 à 1900.

### A

| | 1789 1795 1801 1807 1818 1829 | 1790 .... 1802 1813 1819 1830 | 1791 .... 1803 1814 1825 1831 | 1793 1799 1805 1811 1822 1833 | 1794 1800 1806 1817 1823 1834 | 1786 1797 1809 1815 1826 1837 | 1787 1798 1810 1821 1827 1838 | ANNÉES BISSEXTILES | | | | | | |
|---|---|---|---|---|---|---|---|---|---|---|---|---|---|---|
| | | | | | | | | 1792 1804 | 1796 1808 | .... 1812 | .... 1816 | .... 1820 | .... 1824 | .... 1828 |
| Janvier | 4 | 5 | 6 | 2 | 3 | 7 | 1 | 7 | 5 | 3 | 1 | 6 | 4 | 2 |
| Février | 7 | 1 | 2 | 5 | 6 | 3 | 4 | 3 | 1 | 6 | 4 | 2 | 7 | 5 |
| Mars | 7 | 1 | 2 | 5 | 6 | 3 | 4 | 4 | 2 | 7 | 5 | 3 | 1 | 6 |
| Avril | 3 | 4 | 5 | 1 | 2 | 6 | 7 | 7 | 5 | 3 | 1 | 6 | 4 | 2 |
| Mai | 5 | 6 | 7 | 3 | 4 | 1 | 2 | 2 | 7 | 5 | 3 | 1 | 6 | 4 |
| Juin | 1 | 2 | 3 | 6 | 7 | 4 | 5 | 5 | 3 | 1 | 6 | 4 | 2 | 7 |
| Juillet | 3 | 4 | 5 | 1 | 2 | 6 | 7 | 7 | 5 | 3 | 1 | 6 | 4 | 2 |
| Août | 6 | 7 | 1 | 4 | 5 | 2 | 3 | 3 | 1 | 6 | 4 | 2 | 7 | 5 |
| Septembre | 2 | 3 | 4 | 7 | 1 | 5 | 6 | 6 | 4 | 2 | 7 | 5 | 3 | 1 |
| Octobre | 4 | 5 | 6 | 2 | 3 | 7 | 1 | 1 | 6 | 4 | 2 | 7 | 5 | 3 |
| Novembre | 7 | 1 | 2 | 5 | 6 | 3 | 4 | 4 | 2 | 7 | 5 | 3 | 1 | 6 |
| Décembre | 2 | 3 | 4 | 7 | 1 | 5 | 6 | 6 | 4 | 2 | 7 | 5 | 3 | 1 |
| | 1835 1846 1857 1863 1874 1885 1891 | 1841 1847 1858 1869 1875 1886 1897 | 1842 1853 1859 1870 1881 1887 1898 | 1839 1850 1861 1867 1878 1889 1895 | 1845 1851 1862 1873 1879 1890 .... | 1843 1854 1865 1871 1882 1893 1899 | 1849 1855 1866 1877 1883 1894 1900 | 1832 1860 1888 | 1836 1864 1892 | 1840 1868 1896 | 1844 1872 .... | 1848 1876 .... | 1852 1880 .... | 1856 1884 .... |

### B

| | 1 | 2 | 3 | 4 | 5 | 6 | 7 |
|---|---|---|---|---|---|---|---|
| Lundi | 1 8 15 22 29 | 7 14 21 28 | 6 13 20 27 | 5 12 19 26 | 4 11 18 25 | 31 3 10 17 24 | 30 2 9 16 23 |
| Mardi | 2 9 16 23 30 | 1 8 15 22 29 | 7 14 21 28 | 6 13 20 27 | 5 12 19 26 | 4 11 18 25 | 31 3 10 17 24 |
| Mercredi | 3 10 17 24 31 | 2 9 16 23 30 | 1 8 15 22 29 | 7 14 21 28 | 6 13 20 27 | 5 12 19 26 | 4 11 18 25 |
| Jeudi | 4 11 18 25 | 3 10 17 24 31 | 2 9 16 23 30 | 1 8 15 22 29 | 7 14 21 28 | 6 13 20 27 | 5 12 19 26 |
| Vendredi | 5 12 19 26 | 4 11 18 25 | 3 10 17 24 31 | 2 9 16 23 30 | 1 8 15 22 29 | 7 14 21 28 | 6 13 20 27 |
| Samedi | 6 13 20 27 | 5 12 19 26 | 4 11 18 25 | 3 10 17 24 31 | 2 9 16 23 30 | 1 8 15 22 29 | 7 14 21 28 |
| Dimanche | 7 14 21 28 | 6 13 20 27 | 5 12 19 26 | 4 11 18 25 | 3 10 17 24 31 | 2 9 16 23 30 | 1 8 15 22 29 |

Pour trouver le jour de la semaine qui correspond à une date quelconque, il faut d'abord chercher au tableau A, dans la colonne verticale de *l'année* et dans la ligne horizontale du *mois*, le chiffre donné par le tableau. Puis on cherchera au tableau B, dans la colonne marquée de ce chiffre, le *jour* de la date en question. Le jour de la semaine qui est en regard est le jour cherché.

EXEMPLE. Quel jour de la semaine correspond au 4 septembre 1870?

Au tableau A, le chiffre inscrit à l'intersection de la colonne de 1870 et du mois de septembre est 4. Au tableau B, dans la colonne 4, le 4 correspond au dimanche. Donc le 4 septembre 1870 était un *dimanche*.

Une personne est née le 26 février 1842, à 1 heure du matin. A quel jour de la semaine cette date correspond-elle ?

Au tableau A, le chiffre correspondant à 1842 et à février est 2. Au tableau B à la colonne 2, le 26 correspond à samedi. Donc cette personne est née dans la nuit du vendredi au samedi.

# TABLE DES PRINCIPALES FIGURES

### Grandes planches, formant un atlas complet des constellations.

## Cartes d'étoiles construites pour chaque constellation.

## Principales orbites d'étoiles doubles.

# TABLE DES MATIÈRES

## PREMIÈRE PARTIE

### Description des Constellations.

# DEUXIÈME PARTIE

### Documents divers, instructions, tables et catalogues.

Paris. — Imp. Gauthier-Villars, 55, quai des Grands-Augustins.

www.ingramcontent.com/pod-product-compliance
Lightning Source LLC
Chambersburg PA
CBHW030009220326
41599CB00014B/1750